AutoCAD + SOLIDWORKS 一站式高效学习一本通

云智造技术联盟　编著

化学工业出版社

·北京·

内容提要

本书通过大量的工程实例和容量超大的同步视频，系统地介绍了 AutoCAD 2020 中文版和 SOLIDWORKS 2020 中文版的新功能、入门必备基础知识、各种常用操作命令的使用方法以及应用 AutoCAD 2020 和 SOLIDWORKS 2020 进行工程设计的思路、实施步骤和操作技巧。

全书分为两篇，第 1 篇为 AutoCAD 篇，介绍了 AutoCAD 2020 入门、二维绘图命令、面域与图案填充、精确绘图、图层设置、编辑命令、显示控制与打印输出、文字与表格、尺寸标注、图块及其属性、设计中心与工具选项板等内容；第 2 篇为 SOLIDWORKS 篇，介绍了 SOLIDWORKS 2020 基础、草图绘制、基础特征建模、附加特征建模、辅助特征工具、曲线、曲面、装配体设计、工程图的绘制、钣金设计等知识。

书中所有案例均提供配套的视频、素材及源文件，扫二维码即可轻松观看或下载使用。另外，还超值附赠大量学习资源，主要有：AutoCAD 操作技巧秘籍电子书，AutoCAD 机械设计、建筑设计、室内设计、电气设计应用案例视频，SOLIDWORKS 行业案例设计方案及视频讲解以及由作者掌握的 AutoCAD 中国官方认证考试大纲、模拟试卷、全国成图大赛试题集等。

本书内容丰富实用，操作讲解细致，图文并茂，语言简洁，思路清晰，非常适合 AutoCAD 及 SOLIDWORKS 初学者、相关行业设计人员自学使用，也可作为高等院校及培训机构相关专业的教材及参考书。

图书在版编目（CIP）数据

AutoCAD+SOLIDWORKS 一站式高效学习一本通 / 云智造技术联盟编著. —北京：化学工业出版社，2020.7

ISBN 978-7-122-36613-9

Ⅰ. ①A… Ⅱ. ①云… Ⅲ. ①AutoCAD 软件②计算机辅助设计-应用软件 Ⅳ. ①TP391.72

中国版本图书馆 CIP 数据核字（2020）第 067595 号

责任编辑：要利娜　　装帧设计：王晓宇

责任校对：王鹏飞

出版发行：化学工业出版社(北京市东城区青年湖南街 13 号 邮政编码 100011)

印　　装：大厂聚鑫印刷有限责任公司

787mm×1092mm 1/16 印张 39½ 字数 1008 千字　　2020 年 9 月北京第 1 版第 1 次印刷

购书咨询：010-64518888　　售后服务：010-64518899

网　　址：http://www.cip.com.cn

凡购买本书，如有缺损质量问题，本社销售中心负责调换。

定　　价：**128.00** 元

前言

AutoCAD 是美国 Autodesk 公司推出的，集二维绘图、三维设计、渲染及通用数据库管理和互联网通信功能为一体的计算机辅助绘图软件包。自 1982 年推出以来，从初期的 1.0 版本，经多次版本更新和性能完善，现已发展到 AutoCAD 2020，不仅在机械、电子和建筑等工程设计领域得到了广泛的应用，而且在地理、气象、航海等特殊图形的绘制，甚至灯光、幻灯和广告等领域也得到了多方面的应用，目前已成为 CAD 系统中应用最为广泛的图形软件之一。

SOLIDWORKS 是世界上第一套基于 Windows 系统开发的三维 CAD 软件。该软件以参数化特征造型为基础，具有功能强大、易学易用等特点，是当前最优秀的中档三维 CAD 软件之一。SOLIDWORKS 能够提供不同的设计方案，减少设计过程中的错误并提高产品质量。自从 1996 年 SOLIDWORKS 引入中国以来，受到了业界的广泛好评，许多高等院校也将 SOLIDWORKS 用作教学和课程设计的首选软件。

对于机械、汽车、结构设计工程师以及相关领域的技术人员来说，AutoCAD 和 SOLIDWORKS 是他们日常工作中不可或缺的两大工具，分别侧重二维制图、三维制图，功能互补，结合紧密。因此，为了方便读者系统地学习 AutoCAD 和 SOLIDWORKS 的操作方法和技巧，能够快速掌握两大软件并且灵活应用，我们编写本书。本书基于 AutoCAD 2020 与 SOLIDWORKS 2020 展开介绍，结合初学者的学习特点，以案例为导向，在内容编排上注重由浅入深，从易到难，在讲解过程中及时给出经验总结和相关提示，帮助读者快捷地掌握所学知识。

本书主要特色如下：

1. 两大软件交相辉映，内容全面，知识体系完善

本书针对完全零基础的读者，循序渐进地介绍了 AutoCAD 2020 和 SOLIDWORKS 2020 的相关知识，几乎覆盖 AutoCAD 和 SOLIDWORKS 全部常用操作命令的操作方法和技巧，内容超值不缩水，一本顶两本。

2. 软件版本新，适用范围广

本书基于目前最新的 AutoCAD 2020 版本和 SOLIDWORKS 2020 版本编写而成，同样适合 AutoCAD 2019、AutoCAD 2018、AutoCAD 2016 和 SOLIDWORKS 2019、SOLIDWORKS 2018 等低版本软件的读者操作学习。

3. 实例丰富，强化动手能力

全书大小案例上百个。重难点处采用“一命令一实例”的模式讲解，即学即练，巩固对知识点的理解及运用，达到触类旁通的目的。每章最后通过【上机操作】环节，将本章所学融会贯通，进而能够举一反三，应用于实际工作之中。

4. 微视频学习更便捷

全书重要知识点及所有操作实例都配有相应的讲解视频，共 241 集，总时长近 18 小时，扫书中二维码随时随地边学边看，大大提高学习效率。

5. **大量学习资源轻松获取**

除书中配套视频外，本书还同步赠送全部实例的素材及源文件，方便读者对照学习；另外还送相关的电子书、练习题、考试大纲及真题、其他行业案例及操作视频等超值大礼包。

6. **优质的在线学习服务**

本书的作者团队成员都是行业内认证的专家，免费为读者提供答疑解惑服务，读者在学习过程中若遇到技术问题，可以通过 QQ 群等方式随时随地与作者及其他同行在线交流。

本书由云智造技术联盟编著。云智造技术联盟是一个集 CAD/CAM/CAE 技术研讨、工程开发、培训咨询和图书创作于一体的工程技术人员协作联盟，包含 20 多位专职和众多兼职 CAD/CAM/CAE 工程技术专家，主要成员有赵志超、张辉、赵黎黎、朱玉莲、徐声杰、卢园、杨雪静、孟培、闫聪聪、李兵、甘勤涛、孙立明、李亚莉、王敏、张亭、井晓翠、解江坤、胡仁喜、刘昌丽、康士廷、毛瑢、王玮、王艳池、王培合、王义发、王玉秋、张俊生等。云智造技术联盟负责人由 Autodesk 中国认证考试中心首席专家担任，全面负责 Autodesk 中国官方认证考试大纲制订、题库建设、技术咨询和师资力量培训工作；成员精通 Autodesk 系列软件，编写了许多相关专业领域的图书。

由于编者的水平有限，加之时间仓促，书中疏漏之处在所难免，恳请广大专家、读者不吝赐教。如有任何问题，欢迎大家联系 714491436@qq.com，及时向我们反馈，也欢迎加入本书学习交流群 QQ597056765，与同行一起交流探讨。

编著者

CONTENTS
目录

第 1 篇

AutoCAD 篇

第2篇

SOLIDWORKS篇

第 19 章　装配体设计 ······ 499

第 20 章　工程图的绘制 ······ 532

第 21 章　钣金设计 ······ 565

第1篇 AutoCAD篇

本篇主要介绍AutoCAD 2020中文版的操作方法和操作实例，包括AutoCAD 2020入门、简单二维绘制命令、复杂二维绘图命令、精确绘图、图层与显示、编辑命令、文字与表格、尺寸标注、辅助绘图工具等知识。

第1章 AutoCAD 2020入门

本章我们学习AutoCAD 2020绘图的基础知识。了解如何设置图形的系统参数、样板图，熟悉创建新的图形文件、打开已有文件的方法等，为进一步系统学习做必要的准备。

学习目标

设置绘图环境

配置绘图系统

了解文件管理

掌握基本输入操作

1.1 操作界面

AutoCAD 操作界面是 AutoCAD 显示、编辑图形的区域，一个完整的 AutoCAD 经典操作界面如图 1-1 所示，包括标题栏、菜单栏、快速访问工具栏、功能区、绘图区、十字光标、坐标系图标、命令行窗口、状态栏、布局标签、导航栏等。

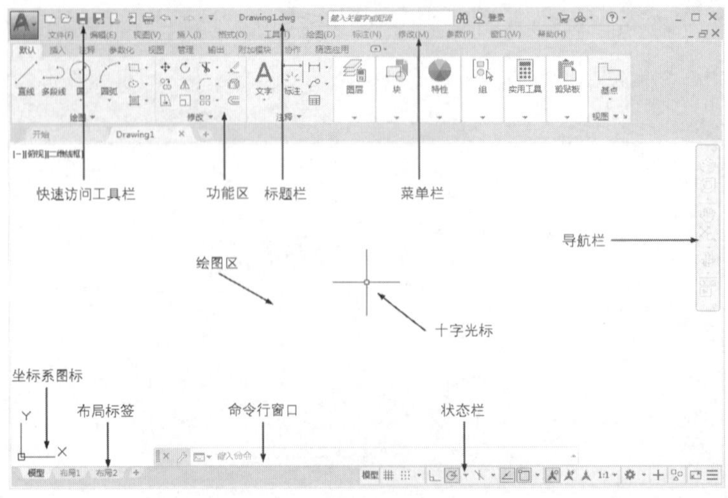

图 1-1 AutoCAD 2020 中文版操作界面

【注意】

需要将 AutoCAD 的工作空间切换到“AutoCAD 经典”模式下（单击操作界面右下角中的“切换工作空间”按钮，在弹出的菜单中单击“AutoCAD 经典”命令），才能显示如图 1-1 所示的操作界面。本书中的所有操作均在“AutoCAD 经典”模式下进行。

（1）标题栏

AutoCAD 2020 中文版操作界面的最上端是标题栏。在标题栏中，显示了系统当前正在运行的应用程序（AutoCAD 2020）和用户正在使用的图形文件。在第一次启动 AutoCAD 2020 时，标题栏将显示 AutoCAD 2020 在启动时创建并打开的图形文件的名称“Drawing1.dwg”，如图 1-1 所示。

（2）菜单栏

在 AutoCAD 快速访问工具栏处调出菜单栏，如图 1-2 所示，调出后的菜单栏如图 1-3 所示。同其他 Windows 程序一样，AutoCAD 的菜单也是下拉形式的，并在菜单中包含子菜单。AutoCAD 的菜单栏中包含 12 个菜单：“文件”“编辑”“视图”“插入”“格式”“工具”“绘图”“标注”“修改”“参数”“窗口”和“帮助”。这些菜单几乎包含了 AutoCAD 的所有绘图命令，后面的章节将对这些菜单功能作详细的讲解。一般来讲，AutoCAD 下拉菜单中的命令有以下 3 种。

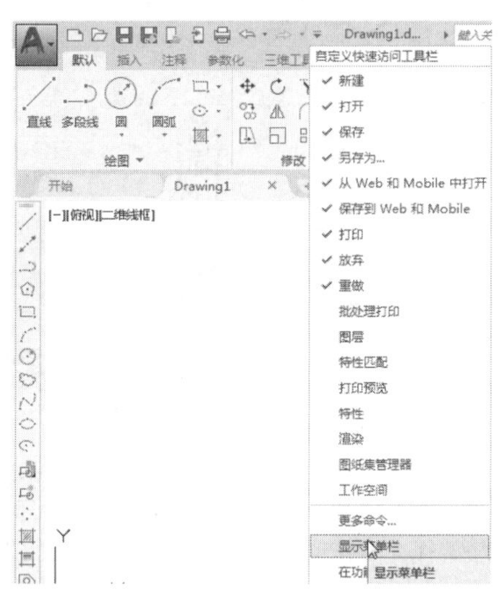

图 1-2　调出菜单栏

图 1-3　菜单栏显示界面

① 带有小三角的菜单命令。这种类型的菜单命令后面带有级联菜单。例如，选择菜单栏中的“绘图”命令，指向其下拉菜单中的“圆”命令，系统就会进一步显示出“圆”级联菜单中所包含的命令，如图 1-4 所示。

② 打开对话框的菜单命令。这种类型的命令后面带有省略号。例如，选择菜单栏中的“格式”→“表格样式”命令，如图 1-5 所示，系统就会打开“表格样式”对话框，如图 1-6 所示。

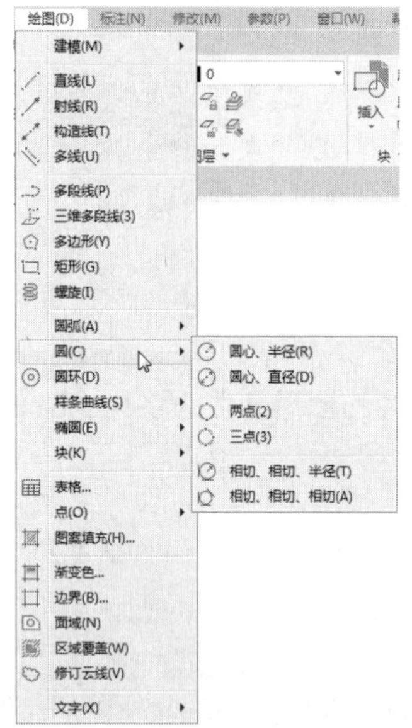

图 1-4　带有级联菜单的菜单命令

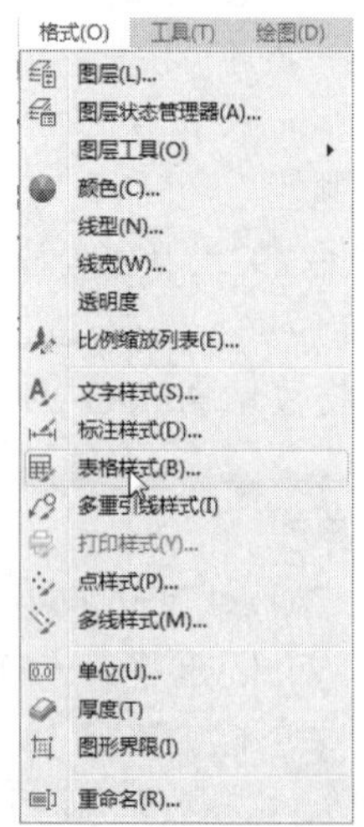

图 1-5　打开对话框的菜单命令

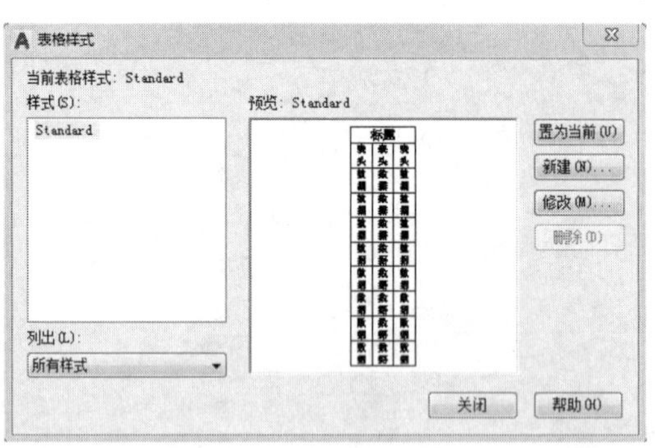

图 1-6　“表格样式”对话框

③ 直接执行操作的菜单命令。这种类型的命令后面既不带小三角形，也不带省略号，选择该命令将直接进行相应的操作。例如，选择菜单栏中的“视图”→“重画”命令，系统将刷新显示所有视口。

（3）工具栏

工具栏是一组图标型工具的集合，执行菜单栏中的“工具”→“工具栏”→AutoCAD，调出所需要的工具栏，把光标移动到某个图标上，稍停片刻即在该图标的一侧显示相应的工具提示，此时，单击图标就可以启动相应的命令了。

① 设置工具栏。执行菜单栏中的“工具”→“工具栏”→AutoCAD，调出所需要的工具栏，如图 1-7 所示。单击某一个未在界面显示的工具栏名，系统自动在界面打开该工具栏；反之，关闭工具栏。

② 工具栏的“固定”“浮动”与“打开”。工具栏可以在绘图区“浮动”显示（如图 1-8 所示），此时显示该工具栏标题，并可关闭该工具栏，可以拖动“浮动”工具栏到绘图区边界，使它变为“固定”工具栏，此时该工具栏标题隐藏；也可以把“固定”工具栏拖出，使它成为“浮动”工具栏。

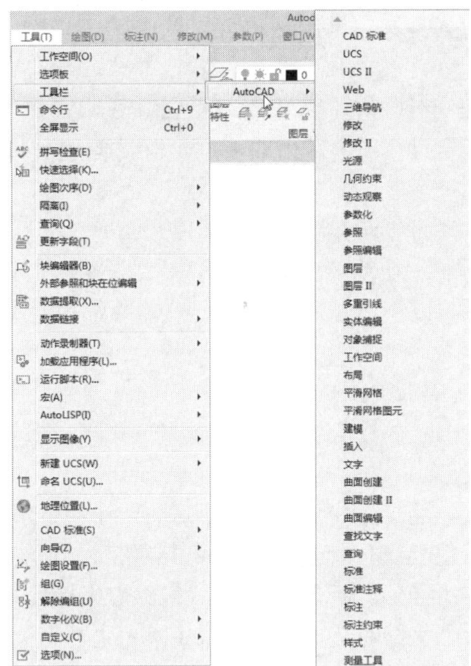

图 1-7　调出工具栏

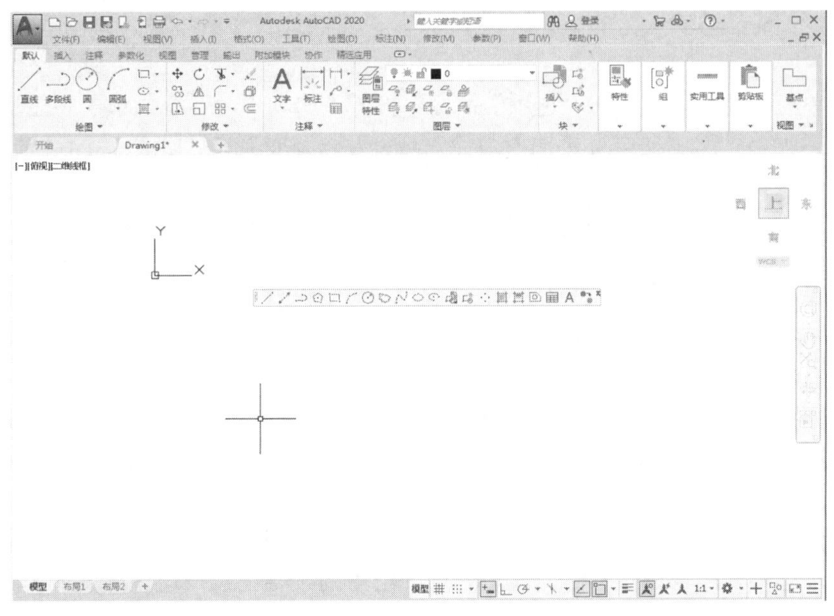

图 1-8　“浮动”工具栏

有些工具栏按钮的右下角带有一个小三角，按住鼠标左键会打开相应的工具栏，按住鼠标左键将光标移动到某一图标上然后松开，该图标就为当前图标。单击当前显示的图标，即可执行相应的命令（如图 1-9 所示）。

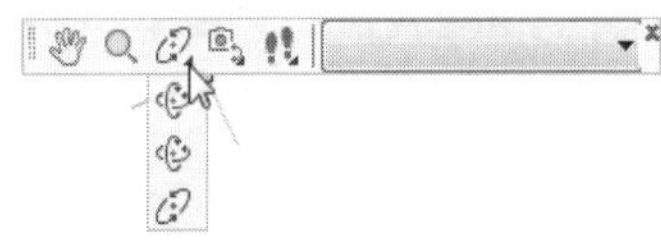

图 1-9　打开工具栏

（4）快速访问工具栏和交互信息工具栏

① 快速访问工具栏。该工具栏包括“新建”“打开”“保存”“另存为”“放弃”“重做”

和“打印”等几个最常用的工具按钮。用户也可以单击此工具栏后面的小三角下拉按钮选择设置需要的常用工具。

② 交互信息工具栏。该工具栏包括“搜索”“Autodesk A360”“Autodesk App Store”“保持连接”和“单击此处访问帮助”5 个常用的数据交互访问工具按钮。

（5）功能区

包括“默认”“插入”“注释”“参数化”“视图”“管理”“输出”“附加模块”“协作”以及“精选应用”等多个选项卡，在功能区中集成了相关的操作工具，方便用户使用。用户可以单击功能区选项板后面的▾按钮，控制功能的展开与收缩。打开或关闭功能区的操作方法如下。

- 命令行：RIBBON（或 RIBBONCLOSE）。
- 菜单：选择菜单栏中的“工具”→“选项板”→“功能区”命令。

（6）绘图区

绘图区是指在标题栏下方的大片空白区域，是用户使用 AutoCAD 绘制图形的区域。用户要完成一幅设计图形，其主要工作都是在绘图区中完成。

在绘图区中，有一个作用类似光标的十字线，其交点坐标反映了光标在当前坐标系中的位置。在 AutoCAD 中，将该十字线称为光标，AutoCAD 通过光标坐标值显示当前点的位置。十字线的方向与当前用户坐标系的 X、Y 轴方向平行，十字线的长度系统预设为绘图区大小的 5%。

① 修改绘图区十字光标的大小。用户可以根据绘图的实际需要修改光标大小，方法如下。

选择菜单栏中的“工具”→“选项”命令，打开“选项”对话框。单击“显示”选项卡，在“十字光标大小”文本框中直接输入数值，或拖动文本框后面的滑块，即可以对十字光标的大小进行调整，如图 1-10 所示。

此外，还可以通过设置系统变量 CURSORSIZE 的值，修改其大小，其方法是在命令行中输入如下命令。

```
命令: CURSORSIZE↙
输入 CURSORSIZE 的新值 <5>:
```

在提示下输入新值即可修改光标大小，默认值为 5%。

② 修改绘图区的颜色。在默认情况下，AutoCAD 的绘图区是黑色背景、白色线条，这不符合大多数用户的习惯，因此，修改绘图区颜色是大多数用户都要进行的操作。方法如下。

a. 选择菜单栏中的“工具”→“选项”命令，打开“选项”对话框，单击如图 1-10 所示的“显示”选项卡，再单击“窗口元素”选项组中的“颜色”按钮，打开如图 1-11 所示的“图形窗口颜色”对话框。

b. 在“颜色”下拉列表框中，选择需要的窗口颜色，然后单击“应用并关闭”按钮，此时 AutoCAD 的绘图区就变换了背景色，通常按视觉习惯选择白色为窗口颜色。

（7）坐标系图标

在绘图区的左下角，有一个箭头指向的图标，称之为坐标系图标，表示用户绘图时正使用的坐标系样式。坐标系图标的作用是为点的坐标确定一个参照系。根据工作需要，用户可以选择将其关闭，其方法是选择菜单栏中的“视图”→“显示”→“UCS 图标”→“开”命令，如图 1-12 所示。

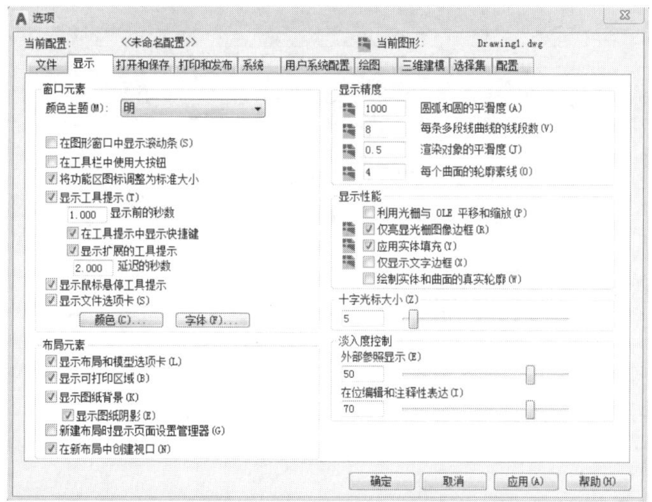

图 1-10 “显示”选项卡

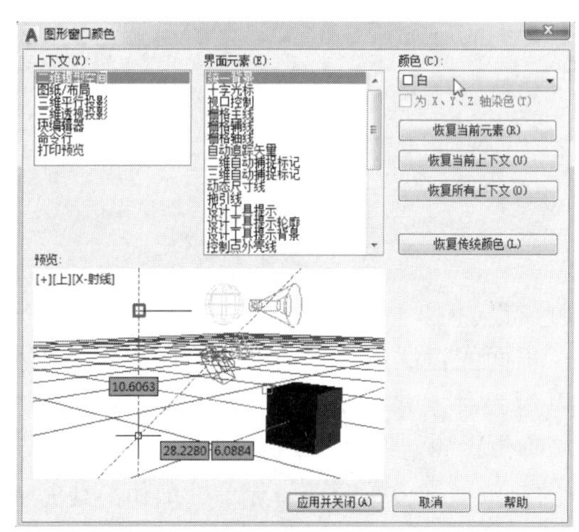

图 1-11 “图形窗口颜色”对话框

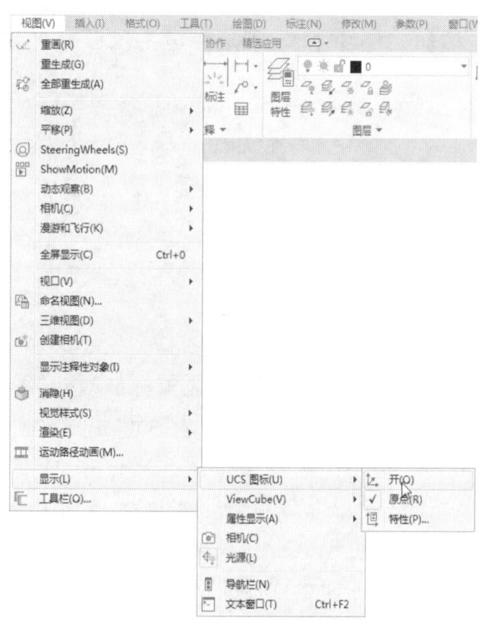

图 1-12 “视图”菜单

（8）命令行窗口

命令行窗口是输入命令名和显示命令提示的区域，默认命令行窗口布置在绘图区下方，由若干文本行构成。对于命令行窗口，有以下几点需要说明。

① 移动拆分条，可以扩大和缩小命令行窗口。

② 可以拖动命令行窗口，布置在绘图区的其他位置。默认情况下在图形区的下方。

③ 对当前命令行窗口中输入的内容，可以按<F2>键用文本编辑的方法进行编辑，如图1-13 所示。AutoCAD 文本窗口和命令行窗口相似，可以显示当前 AutoCAD 进程中命令的输入和执行过程。在执行 AutoCAD 某些命令时，会自动切换到文本窗口，列出有关信息。

④ AutoCAD 通过命令行窗口反馈各种信息，包括出错信息，因此，用户要时刻关注命令行窗口中出现的信息。

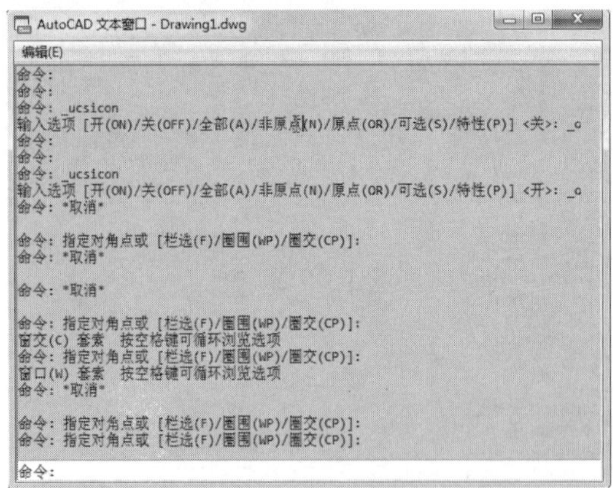

图 1-13　文本窗口

(9) 状态栏

状态栏在操作界面的底部，依次有“坐标”“模型空间”“栅格”“捕捉模式”等 30 个功能按钮，如图 1-14 所示。单击这些开关按钮，可以实现这些功能的开和关。

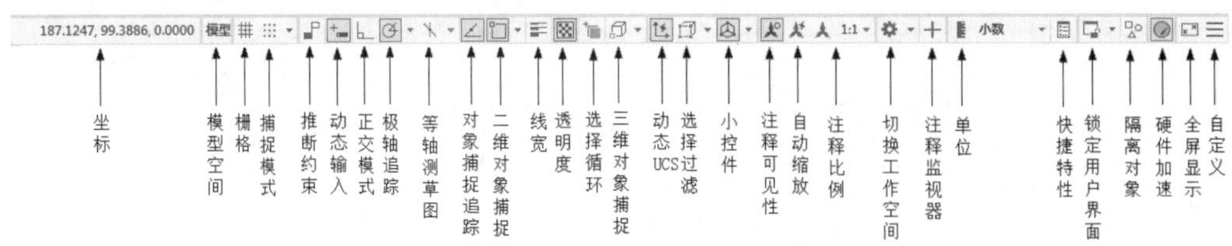

图 1-14　状态栏

① 坐标：显示工作区鼠标放置点的坐标。

② 模型空间：在模型空间与布局空间之间进行转换。

③ 栅格：覆盖整个用户坐标系 (UCS) XY 平面的直线或点组成的矩形图案。使用栅格类似于在图形下放置一张坐标纸。利用栅格可以对齐对象并直观显示对象之间的距离。

④ 捕捉模式：对象捕捉对于在对象上指定精确位置非常重要。不论何时提示输入点，都可以指定对象捕捉。默认情况下，当光标移到对象的对象捕捉位置时，将显示标记和工具提示。

⑤ 推断约束：自动在正在创建或编辑的对象与对象捕捉的关联对象或点之间应用约束。

⑥ 动态输入：在光标附近显示出一个提示框，称之为“工具提示”，工具提示中显示出对应的命令提示和光标的当前坐标值。

⑦ 正交模式：将光标限制在水平或垂直方向上移动，以便于精确地创建和修改对象。当创建或移动对象时，可以使用“正交”模式将光标限制在相对于用户坐标系 (UCS) 的水平或垂直方向上。

⑧ 极轴追踪：使用极轴追踪，光标将按指定角度进行移动。创建或修改对象时，可以使用“极轴追踪”来显示由指定的极轴角度所定义的临时对齐路径。

⑨ 等轴测草图：通过设定“等轴测捕捉/栅格”，可以很容易地沿三个等轴测平面之一对齐对象。尽管等轴测图形看似三维图形，但它实际上是由二维图形表示的。因此不能期望提取三维距离和面积、从不同视点显示对象或自动消除隐藏线。

⑩ 对象捕捉追踪：使用对象捕捉追踪，可以沿着基于对象捕捉点的对齐路径进行追踪。

已获取的点将显示一个小加号（+），一次最多可以获取 7 个追踪点。获取点之后，在绘图路径上移动光标，将显示相对于获取点的水平、垂直或极轴对齐路径。例如，可以基于对象端点、中点或者对象的交点，沿着某个路径选择一点。

⑪ 二维对象捕捉：使用执行对象捕捉设置（也称为对象捕捉），可以在对象上的精确位置指定捕捉点。选择多个选项后，将应用选定的捕捉模式，以返回距离靶框中心最近的点。按<Tab>键以在这些选项之间循环。

⑫ 线宽：分别显示对象所在图层中设置的不同宽度，而不是统一线宽。

⑬ 透明度：使用该命令，调整绘图对象显示的明暗程度。

⑭ 选择循环：当一个对象与其他对象彼此接近或重叠时，准确地选择某一个对象是很困难的，使用选择循环的命令，单击鼠标左键，弹出“选择集”列表框，里面列出了鼠标点击周围的图形，然后在列表中选择所需的对象。

⑮ 三维对象捕捉：三维中的对象捕捉与在二维中工作的方式类似，不同之处在于在三维中可以投影对象捕捉。

⑯ 动态 UCS：在创建对象时使 UCS 的 XY 平面自动与实体模型上的平面临时对齐。

⑰ 选择过滤：根据对象特性或对象类型对选择集进行过滤。当按下图标后，只选择满足指定条件的对象，其他对象将被排除在选择集之外。

⑱ 小控件：帮助用户沿三维轴或平面移动、旋转或缩放一组对象。

⑲ 注释可见性：当图标亮显时表示显示所有比例的注释性对象；当图标变暗时表示仅显示当前比例的注释性对象。

⑳ 自动缩放：注释比例更改时，自动将比例添加到注释对象。

㉑ 注释比例：单击注释比例右下角小三角符号弹出注释比例列表，如图 1-15 所示，可以根据需要选择适当的注释比例。

㉒ 切换工作空间：进行工作空间转换。

㉓ 注释监视器：打开仅用于所有事件或模型文档事件的注释监视器。

㉔ 单位：指定线性和角度单位的格式和小数位数。

㉕ 快捷特性：控制快捷特性面板的使用与禁用。

㉖ 锁定用户界面：按下该按钮，锁定工具栏、面板和可固定窗口的位置和大小。

㉗ 隔离对象：当选择隔离对象时，在当前视图中显示选定对象。所有其他对象都暂时隐藏；当选择隐藏对象时，在当前视图中暂时隐藏选定对象。所有其他对象都可见。

㉘ 硬件加速：设定图形卡的驱动程序以及设置硬件加速的选项。

㉙ 全屏显示：该选项可以清除 Windows 窗口中的标题栏、功能区和选项板等界面元素，使 AutoCAD 的绘图窗口全屏显示，如图 1-16 所示。

㉚ 自定义：状态栏可以提供重要信息，而无须中断工作流。使用 MODEMACRO 系统变量可将应用程序所能识别的大多数数据显示在状态栏中。使用该系统变量的计算、判断和编辑功能可以完全按照用户的要求构造状态栏。

（10）布局标签

AutoCAD 系统默认设定一个“模型”空间和“布局 1”“布局 2”两个图样空间布局标签。在这里有两个概念需要解释一下。

① 布局。布局是系统为绘图设置的一种环境，包括图样大小、尺寸单位、角度设定、数值精确度等，在系统预设的 3 个标签中，这些环境变量都按默认设置。用户根据实际需要改变这些变量的值。用户也可以根据需要设置符合自己要求的新标签。

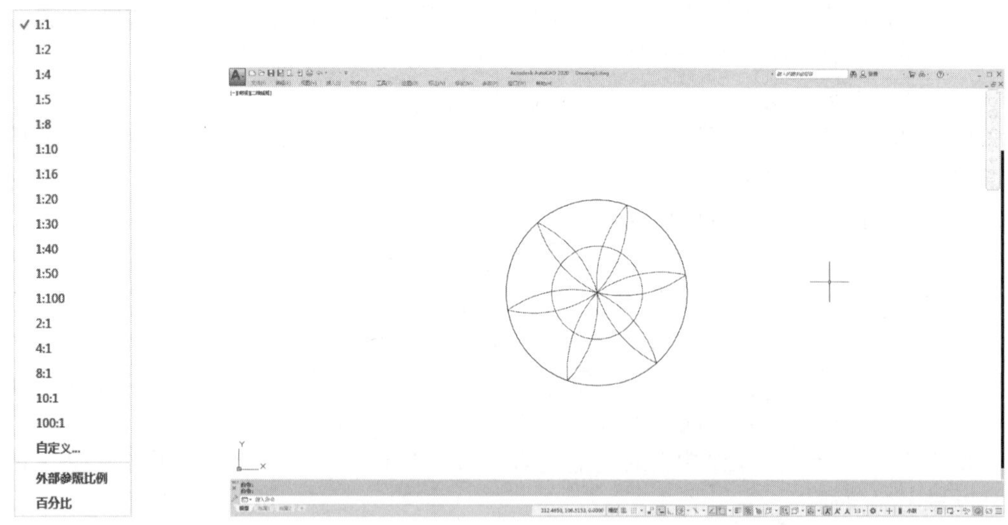

图 1-15　注释比例列表　　　　图 1-16　全屏显示

② 模型。AutoCAD 的空间分模型空间和图样空间两种。模型空间是通常绘图的环境；而在图样空间中，用户可以创建叫做“浮动视口”的区域，以不同视图显示所绘图形。用户可以在图样空间中调整浮动视口并决定所包含视图的缩放比例。如果用户选择图样空间，可打印多个视图，也可以打印任意布局的视图。AutoCAD 系统默认打开模型空间，用户可以通过单击操作界面下方的布局标签，选择需要的布局。

（11）滚动条

打开“选项”对话框，选择“显示”选项卡，将窗口元素对应的“配色方案”中勾选“在图形窗口中显示滚动条”的复选框，在 AutoCAD 的绘图区下方和右侧还提供了用来浏览图形的水平和竖直方向的滚动条。拖动滚动条中的滚动块，可以在绘图区按水平或竖直两个方向浏览图形。

1.2 设置绘图环境

1.2.1 设置图形单位

【执行方式】

- 命令行：DDUNITS（或 UNITS，快捷命令：UN）。
- 菜单栏：选择菜单栏中的“格式”→“单位”命令。

执行上述操作后，系统打开“图形单位”对话框，如图 1-17 所示，该对话框用于定义单位和角度格式。

【选项说明】

① “长度”与“角度”选项组：指定测量的长度与角度当前单位及精度。

② “插入时的缩放单位”选项组：控制插入到当前图形中的块和图形的测量单位。如

果块或图形创建时使用的单位与该选项指定的单位不同，则在插入这些块或图形时，将对其按比例进行缩放。插入比例是原块或图形使用的单位与目标图形使用的单位之比。如果插入块时不按指定单位缩放，则在其下拉列表框中选择“无单位”选项。

③ “输出样例”选项组：显示用当前单位和角度设置的例子。

④ “光源”选项组：控制当前图形中光度控制光源的强度测量单位。为创建和使用光度控制光源，必须从下拉列表框中指定非“常规”的单位。如果“插入比例”设置为“无单位”，则将显示警告信息，通知用户渲染输出可能不正确。

⑤ “方向”按钮：单击该按钮，系统打开“方向控制”对话框，如图 1-18 所示，可进行方向控制设置。

图 1-17 “图形单位”对话框

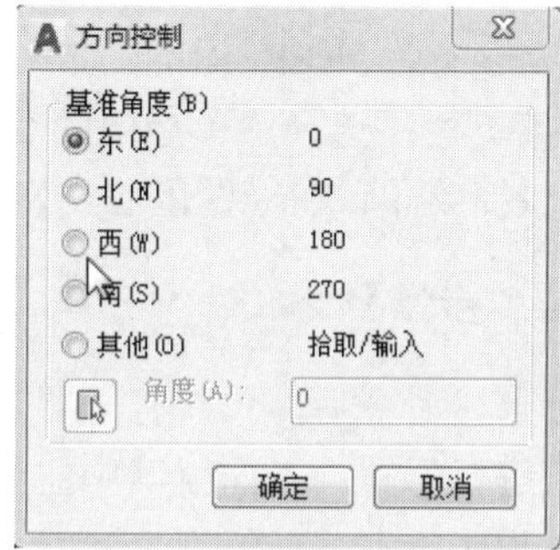

图 1-18 “方向控制”对话框

1.2.2 设置图形界限

【执行方式】

- 命令行：LIMITS。
- 菜单栏：选择菜单栏中的“格式”→“图形界限”命令。

【操作步骤】

命令行提示与操作如下。

```
命令: LIMITS↙
重新设置模型空间界限:
指定左下角点或 [开(ON)/关(OFF)] <0.0000,0.0000>:输入图形界限左下角的坐标，按<Enter>键。
指定右上角点 <12.0000,9.0000>:输入图形界限右上角的坐标，按<Enter>键。
```

【选项说明】

① 开（ON）：使图形界限有效。系统在图形界限以外拾取的点将视为无效。

② 关（OFF）：使图形界限无效。用户可以在图形界限以外拾取点或实体。

图 1-19 动态输入角点坐标

③ 动态输入角点坐标：可以直接在绘图区的动态文本框中输入角点坐标，输入了横坐标值后，按<，>键，接着输入纵坐标值，如图 1-19 所示。也可以按光标位置直接单击，确定角点位置。

1.3 配置绘图系统

每台计算机所使用的输入设备和输出设备的类型不同，用户喜好的风格及计算机的目录设置也不同。一般来讲，使用 AutoCAD 2020 的默认配置就可以绘图，但为了使用用户的定点设备或打印机，以及提高绘图的效率，推荐用户在开始作图前先进行必要的配置。

【执行方式】

- 命令行：PREFERENCES。
- 菜单栏：选择菜单栏中的“工具”→“选项”命令。
- 快捷菜单：在绘图区右击，系统打开快捷菜单，如图 1-20 所示，选择“选项”命令。

【操作步骤】

执行上述命令后，系统打开“选项”对话框。用户可以在该对话框中设置有关选项，对绘图系统进行配置。下面就其中主要的两个选项卡做以下说明，其他配置选项在后面用到时再做具体说明。

① 系统配置。“选项”对话框中的第 5 个选项卡为“系统”选项卡，如图 1-21 所示。该选项卡用来设置 AutoCAD 系统的有关特性。其中“常规选项”选项组确定是否选择系统配置的有关基本选项。

图 1-20　快捷菜单

图 1-21　“系统”选项卡

② 显示配置。“选项”对话框中的第 2 个选项卡为“显示”选项卡，该选项卡用于控制 AutoCAD 系统的外观，如图 1-22 所示。该选项卡设定滚动条显示与否、界面菜单显示与否、绘图区颜色、光标大小、AutoCAD 的版面布局设置、各实体的显示精度等。

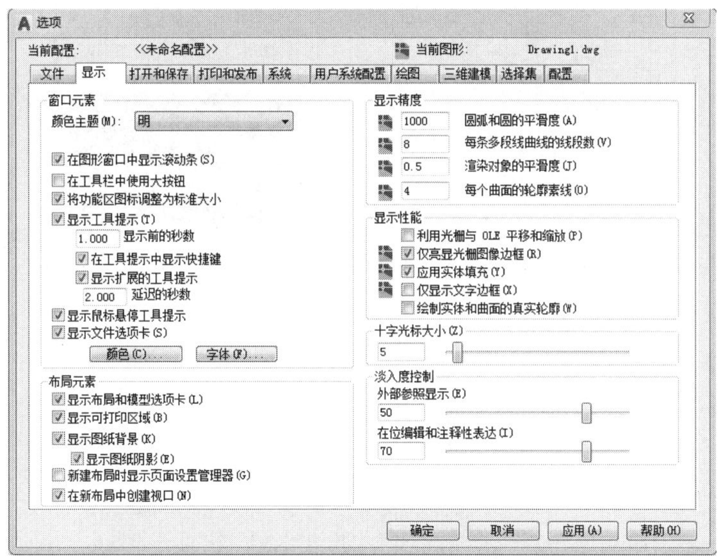

图 1-22 “显示”选项卡

技巧荟萃

设置实体显示精度时，请务必记住，显示质量越高，即精度越高，计算机计算的时间越长，建议不要将精度设置得太高，在一个合理的数值即可。

1.4 文件管理

本节介绍有关文件管理的一些基本操作方法，包括新建文件、打开文件、保存文件、另存为等，这些都是进行 AutoCAD 2020 操作最基础的知识。

（1）新建文件

【执行方式】

- 命令行：QNEW。
- 菜单栏：选择菜单栏中的“文件”→“新建”命令。
- 工具栏：单击“标准”工具栏中的“新建”按钮。

执行上述操作后，系统打开如图 1-23 所示的“选择样板”对话框。

另外还有一种快速创建图形的功能，该功能是开始创建新图形的最快捷方法。

命令：QNEW↙

执行上述命令后，系统立即从所选的图形样板中创建新图形，而不显示任何对话框或提示。

在运行快速创建图形功能之前必须进行如下设置。

① 在命令行输入“FILEDIA”，按<Enter>键，设置系统变量为 1；在命令行输入“STARTUP”，设置系统变量为 0。

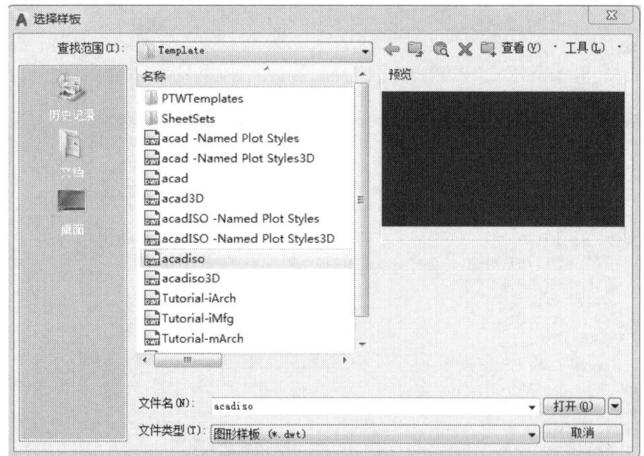

图 1-23　“选择样板”对话框

② 选择菜单栏中的“工具”→“选项”命令，在“选项”对话框中选择默认图形样板文件。具体方法：在“文件”选项卡中，单击“样板设置”前面的“+”，在展开的选项列表中选择“快速新建的默认样板文件名”选项，如图 1-24 所示。单击“浏览”按钮，打开“选择文件”对话框，然后选择需要的样板文件即可。

图 1-24　“文件”选项卡

（2）打开文件

【执行方式】

- 命令行：OPEN。
- 菜单栏：选择菜单栏中的“文件”→“打开”命令。
- 工具栏：单击“标准”工具栏中的“打开”按钮。

执行上述操作后，打开“选择文件”对话框，如图 1-25 所示，在“文件类型”下拉列表框中用户可选.dwg 文件、.dwt 文件、.dxf 文件和.dws 文件。.dws 文件是包含标准图层、标注样式、线型和文字样式的样板文件；.dxf 文件是用文本形式存储的图形文件，能够被其他程序读取，许多第三方应用软件都支持.dxf 格式。

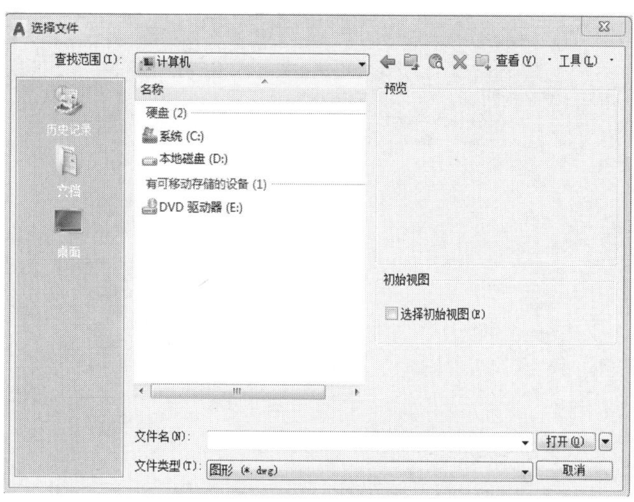

图 1-25 “选择文件”对话框

技巧荟萃

有时在打开.dwg 文件时，系统会打开一个信息提示对话框，提示用户图形文件不能打开，在这种情况下先退出打开操作，然后选择菜单栏中的“文件”→“图形实用工具”→“修复”命令，或在命令行中输入“RECOVER”，接着在“选择文件”对话框中输入要恢复的文件，确认后系统开始执行恢复文件操作。

（3）保存文件

【执行方式】

- 命令行：QSAVE 或 SAVE。
- 菜单栏：选择菜单栏中的“文件”→“保存”命令。
- 工具栏：单击“标准”工具栏中的→“保存”按钮。

执行上述操作后，若文件已命名，则系统自动保存文件，若文件未命名（即为默认名drawing1.dwg），则系统打开“图形另存为”对话框，如图 1-26 所示，用户可以重新命名保存。在“保存于”下拉列表框中指定保存文件的路径，在“文件类型”下拉列表框中指定保存文件的类型。

为了防止因意外操作或计算机系统故障导致正在绘制的图形文件丢失，可以对当前图形文件设置自动保存，其操作方法如下。

① 在命令行输入“SAVEFILEPATH”，按<Enter>键，设置所有自动保存文件的位置，如“D:\HU\”。

② 在命令行输入“SAVEFILE”，按<Enter>键，设置自动保存文件名。该系统变量储存的文件名文件是只读文件，用户可以从中查询自动保存的文件名。

③ 在命令行输入“SAVETIME”，按<Enter>键，指定在使用自动保存时，多长时间保存一次图形，单位是“分”。

图 1-26　“图形另存为”对话框

（4）另存为

【执行方式】

- 命令行：SAVEAS。
- 菜单栏：选择菜单栏中的“文件”→“另存为”命令。

执行上述操作后，打开“图形另存为”对话框，如图 1-26 所示，系统用新的文件名保存，并为当前图形更名。

技巧荟萃

系统打开“选择样板”对话框，在“文件类型”下拉列表框中有 4 种格式的图形样板，后缀分别是.dwt、.dwg、.dws 和.dxf。

（5）退出

【执行方式】

- 命令行：QUIT 或 EXIT。
- 菜单栏：选择菜单栏中的“文件”→“退出”命令。
- 按钮：单击 AutoCAD 操作界面右上角的“关闭”按钮 ×。

执行上述操作后，若用户对图形所做的修改尚未保存，则会打开如图 1-27 所示的系统警告对话框。单击“是”按钮，系统将保存文件，然后退出；单击“否”按钮，系统将不保存文件。若用户对图形所做的修改已经保存，则直接退出。

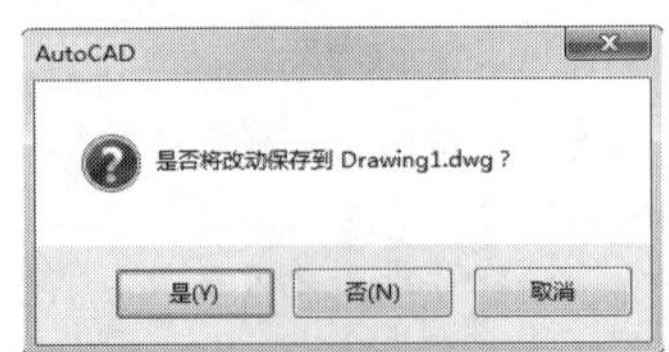

图 1-27　系统警告对话框

1.5 基本输入操作

1.5.1 命令输入方式

AutoCAD 交互绘图必须输入必要的指令和参数。有多种 AutoCAD 命令输入方式，下面以画直线为例，介绍命令输入方式。

① 在命令行输入命令名。命令字符可不区分大小写，例如，命令“LINE”。执行命令时，在命令行提示中经常会出现命令选项。在命令行输入绘制直线命令“LINE”后，命令行中的提示如下。

```
命令: LINE↙
指定第一个点:在绘图区指定一点或输入一个点的坐标
指定下一点或 [放弃(U)]:
```

命令行中不带括号的提示为默认选项（如上面的“指定下一点或”），因此可以直接输入直线段的起点坐标或在绘图区指定一点，如果要选择其他选项，则应该首先输入该选项的标识字符，如“放弃”选项的标识字符“U”，然后按系统提示输入数据即可。在命令选项的后面有时还带有尖括号，尖括号内的数值为默认数值。

② 在命令行输入命令缩写字。如 L（Line）、C（Circle）、A（Arc）、Z（Zoom）、R（Redraw）、M（Move）、CO（Copy）、PL（Pline）、E（Erase）等。

③ 选择“绘图”菜单栏中对应的命令，在命令行窗口中可以看到对应的命令说明及命令名。

④ 单击“绘图”工具栏中对应的按钮，命令行窗口中也可以看到对应的命令说明及命令名。

⑤ 在命令行打开快捷菜单。如果在前面刚使用过要输入的命令，可以在命令行右击，打开快捷菜单，在“最近使用的命令”子菜单中选择需要的命令，如图 1-28 所示。“最近使用的命令”子菜单中储存最近使用的 6 个命令，如果经常重复使用某 6 个命令以内的命令，这种方法就比较快速简便。

图 1-28 在命令行打开快捷菜单

⑥ 在绘图区右击。如果用户要重复使用上次使用的命令，可以直接在命令行按回车键，系统立即重复执行上次使用的命令。这种方法适用于重复执行某个命令。

技巧荟萃

在命令行中输入坐标时，请检查此时的输入法是否是英文输入。如果是中文输入法，例如输入“150，20”，则由于逗号“，”的原因，系统会认定该坐标输入无效。这时，只需将输入法改为英文即可。

1.5.2 命令的重复、撤销、重做

① 命令的重复。单击<Enter>键，可重复调用上一个命令，不管上一个命令是完成了还是被取消了。

② 命令的撤销。在命令执行的任何时刻都可以取消和终止命令的执行。

【执行方式】

- 命令行：UNDO。
- 菜单栏：选择菜单栏中的“编辑”→“放弃”命令。
- 快捷键：按<Esc>键。

③ 命令的重做。已被撤销的命令要恢复重做，可以恢复撤销的最后一个命令。

【执行方式】

- 命令行：REDO。
- 菜单栏：选择菜单栏中的“编辑”→“重做”命令。
- 快捷键：按<Ctrl>+<Y>键。

AutoCAD 2020 可以一次执行多重放弃和重做操作。单击“标准”工具栏中的“放弃”按钮或“重做”按钮后面的小三角，可以选择要放弃或重做的操作，如图 1-29 所示。

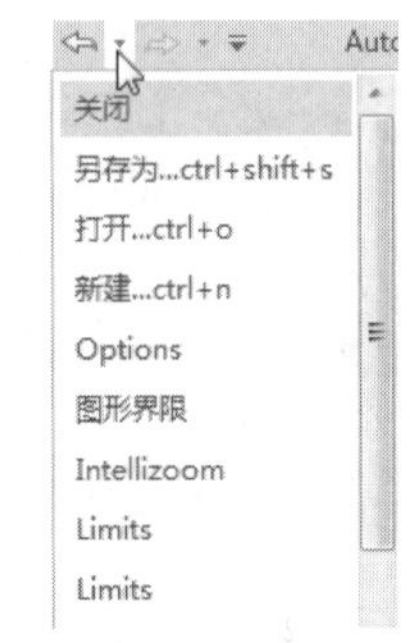

图 1-29 多重放弃选项

1.5.3 透明命令

在 AutoCAD 2020 中有些命令不仅可以直接在命令行中使用，还可以在其他命令的执行过程中插入并执行，待该命令执行完毕后，系统继续执行原命令，这种命令称为透明命令。透明命令一般多为修改图形设置或打开辅助绘图工具的命令。

1.5.2 节中 3 种命令的执行方式同样适用于透明命令的执行，例如在命令行中进行如下操作。

```
命令: ARC↙
指定圆弧的起点或 [圆心(C)]: 'ZOOM↙（透明使用显示缩放命令 ZOOM）
>>（执行 ZOOM 命令）
>>指定窗口的角点，输入比例因子 (nX 或 nXP)，或者[全部(A)/中心(C)/动态(D)/范围(E)/上一个(P)/比例(S)/窗口(W)/对象(O)] <实时>:
正在恢复执行 ARC 命令
指定圆弧的起点或 [圆心(C)]: 继续执行原命令
```

1.5.4 按键定义

在 AutoCAD 2020 中，除了可以通过在命令行输入命令、单击工具栏按钮或选择菜单栏中的命令来完成操作外，还可以通过使用键盘上的一组或单个快捷键快速实现指定功能，如按<F1>键，系统调用 AutoCAD 帮助对话框。

系统使用 AutoCAD 传统标准（Windows 之前）或 Microsoft Windows 标准解释快捷

键。有些快捷键在 AutoCAD 的菜单中已经指出，如“粘贴”的快捷键为<Ctrl>+<V>，这些只要用户在使用的过程中多加留意，就会熟练掌握。快捷键的定义见菜单命令后面的说明。

1.5.5 命令执行方式

有的命令有两种执行方式，通过对话框或通过命令行输入命令。如指定使用命令行方式，可以在命令名前加短划线来表示，如“-LAYER”表示用命令行方式执行“图层”命令。而如果在命令行输入“LAYER”，系统则会打开“图层特性管理器”对话框。

另外，有些命令同时存在命令行、菜单栏、工具栏和功能区 4 种执行方式，这时如果选择菜单栏、工具栏或功能区方式，命令行会显示该命令，并在前面加一下划线。例如，通过菜单、工具栏或功能区方式执行“直线”命令时，命令行会显示“_line”，命令的执行过程和结果与命令行方式相同。

1.5.6 坐标系统与数据输入法

（1）新建坐标系

AutoCAD 采用两种坐标系：世界坐标系（WCS）与用户坐标系。用户刚进入 AutoCAD 时的坐标系统就是世界坐标系，是固定的坐标系统。世界坐标系是坐标系统中的基准，绘制图形时大多是在这个坐标系统下进行的。

【执行方式】

- 命令行：UCS。
- 菜单栏：选择菜单栏的“工具”→“新建 UCS”子菜单中相应的命令。
- 工具栏：单击“UCS”工具栏中的相应按钮。

AutoCAD 有两种视图显示方式：模型空间和图纸空间。模型空间使用单一视图显示，通常使用的都是这种显示方式；图纸空间能够在绘图区创建图形的多视图，用户可以对其中每一个视图进行单独操作。在默认情况下，当前 UCS 与 WCS 重合。图 1-30（a）为模型空间下的 UCS 坐标系图标，通常在绘图区左下角处；也可以指定其放在当前 UCS 的实际坐标原点位置，如图 1-30（b）所示；图 1-30（c）为图纸空间下的坐标系图标。

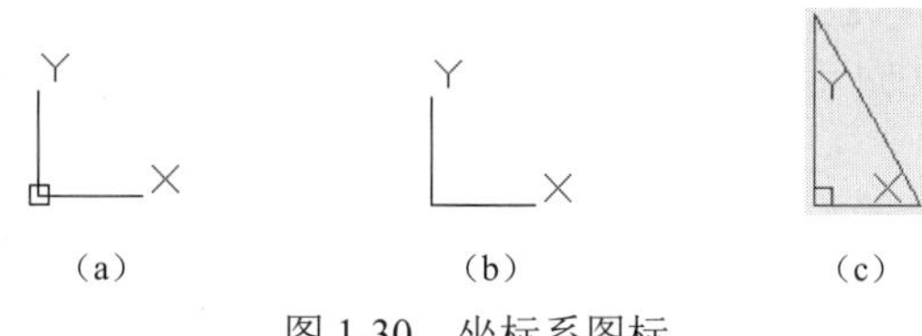

（a）（b）（c）

图 1-30 坐标系图标

（2）数据输入法

在 AutoCAD 2020 中，点的坐标可以用直角坐标、极坐标、球面坐标和柱面坐标表示，每一种坐标又分别具有两种坐标输入方式：绝对坐标和相对坐标。其中直角坐标和极坐标最为常用，具体输入方法如下。

① 直角坐标法。用点的 X、Y 坐标值表示的坐标。

在命令行中输入点的坐标“15,18”，则表示输入了一个 X、Y 的坐标值分别为 15、18 的点，此为绝对坐标输入方式，表示该点的坐标是相对于当前坐标原点的坐标值，如图 1-31（a）所示。如果输入“@10,20”，则为相对坐标输入方式，表示该点的坐标是相对于前一点的坐标值，如图 1-31（b）所示。

② 极坐标法。用长度和角度表示的坐标，只能用来表示二维点的坐标。

在绝对坐标输入方式下，表示为“长度<角度”，如“25<50”，其中长度表示该点到坐标原点的距离，角度表示该点到原点的连线与 X 轴正向的夹角，如图 1-31（c）所示。

在相对坐标输入方式下，表示为“@长度<角度”，如“@25<45”，其中长度为该点到前一点的距离，角度为该点至前一点的连线与 X 轴正向的夹角，如图 1-31（d）所示。

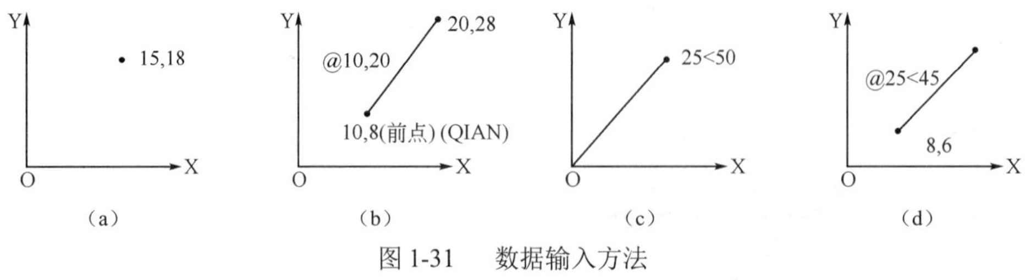

图 1-31　数据输入方法

（3）动态数据输入

按下状态栏中的“动态输入”按钮，系统打开动态输入功能，可以在绘图区动态地输入某些参数数据。例如，绘制直线时，在光标附近，会动态地显示“指定第一个点：”以及后面的坐标框。当前坐标框中显示的是目前光标所在位置，可以输入数据，两个数据之间以逗号隔开，如图 1-32 所示。指定第一个点后，系统动态显示直线的角度，同时要求输入线段长度值，如图 1-33 所示，其输入效果与“@长度<角度”方式相同。

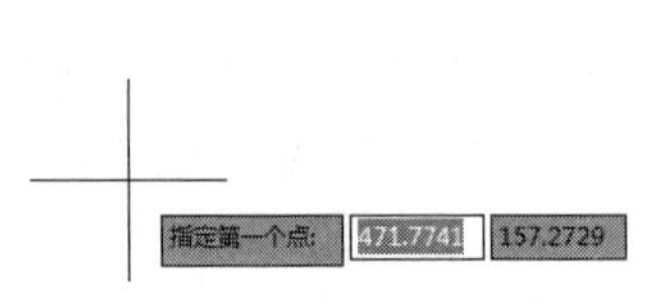

图 1-32　动态输入坐标值

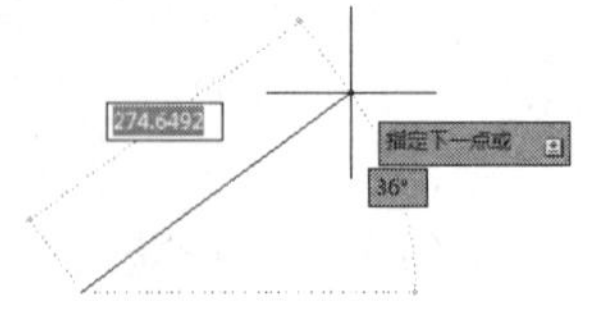

图 1-33 动态输入线段长度值

下面分别介绍点与距离值的输入方法。

① 点的输入。在绘图过程中，常需要输入点的位置，AutoCAD 提供了如下几种输入点的方式。

a．用键盘直接在命令行输入点的坐标。直角坐标有两种输入方式：“x,y”（点的绝对坐标值，如“100,50”）和“@ x,y”（相对于上一点的相对坐标值，如“@ 50,-30”）。

极坐标的输入方式为“长度<角度”（其中，长度为点到坐标原点的距离，角度为原点至该点连线与 X 轴的正向夹角，如“20<45”）或“@长度<角度”（相对于上一点的相对极坐标，如“@ 50<-30”）。

b．用鼠标等定标设备移动光标，在绘图区单击直接取点。

c．用目标捕捉方式捕捉绘图区已有图形的特殊点（如端点、中点、中心点、插入点、交点、切点、垂足点等）。

d．直接输入距离。先拖拉出直线以确定方向，然后用键盘输入距离。这样有利于准确控制对象的长度，如要绘制一条 10mm 长的线段，命令行提示与操作方法如下。

```
命令: _line↙
指定第一个点:在绘图区指定一点
指定下一点或 [放弃(U)]:
```

这时在绘图区移动光标指明线段的方向，但不要单击鼠标，然后在命令行输入"10"，这样就在指定方向上准确地绘制了长度为 10mm 的线段，如图 1-34 所示。

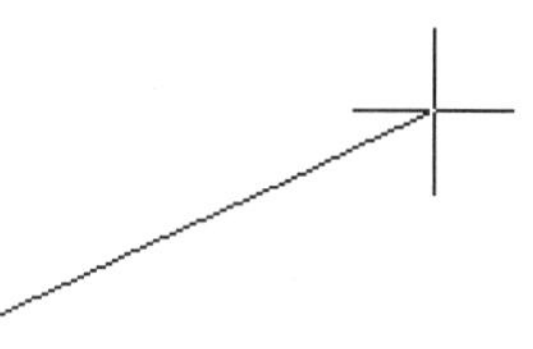
图 1-34　绘制线段

② 距离值的输入。在 AutoCAD 命令中，有时需要提供高度、宽度、半径、长度等表示距离的值。AutoCAD 系统提供了两种输入距离值的方式：一种是用键盘在命令行中直接输入数值；另一种是在绘图区选择两点，以两点的距离值确定出所需数值。

上 机 操 作

【实例 1】设置绘图环境

（1）目的要求

任何一个图形文件都有一个特定的绘图环境，包括图形边界、绘图单位、角度等。设置绘图环境通常有两种方法：设置向导与单独的命令设置方法。通过学习设置绘图环境，可以促进读者对图形总体环境的认识。

（2）操作提示

① 选择菜单栏中的"文件"→"新建"命令，系统打开"选择样板"对话框，单击"打开"按钮，进入绘图界面。

② 选择菜单栏中的"格式"→"图形界限"命令，设置界限为"(0,0)(297,210)"，在命令行中可以重新设置模型空间界限。

③ 选择菜单栏中的"格式"→"单位"命令，系统打开"图形单位"对话框，设置单位为"小数"，精度为"0.00"；角度为"度/分/秒"，精度为"0d00'00"；角度测量为"其他"，数值为"135"；角度方向为"顺时针"。

④ 选择菜单栏中的"工具"→"工作空间"→"草图与注释"命令，进入工作空间。

【实例 2】熟悉操作界面

（1）目的要求

操作界面是用户绘制图形的平台，操作界面的各个部分都有其独特的功能，熟悉操作界面有助于用户方便快速地进行绘图。本例要求了解操作界面各部分功能，掌握改变绘图区颜色和光标大小的方法，能够熟练地打开、移动、关闭工具栏。

（2）操作提示

① 启动 AutoCAD 2020，进入操作界面。

② 调整操作界面大小。

③ 设置绘图区颜色与光标大小。

④ 打开、移动、关闭工具栏。

⑤ 尝试同时利用命令行、菜单命令和工具栏绘制一条线段。

【实例 3】管理图形文件

（1）目的要求

图形文件管理包括文件的新建、打开、保存、加密、退出等。本例要求读者熟练掌握 DWG 文件的赋名保存、自动保存、加密及打开的方法。

（2）操作提示

① 启动 AutoCAD 2020，进入操作界面。

② 打开一幅已经保存过的图形。

③ 进行自动保存设置。

④ 尝试在图形上绘制任意图线。

⑤ 将图形以新的名称保存。

⑥ 退出该图形。

【实例 4】数据操作

（1）目的要求

AutoCAD 2020 人机交互的最基本内容就是数据输入。本例要求用户熟练地掌握各种数据的输入方法。

（2）操作提示

① 在命令行输入“LINE”命令。

② 输入起点在直角坐标方式下的绝对坐标值。

③ 输入下一点在直角坐标方式下的相对坐标值。

④ 输入下一点在极坐标方式下的绝对坐标值。

⑤ 输入下一点在极坐标方式下的相对坐标值。

⑥ 单击直接指定下一点的位置。

⑦ 按下状态栏中的“正交模式”按钮，用光标指定下一点的方向，在命令行输入一个数值。

⑧ 按下状态栏中的“动态输入”按钮，拖动光标，系统会动态显示角度，拖动到选定角度后，在长度文本框中输入长度值。

⑨ 按<Enter>键，结束绘制线段的操作。

第2章 二维绘图命令

二维图形是指在二维平面空间绘制的图形，AutoCAD提供了大量的绘图工具，可以帮助用户完成二维图形的绘制。用户利用AutoCAD提供的二维绘图命令，可以快速方便地完成某些图形的绘制。本章主要介绍直线、圆和圆弧、椭圆与椭圆弧、平面图形、点、轨迹线与区域填充、多段线、样条曲线和多线的绘制。

学习目标

了解二维绘图命令

熟练掌握二维绘图的方法

2.1 直线类命令

直线类命令包括直线段、射线和构造线。这几个命令是 AutoCAD 中最简单的绘图命令。

2.1.1 直线段

【执行方式】

- 命令行：LINE（快捷命令：L）。
- 菜单栏：选择菜单栏中的“绘图”→“直线”命令。
- 工具栏：单击“绘图”工具栏中的“直线”按钮 ⁄。
- 功能区：单击“默认”选项卡“绘图”面板中的“直线”按钮 ⁄（如图 2-1 所示）。

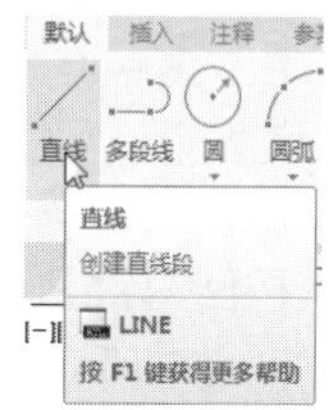

图 2-1 “绘图”面板

【操作步骤】

命令行提示与操作如下。

```
命令: LINE↙
指定第一个点:输入直线段的起点坐标或在绘图区单击指定点
指定下一点或 [放弃(U)]:输入直线段的端点坐标，或利用光标指定一定角度后，直接输入直线
```

的长度

指定下一点或 [退出(E)/放弃(U)]:输入下一直线段的端点，或输入选项“U”表示放弃前面的输入；右击或按<Enter>键，结束命令

指定下一点或 [关闭(C)/退出(X)/放弃(U)]:输入下一直线段的端点，或输入选项“C”使图形闭合，结束命令

【选项说明】

① 若采用按<Enter>键响应“指定第一个点”提示，系统会把上次绘制图线的终点作为本次图线的起始点。若上次操作为绘制圆弧，按<Enter>键响应后绘出通过圆弧终点并与该圆弧相切的直线段，该线段的长度为光标在绘图区指定的一点与切点之间线段的距离。

② 在“指定下一点”提示下，用户可以指定多个端点，从而绘出多条直线段。但是，每一段直线是一个独立的对象，可以进行单独的编辑操作。

③ 绘制两条以上直线段后，若采用输入选项“C”响应“指定下一点”提示，系统会自动连接起始点和最后一个端点，从而绘出封闭的图形。

④ 若采用输入选项“U”响应提示，则删除最近一次绘制的直线段。

⑤ 若设置正交方式（按下状态栏中的“正交模式”按钮），只能绘制水平线段或垂直线段。

⑥ 若设置动态数据输入方式（按下状态栏中的“动态输入”按钮），则可以动态输入坐标或长度值，效果与非动态数据输入方式类似。除了特别需要，以后不再强调，而只按非动态数据输入方式输入相关数据。

2.1.2 实例——螺栓

扫一扫，看视频

利用直线命令绘制螺栓，如图 2-2 所示。

图 2-2 绘制螺栓

（1）绘制螺帽的外轮廓

① 单击状态栏中的“动态输入”按钮，关闭动态输入功能。

② 单击“默认”选项卡“绘图”面板中的“直线”按钮，绘制螺帽的外轮廓，命令行提示与操作如下。

```
命令: _line
指定第一个点: 0,0
指定下一点或 [放弃(U)]: @80,0
指定下一点或 [放弃(U)]: @0,-30
指定下一点或 [闭合(C)/放弃(U)]: @80<180
指定下一点或 [闭合(C)/放弃(U)]: C
```

按回车键执行闭合命令后，将绘制一条从终点到第一点的直线，将图形封闭，绘制的矩形如图 2-3 所示。

【提示】

输入坐标值时，逗号一定要在英文状态下输入，否则系统会提示错误。

读者可能对上面输入的各个坐标含义不太理解，可以先按书上提示操作，下一节将详细讲述各种不同坐标值的含义。

（2）完成螺帽的绘制

单击“绘图”工具栏中的“直线”按钮，绘制螺帽上的竖直线，命令行提示与操作

如下。

```
命令: _line
指定第一个点: 25,0
指定下一点或 [放弃(U)]: @0,-30
指定下一点或 [放弃(U)]:
命令: L
指定第一个点: 55,0
指定下一点或 [放弃(U)]: @0,-30
指定下一点或 [放弃(U)]:
```

在矩形中绘制的直线如图 2-4 所示。

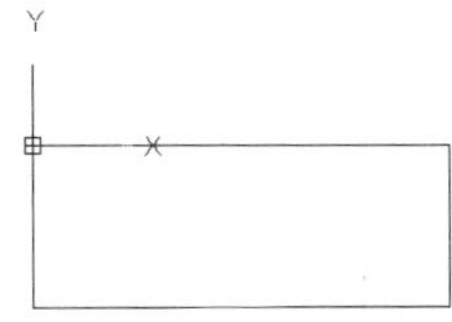

图 2-3　绘制矩形

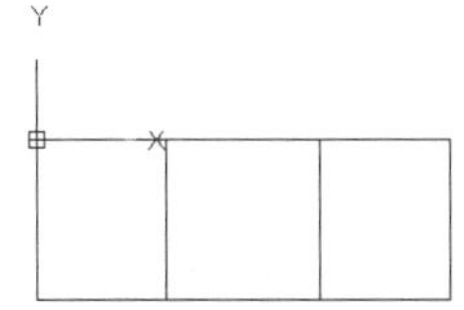

图 2-4　在矩形中绘制直线

【提示】

如果某些命令第一个字母相同，那么对于比较常用的命令，其快捷命令取第一个字母，其他命令的快捷命令可用前面 2 个或 3 个字母表示。例如“R”表示 Redraw，“RA”表示 Redrawall，“L”表示 Line，“LT”表示 LineType，“LTS”表示 LTScale。

有些命令同时存在命令行和选项卡执行方式，这时如果选择选项卡方式，命令行会显示该命令，并在前面加一下划线。例如，通过选项卡方式执行“直线”命令时，命令行会显示“_line”，命令的执行过程和结果与命令行方式相同。

（3）绘制螺杆

选择菜单栏中的“绘图”→“直线”命令，绘制螺杆轮廓，命令行提示与操作如下。

```
命令: _line
指定第一个点: 20,-30
指定下一点或 [放弃(U)]: @0,-100
指定下一点或 [放弃(U)]: @40,0
指定下一点或 [闭合(C)/放弃(U)]: @0,100
指定下一点或 [闭合(C)/放弃(U)]:
```

绘制的螺杆轮廓线如图 2-5 所示。

（4）绘制螺纹

单击“默认”选项卡“绘图”面板中的“直线”按钮╱，绘制螺纹，命令行提示与操作如下。

```
命令: _line
指定第一个点: 22.56,-30
指定下一点或 [放弃(U)]: @0,-100
指定下一点或 [放弃(U)]: 按回车键
命令: _line
指定第一个点: 57.44,-30
```

```
指定下一点或 [放弃(U)]: @0,-100
指定下一点或 [闭合(C)/放弃(U)]:
```

绘制结果如图 2-6 所示。

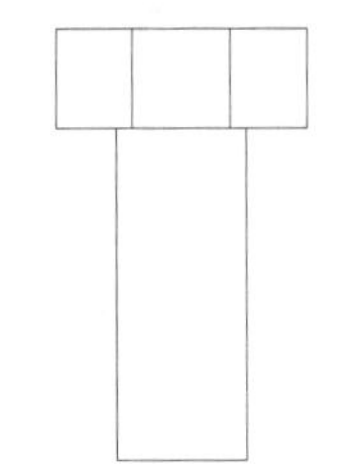
图 2-5　绘制螺杆轮廓线

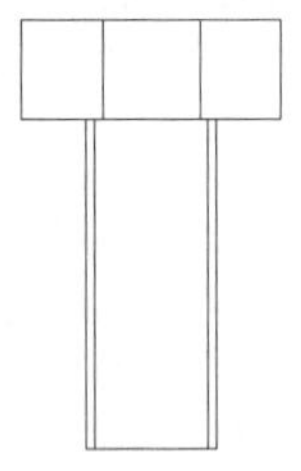
图 2-6　螺栓

【提示】

在执行完一个命令后直接回车，表示重复执行上一个命令。

（5）**保存文件**

在命令行中输入“QSAVE”命令，按回车键，或选择菜单栏中的“文件”→“保存”命令，或单击“快速访问”工具栏中的“保存”按钮，在打开的“图形另存为”对话框中输入文件名保存即可。

2.1.3　构造线

【执行方式】

- 命令行：XLINE（快捷命令：XL）。
- 菜单栏：选择菜单栏中的“绘图”→“构造线”命令。
- 工具栏：单击“绘图”工具栏中的“构造线”按钮。
- 功能区：单击“默认”选项卡“绘图”面板中的“构造线”按钮，如图 2-7 所示。

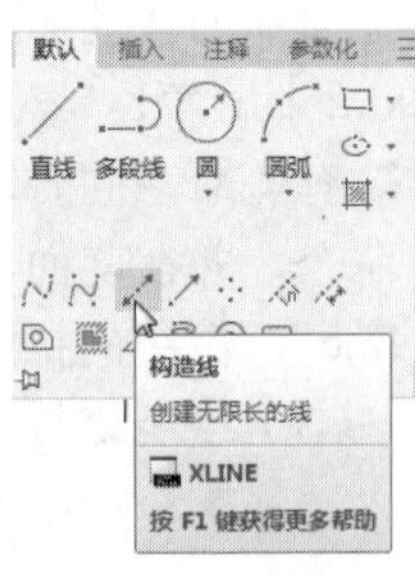

图 2-7　“绘图”面板

【操作步骤】

命令行提示与操作如下。

```
命令: XLINE↙
指定点或 [水平(H)/垂直(V)/角度(A)/二等分(B)/偏移(O)]: 指定起点 1
指定通过点: 指定通过点 2，绘制一条双向无限长直线
指定通过点: 继续指定点，继续绘制直线，按<Enter>键结束命令
```

【选项说明】

① 执行选项中有“指定点”“水平”“垂直”“角度”“二等分”和“偏移”6 种方式绘制构造线，分别如图 2-8 所示。

② 构造线模拟手工作图中的辅助作图线。用特殊的线型显示，在图形输出时可不作输出。应用构造线作为辅助线绘制机械图中的三视图是构造线的最主要用途，构造线的应用保证了三视图之间“主、俯视图长对正，主、左视图高平齐，俯、左视图宽相等”的对应关系。

图 2-9 所示为应用构造线作为辅助线绘制机械图中三视图的示例。图中细线为构造线，粗线为三视图轮廓线。

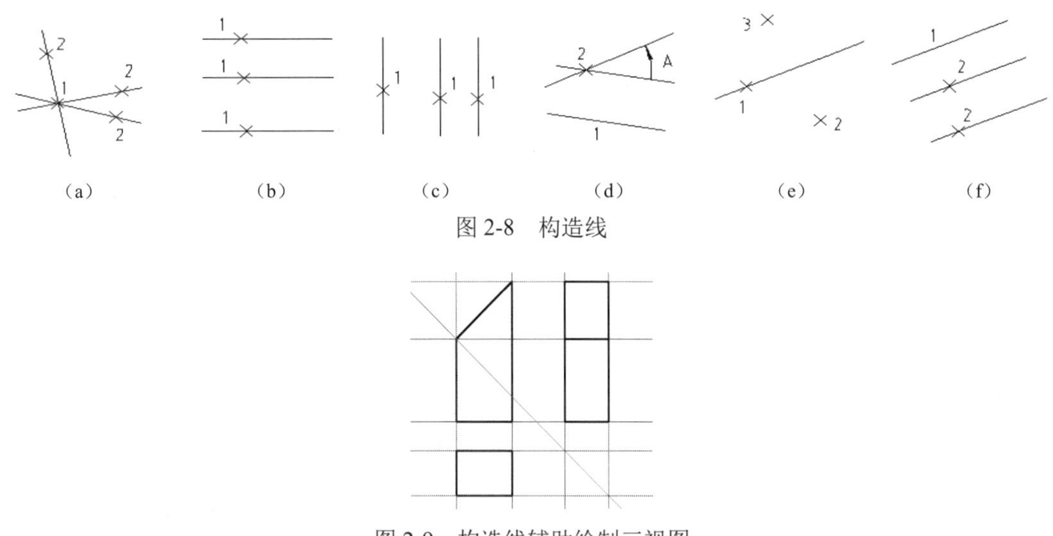

（a） （b） （c） （d） （e） （f）

图 2-8 构造线

图 2-9 构造线辅助绘制三视图

2.2 圆类命令

圆类命令主要包括“圆”“圆弧”“圆环”“椭圆”以及“椭圆弧”命令，这几个命令是 AutoCAD 中最简单的曲线命令。

2.2.1 圆

【执行方式】

- 命令行：CIRCLE（快捷命令：C）。
- 菜单栏：选择菜单栏中的“绘图”→“圆”命令。
- 工具栏：单击“绘图”工具栏中的“圆”按钮。
- 功能区：单击“默认”选项卡“绘图”面板中的“圆”下拉菜单，如图 2-10 所示。

【操作步骤】

命令行提示与操作如下。

```
命令: CIRCLE↙
指定圆的圆心或 [三点(3P)/两点(2P)/切点、切点、半径(T)]: 指定圆心
指定圆的半径或 [直径(D)]: 直接输入半径值或在绘图区单击指定半径长度
指定圆的直径 <默认值>: 输入直径值或在绘图区单击指定直径长度
```

【选项说明】

① 三点（3P）：通过指定圆周上三点绘制圆。

② 两点（2P）：通过指定直径的两端点绘制圆。

③ 切点、切点、半径（T）：通过先指定两个相切对象，再给出半径的方法绘制圆。如图 2-11 所示给出了以“切点、切点、半径”方式绘制圆的各种情形（加粗的圆为最后绘制的圆）。

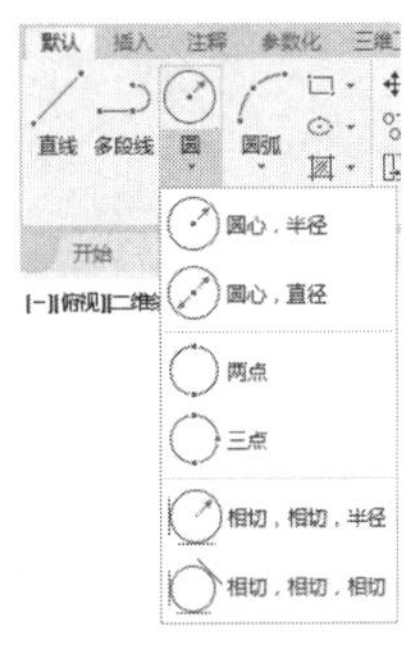

图 2-10 “圆”下拉菜单

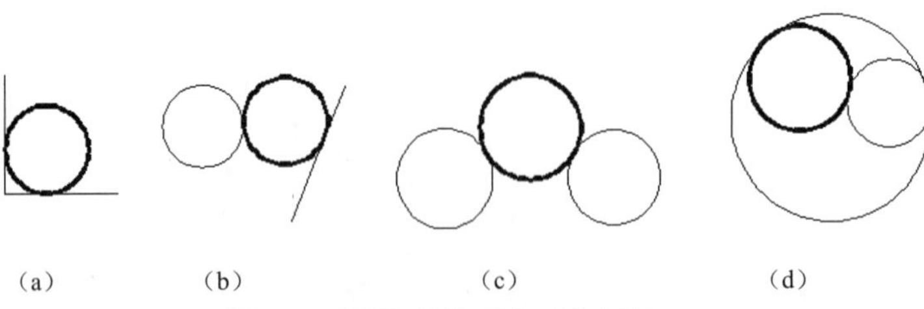

图 2-11 圆与另外两个对象相切

选择菜单栏中的“绘图”→“圆”命令，其子菜单中多了一种“相切、相切、相切”的绘制方法，当选择此方式时（图 2-12），命令行提示与操作如下。

```
指定圆上的第一个点：_tan 到：选择相切的第一个圆弧
指定圆上的第二个点：_tan 到：选择相切的第二个圆弧
指定圆上的第三个点：_tan 到：选择相切的第三个圆弧
```

技巧荟萃

除了直接输入圆心点外，还可以利用圆心点与中心线的对应关系，利用对象捕捉的方法选择圆心。按下状态栏中的“对象捕捉”按钮，命令行中会提示“命令:<对象捕捉 开>”。

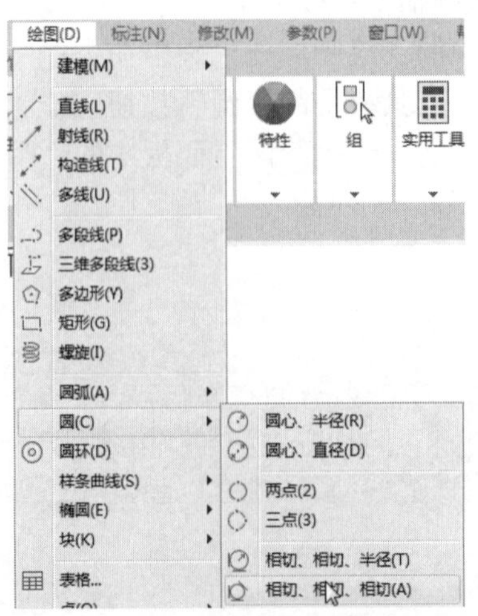

图 2-12 “相切、相切、相切”绘制方法

2.2.2 实例——连环圆的绘制

扫一扫，看视频

绘制如图 2-13 所示的连环圆。

① 单击“快速访问”工具栏中的“新建”按钮，系统创建一个新图形。

② 单击“默认”选项卡“绘图”面板中的“圆”按钮，选择“圆心、半径”的方法绘制 A 圆，命令行提示与操作如下。

```
命令：_circle
指定圆的圆心或 [三点(3P)/两点(2P)/切点、切点、半径(T)]：150,160↙，确定点 1
指定圆的半径或 [直径(D)]：40↙，绘制出 A 圆
```

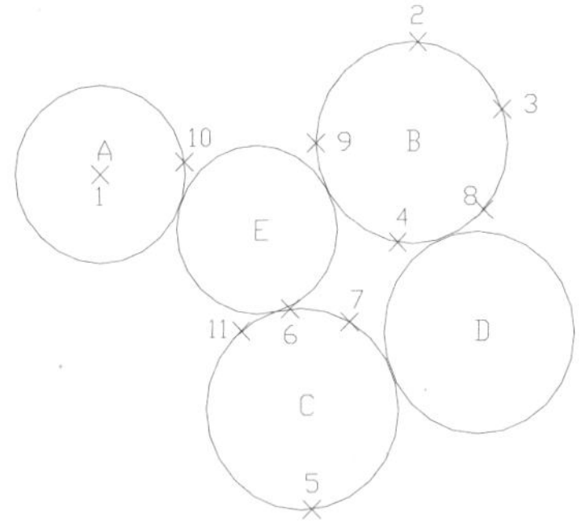

图 2-13 连环圆

③ 单击“默认”选项卡“绘图”面板中的“圆”按钮，选择“三点”的方法绘制 B 圆，命令行提示与操作如下。

```
命令：_circle
指定圆的圆心或 [三点(3P)/两点(2P)/切点、切点、半径(T)]：3P↙
指定圆上的第一个点：300,220↙，确定点 2
指定圆上的第二个点：340,190↙，确定点 3
指定圆上的第三个点：290,130↙，确定点 4，绘制出 B 圆
```

④ 单击“默认”选项卡“绘图”面板中的“圆”按钮，选择“两点”的方法绘制 C 圆，命令行提示与操作如下。

```
命令：_circle
指定圆的圆心或 [三点(3P)/两点(2P)/切点、切点、半径(T)]:2P↙
指定圆直径的第一个端点：250,10↙，确定点 5
指定圆直径的第二个端点：240,100↙，确定点 6，绘制出 C 圆
```

绘制结果如图 2-14 所示。

⑤ 单击“默认”选项卡“绘图”面板中的“圆”按钮，选择“切点、切点、半径”的方法绘制 D 圆，命令行提示与操作如下。

```
命令：_circle
指定圆的圆心或 [三点(3P)/两点(2P)/切点、切点、半径(T)]：T↙
指定对象与圆的第一个切点：在点 7 附近选中 C 圆
指定对象与圆的第二个切点：在点 8 附近选中 B 圆
指定圆的半径：<45.2769>：45↙，绘制出 D 圆
```

绘制结果如图 2-15 所示。

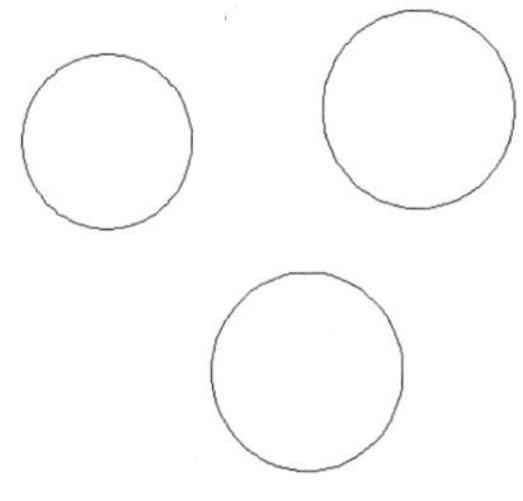

图 2-14 绘制 C 圆

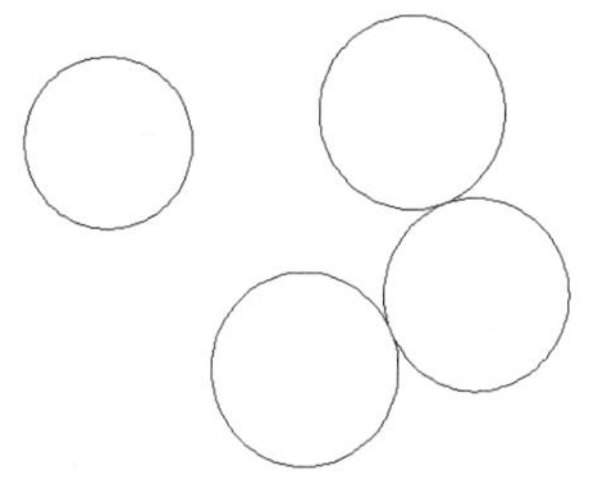

图 2-15 绘制 D 圆

⑥ 单击“默认”选项卡“绘图”面板中的“圆”按钮，选择“相切、相切、相切”命令，以“相切、相切、相切”的方法绘制 E 圆，命令行提示与操作如下。

```
命令: _circle
指定圆的圆心或 [三点(3P)/两点(2P)/切点、切点、半径(T)]: _3p 指定圆上的第一个点: _tan 到: 按下状态栏中的“对象捕捉”按钮，选择点 9
指定圆上的第二个点: _tan 到: 选择点 10
指定圆上的第三个点: _tan 到: 选择点 11，绘制出 E 圆
```

最终绘制结果如图 2-13 所示。

⑦ 在命令行输入“QSAVE”，或选择菜单栏中的“文件”→“保存”命令，或单击单击“快速访问”工具栏中的“保存”按钮，在打开的“图形另存为”对话框中输入文件名保存即可。

2.2.3 圆弧

【执行方式】

- 命令行：ARC（快捷命令：A）。
- 菜单栏：选择菜单栏中的“绘图”→“圆弧”命令。
- 工具栏：单击“绘图”工具栏中的“圆弧”按钮。
- 功能区：单击“默认”选项卡“绘图”面板中的“圆弧”下拉菜单，如图 2-16 所示。

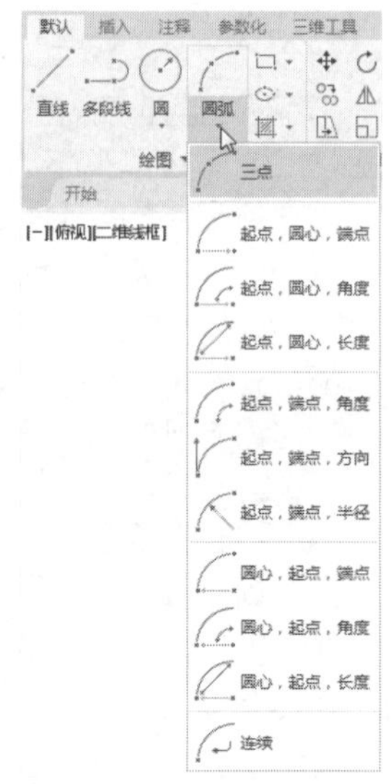

图 2-16 “圆弧”下拉菜单

【操作步骤】

命令行提示与操作如下。

```
命令: ARC↙
指定圆弧的起点或 [圆心(C)]: 指定起点
指定圆弧的第二个点或 [圆心(C)/端点(E)]: 指定第二点
指定圆弧的端点: 指定末端点
```

【选项说明】

① 用命令行方式绘制圆弧时，可以根据系统提示选择不同的选项，具体功能和利用菜单栏中的“绘图”→“圆弧”中子菜单提供的 11 种方式相似。这 11 种方式绘制的圆弧分别如图 2-17 所示。

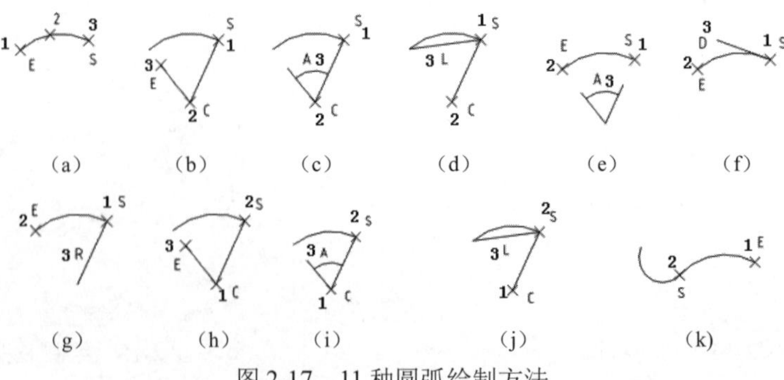

图 2-17 11 种圆弧绘制方法

② 需要强调的是“连续”方式，绘制的圆弧与上一线段圆弧相切。继续绘制圆弧段，只提供端点即可。

技巧荟萃

绘制圆弧时，注意圆弧的曲率是遵循逆时针方向的，所以在选择指定圆弧两个端点和半径模式时，需要注意端点的指定顺序，否则有可能导致圆弧的凹凸形状与预期的相反。

2.2.4　实例——五瓣梅的绘制

扫一扫，看视频

图 2-18　五瓣梅

绘制如图 2-18 所示的五瓣梅。

① 单击“快速访问”工具栏中的“新建”按钮，系统创建一个新图形。

② 单击“默认”选项卡“绘图”面板中的“圆弧”按钮，绘制第一段圆弧，命令行提示与操作如下。

```
命令：_arc
指定圆弧的起点或 [圆心(C)]：140,110↙
指定圆弧的第二个点或 [圆心(C)/端点(E)]：E↙
指定圆弧的端点：@40<180↙
指定圆弧的中心点(按住<Ctrl>键以切换方向)或 [角度(A)/方向(D)/半径(R)]：R↙
指定圆弧半径(按住<Ctrl>键以切换方向)：20↙
```

③ 单击“默认”选项卡“绘图”面板中的“圆弧”按钮，绘制第二段圆弧，命令行提示与操作如下。

```
命令：_arc
指定圆弧的起点或 [圆心(C)]：选择刚才绘制的圆弧端点 P2
指定圆弧的第二个点或 [圆心(C)/端点(E)]：E↙
指定圆弧的端点：@40<252↙
指定圆弧的中心点(按住<Ctrl>键以切换方向)或 [角度(A)/方向(D)/半径(R)]：A↙
指定夹角(按住<Ctrl>键以切换方向)：180↙
```

④ 单击“默认”选项卡“绘图”面板中的“圆弧”按钮，绘制第三段圆弧，命令行提示与操作如下。

```
命令：_arc
指定圆弧的起点或 [圆心(C)]：选择步骤（3）中绘制的圆弧端点 P3
指定圆弧的第二个点或 [圆心(C)/端点(E)]：C↙
指定圆弧的圆心：@20<324↙
指定圆弧的端点(按住<Ctrl>键以切换方向)或 [角度(A)/弦长(L)]：A↙
指定夹角(按住<Ctrl>键以切换方向)：180↙
```

⑤ 单击“默认”选项卡“绘图”面板中的“圆弧”按钮，绘制第四段圆弧，命令行提示与操作如下。

```
命令：_arc
指定圆弧的起点或 [圆心(C)]：选择步骤（4）中绘制圆弧的端点 P4
指定圆弧的第二个点或 [圆心(C)/端点(E)]：C↙
```

```
指定圆弧的圆心：@20<36↙
指定圆弧的端点(按住<Ctrl>键以切换方向)或 [角度(A)/弦长(L)]：L↙
指定弦长(按住<Ctrl>键以切换方向)：40↙
```

⑥ 单击“默认”选项卡“绘图”面板中的“圆弧”按钮，绘制第五段圆弧，命令行提示与操作如下。

```
命令：_arc
指定圆弧的起点或 [圆心(C)]:选择步骤（5）中绘制的圆弧端点 P5
指定圆弧的第二个点或 [圆心(C)/端点(E)]：E↙
指定圆弧的端点：选择圆弧起点 P1
指定圆弧的中心点(按住<Ctrl>键以切换方向)或 [角度(A)/方向(D)/半径(R)]：D↙
指定圆弧的相切方向(按住<Ctrl>键以切换方向)：@20,20↙
```

完成五瓣梅的绘制，最终绘制结果如图 2-18 所示。

⑦ 在命令行输入“QSAVE”，或选择菜单栏中的“文件”→“保存”命令，或单击“快速访问”工具栏中的“保存”按钮，在打开的“图形另存为”对话框中输入文件名保存即可。

2.2.5 圆环

【执行方式】

- 命令行：DONUT（快捷命令：DO）。
- 菜单栏：选择菜单栏中的“绘图”→“圆环”命令。
- 功能区：单击“默认”选项卡“绘图”面板中的“圆环”按钮。

【操作步骤】

命令行提示与操作如下。

```
命令：DONUT↙
指定圆环的内径 <默认值>:指定圆环内径
指定圆环的外径 <默认值>:指定圆环外径
指定圆环的中心点或 <退出>:指定圆环的中心点
指定圆环的中心点或 <退出>:继续指定圆环的中心点，则继续绘制相同内外径的圆环
```

按<Enter><Space>键或右击，结束命令，如图 2-19（a）所示。

【选项说明】

① 若指定内径为零，则画出实心填充圆，如图 2-19（b）所示。

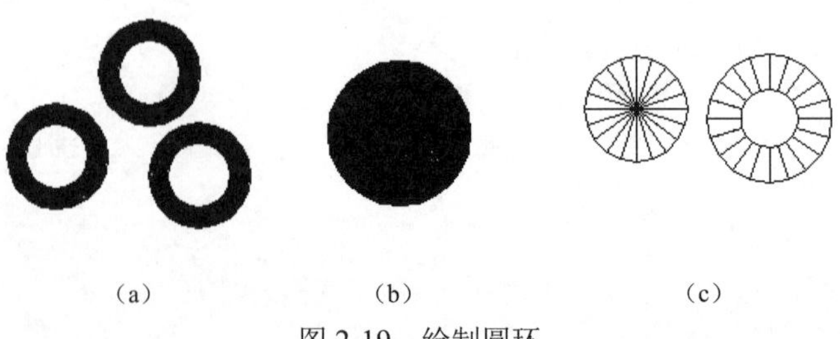

（a）　（b）　（c）

图 2-19　绘制圆环

② 用命令FILL可以控制圆环是否填充，具体方法如下。

命令：FILL↙

输入模式［开(ON)/关(OFF)］<开>:［选择“开”表示填充，选择“关”表示不填充，如图2-19(c)所示］

2.2.6　椭圆与椭圆弧

【执行方式】

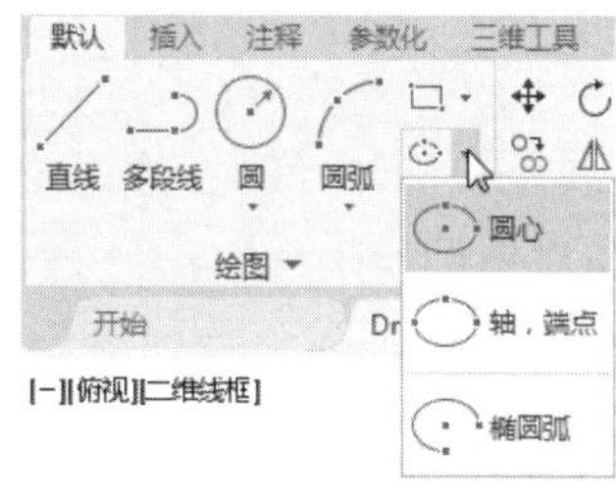

图2-20　“椭圆”下拉菜单

- 命令行：ELLIPSE（快捷命令：EL）。
- 菜单栏：选择菜单栏中的“绘制”→“椭圆”→“圆弧”命令。
- 工具栏：单击“绘图”工具栏中的“椭圆”按钮或“椭圆弧”按钮。
- 功能区：单击“默认”选项卡“绘图”面板中的“椭圆”下拉菜单（如图2-20所示）。

【操作步骤】

命令行提示与操作如下。

命令：ELLIPSE↙

指定椭圆的轴端点或［圆弧(A)/中心点(C)］：指定轴端点1，如图2-21（a）所示

指定轴的另一个端点：指定轴端点2，如图2-21（a）所示

指定另一条半轴长度或［旋转(R)］：

【选项说明】

① 指定椭圆的轴端点：根据两个端点定义椭圆的第一条轴，第一条轴的角度确定了整个椭圆的角度。第一条轴既可定义椭圆的长轴，也可定义其短轴。

② 圆弧（A）：用于创建一段椭圆弧，与“单击‘绘图’工具栏中的‘椭圆弧’按钮”功能相同。其中第一条轴的角度确定了椭圆弧的角度。第一条轴既可定义椭圆弧长轴，也可定义其短轴。选择该项，系统命令行中继续提示如下。

指定椭圆弧的轴端点或［中心点(C)］：指定端点或输入“C”↙

指定轴的另一个端点:指定另一端点

指定另一条半轴长度或［旋转(R)］：指定另一条半轴长度或输入“R”↙

指定起点角度或［参数(P)］：指定起始角度或输入“P”↙

指定端点角度或［参数(P)/ 夹角(I)］：

其中各选项含义如下。

a．起点角度：指定椭圆弧端点的两种方式之一，光标与椭圆中心点连线的夹角为椭圆端点位置的角度,如图2-21（b）所示。

b．参数（P）：指定椭圆弧端点的另一种方式，该方式同样是指定椭圆弧端点的角度，但通过以下矢量参数方程式创建椭圆弧。

$$p(u) = c + a\cos u + b\sin u$$

式中，c是椭圆的中心点；a和b分别是椭圆的长轴和短轴；u为光标与椭圆中心点连线的夹角。

c．夹角（I）：定义从起始角度开始的包含角度。

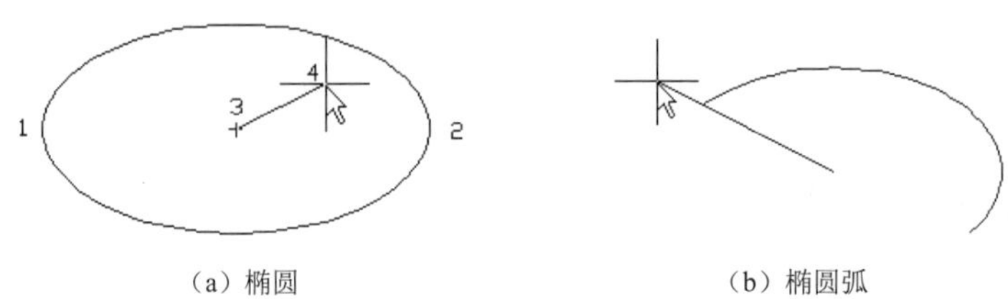

（a）椭圆　　（b）椭圆弧

图 2-21　椭圆和椭圆弧

③ 中心点（C）：通过指定的中心点创建椭圆。

④ 旋转（R）：通过绕第一条轴旋转圆来创建椭圆。相当于将一个圆绕椭圆轴翻转一个角度后的投影视图。

技巧荟萃

椭圆命令生成的椭圆是以多义线还是以椭圆为实体，是由系统变量 PELLIPSE 决定的，当其为 1 时，生成的椭圆就是以多义线形式存在的。

2.2.7　实例——洗脸盆的绘制

扫一扫，看视频

绘制如图 2-22 所示的洗脸盆。

① 单击“默认”选项卡“绘图”面板中的“直线”按钮╱，绘制水龙头图形，绘制结果如图 2-23 所示。

② 单击“默认”选项卡“绘图”面板中的“圆心，半径”按钮⊘，绘制两个水龙头旋钮，绘制结果如图 2-24 所示。

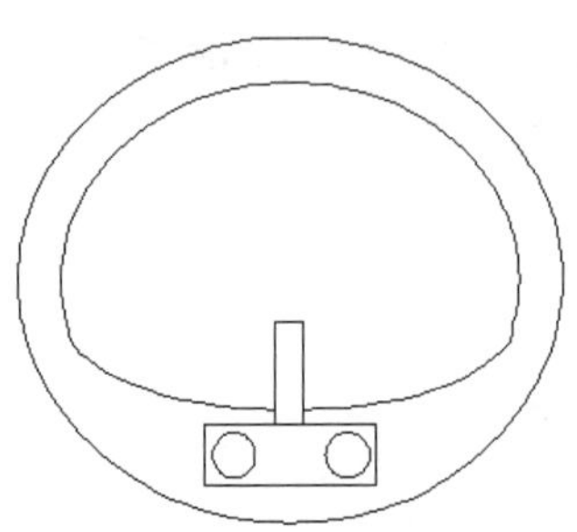

图 2-22　浴室洗脸盆图形

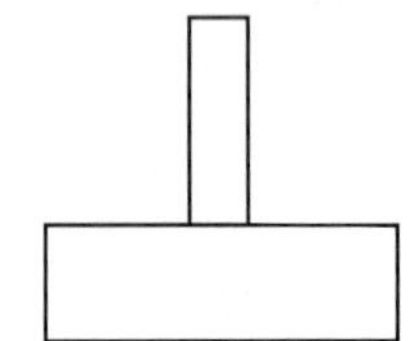

图 2-23　绘制水龙头图形

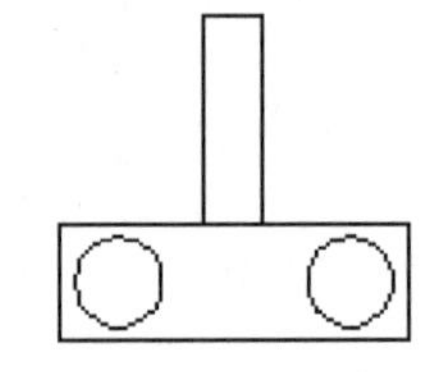

图 2-24　绘制水龙头旋钮

③ 单击“默认”选项卡“绘图”面板中的“轴，端点”按钮⬭，绘制脸盆外沿，命令行提示与操作如下。

```
命令：_ellipse
指定椭圆的轴端点或 [圆弧(A)/中心点(C)]:指定椭圆轴端点
指定轴的另一个端点:指定另一端点
指定另一条半轴长度或 [旋转(R)]:在绘图区拉出另一半轴长度
```

绘制结果如图 2-25 所示。

④ 单击“默认”选项卡“绘图”面板中的“椭圆弧”按钮，绘制脸盆部分内沿，命令行提示与操作如下。

```
命令：_ellipse
指定椭圆的轴端点或 [圆弧(A)/中心点(C)]：A
指定椭圆弧的轴端点或 [中心点(C)]：C↙
指定椭圆弧的中心点：按下状态栏中的“对象捕捉”按钮，捕捉绘制的椭圆中心点
指定轴的端点：适当指定一点
指定另一条半轴长度或 [旋转(R)]：R↙
指定绕长轴旋转的角度：在绘图区指定椭圆轴端点
指定起点角度或 [参数(P)]：在绘图区拉出起始角度
指定端点角度或 [参数(P)/夹角(I)]：在绘图区拉出终止角度
```

⑤ 单击“默认”选项卡“绘图”面板中的“圆弧”按钮，命令行提示与操作如下。

```
命令：_arc
指定圆弧的起点或 [圆心(C)]：捕捉椭圆弧端点
指定圆弧的第二个点或 [圆心(C)/端点(E)]：指定第二点
指定圆弧的端点：捕捉椭圆弧另一端点
```

绘制结果如图 2-26 所示。

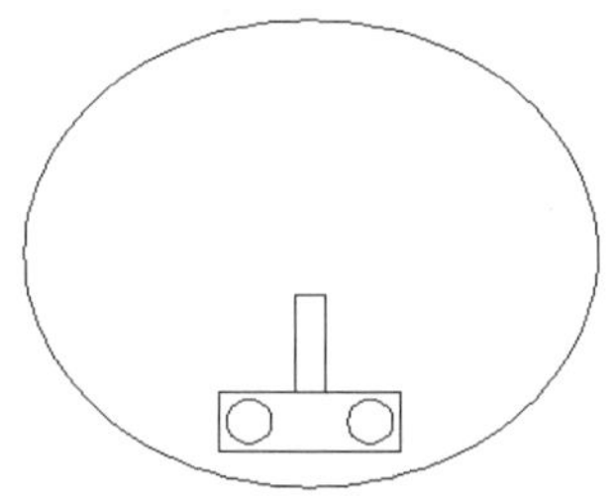

图 2-25　绘制脸盆外沿

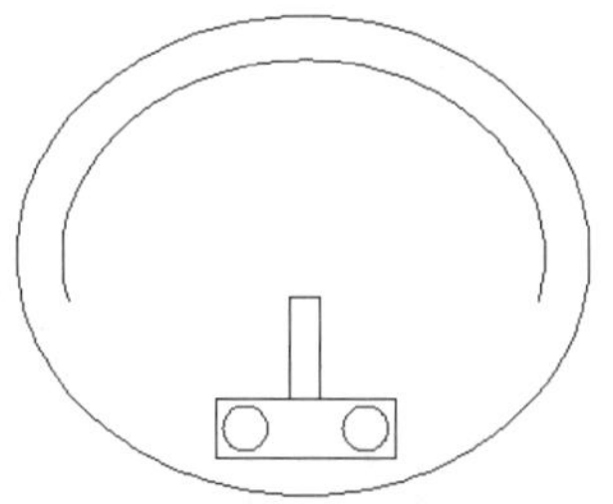

图 2-26　绘制脸盆部分内沿

⑥ 单击“默认”选项卡“绘图”面板中的“圆弧”按钮，绘制脸盆内沿其他部分，最终绘制结果如图 2-22 所示。

2.3 平面图形

2.3.1 矩形

【执行方式】

- 命令行：RECTANG（快捷命令：REC）。
- 菜单栏：选择菜单栏中的“绘图”→“矩形”命令。
- 工具栏：单击“绘图”工具栏中的“矩形”按钮。
- 功能区：单击“默认”选项卡“绘图”面板中的“矩形”按钮。

【操作步骤】

命令行提示与操作如下。

```
命令：RECTANG↙
指定第一个角点或 [倒角(C)/标高(E)/圆角(F)/厚度(T)/宽度(W)]：指定角点
指定另一个角点或 [面积(A)/尺寸(D)/旋转(R)]：
```

【选项说明】

① 第一个角点：通过指定两个角点确定矩形，如图 2-27（a）所示。

② 倒角（C）：指定倒角距离，绘制带倒角的矩形，如图 2-27（b）所示。每一个角点的逆时针和顺时针方向的倒角可以相同，也可以不同，其中第一个倒角距离是指角点逆时针方向倒角距离，第二个倒角距离是指角点顺时针方向倒角距离。

③ 标高（E）：指定矩形标高（Z 坐标），即把矩形放置在标高为 Z 并与 XOY 坐标面平行的平面上，并作为后续矩形的标高值。

④ 圆角（F）：指定圆角半径，绘制带圆角的矩形，如图 2-27（c）所示。

⑤ 厚度（T）：指定矩形的厚度，如图 2-27（d）所示。

⑥ 宽度（W）：指定线宽，如图 2-27（e）所示。

（a） （b） （c） （d） （e）

图 2-27 绘制矩形

⑦ 面积（A）：指定面积和长或宽创建矩形。选择该项，命令行提示与操作如下。

```
输入以当前单位计算的矩形面积 <20.0000>:输入面积值
计算矩形标注时依据 [长度(L)/宽度(W)] <长度>:按<Enter>键或输入“W”
输入矩形长度 <4.0000>：指定长度或宽度
```

指定长度或宽度后，系统自动计算另一个维度，绘制出矩形。如果矩形被倒角或圆角，则长度或面积计算中也会考虑此设置，如图 2-28 所示。

⑧ 尺寸（D）：使用长和宽创建矩形，第二个指定点将矩形定位在与第一角点相关的 4 个位置之一内。

⑨ 旋转（R）：使所绘制的矩形旋转一定角度。选择该项，命令行提示与操作如下。

```
指定旋转角度或 [拾取点(P)] <135>:指定角度
指定另一个角点或 [面积(A)/尺寸(D)/旋转(R)]：指定另一个角点或选择其他选项
```

指定旋转角度后，系统按指定角度创建矩形，如图 2-29 所示。

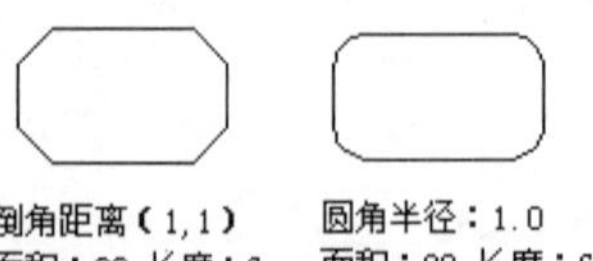

图 2-28 按面积绘制矩形

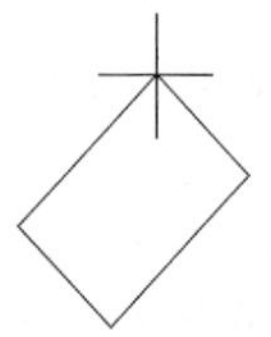

图 2-29 按指定旋转角度绘制矩形

2.3.2　实例——方头平键的绘制

扫一扫，看视频

绘制如图 2-30 所示的方头平键。

① 单击“默认”选项卡“绘图”面板中的“矩形”按钮 ，绘制主视图外形，命令行提示与操作如下。

```
命令: _rectang
指定第一个角点或 [倒角(C)/标高(E)/圆角(F)/厚度(T)/宽度(W)]: 0,30↙
指定另一个角点或 [面积(A)/尺寸(D)/旋转(R)]: @100,11↙
```

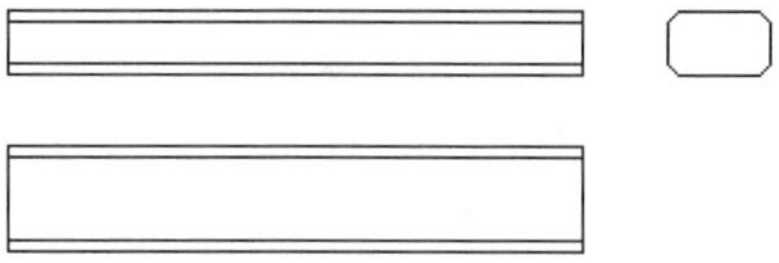

图 2-30　方头平键

绘制结果如图 2-31 所示。

② 单击“默认”选项卡“绘图”面板中的“直线”按钮 ，绘制主视图两条棱线。一条棱线端点的坐标值为（0,32）和（@100,0），另一条棱线端点的坐标值为（0,39）和（@100,0），绘制结果如图 2-32 所示。

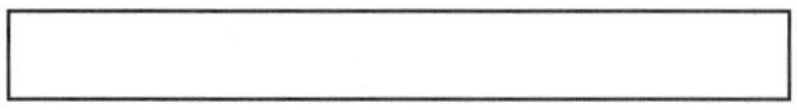

图 2-31　绘制主视图外形

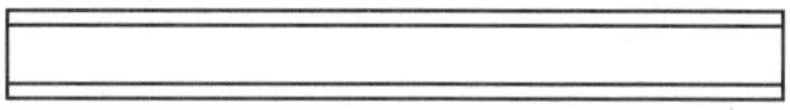

图 2-32　绘制主视图棱线

③ 单击“默认”选项卡“绘图”面板中的“构造线”按钮 ，绘制构造线，命令行提示与操作如下。

```
命令: _xline
指定点或 [水平(H)/垂直(V)/角度(A)/二等分(B)/偏移(O)]:指定主视图左边竖线上一点
指定通过点:指定竖直位置上一点
指定通过点: ↙
```

采用同样的方法绘制右边竖直构造线，绘制结果如图 2-33 所示。

④ 单击“默认”选项卡“绘图”面板中的“矩形”按钮 ，绘制俯视图，命令行提示与操作如下。

```
命令: _rectang
指定第一个角点或 [倒角(C)/标高(E)/圆角(F)/厚度(T)/宽度(W)]: 0,0
指定另一个角点或 [面积(A)/尺寸(D)/旋转(R)]: @100,18
```

单击“默认”选项卡“绘图”面板中的“直线”按钮 ，接着绘制两条直线，端点分别为（0,2）（@100,0）和（0,16）（@100,0），绘制结果如图 2-34 所示。

图 2-33　绘制竖直构造线

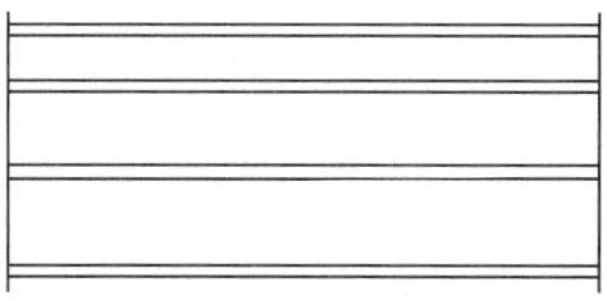

图 2-34　绘制俯视图

⑤ 单击“默认”选项卡“绘图”面板中的“构造线”按钮 ，绘制左视图构造线，命令行提示与操作如下。

```
命令: _xline
指定点或 [水平(H)/垂直(V)/角度(A)/二等分(B)/偏移(O)]: H↙
```

```
指定通过点:指定主视图上右上端点
指定通过点:指定主视图上右下端点
指定通过点:指定俯视图上右上端点
指定通过点:指定俯视图上右下端点
指定通过点: ↙
命令: ↙（按<Enter>键表示重复绘制构造线命令）
指定点或 [水平(H)/垂直(V)/角度(A)/二等分(B)/偏移(O)]: A↙
输入构造线的角度 (O) 或 [参照(R)]: -45↙
指定通过点:任意指定一点
指定通过点: ↙
命令: ↙
指定点或 [水平(H)/垂直(V)/角度(A)/二等分(B)/偏移(O)]: V↙
指定通过点:指定斜线与向下数第 3 条水平线的交点
指定通过点:指定斜线与向下数第 4 条水平线的交点
```

绘制结果如图 2-35 所示。

⑥ 设置矩形两个倒角距离为 2，绘制左视图，命令行提示与操作如下。

```
命令: _rectang
指定第一个角点或 [倒角(C)/标高(E)/圆角(F)/厚度(T)/宽度(W)]: C↙
指定矩形的第一个倒角距离 <0.0000>: 指定主视图上右上端点
指定第二点: 指定主视图上右上第二个端点
指定矩形的第二个倒角距离 <2.0000>: ↙
指定第一个角点或 [倒角(C)/标高(E)/圆角(F)/厚度(T)/宽度(W)]: 按构造线确定位置指定一个角点
指定另一个角点或 [面积(A)/尺寸(D)/旋转(R)]: 按构造线确定位置指定另一个角点
```

绘制结果如图 2-36 所示。

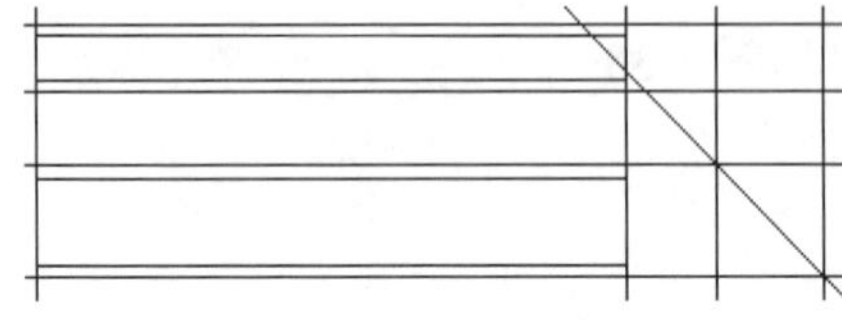

图 2-35　绘制左视图构造线

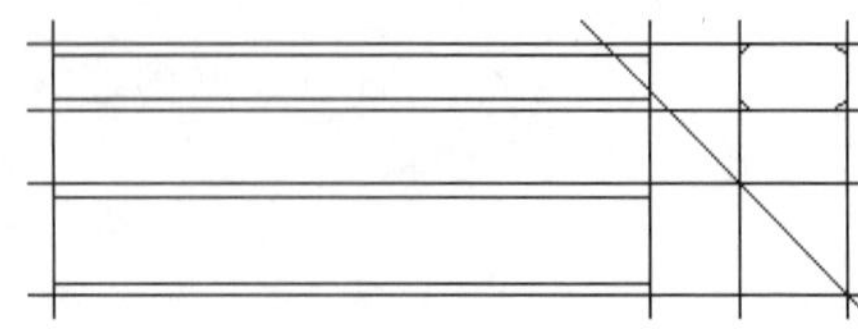

图 2-36　绘制左视图

⑦ 删除构造线，最终绘制结果如图 2-30 所示。

2.3.3　正多边形

【执行方式】

- 命令行：POLYGON（快捷命令：POL）。
- 菜单栏：选择菜单栏中的“绘图”→“正多边形”命令。
- 工具栏：单击“绘图”工具栏中的“正多边形”按钮。
- 功能区：单击“默认”选项卡“绘图”面板中的“多边形”按钮。

【操作步骤】

命令行提示与操作如下。

```
命令: POLYGON↙
输入侧面数 <4>:指定多边形的边数，默认值为 4
指定正多边形的中心点或 [边(E)]: 指定中心点
输入选项 [内接于圆(I)/外切于圆(C)] <I>:指定是内接于圆或外切于圆
指定圆的半径:指定外接圆或内切圆的半径
```

【选项说明】

① 边（E）：选择该选项，则只要指定多边形的一条边，系统就会按逆时针方向创建该正多边形，如图 2-37（a）所示。

② 内接于圆（I）：选择该选项，绘制的多边形内接于圆，如图 2-37（b）所示。

③ 外切于圆（C）：选择该选项，绘制的多边形外切于圆，如图 2-37（c）所示。

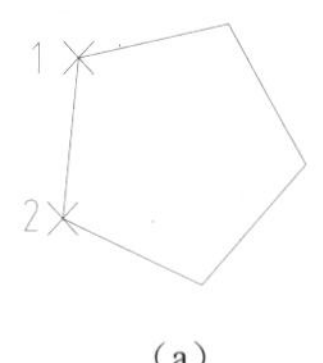

（a）

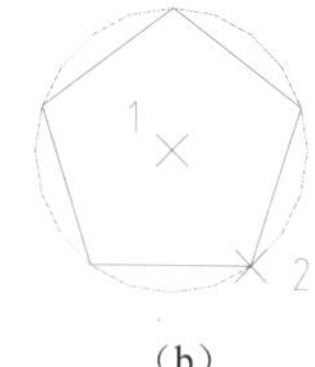

（b）

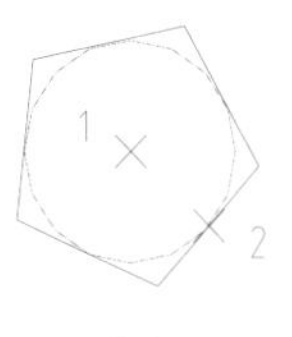

（c）

图 2-37　绘制正多边形

2.3.4　实例——卡通造型的绘制

扫一扫，看视频

绘制如图 2-38 所示的卡通造型。

① 单击“默认”选项卡“绘图”面板中的“圆”按钮和“圆环”按钮，绘制左边头部的小圆及圆环，命令行提示与操作如下。

```
命令: _circle
指定圆的圆心或 [三点(3P)/两点(2P)/切点、切点、半径(T)]: 230,210↙
指定圆的半径或 [直径(D)]: 30↙
命令: _donut
指定圆环的内径 <10.0000>: 5↙
指定圆环的外径 <20.0000>: 15↙
指定圆环的中心点 <退出>: 230,210↙
指定圆环的中心点 <退出>: ↙
```

② 单击“默认”选项卡“绘图”面板中的“矩形”按钮，绘制一个矩形，命令行提示与操作如下。

```
命令: _rectang
指定第一个角点或 [倒角(C)/标高(E)/圆角(F)/厚度(T)/宽度(W)]: 200,122↙（指定矩形左上角点坐标值）
指定另一个角点或[面积(A)/尺寸(D)/旋转(R)]: 420,88↙（指定矩形右上角点的坐标值）
```

③ 依次单击“默认”选项卡“绘图”面板中的“圆”按钮、“椭圆”按钮和“正多边形”按钮，绘制右边身体的大圆、小椭圆及正六边形，命令行提示与操作如下。

```
命令: _circle
指定圆的圆心或 [三点(3P)/两点(2P)/切点、切点、半径(T)]: T↙
指定对象与圆的第一个切点: 如图 2-39 所示，在点 1 附近选择小圆
```

```
指定对象与圆的第二个切点：如图 2-39 所示，在点 2 附近选择矩形
指定圆的半径:<30.0000>: 70↙
命令: _ellipse
指定椭圆的轴端点或 [圆弧(A)/中心点(C)]: C↙（用指定椭圆圆心的方式绘制椭圆）
指定椭圆的中心点: 330,222↙（椭圆中心点的坐标值）
指定轴的端点: 360,222↙（椭圆长轴右端点的坐标值）
指定另一条半轴长度或 [旋转(R)]: 20↙（椭圆短轴的长度）
命令: _polygon
输入侧面数 <4>: 6↙（正多边形的边数）
指定多边形的中心点或 [边(E)]: 330,165↙（正六边形中心点的坐标值）
输入选项 [内接于圆(I)/外切于圆(C)] <I>:↙（用内接于圆的方式绘制正六边形）
指定圆的半径: 30↙（外接圆的半径）
```

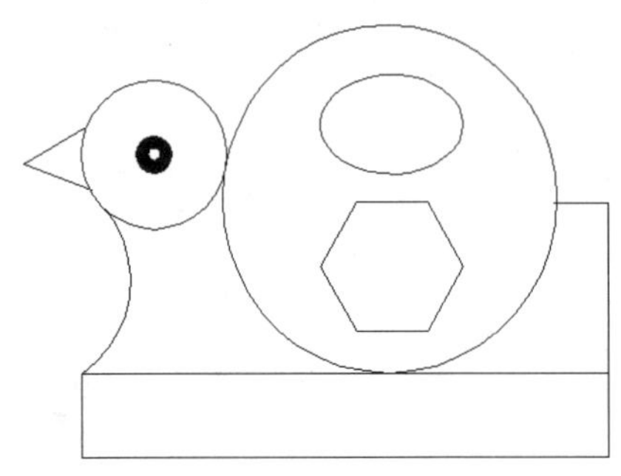
图 2-38　卡通造型

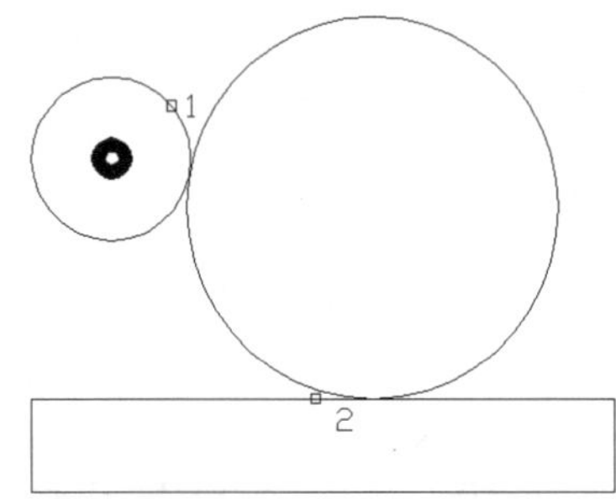

图 2-39　绘制大圆

④ 单击“默认”选项卡“绘图”面板中的“直线”按钮╱和“圆弧”按钮◜，绘制左边嘴部折线和颈部圆弧，命令行提示与操作如下。

```
命令: _line
指定第一个点: 202,221
指定下一点或 [放弃(U)]: @30<-150↙，用相对极坐标值给定下一点的坐标值
指定下一点或 [退出(E)/放弃(U)]: @30<-20↙，用相对极坐标值给定下一点的坐标值
指定下一点或 [关闭(C)/退出(X)/放弃(U)]: ↙
命令: _arc
指定圆弧的起点或 [圆心(C)]: 200,122↙
指定圆弧的第二个点或 [圆心(C)/端点(E)]: E↙（用给出圆弧端点的方式画圆弧）
指定圆弧的端点: 210,188↙（给出圆弧端点的坐标值）
指定圆弧的中心点(按住 Ctrl 键以切换方向)或 [角度(A)/方向(D)/半径(R)]: R↙（用给出圆弧半径的方式画圆弧）
指定圆弧半径(按住 Ctrl 键以切换方向): 45↙（圆弧半径值）
```

⑤ 单击“默认”选项卡“绘图”面板中的“直线”按钮╱，绘制右边折线，命令行提示与操作如下。

```
命令: _line
指定第一个点: 420,122↙
指定下一点或 [放弃(U)]: @68<90↙
指定下一点或 [退出(E)/放弃(U)]: @23<180↙
指定下一点或 [关闭(C)/退出(X)/放弃(U)]: ↙
```

最终绘制结果如图 2-38 所示。

2.4 点

点在 AutoCAD 中有多种不同的表示方式，用户可以根据需要进行设置，也可以设置等分点和测量点。

2.4.1 点

【执行方式】

- 命令行：POINT（快捷命令：PO）。
- 菜单栏：选择菜单栏中的“绘图”→“点”命令。
- 工具栏：单击“绘图”工具栏中的“点”按钮∴。
- 功能区：单击“默认”选项卡“绘图”面板中的“多点”按钮∴。

【操作步骤】

命令行提示与操作如下。

```
命令: POINT↙
当前点模式:  PDMODE=0  PDSIZE=0.0000
```

指定点:指定点所在的位置。

【选项说明】

① 通过菜单方法操作时（图 2-40），“单点”命令表示只输入一个点，“多点”命令表示可输入多个点。

② 可以按下状态栏中的“对象捕捉”按钮□，设置点捕捉模式，帮助用户选择点。

③ 点在图形中的表示样式，共有 20 种。可通过“DDPTYPE”命令或选择菜单栏中的“格式”→“点样式”命令，通过打开的“点样式”对话框来设置，如图 2-41 所示。

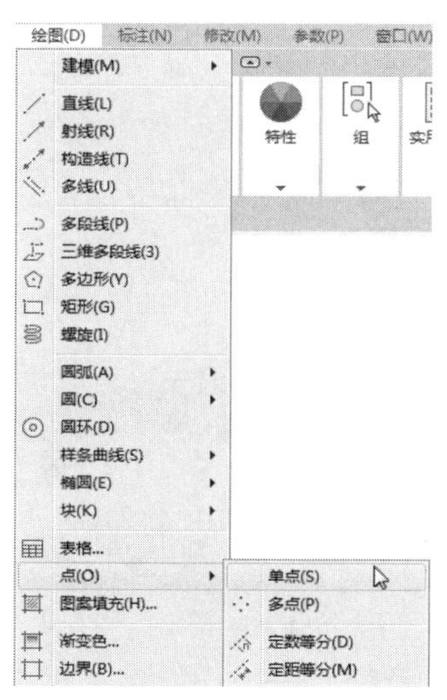

图 2-40 “点”的子菜单

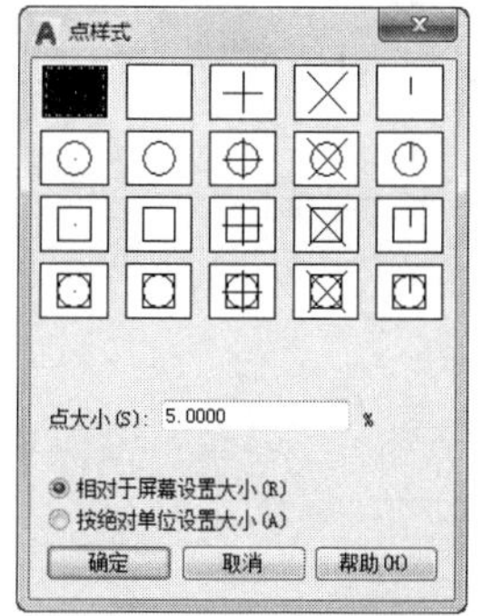

图 2-41 “点样式”对话框

2.4.2 等分点与测量点

（1）**等分点**

**【执行方式】**

- 命令行：DIVIDE（快捷命令：DIV）。
- 菜单栏：选择菜单栏中的“绘图”→“点”→“定数等分”命令。
- 功能区：单击“默认”选项卡“绘图”面板中的“定数等分”按钮。

**【操作步骤】**

命令行提示与操作如下。

```
命令：DIVIDE↙
选择要定数等分的对象：
输入线段数目或 [块(B)]:指定实体的等分数
```

如图 2-42（a）所示为绘制等分点的图形。

**【选项说明】**

① 等分数目范围为 2～32767。

② 在等分点处，按当前点样式设置画出等分点。

③ 在第二提示行选择“块（B）”选项时，表示在等分点处插入指定的块。

（2）**测量点**

**【执行方式】**

- 命令行：MEASURE（快捷命令：ME）。
- 菜单栏：选择菜单栏中的“绘图”→“点”→“定距等分”命令。
- 功能区：单击“默认”选项卡的“绘图”面板中的“定距等分”按钮。

**【操作步骤】**

命令行提示与操作如下。

```
命令：MEASURE↙
选择要定距等分的对象:选择要设置测量点的实体
指定线段长度或 [块(B)]:指定分段长度
```

如图 2-42（b）所示为绘制测量点的图形。

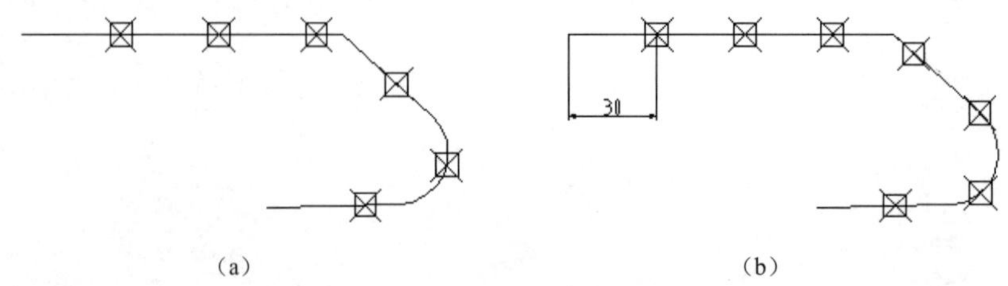

（a）　（b）

图 2-42　绘制等分点和测量点

【选项说明】

① 设置的起点一般是指定线的绘制起点。

② 在第二提示行选择“块（B）”选项时，表示在测量点处插入指定的块。

③ 在等分点处，按当前点样式设置绘制测量点。

④ 最后一个测量段的长度不一定等于指定分段长度。

2.4.3　实例——棘轮的绘制

图 2-43　棘轮

绘制如图 2-43 所示的棘轮。

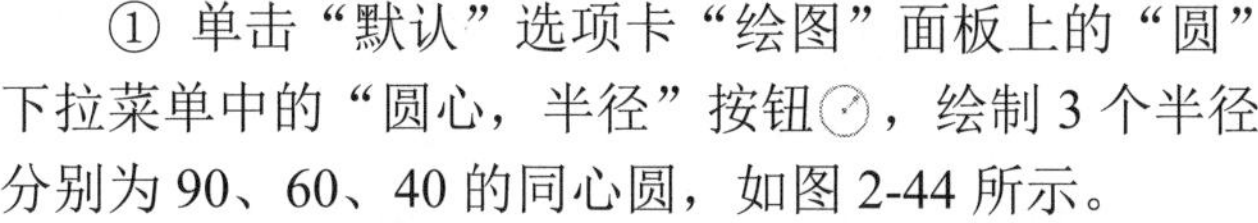

① 单击“默认”选项卡“绘图”面板上的“圆”下拉菜单中的“圆心，半径”按钮，绘制 3 个半径分别为 90、60、40 的同心圆，如图 2-44 所示。

② 设置点样式。单击“默认”选项卡“实用工具”面板中的“点样式”按钮，在打开的“点样式”对话框中选择“☒”样式。

③ 等分圆，命令行提示与操作如下。

```
命令: _divide
选择要定数等分的对象:选择 R90 圆
输入线段数目或 [块(B)]: 12↙
```

采用同样的方法，等分 R60 圆，等分结果如图 2-45 所示。

④ 单击“默认”选项卡“绘图”面板中的“直线”按钮，连接 3 个等分点，绘制棘轮轮齿如图 2-46 所示。

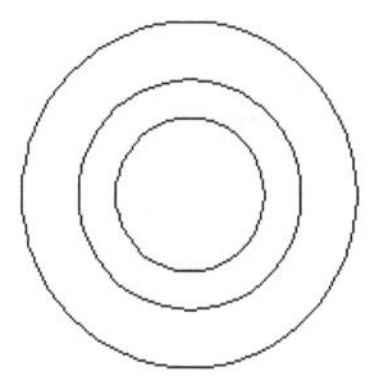

图 2-44　绘制同心圆

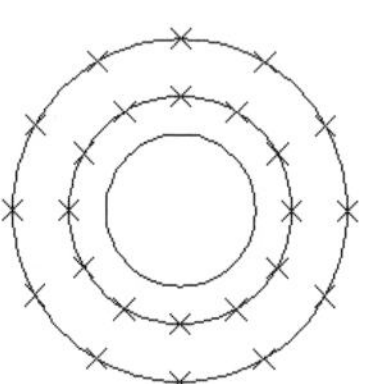

图 2-45　等分圆

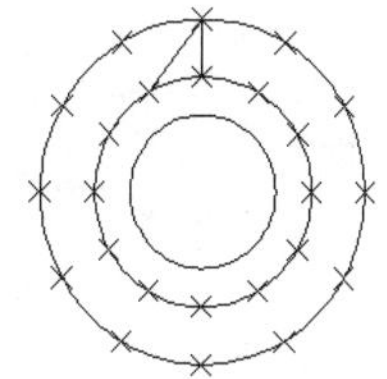

图 2-46　绘制棘轮轮齿

⑤ 采用相同的方法连接其他点，选择绘制的点和多余的圆及圆弧，按<Delete>键删除，最终绘制结果如图 2-43 所示。

2.5　多段线

多段线是一种由线段和圆弧组合而成的，可以有不同线宽的多线。由于多段线组合形式多样，线宽可以变化，弥补了直线或圆弧功能的不足，适合绘制各种复杂的图形轮廓，因而得到了广泛的应用。

2.5.1　绘制多段线

【执行方式】

- 命令行：PLINE（快捷命令：PL）。

- 菜单栏：选择菜单栏中的“绘图”→“多段线”命令。
- 工具栏：单击“绘图”工具栏中的“多段线”按钮。
- 功能区：单击“默认”选项卡“绘图”面板中的“多段线”按钮。

【操作步骤】

命令行提示与操作如下。

```
命令: PLINE↙
指定起点:指定多段线的起点
当前线宽为 0.0000
指定下一个点或 [圆弧(A)/半宽(H)/长度(L)/放弃(U)/宽度(W)]:指定多段线的下一个点
```

【选项说明】

多段线主要由连续且不同宽度的线段或圆弧组成，如果在上述提示中选择“圆弧（A）”选项，则命令行提示如下。

```
指定圆弧的端点(按住<Ctrl>键以切换方向)或[角度(A)/圆心(CE)/方向(D)/半宽(H)/直线(L)/半径(R)/第二个点(S)/放弃(U)/宽度(W)]:
```

绘制圆弧的方法与“圆弧”命令相似。

2.5.2 实例——浴盆的绘制

扫一扫，看视频

单击“默认”选项卡“绘图”面板中的“多段线”按钮，绘制如图 2-47 所示的浴盆，命令行提示与操作如下。

```
命令: _pline
指定起点: 100,200↙
当前线宽为 10.0000
指定下一个点或 [圆弧(A)/半宽(H)/长度(L)/放弃(U)/宽度(W)]: W↙
指定起点宽度 <10.0000>: 2↙
指定端点宽度 <2.0000>: 2↙
指定下一个点或 [圆弧(A)/半宽(H)/长度(L)/放弃(U)/宽度(W)]: 400,200↙
指定下一点或 [圆弧(A)/闭合(C)/半宽(H)/长度(L)/放弃(U)/宽度(W)]:W↙
指定起点宽度 <2.0000>: 5↙
指定端点宽度 <5.0000>: 10↙
指定下一点或 [圆弧(A)/闭合(C)/半宽(H)/长度(L)/放弃(U)/宽度(W)]: 400,100↙
指定下一点或 [圆弧(A)/闭合(C)/半宽(H)/长度(L)/放弃(U)/宽度(W)]: A↙
指定圆弧的端点(按住<Ctrl>键以切换方向)或[角度(A)/圆心(CE)/闭合(CL)/方向(D)/半宽(H)/直线(L)/半径(R)/第二个点(S)/放弃(U)/宽度(W)]: 200,100↙
指定圆弧的端点(按住<Ctrl>键以切换方向)或[角度(A)/圆心(CE)/闭合(CL)/方向(D)/半宽(H)/直线(L)/半径(R)/第二个点(S)/放弃(U)/宽度(W)]: R↙
指定圆弧的半径: 100↙
指定圆弧的端点(按住<Ctrl>键以切换方向)或 [角度(A)]: -180↙
指定圆弧的端点(按住<Ctrl>键以切换方向)或[角度(A)/圆心(CE)/闭合(CL)/方向(D)/半宽(H)/直线(L)/半径(R)/第二个点(S)/放弃(U)/宽度(W)]: U↙
指定圆弧的端点(按住<Ctrl>键以切换方向)或[角度(A)/圆心(CE)/闭合(CL)/方向(D)/半宽(H)/直线(L)/半径(R)/第二个点(S)/放弃(U)/宽度(W)]:L↙
```

```
指定下一点或 [圆弧(A)/闭合(C)/半宽(H)/长度(L)/放弃(U)/宽度(W)]: 100,100↙
指定下一点或 [圆弧(A)/闭合(C)/半宽(H)/长度(L)/放弃(U)/宽度(W)]:C↙
```

最终绘制结果如图 2-47 所示。

图 2-47　浴盆

2.6 样条曲线

在 AutoCAD 中使用的样条曲线为非一致有理 B 样条（NURBS）曲线，使用 NURBS 曲线能够在控制点之间产生一条光滑的曲线，如图 2-48 所示。样条曲线可用于绘制形状不规则的图形，如为地理信息系统（GIS）或汽车设计绘制轮廓线。

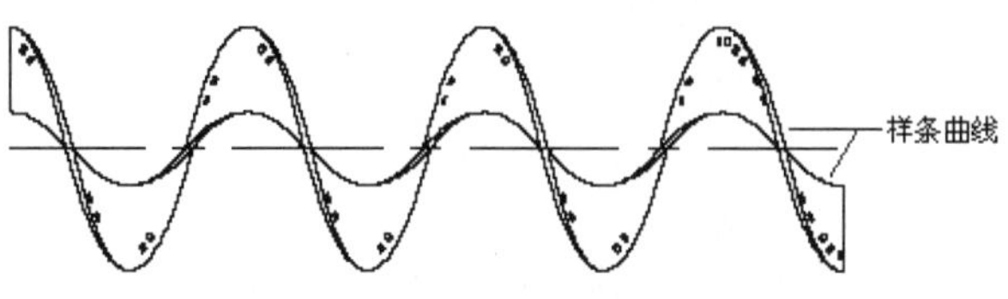

图 2-48　样条曲线

2.6.1 绘制样条曲线

【执行方式】

- 命令行：SPLINE（快捷命令：SPL）。
- 菜单栏：选择菜单栏中的“绘图”→“样条曲线”命令。
- 工具栏：单击“绘图”工具栏中的“样条曲线”按钮。
- 功能区：单击“默认”选项卡“绘图”面板中的“样条曲线拟合”按钮或“样条曲线控制点”按钮

【操作步骤】

命令行提示与操作如下。

```
命令: SPLINE↙
当前设置: 方式=拟合　　节点=弦
指定第一个点或 [方式(M)/节点(K)/对象(O)]:指定一点或选择“对象(O)”选项
输入下一个点或 [起点切向(T)/公差(L)]: 指定一点
输入下一个点或 [端点相切(T)/公差(L)/放弃(U)] :
```

```
输入下一个点或 [端点相切(T)/公差(L)/放弃(U)/闭合(C)]:
```

【选项说明】

① 方式（M）：控制是使用拟合点还是使用控制点来创建样条曲线。选项会因选择的是使用拟合点创建样条曲线还是使用控制点创建样条曲线而异。

② 节点（K）：指定节点参数化，它会影响曲线在通过拟合点时的形状。

③ 对象（O）：将二维或三维的二次或三次样条曲线拟合多段线转换为等价的样条曲线，然后（根据 DELOBJ 系统变量的设置）删除该多段线。

④ 闭合（C）：将最后一点定义与第一点一致，并使其在连接处相切，以闭合样条曲线。选择该项，命令行提示如下。

```
指定切向:指定点或按<Enter>键
```

用户可以指定一点来定义切向矢量，或按下状态栏中的“对象捕捉”按钮，使用“切点”和“垂足”对象捕捉模式使样条曲线与现有对象相切或垂直。

⑤ 公差（L）：指定距样条曲线必须经过的指定拟合点的距离。公差应用于除起点和端点外的所有拟合点。

⑥ 起点切向：定义样条曲线的第一点和最后一点的切向。如果在样条曲线的两端都指定切向，可以输入一个点或使用“切点”和“垂足”对象捕捉模式使样条曲线与已有的对象相切或垂直。如果按<Enter>键，系统将计算默认切向。

2.6.2 实例——局部视图的绘制

扫一扫，看视频

绘制如图 2-49 所示的局部视图。

① 单击“默认”选项卡“绘图”面板中的“圆”按钮和“直线”按钮，绘制局部视图的圆和直线，如图 2-50 所示。

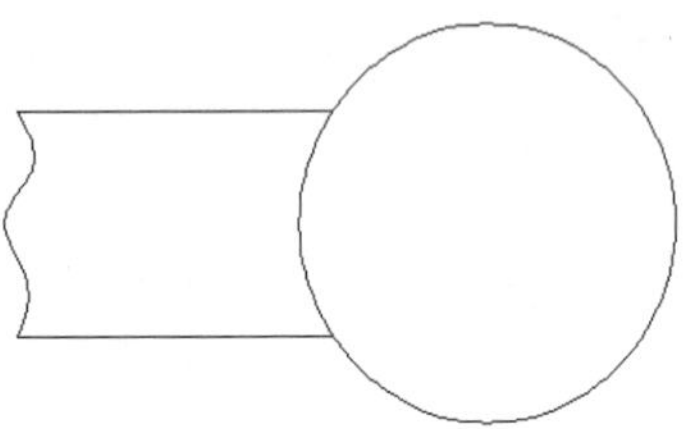

图 2-49　局部视图

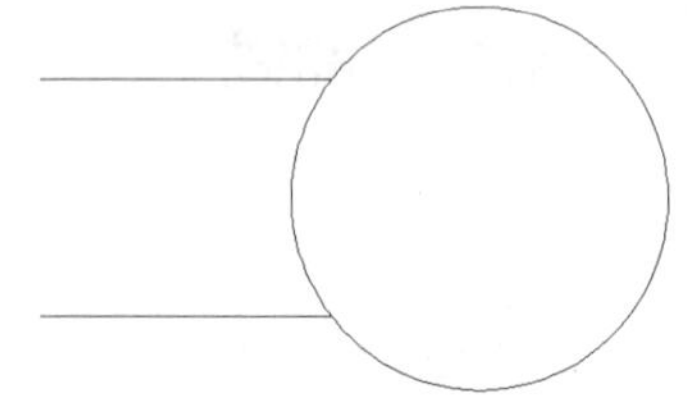

图 2-50　绘制局部视图的圆和直线

② 单击“默认”选项卡“绘图”面板中的“样条曲线拟合”按钮，绘制局部视图的左侧样条曲线，命令行提示与操作如下。

```
命令: _spline
当前设置: 方式=拟合　　节点=弦
指定第一个点或 [方式(M)/节点(K)/对象(O)]: 选择一条直线的端点
输入下一点或 [起点切向(T)/公差(L)]: 在绘图区选择第二点
输入下一点或 [端点相切(T)/公差(L)/放弃(U)]: 在绘图区选择第三点
输入下一点或 [端点相切(T)/公差(L)/放弃(U)/闭合(C)]: 选择另一条直线的端点
输入下一点或 [端点相切(T)/公差(L)/放弃(U)/闭合(C)] <起点切向>: ↙
指定起点切向: 指定样条曲线起点切线方向上的一点
指定端点切向: 指定样条曲线端点切线方向上的一点
```

绘制结果如图 2-49 所示。

2.7 多线

多线是一种复合线，由连续的直线段复合组成。多线的突出优点就是能够大大提高绘图效率，保证图线之间的统一性。

2.7.1 绘制多线

【执行方式】

- 命令行：MLINE（快捷命令：ML）。
- 菜单栏：选择菜单栏中的“绘图”→“多线”命令。

【操作步骤】

命令行提示与操作如下。

```
命令：MLINE↙
当前设置：对正 = 上，比例 = 20.00，样式 = STANDARD
指定起点或 [对正(J)/比例(S)/样式(ST)]：指定起点
指定下一点：指定下一点
指定下一点或 [放弃(U)]：继续指定下一点绘制线段；输入“U”，则放弃前一段多线的绘制；右击或按<Enter>键，结束命令
指定下一点或 [闭合(C)/放弃(U)]：继续给定下一点绘制线段；输入“C”，则闭合线段，结束命令
```

【选项说明】

① 对正（J）：该项用于指定绘制多线的基准。共有 3 种对正类型“上”“无”和“下”。其中，“上”表示以多线上侧的线为基准，其他两项以此类推。

② 比例（S）：选择该项，要求用户设置平行线的间距。输入值为零时，平行线重合；输入值为负时，多线的排列倒置。

③ 样式（ST）：用于设置当前使用的多线样式。

2.7.2 定义多线样式

【执行方式】

- 命令行：MLSTYLE。
- 菜单栏：选择菜单栏中的“格式”→“多线样式”命令。

执行上述命令后，系统打开如图 2-51 所示的“多线样式”对话框。在该对话框中，用户可以对多线样式进行定义、保存和加载等操作。下面通过定义一个新的多线样式来介绍该对话框的使用方法。欲定义的多线样式由 3 条平行线组成，中心轴线和两条平行的实线相对于中心轴线上、下各偏移 0.5，其操作步骤如下。

① 在“多线样式”对话框中单击“新建”按钮，系统打开“创建新的多线样式”对话框，如图 2-52 所示。

图 2-51　“多线样式”对话框

图 2-52　“创建新的多线样式”对话框

② 在“创建新的多线样式”对话框的“新样式名”文本框中输入“THREE”，单击“继续”按钮。

③ 系统打开“新建多线样式”对话框，如图 2-53 所示。

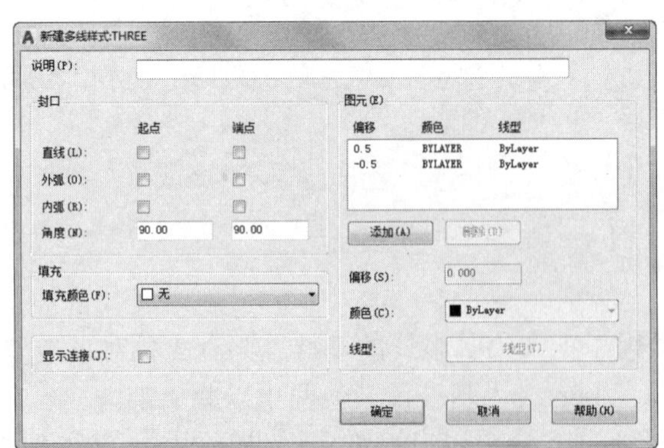

图 2-53　“新建多线样式”对话框

④ 在“封口”选项组中可以设置多线起点和端点的特性，包括直线、外弧还是内弧封口以及封口线段或圆弧的角度。

⑤ 在“填充颜色”下拉列表框中可以选择多线填充的颜色。

⑥ 在“图元”选项组中可以设置组成多线元素的特性。单击“添加”按钮，可以为多线添加元素；反之，单击“删除”按钮，为多线删除元素。在“偏移”文本框中可以设置选中元素的位置偏移值。在“颜色”下拉列表框中可以为选中的元素选择颜色。单击“线型”按钮，系统打开“选择线型”对话框，可以为选中的元素设置线型。

⑦ 设置完毕后，单击“确定”按钮，返回到如图 2-51 所示的“多线样式”对话框，在“样式”列表中会显示刚设置的多线样式名，选择该样式，单击“置为当前”按钮，则将刚设置的多线样式设置为当前样式，下面的预览框中会显示所选的多线样式。

⑧ 单击“确定”按钮，完成多线样式设置。

如图 2-54 所示为按设置后的多线样式绘制的多线。

2.7.3　编辑多线

【执行方式】

- 命令行：MLEDIT。
- 菜单栏：选择菜单栏中的“修改”→“对象”→“多线”命令。

执行上述操作后，打开“多线编辑工具”对话框，如图 2-55 所示。

图 2-54　绘制的多线

图 2-55　“多线编辑工具”对话框

利用该对话框，可以创建或修改多线的模式。对话框中分 4 列显示示例图形。其中，第一列管理十字交叉形多线，第二列管理 T 形多线，第三列管理拐角接合点和节点，第四列管理多线被剪切或连接的形式。

单击选择某个示例图形，就可以调用该项编辑功能。

下面以“十字打开”为例，介绍多线编辑的方法，把选择的两条多线进行打开交叉。命令行提示与操作如下。

选择第一条多线:选择第一条多线
选择第二条多线:选择第二条多线
选择完毕后，第二条多线被第一条多线横断交叉，命令行提示如下。
选择第一条多线:可以继续选择多线进行操作。选择“放弃”选项会撤销前次操作。执行结果如图 2-56 所示。

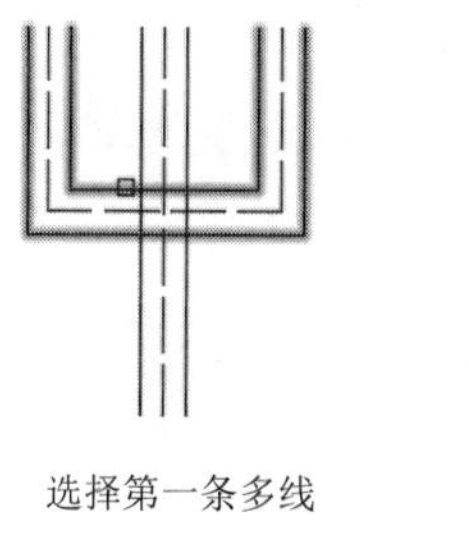

选择第一条多线

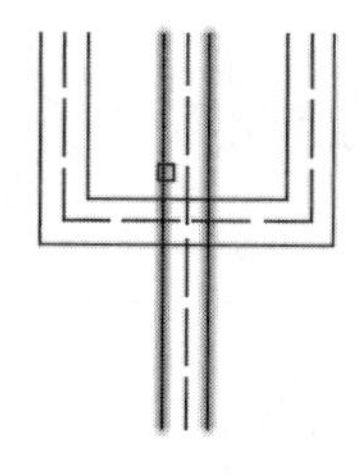

选择第二条多线

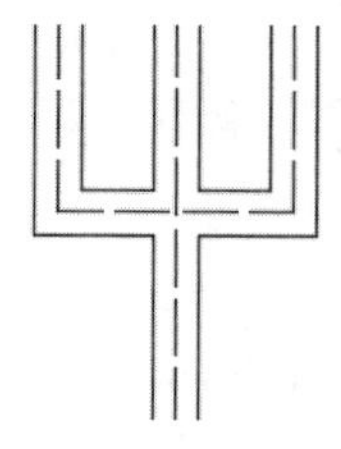

执行结果

图 2-56　十字打开

2.7.4 实例——墙体的绘制

扫一扫，看视频

绘制如图 2-57 所示的墙体。

① 单击“默认”选项卡“绘图”面板中的“构造线”按钮，绘制一条水平构造线和一条竖直构造线，组成“十”字辅助线，如图 2-58 所示。继续绘制辅助线，命令行提示与操作如下。

```
命令: _xline
指定点或 [水平(H)/垂直(V)/角度(A)/二等分(B)/偏移(O)]: O↙
指定偏移距离或[通过(T)]<通过>: 4200↙
选择直线对象: 选择水平构造线
指定向哪侧偏移: 指定上边一点
选择直线对象: 继续选择水平构造线。
……
```

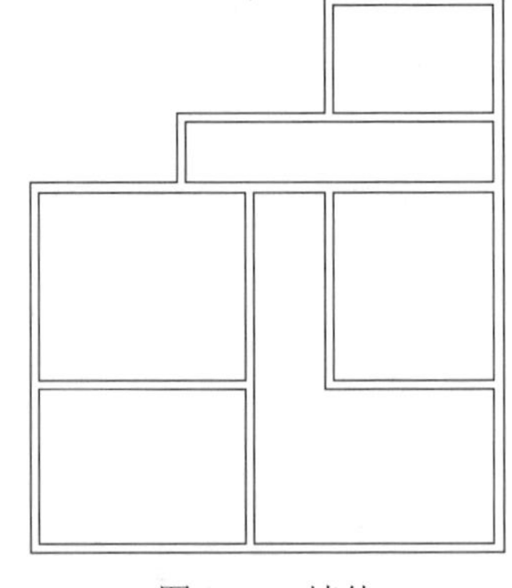
图 2-57 墙体

采用相同的方法将偏移得到的水平构造线依次向上偏移 5100、1800 和 3000，绘制的水平构造线如图 2-59 所示。采用同样的方法绘制竖直构造线，依次向右偏移 3900、1800、2100 和 4500，绘制完成的居室辅助线网格如图 2-60 所示。

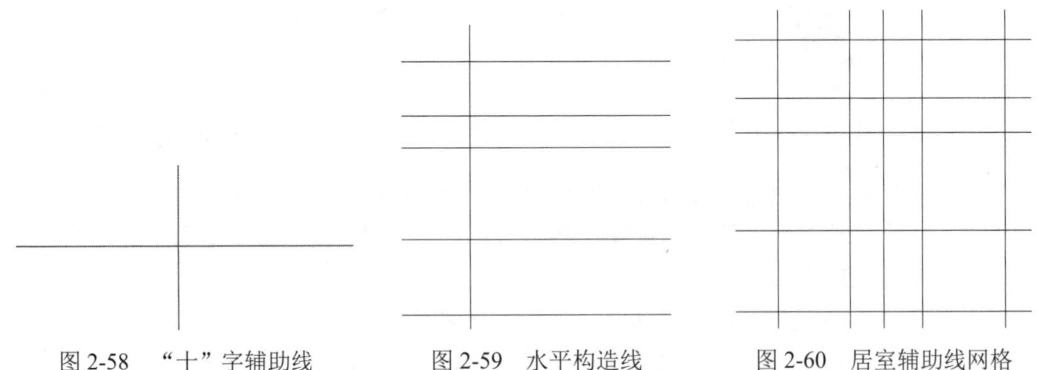
图 2-58 “十”字辅助线　　图 2-59 水平构造线　　图 2-60 居室辅助线网格

② 定义多线样式。在命令行输入“MLSTYLE”，或选择菜单栏中的“格式”→“多线样式”命令，系统打开“多线样式”对话框。单击“新建”按钮，系统打开“创建新的多线样式”对话框，在该对话框的“新样式名”文本框中输入“墙体线”，单击“继续”按钮。

③ 系统打开“新建多线样式”对话框，进行如图 2-61 所示的多线样式设置。

④ 选择菜单栏中的“绘图”→“多线”命令，绘制多线墙体，命令行提示与操作如下。

```
命令: _mline
当前设置: 对正 = 上, 比例 = 20.00, 样式 = STANDARD
指定起点或 [对正(J)/比例(S)/样式(ST)]: S↙
输入多线比例 <20.00>: 1↙
当前设置: 对正 = 上, 比例 = 1.00, 样式 = STANDARD
指定起点或 [对正(J)/比例(S)/样式(ST)]: J↙
输入对正类型 [上(T)/无(Z)/下(B)] <上>: Z↙
当前设置: 对正 = 无, 比例 = 1.00, 样式 = STANDARD
指定起点或 [对正(J)/比例(S)/样式(ST)]:在绘制的辅助线交点上指定一点
```

```
指定下一点：在绘制的辅助线交点上指定下一点
指定下一点或 [放弃(U)]：在绘制的辅助线交点上指定下一点
指定下一点或 [闭合(C)/放弃(U)]：在绘制的辅助线交点上指定下一点
……
指定下一点或 [闭合(C)/放弃(U)]：C↙
```

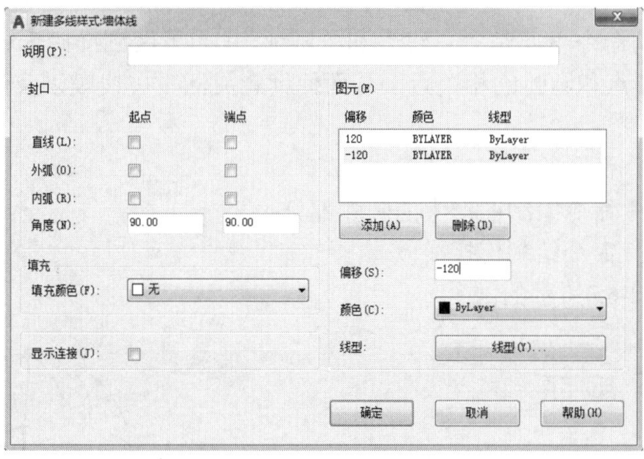

图 2-61 设置多线样式

采用相同的方法根据辅助线网格绘制多线，绘制结果如图 2-62 所示。

⑤ 编辑多线。选择菜单栏中的“修改”→“对象”→“多线”命令，系统打开“多线编辑工具”对话框，如图 2-63 所示。选择“T 形合并”选项，命令行提示与操作如下。

```
命令: _mledit
选择第一条多线：选择多线
选择第二条多线：选择多线
选择第一条多线或 [放弃(U)]：选择多线
……
```

采用同样的方法继续进行多线编辑，编辑的最终结果如图 2-57 所示。

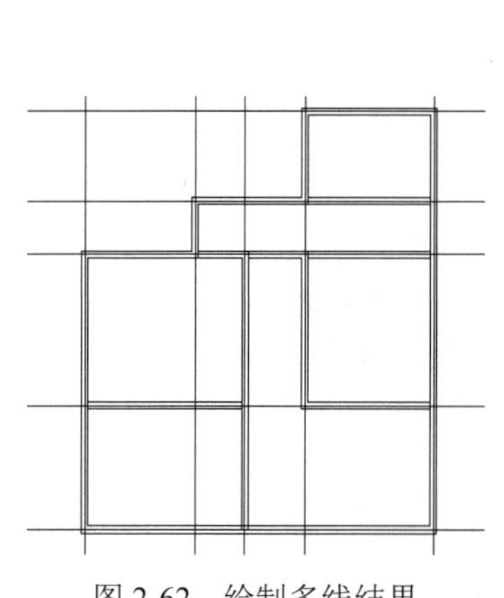

图 2-62 绘制多线结果

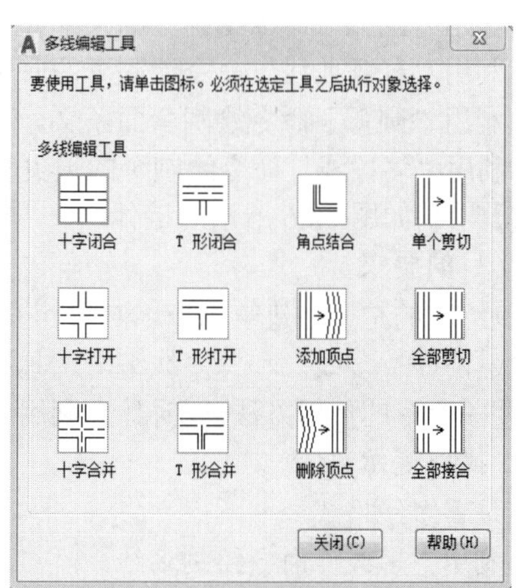

图 2-63 “多线编辑工具”对话框

上机操作

【实例 1】绘制如图 2-64 所示的椅子

（1）目的要求

本例图形涉及的命令主要是“直线”和“圆弧”。为了做到准确无误，要求通过坐标值的输入指定线段的端点和圆弧的相关点，从而使读者灵活掌握线段以及圆弧的绘制方法。

（2）操作提示

① 利用“直线”命令绘制初步轮廓。

② 利用“圆弧”命令绘制图形中的圆弧部分。

③ 利用“直线”命令绘制连接线段。

【实例 2】绘制如图 2-65 所示的雨伞

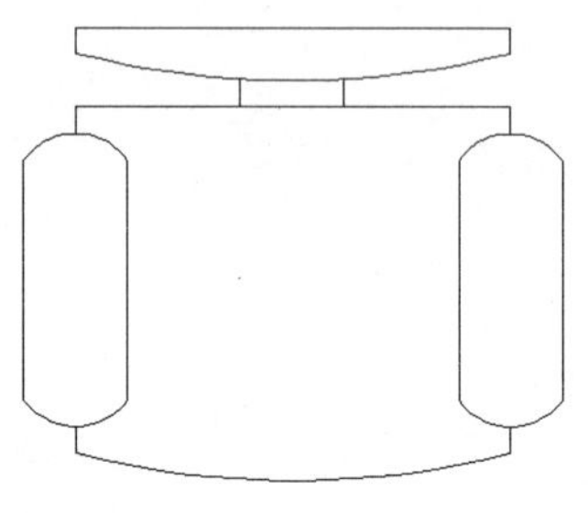

图 2-64　椅子

图 2-65　雨伞

（1）目的要求

本例绘制的是一个日常用品图形，涉及的命令有“多段线”“圆弧”和“样条曲线”。本例对尺寸要求不是很严格，在绘图时可以适当指定位置，通过本例，要求读者掌握样条曲线的绘制方法，同时复习多段线的绘制方法。

（2）操作提示

① 利用“圆弧”命令绘制伞的顶部外框。

② 利用“样条曲线”命令绘制伞的底边。

③ 利用“圆弧”命令绘制伞面条文。

④ 利用“多段线”命令绘制伞的顶尖和伞把。

【实例 3】绘制如图 2-66 所示的墙体

（1）目的要求

本例绘制的是一个建筑图形，对尺寸要求不太严格。涉及的命令有“多线样式”“多线”和“多线编辑工具”。通过本例，要求读者掌握多线相关命令的使用方法，同时体会利用多线绘制建筑图形的优点。

（2）操作提示

① 设置多线格式。

② 利用“多线”命令绘制多线。

③ 打开“多线编辑工具”对话框。

④ 编辑多线。

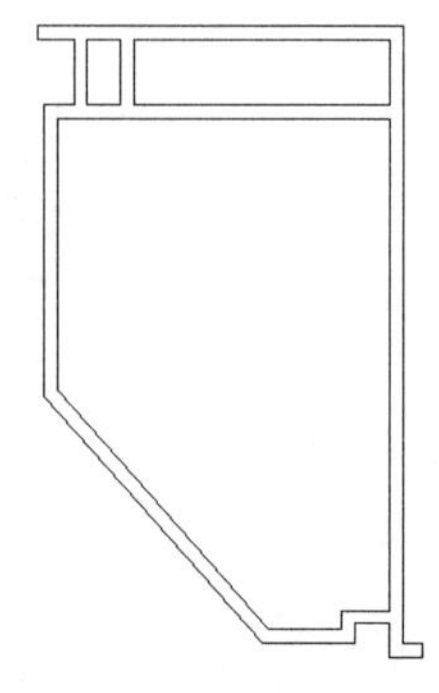

图 2-66　墙体

第3章 面域与图案填充

面域与图案填充属于一类特殊的图形区域，在这个图形区域中，AutoCAD赋予其共同的特殊性质，如相同的图案、计算面积、重心、布尔运算等。本章主要介绍面域和图案填充的相关命令。

学习目标

了解面域和图案填充的基本命令

熟练掌握面域的创建、布尔运算及数据提取

掌握图案填充的操作和编辑方法

3.1 面域

面域是具有边界的平面区域，内部可以包含孔。用户可以将由某些对象围成的封闭区域转变为面域，这些封闭区域可以是圆、椭圆、封闭二维多段线、封闭样条曲线等，也可以是由圆弧、直线、二维多段线和样条曲线等构成的封闭区域。

3.1.1 创建面域

【执行方式】

- 命令行：REGION（快捷命令：REG）。
- 菜单栏：选择菜单栏中的“绘图”→“面域”命令。
- 工具栏：单击“绘图”工具栏中的“面域”按钮。
- 功能区：单击“默认”选项卡“绘图”面板中的“面域”按钮。

【执行方式】

```
命令：REGION↙
选择对象：
```

选择对象后，系统自动将所选择的对象转换成面域。

3.1.2 面域的布尔运算

布尔运算是数学中的一种逻辑运算，用在 AutoCAD 绘图中，能够极大地提高绘图效率。布尔运算包括并集、交集和差集 3 种，操作方法类似，一并介绍如下。

【执行方式】

- 命令行：UNION（并集，快捷命令 UNI）或 INTERSECT（交集，快捷命令 IN）或 SUBTRACT（差集，快捷命令 SU）。
- 菜单栏：选择菜单栏中的“修改”→“实体编辑”→“并集”（“差集”“交集”）命令。
- 工具栏：单击“实体编辑”工具栏中的“并集”按钮（“差集”按钮、“交集”按钮）。
- 功能区：单击“三维工具”选项卡“实体编辑”面板中的“并集”按钮（“差集”按钮、“交集”按钮）。

【操作步骤】

命令行提示与操作如下。

```
命令：UNION（SUBTRACT、INTERSECT）↙
选择对象：
```

选择对象后，系统对所选择的面域做并集（差集、交集）计算。

```
命令：SUBTRACT↙
选择要从中减去的实体、曲面和面域...
选择对象：选择差集运算的主体对象
选择对象：
选择要减去的实体、曲面和面域...
选择对象：选择差集运算的参照体对象
选择对象：
```

选择对象后，系统对所选择的面域做差集运算。运算逻辑是在主体对象上减去与参照体对象重叠的部分，布尔运算的结果如图 3-1 所示。

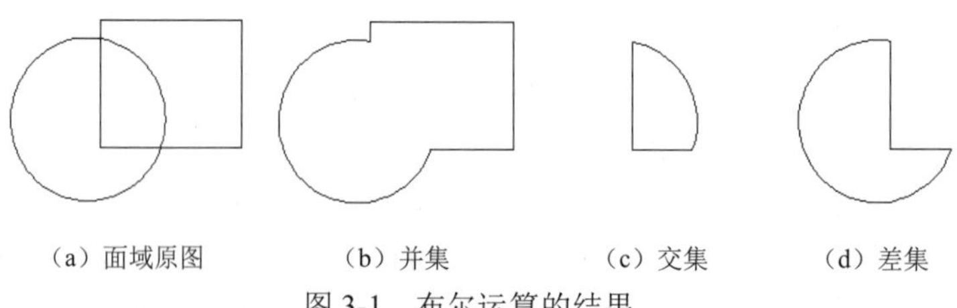

图 3-1 布尔运算的结果

技巧荟萃

布尔运算的对象只包括实体和共面面域，对于普通的线条对象无法使用布尔运算。

3.1.3 实例——扳手的绘制

扫一扫，看视频

绘制如图 3-2 所示的扳手。

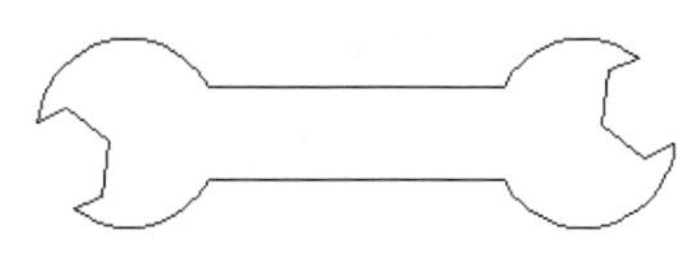

图 3-2　扳手

① 单击“默认”选项卡“绘图”面板中的“矩形”按钮，绘制矩形。矩形的两个对角点坐标为（50,50）和（100,40），绘制结果如图 3-3 所示。

② 单击“默认”选项卡“绘图”面板中的“圆”按钮，绘制圆。圆心坐标为（50,45），半径为 10。再以（100,45）为圆心，以 10 为半径绘制另一个圆，绘制结果如图 3-4 所示。

图 3-3　绘制矩形　　　图 3-4　绘制圆

③ 单击“默认”选项卡“绘图”面板中的“多边形”按钮，绘制正六边形。以（42.5,41.5）为正多边形的中心，以 5.8 为外接圆半径绘制一个正多边形；再以（107.4,48.2）为正多边形中心，以 5.8 为外接圆半径绘制另一个正多边形，绘制结果如图 3-5 所示。

④ 单击“默认”选项卡“绘图”面板中的“面域”按钮，将所有图形转换成面域，命令行提示与操作如下。

```
命令：_region↙
选择对象:依次选择矩形、正多边形和圆
……
找到 5 个
选择对象：↙
已提取 5 个环
已创建 5 个面域
```

⑤ 单击“三维工具”选项卡“实体编辑”面板中的“并集”按钮，将矩形分别与两个圆进行并集处理，命令行提示与操作如下。

```
命令：_union
选择对象：选择矩形
选择对象：选择一个圆
选择对象：选择另一个圆
选择对象：↙
```

并集处理结果如图 3-6 所示。

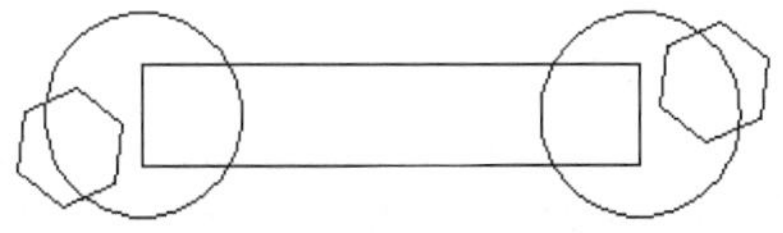

图 3-5　绘制正多边形

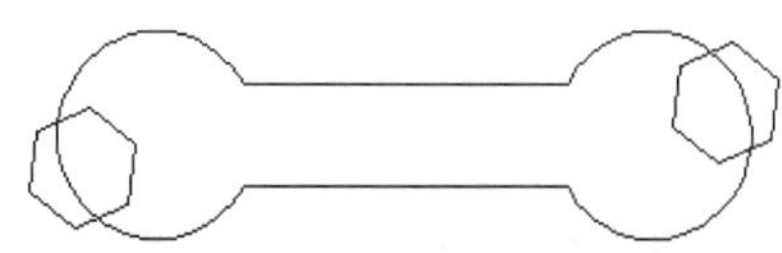

图 3-6　并集处理

技巧荟萃

同时选择并集处理的两个对象，在选择对象时要按住<Shift>键。

⑥ 单击“三维工具”选项卡“实体编辑”面板中的“差集”按钮，以并集对象为主体对象，正多边形为参照体，进行差集处理，命令行提示与操作如下。

```
命令：_subtract
选择要从中减去的实体、曲面和面域...
选择对象：选择并集对象
找到 1 个
选择对象：↙
选择要减去的实体、曲面和面域 ..
选择对象：选择一个正多边形
选择对象：选择另一个正多边形
选择对象：↙
```

绘制结果如图 3-2 所示。

3.2 图案填充

当用户需要用一个重复的图案（pattern）填充一个区域时，可以使用“BHATCH”命令，创建一个相关联的填充阴影对象，即所谓的图案填充。

3.2.1 基本概念

（1）图案边界

当进行图案填充时，首先要确定填充图案的边界。定义边界的对象只能是直线、双向射线、单向射线、多义线、样条曲线、圆弧、圆、椭圆、椭圆弧、面域等对象或用这些对象定义的块，而且作为边界的对象在当前图层上必须全部可见。

（2）孤岛

在进行图案填充时，我们把位于总填充区域内的封闭区称为孤岛，如图 3-7 所示。在使用“BHATCH”命令填充时，AutoCAD 系统允许用户以拾取点的方式确定填充边界，即在希望填充的区域内任意拾取一点，系统会自动确定出填充边界，同时也确定该边界内的岛。如果用户以选择对象的方式确定填充边界，则必须确切地选取这些岛，相关知识将在下一节中介绍。

（3）填充方式

在进行图案填充时，需要控制填充的范围，AutoCAD 系统为用户设置了以下 3 种填充方式以实现对填充范围的控制。

① 普通方式。如图 3-8（a）所示，该方式从边界开始，从每条填充线或每个填充符号的两端向里填充，遇到内部对象与之相交时，填充线或符号断开，直到遇到下一次相交时再继续填充。采用这种填充方式时，要避免剖面线或符号与内部对象的相交次数为奇数，该方式为系统内部的缺省方式。

② 最外层方式。如图 3-8（b）所示，该方式从边界向里填充，只要在边界内部与对象相交，剖面符号就会断开，而不再继续填充。

③ 忽略方式。如图 3-8（c）所示，该方式忽略边界内的对象，所有内部结构都被剖面符号覆盖。

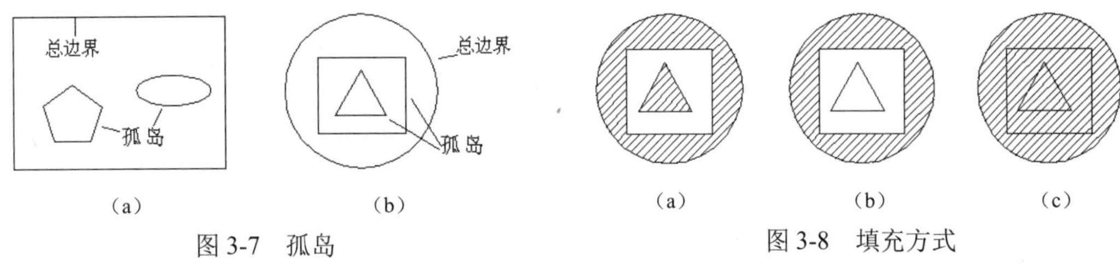

（a） （b）

图 3-7　孤岛

（a） （b） （c）

图 3-8　填充方式

3.2.2　图案填充的操作

【执行方式】

- 命令行：BHATCH（快捷命令：H）。
- 菜单栏：选择菜单栏中的“绘图”→“图案填充”或“渐变色”命令。
- 工具栏：单击“绘图”工具栏中的“图案填充”按钮或“渐变色”按钮。
- 功能区：单击“默认”选项卡“绘图”面板中的“图案填充”按钮或“渐变色”按钮。

执行上述命令后，系统打开如图 3-9 所示的“图案填充创建”选项卡，各选项和按钮含义介绍如下。

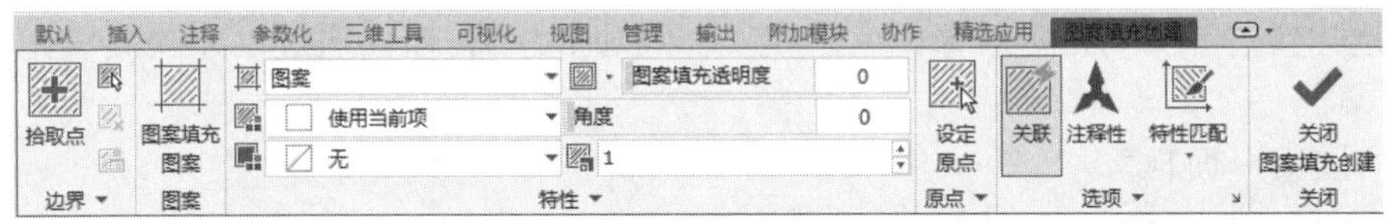

图 3-9　“图案填充创建”选项卡

（1）“边界”面板

① 拾取点：通过选择由一个或多个对象形成的封闭区域内的点，确定图案填充边界，如图 3-10 所示。指定内部点时，可以随时在绘图区域中单击鼠标右键以显示包含多个选项的快捷菜单。

（a）选择一点　（b）填充区域　（c）填充结果

图 3-10　边界确定

② 选取边界对象：指定基于选定对象的图案填充边界。使用该选项时，不会自动检测内部对象，必须选择选定边界内的对象，以按照当前孤岛检测样式填充这些对象，如图 3-11 所示。

③ 删除边界对象：从边界定义中删除之前添加的任何对象，如图 3-12 所示。

④ 重新创建边界：围绕选定的图案填充或填充对象创建多段线或面域，并使其与图案填充对象相关联（可选）。

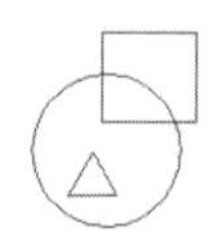
（a）原始图形

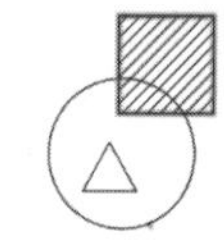
（b）选取边界对象

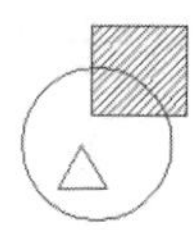
（c）填充结果

图 3-11　选取边界对象

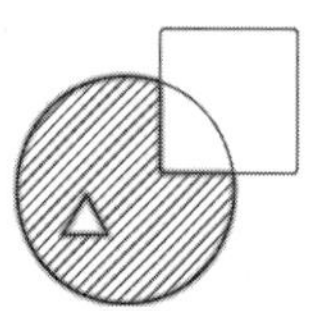
（a）选取边界对象

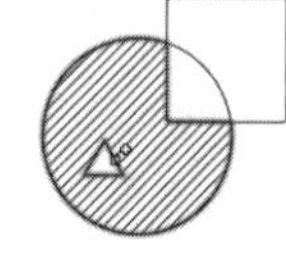
（b）删除边界

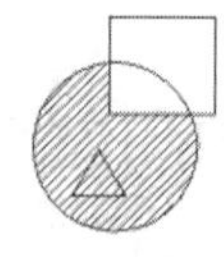
（c）填充结果

图 3-12　删除边界对象

⑤ 显示边界对象：选择构成选定关联图案填充对象的边界的对象，使用显示的夹点可修改图案填充边界。

⑥ 保留边界对象：指定如何处理图案填充边界对象。

选项包括：

- 不保留边界。（仅在图案填充创建期间可用）不创建独立的图案填充边界对象。
- 保留边界-多段线。（仅在图案填充创建期间可用）创建封闭图案填充对象的多段线。
- 保留边界-面域。（仅在图案填充创建期间可用）创建封闭图案填充对象的面域对象。
- 选择新边界集。指定对象的有限集（称为边界集），以便通过创建图案填充时的拾取点进行计算。

（2）“图案”面板

显示所有预定义和自定义图案的预览图像。

（3）“特性”面板

① 图案填充类型：指定是使用纯色、渐变色、图案还是用户定义的填充。

② 图案填充颜色：替代实体填充和填充图案的当前颜色。

③ 背景色：指定填充图案背景的颜色。

④ 图案填充透明度：设定新图案填充或填充的透明度，替代当前对象的透明度。

⑤ 图案填充角度：指定图案填充或填充的角度。

⑥ 填充图案比例：放大或缩小预定义或自定义填充图案 。

⑦ 相对图纸空间：（仅在布局中可用）相对于图纸空间单位缩放填充图案。使用此选项，可很容易地做到以适用于布局的比例显示填充图案。

⑧ 双向：（仅当“图案填充类型”设定为“用户定义”时可用）将绘制第二组直线，与原始直线成 90° 角，从而构成交叉线。

⑨ ISO 笔宽：（仅对于预定义的 ISO 图案可用）基于选定的笔宽缩放 ISO 图案。

（4）“原点”面板

① 设定原点：直接指定新的图案填充原点。

② 左下：将图案填充原点设定在图案填充边界矩形范围的左下角。

③ 右下：将图案填充原点设定在图案填充边界矩形范围的右下角。

④ 左上：将图案填充原点设定在图案填充边界矩形范围的左上角。

⑤ 右上：将图案填充原点设定在图案填充边界矩形范围的右上角。

⑥ 中心：将图案填充原点设定在图案填充边界矩形范围的中心。

⑦ 使用当前原点：将图案填充原点设定在 HPORIGIN 系统变量中存储的默认位置。

⑧ 存储为默认原点：将新图案填充原点的值存储在 HPORIGIN 系统变量中。

（5）“选项”面板

① 关联：指定图案填充或填充为关联图案填充。关联的图案填充或填充在用户修改其边界对象时将会更新。

② 注释性：指定图案填充为注释性。此特性会自动完成缩放注释过程，从而使注释能够以正确的大小在图纸上打印或显示。

③ 特性匹配

- 使用当前原点。使用选定图案填充对象（除图案填充原点外）设定图案填充的特性。
- 使用源图案填充的原点。使用选定图案填充对象（包括图案填充原点）设定图案填充的特性。

④ 允许的间隙：设定将对象用作图案填充边界时可以忽略的最大间隙。默认值为 0，此值指定对象必须封闭区域而没有间隙。

⑤ 创建独立的图案填充：控制当指定了几个单独的闭合边界时，是创建单个图案填充对象，还是创建多个图案填充对象。

⑥ 孤岛检测

- 普通孤岛检测。从外部边界向内填充。如果遇到内部孤岛，填充将关闭，直到遇到孤岛中的另一个孤岛。
- 外部孤岛检测。从外部边界向内填充。此选项仅填充指定的区域，不会影响内部孤岛。
- 忽略孤岛检测。忽略所有内部的对象，填充图案时将通过这些对象。

⑦ 绘图次序：为图案填充或填充指定绘图次序。选项包括不指定、后置、前置、置于边界之后和置于边界之前。

（6）“关闭”面板

关闭“图案填充创建”：退出 HATCH 并关闭上下文选项卡。也可以按<Enter>键或<Esc>键退出 HATCH。

3.2.3 编辑填充的图案

利用 HATCHEDIT 命令可以编辑已经填充的图案。

【执行方式】

- 命令行：HATCHEDIT（快捷命令：HE）。
- 菜单栏：选择菜单栏中的“修改”→“对象”→“图案填充”命令。
- 工具栏：单击“修改 II”工具栏中的“编辑图案填充”按钮。
- 功能区：单击“默认”选项卡“修改”面板中的“编辑图案填充”按钮。
- 快捷菜单：选中填充的图案右击，在打开的快捷菜单中选择“图案填充编辑”命令。
- 快捷方法：直接选择填充的图案，打开“图案填充编辑器”选项卡，如图 3-13 所示。

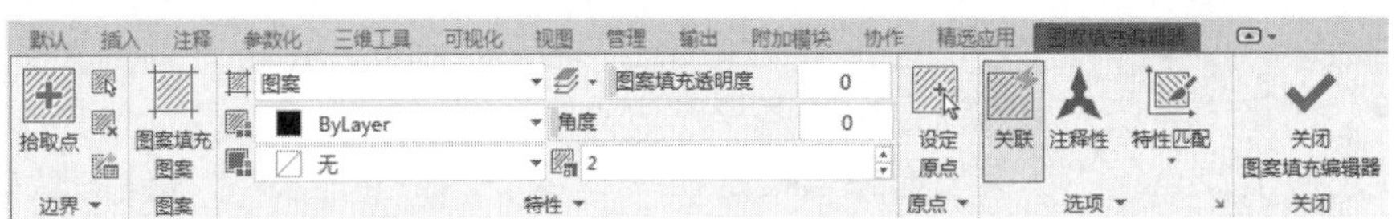

图 3-13　“图案填充编辑器”选项卡

在图 3-13 中，只有亮显的选项才可以对其进行操作。该对话框中各项的含义与图 3-9 所示的“图案填充创建”选项卡中各项的含义相同，利用该对话框，可以对已填充的图案进行一系列的编辑修改。

3.2.4 实例——春色花园的绘制

扫一扫，看视频

绘制如图 3-14 所示的春色花园。

① 单击“默认”选项卡“绘图”面板中的“矩形”按钮 和“样条曲线拟合”按钮，绘制花园外形，如图 3-15 所示。

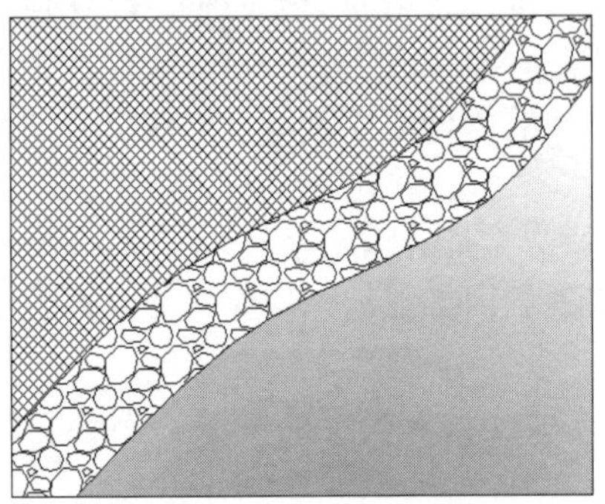

图 3-14　春色花园

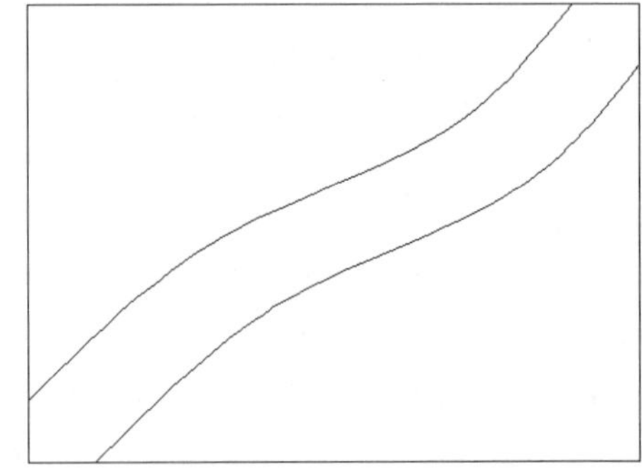

图 3-15　花园外形

② 单击“默认”选项卡“绘图”面板中的“图案填充”按钮，系统打开“图案填充创建”选项卡。设置“图案填充图案”为“GRAVEL”，如图 3-16 所示。

③ 单击“拾取点”按钮，在绘图区两条样条曲线组成的小路中拾取一点，按<Enter>键，完成鹅卵石小路的绘制，如图 3-17 所示。

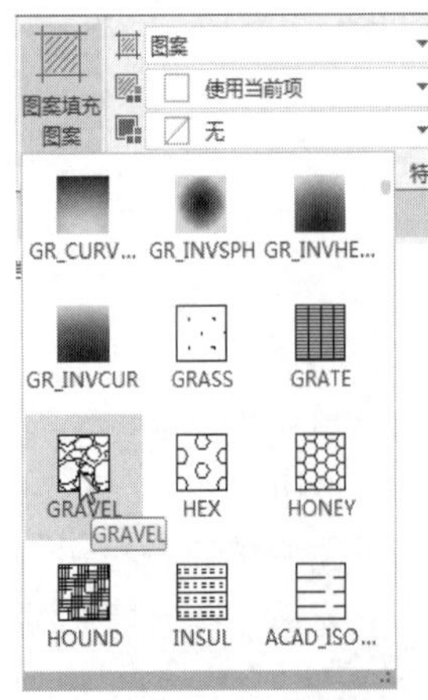

图 3-16　“图案填充图案”对话框

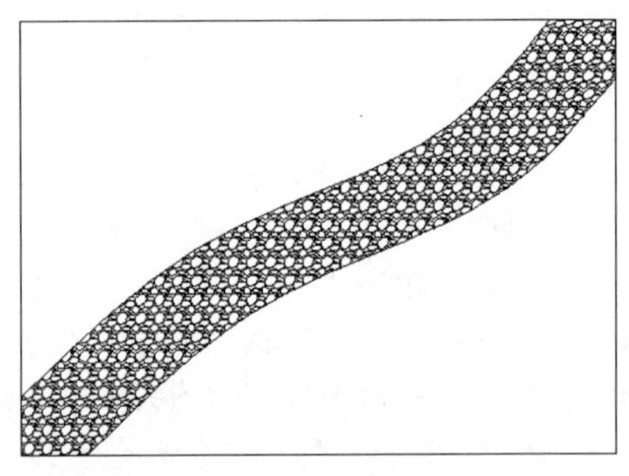

图 3-17　填充小路

④ 从图 3-17 中可以看出，填充图案过于细密，可以对其进行编辑修改。单击该填充图案，系统打开“图案填充编辑器”选项卡，将图案填充“比例”改为“3”，如图 3-18 所示，按<Enter>键，修改后的填充图案如图 3-19 所示。

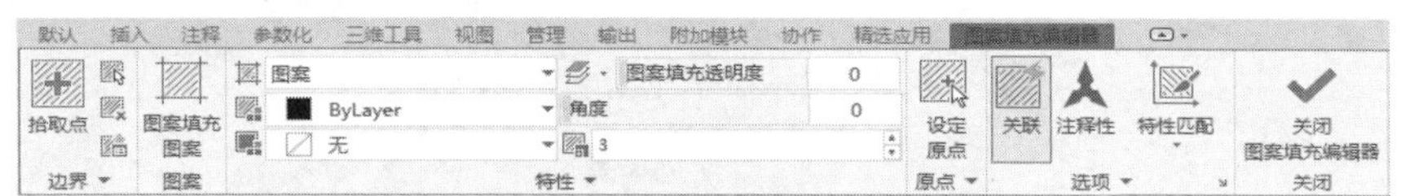

图 3-18 “图案填充编辑器”选项卡

⑤ 单击“默认”选项卡“绘图”面板中的“图案填充”按钮，系统打开“图案填充创建”选项卡。选择图案“类型”为“用户定义”，填充“角度”为 45、“间距”为 10，勾选“特性”面板中的“双向”复选框，如图 3-20 所示。单击“拾取点”按钮，在绘制的图形左上方拾取一点，按<Enter>键，完成草坪的绘制，如图 3-21 所示。

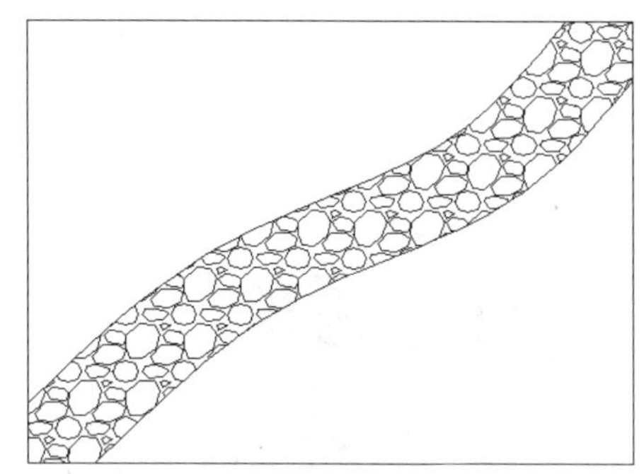

图 3-19 修改后的填充图案

⑥ 单击“默认”选项卡“绘图”面板中的“渐变色”按钮，系统打开“图案填充创建”选项卡，如图 3-22 所示。关闭“渐变色”按钮，单击“渐变色 1”显示框右侧的下拉菜单，选择“更多颜色”，打开“选择颜色”对话框，选择如图 3-23 所示的绿色，单击“确定”按钮，返回“图案填充创建”选项卡，单击“选项”面板中的“图案填充设置”按钮，打开“图案填充和渐变色”对话框，选择了如图 3-24 所示的颜色变化方式，单击“拾取点”按钮，在绘制的图形右下方拾取一点，按<Enter>键，完成池塘的绘制，最终绘制结果如图 3-14 所示。

图 3-20 “图案填充创建”选项卡

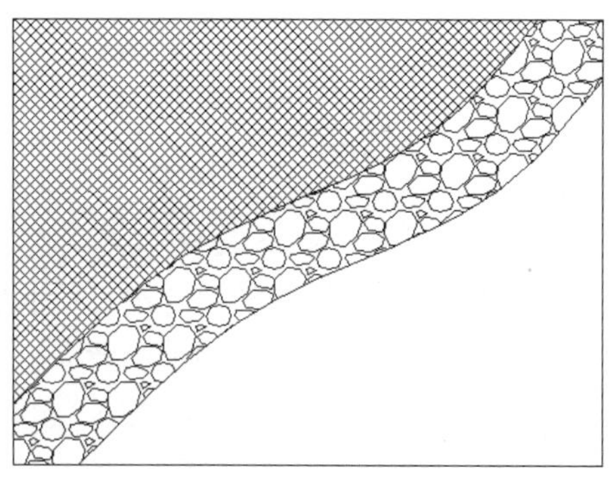

图 3-21 填充草坪

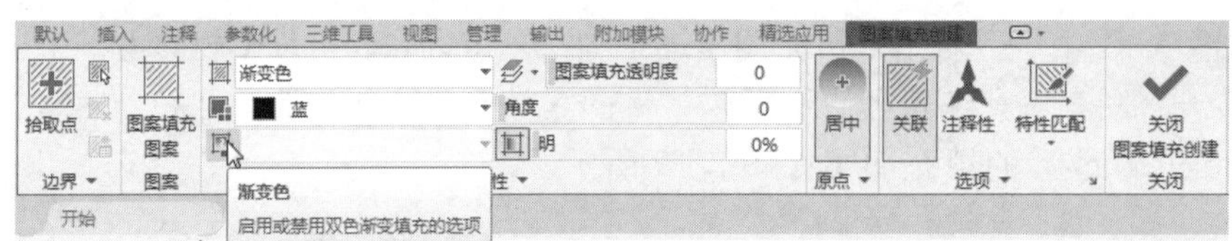

图 3-22 “图案填充创建”选项卡

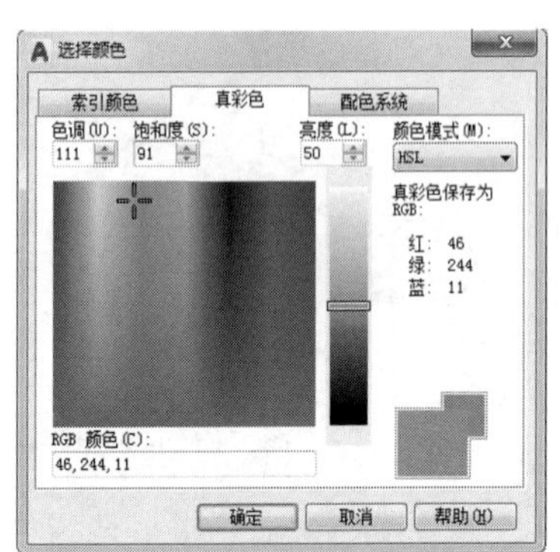

图 3-23 “选择颜色”对话框

图 3-24 选择颜色变化方式

上机操作

【**实例 1**】利用布尔运算绘制如图 3-25 所示的三角铁

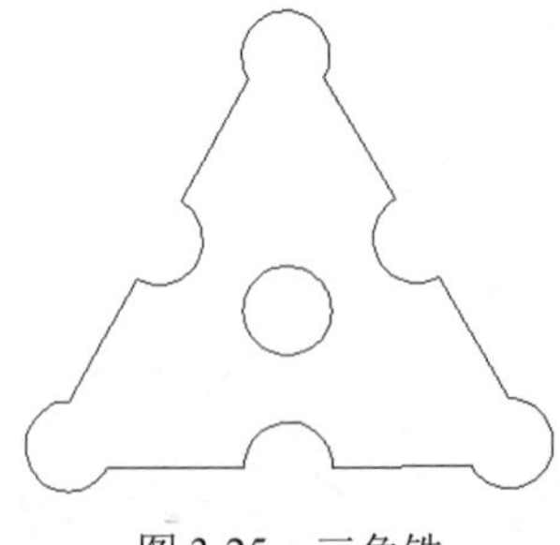

图 3-25 三角铁

（1）目的要求

本例所绘制的图形如果仅利用简单的二维绘制命令进行绘制将非常复杂，利用面域相关命令绘制则可以变得简单。本例要求读者掌握面域相关命令。

（2）操作提示

① 利用“正多边形”和“圆”命令绘制初步轮廓。

② 利用“面域”命令将三角形以及其边上的 6 个圆转换成面域。

③ 利用“并集”命令，将正三角形分别与 3 个角上的圆进行并集处理。

④ 利用“差集”命令，以三角形为主体对象，3 个边中间位置的圆为参照体，进行差集处理。

【实例 2】绘制如图 3-26 所示的小屋

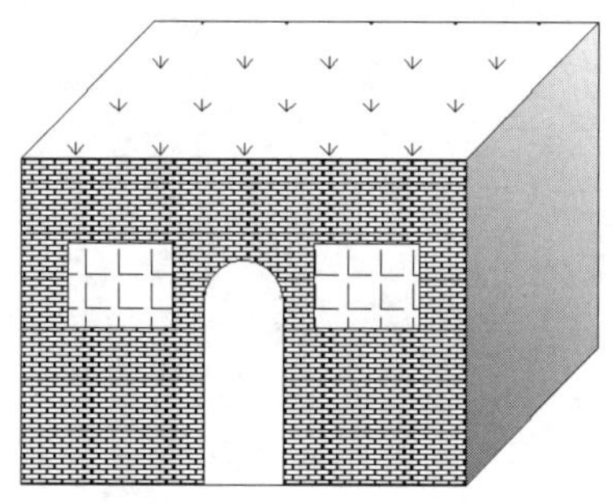

图 3-26 小屋

（1）目的要求

本例绘制的是一个写意小屋，其中有 4 处图案填充。本例要求读者掌握不同图案填充的设置和绘制方法。

（2）操作提示

① 利用“直线”“矩形”“多段线”命令绘制小屋框架。

② 利用“图案填充”命令填充屋顶，选择预定义的“GRASS”图案。

③ 利用“图案填充”命令填充窗户，选择预定义的“ANGLE”图案。

④ 利用“图案填充”命令填充正面墙壁，选择预定义的“BRSTONE”图案。

⑤ 利用“图案填充”命令填充侧面墙壁，选择“渐变色”图案。

第4章 精确绘图

为了快速准确地绘制图形，AutoCAD提供了多种必要的和辅助的绘图工具，如工具条、对象选择工具、对象捕捉工具、栅格和正交工具等。利用这些工具，可以方便、准确地实现图形的绘制和编辑，不仅可以提高工作效率，而且能更好地保证图形的质量。本章将介绍捕捉、栅格、正交、对象捕捉和对象追踪等知识。

学习目标

- 了解精确定位的工具
- 熟练掌握对象捕捉和对象追踪
- 了解动态输入

4.1 精确定位工具

精确定位工具是指能够快速准确地定位某些特殊点（如端点、中点、圆心等）和特殊位置（如水平位置、垂直位置）的工具，精确定位工具主要集中在状态栏上，如图 4-1 所示为状态下显示的部分按钮。

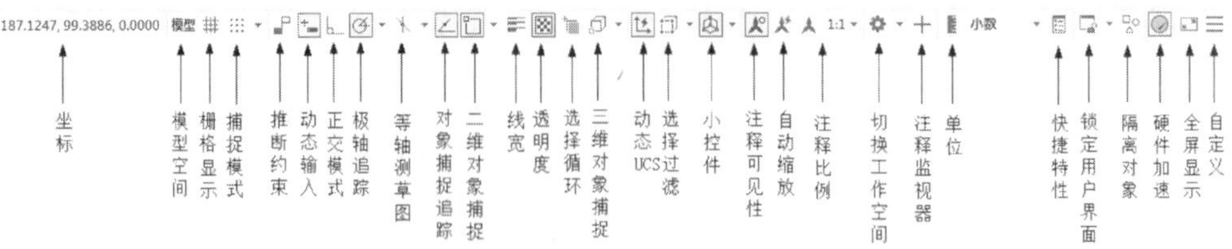

图 4-1　状态栏按钮

4.1.1 正交模式

在 AutoCAD 绘图过程中，经常需要绘制水平直线和垂直直线，但是用光标控制选择线段的端点时很难保证两个点完全是水平或垂直方向，为此，AutoCAD 提供了正交功能，当启用正交模式时，画线或移动对象时只能沿水平方向或垂直方向移动光标，也只能绘制平行于坐标轴的正交线段。

【执行方式】

- 命令行：ORTHO。
- 状态栏：按下状态栏中的“正交模式”按钮∟。
- 快捷键：按<F8>键。

【操作步骤】

命令行提示与操作如下。

```
命令：ORTHO↙
输入模式 [开(ON)/关(OFF)] <开>：设置开或关。
```

4.1.2 栅格显示

用户可以应用栅格显示工具使绘图区显示网格，它是一个很形象的画图工具，就像传统的坐标纸一样。本节介绍控制栅格显示及设置栅格参数的方法。

【执行方式】

- 菜单栏：选择菜单栏中的“工具”→“草图设置”命令。
- 状态栏：按下状态栏中的“栅格显示”按钮#（仅限于打开与关闭）。
- 快捷键：按<F7>键（仅限于打开与关闭）。

【操作步骤】

选择菜单栏中的“工具”→“绘图设置”命令，系统打开“草图设置”对话框，单击“捕捉和栅格”选项卡，如图 4-2 所示。

其中，“启用栅格”复选框用于控制是否显示栅格；“栅格 X 轴间距”和“栅格 Y 轴间距”文本框用于设置栅格在水平与垂直方向的间距。如果“栅格 X 轴间距”和“栅格 Y 轴间距”设置为 0，则 AutoCAD 系统会自动将捕捉栅格间距应用于栅格，且其原点和角度总是与捕捉栅格的原点和角度相同。另外，还可以通过“GRID”命令在命令行设置栅格间距。

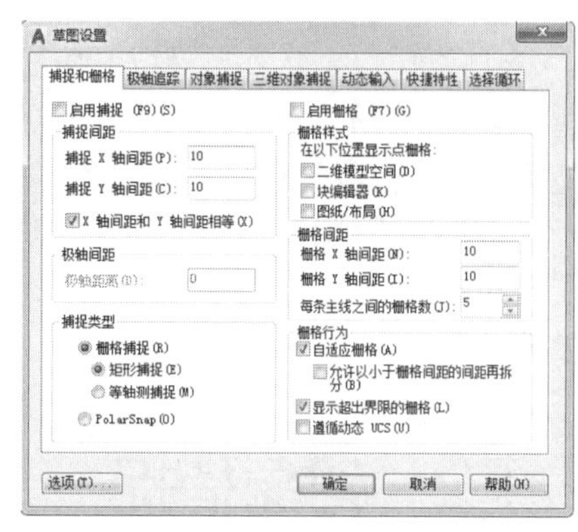

图 4-2 “捕捉和栅格”选项卡

技巧荟萃

在“栅格 X 轴间距”和“栅格 Y 轴间距”文本框中输入数值时，若在“栅格 X 轴间距”文本框中输入一个数值后按<Enter>键，系统将自动传送这个值给“栅格 Y 轴间距”，这样可减少工作量。

4.1.3 捕捉模式

为了准确地在绘图区捕捉点，AutoCAD 提供了捕捉工具，可以在绘图区生成一个隐含的栅格（捕捉栅格），这个栅格能够捕捉光标，约束它只能落在栅格的某一个节点上，使用户能够高精确度地捕捉和选择这个栅格上的点。本节主要介绍捕捉栅格的参数设置方法。

【执行方式】

- 菜单栏：选择菜单栏中的“工具”→“草图设置”命令。
- 状态栏：按下状态栏中的“捕捉模式”按钮⋮⋮（仅限于打开与关闭）。
- 快捷键：按<F9>键（仅限于打开与关闭）。

【操作步骤】

选择菜单栏中的“工具”→“绘图设置”命令，打开“草图设置”对话框，单击“捕捉和栅格”选项卡，如图 4-2 所示。

【选项说明】

①“启用捕捉”复选框：控制捕捉功能的开关，与按<F9>快捷键或按下状态栏上的“捕捉模式”按钮⋮⋮功能相同。

②“捕捉间距”选项组：设置捕捉参数，其中“捕捉 X 轴间距”与“捕捉 Y 轴间距”文本框用于确定捕捉栅格点在水平和垂直两个方向上的间距。

③“捕捉类型”选项组：确定捕捉类型和样式。AutoCAD 提供了两种捕捉栅格的方式：“栅格捕捉”和“PolarSnap（极轴捕捉）”。“栅格捕捉”是指按正交位置捕捉位置点，“极轴捕捉”则可以根据设置的任意极轴角捕捉位置点。

“栅格捕捉”又分为“矩形捕捉”和“等轴测捕捉”两种方式。在“矩形捕捉”方式下捕捉栅格是标准的矩形，在“等轴测捕捉”方式下捕捉栅格和光标十字线不再互相垂直，而是成绘制等轴测图时的特定角度，这种方式对于绘制等轴测图十分方便。

④“极轴间距”选项组：该选项组只有在选择“PolarSnap”捕捉类型时才可用。可在“极轴距离”文本框中输入距离值，也可以在命令行输入“SNAP”，设置捕捉的有关参数。

4.2 对象捕捉

在利用 AutoCAD 画图时经常要用到一些特殊点，例如圆心、切点、线段或圆弧的端点、中点等，如果只利用光标在图形上选择，要准确地找到这些点是十分困难的。因此，AutoCAD 提供了一些识别这些点的工具，通过这些工具即可容易地构造新几何体，精确地绘制图形，其结果比传统手工绘图更精确且更容易维护。在 AutoCAD 中，这种功能称之为对象捕捉功能。

4.2.1 特殊位置点捕捉

在绘制 AutoCAD 图形时，有时需要指定一些特殊位置的点，例如圆心、端点、中点、平行线上的点等，这些点如表 4-1 所示。可以利用对象捕捉功能来捕捉这些点。

表 4-1 特殊位置点捕捉

捕捉模式	快捷命令	功能
临时追踪点	TT	建立临时追踪点
两点之间的中点	M2P	捕捉两个独立点之间的中点
捕捉自	FRO	与其他捕捉方式配合使用建立一个临时参考点，作为指出后继点的基点
端点	ENDP	用来捕捉对象（如线段或圆弧等）的端点
中点	MID	用来捕捉对象（如线段或圆弧等）的中点
圆心	CEN	用来捕捉圆或圆弧的圆心
节点	NOD	捕捉用 POINT 或 DIVIDE 等命令生成的点
象限点	QUA	用来捕捉距光标最近的圆或圆弧上可见部分的象限点，即圆周上 0°、90°、180°、270° 位置上的点
交点	INT	用来捕捉对象（如线、圆弧或圆等）的交点
延长线	EXT	用来捕捉对象延长路径上的点
插入点	INS	用于捕捉块、形、文字、属性或属性定义等对象的插入点
垂足	PER	在线段、圆、圆弧或它们的延长线上捕捉一个点，使之与最后生成的点的连线与该线段、圆或圆弧正交
切点	TAN	最后生成的一个点到选中的圆或圆弧上引切线的切点位置
最近点	NEA	用于捕捉离拾取点最近的线段、圆、圆弧等对象上的点
外观交点	APP	用来捕捉两个对象在视图平面上的交点。若两个对象没有直接相交，则系统自动计算其延长后的交点；若两对象在空间上为异面直线，则系统计算其投影方向上的交点
平行线	PAR	用于捕捉与指定对象平行方向的点
无	NON	关闭对象捕捉模式
对象捕捉设置	OSNAP	设置对象捕捉

AutoCAD 提供了命令行、工具栏和右键快捷菜单三种执行特殊点对象捕捉的方法。

在使用特殊位置点捕捉的快捷命令前，必须先选择绘制对象的命令或工具，再在命令行中输入其快捷命令。

4.2.2 实例——公切线的绘制

扫一扫，看视频

绘制如图 4-3 所示的公切线。

① 单击“默认”选项卡“绘图”面板中的“圆”按钮，以适当半径绘制两个圆，绘制结果如图 4-4 所示。

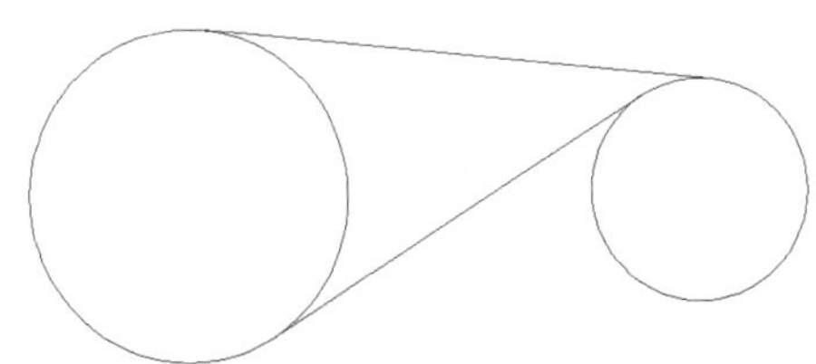

图 4-3 圆的公切线

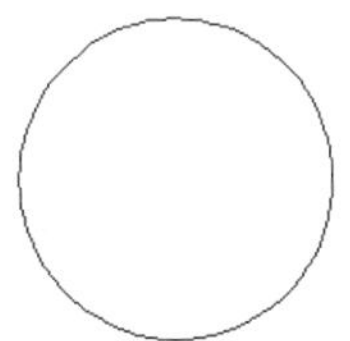

图 4-4 绘制圆

② 单击菜单栏中的“工具”→“工具栏”→“AutoCAD”→“对象捕捉”命令，打开“对象捕捉”工具栏。

③ 单击“默认”选项卡“绘图”面板中的“直线”按钮，绘制公切线，命令行提示

与操作如下。

```
命令：_line
指定第一个点：单击“对象捕捉”工具栏中的“捕捉到切点”按钮
_tan 到：选择左边圆上一点，系统自动显示“递延切点”提示，如图 4-5 所示
指定下一点或 [放弃(U)]：单击“对象捕捉”工具栏中的“捕捉到切点”按钮
_tan 到：选择右边圆上一点，系统自动显示“递延切点”提示，如图 4-6 所示
指定下一点或 [退出(E)/放弃(U)]：↙
```

④ 单击“默认”选项卡“绘图”面板中的“直线”按钮，绘制公切线。单击“对象捕捉”工具栏中的“捕捉到切点”按钮，捕捉切点，如图 4-7 所示为捕捉第二个切点的情形。

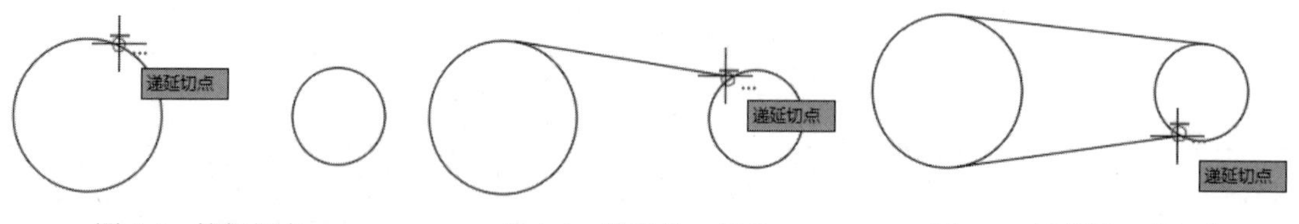

图 4-5　捕捉切点　　图 4-6　捕捉另一切点　　图 4-7　捕捉第二个切点

⑤ 系统自动捕捉到切点的位置，最终绘制结果如图 4-3 所示。

技巧荟萃

不管指定圆上哪一点作为切点，系统都会根据圆的半径和指定的大致位置确定准确的切点位置，并能根据大致指定点与内外切点距离，依据距离趋近原则判断绘制外切线还是内切线。

4.2.3　对象捕捉设置

在 AutoCAD 中绘图之前，可以根据需要事先设置开启一些对象捕捉模式，绘图时系统就能自动捕捉这些特殊点，从而加快绘图速度，提高绘图质量。

【执行方式】

- 命令行：DDOSNAP。
- 菜单栏：选择菜单栏中的“工具”→“绘图设置”命令。
- 工具栏：单击“对象捕捉”工具栏中的“对象捕捉设置”按钮。
- 状态栏：按下状态栏中的“对象捕捉”按钮（仅限于打开与关闭）。
- 快捷键：按<F3>键（仅限于打开与关闭）。
- 快捷菜单：按<Shift>键右击，在弹出的快捷菜单中选择“对象捕捉设置”命令。

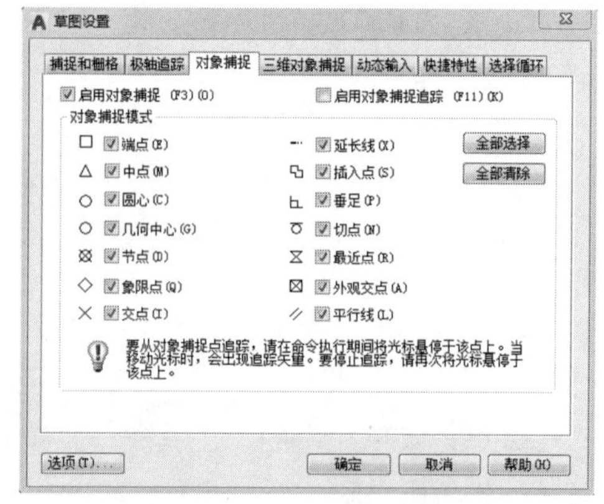

图 4-8　“对象捕捉”选项卡

执行上述操作后，系统打开“草图设置”对话框，单击“对象捕捉”选项卡，如图 4-8 所示，利用此选项卡可对对象捕捉方式进行设置。

【选项说明】

① “启用对象捕捉”复选框：勾选该复选框，在“对象捕捉模式”选项组中勾选的捕捉模式处于激活状态。

② “启用对象捕捉追踪”复选框：用于打开或关闭自动追踪功能。

③ “对象捕捉模式”选项组：此选项组中列出各种捕捉模式的复选框，被勾选的复选框处于激活状态。单击“全部清除”按钮，则所有模式均被清除。单击“全部选择”按钮，则所有模式均被选中。

另外，在对话框的左下角有一个“选项”按钮，单击该按钮可以打开“选项”对话框的“草图”选项卡，利用该对话框可决定捕捉模式的各项设置。

4.2.4 实例——三环旗的绘制

扫一扫，看视频

图 4-9　三环旗

绘制如图 4-9 所示的三环旗。

① 单击“默认”选项卡“绘图”面板中的“直线”按钮，绘制辅助作图线，命令行提示与操作如下。

```
命令: _line
指定第一个点: 在绘图区单击指定一点
指定下一点或 [放弃(U)]: 移动光标到合适位置，单击指定另一点，绘制出一条倾斜直线，作为辅助线
指定下一点或 [退出(E)/放弃(U)]: ↙
```

绘制结果如图 4-10 所示。

② 单击“默认”选项卡“绘图”面板中的“多段线”按钮，绘制旗尖，命令行提示与操作如下。

```
命令: _pline
指定起点:单击“对象捕捉”工具栏中的“捕捉到最近点”按钮
_nea 到: 将光标移至直线上，选择一点
当前线宽为 0.0000
指定下一个点或 [圆弧(A)/半宽(H)/长度(L)/放弃(U)/宽度(W)]: W↙
指定起点宽度 <0.0000>: ↙
指定端点宽度 <0.0000>: 8↙
指定下一个点或 [圆弧(A)/半宽(H)/长度(L)/放弃(U)/宽度(W)]: 单击“对象捕捉”工具栏中的“捕捉到最近点”按钮
_nea 到: 将光标移至直线上，选择一点
指定下一点或 [圆弧(A)/闭合(C)/半宽(H)/长度(L)/放弃(U)/宽度(W)]: W↙
指定起点宽度 <8.0000>:↙
指定端点宽度 <8.0000>: 0↙
指定下一点或 [圆弧(A)/闭合(C)/半宽(H)/长度(L)/放弃(U)/宽度(W)]: 单击“对象捕捉”工具栏中的“捕捉到最近点”按钮
_nea 到: 将光标移至直线上，选择一点，使旗尖图形接近对称
```

绘制结果如图 4-11 所示。

③ 单击“默认”选项卡“绘图”面板中的“多段线”按钮，绘制旗杆，命令行提示与操作如下。

```
命令：_pline
指定起点：单击“对象捕捉”工具栏中的“捕捉到端点”按钮
_endp 于：捕捉所画旗尖的端点
当前线宽为 0.0000
指定下一个点或 [圆弧(A)/半宽(H)/长度(L)/放弃(U)/宽度(W)]：W↙
指定起点宽度 <0.0000>：2↙
指定端点宽度 <2.0000>:↙
指定下一个点或 [圆弧(A)/半宽(H)/长度(L)/放弃(U)/宽度(W)]：单击“对象捕捉”工具栏中的“捕捉到最近点”按钮
_nea 到：将光标移至辅助直线上，选择一点
指定下一点或 [圆弧(A)/闭合(C)/半宽(H)/长度(L)/放弃(U)/宽度(W)]：↙
```

绘制结果如图 4-12 所示。

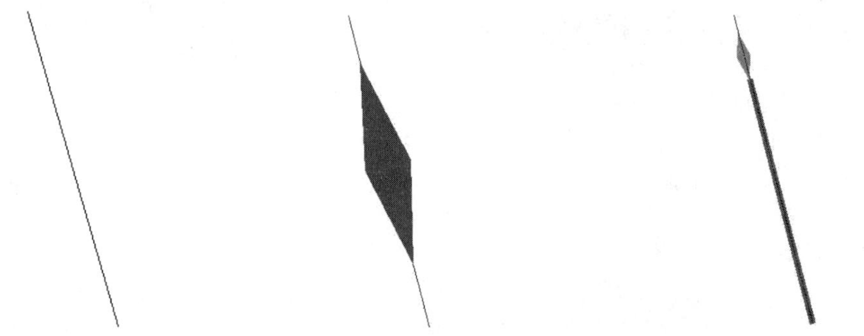

图 4-10 辅助作图线　　图 4-11 旗尖　　图 4-12 绘制旗杆后的图形

④ 单击“默认”选项卡“绘图”面板中的“多段线”按钮，绘制旗面，命令行提示与操作如下。

```
命令：_pline
指定起点：单击“对象捕捉”工具栏中的“捕捉到端点”按钮
_endp 于：捕捉旗杆的端点
当前线宽为 0.0000
指定下一个点或 [圆弧(A)/半宽(H)/长度(L)/放弃(U)/宽度(W)]：A↙
指定圆弧的端点(按住 Ctrl 键以切换方向)或[角度(A)/圆心(CE)/方向(D)/半宽(H)/直线(L)/半径(R)/第二个点(S)/放弃(U)/宽度(W)]：S↙
指定圆弧的第二个点:单击选择一点，指定圆弧的第二点
指定圆弧的端点:单击选择一点，指定圆弧的端点
指定圆弧的端点(按住 Ctrl 键以切换方向)或[角度(A)/圆心(CE)/闭合(CL)/方向(D)/半宽(H)/直线(L)/半径(R)/第二个点(S)/放弃(U)/宽度(W)]：单击选择一点，指定圆弧的端点
指定圆弧的端点(按住 Ctrl 键以切换方向)或[角度(A)/圆心(CE)/闭合(CL)/方向(D)/半宽(H)/直线(L)/半径(R)/第二个点(S)/放弃(U)/宽度(W)]：↙
```

采用相同的方法绘制另一条旗面边线。

⑤ 单击“默认”选项卡“绘图”面板中的“直线”按钮，绘制旗面右端封闭直线，命令行提示与操作如下。

命令: _line
指定第一个点: 单击"对象捕捉"工具栏中的"捕捉到端点"按钮
_endp 于: 捕捉旗面上边的端点
指定下一点或 [放弃(U)]: 单击"对象捕捉"工具栏中的"捕捉到端点"按钮
_endp 于: 捕捉旗面下边的端点
指定下一点或 [退出(E)/放弃(U)]: ↙

绘制结果如图 4-13 所示。

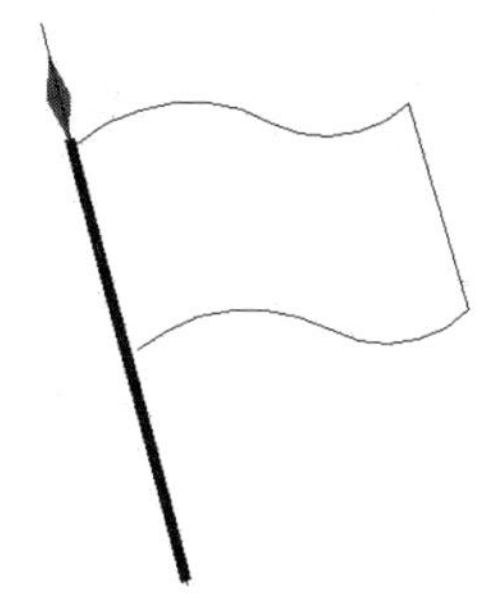

图 4-13 绘制旗面后的图形

⑥ 单击"默认"选项卡"绘图"面板中的"圆环"按钮，绘制 3 个圆环，命令行提示与操作如下。

命令: _donut
指定圆环的内径 <10.0000>: 30↙
指定圆环的外径 <20.0000>: 40↙
指定圆环的中心点或 <退出>: 在旗面内单击选择一点，确定第一个圆环的中心
指定圆环的中心点或 <退出>: 在旗面内单击选择一点，确定第二个圆环中心
……
使绘制的 3 个圆环排列为一个三环形状。
指定圆环的中心点或 <退出>: ↙

绘制结果如图 4-9 所示。

4.3 对象追踪

对象追踪是指按指定角度或与其他对象建立指定关系绘制对象。可以结合对象捕捉功能进行自动追踪，也可以指定临时点进行临时追踪。

4.3.1 自动追踪

利用自动追踪功能，可以对齐路径，有助于以精确的位置和角度创建对象。自动追踪包括"极轴追踪"和"对象捕捉追踪"两种追踪选项。"极轴追踪"是指按指定的极轴角或极轴角的倍数对齐要指定点的路径；"对象捕捉追踪"是指以捕捉到的特殊位置点为基点，按指定的极轴角或极轴角的倍数对齐要指定点的路径。

"极轴追踪"必须配合"对象捕捉"功能一起使用，即同时按下状态栏中的"极轴追踪"按钮和"对象捕捉"按钮。

【执行方式】

- 命令行：DDOSNAP。
- 菜单栏：选择菜单栏中的"工具"→"绘图设置"命令。
- 工具栏：单击"对象捕捉"工具栏中的"对象捕捉设置"按钮。
- 状态栏：按下状态栏中的"对象捕捉"按钮和"对象捕捉追踪"按钮。
- 快捷键：按<F11>键。
- 快捷菜单：选择快捷菜单中的"捕捉替代"→"对象捕捉设置"命令。

执行上述操作后，或在“对象捕捉”按钮与“对象捕捉追踪”按钮上右击，选择快捷菜单中的“设置”命令，系统打开“草图设置”对话框的“对象捕捉”选项卡，勾选“启用对象捕捉追踪”复选框，即可完成对象捕捉追踪的设置。

4.3.2 实例——特殊位置线段的绘制

扫一扫，看视频

绘制一条线段，使该线段的一个端点与另一条线段的端点在同一条水平线上。

① 同时按下状态栏中的“对象捕捉”按钮和“对象捕捉追踪”按钮，启动对象捕捉追踪功能。

② 绘制一条线段。

③ 绘制第二条线段，命令行提示与操作如下。

```
命令: LINE↙
指定第一个点:指定点 1，如图 4-14（a）所示
指定下一点或 [放弃(U)]: 将光标移动到点 2 处，系统自动捕捉到第一条直线的端点 2，如图 4-14（b）所示；系统显示一条虚线为追踪线，移动光标，在追踪线的适当位置指定点 3，如图 4-14（c）所示
指定下一点或 [[退出(E)/放弃(U)]: ↙
```

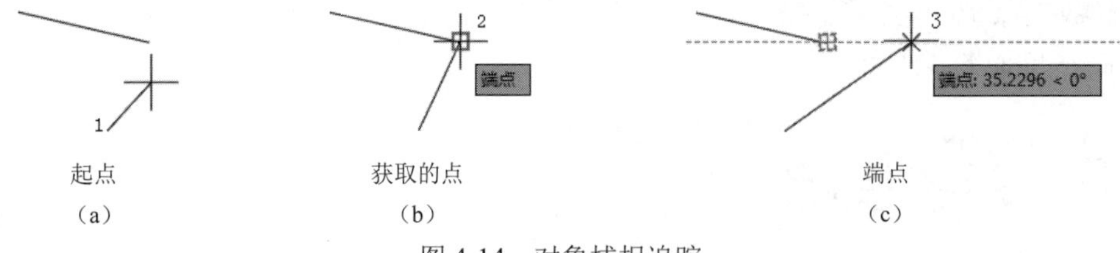

起点　　获取的点　　端点

（a）　　（b）　　（c）

图 4-14　对象捕捉追踪

4.3.3 极轴追踪设置

【执行方式】

- 命令行：DDOSNAP。
- 菜单栏：选择菜单栏中的“工具”→“绘图设置”命令。
- 工具栏：单击“对象捕捉”工具栏中的“对象捕捉设置”按钮。
- 状态栏：按下状态栏中的“对象捕捉”按钮和“极轴追踪”按钮。
- 快捷键：按<F10>键。
- 快捷菜单：选择快捷菜单中的 “对象捕捉设置”命令。

执行上述操作或在“极轴追踪”按钮上右击，选择快捷菜单中的“设置”命令，系统打开如图 4-15 所示“草图设置”对话框的“极轴追踪”选项卡，其中各选项功能如下。

① “启用极轴追踪”复选框：勾选该复选框，即启用极轴追踪功能。

② “极轴角设置”选项组：设置极轴角的值，可以在“增量角”下拉列表框中选择一种角度值，也可勾选“附加角”复选框。单击“新建”按钮设置任意附加角，系统在进行极轴追踪时，同时追踪增量角和附加角，可以设置多个附加角。

③ “对象捕捉追踪设置”和“极轴角测量”选项组：按界面提示设置相应单选选项。利用自动追踪可以完成三视图绘制。

图 4-15　“极轴追踪”选项卡

4.4 对象约束

约束能够精确地控制草图中的对象。草图约束有两种类型：几何约束和尺寸约束。

几何约束建立草图对象的几何特性（如要求某一直线具有固定长度），或是两个或更多草图对象的关系类型（如要求两条直线垂直或平行，或是几个圆弧具有相同的半径）。在绘图区用户可以使用“参数化”选项卡内的“全部显示”“全部隐藏”或“显示”来显示有关信息，并显示代表这些约束的直观标记，如图 4-16 所示的水平标记和共线标记。

尺寸约束建立草图对象的大小（如直线的长度、圆弧的半径等），或是两个对象之间的关系（如两点之间的距离）。如图 4-17 所示为带有尺寸约束的图形示例。

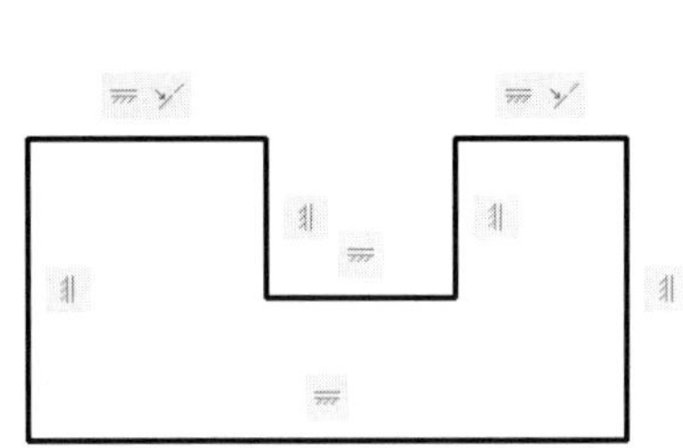

图 4-16　“几何约束”示意图

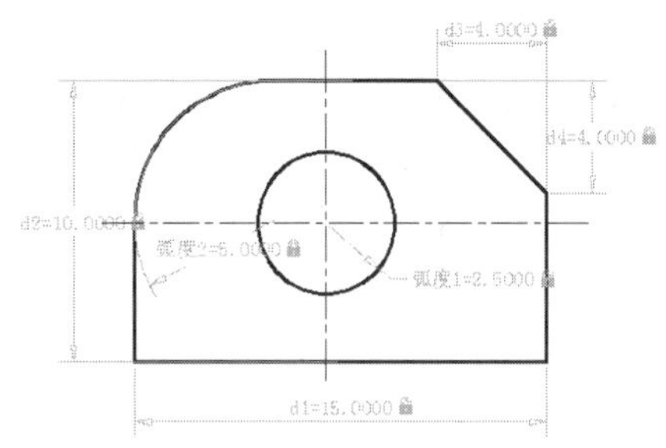

图 4-17　“尺寸约束”示意图

4.4.1 建立几何约束

利用几何约束工具，可以指定草图对象必须遵守的条件，或是草图对象之间必须维持的关系。“几何约束”面板及工具栏（其面板在“二维草图与注释”工作空间“参数化”选项卡的“几何”面板中）如图 4-18 所示，其主要几何约束选项功能如表 4-2 所示。

图 4-18　“几何约束”面板及工具栏

表 4-2　几何约束选项功能

约束模式	功能
重合	约束两个点使其重合，或约束一个点使其位于曲线（或曲线的延长线）上。可以使对象上的约束点与某个对象重合，也可以使其与另一对象上的约束点重合
共线	使两条或多条直线段沿同一直线方向，使它们共线
同心	将两个圆弧、圆或椭圆约束到同一个中心点，结果与将重合约束应用于曲线的中心点所产生的效果相同
固定	将几何约束应用于一对对象时，选择对象的顺序以及选择每个对象的点可能会影响对象彼此间的放置方式
平行	使选定的直线位于彼此平行的位置，平行约束在两个对象之间应用
垂直	使选定的直线位于彼此垂直的位置，垂直约束在两个对象之间应用
水平	使直线或点位于与当前坐标系 X 轴平行的位置，默认选择类型为对象
竖直	使直线或点位于与当前坐标系 Y 轴平行的位置
相切	将两条曲线约束为保持彼此相切或其延长线保持彼此相切，相切约束在两个对象之间应用
平滑	将样条曲线约束为连续，并与其他样条曲线、直线、圆弧或多段线保持连续性
对称	使选定对象受对称约束，相对于选定直线对称
相等	将选定圆弧和圆的尺寸重新调整为半径相同，或将选定直线的尺寸重新调整为长度相同

在绘图过程中可指定二维对象或对象上点之间的几何约束。在编辑受约束的几何图形时，将保留约束，因此，通过使用几何约束，可以在图形中包括设计要求。

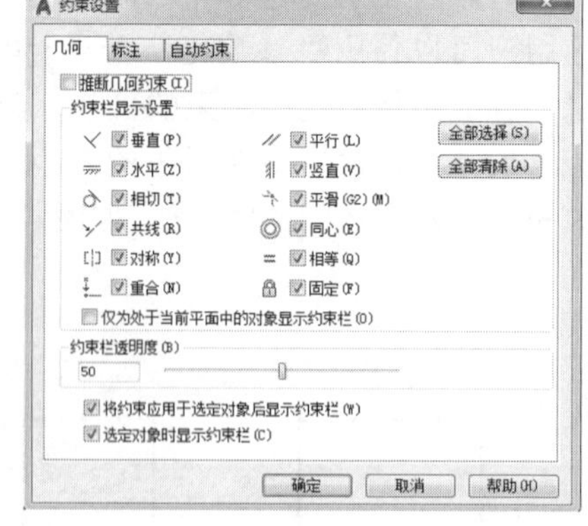

图 4-19　“约束设置”对话框

4.4.2　设置几何约束

在用 AutoCAD 绘图时，可以控制约束栏的显示，利用“约束设置”对话框（如图 4-19 所示）可控制约束栏上显示或隐藏的几何约束类型。单独或全局显示或隐藏几何约束和约束栏，可执行以下操作。

- 显示（或隐藏）所有的几何约束。
- 显示（或隐藏）指定类型的几何约束。
- 显示（或隐藏）所有与选定对象相关的几何约束。

【执行方式】

- 命令行：CONSTRAINTSETTINGS（CSETTINGS）。
- 菜单栏：选择菜单栏中的“参数”→“约束设置”命令。
- 功能区：单击“参数化”选项卡“几何”面板中的“约束设置，几何”按钮。
- 工具栏：单击“参数化”工具栏中的“约束设置”按钮。

执行上述操作后，系统打开“约束设置”对话框，单击“几何”选项卡，如图 4-19 所示，利用此对话框可以控制约束栏上约束类型的显示。

【选项说明】

① “约束栏显示设置”选项组：此选项组控制图形编辑器中是否为对象显示约束栏或

约束点标记。例如，可以为水平约束和竖直约束隐藏约束栏的显示。

② “全部选择”按钮：选择全部几何约束类型。

③ “全部清除”按钮：清除所有选定的几何约束类型。

④ “仅为处于当前平面中的对象显示约束栏”复选框：仅为当前平面上受几何约束的对象显示约束栏。

⑤ “约束栏透明度”选项组：设置图形中约束栏的透明度。

⑥ “将约束应用于选定对象后显示约束栏”复选框：手动应用约束或使用“AUTOCONSTRAIN”命令时，显示相关约束栏。

扫一扫，看视频

4.4.3 实例——绘制相切及同心的圆

绘制如图 4-20 所示的同心相切圆。

① 单击“默认”选项卡“绘图”面板中的“圆”按钮，以适当半径绘制 4 个圆，绘制结果如图 4-21 所示。

② 单击菜单栏中的“工具”→“工具栏”→“AutoCAD”→“几何约束”命令，打开“几何约束”工具栏。

③ 单击“几何约束”工具栏中的“相切”按钮，或单击“参数化”选项卡“几何”面板中的“相切”按钮，命令行提示与操作如下。

```
命令: _GeomConstraint
输入约束类型[水平(H)/竖直(V)/垂直(P)/平行(PA)/相切(T)/平滑(SM)/重合(C)/同心(CON)/共线(COL)/对称(S)/相等(E)/固定(F)]<相切>:T
选择第一个对象: 选择圆 1
选择第二个对象: 选择圆 2
```

④ 系统自动将圆 2 向左移动与圆 1 相切，结果如图 4-22 所示。

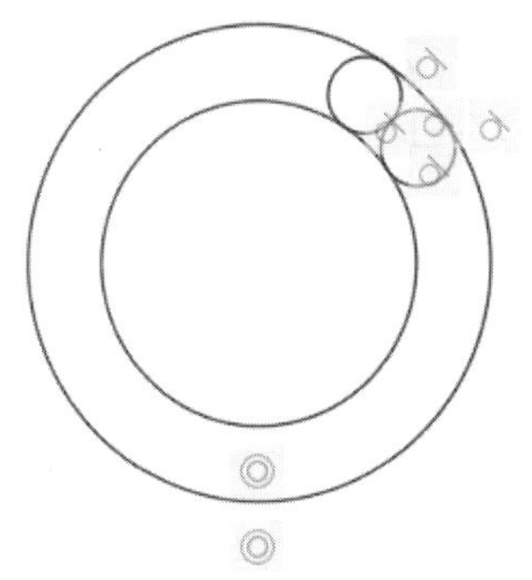

图 4-20　同心相切圆

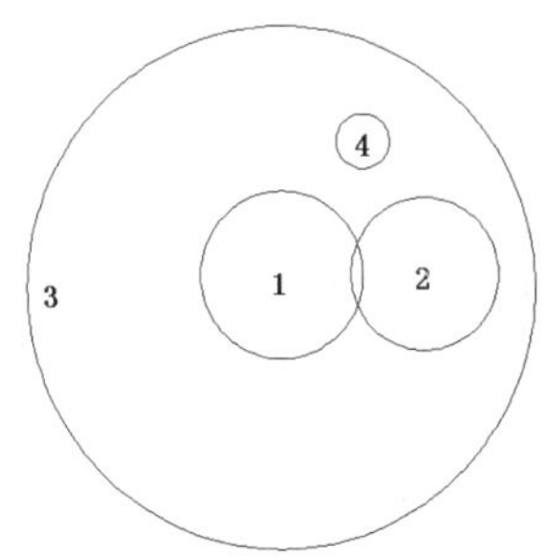

图 4-21　绘制圆

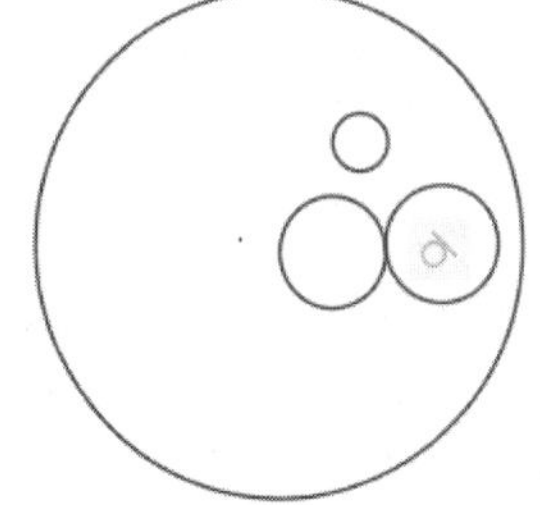

图 4-22　建立圆 1 与圆 2 的相切关系

⑤ 单击“参数化”选项卡“几何”面板中的“同心”按钮，使其中两圆同心，命令行提示与操作如下。

```
命令: _GeomConstraint
输入约束类型[水平(H)/竖直(V)/垂直(P)/平行(PA)/相切(T)/平滑(SM)/重合(C)/同心(CON)/共线(COL)/对称(S)/相等(E)/固定(F)] <相切>:CON
选择第一个对象: 选择圆 1
选择第二个对象: 选择圆 3
```

系统自动建立同心的几何关系，结果如图 4-23 所示。

⑥ 采用同样的方法，使圆 3 与圆 2 建立相切几何约束，结果如图 4-24 所示。

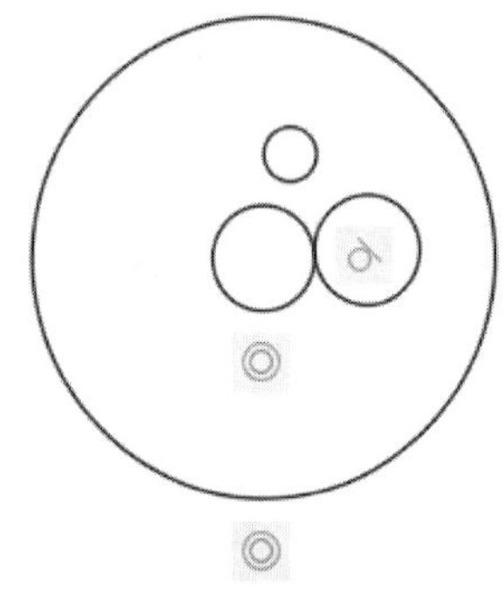

图 4-23　建立圆 1 与圆 3 的同心关系

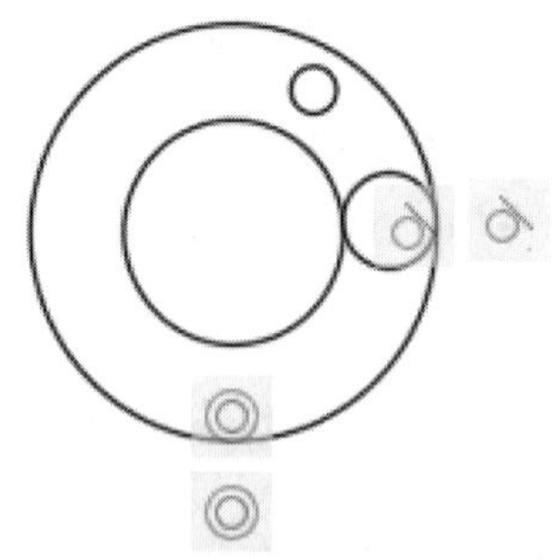

图 4-24　建立圆 3 与圆 2 的相切关系

⑦ 采用同样的方法，使圆 1 与圆 4 建立相切几何约束，结果如图 4-25 所示。

⑧ 采用同样的方法，使圆 4 与圆 2 建立相切几何约束，结果如图 4-26 所示。

⑨ 采用同样的方法，使圆 3 与圆 4 建立相切几何约束，最终结果如图 4-20 所示。

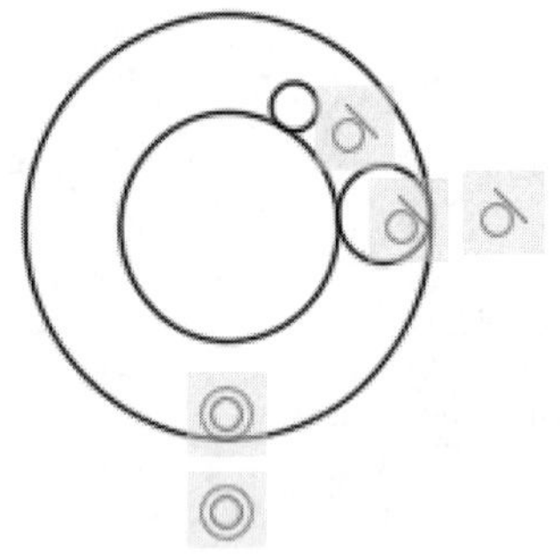

图 4-25　建立圆 1 与圆 4 的相切关系

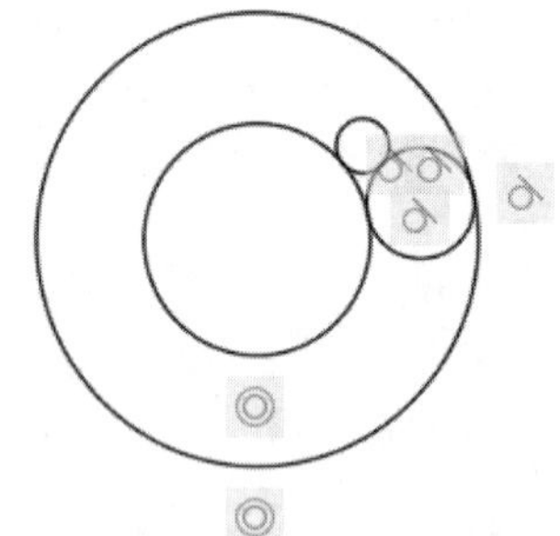

图 4-26　建立圆 4 与圆 2 的相切关系

4.4.4　建立尺寸约束

建立尺寸约束可以限制图形几何对象的大小，也就是与在草图上标注尺寸相似，同样设置尺寸标注线，与此同时也会建立相应的表达式，不同的是可以在后续的编辑工作中实现尺寸的参数化驱动。“标注约束”面板及工具栏（其面板在“二维草图与注释”工作空间“参数化”选项卡的“标注”面板中）如图 4-27 所示。

在生成尺寸约束时，用户可以选择草图曲线、边、基准平面或基准轴上的点，以生成水平、竖直、平行、垂直和角度尺寸。

生成尺寸约束时，系统会生成一个表达式，其名称和值显示在一个文本框中，如图 4-28 所示，用户可以在其中编辑该表达式的名和值。

生成尺寸约束时，只要选中了几何体，其尺寸及其延伸线和箭头就会全部显示出来。将尺寸拖动到位，然后单击，就完成了尺寸约束的添加。完成尺寸约束后，用户还可以随时更改尺寸约束，只需在绘图区选中该值双击，就可以使用生成过程中所采用的方式，编辑其名称、值或位置。

图 4-27 “标注约束”面板及工具栏

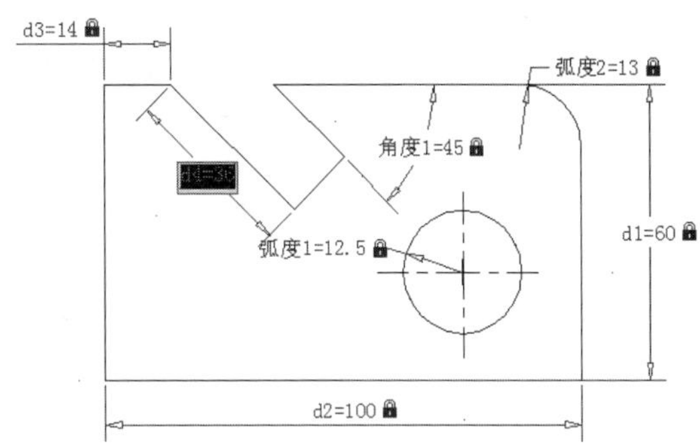

图 4-28 编辑尺寸约束示意图

4.4.5 设置尺寸约束

在用 AutoCAD 绘图时，使用“约束设置”对话框中的“标注”选项卡，如图 4-29 所示，可控制显示标注约束时的系统配置，标注约束控制设计的大小和比例。尺寸约束的具体内容如下。

- 对象之间或对象上点之间的距离。
- 对象之间或对象上点之间的角度。

【执行方式】

- 命令行：CONSTRAINTSETTINGS（CSETTINGS）。
- 菜单栏：选择菜单栏中的“参数”→“约束设置”命令。
- 功能区：单击“参数化”选项卡中的“约束设置，标注”按钮。
- 工具栏：单击“参数化”工具栏中的“约束设置”按钮。

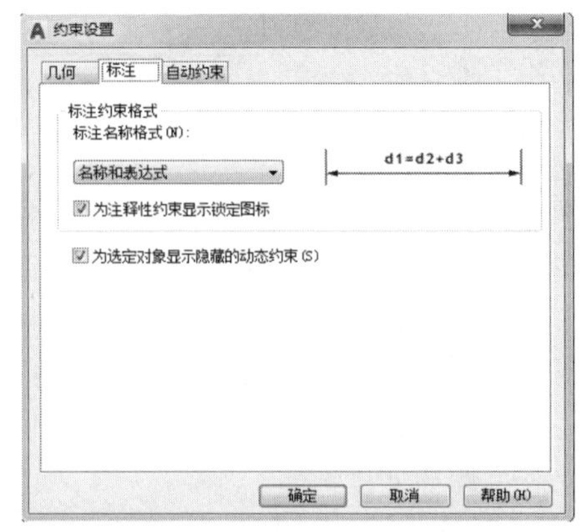

图 4-29 “标注”选项卡

执行上述操作后，系统打开“约束设置”对话框，单击“标注”选项卡，如图 4-29 所示。利用此对话框可以控制约束栏上约束类型的显示。

【选项说明】

① “标注约束格式”选项组：该选项组内可以设置标注名称格式和锁定图标的显示。

② “标注名称格式”下拉列表框：为应用标注约束时显示的文字指定格式。将名称格式设置为显示名称、值或名称和表达式。例如：宽度=长度/2。

③ “为注释性约束显示锁定图标”复选框：针对已应用注释性约束的对象显示锁定图标。

④ “为选定对象显示隐藏的动态约束”复选框：显示选定时已设置为隐藏的动态约束。

4.4.6 实例——利用尺寸驱动更改方头平键尺寸

扫一扫，看视频

绘制如图 4-30 所示的方头平键。

① 绘制方头平键轮廓（键 B18×100），如图 4-31 所示。

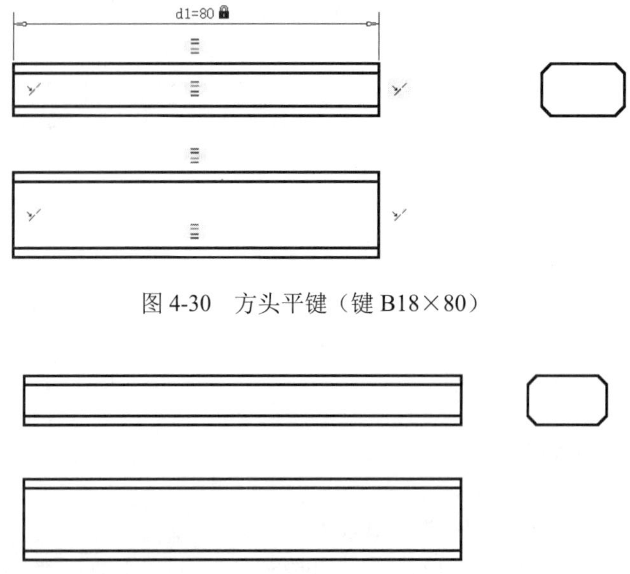

图 4-30　方头平键（键 B18×80）

图 4-31　键 B18×100 轮廓

② 单击“参数化”选项卡“几何”面板中“共线”按钮，使左端各竖直直线建立共线的几何约束。采用同样的方法使右端各直线建立共线的几何约束。

③ 单击“参数化”选项卡“几何”面板中的“相等”按钮，使最上端水平线与下面各条水平线建立相等的几何约束。

④ 单击“参数化”选项卡“几何”面板中的“水平”按钮，更改水平尺寸，命令行提示与操作如下。

```
命令: _DcHorizontal
指定第一个约束点或 [对象(O)] <对象>: 选择最上端直线左端
指定第二个约束点: 选择最上端直线右端
指定尺寸线位置: 在合适位置单击
标注文字 = 80↙
```

⑤ 系统自动将长度调整为 80，最终结果如图 4-31 所示。

4.4.7　自动约束

在用 AutoCAD 绘图时，利用“约束设置”对话框中的“自动约束”选项卡，如图 4-32 所示，可将设定公差范围内的对象自动设置为相关约束。

图 4-32　“自动约束”选项卡

【执行方式】

- 命令行: CONSTRAINTSETTINGS（CSETTINGS）。
- 菜单栏：选择菜单栏中的“参数”→“约束设置”命令。
- 功能区：选择“参数化”选项卡中“约束设置”按钮。

● 工具栏：单击“参数化”工具栏中的“约束设置”按钮。

执行上述操作后，系统打开“约束设置”对话框，单击“自动约束”选项卡，如图 4-32 所示，利用此对话框可以控制自动约束的相关参数。

【选项说明】

① “约束类型”列表框：显示自动约束的类型以及优先级。可以通过单击“上移”和“下移”按钮调整优先级的先后顺序。单击✔图标符号选择或去掉某约束类型作为自动约束类型。

② “相切对象必须共用同一交点”复选框：指定两条曲线必须共用一个点（在距离公差内指定）应用相切约束。

③ “垂直对象必须共用同一交点”复选框：指定直线必须相交或一条直线的端点必须与另一条直线或直线的端点重合（在距离公差内指定）。

④ “公差”选项组：设置可接受的“距离”和“角度”公差值，以确定是否可以应用约束。

4.4.8 实例——约束控制未封闭三角形

扫一扫，看视频

对如图 4-33 所示的未封闭三角形进行约束控制。

① 设置约束与自动约束。选择“参数化”选项卡中“约束设置，几何”按钮，打开“约束设置”对话框。单击“几何”选项卡，单击“全部选择”按钮，选择全部约束方式，如图 4-34 所示。再单击“自动约束”选项卡，将“距离”和“角度”公差值设置为 1，取消对“相切对象必须共用同一交点”复选框和“垂直对象必须共用同一交点”复选框的勾选，约束优先顺序按图 4-35 所示设置。

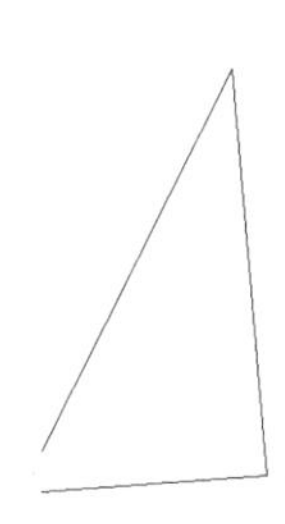

图 4-33 未封闭三角形

图 4-34 “几何”选项卡设置

图 4-35 “自动约束”选项卡设置

② 单击“参数化”选项卡“几何”面板中的“固定”按钮，命令提示与操作如下。

命令：_GcFix

选择点或［对象(O)］<对象>：选择三角形底边

这时，底边被固定，并显示固定标记，如图 4-36 所示。

③ 单击“参数化”选项卡“几何”面板中的“自动约束”按钮，命令行提示与操作如下。

命令：_AutoConstrain

选择对象或 [设置(S)]：选择三角形底边

选择对象或 [设置(S)]：选择三角形左边，这里已知左边两个端点的距离为 0.7，在自动约束公差范围内

选择对象或 [设置(S)]：↙

这时，左边下移，使底边和左边的两个端点重合，并显示固定标记，而原来重合的上顶点现在分离，如图 4-37 所示。

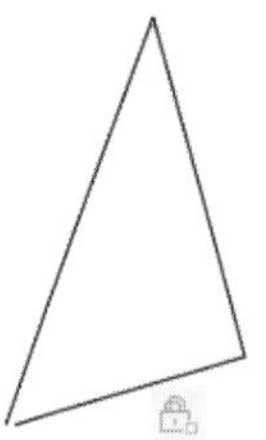

图 4-36　固定约束

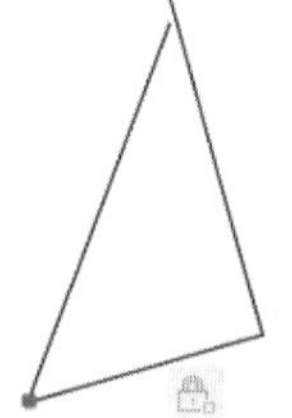

图 4-37　自动重合约束

④ 采用同样的方法，使上边两个端点进行自动约束，两者重合，并显示重合标记，如图 4-38 所示。

⑤ 单击“参数化”选项卡“几何”面板中的“自动约束”按钮，选择三角形底边和右边为自动约束对象（这里已知底边与右边的原始夹角为 89°），可以发现，底边与右边自动保持重合与垂直的关系，如图 4-39 所示（注意：三角形的右边必然要缩短）。

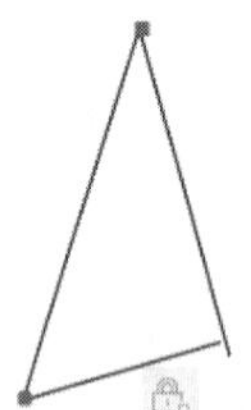

图 4-38　自动重合约束

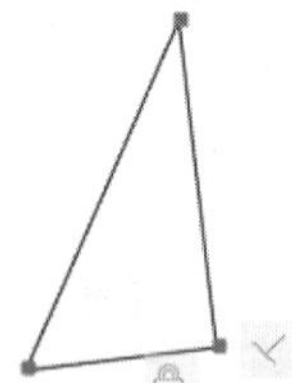

图 4-39　自动重合与自动垂直约束

上机操作

【实例 1】如图 4-40 所示，过四边形上、下边延长线交点作四边形右边的平行线

（1）目的要求

本例要绘制的图形比较简单，但是要准确找到四边形上、下边延长线必须启用“对象捕捉”功能，捕捉延长线交点。通过本例，读者可以体会到对象捕捉功能的方便与快捷作用。

（2）操作提示

① 单击菜单栏中的“工具”→“工具栏”→“AutoCAD”→“对象捕捉”命令，打开“对象捕捉”工具栏。

② 利用“对象捕捉”工具栏中的“捕捉到交点”工具捕捉四边形上、下边的延长线交点作为直线起点。

③ 利用“对象捕捉”工具栏中的“捕捉到平行线”工具捕捉一点作为直线终点。

【实例 2】利用对象追踪功能，在图 4-41（a）的基础上绘制一条特殊位置直线，如图 4-41（b）所示

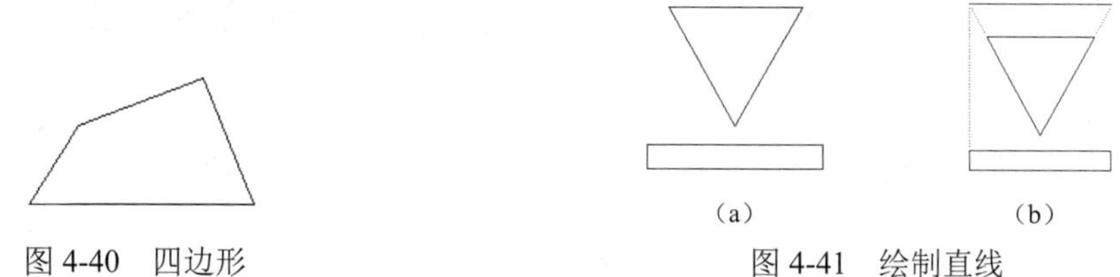

图 4-40　四边形

（a）　（b）

图 4-41　绘制直线

（1）目的要求

本例要绘制的图形比较简单，但是要准确找到直线的两个端点必须启用“对象捕捉”和“对象捕捉追踪”工具。通过本例，读者可以体会到对象捕捉和对象捕捉追踪功能的方便与快捷作用。

（2）操作提示

① 启用对象捕捉追踪与对象捕捉功能。

② 在三角形左边延长线上捕捉一点作为直线起点。

③ 结合对象捕捉追踪与对象捕捉功能在三角形右边延长线上捕捉一点作为直线终点。

第5章 图层设置

AutoCAD提供了图层工具，对每个图层规定其颜色和线型，并把具有相同特征的图形对象放在同一图层上绘制，这样绘图时不用分别设置对象的线型和颜色，不仅方便绘图，而且保存图形时只需存储其几何数据和所在图层即可，因而既节省了存储空间，又可以提高工作效率。本章将对有关图层的知识以及图层上颜色和线型的设置进行介绍。

学习目标

- 学习图层颜色的设置
- 了解图层线型的设置
- 熟练掌握利用对话框和工具栏设置图层
- 了解在图层特性管理器中设置线型
- 掌握在各种选项卡中设置颜色

5.1 设置图层

图层的概念类似投影片，将不同属性的对象分别放置在不同的投影片（图层）上。例如将图形的主要线段、中心线、尺寸标注等分别绘制在不同的图层上，每个图层可设定不同的线型、线条颜色，然后把不同的图层堆栈在一起成为一张完整的视图，这样可使视图层次分明，方便图形对象的编辑与管理。一个完整的图形就是由它所包含的所有图层上的对象叠加在一起构成的，如图 5-1 所示。

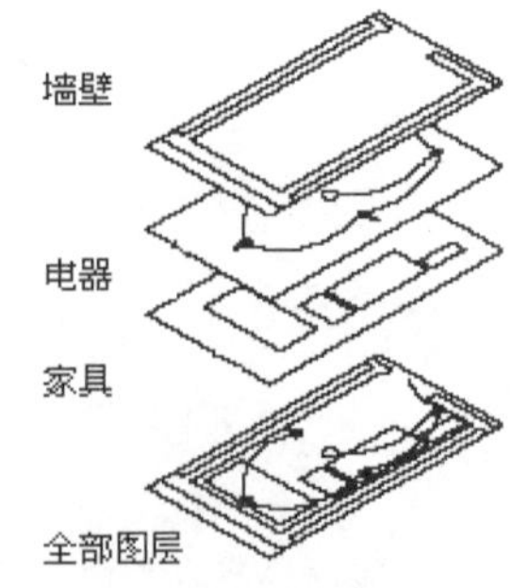

图 5-1 图层效果

5.1.1 利用对话框设置图层

AutoCAD 2020 提供了详细直观的“图层特性管理器”对话框，用户可以方便地通过对该对话框中的各选项及其二级对话框进行设置，从而实现创建新图层、设置图层颜色及线型的各种操作。

【执行方式】

- 命令行：LAYER。
- 菜单栏：选择菜单栏中的“格式”→“图层”命令。
- 工具栏：单击“图层”工具栏中的“图层特性管理器”按钮。
- 功能区：单击“默认”选项卡“图层”面板中的“图层特性”按钮或单击“视图”选项卡“选项板”面板中的“图层特性”按钮。

执行上述操作后，系统打开如图 5-2 所示的“图层特性管理器”对话框。

【选项说明】

① “新建特性过滤器”按钮：单击该按钮，可以打开“图层过滤器特性”对话框，如图 5-3 所示，从中可以基于一个或多个图层特性创建图层过滤器。

② “新建组过滤器”按钮：单击该按钮可以创建一个图层过滤器，其中包含用户选定并添加到该过滤器的图层。

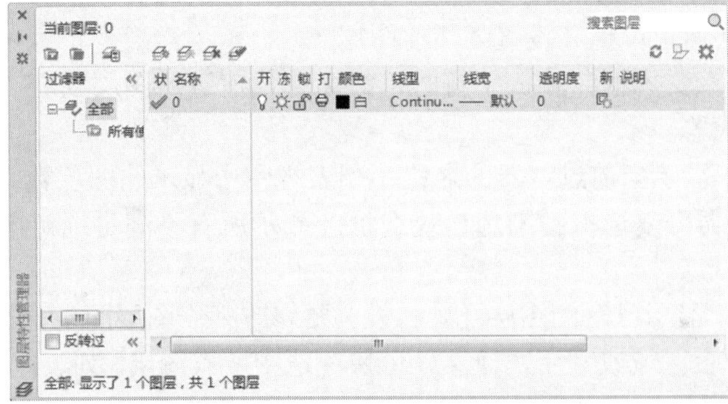

图 5-2 “图层特性管理器”对话框

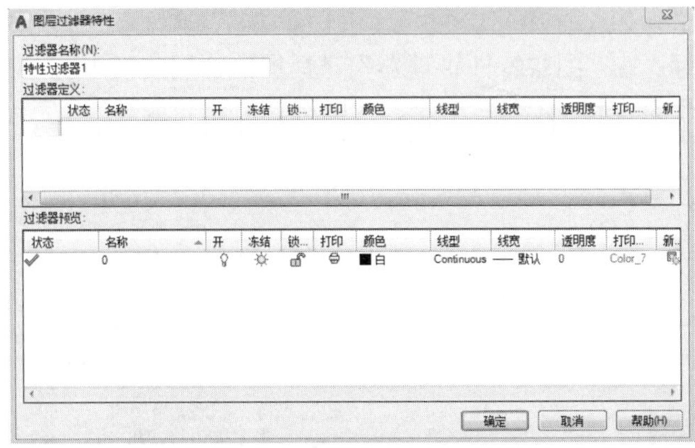

图 5-3 “图层过滤器特性”对话框

③ “图层状态管理器”按钮：单击该按钮，可以打开“图层状态管理器”对话框，如图 5-4 所示。从中可以将图层的当前特性设置保存到命名图层状态中，以后可以再恢复这些设置。

④ “新建图层”按钮：单击该按钮，图层列表中出现一个新的图层名称“图层 1”，

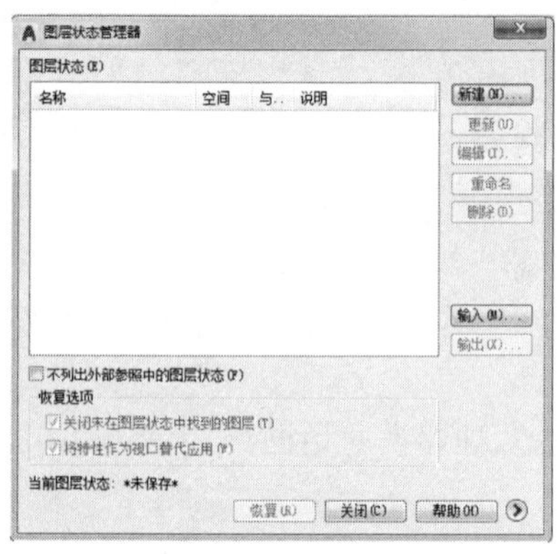

图 5-4 “图层状态管理器”对话框

用户可使用此名称，也可改名。要想同时创建多个图层，可选中一个图层名后，输入多个名称，各名称之间以逗号分隔。图层的名称可以包含字母、数字、空格和特殊符号，AutoCAD 2020 支持长达 255 个字符的图层名称。新的图层继承了创建新图层时所选中的已有图层的所有特性（颜色、线型、开/关状态等），如果新建图层时没有图层被选中，则新图层具有默认的设置。

⑤ “在所有视口中都被冻结的新图层视口”按钮：单击该按钮，将创建新图层，然后在所有现有布局视口中将其冻结。可以在“模型”空间或“布局”空间上访问此按钮。

⑥ “删除图层”按钮：在图层列表中选中某一图层，然后单击该按钮，则把该图层删除。

⑦ “置为当前”按钮：在图层列表中选中某一图层，然后单击该按钮，则把该图层设置为当前图层，并在“当前图层”列中显示其名称。当前层的名称存储在系统变量 CLAYER 中。另外，双击图层名也可把其设置为当前图层。

⑧ “搜索图层”文本框：输入字符时，按名称快速过滤图层列表。关闭图层特性管理器时并不保存此过滤器。

⑨ “状态行”：显示当前过滤器的名称、列表视图中显示的图层数和图形中的图层数。

⑩ “反向过滤器”复选框：勾选该复选框，显示所有不满足选定图层特性过滤器中条件的图层。

⑪ 图层列表区：显示已有的图层及其特性。要修改某一图层的某一特性，单击它所对应的图标即可。右击空白区域或利用快捷菜单可快速选中所有图层。列表区中各列的含义如下。

a. 状态：指示项目的类型，有图层过滤器、正在使用的图层、空图层和当前图层四种。

b. 名称：显示满足条件的图层名称。如果要对某图层进行修改，首先要选中该图层的名称。

c. 状态转换图标：在“图层特性管理器”对话框的图层列表中有一列图标，单击这些图标，可以打开或关闭该图标所代表的功能。各图标功能说明如表 5-1 所示。

表 5-1 图标功能

图示	名称	功能说明
/	开/关闭	将图层设定为打开或关闭状态，当呈现关闭状态时，该图层上的所有对象将隐藏不显示，只有处于打开状态的图层会在绘图区上显示或由打印机打印出来。因此，绘制复杂的视图时，先将不编辑的图层暂时关闭，可降低图形的复杂性。如图 5-5 所示分别表示尺寸标注图层打开和关闭的情形
/	解冻/冻结	将图层设定为解冻或冻结状态。当图层呈现冻结状态时，该图层上的对象均不会显示在绘图区上，也不能由打印机打出，而且不会执行重生（REGEN）、缩放（ZOOM）、平移（PAN）等命令的操作，因此若将视图中不编辑的图层暂时冻结，可加快执行绘图编辑的速度。而 / （开/关闭）功能只是单纯将对象隐藏，因此并不会加快执行速度
/	解锁/锁定	将图层设定为解锁或锁定状态。被锁定的图层，仍然显示在绘图区，但不能编辑修改被锁定的对象，只能绘制新的图形，这样可防止重要的图形被修改
/	打印/不打印	设定该图层是否可以打印图形

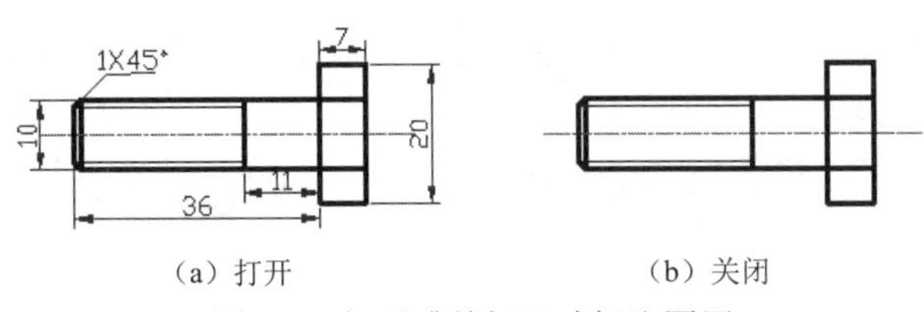

（a）打开　　（b）关闭

图 5-5　打开或关闭尺寸标注图层

d．颜色：显示和改变图层的颜色。如果要改变某一图层的颜色，单击其对应的颜色图标，AutoCAD 系统打开如图 5-6 所示的“选择颜色”对话框，用户可从中选择需要的颜色。

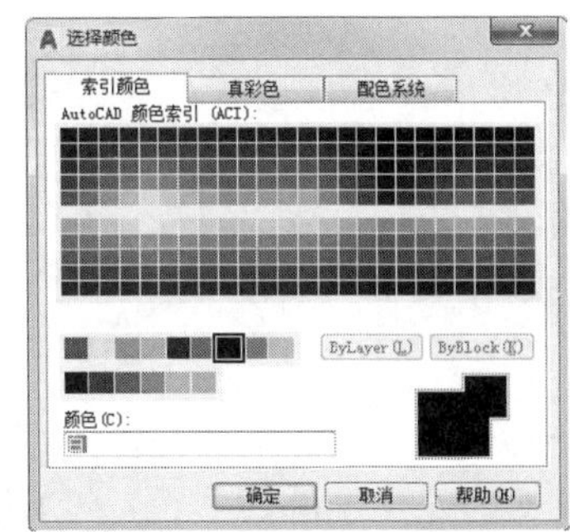

图 5-6　“选择颜色”对话框

e．线型：显示和修改图层的线型。如果要修改某一图层的线型，单击该图层的“线型”项，系统打开“选择线型”对话框，如图 5-7 所示，其中列出了当前可用的线型，用户可从中选择。

f．线宽：显示和修改图层的线宽。如果要修改某一图层的线宽，单击该图层的“线宽”列，打开“线宽”对话框，如图 5-8 所示，其中列出了 AutoCAD 设定的线宽，用户可从中进行选择。其中“线宽”列表框中显示可以选用的线宽值，用户可从中选择需要的线宽。“旧的”显示行显示前面赋予图层的线宽，当创建一个新图层时，采用默认线宽（其值为 0.01in，即 0.25mm），默认线宽的值由系统变量 LWDEFAULT 设置；“新的”显示行显示赋予图层的新线宽。

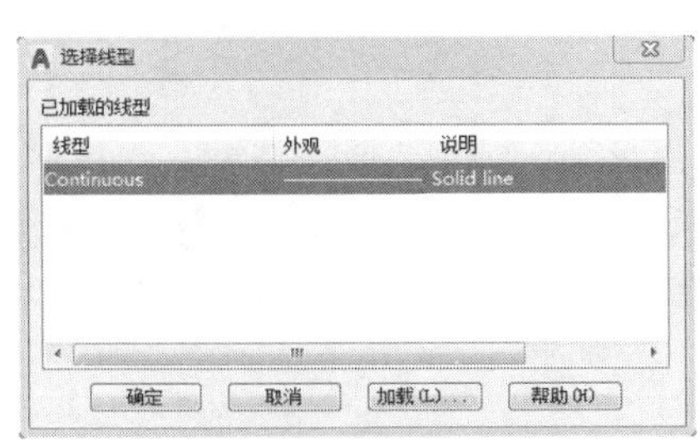

图 5-7　“选择线型”对话框

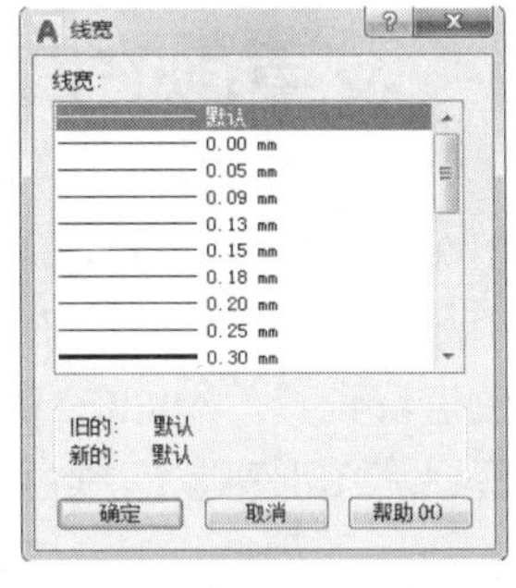

图 5-8　“线宽”对话框

g．打印样式：打印图形时各项属性的设置。

技巧荟萃

合理利用图层，可以事半功倍。在开始绘制图形时，就预先设置一些基本图层。每个图层锁定自己的专门用途，这样只需绘制一份图形文件，就可以组合出许多需要的图纸，需要修改时也可针对各个图层进行。

5.1.2　利用工具栏设置图层

AutoCAD 2020 提供了一个“特性”工具栏，如图 5-9 所示。用户可以利用工具栏下拉列表框中的选项，快速地查看和改变所选对象的图层、颜色、线型和线宽特性。“特性”工具栏上的图层颜色、线型、线宽和打印样式的控制增强了查看和编辑对象属性的命令。在绘图区选择任何对象，都将在工具栏上自动显示它所在图层、颜色、线型等属性。“特性”工具栏各部分的功能介绍如下。

图 5-9 “特性”工具栏

① “颜色控制”下拉列表框：单击右侧的向下箭头，用户可从打开的选项列表中选择一种颜色，使之成为当前颜色，如果选择“选择颜色”选项，系统打开“选择颜色”对话框以选择其他颜色。修改当前颜色后，不论在哪个图层上绘图都采用这种颜色，但对各个图层的颜色没有影响。

② “线型控制”下拉列表框：单击右侧的向下箭头，用户可从打开的选项列表中选择一种线型，使之成为当前线型。修改当前线型后，不论在哪个图层上绘图都采用这种线型，但对各个图层的线型设置没有影响。

③ “线宽控制”下拉列表框：单击右侧的向下箭头，用户可从打开的选项列表中选择一种线宽，使之成为当前线宽。修改当前线宽后，不论在哪个图层上绘图都采用这种线宽，但对各个图层的线宽设置没有影响。

④ “打印类型控制”下拉列表框：单击右侧的向下箭头，用户可从打开的选项列表中选择一种打印样式，使之成为当前打印样式。

5.2 设置颜色

AutoCAD 绘制的图形对象都具有一定的颜色，为使绘制的图形清晰表示，可把同一类的图形对象用相同的颜色绘制，而使不同类的对象具有不同的颜色，以示区分，这样就需要适当地对颜色进行设置。AutoCAD 允许用户设置图层颜色，为新建的图形对象设置当前颜色，还可以改变已有图形对象的颜色。

【执行方式】

- 命令行：COLOR（快捷命令：COL）。
- 菜单栏：选择菜单栏中的“格式”→“颜色”命令。
- 功能区：单击“默认”选项卡的“特性”面板中的“对象颜色”下拉菜单中的“更多颜色”按钮。

执行上述操作后，系统打开图 5-6 所示的“选择颜色”对话框。

【选项说明】

（1）“索引颜色”选项卡

单击此选项卡，可以在系统所提供的 255 种颜色索引表中选择所需要的颜色，如图 5-6 所示。

① “颜色索引”列表框：依次列出了 255 种索引色，在此列表框中选择所需要的

颜色。

② “颜色”文本框：所选择的颜色代号值显示在“颜色”文本框中，也可以直接在该文本框中输入自己设定的代号值来选择颜色。

③ “ByLayer”和“ByBlock”按钮：单击这两个按钮，颜色分别按图层和图块设置。这两个按钮只有在设定了图层颜色和图块颜色后才可以使用。

（2）“真彩色”选项卡

单击此选项卡，可以选择需要的任意颜色，如图 5-10 所示。可以拖动调色板中的颜色指示光标和亮度滑块选择颜色及其亮度；也可以通过“色调”“饱和度”和“亮度”的调节钮来选择需要的颜色。所选颜色的红、绿、蓝值显示在下面的“颜色”文本框中，也可以直接在该文本框中输入自己设定的红、绿、蓝值来选择颜色。

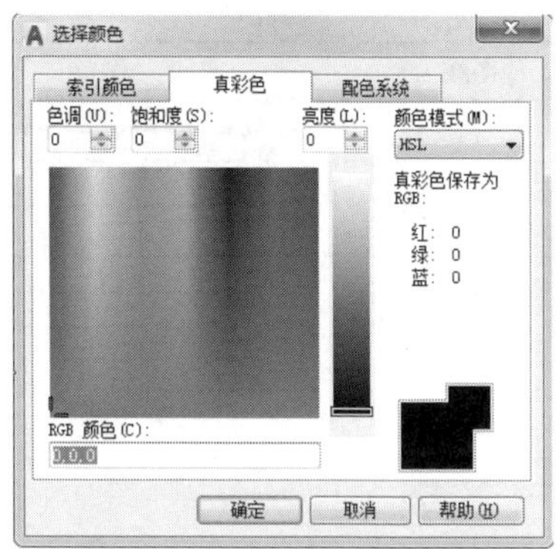

图 5-10 “真彩色”选项卡

在此选项卡中还有一个“颜色模式”下拉列表框，默认的颜色模式为“HSL”模式，即图 5-10 所示的模式。RGB 模式也是常用的一种颜色模式，如图 5-11 所示。

（3）“配色系统”选项卡

单击此选项卡，可以从标准配色系统（如 Pantone）中选择预定义的颜色，如图 5-12 所示。在“配色系统”下拉列表框中选择需要的系统，然后拖动右边的滑块来选择具体的颜色，所选颜色编号显示在下面的“颜色”文本框中，也可以直接在该文本框中输入编号值来选择颜色。

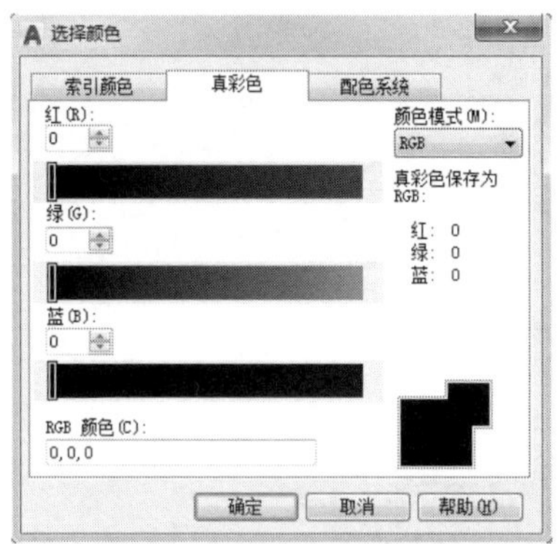

图 5-11 RGB 模式

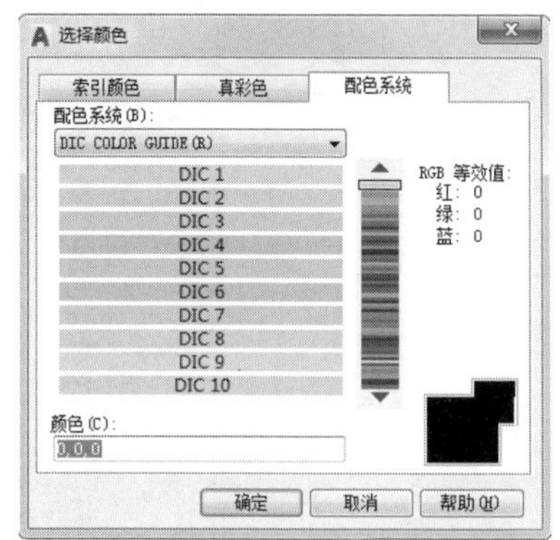

图 5-12 “配色系统”选项卡

5.3 图层的线型

在国家标准 GB/T 4457.4—2002 中，对机械图样中使用的各种图线名称、线型、线宽以及在图样中的应用做了规定，如表 5-2 所示。其中常用的图线有 4 种，即粗实线、细实线、虚线、细点划线。图线分为粗、细两种，粗线的宽度 *b* 应按图样的大小和图形的复杂程度，在 0.5～2mm 之间选择，细线的宽度约为 *b*/3。

表 5-2 图线的型式及应用

图线名称	线型	线宽	主要用途
粗实线	━━━━━━━━	b	可见轮廓线，可见过渡线
细实线	————————	约 $b/2$	尺寸线、尺寸界线、剖面线、引出线、弯折线、牙底线、齿根线、辅助线等
细点划线	——— — ———	约 $b/2$	轴线、对称中心线、齿轮节线等
虚线	—— —— —— ——	约 $b/2$	不可见轮廓线、不可见过渡线
波浪线	～～～～	约 $b/2$	断裂处的边界线、剖视与视图的分界线
双折线	—\/—\/—\/—	约 $b/2$	断裂处的边界线
粗点划线	━━━ ━ ━━━	b	有特殊要求的线或面的表示线
双点划线	——— — — ———	约 $b/2$	相邻辅助零件的轮廓线、极限位置的轮廓线、假想投影的轮廓线

5.3.1 在“图层特性管理器”对话框中设置线型

打开“图层特性管理器”对话框，在图层列表的线型列下单击线型名，系统打开“选择线型”对话框，如图 5-7 所示，对话框中选项的含义如下。

① “已加载的线型”列表框：显示在当前绘图中加载的线型，可供用户选用，其右侧显示线型的形式。

② “加载”按钮：单击该按钮，打开“加载或重载线型”对话框，如图 5-13 所示，用户可通过此对话框加载线型并把它添加到线型列中。但要注意，加载的线型必须在线型库（LIN）文件中定义过。标准线型都保存在 acadiso.lin 文件中。

图 5-13 “加载或重载线型”对话框

5.3.2 直接设置线型

【执行方式】

- 命令行：LINETYPE。
- 功能区：单击“默认”选项卡的“特性”面板中的“线型”下拉菜单中的“其他”按钮，如图 5-14 所示。

在命令行输入上述命令后按<Enter>键，系统打开“线型管理器”对话框，如图 5-15 所示，用户可在该对话框中设置线型。该对话框中的选项含义与前面介绍的选项含义相同，此处不再赘述。

图 5-14 “线型”下拉菜单

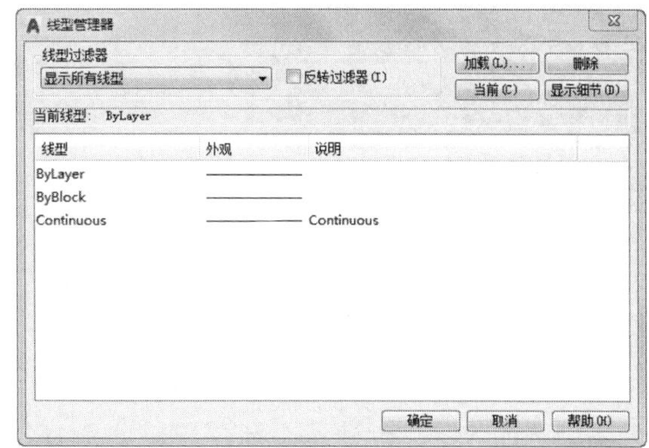

图 5-15 “线型管理器”对话框

5.3.3 实例——泵轴的绘制

扫一扫，看视频

绘制如图 5-16 所示的泵轴。

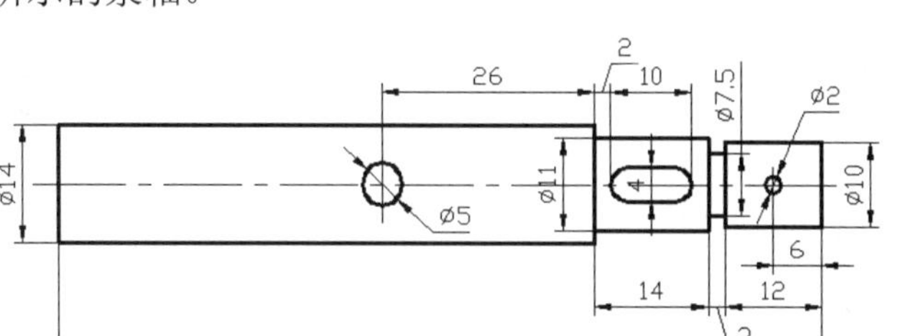

图 5-16 泵轴

① 设置绘图环境，命令行提示与操作如下。

```
命令: LIMITS↙
重新设置模型空间界限:
指定左下角点或 [开(ON)/关(OFF)] <0.0000,0.0000>: ↙
指定右上角点 <420.0000,297.0000>: 297,210↙
```

② 图层设置。

a．单击“默认”选项卡“图层”面板中的“图层特性”按钮，打开“图层特性管理器”对话框。

b．单击“新建图层”按钮，创建一个新图层，把该图层命名为“中心线”。

c．单击“中心线”图层对应的“颜色”列，打开“选择颜色”对话框，如图 5-17 所示。选择红色为该图层颜色，单击“确定”按钮，返回“图层特性管理器”对话框。

d．单击“中心线”图层对应的“线型”列，打开“选择线型”对话框，如图 5-18 所示。

e．在“选择线型”对话框中，单击“加载”按钮，系统打开“加载或重载线型”对话框，选择“CENTER”线型，如图 5-19 所示，单击“确定”按钮退出。在“选择线型”对话框中选择“CENTER”（点划线）为该图层线型，单击“确定”按钮，返回“图层特性管理器”对话框。

f．单击“中心线”图层对应的“线宽”列，打开“线宽”对话框，如图 5-20 所示。选择“0.09mm”线宽，单击“确定”按钮。

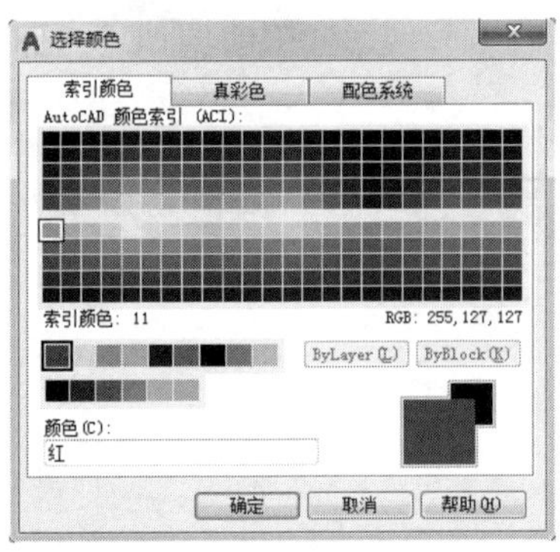

图 5-17 “选择颜色”对话框

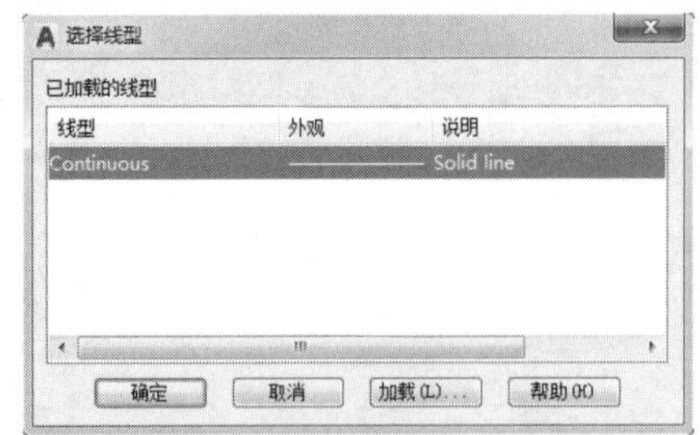

图 5-18 “选择线型”对话框

g. 采用相同的方法再创建两个新图层，分别命名为“轮廓线”和“尺寸线”。“轮廓线”图层的颜色设置为白色，线型为 Continuous（实线），线宽为 0.30mm。“尺寸线”图层的颜色设置为蓝色，线型为 Continuous，线宽为 0.09mm。设置完成后，使 3 个图层均处于打开、解冻和解锁状态，各项设置如图 5-21 所示。

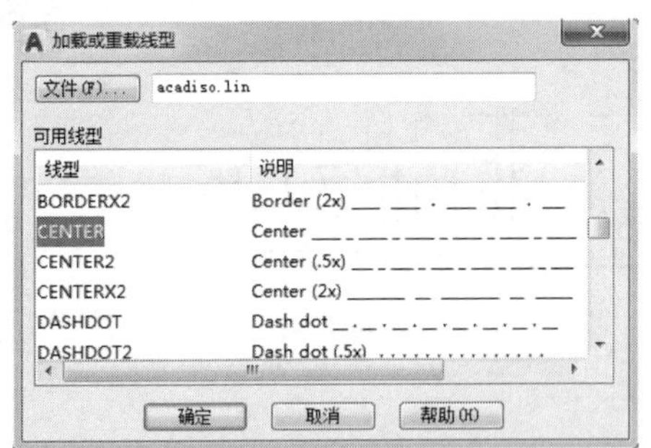

图 5-19 “加载或重载线型”对话框

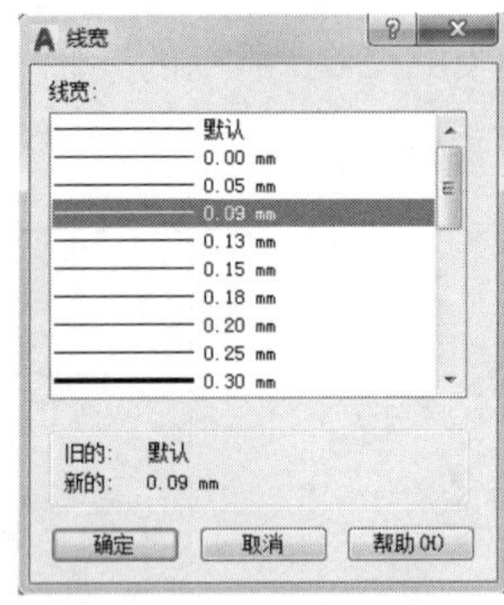

图 5-20 “线宽”对话框

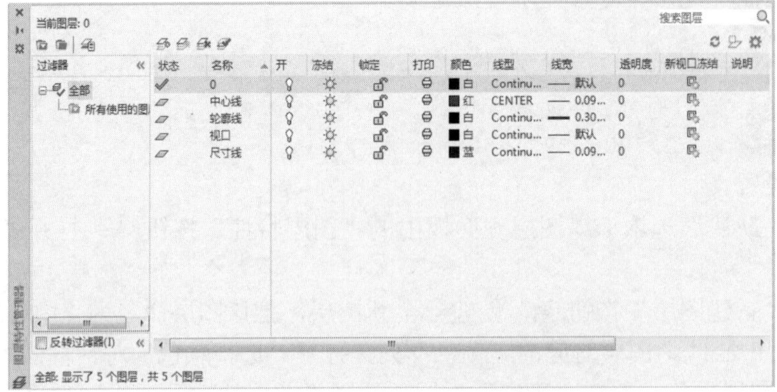

图 5-21 新建图层的各项设置

③ 单击“默认”选项卡“绘图”面板中的“直线”按钮╱，绘制泵轴的中心线，当前图层设置为“中心线”图层，命令行提示与操作如下。

```
命令: _line
指定第一个点: 65,130↙
指定下一点或 [放弃(U)]: 170,130↙
```

```
指定下一点或 [退出(E)/放弃(U)]: ↙
```

采用相同的方法，功能区：单击“默认”选项卡“绘图”面板中的“直线”按钮╱，绘制Φ5圆与Φ2圆的竖直中心线，端点坐标分别为（110,135）（110,125）和（158,133）（158,127）。

④ 绘制泵轴的外轮廓线。当前图层设置为“轮廓线”图层。单击“默认”选项卡“绘图”面板中的“直线”按钮╱，按照图5-22所示绘制外轮廓线，尺寸不需精确。

⑤ 单击“参数化”选项卡“几何”面板中的“平行”按钮∥，使各水平方向上的直线建立水平的几何约束。按照图5-22所示采用相同的方法创建其他的几何约束。

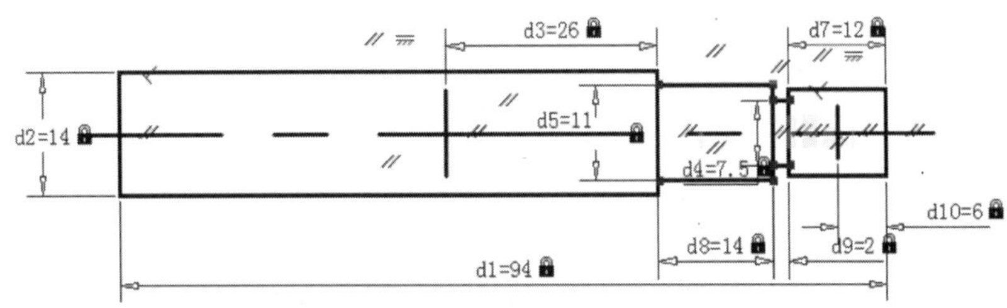

图5-22 泵轴的外轮廓线

⑥ 单击“参数化”选项卡“标注”面板中的“竖直”按钮，按照如图5-16所示的尺寸对泵轴外轮廓尺寸进行约束设置，命令行提示与操作如下。

```
命令: _DimConstraint
当前设置: 约束形式 = 动态
输入标注约束选项 [线性(L)/水平(H)/竖直(V)/对齐(A)/角度(AN)/半径(R)/直径(D)/形式(F)/转换(C)] <对齐>:V
指定第一个约束点或 [对象(O)] <对象>:指定第一个约束点
指定第二个约束点: 指定第二个约束点
指定尺寸线位置:指定尺寸线的位置
标注文字 = 7.5
```

⑦ 单击“参数化”选项卡“标注”面板中的“水平”按钮，按照如图5-16所示的尺寸对泵轴外轮廓尺寸进行约束设置，命令行提示与操作如下。

```
命令: _DimConstraint
当前设置: 约束形式 = 动态
输入标注约束选项 [线性(L)/水平(H)/竖直(V)/对齐(A)/角度(AN)/半径(R)/直径(D)/形式(F)/转换(C)] <竖直>:H
指定第一个约束点或 [对象(O)] <对象>:指定第一个约束点
指定第二个约束点: 指定第二个约束点
指定尺寸线位置: 指定尺寸线的位置
标注文字 = 12
```

⑧ 执行上述操作后，系统自动将长度进行调整，绘制结果如图5-22所示。

⑨ 单击“默认”选项卡“绘图”面板中的“多段线”按钮，绘制泵轴的键槽，命令行提示与操作如下。

```
命令: _pline
指定起点: 140,132↙
当前线宽为 0.0000
指定下一个点或 [圆弧(A)/半宽(H)/长度(L)/放弃(U)/宽度(W)]: @6,0↙
指定下一点或 [圆弧(A)/闭合(C)/半宽(H)/长度(L)/放弃(U)/宽度(W)]: A↙ (绘制圆弧)
```

指定圆弧的端点(按住 Ctrl 键以切换方向)或[角度(A)/圆心(CE)/闭合(CL)/方向(D)/半宽(H)/直线(L)/半径(R)/第二个点(S)/放弃(U)/宽度(W)]: @0,-4↙

指定圆弧的端点(按住 Ctrl 键以切换方向)或[角度(A)/圆心(CE)/闭合(CL)/方向(D)/半宽(H)/直线(L)/半径(R)/第二个点(S)/放弃(U)/宽度(W)]: L↙

指定下一点或 [圆弧(A)/闭合(C)/半宽(H)/长度(L)/放弃(U)/宽度(W)]: @-6,0↙

指定下一点或 [圆弧(A)/闭合(C)/半宽(H)/长度(L)/放弃(U)/宽度(W)]: , A↙

指定圆弧的端点(按住 Ctrl 键以切换方向)或[角度(A)/圆心(CE)/闭合(CL)/方向(D)/半宽(H)/直线(L)/半径(R)/第二个点(S)/放弃(U)/宽度(W)]: 单击“对象捕捉”工具栏中的“捕捉到端点”按钮

_endp 于: 选择绘制的上面直线段的左端点，绘制左端的圆弧

指定圆弧的端点(按住 Ctrl 键以切换方向)或[角度(A)/圆心(CE)/闭合(CL)/方向(D)/半宽(H)/直线(L)/半径(R)/第二个点(S)/放弃(U)/宽度(W)]: ↙

⑩ 绘制孔。单击“默认”选项卡“绘图”面板中的“圆”按钮，以左端中心线的交点为圆心，以任意直径绘制圆。

⑪ 采用相同的方法，单击“默认”选项卡“绘图”面板中的“圆”按钮，以右端中心线的交点为圆心，以任意直径绘制圆。单击“参数化”选项卡“标注”面板中的“直径”按钮，更改左端圆的直径为 5，右端圆的直径为 2。

最终绘制的结果如图 5-16 所示。

上 机 操 作

【实例 1】利用图层命令绘制如图 5-23 所示的螺母

（1）目的要求

本例要绘制的图形虽然简单，但与前面所学知识有一个明显的不同，就是图中不止一种图线。通过本例，要求读者掌握设置图层的方法与步骤。

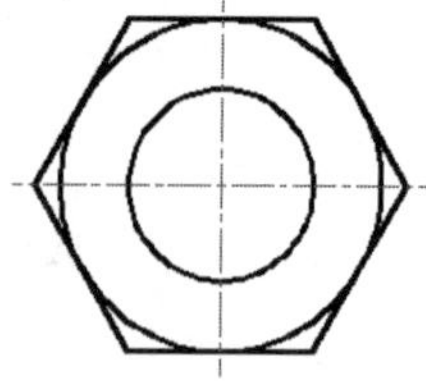

图 5-23　螺母

（2）操作提示

① 设置两个新图层。

② 绘制中心线。

③ 绘制螺母轮廓线。

【实例 2】绘制如图 5-24 所示的五环旗

（1）目的要求

本例要绘制的图形由一些基本图线组成，一个最大的特色就是不同的图线，要求设置其颜色不同，为此，必须设置不同的图层。通过本例，要求读者掌握设置图层的方法与图层转换过程的操作。

图 5-24　五环旗

（2）操作提示

① 利用图层命令 LAYER，创建 5 个图层。

② 利用“直线”“多段线”“圆环”“圆弧”等命令在不同图层绘制图线。

③ 每绘制一种颜色图线前，进行图层转换。

第6章 编辑命令

二维图形编辑操作配合绘图命令的使用可以进一步完成复杂图形的绘制工作，并可使用户合理安排和组织图形，保证作图准确，减少重复，对编辑命令的熟练掌握和使用有助于提高设计和绘图的效率。本章主要介绍复制类命令、改变位置类命令、删除及恢复类命令、改变几何特性类命令和对象编辑命令。

学习目标

学习绘图的编辑命令

掌握编辑命令的操作

了解对象编辑

6.1 选择对象

AutoCAD 2020 提供以下几种方法选择对象。

- 先选择一个编辑命令，然后选择对象，按<Enter>键结束操作。
- 使用 SELECT 命令。在命令行输入“SELECT”，按<Enter>键，按提示选择对象，按<Enter>键结束。
- 利用点取设备选择对象，然后调用编辑命令。
- 定义对象组。无论使用哪种方法，AutoCAD 2020 都将提示用户选择对象，并且光标的形状由十字光标变为拾取框。

下面结合 SELECT 命令说明选择对象的方法。

SELECT 命令可以单独使用，也可以在执行其他编辑命令时被自动调用。在命令行输入“SELECT”，按<Enter>键，命令行提示如下。

选择对象：

等待用户以某种方式选择对象作为回答。AutoCAD 2020 提供多种选择方式，可以输入“？”，查看这些选择方式。选择选项后，出现如下提示。

需要点或窗口(W)/上一个(L)/窗交(C)/框(BOX)/全部(ALL)/栏选(F)/圈围(WP)/圈交(CP)/编组(G)/添加(A)/删除(R)/多个(M)/前一个(P)/放弃(U)/自动(AU)/单个(SI)/子对象(SU)/对象(O)

其中，部分选项含义如下。

① 点：表示直接通过点取的方式选择对象。利用鼠标或键盘移动拾取框，使其框住要选择的对象，然后单击，被选中的对象就会高亮显示。

② 窗口（W）：用由两个对角顶点确定的矩形窗口选择位于其范围内部的所有图形，与边界相交的对象不会被选中。指定对角顶点时应该按照从左向右的顺序，执行结果如图 6-1 所示。

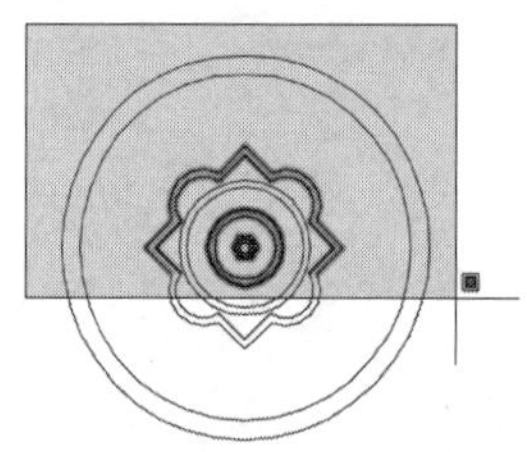

（a）图中深色覆盖部分为选择窗口

（b）选择后的图形

图 6-1　“窗口”对象选择方式

③ 上一个（L）：在“选择对象”提示下输入“L”，按<Enter>键，系统自动选择最后绘出的一个对象。

④ 窗交（C）：该方式与“窗口”方式类似，其区别在于它不但选中矩形窗口内部的对象，也选中与矩形窗口边界相交的对象，执行结果如图 6-2 所示。

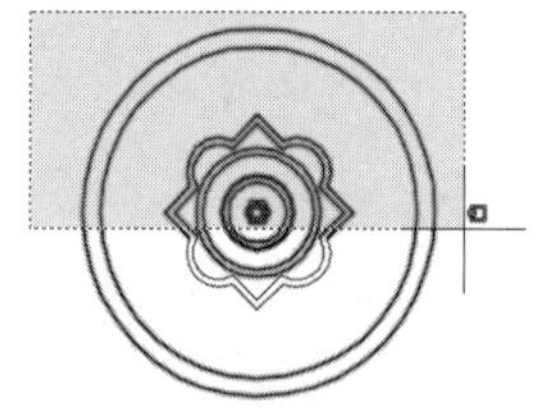

（a）图中深色覆盖部分为选择窗口

（b）选择后的图形

图 6-2　“窗交”对象选择方式

⑤ 框（BOX）：使用框时，系统根据用户在绘图区指定的两个对角点的位置而自动引用“窗口”或“窗交”选择方式。若从左向右指定对角点，为“窗口”方式；反之，为“窗交”方式。

⑥ 全部（ALL）：选择绘图区所有对象。

⑦ 栏选（F）：用户临时绘制一些直线，这些直线不必构成封闭图形，凡是与这些直线相交的对象均被选中，执行结果如图 6-3 所示。

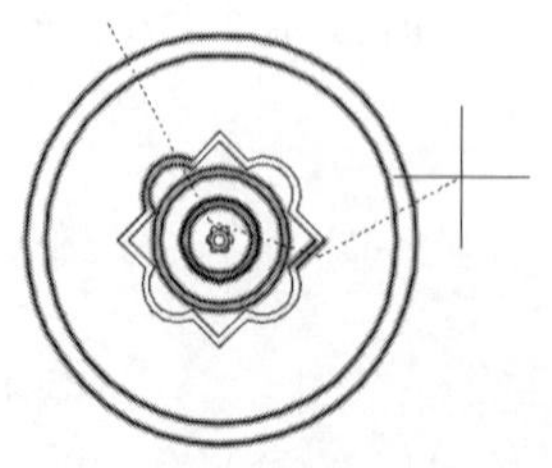

（a）图中虚线为选择栏

（b）选择后的图形

图 6-3　“栏选”对象选择方式

⑧ 圈围（WP）：使用一个不规则的多边形来选择对象。根据提示，用户依次输入构成多边形所有顶点的坐标，直到最后按<Enter>键结束操作，系统将自动连接第一个顶点与最后一个顶点，形成封闭的多边形。凡是被多边形围住的对象均被选中（不包括边界），执行结果如图 6-4 所示。

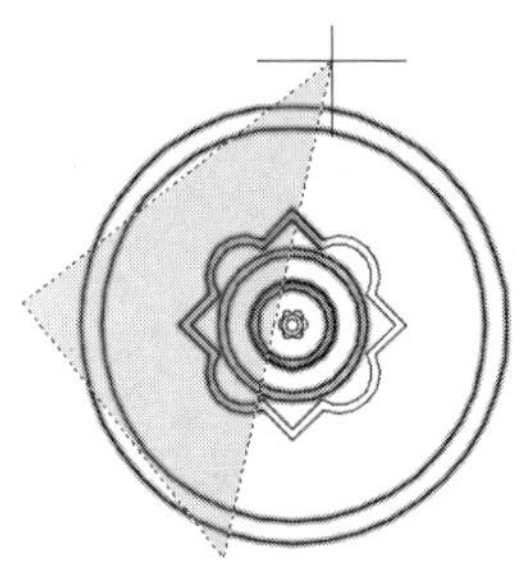

（a）图中十字线所拉出深色多边形为选择窗口

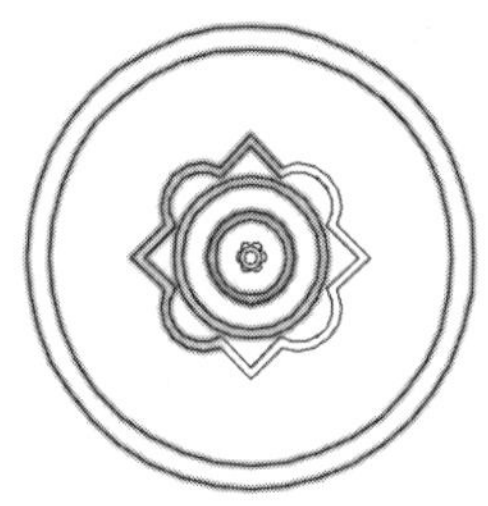

（b）选择后的图形

图 6-4 “圈围”对象选择方式

⑨ 圈交（CP）：类似于“圈围”方式，在提示后输入“CP”，按<Enter>键，后续操作与圈围方式相同。区别在于，执行此命令后与多边形边界相交的对象也被选中。

其他几个选项的含义与上面选项含义类似，这里不再赘述。

技巧荟萃

若矩形框从左向右定义，即第一个选择的对角点为左侧的对角点，矩形框内部的对象被选中，框外部及与矩形框边界相交的对象不会被选中；若矩形框从右向左定义，矩形框内部及与矩形框边界相交的对象都会被选中。

6.2 复制类命令

本节详细介绍 AutoCAD 2020 的复制类命令，利用这些编辑功能，可以方便地编辑绘制的图形。

6.2.1 复制命令

【执行方式】

- 命令行：COPY（快捷命令：CO）。
- 菜单栏：选择菜单栏中的“修改”→“复制”命令。
- 工具栏：单击“修改”工具栏中的“复制”按钮。
- 快捷菜单：选中要复制的对象右击，选择快捷菜单中的“复制选择”命令。
- 功能区：单击“默认”选项卡“修改”面板中的“复制”按钮。

【操作步骤】

命令行提示与操作如下。

命令：COPY↙
选择对象：选择要复制的对象

用前面介绍的对象选择方法选择一个或多个对象，按<Enter>键结束选择，命令行提示如下。

指定基点或 [位移(D)/模式(O)] <位移>：指定基点或位移

【选项说明】

① 指定基点：指定一个坐标点后，AutoCAD 系统把该点作为复制对象的基点，命令行提示“指定第二个点或 [阵列(A)] <使用第一个点作为位移>:”。在指定第二个点后，系统将根据这两点确定的位移矢量把选择的对象复制到第二点处。如果此时直接按<Enter>键，即选择默认的“用第一点作位移”，则第一个点被当作相对于 X、Y、Z 的位移。例如，如果指定基点为（2,3），并在下一个提示下按<Enter>键，则该对象从它当前的位置开始在 X 方向上移动 2 个单位，在 Y 方向上移动 3 个单位。复制完成后，命令行提示“指定第二个点或 [阵列(A)/退出(E)/放弃(U)] <退出>:”。这时，可以不断指定新的第二点，从而实现多重复制。

② 位移（D）：直接输入位移值，表示以选择对象时的拾取点为基准，以拾取点坐标为移动方向，按纵横比移动指定位移后确定的点为基点。例如，选择对象时拾取点坐标为（2,3），输入位移为 5，则表示以点（2,3）为基准，沿纵横比为 3∶2 的方向移动 5 个单位所确定的点为基点。

③ 模式（O）：控制是否自动重复该命令，该设置由 COPYMODE 系统变量控制。

6.2.2 实例——办公桌的绘制

扫一扫，看视频

绘制如图 6-5 所示的办公桌。

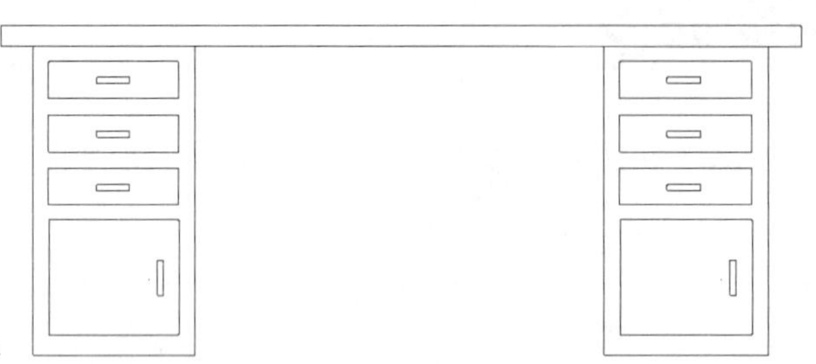

图 6-5 办公桌

① 单击“默认”选项卡“绘图”面板中的“矩形”按钮□，绘制矩形，如图 6-6 所示。

② 利用“矩形”命令在合适的位置绘制一系列的矩形，绘制结果如图 6-7 所示。

③ 利用“矩形”命令在合适的位置绘制一系列的矩形，绘制结果如图 6-8 所示。

④ 利用“矩形”命令在合适的位置绘制一矩形，绘制结果如图 6-9 所示。

⑤ 单击“默认”选项卡“修改”面板中的“复制”按钮，将办公桌左边的一系列矩形复制到右边，完成办公桌的绘制，命令行提示与操作如下。

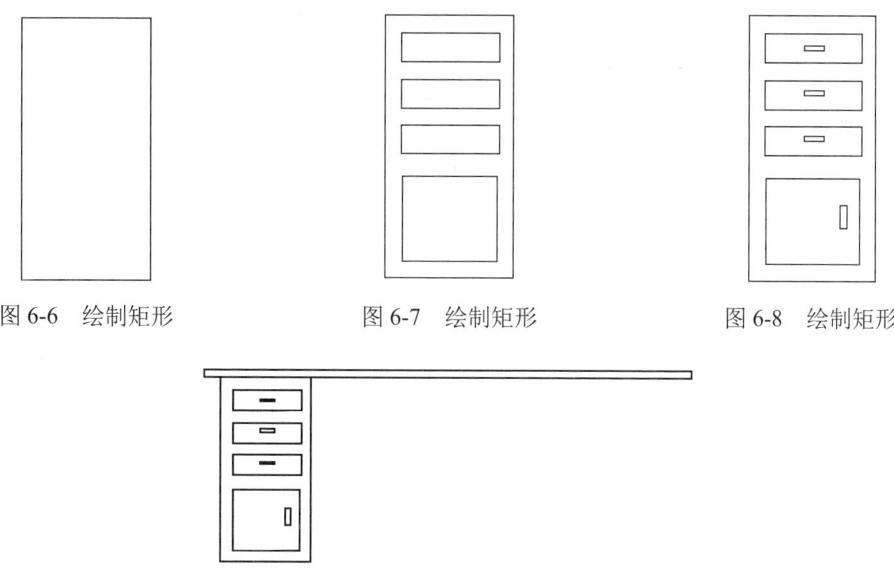

图 6-6　绘制矩形　　图 6-7　绘制矩形　　图 6-8　绘制矩形

图 6-9　绘制矩形

```
命令: _copy
选择对象: 选择左边的一系列矩形
选择对象: ↙
当前设置:  复制模式 = 多个
指定基点或 [位移(D) /模式(O)] <位移>: 选择最外面的矩形与桌面的交点
指定第二个点[阵列(A)]或 <使用第一个点作为位移>: 选择放置矩形的位置
指定第二个点或[阵列(A)/退出(E)/放弃(U)] <退出>: ↙
```

最终绘制结果如图 6-5 所示。

6.2.3　镜像命令

镜像命令是指把选择的对象以一条镜像线为轴作对称复制。镜像操作完成后，可以保留原对象，也可以将其删除。

【执行方式】

- 命令行：MIRROR（快捷命令：MI）。
- 菜单栏：选择菜单栏中的“修改”→“镜像”命令。
- 工具栏：单击“修改”工具栏中的“镜像”按钮 ⚠ 。
- 单击“默认”选项卡“修改”面板中的“镜像”按钮 ⚠ 。

【操作步骤】

命令行提示与操作如下。

```
命令: MIRROR↙
选择对象: 选择要镜像的对象
指定镜像线的第一点: 指定镜像线的第一个点
指定镜像线的第二点: 指定镜像线的第二个点
要删除源对象吗? [是(Y)/否(N)] <N>: 确定是否删除源对象
```

选择的两点确定一条镜像线，被选择的对象以该直线为对称轴进行镜像。包含该线的镜像平面与用户坐标系统的 XY 平面垂直，即镜像操作在与用户坐标系统的 XY 平面平行的平面上。

如图 6-10 所示为利用“镜像”命令绘制的办公桌。读者可以比较用“复制”命令（如图 6-5 所示）和“镜像”命令绘制的办公桌有何异同。

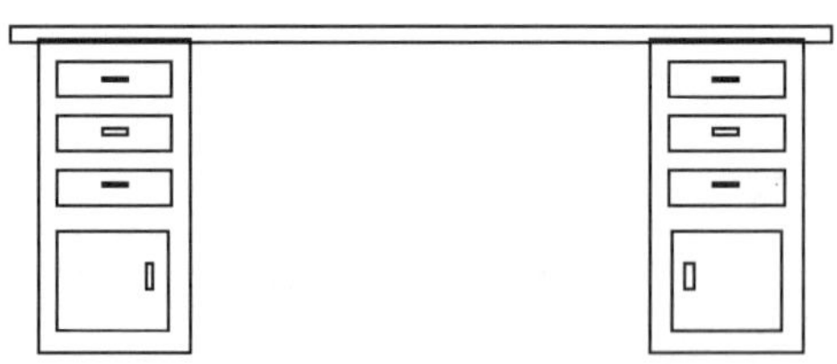

图 6-10　利用“镜像”命令绘制的办公桌

6.2.4　偏移命令

偏移命令是指保持选择对象的形状，在不同的位置以不同尺寸大小新建一个对象。

【执行方式】

- 命令行：OFFSET（快捷命令：O）。
- 菜单栏：选择菜单栏中的“修改”→“偏移”命令。
- 工具栏：单击“修改”工具栏中的“偏移”按钮⊆。
- 功能区：单击“默认”选项卡“修改”面板中的“偏移”按钮⊆。

【操作步骤】

命令行提示与操作如下。

```
命令: OFFSET↙
当前设置: 删除源=否　图层=源　OFFSETGAPTYPE=0
指定偏移距离或 [通过(T)/删除(E)/图层(L)] <通过>: 指定偏移距离值
选择要偏移的对象，或 [退出(E)/放弃(U)] <退出>: 选择要偏移的对象，按<enter>键结束操作
指定要偏移的那一侧上的点，或 [退出(E)/多个(M)/放弃(U)] <退出>: 指定偏移方向
选择要偏移的对象，或 [退出(E)/放弃(U)] <退出>:
```

【选项说明】

① 指定偏移距离：输入一个距离值，或按<Enter>键使用当前的距离值，系统把该距离值作为偏移的距离，如图 6-11（a）所示。

② 通过（T）：指定偏移的通过点，选择该选项后，命令行提示如下。

```
选择要偏移的对象或[退出(E)/放弃(U)] <退出>: 选择要偏移的对象，按<enter>键结束操作
指定通过点或 [退出(E)/多个(M)/放弃(U)] <退出>: 指定偏移对象的一个通过点
```

执行上述操作后，系统会根据指定的通过点绘制出偏移对象，如图 6-11（b）所示。

③ 删除（E）：偏移源对象后将其删除，如图 6-12（a）所示，选择该项后命令行提示如下。

```
要在偏移后删除源对象吗? [是(Y)/否(N)] <当前>:
```

（a）指定偏移距离 （b）通过点

图 6-11 偏移选项说明

④ 图层（L）：确定将偏移对象创建在当前图层上还是原对象所在的图层上，这样就可以在不同图层上偏移对象，选择该项后，命令行提示如下。

输入偏移对象的图层选项 [当前(C)/源(S)] <当前>:

如果偏移对象的图层选择为当前层，则偏移对象的图层特性与当前图层相同，如图 6-12（b）所示。

⑤ 多个（M）：使用当前偏移距离重复进行偏移操作，并接受附加的通过点，执行结果如图 6-13 所示。

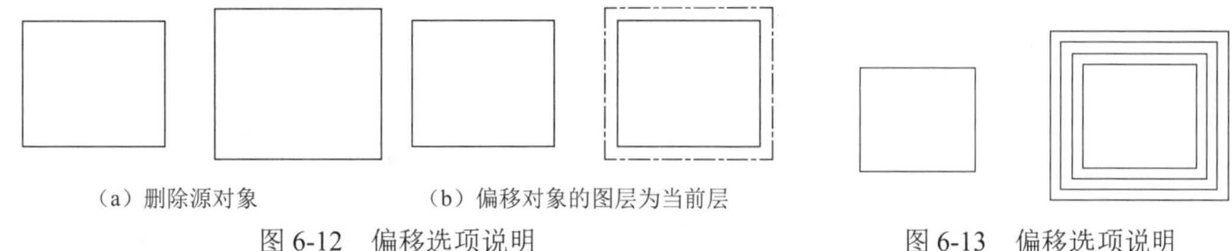
（a）删除源对象 （b）偏移对象的图层为当前层

图 6-12 偏移选项说明

图 6-13 偏移选项说明

技巧荟萃

在 AutoCAD 2020 中，可以使用“偏移”命令，对指定的直线、圆弧、圆等对象做定距离偏移复制操作。在实际应用中，常利用“偏移”命令的特性创建平行线或等距离分布图形，效果与“阵列”相同。默认情况下，需要先指定偏移距离，再选择要偏移复制的对象，然后指定偏移方向，以复制出需要的对象。

6.2.5 实例——挡圈的绘制

扫一扫，看视频

绘制如图 6-14 所示的挡圈。

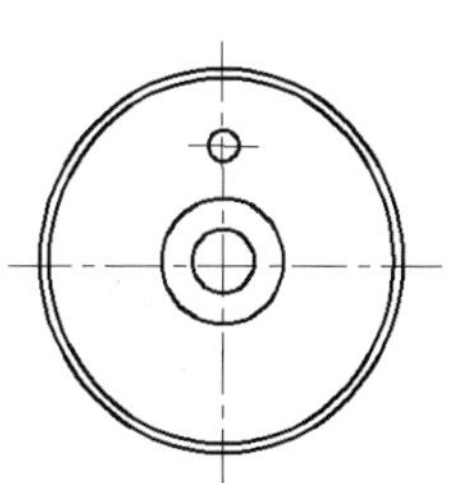
图 6-14 挡圈

① 单击“默认”选项卡“图层”面板中的“图层特性”按钮，打开“图层特性管理器”对话框，单击其中的“新建图层”按钮，新建两个图层。

a．粗实线图层：线宽为 0.3mm，其余属性默认。

b．中心线图层：线型为 CENTER，其余属性默认。

② 设置中心线图层为当前层，单击“默认”选项卡“绘图”面

板中的“直线”按钮／，绘制中心线。

③ 设置粗实线图层为当前层，单击“默认”选项卡“绘图”面板中的“圆”按钮⊘，绘制挡圈内孔，半径为 8，如图 6-15 所示。

④ 单击“默认”选项卡“修改”面板中的“偏移”按钮⋐，偏移绘制的内孔圆，命令行提示与操作如下。

```
命令: _offset↙
当前设置: 删除源=否  图层=源  OFFSETGAPTYPE=0
指定偏移距离或 [通过(T)/删除(E)/图层(L)] <通过>: 6↙
选择要偏移的对象，或 [退出(E)/放弃(U)] <退出>: 选择内孔圆
指定要偏移的那一侧上的点，或 [退出(E)/多个(M)/放弃(U)] <退出>: 在圆外侧单击
选择要偏移的对象，或 [退出(E)/放弃(U)] <退出>:↙
```

采用相同的方法分别指定偏移距离为 38 和 40，以初始绘制的内孔圆为对象，向外偏移复制该圆，绘制轮廓线结果如图 6-16 所示。

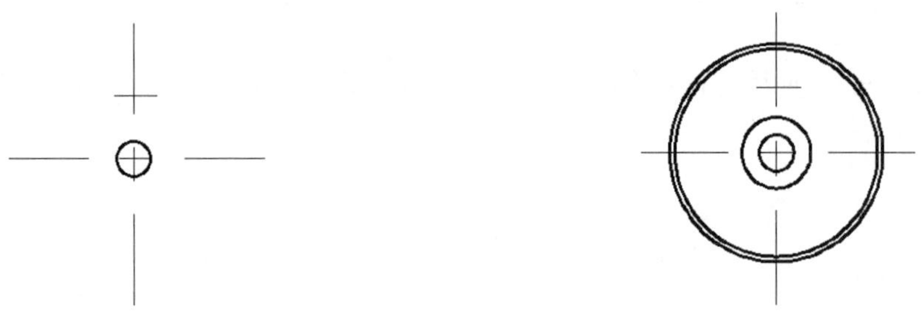

图 6-15　绘制挡圈内孔　　　　图 6-16　绘制轮廓线

⑤ 单击“默认”选项卡“绘图”面板中的“圆”按钮⊘，绘制小孔，半径为 4，最终结果如图 6-14 所示。

6.2.6　阵列命令

阵列命令是指多重复制选择的对象，并把这些副本按矩形或环形排列。把副本按矩形排列称为创建矩形阵列，把副本按环形排列称为创建环形阵列。

AutoCAD 2020 提供“ARRAY”命令创建阵列，用该命令可以创建矩形阵列、环形阵列和路径阵列。

【执行方式】

- 命令行：ARRAY（快捷命令：AR）。
- 菜单栏：选择菜单栏中的“修改”→“阵列”命令。
- 工具栏：单击“修改”工具栏中的“矩形阵列”按钮⊞，“路径阵列”按钮∘∘°和“环形阵列”按钮⁂。
- 功能区：单击“默认”选项卡“修改”面板中的“矩形阵列”按钮⊞/“路径阵列”按钮∘∘°/“环形阵列”按钮⁂，如图 6-17 所示。

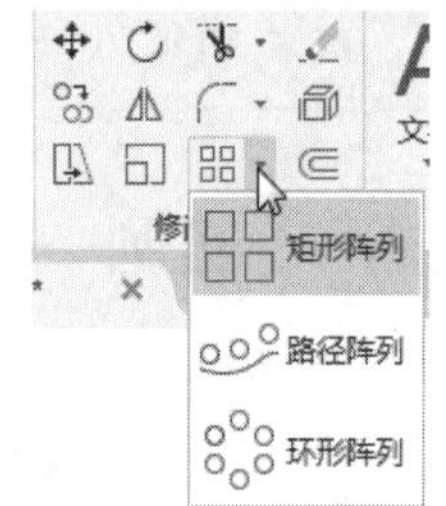

图 6-17　“修改”面板

【操作步骤】

```
命令: ARRAY↙
选择对象:（使用对象选择方法）
```

输入阵列类型[矩形(R)/路径(PA)/极轴(PO)]<矩形>:

【选项说明】

各选项的含义如表 6-1 所示。

表 6-1 "阵列"命令各个选项含义

选项	含义
矩形(R)	将选定对象的副本分布到行数、列数和层数的任意组合。选择该选项后出现如下提示: 选择夹点以编辑阵列或 [关联(AS)/基点(B)/计数(COU)/间距(S)/列数(COL)/行数(R)/层数(L)/退出(X)] <退出>:(通过夹点，调整阵列间距，列数，行数和层数；也可以分别选择各选项输入数值)
路径(PA)	沿路径或部分路径均匀分布选定对象的副本。选择该选项后出现如下提示: 选择路径曲线:(选择一条曲线作为阵列路径) 选择夹点以编辑阵列或 [关联(AS)/方法(M)/基点(B)/切向(T)/项目(I)/行(R)/层(L)/对齐项目(A)/Z 方向(Z)/退出(X)] <退出>:(通过夹点，调整阵行数和层数；也可以分别选择各选项输入数值)
极轴(PO)	在绕中心点或旋转轴的环形阵列中均匀分布对象副本。选择该选项后出现如下提示: 指定阵列的中心点或 [基点(B)/旋转轴(A)]:(选择中心点、基点或旋转轴) 选择夹点以编辑阵列或 [关联(AS)/基点(B)/项目(I)/项目间角度(A)/填充角度(F)/行(ROW)/层(L)/旋转项目(ROT)/退出(X)] <退出>:(通过夹点，调整角度，填充角度；也可以分别选择各选项输入数值)

技巧荟萃

阵列在平面作图时有两种方式，可以在矩形或环形（圆形）阵列中创建对象的副本。对于矩形阵列，可以控制行和列的数目以及它们之间的距离。对于环形阵列，可以控制对象副本的数目并决定是否旋转副本。

6.2.7 实例——紫荆花的绘制

扫一扫，看视频

绘制如图 6-18 所示的紫荆花。

① 单击"默认"选项卡"绘图"面板中的"多段线"按钮和"圆弧"按钮，绘制花瓣外框，绘制结果如图 6-19 所示。

图 6-18 紫荆花

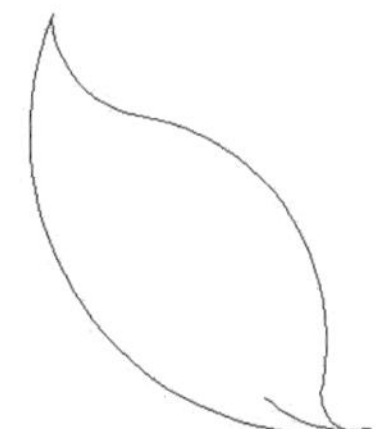

图 6-19 花瓣外框

② 阵列花瓣。单击"默认"选项卡"修改"面板中的"环形阵列"按钮，设置"项目总数"为 5、"填充角度"为 360°，在绘图区选择花瓣下端点外的一点为中心点，在绘图区选择绘制的花瓣为对象，最终绘制的紫荆花图案如图 6-18 所示。

6.3 改变位置类命令

改变位置类编辑命令可以按照指定要求改变当前图形或图形中某部分的位置，主要包括移动、旋转和缩放命令。

6.3.1 移动命令

【执行方式】

- 命令行：MOVE（快捷命令：M）。
- 菜单栏：选择菜单栏中的“修改”→“移动”命令。
- 工具栏：单击“修改”工具栏中的“移动”按钮。
- 快捷菜单：选择要复制的对象，在绘图区右击，选择快捷菜单中的“移动”命令。
- 功能区：单击“默认”选项卡“修改”面板中的“移动”按钮。

【操作步骤】

命令行提示与操作如下。

```
命令：MOVE↙
选择对象：用前面介绍的对象选择方法选择要移动的对象，按<Enter>键结束选择
指定基点或[位移(D)] <位移>：指定基点或位移
指定第二个点或 <使用第一个点作为位移>：
```

移动命令选项功能与“复制”命令类似。

6.3.2 旋转命令

【执行方式】

- 命令行：ROTATE（快捷命令：RO）。
- 菜单栏：选择菜单栏中的“修改”→“旋转”命令。
- 工具栏：单击“修改”工具栏中的“旋转”按钮。
- 快捷菜单：选择要旋转的对象，在绘图区右击，选择快捷菜单中的“旋转”命令。
- 功能区：单击“默认”选项卡“修改”面板中的“旋转”按钮。

【操作步骤】

命令行提示与操作如下。

```
命令：ROTATE↙
UCS 当前的正角方向： ANGDIR=逆时针  ANGBASE=0
选择对象：选择要旋转的对象
指定基点：指定旋转基点，在对象内部指定一个坐标点
指定旋转角度，或 [复制(C)/参照(R)] <0>：指定旋转角度或其他选项
```

【选项说明】

① 复制（C）：此选项是 AutoCAD 2020 的新增功能，选择该选项，则在旋转对象的同时，保留原对象，如图 6-20 所示。

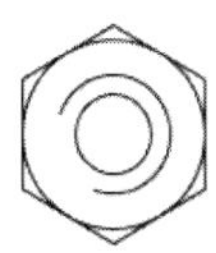
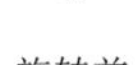

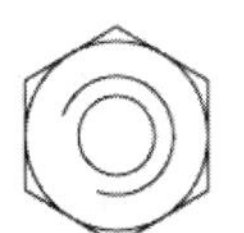

图 6-20　复制旋转

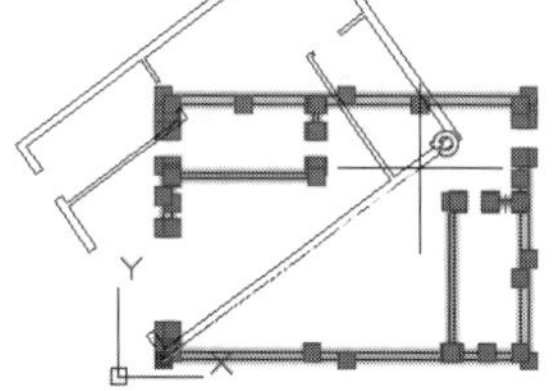

图 6-21　拖动鼠标旋转对象

② 参照（R）：采用参照方式旋转对象时，命令行提示与操作如下。

```
指定参照角 <0>：指定要参照的角度，默认值为 0
指定新角度或[点(P)] <0>：输入旋转后的角度值
```

操作完毕后，对象被旋转至指定的角度位置。

**技巧荟萃**

可以用拖动鼠标的方法旋转对象。选择对象并指定基点后，从基点到当前光标位置会出现一条连线，拖动鼠标，选择的对象会动态地随着该连线与水平方向夹角的变化而旋转，按<Enter>键确认旋转操作，如图 6-21 所示。

6.3.3　实例——弹簧的绘制

扫一扫，看视频

绘制如图 6-22 所示的弹簧。

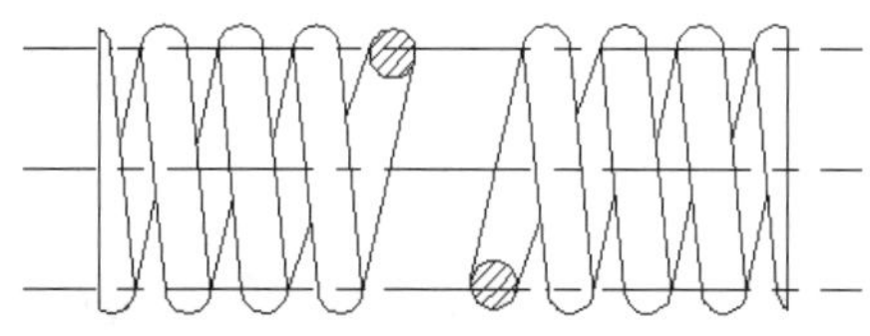

图 6-22　弹簧

① 单击“默认”选项卡“图层”面板中的“图层特性”按钮，打开“图层特性管理器”对话框，单击其中的“新建图层”按钮，新建 3 个图层。

a．第一图层命名为“轮廓线”，线宽属性为 0.3mm，其余属性默认。

b．第二图层命名为“中心线”，颜色设为红色，线型为 CENTER，其余属性默认。

c．第三图层命名为“细实线”，颜色设为蓝色，其余属性默认。

② 将“中心线”图层设置为当前图层，单击“默认”选项卡“绘图”面板中的“直线”

按钮╱，绘制一条水平中心线。

③ 单击“默认”选项卡“修改”面板中的“偏移”按钮⊆，将水平中心线向上、向下各偏移 15。

④ 单击“默认”选项卡“绘图”面板中的 “直线”按钮╱，绘制辅助直线，命令行提示与操作如下。

```
命令: _ line
指定第一个点: 在水平直线下方任取一点
指定下一点或 [放弃(U)]: @45<96↙
指定下一点或 [退出(E)/放弃(U)]: ↙
```

绘制结果如图 6-23 所示。

⑤ 将“轮廓线”图层设置为当前图层。单击“默认”选项卡“绘图”面板中的“圆”按钮⊙，分别以点 1、点 2 为圆心，绘制半径为 3 的圆，绘制结果如图 6-24 所示。

图 6-23　绘制辅助直线　　图 6-24　绘制圆

⑥ 单击“默认”选项卡“绘图”面板中的 “直线”按钮╱，绘制两条与两个圆相切的直线，绘制结果如图 6-25 所示。

⑦ 单击“默认”选项卡“修改”面板中的“矩形阵列”按钮䨻，设置阵列行数为 1、列数为 4、行偏移量为 1、列偏移量为 10、阵列角度为 0°，阵列结果如图 6-26 所示。

图 6-25　绘制直线　　图 6-26　矩形阵列结果

⑧ 单击“默认”选项卡“绘图”面板中的 “直线”按钮╱，绘制与圆相切的线段 3、4，绘制结果如图 6-27 所示。

⑨ 单击“默认”选项卡“修改”面板中的“矩形阵列”按钮䨻，选择对象为线段 3 和 4，阵列设置与步骤⑦中相同，阵列结果如图 6-28 所示。

图 6-27　绘制线段 3、4　　图 6-28　矩形阵列线段 3 和 4

⑩ 单击“默认”选项卡“修改”面板中的“复制”按钮，以图形上侧最右边圆的圆心为基点，向右偏移 10，复制偏移的结果如图 6-29 所示。

⑪ 单击“默认”选项卡“绘图”面板中的 “直线”按钮╱，绘制辅助直线 5，如图 6-30 所示。

⑫ 单击“默认”选项卡“修改”面板中的“修剪”按钮 ，以直线 5 为剪切边，剪去多余的线段，结果如图 6-31 所示。

⑬ 单击“默认”选项卡“修改”面板中的“删除”按钮 ，删除多余直线，结果如图 6-32 所示。

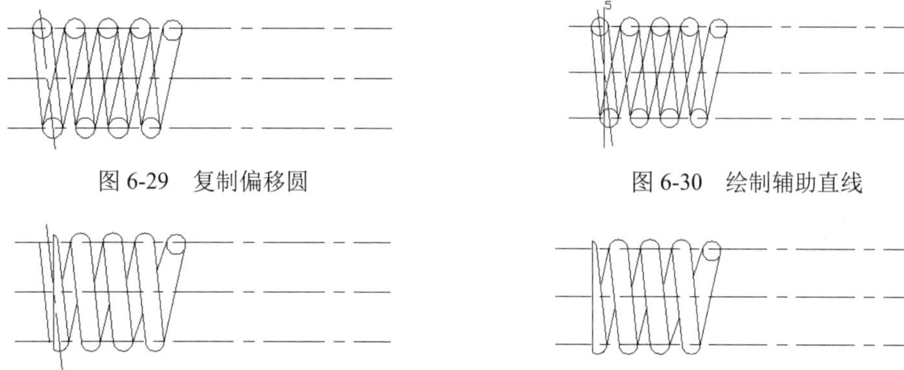

图 6-29　复制偏移圆

图 6-30　绘制辅助直线

图 6-31　修剪处理

图 6-32　删除多余直线

⑭ 单击“默认”选项卡“修改”面板中的“旋转”按钮 ，将图 6-32 所示的弹簧复制旋转，命令行提示与操作如下。

```
命令: _ rotate
UCS 当前的正角方向: ANGDIR=逆时针 ANGBASE=0
选择对象: 选择图形中要旋转的部分
找到 1 个，总计 25 个
选择对象:↙
指定基点: _int 于: 在水平中心线上取一点
指定旋转角度，或 [复制(C)/参照(R)] <0>:C↙，旋转一组选定对象
指定旋转角度，或 [复制(C)/参照(R)] <0>: 180↙
```

旋转结果如图 6-33 所示。

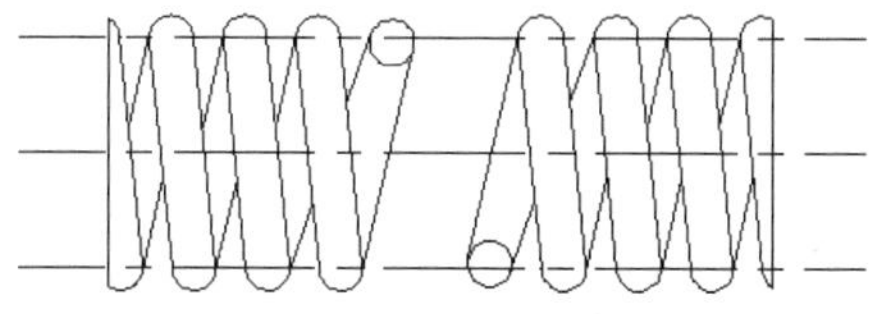

图 6-33　旋转结果

⑮ 图案填充。将“细实线”图层设置为当前图层。单击“默认”选项卡“绘图”面板中的“图案填充”按钮 ，系统打开“图案填充创建”选项卡。图案填充类型为“ANSI31”，选择“角度”为 0°、“比例”为 10，单击“拾取点”按钮 ，选择相应的填充区域，按<Enter>键返回对话框，单击“确定”按钮进行填充，最终绘制结果如图 6-22 所示。

6.3.4　缩放命令

【执行方式】

- 命令行：SCALE（快捷命令：SC）。

- 菜单栏：选择菜单栏中的“修改”→“缩放”命令。
- 工具栏：单击“修改”工具栏中的“缩放”按钮。
- 快捷菜单：选择要缩放的对象，在绘图区右击，选择快捷菜单中的“缩放”命令。
- 功能区：单击“默认”选项卡“修改”面板中的“缩放”按钮。

【操作步骤】

命令行提示与操作如下。

```
命令：SCALE↙
选择对象：选择要缩放的对象
指定基点：指定缩放基点
指定比例因子或［复制（C）/参照(R)］：
```

【选项说明】

① 采用参照方向缩放对象时，命令行提示如下。

```
指定参照长度 <1>：指定参照长度值
指定新的长度或［点(P)］<1.0000>：指定新长度值
```

若新长度值大于参照长度值，则放大对象；否则，缩小对象。操作完毕后，系统以指定的基点按指定的比例因子缩放对象。如果选择“点（P）”选项，则选择两点来定义新的长度。

② 可以用拖动鼠标的方法缩放对象。选择对象并指定基点后，从基点到当前光标位置会出现一条连线，线段的长度即为比例大小。拖动鼠标，选择的对象会动态地随着该连线长度的变化而缩放，按<Enter>键确认缩放操作。

③ 选择“复制（C）”选项时，可以复制缩放对象，即缩放对象时，保留原对象，此功能是 AutoCAD 2020 新增的功能，如图 6-34 所示。

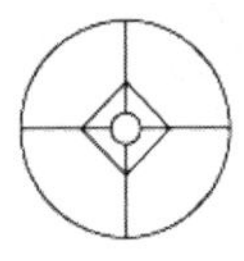
缩放前

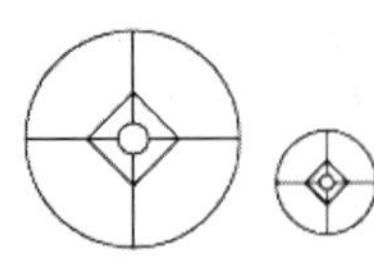
缩放后

图 6-34　复制缩放对象

6.4 删除及恢复类命令

删除及恢复类命令主要用于删除图形某部分或对已被删除的部分进行恢复，包括删除、恢复、重做、清除等命令。

6.4.1 删除命令

如果所绘制的图形不符合要求或不小心绘错了图形，可以使用删除命令“ERASE”将其删除。

【执行方式】

- 命令行：ERASE（快捷命令：E）。

- 菜单栏：选择菜单栏中的“修改”→“删除”命令。
- 工具栏：单击“修改”工具栏中的“删除”按钮。
- 快捷菜单：选择要删除的对象，在绘图区右击，选择快捷菜单中的“删除”命令。
- 功能区：单击“默认”选项卡“修改”面板中的“删除”按钮。

可以先选择对象后再调用删除命令，也可以先调用删除命令后再选择对象。选择对象时可以使用前面介绍的对象选择的各种方法。

当选择多个对象时，多个对象都被删除；若选择的对象属于某个对象组，则该对象组中的所有对象都被删除。

技巧荟萃

在绘图过程中，如果出现了绘制错误或绘制了不满意的图形，需要删除时，可以单击“标准”工具栏中的“放弃”按钮，也可以按<Delete>键，命令行提示“_.erase”。删除命令可以一次删除一个或多个图形，如果删除错误，可以利用“放弃”按钮来补救。

6.4.2 恢复命令

若不小心误删了图形，可以使用恢复命令“OOPS”，恢复误删的对象。

【执行方式】

- 命令行：OOPS 或 U。
- 工具栏：单击“标准”工具栏中的“放弃”按钮。
- 快捷键：按<Ctrl>+<Z>键。

6.4.3 清除命令

此命令与删除命令功能完全相同。

【执行方式】

- 菜单栏：选择菜单栏中的“编辑”→“删除”命令。
- 快捷键：按<Delete>键。

执行上述操作后，命令行提示如下。

选择对象：选择要清除的对象，按<Enter>键执行清除命令。

6.5 改变几何特性类命令

改变几何特性类编辑命令在对指定对象进行编辑后，使编辑对象的几何特性发生改变，包括修剪、延伸、拉伸、拉长、圆角、倒角、打断等命令。

6.5.1 修剪命令

【执行方式】

- 命令行：TRIM（快捷命令：TR）。
- 菜单栏：选择菜单栏中的“修改”→“修剪”命令。
- 工具栏：单击“修改”工具栏中的“修剪”按钮。
- 功能区：单击“默认”选项卡“修改”面板中的“修剪”按钮。

【操作步骤】

命令行提示与操作如下。

```
命令：TRIM↙
当前设置:投影=UCS，边=无
选择剪切边...
选择对象或 <全部选择>：选择用作修剪边界的对象，按<Enter>键结束对象选择
选择要修剪的对象或按住<Shift>键选择要延伸的对象，或者[栏选(F)/窗交(C)/投影(P)/边(E)/删除(R)]：
```

【选项说明】

① 在选择对象时，如果按住<Shift>键，系统就会自动将“修剪”命令转换成“延伸”命令，“延伸”命令将在下节介绍。

② 选择“栏选（F）”选项时，系统以栏选的方式选择被修剪的对象。此功能是 AutoCAD 2020 新增的功能，如图 6-35 所示。

③ 选择“窗交（C）”选项时，系统以窗交的方式选择被修剪的对象。此功能是 AutoCAD 2020 新增的功能，如图 6-36 所示。

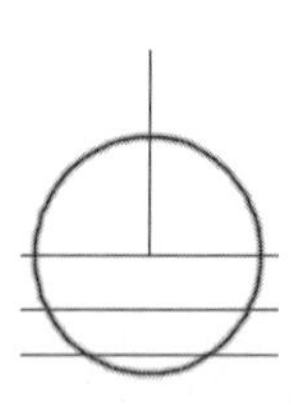
选定剪切边

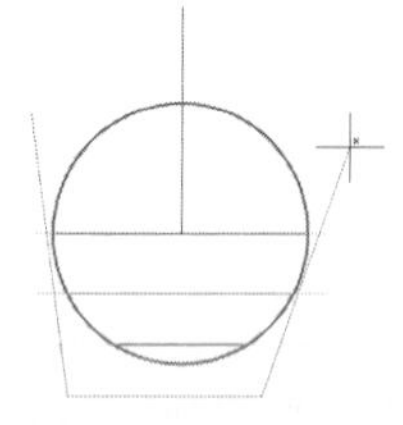
使用栏选选定的修剪对象

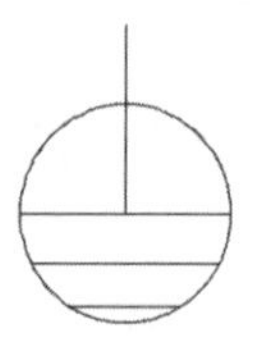
结果

图 6-35 “栏选”修剪对象

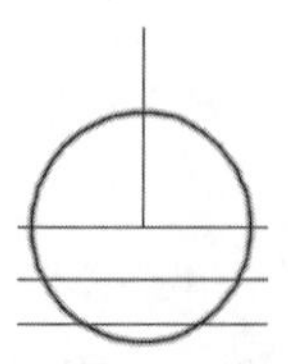
使用窗交选定剪切边

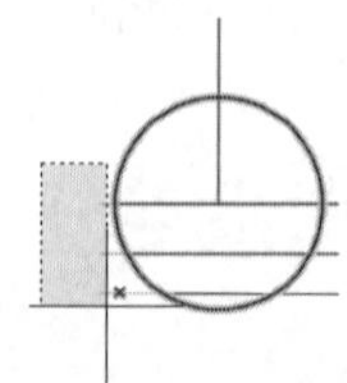
选定要修剪的对象

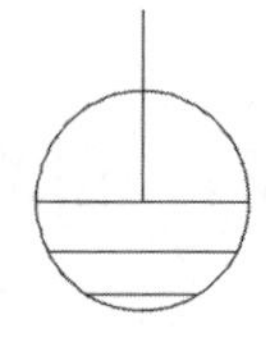
结果

图 6-36 “窗交”修剪对象

④ 选择“边（E）”选项时，可以选择对象的修剪方式。

a．延伸（E）：延伸边界进行修剪。在此方式下，如果剪切边没有与要修剪的对象相交，系统会延伸剪切边直至与对象相交，然后再修剪，如图 6-37 所示。

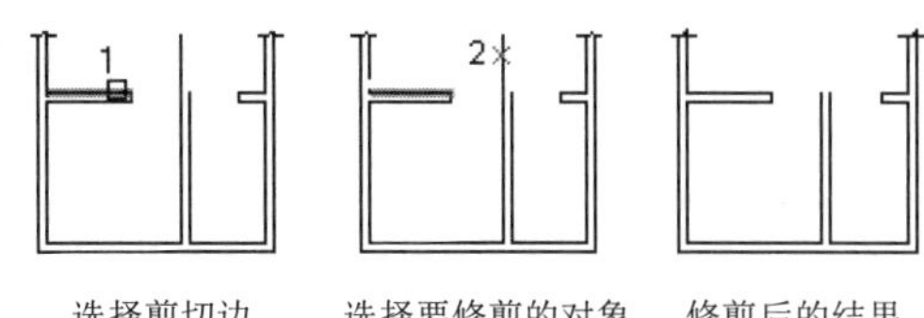

图 6-37 “延伸”修剪对象

b．不延伸（N）：不延伸边界修剪对象，只修剪与剪切边相交的对象。

⑤ 被选择的对象可以互为边界和被修剪对象，此时系统会在选择的对象中自动判断边界。

技巧荟萃

在使用修剪命令选择修剪对象时，通常是逐个点击选择的，有时显得效率低，要比较快地实现修剪过程，可以先输入修剪命令“TR”或“TRIM”，然后按<Space>或<Enter>键，命令行中就会提示选择修剪的对象，这时可以不选择对象，继续按<Space>或<Enter>键，系统默认选择全部，这样做就可以很快地完成修剪过程。

6.5.2 实例——铰套的绘制

扫一扫，看视频

绘制如图 6-38 所示的铰套。

① 单击“默认”选项卡“绘图”面板中的“矩形”按钮▭，绘制两个矩形，绘制结果如图 6-39 所示。

② 单击“默认”选项卡“修改”面板中的“偏移”按钮⊆，生成方形套，如图 6-40 所示。

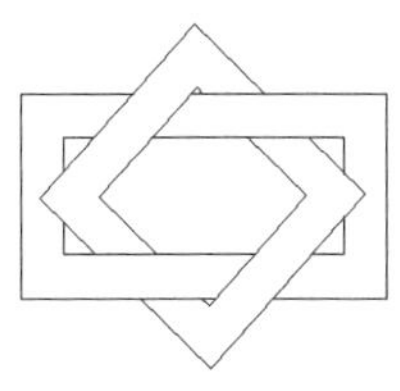

图 6-38 铰套

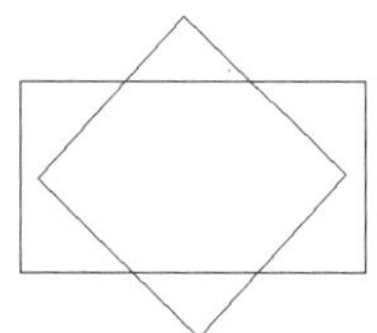

图 6-39 绘制矩形

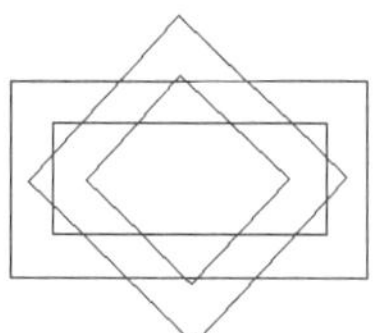

图 6-40 方形套

③ 单击“默认”选项卡“修改”面板中的“修剪”按钮✂，剪切出层次关系，命令行提示与操作如下。

```
命令: _trim
当前设置:投影=UCS，边=延伸
选择剪切边...
选择对象或 <全部选择>: ↙
```

找到 4 个

选择要修剪的对象或按住<Shift>键选择要延伸的对象，或者 [栏选(F)/窗交(C)/投影(P)/边(E)/删除(R)]：按层次关系依次选择要剪切掉的部分图线。

……

选择要修剪的对象，或按住<Shift>键选择要延伸的对象，或[栏选(F)/窗交(C)/投影(P)/边(E)/删除(R)/放弃(U)]：↙

最终绘制结果如图 6-38 所示。

6.5.3 延伸命令

延伸命令是指延伸对象到另一个对象的边界线，如图 6-41 所示。

选择边界

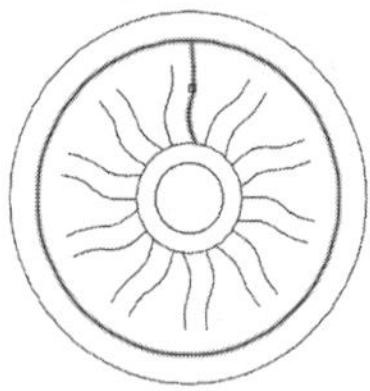

选择要延伸的对象

执行结果

图 6-41 延伸对象

【执行方式】

- 命令行：EXTEND（快捷命令：EX）。
- 菜单栏：选择菜单栏中的“修改”→“延伸”命令。
- 工具栏：单击“修改”工具栏中的“延伸”按钮--→|。
- 功能区：单击“默认”选项卡“修改”面板中的“延伸”按钮--→|。

【操作步骤】

命令行提示与操作如下。

命令：EXTEND↙

当前设置：投影=UCS，边=无

选择边界的边…

选择对象或 <全部选择>：选择边界对象

此时可以选择对象来定义边界，若直接按<Enter>键，则选择所有对象作为可能的边界对象。

系统规定可以用作边界对象的对象有：直线段、射线、双向无限长线、圆弧、圆、椭圆、二维/三维多义线、样条曲线、文本、浮动的视口、区域。如果选择二维多义线作为边界对象，系统会忽略其宽度而把对象延伸至多义线的中心线。

选择边界对象后，命令行提示如下。

选择要延伸的对象或按住<Shift>键选择要修剪的对象，或者[栏选(F)/窗交(C)/投影(P)/边(E)]：

【选项说明】

① 如果要延伸的对象是适配样条多义线，则延伸后会在多义线的控制框上增加新节点；

如果要延伸的对象是锥形的多义线，系统会修正延伸端的宽度，使多义线从起始端平滑地延伸至新终止端；如果延伸操作导致终止端宽度可能为负值，则取宽度值为0，操作提示如图6-42所示。

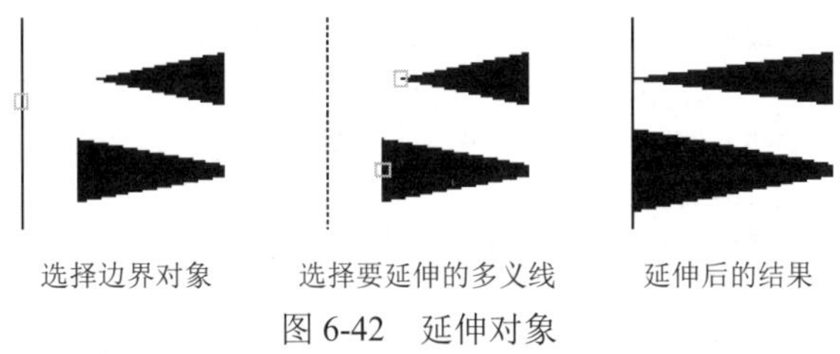

选择边界对象　　选择要延伸的多义线　　延伸后的结果

图6-42　延伸对象

② 选择对象时，如果按住<Shift>键，系统就会自动将“延伸”命令转换成“修剪”命令。

6.5.4　实例——沙发的绘制

扫一扫，看视频

绘制如图6-43所示的沙发。

① 单击“默认”选项卡“绘图”面板中的“矩形”按钮，绘制圆角为10、第一角点坐标为（20,20）、长度和宽度分别为140和100的矩形作为沙发的外框。

② 单击“默认”选项卡“绘图”面板中的“直线”按钮，绘制连续线段，坐标分别为（40,20）（@0,80）（@100,0）（@0,−80），绘制结果如图6-44所示。

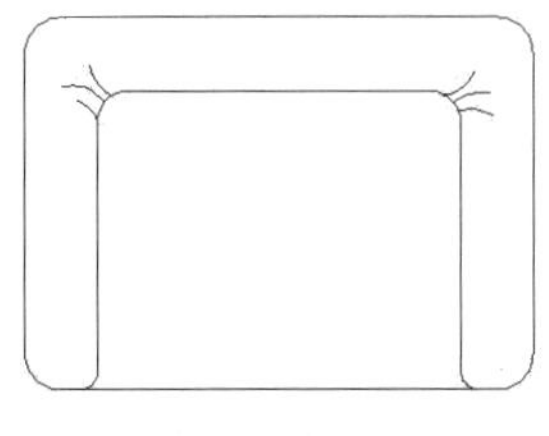

图6-43　沙发

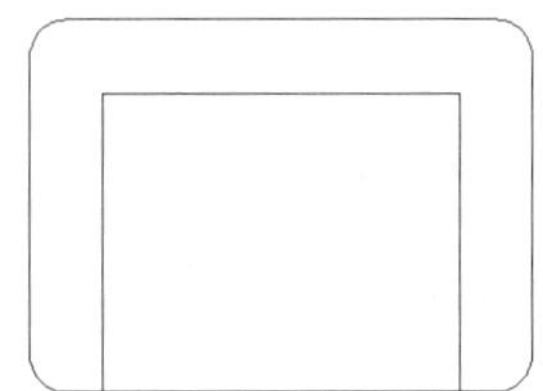

图6-44　绘制初步轮廓

③ 单击“默认”选项卡“修改”面板中的“分解”按钮（此命令将在6.5.14节中详细介绍）、“圆角”按钮（此命令将在6.5.7节中详细介绍），修改沙发轮廓，命令行提示与操作如下。

```
命令：_explode
选择对象：选择外面倒圆矩形
选择对象：↙
命令：_fillet
当前设置：模式 = 修剪，半径 = 6.0000
选择第一个对象或[放弃(U)/多段线(P)/半径(R)/修剪(T)/多个(M)]：选择内部四边形左边
选择第二个对象，或按住 Shift 键选择对象以应用角点或 [半径(R)]：选择内部四边形上边
选择第一个对象或 [放弃(U)/多段线(P)/半径(R)/修剪(T)/多个(M)]：选择内部四边形右边
选择第二个对象，或按住 Shift 键选择对象以应用角点或 [半径(R)]：选择内部四边形上边
选择第一个对象或 [放弃(U)/多段线(P)/半径(R)/修剪(T)/多个(M)]：↙
```

采用相同的方法，单击“默认”选项卡“修改”面板中的“圆角”按钮，选择内部四边形左边和外部矩形下边左端为对象，进行圆角处理，结果如图6-45所示。

④ 击“默认”选项卡“修改”面板中的“延伸”按钮—→|，命令行提示与操作如下。

命令：_ extend
当前设置：投影=UCS，边=无
选择边界的边...
选择对象或 <全部选择>：选择如图 6-45 所示的右下角圆弧
选择对象：↙
选择要延伸的对象或按住<Shift>键选择要修剪的对象，或者[栏选(F)/窗交(C)/投影(P)/边(E)]：选择如图 6-45 所示的左端短水平线
选择要延伸的对象，或按住<Shift>键选择要修剪的对象，或[栏选(F)/窗交(C)/投影(P)/边(E)/放弃(U)]：↙

⑤ 单击“默认”选项卡“修改”面板中的“圆角”按钮，选择内部四边形右边和外部矩形下边为倒圆角对象，进行圆角处理。

⑥ 单击“默认”选项卡“修改”面板中的“修剪”按钮，以刚倒出的圆角圆弧为边界，对内部四边形右边下端进行修剪，结果如图 6-46 所示。

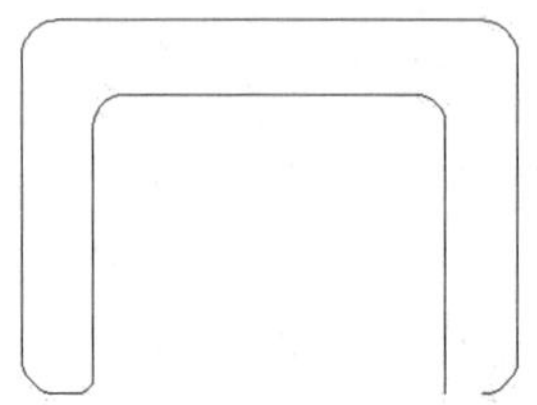

图 6-45　绘制倒圆

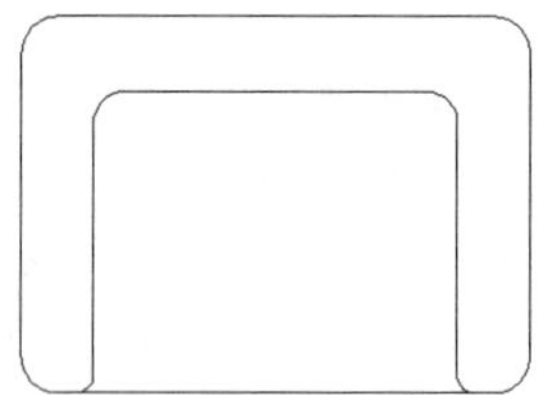

图 6-46　完成倒圆角

⑦ 单击“默认”选项卡“绘图”面板中的“圆弧”按钮，绘制沙发皱纹。在沙发拐角位置绘制六条圆弧，最终绘制结果如图 6-43 所示。

6.5.5 拉伸命令

拉伸命令是指拖拉选择的对象，且使对象的形状发生改变。拉伸对象时应指定拉伸的基点和移置点。利用一些辅助工具，如捕捉、钳夹功能及相对坐标等，可以提高拉伸的精度，拉伸图例如图 6-47 所示。

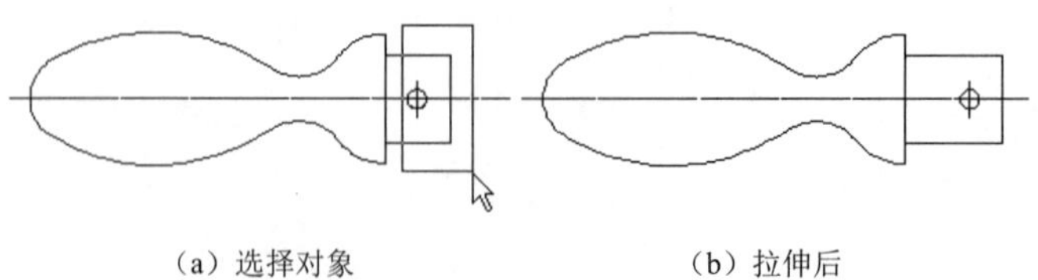

（a）选择对象　　（b）拉伸后

图 6-47　拉伸

【执行方式】

- 命令行：STRETCH（快捷命令：S）。
- 菜单栏：选择菜单栏中的“修改”→“拉伸”命令。
- 工具栏：单击“修改”工具栏中的“拉伸”按钮。
- 功能区：单击“默认”选项卡“修改”面板中的“拉伸”按钮。

【操作步骤】

命令行提示与操作如下。

命令：STRETCH↙
以交叉窗口或交叉多边形选择要拉伸的对象…
选择对象：C↙
指定第一个角点：指定对角点：找到 2 个：采用交叉窗口的方式选择要拉伸的对象
指定基点或［位移(D)］<位移>：指定拉伸的基点
指定第二个点或 <使用第一个点作为位移>：指定拉伸的移至点

此时，若指定第二个点，系统将根据这两点决定矢量拉伸的对象；若直接按<Enter>键，系统会把第一个点作为 X 和 Y 轴的分量值。

拉伸命令将使完全包含在交叉窗口内的对象不被拉伸，部分包含在交叉选择窗口内的对象被拉伸，如图 6-47 所示。

6.5.6 拉长命令

【执行方式】

- 命令行：LENGTHEN（快捷命令：LEN）。
- 菜单栏：选择菜单栏中的“修改”→“拉长”命令。
- 功能区：单击“默认”选项卡“修改”面板中的“拉长”按钮 ⁄。

【操作步骤】

命令行提示与操作如下。

命令:LENGTHEN↙

选择要测量的对象或［增量(DE)/百分比(P)/总计(T)/动态(DY)］<总计(T)>：选择要拉长的对象

当前长度：30.5001（给出选定对象的长度，如果选择圆弧，还将给出圆弧的包含角）

选择要测量的对象或［增量(DE)/百分比(P)/总计(T)/动态(DY)］<总计(T)：DE↙（选择拉长或缩短的方式为增量方式）

输入长度增量或［角度(A)］<0.0000>：10↙（在此输入长度增量数值。如果选择圆弧段，则可输入选项“A”，给定角度增量）

选择要修改的对象或［放弃(U)］：选定要修改的对象，进行拉长操作

选择要修改的对象或［放弃(U)］：继续选择，或按<Enter>键结束命令

【选项说明】

① 增量（DE）：用指定增加量的方法改变对象的长度或角度。

② 百分数（P）：用指定占总长度百分比的方法改变圆弧或直线段的长度。

③ 总计（T）：用指定新总长度或总角度值的方法改变对象的长度或角度。

④ 动态（DY）：在此模式下，可以使用拖拉鼠标的方法来动态地改变对象的长度或角度。

6.5.7 圆角命令

圆角命令是指用一条指定半径的圆弧平滑连接两个对象。可以平滑连接一对直线段、非

圆弧的多义线段、样条曲线、双向无限长线、射线、圆、圆弧和椭圆，并且可以在任何时候平滑连接多义线的每个节点。

【执行方式】

- 命令行：FILLET（快捷命令：F）。
- 菜单栏：选择菜单栏中的“修改”→“圆角”命令。
- 工具栏：单击“修改”工具栏中的“圆角”按钮。
- 功能区：单击“默认”选项卡“修改”面板中的“圆角”按钮。

【操作步骤】

命令行提示与操作如下。

命令：FILLET↙
当前设置：模式 = 修剪，半径 = 0.0000
选择第一个对象或 [放弃(U)/多段线(P)/半径(R)/修剪(T)/多个(M)]：选择第一个对象或别的选项
选择第二个对象，或按住<Shift>键选择对象以应用角点或 [半径(R)]：选择第二个对象

【选项说明】

① 多段线（P）：在一条二维多段线两段直线段的节点处插入圆弧。选择多段线后系统会根据指定的圆弧半径把多段线各顶点用圆弧平滑连接起来。

② 修剪（T）：决定在平滑连接两条边时，是否修剪这两条边，如图 6-48 所示。

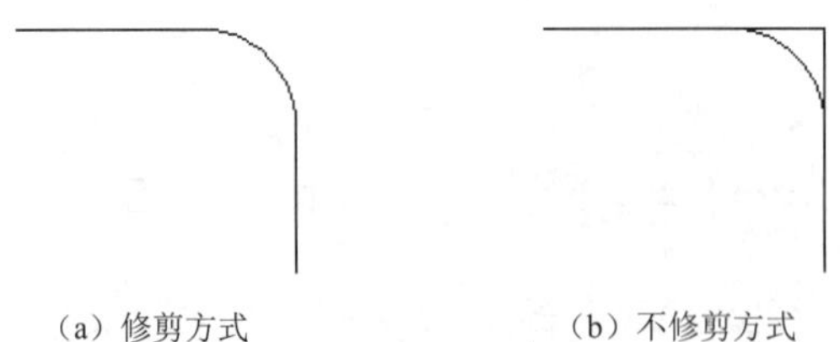

（a）修剪方式　　（b）不修剪方式

图 6-48　圆角修剪

③ 多个（M）：同时对多个对象进行圆角编辑，而不必重新起用命令。

④ 按住<Shift>键并选择两条直线，可以快速创建零距离倒角或零半径圆角。

6.5.8　实例——吊钩的绘制

扫一扫，看视频

绘制如图 6-49 所示的吊钩。

① 单击“默认”选项卡“图层”面板中的“图层特性”按钮，打开“图层特性管理器”对话框，单击其中的“新建图层”按钮，新建两个图层：“轮廓线”图层，线宽为 0.3mm，其余属性默认；“中心线”图层，颜色设为红色，线型加载为 CENTER，其余属性默认。

② 将“中心线”图层设置为当前图层。利用直线命令绘制两条相互垂直的定位中心线，绘制结果如图 6-50 所示。

③ 单击“默认”选项卡“修改”面板中的“偏移”按钮，将水平直线分别向右偏移 142 和 160，将竖直直线分别向下偏移 180 和 210，偏移结果如图 6-51 所示。

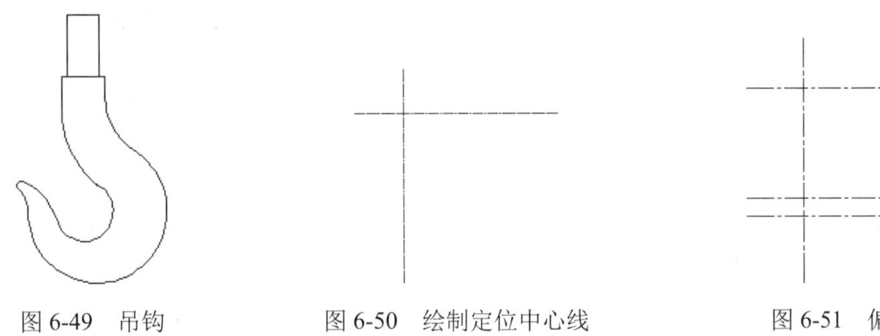

图 6-49　吊钩　　图 6-50　绘制定位中心线　　图 6-51　偏移处理

④ 单击“默认”选项卡“绘图”面板中的“圆”按钮，以点 1 为圆心分别绘制半径为 120 和 40 的同心圆，再以点 2 为圆心绘制半径为 96 的圆，以点 3 为圆心绘制半径为 80 的圆，以点 4 为圆心绘制半径为 42 的圆，绘制结果如图 6-52 所示。

⑤ 单击“默认”选项卡“修改”面板中的“偏移”按钮，将直线段 5 分别向左和向右偏移 22.5 和 30，将线段 6 向上偏移 80，偏移结果如图 6-53 所示。

⑥ 单击“默认”选项卡“修改”面板中的“修剪”按钮，修剪直线，结果如图 6-54 所示。

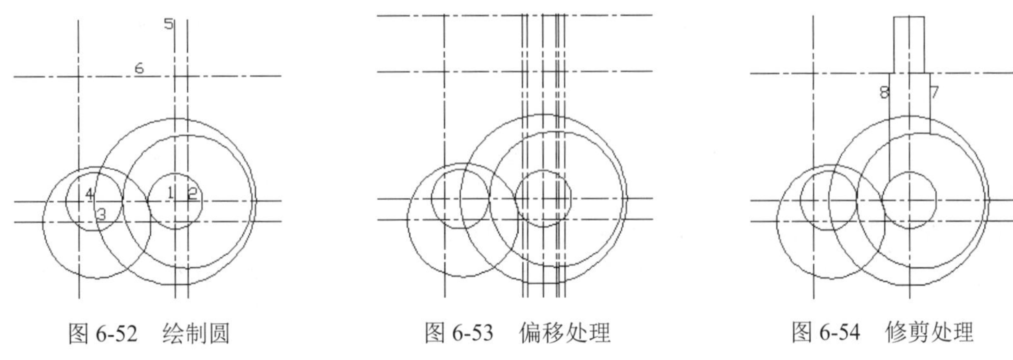

图 6-52　绘制圆　　图 6-53　偏移处理　　图 6-54　修剪处理

⑦ 单击“默认”选项卡“修改”面板中的“圆角”按钮，选择线段 7 和半径为 80 的圆进行倒圆角，命令行提示与操作如下。

```
命令：_fillet↙
当前设置：模式 = 不修剪，半径 = 0.0000
选择第一个对象或 [放弃(U)/多段线(P)/半径(R)/修剪(T)/多个(M)]：T↙
输入修剪模式选项 [修剪(T)/不修剪(N)] <不修剪>：T↙
选择第一个对象或 [放弃(U)/多段线(P)/半径(R)/修剪(T)/多个(M)]：R↙
指定圆角半径 <0.0000>：80↙
选择第一个对象或 [放弃(U)/多段线(P)/半径(R)/修剪(T)/多个(M)]：选择线段 7
选择第二个对象，或按住<Shift>键选择对象以应用角点或 [半径(R)]：选择半径为 80 的圆
```

重复上述命令选择线段 8 和半径为 40 的圆，进行倒圆角，半径为 120，结果如图 6-55 所示。

⑧ 单击“默认”选项卡“绘图”面板中的“圆”按钮，选用“三点”的方法绘制圆。以半径为 42 的圆为第一点，半径为 96 的圆为第二点，半径为 80 的圆第三点，绘制结果如图 6-56 所示。

⑨ 单击“默认”选项卡“修改”面板中的“修剪”按钮，将多余线段进行修剪，结果如图 6-57 所示。

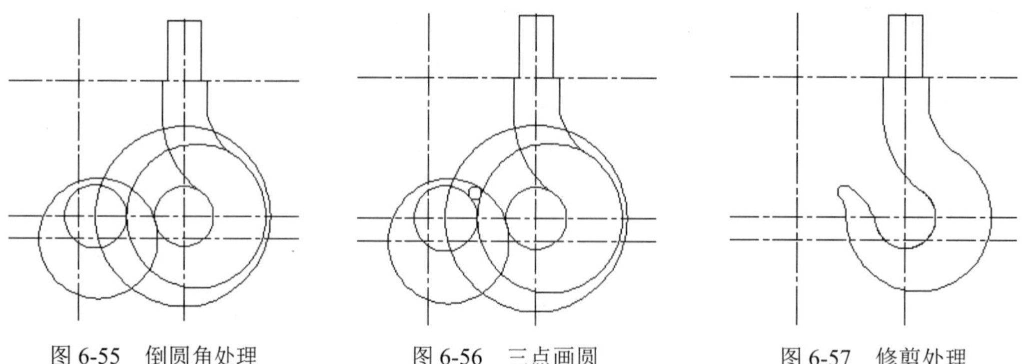

图 6-55　倒圆角处理　　　图 6-56　三点画圆　　　图 6-57　修剪处理

⑩ 单击“默认”选项卡“修改”面板中的“删除”按钮，删除多余线段，最终绘制结果如图 6-49 所示。

6.5.9　倒角命令

倒角命令即斜角命令，是用斜线连接两个不平行的线型对象。可以用斜线连接直线段、双向无限长线、射线和多义线。

系统采用两种方法确定连接两个对象的斜线：指定两个斜线距离，指定斜线角度和一个斜线距离。下面分别介绍这两种方法的使用。

（1）指定两个斜线距离

斜线距离是指从被连接对象与斜线的交点到被连接的两对象交点之间的距离，如图 6-58 所示。

（2）指定斜线角度和一个斜距离连接选择的对象

采用这种方法连接对象时，需要输入两个参数：斜线与一个对象的斜线距离和斜线与该对象的夹角，如图 6-59 所示。

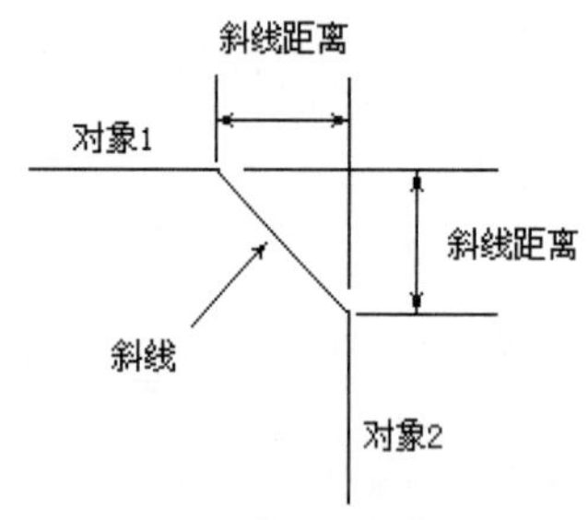

图 6-58　斜线距离

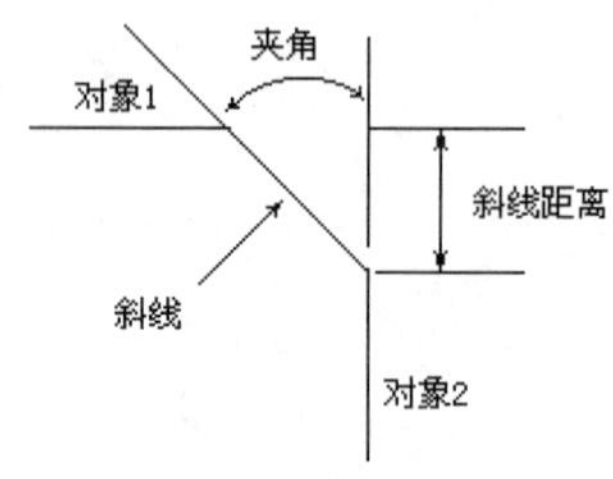

图 6-59　斜线距离与夹角

【执行方式】

- 命令行：CHAMFER（快捷命令：CHA）。
- 菜单：选择菜单栏中的“修改”→“倒角”命令。
- 工具栏：单击“修改”工具栏中的“倒角”按钮。
- 功能区：单击“默认”选项卡“修改”面板中的“倒角”按钮。

【操作步骤】

命令行提示与操作如下。

命令：CHAMFER↙

（“不修剪”模式）当前倒角距离 1 = 0.0000，距离 2 = 0.0000

选择第一条直线或［放弃(U)/多段线(P)/距离(D)/角度(A)/修剪(T)/方式(E)/多个(M)]：选择第一条直线或别的选项

选择第二条直线，或按住<Shift>键选择直线以应用角点或［距离(D)/角度(A)/方法(M)]：选择第二条直线

【选项说明】

① 多段线（P）：对多段线的各个交叉点倒斜角。为了得到最好的连接效果，一般设置斜线是相等的值，系统根据指定的斜线距离把多段线的每个交叉点都作斜线连接，连接的斜线成为多段线新的构成部分，如图 6-60 所示。

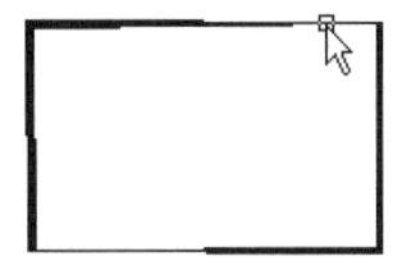
（a）选择多段线

（b）倒斜角结果

图 6-60　斜线连接多段线

② 距离（D）：选择倒角的两个斜线距离。这两个斜线距离可以相同也可以不相同，若二者均为 0，则系统不绘制连接的斜线，而是把两个对象延伸至相交并修剪超出的部分。

③ 角度（A）：选择第一条直线的斜线距离和第一条直线的倒角角度。

④ 修剪（T）：与圆角连接命令“FILLET”相同，该选项决定连接对象后是否剪切源对象。

⑤ 方式（E）：决定采用“距离”方式还是“角度”方式来倒斜角。

⑥ 多个（M）：同时对多个对象进行倒斜角编辑。

6.5.10　实例——轴的绘制

扫一扫，看视频

绘制如图 6-61 所示的轴。

① 单击“默认”选项卡“图层”面板中的“图层特性”按钮，打开“图层特性管理器”对话框，单击其中的“新建图层”按钮，新建两个图层：“轮廓线”图层，线宽属性为 0.3mm，其余属性默认；“中心线”图层，颜色设为红色，线型加载为 CENTER，其余属性默认。

② 将“中心线”图层设置为当前图层，利用“直线”命令绘制水平中心线。将“轮廓线”图层设置为当前图层，利用“直线”命令绘制竖直线，绘制结果如图 6-62 所示。

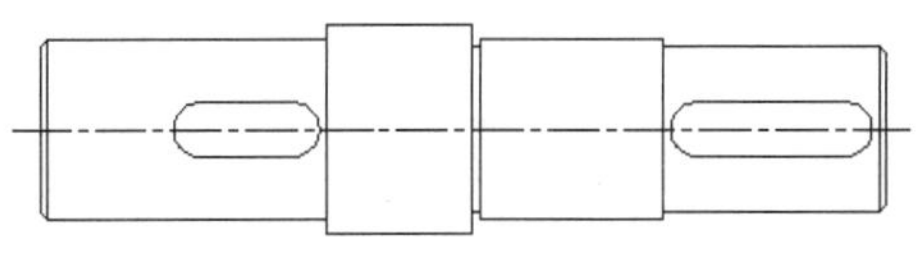
图 6-61　轴

图 6-62　绘制定位直线

③ 单击“默认”选项卡“修改”面板中的“偏移”按钮⊆，将水平中心线分别向上偏移 35、30、26.5、25，将竖直线分别向右偏移 2.5、108、163、166、235、315.5、318。然后选择偏移形成的 4 条水平点划线，将其所在图层修改为“轮廓线”图层，将其线型转换成实线，结果如图 6-63 所示。

④ 单击“默认”选项卡“修改”面板中的“修剪”按钮，修剪多余的线段，结果如图 6-64 所示。

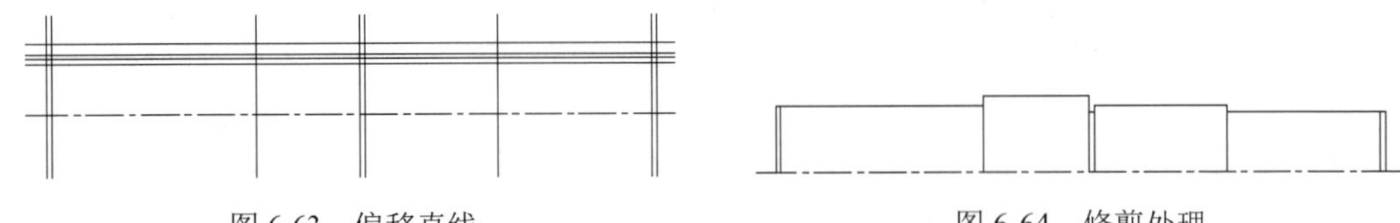

图 6-63　偏移直线　　　图 6-64　修剪处理

⑤ 单击“默认”选项卡“修改”面板中的“倒角”按钮，将轴的左端倒角，命令行提示与操作如下。

```
命令: _chamfer
(“修剪”模式) 当前倒角距离 1 = 0.0000, 距离 2 = 0.0000
选择第一条直线或 [多段线(P)/距离(D)/角度(A)/修剪(T)/方式(M)/多个(U)]: d↙
指定第一个倒角距离 <0.0000>: 2.5↙
指定第二个倒角距离 <2.5000>: ↙
选择第一条直线或 [放弃(U)/多段线(P)/距离(D)/角度(A)/修剪(T)/方式(E)/多个(M)]: 选择最左端的竖直线
选择第二条直线或按住<Shift>键选择直线以应用角点或 [距离(D)/角度(A)/方法(M)]: 选择与之相交的水平线
```

重复上述命令，将右端进行倒角处理，结果如图 6-65 所示。

⑥ 单击“默认”选项卡“修改”面板中的“镜像”按钮，将轴的上半部分以中心线为对称轴进行镜像，结果如图 6-66 所示。

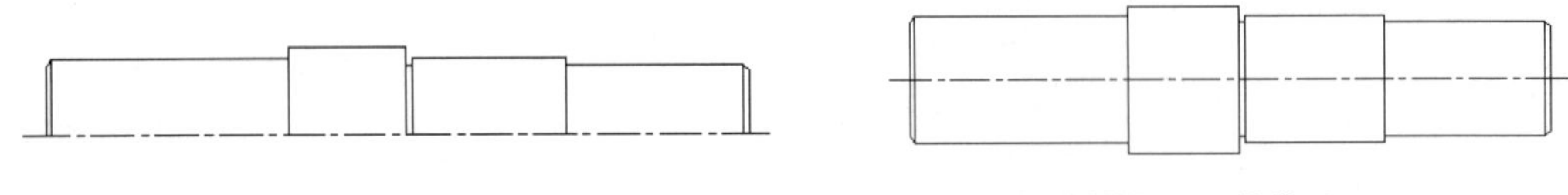

图 6-65　倒角处理　　　图 6-66　镜像处理

⑦ 单击“默认”选项卡“修改”面板中的“偏移”按钮⊆，将线段 1 分别向左偏移 12 和 49，将线段 2 分别向右偏移 12 和 69。单击“修改”工具栏中的“修剪”按钮，把刚偏移绘制直线在中心线之下的部分修剪掉，结果如图 6-67 所示。

⑧ 单击“默认”选项卡“绘图”面板中的“圆”按钮，选择偏移后的线段与水平中心线的交点为圆心，绘制半径为 9 的 4 个圆，绘制结果如图 6-68 所示。

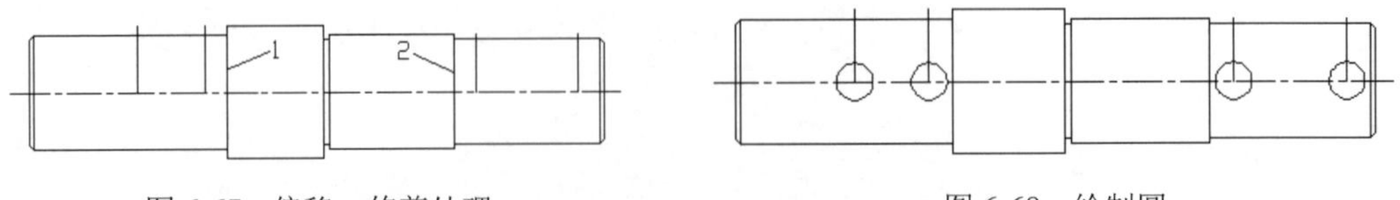

图 6-67　偏移、修剪处理　　　图 6-68　绘制圆

⑨ 单击“默认”选项卡“绘图”面板中的“直线”按钮，绘制与圆相切的 4 条直线，绘制结果如图 6-69 所示。

⑩ 单击“默认”选项卡“修改”面板中的“删除”按钮，将步骤⑦中偏移得到的线段删除，结果如图 6-70 所示。

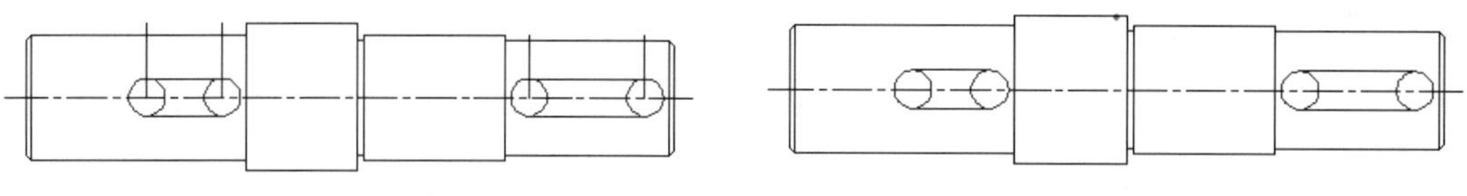

图 6-69　绘制直线　　　　图 6-70　删除结果

⑪ 单击“默认”选项卡“修改”面板中的“修剪”按钮，将多余的线进行修剪，最终结果如图 6-61 所示。

6.5.11　打断命令

【执行方式】

- 命令行：BREAK（快捷命令：BR）。
- 菜单栏：选择菜单栏中的“修改”→“打断”命令。
- 工具栏：单击“修改”工具栏中的“打断”按钮。
- 功能区：单击“默认”选项卡“修改”面板中的“打断”按钮。

【操作步骤】

命令行提示与操作如下。

```
命令：BREAK↙
选择对象：选择要打断的对象
指定第二个打断点或 [第一点(F)]：指定第二个断开点或输入“F”↙
```

【选项说明】

如果选择“第一点（F）”选项，系统将放弃前面选择的第一个点，重新提示用户指定两个断开点。

6.5.12　实例——删除过长中心线

扫一扫，看视频

单击“默认”选项卡“修改”面板中的“打断”按钮，按命令行提示选择过长的中心线需要打断的位置，如图 6-71（a）所示。

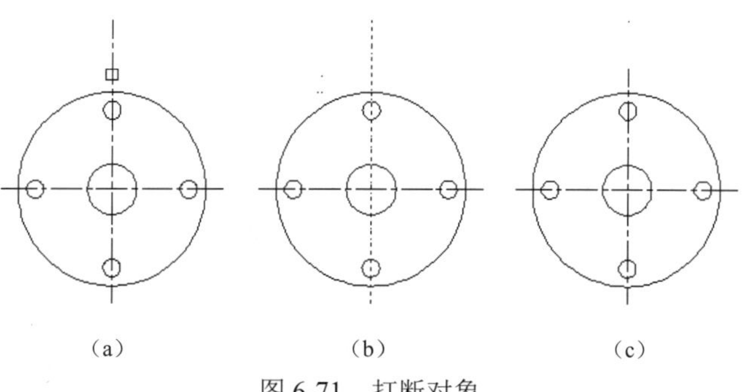

图 6-71　打断对象

这时被选中的中心线变为虚线，如图 6-71（b）所示。在中心线的延长线上选择第二点，多余的中心线被删除，结果如图 6-71（c）所示。

6.5.13 打断于点命令

打断于点命令是指在对象上指定一点，从而把对象在此点拆分成两部分，此命令与打断命令类似。

【执行方式】

- 命令行：BREAK（快捷命令：BR）。
- 工具栏：单击“修改”工具栏中的“打断于点”按钮。
- 功能区：单击“默认”选项卡“修改”面板中的“打断于点”按钮。

【操作步骤】

单击“修改”工具栏中的“打断于点”按钮，命令行提示与操作如下。

```
命令：_break
选择对象：选择要打断的对象
指定第二个打断点或 [第一点(F)]：_f（系统自动执行“第一点”选项）
指定第一个打断点：选择打断点
指定第二个打断点：@：  系统自动忽略此提示
```

6.5.14 分解命令

【执行方式】

- 命令行：EXPLODE（快捷命令：X）。
- 菜单栏：选择菜单栏中的“修改”→“分解”命令。
- 工具栏：单击“修改”工具栏中的“分解”按钮。
- 功能区：单击“默认”选项卡“修改”面板中的“分解”按钮。

【操作步骤】

```
命令：EXPLODE↙
选择对象：  选择要分解的对象
```

选择一个对象后，该对象会被分解，系统继续提示该行信息，允许分解多个对象。

技巧荟萃

分解命令是将一个合成图形分解为其部件的工具。例如，一个矩形被分解后就会变成 4 条直线，且一个有宽度的直线分解后就会失去其宽度属性。

6.5.15 合并命令

可以将直线、圆、椭圆弧和样条曲线等独立的图线合并为一个对象，如图 6-72 所示。

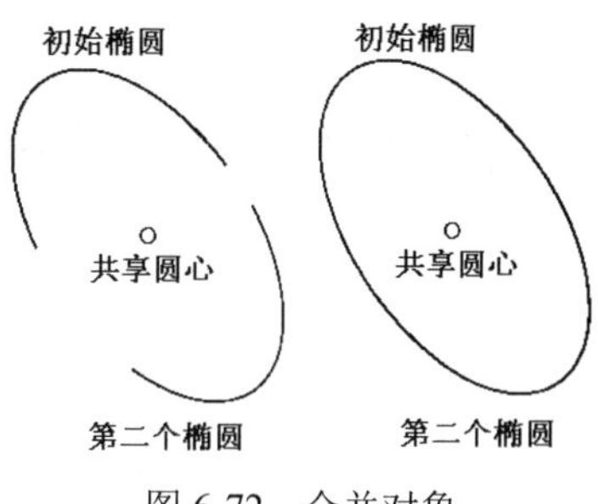

图 6-72 合并对象

【执行方式】

- 命令行：JOIN。
- 菜单栏：执行菜单栏中的“修改”→“合并”命令。
- 工具栏：单击“修改”工具栏中的“合并”按钮 。
- 功能区：单击“默认”选项卡“修改”面板中的“合并”按钮 。

【操作步骤】

命令行提示与操作如下。

```
命令：JOIN↙
选择源对象或要一次合并的多个对象：选择一个对象
选择要合并的对象：选择另一个对象
选择要合并的对象：↙
```

6.6 对象编辑命令

在对图形进行编辑时，还可以对图形对象本身的某些特性进行编辑，从而方便地进行图形绘制。

6.6.1 钳夹功能

利用钳夹功能可以快速方便地编辑对象。AutoCAD 在图形对象上定义了一些特殊点，称为夹持点。利用夹持点可以灵活地控制对象，如图 6-73 所示。

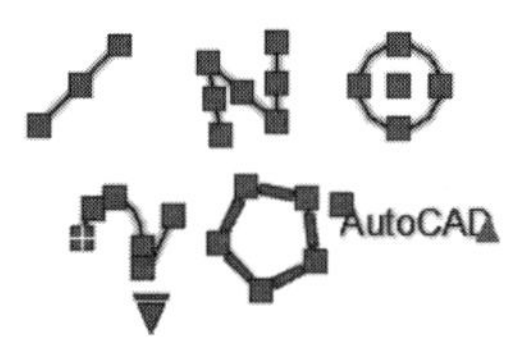

图 6-73 显示夹点

要使用钳夹功能编辑对象，必须先打开钳夹功能，打开方法：选择菜单栏中的“工具”→“选项”命令，系统打开“选项”对话框。单击“选择集”选项卡，在“夹点”选项组中选中“显示夹点”复选框。在该选项卡中还可以设置代表夹点的小方格尺寸和颜色。也可以通过 GRIPS 系统变量控制是否打开钳夹功能，1 代表打开，0 代表关闭。

打开了钳夹功能后，应该在编辑对象之前先选择对象。夹点表示对象的控制位置。

使用夹点编辑对象，要选择一个夹点作为基点，称为基准夹点。然后，选择一种编辑操作：镜像、移动、旋转、拉伸和缩放。可以用空格键、<Enter>键或键盘上的快捷键循环选择这些功能。

下面就其中的拉伸对象操作为例进行讲解，其他操作类似。

在图形上选择一个夹点，该夹点改变颜色，此点为夹点编辑的基准点，此时命令行提示如下。

```
** 拉伸 **
指定拉伸点或 [基点(B)/复制(C)/放弃(U)/退出(X)]:
```

在上述拉伸编辑提示下输入镜像命令或右击，选择快捷菜单中的“镜像”命令，系统就会转换为“镜像”操作，其他操作类似。

6.6.2 实例——利用钳夹功能编辑图形

扫一扫，看视频

绘制如图 6-74（a）所示图形，并利用钳夹功能编辑成如图 6-74（b）所示的图形。

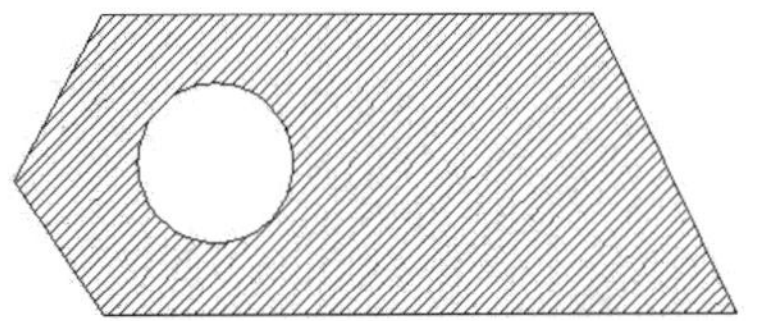
（a）绘制图形

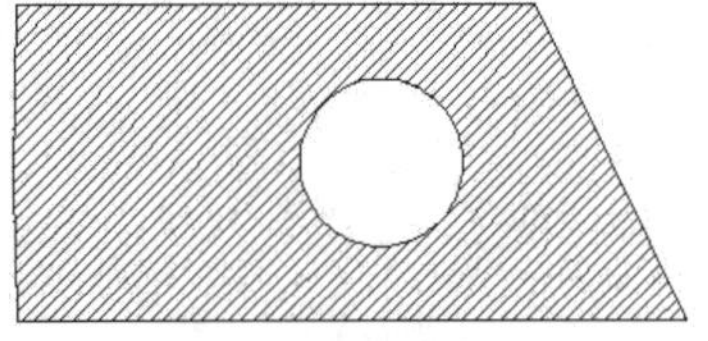
（b）编辑图形

图 6-74 编辑填充图案

① 单击“默认”选项卡“绘图”面板中的“直线”按钮和“圆”按钮，绘制图形轮廓。

② 单击“默认”选项卡“绘图”面板中的“图案填充”按钮，进行图案填充，系统打开“图案填充创建”选项卡，如图 6-75 所示。在“类型”下拉列表框中选择“用户定义”选项，设置“角度”为 45°，设置“间距”为 10。注意：一定要勾选“选项”选项组中的“关联”复选框。单击“拾取点”按钮，在绘图区选择要填充的区域，最后单击“确定”按钮，填充结果如图 6-74（a）所示。

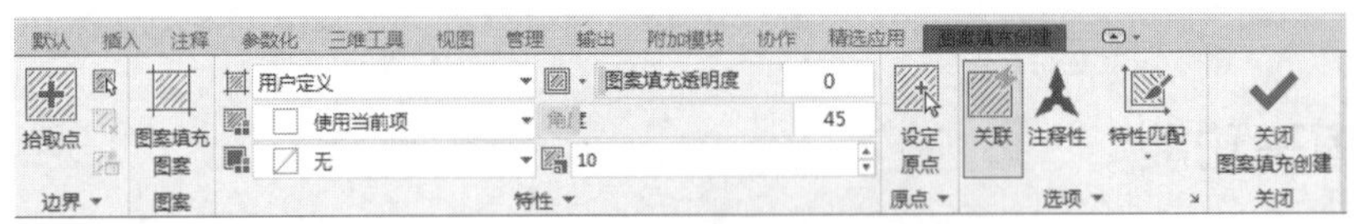

图 6-75 “图案填充创建”选项卡

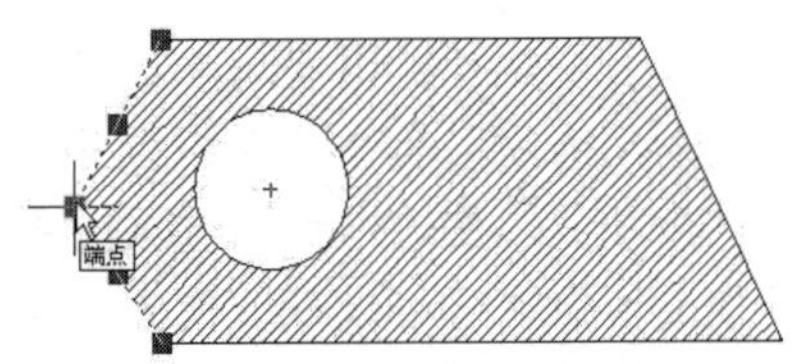

图 6-76 显示边界特征点

③ 钳夹功能设置。选择菜单栏中的“工具”→“选项”命令，系统打开“选项”对话框，单击“选择集”选项卡，在“夹点”选项组中选中“显示夹点”复选框。

④ 钳夹编辑。选择如图 6-76 所示图形左边界的两条线段，这两条线段上会显示出相应特征的点方框，再选择图中最左边的特征点，该点以醒目方式显示，移动鼠标，使光标到如图 6-77 所示的相应位置单击，得到如图 6-78 所示的图形。

⑤ 选择圆，圆上会出现相应的特征点，如图 6-79 所示，选择圆心特征点，则该特征点以醒目方式显示。移动鼠标，使光标位于另一点的位置，如图 6-80 所示，单击确认，则得到如图 6-74（b）所示的结果。

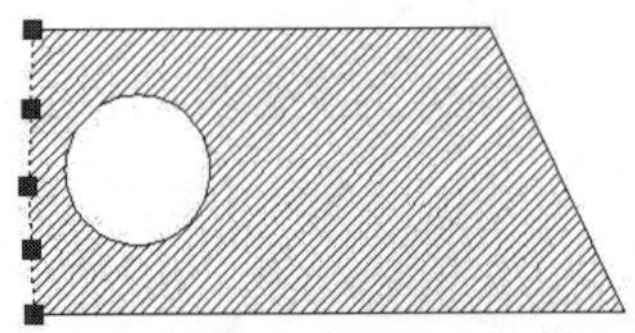

图 6-77 移动夹点到新位置

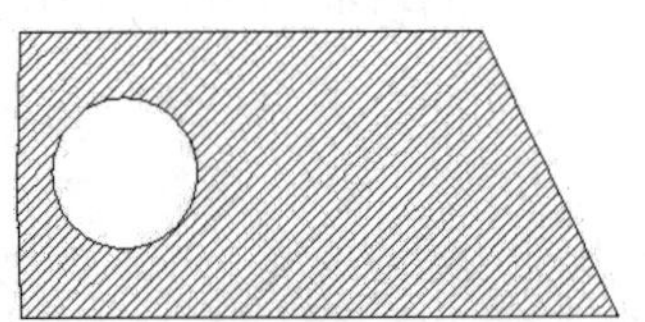

图 6-78 编辑后的图形

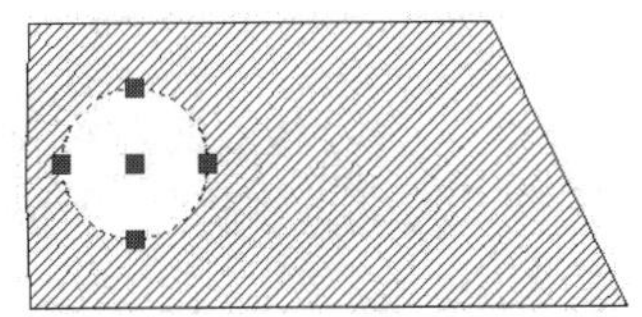

图 6-79 显示圆上特征点

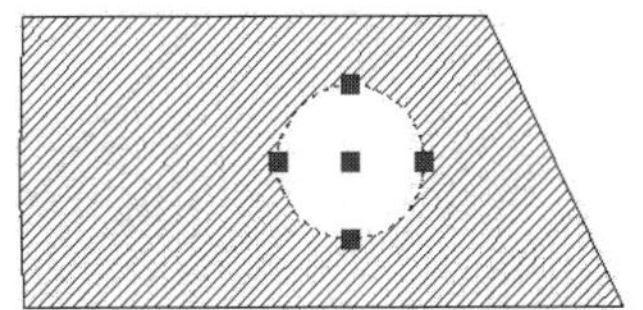

图 6-80 移动特征点到新位置

6.6.3 修改对象属性

【执行方式】

- 命令行：DDMODIFY 或 PROPERTIES。
- 菜单栏：选择菜单栏中的“修改”→“特性”命令或执行菜单栏中的“工具”→“选项板”→“特性”命令。
- 工具栏：单击“标准”工具栏中的“特性”按钮。
- 功能区：单击“视图”选项卡“选项板”面板中的“特性”按钮。
- 快捷键：<Ctrl>+<1>。

执行上述操作后，系统打开“特性”选项板，如图 6-81 所示。利用它可以方便地设置或修改对象的各种属性。不同的对象属性种类和值不同，修改属性值，对象改变为新的属性。

图 6-81 “特性”选项板

上 机 操 作

【实例 1】绘制如图 6-82 所示的桌椅

（1）目的要求

本例设计的图形除了要用到基本的绘图命令外，还用到“阵列”编辑命令。通过本例，要求读者灵活掌握绘图的基本技巧，巧妙利用一些编辑命令以快速灵活地完成绘图工作。

（2）操作提示

① 利用“圆”和“偏移”命令绘制圆形餐桌。

② 利用“直线”“圆弧”以及“镜像”命令绘制椅子。

③ 阵列椅子。

【实例 2】绘制如图 6-83 所示的小人头

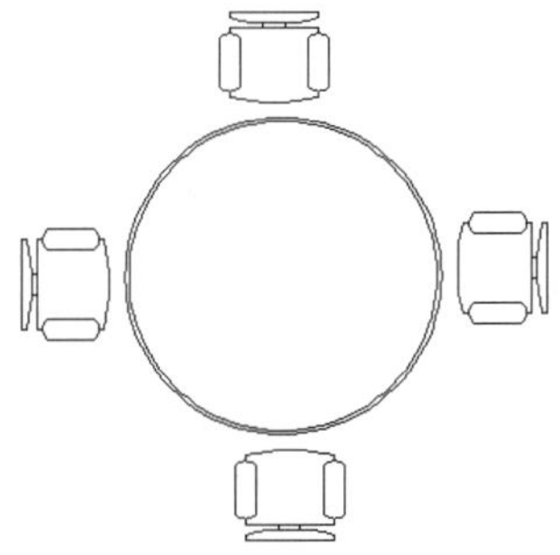

图 6-82 桌椅

图 6-83 小人头

（1）目的要求

本例设计的图形除了要用到很多基本的绘图命令外，考虑到图形对象的对称性，还要用到“镜像”编辑命令。通过本例，要求读者灵活掌握绘图的基本技巧，掌握镜像命令的用法。

（2）操作提示

① 利用“圆”“直线”“圆环”“多段线”和“圆弧”命令绘制小人头一半的轮廓。

② 以外轮廓圆竖直方向上两点为对称轴镜像图形。

【实例 3】绘制如图 6-84 所示的均布结构图形

（1）目的要求

本例设计的图形是一个常见的机械零件。在绘制的过程中，除了要用到“直线”“圆”等基本绘图命令外，还要用到“剪切”和“阵列”编辑命令。通过本例，要求读者熟练掌握“剪切”和“阵列”编辑命令的用法。

（2）操作提示

① 设置新图层。

② 绘制中心线和基本轮廓。

③ 进行阵列编辑。

④ 进行剪切编辑。

【实例 4】绘制如图 6-85 所示的圆锥滚子轴承

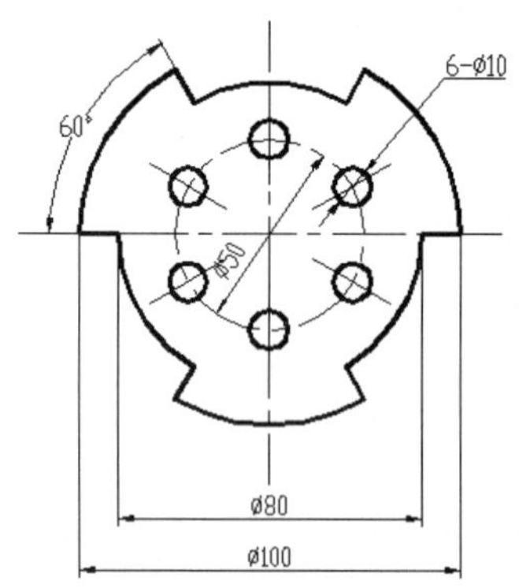

图 6-84　均布结构图形

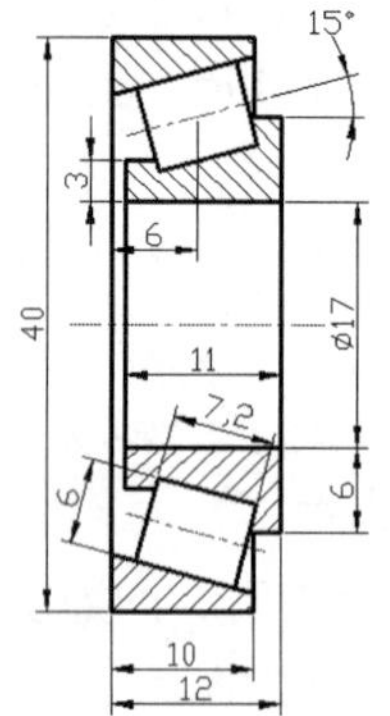

图 6-85　圆锥滚子轴承

（1）目的要求

本例要绘制的是一个圆锥滚子轴承的剖视图。除了要用到一些基本的绘图命令外，还要用到“图案填充”命令以及“旋转”“镜像”“剪切”等编辑命令。通过对本例图形的绘制，使读者进一步熟悉常见编辑命令以及“图案填充”命令的使用。

（2）操作提示

① 新建图层。

② 绘制中心线及滚子所在的矩形。

③ 旋转滚子所在的矩形。

④ 绘制半个轴承轮廓线。

⑤ 对绘制的图形进行剪切。

⑥ 镜像图形。

⑦ 分别对轴承外圈和内圈进行图案填充。

第7章 显示控制与打印输出

为了便于绘图操作，AutoCAD提供了控制图形显示的功能，这些功能只能改变图形在绘图区的显示方式，可以按用户期望的位置、比例和范围进行显示，以便于观察；但不能使图形产生实质性的改变，既不改变图形的实际尺寸，也不影响图形对象间的相对关系。本章主要介绍图形的缩放和平移、模型视口与空间、图形输出功能等。

绘制完图形后，需要将图形输出打印，本章将向读者讲解图形输出的基本步骤。

学习目标

了解图形输出

了解视口与空间的概念

掌握图形缩放和平移操作

7.1 缩放与平移

改变视图最常用的方法就是利用缩放和平移命令。用它们可以在绘图区放大或缩小图像显示，或改变图形位置。

7.1.1 缩放

（1）实时缩放

AutoCAD 2020 为交互式的缩放和平移提供了可能。利用实时缩放，用户就可以通过垂直向上或向下移动鼠标的方式来放大或缩小图形。利用实时平移，能通过单击或移动鼠标重新放置图形。

【执行方式】

- 命令行：ZOOM。
- 菜单栏：选择菜单栏中的“视图”→“缩放”→“实时”命令。
- 工具栏：单击“标准”工具栏中的“实时缩放”按钮±ᵩ。

- 功能区：单击“视图”选项卡“导航”面板下拉列表中的“实时”按钮±Q。

【操作步骤】

按住鼠标左键垂直向上或向下移动，可以放大或缩小图形。

（2）动态缩放

如果打开“快速缩放”功能，就可以用动态缩放功能改变图形显示而不产生重新生成的效果。动态缩放会在当前视区中显示图形的全部。

【执行方式】

- 命令行：ZOOM。
- 菜单栏：选择菜单栏中的“视图”→“缩放”→“动态”命令。
- 工具栏：单击“标准”工具栏中的“动态缩放”按钮。
- 功能区：单击“视图”选项卡“导航”面板下拉列表中的“动态”按钮。

【操作步骤】

命令行提示与操作如下。

命令：ZOOM↙

指定窗口角点，输入比例因子（nX 或 nXP），或者[全部(A)/中心(C)/动态(D)/范围(E)/上一个(P)/比例(S)/窗口(W)/对象(O)]<实时>：D↙

执行上述命令后，系统弹出一个图框。选择动态缩放前图形区呈绿色的点线框，如果要动态缩放的图形显示范围与选择的动态缩放前的范围相同，则此绿色点线框与白线框重合而不可见。重生成区域的四周有一个蓝色虚线框，用以标记虚拟图纸，此时，如果线框中有一个“×”出现，就可以拖动线框，把它平移到另外一个区域。如果要放大图形到不同的放大倍数，单击一下，“×”就会变成一个箭头，这时左右拖动边界线就可以重新确定视区的大小。

另外，缩放命令还有窗口缩放、比例缩放、放大、缩小、中心缩放、全部缩放、对象缩放、缩放上一个和最大图形范围缩放，其操作方法与动态缩放类似，此处不再赘述。

7.1.2 平移

（1）实时平移

【执行方式】

- 命令行：PAN。
- 菜单栏：选择菜单栏中的“视图”→“平移”→“实时”命令。
- 工具栏：单击“标准”工具栏中的“实时平移”按钮。
- 功能区：单击“视图”选项卡“导航”面板中的“平移”按钮

执行上述操作后，光标变为形状，按住鼠标左键移动手形光标就可以平移图形了。

在 AutoCAD 2020 中，为显示控制命令设置了一个快捷菜单，如图 7-1 所示。在该菜单中，用户可以在显示命令执行的过程中，透明地进行切换。

（2）定点平移

除了最常用的“实时平移”命令外，也常用到“定点平移”命令。

【执行方式】

- 命令行：-PAN。
- 菜单栏：选择菜单栏中的“视图”→“平移”→“点”命令。

【操作步骤】

命令行提示与操作如下。

```
命令：-pan↙
指定基点或位移：指定基点位置或输入位移值
指定第二点：指定第二点确定位移和方向
```

执行上述命令后，当前图形按指定的位移和方向进行平移。另外，在“平移”子菜单中，还有“左”“右”“上”“下”4个平移命令，如图7-2所示，选择这些命令时，图形按指定的方向平移一定的距离。

图7-1 快捷菜单

图7-2 “平移”子菜单

7.2 视口与空间

视口和空间是有关图形显示和控制的两个重要概念，下面简要介绍。

7.2.1 视口

绘图区可以被划分为多个相邻的非重叠视口。在每个视口中可以进行平移和缩放操作，也可以进行三维视图设置与三维动态观察，如图7-3所示。

（1）新建视口

【执行方式】

- 命令行：VPORTS。
- 菜单栏：选择菜单栏中的“视图”→“视口”→“新建视口”命令。

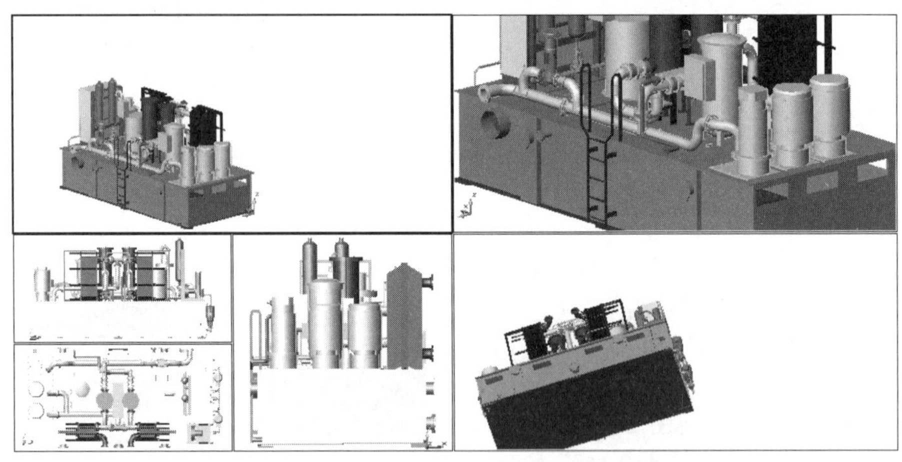

图 7-3　视口

- 工具栏：单击“视口”工具栏中的“显示‘视口’对话框”按钮。
- 功能区：单击“视图”选项卡“模型视口”面板中的“视口配置”下拉菜单，如图 7-4 所示。

执行上述操作后，系统打开如图 7-5 所示的“视口”对话框的“新建视口”选项卡，该选项卡列出了一个标准视口配置列表，可用来创建层叠视口。如图 7-6 所示为按图 7-5 中设置创建的新图形视口，可以在多视口的单个视口中再创建多视口。

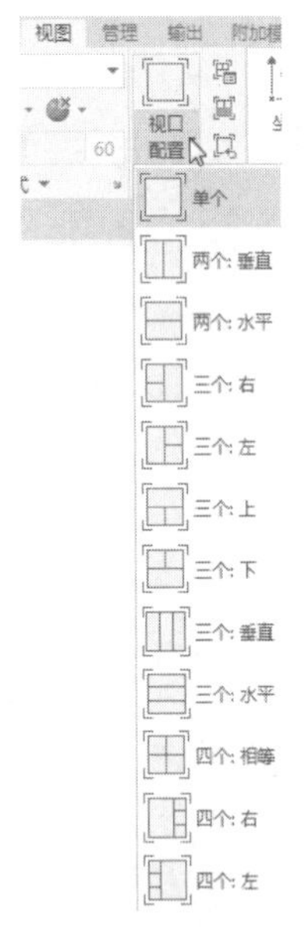

图 7-4　“视口配置”下拉菜单

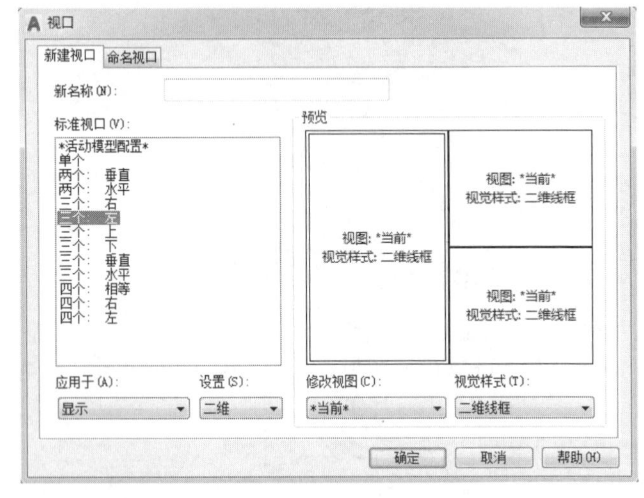

图 7-5　“新建视口”选项卡

（2）**命名视口**

**【执行方式】**

- 命令行：VPORTS。
- 菜单栏：选择菜单栏中的“视图”→“视口”→“命名视口”命令。

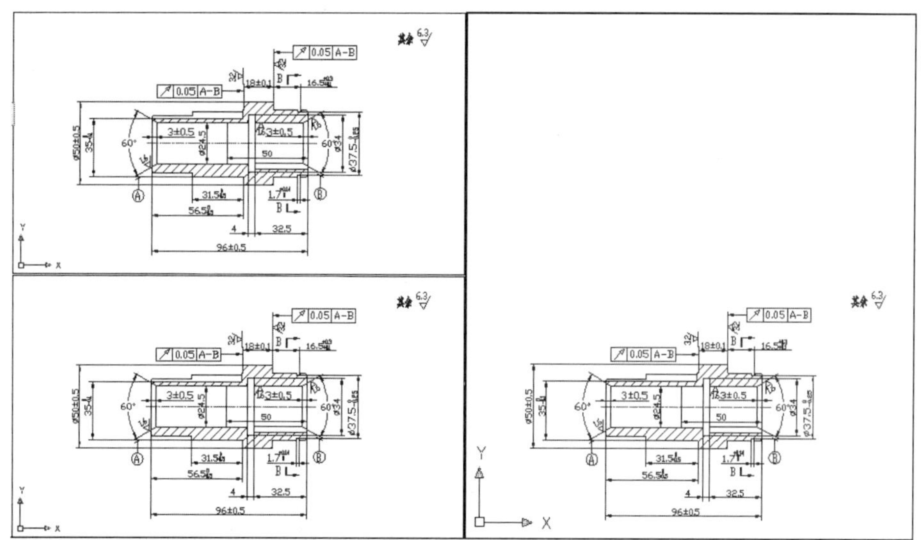

图 7-6 创建的多视口

- 工具栏：单击“视口”工具栏中的“显示‘视口’对话框”按钮。
- 功能区：单击“视图”选项卡“模型视口”面板中的“命名”按钮。

执行上述操作后，系统打开如图 7-7 所示的“视口”对话框的“命名视口”选项卡，该选项卡用来显示保存在图形文件中的视口配置。其中“当前名称”提示行显示当前视口名；“命名视口”列表框用来显示保存的视口配置；“预览”显示框用来预览被选择的视口配置。

7.2.2 模型空间与图纸空间

AutoCAD 可在两个环境中完成绘图和设计工作，即“模型空间”和“图纸空间”。模型空间又可分为平铺式和浮动式。大部分设计和绘图工作都是在平铺式模型空间中完成的，而图纸空间是模拟手工绘图的空间，它是为绘制平面图而准备的一张虚拟图纸，是一个二维空间的工作环境。从某种意义上说，图纸空间就是为布局图面、打印出图而设计的，还可在其中添加边框、注释、标题和尺寸标注等内容。

在模型空间和图纸空间中，都可以进行输出设置。在绘图区底部有“模型”选项卡及一个或多个“布局”选项卡，如图 7-8 所示。

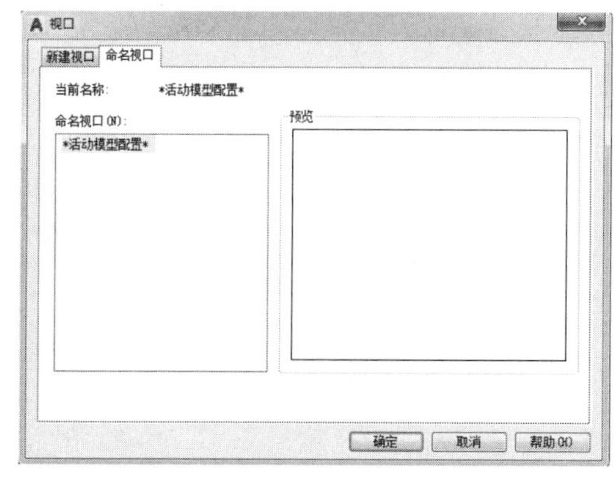

图 7-7 “命名视口”选项卡

图 7-8 “模型”和“布局”选项卡

单击“模型”或“布局”选项卡，可以在它们之间进行空间的切换，如图 7-9 和图 7-10 所示。

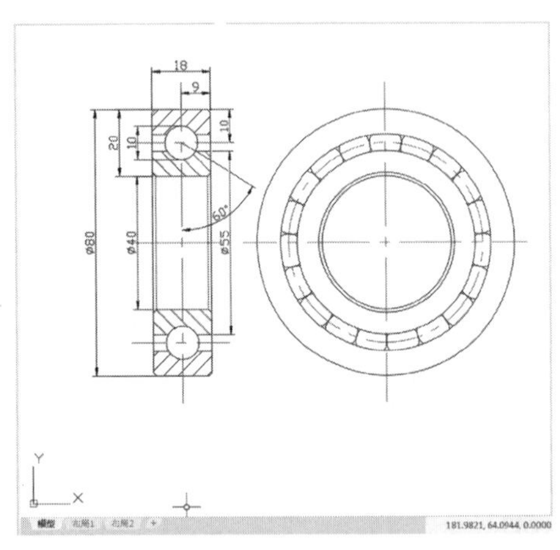

图 7-9 “模型”空间

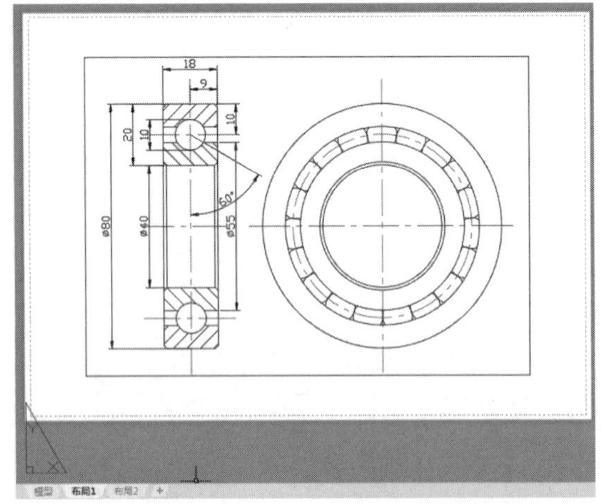

图 7-10 “布局”空间

技巧荟萃

输出图像文件方法：选择菜单栏中的“文件”→“输出”命令，或直接在命令行输入“EXPORT”，系统将打开“输出”对话框，在“保存类型”下拉列表中选择“*.bmp”格式，单击“保存”按钮，在绘图区选中要输出的图形后按<enter>键，被选图形便被输出为.bmp 格式的图形文件。

7.3 出图

7.3.1 打印设备的设置

最常见的打印设备有打印机和绘图仪。在输出图样时，首先要添加和配置要使用的打印设备。

（1）打开打印设备

【执行方式】

- 命令行：PLOTTERMANAGER。
- 菜单栏：选择菜单栏中的“文件”→“绘图仪管理器”命令。
- 功能区：单击“输出”选项卡“打印”面板中的“绘图仪管理器”按钮。

【操作步骤】

① 选择菜单栏中的“工具”→“选项”命令，打开“选项”对话框。

② 单击“打印和发布”选项卡，单击“添加或配置绘图仪”按钮，如图 7-11 所示。

图 7-11 “打印和发布”选项卡

③ 此时，系统打开“Plotters”窗口，如图 7-12 所示。

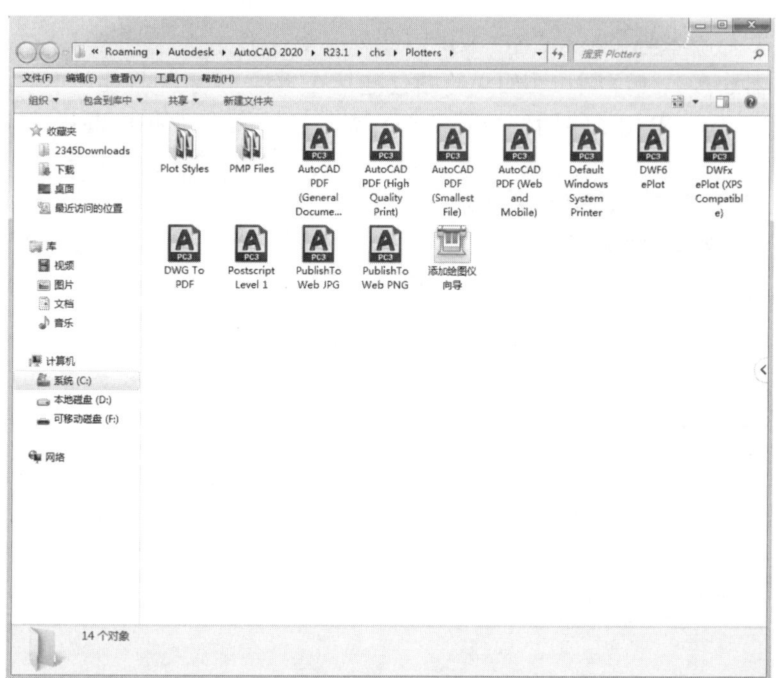

图 7-12 “Plotters”窗口

④ 要添加新的绘图仪或打印机，可双击“Plotters”对话框中的“添加绘图仪向导”图标，打开“添加绘图仪-简介”对话框，如图 7-13 所示，按向导逐步完成添加。

⑤ 双击“Plotters”对话框中的绘图仪配置图标，如“DWF6 ePlot.pc3”，打开“绘图仪配置编辑器”对话框，如图 7-14 所示，对绘图仪进行相关设置。

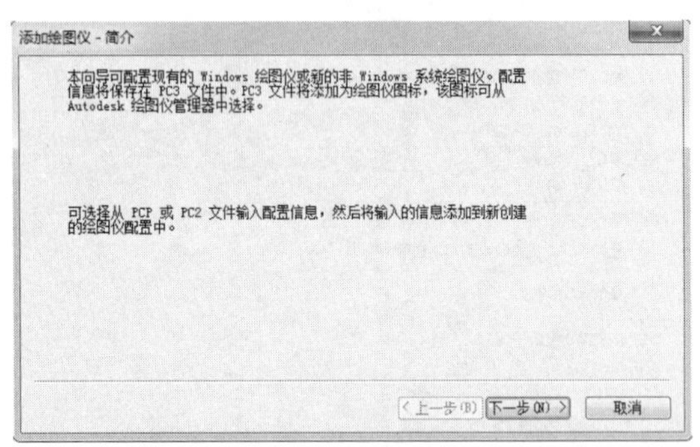

图 7-13 “添加绘图仪-简介”对话框

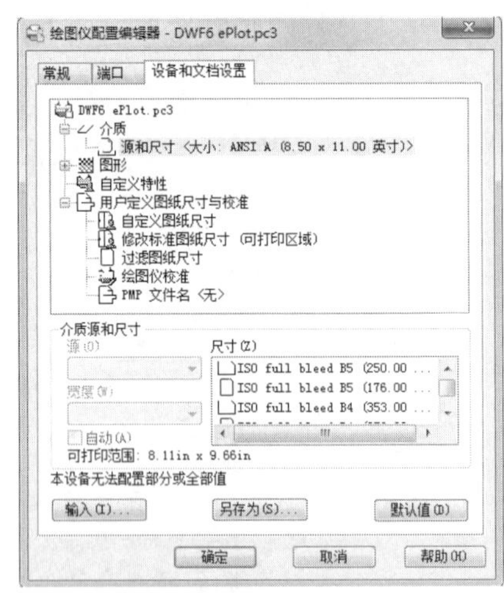

图 7-14 “绘图仪配置编辑器”对话框

（2）**绘图仪配置编辑器**

在“绘图仪配置编辑器”对话框中，有 3 个选项卡，可根据需要进行重新配置。

① “常规”选项卡，如图 7-15 所示。

a．绘图仪配置文件名：显示在“添加打印机”向导中指定的文件名。

b．驱动程序信息：显示绘图仪驱动程序类型（系统或非系统）、名称、型号和位置、HDI 驱动程序文件版本号（AutoCAD 专用驱动程序文件）、网络服务器 UNC 名（如果绘图仪与网络服务器连接）、I/O 端口（如果绘图仪连接在本地）、系统打印机名（如果配置的绘图仪是系统打印机）、PMP（绘图仪型号参数）文件名和位置（如果 PMP 文件附着在 PC3 文件中）。

② “端口”选项卡，如图 7-16 所示。

a．“打印到下列端口”单选钮：点选该单选钮将图形通过选定端口发送到绘图仪。

b．“打印到文件”单选钮：点选该单选钮将图形发送至在“打印”对话框中指定的文件。

c．“后台打印”单选钮：点选该单选钮使用后台打印实用程序打印图形。

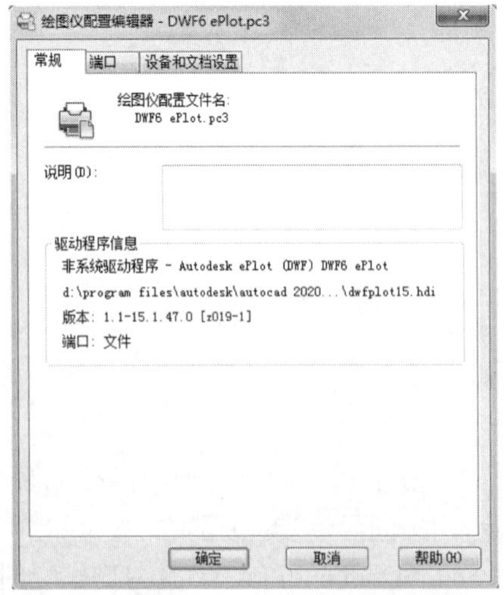

图 7-15 “常规”选项卡

图 7-16 “端口”选项卡

d．端口列表：显示可用端口（本地和网络）的列表和说明。

e．“显示所有端口”复选框：勾选该复选框显示计算机上的所有可用端口，不管绘图仪使用哪个端口。

f．“浏览网络”按钮：单击该按钮显示网络选择，可以连接到另一台非系统绘图仪。

g．“配置端口”按钮：单击该按钮打印样式显示“配置 LPT 端口”对话框或“COM 端口设置”对话框。

③ “设备和文档设置”选项卡，如图 7-14 所示。

控制 PC3 文件中的许多设置。单击任意节点的图标以查看和修改指定设置。

7.3.2 创建布局

图纸空间是图纸布局环境，可以在这里指定图纸大小、添加标题栏、显示模型的多个视图及创建图形标注和注释。

【执行方式】

- 命令行：LAYOUTWIZARD。
- 菜单栏：选择菜单栏中的“插入”→“布局”→“创建布局向导”命令。

【操作步骤】

① 选择菜单栏中的“插入”→“布局”→“创建布局向导”命令，打开“创建布局-开始”对话框。在“输入新布局的名称”文本框中输入新布局名称，如图 7-17 所示。

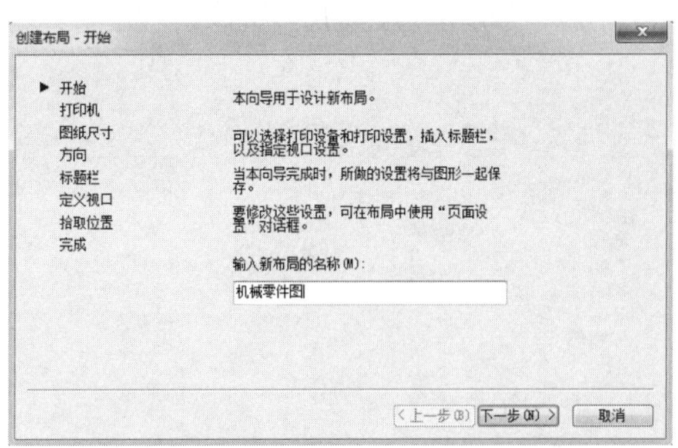

图 7-17 “创建布局-开始”对话框

② 单击“下一步”按钮，打开如图 7-18 所示的“创建布局-打印机”对话框。在该对话框中选择配置新布局“机械零件图”的绘图仪。

③ 单击“下一步”按钮，打开如图 7-19 所示的“创建布局-图纸尺寸”对话框。

该对话框用于选择打印图纸的大小和所用的单位。在对话框的“图纸尺寸”下拉列表框中列出了可用的各种格式的图纸，它由选择的打印设备决定，可从中选择一种格式。“图形单位”选项组用于控制输出图形的单位，可以选择“毫米”“英寸”或“像素”。点选“毫米”单选钮，即以毫米为单位，再选择图纸的大小，例如：“ISO A2（594.00 毫米×420.00 毫米）”。

④ 单击“下一步”按钮，打开如图 7-20 所示的“创建布局-方向”对话框。在该对话框中，点选“纵向”或“横向”单选钮，可设置图形在图纸上的布置方向。

图 7-18 “创建布局-打印机”对话框

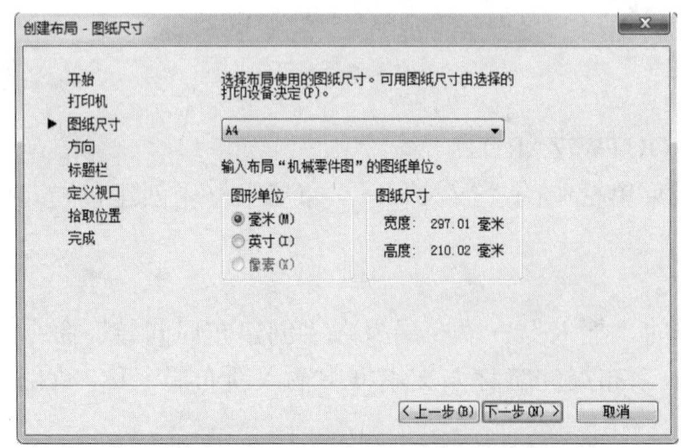

图 7-19 “创建布局-图纸尺寸”对话框

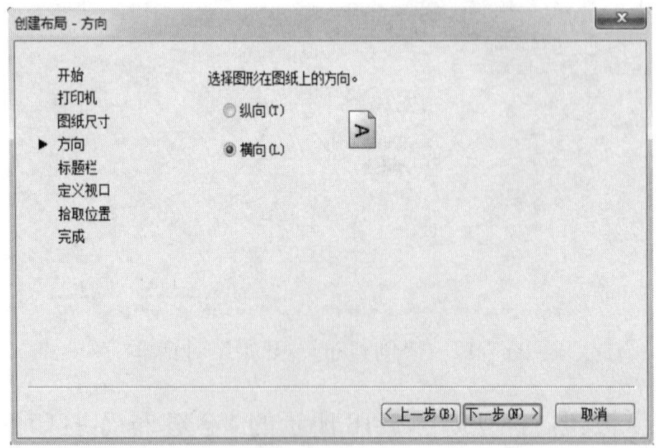

图 7-20 “创建布局-方向”对话框

⑤ 单击“下一步”按钮，打开如图 7-21 所示的“创建布局-标题栏”对话框。

在该对话框左边的列表框中列出了当前可用的图纸边框和标题栏样式，可从中选择一种，作为创建布局的图纸边框和标题栏样式，在对话框右边的预览框中将显示所选的样式。在对话框下面的“类型”选项组中，可以指定所选标题栏图形文件是作为“块”还是作为“外部参照”插入到当前图形中。一般情况下，在绘图时都已经绘制出了标题栏，所以此步中选择“无”即可。

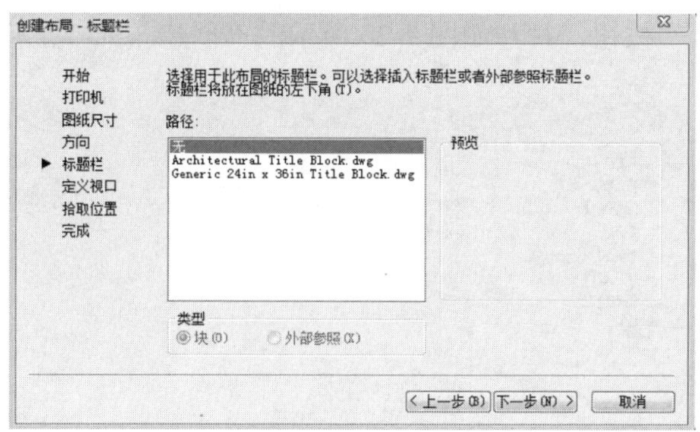

图 7-21 “创建布局-标题栏”对话框

⑥ 单击“下一步”按钮，打开如图 7-22 所示的“创建布局-定义视口”对话框。

在该对话框中可以指定新创建的布局默认视口设置和比例等。其中，“视口设置”选项组用于设置当前布局，定义视口数；“视口比例”下拉列表框用于设置视口的比例。当点选“阵列”单选钮时，下面 4 个文本框变为可用，“行数”和“列数”两个文本框分别用于输入视口的行数和列数，“行间距”和“列间距”两个文本框分别用于输入视口的行间距和列间距。

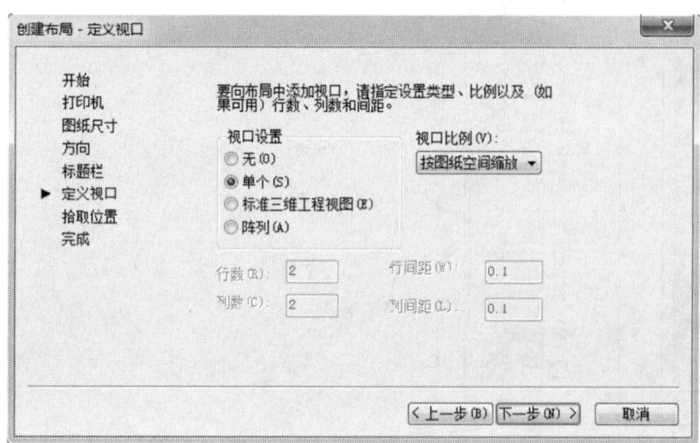

图 7-22 “创建布局-定义视口”对话框

⑦ 单击“下一步”按钮，打开如图 7-23 所示的“创建布局-拾取位置”对话框。

在该对话框中，单击“选择位置”按钮，系统将暂时关闭该对话框，返回到绘图区，从图形中指定视口配置的大小和位置。

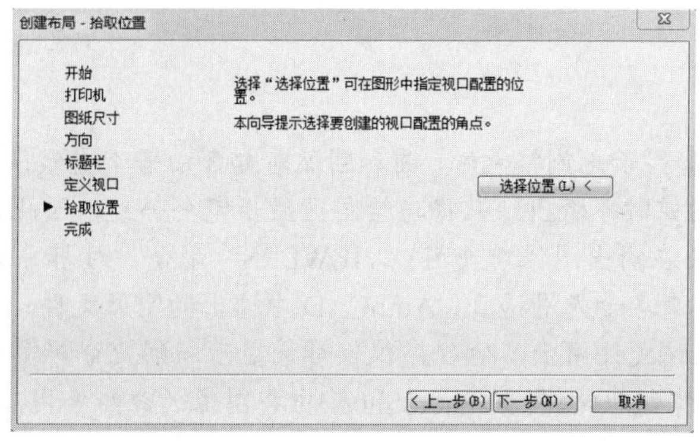

图 7-23 “创建布局-拾取位置”对话框

⑧ 单击“下一步”按钮，打开如图 7-24 所示的“创建布局-完成”对话框。

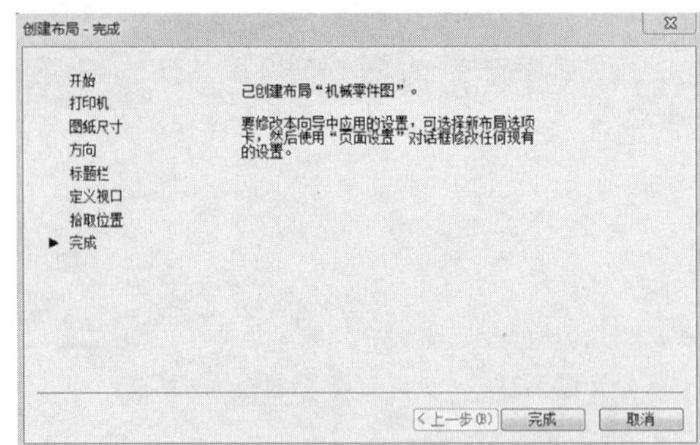

图 7-24 “创建布局-完成”对话框

⑨ 单击“完成”按钮，完成新布局“机械零件图”的创建。系统自动返回到布局空间，显示新创建的布局“机械零件图”，如图 7-25 所示。

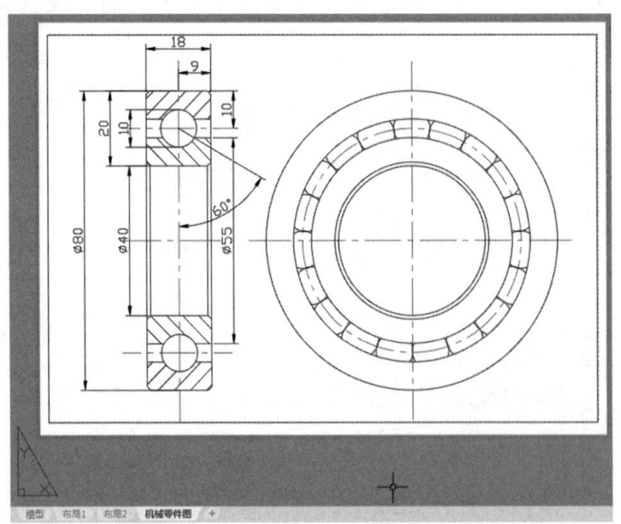

图 7-25 完成新布局“机械零件图”的创建

技巧荟萃

AutoCAD 中图形显示比例较大时，圆和圆弧看起来由若干直线段组成，这并不影响打印结果，但在输出图像时，输出结果将与绘图区显示完全一致，因此，若发现有圆或圆弧显示为折线段时，应在输出图像前使用“VIEWERS”命令，对屏幕的显示分辨率进行优化，使圆和圆弧看起来尽量光滑逼真。AutoCAD 中输出的图像文件，其分辨率为屏幕分辨率，即 72dpi。如果该文件用于其他程序仅供屏幕显示，则此分辨率已经合适。若最终要打印出来，就要在图像处理软件（如 PhotoShop）中将图像的分辨率提高，一般设置为 300dpi 即可。

7.3.3　页面设置

页面设置可以对打印设备和其他影响最终输出的外观和格式进行设置，并将这些设置应用到其他布局中。在“模型”选项卡中完成图形的绘制之后，可以通过单击“布局”选项卡开始创建要打印的布局。页面设置中指定的各种设置和布局将一起存储在图形文件中，可以随时修改页面设置中的设置。

【执行方式】

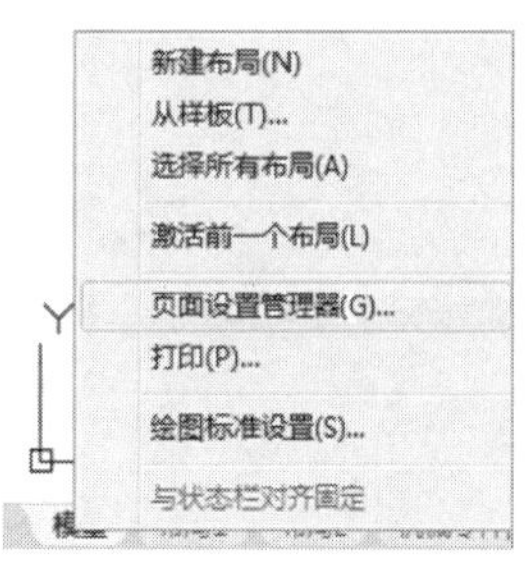

图 7-26　选择“页面设置管理器”命令

- 命令行：PAGESETUP。
- 菜单栏：选择菜单栏中的“文件”→“页面设置管理器”命令。
- 快捷菜单：在“模型”空间或“布局”空间中，右击“模型”或“布局”选项卡，在打开的快捷菜单中选择“页面设置管理器”命令，如图 7-26 所示。
- 功能区：单击“输出”选项卡“打印”面板中的“页面设置管理器”按钮。

【操作步骤】

① 单击“输出”选项卡“打印”面板中的“页面设置管理器”按钮，打开“页面设置管理器”对话框，如图 7-27 所示。在该对话框中，可以完成新建布局、修改原有布局、输入存在的布局和将某一布局置为当前等操作。

② 在“页面设置管理器”对话框中，单击“新建”按钮，打开“新建页面设置”对话框，如图 7-28 所示。

图 7-27　“页面设置管理器”对话框

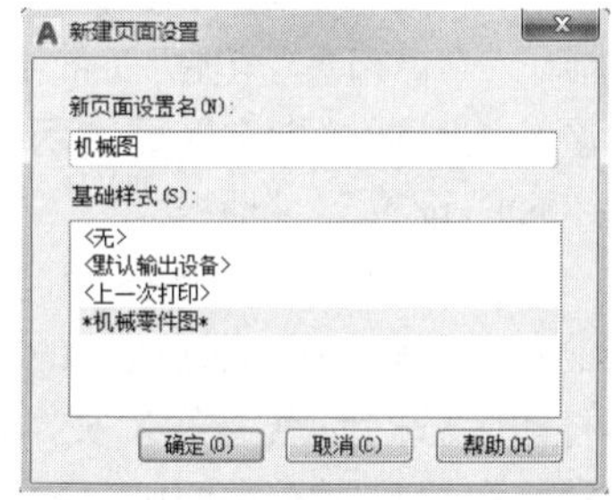

图 7-28　“新建页面设置”对话框

③ 在“新页面设置名”文本框中输入新建页面的名称，如“机械图”，单击“确定”按钮，打开“页面设置-机械零件图”对话框，如图 7-29 所示。

④ 在“页面设置-机械零件图”对话框中，可以设置布局和打印设备并预览布局的结果。对于一个布局，可利用“页面设置”对话框来完成其设置，虚线表示图纸中当前配置的图纸尺寸和绘图仪的可打印区域。设置完毕后，单击“确定”按钮。

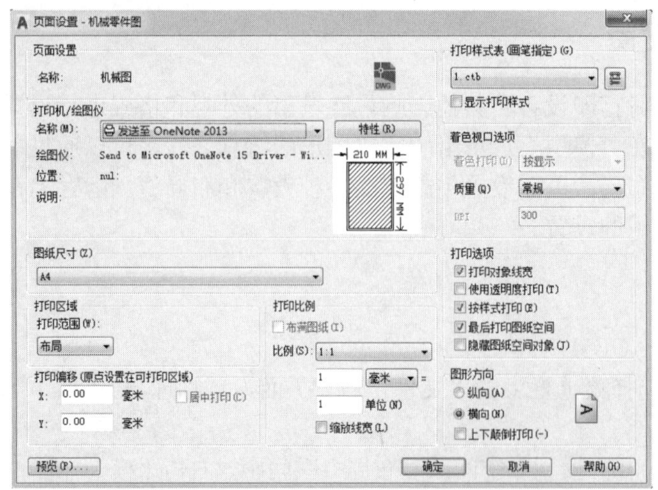

图 7-29 “页面设置-机械零件图”对话框

【选项说明】

“页面设置”对话框中的各选项功能介绍如下。

① “打印机/绘图仪”选项组，用于选择打印机或绘图仪。在“名称”下拉列表框中，列出了所有可用的系统打印机和 PC3 文件，从中选择一种打印机，指定为当前已配置的系统打印设备，以打印输出布局图形。单击“特性”按钮，可打开“绘图仪配置编辑器”对话框。

② “图纸尺寸”选项组，用于选择图纸尺寸。其下拉列表中可用的图纸尺寸由当前为布局所选的打印设备确定。如果配置绘图仪进行光栅输出，则必须按像素指定输出尺寸。通过使用绘图仪配置编辑器可以添加存储在绘图仪配置（PC3）文件中的自定义图纸尺寸。如果使用系统打印机，则图纸尺寸由 Windows 控制面板中的默认纸张设置决定。为已配置的设备创建新布局时，默认图纸尺寸显示在“页面设置”对话框中。如果在“页面设置”对话框中修改了图纸尺寸，则在布局中保存的将是新图纸尺寸，而忽略绘图仪配置文件（PC3）中的图纸尺寸。

③ “打印区域”选项组，用于指定图形实际打印的区域。在“打印范围”下拉列表框中有“显示”“窗口”“范围”“布局”4 个选项。选择“窗口”选项，系统将关闭对话框返回到绘图区，这时通过指定区域的两个对角点或输入坐标值来确定一个矩形打印区域，然后再返回到“页面设置”对话框。

④ “打印偏移”选项组，用于指定打印区域自图纸左下角的偏移。在布局中，指定打印区域的左下角默认在图纸边界的左下角点，也可以在 X、Y 文本框中输入一个正值或负值来偏移打印区域的原点。在 X 文本框中输入正值时，原点右移；在 Y 文本框中输入正值时，原点上移。在“模型”空间中，勾选“居中打印”复选框，系统将自动计算图形居中打印的偏移量，将图形打印在图纸的中间。

⑤ “打印比例”选项组，用于控制图形单位与打印单位之间的相对尺寸。打印布局时的默认比例是 1∶1，在“比例”下拉列表框中可以定义打印的精确比例，勾选“缩放线宽”复选框，将对有宽度的线也进行缩放。一般情况下，打印时，图形中的各实体按图层中指定的线宽来打印，不随打印比例缩放。在“模型”空间中打印时，默认设置为“布满图纸”。

⑥ “打印样式表”选项组，用于指定当前赋予布局或视口的打印样式表。其“打印样

式表”下拉列表框中显示了可赋予当前图形或布局的当前打印样式。如果要更改包含在打印样式表中的打印样式定义，则单击“编辑”按钮，打开“打印样式表编辑器”对话框，从中可修改选中的打印样式定义。

⑦ “着色视口选项”选项组，用于确定若干用于打印着色和渲染视口的选项。可以指定每个视口的打印方式，并将该打印设置与图形一起保存。还可以从各种分辨率（最大为绘图仪分辨率）中进行选择，并将该分辨率设置与图形一起保存。

⑧ “打印选项”选项组，用于确定线宽、打印样式及打印样式表等的相关属性。勾选“打印对象线宽”复选框，打印时系统将打印线宽；勾选“按样式打印”复选框，以使用在打印样式表中定义、赋予几何对象的打印样式来打印；勾选“隐藏图纸空间对象”复选框，不打印布局环境（图纸空间）对象的消隐线，即只打印消隐后的效果。

⑨ “图形方向”选项组，用于设置打印时图形在图纸上的方向。点选“横向”单选钮，将横向打印图形，使图形的顶部在图纸的长边；点选“纵向”单选钮，将纵向打印，使图形的顶部在图纸的短边；勾选“上下颠倒打印”复选框，将使图形颠倒打印。

7.3.4 从模型空间输出图形

从“模型”空间输出图形时，需要在打印时指定图纸尺寸，即在“打印”对话框中，选择要使用的图纸尺寸。在该对话框中列出的图纸尺寸取决于在“打印”或“页面设置”对话框中选定的打印机或绘图仪。

【执行方式】

- 命令行：PLOT。
- 菜单栏：选择菜单栏中的“文件”→“打印”命令。
- 工具栏：单击“标准”工具栏中的“打印”按钮或“快速访问”工具栏中的“打印”按钮。
- 功能区：单击“输出”选项卡“打印”面板中的“打印”按钮。

【操作步骤】

① 打开需要打印的图形文件，如“机械零件图”。

② 选择菜单栏中的“文件”→“打印”命令，执行打印命令。

③ 打开“打印-机械零件图”对话框，如图 7-30 所示，在该对话框中设置相关选项。

【选项说明】

“打印”对话框中的各项功能介绍如下。

① 在“页面设置”选项组中，列出了图形中已命名或已保存的页面设置，可以将这些已保存的页面设置作为当前页面设置；也可以单击“添加”按钮，基于当前设置创建一个新的页面设置。

② “打印机/绘图仪”选项组，用于指定打印时使用已配置的打印设备。在“名称”下拉列表框中列出了可用的 PC3 文件或系统打印机，可以从中进行选择。设备名称前面的图标识别，其区分为 PC3 文件还是系统打印机。

③ “打印份数”微调框，用于指定要打印的份数。当打印到文件时，此选项不可用。

④ 单击“应用到布局”按钮，可将当前打印设置保存到当前布局中去。

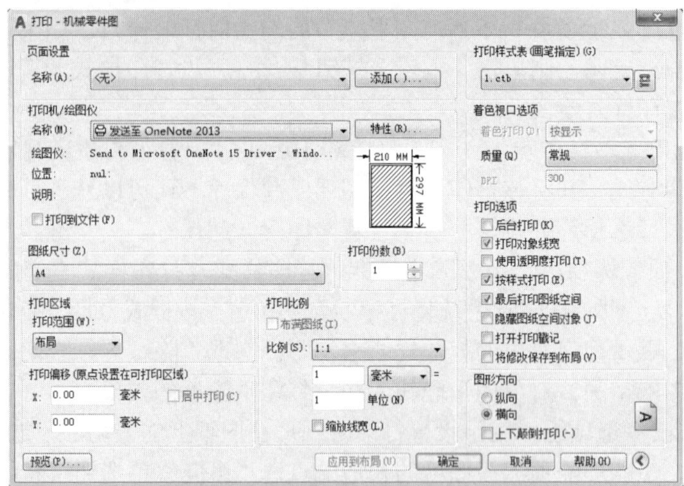

图 7-30 “打印-机械零件图”对话框

其他选项与“页面设置”对话框中的相同，此处不再赘述。

完成所有的设置后，单击“确定”按钮，开始打印。

预览按执行 PREVIEW 命令时在图纸上打印的方式显示图形。要退出打印预览并返回“打印”对话框，按<Esc>键，然后按<Enter>键，或右击，然后选择快捷菜单中的“退出”命令。打印预览效果如图 7-31 所示。

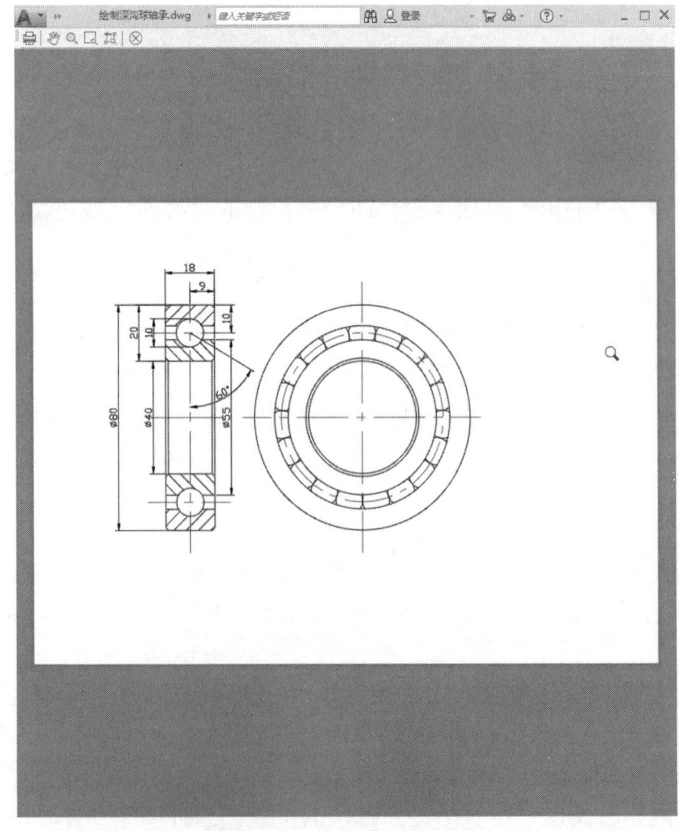

图 7-31 打印预览效果

7.3.5 从图纸空间输出图形

从“图纸”空间输出图形时，根据打印的需要进行相关参数的设置，首先应在“页面设置”对话框中指定图纸的尺寸。

【操作步骤】

① 打开需要打印的图形文件，将视图空间切换到“布局 1”，如图 7-32 所示。在“布局 1”选项卡上右击，在打开的快捷菜单中选择“页面设置管理器”命令。

② 打开“页面设置管理器”对话框，如图 7-33 所示。单击“新建”按钮，打开“新建页面设置”对话框。

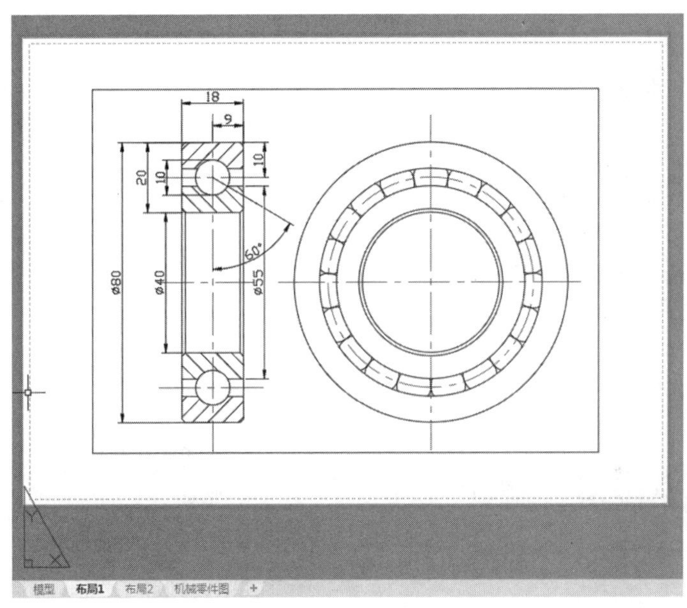

图 7-32 切换到“布局 1”选项

③ 在“新建页面设置”对话框的“新页面设置名”文本框中输入“零件图”，如图 7-34 所示。

④ 单击“确定”按钮，打开“页面设置-布局 1”对话框，根据打印的需要进行相关参数的设置，如图 7-35 所示。

⑤ 设置完成后，单击“确定”按钮，返回到“页面设置管理器”对话框。在“页面设置”列表框中选择“零件图”选项，单击“置为当前”按钮，将其置为当前布局，如图 7-36 所示。

⑥ 单击“关闭”按钮，完成“零件图”布局的创建，如图 7-37 所示。

⑦ 单击“快速访问”工具栏中的“打印”按钮，打开“打印-布局 1”对话框，如图 7-38 所示，不需要重新设置，单击左下方的“预览”按钮，打印预览效果如图 7-39 所示。

⑧ 如果满意其效果，在预览窗口中右击，选择快捷菜单中的“打印”命令，完成一张零件图的打印。

在布局空间里，还可以先绘制完图样，然后将图框与标题栏都以“块”的形式插入到布局中，组成一份完整的技术图纸。

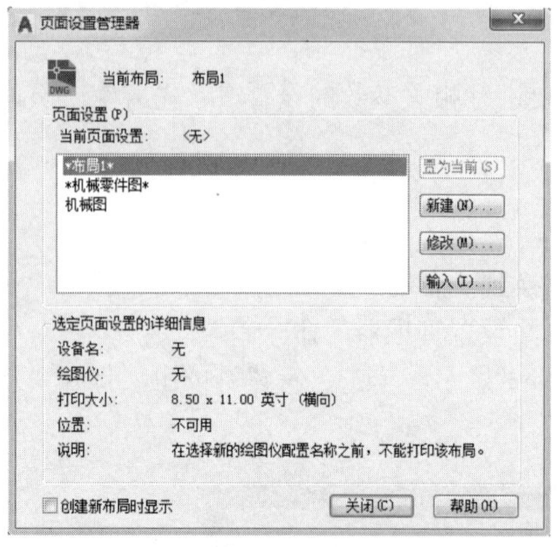

图 7-33 “页面设置管理器”对话框

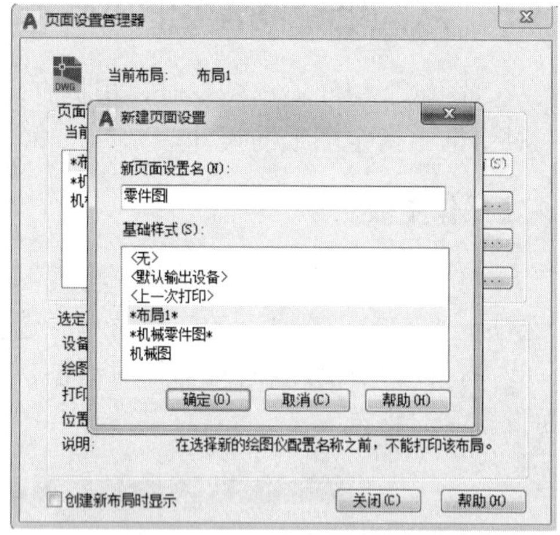

图 7-34 创建“零件图”新页面

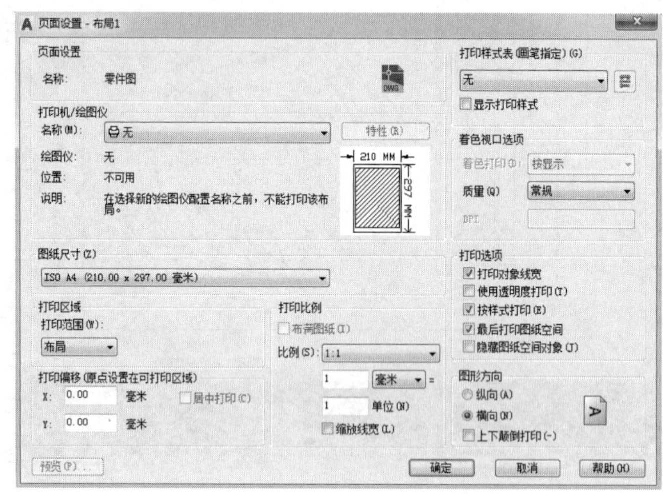

图 7-35 “页面设置-布局 1”对话框

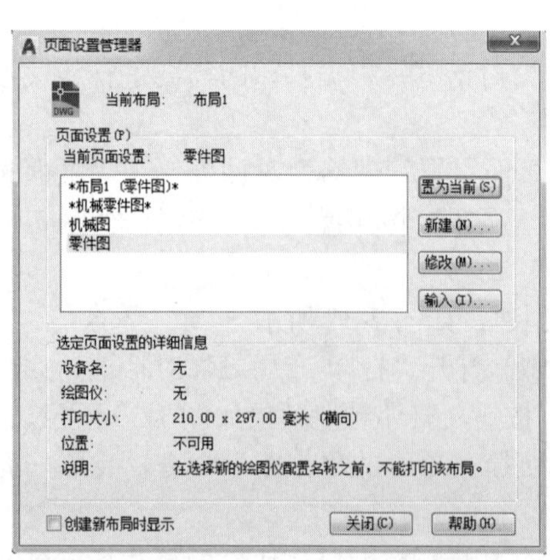

图 7-36 将“零件图”布局置为当前布局

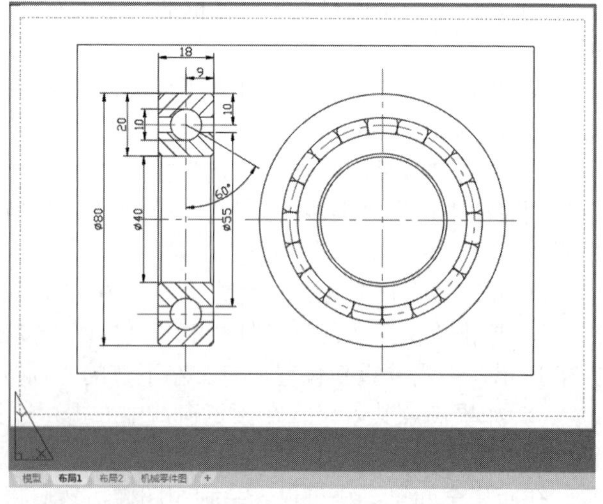

图 7-37 完成“零件图”布局的创建

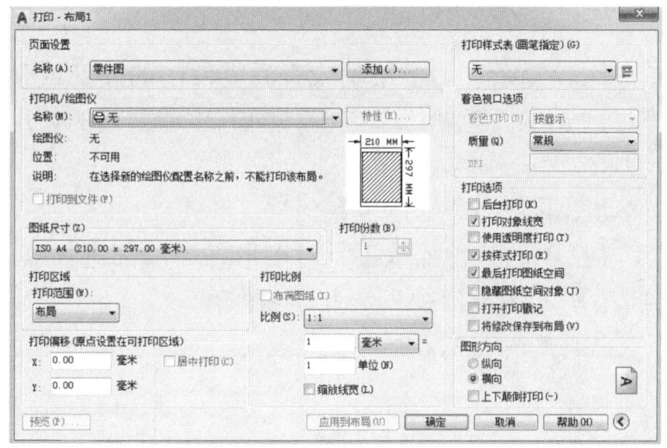

图 7-38 “打印-布局 1”对话框

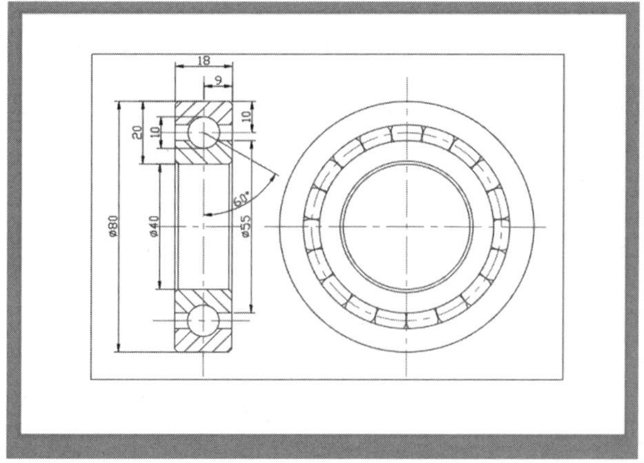

图 7-39 打印预览效果

上 机 操 作

【实例 1】用缩放工具查看如图 7-40 所示零件图的细节部分

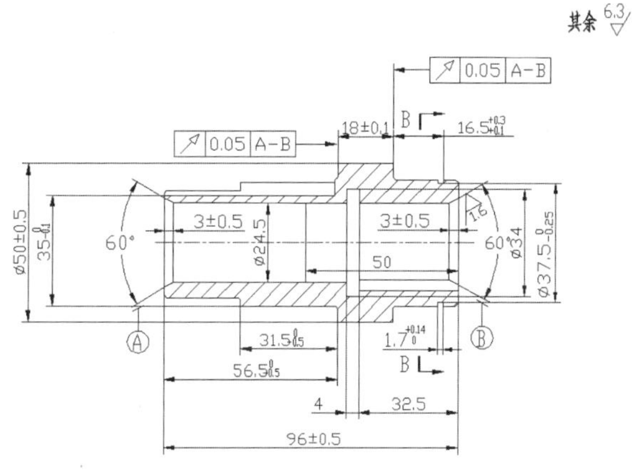

图 7-40 零件图

（1）目的要求

本例给出的零件图形比较复杂，为了绘制或查看零件图的局部或整体，需要用到图形显示工具。通过本例的练习，要求读者熟练掌握各种图形显示工具的使用方法与技巧。

（2）操作提示

① 利用平移工具移动图形到一个合适位置。

② 利用“缩放”工具栏中的各种缩放工具对图形各个局部进行缩放。

【实例 2】创建如图 7-41 所示的多窗口视口，并命名保存

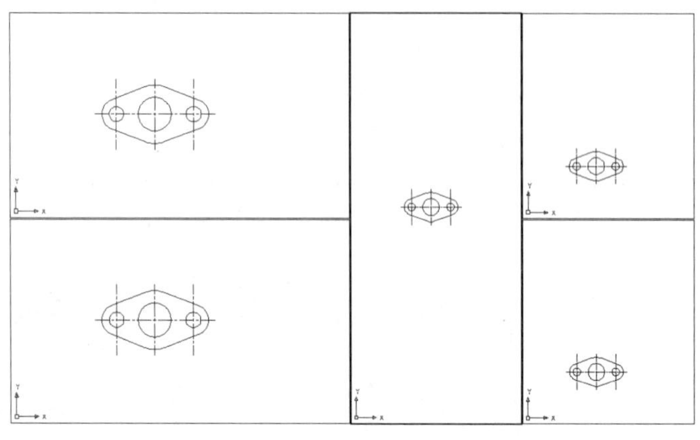

图 7-41　多窗口视口

（1）目的要求

本例创建一个多窗口视口，使读者了解视口的设置方法。

（2）操作提示

① 新建视口。

② 命名视口。

【实例 3】打印预览如图 7-42 所示的齿轮图形

（1）目的要求

图形输出是绘制图形的最后一步工序。正确对图形进行打印设置，有利于顺利地输出图形图像。通过对本例图形打印的有关设置，读者可以掌握打印设置的基本方法。

（2）操作提示

① 执行打印命令。

② 进行打印设备参数设置。

③ 进行打印设置。

④ 输出预览。

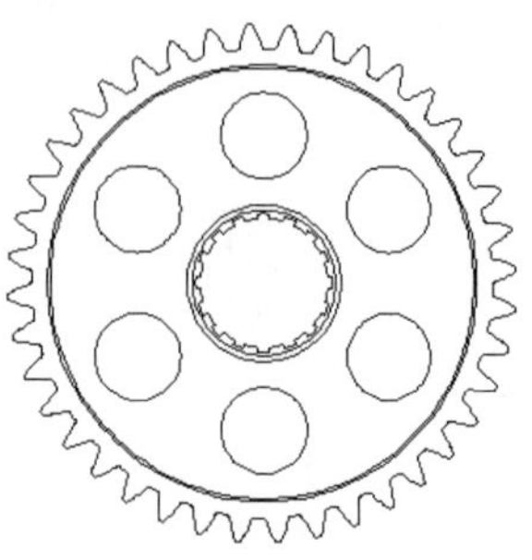

图 7-42　齿轮

第8章 文字与表格

文字注释是绘制图形过程中很重要的内容，进行各种设计时，不仅要绘制出图形，还要在图形中标注一些注释性的文字，如技术要求、注释说明等，对图形对象加以解释。AutoCAD提供了多种在图形中输入文字的方法，本章会详细介绍文本的注释和编辑功能。图表在AutoCAD图形中也有大量的应用，如名细表、参数表和标题栏等。本章主要介绍文字与图表的使用方法。

学习目标

了解文本样式、文本编辑

熟练掌握文本标注的操作

学习表格的创建及表格文字的编辑

8.1 文本样式

所有 AutoCAD 图形中的文字都有与其相对应的文本样式。当输入文字对象时，AutoCAD 使用当前设置的文本样式。文本样式是用来控制文字基本形状的一组设置。AutoCAD 2020 提供了“文字样式”对话框，通过这个对话框可以方便直观地设置需要的文本样式，或是对已有样式进行修改。

【执行方式】

- 命令行：STYLE（快捷命令：ST）或 DDSTYLE。
- 菜单栏：选择菜单栏中的“格式”→“文字样式”命令。
- 工具栏：单击“文字”工具栏中的“文字样式”按钮A。
- 功能区：单击“默认”选项卡“注释”面板中的“文字样式”按钮A或单击“注释”选项卡“文字”面板上的“文字样式”下拉菜单中的“管理文字样式”按钮或单击“注释”选项卡“文字”面板中“对话框启动器”按钮↘。

执行上述操作后，系统打开“文字样式”对话框，如图 8-1 所示。

图 8-1 “文字样式”对话框

【选项说明】

① “样式”列表框：列出所有已设定的文字样式名或对已有样式名进行相关操作。单击“新建”按钮，系统打开如图 8-2 所示的“新建文字样式”对话框。在该对话框中可以为新建的文字样式输入名称。从“样式”列表框中选中要改名的文本样式右击，选择快捷菜单中的“重命名”命令，如图 8-3 所示，可以为所选文本样式输入新的名称。

② “字体”选项组：用于确定字体样式。文字的字体确定字符的形状，在 AutoCAD 中，除了它固有的 SHX 形状字体文件外，还可以使用 TrueType 字体（如宋体、楷体、italley 等）。一种字体可以设置不同的效果，从而被多种文本样式使用，如图 8-4 所示就是同一种字体（宋体）的不同样式。

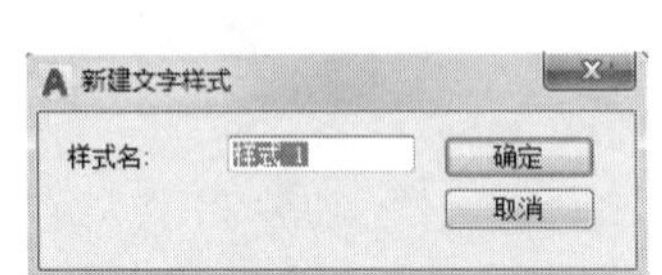

图 8-2 “新建文字样式”对话框

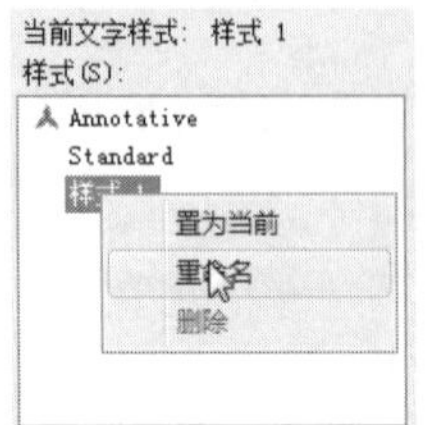

图 8-3 快捷菜单

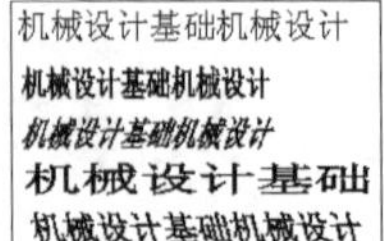

图 8-4 同一字体的不同样式

③ “大小”选项组：用于确定文本样式使用的字体文件、字体风格及字高。“高度”文本框用来设置创建文字时的固定字高，在用 TEXT 命令输入文字时，AutoCAD 不再提示输入字高参数。如果在此文本框中设置字高为 0，系统会在每一次创建文字时提示输入字高，所以，如果不想固定字高，就可以把“高度”文本框中的数值设置为 0。

④ “效果”选项组。

a. “颠倒”复选框：勾选该复选框，表示将文本文字倒置标注，如图 8-5（a）所示。

b. “反向”复选框：确定是否将文本文字反向标注，如图 8-5（b）所示的标注效果。

c. “垂直”复选框：确定文本是水平标注还是垂直标注。勾选该复选框时为垂直标注，否则为水平标注，如图 8-6 所示。

d. “宽度因子”文本框：设置宽度系数，确定文本字符的宽高比。当比例系数为 1 时，表示将按字体文件中定义的宽高比标注文字。当此系数小于 1 时，字会变窄，反之变宽。如图 8-4 所示，是在不同比例系数下标注的文本文字。

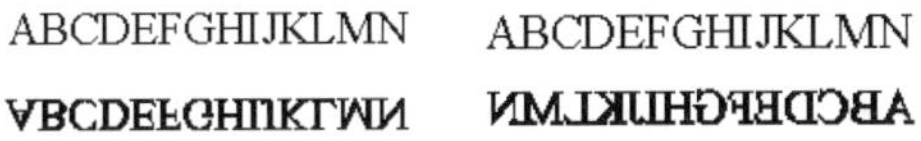

ABCDEFGHIJKLMN　　ABCDEFGHIJKLMN

（a）　　（b）

图 8-5 文字倒置标注与反向标注

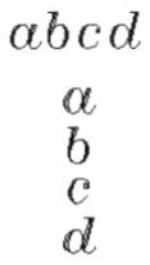

abcd

a
b
c
d

图 8-6 垂直标注文字

e.“倾斜角度”文本框：用于确定文字的倾斜角度。角度为 0 时不倾斜，为正数时向右倾斜，为负数时向左倾斜，效果如图 8-4 所示。

⑤ “应用”按钮：确认对文字样式的设置。当创建新的文字样式或对现有文字样式的某些特征进行修改后，都需要单击此按钮，系统才会确认所做的改动。

8.2 文本标注

在绘制图形的过程中，文字传递了很多设计信息，它可能是一个很复杂的说明，也可能是一个简短的文字信息。当需要文字标注的文本不太长时，可以利用 TEXT 命令创建单行文本；当需要标注很长、很复杂的文字信息时，可以利用 MTEXT 命令创建多行文本。

8.2.1 单行文本标注

【执行方式】

- 命令行：TEXT。
- 菜单：选择菜单栏中的“绘图”→“文字”→“单行文字”命令。
- 工具栏：单击“文字”工具栏中的“单行文字”按钮A。
- 功能区：单击“默认”选项卡“注释”面板中的“单行文字”按钮A或单击“注释”选项卡“文字”面板中的“单行文字”按钮A。

【操作步骤】

命令行提示与操作如下。

```
命令: TEXT↙
当前文字样式: Standard 当文字高度: 2.5000 注释性: 否 对正: 左
指定文字的起点或 [对正(J)/样式(S)]:
```

【选项说明】

① 指定文字的起点：在此提示下直接在绘图区选择一点作为输入文本的起始点，命令行提示如下。

```
指定高度 <0.2000>: 确定文字高度
指定文字的旋转角度 <0>: 确定文本行的倾斜角度
TEXT: (输入文本)
```

执行上述命令后，即可在指定位置输入文本文字，输入后按<Enter>键，文本文字另起一行，可继续输入文字，待全部输入完后按两次<Enter>键，退出 TEXT 命令。可见，TEXT 命令也可创建多行文本，只是这种多行文本每一行是一个对象，不能对多行文本同时进行操作。

技巧荟萃

只有当前文本样式中设置的字符高度为 0，在使用 TEXT 命令时，系统才出现要求用户确定字符高度的提示。AutoCAD 允许将文本行倾斜排列，如图 8-7 所示为倾斜角度分别是 0°、45°和−45°时的排列效果。在“指定文字的旋转角度<0>”提示下输入文本行的倾斜角度或在绘图区拉出一条直线来指定倾斜角度。

图 8-7　文本行倾斜排列的效果

② 对正（J）：在“指定文字的起点或［对正（J）/样式（S）］”提示下输入“J”，用来确定文本的对齐方式，对齐方式决定文本的哪部分与所选插入点对齐。执行此选项，命令行提示如下。

```
输入选项 [左(L)/居中(C)/右(R)/对齐(A)/中间(M)/布满(F)/左上(TL)/中上(TC)/右上(TR)/左中(ML)/正中(MC)/右中(MR)/左下(BL)/中下(BC)/右下(BR)]:
```

在此提示下选择一个选项作为文本的对齐方式。当文本文字水平排列时，AutoCAD 为标注文本的文字定义了如图 8-8 所示的顶线、中线、基线和底线，各种对齐方式如图 8-9 所示，图中大写字母对应上述提示中各命令。下面以“对齐”方式为例进行简要说明。

图 8-8　文本行的底线、基线、中线和顶线

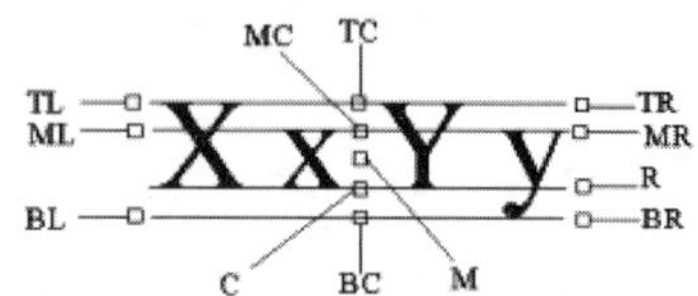

图 8-9　文本的对齐方式

选择“对齐（A）”选项，要求用户指定文本行基线的起始点与终止点的位置，命令行提示与操作如下。

```
指定文字基线的第一个端点：指定文本行基线的起点位置
指定文字基线的第二个端点：指定文本行基线的终点位置
输入文字：输入文本文字↙
输入文字：↙
```

执行结果：输入的文本文字均匀地分布在指定的两点之间，如果两点间的连线不水平，则文本行倾斜放置，倾斜角度由两点间的连线与 X 轴夹角确定；字高、字宽根据两点间的距离、字符的多少以及文本样式中设置的宽度系数自动确定。指定了两点之后，每行输入的字符越多，字宽和字高越小。其他选项与“对齐”类似，此处不再赘述。

实际绘图时，有时需要标注一些特殊字符，例如直径符号、上划线或下划线、温度符号等，由于这些符号不能直接从键盘上输入，AutoCAD 提供了一些控制码，用来实现这些要求。控制码用两个百分号（%%）加一个字符构成，常用的控制码及功能如表 8-1 所示。

其中，%%O 和%%U 分别是上划线和下划线的控制码，第一次出现这两种符号开始画上划线或下划线，第二次出现，上划线或下划线终止。例如输入“I want to %%U go to Beijing%%U.”，则得到如图 8-10（a）所示的文本行，输入“50%%D+%%C75%%P12”，则得到如图 8-10（b）所示的文本行。

表 8-1 AutoCAD 常用控制码及功能

控制码	标注的特殊字符	控制码	标注的特殊字符
%%O	上划线	\u+0278	电相位
%%U	下划线	\u+E101	流线
%%D	“度”符号（°）	\u+2261	标识
%%P	正负符号（±）	\u+E102	界碑线
%%C	直径符号（Φ）	\u+2260	不相等（≠）
%%%	百分号（%）	\u+2126	欧姆（Ω）
\u+2248	约等于（≈）	\u+03A9	欧米加（Ω）
\u+2220	角度（∠）	\u+214A	低界线
\u+E100	边界线	\u+2082	下标 2
\u+2104	中心线	\u+00B2	上标 2
\u+0394	差值		

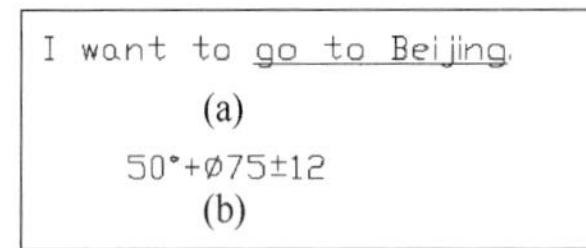

图 8-10 文本行

利用 TEXT 命令可以创建一个或若干个单行文本，即此命令可以标注多行文本。在“输入文字”提示下输入一行文本文字后按<Enter>键，命令行继续提示“输入文字”，用户可输入第二行文本文字，以此类推，直到文本文字全部输入完毕，再在此提示下按两次<Enter>键，结束文本输入命令。每一次按<Enter>键就结束一个单行文本的输入，每一个单行文本是一个对象，可以单独修改其文本样式、字高、旋转角度、对齐方式等。

用 TEXT 命令创建文本时，在命令行输入的文字同时显示在绘图区，而且在创建过程中可以随时改变文本的位置，只要移动光标到新的位置单击，则当前行结束，随后输入的文字在新的文本位置出现，用这种方法可以把多行文本标注到绘图区的不同位置。

8.2.2 多行文本标注

【执行方式】

- 命令行：MTEXT（快捷命令：T 或 MT）。
- 菜单栏：选择菜单栏中的“绘图”→“文字”→“多行文字”命令。
- 工具栏：单击“绘图”工具栏中的“多行文字”按钮A或单击“文字”工具栏中的“多行文字”按钮A。
- 功能区：单击“默认”选项卡“注释”面板中的“多行文字”按钮A或单击“注释”选项卡“文字”面板中的“多行文字”按钮A。

【操作步骤】

命令行提示与操作如下。

```
命令:MTEXT↙
当前文字样式:"Standard"  当前文字高度:1.9122  注释性: 否
指定第一角点: 指定矩形框的第一个角点
指定对角点或 [高度(H)/对正(J)/行距(L)/旋转(R)/样式(S)/宽度(W) /栏(C)]:
```

【选项说明】

① 指定对角点：在绘图区选择两个点作为矩形框的两个角点，AutoCAD 以这两个点为对角点构成一个矩形区域，其宽度作为将来要标注的多行文本的宽度，第一个点作为第一行文本顶线的起点。响应后 AutoCAD 打开如图 8-11 所示的“文字编辑器”选项卡和多行文字编辑器，可利用此编辑器输入多行文本文字并对其格式进行设置。

② 对正（J）：用于确定所标注文本的对齐方式。选择此选项，命令行提示如下。

```
输入对正方式 [左上(TL)/中上(TC)/右上(TR)/左中(ML)/正中(MC)/右中(MR)/左下(BL)/中下(BC)/右下(BR)] <左上(TL)>:
```

这些对齐方式与 TEXT 命令中的各对齐方式相同。选择一种对齐方式后按<Enter>键，系统回到上一级提示。

图 8-11 “文字编辑器”选项卡和多行文字编辑器

③ 行距（L）：用于确定多行文本的行间距。这里所说的行间距是指相邻两文本行基线之间的垂直距离。选择此选项，命令行提示如下。

```
输入行距类型 [至少(A)/精确(E)] <至少(A)>:
```

在此提示下有“至少”和“精确”两种方式确定行间距。在“至少”方式下，系统根据每行文本中最大的字符自动调整行间距；在“精确”方式下，系统为多行文本赋予一个固定的行间距，可以直接输入一个确切的间距值，也可以输入“nx”的形式，其中 n 是一个具体数，表示行间距设置为单行文本高度的 n 倍，而单行文本高度是本行文本字符高度的 1.66 倍。

④ 旋转（R）：用于确定文本行的倾斜角度。选择此选项，命令行提示如下。

```
指定旋转角度 <0>:
输入角度值后按<Enter>键，系统返回到“指定对角点或 [高度(H)/对正(J)/行距(L)/旋转(R)/样式(S)/宽度(W) /栏(C)]:”的提示
```

⑤ 样式（S）：用于确定当前的文本文字样式。

⑥ 宽度（W）：用于指定多行文本的宽度。可在绘图区选择一点，与前面确定的第一个角点组成一个矩形框的宽作为多行文本的宽度；也可以输入一个数值，精确设置多行文本的宽度。

在创建多行文本时，只要指定文本行的起始点和宽度后，系统就会打开如图 8-11 所示的“文字编辑器”选项卡和多行文字编辑器。用户可以在编辑器中输入和编辑多行文本，包括设置字高、文本样式以及倾斜角度等。该编辑器与 Microsoft Word 编辑器界面相似，事实上该编辑器与 Word 编辑器在某些功能上趋于一致。这样既增强了多行文字的编辑功能，又能使用户更熟悉和方便地使用。

⑦ “文字编辑器”选项卡：用来控制文本文字的显示特性。可以在输入文本文字前设置文本的特性，也可以改变已输入的文本文字特性。要改变已有文本文字显示特性，首先应

选择要修改的文本，选择文本的方式有以下 3 种。

- 将光标定位到文本文字开始处，按住鼠标左键，拖到文本末尾。
- 双击某个文字，则该文字被选中。
- 3 次单击鼠标，则选中全部内容。

对话框中部分选项的功能介绍如下。

a．“文字高度”下拉列表框：用于确定文本的字符高度，可在文本编辑器中设置输入新的字符高度，也可从此下拉列表框中选择已设定过的高度值。

b．“加粗”**B**和“斜体”*I*按钮：用于设置加粗或斜体效果，但这两个按钮只对 TrueType 字体有效。

c．“下划线”U和“上划线”O按钮：用于设置或取消文字的上下划线。

d．“堆叠”按钮：为层叠或非层叠文本按钮，用于层叠所选的文本文字，也就是创建分数形式。当文本中某处出现“/”“^”或“#”3 种层叠符号之一时，可层叠文本，其方法是选中需层叠的文字，然后单击此按钮，则符号左边的文字作为分子，右边的文字作为分母进行层叠。AutoCAD 提供了 3 种分数形式：如选中“abcd/efgh”后单击此按钮，得到如图 8-12（a）所示的分数形式；如果选中“abcd^efgh”后单击此按钮，则得到如图 8-12（b）所示的形式，此形式多用于标注极限偏差；如果选中“abcd # efgh”后单击此按钮，则创建斜排的分数形式，如图 8-12（c）所示。如果选中已经层叠的文本对象后单击此按钮，则恢复到非层叠形式。

e．“倾斜角度”（0/）下拉列表框：用于设置文字的倾斜角度。

技巧荟萃

倾斜角度与斜体效果是两个不同的概念，前者可以设置任意倾斜角度，后者是在任意倾斜角度的基础上设置斜体效果，如图 8-13 所示。第一行倾斜角度为 0°，非斜体效果；第二行倾斜角度为 12°，非斜体效果；第三行倾斜角度为 12°，斜体效果。

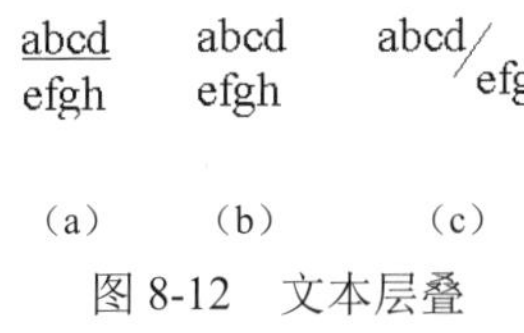

图 8-12　文本层叠

都市农夫
都市农夫
都市农夫

图 8-13　倾斜角度与斜体效果

f．“符号”按钮@：用于输入各种符号。单击此按钮，系统打开符号列表，如图 8-14 所示，可以从中选择符号输入到文本中。

g．“字段”按钮：用于插入一些常用或预设字段。单击此按钮，系统打开“字段”对话框，如图 8-15 所示，用户可从中选择字段，插入到标注文本中。

h．“追踪”按钮：用于增大或减小选定字符之间的空间。1.0 表示设置常规间距，设置大于 1.0 表示增大间距，设置小于 1.0 表示减小间距。

i．“宽度因子”按钮：用于扩展或收缩选定字符。1.0 表示设置代表此字体中字母的常规宽度，可以增大该宽度或减小该宽度。

⑧ “选项”菜单。在多行文字编辑器中右键单击，系统打开“选项”菜单，如图 8-16 所示。其中许多选项与 Word 中相关选项类似，对其中比较特殊的选项简单介绍如下。

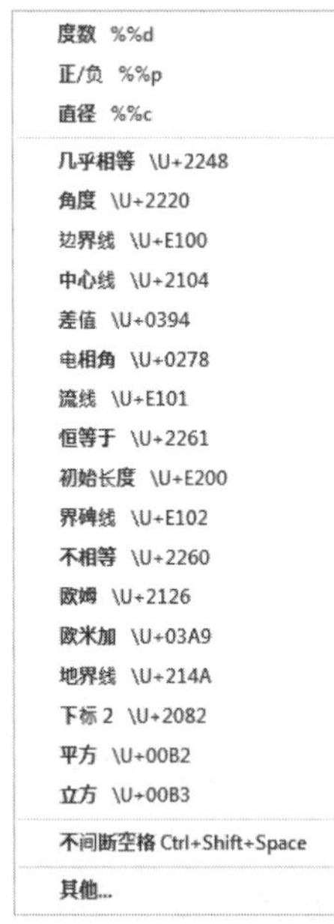

图 8-14　符号列表

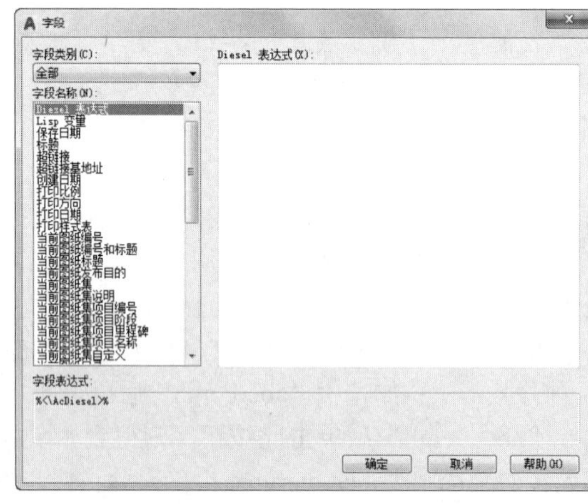

图 8-15　“字段”对话框

图 8-16　“选项”菜单

a．符号：在光标位置插入列出的符号或不间断空格，也可手动插入符号。

b．输入文字：选择此项，系统打开“选择文件”对话框，如图 8-17 所示。选择任意 ASCII 或 RTF 格式的文件。输入的文字保留原始字符格式和样式特性，但可以在多行文字编辑器中编辑和格式化输入的文字。选择要输入的文本文件后，可以替换选定的文字或全部文字，或在文字边界内将插入的文字附加到选定的文字中。输入文字的文件必须小于 32KB。

c．字符集：显示代码页菜单，可以选择一个代码页并将其应用到选定的文本文字中。

d．删除格式：清除选定文字的粗体、斜体或下划线格式。

e．背景遮罩：用设定的背景对标注的文字进行遮罩。选择此项，系统打开“背景遮罩”对话框，如图 8-18 所示。

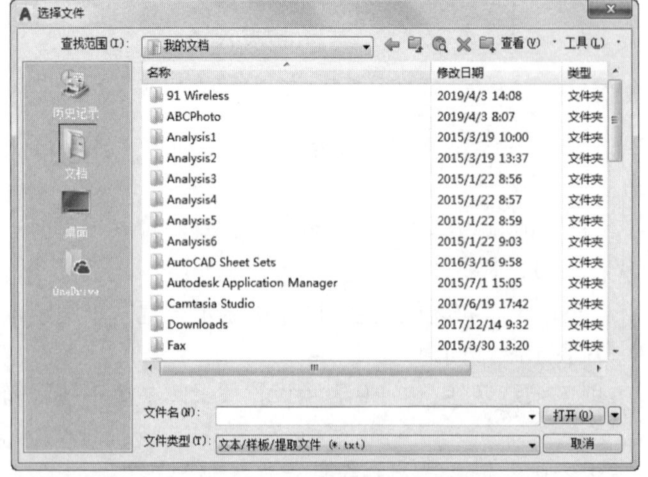

图 8-17　“选择文件”对话框

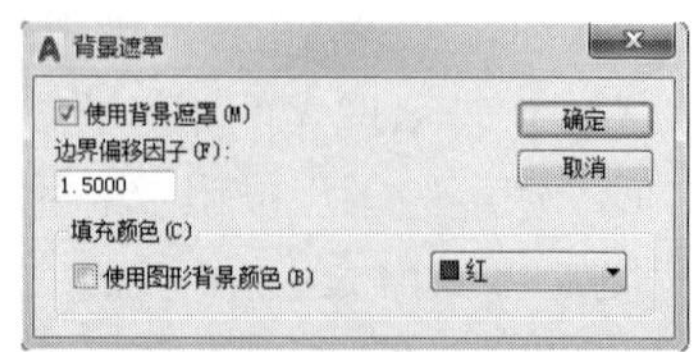

图 8-18　“背景遮罩”对话框

技巧荟萃

多行文字是由任意数目的文字行或段落组成的，布满指定的宽度，还可以沿垂直方向无限延伸。多行文字中，无论行数是多少，单个编辑任务中创建的每个段落集将构成单个对象；用户可对其进行移动、旋转、删除、复制、镜像或缩放操作。

8.2.3 实例——在标注文字时插入“±”号

扫一扫，看视频

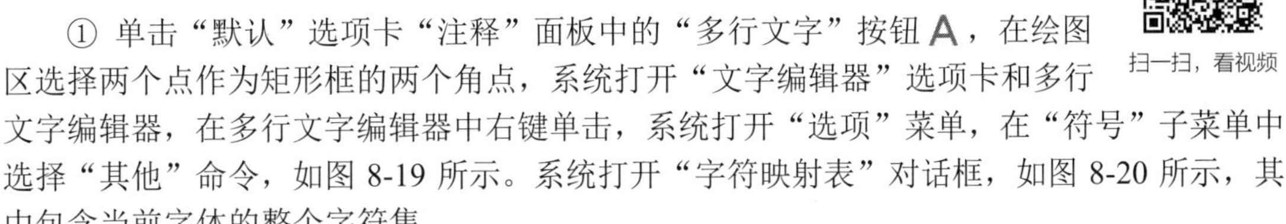

① 单击“默认”选项卡“注释”面板中的“多行文字”按钮A，在绘图区选择两个点作为矩形框的两个角点，系统打开“文字编辑器”选项卡和多行文字编辑器，在多行文字编辑器中右键单击，系统打开“选项”菜单，在“符号”子菜单中选择“其他”命令，如图 8-19 所示。系统打开“字符映射表”对话框，如图 8-20 所示，其中包含当前字体的整个字符集。

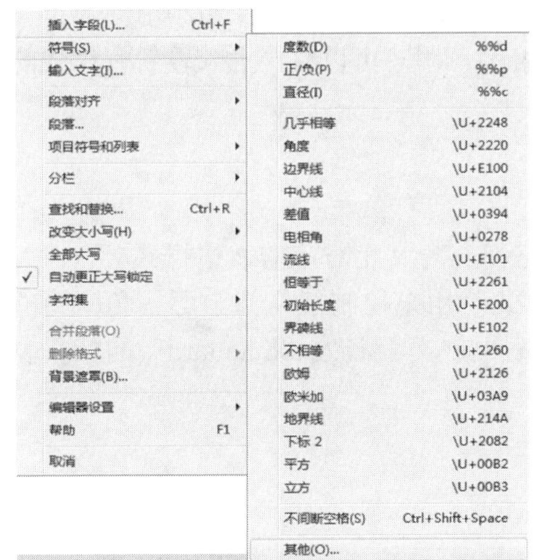

图 8-19 “符号”子菜单

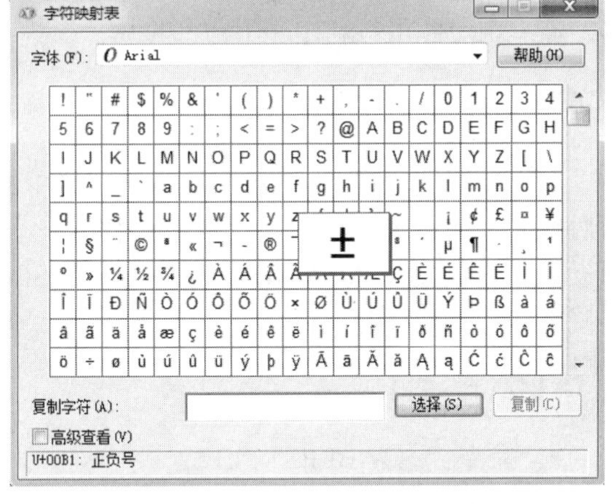

图 8-20 “字符映射表”对话框

② 选中要插入的字符，然后单击“选择”按钮。

③ 选中要使用的所有字符，然后单击“复制”按钮。

④ 在多行文字编辑器中右击，在打开的快捷菜单中选择“粘贴”命令。

8.3 文本编辑

【执行方式】

- 命令行：DDEDIT（快捷命令：ED）。
- 菜单栏：选择菜单栏中的“修改”→“对象”→“文字”→“编辑”命令。
- 工具栏：单击“文字”工具栏中的“编辑”按钮。

【操作步骤】

命令行提示与操作如下。

```
命令：DDEDIT↙
当前设置：编辑模式 = Multiple
选择注释对象或 [放弃(U)/模式(M)]:
```

要求选择想要修改的文本，同时光标变为拾取框。用拾取框选择对象，如果选择的文本是用 TEXT 命令创建的单行文本，则深显该文本，可对其进行修改；如果选择的文本是用 MTEXT 命令创建的多行文本，选择对象后则打开多行文字编辑器，可根据前面的介绍对各项设置或内容进行修改。

8.4 表格

在以前的 AutoCAD 版本中，要绘制表格必须采用绘制图线或结合偏移、复制等编辑命令来完成，这样的操作过程烦琐而复杂，不利于提高绘图效率。AutoCAD 2020 新增加了“表格”绘图功能，有了该功能，创建表格就变得非常容易，用户可以直接插入设置好样式的表格，而不用绘制由单独图线组成的表格。

8.4.1 定义表格样式

和文字样式一样，所有 AutoCAD 图形中的表格都有与其相对应的表格样式。当插入表格对象时，系统使用当前设置的表格样式。表格样式是用来控制表格基本形状和间距的一组设置。模板文件 ACAD.DWT 和 ACADISO.DWT 中定义了名为“Standard”的默认表格样式。

【执行方式】

- 命令行：TABLESTYLE。
- 菜单栏：选择菜单栏中的“格式”→“表格样式”命令。
- 工具栏：单击“样式”工具栏中的“表格样式”按钮。
- 功能区：单击“默认”选项卡“注释”面板中的“表格样式”按钮或单击“注释”选项卡“表格”面板上的“表格样式”下拉菜单中的“管理表格样式”按钮或单击“注释”选项卡“表格”面板中“对话框启动器”按钮。

执行上述操作后，系统打开“表格样式”对话框，如图 8-21 所示。

【选项说明】

① “新建”按钮：单击该按钮，系统打开“创建新的表格样式”对话框，如图 8-22 所示。输入新的表格样式名后，单击“继续”按钮，系统打开“新建表格样式”对话框，如图 8-23 所示，从中可以定义新的表格样式。

“新建表格样式”对话框的“单元样式”下拉列表框中有 3 个重要的选项：“数据”“表头”和“标题”，分别控制表格中数据、列标题和总标题的有关参数，如图 8-24 所示。“新建表格样式”对话框中有 3 个重要的选项卡，分别介绍如下。

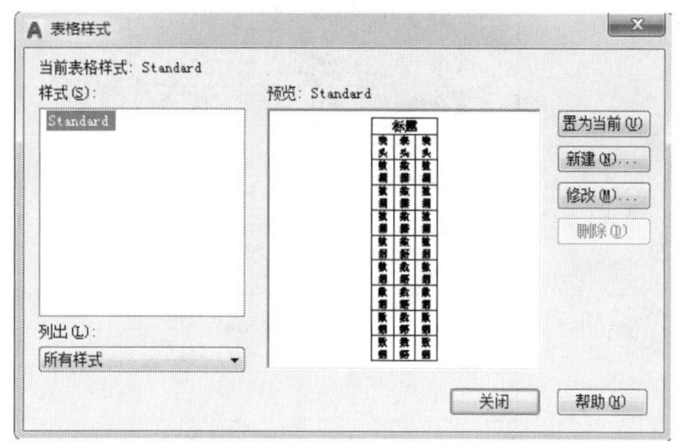

图 8-21 “表格样式”对话框

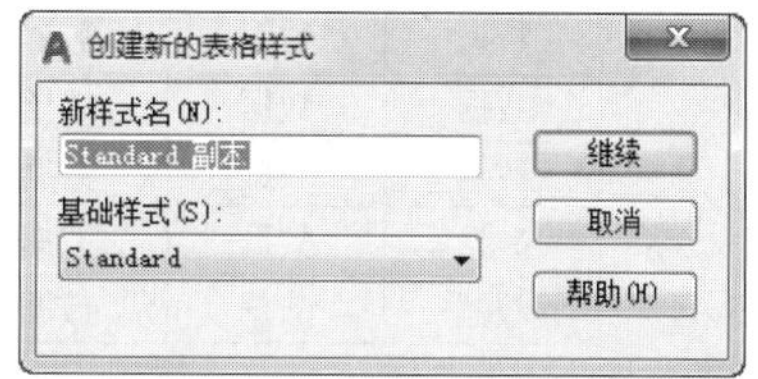

图 8-22 “创建新的表格样式”对话框

a.“常规”选项卡：用于控制数据栏格与标题栏格的上下位置关系。

b.“文字”选项卡：用于设置文字属性单击此选项卡，在“文字样式”下拉列表框中可以选择已定义的文字样式并应用于数据文字，也可以单击右侧的按钮[...]重新定义文字样式。其中“文字高度”“文字颜色”和“文字角度”各选项设定的相应参数格式可供用户选择。

c.“边框”选项卡：用于设置表格的边框属性，下面的边框线按钮控制数据边框线的各种形式，如绘制所有数据边框线、只绘制数据边框外部边框线、只绘制数据边框内部边框线、无边框线、只绘制底部边框线等。选项卡中的“线宽”“线型”和“颜色”下拉列表框则控制边框线的线宽、线型和颜色；选项卡中的“间距”文本框用于控制单元边界和内容之间的间距。

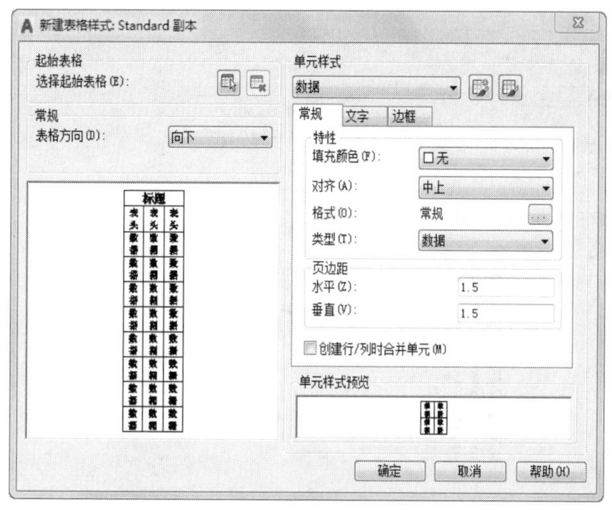

图 8-23 “新建表格样式”对话框

如图 8-25 所示，数据文字样式为“Standard”，文字高度为 4.5，文字颜色为“红色”，对齐方式为“右下”；标题文字样式为“Standard”，文字高度为 6，文字颜色为“蓝色”，对齐方式为“正中”，表格方向为“上”，水平单元边距和垂直单元边距都为“1.5”的表格样式。

② “修改”按钮，用于对当前表格样式进行修改，方式与新建表格样式相同。

标题		
页眉	页眉	页眉
数据	数据	数据
数据	数据	数据
数据	数据	数据
数据	数据	数据
数据	数据	数据
数据	数据	数据
数据	数据	数据
数据	数据	数据

标题　表头　数据

图 8-24　表格样式

数据	数据	数据
数据	数据	数据
数据	数据	数据
数据	数据	数据
数据	数据	数据
数据	数据	数据
数据	数据	数据
数据	数据	数据
数据	数据	数据
标题		

图 8-25　表格示例

8.4.2　创建表格

在设置好表格样式后，用户可以利用 TABLE 命令创建表格。

【执行方式】

- 命令行：TABLE。
- 菜单栏：选择菜单栏中的“绘图”→“表格”命令。
- 工具栏：单击“绘图”工具栏中的“表格”按钮▦。
- 功能区：单击“默认”选项卡“注释”面板中的“表格”按钮▦或单击“注释”选项卡“表格”面板中的“表格”按钮▦。

执行上述操作后，系统打开“插入表格”对话框，如图 8-26 所示。

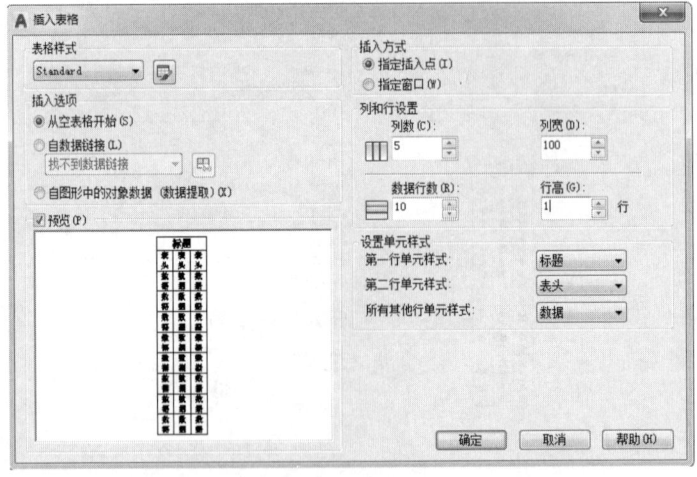

图 8-26　“插入表格”对话框

【选项说明】

① “表格样式”选项组：用于选择表格样式，也可以单击右侧的按钮新建或修改表格样式。

② “插入方式”选项组。

a.“指定插入点”单选钮：指定表左上角的位置。可以使用定点设备，也可以在命令行输入坐标值。如果在“表格样式”对话框中将表格的方向设置为由下而上读取，则插入点位于表格的左下角。

b.“指定窗口”单选钮：指定表格的大小和位置。可以使用定点设备，也可以在命令行输入坐标值。点选该单选钮，列数、列宽、数据行数和行高取决于窗口的大小以及列和行的设置情况。

③ “列和行设置”选项组：用于指定列和行的数目以及列宽与行高。

技巧荟萃

在“插入方式”选项组中点选“指定窗口”单选钮后，列与行设置的两个参数中只能指定一个，另外一个由指定窗口的大小自动等分来确定。

在“插入表格”对话框中进行相应设置后，单击“确定”按钮，系统在指定的插入点或窗口自动插入一个空表格，并打开多行文字编辑器，用户可以逐行逐列输入相应的文字或数据，如图8-27所示。

图8-27 空表格和“文字编辑器”选项卡

技巧荟萃

在插入后的表格中选择某一个单元格，单击后出现钳夹点，移动钳夹点可以改变单元格的大小，如图8-28所示。

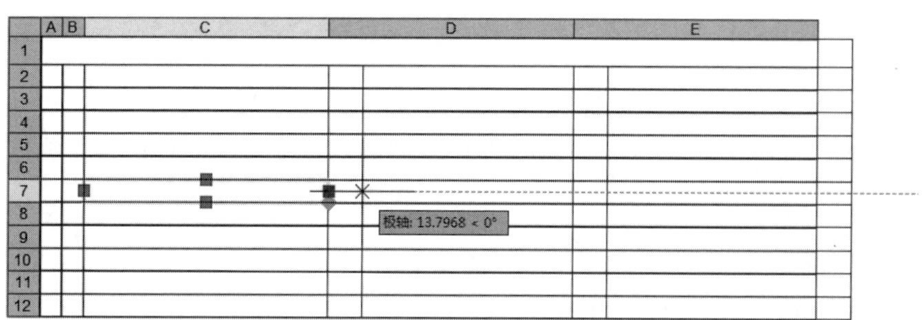

图8-28 改变单元格大小

8.4.3 表格文字编辑

【执行方式】

- 命令行：TABLEDIT。
- 快捷菜单：选择表和一个或多个单元后右击，选择快捷菜单中的“编辑文字”命令。
- 定点设备：在表单元内双击。

执行上述操作后，命令行出现“拾取表格单元”的提示，选择要编辑的表格单元，系统打开多行文字编辑器，用户可以对选择的表格单元的文字进行编辑。

下面以新建如图 8-29 所示的“材料明细表”为例，具体介绍新建表格的步骤。

材　料　明　细　表								
构件编号	零件编号	规格	长度/mm	数量		重量/kg		总计/kg
				单计	共计	单计	共计	

图 8-29　材料明细表

① 设置表格样式。单击“默认”选项卡“注释”面板中的“表格样式”按钮，打开“表格样式”对话框。

② 单击“新建”按钮，打开“新建表格样式”对话框，设置表格样式如图 8-30 所示，命名为“材料明细表”。修改表格设置，将标题行添加到表格中，文字高度设置为 3，对齐位置设置为“正中”，线宽保持默认设置，将外框线设置为 0.7mm，内框线为 0.35mm。

图 8-30　设置表格样式

③ 设置好表格样式后，单击“确定”按钮退出。

④ 创建表格。单击“默认”选项卡“注释”面板中的“表格”按钮，系统打开“插入表格”对话框。设置插入方式为“指定插入点”，设置数据行数为 10、列数为 9，设置列宽

为 10、行高为 1，如图 8-31 所示，插入的表格如图 8-32 所示。单击“文字格式”对话框中的“确定”按钮，关闭对话框。

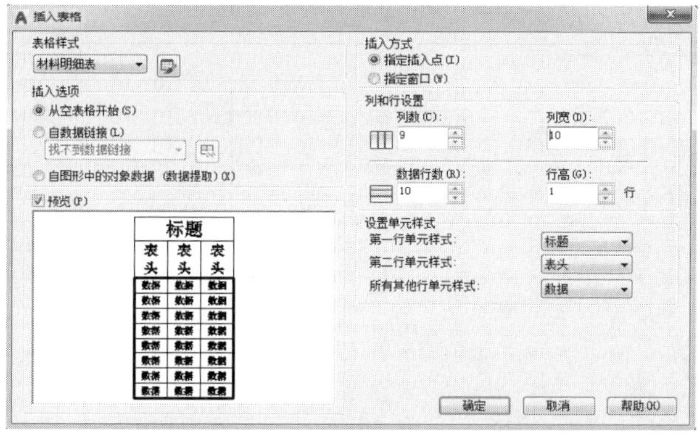

图 8-31　“插入表格”对话框

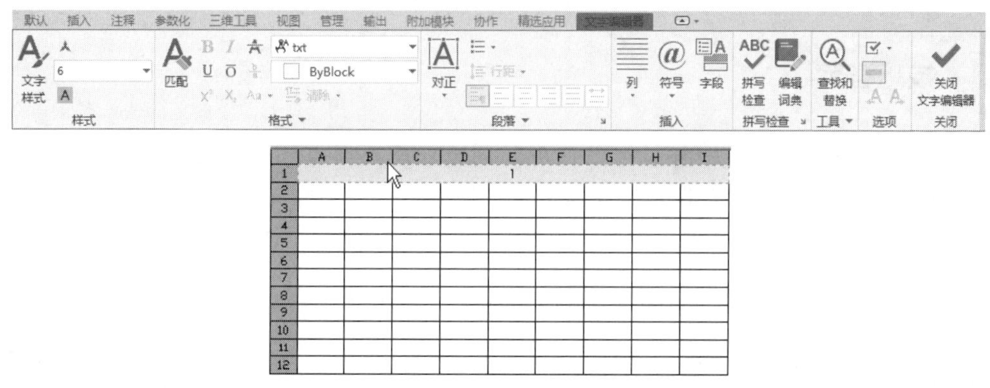

图 8-32　插入的表格

⑤ 选中表格第一列的前两个表格，右击，选择快捷菜单中的“合并”→“全部”命令，如图 8-33 所示。合并后的表格如图 8-34 所示。

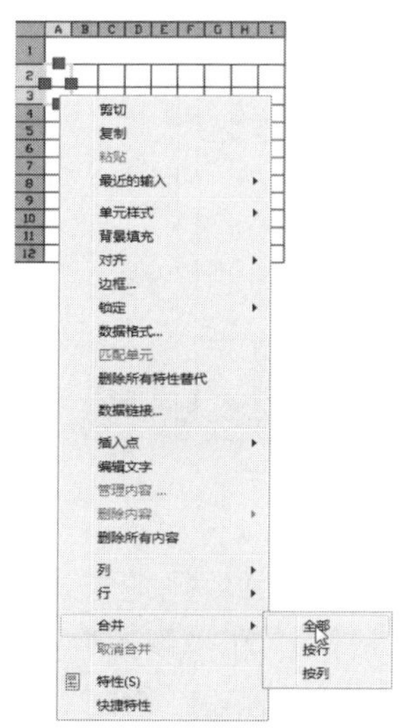

图 8-33　合并单元格

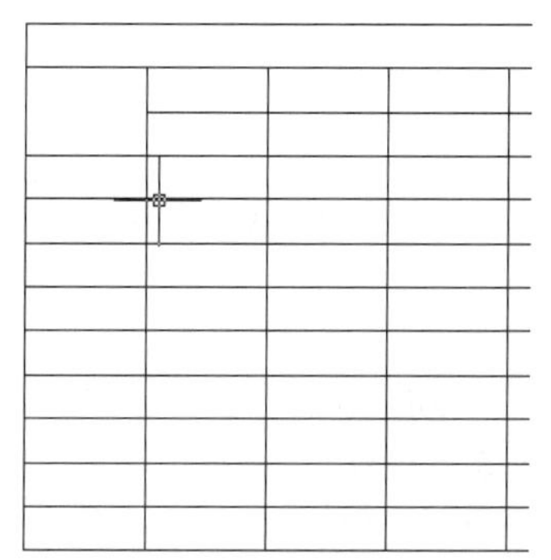

图 8-34　合并后的表格

⑥ 利用此方法，将表格进行合并修改，修改后的表格如图 8-35 所示。

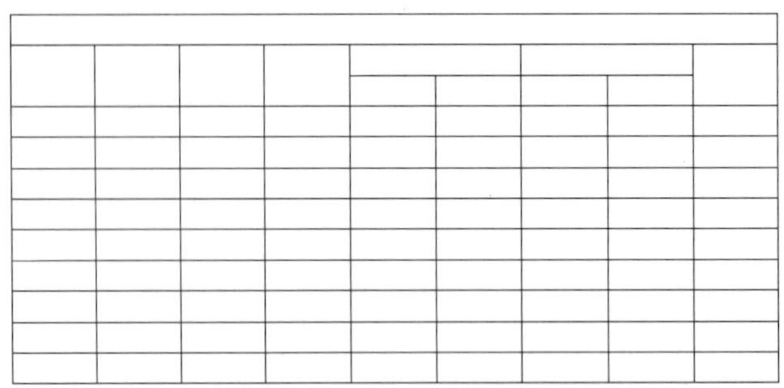

图 8-35　修改后的表格

⑦ 双击单元格，打开“文字格式”对话框，在表格中输入标题及表头，最后绘制结果如图 8-29 所示。

技巧荟萃

如果有多个文本格式一样，可以采用复制后修改文字内容的方法进行表格文字的填充，这样只需双击就可以直接修改表格文字的内容，而不用重新设置每个文本格式。

8.4.4　实例——绘制建筑制图样板图

扫一扫，看视频

绘制如图 8-36 所示的建筑制图样板图。

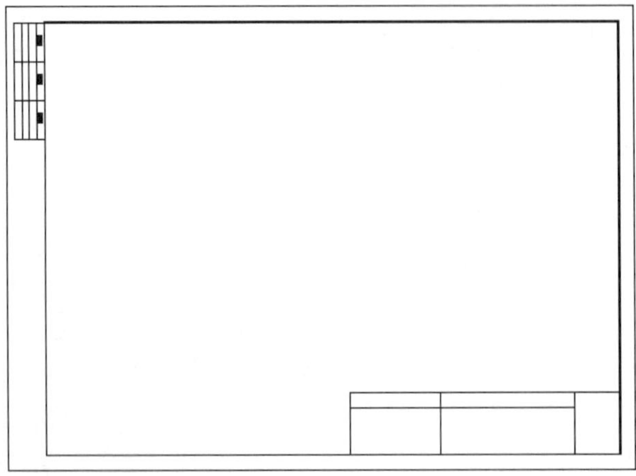

图 8-36　建筑制图样板图

① 绘制标题栏。标题栏（简称“图标”）具体大小和样式如图 8-37 所示。

② 单击“默认”选项卡“绘图”面板中的“矩形”按钮和“修改”面板中的“分解”按钮、“偏移”按钮和“修剪”按钮，绘制出标题栏，绘制结果如图 8-38 所示。

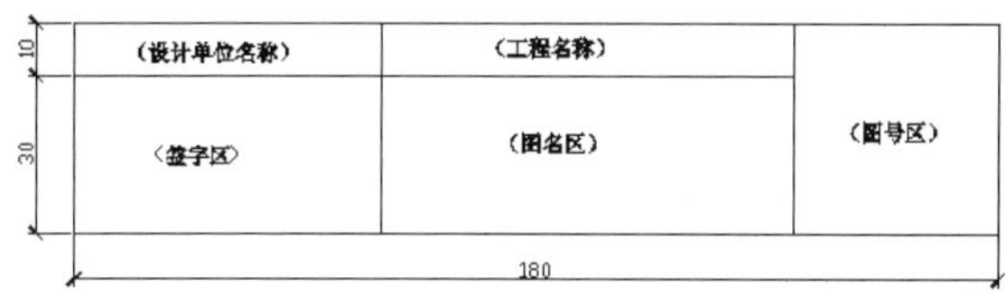

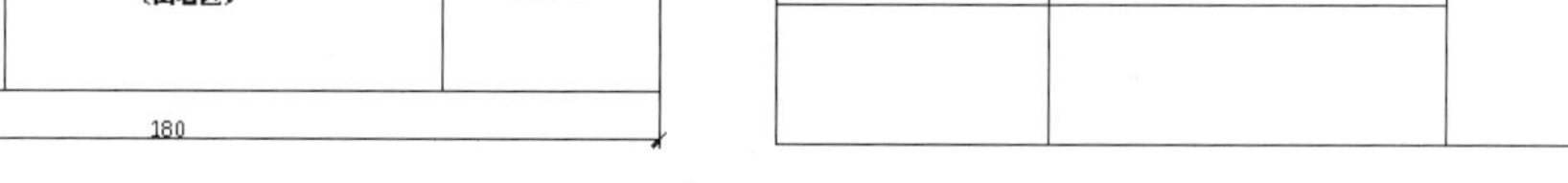

图 8-37　标题栏示意图　　　　图 8-38　标题栏绘制结果

③ 绘制会签栏。会签栏具体大小和样式如图 8-39 所示。同样利用“矩形”“分解”“偏移”等命令绘制出会签栏，绘制结果如图 8-40 所示。

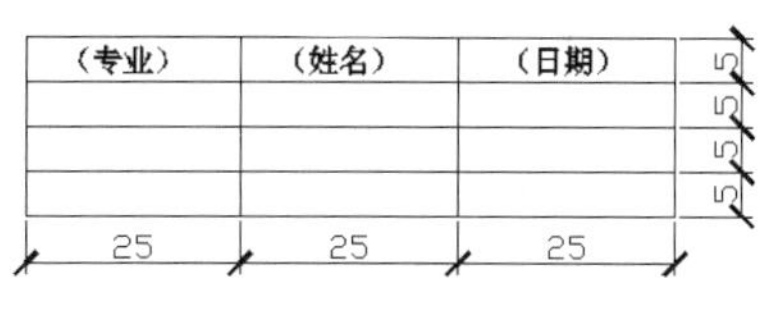

图 8-39　会签栏示意图

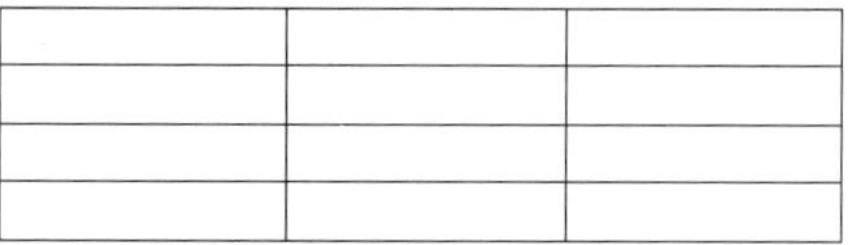

图 8-40　会签栏的绘制结果

④ 单击“快速访问工具栏 ”中的“保存”按钮，将两个表格分别进行保存。单击“快速访问工具栏”中的“新建”按钮，新建一个图形文件。

⑤ 单击“默认”选项卡“绘图”面板中的“矩形”按钮，绘制一个 420 毫米×297 毫米（A3 图纸大小）的矩形作为图纸范围。

⑥ 单击“默认”选项卡“修改”面板中的“分解”按钮，把矩形分解。单击“默认”选项卡“修改”面板中的“偏移”按钮，让左边的直线向右偏移 25，如图 8-41 所示。

⑦ 单击“默认”选项卡“修改”面板中的“偏移”按钮，使矩形其他的 3 条边分别向内偏移 10，偏移结果如图 8-42 所示。

图 8-41　绘制矩形和偏移操作

图 8-42　偏移结果

⑧ 单击“默认”选项卡“绘图”面板中的“多段线”按钮，按照偏移线绘制如图 8-43 所示的多段线作为图框，注意设置线宽为 0.3；然后单击“默认”选项卡“修改”面板中的“删除”按钮，删除偏移的直线。

⑨ 单击“快速访问工具栏”中的“打开”按钮，找到并打开前面保存的标题栏文件，再选择菜单栏中的“编辑”→“带基点复制”命令，选择标题栏的右下角点作为基点，把标题栏图形复制，然后返回到原来图形中；接着选择菜单栏中的“编辑”→“粘贴”命令，选择图框右下角点作为基点进行粘贴，粘贴结果如图 8-44 所示。

图 8-43　绘制多段线

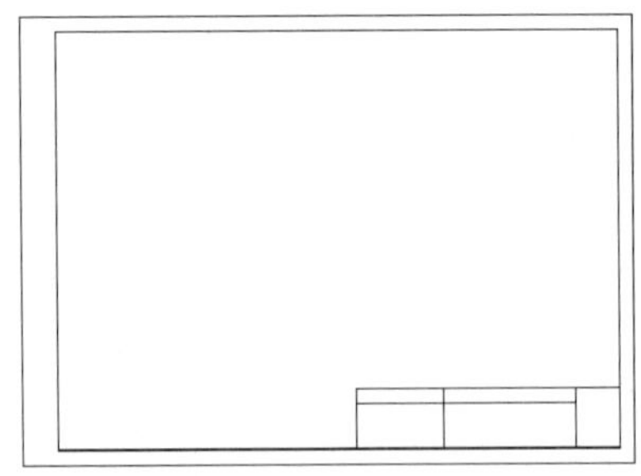

图 8-44　粘贴标题栏

⑩ 单击“快速访问工具栏”中的“打开”按钮，找到并打开前面保存的会签栏文件，再选择菜单栏中的“编辑”→“带基点复制”命令，选择会签栏的右下角点作为基点，把会签栏图形复制，然后返回到原来图形中；接着选择菜单栏中的“编辑”→“粘贴”命令，在空白处粘贴会签栏。

⑪ 单击“默认”选项卡“注释”面板中的“文字样式”按钮，系统打开“文字样式”对话框。单击“新建”按钮，系统打开“新建文字样式”对话框，接受默认的“样式1”作为文字样式名，单击“确定”按钮退出。系统返回“文字样式”对话框中，在“字体名”下拉列表框中选择“仿宋_GB2312”选项，在“宽度因子”文本框中将宽度比例设置为 0.7，在“高度”文本框中设置文字高度为 2.5，单击“应用”按钮，然后再单击“关闭”按钮。

⑫ 单击“默认”选项卡“注释”面板中的“多行文字”按钮 A，命令行提示与操作如下。

```
命令: _mtext
当前文字样式:“样式 1” 当前文字高度: 2.5
指定第一角点: 指定一点
指定对角点或 [高度(H)/对正(J)/行距(L)/旋转(R)/样式(S)/宽度(W) /栏(C)]: 指定第二点
```

系统打开多行文字编辑器，选择颜色为黑色，输入文字“专业”，单击“确定”按钮退出。

⑬ 单击“默认”选项卡“修改”面板中的“移动”按钮，将标注的文字“专业”移动到表格中的合适位置；单击“默认”选项卡“修改”面板中的“复制”按钮，将标注的文字“专业”复制到另两个表格中，如图 8-45 所示。

⑭ 双击表格中要修改的文字，然后在打开的多行文字编辑器中把它们分别修改为“姓名”和“日期”，结果如图 8-46 所示。

⑮ 单击“默认”选项卡“修改”面板中的“旋转”按钮，将会签栏旋转−90°，得到竖放的会签栏，结果如图 8-47 所示。

⑯ 单击“默认”选项卡“修改”面板中的“移动”按钮，将会签栏移动到图纸左上角，结果如图 8-36 所示。这样就得到了一个带有自己标题栏和会签栏的样板图形。

⑰ 选择菜单栏中的“文件”→“另存为”命令，系统打开“图形另存为”对话框，将图形保存为 DWT 格式的文件。

专业	专业	专业

图 8-45 添加文字说明

专业	姓名	日期

图 8-46 修改文字

图 8-47 竖放的会签栏

上 机 操 作

【实例 1】标注如图 8-48 所示的技术要求

1.当无标准齿轮时,允许检查下列三项代替检查径向综合公差和一齿径向综合公差

a.齿圈径向跳动公差Fr为0.056

b.齿形公差ff为0.016

c.基节极限偏差$\pm f_{pb}$为0.018

2.未注倒角1x45。

图 8-48 技术要求

（1）目的要求

文字标注在零件图或装配图的技术要求中经常用到，正确进行文字标注是 AutoCAD 绘图中必不可少的一项工作。通过本例的练习，读者应掌握文字标注的一般方法，尤其是特殊字体的标注方法。

（2）操作提示

① 设置文字标注的样式。

② 利用“多行文字”命令进行标注。

③ 利用快捷菜单，输入特殊字符。

【实例 2】在【实例 1】标注的技术要求中加入下面一段文字

3. 尺寸为Φ30$^{+0.05}_{-0.06}$的孔抛光处理。

（1）目的要求

文字编辑是对标注的文字进行调整的重要手段。本例通过添加技术要求文字，让读者掌握文字，尤其是特殊符号的编辑方法和技巧。

（2）操作提示

① 选择【实例 1】中标注好的文字，进行文字编辑。

② 在打开的文字编辑器中输入要添加的文字。

③ 在输入尺寸公差时要注意，一定要输入“+0.05^-0.06”，然后选择这些文字，单击“文字格式”对话框上的“堆叠”按钮。

【实例 3】绘制如图 8-49 所示的变速箱组装图明细表

14	端盖	1	HT150	
13	端盖	1	HT150	
12	定距环	1	Q235A	
11	大齿轮	1	40	
10	键 16×70	1	Q275	GB 1095-79
9	轴	1	45	
8	轴承	2		30208
7	端盖	1	HT200	
6	轴承	2		30211
5	轴	1	45	
4	键8×50	1	Q275	GB 1095-79
3	端盖	1	HT200	
2	调整垫片	2组	08F	
1	减速器箱体	1	HT200	
序号	名　称	数量	材　料	备　注

图 8-49　变速箱组装图明细表

（1）目的要求

明细表是工程制图中常用的表格。本例通过绘制明细表，要求读者掌握表格相关命令的用法，体会表格功能的便捷性。

（2）操作提示

① 设置表格样式。

② 插入空表格，并调整列宽。

③ 重新输入文字和数据。

第9章 尺寸标注

尺寸标注是绘图设计过程中非常重要的一个环节，因为图形的主要作用是表达物体的形状，而物体各部分的真实大小和各部分之间的确切位置只能通过尺寸标注来表达。因此，没有正确的尺寸标注，绘制出的图纸对于加工制造就没什么意义。AutoCAD 2020提供了方便、准确标注尺寸的功能。

本章介绍AutoCAD 2020的尺寸标注功能，主要包括尺寸标注和QDIM功能等。

学习目标

了解标注规则与尺寸组成

熟练掌握设置尺寸样式的操作

掌握尺寸标注的编辑

9.1 尺寸样式

组成尺寸标注的尺寸线、尺寸延伸线、尺寸文本和尺寸箭头可以采用多种形式，尺寸标注以什么形态出现，取决于当前所采用的尺寸标注样式。标注样式决定尺寸标注的形式，包括尺寸线、尺寸延伸线、尺寸箭头和中心标记的形式、尺寸文本的位置、特性等。在 AutoCAD 2020 中用户可以利用“标注样式管理器”对话框方便地设置自己需要的尺寸标注样式。

9.1.1 新建或修改尺寸样式

在进行尺寸标注前，先要创建尺寸标注的样式。如果用户不创建尺寸样式而直接进行标注，系统使用默认名称为 Standard 的样式。如果用户认为使用的标注样式某些设置不合适，也可以修改标注样式。

【执行方式】

- 命令行：DIMSTYLE（快捷命令：D）。
- 菜单栏：选择菜单栏中的“格式”→“标注样式”命令或“标注”→“标注样式”

命令。

● 工具栏：单击“标注”工具栏中的“标注样式”按钮。

● 功能区：单击“默认”选项卡“注释”面板中的“标注样式”按钮（图 9-1）。或单击“注释”选项卡“标注”面板上的“标注样式”下拉菜单中的“管理标注样式”按钮（图 9-2）或单击“注释”选项卡“标注”面板中“对话框启动器”按钮。

执行上述操作后，系统打开“标注样式管理器”对话框，如图 9-3 所示。利用此对话框可方便直观地定制和浏览尺寸标注样式，包括创建新的标注样式、修改已存在的标注样式、设置当前尺寸标注样式、样式重命名以及删除已有标注样式等。

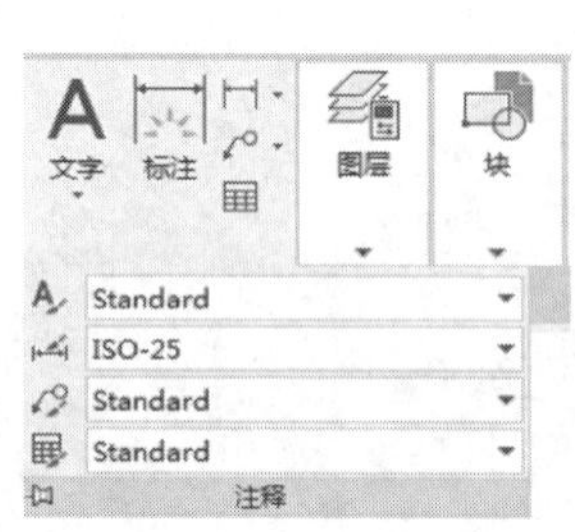

图 9-1 “注释”面板

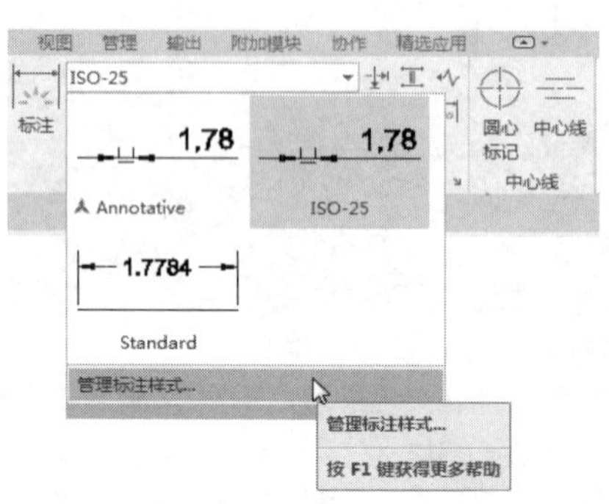

图 9-2 “标注”面板

【选项说明】

① “置为当前”按钮：单击此按钮，把在“样式”列表框中选择的样式设置为当前标注样式。

② “新建”按钮：创建新的尺寸标注样式。单击此按钮，系统打开“创建新标注样式”对话框，如图 9-4 所示，利用此对话框可创建一个新的尺寸标注样式，其中各项的功能说明如下。

a.“新样式名”文本框：为新的尺寸标注样式命名。

b.“基础样式”下拉列表框：选择创建新样式所基于的标注样式。单击“基础样式”下拉列表框，打开当前已有的样式列表，从中选择一个作为定义新样式的基础，新的样式是在所选样式的基础上修改一些特性得到的。

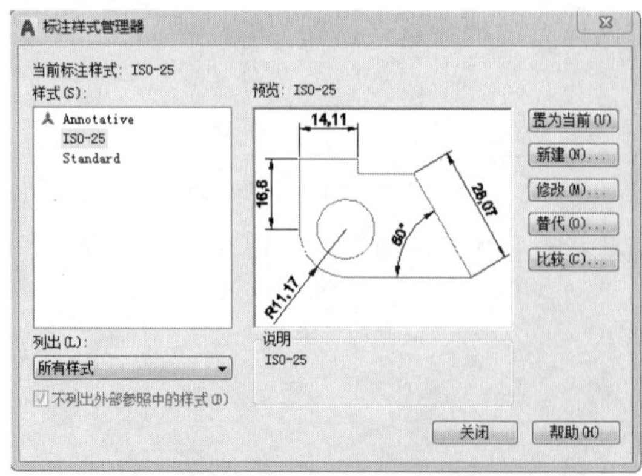

图 9-3 “标注样式管理器”对话框

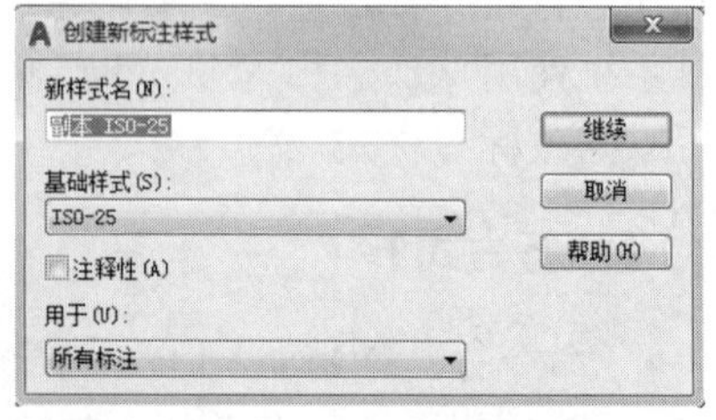

图 9-4 “创建新标注样式”对话框

c．“用于”下拉列表框：指定新样式应用的尺寸类型。单击此下拉列表框，打开尺寸类型列表，如果新建样式应用于所有尺寸，则选择“所有标注”选项；如果新建样式只应用于特定的尺寸标注（如只在标注直径时使用此样式），则选择相应的尺寸类型。

d．“继续”按钮：各选项设置好以后，单击“继续”按钮，系统打开“新建标注样式”对话框，如图 9-5 所示，利用此对话框可对新标注样式的各项特性进行设置。该对话框中各部分的含义和功能将在后面介绍。

③ “修改”按钮：修改一个已存在的尺寸标注样式。单击此按钮，系统打开“修改标注样式”对话框，该对话框中的各选项与“新建标注样式”对话框中完全相同，可以对已有标注样式进行修改。

④ “替代”按钮：设置临时覆盖尺寸标注样式。单击此按钮，系统打开“替代当前样式”对话框，该对话框中各选项与“新建标注样式”对话框中完全相同，用户可改变选项的设置，以覆盖原来的设置，但这种修改只对指定的尺寸标注起作用，而不影响当前其他尺寸变量的设置。

⑤ “比较”按钮：比较两个尺寸标注样式在参数上的区别，或浏览一个尺寸标注样式的参数设置。单击此按钮，系统打开“比较标注样式”对话框，如图 9-6 所示。可以把比较结果复制到剪贴板上，然后再粘贴到其他的 Windows 应用软件上。

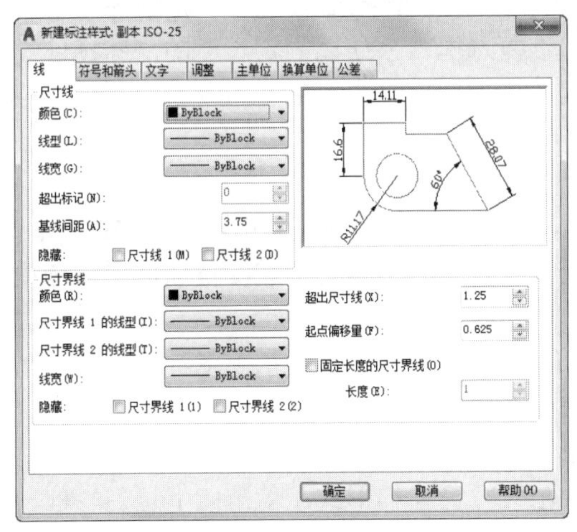

图 9-5 “新建标注样式”对话框

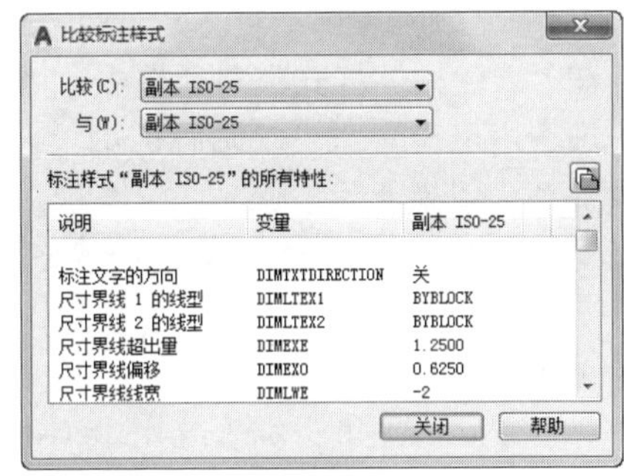

图 9-6 “比较标注样式”对话框

9.1.2 线

在“新建标注样式”对话框中，第一个选项卡就是“线”选项卡，如图 9-5 所示。该选项卡用于设置尺寸线、尺寸延伸线的形式和特性。现对选项卡中的各选项分别说明如下。

① “尺寸线”选项组：用于设置尺寸线的特性，其中各选项的含义如下。

a．“颜色”下拉列表框：用于设置尺寸线的颜色。可直接输入颜色名字，也可从下拉列表框中选择，如果选择“选择颜色”选项，系统打开“选择颜色”对话框供用户选择其他颜色。

b．“线型”下拉列表框：用于设置尺寸线的线型。

c．“线宽”下拉列表框：用于设置尺寸线的线宽，下拉列表框中列出了各种线宽的名称和宽度。

d.“超出标记”微调框：当尺寸箭头设置为短斜线、短波浪线等，或尺寸线上无箭头时，可利用此微调框设置尺寸线超出尺寸延伸线的距离。

e.“基线间距”微调框：设置以基线方式标注尺寸时，相邻两尺寸线之间的距离。

f.“隐藏”复选框组：确定是否隐藏尺寸线及相应的箭头。勾选“尺寸线 1”复选框，表示隐藏第一段尺寸线；勾选“尺寸线 2”复选框，表示隐藏第二段尺寸线。

② “尺寸界线”选项组：用于确定尺寸界线的形式，其中各选项的含义如下。

a.“颜色”下拉列表框：用于设置尺寸延伸线的颜色。

b.“尺寸界线 1 的线型”下拉列表框：用于设置第一条延伸线的线型（DIMLTEX1 系统变量）。

c.“尺寸界线 2 的线型”下拉列表框：用于设置第二条延伸线的线型（DIMLTEX2 系统变量）。

d.“线宽”下拉列表框：用于设置尺寸延伸线的线宽。

e.“超出尺寸线”微调框：用于确定尺寸延伸线超出尺寸线的距离。

f.“起点偏移量”微调框：用于确定尺寸延伸线的实际起始点相对于指定尺寸延伸线起始点的偏移量。

g.“隐藏”复选框组：确定是否隐藏尺寸延伸线。勾选“尺寸界线 1”复选框，表示隐藏第一段尺寸延伸线；勾选“尺寸界线 2”复选框，表示隐藏第二段尺寸延伸线。

h.“固定长度的尺寸界线”复选框：勾选该复选框，系统以固定长度的尺寸延伸线标注尺寸，可以在其下面的“长度”文本框中输入长度值。

9.1.3 符号和箭头

在“新建标注样式”对话框中，第二个选项卡是“符号和箭头”选项卡，如图 9-7 所示。该选项卡用于设置箭头、圆心标记、弧长符号和半径标注折弯的形式和特性，现对选项卡中的各选项分别说明如下。

① “箭头”选项组：用于设置尺寸箭头的形式。AutoCAD 提供了多种箭头形状，列在“第一个”和“第二个”下拉列表框中。另外，还允许采用用户自定义的箭头形状。两个尺寸箭头可以采用相同的形式，也可采用不同的形式。

a.“第一个”下拉列表框：用于设置第一个尺寸箭头的形式。单击此下拉列表框，打开各种箭头形式，其中列出了各类箭头的形状即名称。一旦选择了第一个箭头的类型，第二个箭头则自动与其匹配，要想第二个箭头取不同的形状，可在“第二个”下拉列表框中设定。

如果在列表框中选择了“用户箭头”选项，则打开如图 9-8 所示的“选择自定义箭头块”对话框，可以事先把自定义的箭头存成一个图块，在此对话框中输入该图块名即可。

b.“第二个”下拉列表框：用于设置第二个尺寸箭头的形式，可与第一个箭头形式不同。

c.“引线”下拉列表框：确定引线箭头的形式，与“第一个”设置类似。

d.“箭头大小”微调框：用于设置尺寸箭头的大小。

② “圆心标记”选项组：用于设置半径标注、直径标注和中心标注中的中心标记和中心线形式。其中各项含义如下。

a.“无”单选钮：点选该单选钮，既不产生中心标记，也不产生中心线。

b.“标记”单选钮：点选该单选钮，中心标记为一个点记号。

c.“直线”单选钮：点选该单选钮，中心标记采用中心线的形式。

d.“大小”微调框：用于设置中心标记和中心线的大小和粗细。

图 9-7　“符号和箭头”选项卡

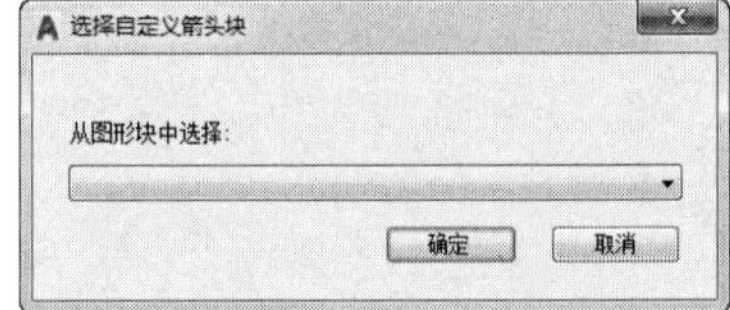

图 9-8　“选择自定义箭头块”对话框

③ “折断标注”选项组：用于控制折断标注的间距宽度。

④ “弧长符号”选项组：用于控制弧长标注中圆弧符号的显示，对其中的 3 个单选钮含义介绍如下。

a．“标注文字的前缀”单选钮：点选该单选钮，将弧长符号放在标注文字的左侧，如图 9-9（a）所示。

b．“标注文字的上方”单选钮：点选该单选钮，将弧长符号放在标注文字的上方，如图 9-9（b）所示。

e．“无”单选钮：点选该单选钮，不显示弧长符号，如图 9-9（c）所示。

⑤ “半径折弯标注”选项组：用于控制折弯（Z 字形）半径标注的显示。折弯半径标注通常在中心点位于页面外部时创建。在“折弯角度”文本框中可以输入连接半径标注的尺寸延伸线和尺寸线的横向直线角度，如图 9-10 所示。

⑥ “线性折弯标注”选项组：用于控制折弯线性标注的显示。当标注不能精确表示实际尺寸时，常将折弯线添加到线性标注中。通常，实际尺寸比所需值小。

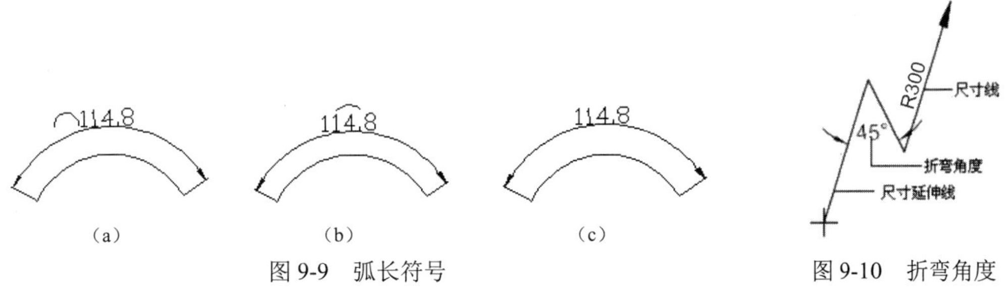

图 9-9　弧长符号

图 9-10　折弯角度

9.1.4 文字

在“新建标注样式”对话框中，第 3 个选项卡是“文字”选项卡，如图 9-11 所示。该选项卡用于设置尺寸文本文字的形式、布置、对齐方式等，现对选项卡中的各选项分别说明如下。

图 9-11　“文字”选项卡

① “文字外观”选项组。

a.“文字样式”下拉列表框：用于选择当前尺寸文本采用的文字样式。单击此下拉列表框，可以从中选择一种文字样式，也可单击右侧的按钮...，打开“文字样式”对话框以创建新的文字样式或对文字样式进行修改。

b.“文字颜色”下拉列表框：用于设置尺寸文本的颜色，其操作方法与设置尺寸线颜色的方法相同。

c.“填充颜色”下拉列表框：用于设置标注中文字背景的颜色。如果选择“选择颜色”选项，系统打开“选择颜色”对话框，可以从 255 种 AutoCAD 索引（ACI）颜色、真彩色和配色系统颜色中选择颜色。

d.“文字高度”微调框：用于设置尺寸文本的字高。如果选用的文本样式中已设置了具体的字高（不是 0），则此处的设置无效；如果文本样式中设置的字高为 0，才以此处设置为准。

e.“分数高度比例”微调框：用于确定尺寸文本的比例系数。

f.“绘制文字边框”复选框：勾选此复选框，AutoCAD 在尺寸文本的周围加上边框。

② “文字位置”选项组。

a.“垂直”下拉列表框：用于确定尺寸文本相对于尺寸线在垂直方向的对齐方式。单击此下拉列表框，可从中选择的对齐方式有以下 5 种。

（a）居中：将尺寸文本放在尺寸线的中间。

（b）上：将尺寸文本放在尺寸线的上方。

（c）外部：将尺寸文本放在远离第一条尺寸界线起点的位置，即和所标注的对象分列于尺寸线的两侧。

（d）下：将尺寸文本放在尺寸线的下方。

（e）JIS：使尺寸文本的放置符合 JIS（日本工业标准）规则。

其中 4 种文本布置方式效果如图 9-12 所示。

b.“水平”下拉列表框：用于确定尺寸文本相对于尺寸线和尺寸界线在水平方向的对齐方式。单击此下拉列表框，可从中选择的对齐方式有 5 种：居中、第一条界线、第二条界线、第一条界线上方、第二条界线上方，如图 9-13 所示。

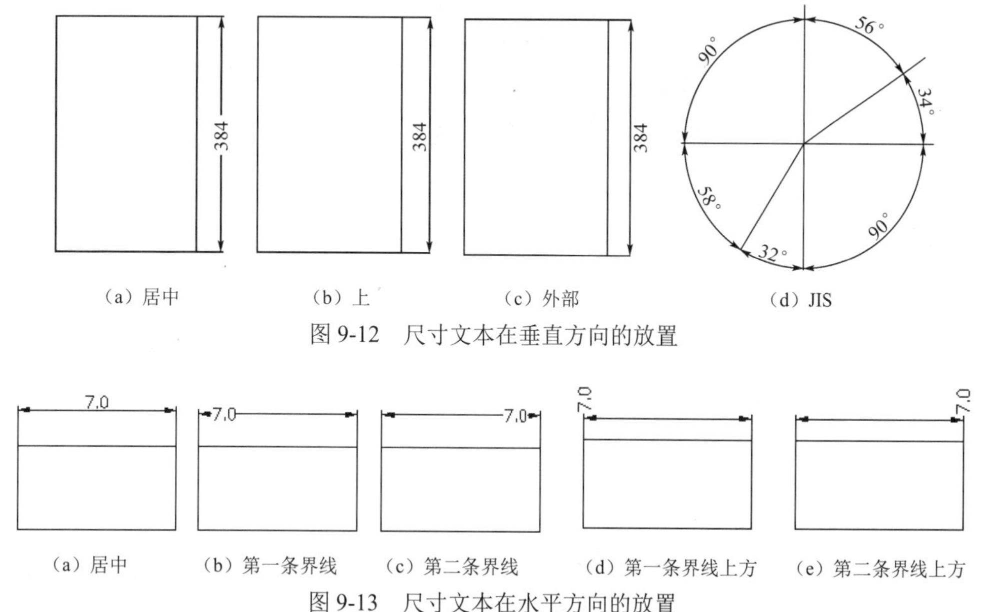

图 9-12 尺寸文本在垂直方向的放置

图 9-13 尺寸文本在水平方向的放置

c.“观察方向”下拉列表框：用于控制标注文字的观察方向（可用 DIMTXTDIRECTION 系统变量设置）。“观察方向”包括以下两项选项。

（a）从左到右：按从左到右阅读的方式放置文字。

（b）从右到左：按从右到左阅读的方式放置文字。

d.“从尺寸线偏移”微调框：当尺寸文本放在断开的尺寸线中间时，此微调框用来设置尺寸文本与尺寸线之间的距离。

③ “文字对齐”选项组：用于控制尺寸文本的排列方向。

a.“水平”单选钮：点选该单选钮，尺寸文本沿水平方向放置。不论标注什么方向的尺寸，尺寸文本总保持水平。

b.“与尺寸线对齐”单选钮：点选该单选钮，尺寸文本沿尺寸线方向放置。

c.“ISO 标准”单选钮：点选该单选钮，当尺寸文本在尺寸延伸线之间时，沿尺寸线方向放置；在尺寸延伸线之外时，沿水平方向放置。

9.1.5 调整

在“新建标注样式”对话框中，第 4 个选项卡是“调整”选项卡，如图 9-14 所示。该选项卡根据两条尺寸延伸线之间的空间，设置将尺寸文本、尺寸箭头放置在两尺寸界线内还是外。如果空间允许，AutoCAD 总是把尺寸文本和箭头放置在尺寸界线的里面；如果空间不够，则根据本选项卡的各项设置放置，现对选项卡中的各选项分别说明如下。

① “调整选项”选项组。

a.“文字或箭头”单选钮：点选此单选钮，如果空间允许，把尺寸文本和箭头都放置在两尺寸界线之间；如果两尺寸界线之间只够放置尺寸文本，则把尺寸文本放置在尺寸界线之间，而把箭头放置在尺寸界线之外；如果只够放置箭头，则把箭头放在里面，把尺寸文本放在外面；如果两尺寸界线之间既放不下文本，也放不下箭头，则把二者均放在外面。

图 9-14 “调整”选项卡

b.“箭头”单选钮：点选此单选钮，如果空间允许，把尺寸文本和箭头都放置在两尺寸界线之间；如果空间只够放置箭头，则把箭头放在尺寸界线之间，把文本放在外面；如果尺寸界线之间的空间放不下箭头，则把箭头和文本均放在外面。

c.“文字”单选钮：点选此单选钮，如果空间允许，把尺寸文本和箭头都放置在两尺寸界线之间；否则把文本放在尺寸界线之间，把箭头放在外面；如果尺寸界线之间放不下尺寸文本，则把文本和箭头都放在外面。

d.“文字和箭头”单选钮：点选此单选钮，如果空间允许，把尺寸文本和箭头都放置在两尺寸界线之间；否则把文本和箭头都放在尺寸界线外面。

e.“文字始终保持在尺寸界线之间”单选钮：点选此单选钮，AutoCAD 总是把尺寸文本放在两条尺寸界线之间。

f.“若箭头不能放在尺寸界线内，则将其消除”复选框：勾选此复选框，界线之间的空间不够时省略尺寸箭头。

② “文字位置”选项组：用于设置尺寸文本的位置，其中 3 个单选钮的含义如下。

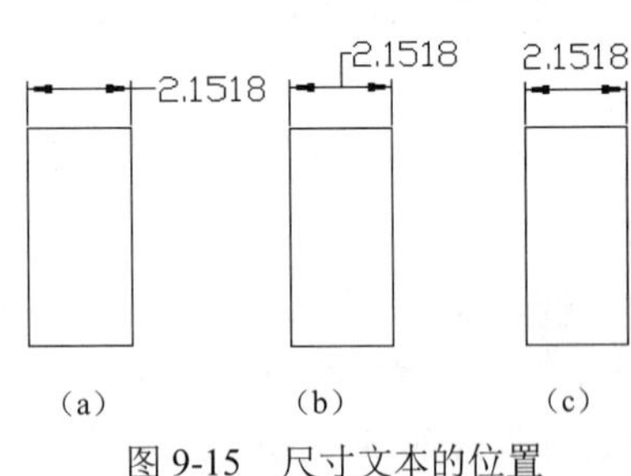

图 9-15 尺寸文本的位置

a.“尺寸线旁边”单选钮：点选此单选钮，把尺寸文本放在尺寸线的旁边，如图 9-15（a）所示。

b.“尺寸线上方，带引线”单选钮：点选此单选钮，把尺寸文本放在尺寸线的上方，并用引线与尺寸线相连，如图 9-15（b）所示。

c.“尺寸线上方，不带引线”单选钮：点选此单选钮，把尺寸文本放在尺寸线的上方，中间无引线，如图 9-15（c）所示。

③ “标注特征比例”选项组。

a.“将标注缩放到布局”单选钮：根据当前模型空间视口和图纸空间之间的比例确定比例因子。当在图纸空间而不是模型空间视口中工作时，或当 TILEMODE 被设置为 1 时，将使用默认的比例因子 1.0。

b.“使用全局比例”单选钮：确定尺寸的整体比例系数。其后面的“比例值”微调框可以用来选择需要的比例。

④ “优化”选项组：用于设置附加的尺寸文本布置选项，包含以下两个选项。

a.“手动放置文字”复选框：勾选此复选框，标注尺寸时由用户确定尺寸文本的放置位置，忽略前面的对齐设置。

b.“在尺寸界线之间绘制尺寸线”复选框：勾选此复选框，不论尺寸文本在尺寸界线里面还是外面，AutoCAD 均在两尺寸界线之间绘出一尺寸线；否则当尺寸界线内放不下尺寸文本而将其放在外面时，尺寸界线之间无尺寸线。

9.1.6　主单位

在“新建标注样式”对话框中，第 5 个选项卡是“主单位”选项卡，如图 9-16 所示。该选项卡用来设置尺寸标注的主单位和精度，以及为尺寸文本添加固定的前缀或后缀。本选项卡包含两个选项组，分别对长度型标注和角度型标注进行设置，现对选项卡中的各选项分别说明如下。

① “线性标注”选项组：用来设置标注长度型尺寸时采用的单位和精度。

a.“单位格式”下拉列表框：用于确定标注尺寸时使用的单位制（角度型尺寸除外）。在其下拉列表框中 AutoCAD 2020 提供了“科学”“小数”“工程”“建筑”“分数”和“Windows 桌面”6 种单位制，可根据需要选择。

b.“精度”下拉列表框：用于确定标注尺寸时的精度，也就是精确到小数点后几位。

c.“分数格式”下拉列表框：用于设置分数的形式。AutoCAD 2020 提供了“水平”“对角”和“非堆叠”3 种形式供用户选用。

d.“小数分隔符”下拉列表框：用于确定十进制单位（Decimal）的分隔符。AutoCAD 2010 提供了句点（.）、逗点（,）和空格 3 种形式。

e.“舍入”微调框：用于设置除角度之外的尺寸测量圆整规则。在文本框中输入一个值，如果输入 1，则所有测量值均圆整为整数。

f.“前缀”文本框：为尺寸标注设置固定前缀。可以输入文本，也可以利用控制符产生特殊字符，这些文本将被加在所有尺寸文本之前。

g.“后缀”文本框：为尺寸标注设置固定后缀。

图 9-16　“主单位”选项卡

h.“测量单位比例”选项组：用于确定 AutoCAD 自动测量尺寸时的比例因子。其中“比例因子”微调框用来设置除角度之外所有尺寸测量的比例因子。例如，用户确定比例因子为 2，AutoCAD 则把实际测量为 1 的尺寸标注为 2。如果勾选“仅应用到布局标注”复选框，则设置的比例因子只适用于布局标注。

i.“消零”选项组：用于设置是否省略标注尺寸时的 0。

(a)“前导”复选框：勾选此复选框，省略尺寸值处于高位的 0。例如，0.50000 标注为.50000。

(b)“后续”复选框：勾选此复选框，省略尺寸值小数点后末尾的 0。例如，9.5000 标注为 9.5，而 30.0000 标注为 30。

(c)“0 英尺”复选框：勾选此复选框，采用“工程”和“建筑”单位制时，如果尺寸值小于 1 尺时，省略尺。例如，0'-6 1/2" 标注为 6 1/2"。

(d)“0 英寸”复选框：勾选此复选框，采用“工程”和“建筑”单位制时，如果尺寸值是整数尺时，省略寸。例如，1'-0"标注为 1'。

② “角度标注”选项组：用于设置标注角度时采用的角度单位。

a.“单位格式”下拉列表框：用于设置角度单位制。AutoCAD 2020 提供了“十进制度数”“度/分/秒”“百分度”和“弧度”4 种角度单位。

b.“精度”下拉列表框：用于设置角度型尺寸标注的精度。

c.“消零”选项组：用于设置是否省略标注角度时的 0。

9.1.7 换算单位

在“新建标注样式”对话框中，第 6 个选项卡是“换算单位”选项卡，如图 9-17 所示，该选项卡用于对替换单位进行设置，现对选项卡中的各选项分别说明如下。

① “显示换算单位”复选框：勾选此复选框，则替换单位的尺寸值也同时显示在尺寸文本上。

② “换算单位”选项组：用于设置替换单位，其中各选项的含义如下。

a.“单位格式”下拉列表框：用于选择替换单位采用的单位制。

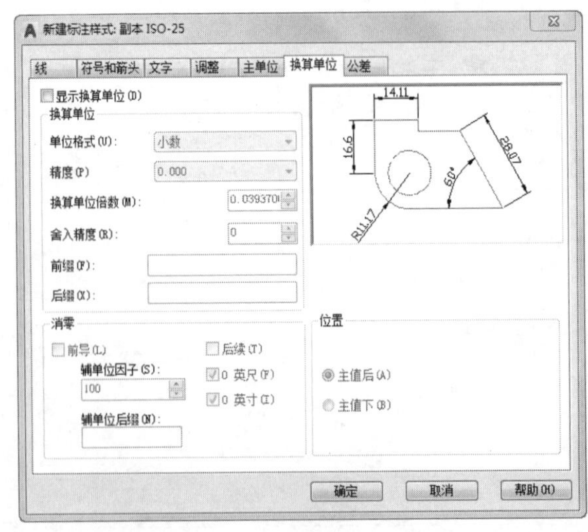

图 9-17 “换算单位”选项卡

b．“精度”下拉列表框：用于设置替换单位的精度。

c．“换算单位倍数”微调框：用于指定主单位和替换单位的转换因子。

d．“舍入精度”微调框：用于设定替换单位的圆整规则。

e．“前缀”文本框：用于设置替换单位文本的固定前缀。

f．“后缀”文本框：用于设置替换单位文本的固定后缀。

③ “消零”选项组。

a．“前导”复选框：勾选此复选框，不输出所有十进制标注中的前导 0。例如，0.5000 标注为.5000。

b．“辅单位因子”微调框：将辅单位的数量设置为一个单位。它用于在距离小于一个单位时以辅单位为单位计算标注距离。例如，如果后缀为 m 而辅单位后缀为 cm，则输入 100。

c．“辅单位后缀”文本框：用于设置标注值辅单位中包含的后缀。可以输入文字或使用控制代码显示特殊符号。例如，输入 cm 可将.96m 显示为 96cm。

d．“后续”复选框：勾选此复选框，不输出所有十进制标注的后续零。例如，12.5000 标注为 12.5，30.0000 标注为 30。

e．“0 英尺”复选框：勾选此复选框，如果长度小于 1 英尺，则消除“英尺-英寸”标注中的英尺部分。例如，0'-6 1/2"标注为 6 1/2"。

f．“0 英寸”复选框：勾选此复选框，如果长度为整英尺数，则消除“英尺-英寸”标注中的英寸部分。例如，1'-0"标注为 1'。

④ “位置”选项组：用于设置替换单位尺寸标注的位置。

a．“主值后”单选钮：点选该单选钮，把替换单位尺寸标注放在主单位标注的后面。

b．“主值下”单选钮：点选该单选钮，把替换单位尺寸标注放在主单位标注的下面。

9.1.8 公差

在“新建标注样式”对话框中，第 7 个选项卡是“公差”选项卡，如图 9-18 所示。该选项卡用于确定标注公差的方式，现对选项卡中的各选项分别说明如下。

① “公差格式”选项组：用于设置公差的标注方式。

图 9-18 “公差”选项卡

a.“方式”下拉列表框：用于设置公差标注的方式。AutoCAD 提供了 5 种标注公差的方式，分别是“无”“对称”“极限偏差”“极限尺寸”和“基本尺寸”，其中“无”表示不标注公差，其余 4 种标注情况如图 9-19 所示。

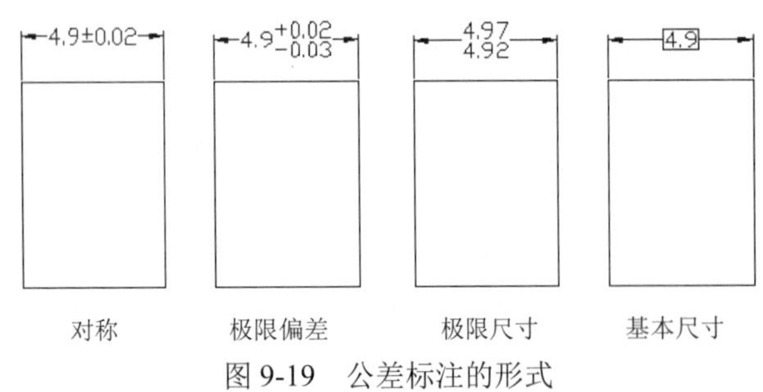

图 9-19　公差标注的形式

b.“精度”下拉列表框：用于确定公差标注的精度。

c.“上偏差”微调框：用于设置尺寸的上偏差。

d.“下偏差”微调框：用于设置尺寸的下偏差。

e.“高度比例”微调框：用于设置公差文本的高度比例，即公差文本的高度与一般尺寸文本的高度之比。

f.“垂直位置”下拉列表框：用于控制“对称”和“极限偏差”形式公差标注的文本对齐方式，如图 9-20 所示。

（a）上：公差文本的顶部与一般尺寸文本的顶部对齐。

（b）中：公差文本的中线与一般尺寸文本的中线对齐。

（c）下：公差文本的底线与一般尺寸文本的底线对齐。

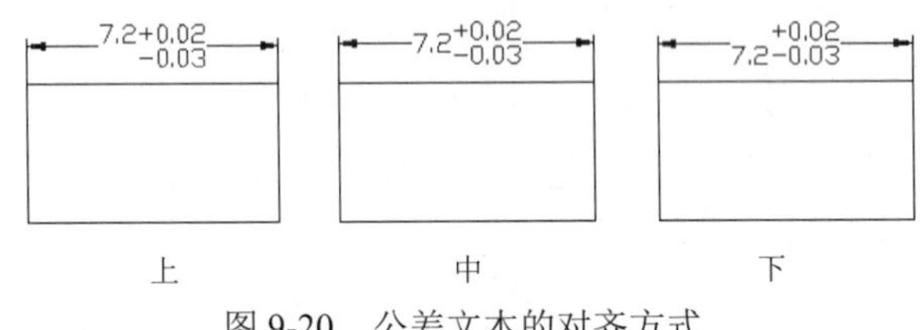

图 9-20　公差文本的对齐方式

② “公差对齐”选项组：用于在堆叠时，控制上偏差值和下偏差值的对齐。

a.“对齐小数分隔符”单选钮：点选该单选钮，通过值的小数分割符堆叠值。

b.“对齐运算符”单选钮：点选该单选钮，通过值的运算符堆叠值。

③ “消零”选项组：用于控制是否禁止输出前导 0 和后续 0 以及 0 英尺和 0 英寸部分（可用 DIMTZIN 系统变量设置）。消零设置也会影响由 AutoLISP® rtos 和 angtos 函数执行的实数到字符串的转换。

a.“前导”复选框：勾选此复选框，不输出所有十进制公差标注中的前导 0。例如，0.5000 标注为.5000。

b.“后续”复选框：勾选此复选框，不输出所有十进制公差标注的后续 0。例如，12.5000 标注为 12.5，30.0000 标注为 30。

c.“0 英尺”复选框：勾选此复选框，如果长度小于 1 英尺，则消除“英尺-英寸”标注中的英尺部分。例如，0'-6 1/2"标注为 6 1/2"。

d. “0 英寸”复选框：勾选此复选框，如果长度为整英尺数，则消除“英尺-英寸”标注中的英寸部分。例如，1'-0"标注为 1'。

④ “换算单位公差”选项组：用于对形位公差标注的替换单位进行设置，各项的设置方法与上面相同。

9.2 标注尺寸

正确地进行尺寸标注是设计绘图工作中非常重要的一个环节，AutoCAD 2020 提供了方便快捷的尺寸标注方法，可通过执行命令实现，也可利用菜单或工具按钮实现。本节重点介绍如何对各种类型的尺寸进行标注。

9.2.1 长度型尺寸标注

【执行方式】

- 命令行：DIMLINEAR（缩写名：DIMLIN，快捷命令：DLI）。
- 菜单栏：选择菜单栏中的“标注”→“线性”命令。
- 工具栏：单击“标注”工具栏中的“线性”按钮。
- 功能区：单击“默认”选项卡“注释”面板中的“线性”按钮（图 9-21），或单击“注释”选项卡“标注”面板中的“线性”按钮（图 9-22）。

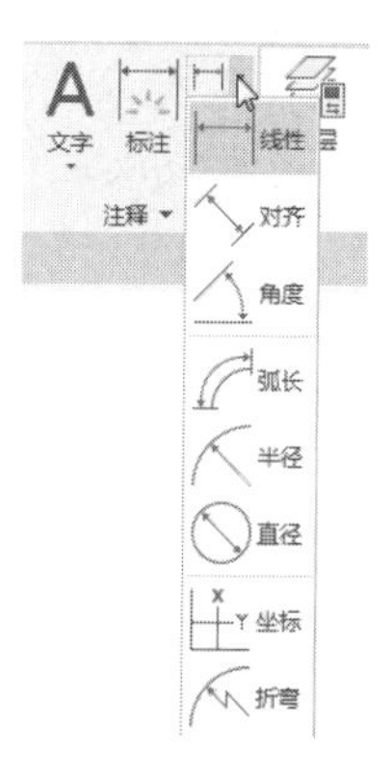

图 9-21 “注释”面板

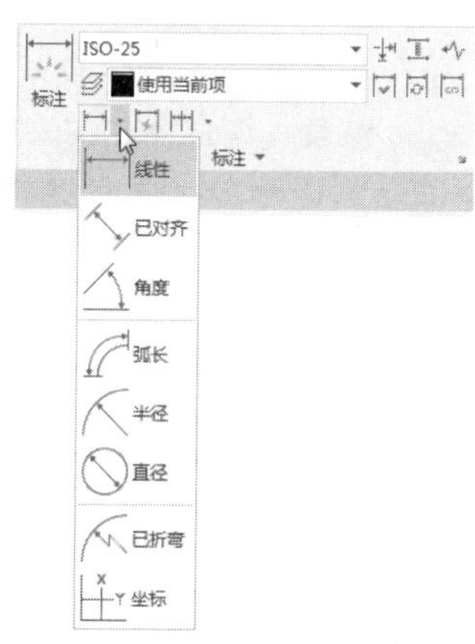

图 9-22 “标注”面板

【操作步骤】

命令行提示与操作如下。

```
命令: _dimlinear ↙
指定第一个界线原点或 <选择对象>:
```

（1）**直接按<Enter>键**

光标变为拾取框，并在命令行提示如下。

```
选择标注对象: 用拾取框选择要标注尺寸的线段
```

```
指定尺寸线位置或[多行文字(M)/文字(T)/角度(A)/水平(H)/垂直(V)/旋转(R)]:
```

(2）选择对象

指定第一条与第二条尺寸界线的起始点。

【选项说明】

① 指定尺寸线位置：用于确定尺寸线的位置。用户可移动鼠标选择合适的尺寸线位置，然后按<Enter>键或单击，AutoCAD 则自动测量要标注线段的长度并标注出相应的尺寸。

② 多行文字（M)：用多行文本编辑器确定尺寸文本。

③ 文字（T)：用于在命令行提示下输入或编辑尺寸文本。选择此选项后，命令行提示如下。

```
输入标注文字 <默认值>:
```

其中的默认值是 AutoCAD 自动测量得到的被标注线段的长度，直接按<Enter>键即可采用此长度值，也可输入其他数值代替默认值。当尺寸文本中包含默认值时，可使用尖括号“< >”表示默认值。

④ 角度（A)：用于确定尺寸文本的倾斜角度。

⑤ 水平（H)：水平标注尺寸，不论标注什么方向的线段，尺寸线总保持水平放置。

⑥ 垂直（V)：垂直标注尺寸，不论标注什么方向的线段，尺寸线总保持垂直放置。

⑦ 旋转（R)：输入尺寸线旋转的角度值，旋转标注尺寸。

技巧荟萃

线性标注有水平、垂直或对齐放置。使用对齐标注时，尺寸线将平行于两尺寸界线原点之间的直线（想象或实际）。基线（或平行）和连续（或链）标注是一系列基于线性标注的连续标注，连续标注是首尾相连的多个标注。在创建基线或连续标注之前，必须创建线性、对齐或角度标注。可从当前任务最近创建的标注中以增量方式创建基线标注。

9.2.2 实例——标注螺栓尺寸

扫一扫，看视频

标注如图 9-23 所示的螺栓尺寸。

图 9-23 螺栓尺寸

① 在命令行输入“DIMSTYLE”，按<Enter>键，系统打开“标注样式管理器”对话框，如图 9-24 所示。

由于系统的标注样式有些不符合要求，因此，根据图 9-23 中的标注样式，对角度、直径、半径标注样式进行设置。单击“新建”按钮，打开“创建新标注样式”对话框，如图 9-25 所示，在“用于”下拉列表框中选择“线性标注”选项，然后单击“继续”按钮，打开“新建标注样式”对话框，单击“文字”选项卡，设置文字高度为 5，其他选项保持默认设置，单击“确定”按钮，返回“标注样式管理器”对话框。单击“置为当前”按钮，将设置的标注样式置为当前标注样式，再单击“关闭”按钮。

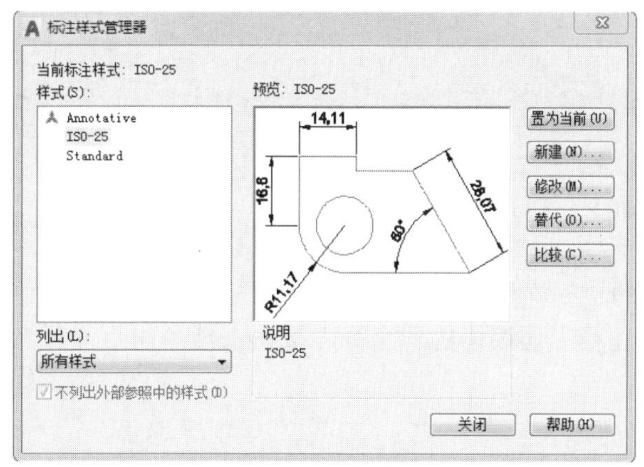

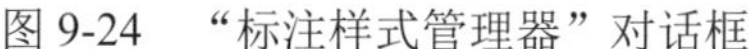
图 9-24 “标注样式管理器”对话框

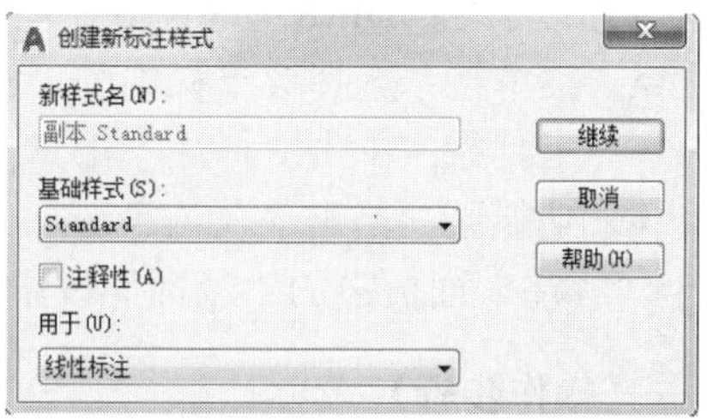

图 9-25 “创建新标注样式”对话框

② 先单击“对象捕捉”工具栏中的“捕捉到端点”按钮，再单击“默认”选项卡“注释”面板中的“线性”按钮，标注主视图高度，命令行提示与操作如下。

命令：_dimstyle

指定第一条界线原点或 <选择对象>：捕捉标注为“11”的边的一个端点，作为第一条尺寸界线的原点

指定第二条界线原点：捕捉标注为“11”的边的另一个端点，作为第二条尺寸界线的原点

指定尺寸线位置或[多行文字(M)/文字(T)/角度(A)/水平(H)/垂直(V)/旋转(R)]:T↙（系统在命令行显示尺寸的自动测量值，可以对尺寸值进行修改）

输入标注文字<11>：↙（采用尺寸的自动测量值“11”）

指定尺寸线位置或[多行文字(M)/文字(T)/角度(A)/水平(H)/垂直(V)/旋转(R)]：指定尺寸线的位置。拖动鼠标，将出现动态的尺寸标注，在合适的位置单击，确定尺寸线的位置

标注文字=11

③ 单击“默认”选项卡“注释”面板中的“线性”按钮，标注其他水平与竖直方向的尺寸，方法与上面相同。

9.2.3 对齐标注

【执行方式】

- 命令行：DIMALIGNED（快捷命令：DAL）。
- 菜单栏：选择菜单栏中的“标注”→“对齐”命令。
- 工具栏：单击“标注”工具栏中的“对齐”按钮。
- 功能区：单击“默认”选项卡“注释”面板中的“对齐”按钮或单击“注释”选项卡“标注”面板中的“已对齐”按钮。

【操作步骤】

命令行提示与操作如下。

命令：DIMALIGNED↙

指定第一个尺寸界线原点或 <选择对象>：

这种命令标注的尺寸线与所标注轮廓线平行，标注起始点到终点之间的距离尺寸。

9.2.4 坐标尺寸标注

【执行方式】

- 命令行：DIMORDINATE（快捷命令：DOR）。
- 菜单栏：选择菜单栏中的“标注”→“坐标”命令。
- 工具栏：单击“标注”工具栏中的“坐标”按钮。
- 功能区：单击“默认”选项卡“注释”面板中的“坐标”按钮或单击“注释”选项卡“标注”面板中的“坐标”按钮。

【操作步骤】

命令行提示与操作如下。

```
命令：DIMORDINATE↙
指定点坐标：选择要标注坐标的点
指定引线端点或 [X 基准(X)/Y 基准(Y)/多行文字(M)/文字(T)/角度(A)]:
```

【选项说明】

① 指定引线端点：确定另外一点，根据这两点之间的坐标差决定是生成 X 坐标尺寸还是 Y 坐标尺寸。如果这两点的 Y 坐标之差比较大，则生成 X 坐标尺寸；反之，生成 Y 坐标尺寸。

② X 基准（X）：生成该点的 X 坐标。

③ Y 基准（Y）：生成该点的 Y 坐标。

④ 文字（T）：在命令行提示下，自定义标注文字，生成的标注测量值显示在尖括号（<>）中。

⑤ 角度（A）：修改标注文字的角度。

9.2.5 角度型尺寸标注

【执行方式】

- 命令行：DIMANGULAR（快捷命令：DAN）。
- 菜单栏：选择菜单栏中的“标注”→“角度”命令。
- 工具栏：单击“标注”工具栏中的“角度”按钮。
- 功能区：单击“默认”选项卡“注释”面板中的“角度”按钮或单击“注释”选项卡“标注”面板中的“角度”按钮。

【操作步骤】

命令行提示与操作如下。

```
命令：DIMANGULAR↙
选择圆弧、圆、直线或 <指定顶点>:
```

【选项说明】

① 选择圆弧：标注圆弧的中心角。当用户选择一段圆弧后，命令行提示如下。

指定标注弧线位置或 [多行文字(M)/文字(T)/角度(A) /象限点(Q)]:

在此提示下确定尺寸线的位置，AutoCAD 系统按自动测量得到的值标注出相应的角度，在此之前用户可以选择“多行文字”“文字”或“角度”选项，通过多行文本编辑器或命令行来输入或定制尺寸文本，以及指定尺寸文本的倾斜角度。

② 选择圆：标注圆上某段圆弧的中心角。当用户选择圆上的一点后，命令行提示如下。

指定角的第二个端点：选择另一点，该点可在圆上，也可不在圆上
指定标注弧线位置或 [多行文字(M)/文字(T)/角度(A) /象限点(Q)]:

在此提示下确定尺寸线的位置，AutoCAD 系统标注出一个角度值，该角度以圆心为顶点，两条尺寸界线通过所选取的两点，第二点可以不必在圆周上。用户还可以选择“多行文字”“文字”或“角度”选项，编辑其尺寸文本或指定尺寸文本的倾斜角度，如图 9-26 所示。

③ 选择直线：标注两条直线间的夹角。当用户选择一条直线后，命令行提示如下。

选择第二条直线：选择另一条直线
指定标注弧线位置或 [多行文字(M)/文字(T)/角度(A) /象限点(Q)]:

在此提示下确定尺寸线的位置，系统自动标出两条直线之间的夹角。该角以两条直线的交点为顶点，以两条直线为尺寸界线，所标注角度取决于尺寸线的位置，如图 9-27 所示。用户还可以选择“多行文字”“文字”或“角度”选项，编辑其尺寸文本或指定尺寸文本的倾斜角度。

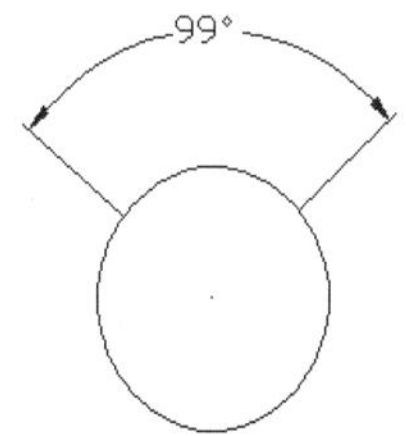

图 9-26　标注角度

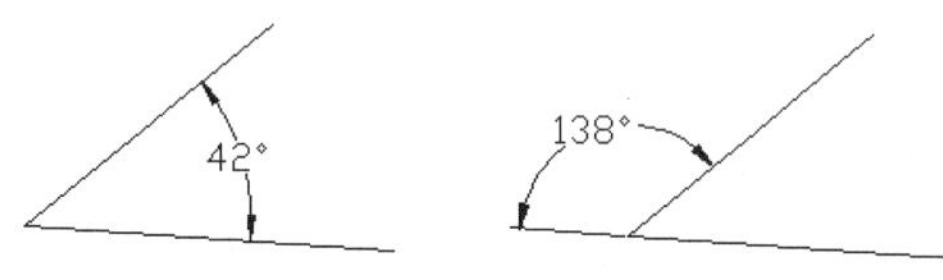

图 9-27　标注两直线的夹角

④ 指定顶点，直接按<Enter>键，命令行提示与操作如下。

指定角的顶点：　指定顶点
指定角的第一个端点：　输入角的第一个端点
指定角的第二个端点：　输入角的第二个端点，创建无关联的标注
指定标注弧线位置或 [多行文字(M)/文字(T)/角度(A)/象限点(Q)]：输入一点作为角的顶点

在此提示下给定尺寸线的位置，AutoCAD 根据指定的三点标注出角度，如图 9-28 所示。另外，用户还可以选择“多行文字”“文字”或“角度”选项，编辑其尺寸文本或指定尺寸文本的倾斜角度。

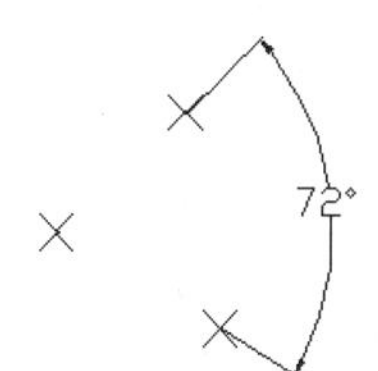

图 9-28　指定三点确定的角度

⑤ 指定标注弧线位置：指定尺寸线的位置并确定绘制界线的方向。指定位置之后，DIMANGULAR 命令将结束。

⑥ 多行文字（M）：显示在位文字编辑器，可用它来编辑标注文字。要添加前缀或后缀，请在生成的测量值前后输入前缀或后缀。用控制代码和 Unicode 字符串来输入特殊字符或符号，请参见第 8 章介绍的常用控制码。

⑦ 文字（T）：自定义标注文字，生成的标注测量值显示在尖括号（<>）中。命令行提示与操作如下。

```
输入标注文字 <当前>:
输入标注文字，或按<Enter>键接受生成的测量值。要包括生成的测量值，请用尖括号（< >）表示生成的测量值
```

⑧ 角度（A）：修改标注文字的角度。

⑨ 象限点（Q）：指定标注应锁定到的象限。打开象限行为后，将标注文字放置在角度标注外时，尺寸线会延伸超过界线。

技巧荟萃

角度标注可以测量指定的象限点，该象限点是在直线或圆弧的端点、圆心或两个顶点之间对角度进行标注时形成的。创建角度标注时，可以测量4个可能的角度。通过指定象限点，使用户可以确保标注正确的角度。指定象限点后，放置角度标注时，用户可以将标注文字放置在标注的尺寸界线之外，尺寸线将自动延长。

9.2.6 弧长标注

【执行方式】

- 命令行：DIMARC。
- 菜单栏：选择菜单栏中的“标注”→“弧长”命令。
- 工具栏：单击“标注”工具栏中的“弧长”按钮。
- 功能区：单击“默认”选项卡“注释”面板中的“弧长”按钮或单击“注释”选项卡“标注”面板中的“弧长”按钮。

【操作步骤】

命令行提示与操作如下。

```
命令: DIMARC↙
选择弧线段或多段线弧线段: 选择圆弧
指定弧长标注位置或 [多行文字(M)/文字(T)/角度(A)/部分(P)/引线(L)]:
```

【选项说明】

① 弧长标注位置：指定尺寸线的位置并确定界线的方向。

② 多行文字（M）：显示在位文字编辑器，可用它来编辑标注文字。要添加前缀或后缀，请在生成的测量值前后输入前缀或后缀。用控制代码和 Unicode 字符串来输入特殊字符或符号，请参见第 8 章介绍的常用控制码。

③ 文字（T）：自定义标注文字，生成的标注测量值显示在尖括号（<>）中。

④ 角度（A）：修改标注文字的角度。

⑤ 部分（P）：缩短弧标注的长度，如图 9-29 所示。

⑥ 引线（L）：添加引线对象，仅当圆弧（或弧线段）大于 90° 时才会显示此选项。引线是按径向绘制的，指向所标注圆弧的圆心，如图 9-30 所示。

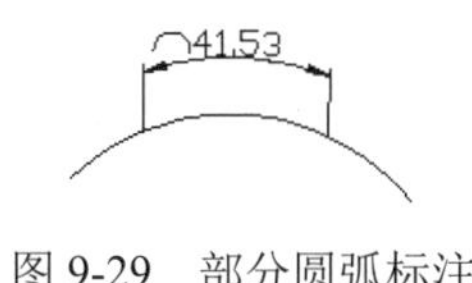

图 9-29　部分圆弧标注

图 9-30　引线标注圆弧

9.2.7　直径标注

【执行方式】

- 命令行：DIMDIAMETER（快捷命令：DDI）。
- 菜单栏：选择菜单栏中的“标注”→“直径”命令。
- 工具栏：单击“标注”工具栏中的“直径”按钮。
- 功能区：单击“默认”选项卡“注释”面板中的“直径”按钮或单击“注释”选项卡“标注”面板中的“直径”按钮。

【操作步骤】

命令行提示与操作如下。

```
命令：DIMDIAMETER↙
选择圆弧或圆： 选择要标注直径的圆或圆弧
指定尺寸线位置或 [多行文字(M)/文字(T)/角度(A)]：确定尺寸线的位置或选择某一选项
```

用户可以选择“多行文字”“文字”或“角度”选项来输入、编辑尺寸文本或确定尺寸文本的倾斜角度，也可以直接确定尺寸线的位置，标注出指定圆或圆弧的直径。

【选项说明】

① 尺寸线位置：确定尺寸线的角度和标注文字的位置。如果未将标注放置在圆弧上而导致标注指向圆弧外，则 AutoCAD 会自动绘制圆弧界线。

② 多行文字（M）：显示在位文字编辑器，可用它来编辑标注文字。要添加前缀或后缀，请在生成的测量值前后输入前缀或后缀。用控制代码和 Unicode 字符串来输入特殊字符或符号，请参见第 8 章介绍的常用控制码。

③ 文字（T）：自定义标注文字，生成的标注测量值显示在尖括号（<>）中。

④ 角度（A）：修改标注文字的角度。

9.2.8　半径标注

【执行方式】

- 命令行：DIMRADIUS（快捷命令：DRA）。
- 菜单栏：选择菜单栏中的“标注”→“半径”命令。
- 工具栏：单击“标注”工具栏中的“半径”按钮。
- 功能区：单击“默认”选项卡“注释”面板中的“半径”按钮或单击“注释”选项卡“标注”面板中的“半径”按钮。

【操作步骤】

命令行提示与操作如下。

```
命令：DIMRADIUS↙
选择圆弧或圆：选择要标注半径的圆或圆弧
指定尺寸线位置或 [多行文字(M)/文字(T)/角度(A)]：确定尺寸线的位置或选择某一选项
```

用户可以选择“多行文字”“文字”或“角度”选项来输入、编辑尺寸文本或确定尺寸文本的倾斜角度，也可以直接确定尺寸线的位置，标注出指定圆或圆弧的半径。

9.2.9 折弯标注

【执行方式】

- 命令行：DIMJOGGED（快捷命令：DJO 或 JOG）。
- 菜单栏：选择菜单栏中的“标注”→“折弯”命令。
- 工具栏：单击“标注”工具栏中的“折弯”按钮。
- 功能区：单击“默认”选项卡“注释”面板中的“折弯”按钮或单击“注释”选项卡“标注”面板中的“已折弯”按钮。

【操作步骤】

命令行提示与操作如下。

```
命令：DIMJOGGED↙
选择圆弧或圆：选择圆弧或圆
指定中心位置替代：指定一点
标注文字 = 50
指定尺寸线位置或 [多行文字(M)/文字(T)/角度(A)]：指定一点或选择某一选项
```

指定折弯位置：指定折弯位置，如图 9-31 所示。

9.2.10 实例——标注叉形片尺寸

扫一扫，看视频

标注如图 9-32 所示的叉形片尺寸。

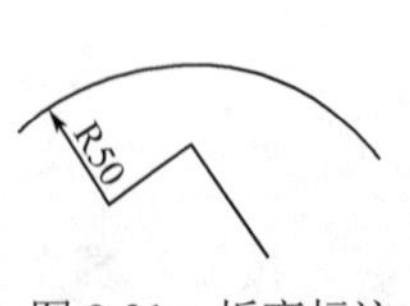

图 9-31　折弯标注

图 9-32　叉形片尺寸

（1）绘制图形

利用学过的绘图命令与编辑命令绘制图形，绘制结果如图 9-33 所示。

（2）创建图层

```
命令：LAYER↙
```

执行上述命令后，系统打开“图层特性管理器”对话框，单击“新建图层”按钮，创建一个新图层“CHC”，颜色为绿色，线型为 Continuous，线宽为缺省值，并将其设置为当前图层。

（3）设置标注样式

由于系统的标注样式有些不符合要求，因此，根据图 9-32 所示的标注样式，进行角度、直径、半径标注样式的设置。

```
命令：DIMSTYLE↙
```

执行上述命令后，系统打开“标注样式管理器”对话框，如图 9-34 所示。单击“新建”按钮，打开“创建新标注样式”对话框，如图 9-35 所示。在“用于”下拉列表框中选择“角度标注”选项，然后单击“继续”按钮，打开“新建标注样式”对话框。单击“线”选项卡，进行如图 9-36 所示的设置，设置完成后，单击“确定”按钮，返回“标注样式管理器”对话框。方法同上，新建“半径”标注样式，如图 9-37 所示。新建“直径”标注样式，如图 9-38 所示。

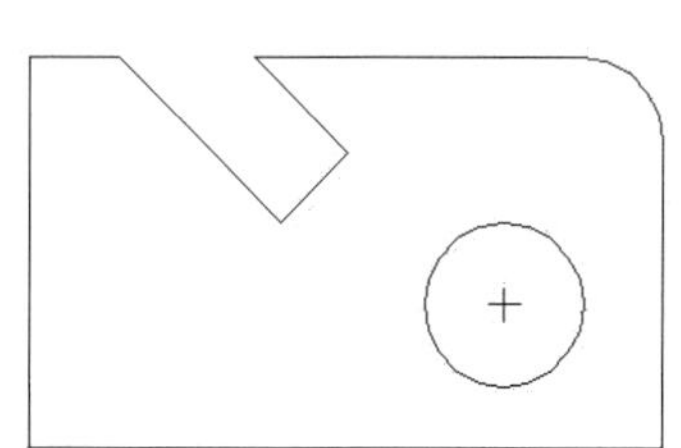

图 9-33　绘制图形

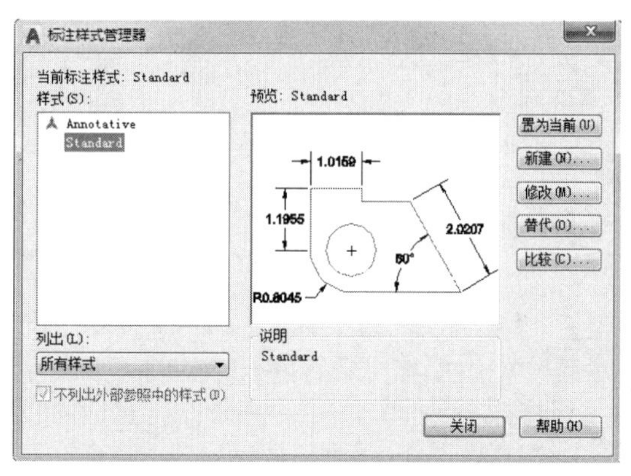

图 9-34　“标注样式管理器”对话框

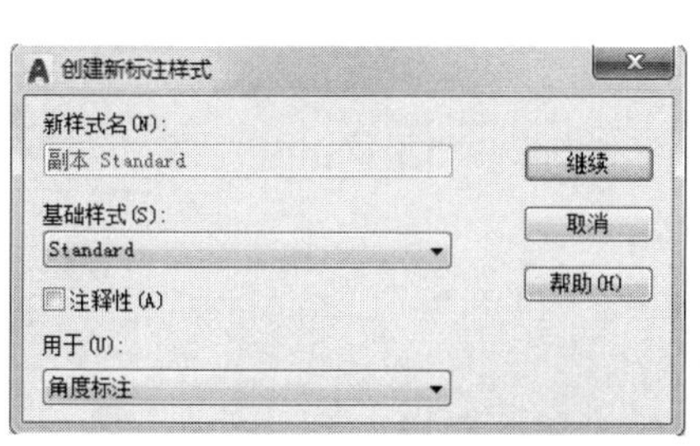

图 9-35　“创建新标注样式”对话框

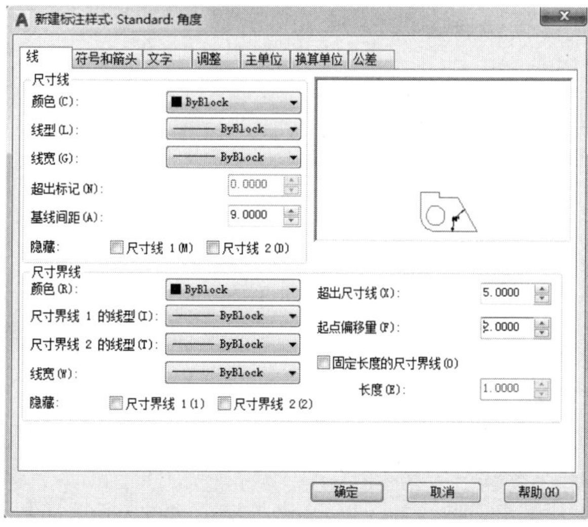

图 9-36　“角度”标注样式

图 9-37 “半径”标注样式

图 9-38 “直径”标注样式

（4）标注线性尺寸

① 标注线性尺寸 60 和 14。

命令：DIMLINEAR↙ （也可以单击菜单栏中的“工具”→“工具栏”→“autocad”→“标注”命令，打开“标注”工具栏，如图 9-39 所示，从中选择相应的工具按钮即可执行相应的尺寸标注操作）

指定第一个尺寸界线原点或 <选择对象>:单击“对象捕捉”工具栏中的“捕捉到端点”按钮

_endp 于：捕捉标注为“60”的边的一个端点，作为第一条尺寸界线的原点

指定第二条尺寸界线原点：单击“对象捕捉”工具栏中的“捕捉到端点”按钮

_endp 于：捕捉标注为“60”的边的另一个端点，作为第二条尺寸界线的原点

指定尺寸线位置或[多行文字(M)/文字(T)/角度(A)/水平(H)/垂直(V)/旋转(R)]：T↙（系统在命令行显示尺寸的自动测量值，可以对尺寸值进行修改）

输入标注文字<60>：↙（采用尺寸的自动测量值“60”）

指定尺寸线位置或[多行文字(M)/文字(T)/角度(A)/水平(H)/垂直(V)/旋转(R)]：指定尺寸线的位置，移动鼠标，将出现动态的尺寸标注，在合适的位置单击，确定尺寸线的位置

标注文字=60

采用相同的方法，标注线性尺寸 14。

Standard

图 9-39 “标注”工具栏

② 添加圆心标记。

命令：DIMCENTER↙ （或选择菜单栏中的“标注”→“圆心标记”命令，或单击“标注”工具栏中的“圆心标记”按钮）

选择圆弧或圆：选择 Φ25 圆，添加该圆的圆心符号

③ 标注线性尺寸 75 和 22。

命令：DIMLINEAR↙

指定第一个尺寸界线原点或 <选择对象>:单击“对象捕捉”工具栏中的“捕捉到端点”按钮

_endp 于：捕捉标注为“75”长度的左端点，作为第一条尺寸界线的原点

指定第二条尺寸界线原点：单击“对象捕捉”工具栏中的“捕捉到端点”按钮

_cen 于：捕捉圆的中心，作为第二条尺寸界线的原点

指定尺寸线位置或[多行文字(M)/文字(T)/角度(A)/水平(H)/垂直(V)/旋转(R)]：指定尺寸线的位置

标注文字 =75

采用相同的方法，标注线性尺寸 22。

④ 标注线性尺寸 100。

命令：DIMBASELINE↙（或选择菜单栏中的“标注”→“基线”命令，或单击“标注”工具栏中的“基线”按钮，或单击“注释”选项卡“标注”面板中的“基线”按钮）

指定第二个尺寸界线原点或 [选择(S) /放弃(U)] <选择>:↙（选择作为基准的尺寸标注）

选择基准标注：选择尺寸标注“75”为基准标注

指定第二个尺寸界线原点或 [选择(S) /放弃(U)] <选择>:单击“对象捕捉”工具栏中的“捕捉到端点”按钮

_endp 于：捕捉标注为“100”底边的左端点

标注文字 =100

指定第二个尺寸界线原点或 [选择(S) /放弃(U)] <选择>:↙。

选择基准标注：↙

⑤ 标注线性尺寸 36 和 15。

命令：DIMALIGNED↙（或选择菜单栏中的“标注”→“对齐”命令，或单击“标注”工具栏中的“对齐”按钮，或单击“默认”选项卡“注释”面板中的“对齐”按钮或单击“注释”选项卡“标注”面板中的“对齐”按钮）

指定第一个尺寸界线原点或 <选择对象>:单击“对象捕捉”工具栏中的“捕捉到端点”按钮

_endp 于：捕捉标注为“36”的斜边的一个端点

指定第二条尺寸界线原点：单击“对象捕捉”工具栏中的“捕捉到端点”按钮

_endp 于：捕捉标注为“36”的斜边的另一个端点

指定尺寸线位置或[多行文字(M)/文字(T)/角度(A)]：指定尺寸线的位置

标注文字 =36

采用相同的方法，标注对齐尺寸 15。

（5）标注其他尺寸

① 标注 $\Phi 25$ 圆。

命令：DIMDIAMETER↙↙（或选择菜单栏中的“标注”→“直径”命令，或单击“标注”工具栏中的“直径”按钮，单击“默认”选项卡“注释”面板中的“直径”按钮或单击“注释”选项卡“标注”面板中的“直径”按钮）

选择圆弧或圆：选择标注为“$\Phi 25$”的圆

标注文字 =25

指定尺寸线位置或 [多行文字(M)/文字(T)/角度(A)]：指定尺寸线位置

② 标注 $R13$ 圆弧。

命令：DIMRADIUS↙（或选择菜单栏中的“标注”→“半径”命令，或单击“标注”工具栏中的“半径”按钮，或单击“默认”选项卡“注释”面板中的“半径”按钮或单击“注释”选项卡“标注”面板中的“半径”按钮）

选择圆弧或圆：选择标注为“R13”的圆弧

标注文字 =13

指定尺寸线位置或 [多行文字(M)/文字(T)/角度(A)]：指定尺寸线位置

③ 标注 45° 角。

命令：DIMANGULAR↙（或选择菜单栏中的“标注”→“角度”命令，或单击“标注”工具栏中的“角度”按钮，或单击“注释”选项卡“标注”面板中的“角度”按钮或单击“默认”选项卡“注释”面板中的“角度”按钮）

选择圆弧、圆、直线或 <指定顶点>：选择标注为“45° ”角的一条边
选择第二条直线：选择标注为“45° ”角的另一条边
指定标注弧线位置或 [多行文字(M)/文字(T)/角度(A) /象限点(Q)]：指定标注弧线的位置
标注文字 =45

最终标注结果如图 9-32 所示。

9.2.11 圆心标记和中心线标注

【执行方式】

- 命令行：DIMCENTER（快捷命令：DCE）。
- 菜单栏：选择菜单栏中的“标注”→“圆心标记”命令。
- 工具栏：单击“标注”工具栏中的“圆心标记”按钮⊕。

【操作步骤】

命令行提示与操作如下。

命令：DIMCENTER↙
选择圆弧或圆：选择要标注中心或中心线的圆或圆弧

9.2.12 基线标注

基线标注用于产生一系列基于同一尺寸界线的尺寸标注，适用于长度尺寸、角度和坐标标注。在使用基线标注方式之前，应该先标注出一个相关的尺寸作为基线标准。

【执行方式】

- 命令行：DIMBASELINE（快捷命令：DBA）。
- 菜单栏：选择菜单栏中的“标注”→“基线”命令。
- 工具栏：单击“标注”工具栏中的“基线”按钮。
- 功能区：单击“注释”选项卡“标注”面板中的“基线”按钮。

【操作步骤】

命令行提示与操作如下。

命令：DIMBASELINE↙
指定第二个尺寸界线原点或 [选择(S)/放弃(U)] <选择>：

【选项说明】

① 指定第二个尺寸界线原点：直接确定另一个尺寸的第二个尺寸界线的起点，AutoCAD以上次标注的尺寸为基准标注，标注出相应尺寸。

② 选择（S）：在上述提示下直接按<Enter>键，命令行提示如下。

选择基准标注：选择作为基准的尺寸标注

9.2.13 连续标注

连续标注又叫尺寸链标注，用于产生一系列连续的尺寸标注，后一个尺寸标注均把前一

个标注的第二条尺寸界线作为它的第一条尺寸界线；适用于长度型尺寸、角度型和坐标标注。在使用连续标注方式之前，应该先标注出一个相关的尺寸。

【执行方式】

- 命令行：DIMCONTINUE（快捷命令：DCO）。
- 菜单栏：选择菜单栏中的“标注”→“连续”命令。
- 工具栏：单击“标注”工具栏中的“连续”按钮。
- 功能区：单击“注释”选项卡“标注”面板中的“连续”按钮。

【操作步骤】

命令行提示与操作如下。

```
命令：DIMCONTINUE↙
指定第二个尺寸界线原点或 [选择(S)/放弃(U)] <选择>:
```

此提示下的各选项与基线标注中完全相同，此处不再赘述。

技巧荟萃

AutoCAD 允许用户利用基线标注方式和连续标注方式进行角度标注，如图 9-40 所示。

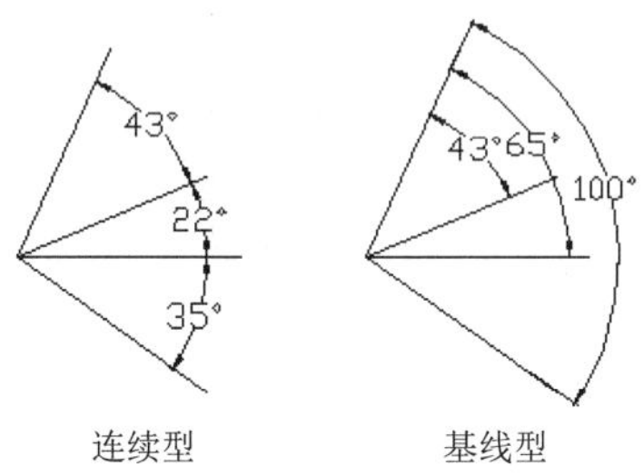

图 9-40 角度标注

9.2.14 实例——标注阶梯尺寸

扫一扫，看视频

标注如图 9-41 所示的阶梯尺寸。

（1）绘制图形

利用学过的绘图命令与编辑命令绘制图形，如图 9-42 所示。

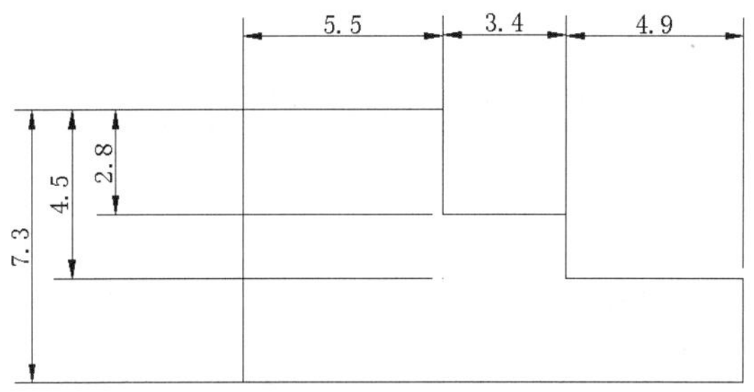

图 9-41 阶梯尺寸

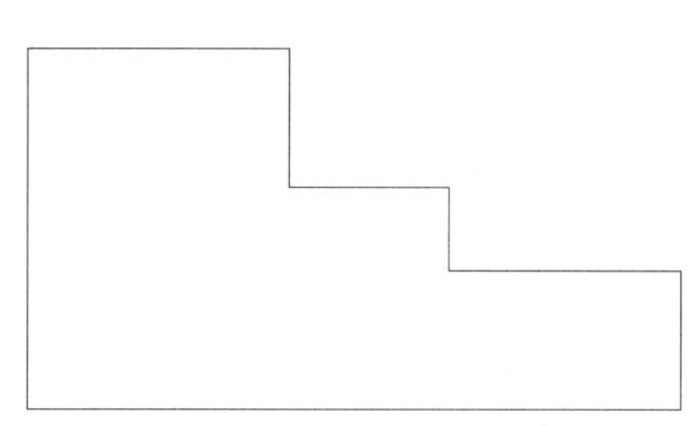

图 9-42 基本图形

（2）**标注垂直尺寸**

```
命令：DIMDLI↙
输入 DIMDLI 的新值 <0.5000>：1↙（调整基准标注尺寸间隙）
```

单击“默认”选项卡“注释”面板中的“线性”按钮，命令行提示与操作如下。

```
命令：_dimlinear
指定第一个尺寸界线原点或 <选择对象>：按下状态栏中的“对象捕捉”按钮，捕捉第一条尺寸界线原点
指定第二条尺寸界线原点：捕捉第二条尺寸界线原点
指定尺寸线位置或[多行文字(M)/文字(T)/角度(A)/水平(H)/垂直(V)/旋转(R)]：指定尺寸线位置
标注文字 =2.8
```

单击“注释”选项卡“标注”面板中的“基线”按钮，命令行提示与操作如下。

```
命令：_dimbaseline
指定第二个尺寸界线原点或 [选择(S)/放弃(U)] <选择>：指定第二条尺寸界线原点
标注文字 =4.5
指定第二个尺寸界线原点或 [选择(S)/放弃(U)] <选择>：指定第二条尺寸界线原点
标注文字 =7.3
指定第二个尺寸界线原点或 [选择(S)/放弃(U)] <选择>：↙。
```

（3）**标注水平尺寸**

单击“默认”选项卡“注释”面板中的“线性”按钮，命令行提示与操作如下。

```
命令：_dimlinear
指定第一个尺寸界线原点或 <选择对象>：捕捉第一条尺寸界线原点
指定第二条尺寸界线原点：捕捉第二条尺寸界线原点
指定尺寸线位置或[多行文字(M)/文字(T)/角度(A)/水平(H)/垂直(V)/旋转(R)]：指定尺寸线位置
标注文字 =5.5
```

单击“注释”选项卡“标注”面板中的“连续”按钮，命令行提示与操作如下。

```
命令：_dimcontinue
指定第二个尺寸界线原点或 [选择(S)/放弃(U)] <选择>：指定第二条尺寸界线原点
标注文字 =3.4
指定第二个尺寸界线原点或 [选择(S)/放弃(U)] <选择>：指定第二条尺寸界线原点
标注文字 =4.9
指定第二个尺寸界线原点或 [选择(S)/放弃(U)] <选择>：↙。
```

最终标注结果如图 9-41 所示。

（4）**保存文件**

在命令行中输入“QSAVE”，按<Enter>键，或选择菜单栏中的“文件”→“保存”命令，或单击“标准”工具栏中的“保存”按钮，保存标注的图形文件。

9.2.15 快速尺寸标注

快速尺寸标注命令“QDIM”使用户可以交互、动态、自动化地进行尺寸标注。利用“QDIM”命令可以同时选择多个圆或圆弧标注直径或半径，也可同时选择多个对象进行基线标注和连续标注，选择一次即可完成多个标注，既节省时间，又可提高工作效率。

【执行方式】

- 命令行：QDIM。
- 菜单栏：选择菜单栏中的“标注”→“快速标注”命令。
- 工具栏：单击“标注”工具栏中的“快速标注”按钮。
- 功能区：单击“注释”选项卡“标注”面板中的“快速标注”按钮。

【操作步骤】

命令行提示与操作如下。

```
命令：QDIM↙
关联标注优先级 = 端点
选择要标注的几何图形： 选择要标注尺寸的多个对象↙
指定尺寸线位置或 [连续(C)/并列(S)/基线(B)/坐标(O)/半径(R)/直径(D)/基准点(P)/编辑(E)/设置(T)] <连续>:
```

【选项说明】

① 指定尺寸线位置：直接确定尺寸线的位置，系统在该位置按默认的尺寸标注类型标注出相应的尺寸。

② 连续（C)：产生一系列连续标注的尺寸。在命令行输入“C”，AutoCAD 系统提示用户选择要进行标注的对象，选择完成后按<Enter>键，返回上面的提示，给定尺寸线位置，则完成连续尺寸标注。

③ 并列（S)：产生一系列交错的尺寸标注，如图 9-43 所示。

④ 基线（B)：产生一系列基线标注尺寸。后面的“坐标（O)”“半径（R)”“直径（D)”含义与此类同。

⑤ 基准点（P)：为基线标注和连续标注指定一个新的基准点。

⑥ 编辑（E)：对多个尺寸标注进行编辑。AutoCAD 允许对已存在的尺寸标注添加或移去尺寸点。选择此选项，命令行提示如下。

```
指定要删除的标注点或 [添加(A)/退出(X)] <退出>:
```

在此提示下确定要移去的点后按<Enter>键，系统对尺寸标注进行更新。如图 9-44 所示为图 9-43 中删除中间标注点后的尺寸标注。

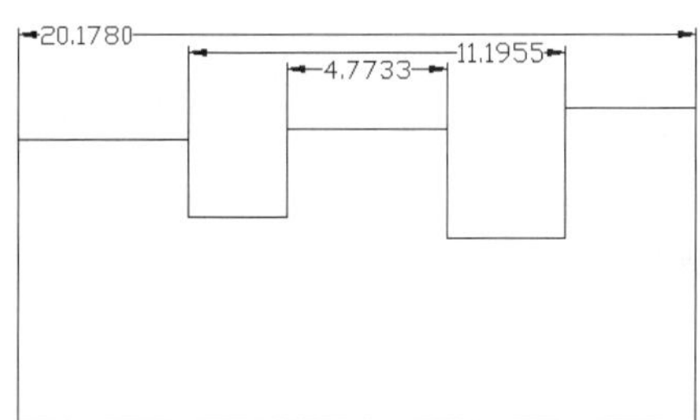

图 9-43 交错尺寸标注

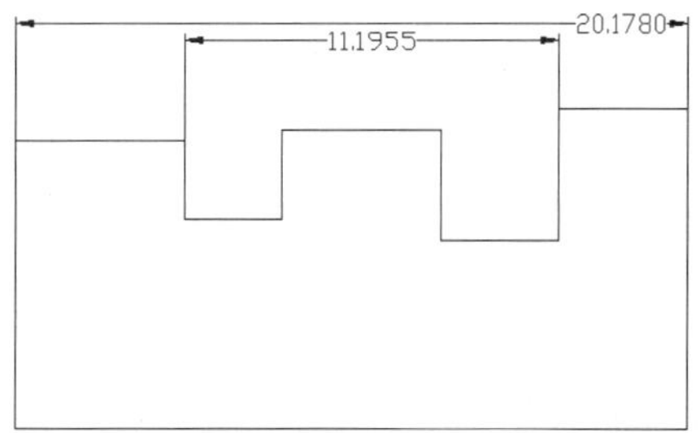

图 9-44 删除中间标注点后的尺寸标注

9.3 引线标注

AutoCAD 提供了引线标注功能，利用该功能不仅可以标注特定的尺寸，如圆角、倒角等，还可以在图中添加多行旁注、说明。在引线标注中指引线可以是折线，也可以是曲线，指引线端部可以有箭头，也可以没有箭头。

9.3.1 利用 LEADER 命令进行引线标注

利用 LEADER 命令可以创建灵活多样的引线标注形式，可根据需要把指引线设置为折线或曲线。指引线可带箭头，也可不带箭头。注释文本可以是多行文本，也可以是形位公差，可以从图形其他部位复制，也可以是一个图块。

【执行方式】

- 命令行：LEADER（快捷命令：LEAD）。

【操作步骤】

命令行提示与操作如下。

```
命令：LEADER↙
指定引线起点： 输入指引线的起始点
指定下一点： 输入指引线的另一点
指定下一点或 [注释(A)/格式(F)/放弃(U)] <注释>:
```

【选项说明】

① 指定下一点：直接输入一点，AutoCAD 根据前面的点绘制出折线作为指引线。

② 注释（A）：输入注释文本，为默认项。在此提示下直接按<Enter>键，命令行提示如下。

```
输入注释文字的第一行或 <选项>:
```

a. 输入注释文字。在此提示下输入第一行文字后按<Enter>键，用户可继续输入第二行文字，如此反复执行，直到输入全部注释文字，然后在此提示下直接按<Enter>键，AutoCAD 会在指引线终端标注出所输入的多行文本文字，并结束 LEADER 命令。

b. 直接按<Enter>键。如果在上面的提示下直接按<Enter>键，命令行提示如下。

```
输入注释选项 [公差(T)/副本(C)/块(B)/无(N)/多行文字(M)] <多行文字>:
```

在此提示下选择一个注释选项或直接按<Enter>键默认选择“多行文字”选项，其他各选项的含义如下。

（a）公差（T）：标注形位公差。形位公差的标注见 9.4 节。

（b）副本（C）：把已利用 LEADER 命令创建的注释复制到当前指引线的末端。选择该选项，命令行提示如下。

```
选择要复制的对象:
```

在此提示下选择一个已创建的注释文本，则 AutoCAD 把它复制到当前指引线的末端。

（c）块（B）：插入块，把已经定义好的图块插入到指引线的末端。选择该选项，命令行提示如下。

```
输入块名或 [?]:
```

在此提示下输入一个已定义好的图块名，AutoCAD 把该图块插入到指引线的末端；或输入“？”列出当前已有图块，用户可从中选择。

（d）无（N）：不进行注释，没有注释文本。

（e）多行文字（M）：用多行文本编辑器标注注释文本，并设置文本格式为默认选项。

③ 格式（F）：确定指引线的形式。选择该选项，命令行提示如下。

```
输入引线格式选项 [样条曲线(S)/直线(ST)/箭头(A)/无(N)] <退出>:
```

选择指引线形式，或直接按<Enter>键返回上一级提示。

a．样条曲线（S）：设置指引线为样条曲线。

b．直线（ST）：设置指引线为折线。

c．箭头（A）：在指引线的起始位置画箭头。

d．无（N）：在指引线的起始位置不画箭头。

e．退出：此项为默认选项，选择该选项退出“格式（F）”选项，返回“指定下一点或[注释（A）/格式（F）/放弃（U）]<注释>”提示，并且指引线形式按默认方式设置。

9.3.2 利用 QLEADER 命令进行引线标注

利用 QLEADER 命令可快速生成指引线及注释，而且可以通过命令行优化对话框进行用户自定义，由此可以消除不必要的命令行提示，获得较高的工作效率。

【执行方式】

- 命令行：QLEADER（快捷命令：LE）。

【操作步骤】

命令行提示与操作如下。

```
命令: QLEADER↙
指定第一个引线点或 [设置(S)] <设置>:
```

【选项说明】

① 指定第一个引线点：在上面的提示下确定一点作为指引线的第一点，命令行提示如下。

```
指定下一点: 输入指引线的第二点
指定下一点: 输入指引线的第三点
```

AutoCAD 提示用户输入点的数目由“引线设置”对话框确定。输入完指引线的点后，命令行提示如下。

```
指定文字宽度 <0.0000>: 输入多行文本文字的宽度
输入注释文字的第一行 <多行文字(M)>:
```

此时，有两种命令输入选择，含义如下。

a．输入注释文字的第一行：在命令行输入第一行文本文字，命令行提示如下。

```
输入注释文字的下一行: 输入另一行文本文字
输入注释文字的下一行: 输入另一行文本文字或按<Enter>键
```

b．多行文字（M）：打开多行文字编辑器，输入编辑多行文字。

输入全部注释文本后，在此提示下直接按<Enter>键，AutoCAD 结束 QLEADER 命令，并把多行文本标注在指引线的末端附近。

② 设置：在上面的提示下直接按<Enter>键或输入“S”，系统打开 “引线设置”对话框，允许对引线标注进行设置。该对话框包含“注释”“引线和箭头”“附着”3 个选项卡，下面分别进行介绍。

a．“注释”选项卡（图 9-45）：用于设置引线标注中注释文本的类型、多行文本的格式并确定注释文本是否多次使用。

图 9-45 “注释”选项卡

b．“引线和箭头”选项卡（图 9-46）：用于设置引线标注中指引线和箭头的形式。其中“点数”选项组用于设置执行 QLEADER 命令时，AutoCAD 提示用户输入的点的数目。例如，设置点数为 3，执行 QLEADER 命令时，当用户在提示下指定 3 个点后，系统自动提示用户输入注释文本。注意设置的点数要比用户希望的指引线段数多 1，可利用微调框进行设置，如果勾选“无限制”复选框，则 AutoCAD 会一直提示用户输入点直到连续按<Enter>键两次为止。“角度约束”选项组设置第一段和第二段指引线的角度约束。

c．“附着”选项卡（图 9-47）：用于设置注释文本和指引线的相对位置。如果最后一段指引线指向右边，AutoCAD 自动把注释文本放在右侧；如果最后一段指引线指向左边，AutoCAD 自动把注释文本放在左侧。利用本页左侧和右侧的单选钮分别设置位于左侧和右侧的注释文本与最后一段指引线的相对位置，二者可相同也可不相同。

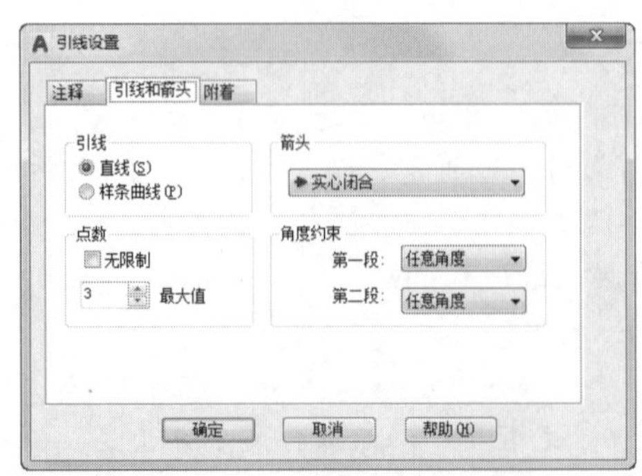

图 9-46 “引线和箭头”选项卡

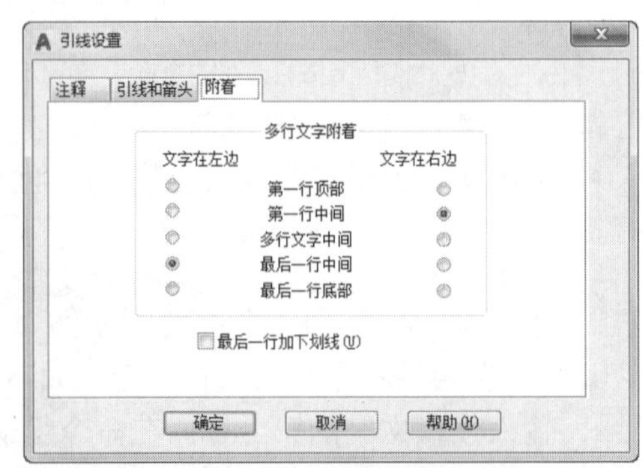

图 9-47 “附着”选项卡

9.3.3 实例——标注止动垫圈尺寸

扫一扫，看视频

标注如图 9-48 所示的止动垫圈尺寸。

① 单击“默认”选项卡“注释”面板中的“文字样式”按钮A，设置文字样式，为后面尺寸标注输入文字做准备。

② 单击“默认”选项卡“注释”面板中的“标注样式”按钮，设置标注样式。

③ 在命令行输入“QLEADER”，利用“引线”命令标注齿轮主视图上部圆角半径。例如标注上端 Φ2，按下面的方法操作。

```
命令：QLEADER↙
指定第一个引线点或 [设置(S)] <设置>：s↙（对引线类型进行设置）
指定第一个引线点或 [设置(S)] <设置>：在标注的位置指定一点
指定下一点：在标注的位置指定第二点
指定下一点：在标注的位置指定第三点
指定文字宽度 <5>：↙
输入注释文字的第一行 <多行文字(M)>：%%c2↙
输入注释文字的下一行：↙
```

如图 9-49 所示为使用该标注方式的标注结果。

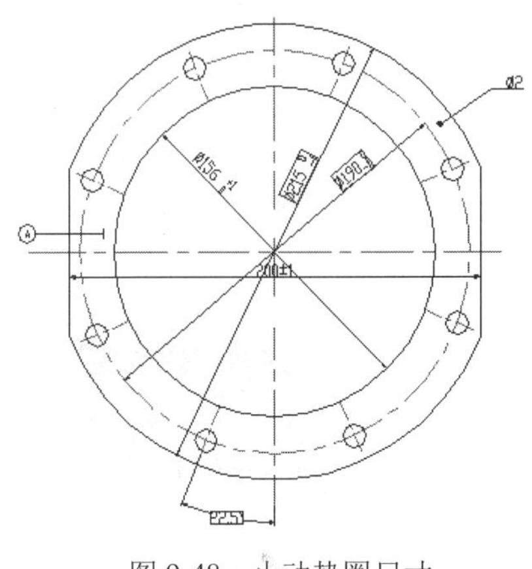

图 9-48 止动垫圈尺寸

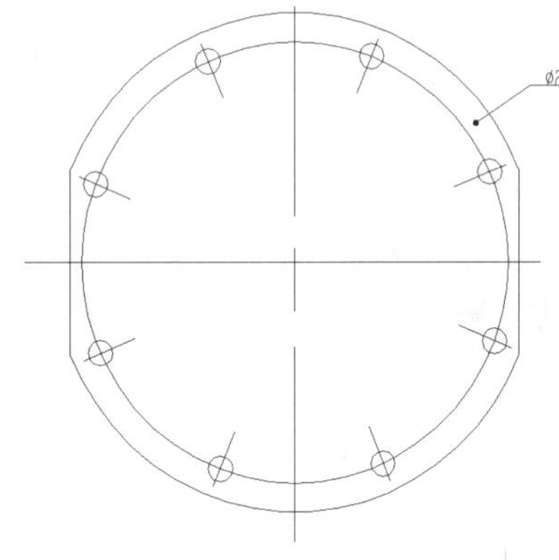

图 9-49 引线标注

④ 用“线性”标注、“直径”标注和“角度”标注命令标注止动垫圈视图中的其他尺寸。在标注公差的过程中，同样要先设置替代尺寸样式，在替代样式中逐个设置公差，最终结果如图 9-48 所示。

9.4 形位公差

9.4.1 形位公差标注

为方便机械设计工作，AutoCAD 提供了标注形位公差的功能。形位公差的标注形式如图 9-50 所示，包括指引线、特征符号、公差值和附加符号以及基准代号。

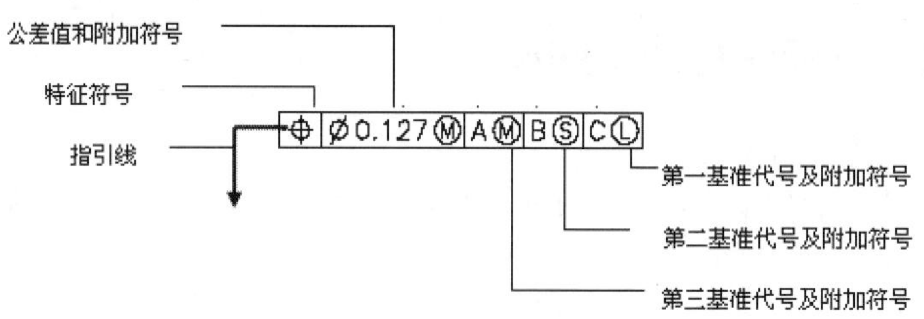

图 9-50　形位公差标注

【执行方式】

- 命令行：TOLERANCE（快捷命令：TOL）。
- 菜单栏：选择菜单栏中的“标注”→“公差”命令。
- 工具栏：单击“标注”工具栏中的“公差”按钮。
- 功能区：单击“注释”选项卡“标注”面板中的“公差”按钮。

执行上述操作后，系统打开如图 9-51 所示的“形位公差”对话框，可通过此对话框对形位公差标注进行设置。

【选项说明】

① 符号：用于设定或改变公差代号。单击下面的黑块，系统打开如图 9-52 所示的“特征符号”列表框，可从中选择需要的公差代号。

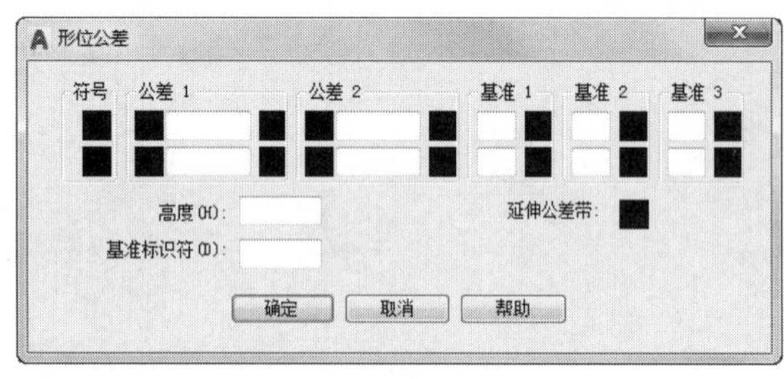

图 9-51　“形位公差”对话框

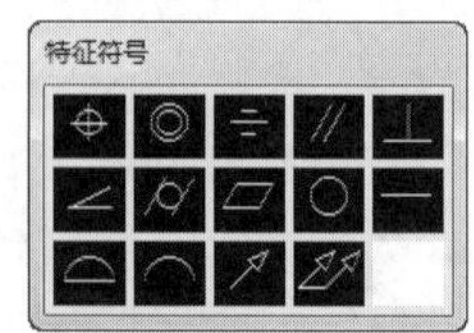

图 9-52　“特征符号”列表框

② 公差 1/2：用于产生第一/二个公差的公差值及“附加符号”。白色文本框左侧的黑块控制是否在公差值之前加一个直径符号，单击它，则出现一个直径符号，再单击则又消失。白色文本框用于确定公差值，在其中输入一个具体数值。右侧黑块用于插入“包容条件”符号，单击它，系统打开如图 9-53 所示的“附加符号”列表框，用户可从中选择所需符号。

③ 基准 1/2/3：用于确定第一/二/三个基准代号及材料状态符号。在白色文本框中输入一个基准代号。单击其右侧的黑块，系统打开“包容条件”列表框，可从中选择适当的“包容条件”符号。

④ “高度”文本框：用于确定标注复合形位公差的高度。

⑤ 延伸公差带：单击此黑块，在复合公差带后面加一个复合公差符号，如图 9-54（d）所示，其他形位公差标注如图 9-54（a）～（c）所示。

⑥ “基准标识符”文本框：用于产生一个标识符号，用一个字母表示。

技巧荟萃

在“形位公差”对话框中有两行可以同时对形位公差进行设置，可实现复合形位公差的标注。如果两行中输入的公差代号相同，则得到如图 9-54（e）所示的形式。

图 9-53　“附加符号”列表框

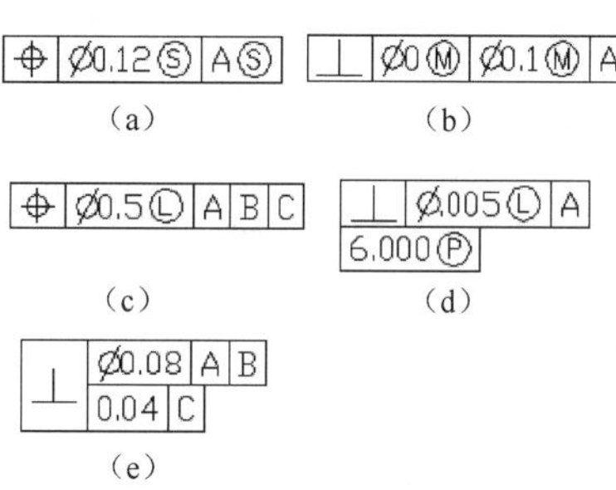

图 9-54　形位公差标注举例

9.4.2　实例——标注轴的尺寸

扫一扫，看视频

标注如图 9-55 所示轴的尺寸。

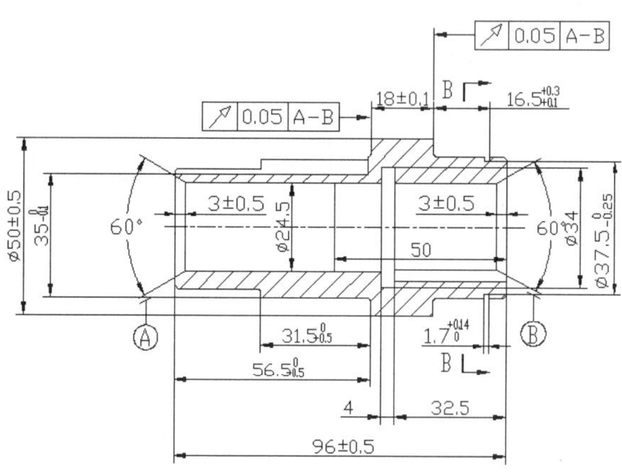

图 9-55　轴的尺寸标注

① 单击“默认”选项卡“图层”面板中的“图层特性”按钮，打开“图层特性管理器”对话框，单击“新建图层”按钮，设置如图 9-56 所示的图层。

② 绘制图形。利用学过的绘图命令与编辑命令绘制图形，绘制结果如图 9-57 所示。

③ 设置尺寸标注样式。在系统默认的 Standard 标注样式中，设置箭头大小为“3”，文字高度为“4”，文字对齐方式为“与尺寸线对齐”，精度设为“0.0”，其他选项设置如图 9-58 所示。

④ 标注基本尺寸。如图 9-59 所示，图中包括 3 个线性尺寸、2 个角度尺寸和 2 个直径尺寸，而实际上这 2 个直径尺寸也是按线性尺寸的标注方法进行标注的，按下状态栏中的“对象捕捉”按钮。

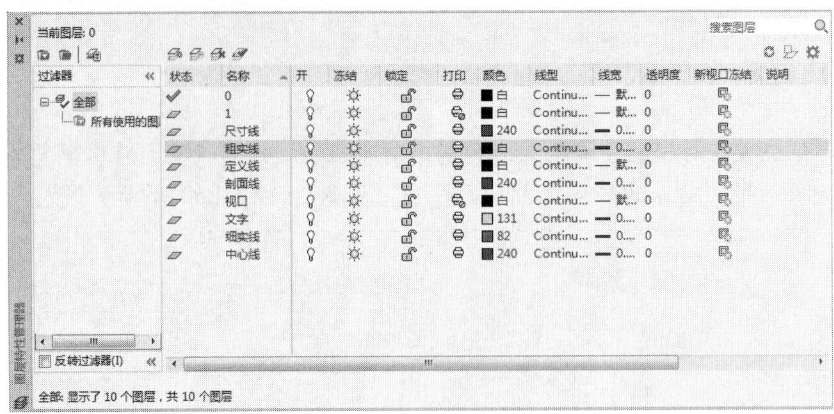

图 9-56　图层设置

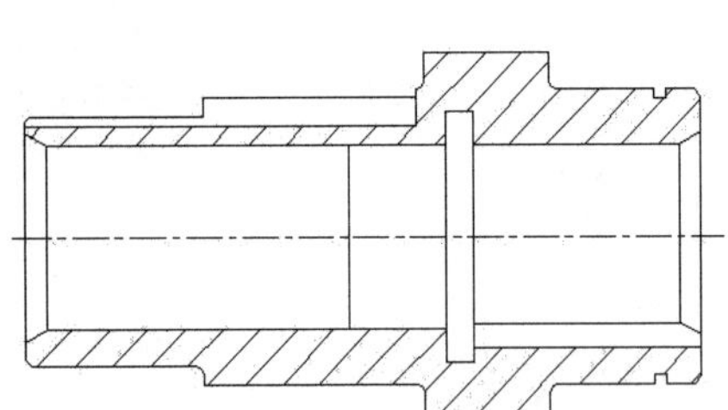

图 9-57　绘制图形

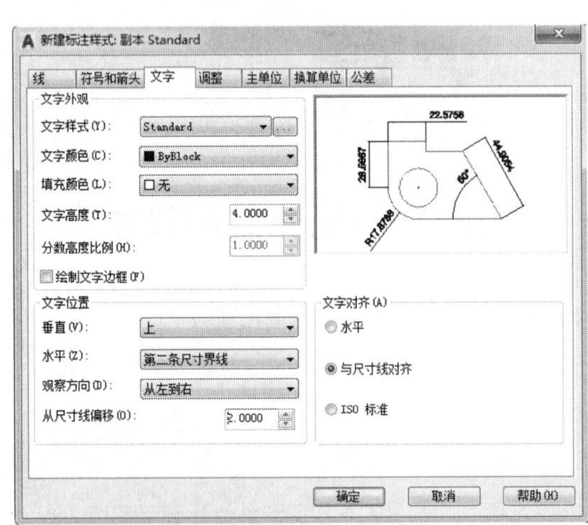

图 9-58　设置尺寸标注样式

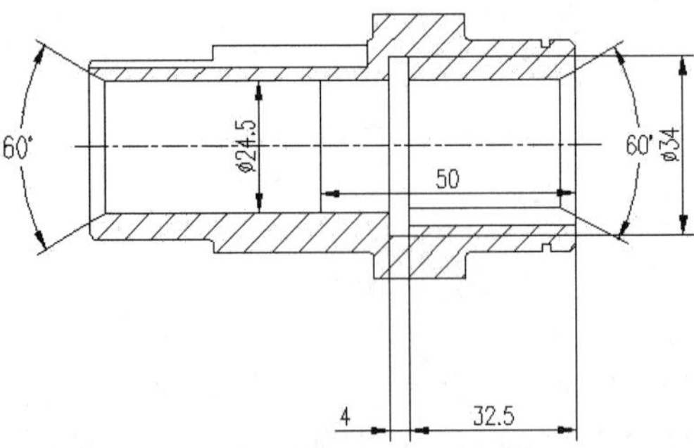

图 9-59　标注基本尺寸

a．标注线性尺寸 4，命令行提示与操作如下。

命令：DIMLINEAR↙

指定第一个尺寸界线原点或 <选择对象>：捕捉第一条尺寸界线原点

指定第二条尺寸界线原点：捕捉第二条尺寸界线原点

指定尺寸线位置或[多行文字(M)/文字(T)/角度(A)/水平(H)/垂直(V)/旋转（R）]：指定尺寸线位置

```
标注文字 =4
```

采用相同的方法，标注线性尺寸 32.5、50、$\varPhi$34、$\varPhi$24.5。

b．标注角度尺寸 60，命令行提示与操作如下。

```
命令: DIMANGULAR↙
选择圆弧、圆、直线或 <指定顶点>: 选择要标注的轮廓线
选择第二条直线: 选择第二条轮廓线
指定标注弧线位置或 [多行文字(M)/文字(T)/角度(A)]: 指定尺寸线位置
标注文字 =60
```

采用相同的方法，标注另一个角度尺寸 60º，标注结果如图 9-55 所示。

⑤ 标注公差尺寸。图中包括 5 个对称公差尺寸和 6 个极限偏差尺寸。单击“默认”选项卡“注释”面板中的“标注样式”按钮，打开“标注样式管理器”对话框。单击对话框中的“替代”按钮，打开“替代当前样式”对话框，单击“公差”选项卡，按每一个尺寸公差的不同进行替代设置，如图 9-60 所示。替代设定后，进行尺寸标注，命令行提示与操作如下。

```
命令: DIMLINEAR↙
指定第一个尺寸界线原点或 <选择对象>: 捕捉第一个尺寸界线原点
指定第二条尺寸界线原点: 捕捉第二条尺寸界线原点
创建了无关联的标注
指定尺寸线位置或[多行文字(M)/文字(T)/角度(A)/水平(H)/垂直(V)/旋转(R)]:M↙（并在打开的多行文本编辑器的编辑栏尖括号前加“%%C”，标注直径符号）
指定尺寸线位置或[多行文字(M)/文字(T)/角度(A)/水平(H)/垂直(V)/旋转(R)]: ↙
标注文字 =50
```

对公差按尺寸要求进行替代设置。

采用相同的方法，对标注样式进行替代设置，然后标注线性公差尺寸 35、3、31.5、56.5、96、18、3、1.7、16.5、$\varPhi$37.5，标注结果如图 9-61 所示。

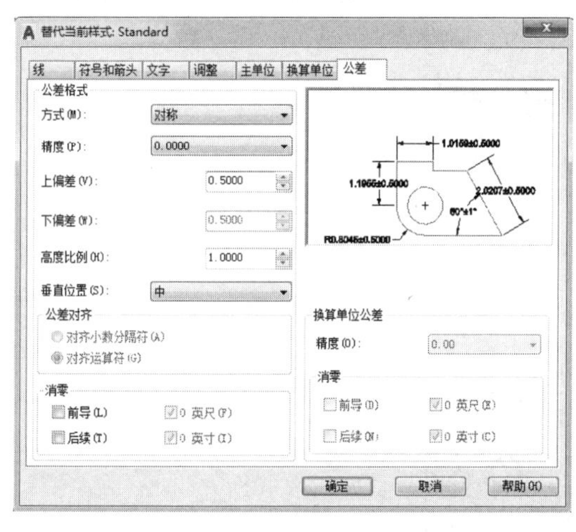

图 9-60　“公差”选项卡

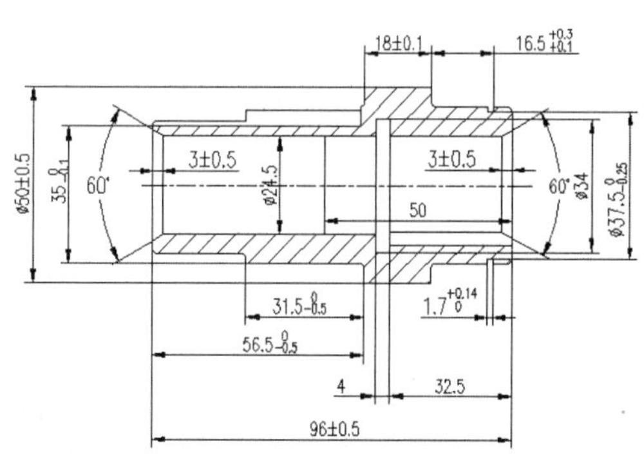

图 9-61　标注尺寸公差

⑥ 标注形位公差。

a．单击“注释”选项卡“标注”面板中的“公差”按钮，打开“形位公差”对话框，进行如图 9-62 所示的设置，确定后在图形上指定放置位置。

b．标注引线，命令行提示与操作如下。

命令：LEADER↙
指定引线起点：指定起点
指定下一点：指定下一点
指定下一点或［注释(A)/格式(F)/放弃(U)］<注释>：↙
输入注释文字的第一行或 <选项>：↙
输入注释选项［公差(T)/副本(C)/块(B)/无(N)/多行文字(M)］<多行文字>：N↙（引线指向形位公差符号，故无注释文本）

采用相同的方法，标注另一个形位公差，标注结果如图 9-63 所示。

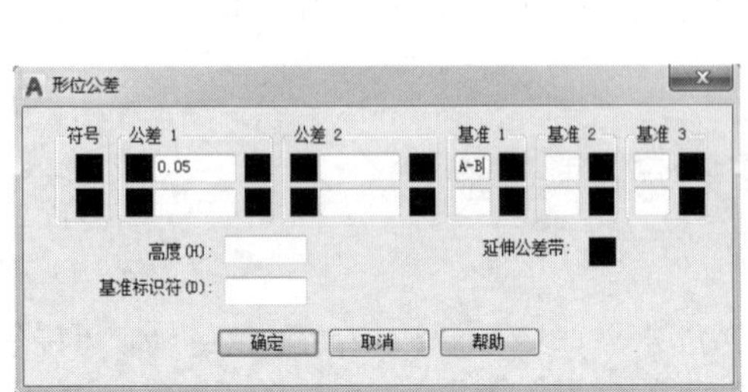

图 9-62 “形位公差”对话框

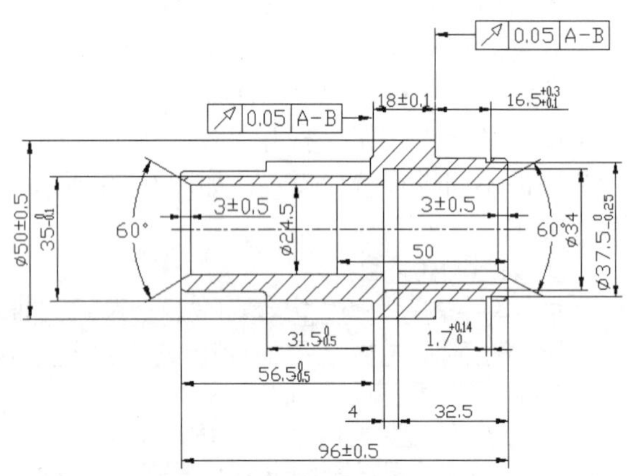

图 9-63 标注形位公差

⑦ 标注形位公差基准。形位公差的基准可以通过引线标注命令和绘图命令以及单行文字命令绘制，此处不再赘述。最后完成的标注结果如图 9-55 所示。

⑧ 保存文件。在命令行输入“QSAVE”，或选择菜单栏中的“文件”→“保存”命令，或单击“标准”工具栏中的“保存”按钮，保存标注的图形文件。

上 机 操 作

【实例 1】标注如图 9-64 所示的垫片尺寸

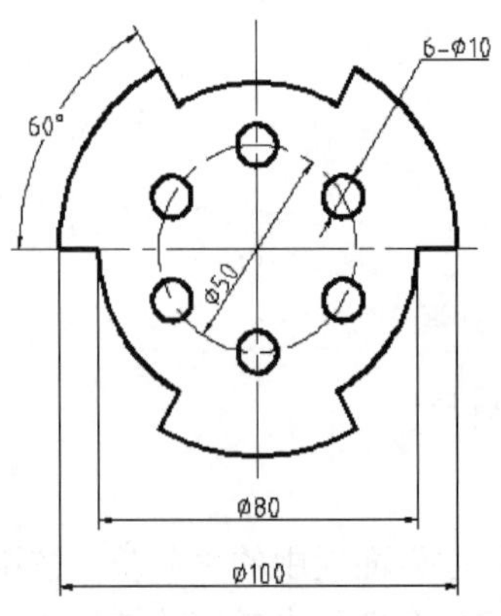

图 9-64 垫片尺寸

（1）目的要求

本例有线性、直径、角度 3 种尺寸需要标注，由于具体尺寸的要求不同，需要重新设置和转换尺寸标注样式。通过本例，要求读者掌握各种标注尺寸的基本方法。

（2）操作提示

① 利用单击“默认”选项卡“注释”面板中的“文字样式”按钮 设置文字样式和标注样式，为后面的尺寸标注输入文字做准备。

② 利用单击“默认”选项卡“注释”面板中的“线性”按钮 标注垫片图形中的线性尺寸。

③ 利用单击“默认”选项卡“注释”面板中的“直径”按钮 标注垫片图形中的直径尺寸，其中需要重新设置标注样式。

④ 利用单击“默认”选项卡“注释”面板中的“角度”按钮 标注垫片图形中的角度尺寸，其中需要重新设置标注样式。

【实例 2】为如图 9-65 所示的阀盖尺寸设置标注样式

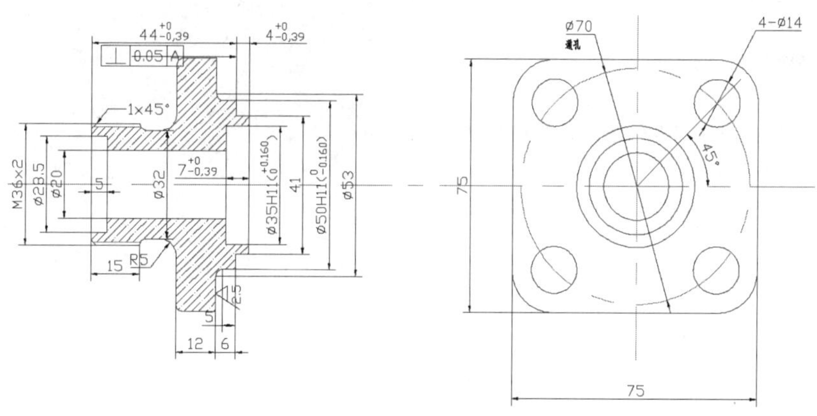

图 9-65　阀盖尺寸

（1）目的要求

设置标注样式是标注尺寸的首要工作。一般可以根据图形的复杂程度和尺寸类型的多少，决定设置几种尺寸标注样式。本例要求针对图 9-65 所示的阀盖设置 3 种尺寸标注样式。分别用于普通线性标注、带公差的线性标注以及角度标注。

（2）操作提示

① 单击“默认”选项卡“注释”面板中的“标注样式”按钮 ，打开“标注样式管理器”对话框。

② 单击“新建”按钮，打开“创建新标注样式”对话框，在“新样式名”文本框中输入新样式名。

③ 单击“继续”按钮，打开“新建标注样式”对话框。

④ 在对话框的各个选项卡中进行直线和箭头、文字、调整、主单位、换算单位和公差的设置。

⑤ 确认退出。采用相同的方法设置另外两个标注样式。

第10章 图块及其属性

在设计绘图过程中经常会遇到一些重复出现的图形，例如机械设计中的螺钉、螺母，建筑设计中的桌椅、门窗等，如果每次都重新绘制这些图形，不仅造成大量的重复工作，而且存储这些图形及其信息也要占据很大的磁盘空间。图块提出了模块化作图的解决办法，这样不仅避免了大量的重复工作，提高了绘图速度，而且可以大大节省磁盘空间。本章主要介绍图块及其属性知识。

学习目标

- 学习图块的属性
- 了解外部参照的管理和附着
- 熟练掌握插入图块的操作
- 了解光栅图像的附着和管理

10.1 图块操作

图块也称块，它是由一组图形对象组成的集合，一组对象一旦被定义为图块，它们将成为一个整体，选中图块中任意一个图形对象即可选中构成图块的所有对象。AutoCAD 把一个图块作为一个对象进行编辑修改等操作，用户可根据绘图需要把图块插入到图中指定的位置，在插入时还可以指定不同的缩放比例和旋转角度。如果需要对组成图块的单个图形对象进行修改，还可以利用“分解”命令把图块炸开，分解成若干个对象。图块还可以重新定义，一旦被重新定义，整个图中基于该块的对象都将随之改变。

10.1.1 定义图块

【执行方式】

- 命令行：BLOCK（快捷命令：B）。
- 菜单栏：选择菜单栏中的“绘图”→“块”→“创建”命令。

- 工具栏：单击“绘图”工具栏中的“创建块”按钮。
- 功能区：单击“默认”选项卡“块”面板中的“创建”按钮或单击“插入”选项卡“块定义”面板中的“创建块”按钮。

执行上述操作后，系统打开如图 10-1 所示的“块定义”对话框，利用该对话框可定义图块并为之命名。

图 10-1 “块定义”对话框

【选项说明】

① “基点”选项组：确定图块的基点，默认值是（0,0,0），也可以在下面的 X、Y、Z 文本框中输入块的基点坐标值。单击“拾取点”按钮，系统临时切换到绘图区，在绘图区选择一点后，返回“块定义”对话框中，把选择的点作为图块的放置基点。

② “对象”选项组：用于选择制作图块的对象，以及设置图块对象的相关属性。如图 10-2 所示，把图（a）中的正五边形定义为图块，图（b）为点选“删除”单选钮的结果，图（c）为点选“保留”单选钮的结果。

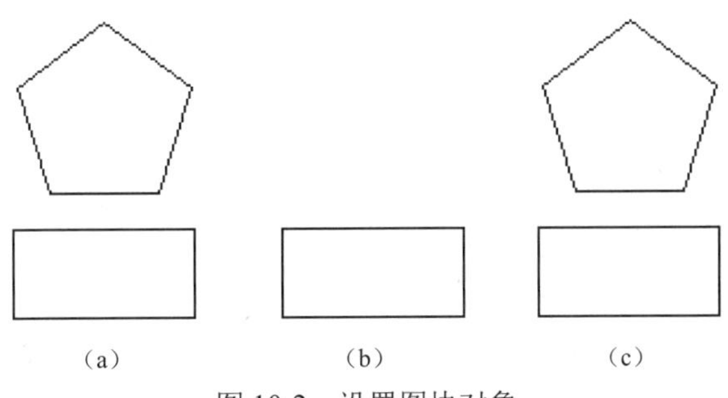

图 10-2 设置图块对象

③ “设置”选项组：指定从 AutoCAD 设计中心拖动图块时用于测量图块的单位，以及缩放、分解和超链接等设置。

④ “在块编辑器中打开”复选框：勾选此复选框，可以在块编辑器中定义动态块，后面将详细介绍。

⑤ “方式”选项组：指定块的行为。“注释性”复选框，指定在图纸空间中块参照的方向与布局方向匹配；“按统一比例缩放”复选框，指定是否阻止块参照不按统一比例缩放；“允许分解”复选框，指定块参照是否可以被分解。

10.1.2 图块的存盘

利用 BLOCK 命令定义的图块保存在其所属的图形当中，该图块只能在该图形中插入，而不能插入到其他的图形中。但是有些图块在许多图形中要经常被用到，这时可以用 WBLOCK 命令把图块以图形文件的形式（后缀为.dwg）写入磁盘。图形文件可以在任意图形中用 INSERT 命令插入。

【执行方式】

- 命令行：WBLOCK（快捷命令：W）。
- 功能区：单击“插入”选项卡“块定义”面板中的“写块”按钮。

执行上述命令后，系统打开“写块”对话框，如图 10-3 所示，利用此对话框可把图形对象保存为图形文件或把图块转换成图形文件。

图 10-3 “写块”对话框

【选项说明】

① “源”选项组：确定要保存为图形文件的图块或图形对象。点选“块”单选钮，单击右侧的下拉列表框，在其展开的列表中选择一个图块，将其保存为图形文件；点选“整个图形”单选钮，则把当前的整个图形保存为图形文件；点选“对象”单选钮，则把不属于图块的图形对象保存为图形文件。对象的选择通过“对象”选项组来完成。

② “目标”选项组：用于指定图形文件的名称、保存路径和插入单位。

10.1.3 实例——将图形定义为图块

扫一扫，看视频

将如图 10-4 所示的图形定义为图块，命名为 HU3，并保存。

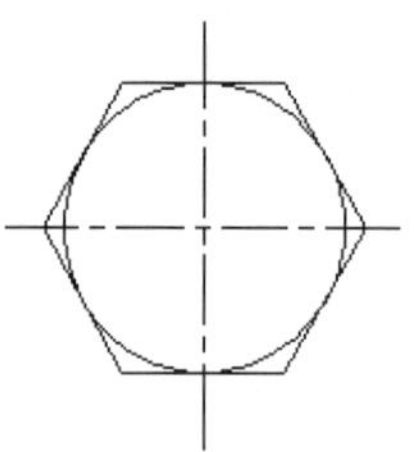

图 10-4 定义图块

① 单击“默认”选项卡“块”面板中的“创建”按钮或单击“插入”选项卡“块定义”面板中的“创建块”按钮，打开“块定义”对话框。

② 在“名称”下拉列表框中输入“HU3”。

③ 单击“拾取点”按钮，切换到绘图区，选择圆心为插入基点，返回“块定义”对话框。

④ 单击“选择对象”按钮，切换到绘图区，选择如图 10-4 所示的对象后，按<Enter>键返回“块定义”对话框。

⑤ 单击“确定”按钮，关闭对话框。

⑥ 在命令行输入“WBLOCK”，按<Enter>键，系统打开“写块”对话框，在“源”选项组中点选“块”单选钮，在右侧的下拉列表框中选择“HU3”块，单击“确定”按钮，即把图形定义为“HU3”图块。

10.1.4 图块的插入

在 AutoCAD 绘图过程中，可根据需要随时把已经定义好的图块或图形文件插入到当前图形的任意位置，在插入的同时还可以改变图块的大小、旋转一定角度或把图块炸开等。插入图块的方法有多种，本节将逐一进行介绍。

【执行方式】

- 命令行：INSERT（快捷命令：I）。
- 菜单栏：选择菜单栏中的“插入”→“块选项板”命令。
- 工具栏：单击“插入”工具栏中的“插入块”按钮或单击“绘图”工具栏中的“插入块”按钮。
- 功能区：单击“默认”选项卡“块”面板中的“插入”下拉菜单或单击“插入”选项卡“块”面板中的“插入”下拉菜单。

执行上述操作后，系统打开“块”选项板，如图10-5所示，可以指定要插入的图块及插入位置。

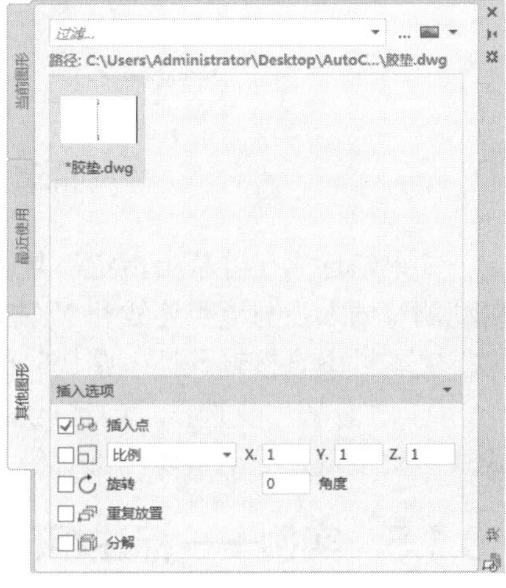

图10-5　“块”选项板

【选项说明】

①“路径”显示框：显示图块的保存路径。

②“插入点”选项组：指定插入点，插入图块时该点与图块的基点重合。可以在绘图区指定该点，也可以在下面的文本框中输入坐标值。

③“比例”选项组：确定插入图块时的缩放比例。图块被插入到当前图形中时，可以以任意比例放大或缩小。如图10-6所示，图（a）是被插入的图块；图（b）为按比例系数1.5插入该图块的结果；图（c）为按比例系数0.5插入的结果，X轴方向和Y轴方向的比例系数也可以取不同；图（d）插入的图块X轴方向的比例系数为1，Y轴方向的比例系数为1.5。另外，比例系数还可以是一个负数，当为负数时表示插入图块的镜像，其效果如图10-7所示。

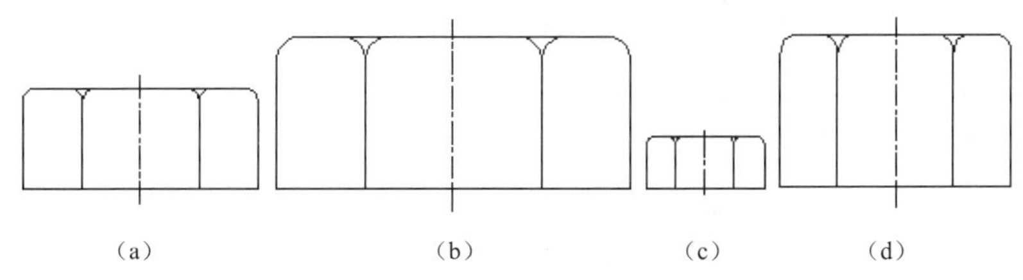

（a）　（b）　（c）　（d）

图10-6　取不同比例系数插入图块的效果

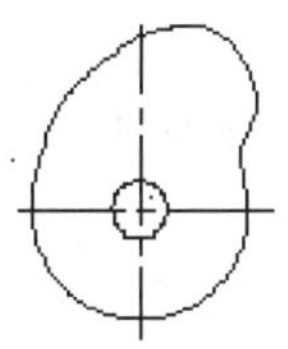

X比例=1，Y比例=1

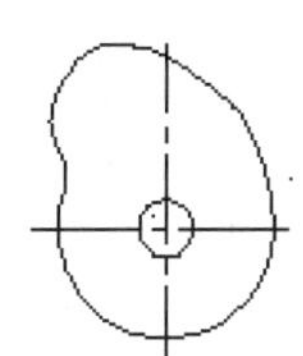

X比例=−1，Y比例=1

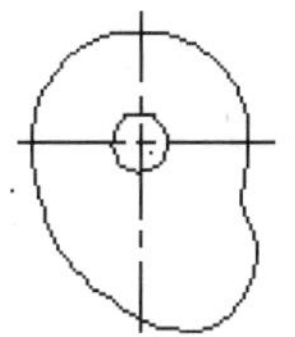

X比例=1，Y比例=−1

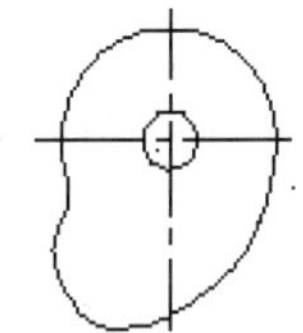

X比例=−1，Y比例=−1

图10-7　取比例系数为负值插入图块的效果

④ “旋转”选项组：指定插入图块时的旋转角度。图块被插入到当前图形中时，可以绕其基点旋转一定的角度，角度可以是正数（表示沿逆时针方向旋转），也可以是负数（表示沿顺时针方向旋转）。如图 10-8（a）所示，图（b）为图块旋转 30°后插入的效果，图（c）为图块旋转-30°后插入的效果。

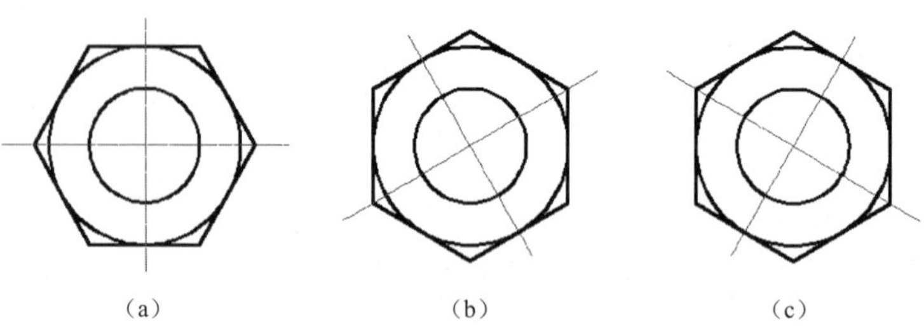

图 10-8　以不同旋转角度插入图块的效果

如果勾选“在屏幕上指定”复选框，系统切换到绘图区，在绘图区选择一点，AutoCAD 自动测量插入点与该点连线和 X 轴正方向之间的夹角，并把它作为块的旋转角。也可以在“角度”文本框中直接输入插入图块时的旋转角度。

⑤ “分解”复选框：勾选此复选框，则在插入块的同时把其炸开，插入到图形中的组成块对象不再是一个整体，可对每个对象单独进行编辑操作。

10.1.5　实例——标注粗糙度符号

扫一扫，看视频

标注如图 10-9 所示图形中的粗糙度符号。

其余 6.3

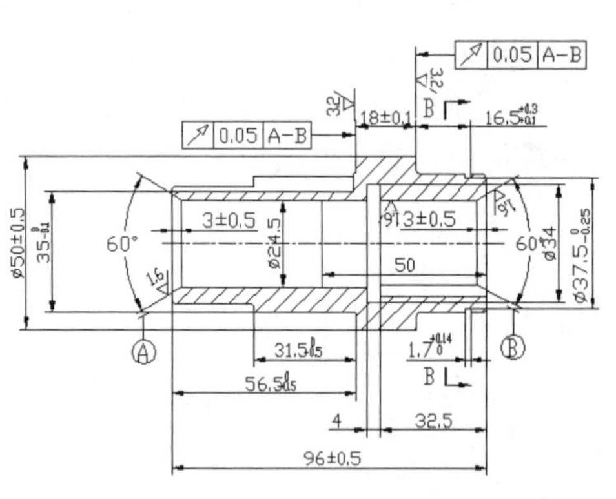

图 10-9　标注粗糙度符号

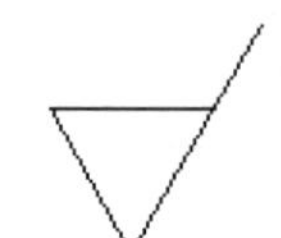

图 10-10　绘制粗糙度符号

① 单击“默认”选项卡“绘图”面板中的“直线”按钮，绘制如图 10-10 所示的图形。

② 在命令行输入“WBLOCK”，按<Enter>键，打开“写块”对话框。单击“拾取点”按钮，选择图形的下尖点为基点，单击“选择对象”按钮，选择上面的图形为对象，输入图块名称并指定路径保存图块，单击“确定”按钮退出。

③ 单击“默认”选项卡“块”面板中的“插入”下拉菜单或单击“插入”选项卡“块”面板中的“插入”下拉菜单，打开“块”选项板。单击“浏览”按钮，找到刚才保存的图块，在绘图区指定插入点、比例和旋转角度，插入时选择适当的插入点、比例和旋转角度，将该图块插入到图 10-9 所示的图形中。

④ 单击“默认”选项卡“注释”面板中的“单行文字”按钮A，标注文字，标注时注意对文字进行旋转。

⑤ 采用相同的方法，标注其他粗糙度符号。

10.1.6 动态块

动态块具有灵活性和智能性的特点。用户在操作时可以轻松地更改图形中的动态块参照，通过自定义夹点或自定义特性来操作动态块参照中的几何图形，使用户可以根据需要在位调整块，而不用搜索另一个块以插入或重定义现有的块。

如果在图形中插入一个门块参照，编辑图形时可能需要更改门的大小。如果该块是动态的，并且定义为可调整大小，那么只需拖动自定义夹点或在“特性”选项板中指定不同的大小就可以修改门的大小，如图 10-11 所示。用户可能还需要修改门的打开角度，如图 10-12 所示。该门块还可能会包含对齐夹点，使用对齐夹点可以轻松地将门块参照与图形中的其他几何图形对齐，如图 10-13 所示。

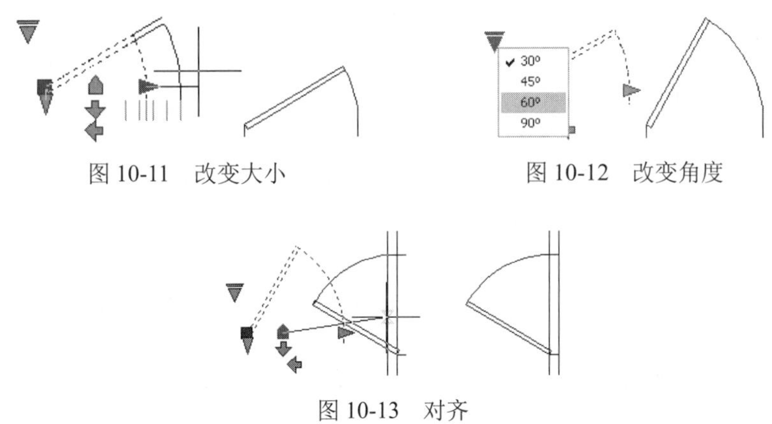

图 10-11　改变大小

图 10-12　改变角度

图 10-13　对齐

可以使用块编辑器创建动态块。块编辑器是一个专门的编写区域，用于添加能够使块成为动态块的元素。用户可以创建新的块，也可以向现有的块定义中添加动态行为，还可以像在绘图区中一样创建几何图形。

【执行方式】

- 命令行：BEDIT（快捷命令：BE）。
- 菜单栏：选择菜单栏中的“工具”→“块编辑器”命令。
- 工具栏：单击“标准”工具栏中的“块编辑器”按钮。
- 快捷菜单：选择一个块参照，在绘图区右击，选择快捷菜单中的“块编辑器”命令。
- 功能区：单击“默认”选项卡“块”面板中的“编辑”按钮（或单击“插入”选项卡“块定义”面板中的“块编辑器”按钮）。

执行上述操作后，系统打开“编辑块定义”对话框，如图 10-14 所示，在“要创建或编辑的块”文本框中输入图块名或在列表框中选择已定义的块或当前图形。确认后，系统打开块编写选项板和“块编辑器”工具栏，如图 10-15 所示。

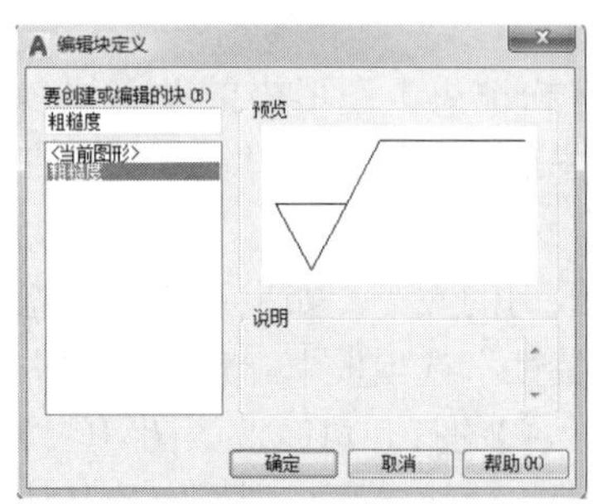

图 10-14 “编辑块定义”对话框

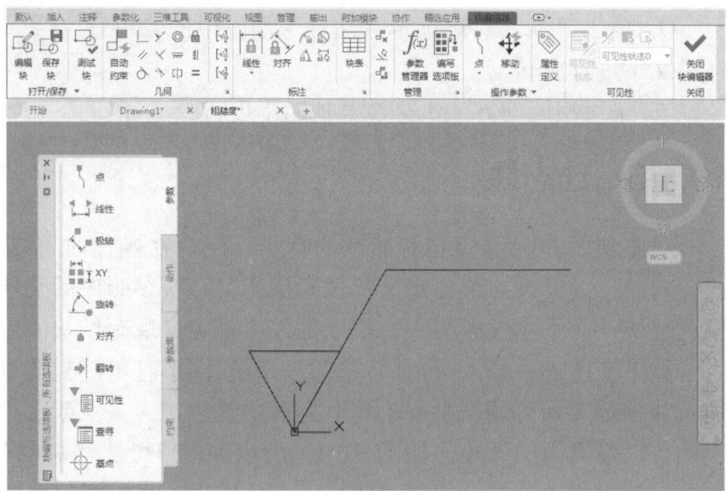

图 10-15 块编辑状态绘图平面

【选项说明】

（1）块编写选项板

该选项板有 4 个选项卡，分别介绍如下。

① “参数”选项卡：提供用于向块编辑器的动态块定义中添加参数的工具。参数用于指定几何图形在块参照中的位置、距离和角度。将参数添加到动态块定义中时，该参数将定义块的一个或多个自定义特性。此选项卡也可以通过 BPARAMETER 命令打开。

a．点：向当前动态块定义中添加点参数，并定义块参照的自定义 X 和 Y 特性。可以将移动或拉伸动作与点参数相关联。

b．线性：向当前动态块定义中添加线性参数，并定义块参照的自定义距离特性。可以将移动、缩放、拉伸或阵列动作与线性参数相关联。

c．极轴：向当前的动态块定义中添加极轴参数，并定义块参照的自定义距离和角度特性。可以将移动、缩放、拉伸、极轴拉伸或阵列动作与极轴参数相关联。

d．XY：向当前动态块定义中添加 XY 参数，并定义块参照的自定义水平距离和垂直距离特性。可以将移动、缩放、拉伸或阵列动作与 XY 参数相关联。

e．旋转：向当前动态块定义中添加旋转参数，并定义块参照的自定义角度特性。只能将一个旋转动作与一个旋转参数相关联。

f．对齐：向当前的动态块定义中添加对齐参数。因为对齐参数影响整个块，所以不需要（或不可能）将动作与对齐参数相关联。

g．翻转：向当前的动态块定义中添加翻转参数，并定义块参照的自定义翻转特性。翻转参数用于翻转对象。在块编辑器中，翻转参数显示为投影线，可以围绕这条投影线翻转对象。翻转参数将显示一个值，该值显示块参照是否已被翻转。可以将翻转动作与翻转参数相关联。

h．可见性：向动态块定义中添加一个可见性参数，并定义块参照的自定义可见性特性。可见性参数允许用户创建可见性状态并控制对象在块中的可见性。可见性参数总是应用于整个块，并且无须与任何动作相关联。在图形中单击夹点可以显示块参照中所有可见性状态的列表。在块编辑器中，可见性参数显示为带有关联夹点的文字。

i. 查寻：向动态块定义中添加一个查寻参数，并定义块参照的自定义查寻特性。查寻参数用于定义自定义特性，用户可以指定或设置该特性，以便从定义的列表或表格中计算出某个值。该参数可以与单个查寻夹点相关联，在块参照中单击该夹点，可以显示可用值的列表。在块编辑器中，查寻参数显示为文字。

j. 基点：向动态块定义中添加一个基点参数。基点参数用于定义动态块参照相对于块中几何图形的基点。点参数无法与任何动作相关联，但可以属于某个动作的选择集。在块编辑器中，基点参数显示为带有十字光标的圆。

② "动作"选项卡：提供用于向块编辑器的动态块定义中添加动作的工具。动作定义了在图形中操作块参照的自定义特性时，动态块参照的几何图形将如何移动或变化。应将动作与参数相关联。此选项卡也可以通过 BACTIONTOOL 命令打开。

a. 移动：在用户将移动动作与点参数、线性参数、极轴参数或 XY 参数关联时，将该动作添加到动态块定义中。移动动作类似于 MOVE 命令。在动态块参照中，移动动作将使对象移动指定的距离和角度。

b. 查寻：向动态块定义中添加一个查寻动作。将查寻动作添加到动态块定义中，并将其与查寻参数相关联时，创建一个查寻表。可以使用查寻表指定动态块的自定义特性和值。

其他动作与上述两项类似，此处不再赘述。

③ "参数集"选项卡：提供用于在块编辑器向动态块定义中添加一个参数和至少一个动作的工具。将参数集添加到动态块中时，动作将自动与参数相关联。将参数集添加到动态块中后，双击黄色警示图标（或使用 BACTIONSET 命令），然后按照命令行中的提示将动作与几何图形选择集相关联。此选项卡也可以通过 BPARAMETER 命令打开。

a. 点移动：向动态块定义中添加一个点参数，系统自动添加与该点参数相关联的移动动作。

b. 线性移动：向动态块定义中添加一个线性参数，系统自动添加与该线性参数的端点相关联的移动动作。

c. 可见性集：向动态块定义中添加一个可见性参数并允许定义可见性状态，无须添加与可见性参数相关联的动作。

d. 查寻集：向动态块定义中添加一个查寻参数，系统自动添加与该查寻参数相关联的查寻动作。

其他参数集与上述几项类似，此处不再赘述。

④ "约束"选项卡：可将几何对象关联在一起，或指定固定的位置或角度。

a. 水平：使直线或点对位于与当前坐标系 X 轴平行的位置，默认选择类型为对象。

b. 竖直：使直线或点对位于与当前坐标系 Y 轴平行的位置。

c. 垂直：使选定的直线位于彼此垂直的位置。垂直约束在两个对象之间应用。

d. 平行：使选定的直线位于彼此平行的位置。平行约束在两个对象之间应用。

e. 相切：将两条曲线约束为保持彼此相切或其延长线保持彼此相切的状态。相切约束在两个对象之间应用。圆可以与直线相切，即使该圆与该直线不相交。

f. 平滑：将样条曲线约束为连续，并与其他样条曲线、直线、圆弧或多段线保持连续性。

g. 重合：约束两个点使其重合，或约束一个点使其位于曲线（或曲线的延长线）上。可以使对象上的约束点与某个对象重合，也可以使其与另一对象上的约束点重合。

h. 同心：将两个圆弧、圆或椭圆约束到同一个中心点，与将重合约束应用于曲线的中心点所产生的效果相同。

i．共线：使两条或多条直线段沿同一直线方向。

j．对称：使选定对象受对称约束，相对于选定直线对称。

k．相等：将选定圆弧和圆的尺寸重新调整为半径相同，或将选定直线的尺寸重新调整为长度相等。

l．固定：将点和曲线锁定在位。

（2）“块编辑器”工具栏

该工具栏提供了在块编辑器中使用、创建动态块以及设置可见性状态的工具。

① “编辑或创建块定义”按钮：单击该按钮，打开“编辑块定义”对话框。

② “保存块定义”按钮：保存当前块定义。

③ “将块另存为”按钮：单击该按钮，打开“将块另存为”对话框，可以在其中用一个新名称保存当前块定义的副本。

④ “块定义的名称”按钮：显示当前块定义的名称。

⑤ “测试块”按钮：运行 BTESTBLOCK 命令，可从块编辑器中打开一个外部窗口以测试动态块。

⑥ “自动约束对象”按钮：运行 AUTOCONSTRAIN 命令，可根据对象相对于彼此的方向将几何约束应用于对象的选择集。

⑦ “应用几何约束”按钮：运行 GEOMCONSTRAINT 命令，可在对象或对象上的点之间应用几何关系。

⑧ “显示/隐藏约束栏” 按钮：运行 CONSTRAINTBAR 命令，可显示或隐藏对象上的可用几何约束。

⑨ “参数约束”按钮：运行 BCPARAMETER 命令，可将约束参数应用于选定的对象，或将标注约束转换为参数约束。

⑩ “块表”按钮：运行 BTABLE 命令，可打开一个对话框以定义块的变量。

⑪ “属性定义”按钮：单击该按钮，打开“属性定义”对话框，从中可以定义模式、属性标记、提示、值、插入点和属性的文字选项。

⑫ “编写选项板”按钮：编写选项板处于未激活状态时执行 BAUTHORPALETTE 命令；否则，将执行 BAUTHORPALETTECLOSE 命令。

⑬ “参数管理器”按钮$f(x)$：参数管理器处于未激活状态时执行 PARAMETERS 命令；否则，将执行 PARAMETERSCLOSE 命令。

⑭ “关闭块编辑器”按钮：运行 BCLOSE 命令，可关闭块编辑器，并提示用户保存或放弃对当前块定义所做的任何更改。

⑮ “可见性模式”按钮:设置 BVMODE 系统变量，可以使当前可见性状态下不可见的对象变暗或隐藏。

⑯ “使可见”按钮:运行 BVSHOW 命令，可以使对象在当前可见性状态或所有可见性状态下均可见。

⑰ “使不可见”按钮:运行 BVHIDE 命令，可以使对象在当前可见性状态或所有可见性状态下均不可见。

⑱ “可见性状态”按钮:单击该按钮，打开“可见性状态”对话框，从中可以创建、删除、重命名和设置当前可见性状态。在列表框中选择一种状态，右击，选择快捷菜单中“新状态”命令，打开“新建可见性状态”对话框，可以设置可见性状态。

⑲ “管理可见性状态”按钮 可见性状态0 :指定显示在块编辑器中的当前可见性状态。

技巧荟萃

在动态块中，由于属性的位置包括在动作的选择集中，因此必须将其锁定。

10.1.7 实例——利用动态块功能标注粗糙度符号

扫一扫，看视频

利用动态块功能标注图 10-10 所示图形中的粗糙度符号。

① 单击“默认”选项卡“块”面板中的“插入”下拉菜单或单击“插入”选项卡“块”面板中的“插入”下拉菜单，在屏幕上指定设置插入点和比例，旋转角度为固定的任意值。单击“浏览”按钮，找到保存的粗糙度图块，在绘图区指定插入点和比例，将该图块插入到如图 10-16 所示的图形中。

② 在当前图形中选择插入的图块，系统显示图块的动态旋转标记，选中该标记，按住鼠标左键拖动，直到图块旋转到满意的位置为止，如图 10-17 所示。

③ 单击“默认”选项卡“注释”面板中的“单行文字”按钮A，标注文字，标注时注意对文字进行旋转。

④ 同样利用插入图块的方法标注其他粗糙度。

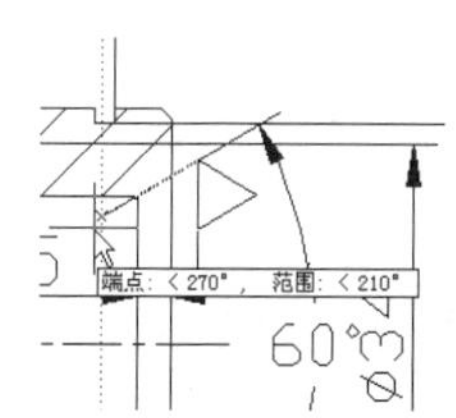

图 10-16 插入粗糙度符号

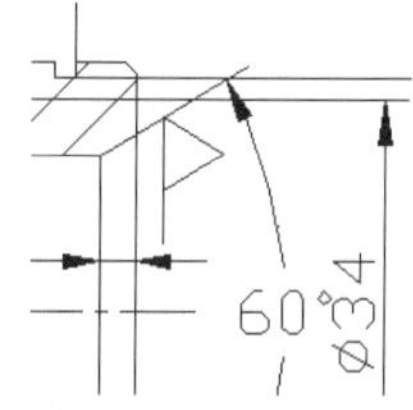

图 10-17 插入结果

10.2 图块属性

图块除了包含图形对象以外，还可以具有非图形信息，例如把一个椅子的图形定义为图块后，还可把椅子的号码、材料、重量、价格以及说明等文本信息一并加入图块当中。图块的这些非图形信息，叫做图块的属性，它是图块的一个组成部分，与图形对象一起构成一个整体，在插入图块时 AutoCAD 把图形对象连同属性一起插入到图形中。

10.2.1 定义图块属性

【执行方式】

- 命令行：ATTDEF（快捷命令：ATT）。
- 菜单栏：选择菜单栏中的“绘图”→“块”→“定义属性”命令。
- 功能区：单击“插入”选项卡“块定义”面板中的“定义属性”按钮单击“默认”

选项卡“块”面板中的“定义属性”按钮。

执行上述操作后，打开“属性定义”对话框，如图 10-18 所示。

图 10-18　“属性定义”对话框

【选项说明】

① “模式”选项组：用于确定属性的模式。

a.“不可见”复选框：勾选此复选框，属性为不可见显示方式，即插入图块并输入属性值后，属性值在图中并不显示出来。

b.“固定”复选框：勾选此复选框，属性值为常量，即属性值在属性定义时给定，在插入图块时系统不再提示输入属性值。

c.“验证”复选框：勾选此复选框，当插入图块时，系统重新显示属性值提示用户验证该值是否正确。

d.“预设”复选框：勾选此复选框，当插入图块时，系统自动把事先设置好的默认值赋予属性，而不再提示输入属性值。

e.“锁定位置”复选框：锁定块参照中属性的位置。解锁后，属性可以相对于使用夹点编辑块的其他部分移动，并且可以调整多行文字属性的大小。

f.“多行”复选框：勾选此复选框，可以指定属性值包含多行文字，可以指定属性的边界宽度。

② “属性”选项组：用于设置属性值。在每个文本框中，AutoCAD 允许输入不超过 256 个字符。

a.“标记”文本框：输入属性标签。属性标签可由除空格和感叹号以外的所有字符组成，系统自动把小写字母改为大写字母。

b.“提示”文本框：输入属性提示。属性提示是插入图块时系统要求输入属性值的提示，如果不在此文本框中输入文字，则以属性标签作为提示。如果在“模式”选项组中勾选“固定”复选框，即设置属性为常量，则不需设置属性提示。

c.“默认”文本框：设置默认的属性值。可把使用次数较多的属性值作为默认值，也可不设默认值。

③ “插入点”选项组：用于确定属性文本的位置。可以在插入时由用户在图形中确定属性文本的位置，也可在 X、Y、Z 文本框中直接输入属性文本的位置坐标。

④ “文字设置”选项组：用于设置属性文本的对齐方式、文本样式、字高和倾斜角度。

⑤ “在上一个属性定义下对齐”复选框：勾选此复选框表示把属性标签直接放在前一个属性的下面，而且该属性继承前一个属性的文本样式、字高和倾斜角度等特性。

技巧荟萃

在动态块中，由于属性的位置包括在动作的选择集中，因此必须将其锁定。

10.2.2 修改属性的定义

在定义图块之前，可以对属性的定义加以修改，不仅可以修改属性标签，还可以修改属性提示和属性默认值。

【执行方式】

- 命令行：DDEDIT（快捷命令：ED）。
- 菜单栏：选择菜单栏中的“修改”→“对象”→“文字”→“编辑”命令。

执行上述操作后，打开“编辑属性定义”对话框，如图 10-19 所示。该对话框表示要修改属性的标记为“文字”，提示为“数值”，无默认值，可在各文本框中对各项进行修改。

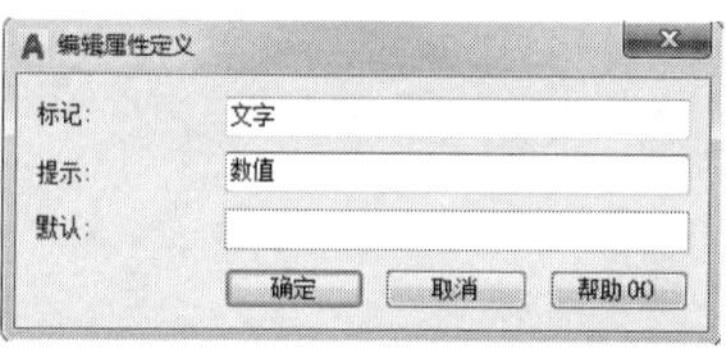

图 10-19 “编辑属性定义”对话框

10.2.3 图块属性编辑

当属性被定义到图块当中，甚至图块被插入到图形当中之后，用户还可以对图块属性进行编辑。利用 ATTEDIT 命令可以通过对话框对指定图块的属性值进行修改，利用 ATTEDIT 命令不仅可以修改属性值，而且可以对属性的位置、文本等其他设置进行编辑。

【执行方式】

- 命令行：ATTEDIT（快捷命令：ATE）。
- 菜单栏：选择菜单栏中的“修改”→“对象”→“属性”→“单个”命令。
- 工具栏：单击“修改 II”工具栏中的“编辑属性”按钮。
- 功能区：单击“插入”选项卡“块”面板中的“编辑属性”按钮。

【操作步骤】

命令行提示与操作如下。

```
命令：ATTEDIT↙
选择块参照：
```

执行上述命令后，光标变为拾取框，选择要修改属性的图块，系统打开如图 10-20 所示的“编辑属性”对话框。对话框中显示出所选图块中包含的前 8 个属性的值，用户可对这些属性值进行修改。如果该图块中还有其他的属性，可单击“上一个”和“下一个”按钮对它们进行观察和修改。

当用户通过菜单栏或工具栏执行上述命令时，系统打开“增强属性编辑器”对话框，如图 10-21 所示。该对话框不仅可以编辑属性值，还可以编辑属性的文字选项和图层、线型、颜色等特性值。

另外，还可以通过“块属性管理器”对话框来编辑属性。选择菜单栏中的“修改”→“对象”→“属性”→“块属性管理器”命令，系统打开“块属性管理器”对话框，如图 10-22 所示。单击“编辑”按钮，系统打开“编辑属性”对话框，如图 10-23 所示，可以通过该对话框编辑属性。

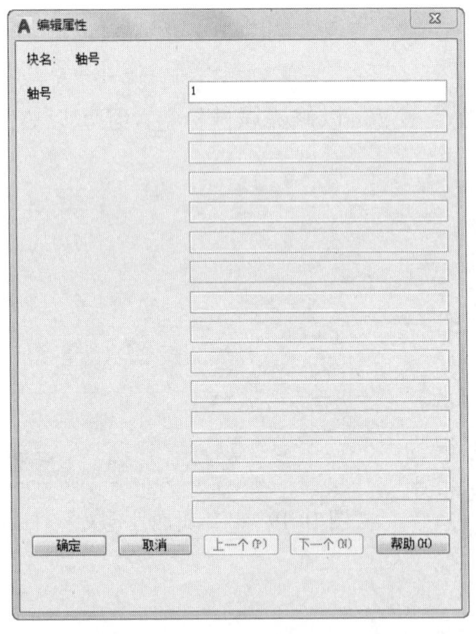

图 10-20 “编辑属性”对话框

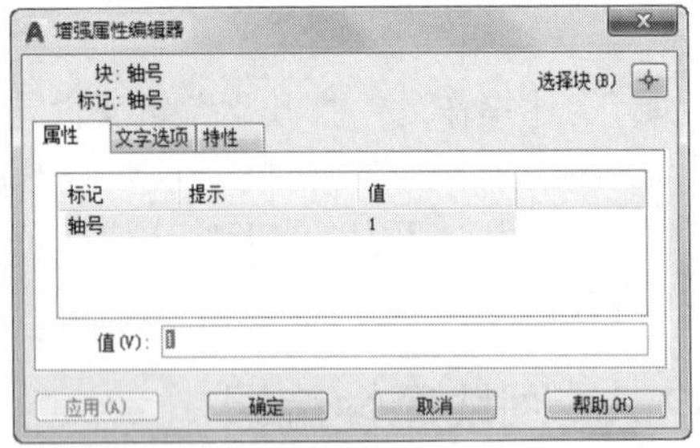

图 10-21 “增强属性编辑器”对话框

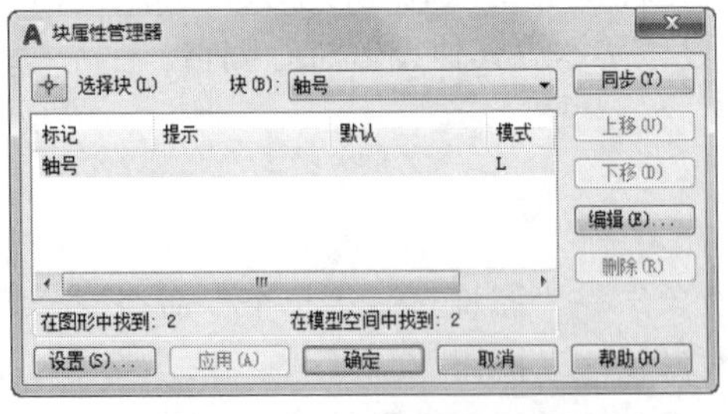

图 10-22 “块属性管理器”对话框

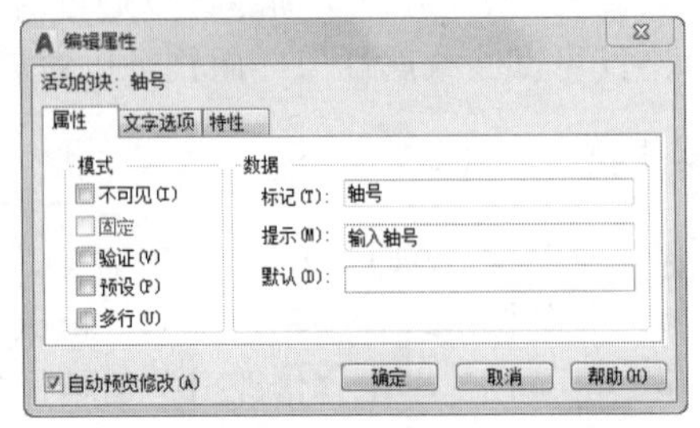

图 10-23 “编辑属性”对话框

10.2.4 实例——粗糙度数值设置成图块属性并重新标注

扫一扫，看视频

将 10.1.5 节实例中的粗糙度数值设置成图块属性，并重新进行标注。

① 单击“默认”选项卡“绘图”面板中的“直线”按钮╱，绘制粗糙度符号。

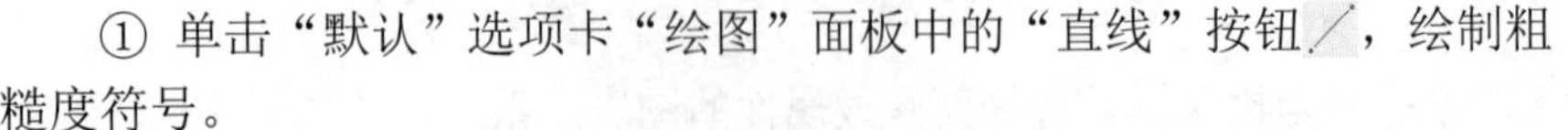

② 单击“插入”选项卡“块定义”面板中的“定义属性”按钮，系统打开“属性定义”对话框，进行如图 10-24 所示的设置，其中插入点为粗糙度符号水平线的中点，确认退出。

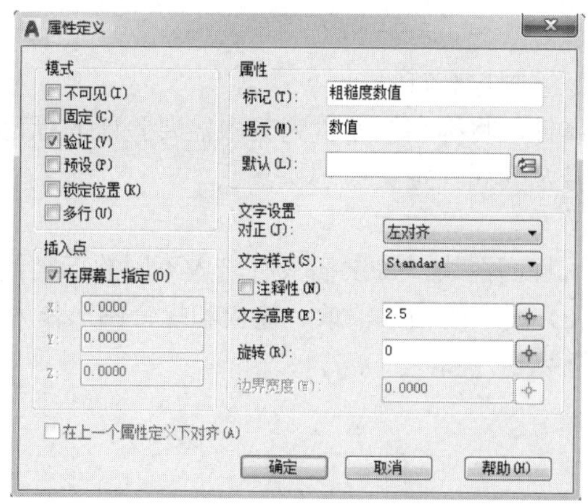

图 10-24　“属性定义”对话框

③ 在命令行输入“WBLOCK”，按<Enter>键，打开“写块”对话框。单击“拾取点”按钮，选择图形的下尖点为基点，单击“选择对象”按钮，选择上面的图形为对象，输入图块名称并指定路径保存图块，单击“确定”按钮退出。

④ 单击“默认”选项卡“块”面板中的“插入”下拉菜单或单击“插入”选项卡“块”面板中的“插入”下拉菜单。单击“浏览”按钮，找到保存的粗糙度图块，在绘图区指定插入点、比例和旋转角度，将该图块插入到绘图区的任意位置，这时，命令行会提示输入属性，并要求验证属性值，此时输入粗糙度数值 1.6，就完成了一个粗糙度的标注。

⑤ 继续插入粗糙度图块，输入不同属性值作为粗糙度数值，直到完成所有粗糙度标注。

上 机 操 作

【实例 1】标注如图 10-25 所示穹顶展览馆立面图形的标高符号

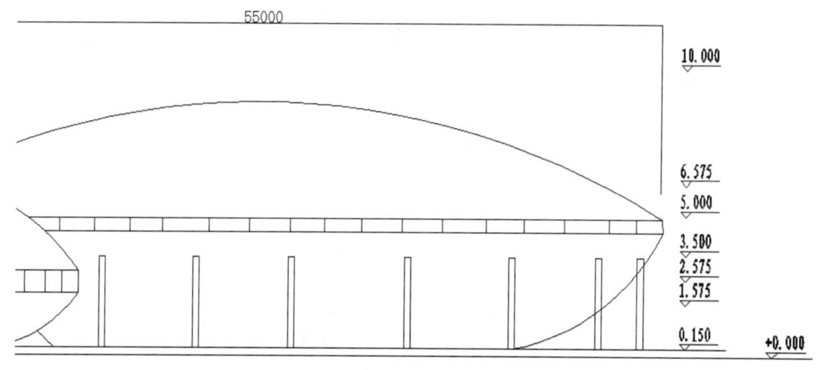

图 10-25　标注标高符号

（1）目的要求

在实际绘图过程中，会经常遇到重复性的图形单元。解决这类问题最简单快捷的办法是将重复性的图形单元制作成图块，然后将图块插入图形。本例通过标高符号的标注，使读者掌握图块相关的操作。

（2）操作提示

① 利用“直线”命令绘制标高符号。

② 定义标高符号的属性，将标高值设置为其中需要验证的标记。

③ 将绘制的标高符号及其属性定义成图块。

④ 保存图块。

⑤ 在建筑图形中插入标高图块，每次插入时输入不同的标高值作为属性值。

【实例 2】将如图 10-26（a）所示的轴、轴承、盖板和螺钉图形作为图块插入到图 10-26（b）中，完成箱体组装零件图

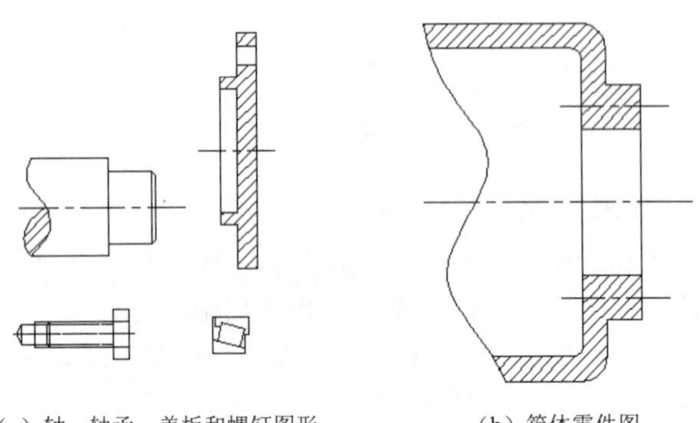

（a）轴、轴承、盖板和螺钉图形　　（b）箱体零件图

图 10-26　箱体组装零件图

（1）目的要求

组装图是机械制图中最重要也是最复杂的图形。为了保持零件图与组装图的一致性，同时减少一些常用零件的重复绘制，经常采用图块插入的形式。本例通过组装零件图，使读者掌握图块相关命令的使用方法与技巧。

（2）操作提示

① 将图 10-26（a）中的盖板零件图定义为图块并保存。

② 打开绘制好的箱体零件图，如图 10-26（b）所示。

③ 执行“插入块”命令，将步骤①中定义好的图块设置相关参数，插入到箱体零件图中。最终形成的组装图如图 10-27 所示。

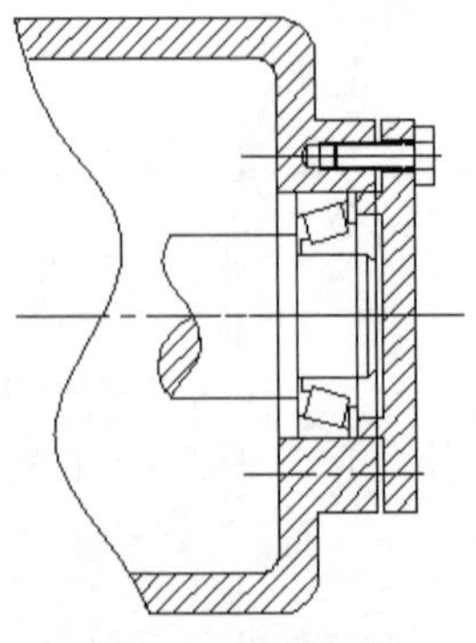

图 10-27　箱体组装图

第11章 设计中心与工具选项板

对一个绘图项目来讲，重用和分享设计内容，是管理一个绘图项目的基础，用AutoCAD设计中心可以管理块、外部参照、渲染的图像以及其他设计资源文件的内容。AutoCAD 2020设计中心提供了观察和重用设计内容的强大工具，用它可以浏览系统内部的资源，还可以从互联网上下载有关内容。本章主要介绍AutoCAD 2020设计中心的应用、工具选项板的使用等知识。

学习目标

了解观察设计信息

学习工具选项板

熟练掌握向图形中添加内容的操作

11.1 设计中心

使用 AutoCAD 设计中心可以很容易地组织设计内容，并把它们拖动到自己的图形中。可以使用 AutoCAD 设计中心窗口的内容显示框，来观察用 AutoCAD 设计中心资源管理器所浏览资源的细目，如图 11-1 所示。在该图中，左侧方框为 AutoCAD 设计中心的资源管理器，

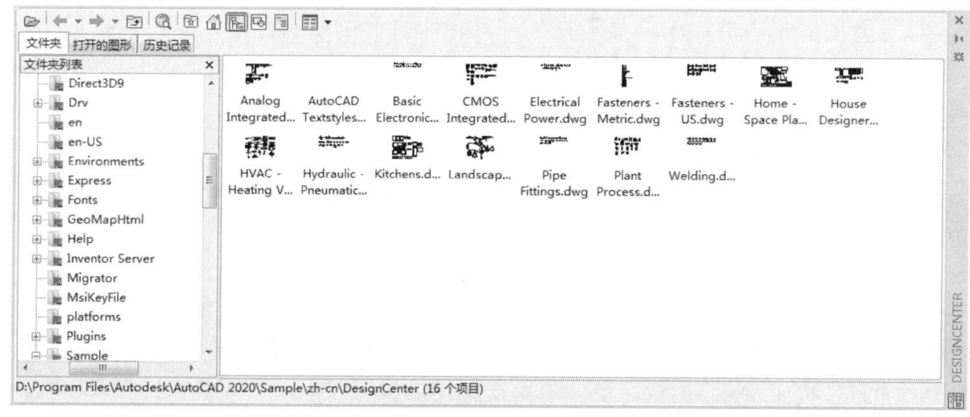

图 11-1　AutoCAD 设计中心的资源管理器和内容显示区

右侧方框为 AutoCAD 设计中心的内容显示框。其中上面窗口为文件显示框，中间窗口为图形预览显示框，下面窗口为说明文本显示框。

11.1.1 启动设计中心

【执行方式】

- 命令行：ADCENTER（快捷命令：ADC）。
- 菜单栏：选择菜单栏中的“工具”→“选项板”→“设计中心”命令。
- 工具栏：单击“标准”工具栏中的“设计中心”按钮。
- 功能区：单击“视图”选项卡“选项板”面板中的“设计中心”按钮。
- 快捷键：按<Ctrl>+<2>键。

执行上述操作后，系统打开“设计中心”选项板。第一次启动设计中心时，默认打开的选项卡为“文件夹”选项卡。内容显示区采用大图标显示，左边的资源管理器采用树状显示方式显示系统的树形结构，浏览资源的同时，在内容显示区显示所浏览资源的有关细目或内容，如图 11-1 所示。

可以利用鼠标拖动边框的方法来改变 AutoCAD 设计中心资源管理器和内容显示区以及 AutoCAD 绘图区的大小，但内容显示区的最小尺寸应能显示两列大图标。

如果要改变 AutoCAD 设计中心的位置，可以按住鼠标左键拖动它，松开鼠标左键后，AutoCAD 设计中心便处于当前位置，到新位置后，仍可用鼠标改变各窗口的大小。也可以通过设计中心边框左上方的“自动隐藏”按钮来自动隐藏设计中心。

11.1.2 显示图形信息

在 AutoCAD 设计中心中，可以通过“选项卡”和“工具栏”两种方式显示图形信息。

（1）选项卡

如图 11-1 所示，AutoCAD 设计中心包括以下 3 个选项卡。

① “文件夹”选项卡：显示设计中心的资源，如图 11-1 所示。该选项卡与 Windows 资源管理器类似。“文件夹”选项卡显示导航图标的层次结构，包括网络和计算机、Web 地址（URL）、计算机驱动器、文件夹、图形和相关的支持文件、外部参照、布局、填充样式和命名对象，包括图形中的块、图层、线型、文字样式、标注样式和打印样式。

② “打开的图形”选项卡：显示在当前环境中打开的所有图形，其中包括最小化了的图形，如图 11-2 所示。此时选择某个文件，就可以在右侧的显示框中显示该图形的有关设置，如标注样式、布局、块、图层、外部参照等。

③ “历史记录”选项卡：显示用户最近访问过的文件，包括这些文件的具体路径，如图 11-3 所示。双击列表中的某个图形文件，可以在“文件夹”选项卡的树状视图中定位此图形文件并将其内容加载到内容区域中。

（2）工具栏

设计中心选项板顶部有一系列的工具栏，包括“加载”“上一页”（“下一页”或“上一级”）“搜索”“收藏夹”“主页”“树状图切换”“预览”“说明”和“视图”按钮。

① “加载”按钮：加载对象。单击该按钮，打开“加载”对话框，用户可以利用该对话框从 Windows 桌面、收藏夹或网页中加载文件。

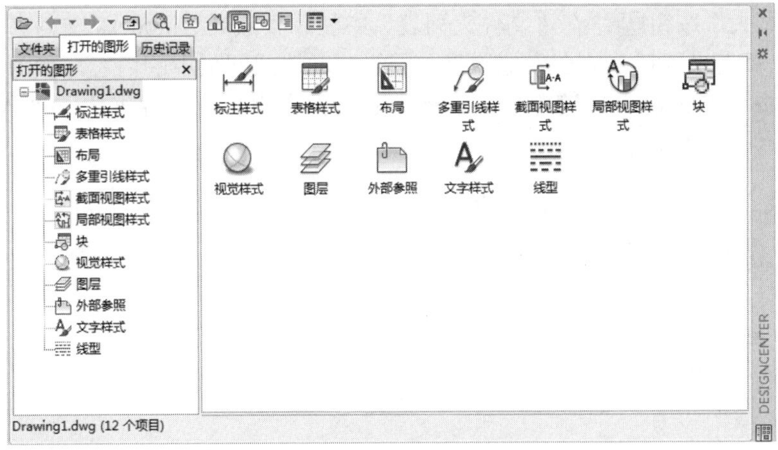

图 11-2 “打开的图形”选项卡

图 11-3 “历史记录”选项卡

② “上一页”按钮：返回到历史记录列表中最近一次的位置。

③ “下一页”按钮：返回到历史记录列表中下一次的位置。

④ “搜索”按钮：查找对象。单击该按钮，打开“搜索”对话框，如图 11-4 所示。

图 11-4 “搜索”对话框

⑤ “收藏夹”按钮：在“文件夹列表”中显示收藏夹/Autodesk文件夹中的内容，用户可以通过收藏夹来标记存放在本地磁盘、网络驱动器或网页中的内容，如图11-5所示。

⑥ “主页”按钮：快速定位到设计中心文件夹中，该文件夹位于“/AutoCAD2020/Sample”下，如图11-6所示。

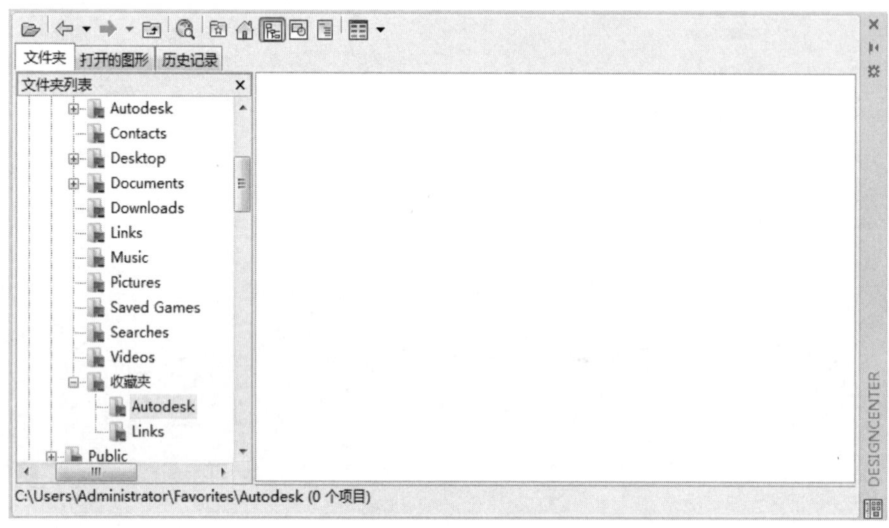

图11-5 “收藏夹”按钮

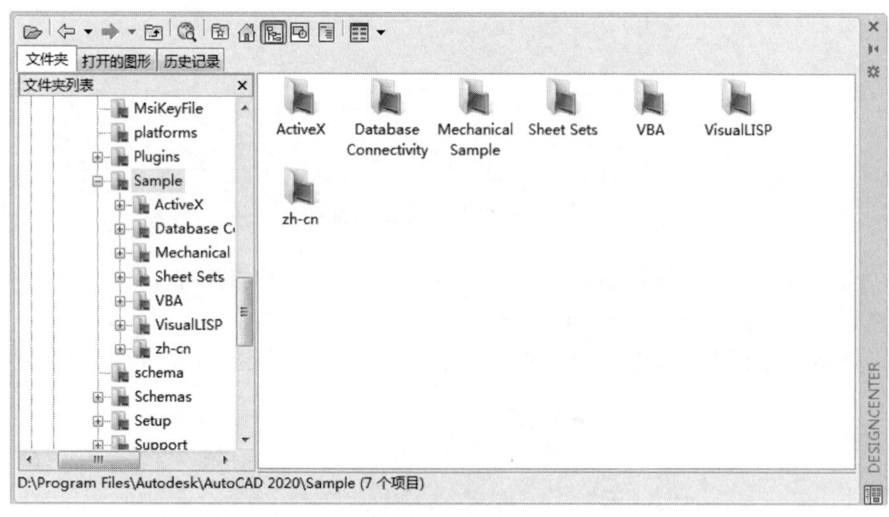

图11-6 “主页”按钮

⑦ “树状图切换”按钮：显示和隐藏树状视图。如果绘图区域需要更多的空间，则隐藏树状图即可。树状图隐藏后，可以使用内容区域浏览容器并加载内容。

⑧ “预览”按钮：显示和隐藏内容区域窗格中选定项目的预览。如果选定项目没有保存的预览图像，“预览”区域将为空。

⑨ “说明”按钮：显示和隐藏内容区域窗格中选定项目的文字说明。如果同时显示预览图像，文字说明将位于预览图像下面。如果选定项目没有保存的说明，“说明”区域将为空。

⑩ “视图”按钮▦：为加载到内容区域中的内容提供不同的显示格式。可以从“视图”列表中选择一种视图，或者重复单击“视图”按钮在各种显示格式之间循环切换。默认视图根据内容区域中当前加载的内容类型的不同而有所不同。

11.2 向图形中添加内容

11.2.1 插入图块

在利用 AutoCAD 绘制图形时，可以将图块插入到图形当中。将一个图块插入到图形中时，块定义就被复制到图形数据库当中。在一个图块被插入图形之后，如果原来的图块被修改，则插入到图形当中的图块也随之改变。

当其他命令正在执行时，不能插入图块到图形当中。例如，如果在插入块时，提示行正在执行一个命令，此时光标变成一个带斜线的圆，提示操作无效。另外，一次只能插入一个图块。AutoCAD 设计中心提供了插入图块的两种方法：利用鼠标指定比例和旋转方式，精确指定坐标、比例和旋转角度方式。

（1）利用鼠标指定比例和旋转方式插入图块

系统根据光标拉出的线段长度、角度确定比例与旋转角度，插入图块的步骤如下。

① 从文件夹列表或查找结果列表中选择要插入的图块，按住鼠标左键，将其拖动到打开的图形中。松开鼠标左键，此时选择的对象被插入到当前被打开的图形当中。利用当前设置的捕捉方式，可以将对象插入到任何存在的图形当中。

② 在绘图区单击指定一点作为插入点，移动鼠标，光标位置点与插入点之间距离为缩放比例，单击确定比例。采用同样的方法移动鼠标，光标指定位置和插入点的连线与水平线的夹角为旋转角度。被选择的对象就根据光标指定的比例和角度插入到图形当中。

（2）精确指定坐标、比例和旋转角度方式插入图块

利用该方法可以设置插入图块的参数，插入图块的步骤如下。

① 从文件夹列表或查找结果列表框中选择要插入的对象。

② 点击右键，在打开的快捷菜单中选择“插入块”，打开“插入”对话框。

③ 可以在对话框中设置比例、旋转角度等，如图 11-7 所示，被选择的对象根据指定的参数插入到图形当中。

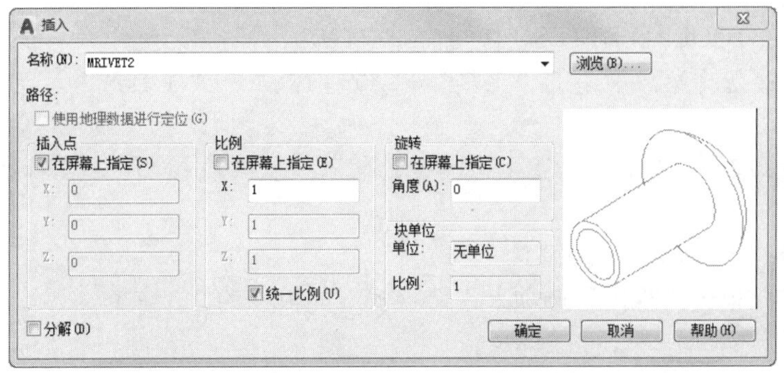

图 11-7 “插入”对话框

11.2.2 图形复制

（1）在图形之间复制图块

利用 AutoCAD 设计中心可以浏览和装载需要复制的图块，然后将图块复制到剪贴板中，再利用剪贴板将图块粘贴到图形当中，具体方法如下。

① 在“设计中心”选项板选择需要复制的图块，右击，选择快捷菜单中的“复制”命令。

② 将图块复制到剪贴板上，然后通过“粘贴”命令粘贴到当前图形上。

（2）在图形之间复制图层

利用 AutoCAD 设计中心可以将任何一个图形的图层复制到其他图形。如果已经绘制了一个包括设计所需的所有图层的图形，在绘制新图形的时候，可以新建一个图形，并通过 AutoCAD 设计中心将已有的图层复制到新的图形当中，这样可以节省时间，并保证图形间的一致性。现对图形之间复制图层的两种方法介绍如下。

① 拖动图层到已打开的图形。确认要复制图层的目标图形文件被打开，并且是当前的图形文件。在“设计中心”选项板中选择要复制的一个或多个图层，按住鼠标左键拖动图层到打开的图形文件，松开鼠标后被选择的图层即被复制到打开的图形当中。

② 复制或粘贴图层到打开的图形。确认要复制图层的图形文件被打开，并且是当前的图形文件。在“设计中心”选项板中选择要复制的一个或多个图层，右击，选择快捷菜单中的“复制”命令。如果要粘贴图层，确认粘贴的目标图形文件被打开，并为当前文件。右击打开右键快捷菜单，从中选择“粘贴”命令。

11.3 工具选项板

“工具选项板”中的选项卡提供了组织、共享和放置块及填充图案的有效方法。“工具选项板”还可以包含由第三方开发人员提供的自定义工具。

11.3.1 打开工具选项板

【执行方式】

- 命令行：TOOLPALETTES（快捷命令：TP）。
- 菜单栏：选择菜单栏中的“工具”→“选项板”→“工具选项板”命令。
- 工具栏：单击“标准”工具栏中的“工具选项板窗口”按钮。
- 快捷键：按<Ctrl>+<3>键。
- 功能区：单击“视图”选项卡“选项板”面板中的“工具选项板”按钮。

执行上述操作后，系统自动打开工具选项板，如图 11-8 所示。

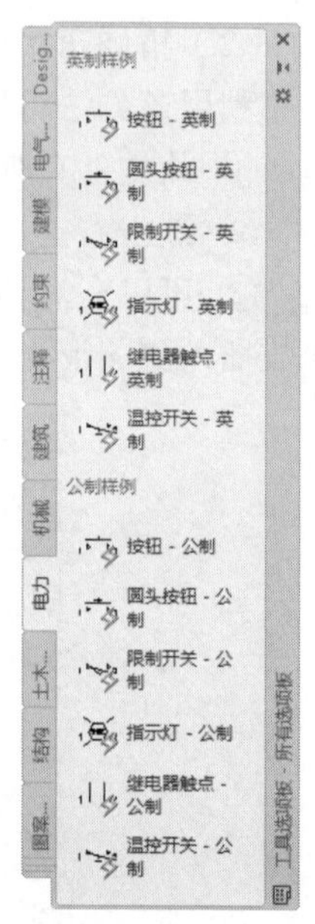

图 11-8 工具选项板

在工具选项板中，系统设置了一些常用图形选项卡，这些常用图形可以方便用户绘图。

技巧荟萃

在绘图中还可以将常用命令添加到工具选项板中。“自定义”对话框打开后，就可以将工具按钮从工具栏拖到工具选项板中，或将工具从“自定义用户界面（CUI）”编辑器拖到工具选项板中。

11.3.2 新建工具选项板

用户可以创建新的工具选项板，这样有利于个性化作图，也能够满足特殊作图需要。

【执行方式】

- 命令行：CUSTOMIZE。
- 菜单栏：选择菜单栏中的“工具”→“自定义”→“工具选项板”命令。
- 工具选项板：单击“工具选项板”中的“特性”按钮，在打开的快捷菜单中选择“自定义选项板”（或“新建选项板”）命令。

执行上述操作后，系统打开“自定义”对话框，如图 11-9 所示。在“选项板”列表框中右击，打开快捷菜单，如图 11-10 所示，选择“新建选项板”命令，在“选项板”列表框中出现一个“新建选项板”，可以为新建的工具选项板命名，确定后，工具选项板中就增加了一个新的选项卡，如图 11-11 所示。

图 11-9 “自定义”对话框

图 11-10 选择“新建选项板”命令

图 11-11 新建选项卡

11.3.3 向工具选项板中添加内容

将图形、块和图案填充从设计中心拖动到工具选项板中。

例如，在 DesignCenter 文件夹上右击，系统打开快捷菜单，选择“创建块的工具选项板”命令，如图 11-12（a）所示。设计中心中储存的图元就出现在工具选项板中新建的 DesignCenter 选项卡上，如图 11-12（b）所示，这样就可以将设计中心与工具选项板结合起来，创建一个快捷方便的工具选项板。将工具选项板中的图形拖动到另一个图形中时，图形将作为块插入。

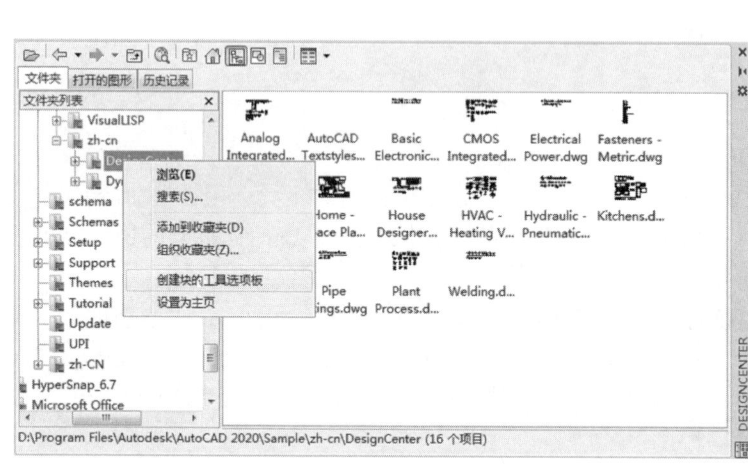

（a）

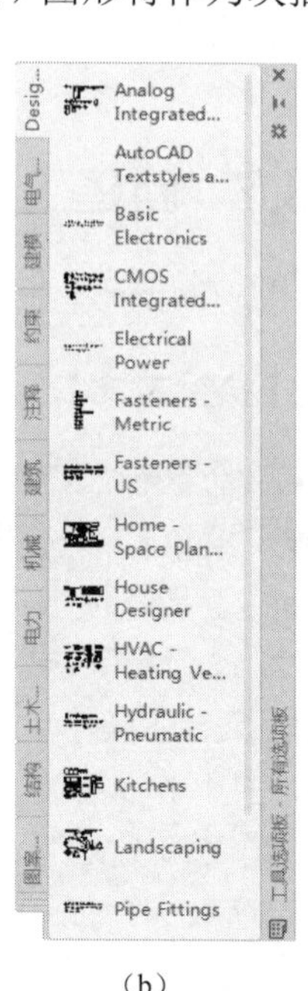

（b）

图 11-12 将储存图元创建成“设计中心”工具选项板

11.3.4 实例——绘制居室布置平面图

扫一扫，看视频

利用设计中心绘制如图 11-13 所示的居室布置平面图。

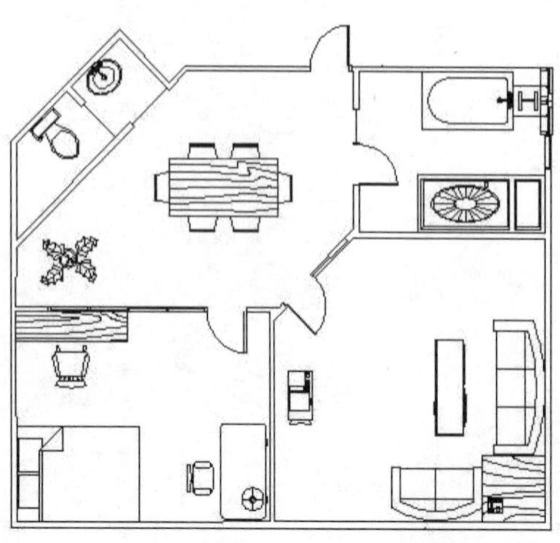

图 11-13 居室布置平面图

① 利用前面学过的绘图命令与编辑命令绘制住房结构截面图。其中，进门为餐厅，左手边为厨房，右手边为卫生间，正对面为客厅，客厅左边为寝室。

② 单击“视图”选项卡“选项板”面板中的“工具选项板”按钮，打开工具选项板。在工具选项板中右击，选择快捷菜单中的“新建选项板”命令，创建新的工具选项板选项卡并命名为“住房”。

③ 单击“视图”选项卡“选项板”面板中的“设计中心”按钮，打开“设计中心”选项板，将设计中心中的“Kitchens”“House Designer”“Home Space Planner”图块拖动到工

具选项板的“住房”选项卡中，如图 11-14 所示。

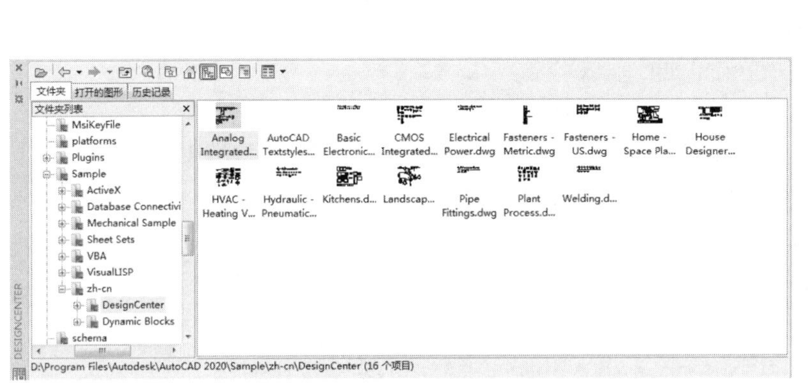

图 11-14 向工具选项板中添加设计中心图块

④ 布置餐厅。将工具选项板中的“Home Space Planner”图块拖动到当前图形中，利用缩放命令调整图块与当前图形的相对大小，如图 11-15 所示。对该图块进行分解操作，将“Home Space Planner”图块分解成单独的小图块集。将图块集中的“饭桌”和“植物”图块拖动到餐厅适当的位置，如图 11-16 所示。

⑤ 采用相同的方法，布置居室其他房间。

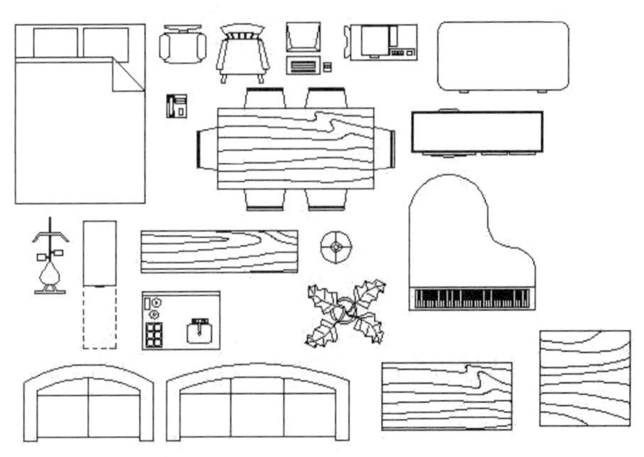

图 11-15 将“Home Space Planner”图块拖动到当前图形

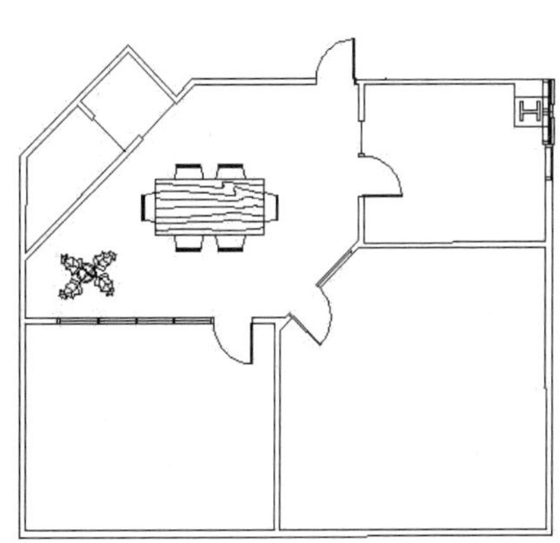

图 11-16 布置餐厅

上机操作

【实例 1】利用工具选项板绘制如图 11-17 所示的图形

（1）目的要求

工具选项板最大的优点是简捷、方便、集中，读者可以在某个专门工具选项板上组织需要的素材，快速简便地绘制图形。通过本例图形的绘制，使读者掌握怎样灵活利用工具选项板进行快速绘图。

（2）操作提示

① 打开工具选项板，在工具选项板的“机械”选项卡中选择“滚珠轴承”图块，插入到新建空白图形，通过快捷菜单进行缩放。

② 利用“图案填充”命令对图形剖面进行填充。

【实例 2】利用设计中心创建一个常用机械零件工具选项板，并利用该选项板绘制如图 11-18 所示的盘盖组装图

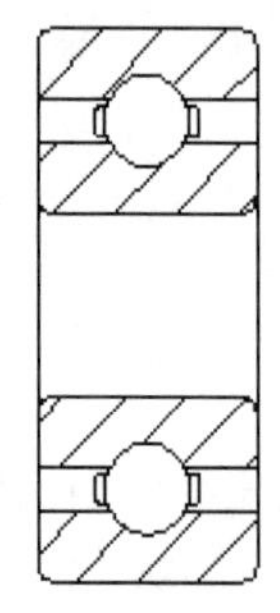

图 11-17　绘制图形

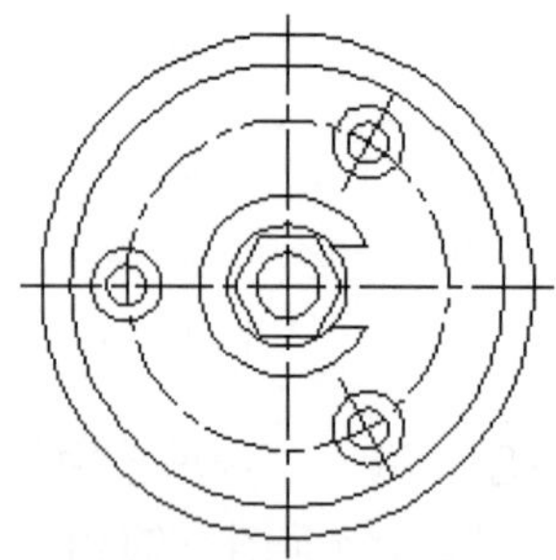

图 11-18　盘盖组装图

（1）目的要求

设计中心与工具选项板的优点是能够建立一个完整的图形库，并且能够快速简洁地绘制图形。通过本例组装图形的绘制，使读者掌握利用设计中心创建工具选项板的方法。

（2）操作提示

① 打开设计中心与工具选项板。

② 创建一个新的工具选项板选项卡。

③ 在设计中心查找已经绘制好的常用机械零件图。

④ 将查找到的常用机械零件图拖入到新创建的工具选项板选项卡中。

⑤ 打开一个新图形文件。

⑥ 将需要的图形文件模块从工具选项板上拖入到当前图形中，并进行适当的缩放、移动、旋转等操作，最终完成如图 11-18 所示的图形。

第2篇 SOLIDWORKS篇

本篇主要介绍SOLIDWORKS 2020中文版的软件操作方法和操作实例，包括SOLIDWORKS 2020基础、草图绘制、特征建模、曲线与曲面、装配体、工程图和钣金设计等知识。

第12章 SOLIDWORKS 2020基础

SOLIDWORKS是机械设计自动化软件，它采用了大家所熟悉的Microsoft Windows图形用户界面。使用这套简单易学的工具，机械设计工程师能快速地按照其设计思想绘制出草图，并运用特征与尺寸绘制模型实体、装配体及详细的工程图。

除了进行产品设计外，SOLIDWORKS还集成了强大的辅助功能，可以对设计的产品进行三维浏览、运动模拟、碰撞和运动分析、受力分析等。

学习目标

SOLIDWORKS 2020简介

SOLIDWORKS工作环境设置

文件管理

12.1 SOLIDWORKS 2020 简介

扫一扫，看视频

SOLIDWORKS 公司推出的 SOLIDWORKS 2020 在创新性、使用的方便性以及界面的人性化等方面都得到了增强，不但改善了传统机械设计的模式，而且具有强大的建模功能和参数设计功能，大大缩短了产品设计的时间，提高了产品设计的效率。

SOLIDWORKS 2020 在用户界面、草图绘制、特征、零件、装配体、工程图、钣金设计、输出和输入以及网络协同等方面都得到了增强，比原来的版本至少增强了 250 个用户功能，使用户可以更方便地使用该软件。本节将介绍 SOLIDWORKS 2020 的一些基本知识。

12.1.1 启动 SOLIDWORKS 2020

SOLIDWORKS 2020 安装完成后，就可以启动该软件了。在 Windows 操作环境下，单击屏幕左下角的“开始”→“所有程序”→“SOLIDWORKS 2020”命令，或者双击桌面上 SOLIDWORKS 2020 的快捷方式图标，就可以启动该软件。SOLIDWORKS 2020 的启动画面如图 12-1 所示。

图 12-1 SOLIDWORKS 2020 的启动画面

启动画面消失后，系统进入 SOLIDWORKS 2020 的初始界面，初始界面中只有几个菜单栏和“标准”工具栏，如图 12-2 所示，用户可在设计过程中根据自己的需要打开其他工具栏。

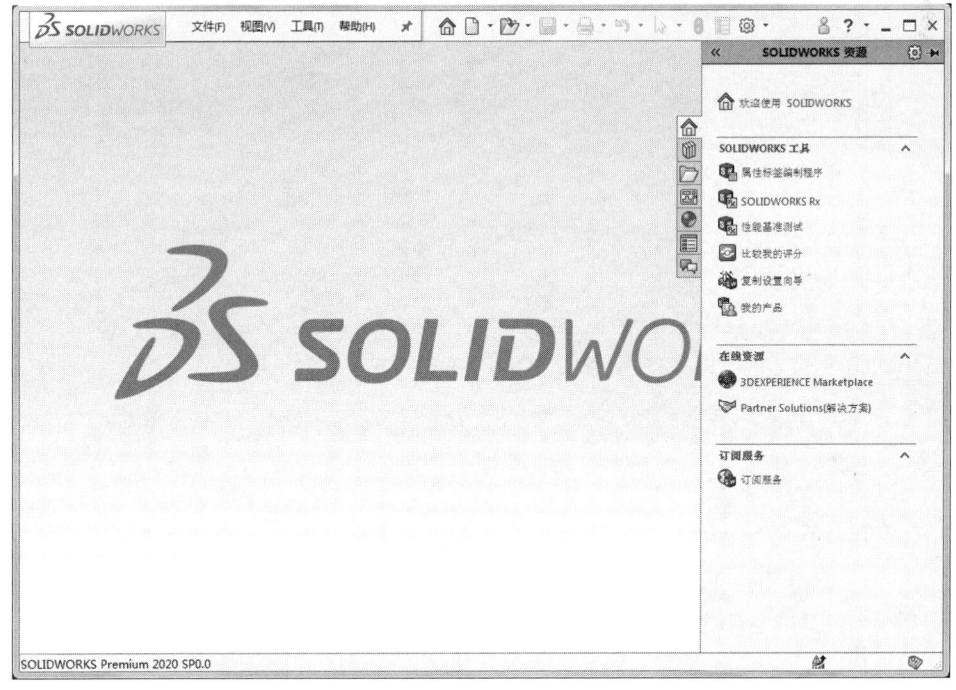

图 12-2 SOLIDWORKS 2020 的初始界面

12.1.2 新建文件

选择菜单栏中的“文件”→“新建”命令，或者单击“标准”工具栏中的“新建”按钮，弹出“新建 SOLIDWORKS 文件”对话框如图 12-3 所示，其按钮的功能如下。

- （零件）按钮：双击该按钮，可以生成单一的三维零部件文件。
- （装配体）按钮：双击该按钮，可以生成零件或其他装配体的排列文件。
- （工程图）按钮：双击该按钮，可以生成属于零件或装配体的二维工程图文件。

单击（零件）→“确定”按钮，即进入完整的用户界面。

在 SOLIDWORKS 2020 中，“新建 SOLIDWORKS 文件”对话框有两个版本可供选择，一个是高级版本，一个是新手版本。

在如图 12-3 所示的新手版本的“新建 SOLIDWORKS 文件”对话框中单击“高级”按钮，即进入高级版本的“新建 SOLIDWORKS 文件”对话框，如图 12-4 所示。

高级版本在各个标签上显示模板按钮的对话框，当选择某一文件类型时，模板预览出现在预览框中。在该版本中，用户可以保存模板，添加自己的标签，也可以选择 tutorial 标签来访问指导教程模板。

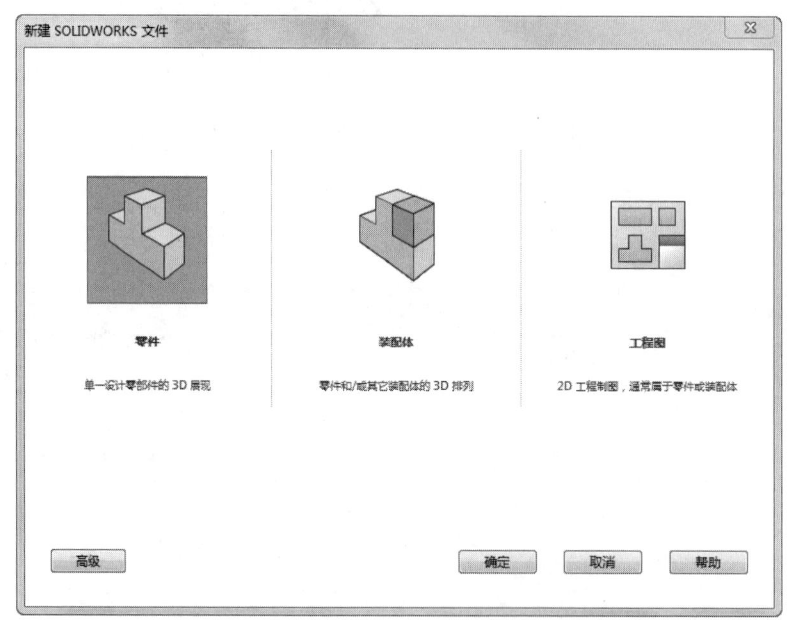

图 12-3 “新建 SOLIDWORKS 文件”对话框

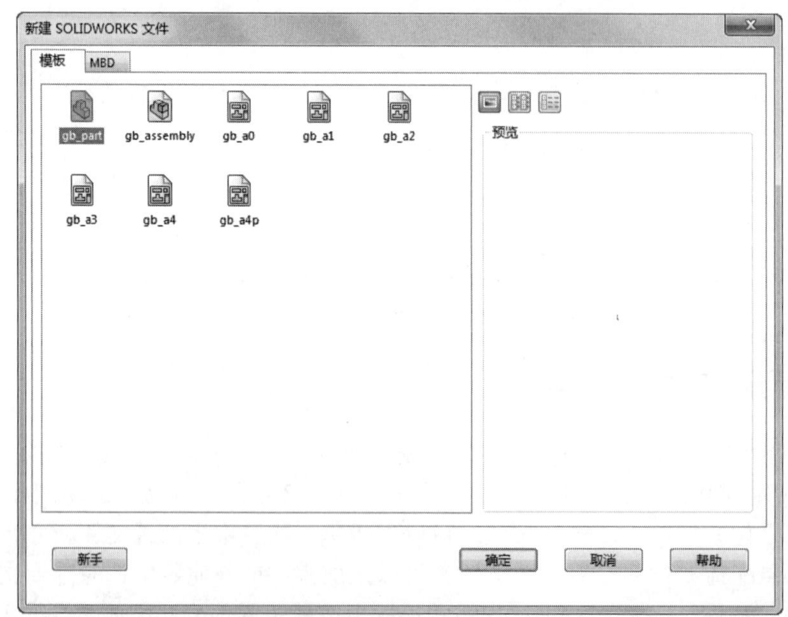

图 12-4 高级版本的“新建 SOLIDWORKS 文件”对话框

12.1.3 SOLIDWORKS 用户界面

新建一个零件文件后，进入 SOLIDWORKS 2020 用户界面，如图 12-5 所示，其中包括菜单栏、工具栏、特征管理区、图形区和状态栏等。

装配体文件和工程图文件与零件文件的用户界面类似，在此不再赘述。

菜单栏包含了所有 SOLIDWORKS 的命令，工具栏可根据文件类型（零件、装配体或工程图）来调整和放置并设定其显示状态。SOLIDWORKS 用户界面底部的状态栏可以提供设计人员正在执行的功能的有关信息。下面介绍该用户界面的一些基本功能。

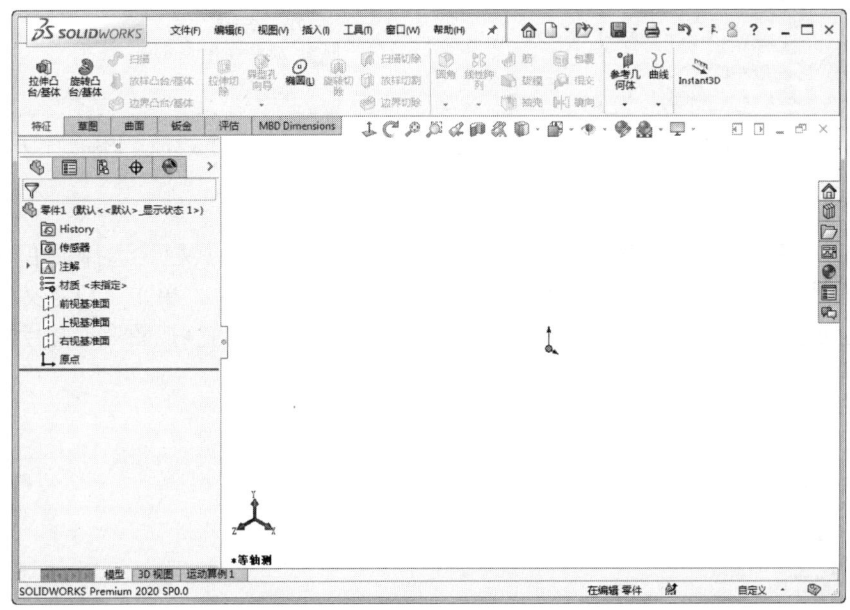

图 12-5　SOLIDWORKS 的用户界面

（1）菜单栏

菜单栏显示在标题栏的下方，默认情况下菜单栏是隐藏的，只显示“标准”工具栏，如图 12-6 所示。

图 12-6　“标准”工具栏

要显示菜单栏需要将光标移动到 SOLIDWORKS 图标上或单击它，显示的菜单栏如图 12-7 所示。若要始终保持菜单栏可见，需要将“图钉”按钮更改为钉住状态，其中最关键的功能集中在“插入”菜单和“工具”菜单中。

图 12-7　菜单栏

通过单击工具栏按钮旁边的下移方向键，可以打开带有附加功能的弹出菜单。这样可以通过工具栏访问更多的菜单命令。例如，“保存”按钮的下拉菜单包括“保存”“另存为”

和“保存所有”命令，如图 12-8 所示。

SOLIDWORKS 的菜单项对应于不同的工作环境，其相应的菜单以及其中的命令也会有所不同。在以后的应用中会发现，当进行某些任务操作时，不起作用的菜单会临时变灰，此时将无法应用该菜单。

如果选择保存文档提示，则当文档在指定间隔（分钟或更改次数）内保存时，将出现“未保存的文档通知”对话框，如图 12-9 所示。其中，包含“保存文档”和“保存所有文档”命令，它将在几秒后淡化消失。

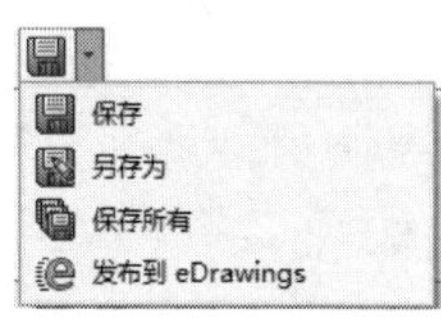

图 12-8 “保存”按钮的下拉菜单

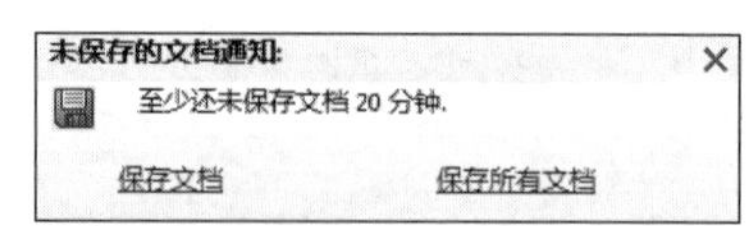

图 12-9 “未保存的文档通知”对话框

（2）工具栏

SOLIDWORKS 中有很多可以按需要显示或隐藏的内置工具栏。选择菜单栏中的“视图”→“工具栏”命令，或者在工具栏区域右击，弹出快捷菜单，单击“自定义”命令，在打开的“自定义”对话框中勾选“视图”复选框，会出现浮动的“视图”工具栏，可以自由拖动将其放置在需要的位置上，如图 12-10 所示。

图 12-10 调用“视图”工具栏

此外，还可以设定哪些工具栏在没有文件打开时可显示，或者根据文件类型（零件、装配体或工程图）来放置工具栏并设定其显示状态（自定义、显示或隐藏）。例如，保持“自定义”对话框的打开状态，在 SOLIDWORKS 用户界面中，可对工具栏按钮进行如下操作。

- 从工具栏上一个位置拖动到另一位置。
- 从一工具栏拖动到另一工具栏。
- 从工具栏拖动到图形区中，即从工具栏上将之移除。

有关工具栏命令的各种功能和具体操作方法将在后面的章节中作具体的介绍。

在使用工具栏或工具栏中的命令时，将指针移动到工具栏图标附近，会弹出消息提示，显示该工具的名称及相应的功能，如图 12-11 所示，显示一段时间后，该提示会自动消失。

图 12-11　消息提示

（3）状态栏

状态栏位于 SOLIDWORKS 用户界面底端的水平区域，提供了当前窗口中正在编辑的内容的状态以及指针位置坐标、草图状态等信息的内容。

- 简要说明：当将指针移到一工具上时或单击一菜单项目时的简要说明。
- 重建模型图标：在更改了草图或零件而需要重建模型时，重建模型图标会显示在状态栏中。
- 草图状态：在编辑草图过程中，状态栏中会出现 5 种草图状态，即完全定义、过定义、欠定义、没有找到解、发现无效的解。在考虑零件完成之前，应该完全定义草图。
- 测量实体：为所选实体常用的测量，诸如边线长度。
- “重装”按钮：在使用协作选项时用于访问“重装”对话框的图标。
- 单位系统 MMGS：可在状态栏中显示激活文档的单位系统，并可以更改或自定义单位系统。
- 显示或隐藏标签文本框图标：该标签用来将关键词添加到特征和零件中以方便搜索。

（4）FeatureManager **设计树**

FeatureManager 设计树位于 SOLIDWORKS 用户界面的左侧，是 SOLIDWORKS 中比较常用的部分，它提供了激活的零件、装配体或工程图的大纲视图，从而可以很方便地查看模型或装配体的构造情况，或者查看工程图中的不同图纸和视图。

FeatureManager 设计树和图形区是动态链接的。在使用时可以在任何窗格中选择特征、草图、工程视图和构造几何线。FeatureManager 设计树可以用来组织和记录模型中各个要素及要素之间的参数信息和相互关系，以及模型、特征和零件之间的约束关系等，几乎包含了所有设计信息。FeatureManager 设计树如图 12-12 所示。

FeatureManager 设计树的功能主要有以下几个方面。

- 以名称来选择模型中的项目，即可通过在模型中选择其名称来选择特征、草图、基准面及基准轴。SOLIDWORKS 在这一项中很多功能与 Windows 操作界面类似，例如在选择的同时按住<Shift>键，可以选取多个连续项目；在选择的同时按住<Ctrl>键，可以选取非连续项目。
- 确认和更改特征的生成顺序。在 FeatureManager 设计树中利用拖动项目可以重新调整特征的生成顺序，这将更改重建模型时特征重建的顺序。
- 通过双击特征的名称可以显示特征的尺寸。
- 如要更改项目的名称，在名称上缓慢单击两次以选择该名称，然后输入新的名称即可，如图 12-13 所示。

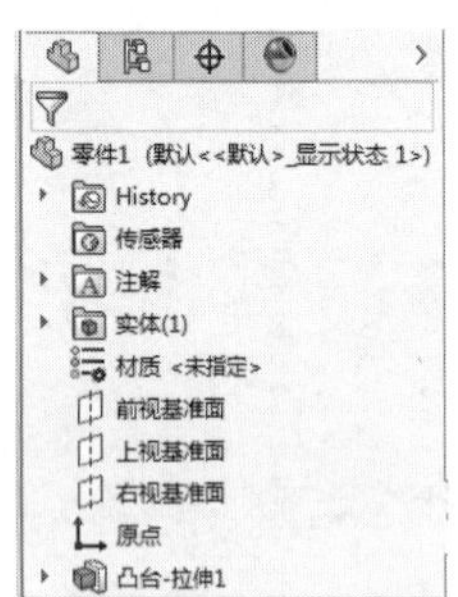

图 12-12　FeatureManager 设计树

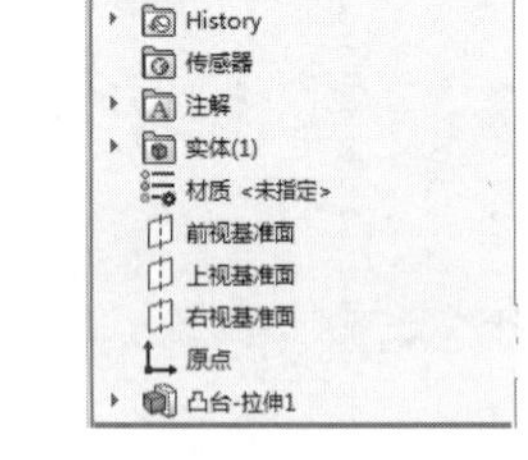

图 12-13　在 FeatureManager 设计树中更改项目名称

- 压缩和解除压缩零件特征和装配体零部件，在装配零件时是很常用的，同样，如要选择多个特征，在选择的时候按住<Ctrl>键。
- 右击清单中的特征，然后选择父子关系，以便查看父子关系。
- 右击，在设计树中还可显示如下项目：特征说明、零部件说明、零部件配置名称、零部件配置说明等。
- 将文件夹添加到 FeatureManager 设计树中。

对 FeatureManager 设计树的熟练操作是应用 SOLIDWORKS 的基础，也是应用 SOLIDWORKS 的重点，由于其功能强大，不能一一列举，在后几章节中会多次用到，只有在学习的过程中熟练应用设计树的功能，才能加快建模的速度和效率。

（5）PropertyManager **标题栏**

PropertyManager 标题栏一般会在初始化时使用，PropertyManager 为其定义命令时自动出现。编辑草图并选择草图特征进行编辑时，所选草图特征的 PropertyManager 将自动出现。

激活 PropertyManager 时，FeatureManager 设计树会自动出现。欲扩展 FeatureManager

设计树，可以在其中单击文件名称左侧的▸ 符号。FeatureManager 设计树是透明的，因此不影响对其下面模型的修改。

12.2 SOLIDWORKS 工作环境设置

扫一扫，看视频

要熟练地使用一套软件，必须先熟悉软件的工作环境，然后设置适合自己的使用环境，这样可以使设计更加便捷。SOLIDWORKS 软件同其他软件一样，可以根据自己的需要显示或者隐藏工具栏，以及添加或者删除工具栏中的命令按钮，还可以根据需要设置零件、装配体和工程图的工作界面。

12.2.1 设置工具栏

SOLIDWORKS 系统默认的工具栏是比较常用的，SOLIDWORKS 有很多工具栏，由于图形区的限制，不能显示所有的工具栏。在建模过程中，用户可以根据需要显示或者隐藏部分工具栏，其设置方法有两种，下面将分别介绍。

（1）利用菜单命令设置工具栏

利用菜单命令添加或者隐藏工具栏的操作步骤如下。

① 选择菜单栏中的“工具”→“自定义”命令，或者在工具栏区域右击，在弹出的快捷菜单中单击“自定义”命令，此时系统弹出的“自定义”对话框如图 12-14 所示。

图 12-14 “自定义”对话框

② 单击对话框中的“工具栏”选项卡，此时会出现系统所有的工具栏，勾选需要打开的工具栏复选框。

③ 确认设置。单击对话框中的“确定”按钮，在图形区中会显示选择的工具栏。

如果要隐藏已经显示的工具栏，取消对工具栏复选框的勾选，然后单击“确定”按钮，此时在图形区中将会隐藏取消勾选的工具栏。

（2）利用鼠标右键设置工具栏

利用鼠标右键添加或者隐藏工具栏的操作步骤如下。

① 在工具栏区域右击，系统会出现“工具栏”快捷菜单，如图 12-15 所示。

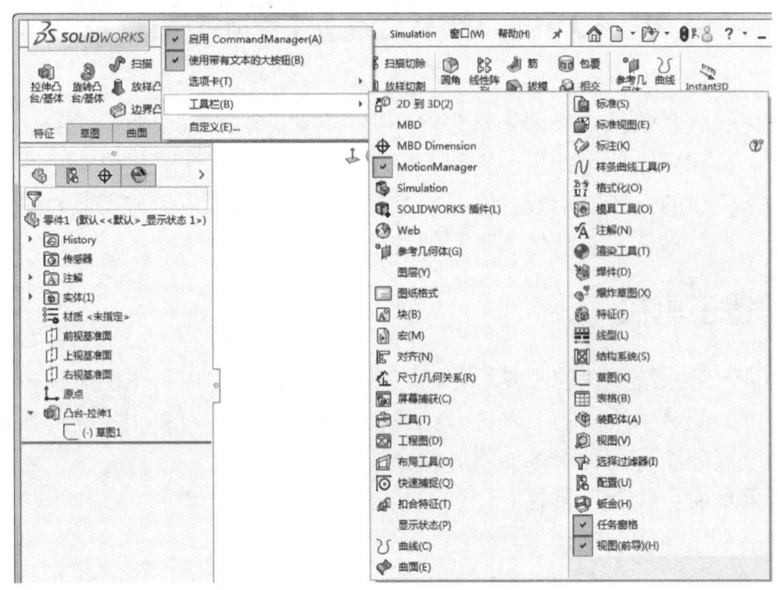

图 12-15 “工具栏”快捷菜单

② 单击需要的工具栏，前面复选框的颜色会加深，则图形区中将会显示选择的工具栏；如果单击已经显示的工具栏，前面复选框的颜色会变浅，则图形区中将会隐藏选择的工具栏。

另外，隐藏工具栏还有一个简便的方法，即选择界面中不需要的工具栏，用鼠标将其拖到图形区中，此时工具栏上会出现标题栏。如图 12-16 所示是拖至图形区中的“注解”工具栏，单击“注解”工具栏右上角中的（关闭）按钮，则图形区将隐藏该工具栏。

图 12-16 “注解”工具栏

12.2.2 设置工具栏命令按钮

系统默认工具栏中，并没有包括平时所用的所有命令按钮，用户可以根据自己的需要添加或者删除命令按钮。

设置工具栏中命令按钮的操作步骤如下。

① 选择菜单栏中的“工具”→“自定义”命令，或者在工具栏区域右击，在弹出的快捷菜单中单击“自定义”命令，此时系统弹出“自定义”对话框。

② 单击该对话框中的“命令”选项卡，此时出现的“命令”选项卡的“类别”选项组和“按钮”选项组如图 12-17 所示。

③ 在“类别”选项组中选择工具栏，此时会在“按钮”选项组中出现该工具栏中所有的命令按钮。

图 12-17 “自定义”对话框的“命令”选项卡

④ 在“按钮”选项组中，单击选择要增加的命令按钮，然后按住鼠标左键拖动该按钮到要放置的工具栏上，然后松开鼠标左键。

⑤ 单击对话框中的“确定”按钮，则工具栏上会显示添加的命令按钮。

如果要删除无用的命令按钮，只要打开“自定义”对话框的“命令”选项卡，然后在要删除的按钮上用鼠标左键拖动到图形区，即可删除该工具栏中的命令按钮。

例如，在“草图”工具栏中添加“椭圆”命令按钮。选择菜单栏中的“工具”→“自定义”命令，打开“自定义”对话框，然后单击“命令”选项卡，在“类别”选项组中选择“草图”工具栏。在“按钮”选项组中单击选择“椭圆”按钮，按住鼠标左键将其拖到“草图”工具栏中合适的位置，然后松开鼠标左键，该命令按钮即可添加到工具栏中。如图 12-18 所示为添加命令按钮前后“草图”工具栏的变化情况。

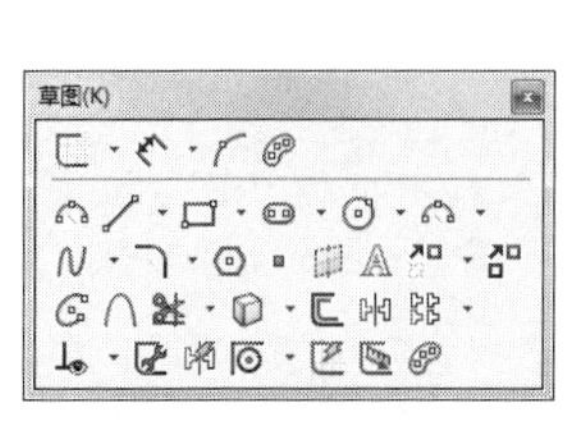

(a) 添加命令按钮前

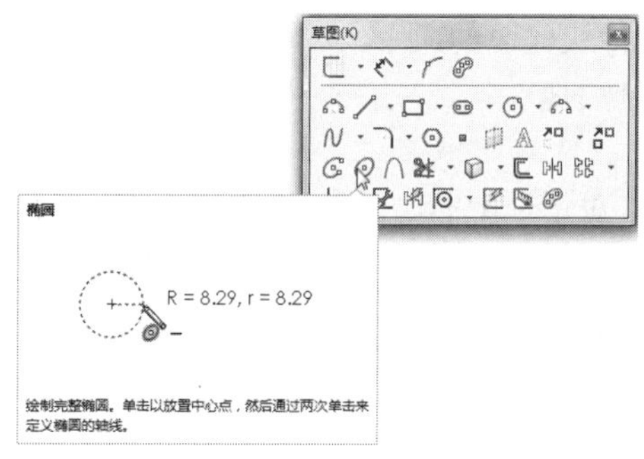

(b) 添加命令按钮后

图 12-18 添加命令按钮

技巧荟萃

对工具栏添加或者删除命令按钮时，对工具栏的设置会应用到当前激活的 SOLIDWORKS 文件类型中。

12.2.3 设置快捷键

除了可以使用菜单栏和工具栏执行命令外，SOLIDWORKS 软件还允许用户通过自行设置快捷键的方式来执行命令。其操作步骤如下。

① 选择菜单栏中的“工具”→“自定义”命令，或者在工具栏区域右击，在弹出的快捷菜单中单击“自定义”命令，此时系统弹出“自定义”对话框。

② 单击对话框中的“键盘”选项卡，如图 12-19 所示。

图 12-19 “自定义”对话框的“键盘”选项卡

③ 在“类别”下拉列表框中选择“所有命令”选项，然后在下面列表的“命令”选项中选择要设置快捷键的命令。

④ 在“快捷键”选项中输入要设置的快捷键，输入的快捷键就出现在“当前快捷键”选项中。

⑤ 单击对话框中的“确定”按钮，快捷键设置成功。

技巧荟萃

① 如果设置的快捷键已经被使用过，则系统会提示该快捷键已被使用，必须更改要设置的快捷键。

② 如果要取消设置的快捷键，在“键盘”选项卡中选择“快捷键”选项中设置的快捷键，然后单击对话框中的“移除”按钮，则该快捷键就会被取消。

12.2.4 设置背景

在 SOLIDWORKS 中，可以更改操作界面的背景及颜色，以设置个性化的用户界面。设置背景的操作步骤如下。

① 选择菜单栏中的“工具”→“选项”命令，此时系统弹出“系统选项-颜色”对话框。

② 在对话框的“系统选项”选项卡的左侧列表框中选择“颜色”选项，如图 12-20 所示。

图 12-20 “系统选项-颜色”对话框

③ 在“颜色方案设置”列表框中选择“视区背景”选项，然后单击“编辑”按钮，此时系统弹出如图 12-21 所示的“颜色”对话框，在其中选择设置的颜色，然后单击“确定”按钮。可以使用该方式，设置其他选项的颜色。

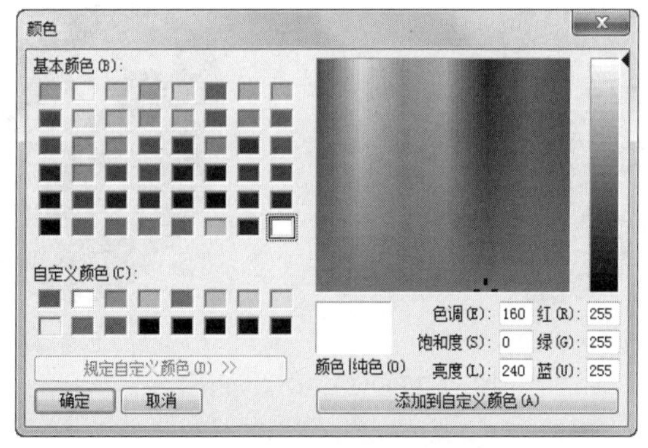

图 12-21 “颜色”对话框

④ 单击“系统选项-颜色”对话框中的“确定”按钮，系统背景颜色设置成功。

在如图 12-20 所示对话框的“背景外观”选项组中，点选下面 4 个不同的单选钮，可以得到不同的背景效果，用户可以自行设置，在此不再赘述。如图 12-22 所示为一个设置好背景颜色的零件图。

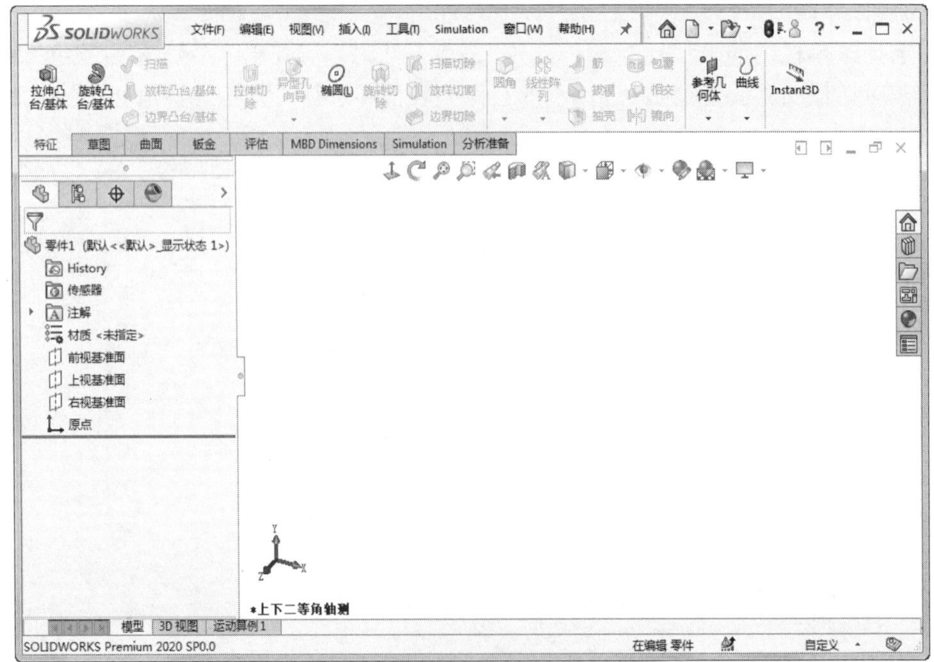

图 12-22　设置好背景颜色的零件图

12.2.5　设置实体颜色

系统默认的绘制模型实体的颜色为灰色。在零部件和装配体模型中，为了使图形有层次感和真实感，通常改变实体的颜色。下面结合具体例子说明设置实体颜色的步骤。如图 12-23（a）所示为系统默认颜色的零件模型，如图 12-23（b）所示为设置颜色后的零件模型。

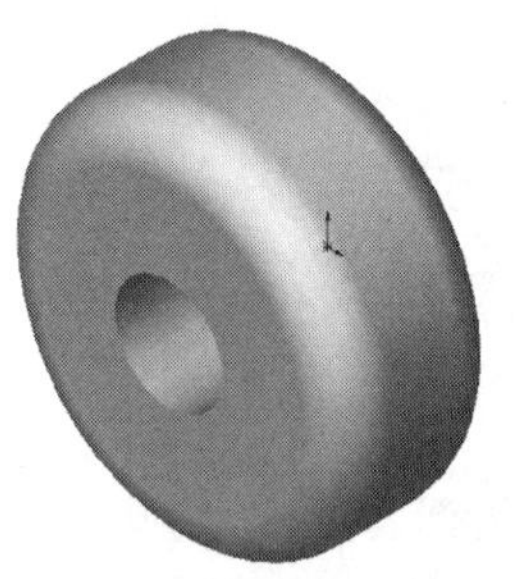

（a）系统默认颜色的零件模型

（b）设置颜色后的零件模型

图 12-23　设置实体颜色图示

① 在特征管理器中选择要改变颜色的特征，此时图形区中相应的特征会改变颜色，表示已选中的面，然后右击，在弹出的快捷菜单中单击“外观”命令，如图 12-24 所示。

② 系统弹出的“颜色”属性管理器如图 12-25 所示，单击其中的“颜色”选项。

③ 系统弹出的“颜色”选项组如图 12-26 所示，在“颜色”选项中单击选择需要改变的颜色。

④ 单击“颜色”对话框中的“确定”按钮✔，完成实体颜色的设置。

在零件模型和装配体模型中，除了可以对特征的颜色进行设置外，还可以对面进行设置。首先在图形区中选择面，然后右击，在弹出的快捷菜单中进行设置，步骤与设置特征颜色类似。

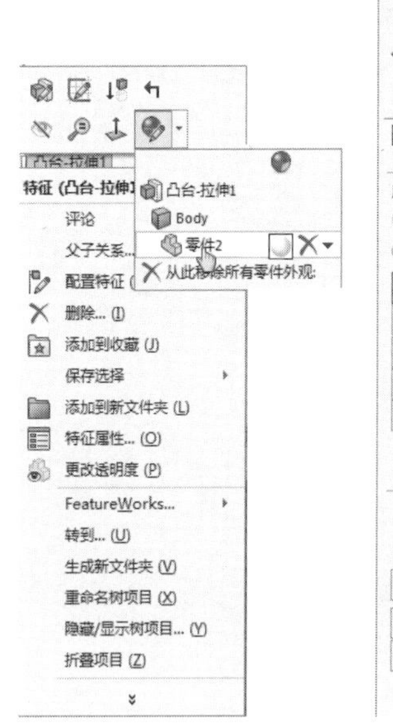

图 12-24 快捷菜单

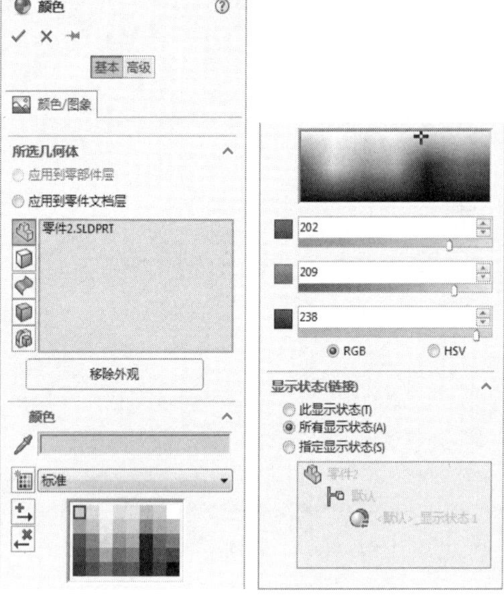

图 12-25 “颜色”属性管理器

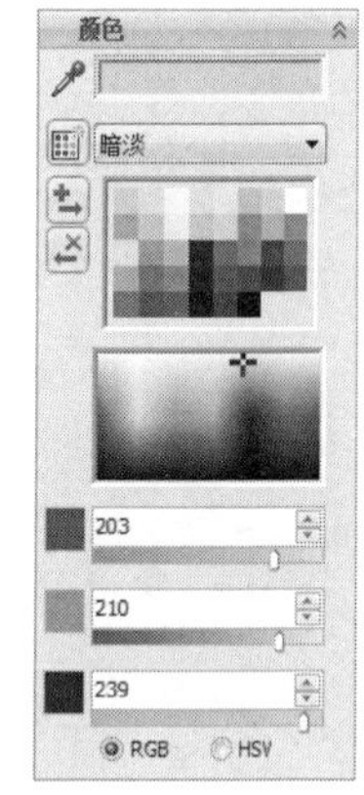

图 12-26 “颜色”选项组

在装配体模型中还可以对整个零件的颜色进行设置，一般在特征管理器中选择需要设置的零件，然后对其进行设置，步骤与设置特征颜色类似。

技巧荟萃

对于单个零件而言，设置实体颜色渲染实体，可以使模型更加接近实际情况，更逼真。对于装配体而言，设置零件颜色可以使装配体具有层次感，方便观测。

12.2.6 设置单位

在三维实体建模前，需要设置好系统的单位，系统默认的单位为MMGS（毫米、克、秒），可以使用自定义的方式设置其他类型的单位系统以及长度单位等。

下面以修改长度单位的小数位数为例，说明设置单位的操作步骤。

① 选择菜单栏中的“工具”→“选项”命令。

② 系统弹出“系统选项-普通”对话框，单击该对话框中的“文档属性”选项卡，然后在左侧列表框中选择“单位”选项，如图 12-27 所示。

③ 将对话框中“基本单位”选项组中“长度”选项的“小数”设置为无，然后单击“确定”按钮。如图 12-28 所示为设置单位前后的图形比较。

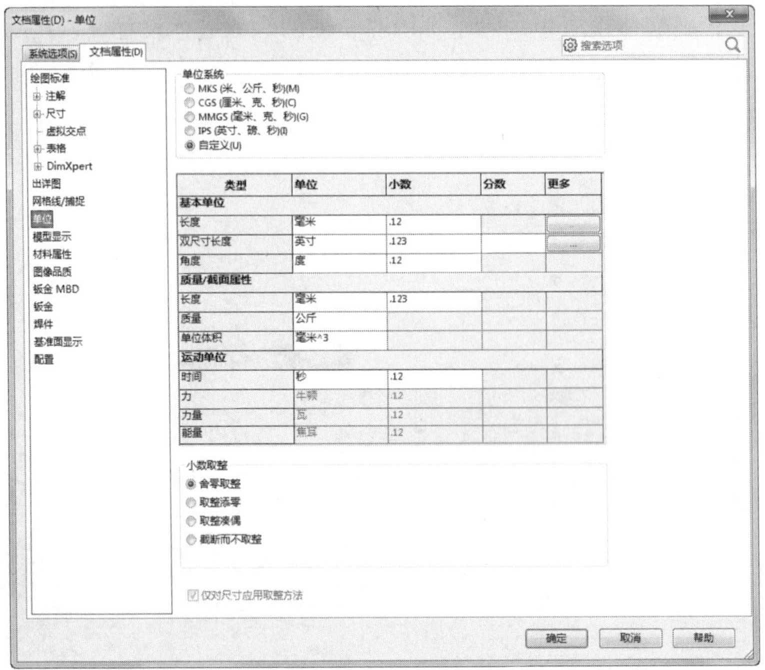

图 12-27　“单位”选项

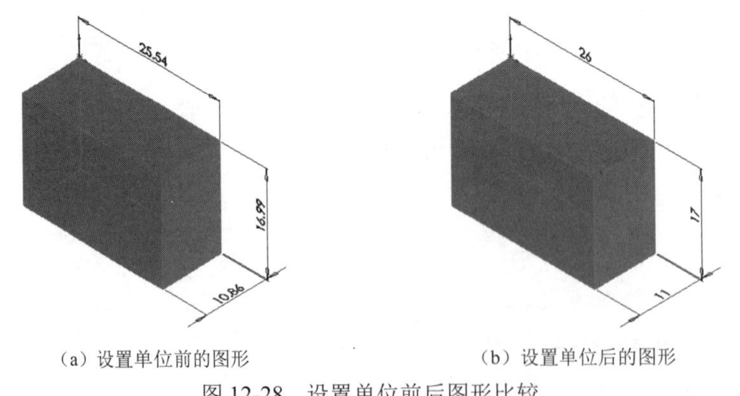

（a）设置单位前的图形　　（b）设置单位后的图形

图 12-28　设置单位前后图形比较

12.3 文件管理

扫一扫，看视频

除了上面讲述的新建文件外，常见的文件管理工作还有打开文件、保存文件、退出系统等。

12.3.1 打开文件

在 SOLIDWORKS 2020 中，可以打开已存储的文件，对其进行相应的编辑和操作。打开文件的操作步骤如下。

① 选择菜单栏中的“文件”→“打开”命令，或者单击“标准”工具栏中的“打开”按钮，执行打开文件命令。

② 系统弹出如图 12-29 所示的“打开”对话框，在对话框中的“快速过滤器”下拉菜单用于选择文件的类型，选择不同的文件类型，则在对话框中会显示文件夹中对应文件类型的文件。单击“显示预览窗格”按钮，选择的文件就会显示在对话框中右上角窗口中，但是并不打开该文件。

选取了需要的文件后，单击对话框中的“打开”按钮，就可以打开选择的文件，对其进行相应的编辑和操作。

在“文件类型”下拉列表框菜单中，并不限于 SOLIDWORKS 类型的文件，还可以调用其他软件（如 ProE、Catia、UG 等）所形成的图形并对其进行编辑，如图 12-30 所示是“文件类型”下拉列表框。

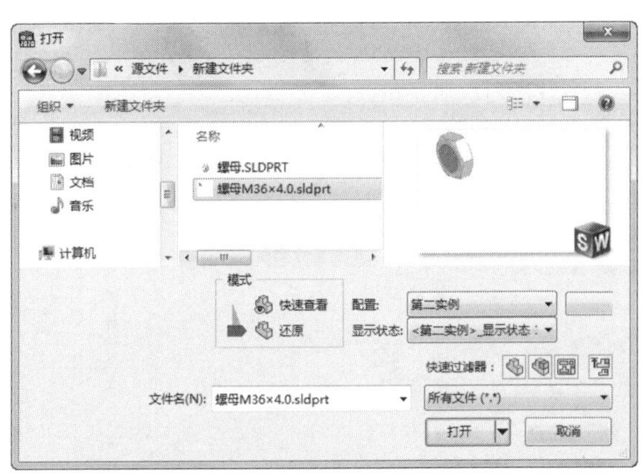

图 12-29 “打开”对话框

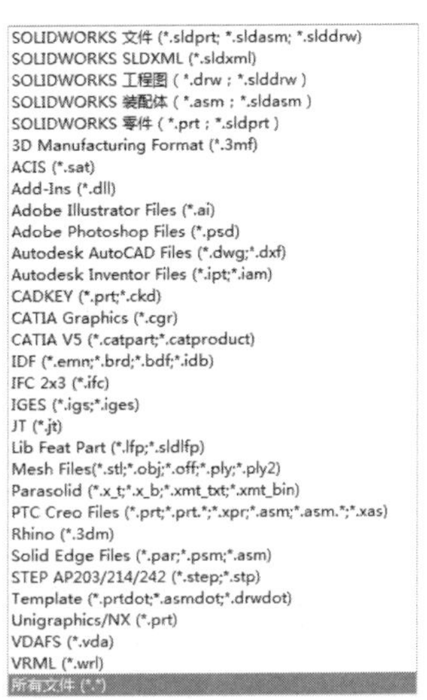

图 12-30 “文件类型”下拉列表框

12.3.2 保存文件

已编辑的图形只有保存后，才能在需要时打开该文件对其进行相应的编辑和操作。保存文件的操作步骤如下。

选择菜单栏中的“文件”→“保存”命令，或者单击“标准”工具栏中的“保存”按钮，执行保存文件命令，此时系统弹出如图 12-31 所示的“另存为”对话框。在该对话框的左侧下拉列表框中选择文件存放的文件夹，在“文件名”文本框中输入要保存的文件名称，在“保存类型”下拉列表框中选择所保存文件的类型。通常情况下，在不同的工作模式下，系统会自动设置文件的保存类型。

在“保存类型”下拉列表框中，并不限于 SOLIDWORKS 类型的文件，如“*.sldprt”“*.sldasm”和“*.slddrw”。也就是说，SOLIDWORKS 不但可以把文件保存为自身的类型，还可以保存为其他类型，方便其他软件对其进行调用并编辑。

在如图 12-31 所示的“另存为”对话框中，可以在文件保存的同时备份一份。保存备份文件，需要预先设置保存的文件目录。设置备份文件保存目录的步骤如下。

选择菜单栏中的“工具”→“选项”命令，系统弹出如图 12-32 所示的“系统选项-备份/恢复”对话框，单击“系统选项”选项卡中的“备份/恢复”选项，在“备份文件夹”文本框中可以修改保存备份文件的目录。

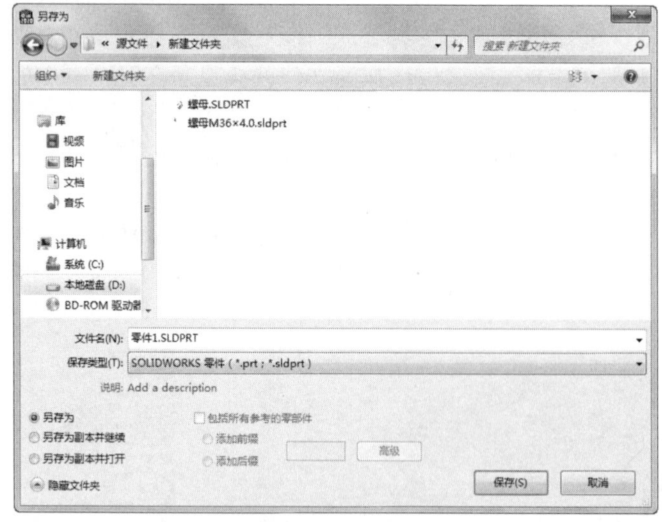

图 12-31 “另存为”对话框

图 12-32 “系统选项-备份/恢复”对话框

12.3.3 退出 SOLIDWORKS 2020

在文件编辑并保存完成后，就可以退出 SOLIDWORKS 2020 系统。选择菜单栏中的“文件”→“关闭”命令，或者单击系统操作界面右上角的“关闭”按钮☒，可直接关闭。

如果对文件进行了编辑而没有保存文件，或者在操作过程中，不小心执行了关闭命令，会弹出系统提示框，如图 12-33 所示。如果要保存对文件的修改，则选择“全部保存”选项，系统会保存修改后的文件，并退出 SOLIDWORKS 系统；如果不保存对文件的修改，则选择

“不保存”选项，系统不保存修改后的文件，并退出 SOLIDWORKS 系统；单击“取消”按钮，则取消关闭操作，回到原来的操作界面。

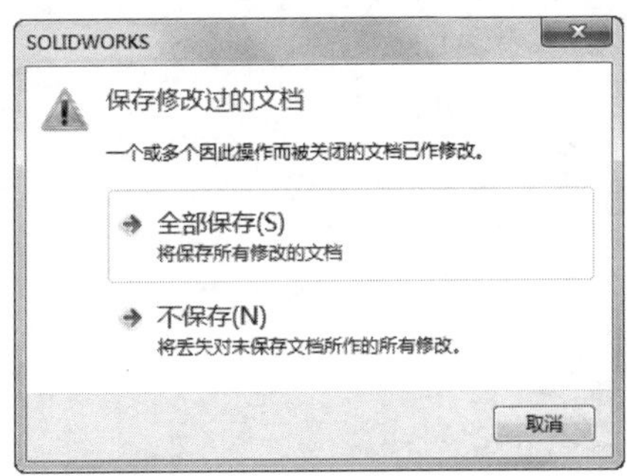

图 12-33　系统提示框

上 机 操 作

【实例 1】熟悉操作界面

操作提示

① 启动 SOLIDWORKS 2020，进入绘图界面。

② 调整操作界面大小。

③ 打开、移动、关闭工具栏。

【实例 2】打开、保存文件

操作提示

① 启动 SOLIDWORKS 2020，新建一文件，进入绘图界面。

② 打开已经保存过的零件图形。

③ 进行自动保存设置。

④ 将图形以新的名字保存。

⑤ 退出该图形。

⑥ 尝试重新打开按新名保存的原图形。

第13章 草图绘制

SOLIDWORKS的大部分特征是由二维草图绘制开始的，草图绘制在该软件使用中占有重要地位，本章将详细介绍草图的绘制与编辑方法。

草图一般是由点、线、圆弧、圆和抛物线等基本图形构成的封闭或不封闭的几何图形，是三维实体建模的基础。一个完整的草图包括几何形状、几何关系和尺寸标注三方面的信息。能否熟练掌握草图的绘制和编辑方法，决定了能否快速三维建模，能否提高工程设计的效率，能否灵活地把该软件应用到其他领域。

学习目标

- 草图绘制的基本知识
- 草图绘制工具
- 草图编辑工具
- 尺寸标注

13.1 草图绘制的基本知识

本节主要介绍如何开始绘制草图，熟悉“草图”控制面板，认识绘图光标和锁点光标，以及退出草图绘制状态。

13.1.1 进入草图绘制

扫一扫，看视频

绘制二维草图，必须进入草图绘制状态。草图必须在平面上绘制，这个平面可以是基准面，也可以是三维模型上的平面。由于开始进入草图绘制状态时，没有三维模型，因此必须指定基准面。

绘制草图必须认识草图绘制的工具，图 13-1 所示为常用的“草图”控制面板。绘制草图可以先选择绘制的平面，也可以先选择草图绘制实体。下面通过案例分别介绍两种方式的操作步骤。

图 13-1 “草图”控制面板

（1）**选择草图绘制实体**

以选择草图绘制实体的方式进入草图绘制状态的操作步骤如下。

① 选择菜单栏中的“插入”→“草图绘制”命令，或者单击“草图”控制面板中的“草图绘制”按钮，或者直接单击“草图”控制面板中要绘制的草图实体，此时图形区显示的系统默认基准面如图 13-2 所示。

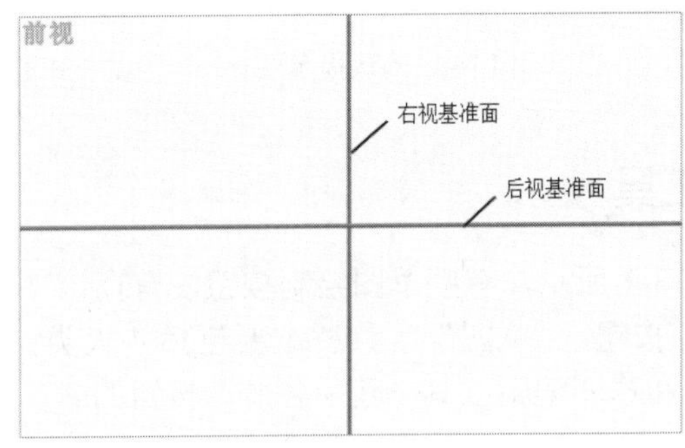

图 13-2 系统默认基准面

② 单击选择图形区 3 个基准面中的一个，确定要在哪个平面上绘制草图实体。

③ 单击“标准视图”工具栏中的“垂直于”按钮，旋转基准面，方便绘图。

（2）**选择草图绘制基准面**

以选择草图绘制基准面的方式进入草图绘制状态的操作步骤如下。

① 先在特征管理区中选择要绘制的基准面，即前视基准面、右视基准面和上视基准面中的一个面。

② 单击“标准视图”工具栏中的“垂直于”按钮，旋转基准面。

③ 单击“草图”控制面板上的“草图绘制”按钮，或者单击要绘制的草图实体，进入草图绘制状态。

扫一扫，看视频

13.1.2 退出草图绘制

草图绘制完毕后，可立即建立特征，也可以退出草图绘制再建立特征。有些特征的建立，需要多个草图，比如扫描实体等，因此需要了解退出草图绘制的方法，主要有如下几种。

① 使用菜单方式：选择菜单栏中的“插入”→“退出草图”命令，退出草图绘制状态。

② 利用图标按钮方式：单击“标准”工具栏上的“重建模型”按钮，或者单击“草图”控制面板中的（退出草图）按钮，退出草图绘制状态。

③ 利用快捷菜单方式：在图形区右击，弹出如图 13-3 所示的快捷菜单，选择“退出草图”按钮，退出草图绘制状态。

④ 利用图形区确认角落的按钮：在绘制草图的过程中，图形区右上角会显示如图 13-4 所示的确认提示图标，单击上面的按钮，退出草图绘制状态。

单击确认角落下面的按钮✖，弹出系统提示框，提示用户是否保存对草图的修改，如图 13-5 所示，然后根据需要单击其中的按钮，退出草图绘制状态。

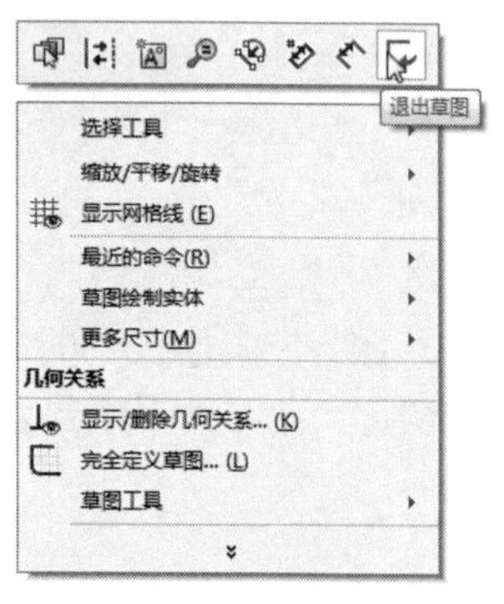

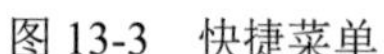
图 13-3　快捷菜单

图 13-4　确认提示图标

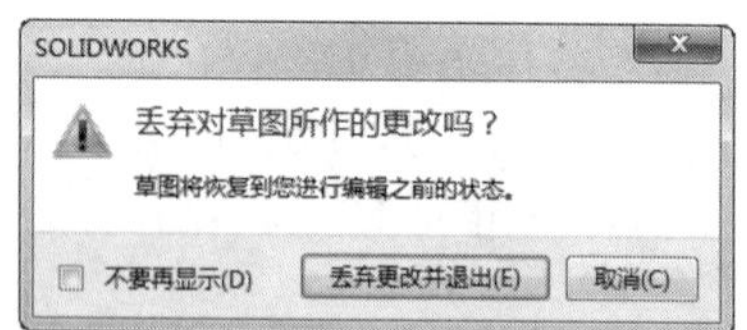

图 13-5　系统提示框

13.1.3　草图绘制工具

扫一扫，看视频

“草图”工具栏如图 13-1 所示，有些草图绘制按钮没有在该工具栏中显示，用户可以设置相应的命令按钮。“草图”工具栏主要包括 4 大类：草图绘制、实体绘制、标注几何关系和草图编辑工具。其中各命令按钮的名称与功能分别如表 13-1～表 13-4 所示。

表 13-1　草图绘制命令按钮

按钮图标	名称	功能说明
	选择	选择草图实体、边线、顶点、零部件等
	网格线/捕捉	对激活的草图或工程图选择显示草图网格线，并可设定网格线显示和捕捉功能选项
	草图绘制/退出草图	进入或者退出草图绘制状态
	3D 草图	在三维空间任意位置添加一个新的 3D 草图，或编辑现有 3D 草图
	基准面上的 3D 草图	在 3D 草图中在基准面上绘制草图，如有必要生成新的 3D 草图
	快速草图	可以选择平面或基准面，并在任意草图工具激活时开始绘制草图。在移动至各平面的同时，将生成面并打开草图。可以中途更改草图工具
	修改草图	比例缩放、平移或旋转激活的草图
	移动时不求解	移动草图实体而不求解草图中的尺寸或几何关系
	移动实体	选择一个或多个草图实体和注解并将之移动，该操作不生成几何关系
	复制实体	选择一个或多个草图实体和注解并将之复制，该操作不生成几何关系
	按比例缩放实体	选择一个或多个草图实体和注解并将之按比例缩放，该操作不生成几何关系
	旋转实体	选择一个或多个草图实体和注解并将之旋转，该操作不生成几何关系

表 13-2　实体绘制工具命令按钮

按钮图标	名称	功能说明
	直线	以起点、终点的方式绘制一条直线
	边角矩形	以对角线的起点和终点的方式绘制一个矩形，其一边为水平或竖直

续表

按钮图标	名称	功能说明
	中心矩形	在中心点绘制矩形草图
	3 点边角矩形	以所选的角度绘制矩形草图
	3 点中心矩形	以所选的角度绘制带有中心点的矩形草图
	平行四边形	生成边不为水平或竖直的平行四边形及矩形
	多边形	生成边数在 3～40 之间的等边多边形
	圆	以先指定圆心，然后拖动光标确定半径的方式绘制一个圆
	周边圆	以圆周直径的两点方式绘制一个圆
	圆心/起点/终点画弧	以顺序指定圆心、起点以及终点的方式绘制一个圆弧
	切线弧	绘制一条与草图实体相切的弧线，选择草图实体的端点，然后拖动来生成切线弧
	3 点圆弧	绘制 3 点圆。选择起点和终点，然后拖动圆弧来设定半径或反转圆弧
	椭圆	绘制完整椭圆，选择椭圆中心，然后拖动来设定主轴和次轴
	部分椭圆	绘制部分椭圆。选择椭圆中心，拖动来定义轴，然后定义椭圆的范围
	抛物线	绘制抛物线。放置焦点，拖动来放大抛物线，然后将之单击并拖动来定义曲线范围
	样条曲线	以不同路径上的两点或者多点绘制一条样条曲线，可以在端点处指定相切
	曲面上的样条曲线	在曲面/面上绘制样条曲线。单击以添加样条曲线点来生成束缚到曲面/面的样条曲线
	点	绘制一个点，可以在草图和工程图中绘制
	中心线	绘制一条中心线，可以在草图和工程图中绘制，使用中心线生成对称草图实体、旋转特征或作为构造几何线
	文字	在特征表面上，添加文字草图，然后拉伸或者切除生成文字实体

表 13-3　标注几何关系命令按钮

按钮图标	名称	功能说明
	添加几何关系	给选定的草图实体添加几何关系，即限制条件
	显示/删除几何关系	显示或者删除草图实体的几何限制条件
	搜寻相等关系	扫描草图的相等长度或半径元素。在相同长度或半径的草图元素之间设定相等关系
	自动几何关系	打开或关闭自动添加几何关系

表 13-4　草图编辑工具命令按钮

按钮图标	名称	功能说明
	构造几何线	将草图中或者工程图中的草图实体转换为构造几何线，构造几何线的线型与中心线相同
	绘制圆角	在两个草图实体的交叉处倒圆角，从而生成一个切线弧
	绘制倒角	此工具在二维和三维草图中均可使用。在两个草图实体交叉处按照一定角度和距离剪裁，并用直线相连，形成倒角
	等距实体	按给定的距离等距一个或多个草图实体，可以是线、弧、环等草图实体
	转换实体引用	将其他特征轮廓投影到草图平面上，形成一个或者多个草图实体

续表

按钮图标	名称	功能说明
	交叉曲线	在基准面和曲面或模型面、两个曲面、曲面和模型面、基准面和整个零件的曲面的交叉处生成草图曲线
	面部曲线	从面或者曲面提取 ISO 参数，形成三维曲线
	剪裁实体	根据剪裁类型，剪裁或者延伸草图实体
	延伸实体	将草图实体延伸以与另一个草图实体相遇
	分割实体	将一个草图实体分割以生成两个草图实体
	镜向实体	相对一条中心线生成对称的草图实体
	线性草图阵列	沿一个轴或者同时沿两个轴生成线性草图排列
	圆周草图阵列	生成草图实体的圆周排列
	修改草图	使用该工具来移动、旋转或按比例缩放整个草图
	移动时不求解	在不解出尺寸或几何关系的情况下，在草图中移动草图实体

13.1.4 绘图光标和锁点光标

扫一扫，看视频

在绘制草图实体或者编辑草图实体时，光标会根据所选择的命令，在绘图时变为相应的图标，以方便用户了解绘制或者编辑该类型的草图。

绘图光标的类型与功能如表 13-5 所示。

表 13-5 绘图光标的类型与功能

光标类型	功能说明	光标类型	功能说明
	绘制一点		绘制直线或者中心线
	绘制圆弧		绘制抛物线
	绘制圆		绘制椭圆
	绘制样条曲线		绘制矩形
	绘制草图文字		绘制多边形
	剪裁实体		延伸草图实体
	分割草图实体		标注尺寸
	圆周阵列复制草图		线性阵列复制草图

为了提高绘制图形的效率，SOLIDWORKS 软件提供了自动判断绘图位置的功能。在执行绘图命令时，光标会在图形区自动寻找端点、中心点、圆心、交点、中点以及其上任意点，这样提高了光标定位的准确性和快速性。

光标在相应的位置，会变成相应的图形，成为锁点光标。锁点光标可以在草图实体上形成，也可以在特征实体上形成。需要注意的是在特征实体上的锁点光标，只能在绘图平面的实体边缘产生，在其他平面的边缘不能产生。

锁点光标的类型在此不再赘述，用户可以在实际使用中慢慢体会，很好地利用锁点光标，可以提高绘图的效率。

13.2 草图绘制

本节主要介绍“草图”控制面板中草图绘制工具的使用方法。由于 SOLIDWORKS 中大部分特征都需要先建立草图轮廓，因此本节的学习非常重要。

13.2.1 “草图”操控面板

扫一扫，看视频

SOLIDWORKS 提供了草图绘制工具以方便绘制草图实体。如图 13-6 所示为“草图”操控面板（操控面板通常也称为工具栏）。

图 13-6　“草图”操控面板

并非所有的草图绘制工具对应的按钮都会出现在“草图”操控面板中，如果要重新安排“草图”操控面板中的工具按钮，可进行如下操作。

① 选择“工具”→“自定义”命令，打开“自定义”对话框。

② 选择“命令”选项卡，在“类别”列表框中选择“草图”。

③ 单击一个按钮以查看“说明”文本框内对该按钮的说明，如图 13-7 所示。

图 13-7　对按钮的说明

④ 在对话框内选择要使用的按钮，将其拖动放置到“草图”面板中。

⑤ 如果要删除面板中的按钮，只要将其从面板中拖放回按钮区域中即可。

⑥ 更改结束后，单击“确定”按钮，关闭对话框。

13.2.2 绘制点

执行点命令后，在图形区中的任何位置，都可以绘制点，绘制的点不影响三维建模的外形，只起参考作用。

执行异型孔向导命令后，点命令用于决定产生孔的数量。

点命令可以生成草图中两不平行线段的交点以及特征实体中两个不平行边缘的交点，产生的交点作为辅助图形，用于标注尺寸或者添加几何关系，并不影响实体模型的建立。下面分别介绍不同类型点的操作步骤。

（1）绘制一般点

扫一扫，看视频

① 在草图绘制状态下，选择菜单栏中的“工具”→“草图绘制实体”→“点”命令，或者单击“草图”控制面板中的“点”按钮，光标变为绘图光标。

② 在图形区单击，确认绘制点的位置，此时点命令继续处于激活位置，可以继续绘制点。

如图 13-8 所示为使用绘制点命令绘制的多个点。

扫一扫，看视频

（2）生成草图中两不平行线段的交点

以如图 13-9（a）所示为例，生成图中直线 1 和直线 2 的交点，其中图（a）为生成交点前的图形，图（b）为生成交点后的图形。

① 打开随书资源中的“\源文件\ch13\13.4.SLDPRT”，如图 13-9（a）所示。

② 在草图绘制状态下按住<Ctrl>键，单击选择如图 13-9（a）所示的直线 1 和直线 2。

③ 选择菜单栏中的“工具”→“草图绘制实体”→“点”命令，或者单击“草图”控制面板中的“点”按钮，此时生成交点后的图形如图 13-9（b）所示。

图 13-8 绘制一般点

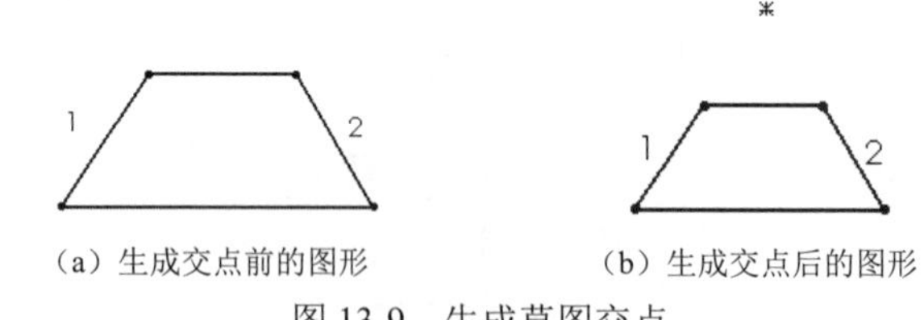

（a）生成交点前的图形　（b）生成交点后的图形

图 13-9 生成草图交点

（3）生成特征实体中两个不平行边缘的交点

扫一扫，看视频

以如图 13-10 所示为例，生成面 A 中直线 1 和直线 2 的交点，其中图 13-10（a）为生成交点前的图形，图 13-10（b）为生成交点后的图形。

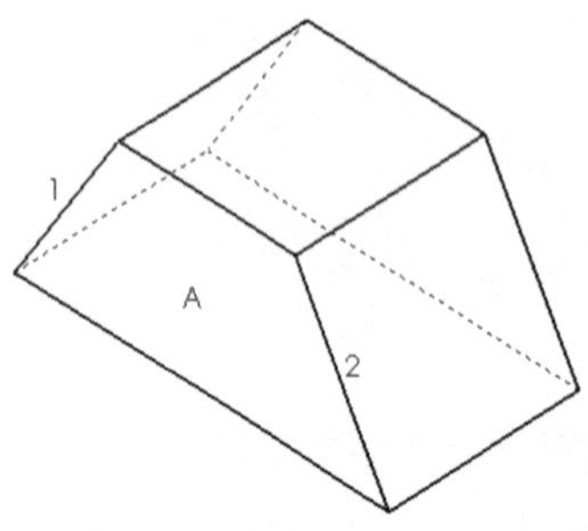

（a）生成交点前的图形

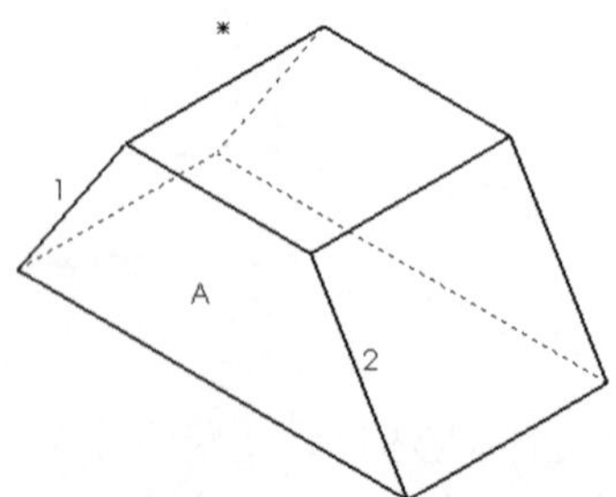

（b）生成交点后的图形

图 13-10 生成特征边线交点

① 打开随书资源中的“\源文件\ch13\13.5.SLDPRT”，如图 13-10（a）所示。

② 选择如图 13-10（a）所示的面 A 作为绘图面，然后进入草图绘制状态。

③ 按住<Ctrl>键，选择如图 13-10（a）所示的边线 1 和边线 2。

④ 选择菜单栏中的“工具”→“草图绘制实体”→“点”命令，或者单击“草图”控制面板中的“点”按钮▫，此时生成交点后的图形如图 13-10（b）所示。

13.2.3 绘制直线与中心线

扫一扫，看视频

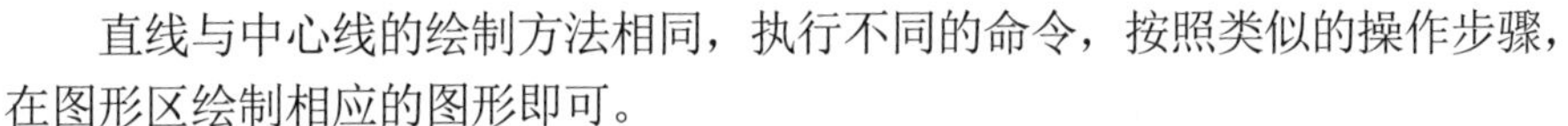

直线与中心线的绘制方法相同，执行不同的命令，按照类似的操作步骤，在图形区绘制相应的图形即可。

直线分为 3 种类型，即水平直线、竖直直线和任意角度直线。在绘制过程中，不同类型的直线其显示方式不同。

- 水平直线：在绘制直线过程中，笔形光标附近会出现水平直线图标符号━，如图 13-11 所示。
- 竖直直线：在绘制直线过程中，笔形光标附近会出现竖直直线图标符号┃，如图 13-12 所示。

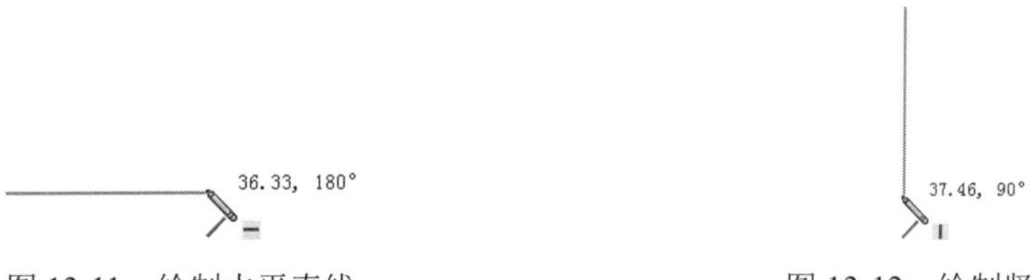

图 13-11 绘制水平直线　　图 13-12 绘制竖直直线

- 任意角度直线：在绘制直线过程中，笔形光标附近会出现任意直线图标符号╱，如图 13-13 所示。

在绘制直线的过程中，光标上方显示的参数，为直线的长度和角度，可供参考。一般在绘制中，首先绘制一条直线，然后标注尺寸，直线也随着改变长度和角度。

绘制直线的方式有两种：拖动式和单击式。拖动式就是在绘制直线的起点，按住鼠标左键开始拖动鼠标，直到直线终点放开。单击式就是在绘制直线的起点处单击一下，然后在直线终点处单击一下。

下面以绘制如图 13-14 所示的中心线和直线为例，介绍中心线和直线的绘制步骤。

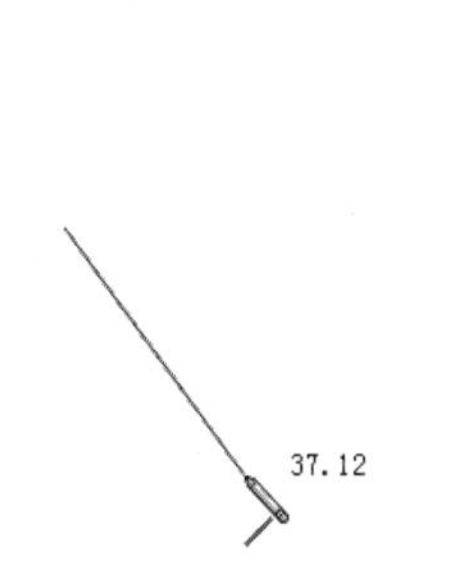

图 13-13 绘制任意角度直线

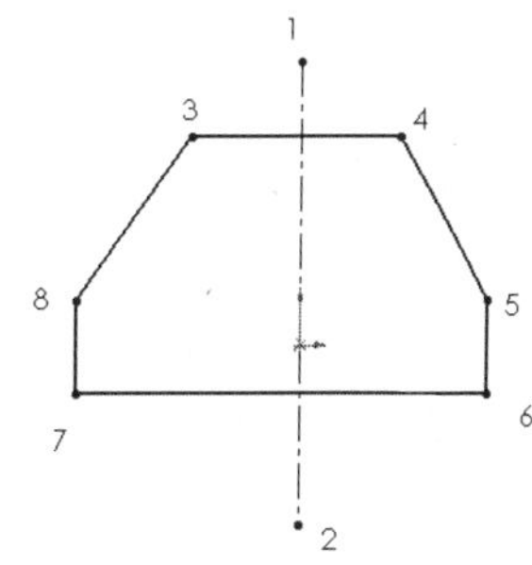

图 13-14 绘制中心线和直线

① 在草图绘制状态下，选择菜单栏中的“工具”→“草图绘制实体”→“中心线”命令，或者单击“草图”控制面板中的“中心线”按钮⤢，开始绘制中心线。

② 在图形区单击确定中心线的起点 1，然后移动光标到图中合适的位置，由于图中的中

心线为竖直直线，所以当光标附近出现符号时，单击确定中心线的终点 2。

③ 按<Esc>键，或者在图形区右击，在弹出的快捷菜单中单击“选择”命令，退出中心线的绘制。

④ 选择菜单栏中的“工具”→“草图绘制实体”→“直线”命令，或者单击“草图”控制面板中的“直线”按钮，开始绘制直线。

⑤ 在图形区单击确定直线的起点 3，然后移动光标到图中合适的位置，由于直线 34 为水平直线，所以当光标附近出现符号时，单击确定直线 34 的终点 4。

⑥ 重复以上绘制直线的步骤，绘制其他直线段，在绘制过程中要注意光标的形状，以确定是水平、竖直或者任意直线段。

⑦ 按<Esc>键，或者在图形区右击，在弹出的快捷菜单中单击“选择”命令，退出直线的绘制，绘制的中心线和直线如图 13-14 所示。

在执行绘制直线命令时，系统弹出的“插入线条”属性管理器如图 13-15 所示，在“方向”选项组中有 4 个单选钮，默认是点选“按绘制原样”单选钮。点选不同的单选钮，绘制直线的类型不一样。点选“按绘制原样”单选钮以外的任意一项，均会要求输入直线的参数。如点选“角度”单选钮，弹出的“插入线条”属性管理器如图 13-16 所示，要求输入直线的参数。设置好参数以后，单击直线的起点就可以绘制出所需要的直线。

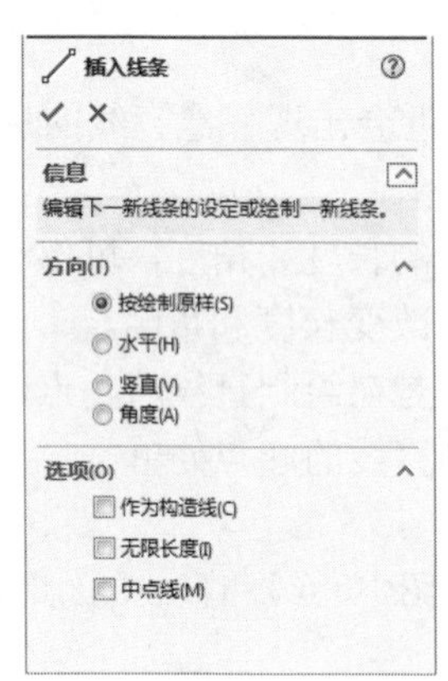

图 13-15 “插入线条”属性管理器

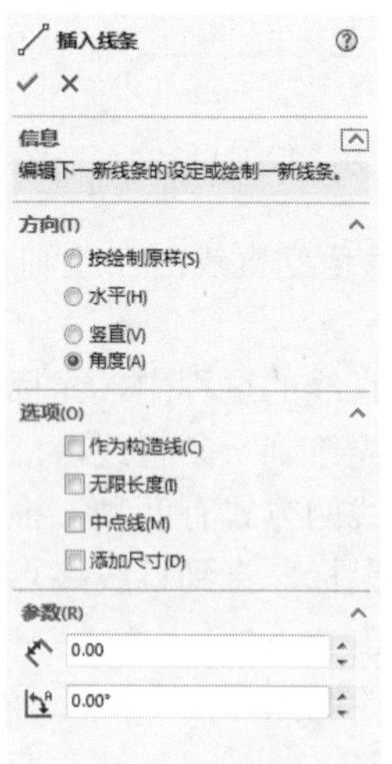

图 13-16 “插入线条”属性管理器

在“插入线条”属性管理器的“选项”选项组中有 4 个复选框，勾选不同的复选框，可以分别绘制构造线和无限长直线。

在“插入线条”属性管理器的“参数”选项组中有 2 个文本框，分别是长度文本框和角度文本框。通过设置这两个参数可以绘制一条直线。

13.2.4 绘制圆

当执行圆命令时，系统弹出的“圆”属性管理器如图 13-17 所示。从属性管理器中知道，可以通过两种方式来绘制圆：一种是绘制基于中心的圆；另一种是绘制基于周边的圆。

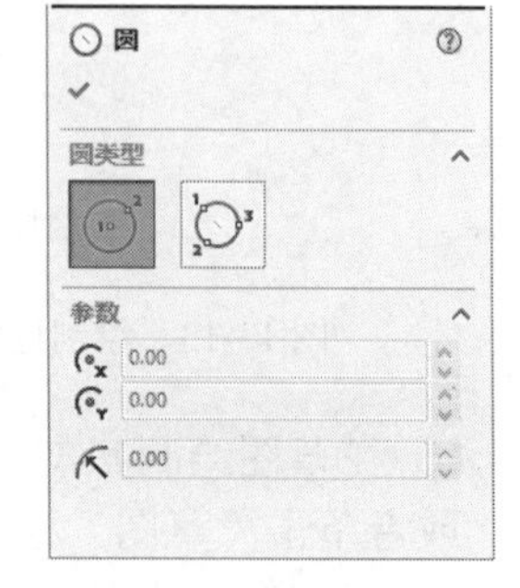

图 13-17 “圆”属性管理器

（1）**绘制基于中心的圆**

扫一扫，看视频

① 在草图绘制状态下，选择菜单栏中的“工具”→“草图绘制实体”→“圆”命令，或者单击“草图”控制面板中的“圆”按钮，开始绘制圆。

② 在图形区选择一点单击确定圆的圆心，如图 13-18（a）所示。

③ 移动光标拖出一个圆，在合适位置单击确定圆的半径，如图 13-18（b）所示。

④ 单击“圆”属性管理器中的“确定”按钮，完成圆的绘制，如图 13-18（c）所示。图 13-18 即为基于中心的圆的绘制过程。

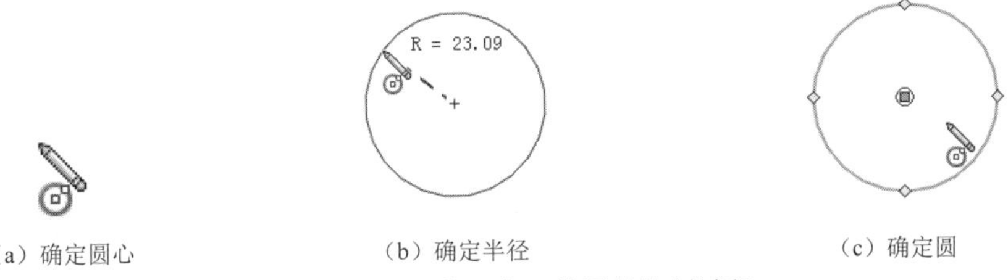

（a）确定圆心　　（b）确定半径　　（c）确定圆

图 13-18　基于中心的圆的绘制过程

（2）**绘制基于周边的圆**

扫一扫，看视频

① 在草图绘制状态下，选择菜单栏中的“工具”→“草图绘制实体”→“周边圆”命令，或者单击“草图”控制面板中的“周边圆”按钮，开始绘制圆。

② 在图形区单击确定圆周边上的一点，如图 13-19（a）所示。

③ 移动光标拖出一个圆，然后单击确定周边上的另一点，如图 13-19（b）所示。

④ 完成拖动时，光标变为如图 13-19（b）所示时，单击确定圆，如图 13-19（c）所示。

⑤ 单击“圆”属性管理器中的“确定”按钮，完成圆的绘制。

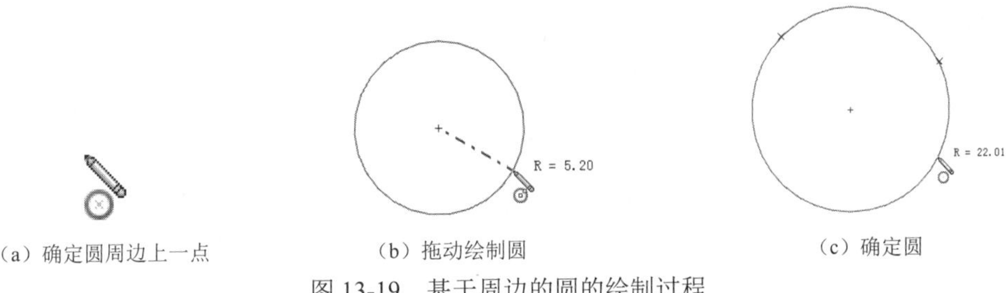

（a）确定圆周边上一点　　（b）拖动绘制圆　　（c）确定圆

图 13-19　基于周边的圆的绘制过程

圆绘制完成后，可以通过拖动修改圆草图。通过鼠标左键拖动圆的周边可以改变圆的半径，拖动圆的圆心可以改变圆的位置。同时，也可以通过如图 13-17 所示的“圆”属性管理器修改圆的属性，通过属性管理器中“参数”选项修改圆心坐标和圆的半径。

13.2.5　绘制圆弧

绘制圆弧的方法主要有 4 种，即圆心/起点/终点画弧、切线弧、三点圆弧与“直线”命令绘制圆弧。

（1）**圆心/起点/终点画弧**

圆心/起点/终点画弧方法是先指定圆弧的圆心，然后顺序拖动光标指定圆弧的起点和终点，确定圆弧的大小和方向。

扫一扫，看视频

① 在草图绘制状态下，选择菜单栏中的“工具”→“草图绘制实体”→“圆心/起点/终点画弧”命令，或者单击“草图”控制面板中的“圆心/起点/终点画弧”按钮，开始绘制圆弧。

② 在图形区单击确定圆弧的圆心，如图 13-20（a）所示。

③ 在图形区合适的位置单击，确定圆弧的起点，如图 13-20（b）所示。

④ 拖动光标确定圆弧的角度和半径，并单击确认，如图 13-20（c）所示。

⑤ 单击“圆弧”属性管理器中的“确定”按钮，完成圆弧的绘制。

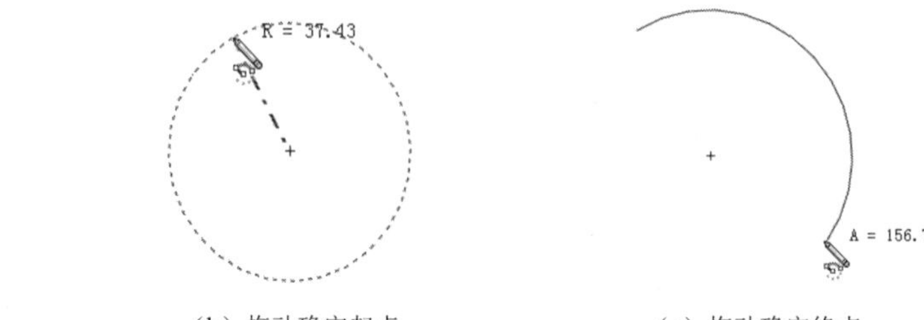

（a）确定圆弧圆心　（b）拖动确定起点　（c）拖动确定终点

图 13-20　用“圆心/起点/终点”方法绘制圆弧的过程

圆弧绘制完成后，可以在“圆弧”属性管理器中修改其属性。

（2）切线弧

扫一扫，看视频

切线弧是指生成一条与草图实体相切的弧线。草图实体可以是直线、圆弧、椭圆和样条曲线等。

① 打开随书资源中的“\源文件\ch13\13.10.SLDPRT”。

② 在草图绘制状态下，选择菜单栏中的“工具”→“草图绘制实体”→“切线弧”命令，或单击“草图”控制面板中的“切线弧”按钮，开始绘制切线弧。

③ 在已经存在草图实体的端点处单击，此时系统弹出“圆弧”属性管理器，如图 13-21 所示，光标变为形状。

④ 拖动光标确定绘制圆弧的形状，并单击确认。

⑤ 单击“圆弧”属性管理器中的“确定”按钮，完成切线弧的绘制。如图 13-22 所示为绘制的直线切线弧。

在绘制切线弧时，系统可以从指针移动推理是需要画切线弧还是画法线弧。存在 4 个目的区，具有如图 13-23 所示的 8 种切线弧。沿相切方向移动指针将生成切线弧，沿垂直方向移动将生成法线弧。可以通过返回到端点，然后向新的方向移动在切线弧和法线弧之间进行切换。

技巧荟萃

绘制切线弧时，光标拖动的方向会影响绘制圆弧的样式，因此在绘制切线弧时，光标最好沿着产生圆弧的方向拖动。

（3）三点圆弧

扫一扫，看视频

三点圆弧是通过起点、终点与中点的方式绘制圆弧。

① 在草图绘制状态下，选择菜单栏中的“工具”→“草图绘制实体”→“三点圆弧”命令，或者单击“草图”控制面板中的“三点圆弧”按钮，开始绘制圆弧，此时光标变为形状。

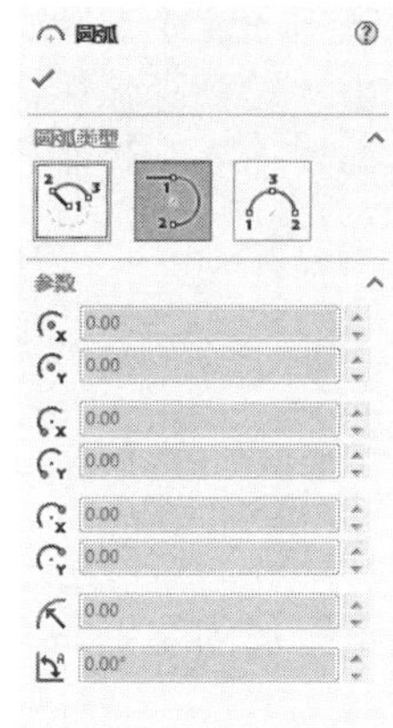

图 13-21 “圆弧”属性管理器

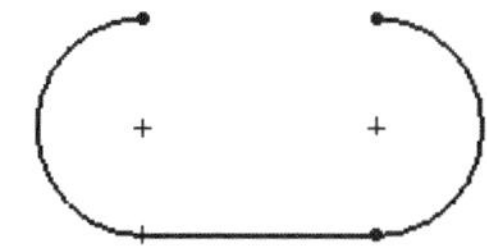

图 13-22 直线的切线弧

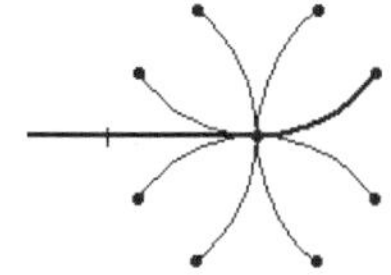

图 13-23 绘制的 8 种切线弧

② 在图形区单击，确定圆弧的起点，如图 13-24（a）所示。

③ 拖动光标确定圆弧结束的位置，并单击确认，如图 13-24（b）所示。

④ 拖动光标确定圆弧的半径和方向，并单击确认，如图 13-24（c）所示。

⑤ 单击“圆弧”属性管理器中的“确定”按钮✔，完成三点圆弧的绘制。

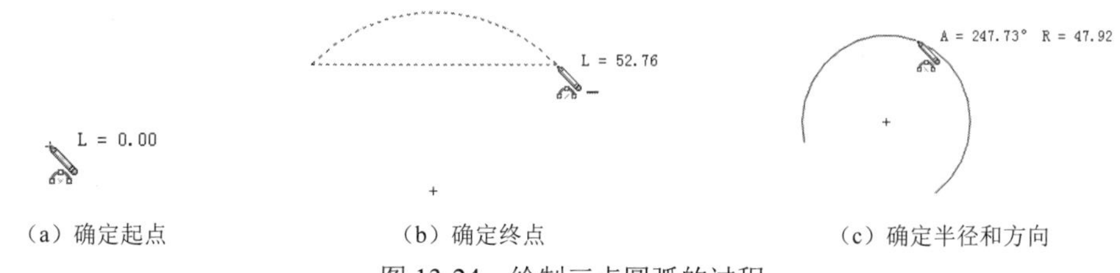

（a）确定起点　（b）确定终点　（c）确定半径和方向

图 13-24 绘制三点圆弧的过程

选择绘制的三点圆弧，可以在“圆弧”属性管理器中修改其属性。

（4）“直线”命令绘制圆弧

扫一扫，看视频

“直线”命令除了可以绘制直线外，还可以绘制连接在直线端点处的切线弧，使用该命令，必须首先绘制一条直线，然后才能绘制圆弧。

① 在草图绘制状态下，选择菜单栏中的“工具”→“草图绘制实体””→“直线”命令，或者单击“草图”控制面板中的“直线”按钮╱，首先绘制一条直线。

② 在不结束绘制直线命令的情况下，将光标稍微向旁边拖动，如图 13-25（a）所示。

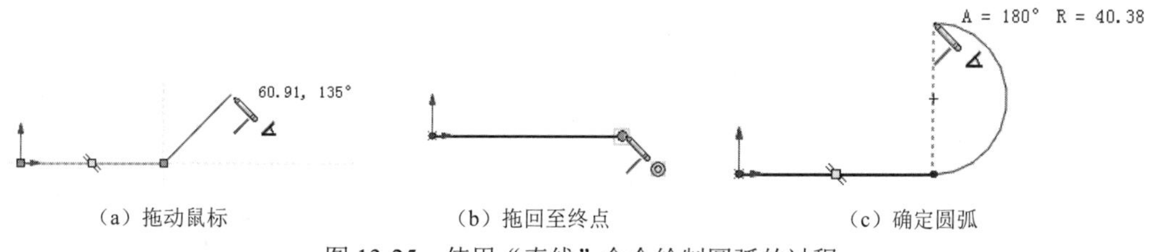

（a）拖动鼠标　（b）拖回至终点　（c）确定圆弧

图 13-25 使用“直线”命令绘制圆弧的过程

③ 将光标拖回至直线的终点，开始绘制圆弧，如图 13-25（b）所示。

④ 拖动光标到图中合适的位置，并单击确定圆弧的大小，如图 13-25（c）所示。

直线转换为绘制圆弧的状态，必须先将光标拖回至终点，然后拖出才能绘制圆弧。也可以在此状态下右击，此时系统弹出的快捷菜单如图 13-26 所示，单击“转到圆弧”命令即可绘制圆弧。同样在绘制圆弧的状态下，单击快捷菜单中的“转到直线”命令，绘制直线。

13.2.6 绘制矩形

扫一扫，看视频

绘制矩形的方法主要有 5 种：边角矩形、中心矩形、三点边角矩形、三点中心矩形以及平行四边形命令绘制矩形。

（1）“边角矩形”命令绘制矩形

“边角矩形”命令绘制矩形是标准的矩形草图绘制方法，即指定矩形的左上与右下的端点确定矩形的长度和宽度。

以绘制如图 13-27 所示的矩形为例，说明采用“边角矩形”命令绘制矩形的操作步骤。

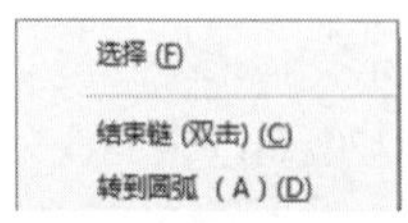

图 13-26 快捷菜单

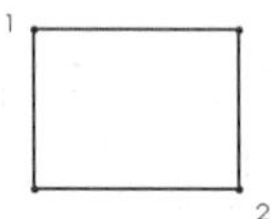

图 13-27 边角矩形

① 在草图绘制状态下，选择菜单栏中的“工具”→“草图绘制实体”→“矩形”命令，或者单击“草图”控制面板中的“矩形”按钮，此时光标变为形状。

② 在图形区单击，确定矩形的一个角点 1。

③ 移动光标，单击确定矩形的另一个角点 2，矩形绘制完毕。

在绘制矩形时，既可以移动光标确定矩形的角点 2，也可以在确定第一角点时，不释放鼠标，直接拖动光标确定角点 2。

矩形绘制完毕后，按住鼠标左键拖动矩形的一个角点，可以动态地改变矩形的尺寸。“矩形”属性管理器如图 13-28 所示。

（2）“中心矩形”命令绘制矩形

“中心矩形”命令绘制矩形是指定矩形的中心与右上的端点确定矩形的中心和 4 条边线。

以绘制如图 13-29 所示的矩形为例，说明采用“中心矩形”命令绘制矩形的操作步骤。

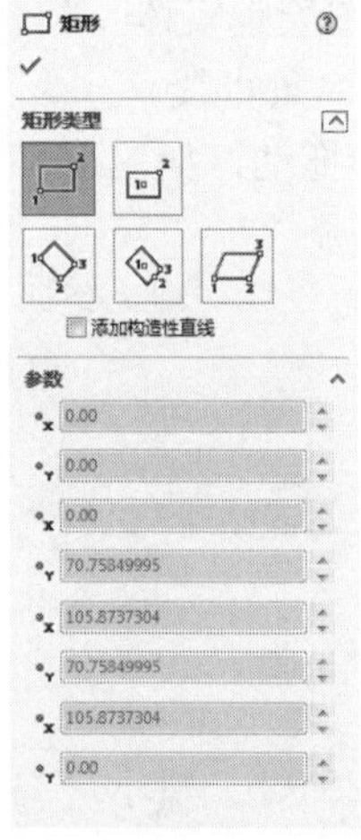

图 13-28 “矩形”属性管理器

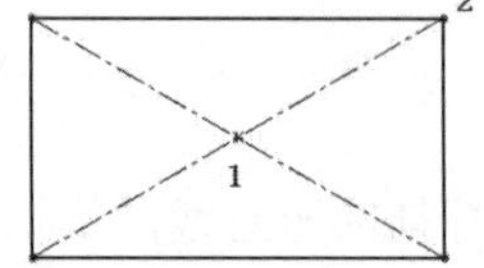

图 13-29 中心矩形

① 在草图绘制状态下，选择菜单栏中的“工具”→“草图绘制实体”→“中心矩形”命令，或者单击“草图”控制面板中的“中心矩形”按钮，此时光标变为形状。

② 在图形区单击，确定矩形的中心点1。

③ 移动光标，单击确定矩形的一个角点2，矩形绘制完毕。

（3）“三点边角矩形”命令绘制矩形

“三点边角矩形”命令是通过指定的3个点来确定矩形，前面两个点来定义角度和一条边，第3点来确定另一条边。

以绘制如图13-30所示的矩形为例，说明采用“三点边角矩形”命令绘制矩形的操作步骤。

① 在草图绘制状态下，选择菜单栏中的“工具”→“草图绘制实体”→“3点边角矩形”命令，或者单击“草图”控制面板中的“三点边角矩形”按钮，此时光标变为形状。

② 在图形区单击，确定矩形的边角点1。

③ 移动光标，单击确定矩形的另一个边角点2。

④ 继续移动光标，单击确定矩形的第3个边角点3，矩形绘制完毕。

（4）“三点中心矩形”命令绘制矩形

“三点中心矩形”命令是通过指定的3个点来确定矩形。

以绘制如图13-31所示的矩形为例，说明采用“三点中心矩形”命令绘制矩形的操作步骤。

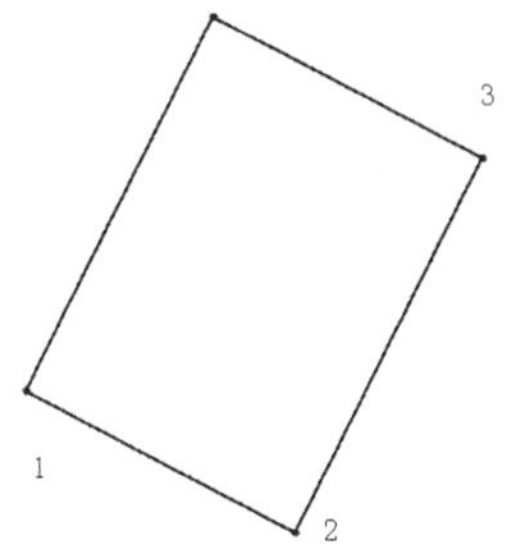

图13-30 三点边角矩形

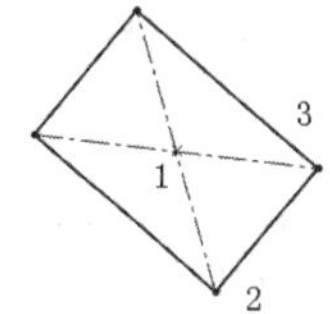

图13-31 三点中心矩形

① 在草图绘制状态下，选择菜单栏中的“工具”→“草图绘制实体”→“3点中心矩形”命令，或者单击“草图”控制面板中的“3点中心矩形”按钮，此时鼠标变为形状。

② 在图形区单击，确定矩形的中心点1。

③ 移动光标，单击确定矩形一条边线的一半长度的一个点2。

④ 移动光标，单击确定矩形的一个角点3，矩形绘制完毕。

（5）“平行四边形”命令绘制矩形

“平行四边形”命令既可以生成平行四边形，也可以生成边线与草图网格线不平行或不垂直的矩形。

以绘制如图13-32所示的矩形为例，说明采用“平行四边形”命令绘制矩形的操作步骤。

① 在草图绘制状态下，选择菜单栏中的“工具”→“草图绘制实体”→“平行四边形”命令，或者单击“草图”控制面板中的“平行四边形”按钮，此时鼠标变为形状。

② 在图形区单击，确定矩形的第一个点1。

③ 移动光标，在合适的位置单击，确定矩形的第二个点2。

④ 移动光标，在合适的位置单击，确定矩形的第三个点 3，矩形绘制完毕。

矩形绘制完毕后，按住鼠标左键拖动矩形的一个角点，可以动态地改变平行四边的尺寸。

在绘制完矩形的点 1 与点 2 后，按住<Ctrl>键，移动光标可以改变平行四边形的形状，然后在合适的位置单击，可以完成任意形状的平行四边形的绘制。如图 13-33 所示为绘制的任意形状的平行四边形。

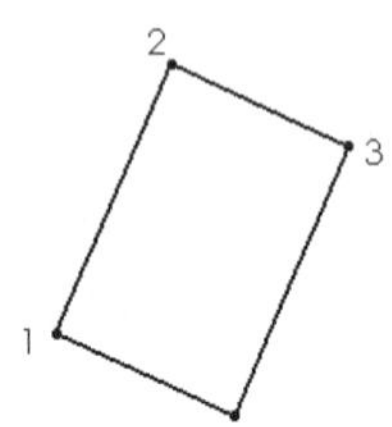

图 13-32 “平行四边形”命令绘制矩形

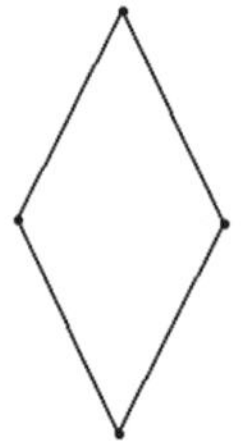

图 13-33 任意形状的平行四边形

13.2.7 绘制多边形

扫一扫，看视频

“多边形”命令用于绘制边数为 3～40 的等边多边形。

① 在草图绘制状态下，选择菜单栏中的“工具”→“草图绘制实体”→“多边形”命令，或者单击“草图”控制面板中的“多边形”按钮，此时鼠标变为形状，弹出的“多边形”属性管理器如图 13-34 所示。

② 在“多边形”属性管理器中，输入多边形的边数。也可以接受系统默认的边数，在绘制完多边形后再修改多边形的边数。

③ 在图形区单击，确定多边形的中心。

④ 移动光标，在合适的位置单击，确定多边形的形状。

⑤ 在“多边形”属性管理器中选择是内切圆模式还是外接圆模式，然后修改多边形辅助圆直径以及角度。

⑥ 如果还要绘制另一个多边形，单击属性管理器中的“新多边形”按钮，然后重复步骤②～⑤即可。

绘制的多边形如图 13-35 所示。

图 13-34 “多边形”属性管理器

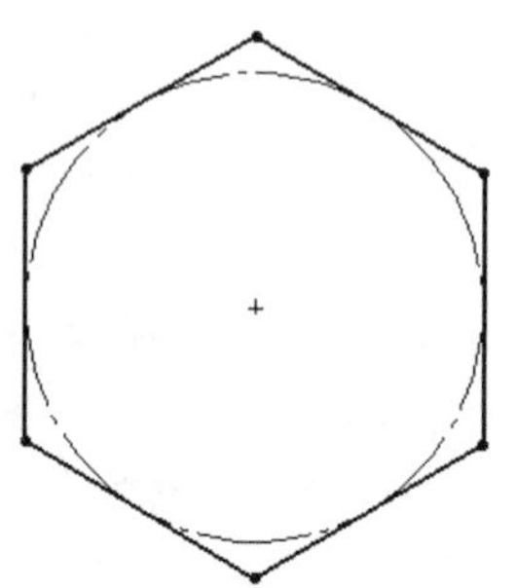

图 13-35 绘制的多边形

技巧荟萃

多边形有内切圆和外接圆两种方式，两者的区别主要在于标注方法的不同。内切圆是标注圆中心到各边的垂直距离，外接圆是标注圆中心到多边形端点的距离。

13.2.8　绘制椭圆与部分椭圆

扫一扫，看视频

椭圆是由中心点、长轴长度与短轴长度确定的，三者缺一不可。下面将分别介绍椭圆和部分椭圆的绘制方法。

（1）绘制椭圆

绘制椭圆的操作步骤如下。

① 在草图绘制状态下，选择菜单栏中的“工具”→“草图绘制实体”→“椭圆”命令，或者单击“草图”控制面板中的“椭圆”按钮，此时鼠标变为形状。

② 在图形区合适的位置单击，确定椭圆的中心。

③ 移动光标，在光标附近会显示椭圆的长半轴 R 和短半轴 r。在图中合适的位置单击，确定椭圆的长半轴 R。

④ 移动光标，在图中合适的位置单击，确定椭圆的短半轴 r，此时弹出“椭圆”属性管理器，如图 13-36 所示。

⑤ 在“椭圆”属性管理器中修改椭圆的中心坐标，以及长半轴和短半轴的大小。

⑥ 单击“椭圆”属性管理器中的“确定”按钮，完成椭圆的绘制，如图 13-37 所示。

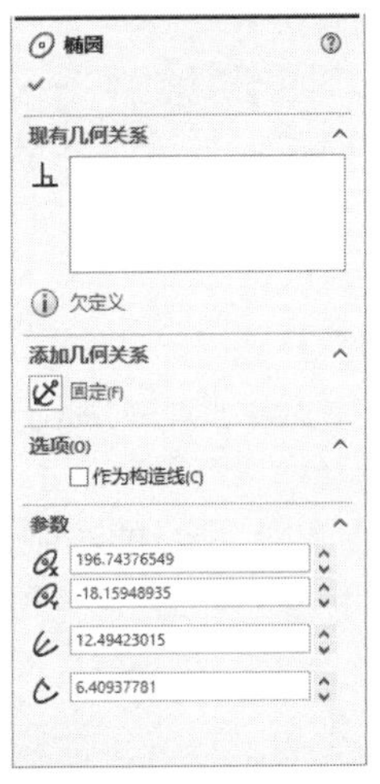

图 13-36　“椭圆”属性管理器

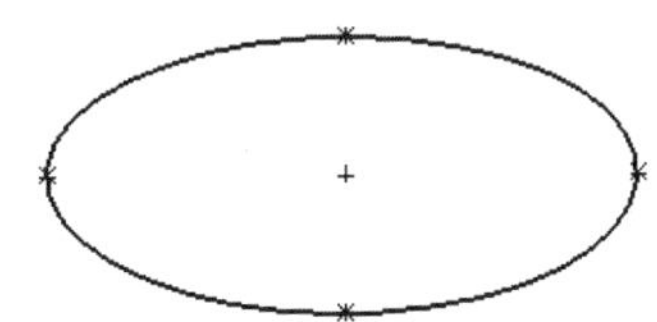

图 13-37　绘制的椭圆

椭圆绘制完毕后，按住鼠标左键拖动椭圆的中心和 4 个特征点，可以改变椭圆的形状。通过“椭圆”属性管理器可以精确地修改椭圆的位置和长、短半轴。

（2）绘制部分椭圆

部分椭圆即椭圆弧，绘制椭圆弧的操作步骤如下。

① 在草图绘制状态下，选择菜单栏中的“工具”→“草图绘制实体”→“部分椭圆”

命令，或者单击“草图”控制面板中的“部分椭圆”按钮，此时鼠标变为形状。

② 在图形区合适的位置单击，确定椭圆弧的中心。

③ 移动光标，在光标附近会显示椭圆的长半轴 R 和短半轴 r。在图中合适的位置单击，确定椭圆弧的长半轴 R。

④ 移动光标，在图中合适的位置单击，确定椭圆弧的短半轴 r。

⑤ 绕圆周移动光标，确定椭圆弧的范围，此时会弹出“椭圆”属性管理器，根据需要设定椭圆弧的参数。

⑥ 单击“椭圆”属性管理器中的“确定”按钮，完成椭圆弧的绘制。

如图 13-38 所示为绘制部分椭圆的过程。

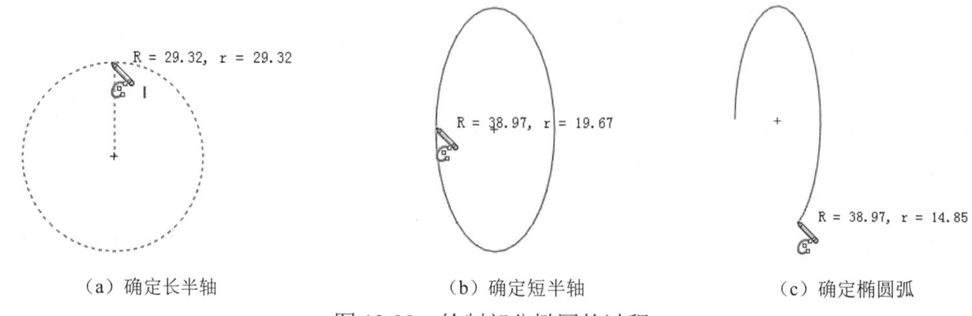

（a）确定长半轴　（b）确定短半轴　（c）确定椭圆弧

图 13-38　绘制部分椭圆的过程

13.2.9　绘制抛物线

扫一扫，看视频

抛物线的绘制方法是先确定抛物线的焦点，然后确定抛物线的焦距，最后确定抛物线的起点和终点。

① 在草图绘制状态下，选择菜单栏中的“工具”→“草图绘制实体”→“抛物线”命令，或者单击“草图”控制面板中的“抛物线”按钮，此时鼠标变为形状。

② 在图形区中合适的位置单击，确定抛物线的焦点。

③ 移动光标，在图中合适的位置单击，确定抛物线的焦距。

④ 移动光标，在图中合适的位置单击，确定抛物线的起点。

⑤ 移动光标，在图中合适的位置单击，确定抛物线的终点，此时会弹出“抛物线”属性管理器，根据需要设置属性管理器中抛物线的参数。

⑥ 单击“抛物线”属性管理器中的“确定”按钮，完成抛物线的绘制。

如图 13-39 所示为绘制抛物线的过程。

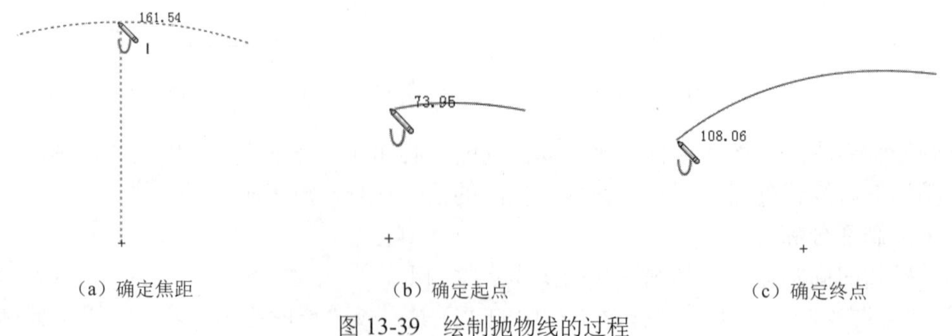

（a）确定焦距　（b）确定起点　（c）确定终点

图 13-39　绘制抛物线的过程

按住鼠标左键拖动抛物线的特征点，可以改变抛物线的形状。拖动抛物线的顶点，使其偏离焦点，可以使抛物线更加平缓；反之，抛物线会更加陡峭。拖动抛物线的起点或者终点，可以改变抛物线一侧的长度。

如果要改变抛物线的属性，在草图绘制状态下，选择绘制的抛物线，此时会弹出“抛物线”属性管理器，按照需要修改其中的参数，就可以修改相应的属性。

13.2.10 绘制样条曲线

扫一扫，看视频

系统提供了强大的样条曲线绘制功能，样条曲线至少需要两个点，并且可以在端点指定相切。

① 在草图绘制状态下，选择菜单栏中的“工具”→“草图绘制实体”→“样条曲线”命令，或者单击“草图”控制面板中的“样条曲线”按钮，此时鼠标变为形状。

② 在图形区单击，确定样条曲线的起点。

③ 移动光标，在图中合适的位置单击，确定样条曲线上的第二点。

④ 重复移动光标，确定样条曲线上的其他点。

⑤ 按<Esc>键，或者双击退出样条曲线的绘制。

如图 13-40 所示为绘制样条曲线的过程。

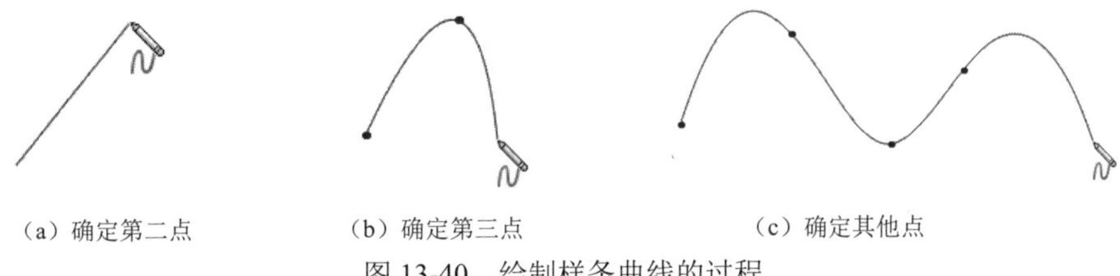

（a）确定第二点　（b）确定第三点　（c）确定其他点

图 13-40　绘制样条曲线的过程

样条曲线绘制完毕后，可以通过以下方式，对样条曲线进行编辑和修改。

（1）样条曲线属性管理器

“样条曲线”属性管理器如图 13-41 所示，在“参数”选项组中可以实现对样条曲线的各种参数进行修改。

（2）样条曲线上的点

选择要修改的样条曲线，此时样条曲线上会出现点，按住鼠标左键拖动这些点就可以实现对样条曲线的修改，如图 13-42 所示为样条曲线的修改过程，图 13-42（a）为修改前的图形，图 13-42（b）为修改后的图形。

（3）插入样条曲线型值点

确定样条曲线形状的点称为型值点，即除样条曲线端点以外的点。在样条曲线绘制以后，还可以插入一些型值点。右击样条曲线，在弹出的快捷菜单中单击“插入样条曲线型值点”命令，然后在需要添加的位置单击即可。

（4）删除样条曲线型值点

若要删除样条曲线上的型值点，则单击选择要删除的点，然后按<Delete>键即可。

样条曲线的编辑还有其他一些功能，如显示样条曲线控标、显示拐点、显示最小半径与显示曲率检查等，在此不一一介绍，用户可以右击，选择相应的功能，进行练习。

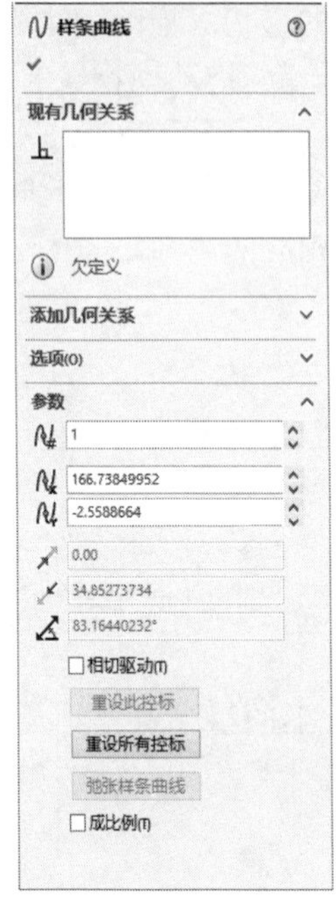

图 13-41 “样条曲线”属性管理器

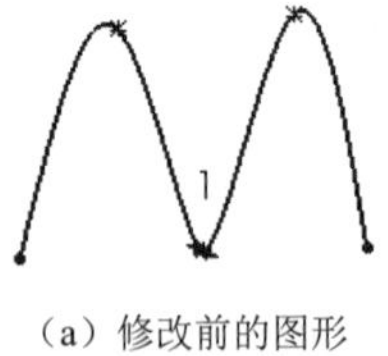

（a）修改前的图形

（b）修改后的图形

图 13-42 样条曲线的修改过程

技巧荟萃

系统默认显示样条曲线的控标。单击“样条曲线工具”工具栏中的“显示样条曲线控标”按钮，可以隐藏或者显示样条曲线的控标。

13.2.11 绘制草图文字

扫一扫，看视频

草图文字可以在零件特征面上添加，用于拉伸和切除文字，形成立体效果。文字可以添加在任何连续曲线或边线组中，包括由直线、圆弧或样条曲线组成的圆或轮廓。

① 在草图绘制状态下，选择菜单栏中的“工具”→“草图绘制实体”→“文本”命令，或者单击“草图”控制面板中的“文本”按钮，此时光标变为形状，系统弹出“草图文字”属性管理器，如图 13-43 所示。

② 在图形区中选择一边线、曲线、草图或草图线段，作为绘制文字草图的定位线，此时所选择的边线显示在“草图文字”属性管理器的“曲线”选项组中。

③ 在“草图文字”属性管理器的“文字”选项中输入要添加的文字“SOLIDWORKS 2020”。此时，添加的文字显示在图形区曲线上。

④ 如果不需要系统默认的字体，则取消对“使用文档字体”复选框的勾选，然后单击“字体”按钮，此时系统弹出“选择字体”对话框，如图 13-44 所示，按照需要进行设置。

⑤ 设置好字体后，单击“选择字体”对话框中的“确定”按钮，然后单击“草图文字”属性管理器中的“确定”按钮，完成草图文字的绘制。

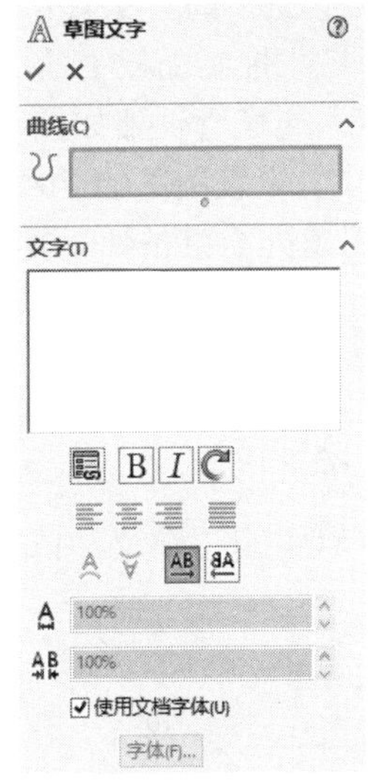

图 13-43　“草图文字”属性管理器

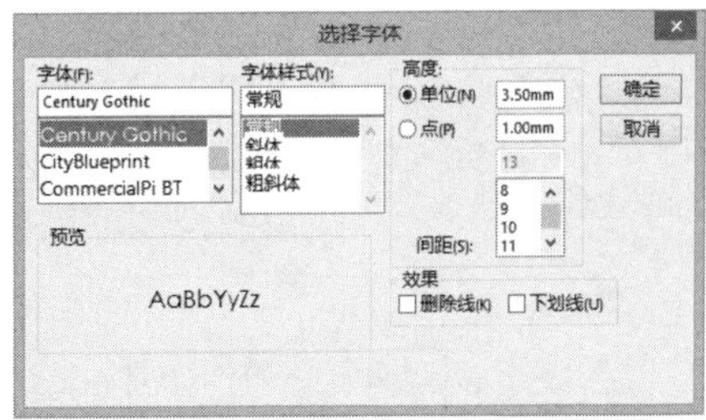

图 13-44　“选择字体”对话框

技巧荟萃

① 在草图绘制模式下，双击已绘制的草图文字，在系统弹出的“草图文字”属性管理器中，可以对其进行修改。

② 如果曲线为草图实体或一组草图实体，而且草图文字与曲线位于同一草图内，那么必须将草图实体转换为几何构造线。

如图 13-45 所示为绘制的草图文字，如图 13-46 所示为拉伸后的草图文字。

SOL IDWORKS　2020

图 13-45　绘制的草图文字

图 13-46　拉伸后的草图文字

13.3　草图编辑工具

本节主要介绍草图编辑工具的使用方法，如圆角、倒角、等距实体、裁剪、延伸、镜向、移动、复制、旋转与修改等。

13.3.1　绘制圆角

扫一扫，看视频

绘制圆角工具是将两个草图实体的交叉处剪裁掉角部，生成一个与两个草图实体都相切的圆弧，此工具在二维和三维草图中均可使用。

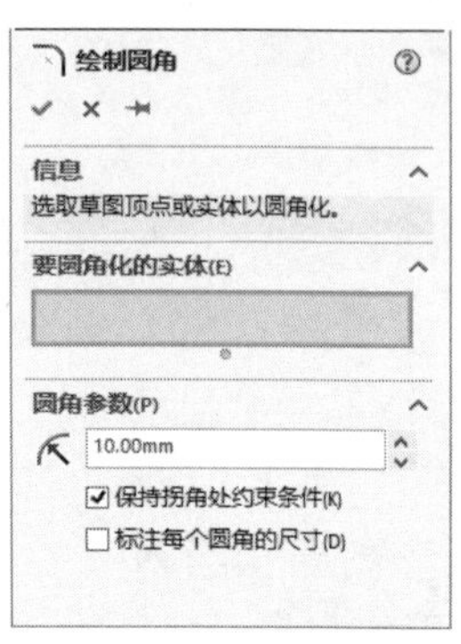

图 13-47 “绘制圆角”属性管理器

① 在草图编辑状态下，选择菜单栏中的“工具”→“草图工具”→“圆角”命令，或者单击“草图”控制面板中的“绘制圆角”按钮，此时系统弹出的“绘制圆角”属性管理器如图 13-47 所示。

② 在“绘制圆角”属性管理器中，设置圆角的半径。如果顶点具有尺寸或几何关系，勾选“保持拐角处约束条件”复选框，将保留虚拟交点。如果不勾选该复选框，且顶点具有尺寸或几何关系，将会询问是否想在生成圆角时删除这些几何关系。

③ 设置好“绘制圆角”属性管理器后，单击选择如图 13-48（a）所示的直线 1 和 2、直线 2 和 3、直线 3 和 4、直线 4 和 1。

④ 单击“绘制圆角”属性管理器中的“确定”按钮，完成圆角的绘制，如图 13-48（b）所示。

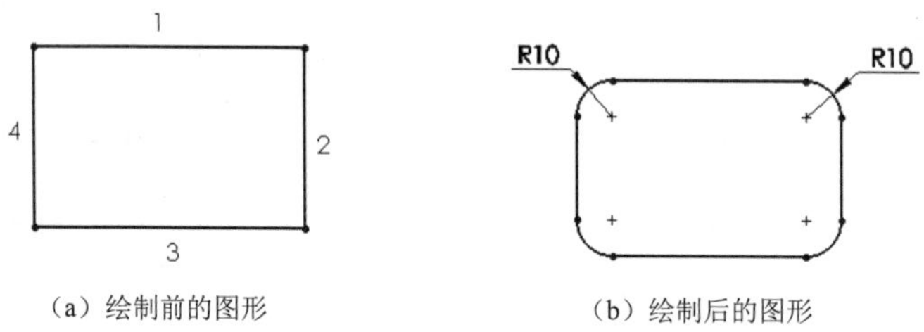

（a）绘制前的图形　　（b）绘制后的图形

图 13-48　绘制圆角过程

技巧荟萃

SOLIDWORKS 可以将两个非交叉的草图实体进行倒圆角操作。执行完“圆角”命令后，草图实体将被拉伸，边角将被圆角处理。

13.3.2　绘制倒角

扫一扫，看视频

绘制倒角工具是将倒角应用到相邻的草图实体中，此工具在二维和三维草图中均可使用。倒角的选取方法与圆角相同。“绘制倒角”属性管理器中提供了倒角的两种设置方式，分别是“角度距离”设置倒角方式和“距离-距离”设置倒角方式。

① 在草图编辑状态下，选择菜单栏中的“工具”→“草图工具”→“倒角”命令，或者单击“草图”控制面板中的“绘制倒角”按钮，此时系统弹出的“绘制倒角”属性管理器如图 13-49 所示。

② 在“绘制倒角”属性管理器中，点选“角度距离”单选钮，按照如图 13-49 所示设置倒角方式和倒角参数，然后选择如图 13-51（a）所示的直线 1 和直线 4。

③ 在“绘制倒角”属性管理器中，点选“距离-距离”单选钮，按照如图 13-50 所示设置倒角方式和倒角参数，然后选择如图 13-51（a）所示的直线 2 和直线 3。

④ 单击“绘制倒角”属性管理器中的“确定”按钮，完成倒角的绘制，如图 13-51（b）所示。

图 13-49 “角度距离”设置方式

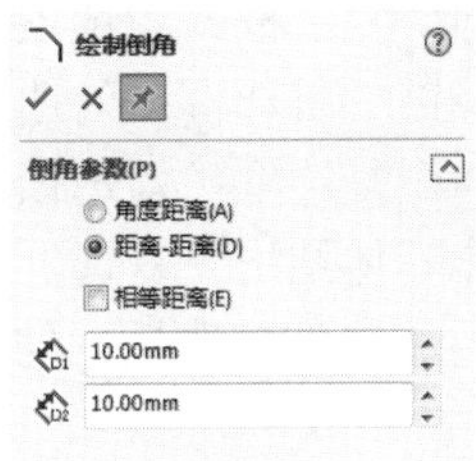

图 13-50 “距离-距离”设置方式

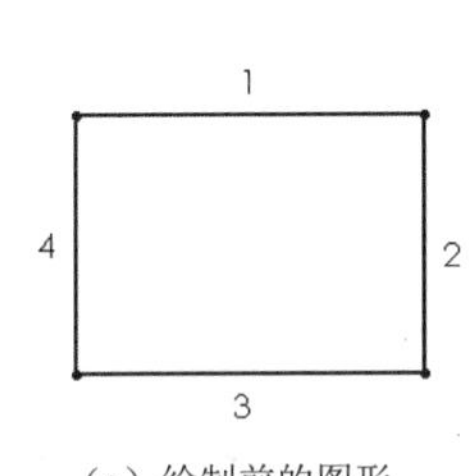

（a）绘制前的图形

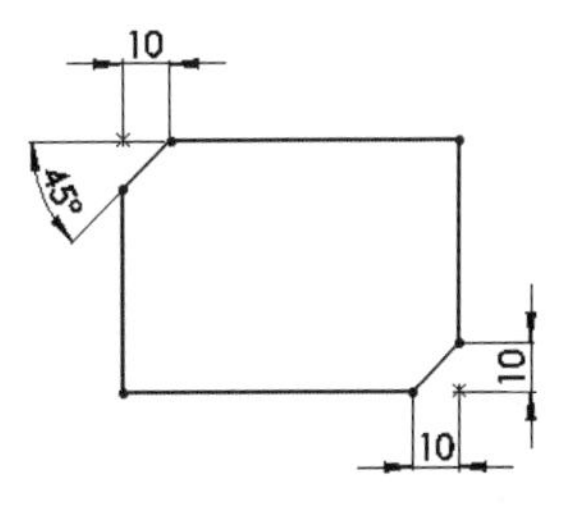

（b）绘制后的图形

图 13-51 绘制倒角的过程

以“距离-距离”设置方式绘制倒角时，如果设置的两个距离不相等，选择不同草图实体的次序不同，绘制的结果也不相同。如图 13-52 所示，设置 $D1$=10、$D2$=20，图 13-52（a）为原始图形；图 13-50（b）为先选取左侧的直线，后选择右侧直线形成的倒角；图 13-52（c）为先选取右侧的直线，后选择左侧直线形成的倒角。

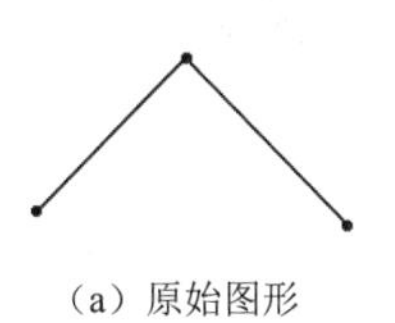

（a）原始图形

（b）先左后右的图形

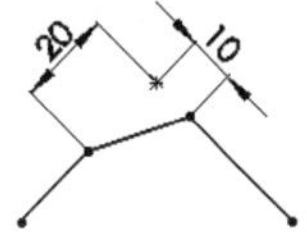

（c）先右后左的图形

图 13-52 选择直线次序不同形成的倒角

13.3.3 等距实体

扫一扫，看视频

等距实体工具是按特定的距离等距一个或者多个草图实体、所选模型边线、模型面，例如样条曲线或圆弧、模型边线组、环等之类的草图实体。

① 在草图绘制状态下，选择菜单栏中的“工具”→“草图工具”→“等距实体”命令，或者单击“草图”控制面板中的“等距实体”按钮。

② 系统弹出“等距实体”属性管理器，按照实际需要进行设置。

③ 单击选择要等距的实体对象。

④ 单击“等距实体”属性管理器中的“确定”按钮，完成等距实体的绘制。

“等距实体”属性管理器中各选项的含义如下。

- “等距距离”文本框：设定数值以特定距离来等距草图实体。
- “添加尺寸”复选框：勾选该复选框将在草图中添加等距距离的尺寸标注，这不会影响到包括在原有草图实体中的任何尺寸。

- “反向”复选框：勾选该复选框将更改单向等距实体的方向。
- “选择链”复选框：勾选该复选框将生成所有连续草图实体的等距。
- “双向”复选框：勾选该复选框将在草图中双向生成等距实体。
- “制作基体结构”复选框：勾选该复选框将原有草图实体转换到构造性直线。
- “顶端加盖”复选框：勾选该复选框将通过选择双向并添加一顶盖来延伸原有非相交草图实体。

如图 13-54 所示为按照如图 13-53 所示的“等距实体”属性管理器进行设置后，选取中间草图实体中任意一部分得到的图形。

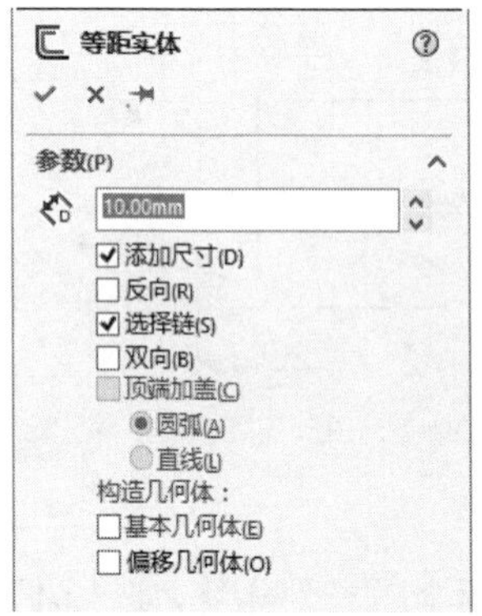

图 13-53 “等距实体”属性管理器

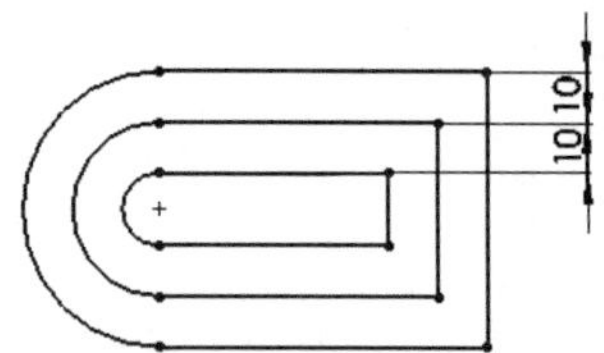

图 13-54 等距后的草图实体

如图 13-55 所示为在模型面上添加草图实体的过程，图 13-55（a）为原始图形，图 13-55（b）为等距实体后的图形。执行过程为：先选择如图 13-55（a）所示的模型的上表面，然后进入草图绘制状态，再执行等距实体命令，设置参数为单向等距距离，距离为 10mm。

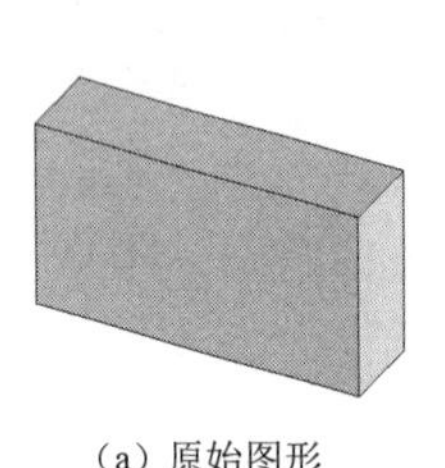

（a）原始图形

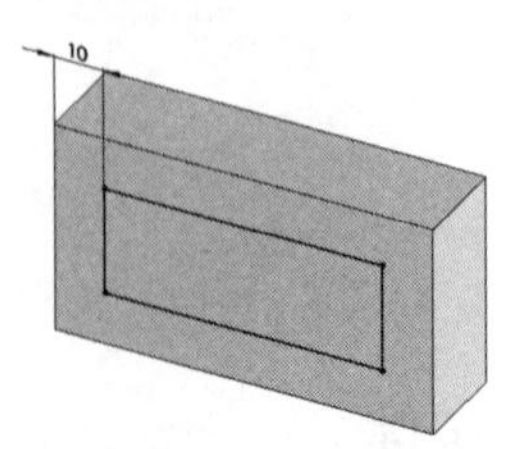

（b）等距实体后的图形

图 13-55 模型面等距实体

技巧荟萃

在草图绘制状态下，双击等距距离的尺寸，然后更改数值，就可以修改等距实体的距离。在双向等距中，修改单个数值就可以更改两个等距的尺寸。

13.3.4 转换实体引用

扫一扫，看视频

转换实体引用是通过已有的模型或者草图，将其边线、环、面、曲线、外部草图轮廓线、一组边线或一组草图曲线投影到草图基准面上。通过这种方式，可以在草图基准面上生成一或多个草图实体。使用该命令时，如果引用的实体发生更改，那么转换的草图实体也会相应地改变。

① 打开随书资源中的“\源文件\ch13\13.22.SLDPRT”。

② 在特征管理器的树状目录中，选择要添加草图的基准面，本例选择基准面 1，然后单击“草图”控制面板上的“草图绘制”按钮，进入草图绘制状态。

③ 按住<Ctrl>键，选取如图 13-56（a）所示的边线 1、2、3、4 以及圆弧 5。

④ 选择菜单栏中的“工具”→“草图绘制工具”→“转换实体引用”命令，或者单击“草图”控制面板中的“转换实体引用”按钮，执行转换实体引用命令。

⑤ 退出草图绘制状态，转换实体引用后的图形如图 13-56（b）所示。

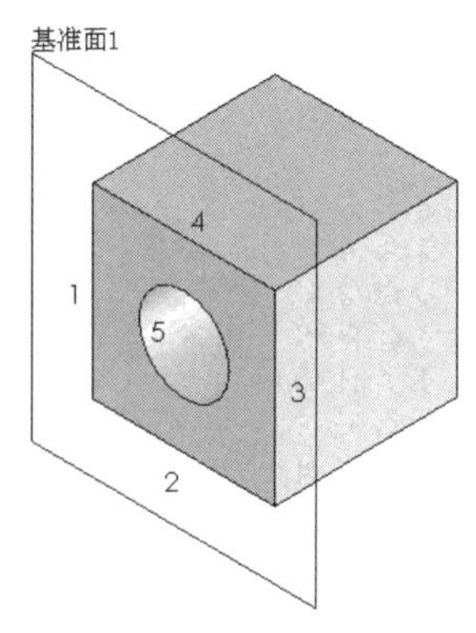

（a）转换实体引用前的图形

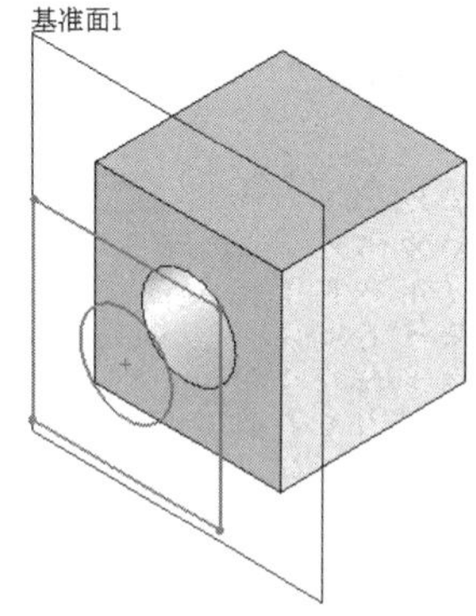

（b）转换实体引用后的图形

图 13-56 转换实体引用过程

13.3.5 草图剪裁

扫一扫，看视频

草图剪裁是常用的草图编辑命令。执行草图剪裁命令时，系统弹出的“剪裁”属性管理器如图 13-57 所示，根据剪裁草图实体的不同，可以选择不同的剪裁模式，下面将介绍不同类型的草图剪裁模式。

- 强劲剪裁：通过将光标拖过每个草图实体来剪裁草图实体。
- 边角：剪裁两个草图实体，直到它们在虚拟边角处相交。
- 在内剪除：选择两个边界实体，然后选择要裁剪的实体，剪裁位于两个边界实体外的草图实体。
- 在外剪除：剪裁位于两个边界实体内的草图实体。
- 剪裁到最近端：将一草图实体裁减到最近端交叉实体。

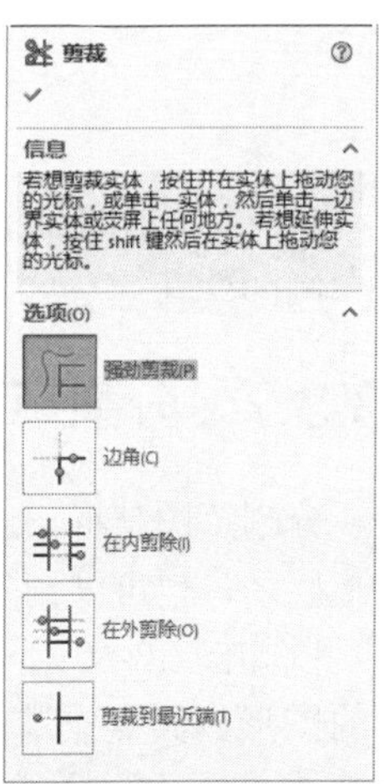

图 13-57 “剪裁”属性管理器

以如图 13-58 所示为例说明剪裁实体的过程，图 13-58（a）为剪裁前的图形，图 13-58（b）为剪裁后的图形，其操作步骤如下。

① 打开随书资源中的“\源文件\ch13\13.23.SLDPRT”，如图 13-58（a）所示。

② 在草图编辑状态下，选择菜单栏中的“工具”→“草图工具”→“剪裁”命令，或者单击“草图”控制面板中的“剪裁实体”按钮，此时鼠标变为，并在左侧特征管理器弹出“剪裁”属性

管理器。

③ 在“剪裁”属性管理器中选择“剪裁到最近端”选项。

④ 依次单击如图 13-58（a）所示的 A 处和 B 处，剪裁图中的直线。

⑤ 单击“剪裁”属性管理器中的“确定”按钮✔，完成草图实体的剪裁，剪裁后的图形如图 13-58（b）所示。

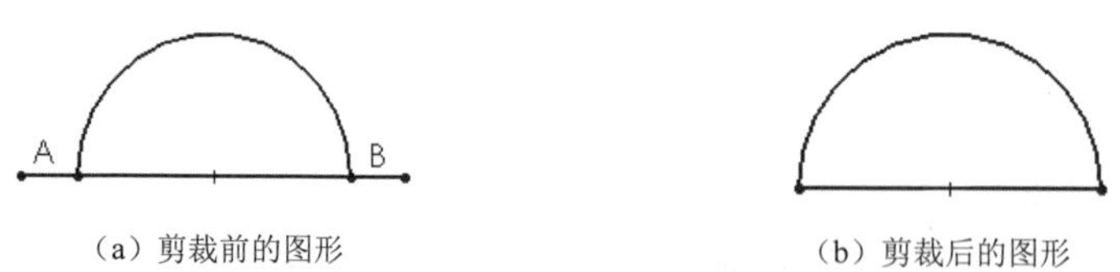

（a）剪裁前的图形　　（b）剪裁后的图形

图 13-58　剪裁实体的过程

13.3.6　草图延伸

扫一扫，看视频

草图延伸是常用的草图编辑工具。利用该工具可以将草图实体延伸至另一个草图实体。

以如图 13-59 所示为例说明草图延伸的过程，图（a）为延伸前的图形，图（b）为延伸后的图形。操作步骤如下。

① 打开随书资源中的“\源文件\ch13\13.24.SLDPRT”，如图 13-59（a）所示。

② 在草图编辑状态下，选择菜单栏中的“工具”→“草图工具”→“延伸”菜单命令，或者单击“草图”控制面板中的“延伸实体”按钮，此时鼠标变为，进入草图延伸状态。

③ 单击如图 13-59（a）所示的直线。

④ 按<Esc>键，退出延伸实体状态，延伸后的图形如图 13-59（b）所示。

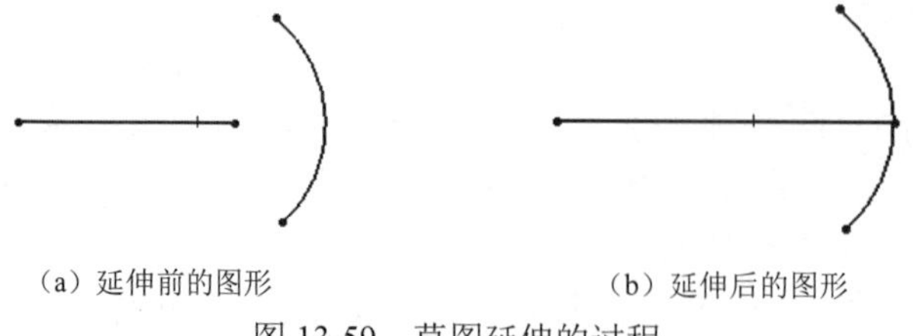

（a）延伸前的图形　　（b）延伸后的图形

图 13-59　草图延伸的过程

在延伸草图实体时，如果两个方向都可以延伸，而只需要单一方向延伸时，单击延伸方向一侧的实体部分即可实现，在执行该命令过程中，实体延伸的结果在预览时会以红色显示。

13.3.7　分割草图

扫一扫，看视频

分割草图是将一连续的草图实体分割为两个草图实体，以方便进行其他操作。反之，也可以删除一个分割点，将两个草图实体合并成一个单一草图实体。

以如图 13-60 所示为例说明分割实体的过程，图（a）为分割前的图形，图（b）为分割后的图形，其操作步骤如下。

① 打开随书资源中的“\源文件\ch13\13.25.SLDPRT”，如图 13-60（a）所示。

② 在草图编辑状态下，选择菜单栏中的“工具”→“草图工具”→“分割实体”命令，或者单击“草图”控制面板中的“分割实体”按钮，此进入分割实体状态。

③ 单击如图 13-60（a）所示的圆弧的合适位置，添加一个分割点。

④ 按<Esc>键，退出分割实体状态，分割后的图形如图 13-60（b）所示。

在草图编辑状态下，如果欲将两个草图实体合并为一个草图实体，单击选中分割点，然后按<Delete>键即可。

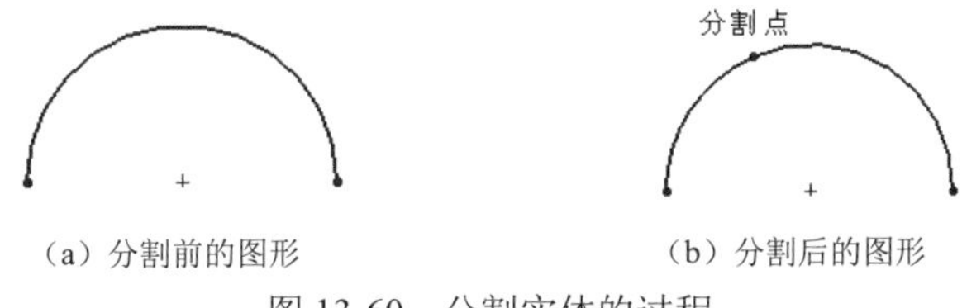

（a）分割前的图形　　（b）分割后的图形

图 13-60　分割实体的过程

13.3.8 镜向草图

在绘制草图时，经常要绘制对称的图形，这时可以使用镜向实体命令来实现，“镜向”属性管理器如图 13-61 所示。

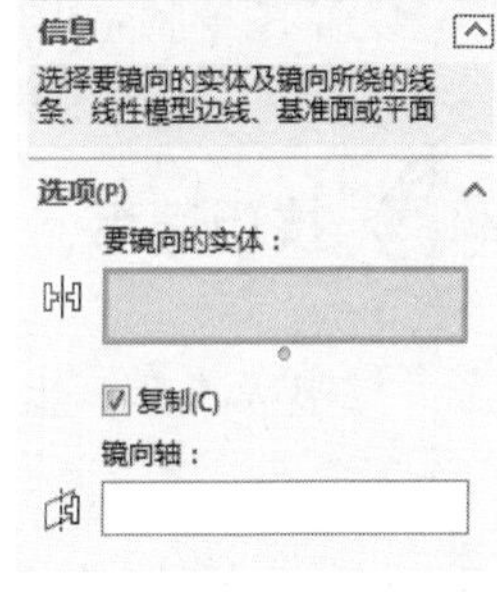

图 13-61　“镜向”属性管理器

在 SOLIDWORKS 2020 中，镜向点不再仅限于构造线，它可以是任意类型的直线。SOLIDWORKS 提供了两种镜向方式：一种是镜向现有草图实体；另一种是在绘制草图时动态镜向草图实体。

（1）镜向现有草图实体

扫一扫，看视频

以如图 13-62 所示为例说明镜向草图的过程，图（a）为镜向前的图形，图（b）为镜向后的图形，其操作步骤如下。

① 打开随书资源中的“\源文件\ch13\13.26.SLDPRT”，如图 13-62（a）所示。

② 在草图编辑状态下，选择菜单栏中的“工具”→“草图工具”→“镜向”命令，或者单击“草图”控制面板中的“镜向实体”按钮，此时系统弹出“镜向”属性管理器。

③ 单击属性管理器中的“要镜向的实体”列表框，使其变为蓝色，然后在图形区中框选如图 13-62（a）所示的直线左侧图形。

④ 单击属性管理器中的“镜向点”列表框，使其变为蓝色，然后在图形区中选取如图 13-62（a）所示的直线。

⑤ 单击“镜向”属性管理器中的“确定”按钮✔，草图实体镜向完毕，镜向后的图形如图 13-62（b）所示。

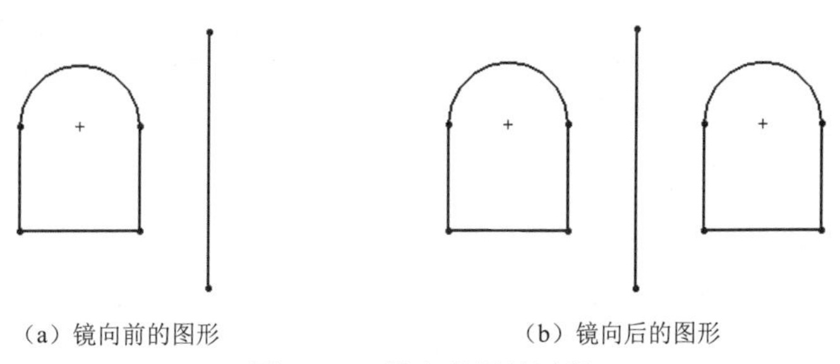

（a）镜向前的图形　　（b）镜向后的图形

图 13-62　镜向草图的过程

（2）动态镜向草图实体

以如图 13-63 所示为例说明动态镜向草图实体的过程，操作步骤如下。

扫一扫，看视频

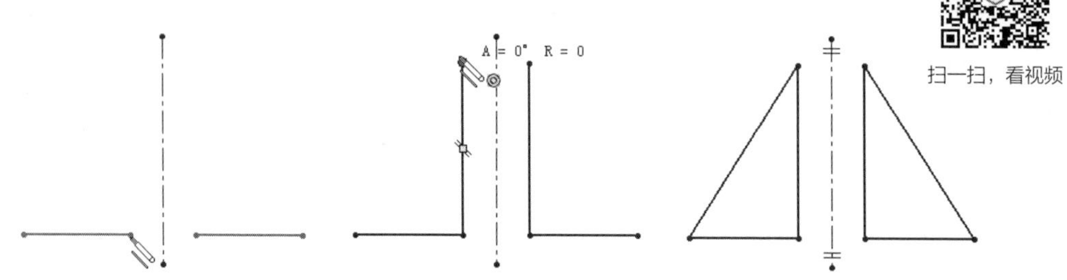

图 13-63　动态镜向草图实体的过程

① 在草图绘制状态下，先在图形区中绘制一条中心线，并选取它。

② 选择菜单栏中的“工具”→“草图工具”→“镜向”命令，或者单击“草图”控制面板中的“动态镜向实体”按钮，此时对称符号出现在中心线的两端。

③ 单击“草图”控制面板中的“直线”按钮，在中心线的一侧绘制草图，此时另一侧会动态地镜向出绘制的草图。

④ 草图绘制完毕后，单击“草图”控制面板中的“直线”按钮，即可结束该命令的使用。

技巧荟萃

镜向实体在三维草图中不可使用。

13.3.9　线性草图阵列

扫一扫，看视频

线性草图阵列是将草图实体沿一个或者两个轴复制生成多个排列图形。执行该命令时，系统弹出的“线性阵列”属性管理器如图 13-64 所示。

以如图 13-65 所示为例说明线性草图阵列的过程，图（a）为阵列前的图形，图（b）为阵列后的图形，其操作步骤如下。

① 打开随书资源中的“\源文件\ch13\13.28.SLDPRT”，如图 13-65（a）所示。

② 在草图编辑状态下，选择菜单栏中的“工具”→“草图工具”→“线性阵列”命令，或者单击“草图”控制面板中的“线性草图阵列”按钮。

③ 此时系统弹出“线性阵列”属性管理器，单击“要阵列的实体”列表框，然后在图形区中选取如图 13-65（a）所示的直径为 10mm 的圆弧，其他设置如图 13-64 所示。

④ 单击“线性阵列”属性管理器中的“确定”按钮，阵列后的图形如图 13-65（b）所示。

13.3.10　圆周草图阵列

扫一扫，看视频

圆周草图阵列是将草图实体沿一个指定大小的圆弧进行环状阵列。执行该命令时，系统弹出的“圆周阵列”属性管理器如图 13-66 所示。

以如图 13-67 所示为例说明圆周草图阵列的过程，图（a）为阵列前的图形，图（b）为阵列后的图形，其操作步骤如下。

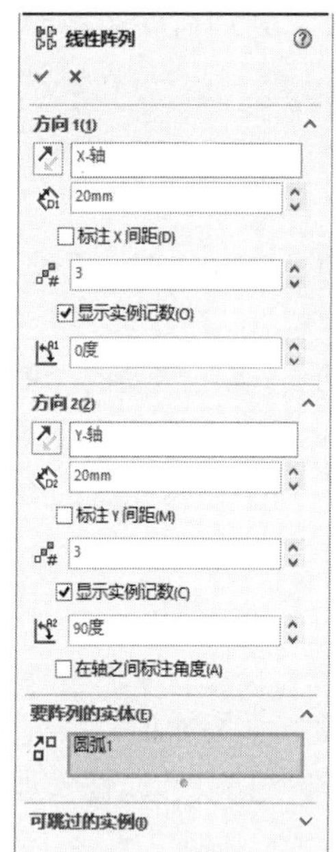

图 13-64　“线性阵列”属性管理器

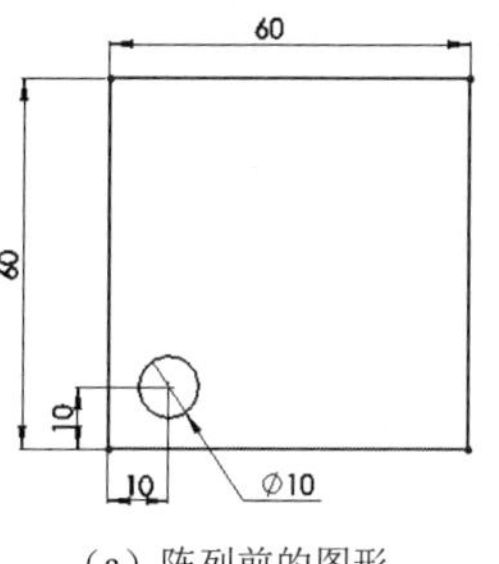

（a）阵列前的图形

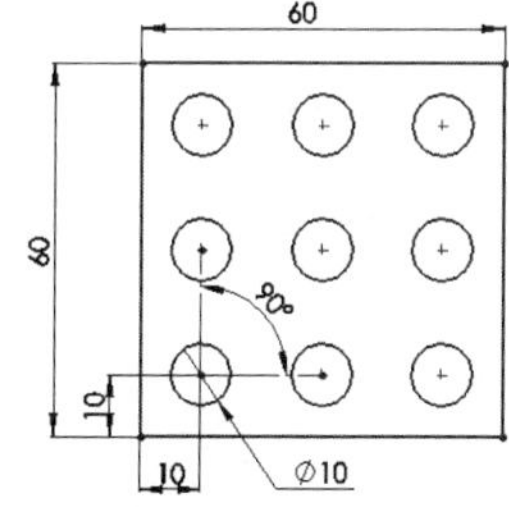

（b）阵列后的图形

图 13-65　线性草图阵列的过程

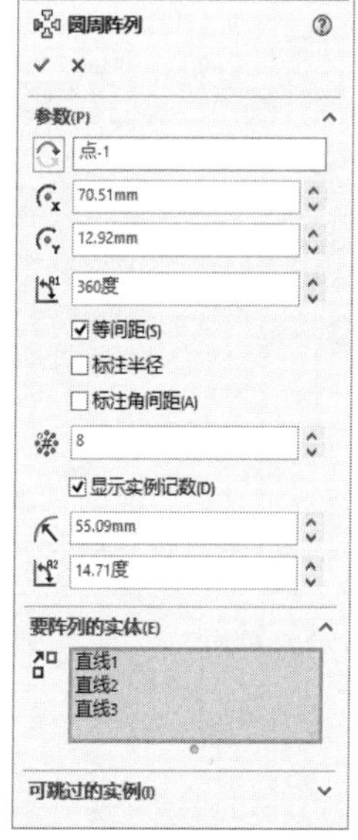

图 13-66　“圆周阵列”属性管理器

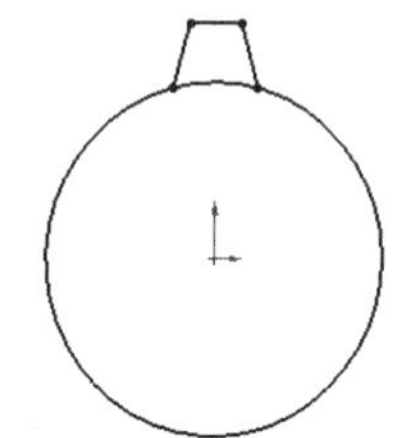

（a）阵列前的图形

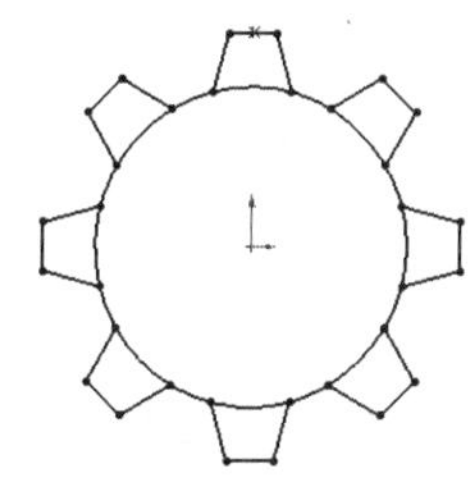

（b）阵列后的图形

图 13-67　圆周草图阵列的过程

① 打开随书资源中的“\源文件\ch13\13.29.SLDPRT”，如图 13-67（a）所示。

② 在草图编辑状态下，选择菜单栏中的“工具”→“草图工具”→“圆周阵列”命令，或者单击“草图”控制面板中的“圆周草图阵列”按钮，此时系统弹出“圆周阵列”属性管理器。

③ 单击“圆周阵列”属性管理器的“要阵列的实体”列表框，然后在图形区中选取如图 13-67（a）所示的圆弧外的三条直线，在“参数”选项组的列表框中选择圆弧的圆心，在“实例数”文本框中输入“8”。

④ 单击“圆周阵列”属性管理器中的“确定”按钮✔，阵列后的图形如图 13-67（b）所示。

13.3.11 移动草图

移动草图命令是将一个或者多个草图实体进行移动。执行该命令时，系统弹出的“移动”属性管理器如图 13-68 所示。

在“移动”属性管理器中，“要移动的实体”列表框用于选取要移动的草图实体；“参数”选项组中的“从/到”单选钮用于指定移动的开始点和目标点，是一个相对参数；如果在“参数”选项组中点选“X/Y”单选钮，则弹出新的对话框，在其中输入相应的参数即可以设定的数值生成相应的目标。

13.3.12 复制草图

复制草图命令是将一个或者多个草图实体进行复制。执行该命令时，系统弹出的“复制”属性管理器如图 13-69 所示。“复制”属性管理器中的参数与“移动”属性管理器中参数意义相同，在此不再赘述。

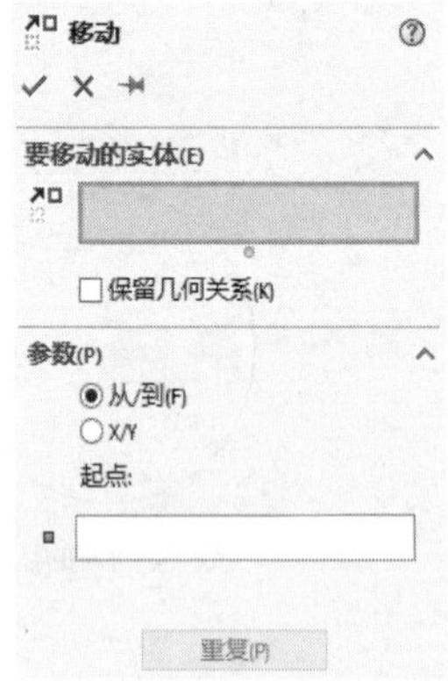

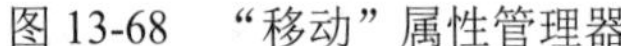

图 13-68 “移动”属性管理器

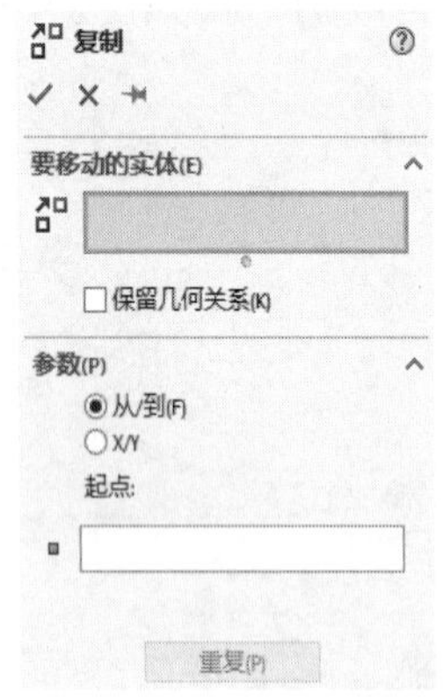

图 13-69 “复制”属性管理器

13.3.13 旋转草图

扫一扫，看视频

旋转草图命令是通过选择旋转中心及要旋转的度数来旋转草图实体。执行该命令时，系统弹出的“旋转”属性管理器如图 13-70 所示。

以如图 13-71 所示为例说明旋转草图的过程，图（a）为旋转前的图形，图（b）为旋转后的图形，其操作步骤如下。

① 打开随书资源中的“\源文件\ch13\13.30.SLDPRT”，如图 13-71（a）所示。

② 在草图编辑状态下，选择菜单栏中的“工具”→“草图工具”→“旋转”命令，或者单击“草图”控制面板中的“旋转实体”按钮。

③ 此时系统弹出“旋转”属性管理器，单击“要旋转的实体”列表框，在图形区中选取如图 13-71（a）所示的矩形，在“基准点”列表框中选取矩形的左下端点，在“角度”文本框中输入“-60”。

④ 单击“旋转”属性管理器中的“确定”按钮✔，旋转后的图形如图 13-71（b）所示。

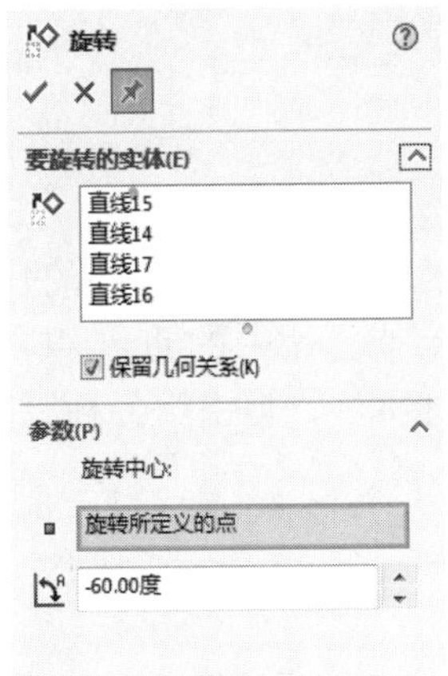

图 13-70 “旋转”属性管理器

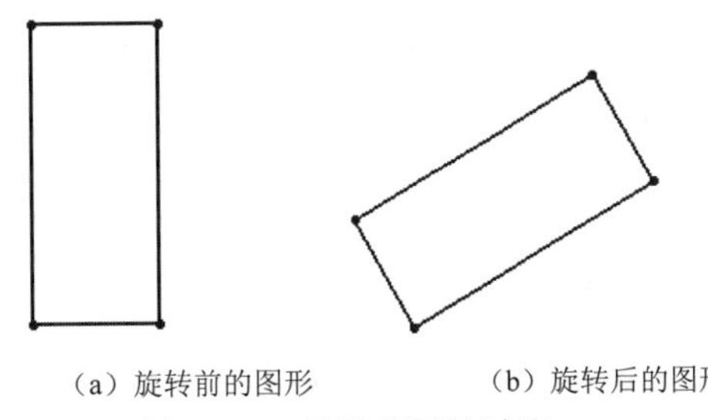

（a）旋转前的图形 （b）旋转后的图形

图 13-71 旋转草图的过程

13.3.14 缩放草图

扫一扫，看视频

缩放比例命令是通过基准点和比例因子对草图实体进行缩放，也可以根据需要在保留原缩放对象的基础上缩放草图。执行该命令时，系统弹出的“比例”属性管理器如图 13-72 所示。

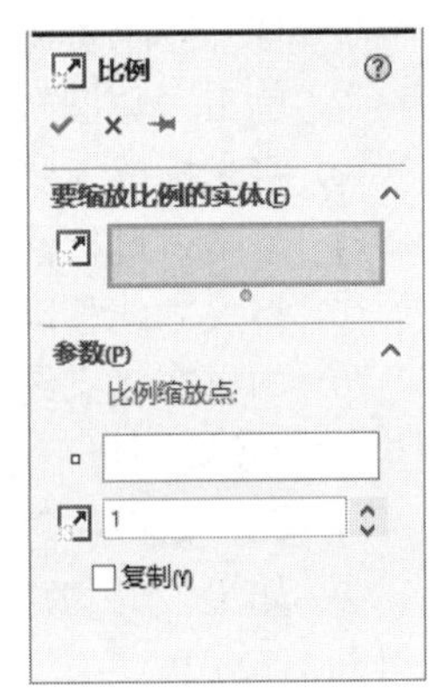

图 13-72 “比例”属性管理器

以如图 13-73 所示为例说明缩放草图的过程，图（a）为缩放比例前的图形；图（b）为比例因子为 0.8，不保留原图的图形；图（c）为保留原图，复制数为 5 的图形，其操作步骤如下。

① 打开随书资源中的“\源文件\ch13\13.31.SLDPRT”，如图 13-73（a）所示。

② 在草图编辑状态下，选择菜单栏中的“工具”→“草图工具”→“缩放比例”命令，或者单击“草图”控制面板中的“缩放实体比例”按钮。此时系统弹出“比例”属性管理器。

③ 单击“比例”属性管理器的“要缩放比例的实体”列表框，在图形区中选取如图 13-73（a）所示的矩形，在“基准点”列表框中选取矩形的左下端点，在“比例因子”文本框中输入“0.8”，缩放后的结果如图 13-73（b）所示。

④ 勾选“复制”复选框，在“份数”文本框中输入“5”，结果如图 13-73（c）所示。

⑤ 单击“比例”属性管理器中的“确定”按钮，草图实体缩放完毕。

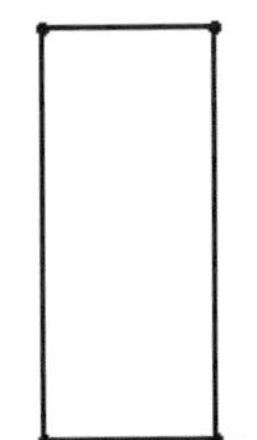

（a）缩放比例前的图形

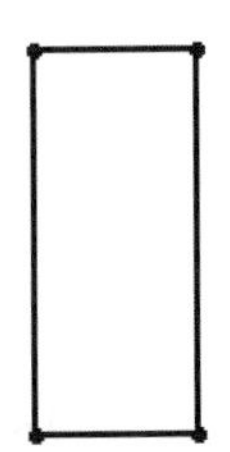

（b）比例因子为 0.8，不保留原图的图形

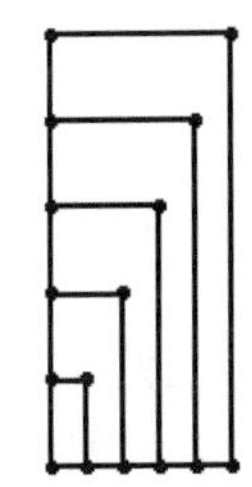

（c）保留原图，复制数为 5 的图形

图 13-73 缩放草图的过程

13.4 尺寸标注

SOLIDWORKS 2020 是一种尺寸驱动式系统，用户可以指定尺寸及各实体间的几何关系，更改尺寸将改变零件的尺寸与形状。尺寸标注是草图绘制过程中的重要组成部分。SOLIDWORKS 虽然可以捕捉用户的设计意图，自动进行尺寸标注，但由于各种原因有时自动标注的尺寸不理想，用户必须自己进行尺寸标注。

13.4.1 度量单位

在 SOLIDWORKS 2020 中可以使用多种度量单位，包括埃、纳米、微米、毫米、厘米、米、英寸、英尺。设置单位的方法在前文中已讲述，这里不再赘述。

13.4.2 线性尺寸的标注

扫一扫，看视频

线性尺寸用于标注直线段的长度或两个几何元素间的距离，如图 13-74 所示。

（1）标注直线段长度尺寸

① 打开随书资源中的“\源文件\ch13\13.32.SLDPRT”，如图 13-74 所示。

② 单击“草图”控制面板上的“智能尺寸”按钮，此时光标变为形状。

③ 将光标放到要标注的直线上，这时光标变为形状，要标注的直线以红色高亮度显示。

④ 单击，则标注尺寸线出现并随着光标移动，如图 13-75（a）所示。

⑤ 将尺寸线移动到适当的位置后单击，则尺寸线被固定下来。

⑥ 如果在“系统选项”对话框的“系统选项”选项卡中勾选了“输入尺寸值”复选框，则当尺寸线被固定下来时会弹出“修改”对话框，如图 13-75（b）所示。

⑦ 在“修改”对话框中输入直线的长度，单击“确定”按钮，完成标注。

⑧ 如果没有勾选“输入尺寸值”复选框，则需要双击尺寸值，打开“修改”对话框对尺寸进行修改。

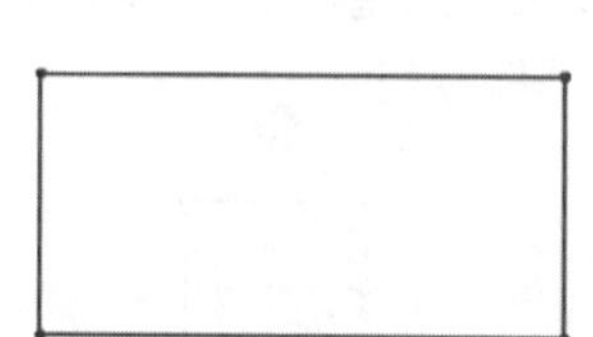
图 13-74 线性尺寸标注原始图

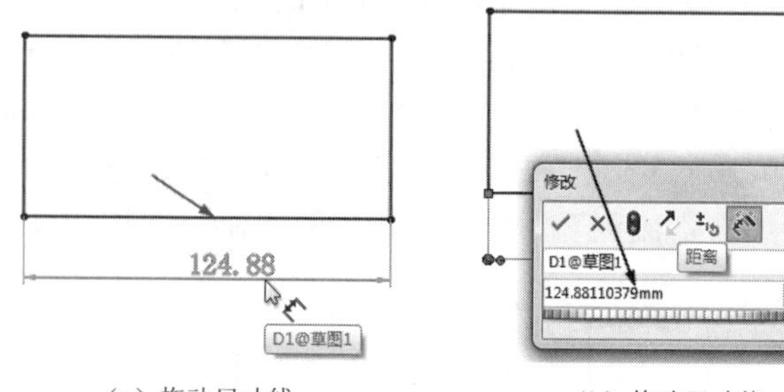

（a）拖动尺寸线
（b）修改尺寸值
图 13-75 直线标注

（2）标注两个几何元素间距离

① 单击“草图”控制面板上的“智能尺寸”按钮，此时光标变为形状。

② 单击拾取第一个几何元素。

③ 标注尺寸线出现，不用管它，继续单击拾取第二个几何元素。

④ 这时标注尺寸线显示为两个几何元素之间的距离，移动光标到适当的位置。

⑤ 单击，将尺寸线固定下来。

⑥ 在“修改”对话框中输入两个几何元素间的距离，单击“确定”按钮，完成标注。

13.4.3 直径和半径尺寸的标注

扫一扫，看视频

默认情况下，SOLIDWORKS 对圆标注直径尺寸，对圆弧标注半径尺寸，如图 13-76 所示。

（1）对圆进行直径尺寸标注

① 打开随书资源中的“\源文件\ch13\13.33.SLDPRT”。

② 单击“草图”控制面板上的“智能尺寸”按钮，此时光标变为形状。

③ 将光标放到要标注的圆上，这时光标变为形状，要标注的圆以红色高亮度显示。

④ 单击，则标注尺寸线出现，并随着光标移动。

⑤ 将尺寸线移动到适当的位置后，单击将尺寸线固定下来。

⑥ 在“修改”对话框中输入圆的直径，单击“确定”按钮，完成标注。

（2）对圆弧进行半径尺寸标注

① 单击“草图”控制面板上的“智能尺寸”按钮，此时光标变为形状。

② 将光标放到要标注的圆弧上，这时光标变为形状，要标注的圆弧以红色高亮度显示。

③ 单击，则标注尺寸线出现，并随着光标移动。

④ 将尺寸线移动到适当的位置后，单击将尺寸线固定下来。

⑤ 在“修改”对话框中输入圆弧的半径，单击“确定”按钮，完成标注。

13.4.4 角度尺寸的标注

扫一扫，看视频

角度尺寸标注用于标注两条直线的夹角或圆弧的圆心角。

（1）标注两条直线夹角

① 绘制两条相交的直线。

② 单击“草图”控制面板中的“智能尺寸”按钮，此时鼠标变为形状。

③ 单击拾取第一条直线。

④ 标注尺寸线出现，不用管它，继续单击拾取第二条直线。

⑤ 这时标注尺寸线显示为两条直线之间的角度，随着光标的移动，系统会显示 2 种不同的夹角角度，如图 13-77 所示。

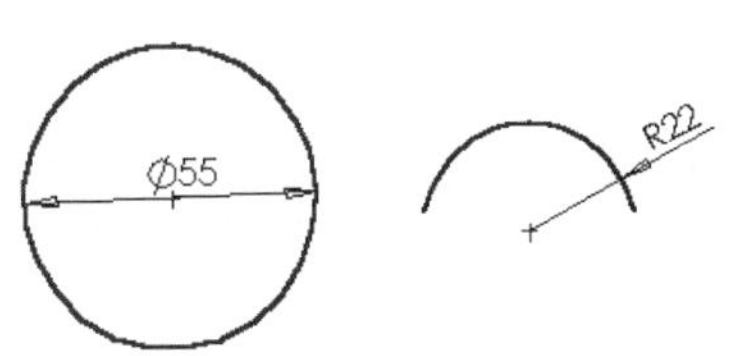

图 13-76 直径和半径尺寸的标注

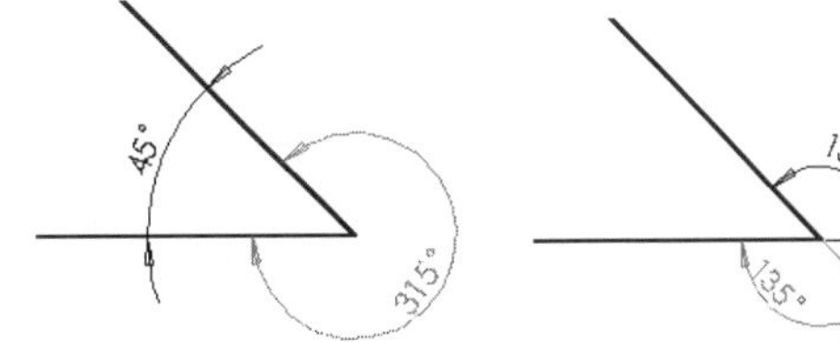

图 13-77 2 种不同的夹角角度

⑥ 单击，将尺寸线固定下来。

⑦ 在“修改”对话框中输入夹角的角度值，单击“确定”按钮，完成标注。

（2）标注圆弧圆心角

① 单击“草图”控制面板中的“智能尺寸”按钮，此时鼠标变为形状。
② 单击拾取圆弧的一个端点。
③ 单击拾取圆弧的另一个端点，此时标注尺寸线显示这两个端点间的距离。
④ 继续单击拾取圆心点，此时标注尺寸线显示圆弧两个端点间的圆心角。
⑤ 将尺寸线移到适当的位置后，单击将尺寸线固定下来，标注圆弧的圆心角如图 13-78 所示。
⑥ 在“修改”对话框中输入圆弧的角度值，单击“确定”按钮，完成标注。
⑦ 如果在步骤④中拾取的不是圆心点而是圆弧，则将标注两个端点间圆弧的长度。

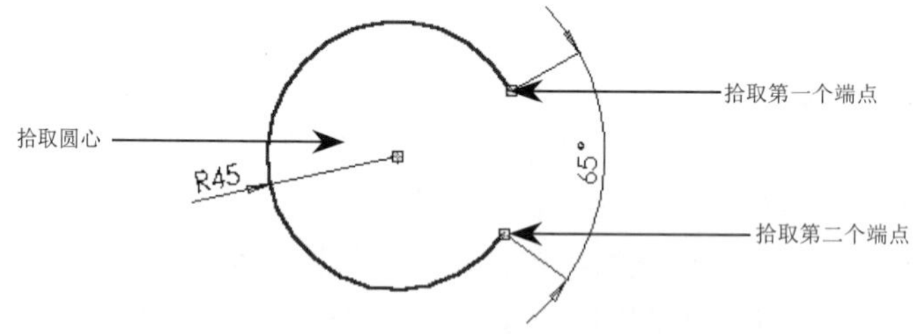

图 13-78　标注圆弧的圆心角

13.5 添加几何关系

扫一扫，看视频

几何关系为草图实体之间或草图实体与基准面、基准轴、边线或顶点之间的几何约束。

表 13-6 说明了可为几何关系选择的实体以及所产生的几何关系的特点。

表 13-6　几何关系说明

几何关系	要执行的实体	所产生的几何关系
水平或竖直	一条或多条直线，两个或多个点	直线会变成水平或竖直（由当前草图的空间定义），而点会水平或竖直对齐
共线	两条或多条直线	实体位于同一条无限长的直线上
全等	两个或多个圆弧	实体会共用相同的圆心和半径
垂直	两条直线	两条直线相互垂直
平行	两条或多条直线	实体相互平行
相切	圆弧、椭圆和样条曲线，直线和圆弧，直线和曲面或三维草图中的曲面	两个实体保持相切
同心	两个或多个圆弧，一个点和一个圆弧	圆弧共用同一圆心
中点	一个点和一条直线	点位于线段的中点
交叉	两条直线和一个点	点位于直线的交叉点处
重合	一个点和一直线、圆弧或椭圆	点位于直线、圆弧或椭圆上
相等	两条或多条直线，两个或多个圆弧	直线长度或圆弧半径保持相等
对称	一条中心线和两个点、直线、圆弧或椭圆	实体保持与中心线相等距离，并位于一条与中心线垂直的直线上
固定	任何实体	实体的大小和位置被固定
穿透	一个草图点和一个基准轴、边线、直线或样条曲线	草图点与基准轴、边线或曲线在草图基准面上穿透的位置重合
合并点	两个草图点或端点	两个点合并成一个点

13.5.1 添加几何关系

利用添加几何关系工具上可以在草图实体之间或草图实体与基准面、基准轴、边线或顶点之间生成几何关系。

以如图 13-79 所示为例说明为草图实体添加几何关系的过程，图（a）为添加相切关系前的图形，图（b）为添加相切关系后的图形，其操作步骤如下。

① 打开随书资源中的“\源文件\ch13\13.35.SLDPRT”，如图 13-79（a）所示。

② 选择菜单栏中的“工具”→“关系”→“添加”命令，或者“草图”控制面板“显示/删除几何关系”下拉列表中的“添加几何关系”按钮上。

③ 在草图中单击要添加几何关系的实体。

④ 此时所选实体会在“添加几何关系”属性管理器的“所选实体”选项中显示，如图 13-80 所示。

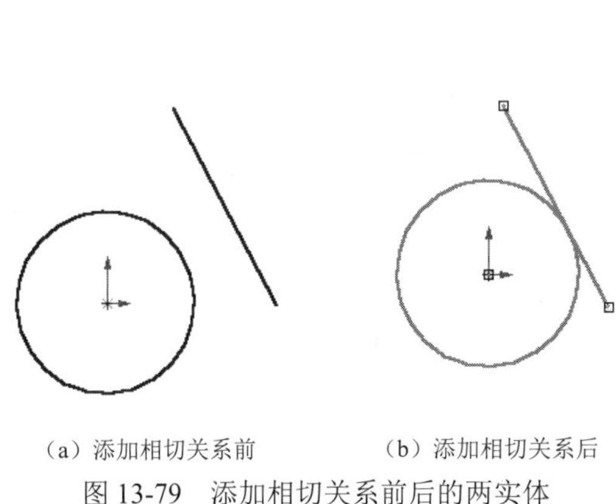

（a）添加相切关系前　　（b）添加相切关系后

图 13-79　添加相切关系前后的两实体

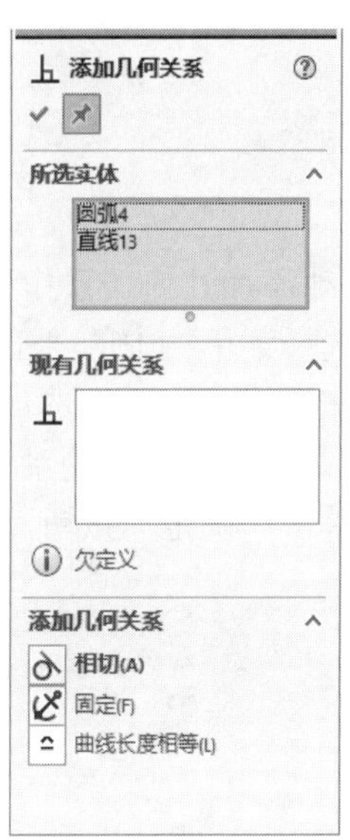

图 13-80　“添加几何关系”属性管理器

⑤ 信息栏ⓘ显示所选实体的状态（完全定义或欠定义等）。

⑥ 如果要移除一个实体，在“所选实体”选项的列表框中右击该项目，在弹出的快捷菜单中单击“删除”命令即可。

⑦ 在“添加几何关系”选项组中单击要添加的几何关系类型（相切或固定等），这时添加的几何关系类型就会显示在“现有几何关系”列表框中。

⑧ 如果要删除添加了的几何关系，在“现有几何关系”列表框中右击该几何关系，在弹出的快捷菜单中单击“删除”命令即可。

⑨ 单击“确定”按钮✔后，几何关系添加到草图实体间，如图 13-79（b）所示。

13.5.2 自动添加几何关系

使用 SOLIDWORKS 的自动添加几何关系后，在绘制草图时光标会改变形状以显示可以生成哪些几何关系。如图 13-81 所示显示了不同几何关系对应的光标指针形状。

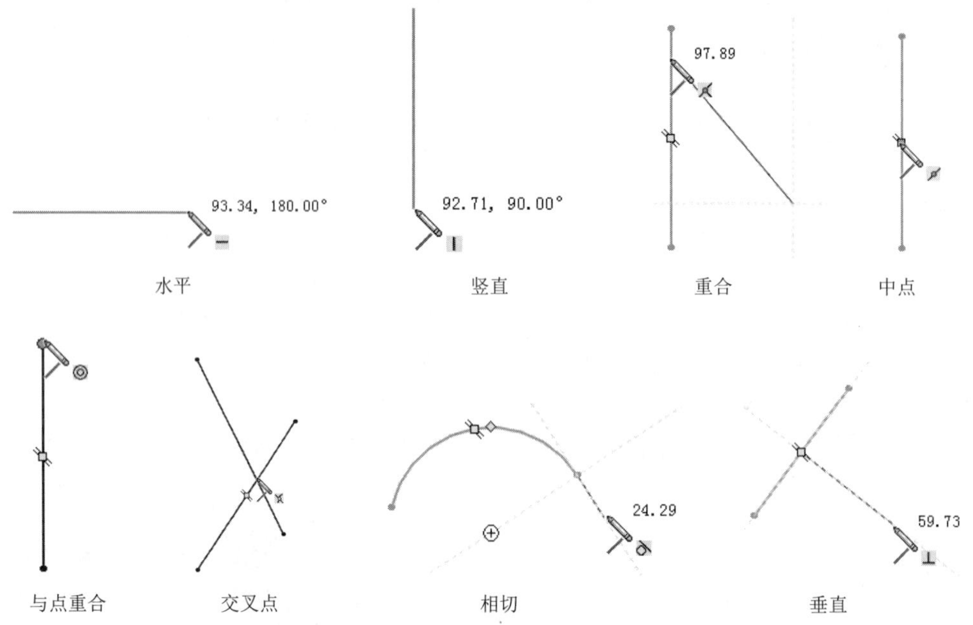

图 13-81　不同几何关系对应的光标指针形状

将自动添加几何关系作为系统的默认设置，其操作步骤如下。

① 选择菜单栏中的“工具”→“选项”命令，打开“系统选项”对话框。

② 在“系统选项”选项卡的左侧列表框中单击“几何关系/捕捉”选项，然后在右侧的区域中勾选“自动几何关系”复选框，如图 13-82 所示。

③ 单击“确定”按钮，关闭对话框。

图 13-82　自动添加几何关系

技巧荟萃

所选实体中至少要有一个项目是草图实体，其他项目可以是草图实体，也可以是一条边线、面、顶点、原点、基准面、轴或从其他草图的线或圆弧映射到此草图平面所形成的草图曲线。

13.5.3 显示/删除几何关系

利用“显示/删除几何关系”工具可以显示手动和自动应用到草图实体的几何关系，查看有疑问的特定草图实体的几何关系，并可以删除不再需要的几何关系。此外，还可以通过替换列出的参考引用来修正错误的实体。

如果要显示/删除几何关系，其操作步骤如下。

① 选择菜单栏中的“工具”→“关系”→“显示/删除”命令，或者单击“草图”控制面板中的“显示/删除几何关系”按钮。

② 在弹出的“显示/删除几何关系”属性管理器的列表框中执行显示几何关系的准则，如图 13-83（a）所示。

③ 在“几何关系”选项组中执行要显示的几何关系。在显示每个几何关系时，高亮显示相关的草图实体，同时还会显示其状态。在“实体”选项组中也会显示草图实体的名称、状态，如图 13-83（b）所示。

④ 勾选“压缩”复选框，压缩或解除压缩当前的几何关系。

⑤ 单击“删除”按钮，删除当前的几何关系；单击“删除所有”按钮，删除当前执行的所有几何关系。

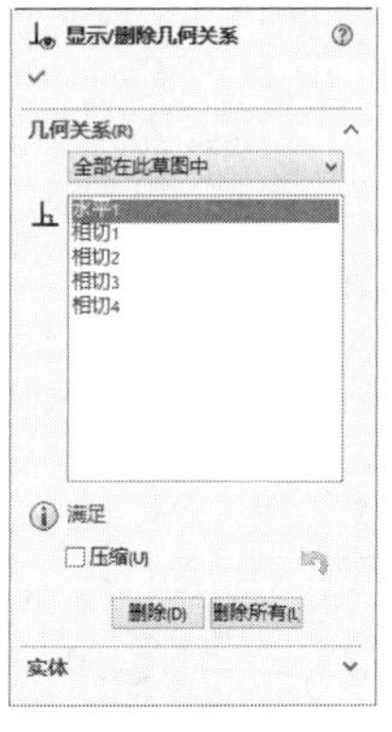

（a）显示的几何关系

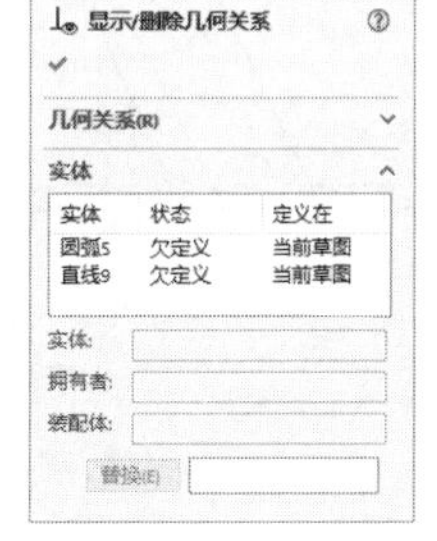

（b）存在几何关系的实体状态

图 13-83 “显示/删除几何关系”属性管理器

13.6 综合实例

本节主要通过具体实例讲解草图编辑工具的综合使用方法。

13.6.1 拨叉草图

扫一扫，看视频

本例绘制的拨叉草图如图 13-84 所示。

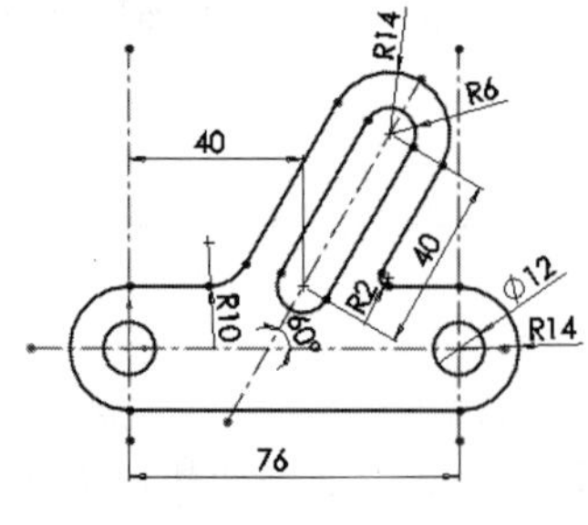

图 13-84 拨叉草图

思路分析

本例首先绘制构造线构建大概轮廓，然后对其进行修剪和倒圆角操作，最后标注图形尺寸，完成草图的绘制。绘制的流程图如图 13-85 所示。

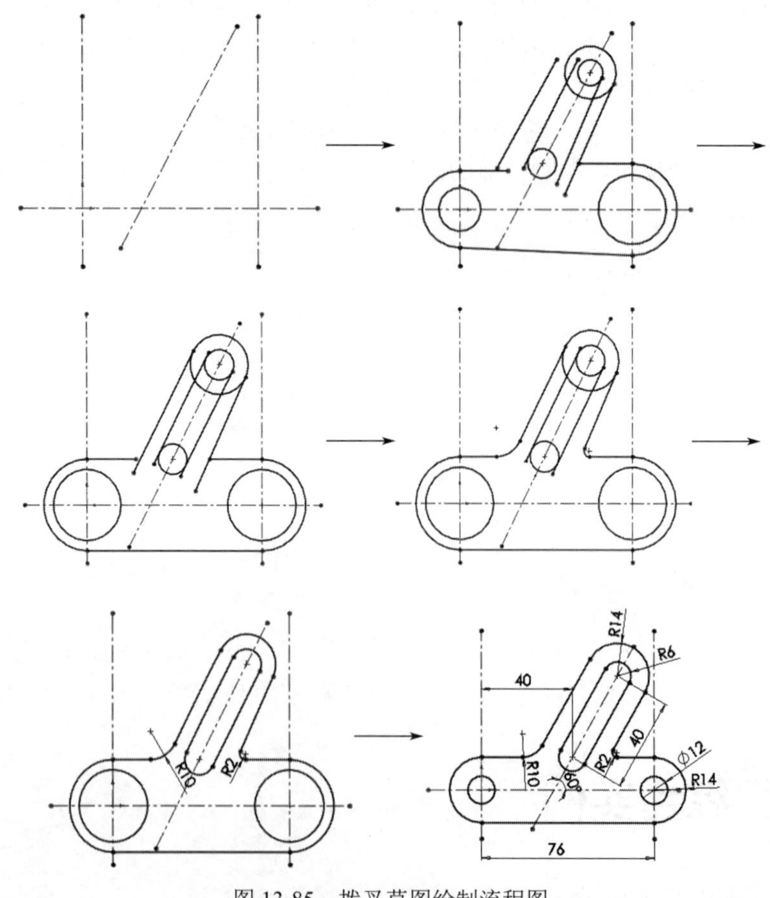

图 13-85 拨叉草图绘制流程图

【绘制步骤】

(1)新建文件

启动 SOLIDWORKS 2020，单击“标准”工具栏中的“新建”按钮，在弹出如图 13-86 所示的“新建 SOLIDWORKS 文件”对话框中选择“零件”按钮，然后单击“确定”按钮，创建一个新的零件文件。

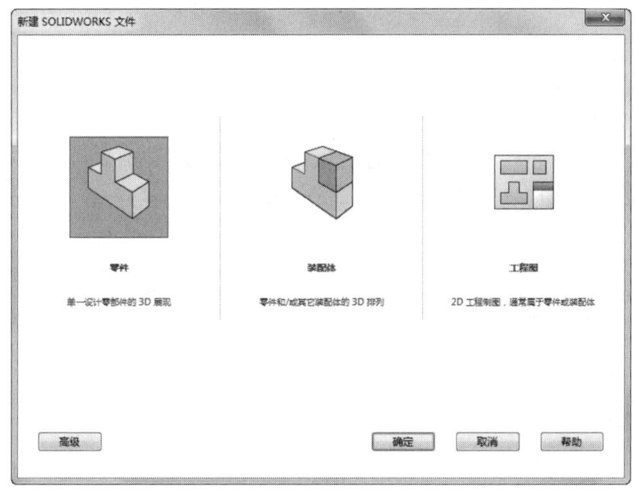

图 13-86 “新建 SOLIDWORKS 文件”对话框

(2)创建草图

① 在左侧的“FeatureManager 设计树”中选择“前视基准面”作为绘图基准面。单击“草图”控制面板中的“草图绘制”按钮，进入草图绘制状态。

② 单击“草图”控制面板中的“中心线”按钮，弹出“插入线条”属性管理器，如图 13-87 所示。单击“确定”按钮，绘制的中心线如图 13-88 所示。

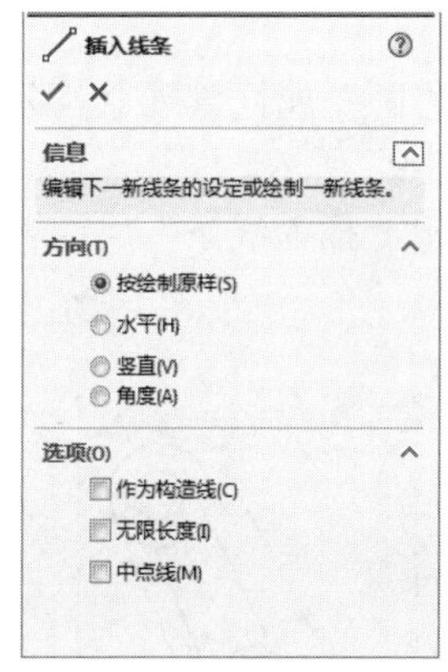

图 13-87 “插入线条”属性管理器

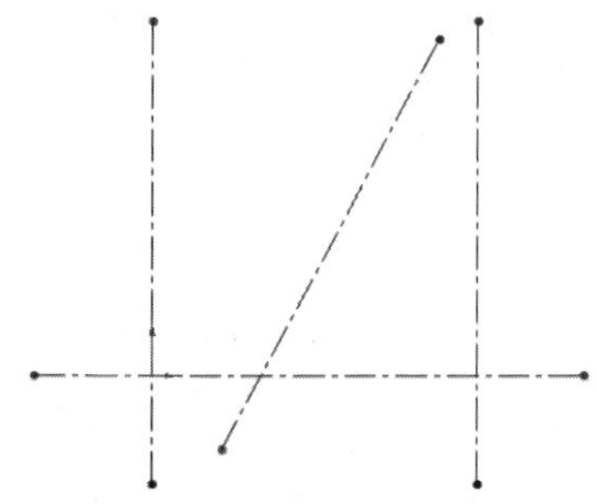

图 13-88 绘制中心线

③ 单击“草图”控制面板中的“圆”按钮，弹出如图 13-89 所示的“圆”属性管理器。分别捕捉两竖直直线和水平直线的交点为圆心（此时鼠标变成），单击“确定”按钮，绘制圆，如图 13-90 所示。

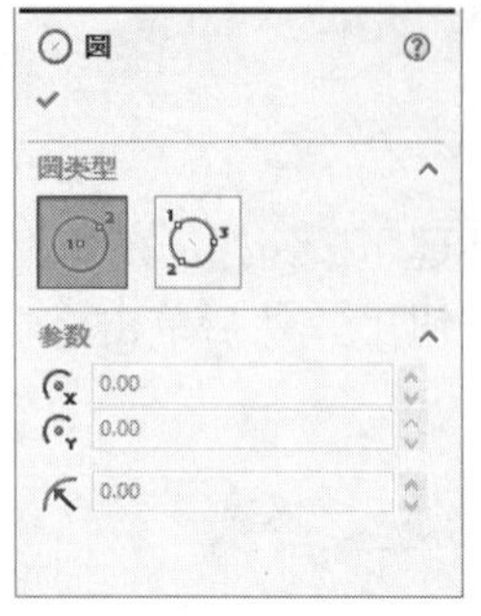

图 13-89　“圆”属性管理器

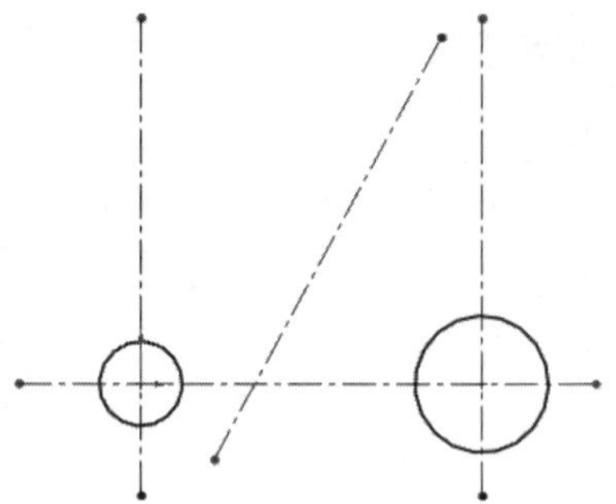

图 13-90　绘制圆

④ 单击“草图”控制面板中的“圆心/起点/终点画弧”按钮，弹出如图 13-91 所示的“圆弧”属性管理器，分别以上步绘制圆的圆心绘制两圆弧，单击“确定”按钮，结果如图 13-92 所示。

图 13-91　“圆弧”属性管理器

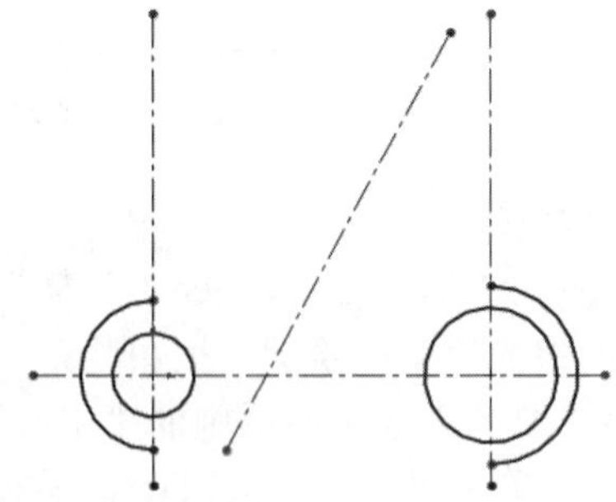

图 13-92　绘制圆弧

⑤ 单击“草图”控制面板中的“圆”按钮，弹出“圆”属性管理器。分别在斜中心线上绘制三个圆，单击“确定”按钮，绘制圆，如图 13-93 所示。

⑥ 单击“草图”控制面板中的“直线”按钮，弹出“插入线条”属性管理器，绘制直线，如图 13-94 所示。

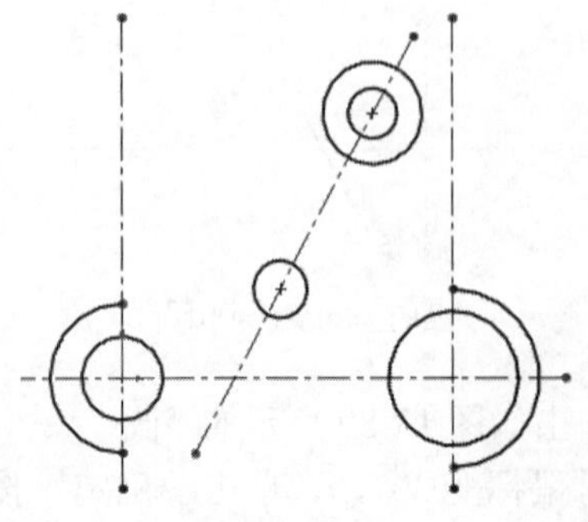

图 13-93 绘制圆

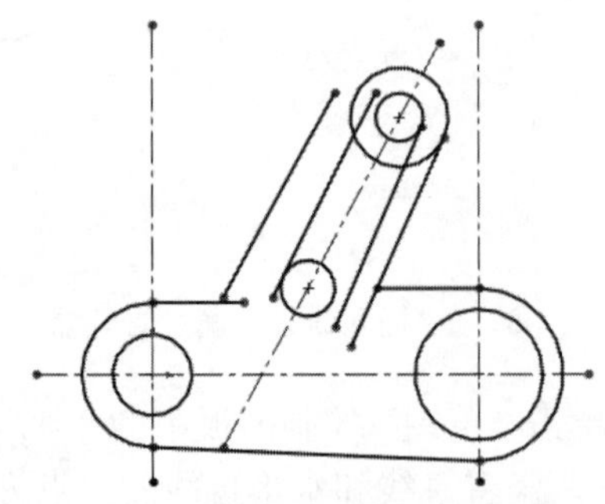

图 13-94 绘制直线

（3）添加约束

① 单击“草图”控制面板“显示/删除几何关系”下拉列表中的“添加几何关系”按钮，弹出“添加几何关系”属性管理器，如图 13-95 所示。选择步骤（2）③中绘制的两个圆，在属性管理器中选择“相等”按钮，使两圆相等。如图 13-96 所示。

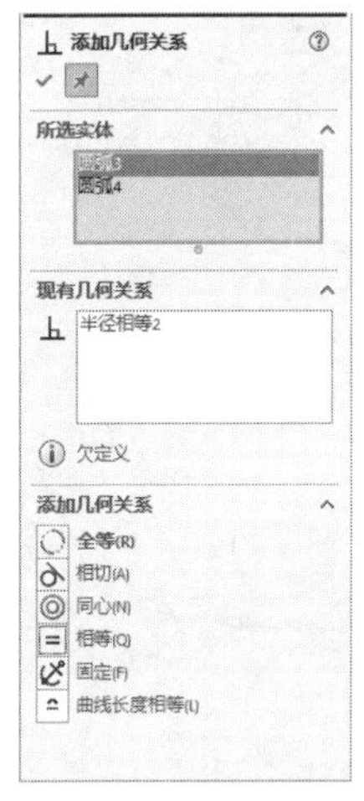

图 13-95　“添加几何关系”属性管理器

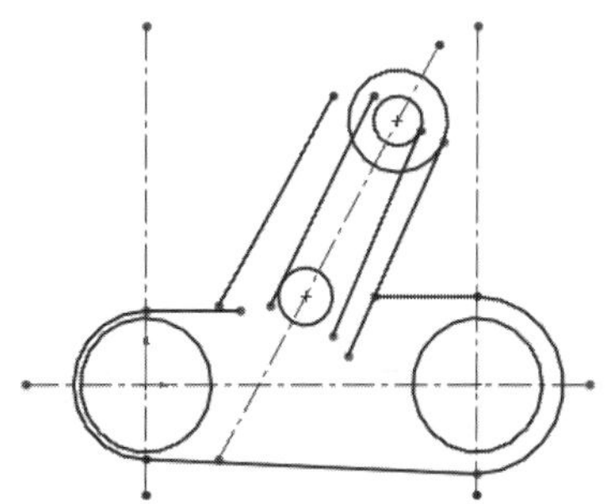

图 13-96　添加相等约束

② 同理，分别使两圆弧和两小圆相等，结果如图 13-97 所示。

③ 选择小圆和直线，在属性管理器中选择“相切”按钮，使小圆和直线相切，如图 13-98 所示。

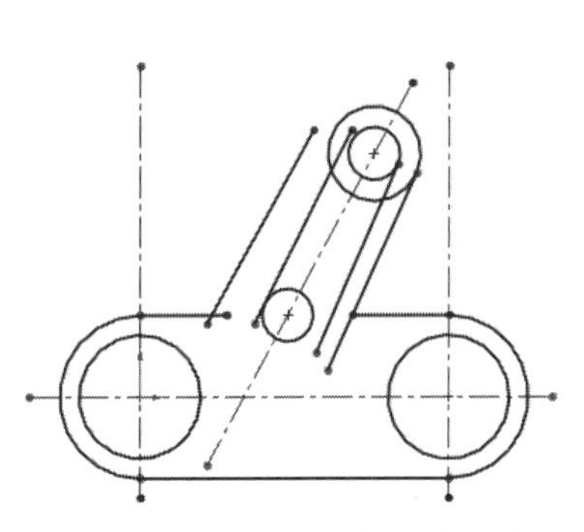

图 13-97　添加相等约束

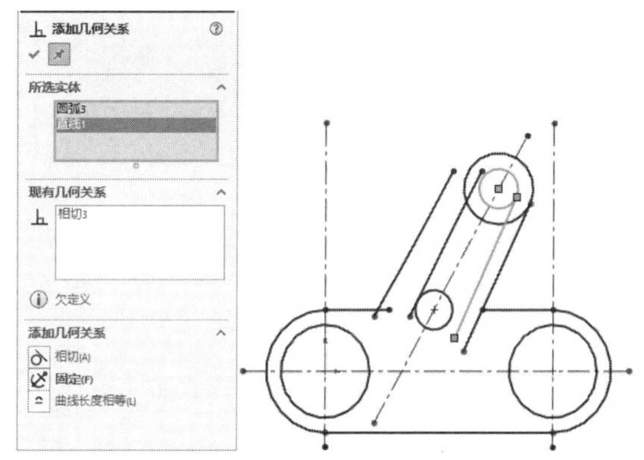

图 13-98　添加相切约束

④ 重复步骤③，分别使直线和圆相切。

⑤ 选择四条斜直线，在属性管理器中选择“平行”按钮，结果如图 13-99 所示。

（4）编辑草图

① 单击“草图”控制面板中的“绘制圆角”按钮，弹出如图 13-100 所示的“绘制圆角”属性管理器，输入圆角半径为 10mm，选择视图中左边的两条直线，单击“确定”按钮，结果如图 13-101 所示。

② 单击“草图”控制面板中的“绘制圆角”按钮，在右侧创建半径为 2 的圆角，结果如图 13-102 所示。

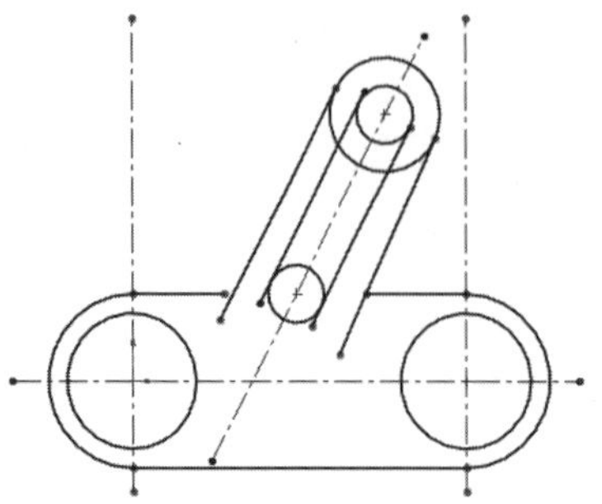
图 13-99　添加相切约束

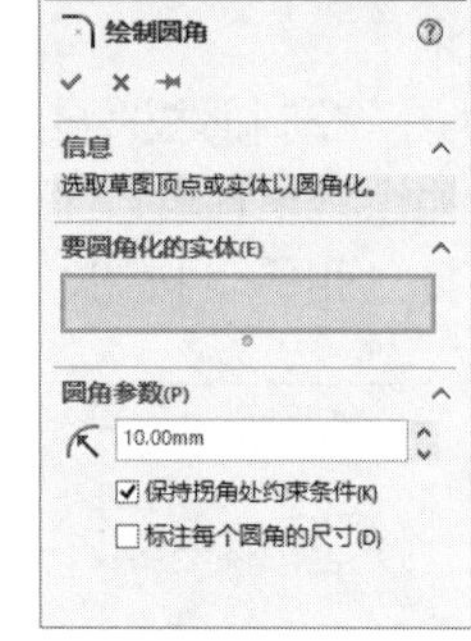

图 13-100　“绘制圆角”属性管理器

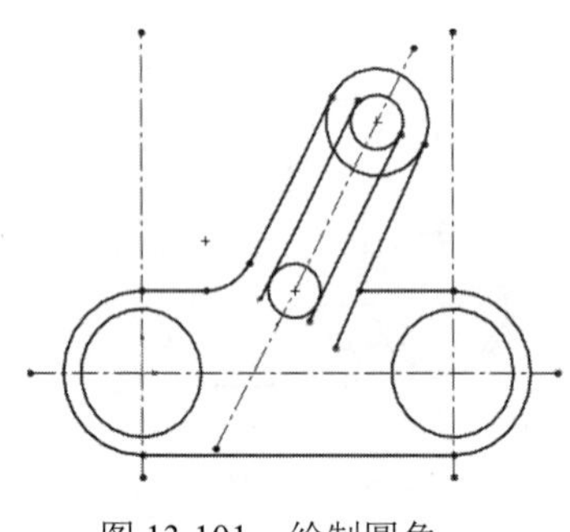
图 13-101　绘制圆角

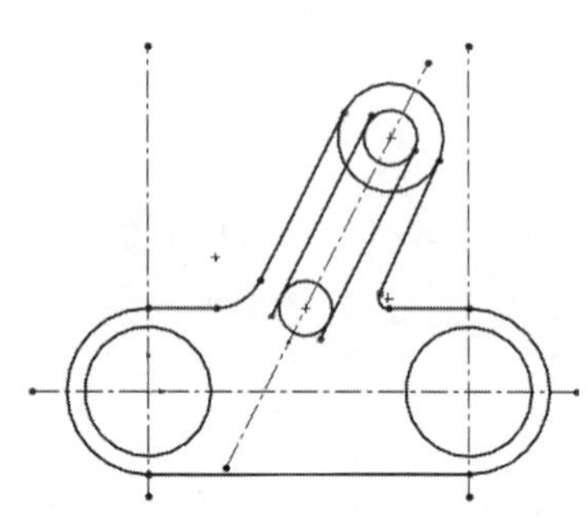
图 13-102　绘制圆角

③ 单击“草图”控制面板中的“剪裁实体”按钮，弹出如图 13-103 所示的“剪裁”属性管理器，选择“剪裁到最近端”选项，剪裁多余的线段，单击“确定”按钮，结果如图 13-104 所示。

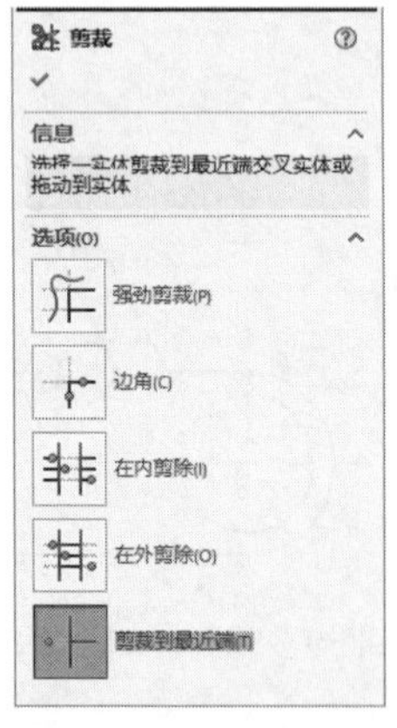

图 13-103　“剪裁”属性管理器

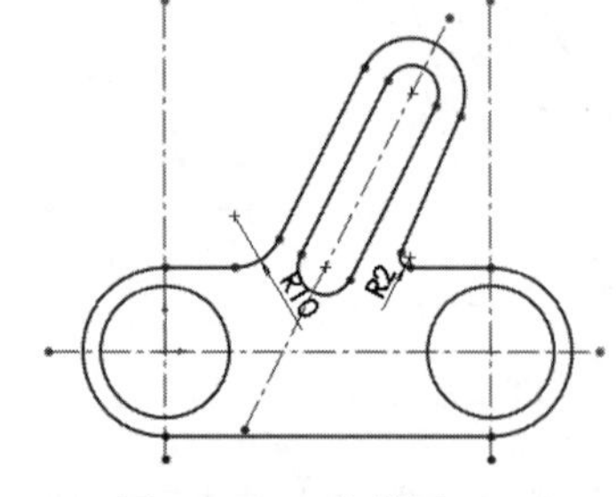
图 13-104　裁剪图形

（5）标注尺寸

单击“草图”控制面板中的“智能尺寸”按钮，选择两竖直中心线，在弹出的“修改”对话框中修改尺寸为 76。同理，标注其他尺寸，结果如图 13-105 所示。

13.6.2　压盖草图

扫一扫，看视频

本例绘制的压盖草图如图 13-106 所示。

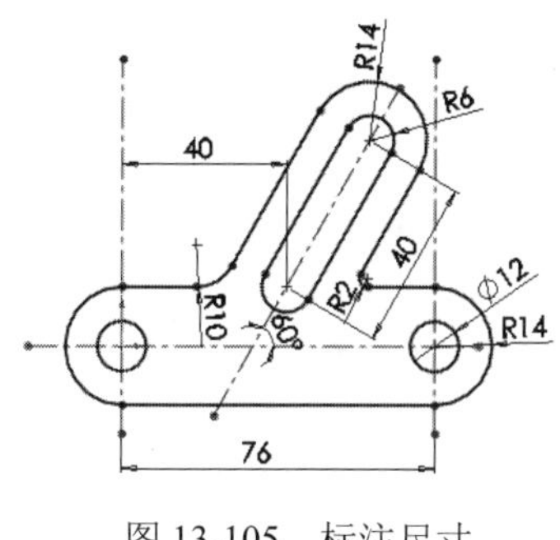

图 13-105 标注尺寸

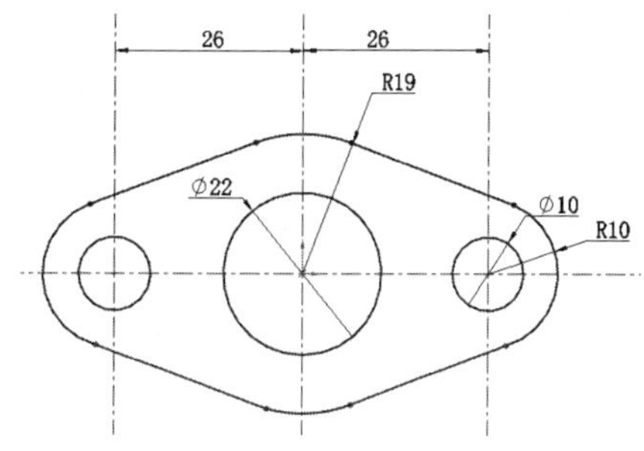

图 13-106 压盖草图

思路分析

首先绘制构造线构建大概轮廓，然后对其进行添加几何约束和修剪操作，最后标注图形尺寸，完成草图的绘制。绘制流程如图 13-107 所示。

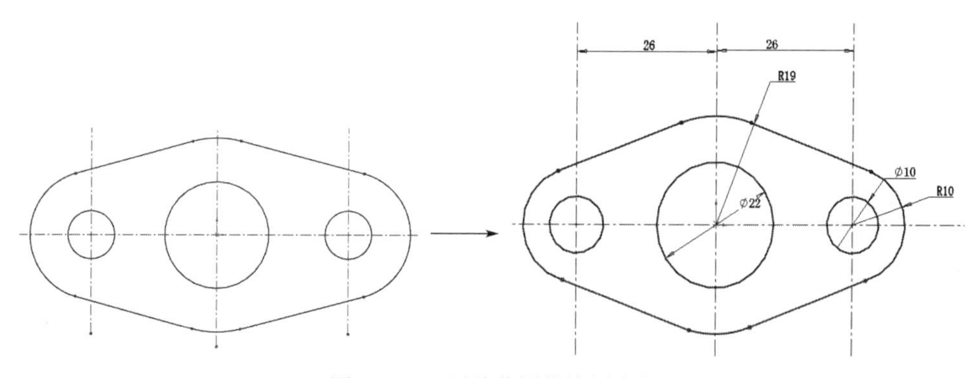

图 13-107 压盖草图的绘制流程

【绘制步骤】

(1) 新建文件

启动 SOLIDWORKS 2020，单击“标准”工具栏中的“新建”按钮，在弹出如图 13-108 所示的“新建 SOLIDWORKS 文件”对话框中选择“零件”按钮，然后单击“确定”按钮，创建一个新的零件文件。

(2) 绘制草图

① 设置基准面。在左侧的“FeatureManager 设计树”中选择“前视基准面”作为绘图基准面。单击“草图”控制面板中的“草图绘制”按钮，进入草图绘制状态。

② 绘制中心线。单击“草图”控制面板中的“中心线”按钮，弹出“插入线条”属性管理器，如图 13-109 所示。单击“确定”按钮，绘制的中心线如图 13-110 所示。

③ 绘制圆。单击“草图”控制面板中的“圆”按钮，弹出如图 13-111 所示的“圆”属性管理器。分别捕捉竖直直线和水平直线的交点为圆心（此时鼠标变成），单击“确定”按钮，绘制圆，如图 13-112 所示。

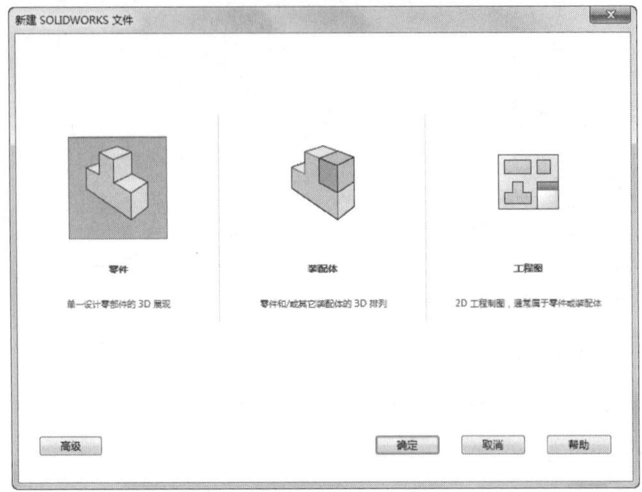

图 13-108 “新建 SOLIDWORKS 文件”对话框

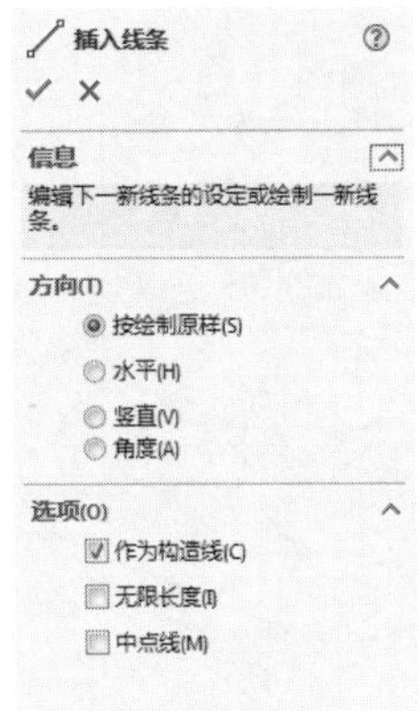

图 13-109 “插入线条”属性管理器

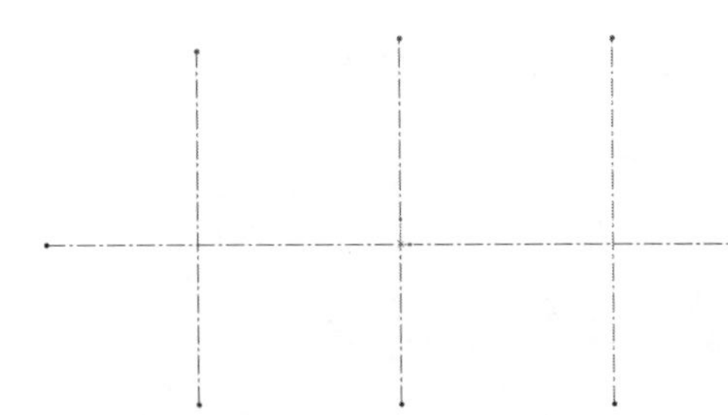

图 13-110 绘制中心线

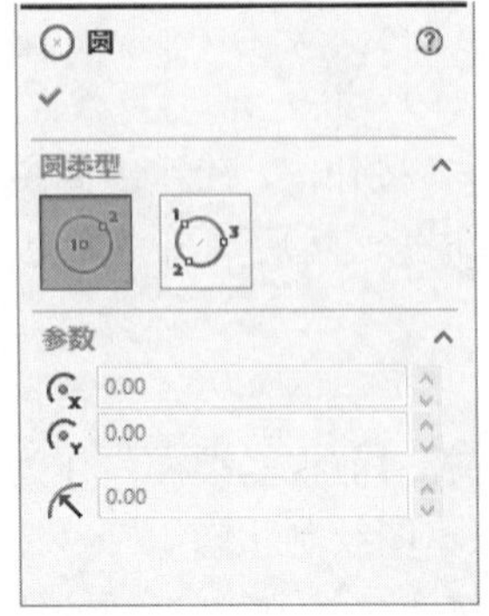

图 13-111 “圆”属性管理器

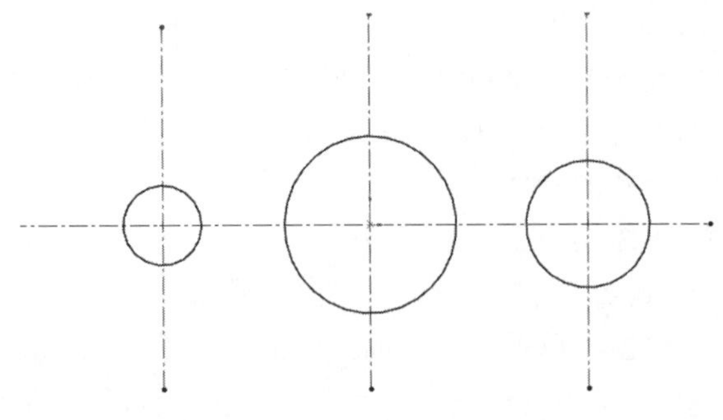

图 13-112 绘制圆

④ 绘制圆弧。单击“草图”控制面板中的“圆心/起点/终点画弧”按钮，弹出如图 13-113 所示的“圆弧”属性管理器，分别以上步绘制圆的圆心绘制圆弧，单击“确定”按钮，结果如图 13-114 所示。

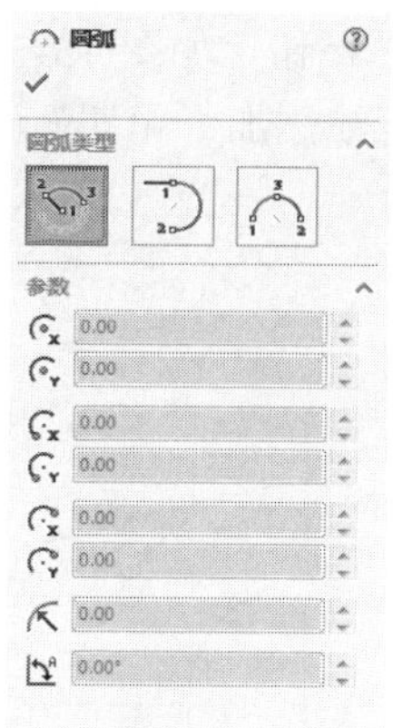

图 13-113 “圆弧”属性管理器

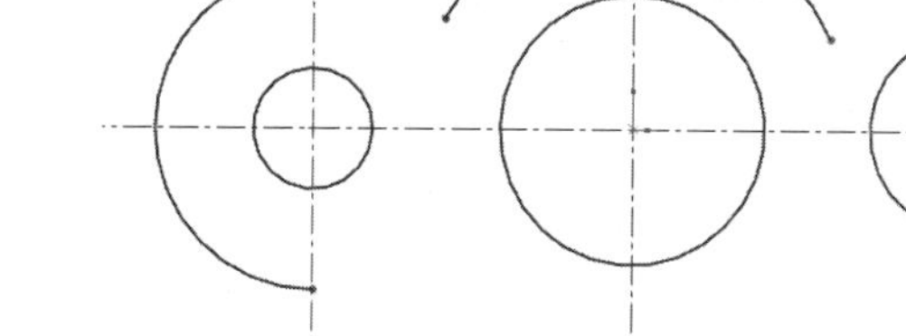

图 13-114 绘制圆弧

⑤ 绘制直线。单击“草图”控制面板中的“直线”按钮，弹出“插入线条”属性管理器，绘制直线，如图 13-115 所示。

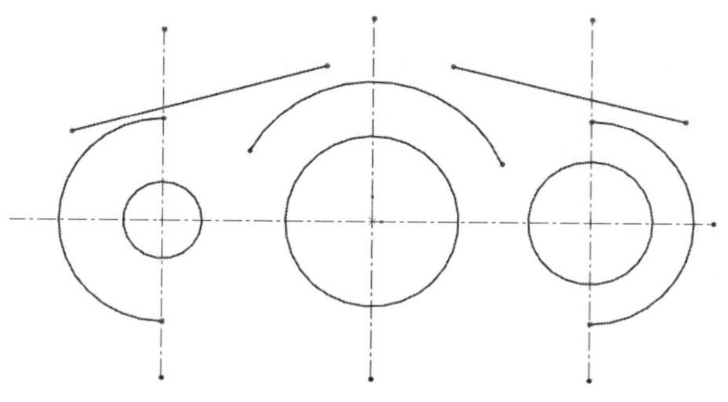

图 13-115 绘制直线

（3）添加约束

① 单击“草图”控制面板“显示/删除几何关系”下拉列表中的“添加几何关系”按钮，弹出“添加几何关系”属性管理器，如图 13-116 所示。选择步骤（2）③中绘制的两个小圆，在属性管理器中选择“相等”按钮，使两圆相等。同理，对两小圆弧添加相等约束，如图 13-117 所示。

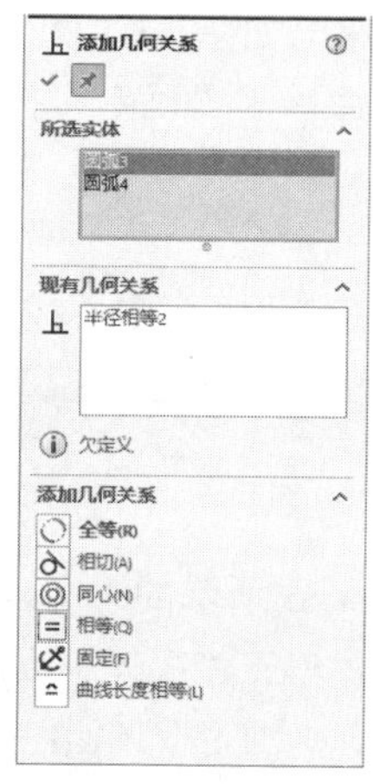

图 13-116 “添加几何关系”属性管理器

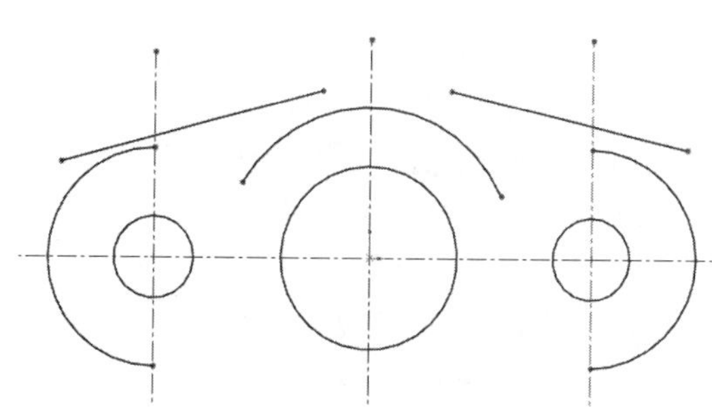

图 13-117 添加相等约束

② 选择左侧圆弧和左侧直线，在属性管理器中选择“相切”按钮，如图 13-118 所示，使圆弧和直线相切，如图 13-119 所示。同理，对其他的圆弧和直线添加“相切”约束。

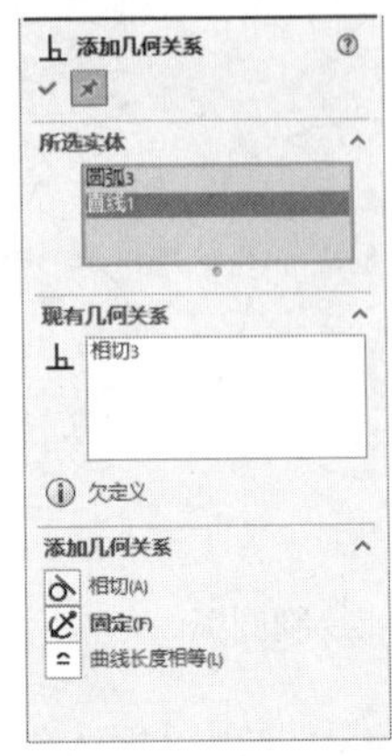

图 13-118 “添加几何关系”属性管理器

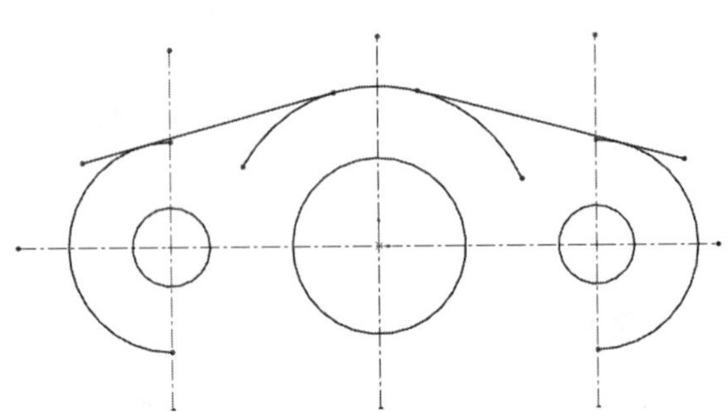

图 13-119 添加相切约束

（4）编辑草图

① 单击“草图”控制面板中的“镜向实体”按钮，弹出如图 13-120 所示的“镜向”属性管理器，选择大圆弧和两条直线为要镜向的实体，拾取水平中心线为镜向点，单击“确定”按钮，结果如图 13-121 所示。

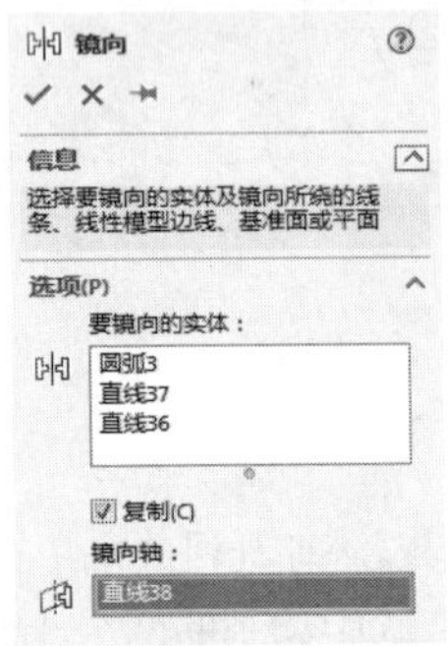

图 13-120 “镜向”属性管理器

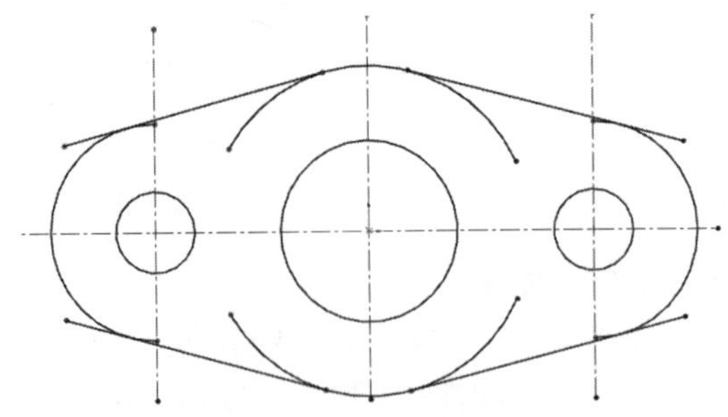

图 13-121 镜向实体

② 单击“草图”控制面板中的“剪裁实体”按钮，弹出如图 13-122 所示的“剪裁”属性管理器，选择“剪裁到最近端”选项，剪裁多余的线段，单击“确定”按钮，结果如图 13-123 所示。

（5）标注尺寸

单击“草图”控制面板中的“智能尺寸”按钮，选择左侧两竖直中心线，在弹出的“修改”对话框中修改尺寸为 26，如图 13-124 所示，单击“确定”按钮，完成尺寸的标注；同理，标注其他尺寸，结果如图 13-125 所示。

（6）修改标注尺寸大小和箭头

选择菜单栏中的“工具”→“选项”命令，弹出如图 13-126 所示的“文档属性-尺寸”对话框，在对话框中选择“文档属性”标签，选择“尺寸”选项，单击“字体”按钮，弹出“选择字体”对话框，如图 13-127 所示，修改文字高度为“5”，单击“确定”按钮，返回到“文档属性”对话框，在“样式”下拉列表中选择“实心箭头”，单击“确定”按钮，结果如图 13-128 所示。

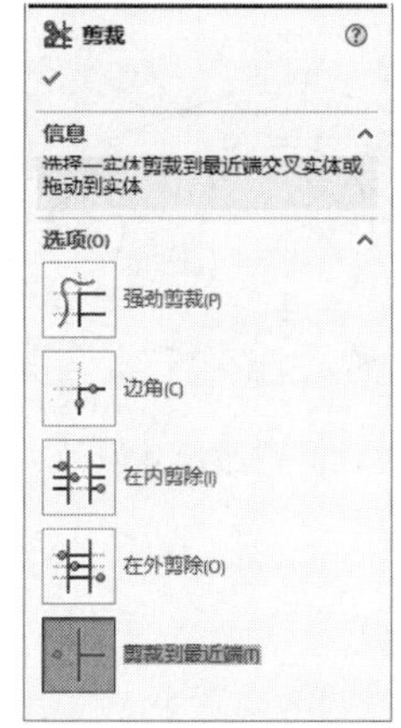

图 13-122 “剪裁”属性管理器

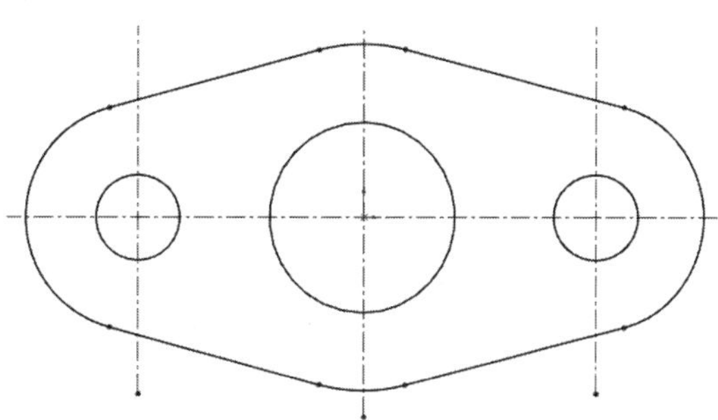

图 13-123 剪裁图形

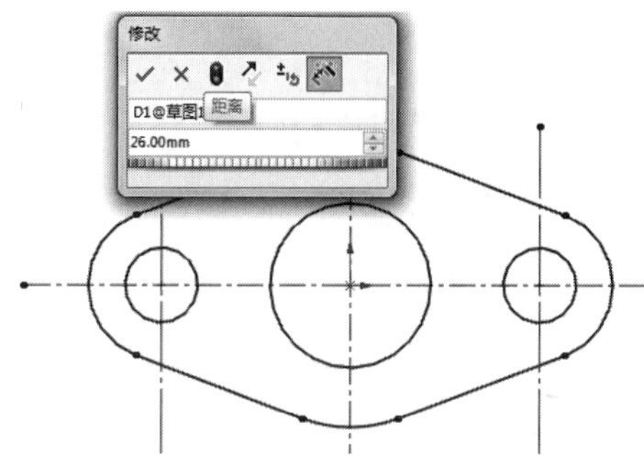

图 13-124 标注并修改尺寸

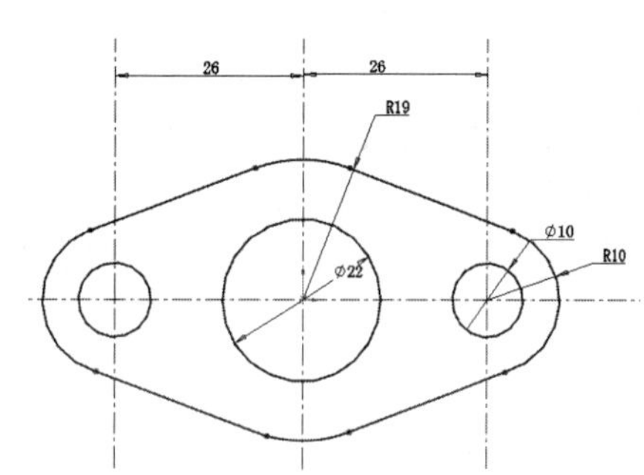

图 13-125 标注尺寸

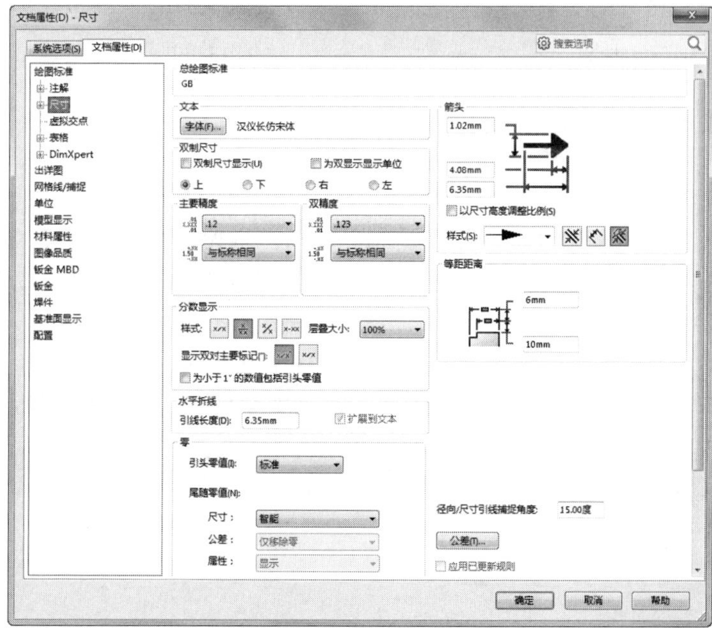

图 13-126 “文档属性-尺寸”对话框

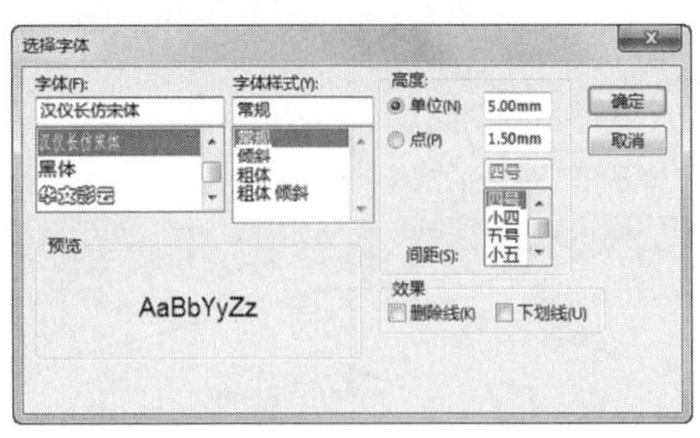

图 13-127 “选择字体”对话框

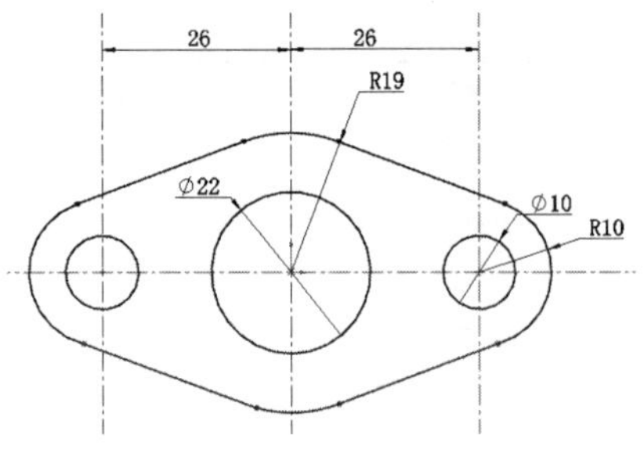

图 13-128 修改尺寸属性

上 机 操 作

【实例 1】绘制如图 13-129 所示的挡圈草图

操作提示

① 选择零件图标，进入零件图模式。

② 选择前视基准面，单击“草图绘制”按钮，进入草图绘制模式。

③ 利用中心线、圆命令，绘制如图 13-129 所示的草图。

④ 利用智能尺寸命令，标注尺寸如图 13-129 所示。

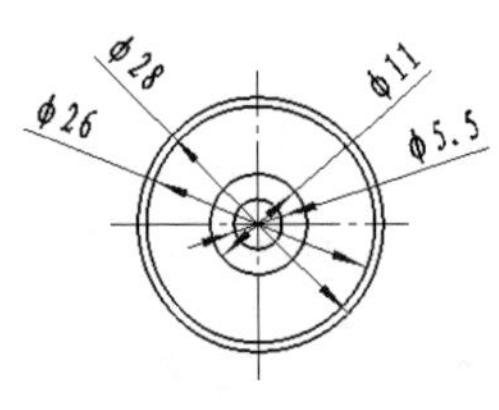

图 13-129 挡圈

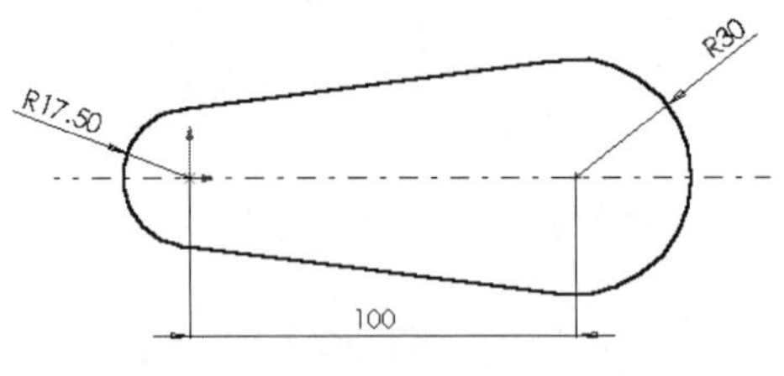

图 13-130 草图

【实例 2】绘制如图 13-130 所示的草图

操作提示

① 在新建文件对话框中，选择零件图标，进入零件图模式。

② 选择前视基准面，单击（草图绘制）按钮，进入草图绘制模式。

③ 利用中心线命令，过原点绘制如图 13-130 所示的中心轴；单击分别绘制两个圆直径分别为 35mm 和 60mm；利用直线命令，在圆上侧绘制一条直线。

④ 利用几何关系命令，选择图示圆、直线，保证其相切的关系。

⑤ 利用镜像命令，选择绘制完成的直线，以中心线为对称轴，进行镜像，得到如图 13-130 所示草图。

⑥ 利用智能尺寸，标注尺寸如图 13-130 所示。

第14章 基础特征建模

在SOLIDWORKS中，特征建模一般分为基础特征建模和附加特征建模两类。

基础特征建模是三维实体最基本的绘制方式，可以构成三维实体的基本造型，相当于二维草图中的基本图元。基础特征建模主要包括拉伸特征、拉伸切除特征、旋转特征、旋转切除特征、扫描特征与放样特征等。

学习目标

- 参考几何体
- 拉伸特征
- 旋转特征
- 扫描特征
- 放样特征

14.1 特征建模基础

SOLIDWORKS提供了专用的“特征”控制面板，如图14-1所示。单击工具栏中相应的按钮就可以对草图实体进行相应的操作，生成需要的特征模型。

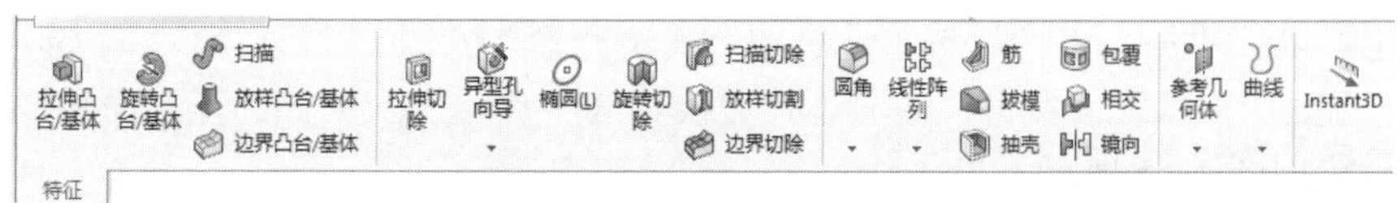

图14-1 “特征”控制面板

如图14-2所示为内六角螺钉零件的特征模型及其FeatureManager设计树，使用SOLIDWORKS进行建模的实体包含这两部分的内容，零件模型是设计的真实图形，FeatureManager设计树显示了对模型进行的操作内容及操作步骤。

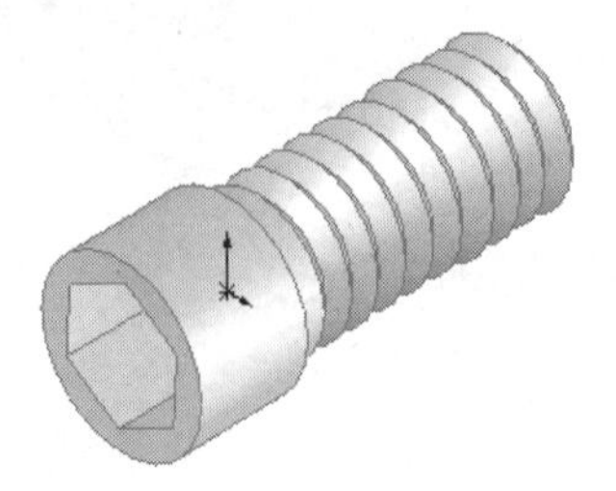

图 14-2 内六角螺钉零件的特征模型及其 FeatureManager 设计树

14.2 参考几何体

参考几何体主要包括基准面、基准轴、坐标系与点 4 个部分。“参考几何体”操控板如图 14-3 所示，各参考几何体的功能如下。

14.2.1 基准面

基准面主要应用于零件图和装配图中，可以利用基准面来绘制草图，生成模型的剖面视图，用于拔模特征中的中性面等。

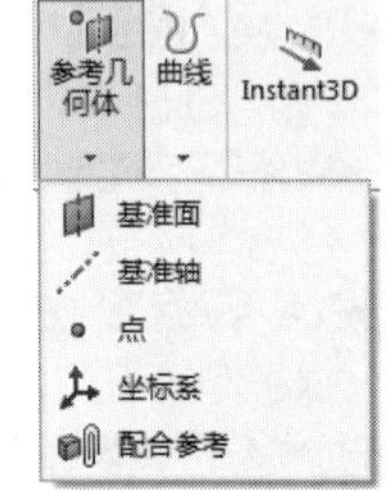

图 14-3 “参考几何体”操控板

SOLIDWORKS 提供了前视基准面、上视基准面和右视基准面 3 个默认的相互垂直的基准面。通常情况下，用户在这 3 个基准面上绘制草图，然后使用特征命令创建实体模型即可绘制需要的图形。但是，对于一些特殊的特征，比如扫描特征和放样特征，需要在不同的基准面上绘制草图，才能完成模型的构建，这就需要创建新的基准面。

创建基准面有 6 种方式，分别是：通过直线/点方式、点和平行面方式、两面夹角方式、等距距离方式、垂直于曲线方式与曲面切平面方式。

（1）通过直线/点方式

该方式用于创建通过边线、轴或者草图线及点或者通过三点的基准面。

下面通过实例介绍该方式的操作步骤。

扫一扫，看视频

① 打开随书资源中的“\源文件\ch14\14.1.SLDPRT”，打开的文件实体如图 14-4 所示。

② 执行“基准面”命令。选择菜单栏中的“插入”→“参考几何体”→“基准面”命令，或者单击“特征”控制面板“参考几何体”下拉列表中的“基准面”按钮，此时系统弹出“基准面”属性管理器。

③ 设置属性管理器。在“第一参考”选项选择边线 1，在“第二参考”选项选择边线 2 的中点，也可以在“第一参考”选项选择边线 1 的一个端点，在“第二参考”选项选择边线 1 的另一个端点，在“第三参考”选项选择边线 2 的中点，生成同样的基准面。“基准面”属性管理器设置如图 14-5 所示。

④ 确认创建的基准面。单击“基准面”属性管理器中的“确定”按钮✔，创建的基准面 1 如图 14-6 所示。

（2）点和平行面方式

该方式用于创建通过点且平行于基准面或者面的基准面。

下面通过实例介绍该方式的操作步骤。

扫一扫，看视频

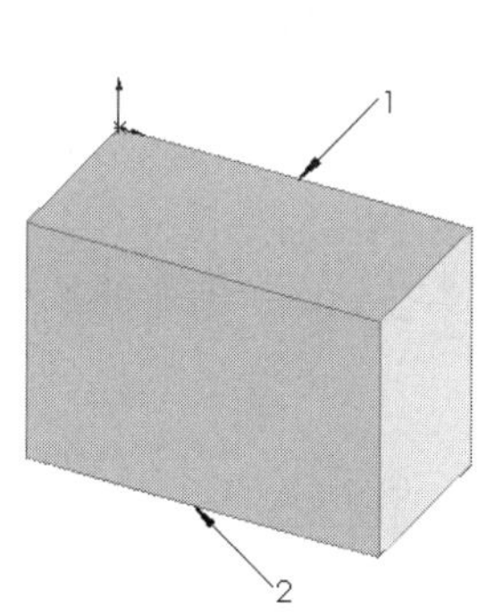

图 14-4 打开的文件实体

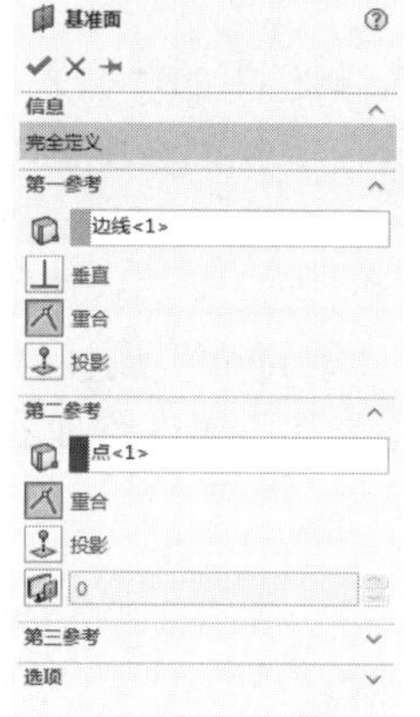

图 14-5 “基准面”属性管理器设置

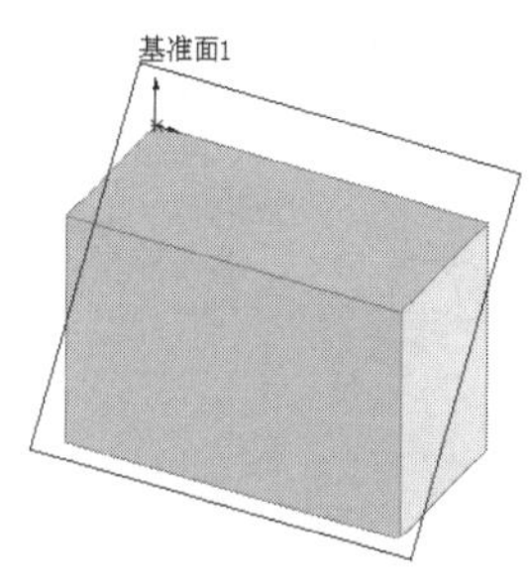

图 14-6 创建的基准面 1

① 打开随书资源中的“\源文件\ch14\14.2.SLDPRT”，打开的文件实体如图 14-7 所示。

② 执行“基准面”命令。选择菜单栏中的“插入参考几何体”→“基准面”命令，或者单击“特征”控制面板“参考几何体”下拉列表中的“基准面”按钮，此时系统弹出“基准面”属性管理器。

③ 设置属性管理器。在“第一参考”选项选择边线 1 的中点，在“第二参考”选项选择面 2。“基准面”属性管理器设置如图 14-8 所示。

④ 确认创建的基准面。单击“基准面”属性管理器中的“确定”按钮，创建的基准面 2 如图 14-9 所示。

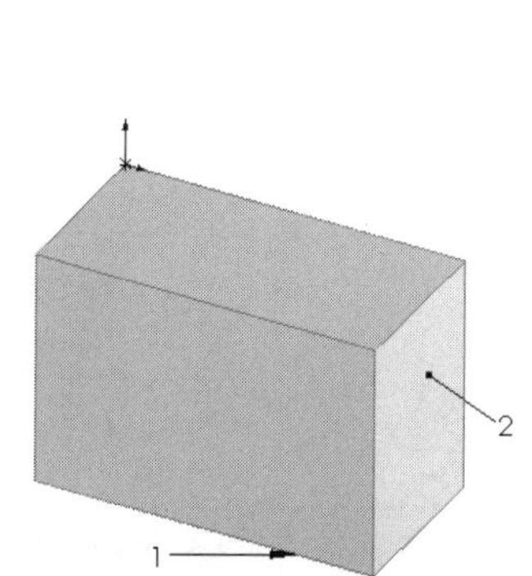

图 14-7 打开的文件实体

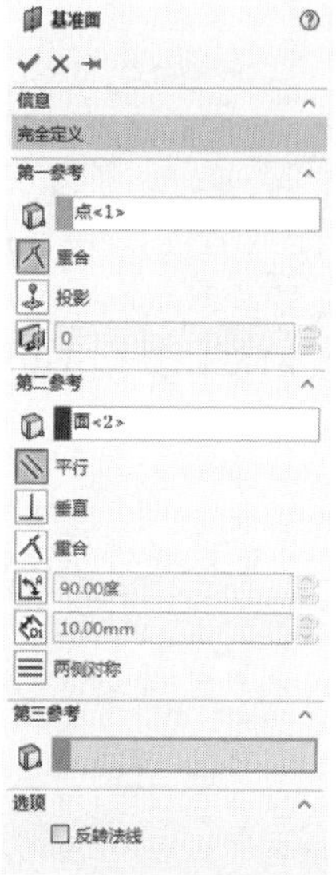

图 14-8 “基准面”属性管理器设置

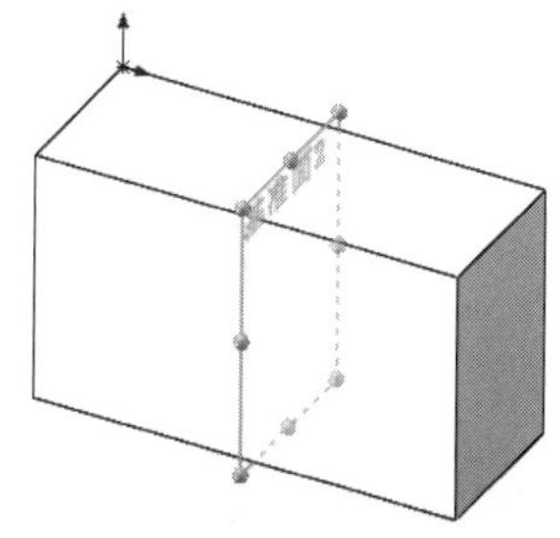

图 14-9 创建的基准面 2

（3）两面夹角方式

该方式用于创建通过一条边线、轴线或者草图线，并与一个面或者基准面成一定角度的基准面。下面通过实例介绍该方式的操作步骤。

扫一扫，看视频

① 打开随书资源中的“\源文件\ch14\14.3.SLDPRT”，打开的文件实体

如图 14-10 所示。

② 执行“基准面”命令。选择菜单栏中的“插入参考几何体”→“基准面”命令，或者单击“特征”控制面板“参考几何体”下拉列表中的“基准面”按钮，此时系统弹出“基准面”属性管理器。

③ 设置属性管理器。在“第一参考”选项选择边线 1，在“第二参考”选项选择面 2，在“角度”列表框中输入“60”，“基准面”属性管理器设置如图 14-11 所示。

④ 确认创建的基准面。单击“基准面”属性管理器中的“确定”按钮✔，创建的基准面 3 如图 14-12 所示。

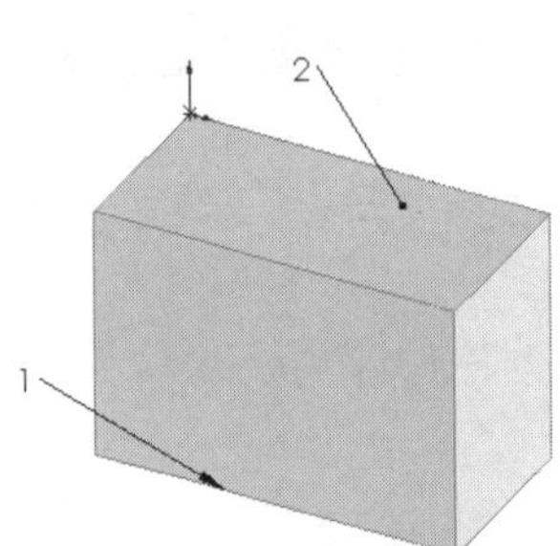

图 14-10　打开的文件实体

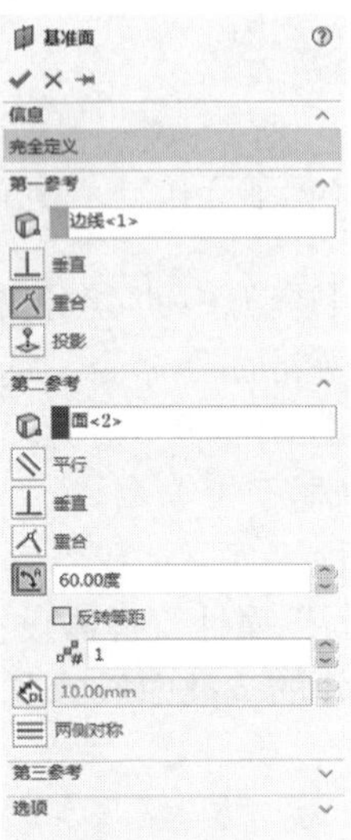

图 14-11　“基准面”属性管理器设置

（4）等距距离方式

该方式用于创建平行于一个基准面或者面，并等距指定距离的基准面。下面通过实例介绍该方式的操作步骤。

扫一扫，看视频

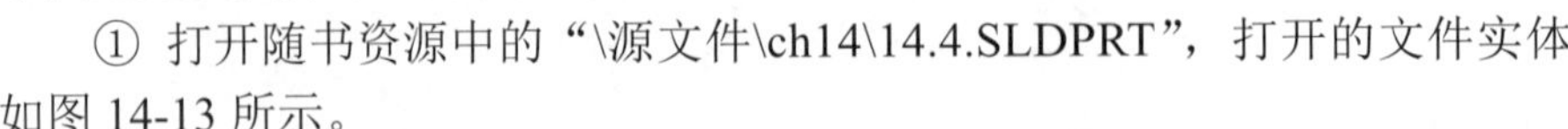

① 打开随书资源中的“\源文件\ch14\14.4.SLDPRT”，打开的文件实体如图 14-13 所示。

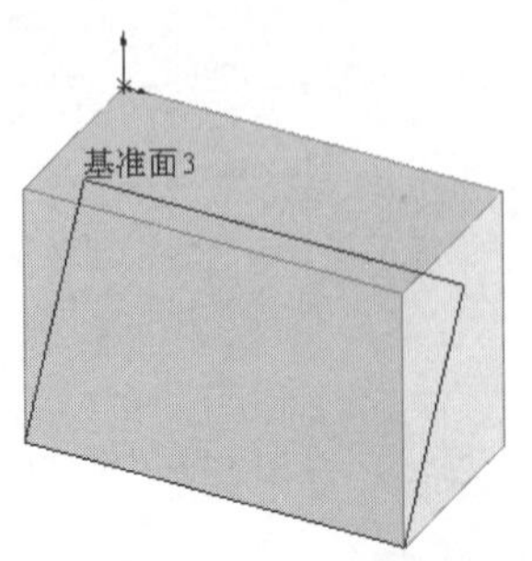

图 14-12　创建的基准面 3

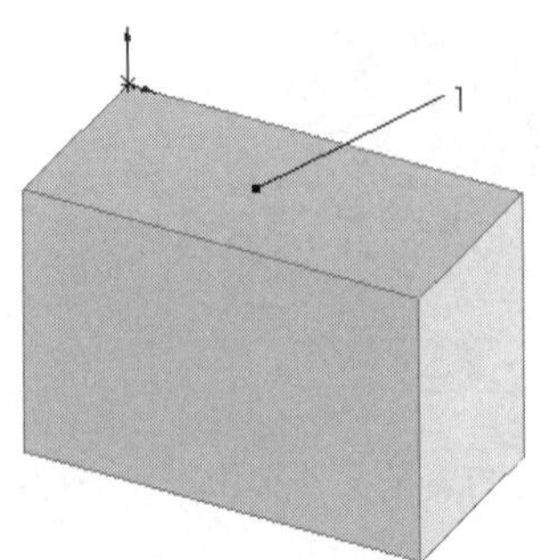

图 14-13　打开的文件实体

② 执行“基准面”命令。选择菜单栏中的“插入参考几何体”→“基准面”命令，或者单击“特征”控制面板“参考几何体”下拉列表中的“基准面”按钮，此时系统弹出“基

准面”属性管理器。

③ 设置属性管理器。在“第一参考”选项选择面 1，在 (偏移距离) 列表框中输入“20”。勾选“基准面”属性管理器中的“反转等距”复选框，可以设置生成基准面相对于参考面的方向。“基准面”属性管理器设置如图 14-14 所示。

④ 确认创建的基准面。单击“基准面”属性管理器中的“确定”按钮✔，创建的基准面 4 如图 14-15 所示。

图 14-14 “基准面”属性管理器设置

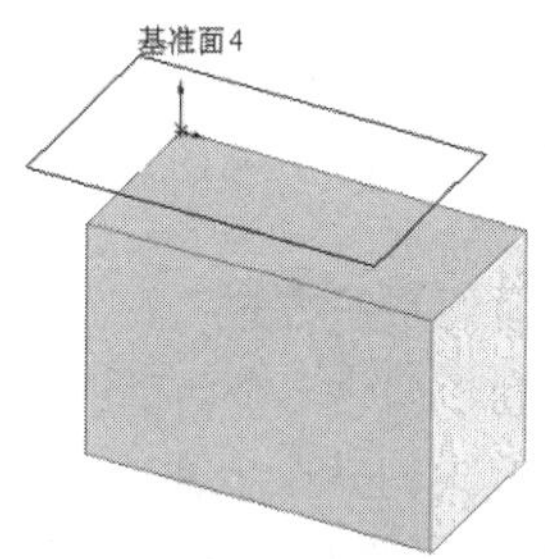

图 14-15 创建的基准面 4

(5) 垂直于曲线方式

该方式用于创建通过一个点且垂直于一条边线或者曲线的基准面。

扫一扫，看视频

下面通过实例介绍该方式的操作步骤。

① 打开随书资源中的“\源文件\ch14\14.5.SLDPRT”，打开的文件实体如图 14-16 所示。

② 执行“基准面”命令。选择菜单栏中的“插入参考几何体”→“基准面”命令，或者单击“特征”控制面板“参考几何体”下拉列表中的“基准面”按钮，此时系统弹出“基准面”属性管理器。

③ 设置属性管理器。在“第一参考”选项选择螺旋线，在“第二参考”选项选择 A 点。“基准面”属性管理器设置如图 14-17 所示。

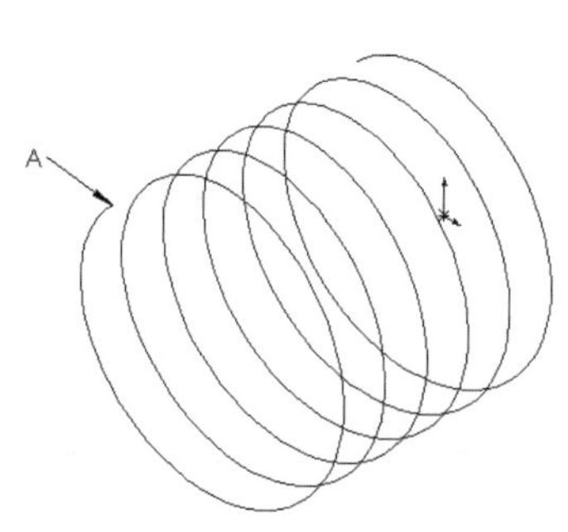

图 14-16 打开的文件实体

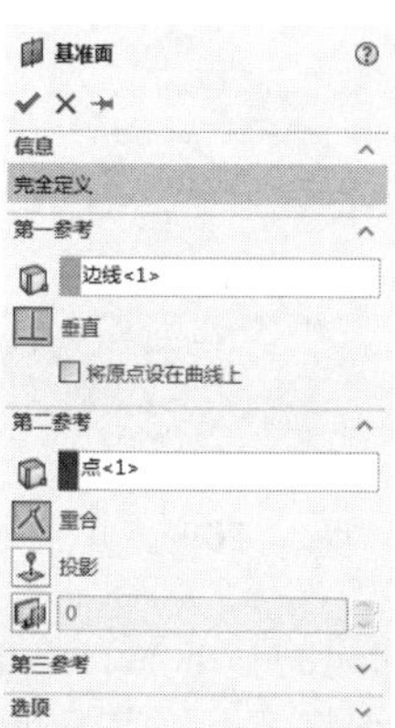

图 14-17 “基准面”属性管理器设置

④ 确认创建的基准面。单击“基准面”属性管理器中的“确定”按钮✔，则创建通过点A且与螺旋线垂直的基准面5，如图14-18所示。

⑤ 单击“视图”工具栏中的“旋转视图”按钮，将视图以合适的方向显示，如图14-19所示。

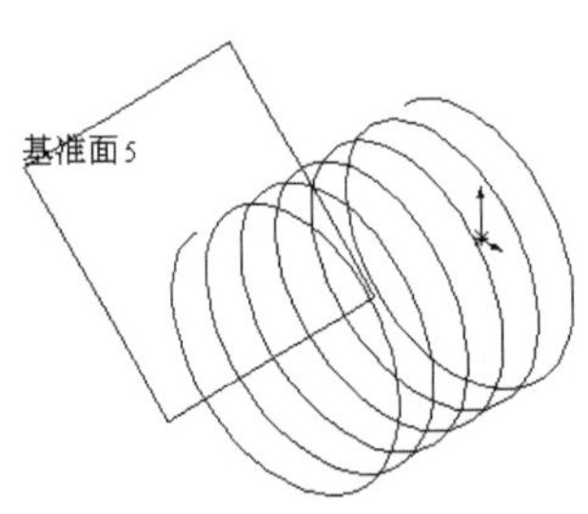

图14-18　创建的基准面5

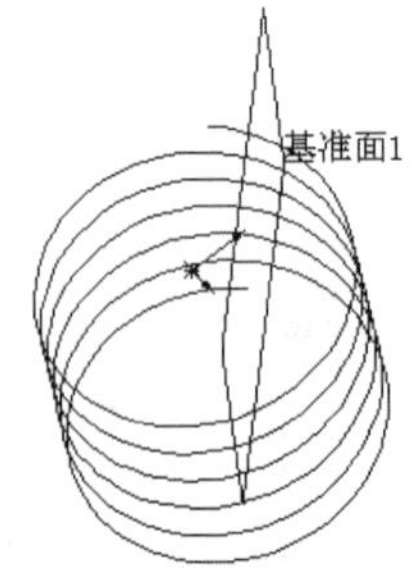

图14-19　旋转视图后的图形

（6）曲面切平面方式

该方式用于创建一个与空间面或圆形曲面相切于一点的基准面。下面通过实例介绍该方式的操作步骤。

扫一扫，看视频

① 打开随书资源中的“\源文件\ch14\14.6.SLDPRT”，打开的文件实体如图14-20所示。

② 执行“基准面”命令。选择菜单栏中的“插入参考几何体”→“基准面”命令，或者单击“特征”控制面板“参考几何体”下拉列表中的“基准面”按钮，此时系统弹出“基准面”属性管理器。

③ 设置属性管理器。在“第一参考”选项选择圆柱体表面，在“第二参考”选项选择上视基准面。“基准面”属性管理器设置如图14-21所示。

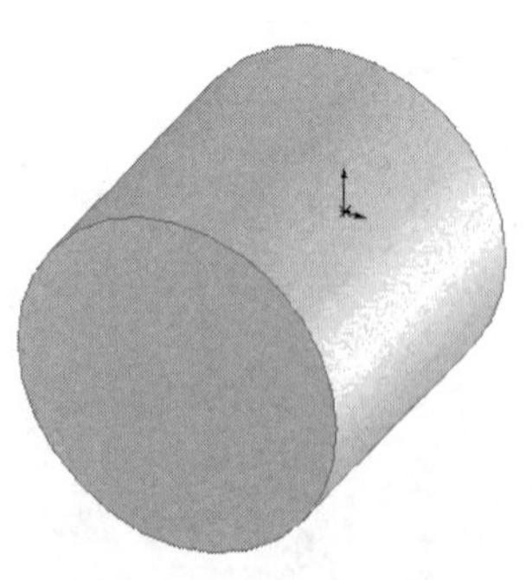
图14-20　打开的文件实体

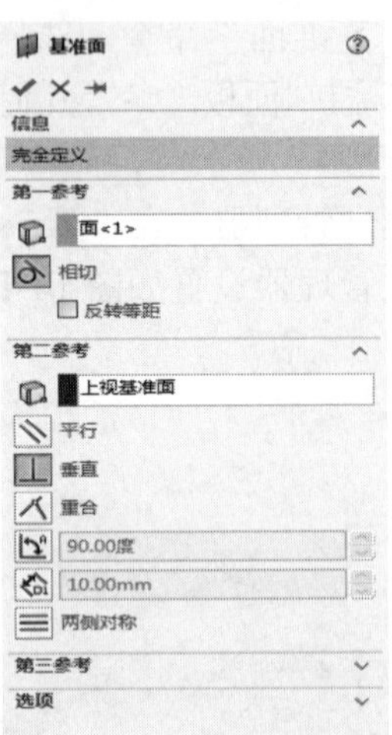

图14-21　“基准面”属性管理器设置

④ 确认创建的基准面。单击“基准面”属性管理器中的“确定”按钮✔，则创建与圆柱体表面相切且垂直于上视基准面的基准面6，如图14-22所示。

本实例是以参照平面方式生成的基准面，生成的基准面垂直于参考平面。另外，也可以参考点方式生成基准面，生成的基准面是与点距离最近且垂直于曲面的基准面。如图 14-23 所示为参考点方式生成的基准面。

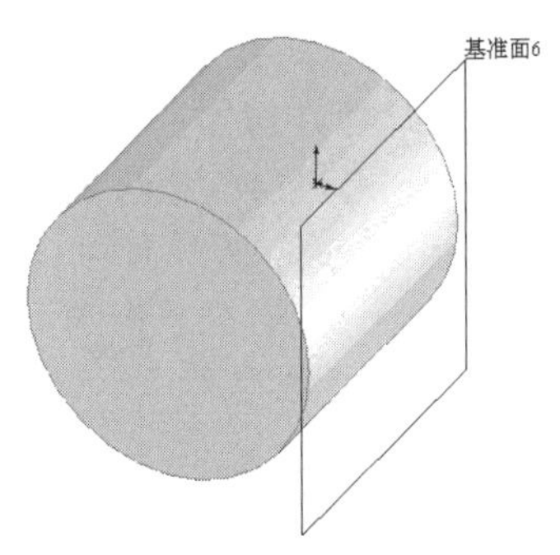

图 14-22 参照平面方式创建的基准面 6

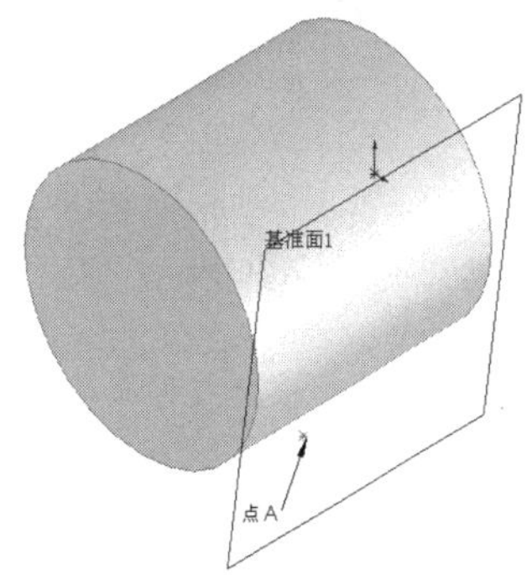

图 14-23 参考点方式创建的基准面

14.2.2 基准轴

基准轴通常在草图几何体或者圆周阵列中使用。每一个圆柱和圆锥面都有一条轴线。临时轴是由模型中的圆锥和圆柱隐含生成的，可以单击菜单栏中的“视图”→“临时轴”命令来隐藏或显示所有的临时轴。

创建基准轴有 5 种方式，分别是：一直线/边线/轴方式、两平面方式、两点/顶点方式、圆柱/圆锥面方式、点和面/基准面方式。

扫一扫，看视频

（1）一直线/边线/轴方式

选择一草图的直线、实体的边线或者轴，创建所选直线所在的轴线。

下面通过实例介绍该方式的操作步骤。

① 打开随书资源中的“\源文件\ch14\14.7.SLDPRT”，打开的文件实体如图 14-24 所示。

② 执行“基准轴”命令。选择菜单栏中的“插入”→“参考几何体”→“基准轴”命令，或者单击“特征”控制面板“参考几何体”下拉列表中的“基准轴”按钮，此时系统弹出“基准轴”属性管理器。

③ 设置属性管理器。单击“一直线/边线/轴”按钮，在“参考实体”列表框中，选择如图 14-24 所示的边线 1。“基准轴”属性管理器设置如图 14-25 所示。

④ 确认创建的基准轴。单击“基准轴”属性管理器中的“确定”按钮，创建的边线 1 所在的基准轴 1 如图 14-26 所示。

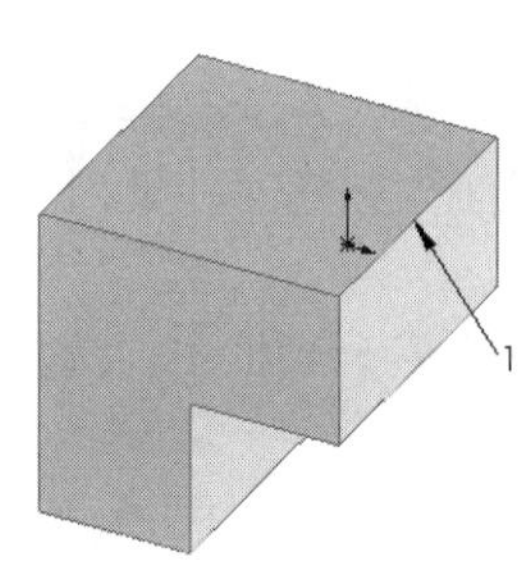

图 14-24 打开的文件实体

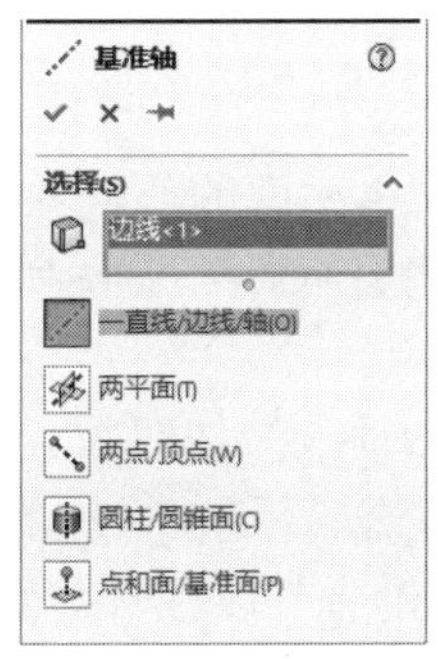

图 14-25 “基准轴”属性管理器设置

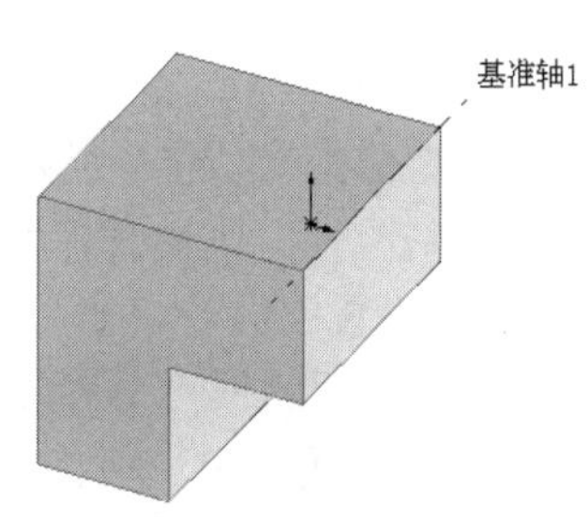

图 14-26 创建的基准轴 1

（2）两平面方式

扫一扫，看视频

将所选两平面的交线作为基准轴。下面通过实例介绍该方式的操作步骤。

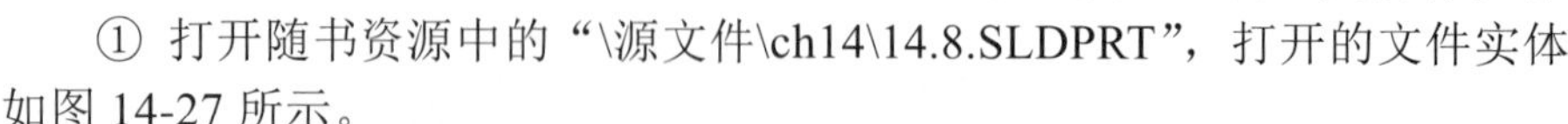

① 打开随书资源中的“\源文件\ch14\14.8.SLDPRT”，打开的文件实体如图 14-27 所示。

② 执行“基准轴”命令。选择菜单栏中的“插入”→“参考几何体”→“基准轴”命令，或者单击“特征”控制面板“参考几何体”下拉列表中的“基准轴”按钮，此时系统弹出“基准轴”属性管理器。

③ 设置属性管理器。单击“两平面”按钮，在“参考实体”列表框中，选择如图 14-27 所示的面 1 和面 2。“基准轴”属性管理器设置如图 14-28 所示。

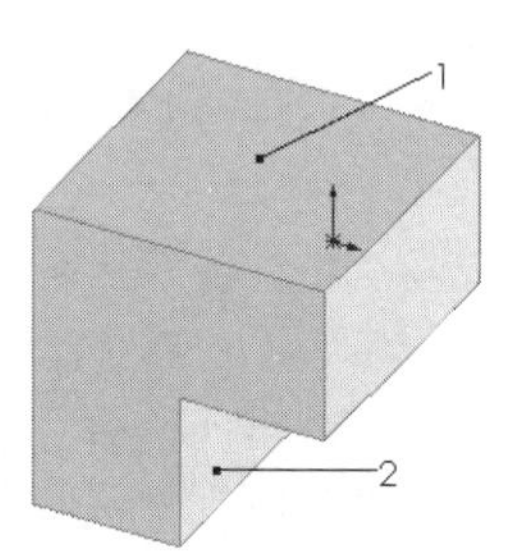

图 14-27　打开的文件实体

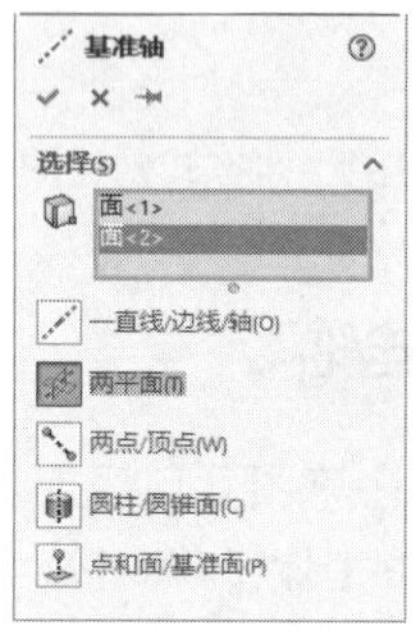

图 14-28　“基准轴”属性管理器设置

④ 确认创建的基准轴。单击“基准轴”属性管理器中的“确定”按钮，以两平面的交线创建的基准轴 2 如图 14-29 所示。

（3）两点/顶点方式

将两个点或者两个顶点的连线作为基准轴。下面通过实例介绍该方式的操作步骤。

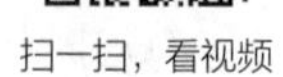

① 打开随书资源中的“\源文件\ch14\14.9.SLDPRT”，打开的文件实体如图 14-30 所示。

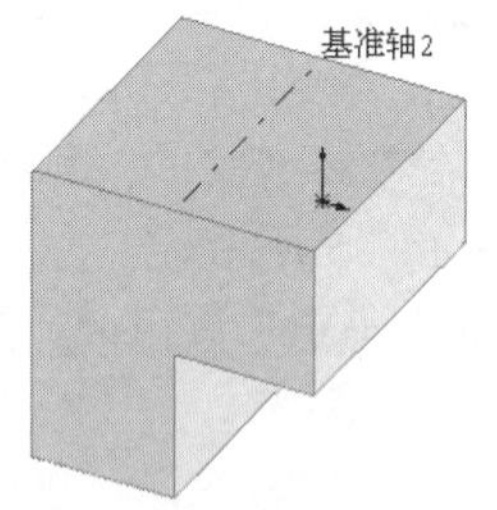

图 14-29　创建的基准轴 2

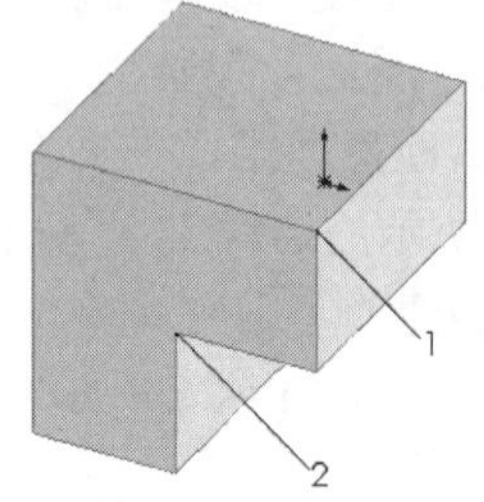

图 14-30　打开的文件实体

② 执行“基准轴”命令。选择菜单栏中的“插入”→“参考几何体”→“基准轴”命令，或者单击“特征”控制面板“参考几何体”下拉列表中的“基准轴”按钮，此时系统弹出“基准轴”属性管理器。

③ 设置属性管理器。单击“两点/顶点”按钮，在“参考实体”列表框中，选择如图 14-30 所示的顶点 1 和顶点 2。“基准轴”属性管理器设置如图 14-31 所示。

④ 确认创建的基准轴。单击“基准轴”属性管理器中的“确定”按钮，以两顶点的交线创建的基准轴 3 如图 14-32 所示。

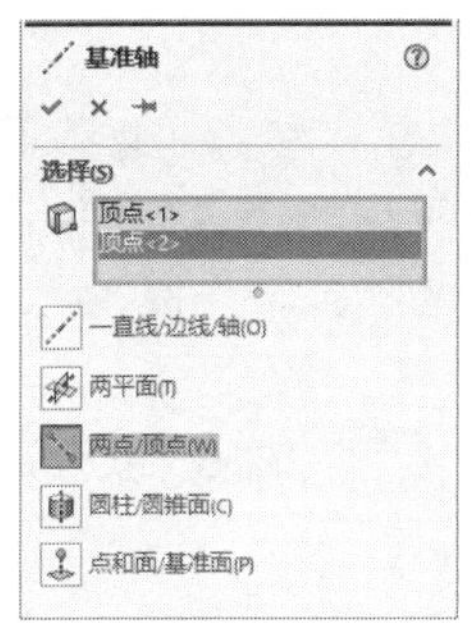

图 14-31 “基准轴”属性管理器设置

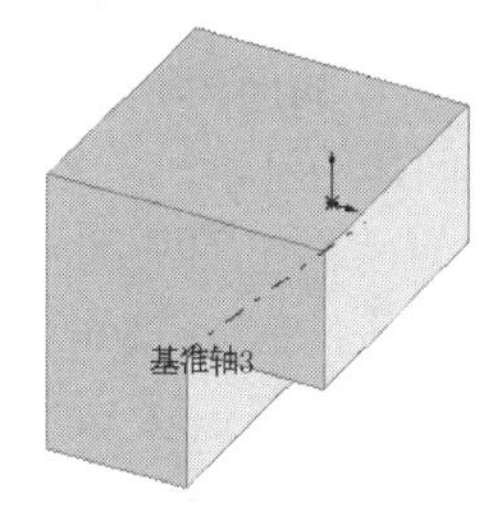

图 14-32 创建的基准轴 3

（4）圆柱/圆锥面方式

选择圆柱面或者圆锥面，将其临时轴确定为基准轴。下面通过实例介绍该方式的操作步骤。

① 打开随书资源中的“\源文件\ch14\14.10.SLDPRT”，打开的文件实体如图 14-33 所示。

② 执行“基准轴”命令。选择菜单栏中的“插入”→“参考几何体”→“基准轴”命令，或者单击“特征”控制面板“参考几何体”下拉列表中的“基准轴”按钮，此时系统弹出“基准轴”属性管理器。

③ 设置属性管理器。单击“圆柱/圆锥面”按钮，在“参考实体”列表框中，选择如图 14-33 所示的圆柱体的表面。“基准轴”属性管理器设置如图 14-34 所示。

④ 确认创建的基准轴。单击“基准轴”属性管理器中的“确定”按钮✔，将圆柱体临时轴确定为基准轴 4 如图 14-35 所示。

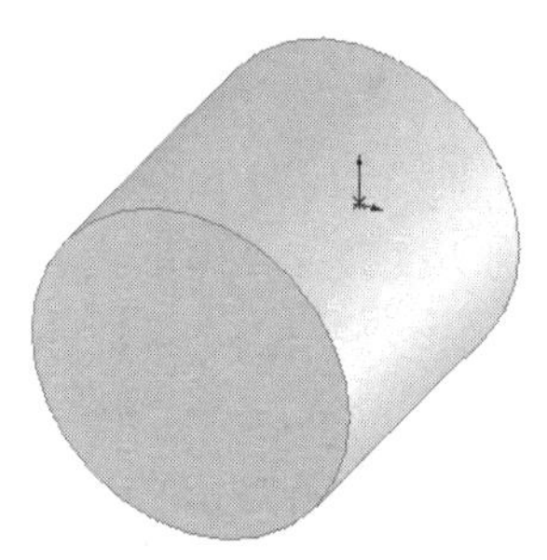

图 14-33 打开的文件实体

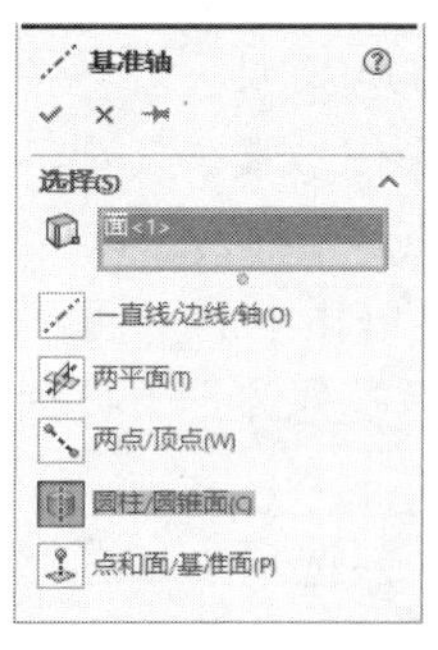

图 14-34 “基准轴”属性管理器设置

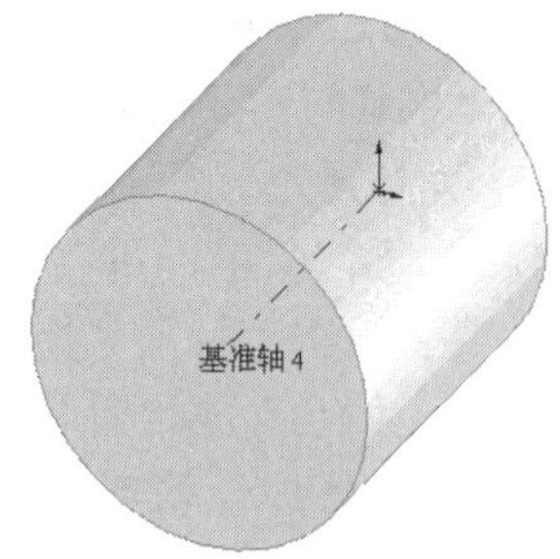

图 14-35 创建的基准轴 4

（5）点和面/基准面方式

选择一曲面或者基准面以及顶点、点或者中点，创建一个通过所选点并且垂直于所选面的基准轴。下面通过实例介绍该方式的操作步骤。

① 打开随书资源中的“\源文件\ch14\14.11.SLDPRT”，打开的文件实体如图 14-36 所示。

② 执行“基准轴”命令。选择菜单栏中的“插入”→“参考几何体”→“基准轴”命令，或者单击“特征”控制面板“参考几何体”下拉列表中的“基准轴”按钮，此时系

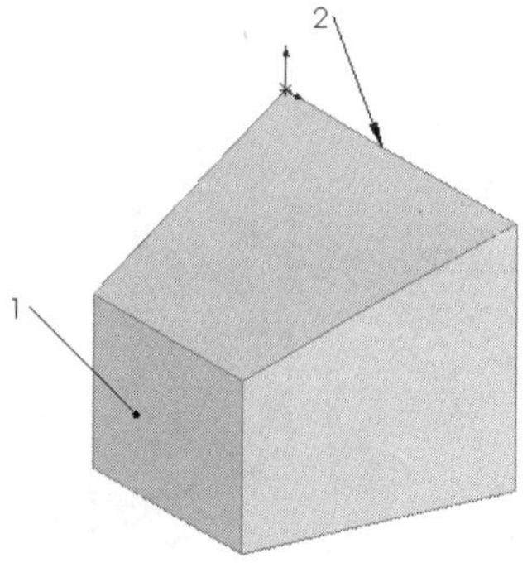

图 14-36 打开的文件实体

统弹出“基准轴”属性管理器。

③ 设置属性管理器。单击“点和面/基准面”按钮，在“参考实体”列表框中，选择如图 14-36 所示的面 1 和边线 2 的中点。“基准轴”属性管理器设置如图 14-37 所示。

④ 确认创建的基准轴。单击“基准轴”属性管理器中的“确定”按钮✔，创建通过边线 2 的中点且垂直于面 1 的基准轴 5。

⑤ 旋转视图。单击“视图”工具栏中的“旋转视图”，将视图以合适的方向显示，创建的基准轴 5 如图 14-38 所示。

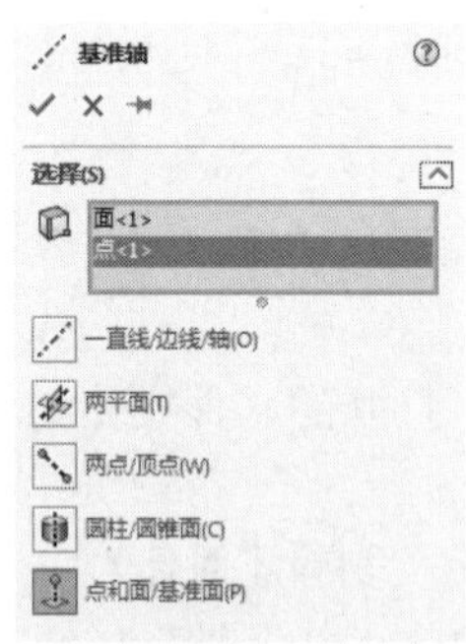

图 14-37 “基准轴”属性管理器设置

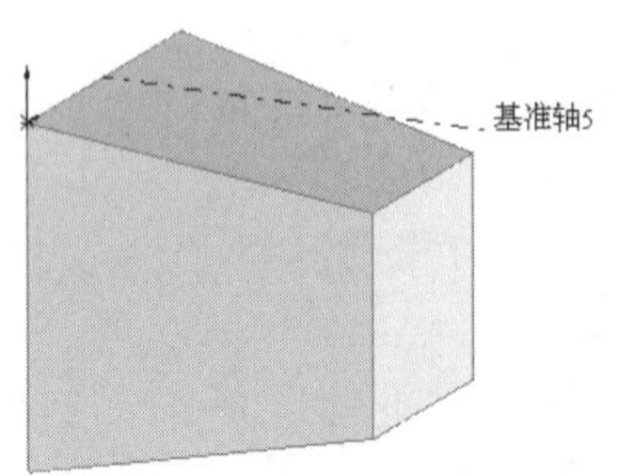

图 14-38 创建的基准轴 5

14.2.3 坐标系

扫一扫，看视频

“坐标系”命令主要用来定义零件或装配体的坐标系。此坐标系与测量和质量属性工具一同使用，可用于将 SOLIDWORKS 文件输出至 IGES、STL、ACIS、STEP、Parasolid、VRML 和 VDA 文件。

下面通过实例介绍创建坐标系的操作步骤。

① 打开随书资源中的“\源文件\ch14\14.12.SLDPRT”，打开的文件实体如图 14-39 所示。

② 执行“坐标系”命令。选择菜单栏中的“插入”→“参考几何体”→“坐标系”命令，或者单击“特征”控制面板“参考几何体”下拉列表中的“坐标系”按钮，此时系统弹出“坐标系”属性管理器。

③ 设置属性管理器。在“原点”选项中，选择如图 14-39 所示的点 A；在“X 轴”选项中，选择如图 14-39 所示的边线 1；在“Y 轴”选项中，选择如图 14-39 所示的边线 2；在“Z 轴”选项中，选择图 14-39 所示的边线 3。“坐标系”属性管理器设置如图 14-40 所示。

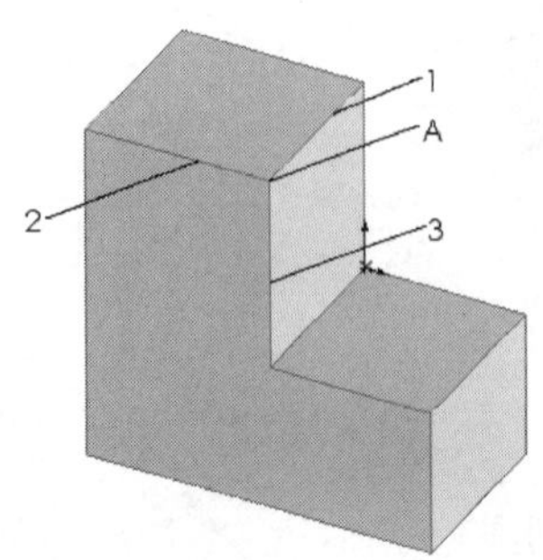

图 14-39 打开的文件实体

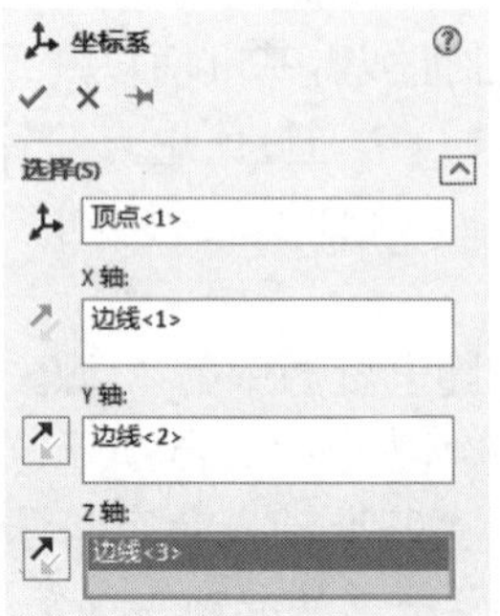

图 14-40 “坐标系”属性管理器设置

④ 确认创建的坐标系。单击“坐标系”属性管理器中的“确定”按钮✔，创建的新坐标系 1 如图 14-41 所示。此时所创建的坐标系 1 也会出现在 FeatureManager 设计树中，如图 14-42 所示。

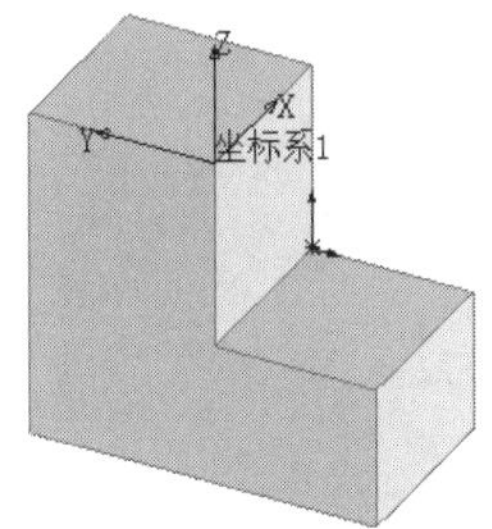

图 14-41　创建的新坐标系 1

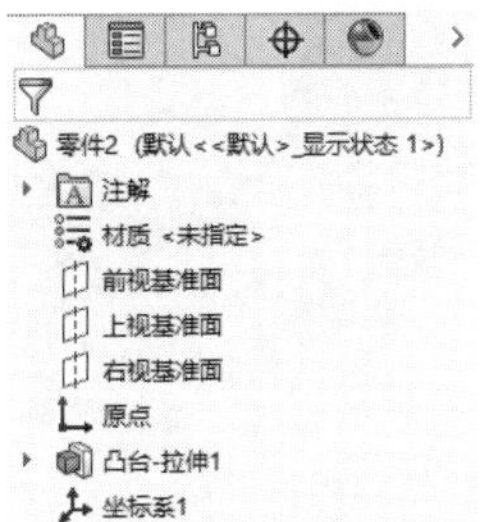

图 14-42　FeatureManager 设计树

技巧荟萃

在“坐标系”属性管理器中，每一步设置都可以形成一个新的坐标系，并可以单击“方向”按钮调整坐标轴的方向。

14.3 拉伸特征

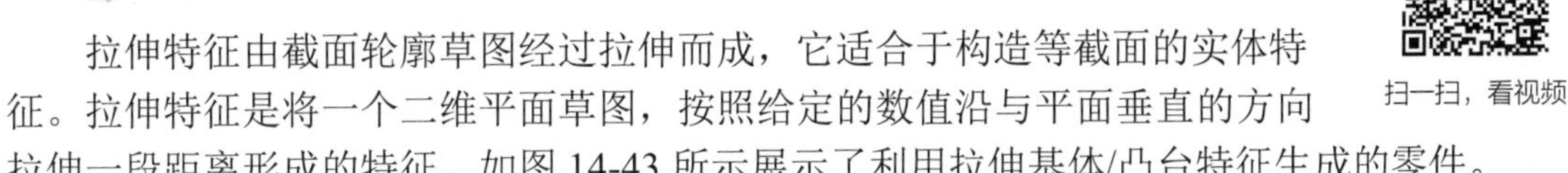

拉伸特征由截面轮廓草图经过拉伸而成，它适合于构造等截面的实体特征。拉伸特征是将一个二维平面草图，按照给定的数值沿与平面垂直的方向拉伸一段距离形成的特征。如图 14-43 所示展示了利用拉伸基体/凸台特征生成的零件。

扫一扫，看视频

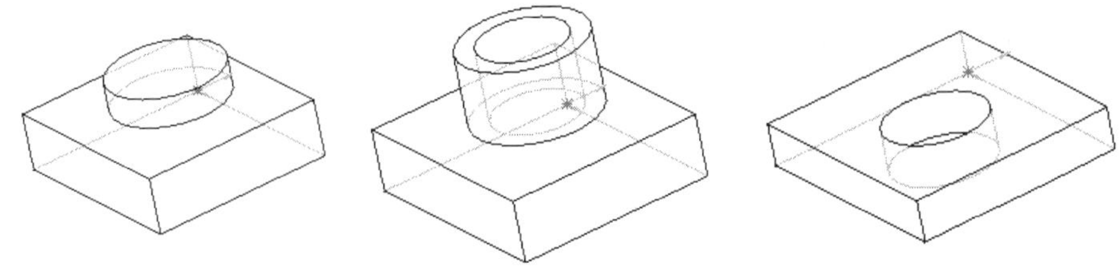

图 14-43　利用拉伸基体/凸台特征生成的零件

下面结合实例介绍创建拉伸特征的操作步骤。

① 打开随书资源中“\源文件\ch14\14.13.SLDPRT”，打开的文件实体如图 14-44 所示。

② 保持草图处于激活状态，选择菜单栏中的“插入”→“凸台/基体”→“拉伸”命令，或者单击“特征”控制面板中的“拉伸凸台/基体”按钮。

③ 此时系统弹出“拉伸”属性管理器，各选项的注释如图 14-45 所示。

④ 在“方向 1”选项组的右侧“终止条件”下拉列表框中选择拉伸的终止条件，有以下几种。

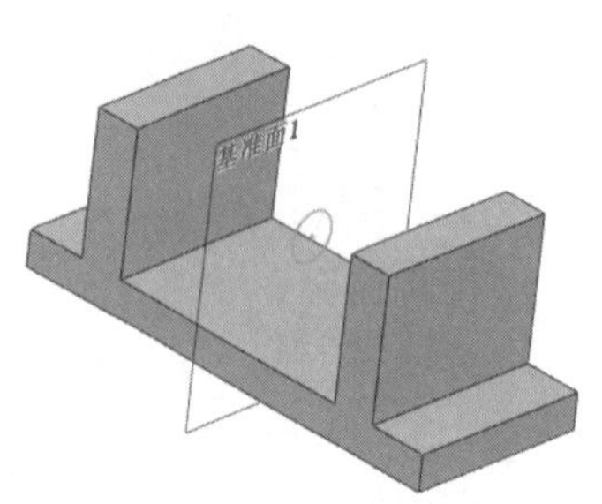

图 14-44 打开的文件实体

图 14-45 “拉伸”属性管理器

- 给定深度：从草图的基准面拉伸到指定的距离平移处，以生成特征，如图 14-46（a）所示。
- 完全贯穿：从草图的基准面拉伸直到贯穿所有现有的几何体，如图 14-46（b）所示。
- 成形到下一面：从草图的基准面拉伸到下一面（隔断整个轮廓），以生成特征，如图 14-46（c）所示。下一面必须在同一零件上。
- 成形到一面：从草图的基准面拉伸到所选的曲面以生成特征，如图 14-46（d）所示。
- 到离指定面指定的距离：从草图的基准面拉伸到离某面或曲面的特定距离处，以生成特征，如图 14-46（e）所示。
- 两侧对称：从草图基准面向两个方向对称拉伸，如图 14-46（f）所示。
- 成形到一顶点：从草图基准面拉伸到一个平面，这个平面平行于草图基准面且穿越指定的顶点，如图 14-46（g）所示。

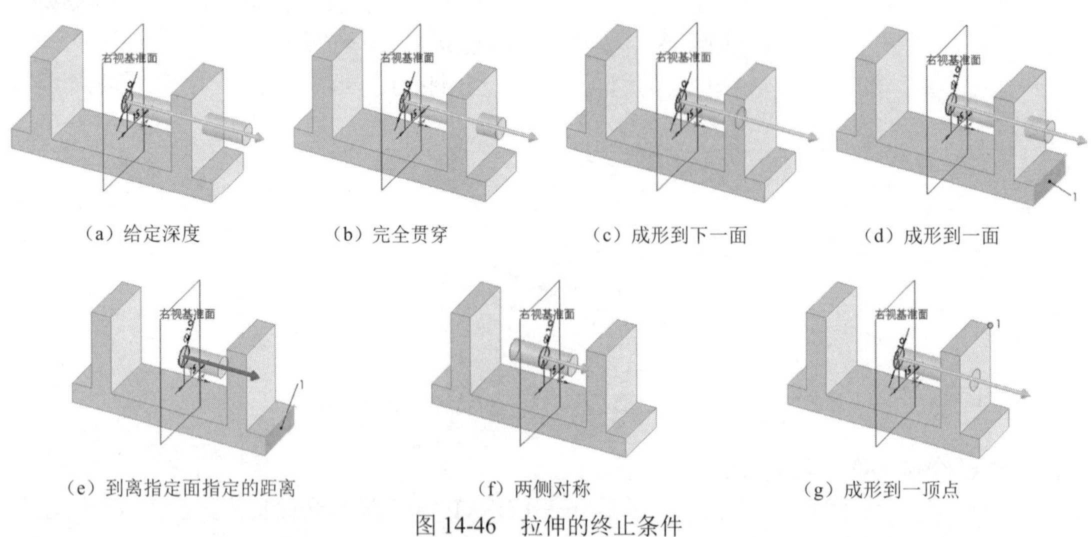

图 14-46 拉伸的终止条件

⑤ 在右面的图形区中检查预览。如果需要，单击“反向”按钮，向另一个方向拉伸。

⑥ 在“深度”文本框中输入拉伸的深度。

⑦ 如果要给特征添加一个拔模，单击“拔模开/关”按钮，然后输入一个拔模角度。如图 14-47 所示说明了拔模特征。

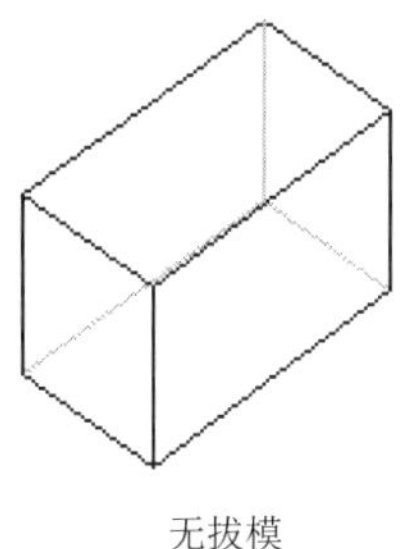

无拔模

向内拔模 10°

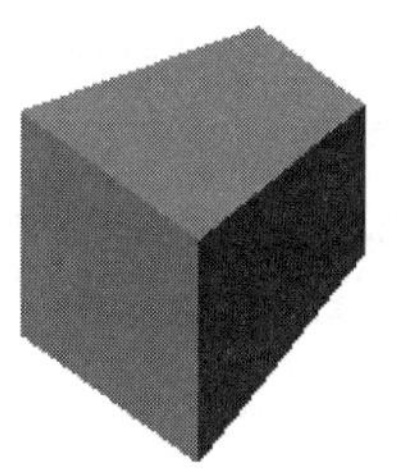

向外拔模 10°

图 14-47　拔模特征

⑧ 如有必要，勾选“方向 2”复选框，将拉伸应用到第二个方向。

⑨ 保持“薄壁特征”复选框没有被勾选，单击“确定”按钮✓，完成基体/凸台的创建。

14.3.1　拉伸薄壁特征

扫一扫，看视频

SOLIDWORKS 可以对闭环和开环草图进行薄壁拉伸，如图 14-48 所示。所不同的是，如果草图本身是一个开环图形，则拉伸凸台/基体工具只能将其拉伸为薄壁；如果草图是一个闭环图形，则既可以选择将其拉伸为薄壁特征，也可以选择将其拉伸为实体特征。

图 14-48　开环和闭环草图的薄壁拉伸

下面结合实例介绍创建拉伸薄壁特征的操作步骤。

① 单击“标准”工具栏中的“新建”按钮，进入零件绘图区域。

② 绘制一个圆。

③ 保持草图处于激活状态，选择菜单栏中的“插入”→“凸台/基体”→“拉伸”命令，或者单击“特征”控制面板中的“拉伸凸台/基体”按钮。

④ 在弹出的“拉伸”属性管理器中勾选“薄壁特征”复选框，如果草图是开环系统则只能生成薄壁特征。

⑤ 在右侧的“拉伸类型”下拉列表框中选择拉伸薄壁特征的方式。

- 单向：使用指定的壁厚向一个方向拉伸草图。
- 两侧对称：在草图的两侧各以指定壁厚的一半向两个方向拉伸草图。
- 双向：在草图的两侧各使用不同的壁厚向两个方向拉伸草图。

⑥ 在“厚度”文本框中输入薄壁的厚度。

⑦ 默认情况下，壁厚加在草图轮廓的外侧。单击“反向”按钮，可以将壁厚加在草图轮廓的内侧。

⑧ 对于薄壁特征基体拉伸，还可以指定以下附加选项。

- 如果生成的是一个闭环的轮廓草图，可以勾选“顶端加盖”复选框，此时将为特征的顶端加上封盖，形成一个中空的零件，如图 14-49（a）所示。

- 如果生成的是一个开环的轮廓草图，可以勾选“自动加圆角”复选框，此时自动在每一个具有相交夹角的边线上生成圆角，如图 14-49（b）所示。

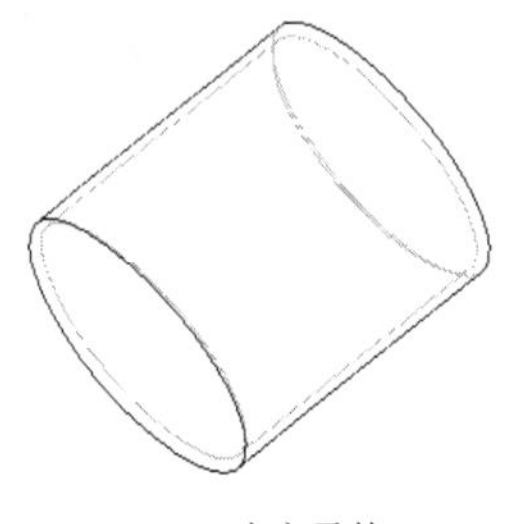

（a）中空零件　　（b）带有圆角的薄壁

图 14-49　薄壁

⑨ 单击“确定”按钮✔，完成拉伸薄壁特征的创建。

14.3.2　实例——封油圈

扫一扫，看视频

本例绘制封油圈，如图 14-50 所示。

思路分析

绘制草图通过拉伸创建封油圈。读者还可以采用绘制封油圈截面草图筒旋转差集封油圈，绘制封油圈的流程图如图 14-51 所示。

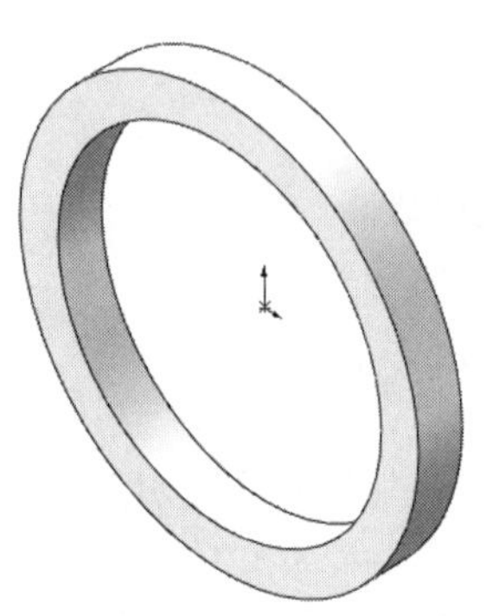

图 14-50　封油圈

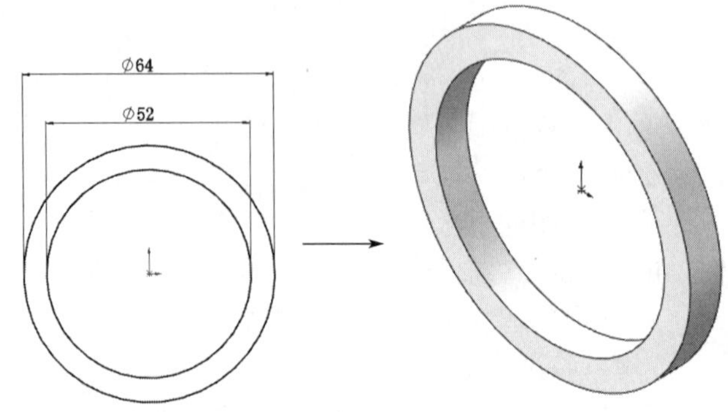

图 14-51　绘制封油圈的流程图

【绘制步骤】

① 新建文件。启动 SOLIDWORKS，单击“标准”工具栏中的“新建”按钮，在打开的“新建 SOLIDWORKS 文件”对话框中，选择“零件”按钮，单击“确定”按钮，创建一个新的零件文件。

② 新建草图。在左侧的“FeatureManager 设计树”中用鼠标选择“上视基准面”作为绘图基准面。单击“草图”控制面板上的“草图绘制”按钮，新建一张草图。

③ 绘制中心线。单击“草图”控制面板中的“圆”按钮，绘制封油圈草图。

④ 标注尺寸。单击“草图”控制面板中的“智能尺寸”按钮，为草图标注尺寸如图14-52所示。

⑤ 拉伸形成实体。单击“特征”控制面板中的“拉伸凸台/基体”按钮，弹出如图14-53所示的“凸台-拉伸”属性管理器。设定拉伸的终止条件为“给定深度”，输入拉伸距离为7mm，保持其他选项的系统默认值不变。单击属性管理器中的“确定”按钮✓。结果如图14-54所示。

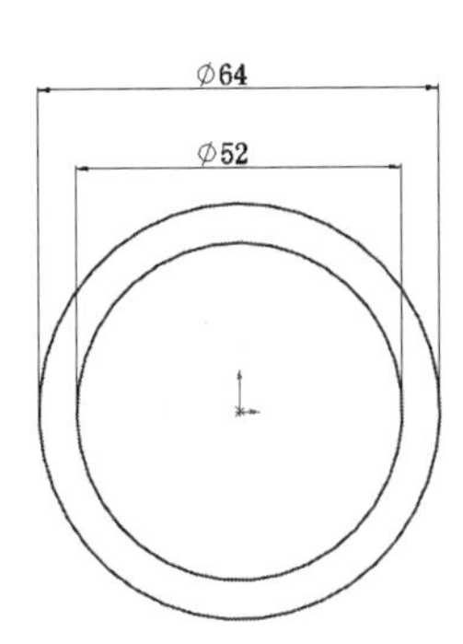

图14-52　标注封油圈草图尺寸

图14-53　“凸台-拉伸”属性管理器

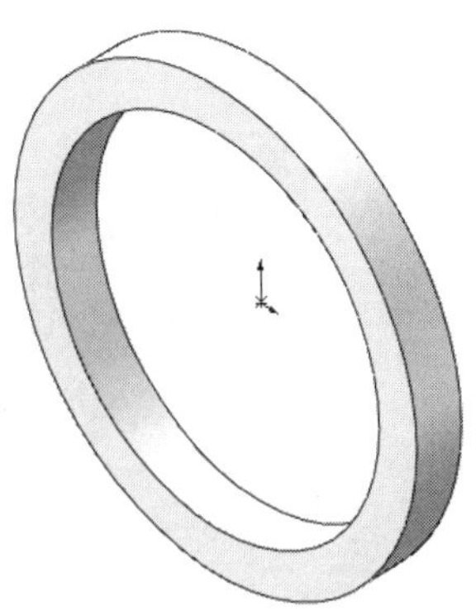

图14-54　拉伸成型

14.3.3　拉伸切除特征

扫一扫，看视频

如图14-55所示展示了利用拉伸切除特征生成的几种零件效果。下面结合实例介绍创建拉伸切除特征的操作步骤。

切除拉伸

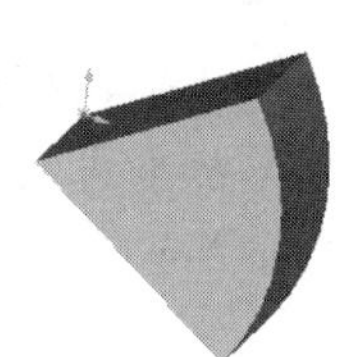

反侧切除

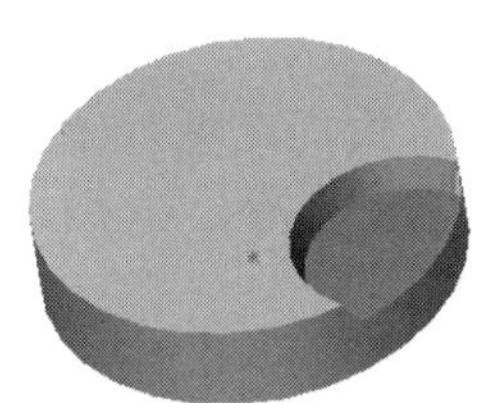

拔模切除

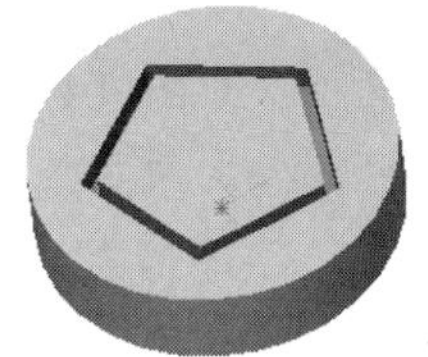

薄壁切除

图14-55　利用拉伸切除特征生成的几种零件效果

① 打开随书资源中的“\源文件\ch14\14.15.SLDPRT”，打开的文件实体如图14-56所示。

② 保持草图处于激活状态，选择菜单栏中的“插入”→“切除”→“拉伸”命令，或者单击“特征”控制面板中的“拉伸切除”按钮。

③ 此时弹出“切除-拉伸”属性管理器，如图14-57所示。

④ 在“方向1”选项组中执行如下操作。

- 在右侧的“终止条件”下拉列表框中选择“给定深度”。
- 如果勾选了“反侧切除”复选框，则将生成反侧切除特征。
- 单击“反向”按钮，可以向另一个方向切除。
- 单击“拔模开/关”按钮，可以给特征添加拔模效果。

⑤ 如果有必要，勾选“方向2”复选框，将拉伸切除应用到第二个方向。

⑥ 如果要生成薄壁切除特征，勾选“薄壁特征”复选框，然后执行如下操作。

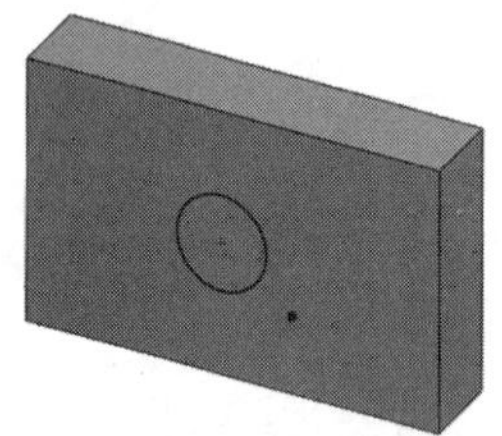

图 14-56　打开的文件实体

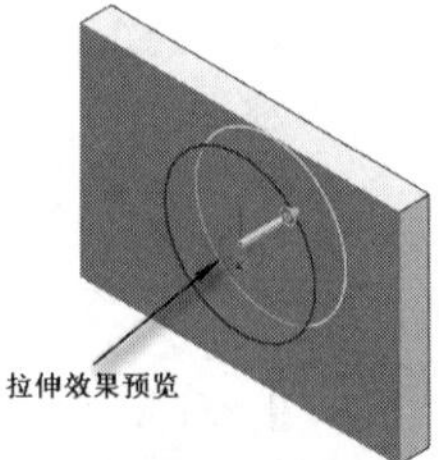

图 14-57　“切除-拉伸”属性管理器

- 在右侧的下拉列表框中选择切除类型：单向、两侧对称或双向。
- 单击“反向”按钮，可以以相反的方向生成薄壁切除特征。
- 在“厚度”文本框中输入切除的厚度。

⑦ 单击“确定”按钮，完成拉伸切除特征的创建。

技巧荟萃

下面以如图 14-58 所示为例，说明“反侧切除”复选框对拉伸切除特征的影响。如图 14-58（a）所示为绘制的草图轮廓，如图 14-58（b）所示为取消对“反侧切除”复选框勾选的拉伸切除特征；如图 14-58（c）所示为勾选“反侧切除”复选框的拉伸切除特征。

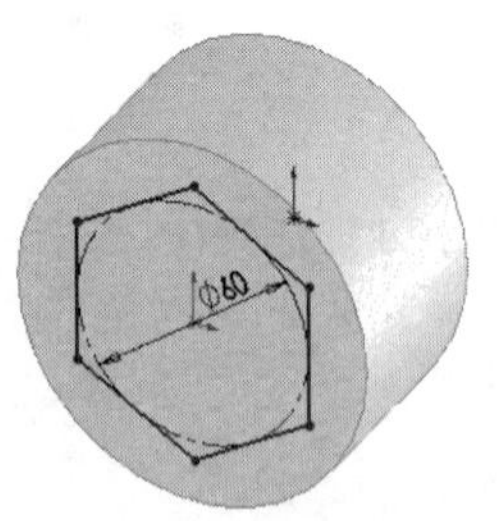

（a）绘制的草图轮廓

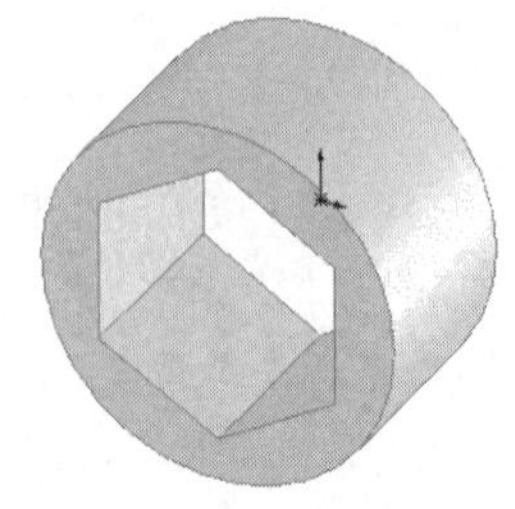

（b）未选择复选框的特征图形

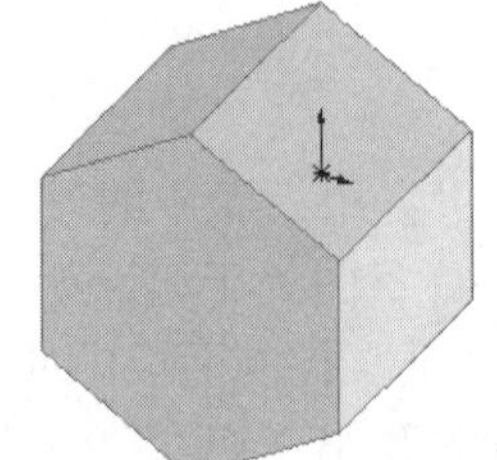

（c）选择复选框的特征图形

图 14-58　“反侧切除”复选框对拉伸切除特征的影响

14.3.4　实例——锤头

扫一扫，看视频

本实例绘制的锤头如图 14-59 所示。

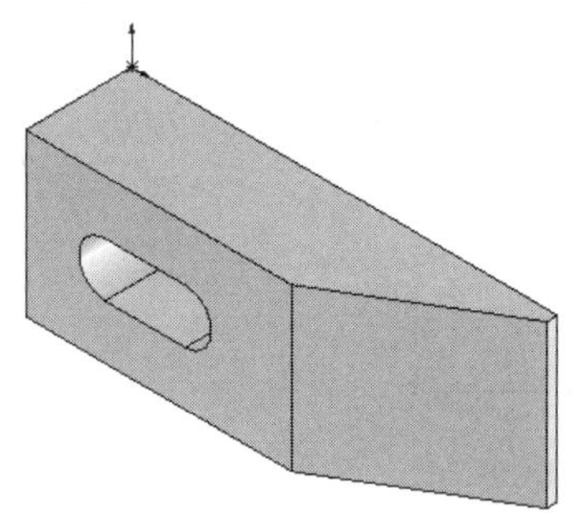

图 14-59 锤头

思路分析

首先绘制锤头的外形草图，再将其拉伸为锤头实体，然后拉伸切除锤头的头部，最后绘制与手柄连接的槽口。绘制流程如图 14-60 所示。

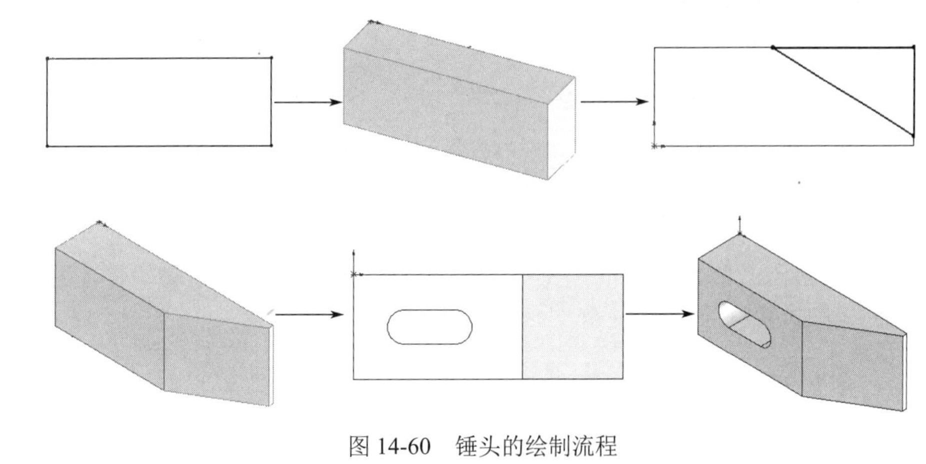

图 14-60 锤头的绘制流程

【绘制步骤】

① 新建文件。启动 SOLIDWORKS 2020，单击“标准”工具栏中的“新建”按钮，创建一个新的零件文件。

② 绘制锤头草图。在左侧的 FeatureManager 设计树中选择“前视基准面”作为绘制图形的基准面，单击“草图”控制面板中的“边角矩形”按钮，绘制一个矩形。

③ 标注尺寸。单击“草图”控制面板上的“智能尺寸”按钮，标注图中矩形各边的尺寸，如图 14-61 所示。

④ 拉伸实体。单击“特征”控制面板中的“拉伸凸台/基体”按钮，此时系统弹出“凸台-拉伸”属性管理器。在“深度”文本框中输入“20”，单击“确定”按钮，创建的拉伸特征如图 14-62 所示。

⑤ 设置基准面。单击选择图 14-62 中的表面 1，然后单击“标准视图”工具栏中的“垂直于”按钮，将该表面作为绘制图形的基准面，如图 14-63 所示。

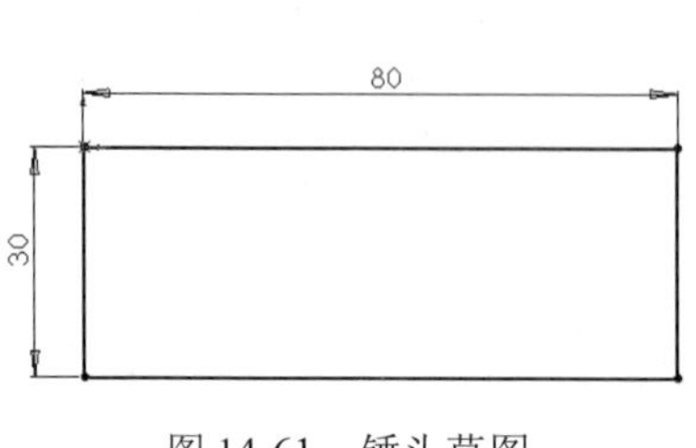

图 14-61　锤头草图

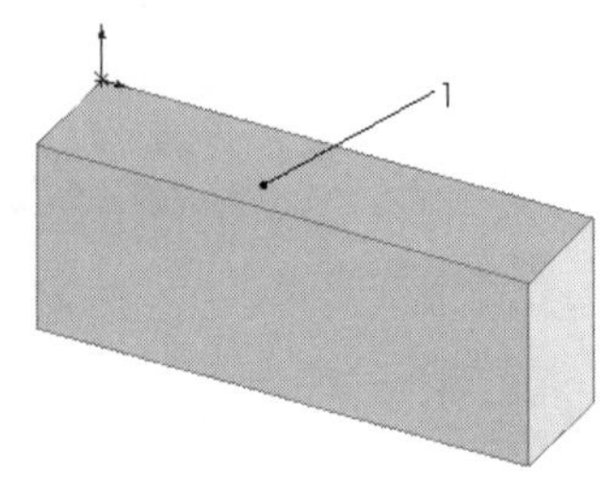

图 14-62　创建拉伸特征

⑥ 绘制锤头头部草图。单击“草图”控制面板中的“直线”按钮，在步骤⑤中设置的基准面上绘制一个三角形。

⑦ 标注尺寸。单击“草图”控制面板上的“智能尺寸”按钮，标注图中各条直线段的尺寸，如图 14-64 所示。

图 14-63　设置基准面

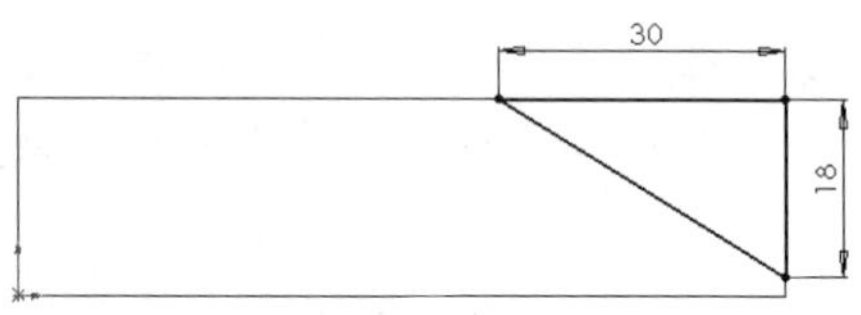

图 14-64　锤头头部草图

⑧ 拉伸切除实体。单击“特征”控制面板中的“拉伸切除”按钮，此时系统弹出“切除-拉伸”属性管理器。在“深度”文本框中输入“30”，按照图 14-65 进行设置后，单击“确定”按钮。

⑨ 设置视图方向。单击“标准视图”工具栏中的“等轴测”按钮，将视图以等轴测方向显示，创建的拉伸特征如图 14-66 所示。

图 14-65　“切除-拉伸”属性管理器

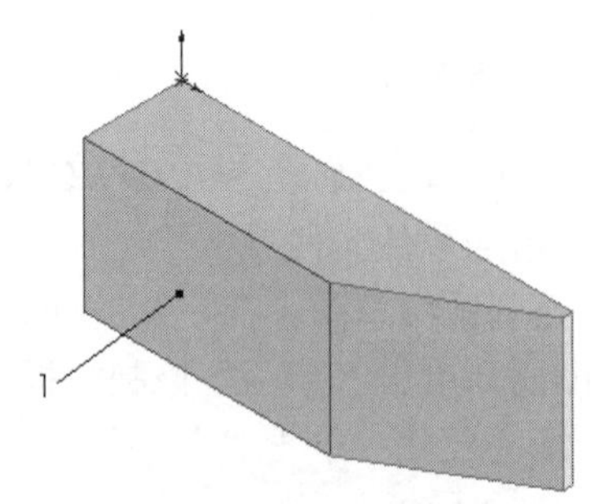

图 14-66　创建拉伸特征

⑩ 设置基准面。单击选择图 14-66 中的表面 1，然后单击“标准视图”工具栏中的“垂直于”按钮，将该表面作为绘制图形的基准面。

⑪ 绘制与手柄连接部分的草图。单击“草图”控制面板中的“边角矩形”按钮，在步骤⑩中设置的基准面上绘制一个矩形，单击“草图”控制面板中的“三点圆弧”按钮，

在矩形的左右两侧绘制两个圆弧，如图 14-67 所示。

⑫ 标注尺寸。单击“草图”控制面板上的“智能尺寸”按钮，标注图中矩形各边的尺寸、圆弧的尺寸及草图的定位尺寸，如图 14-68 所示。

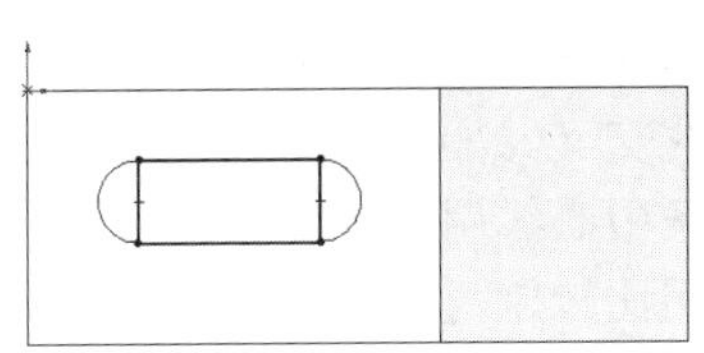

图 14-67 与手柄连接部分草图

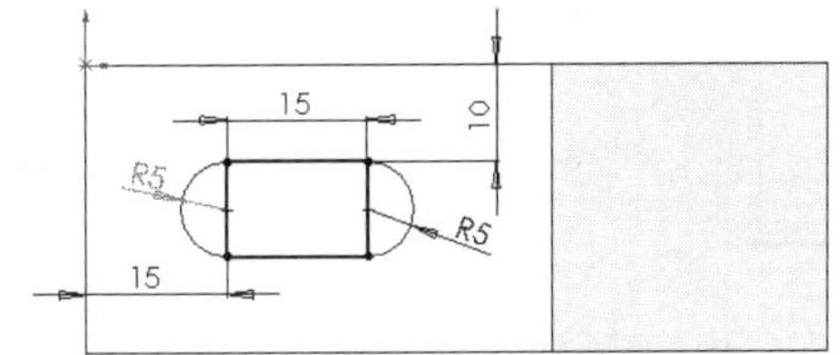

图 14-68 尺寸标注

技巧荟萃

在绘制上述草图时，可以直接使用直线和圆弧进行绘制。在本例中使用矩形和圆弧进行绘制，最后使用剪裁实体命令将矩形进行剪裁，这样可以提高草图绘制的效率。用户可以通过反复练习，掌握灵活简便的绘制方法。

⑬ 剪裁实体。单击“草图”控制面板中的“剪裁实体”按钮，将如图 14-68 所示的矩形和圆弧交界的两条直线进行剪裁，剪裁实体如图 14-69 所示。

⑭ 拉伸切除实体。单击“特征”控制面板中的“拉伸切除”按钮，此时系统弹出“切除-拉伸”属性管理器。在“终止条件”下拉列表框中选择“完全贯穿”选项。按照图 14-70 进行设置后，单击“确定”按钮✔。

⑮ 设置视图方向。单击“标准视图”工具栏中的“等轴测”按钮，将视图以等轴测方向显示，等轴测图形如图 14-71 所示。

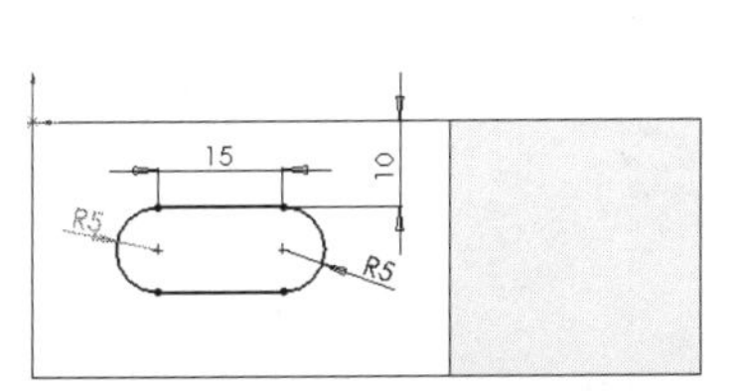

图 14-69 剪裁实体

图 14-70 “切除-拉伸”属性管理器

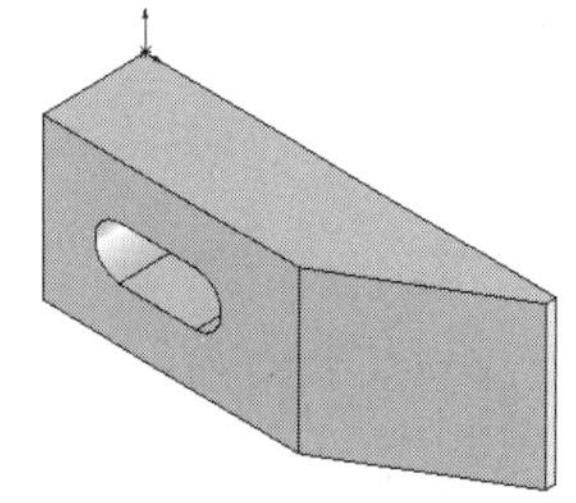

图 14-71 等轴测图形

14.4 旋转特征

旋转特征是由特征截面绕中心线旋转而成的一类特征，它适用于构造回转体零件。如

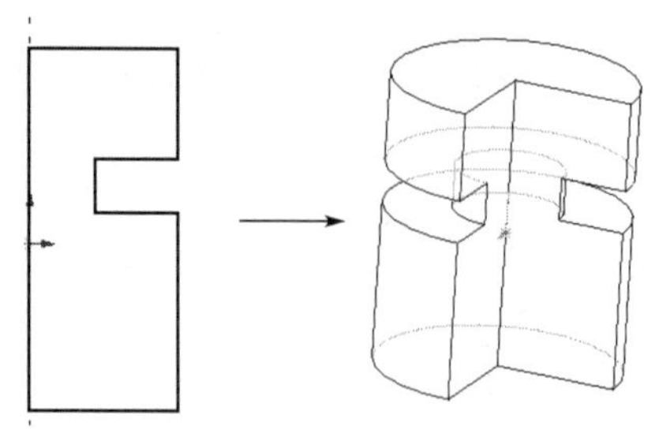

图 14-72 由旋转特征形成的零件实例

图 14-72 所示是一个由旋转特征形成的零件实例。

实体旋转特征的草图可以包含一个或多个闭环的非相交轮廓。对于包含多个轮廓的基体旋转特征，其中一个轮廓必须包含所有其他轮廓。薄壁或曲面旋转特征的草图只能包含一个开环或闭环的非相交轮廓。轮廓不能与中心线交叉。如果草图包含一条以上的中心线，则选择一条中心线用作旋转轴。

旋转特征应用比较广泛，是比较常用的特征建模工具，主要应用在以下零件的建模中。

- 环形零件，如图 14-73 所示。
- 球形零件，如图 14-74 所示。
- 轴类零件，如图 14-75 所示。
- 形状规则的轮毂类零件，如图 14-76 所示。

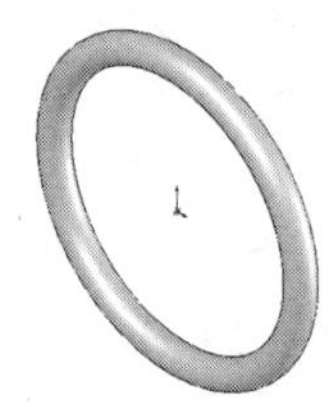

图 14-73 环形零件

图 14-74 球形零件

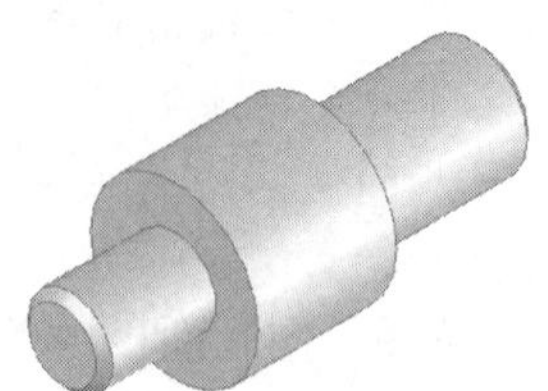

图 14-75 轴类零件

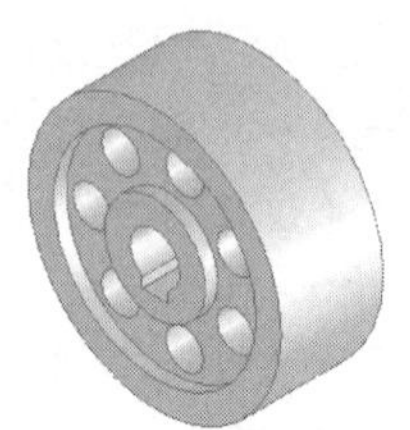

图 14-76 轮毂类零件

14.4.1 旋转凸台/基体

扫一扫，看视频

下面结合实例介绍创建旋转的基体/凸台特征的操作步骤。

① 打开随书资源中的“\源文件\ch14\14.16.SLDPRT”，打开的文件实体如图 14-77 所示。

② 选择菜单栏中的“插入”→“凸台/基体”→“旋转”命令，或者单击“特征”控制面板中的“旋转凸台/基体”按钮。

③ 弹出“旋转”属性管理器，同时在右侧的图形区中显示生成的旋转特征，如图 14-78 所示。

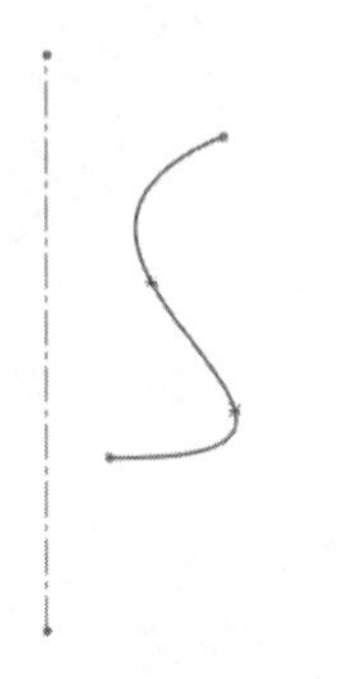

图 14-77 打开的文件实体

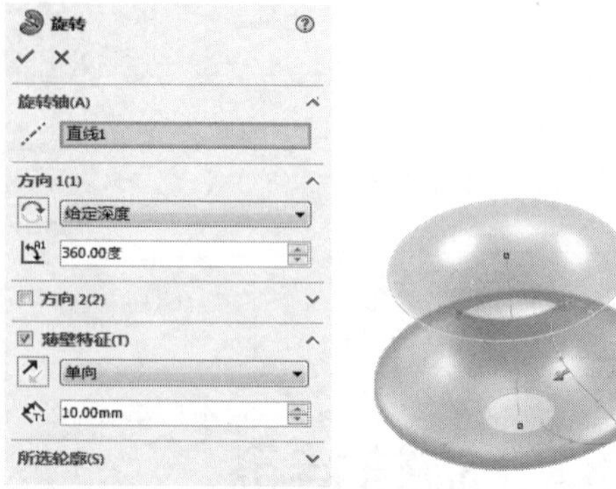

图 14-78 “旋转”属性管理器

④ 在“旋转参数”选项组的下拉列表框中选择旋转类型。

● 给定深度：草图向一个方向旋转指定的角度，如图 14-79（a）所示。如果想向相反的方向旋转特征，单击“反向”按钮；如果向两个方向旋转角度不同，勾选“方向 2”，设置两个方向的旋转角度，如图 14-79（b）所示。

● 成形到一顶点：从草图基准面生成旋转到所指定的顶点。

● 成形到一面：从草图基准面生成旋转到在“面/基准面”中所指定的曲面。

● 到离指定面指定的距离：从草图基准面生成旋转到在“面/基准面”中所指定曲面的指定等距处。

● 两侧对称：草图以所在平面为中面分别向两个方向旋转相同的角度，如图 14-79（c）所示。

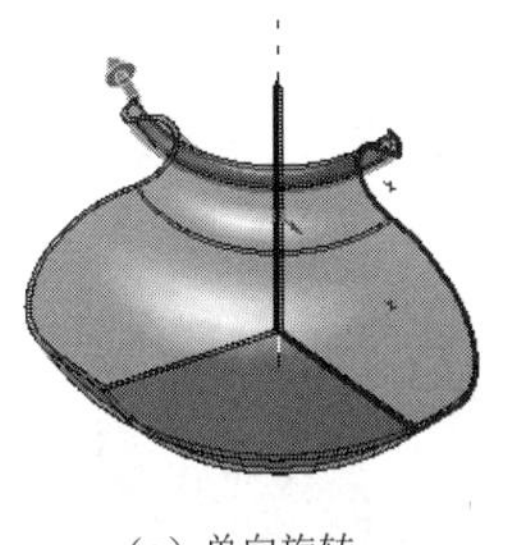

（a）单向旋转

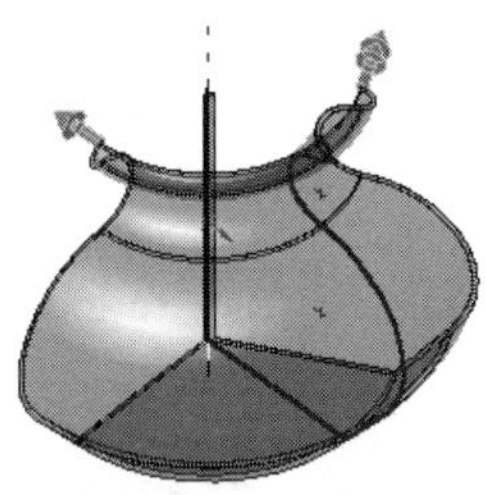

（b）双向旋转

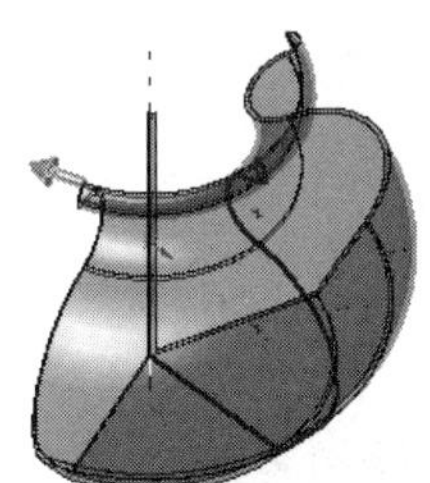

（c）两侧对称旋转

图 14-79 旋转特征

⑤ 在“角度”文本框中输入旋转角度。

⑥ 如果准备生成薄壁旋转，则勾选“薄壁特征”复选框，然后在“薄壁特征”选项组的下拉列表框中选择拉伸薄壁类型。这里的类型与在旋转类型中的含义完全不同，这里的方向是指薄壁截面上的方向。

● 单向：使用指定的壁厚向一个方向拉伸草图，默认情况下，壁厚加在草图轮廓的外侧。

● 两侧对称：在草图的两侧各以指定壁厚的一半向两个方向拉伸草图。

● 双向：在草图的两侧各使用不同的壁厚向两个方向拉伸草图。

⑦ 在“厚度”文本框中指定薄壁的厚度。单击“反向”按钮，可以将壁厚加在草图轮廓的内侧。

⑧ 单击“确定”按钮，完成旋转凸台/基体特征的创建。

14.4.2 旋转切除

扫一扫，看视频

与旋转凸台/基体特征不同的是，旋转切除特征用来产生切除特征，也就是用来去除材料。如图 14-80 所示展示了旋转切除的两种效果。

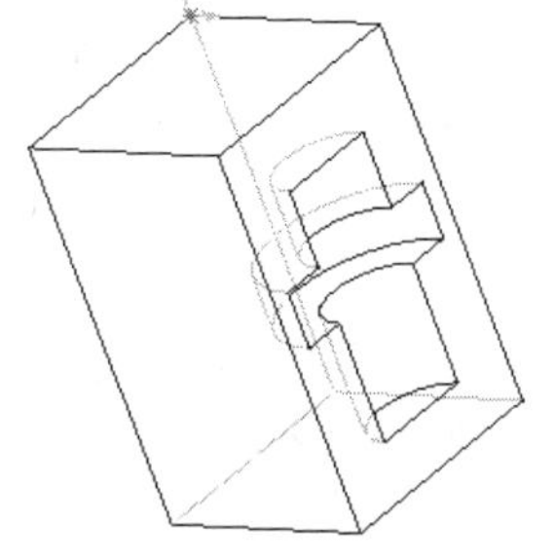

旋转切除

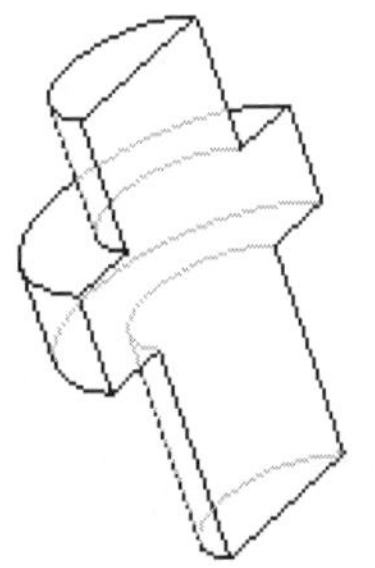

旋转薄壁切除

图 14-80 旋转切除的两种效果

下面结合实例介绍创建旋转切除特征的操作步骤。

① 打开随书资源中的“\源文件\ch14\14.17.SLDPRT”，打开的文件实体如图 14-81 所示。

② 选择模型面上的一个草图轮廓和一条中心线。

③ 选择菜单栏中的“插入”→“切除”→“旋转”命令，或者单击“特征”控制面板中的“旋转切除”按钮。

④ 弹出“切除-旋转”属性管理器，同时在右侧的图形区中显示生成的切除旋转特征，如图 14-82 所示。

图 14-81 打开的文件实体

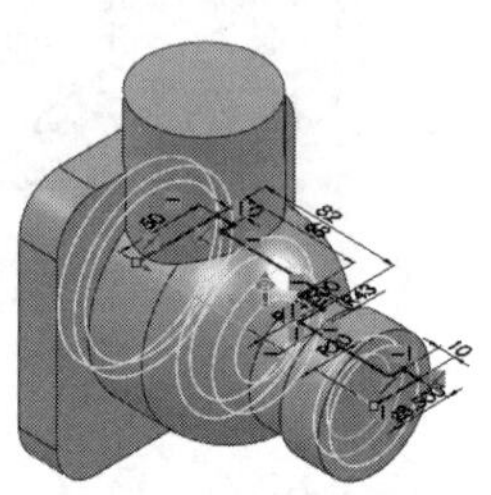

图 14-82 “切除-旋转”属性管理器

⑤ 在“旋转参数”选项组的下拉列表框中选择旋转类型（单向、两侧对称、双向）。其含义同“旋转凸台/基体”属性管理器中的“旋转类型”。

⑥ 在“角度”文本框中输入旋转角度。

⑦ 如果准备生成薄壁旋转，则勾选“薄壁特征”复选框，设定薄壁旋转参数。

⑧ 单击“确定”按钮，完成旋转切除特征的创建。

14.4.3 实例——油标尺

扫一扫，看视频

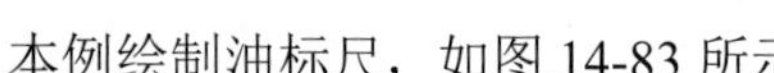

本例绘制油标尺，如图 14-83 所示。

思路分析

绘制草图，通过旋转创建油标尺。绘制的油标尺流程图如图 14-84 所示。

【绘制步骤】

① 新建文件。启动 SOLIDWORKS，单击“标准”工具栏中的“新建”按钮，在打开的“新建 SOLIDWORKS 文件”对话框中，选择“零件”按钮，单击“确定”按钮，创建一个新的零件文件。

② 新建草图。左侧的“FeatureManager 设计树”中用鼠标选择“上视基准面”作为绘图基准面。单击“草图”控制面板上的“草图绘制”按钮，新建一张草图。

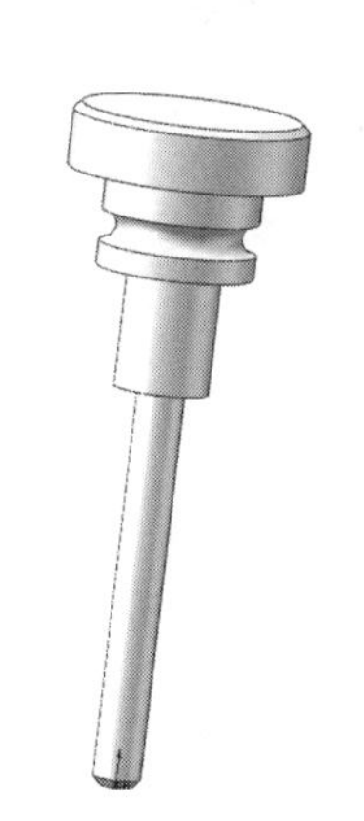

图 14-83 油标尺

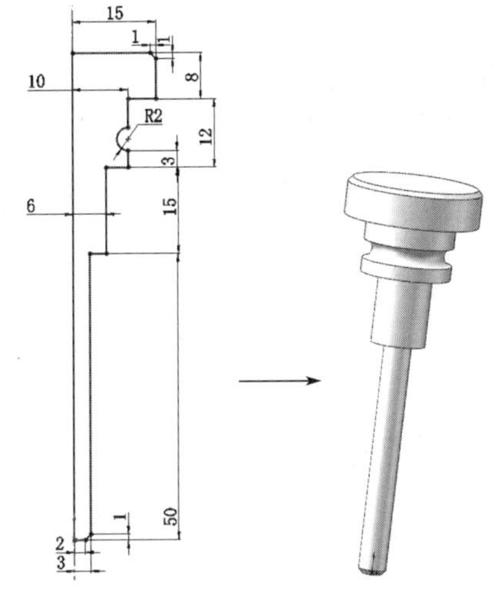

图 14-84 绘制油标尺的流程图

③ 绘制草图。单击“草图”控制面板中的“中心线”按钮、“直线”按钮和“三点圆弧”按钮，绘制草图。

④ 标注尺寸。单击“草图”控制面板中的“智能尺寸”按钮，为草图标注尺寸如图 14-85 所示。

⑤ 旋转实体。单击“特征”控制面板中的“旋转凸台/基体”按钮，弹出如图 14-86 所示的“旋转”属性管理器。设定旋转的终止条件为“给定深度”，输入旋转角度为360°，保持其他选项的系统默认值不变。单击属性管理器中的“确定”按钮。结果如图 14-87 所示。

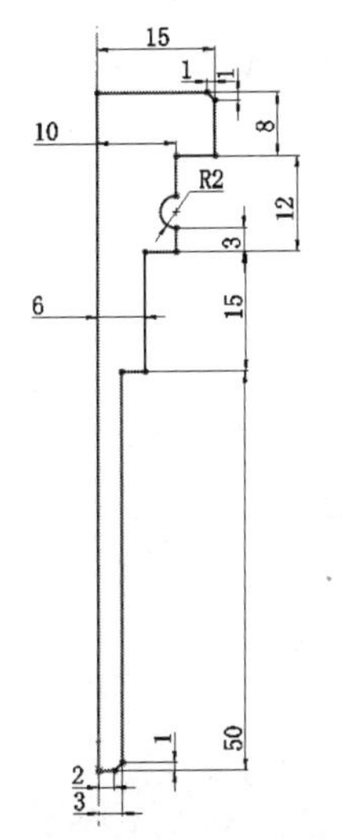

图 14-85 标注草图尺寸

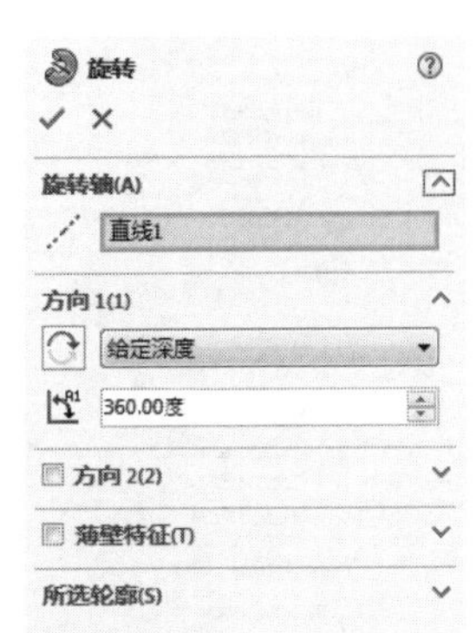

图 14-86 “旋转”属性管理器

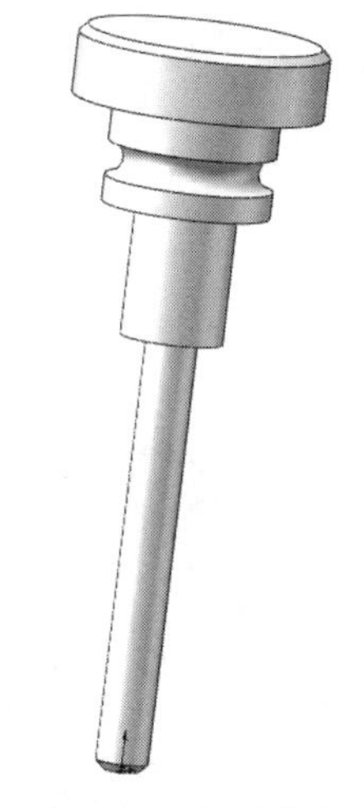

图 14-87 旋转实体

14.5 扫描特征

扫描特征是指由二维草绘平面沿一平面或空间轨迹线扫描而成的一类特征。沿着一条路径移动轮廓（截面）可以生成基体、凸台、切除或曲面。如图 14-88 所示是扫描特征实例。

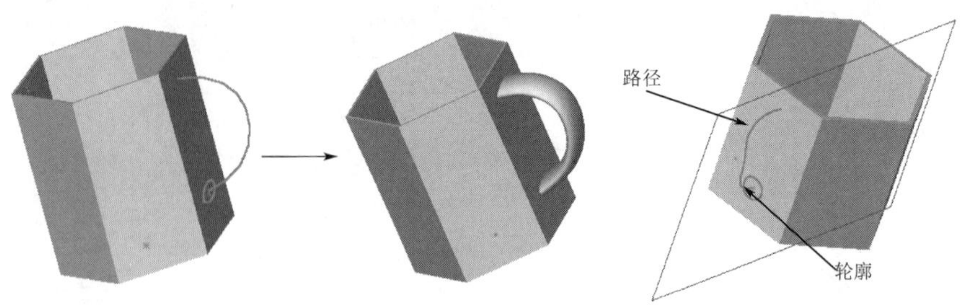

图 14-88　扫描特征实例

SOLIDWORKS 2020 的扫描特征遵循以下规则。

- 扫描路径可以为开环或闭环。
- 路径可以是草图中包含的一组草图曲线、一条曲线或一组模型边线。
- 路径的起点必须位于轮廓的基准面上。

14.5.1　凸台/基体扫描

凸台/基体扫描特征属于叠加特征。下面结合实例介绍创建凸台/基体扫描特征的操作步骤。

① 打开随书资源中的“\源文件\ch14\14.18.SLDPRT”，打开的文件实体如图 14-89 所示。

② 在一个基准面上绘制一个闭环的非相交轮廓。使用草图、现有的模型边线或曲线生成轮廓将遵循的路径，如图 14-88 所示。

③ 选择菜单栏中的“插入”→“凸台/基体”→“扫描”命令，或者单击“特征”控制面板中的“扫描”按钮。

④ 系统弹出“扫描”属性管理器，同时在右侧的图形区中显示生成的扫描特征，如图 14-90 所示。

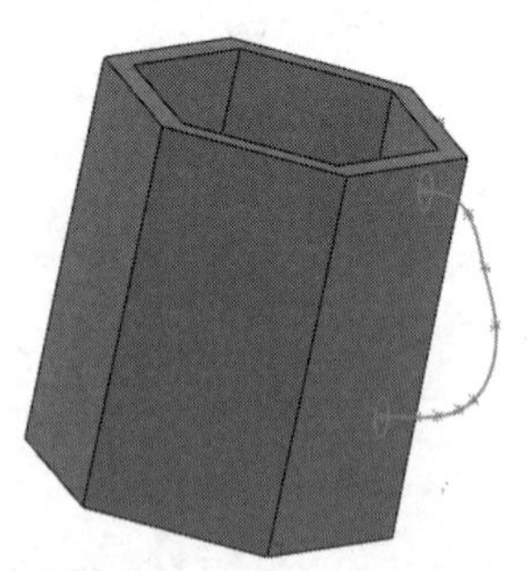

图 14-89　打开的文件实体

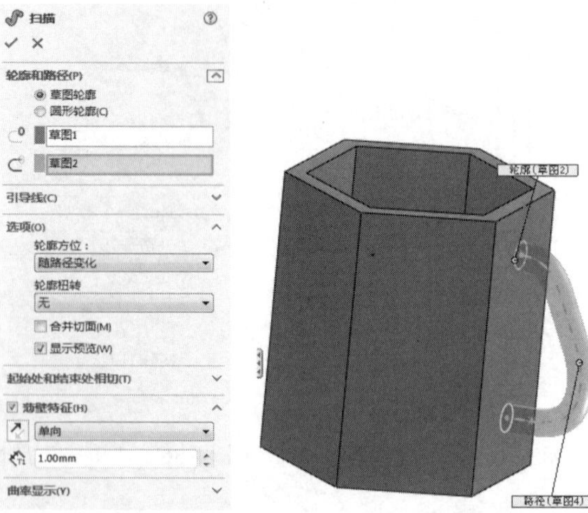

图 14-90　“扫描”属性管理器

⑤ 单击“轮廓”按钮，然后在图形区中选择轮廓草图。

⑥ 单击“路径”按钮，然后在图形区中选择路径草图。如果预先选择了轮廓草图或路径草图，则草图将显示在对应的属性管理器文本框中。

⑦ 在“方向/扭转类型”下拉列表框中，选择以下选项之一。

- 随路径变化：草图轮廓随路径的变化而变换方向，其法线与路径相切，如图 14-91（a）所示。
- 保持法线不变：草图轮廓保持法线方向不变，如图 14-91（b）所示。

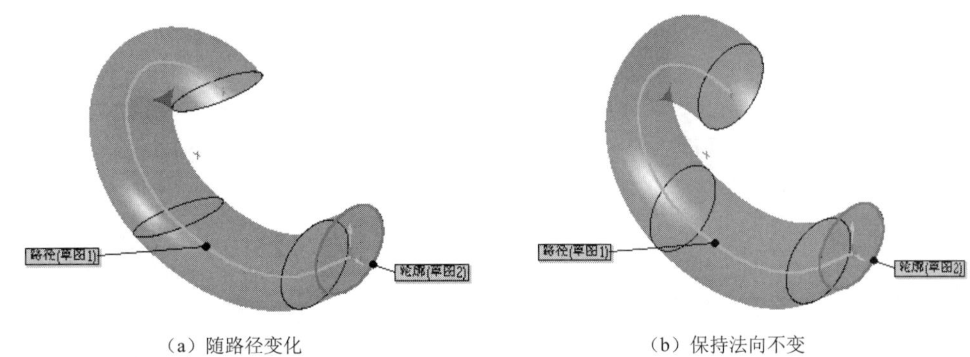

（a）随路径变化　　（b）保持法向不变

图 14-91　扫描特征

⑧ 如果要生成薄壁特征扫描，则勾选“薄壁特征”复选框，从而激活薄壁选项。

- 选择薄壁类型（单向、两侧对称或双向）。
- 设置薄壁厚度。

⑨ 扫描属性设置完毕，单击“确定”按钮✔。

扫一扫，看视频

14.5.2 切除扫描

切除扫描特征属于切割特征。下面结合实例介绍创建切除扫描特征的操作步骤。

① 打开随书资源中的“\源文件\ch14\14.19.SLDPRT”，打开的文件实体如图 14-92 所示。

② 在一个基准面上绘制一个闭环的非相交轮廓。

③ 使用草图、现有的模型边线或曲线生成轮廓将遵循的路径。

④ 选择菜单栏中的“插入”→“切除”→“扫描”命令，或者单击“特征”控制面板中的“扫描切除”按钮。

⑤ 此时弹出“切除-扫描”属性管理器，同时在右侧的图形区中显示生成的切除扫描特征，如图 14-93 所示。

⑥ 单击“轮廓”按钮，然后在图形区中选择轮廓草图。

⑦ 单击“路径”按钮，然后在图形区中选择路径草图。如果预先选择了轮廓草图或路径草图，则草图将显示在对应的属性管理器方框内。

⑧ 在“选项”选项组的“方向/扭转类型”下拉列表框中选择扫描方式。

⑨ 其余选项同凸台/基体扫描。

⑩ 切除扫描属性设置完毕，单击“确定”按钮✔。

扫一扫，看视频

14.5.3 引导线扫描

SOLIDWORKS 2020 不仅可以生成等截面的扫描，还可以生成随着路径变化截面也发生变化的扫描——引导线扫描。如图 14-94 所示展示了引导线扫描效果。

图 14-92　打开的文件实体

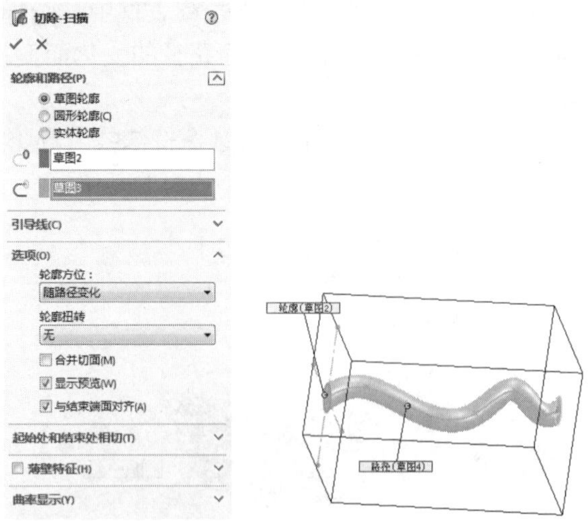

图 14-93　“切除-扫描”属性管理器

在利用引导线生成扫描特征之前，应该注意以下几点。

- 应该先生成扫描路径和引导线，然后再生成截面轮廓。
- 引导线必须要和轮廓相交于一点，作为扫描曲面的顶点。
- 最好在截面草图上添加引导线上的点和截面相交处之间的穿透关系。

下面结合实例介绍利用引导线生成扫描特征的操作步骤。

① 打开随书资源中的“\源文件\ch14\14.20.SLDPRT”，打开的文件实体如图 14-95 所示。

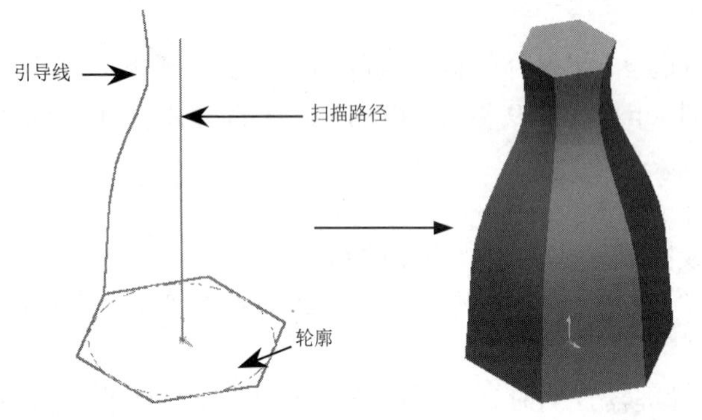

图 14-94　引导线扫描效果

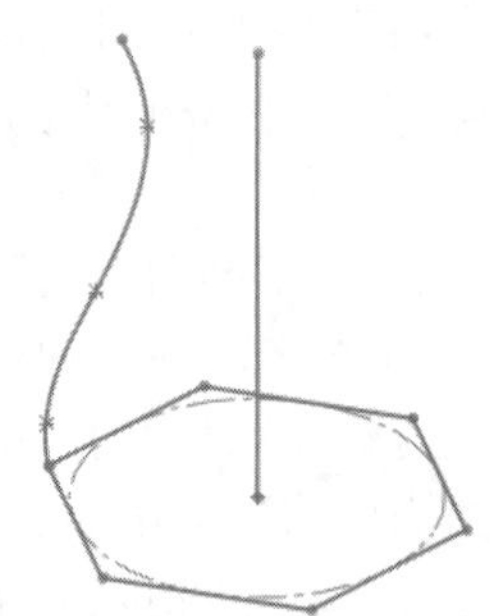

图 14-95　打开的文件实体

② 在轮廓草图中引导线与轮廓相交处添加穿透几何关系。穿透几何关系将使截面沿着路径改变大小、形状或者两者均改变。截面受曲线的约束，但曲线不受截面的约束。

③ 选择菜单栏中的“插入”→“凸台/基体”→“扫描”命令，或者单击“特征”控制面板中的“扫描”按钮。如果要生成切除扫描特征，则选择菜单栏中的“插入”→“切除”→“扫描”命令。

④ 弹出“扫描”属性管理器，同时在右侧的图形区中显示生成的基体或凸台扫描特征。

⑤ 单击“轮廓”按钮，然后在图形区中选择轮廓草图。

⑥ 单击“路径”按钮，然后在图形区中选择路径草图。如果勾选了“显示预览”复选框，此时在图形区中将显示不随引导线变化截面的扫描特征。

⑦ 在“引导线”选项组中单击“引导线”按钮，然后在图形区中选择引导线。此时在图形区中将显示随引导线变化截面的扫描特征，如图 14-96 所示。

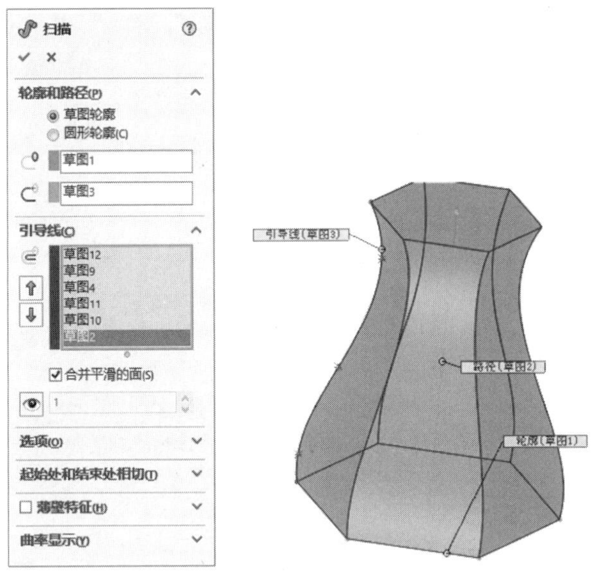

图 14-96　引导线扫描

⑧ 如果存在多条引导线，可以单击“上移”按钮或“下移”按钮，改变使用引导线的顺序。

⑨ 单击“显示界面”按钮，然后单击“微调框”箭头，根据截面数量查看并修正轮廓。

⑩ 在“选项”选项组的“方向/扭转类型”下拉列表框中可以选择以下选项。

- 随路径变化：草图轮廓随路径的变化而变换方向，其法线与路径相切。
- 保持法线不变：草图轮廓保持法线方向不变。
- 随路径和第一引导线变化：如果引导线不止一条，选择该项将使扫描随第一条引导线变化，如图 14-97（a）所示。
- 随第一和第二引导线变化：如果引导线不止一条，选择该项将使扫描随第一条和第二条引导线同时变化，如图 14-97（b）所示。

⑪ 如果要生成薄壁特征扫描，则勾选“薄壁特征”复选框，从而激活薄壁选项。

- 选择薄壁类型（单向、两侧对称或双向）。
- 设置薄壁厚度。

⑫ 在“起始处/结束处相切”选项组中可以设置起始或结束处的相切选项。

- 无：不应用相切。
- 路径相切：扫描在起始处和终止处与路径相切。
- 方向向量：扫描与所选的直线边线或轴线相切，或与所选基准面的法线相切。
- 所有面：扫描在起始处和终止处与现有几何的相邻面相切。

⑬ 扫描属性设置完毕，单击“确定”按钮，完成引导线扫描。

扫描路径和引导线的长度可能不同，如果引导线比扫描路径长，扫描将使用扫描路径的长度；如果引导线比扫描路径短，扫描将使用最短的引导线长度。

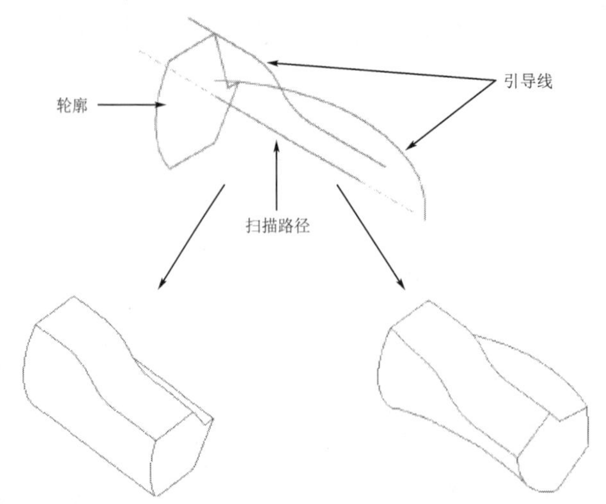

（a）随路径和第一条引导线变化　　（b）随第一条和第二条引导线变化

图 14-97　随路径和引导线扫描

14.5.4　实例——弹簧

扫一扫，看视频

本例创建的弹簧如图 14-98 所示。

思路分析

本例利用扫描特征来制作一个弹簧。扫描特征是指由二维草图平面沿一条平面或空间轨迹线扫描而成的一类特征。沿着一条路径移动轮廓（截面）可以生成基体、凸台或曲面。绘制弹簧的流程图如图 14-99 所示。

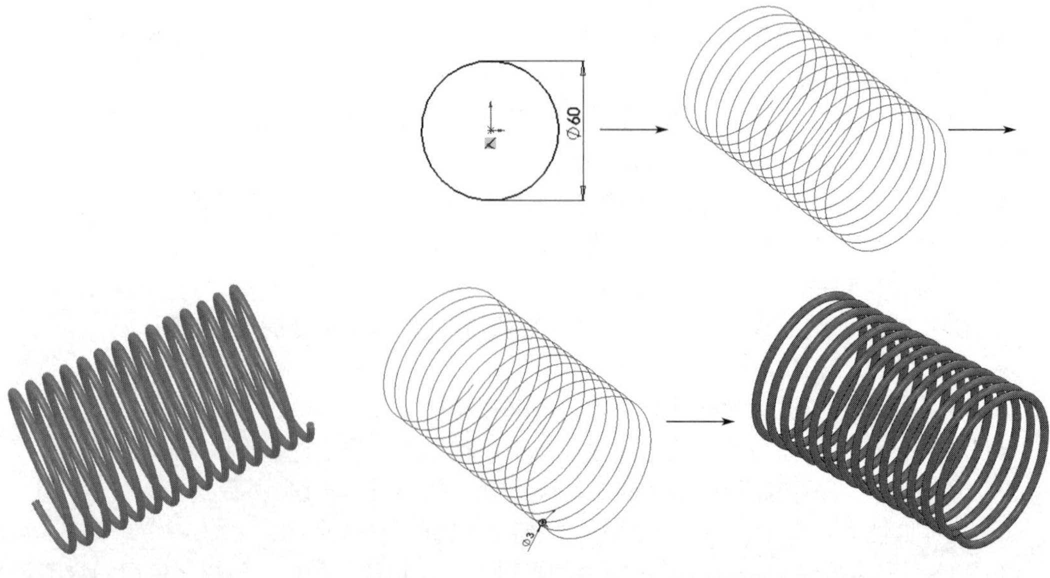

图 14-98　弹簧　　图 14-99　绘制弹簧的流程图

【绘制步骤】

① 新建文件。启动 SOLIDWORKS 2020，单击“标准”工具栏中的“新建”按钮，在弹出的“新建 SOLIDWORKS 文件”对话框中，单击“零件”按钮，然后单击“确定”按钮，新建一个零件文件。

② 新建草图。在“FeatureManager 设计树”中选择“前视基准面”作为草图绘制基准面，单击“草图”控制面板中的“草图绘制”按钮，新建一张草图。

③ 绘制螺旋线基圆。单击“草图”控制面板中的“圆”按钮，以原点为圆心绘制一个直径为 60mm 的圆，作为螺旋线的基圆，如图 14-100 所示。

④ 绘制螺旋线。单击“特征”控制面板“曲线”下拉列表中的“螺旋线/涡状线”按钮，在弹出的“螺旋线/涡状线”属性管理器中设置定义方式为“高度和螺距”，设置高度为 100mm、螺距为 7mm、起始角度为 0°，其他选项设置如图 14-101 所示，单击“确定”按钮，生成螺旋线。

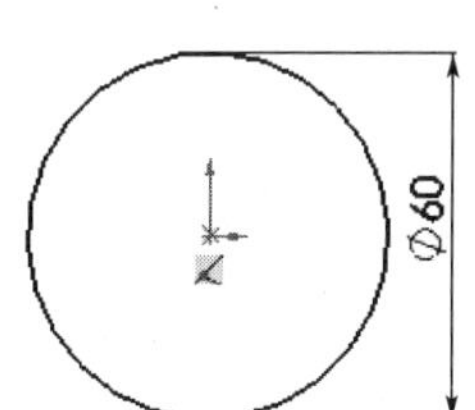

图 14-100　绘制螺旋线基圆

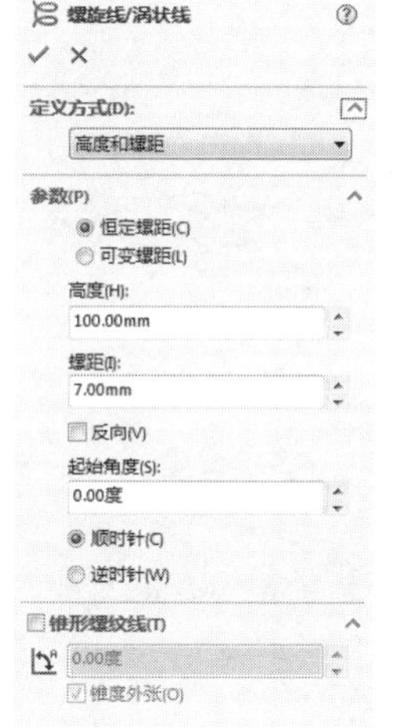

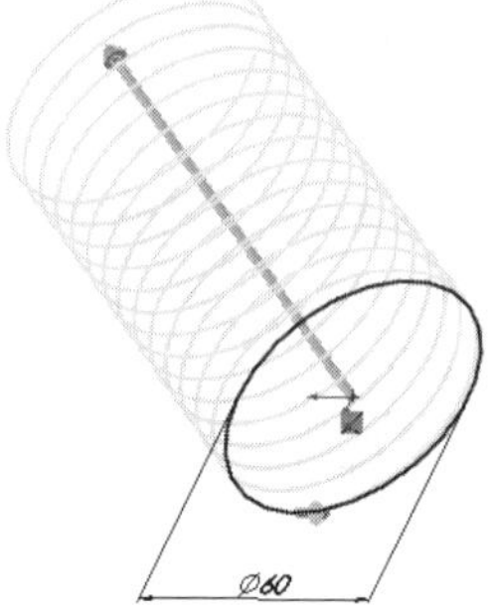

图 14-101　绘制螺旋线

⑤ 创建基准面。或者单击“特征”控制面板“参考几何体”下拉列表中的“基准面”按钮，弹出“基准面”属性管理器；“第一参考”选择螺旋线本身，“第二参考”选择螺旋线起点，如图 14-102 所示，单击“确定”按钮，完成基准面的创建，系统默认该基准面为“基准面 1”。

⑥ 新建草图。选择基准面 1，单击“草图”控制面板中的“草图绘制”按钮，新建一张草图。

⑦ 绘制圆。单击“草图”控制面板中的“圆”按钮，绘制一个直径为 3mm 的圆。

⑧ 添加几何关系。单击“草图”控制面板“显示/删除几何关系”下拉列表中的“添加几何关系”按钮，选择圆心和螺旋线，添加几何关系为“穿透”，如图 14-103 所示，单击“确定”按钮，完成几何关系的添加。

⑨ 退出草图环境。单击“草图”控制面板中的“退出草图”按钮，退出草图环境。

⑩ 扫描螺旋线。单击“特征”控制面板中的“扫描”按钮，选择步骤⑦中绘制的圆为扫描轮廓，以螺旋线为扫描路径进行扫描，如图 14-104 所示，单击“确定”按钮，完成弹簧的创建。

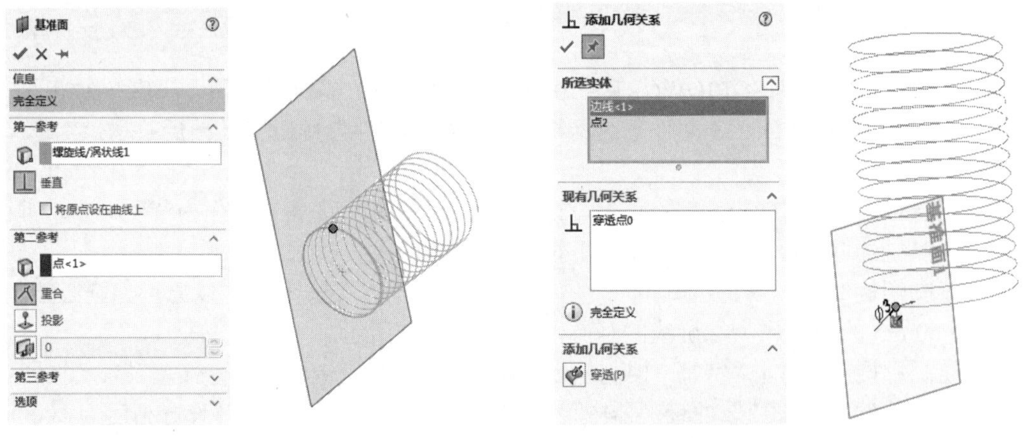

图 14-102　创建基准面　　　图 14-103　添加几何关系

⑪ 保存文件。单击“标准”工具栏中的“保存”按钮，将零件保存为“弹簧.sldprt”，弹簧最终效果如图 14-105 所示。

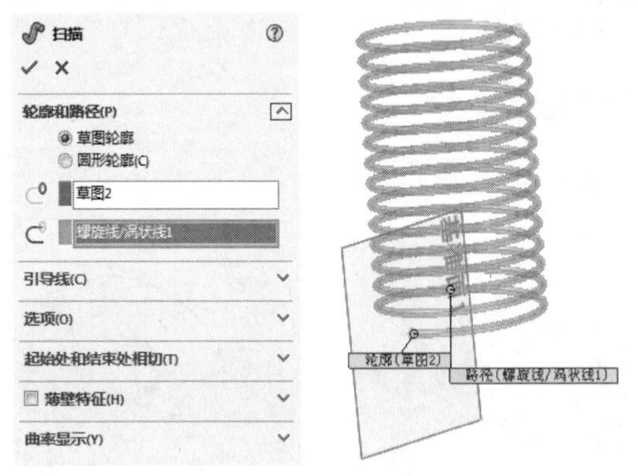

图 14-104　扫描螺旋线

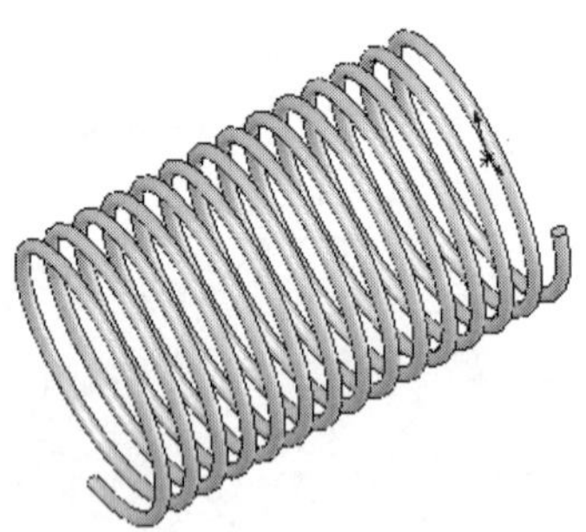

图 14-105　弹簧最终效果

14.6　放样特征

所谓放样是指连接多个剖面或轮廓形成的基体、凸台或切除，通过在轮廓之间进行过渡来生成特征。如图 14-106 所示是放样特征实例。

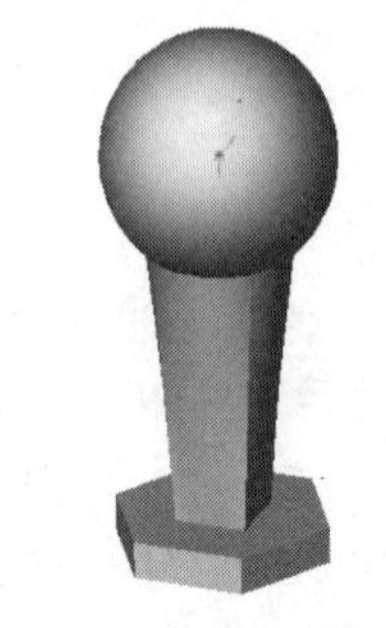

图 14-106　放样特征实例

14.6.1　设置基准面

放样特征需要连接多个面上的轮廓，这些面既可以平行也可以相交。要确定这些平面就必须用到基准面。

基准面可以用在零件或装配体中，通过使用基准面可以绘制草图、生成模型的剖面视图、生成扫描和放样中的轮廓面等。基准面的创建参照本章 14.2.1 节的内容。

14.6.2　凸台放样

扫一扫，看视频

通过使用空间上两个或两个以上的不同平面轮廓，可以生成最基本的放样特征。

下面结合实例介绍创建空间轮廓的放样特征的操作步骤。

① 打开随书资源中的“\源文件\ch14\14.21.SLDPRT”，打开的文件实体如图 14-107 所示。

② 选择菜单栏中的“插入”→“凸台/基体”→“放样”命令，或者单击“特征”控制面板中的“放样凸台/基体”按钮。如果要生成切除放样特征，则选择菜单栏中的“插入”→“切除”→“放样”命令。

③ 此时弹出“放样”属性管理器，单击每个轮廓上相应的点，按顺序选择空间轮廓和其他轮廓的面，此时被选择轮廓显示在“轮廓”选项组中，在右侧的图形区中显示生成的放样特征，如图 14-108 所示。

④ 单击“上移”按钮或“下移”按钮，改变轮廓的顺序。此项只针对两个以上轮廓的放样特征。

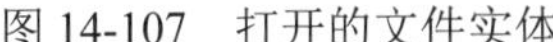
图 14-107　打开的文件实体

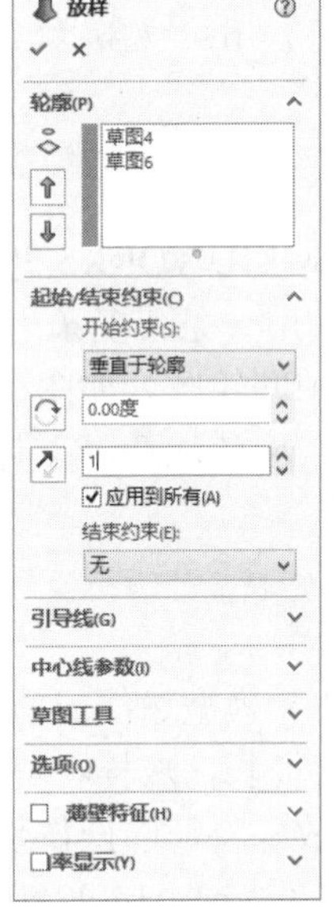

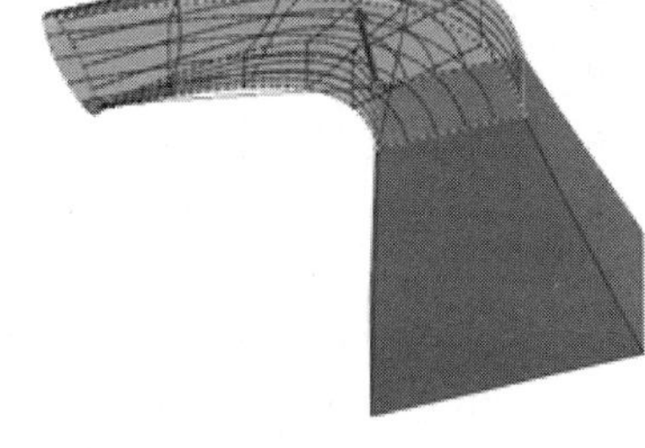
图 14-108　“放样”属性管理器

⑤ 如果要在放样的开始和结束处控制相切，则设置“起始/结束约束”选项组。

- 无：不应用相切。
- 垂直于轮廓：放样在起始和终止处与轮廓的草图基准面垂直。
- 方向向量：放样与所选的边线或轴相切，或与所选基准面的法线相切。
- 所有面：放样在起始处和终止处与现有几何的相邻面相切。

如图 14-109 所示说明了相切选项的差异。

⑥ 如果要生成薄壁放样特征，则勾选“薄壁特征”复选框，从而激活薄壁选项。

- 选择薄壁类型（单向、两侧对称或双向）。
- 设置薄壁厚度。

⑦ 放样属性设置完毕，单击“确定”按钮，完成放样。

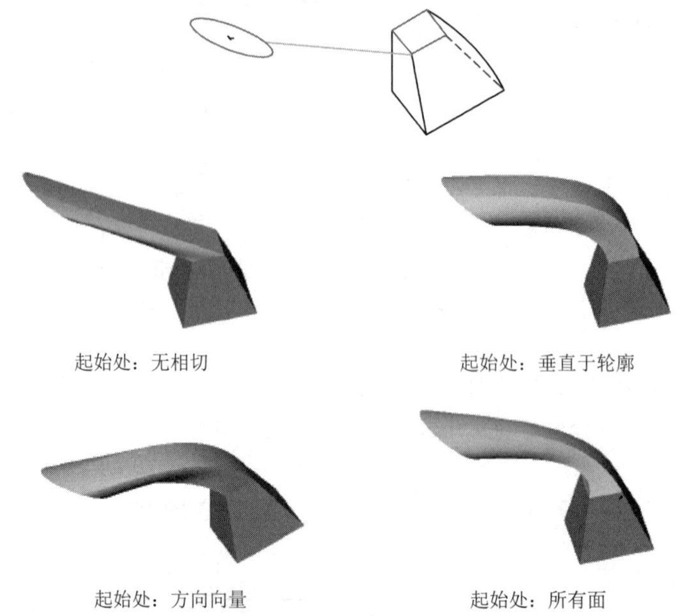

起始处：无相切　　起始处：垂直于轮廓

起始处：方向向量　　起始处：所有面

图 14-109　相切选项的差异

14.6.3　引导线放样

扫一扫，看视频

同生成引导线扫描特征一样，SOLIDWORKS 2020 也可以生成引导线放样特征。通过使用两个或多个轮廓并使用一条或多条引导线来连接轮廓，生成引导线放样特征。通过引导线可以帮助控制所生成的中间轮廓。如图 14-110 所示展示了引导线放样效果。

在利用引导线生成放样特征时，应该注意以下几点。

- 引导线必须与轮廓相交。
- 引导线的数量不受限制。
- 引导线之间可以相交。
- 引导线可以是任何草图曲线、模型边线或曲线。
- 引导线可以比生成的放样特征长，放样将终止于最短的引导线的末端。

下面结合实例介绍创建引导线放样特征的操作步骤。

① 打开随书资源中的“\源文件\ch14\14.22.SLDPRT”，打开的文件实体如图 14-111 所示。

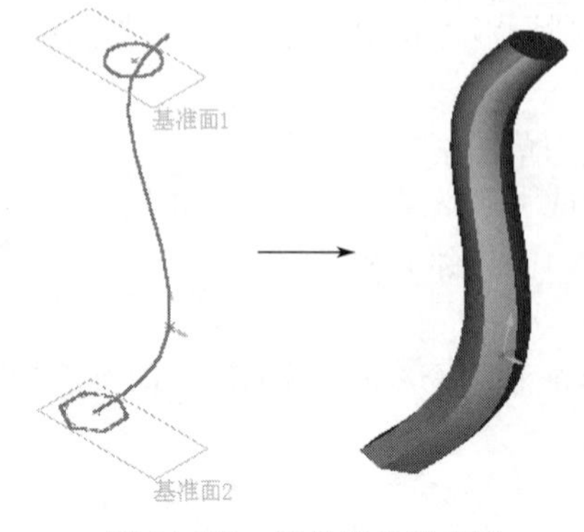

图 14-110　引导线放样效果

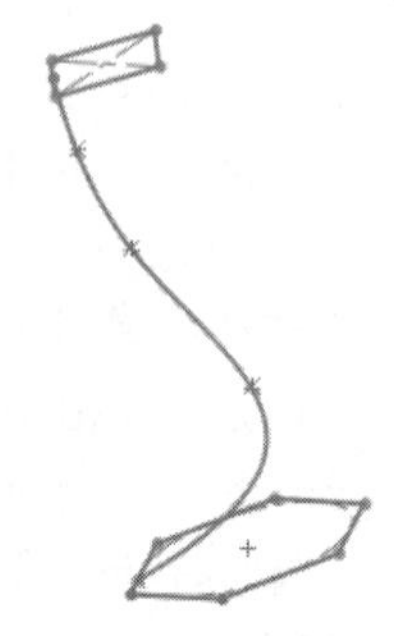

图 14-111　打开的文件实体

② 在轮廓所在的草图中为引导线和轮廓顶点添加穿透几何关系或重合几何关系。

③ 选择菜单栏中的“插入”→“凸台/基体”→“放样”命令，或者单击“特征”控制面板中的“放样凸台/基体”按钮，如果要生成切除特征，则选择菜单栏中的“插入”→“切除”→“放样”命令。

④ 弹出“放样”属性管理器，单击每个轮廓上相应的点，按顺序选择空间轮廓和其他轮廓的面，此时被选择轮廓显示在“轮廓”选项组中。

⑤ 单击“上移”按钮或“下移”按钮，改变轮廓的顺序，此项只针对两个以上轮廓的放样特征。

⑥ 在“引导线”选项组中单击“引导线框”按钮，然后在图形区中选择引导线。此时在图形区中将显示随引导线变化的放样特征，如图 14-112 所示。

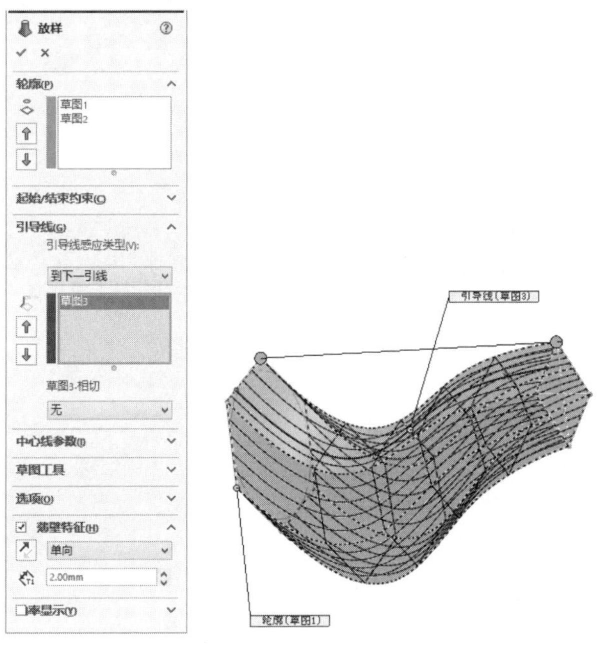

图 14-112 “放样”属性管理器

⑦ 如果存在多条引导线，可以单击“上移”按钮或“下移”按钮，改变使用引导线的顺序。

⑧ 通过“起始/结束约束”选项组可以控制草图、面或曲面边线之间的相切量和放样方向。

⑨ 如果要生成薄壁特征，则勾选“薄壁特征”复选框，从而激活薄壁选项，设置薄壁特征。

⑩ 放样属性设置完毕，单击“确定”按钮，完成放样。

技巧荟萃

绘制引导线放样时，草图轮廓必须与引导线相交。

14.6.4 中心线放样

SOLIDWORKS 2020 还可以生成中心线放样特征。中心线放样是指将一条变化的引导线作为中心线进行的放样，在中心线放样特征中，所有中间截面的草图基准面都与此中心线垂直。

中心线放样特征的中心线必须与每个闭环轮廓的内部区域相交，而不是像引导线放样那样，引导线必须与每个轮廓线相交。如图 14-113 所示展示了中心线放样效果。

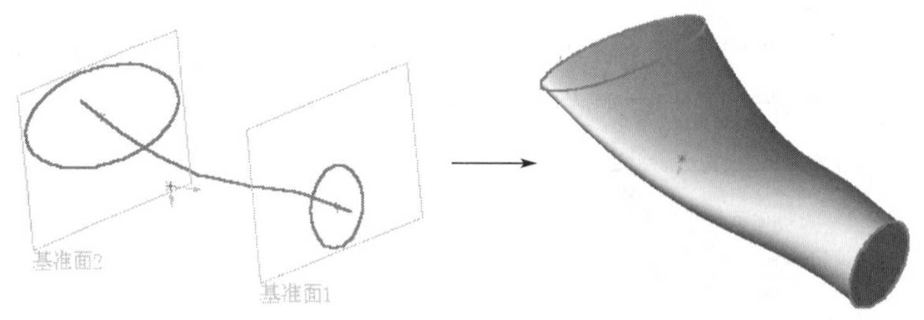

图 14-113 中心线放样效果

下面结合实例介绍创建中心线放样特征的操作步骤。

① 打开随书资源中的"\源文件\ch14\14.23.SLDPRT"，打开的文件实体如图 14-114 所示。

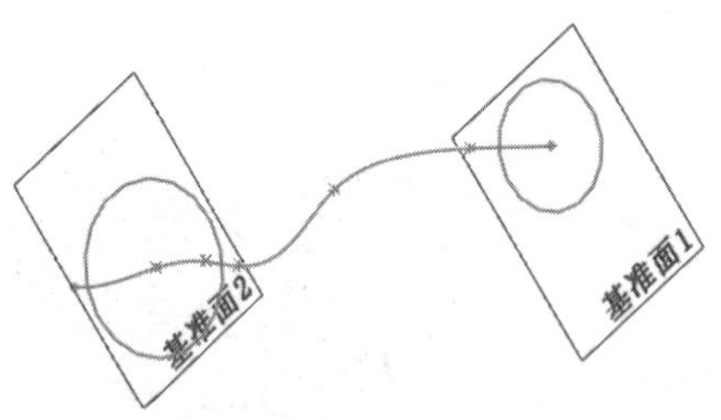

图 14-114 打开的文件实体

② 选择菜单栏中的"插入"→"凸台/基体"→"放样"命令，或者单击"特征"控制面板中的"放样凸台/基体"按钮。如果要生成切除特征，则选择菜单栏中的"插入"→"切除"→"放样"命令。

③ 弹出"放样"属性管理器，单击每个轮廓上相应的点，按顺序选择空间轮廓和其他轮廓的面，此时被选择轮廓显示在"轮廓"选项组中。

④ 单击"上移"按钮或"下移"按钮，改变轮廓的顺序，此项只针对两个以上轮廓的放样特征。

⑤ 在"中心线参数"选项组中单击"中心线框"按钮，然后在图形区中选择中心线，此时在图形区中将显示随着中心线变化的放样特征，如图 14-115 所示。

⑥ 调整"截面数"滑杆来更改在图形区显示的预览数。

⑦ 单击"显示界面"按钮，然后单击"微调框"箭头，根据截面数量查看并修正轮廓。

⑧ 如果要在放样的开始和结束处控制相切，则设置"起始/结束约束"选项组。

⑨ 如果要生成薄壁特征，则勾选"薄壁特征"复选框，并设置薄壁特征。

⑩ 放样属性设置完毕，单击"确定"按钮，完成放样。

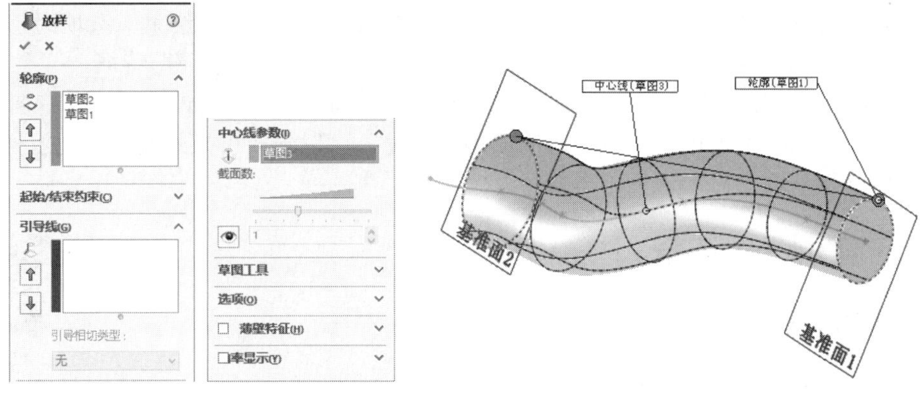

图 14-115　“放样”属性管理器

技巧荟萃

绘制中心线放样时，中心线必须与每个闭环轮廓的内部区域相交。

14.6.5　用分割线放样

扫一扫，看视频

要生成一个与空间曲面无缝连接的放样特征，就必须要用到分割线放样。分割线放样可以将放样中的空间轮廓转换为平面轮廓，从而使放样特征进一步扩展到空间模型的曲面上。如图 14-116 所示说明了分割线放样效果。

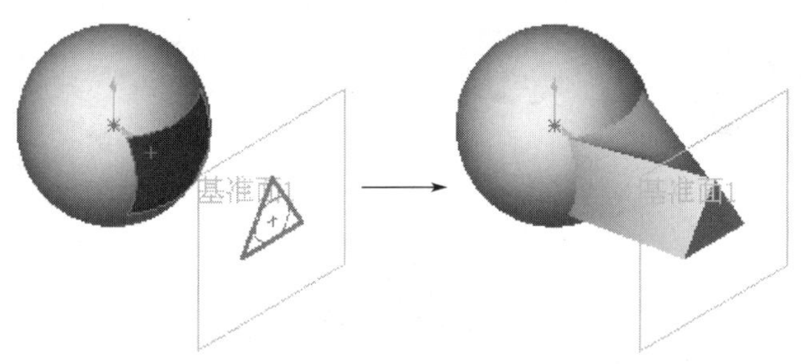

图 14-116　分割线放样效果

下面结合实例介绍创建分割线放样的操作步骤。

① 打开随书资源中的“\源文件\ch14\14.24.SLDPRT”，打开的文件实体如图 14-116 左图所示。

② 选择菜单栏中的“插入”→“凸台/基体”→“放样”命令，或者单击“特征”控制面板中的“放样凸台/基体”按钮。如果要生成切除特征，则选择菜单栏中的“插入”→“切除”→“放样”命令，弹出“放样”属性管理器。

③ 单击每个轮廓上相应的点，按顺序选择空间轮廓和其他轮廓的面，此时被选择轮廓显示在“轮廓”选项组中。此时，分割线也是一个轮廓。

④ 单击“上移”按钮或“下移”按钮，改变轮廓的顺序，此项只针对两个以上轮廓的放样特征。

⑤ 如果要在放样的开始和结束处控制相切，则设置“起始/结束约束”选项组。

⑥ 如果要生成薄壁特征，则勾选“薄壁特征”复选框，并设置薄壁特征。

⑦ 放样属性设置完毕，单击“确定”按钮✔，完成放样，效果如图 14-116 右图所示。

利用分割线放样不仅可以生成普通的放样特征，还可以生成引导线或中心线放样特征。它们的操作步骤基本一样，这里不再赘述。

14.6.6 实例——连杆

扫一扫，看视频

本例创建的连杆如图 14-117 所示。

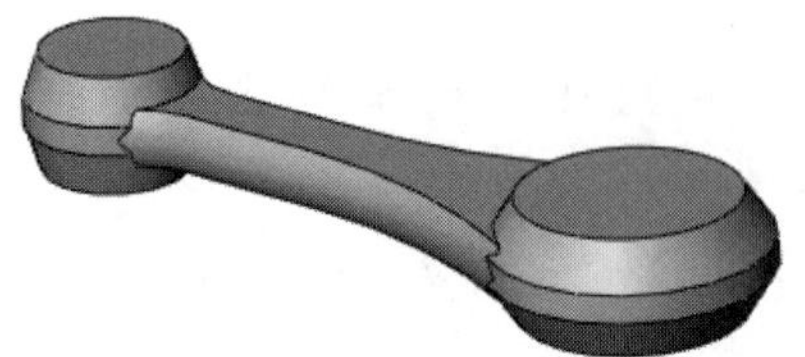

图 14-117　连杆

思路分析

首先绘制草图，通过拉伸和放样创建大端基体，然后绘制草图通过拉伸和放样创建小端基体，再绘制放样引导线和放样截面，最后通过放样创建连杆中间的连接部分。绘制连杆的流程图如图 14-118 所示。

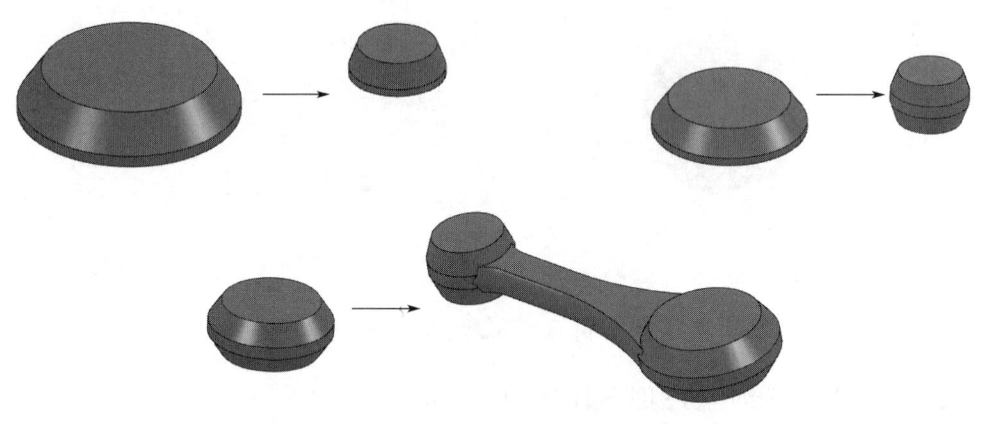

图 14-118　绘制连杆的流程图

【绘制步骤】

① 新建文件。启动 SOLIDWORKS 2020，单击“标准”工具栏中的“新建”按钮，在弹出的“新建 SOLIDWORKS 文件”对话框中，先单击“零件”按钮，再单击“确定”按钮，新建一个零件文件。

② 绘制连杆大端拉伸特征草图。在“FeatureManager 设计树”中选择“上视基准面”作为草图绘制基准面，单击“草图”控制面板中的“草图绘制”按钮，新建一张草图；单击

“草图”控制面板中的“圆”按钮，绘制一个以原点为圆心、直径为80mm的圆。

③ 创建连杆大端拉伸特征。单击“特征”控制面板中的“拉伸凸台/基体”按钮，在弹出的“凸台-拉伸”属性管理器中设定拉伸的终止条件为“给定深度”，在“深度”文本框中输入“4”，其他选项保持默认设置，如图14-119所示，单击“确定”按钮，完成连杆大端拉伸特征的创建。

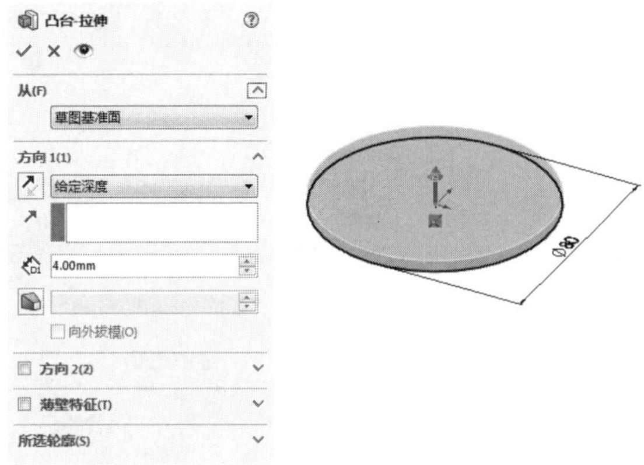

图 14-119 创建连杆大端拉伸特征

④ 创建基准面1。在“FeatureManager设计树”中选择“上视基准面”作为草图绘制基准面，单击“特征”控制面板“参考几何体”下拉列表中的“基准面”图标，在弹出的“基准面”属性管理器的“偏移距离”文本框中输入“16.5”，单击“确定”按钮，生成基准面1，如图14-120所示。

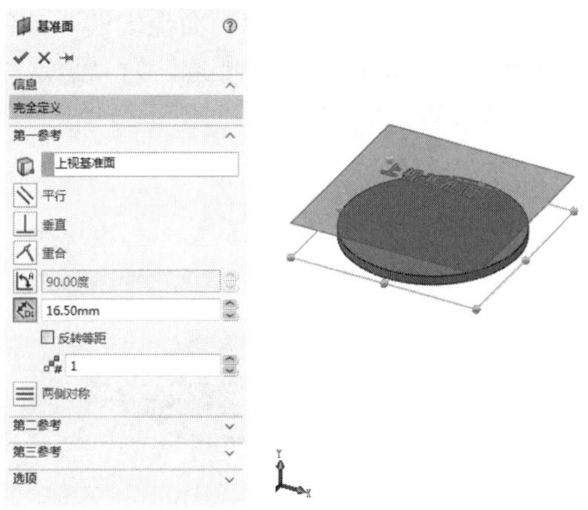

图 14-120 创建基准面 1

⑤ 绘制放样特征草图。选择基准面1，单击“草图”控制面板中的“草图绘制”按钮，在基准面1上新建一张草图；单击“草图”控制面板中的“圆”按钮，绘制一个以原点为圆心、直径为63mm的圆，如图14-121所示；单击“草图”控制面板中的“退出草图”按钮，退出草图绘制。

⑥ 创建连杆大端放样特征。单击“特征”控制面板中的“放样凸台/基体”按钮，在弹出的“放样”属性管理器中，单击“轮廓”按钮右侧的选项框，然后在绘图区依次选取

连杆大端拉伸基体的上部边线和草图 2 作为放样轮廓线，如图 14-122 所示；单击“确定”按钮✓，完成连杆大端放样特征的创建。

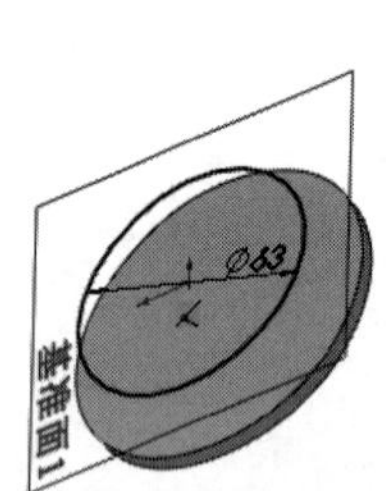

图 14-121　绘制放样特征草图

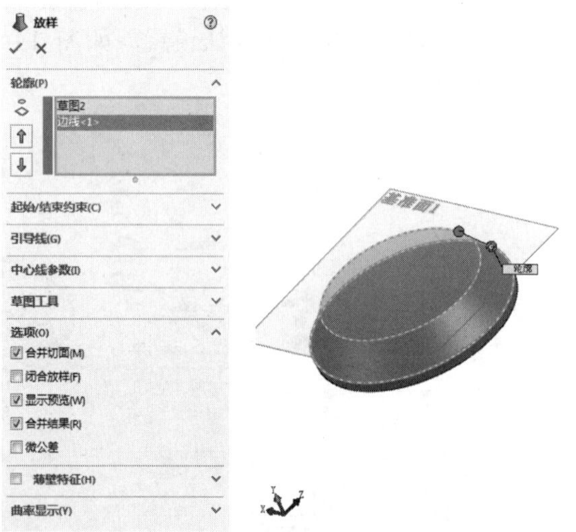

图 14-122　创建连杆大端放样特征

⑦ 绘制连杆小端拉伸特征草图。在“FeatureManager 设计树”中选择“上视基准面”作为草图绘制基准面，单击“草图”控制面板中的“草图绘制”按钮，新建一张草图。单击“草图”控制面板中的“中心线”按钮，过坐标原点绘制一条水平中心线。单击“草图”控制面板中的“圆”按钮，绘制一个圆心在中心线上、直径为 50mm 的圆，圆心到坐标原点的距离为 180mm。

⑧ 创建连杆小端拉伸特征。单击“特征”控制面板中的“拉伸凸台/基体”按钮，在弹出的“凸台-拉伸”属性管理器中设定拉伸的终止条件为“给定深度”，在“深度”文本框输入“4”，其他选项保持默认设置，如图 14-123 所示。单击“确定”按钮✓，完成连杆小端拉伸特征的创建。

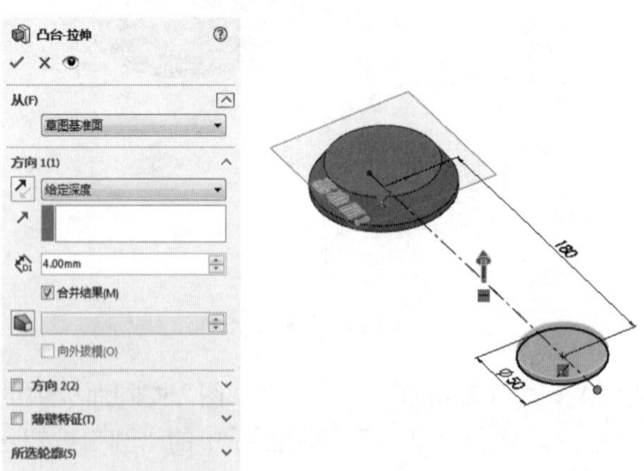

图 14-123　创建连杆小端拉伸特征

⑨ 绘制圆。以基准面 1 为草图绘制平面，捕捉连杆小端拉伸特征的圆心，绘制一个直径为 41mm 的圆。

⑩ 创建连杆小端放样特征。单击“特征”控制面板中的“放样凸台/基体”按钮，在弹出的“放样”属性管理器中，单击“轮廓”按钮右侧的选项框，然后在绘图区依次选取连杆小端拉伸基体的上部边线和步骤⑨中绘制的圆作为放样轮廓线，如图 14-124 所示；单击“确定”按钮，完成连杆小端放样特征的创建。

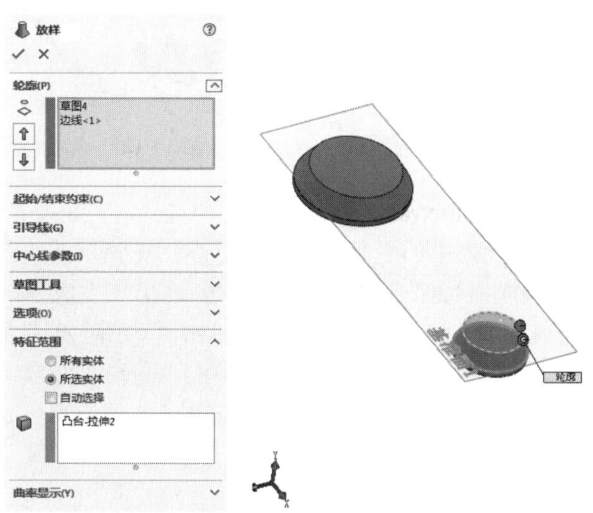

图 14-124　创建连杆小端放样特征

⑪ 镜向特征。单击“特征”控制面板中的“镜向”按钮，在弹出的“镜向”属性管理器中选择“上视基准面”作为镜向基准面，在“要镜向的特征”选项框中选取前面步骤中创建的全部特征作为镜向特征，如图 14-125 所示，单击“确定”按钮，生成镜向特征。

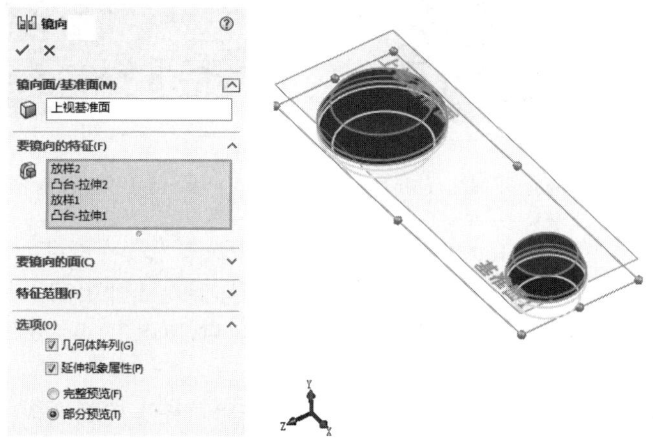

图 14-125　镜向特征

⑫ 绘制第一条引导线。在“FeatureManager 设计树”中选择“上视基准面”作为草图绘制基准面，单击“草图”控制面板中的“草图绘制”按钮，新建草图。单击“草图”控制面板中的“直线”按钮和“切线弧”按钮，绘制如图 14-126 所示的草图，并标注尺寸。

⑬ 添加几何关系。单击“草图”控制面板“显示/删除几何关系”下拉列表中的“添加几何关系”按钮，在弹出的“添加几何关系”属性管理器中选取大端圆弧线和大端外圆在草图平面上的投影线，单击属性管理器中的“相切”按钮，为二者添加相切关系。

⑭ 仿照步骤⑬，为小端圆弧线和小端外圆在草图平面上的投影线添加相切几何关系，如图 14-127 所示，然后退出草绘环境。

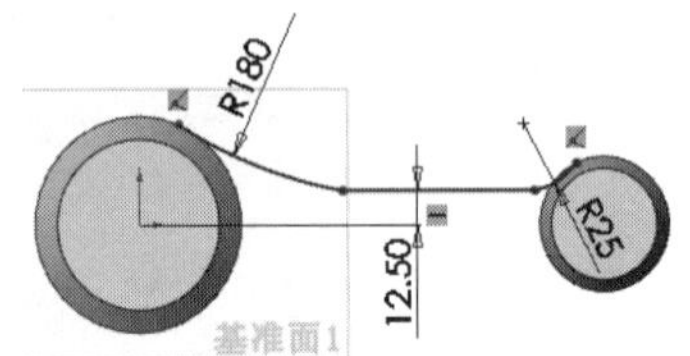

图 14-126　绘制第一条引导线

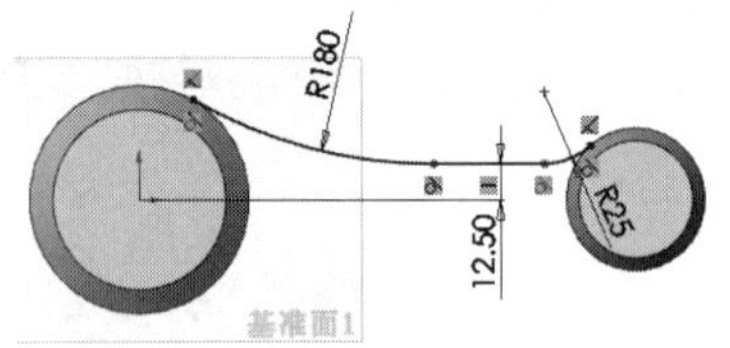

图 14-127　添加几何关系

⑮ 创建基准面 2。在“FeatureManager 设计树”中选择“右视基准面”，单击“特征”控制面板“参考几何体”下拉列表中的“基准面”图标，在弹出的“基准面”属性管理器的“偏移距离”文本框中输入“120”，单击“确定”按钮，生成基准面 2。

⑯ 绘制第一个放样轮廓草图。选择基准面 2，单击“草图”控制面板中的“草图绘制”按钮，新建一张草图。单击“标准视图”工具栏中的“垂直于”按钮，使绘图平面转为正视方向；单击“草图”控制面板中的“中心线”按钮，过原点分别绘制水平中心线和竖直中心线；单击“草图”控制面板中的“直线”按钮和“3 点圆弧”按钮，绘制草图并标注尺寸，如图 14-128 所示。

⑰ 镜向草图。按住<Ctrl>键，选取上步中绘制的直线和圆弧以及竖直中心线，单击“草图”控制面板中的“镜向实体”按钮，生成第一个放样轮廓草图，如图 14-129 所示；单击“草图”控制面板中的“退出草图”按钮，退出草绘环境。

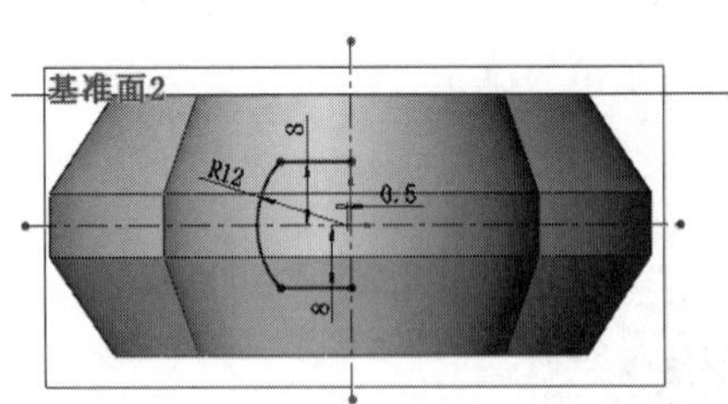

图 14-128　绘制草图并标注尺寸

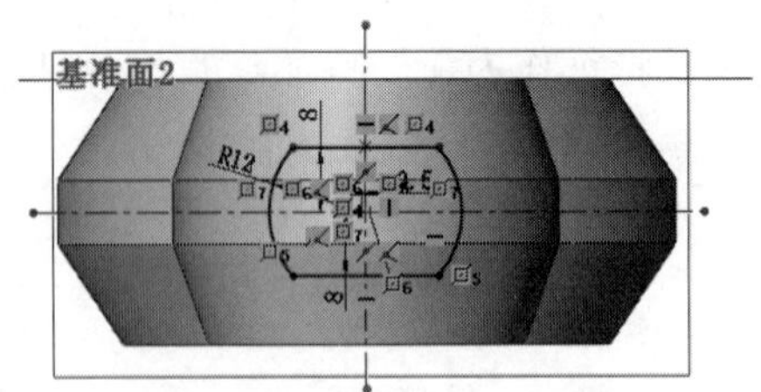

图 14-129　镜向草图

⑱ 创建基准面 3。在“FeatureManager 设计树”中选择“右视基准面”，然后单击“特征”控制面板“参考几何体”下拉列表中的“基准面”图标，在弹出的“基准面”属性管理器的“第二参考”选项框中选择图 14-127 中的草图右端点，如图 14-130 所示，单击“确定”按钮，生成基准面 3。

⑲ 选择基准面，新建草图。选择基准面 3，单击“草图”控制面板中的“草图绘制”按钮，新建一张草图。单击“标准视图”工具栏中的“垂直于”按钮，使绘图平面转为正视方向。

⑳ 绘制第二个放样轮廓草图。单击“草图”控制面板中的“中心线”按钮，过原点分别绘制水平中心线和竖直中心线。单击“草图”控制面板中的“直线”按钮和“3 点圆弧”按钮，绘制如图 14-131 所示的草图，并标注尺寸。

㉑ 添加“重合”几何关系。单击“草图”控制面板“显示/删除几何关系”下拉列表中的“添加几何关系”按钮，选择如图 14-127 所示的圆弧右端点与图 14-131 所示的圆弧，添加几何关系为“重合”，如图 14-132 所示。

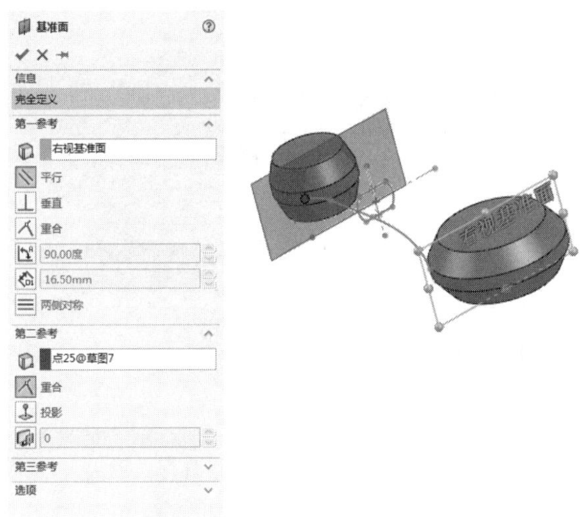

图 14-130　创建基准面 3

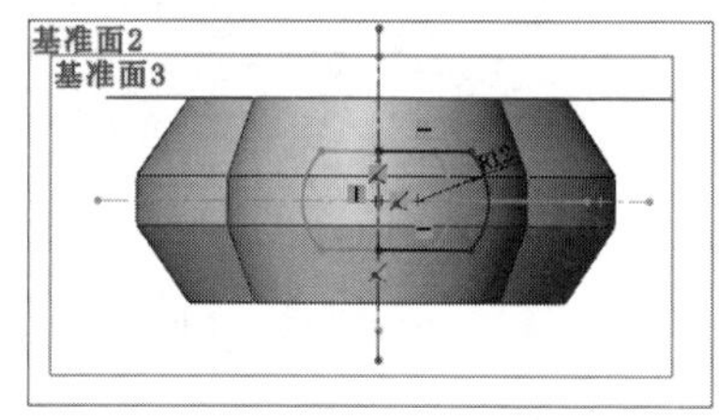

图 14-131　绘制第二个放样轮廓草图

㉒ 镜向生成第二个放样轮廓。单击“草图”控制面板中的“镜向实体”按钮，选择弧线和两条直线作为要镜向的实体，选择垂直中心线作为镜向中心，生成第二个放样轮廓，如图 14-133 所示，退出草图。

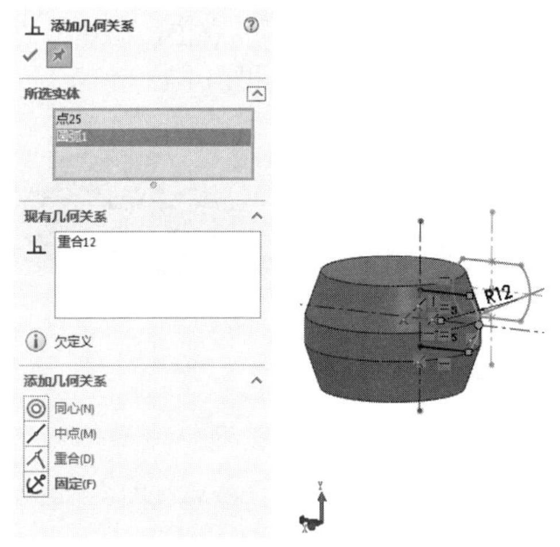

图 14-132　添加“重合”几何关系

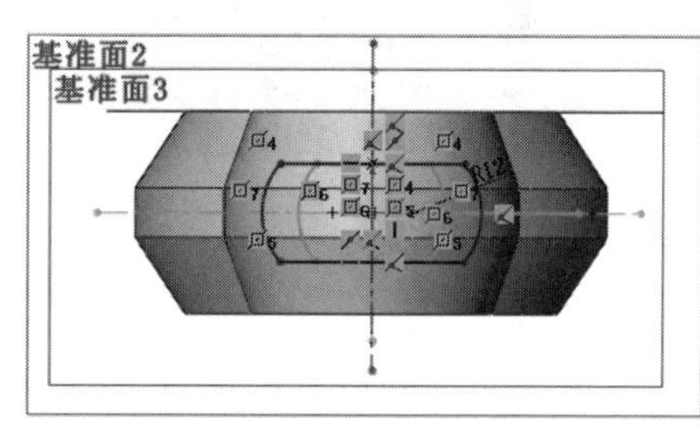

图 14-133　镜向生成第二个放样轮廓

㉓ 创建基准面 4。在“FeatureManager 设计树”中选择“右视基准面”，然后单击“特征”控制面板“参考几何体”下拉列表中的“基准面”按钮，在弹出的“基准面”属性管理器的“第二参考”选项框中选择如图 14-127 所示草图的左端点，单击“确定”按钮✓，生成基准面 4。

㉔ 新建草图。选择基准面 4，单击“草图”控制面板中的“草图绘制”按钮，新建一张草图。单击“标准视图”工具栏中的“垂直于”按钮，使绘图平面转为正视方向。

㉕ 绘制草图。单击“草图”控制面板中的“中心线”按钮，过原点分别绘制水平和垂直的中心线。单击“草图”控制面板中的“直线”按钮和“3 点圆弧”按钮，绘制如图 14-134 所示的草图。

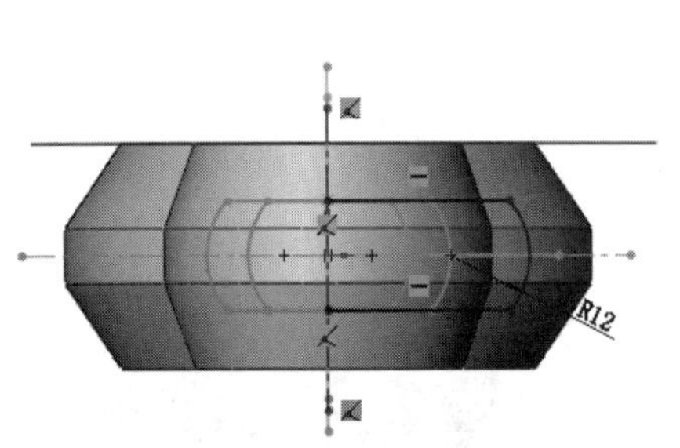

图 14-134　绘制草图

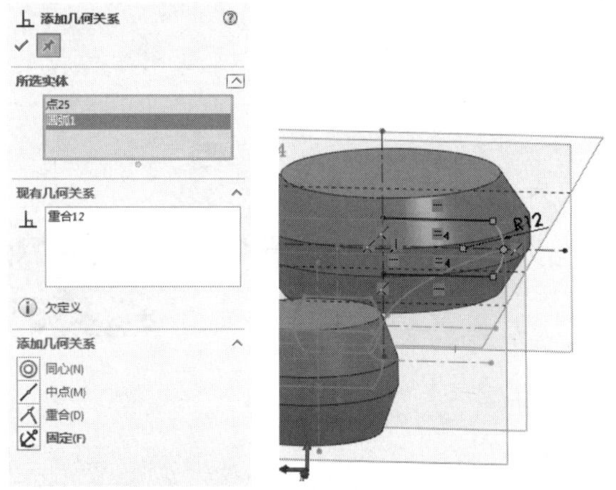

图 14-135　添加“重合”几何关系

㉖ 添加“重合”几何关系。单击“草图”控制面板“显示/删除几何关系”下拉列表中的“添加几何关系”按钮，选择图 14-127 中圆弧的左端点与图 14-134 中圆弧，添加“重合”几何关系，如图 14-135 所示。

㉗ 镜向生成第三放样轮廓。单击“草图”控制面板中的“镜向实体”按钮，选择刚绘制的弧线和与之相交的两条直线为要镜向的实体，选择垂直中心线为镜向中心，生成第三个放样轮廓，如图 14-136 所示，退出草绘环境。

㉘ 隐藏基准面。依次选取“FeatureManager 设计树”上的基准面并右击，在弹出的快捷菜单中单击“隐藏”按钮，将基准面 1 至基准面 4 都隐藏起来，如图 14-137 所示。

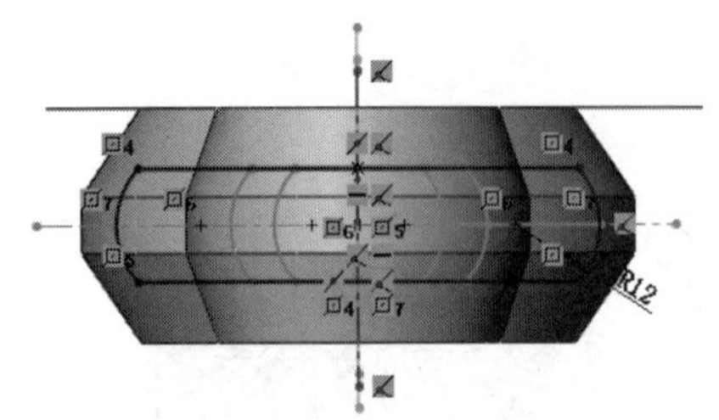

图 14-136　镜向生成第三个放样轮廓

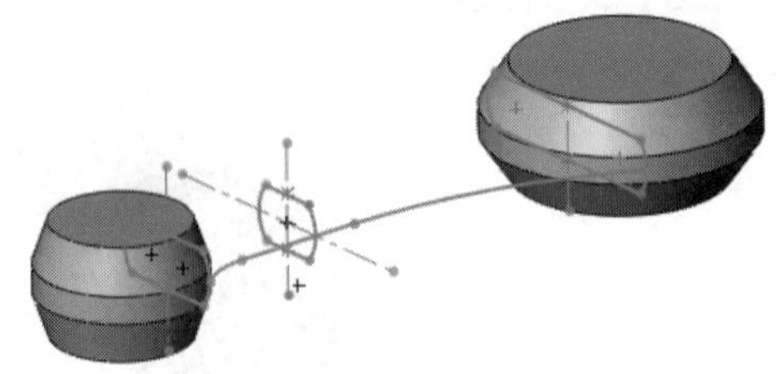
图 14-137　隐藏基准面

㉙ 新建草图。在“FeatureManager 设计树”中选择“上视基准面”作为草图绘制基准面，单击“草图”控制面板中的“草图绘制”按钮，新建一张草图。

㉚ 转换实体引用。单击“草图”控制面板中的“转换实体引用”按钮，将第一条引导线草图投影到当前草图绘制平面，如图 14-138 所示。

㉛ 绘制中心线。单击“草图”控制面板中的“中心线”按钮，过原点绘制一条水平中心线，如图 14-139 所示。

图 14-138　转换实体引用　　　图 14-139　绘制中心线

㉜ 镜向引导线。按住<Ctrl>键，选择直线、圆弧和中心线，单击“草图”控制面板中的“镜向实体”按钮，生成第二条引导线，如图 14-140 所示。

㉝ 删除曲线。将中心线和通过转换实体引用生成的曲线删除，如图 14-141 所示。因为在使用“放样凸台/基体”命令时，引导线必须连续，故需要删除曲线。

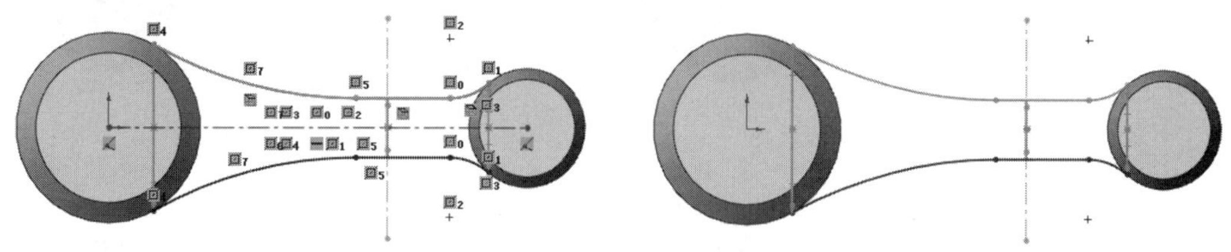

图 14-140　镜向引导线　　　　图 14-141　删除曲线

㉞ 创建基准面 5。选择“FeatureManager 设计树”中的“上视基准面”，然后单击“特征”控制面板“参考几何体”下拉列表中的“基准面”按钮，在弹出的“基准面”属性管理器的“偏移距离”文本框中输入“8”，如图 14-142 所示，单击“确定”按钮，生成基准面 5。

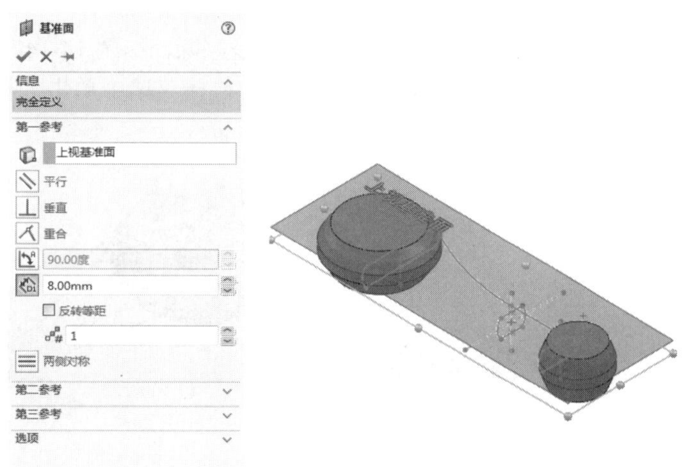

图 14-142　创建基准面 5

㉟ 绘制第三条引导线。选择基准面 5，单击“草图”控制面板中的“草图绘制”按钮，新建一张草图；单击“标准视图”工具栏中的“垂直于”按钮，使绘图平面转为正视方向。单击“草图”控制面板中的“转换实体引用”按钮，将第二条引导线草图投影到当前草图绘制平面，绘制的第三条引导线如图 14-143 所示。

㊱ 添加几何关系。首先，删除草图上的实体转换引用按钮；其次，使草图的小圆弧端点与第二个放样轮廓草图端点重合，使草图的大圆弧端点与第三个放样轮廓草图端点重合，并添加如图 14-144 所示的相切关系。

㊲ 绘制第四条引导线。选择基准面 5，单击“草图”控制面板中的“草图绘制”按钮，新建一张草图；单击“标准视图”工具栏中的“垂直于”按钮，使绘图平面转为正视方向；单击“草图”控制面板中的“转换实体引用”按钮，将第三条引导线草图投影到当前草图绘制平面，并绘制一条水平中心线，如图 14-145 所示；按住<Ctrl>键，选取刚绘制的直线、圆弧和中心线，单击“草图”控制面板中的“镜向实体”按钮，生成第四条引导线，如图 14-146 所示。

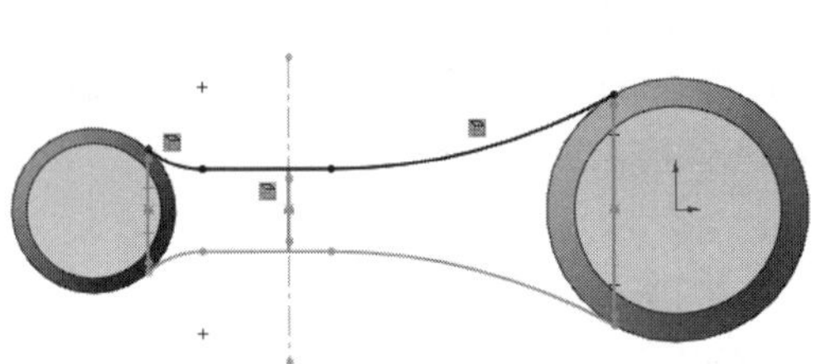

图 14-143　绘制第三条引导线

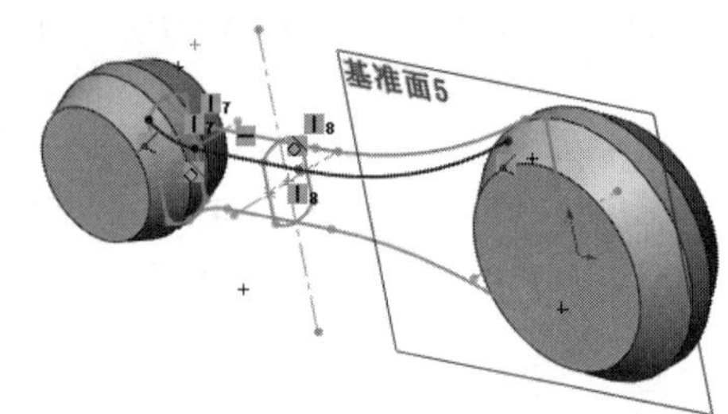

图 14-144　添加几何关系

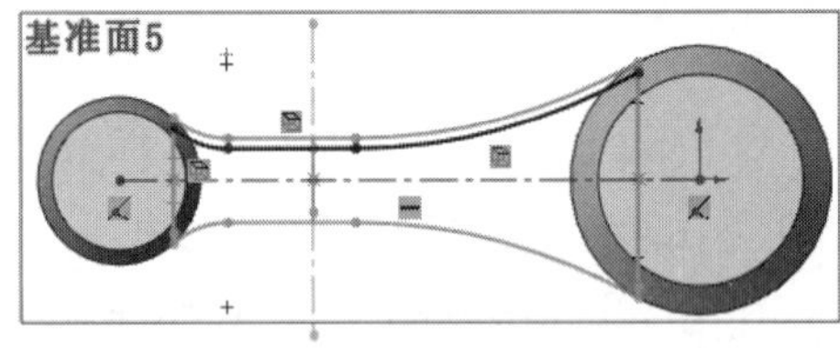

图 14-145　转换实体引用

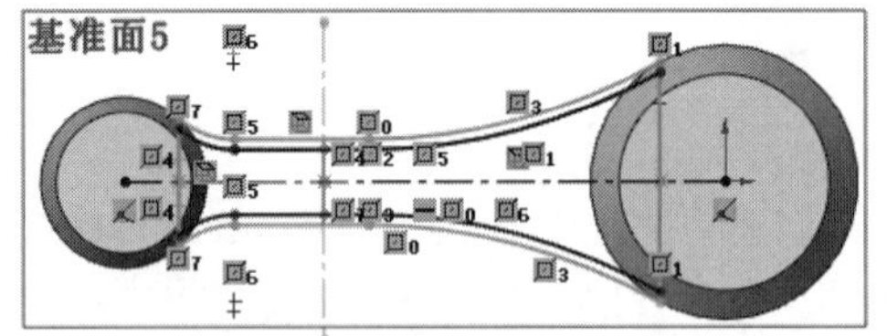

图 14-146　绘制第四条引导线

㊳ 删除多余曲线。将中心线和转换实体引用的曲线删除，如图 14-147 所示，退出草图。

㊴ 隐藏基准面 5。选择基准面 5 并右击，在弹出的快捷菜单中单击“隐藏”按钮，将基准面 5 隐藏起来，如图 14-148 所示。

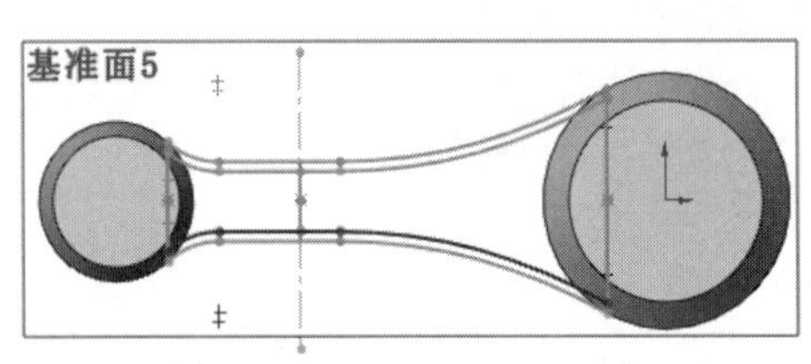

图 14-147　删除多余曲线

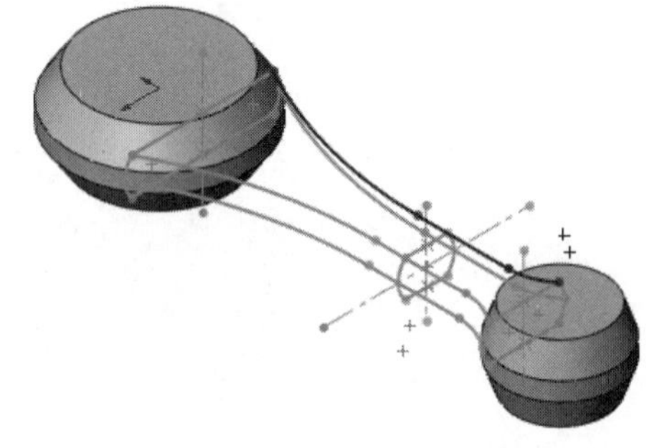

图 14-148　隐藏基准面 5

㊵ 创建基准面 6。选择“FeatureManager 设计树”中的“上视基准面”，单击“特征”控制面板“参考几何体”下拉列表中的“基准面”按钮，在弹出的“基准面”属性管理器的“偏移距离”文本框中输入“8”，勾选“反转”复选框，单击“确定”按钮，生成基准面 6。

㊶ 新建草图。选择基准面 6，单击“草图”控制面板中的“草图绘制”按钮，新建一张草图。单击“标准视图”工具栏中的“垂直于”按钮，使绘图平面转为正视方向。

㊷ 绘制第五条引导线。单击“草图”控制面板中的“转换实体引用”按钮，将第四条引导线草图投影到当前草图绘制平面，生成第五条引导线，如图 14-149 所示，退出草图。

㊸ 新建草图。选择基准面 6，单击“草图”控制面板中的“草图绘制”按钮，新建一张草图。单击“标准视图”工具栏中的“垂直于”按钮，使绘图平面转为正视方向。

㊹ 绘制第六条引导线。单击“草图”控制面板中的“转换实体引用”按钮，将第五条引导线草图投影到当前草图绘制平面上，并绘制一条水平中心线，如图 14-150 所示。

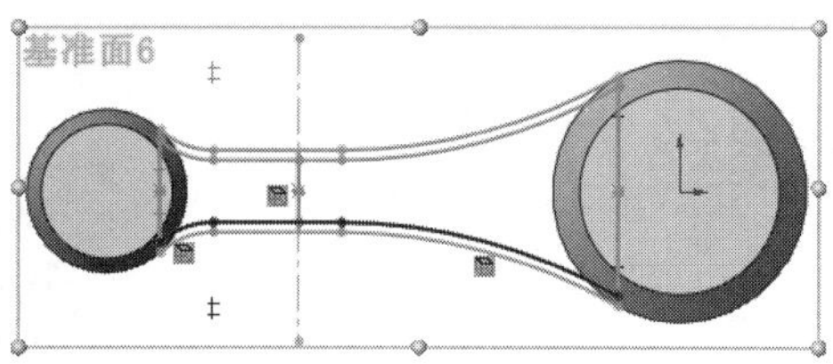

图 14-149　生成第五条引导线

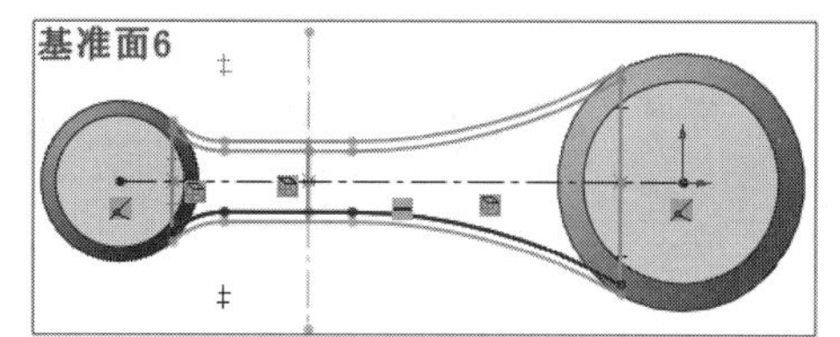

图 14-150　绘制第六条引导线

㊺ 镜向曲线。按住<Ctrl>键，选择直线、圆弧和中心线，单击“草图”控制面板中的“镜向实体”按钮，生成第六条引导线，如图 14-151 所示。

㊻ 删除多余曲线。将中心线和转换实体引用的曲线删除，如图 14-152 所示，退出草绘环境。

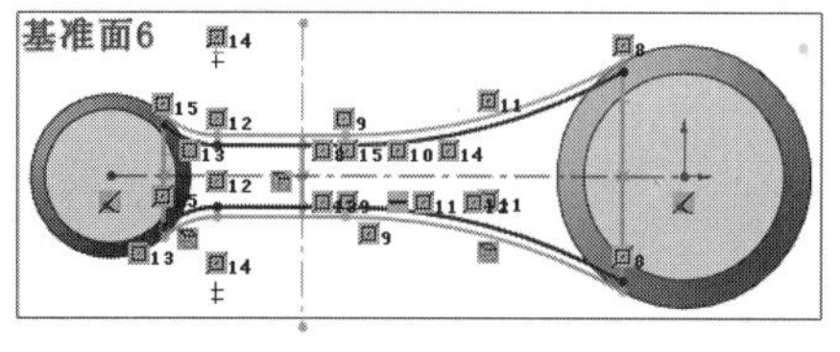

图 14-151　镜向曲线

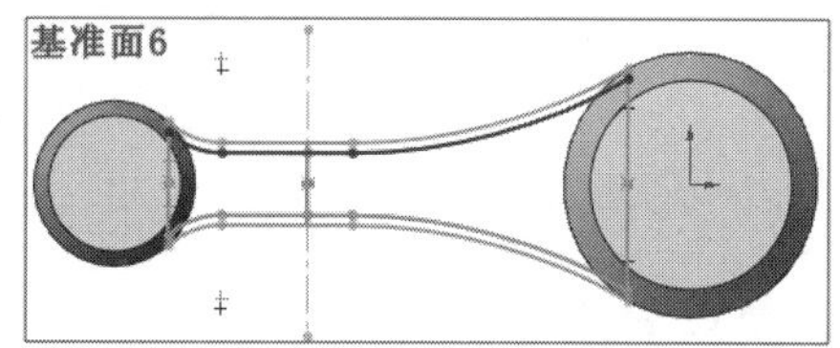

图 14-152　删除多余曲线

㊼ 隐藏基准面 6。选择基准面 6 并右击，在弹出的快捷菜单中单击“隐藏”按钮，将基准面 6 隐藏起来，如图 14-153 所示。

㊽ 创建放样特征。单击“特征”控制面板中的“放样凸台/基体”按钮，在弹出的“放样”属性管理器中，单击“轮廓”按钮右侧的选项框，然后在绘图区中从右向左依次选取放样轮廓草图，设置“起始约束”和“结束约束”均为“无”；单击“引导线”按钮右侧的选项框，选择“FeatureManager 设计树”中的 6 条引导线草图，其他选项保持默认设置，如图 14-154 所示，单击“确定”按钮，生成放样特征。

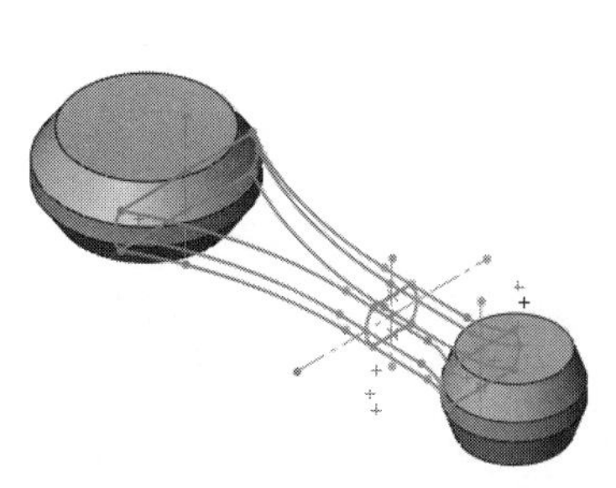

图 14-153　隐藏基准面 6

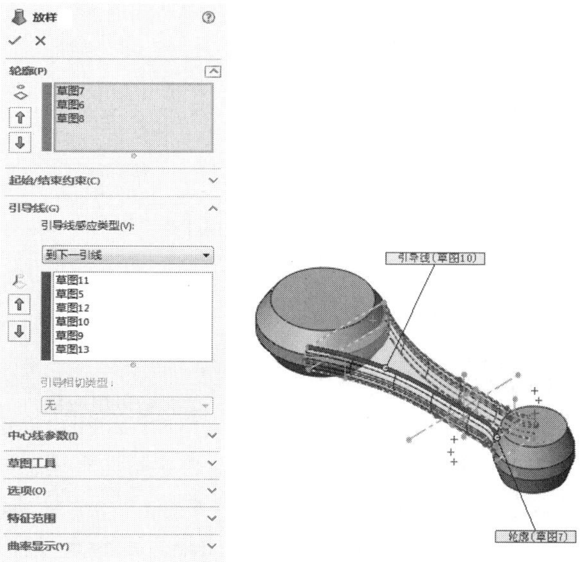

图 14-154　创建放样特征

14.7 综合实例——十字螺丝刀

扫一扫，看视频

本例绘制十字螺丝刀，如图 14-155 所示。

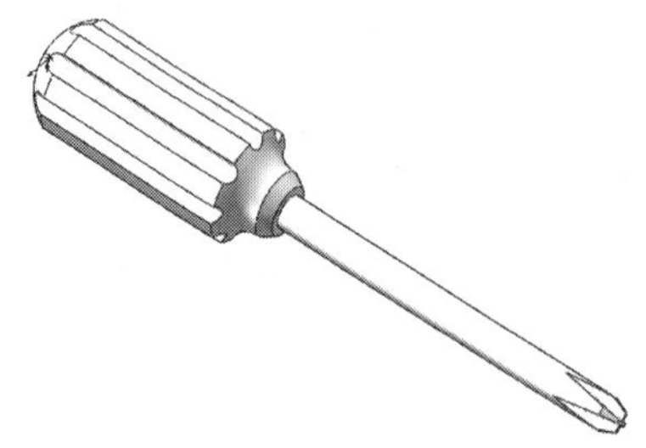

图 14-155 十字螺丝刀

思路分析

首先绘制螺丝刀主体轮廓草图通过旋转创建主体部分，然后绘制草图通过拉伸切除创建细化手柄，最后通过扫描切除创建十字头部。绘制的流程图如图 14-156 所示。

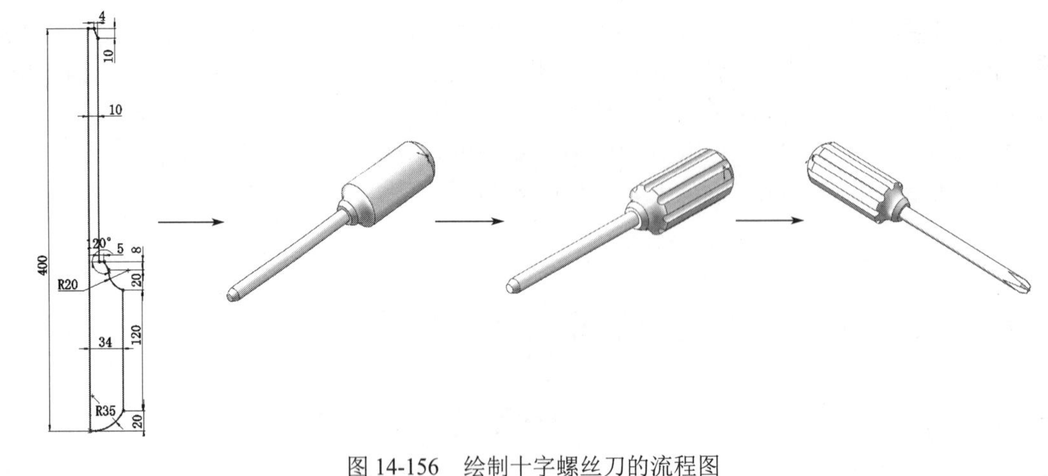

图 14-156 绘制十字螺丝刀的流程图

【绘制步骤】

（1）绘制螺丝刀主体

① 新建文件。启动 SOLIDWORKS 2020，单击“标准”工具栏中的“新建”按钮，在弹出的“新建 SOLIDWORKS 文件”属性管理器中先单击“零件”按钮，再单击“确定”按钮，创建一个新的零件文件。

② 绘制草图。在左侧的“FeatureManager 设计树”中用鼠标选择“上视基准面”作为绘图基准面。单击“草图”控制面板中的“三点圆弧”按钮和“直线”按钮，绘制草图。

③ 标注尺寸。单击“草图”控制面板中的“智能尺寸”按钮，标注上一步绘制的草图。结果如图 14-157 所示。

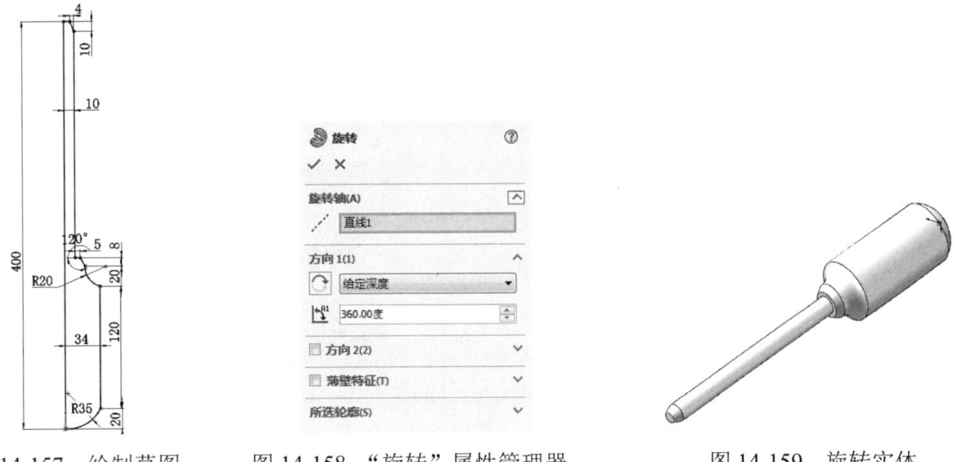

图 14-157 绘制草图　　图 14-158 “旋转”属性管理器　　图 14-159 旋转实体

④ 旋转实体。单击菜单栏中的“插入”→“凸台/基体”→“旋转”命令，或者单击“特征”控制面板中的“旋转凸台/基体”按钮，此时系统弹出如图 14-158 所示的“旋转”属性管理器。设定旋转的终止条件为“给定深度”，输入旋转角度为 360°，保持其他选项的系统默认值不变。单击属性管理器中的“确定”按钮✓。结果如图 14-159 所示。

（2）细化手柄

① 绘制圆。在左侧的“FeatureManager 设计树”中用鼠标选择“前视基准面”作为绘图基准面。单击“草图”控制面板中的“圆”按钮，以原点为圆心绘制一个大圆，并以原点正上方的大圆处为圆心绘制一个小圆。

② 标注尺寸。单击“草图”控制面板中的“智能尺寸”按钮，标注上一步绘制圆的直径。结果如图 14-160 所示。

③ 圆周阵列草图。单击“草图”控制面板中的“圆周草图阵列”按钮，此时系统弹出如图 14-161 所示的“圆周阵列”属性管理器。按照图示进行设置后，单击属性管理器中的“确定”按钮✓。结果如图 14-162 所示。

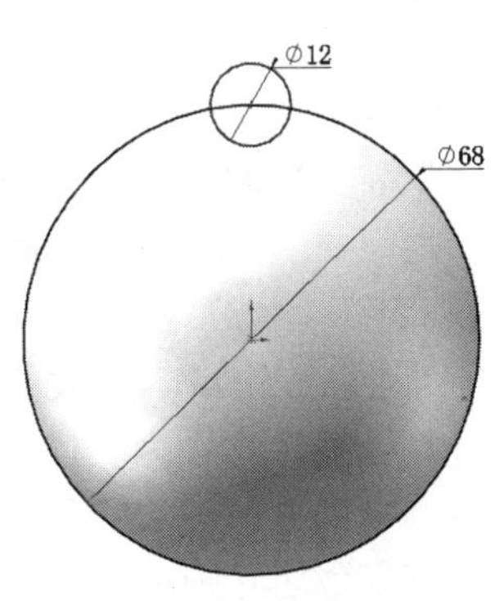

图 14-160 标注的草图

图 14-161 “圆周阵列”属性管理器

④ 剪裁实体。单击“草图”控制面板中的“剪裁实体”按钮，剪裁图中相应的圆弧处，结果如图 14-163 所示。

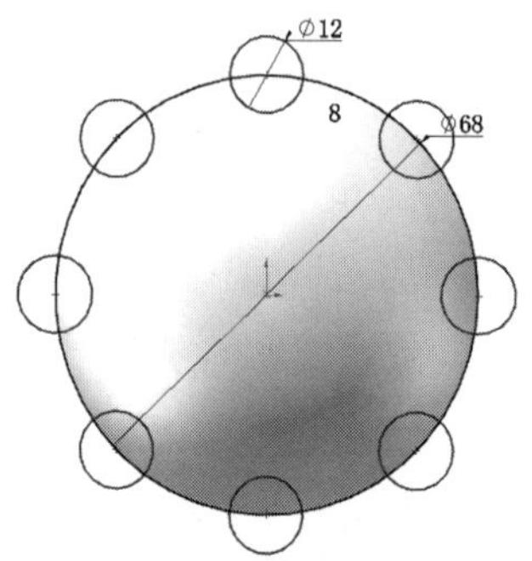

图 14-162 阵列后的草图

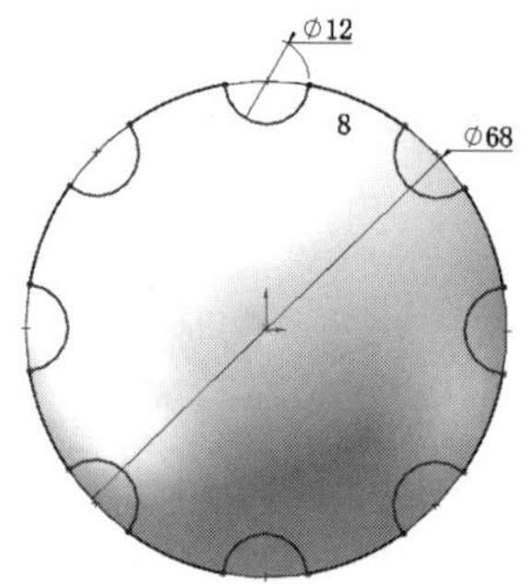

图 14-163 剪裁后的草图

⑤ 拉伸切除实体。单击“特征”控制面板中的“拉伸切除”按钮，此时系统弹出如图 14-164 所示的“切除-拉伸”属性管理器。设置终止条件为“完全贯穿”，勾选“反侧切除”复选框，然后单击“确定”按钮，结果如图 14-165 所示。

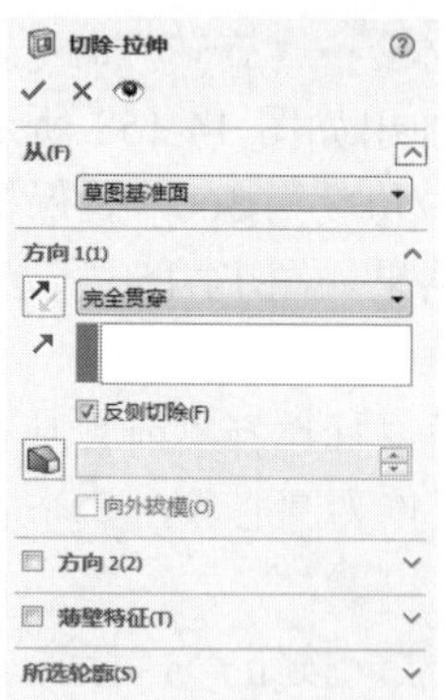

图 14-164 “切除-拉伸”属性管理器

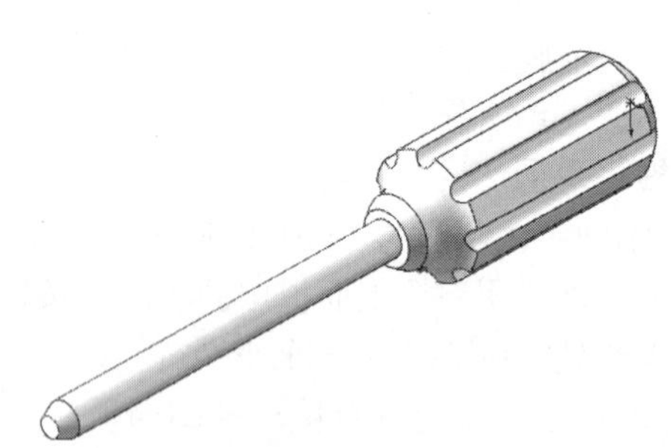

图 14-165 切除实体

（3）**绘制十字头部**

① 设置基准面。单击图 14-165 中前表面，然后单击“标准视图”工具栏中的“垂直于”按钮，将该表面作为绘制图形的基准面。

② 绘制扫描轮廓草图。单击“草图”控制面板中的“转换实体引用”按钮、“中心线”按钮、“直线”按钮和“剪裁实体”按钮，绘制如图 14-166 所示的草图并标注尺寸。单击“退出草图”按钮，退出草图。

③ 在左侧的“FeatureManager 设计树”中用鼠标选择“上视基准面”作为绘图基准面。然后单击“标准视图”工具栏中的“垂直于”按钮，将该表面作为绘制图形的基准面。

④ 绘制扫描路径草图。单击“草图”控制面板中的“直线”按钮，绘制如图 14-167 所示的草图并标注尺寸。单击“退出草图”按钮，退出草图。

⑤ 切除扫描实体。单击“特征”控制面板中的“扫描切除”按钮，此时系统弹出如图 14-168 所示的“切除-扫描”属性管理器。在视图中选择扫描轮廓草图为扫描轮廓，选择扫描路径草图为扫描路径，然后单击“确定”按钮。结果如图 14-169 所示。

⑥ 创建其他切除扫描特征。重复步骤①～⑤，创建其他三个切除扫描特征，结果如图 14-170 所示。

图 14-166 标注尺寸的草图

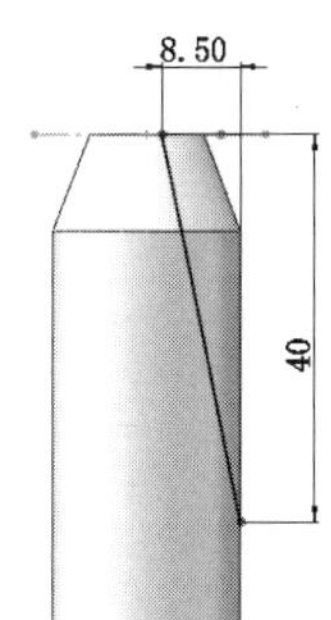

图 14-167 绘制扫描路径草图并标注尺寸

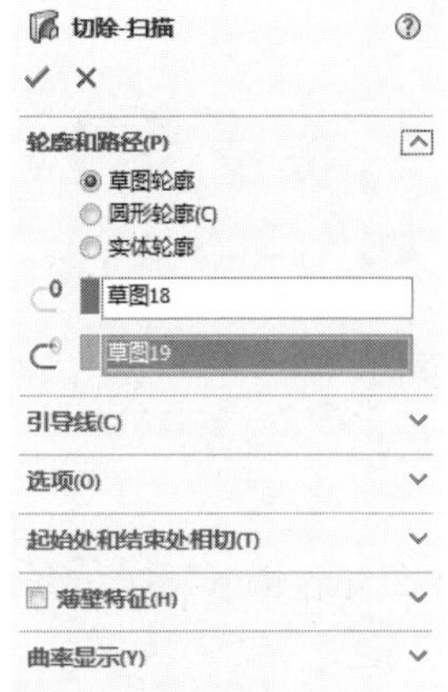

图 14-168 “切除-扫描”属性管理器

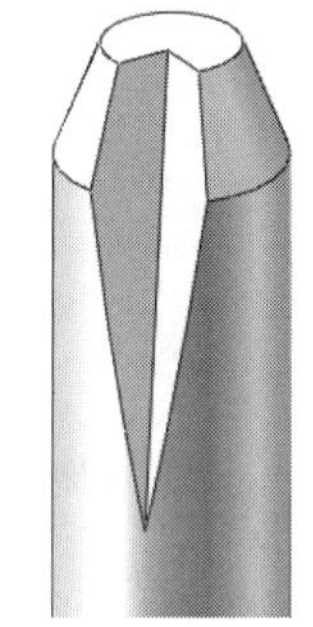

图 14-169 创建切除扫描实体

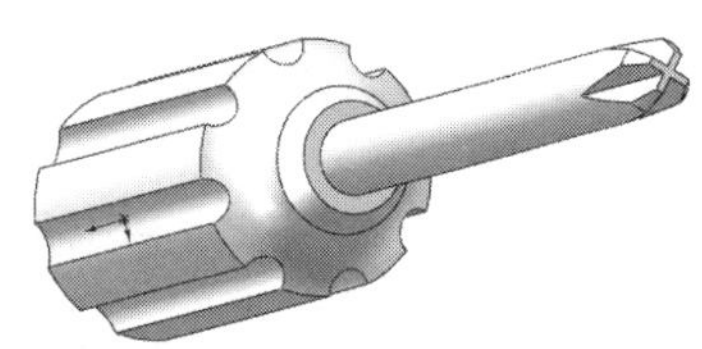

图 14-170 创建十字头部

【提示】

本例中，读者在学完第 16 章后，这步可以通过圆周阵列来创建比较方便，绘制过程如图 14-171 所示。

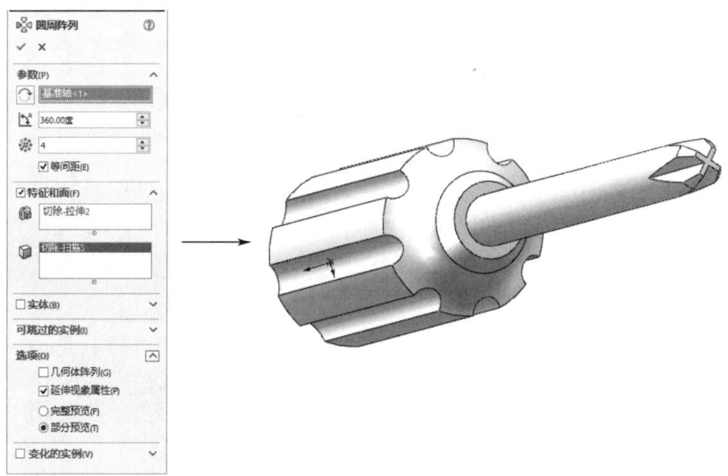

图 14-171 绘制过程

上机操作

【实例 1】创建相距前视基准面 100mm 的基准面

操作提示

① 选择零件图标，进入零件图模式。

② 选择前视基准面，利用“基准平面”命令，在打开属性管理器中输入距离为 100。

【实例 2】绘制如图 14-172 所示的手柄

操作提示

利用草图绘制命令，绘制草图，如图 14-173 所示。利用拉伸命令，设置拉伸距离为 260，创建拉伸体。

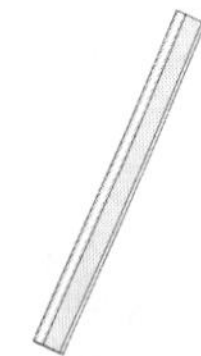

图 14-172　手柄

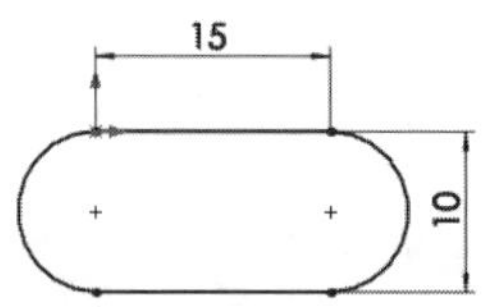

图 14-173　绘制草图

【实例 3】绘制如图 14-174 所示的公章

操作提示

① 利用草绘命令，绘制如图 14-175 所示草图。利用旋转命令，采用默认设置，完成主体创建。

② 利用圆弧命令，绘制如图 14-176 所示草图。利用旋转命令，采用默认设置，完成主体创建。

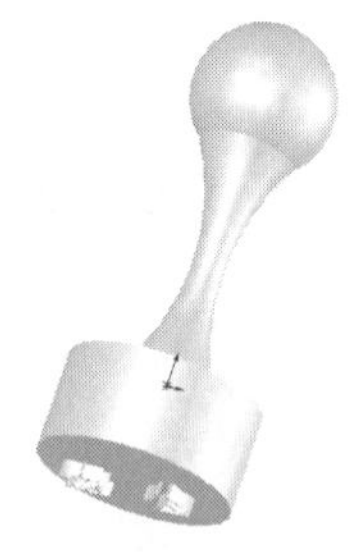

图 14-174　公章

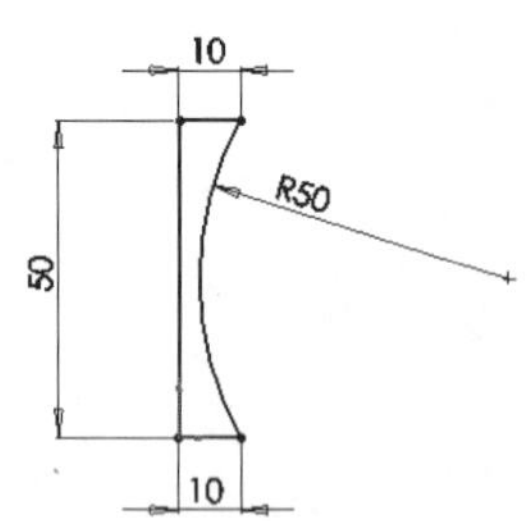

图 14-175　绘制草图

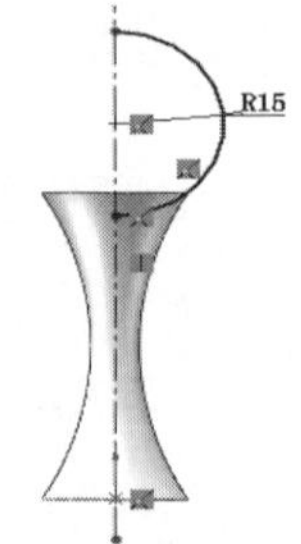

图 14-176　绘制草图

③ 利用圆命令，绘制如图 14-177 所示草图。利用拉伸命令，设置拉伸距离为 20。

④ 利用文字命令，绘制如图 14-178 所示草图。利用拉伸命令，设置拉伸距离为 3。

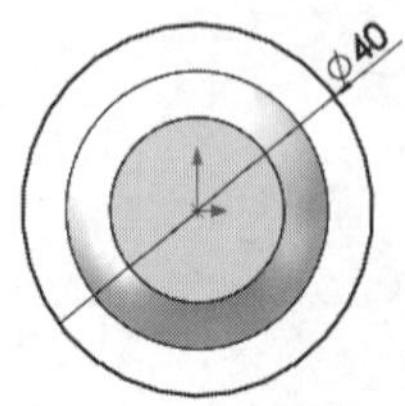

图 14-177　绘制草图

图 14-178　绘制草图

第15章 附加特征建模

附加特征建模是指对已经构建好的模型实体进行局部修饰，以增加美观并避免重复性的工作。

在SOLIDWORKS中附加特征建模主要包括：圆角特征、倒角特征、圆顶特征、拔模特征、抽壳特征、孔特征、筋特征、特型特征、圆周阵列特征、线性阵列特征、镜向特征与异型孔特征等。

学习目标

- 圆角特征
- 倒角特征
- 圆顶特征
- 拔模特征
- 抽壳特征
- 孔特征
- 筋特征

15.1 圆角特征

使用圆角特征可以在一零件上生成内圆角或外圆角。圆角特征在零件设计中起着重要作用。大多数情况下，如果能在零件特征上加入圆角，则有助于造型上的变化，或是产生平滑的效果。

SOLIDWORKS 2020 可以为一个面上的所有边线、多个面、多个边线或边线环创建圆角特征。在 SOLIDWORKS 2020 中有以下几种圆角特征。

- 等半径圆角：对所选边线以相同的圆角半径进行倒圆角操作。
- 多半径圆角：可以为每条边线选择不同的圆角半径值。
- 圆形角圆角：通过控制角部边线之间的过渡，消除或平滑两条边线汇合处的尖锐接合点。
- 逆转圆角：可以在混合曲面之间沿着零件边线进入圆角，生成平滑过渡。

- 变半径圆角：可以为边线的每个顶点指定不同的圆角半径。
- 面圆角：通过它可以将不相邻的面混合起来。
- 全周圆角：生成相切于三个相邻面组（一个或多个面相切）的圆角。

如图 15-1 所示展示了几种圆角特征效果。

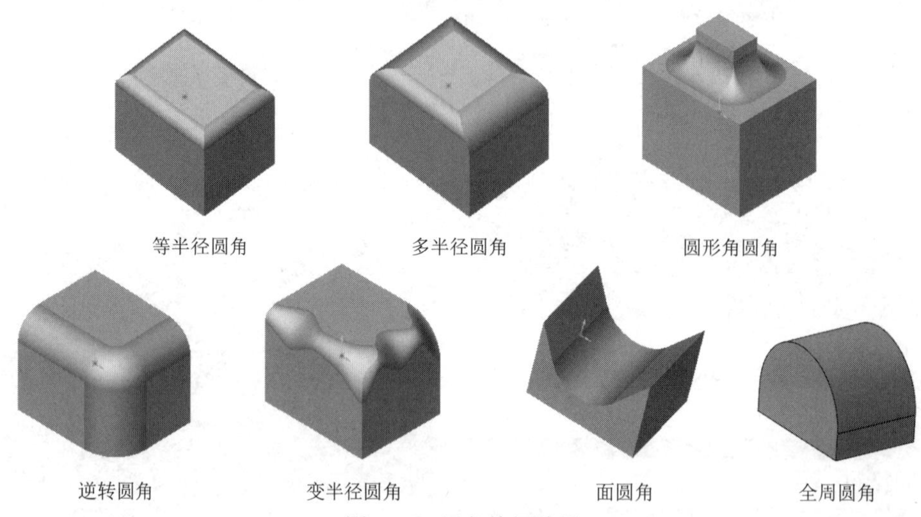

等半径圆角　多半径圆角　圆形角圆角

逆转圆角　变半径圆角　面圆角　全周圆角

图 15-1　圆角特征效果

15.1.1　等半径圆角特征

扫一扫，看视频

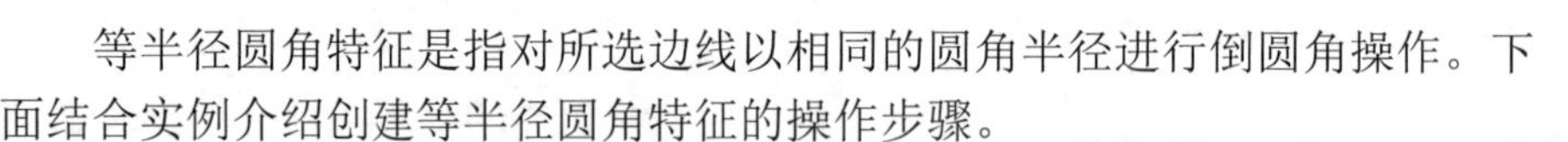

等半径圆角特征是指对所选边线以相同的圆角半径进行倒圆角操作。下面结合实例介绍创建等半径圆角特征的操作步骤。

① 打开随书资源中的“\源文件\ch15\15.1.SLDPRT”，打开的文件实体如图 15-2 所示。

② 选择菜单栏中的“插入”→“特征”→“圆角”命令，或者单击“特征”控制面板中的“圆角”按钮。

③ 在弹出的“圆角”属性管理器的“圆角类型”选项组中，单击“恒定大小圆角”按钮，如图 15-3 所示。

图 15-2　打开的文件实体

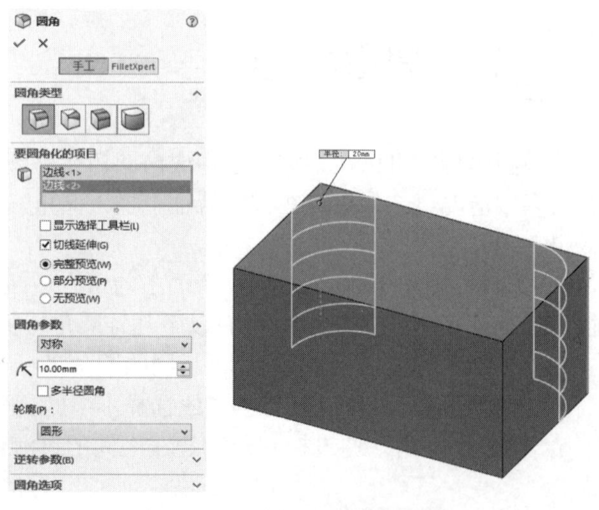

图 15-3　“圆角”属性管理器

④ 在“圆角参数”选项组的“半径”文本框中设置圆角的半径。

⑤ 单击“边线、面、特征和环”按钮右侧的列表框，然后在右侧的图形区中选择要进行圆角处理的模型边线、面或环。

⑥ 如果勾选“切线延伸”复选框，则圆角将延伸到与所选面或边线相切的所有面，切线延伸效果如图 15-4 所示。

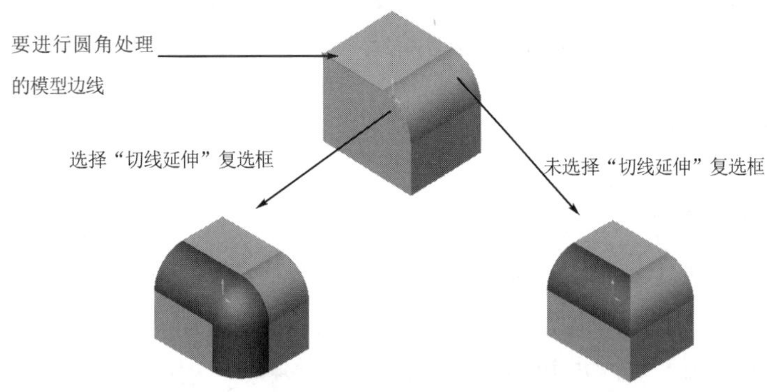

图 15-4 切线延伸效果

⑦ 在“圆角选项”选项组的“扩展方式”组中选择一种扩展方式。

- 默认：系统根据几何条件（进行圆角处理的边线凸起和相邻边线等）默认选择“保持边线”或“保持曲面”选项。
- 保持边线：系统将保持邻近的直线形边线的完整性，但圆角曲面断裂成分离的曲面。在许多情况下，圆角的顶部边线中会有沉陷，如图 15-5（a）所示。
- 保持曲面：使用相邻曲面来剪裁圆角。因此圆角边线是连续且光滑的，但是相邻边线会受到影响，如图 15-5（b）所示。

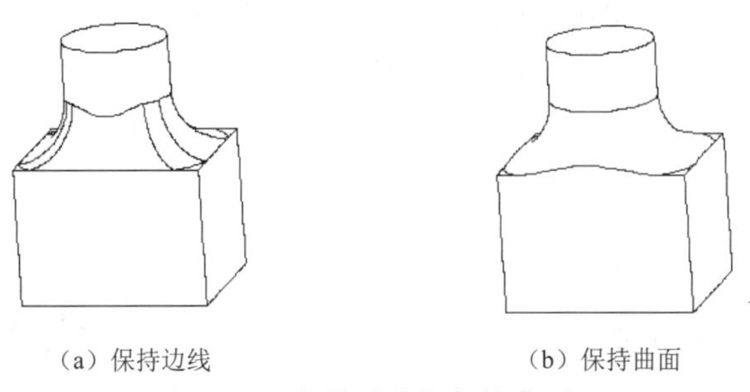

（a）保持边线　　（b）保持曲面

图 15-5 保持边线与保持曲面

⑧ 圆角属性设置完毕，单击“确定”按钮，生成等半径圆角特征。

15.1.2 多半径圆角特征

扫一扫，看视频

使用多半径圆角特征可以为每条所选边线选择不同的半径值，还可以为不具有公共边线的面指定多个半径。下面结合实例介绍创建多半径圆角特征的操作步骤。

① 打开随书资源中的“\源文件\ch15\15.2.SLDPRT”。

② 选择菜单栏中的“插入”→“特征”→“圆角”命令，或者单击“特征”控制面板中的“圆角”按钮。

③ 在弹出的“圆角”属性管理器的“圆角类型”选项组中，单击“恒定大小圆角”按钮。

④ 在“圆角参数”选项组中，勾选“多半径圆角”复选框。

⑤ 单击按钮右侧的列表框，然后在右侧的图形区中选择要进行圆角处理的第一条模型边线、面或环。

⑥ 在“圆角参数”选项组的“半径”文本框中设置圆角半径。

⑦ 重复步骤④⑤的操作，对多条模型边线、面或环分别指定不同的圆角半径，直到设置完所有要进行圆角处理的边线。

⑧ 圆角属性设置完毕，单击“确定”按钮，生成多半径圆角特征。

15.1.3 圆形角圆角特征

扫一扫，看视频

使用圆形角圆角特征可以控制角部边线之间的过渡，圆形角圆角将混合连接的边线，从而消除或平滑两条边线汇合处的尖锐接合点。

下面结合实例介绍创建圆形角圆角特征的操作步骤。

① 打开随书资源中的“\源文件\ch15\15.3.SLDPRT”，打开的文件实体如图 15-6 所示。

② 选择菜单栏中的“插入”→“特征”→“圆角”命令，或者单击“特征”控制面板中的“圆角”按钮。

③ 在弹出的“圆角”属性管理器的“圆角类型”选项组中，单击“恒定大小圆角”按钮。

④ 在“要圆角化的项目”选项组中，取消对“切线延伸”复选框的勾选。

⑤ 在“圆角参数”选项组的“半径”文本框中设置圆角半径。

⑥ 单击按钮右侧的列表框，然后在右侧的图形区中选择两个或更多相邻的模型边线、面或环。

⑦ 在“圆角选项”选项组中，勾选“圆形角”复选框。

⑧ 圆角属性设置完毕，单击“确定”按钮，生成圆形角圆角特征，如图 15-7 所示。

图 15-6　打开的文件实体

图 15-7　生成的圆角特征

15.1.4 逆转圆角特征

扫一扫，看视频

使用逆转圆角特征可以在混合曲面之间沿着零件边线生成圆角，从而进行平滑过渡。如图 15-8 所示说明了应用逆转圆角特征的效果。

下面结合实例介绍创建逆转圆角特征的操作步骤。

① 打开随书资源中的“\源文件\ch15\15.4.SLDPRT”，如图 15-8（a）所示。

② 选择菜单栏中的“插入”→“特征”→“圆角”命令，或者单击“特征”控制面板中的“圆角”按钮，系统弹出“圆角”属性管理器。

③ 在“圆角类型”选项组中，单击“恒定大小圆角”按钮。

④ 在“圆角参数”选项组中，勾选“多半径圆角”复选框。

⑤ 单击按钮右侧的显示框，然后在右侧的图形区中选择 3 个或更多具有共同顶点的边线。

⑥ 在“逆转参数”选项组的“距离”文本框中设置距离。

⑦ 单击“逆转顶点”右侧的列表框，然后在右侧的图形区中选择一个或多个顶点作为逆转顶点。

⑧ 单击“设定所有”按钮，将相等的逆转距离应用到通过每个顶点的所有边线。逆转距离将显示在“逆转距离”右侧的列表框和图形区的标注中，如图 15-9 所示。

⑨ 如果要对每一条边线分别设定不同的逆转距离，则进行如下操作。

- 单击“逆转顶点”右侧的列表框，在右侧的图形区中选择多个顶点作为逆转顶点。
- 在“距离”文本框中为每一条边线设置逆转距离。
- 在“逆转距离”列表框中会显示每条边线的逆转距离。

⑩ 圆角属性设置完毕，单击“确定”按钮，生成逆转圆角特征，如图 15-8（b）所示。

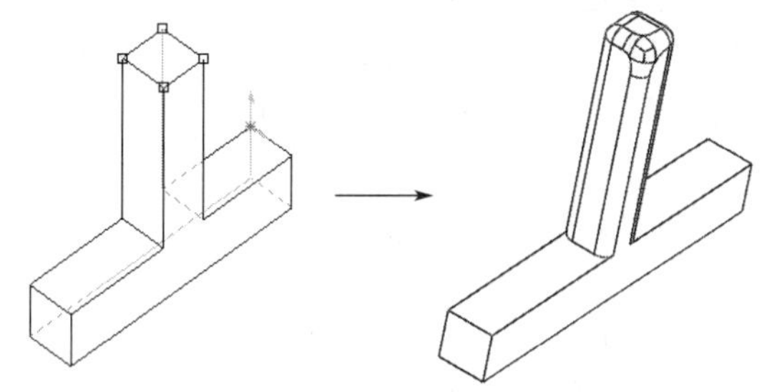

（a）未使用逆转圆形角特征　　（b）使用逆转圆形角特征

图 15-8　逆转圆角特征效果

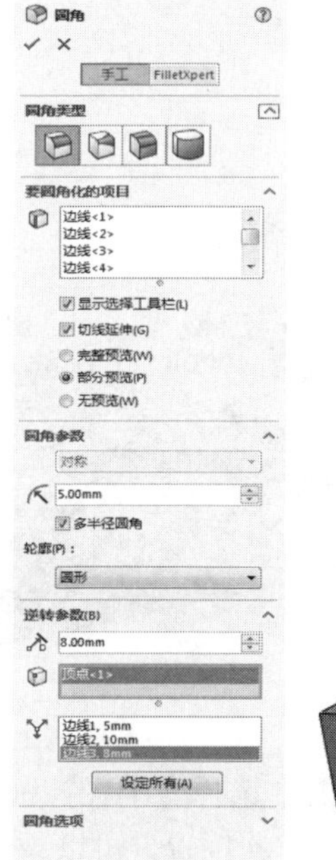

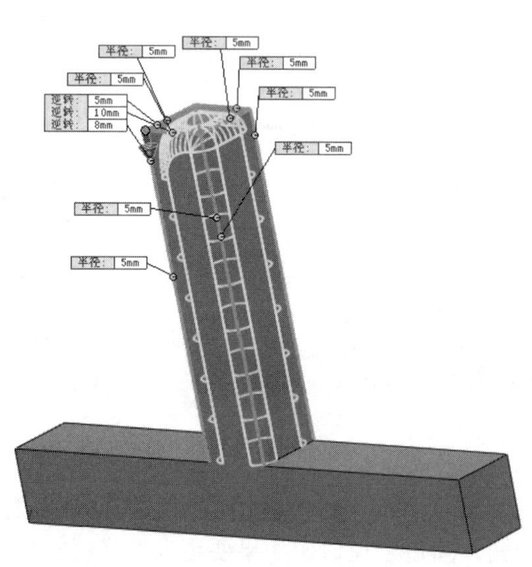

图 15-9　生成逆转圆角特征

15.1.5 变半径圆角特征

扫一扫，看视频

变半径圆角特征通过对边线上的多个点（变半径控制点）指定不同的圆角半径来生成圆角，可以制造出另类的效果，变半径圆角特征如图 15-10 所示。

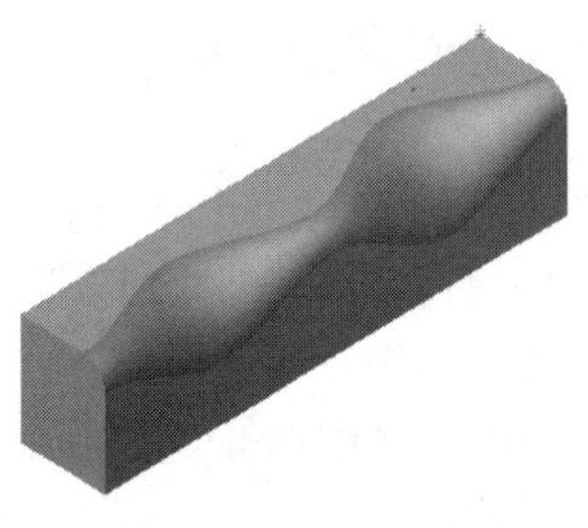

（a）有控制点

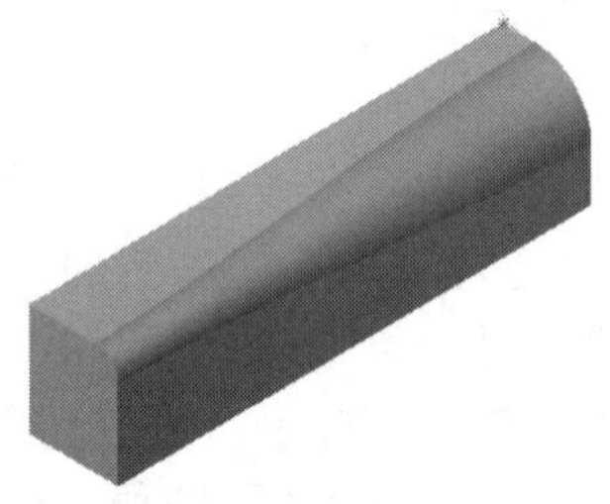

（b）无控制点

图 15-10　变半径圆角特征

下面结合实例介绍创建变半径圆角特征的操作步骤。

① 打开随书资源中的“\源文件\ch15\15.5.SLDPRT”，打开的文件实体如图 15-2 所示。

② 选择菜单栏中的“插入”→“特征”→“圆角”命令，或者单击“特征”控制面板中的“圆角”按钮。

③ 在弹出的“圆角”属性管理器的“圆角类型”选项组中，单击“变量大小圆角”按钮。

④ 单击按钮右侧的列表框，然后在右侧的图形区中选择要进行变半径圆角处理的边线。此时，在右侧的图形区中系统会默认使用 3 个变半径控制点，分别位于沿边线 25%、50% 和 75%的等距离处，如图 15-11 所示。

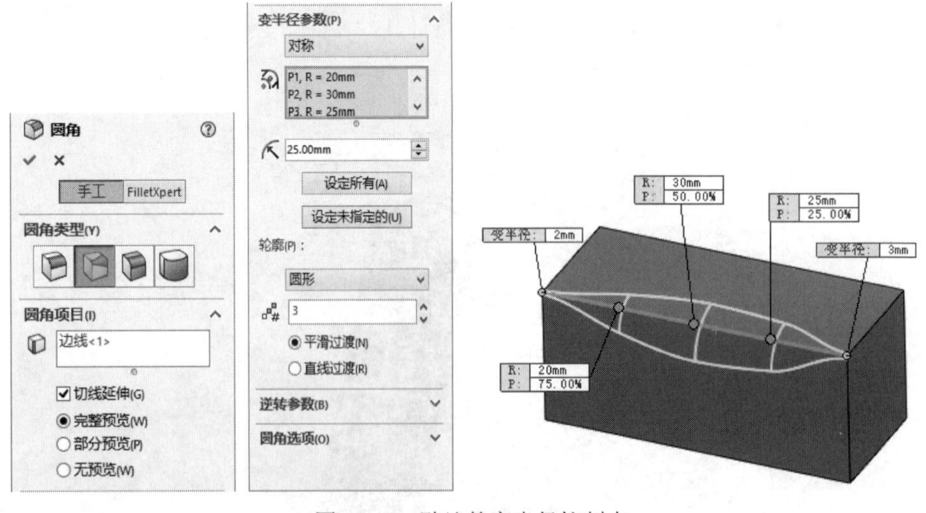

图 15-11　默认的变半径控制点

⑤ 在“变半径参数”选项组按钮右侧的下拉列表框中选择变半径控制点，然后在“半径”文本框中输入圆角半径值。如果要更改变半径控制点的位置，可以通过光标拖动控制点到新的位置。

⑥ 如果要改变控制点的数量，可以在按钮右侧的文本框中设置控制点的数量。

⑦ 选择过渡类型。

- 平滑过渡：生成一个圆角，当一个圆角边线与一个邻面结合时，圆角半径从一个半径平滑地变化为另一个半径。
- 直线过渡：生成一个圆角，圆角半径从一个半径线性地变化为另一个半径，但是不与邻近圆角的边线相结合。

⑧ 圆角属性设置完毕，单击“确定”按钮✔，生成变半径圆角特征。

技巧荟萃

如果在生成变半径控制点的过程中，只指定两个顶点的圆角半径值，而不指定中间控制点的半径，则可以生成平滑过渡的变半径圆角特征。

在生成圆角时，要注意以下几点。

① 在添加小圆角之前先添加较大的圆角。当有多个圆角汇聚于一个顶点时，先生成较大的圆角。

② 如果要生成具有多个圆角边线及拔模面的铸模零件，在大多数的情况下，应在添加圆角之前先添加拔模特征。

③ 应该最后添加装饰用的圆角。在大多数其他几何体定位后再尝试添加装饰圆角。如果先添加装饰圆角，则系统需要花费很长的时间重建零件。

④ 尽量使用一个“圆角”命令来处理需要相同圆角半径的多条边线，这样会加快零件重建的速度。但是，当改变圆角的半径时，在同一操作中生成的所有圆角都会改变。

此外，还可以通过为圆角设置边界或包络控制线来决定混合面的半径和形状。控制线可以是要生出圆角的零件边线或投影到一个面上的分割线。

15.1.6 实例——挡圈

扫一扫，看视频

本例绘制挡圈，如图 15-12 所示。

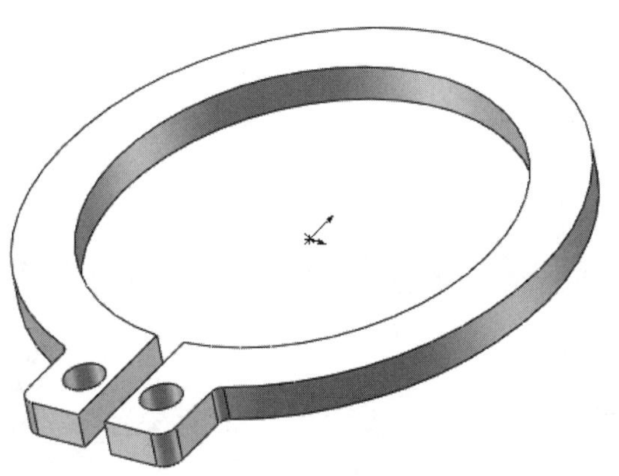

图 15-12 挡圈

思路分析

首先绘制挡圈草图通过拉伸创建挡圈主体，然后通过倒圆角完成挡圈的创建。绘制挡圈的流程图如图 15-13 所示。

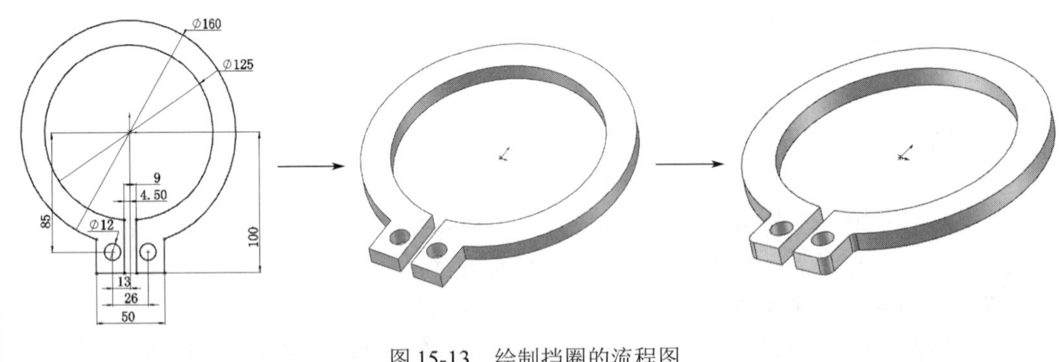

图 15-13　绘制挡圈的流程图

【绘制步骤】

① 新建文件。单击“标准”工具栏中的“新建”按钮，在打开的“新建 SOLIDWORKS 文件”对话框中，选择“零件”按钮，单击“确定”按钮，创建一个新的零件文件。

② 新建草图。在左侧的“FeatureManager 设计树”中用鼠标选择“前视基准面”作为草图绘制基准面，单击“草图”控制面板上的“草图绘制”按钮，新建一张草图。

③ 绘制中心线。单击“草图”控制面板中的“圆”按钮、“边角矩形”　和“裁剪实体”按钮，绘制草图。

④ 标注尺寸。单击“草图”控制面板中的“智能尺寸”按钮，为草图标注尺寸如图 15-14 所示。

⑤ 拉伸形成实体。单击“特征”控制面板中的“拉伸凸台/基体”按钮，弹出如图 15-15 所示的“凸台-拉伸”属性管理器。设定拉伸的终止条件为“给定深度”。输入拉伸距离为 10mm，保持其他选项的系统默认值不变。单击属性管理器中的“确定”按钮。结果如图 15-16 所示。

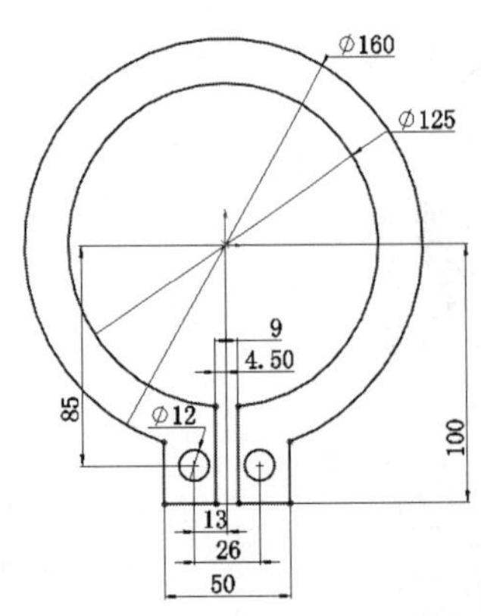

图 15-14　标注草图尺寸

图 15-15　“凸台-拉伸”属性管理器

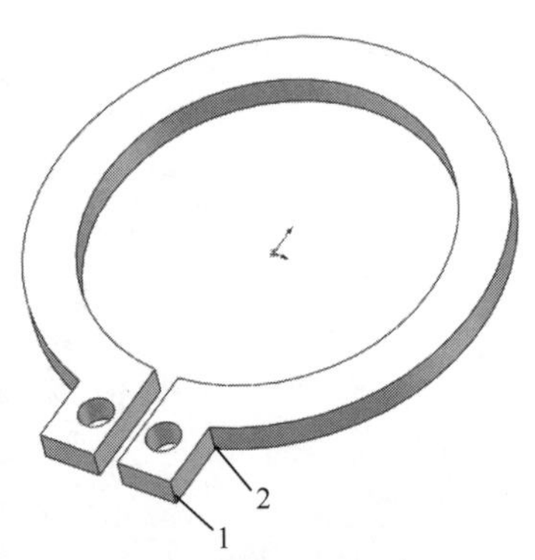

图 15-16　拉伸实体

⑥ 倒角处理。单击“特征”控制面板中的“圆角”按钮，弹出如图 15-17 所示的“圆角”属性管理器。单击“恒定大小圆角”按钮，输入圆角半径为 5mm，保持其他选项的系统默认值不变。在视图中选择图 15-16 中的两侧边线 1，单击属性管理器中的“确定”按钮✔。重复“圆角”命令，在视图中选择图 15-16 中的两侧边线 2，输入圆角半径为 3mm，结果如图 15-18 所示。

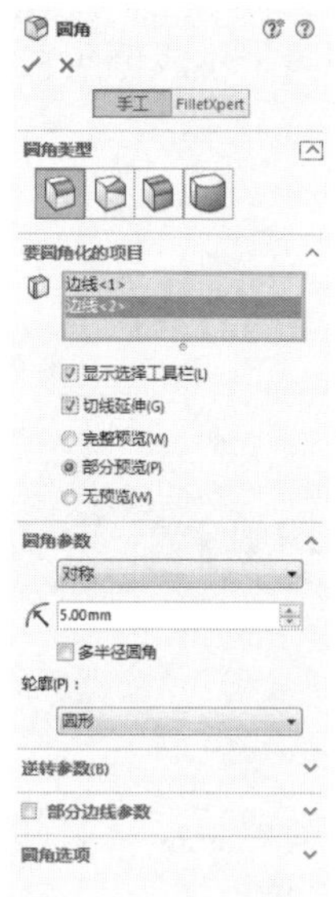

图 15-17 “圆角”属性管理器

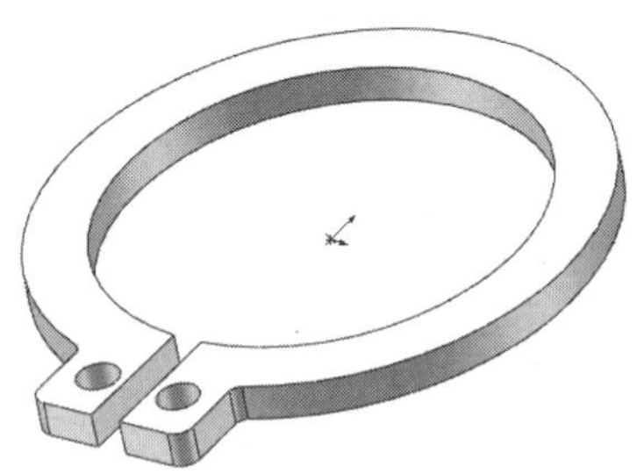

图 15-18 倒角

15.2 倒角特征

在零件设计过程中，通常对锐利的零件边角进行倒角处理，以防止伤人并避免应力集中，便于搬运、装配等。此外，有些倒角特征也是机械加工过程中不可缺少的工艺。与圆角特征类似，倒角特征是对边或角进行倒角。如图 15-19 所示是应用倒角特征后的零件实例。

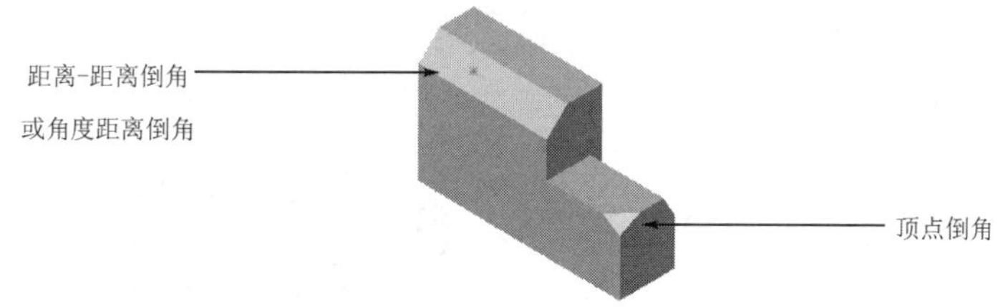

图 15-19 倒角特征零件实例

15.2.1 创建倒角特征

扫一扫，看视频

下面结合实例介绍在零件模型上创建倒角特征的操作步骤。

① 打开随书资源中的“\源文件\ch15\15.6.SLDPRT”。

② 选择菜单栏中的“插入”→“特征”→“倒角”命令，或者单击“特征”控制面板

中的“倒角”按钮，系统弹出“倒角”属性管理器。

③ 在“倒角”属性管理器中选择倒角类型。

- 角度距离：在所选边线上指定距离和倒角角度来生成倒角特征，如图 15-20（a）所示。
- 距离-距离：在所选边线的两侧分别指定两个距离值来生成倒角特征，如图 15-20（b）所示。
- 顶点：在与顶点相交的 3 个边线上分别指定距顶点的距离来生成倒角特征，如图 15-20（c）所示。

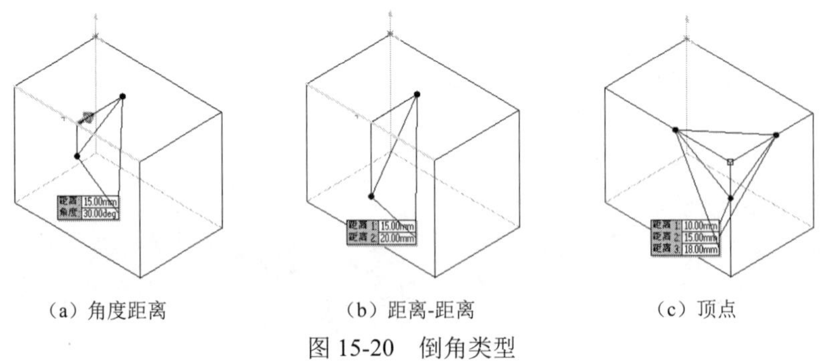

（a）角度距离　（b）距离-距离　（c）顶点

图 15-20　倒角类型

④ 单击按钮右侧的列表框，然后在图形区选择边线、面或顶点，设置倒角参数，如图 15-21 所示。

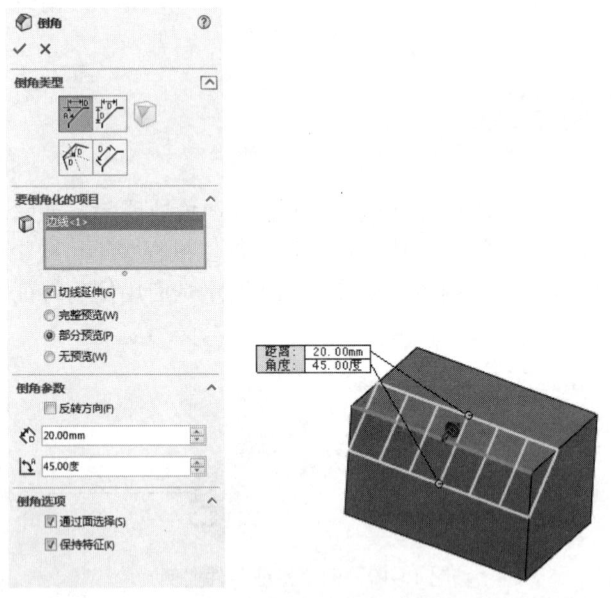

图 15-21　设置倒角参数

⑤ 在对应的文本框中指定距离或角度值。

⑥ 如果勾选“保持特征”复选框，则当应用倒角特征时，会保持零件的其他特征，如图 15-22 所示。

⑦ 倒角参数设置完毕，单击“确定”按钮，生成倒角特征。

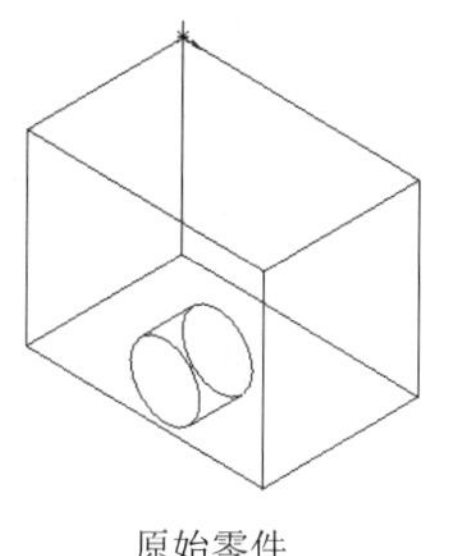
原始零件

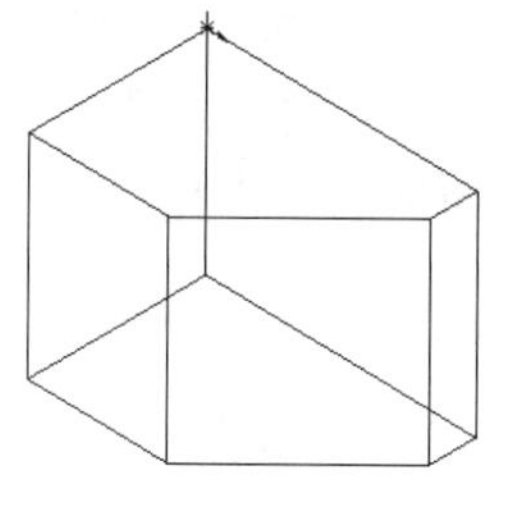
未勾选“保持特征”复选框

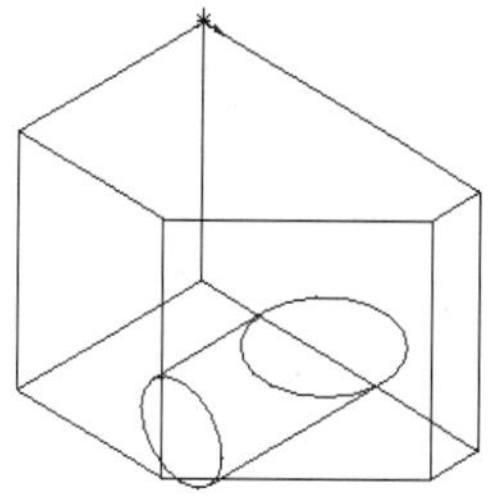
勾选“保持特征”复选框

图 15-22 倒角特征

15.2.2 实例——圆头平键

扫一扫，看视频

本例绘制圆头平键，如图 15-23 所示。

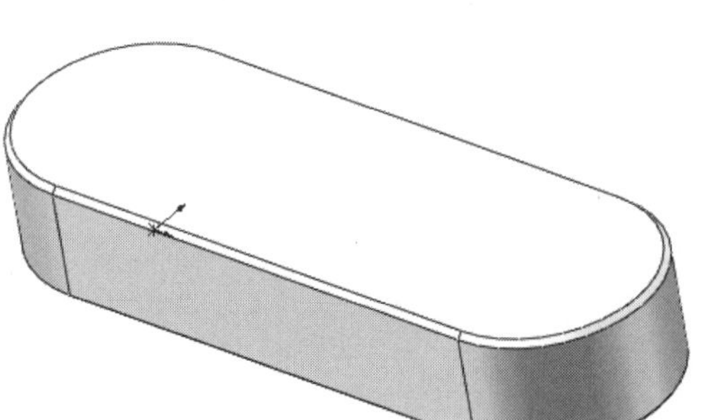

图 15-23 圆头平键

思路分析

首先绘制圆头平键草图，然后通过拉伸创建主体，最后对其进行倒角处理。绘制圆头平键的流程图如图 15-24 所示。

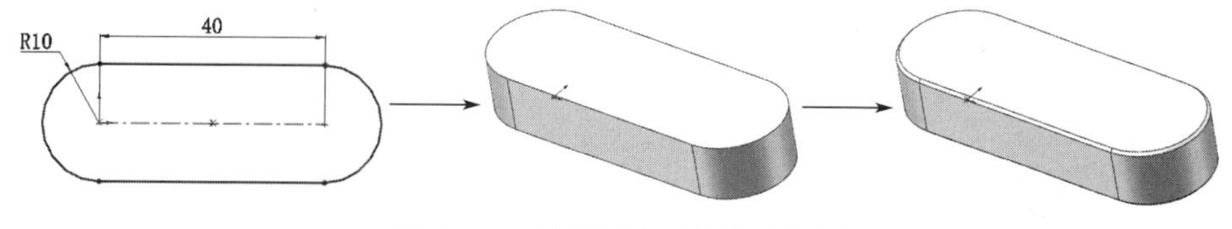

图 15-24 绘制圆头平键的流程图

【绘制步骤】

① 新建文件。启动 SOLIDWORKS，单击“标准”工具栏中的“新建”按钮，在打开的“新建 SOLIDWORKS 文件”对话框中，选择“零件”按钮，单击“确定”按钮，创建一个新的零件文件。

② 新建草图。在左侧的“FeatureManager 设计树”中用鼠标选择“前视基准面”作为草

图绘制基准面，单击“草图”控制面板上的“草图绘制”按钮，新建一张草图。

③ 绘制草图。单击“草图”控制面板中的“直槽口”按钮，绘制圆头平键草图。

④ 标注尺寸。单击“草图”控制面板中的“智能尺寸”按钮，为草图标注尺寸如图15-25所示。

⑤ 拉伸形成实体。单击“特征”控制面板中的“拉伸凸台/基体”按钮，弹出如图15-26所示的“凸台-拉伸”属性管理器。设定拉伸的终止条件为“给定深度”。输入拉伸距离为10mm，保持其他选项的系统默认值不变。单击属性管理器中的“确定”按钮。结果如图15-27所示。

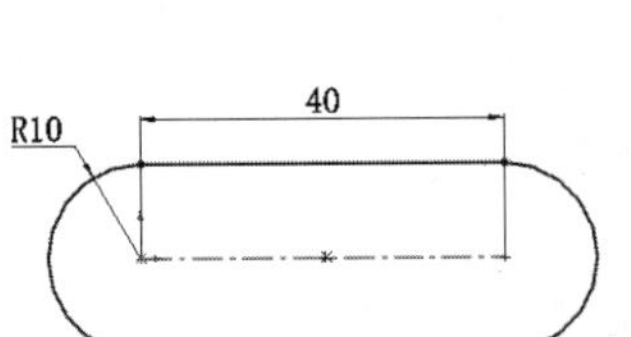

图15-25 圆头平键草图

图15-26 “凸台-拉伸”属性管理器

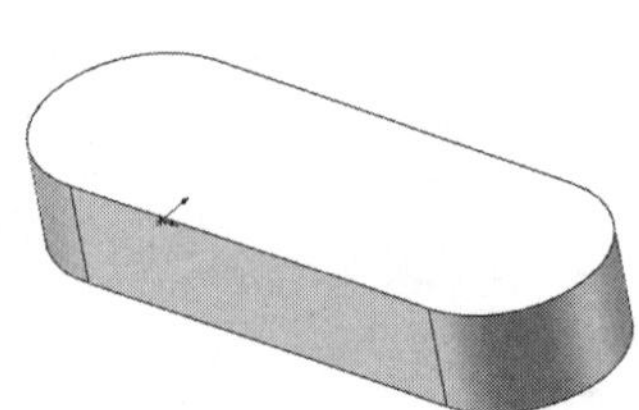

图15-27 拉伸实体

⑥ 倒角处理。单击“特征”控制面板中的“倒角”按钮，弹出如图15-28所示的“倒角”属性管理器。单击“角度距离”按钮，输入倒角距离为0.5mm，角度为45°，保持其他选项的系统默认值不变。在视图中选择拉伸体的上下表面上的所有边线，单击属性管理器中的“确定”按钮。结果如图15-29所示。

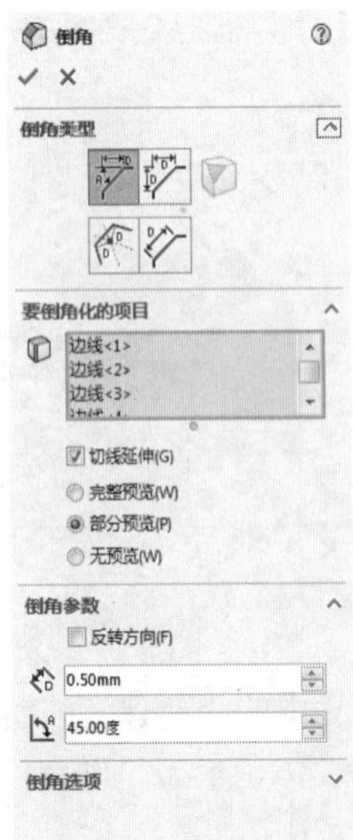

图15-28 “倒角”属性管理器

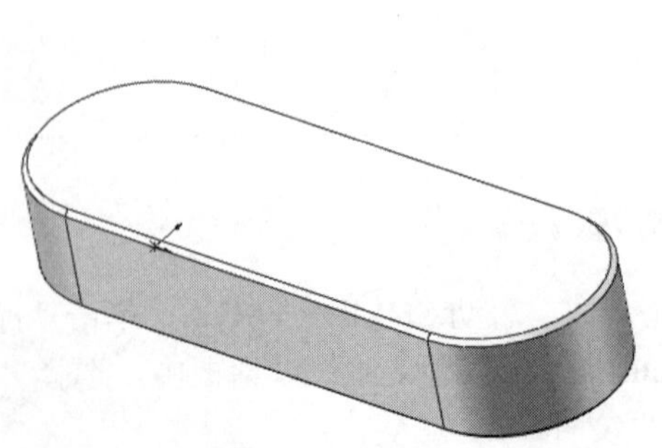

图15-29 倒角

【提示】

本例也可以采用拉伸成长方体后再进行倒圆角的方法来创建圆头平键主体，绘制过程如图 15-30 所示。

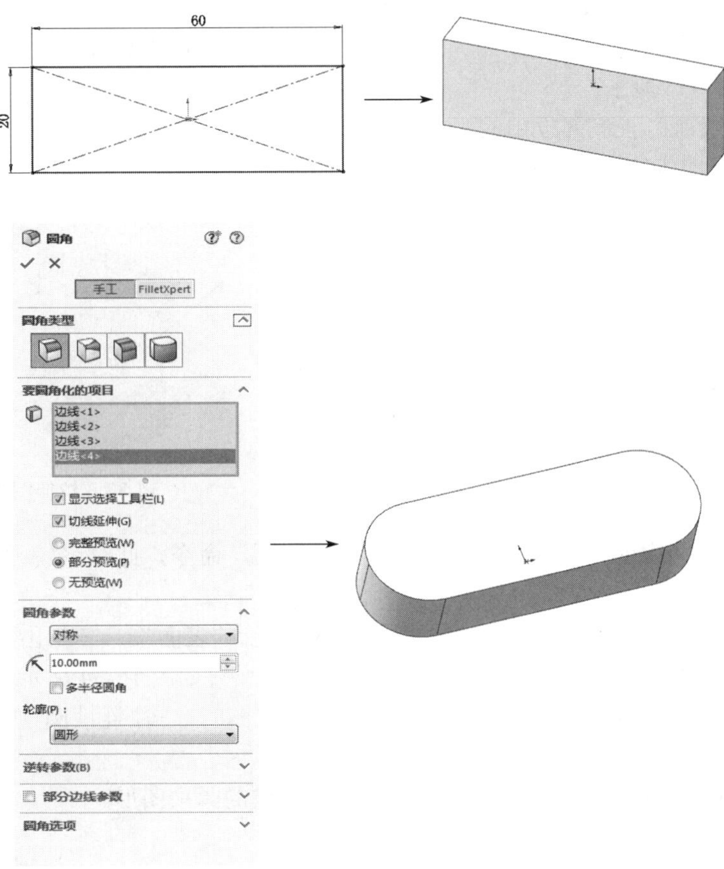

图 15-30　绘制过程图

15.3 圆顶特征

圆顶特征是对模型的一个面进行变形操作，生成圆顶形凸起特征。

如图 15-31 所示展示了圆顶特征的三种效果。

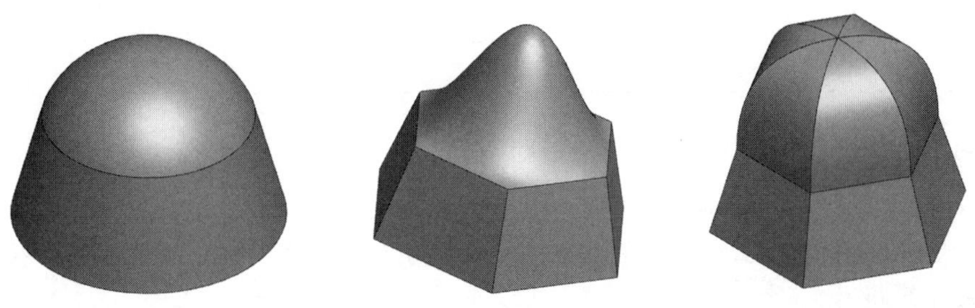

图 15-31　圆顶特征效果

15.3.1 创建圆顶特征

扫一扫，看视频

下面结合实例介绍创建圆顶特征的操作步骤。

① 创建一个新的零件文件。

② 在左侧的 FeatureManager 设计树中选择“前视基准面”作为绘制图形的基准面。

③ 单击“草图”控制面板中的“多边形”按钮，以原点为圆心绘制一个多边形并标注尺寸，如图 15-32 所示。

④ 单击“特征”控制面板中的“拉伸凸台/基体”按钮，将步骤③中绘制的草图拉伸成深度为 60mm 的实体，拉伸后的图形如图 15-33 所示。

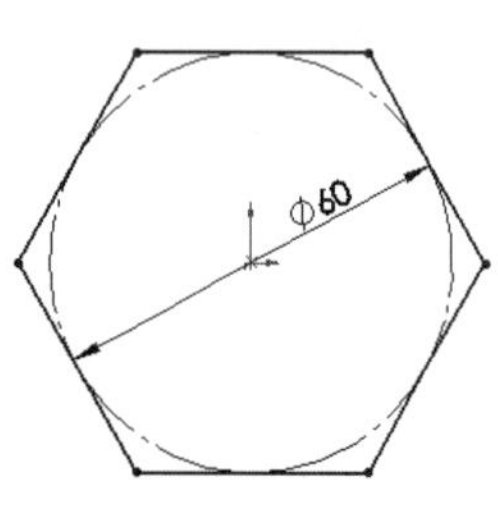

图 15-32 绘制的草图

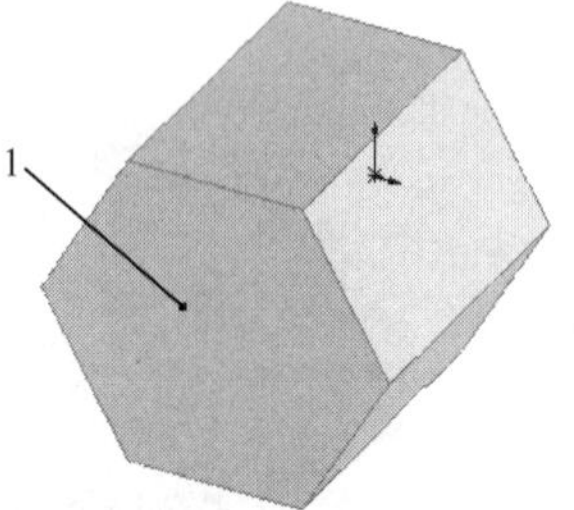

图 15-33 拉伸图形

⑤ 选择菜单栏中的“插入”→“特征”→“圆顶”命令，此时系统弹出“圆顶”属性管理器。

⑥ 在“参数”选项组中，单击选择如图 15-33 所示的表面 1，在“距离”文本框中输入“50”，勾选“连续圆顶”复选框，“圆顶”属性管理器设置如图 15-34 所示。

⑦ 单击属性管理器中的“确定”按钮✔，并调整视图的方向，连续圆顶的图形如图 15-35 所示。

如图 15-36 所示为不勾选“连续圆顶”复选框生成的圆顶图形。

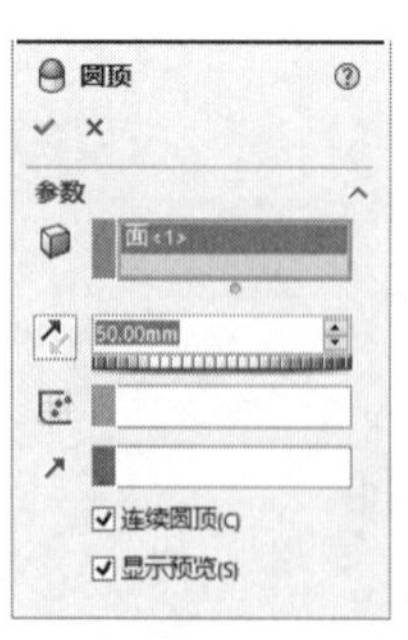

图 15-34 “圆顶”属性管理器

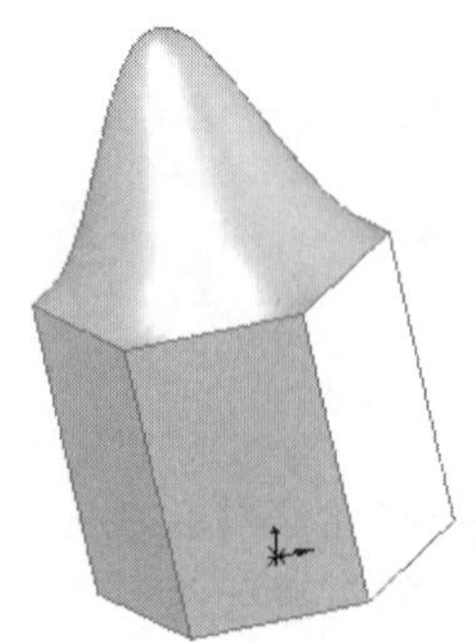
图 15-35 连续圆顶的图形

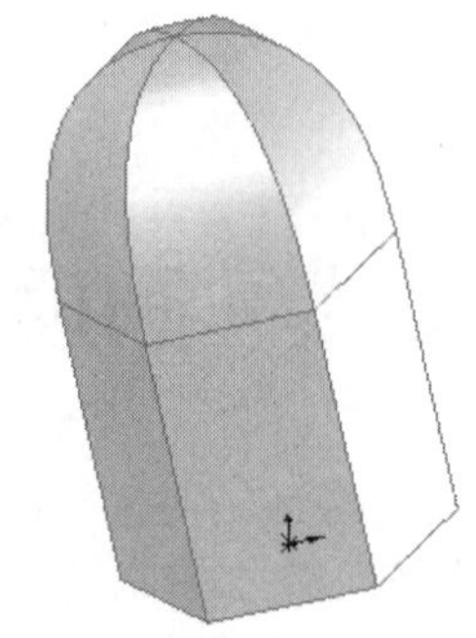
图 15-36 不连续圆顶的图形

技巧荟萃

在圆柱和圆锥模型上，可以将“距离”设置为 0，此时系统会使用圆弧半径作为圆顶的基础来计算距离。

15.3.2 实例——螺丝刀

扫一扫，看视频

本实例绘制的螺丝刀如图 15-37 所示。

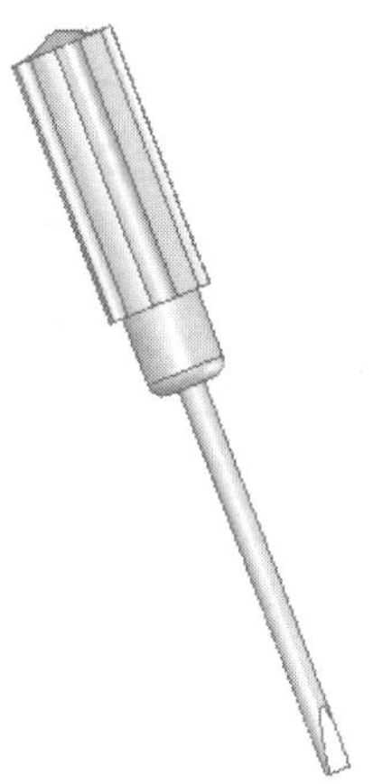

图 15-37 螺丝刀

思路分析

首先绘制螺丝刀的手柄部分，然后绘制圆顶，再绘制螺丝刀的端部，并拉伸切除生成“一字”头部，最后对相应部分进行圆角处理。绘制流程如图 15-38 所示。

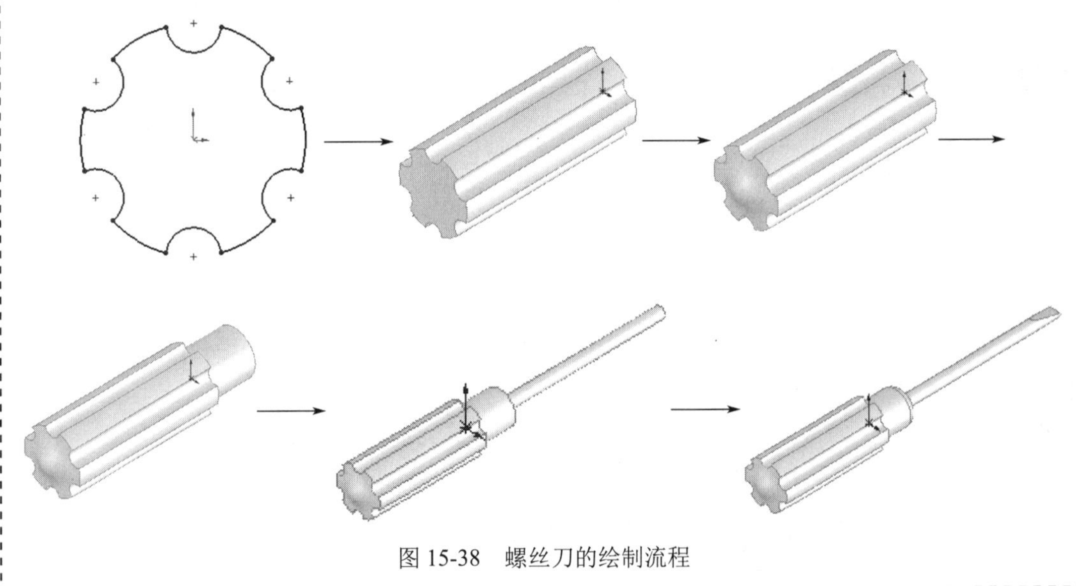

图 15-38 螺丝刀的绘制流程

【绘制步骤】

① 新建文件。启动 SOLIDWORKS 2020，单击“标准”工具栏中的“新建”按钮，创建一个新的零件文件。

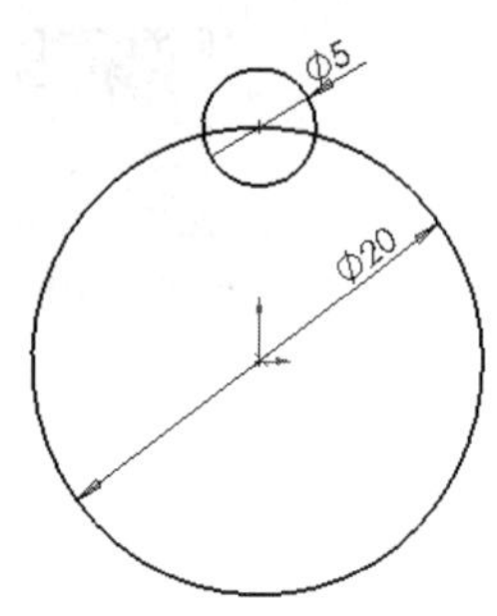

图 15-39　标注尺寸

② 绘制螺丝刀手柄草图。在左侧的 FeatureManager 设计树中选择“前视基准面”作为绘图基准面。单击“草图”控制面板中的“圆”按钮，以原点为圆心绘制一个大圆，并以原点正上方的大圆处为圆心绘制一个小圆。

③ 标注尺寸。单击“草图”控制面板上的“智能尺寸”按钮，标注步骤②中绘制圆的直径，如图 15-39 所示。

④ 圆周阵列草图。单击“草图”控制面板中的“圆周草图阵列”按钮，此时系统弹出“圆周阵列”属性管理器。按照图 15-40 进行设置后，单击“确定”按钮，阵列后的草图如图 15-41 所示。

⑤ 剪裁实体。单击“草图”控制面板中的“剪裁实体”按钮，剪裁图中相应的圆弧处，剪裁后的草图如图 15-42 所示。

图 15-40　“圆周阵列”属性管理器

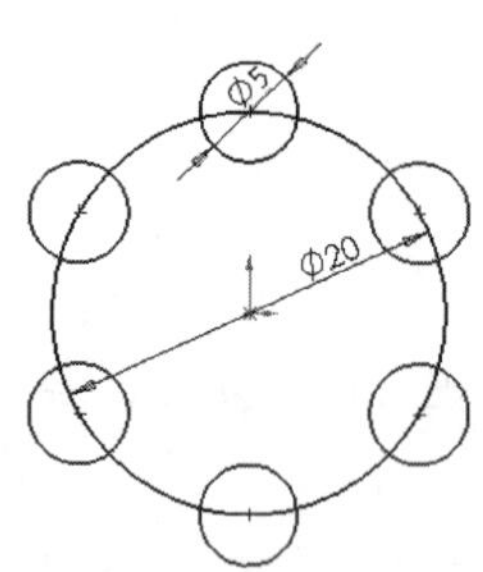

图 15-41　阵列后的草图

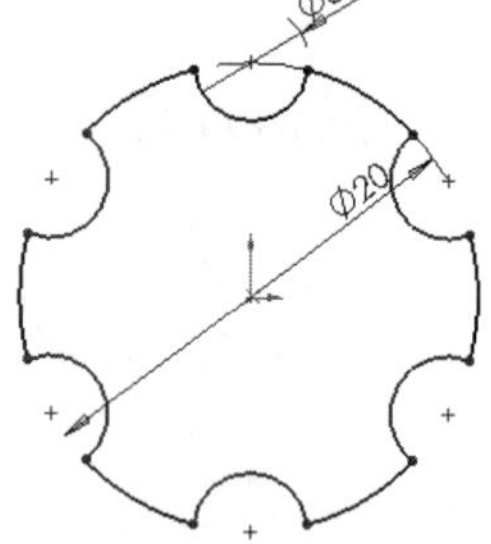

图 15-42　剪裁后的草图

⑥ 拉伸实体。单击“特征”控制面板中的“拉伸凸台/基体”按钮，此时系统弹出“凸台-拉伸”属性管理器。在“深度”文本框中输入“50”，然后单击“确定”按钮。

⑦ 设置视图方向。单击“标准视图”工具栏中的“等轴测”按钮，将视图以等轴测方向显示，创建的拉伸 1 特征如图 15-43 所示。

⑧ 圆顶实体。单击菜单栏中的“插入”→“特征”→“圆顶”命令，此时系统弹出“圆顶”属性管理器。在“参数”选项组中，单击选择如图 15-43 所示的表面 1。按照图 15-44 进行设置后，单击“确定”按钮，圆顶实体如图 15-45 所示。

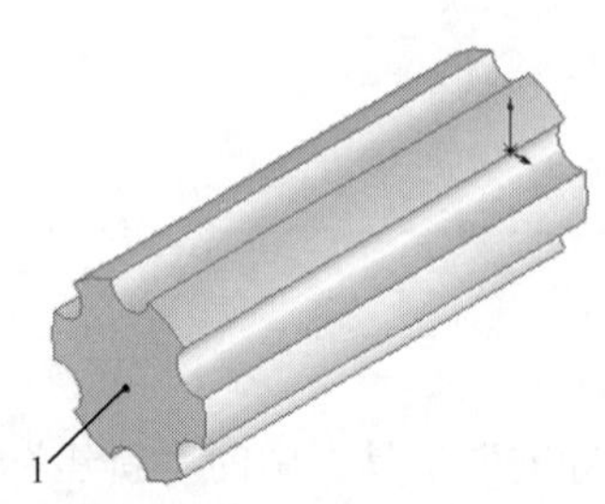

图 15-43　创建拉伸 1 特征

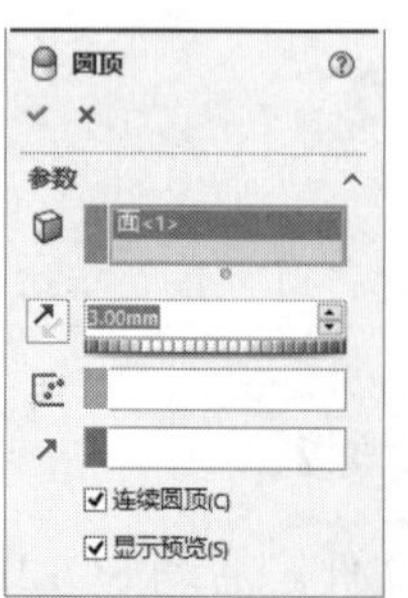

图 15-44　“圆顶”属性管理器

⑨ 设置基准面。单击选择如图 15-45 所示后表面，然后单击“标准视图”工具栏中的“垂直于”按钮，将该表面作为绘制图形的基准面。

⑩ 绘制草图。单击“草图”控制面板中的“圆”按钮，以原点为圆心绘制一个圆。

⑪ 标注尺寸。单击“草图”控制面板上的“智能尺寸”按钮，标注刚绘制的圆的直径，如图 15-46 所示。

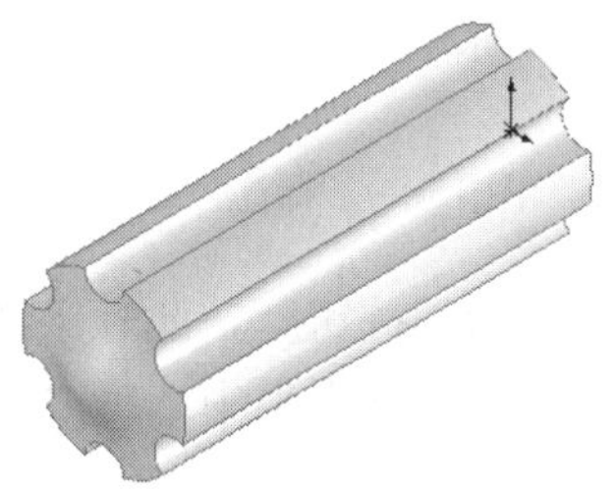

图 15-45 圆顶实体

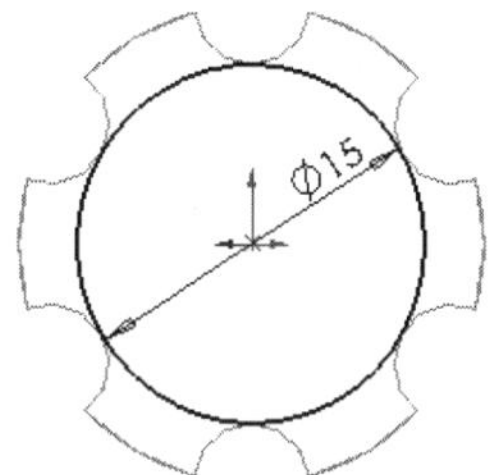

图 15-46 标注尺寸

⑫ 拉伸实体。单击“特征”控制面板中的“拉伸凸台/基体”按钮，此时系统弹出“凸台-拉伸”属性管理器。在“深度”文本框中输入“16”，然后单击“确定”按钮。

⑬ 设置视图方向。单击“标准视图”工具栏中的“等轴测”按钮，将视图以等轴测方向显示，创建的拉伸 2 特征如图 15-47 所示。

⑭ 设置基准面。单击选择如图 15-47 所示后表面，然后单击“标准视图”工具栏中的“垂直于”按钮，将该表面作为绘制图形的基准面。

⑮ 绘制草图。单击“草图”控制面板中的“圆”按钮，以原点为圆心绘制一个圆。

⑯ 标注尺寸。单击“草图”控制面板上的“智能尺寸”按钮，标注刚绘制的圆的直径，如图 15-48 所示。

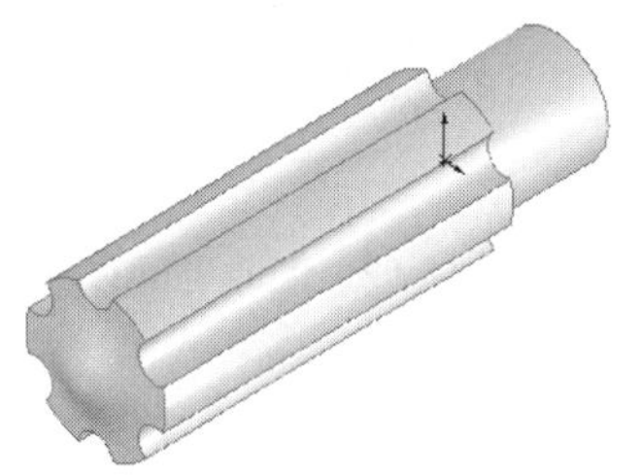

图 15-47 创建拉伸 2 特征

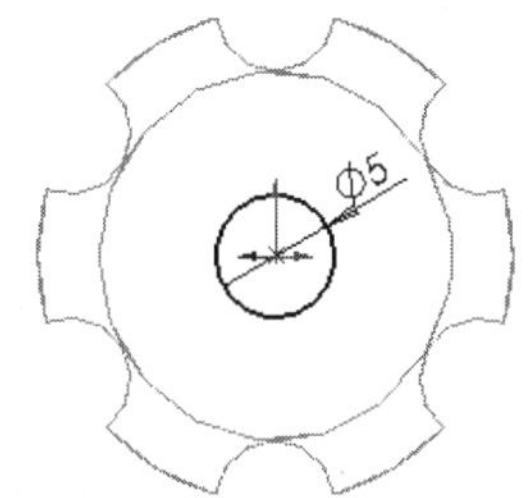

图 15-48 标注尺寸

⑰ 拉伸实体。单击“特征”控制面板中的“拉伸凸台/基体”按钮，此时系统弹出“凸台-拉伸”属性管理器。在“深度”文本框中输入“75”，然后单击（确定）按钮。

⑱ 设置视图方向。单击“标准视图”工具栏中的“等轴测”按钮，将视图以等轴测方向显示，创建的拉伸 3 特征如图 15-49 所示。

⑲ 设置基准面。在左侧的 FeatureManager 设计树中选择“右视基准面”，然后单击“标准视图”工具栏中的“垂直于”按钮，将该基准面作为绘制图形的基准面。

⑳ 绘制草图。单击“草图”控制面板中的“直线”按钮，绘制两个三角形。

㉑ 标注尺寸。单击“草图”控制面板上的“智能尺寸”按钮，标注步骤⑳中绘制草图的尺寸，如图 15-50 所示。

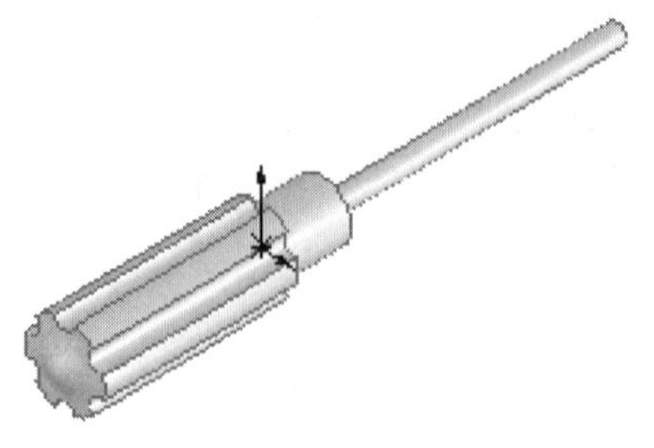

图 15-49 创建拉伸 3 特征

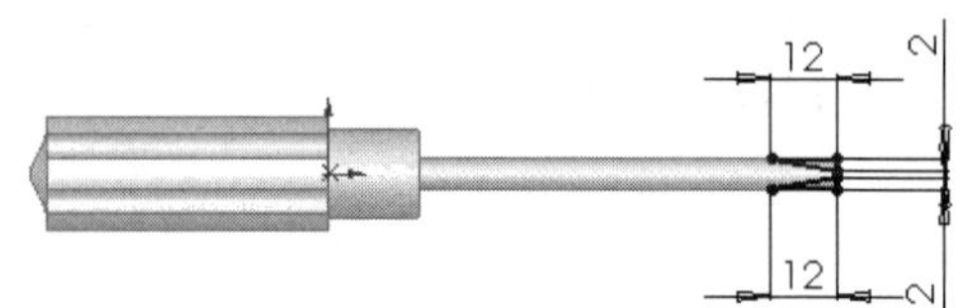

图 15-50 标注尺寸

㉒ 拉伸切除实体。单击“特征”控制面板中的“拉伸切除”按钮，此时系统弹出“切除-拉伸”属性管理器。在“方向 1”选项组的“终止条件”下拉列表框中选择“两侧对称”选项，然后单击“确定”按钮✔。

㉓ 设置视图方向。单击“标准视图”工具栏中的“等轴测”按钮，将视图以等轴测方向显示，创建的拉伸 4 特征如图 15-51 所示。

㉔ 倒圆角。单击“特征”控制面板中的“圆角”按钮，此时系统弹出“圆角”属性管理器。在“半径”文本框中输入“3”，然后单击选择如图 15-51 所示的边线 1，单击“确定”按钮✔。

㉕ 设置视图方向。单击“标准视图”工具栏中的“等轴测”按钮，将视图以等轴测方向显示，倒圆角后的图形如图 15-52 所示。

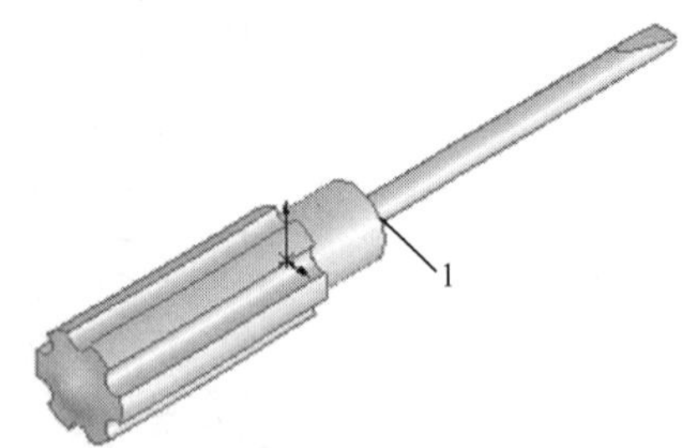

图 15-51 创建拉伸 4 特征

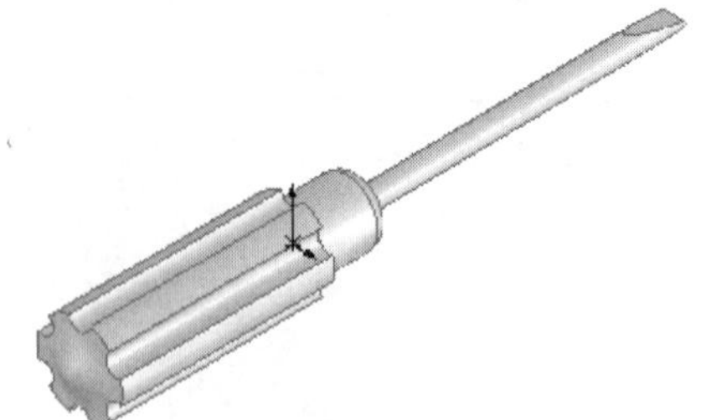

图 15-52 倒圆角后的图形

15.4 拔模特征

拔模是零件模型上常见的特征，是以指定的角度斜削模型中所选的面，经常应用于铸造零件，由于拔模角度的存在可以使型腔零件更容易脱出模具。SOLIDWORKS 提供了丰富的拔模功能。用户既可以在现有的零件上插入拔模特征，也可以在拉伸特征的同时进行拔模。本节主要介绍在现有的零件上插入拔模特征。

下面对与拔模特征有关的术语进行说明。

- 拔模面：选取的零件表面，此面将生成拔模斜度。
- 中性面：在拔模的过程中大小不变的固定面，用于指定拔模角的旋转轴。如果中性面与拔模面相交，则相交处即为旋转轴。
- 拔模方向：用于确定拔模角度的方向。

如图 15-53 所示是一个拔模特征的应用实例。

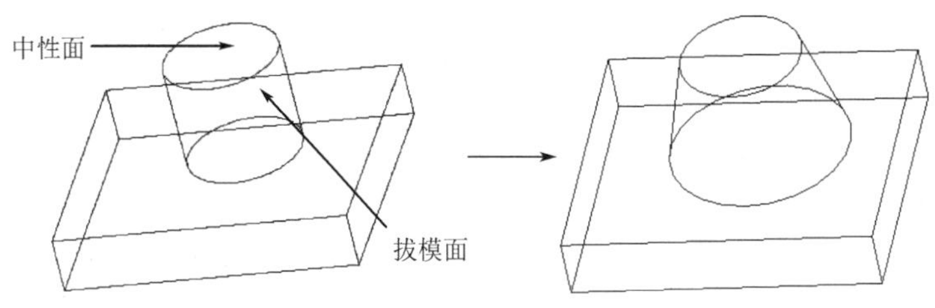

图 15-53　拔模特征应用实例

15.4.1　创建拔模特征

要在现有的零件上插入拔模特征，从而以特定角度斜削所选的面，可以使用中性面拔模、分型线拔模和阶梯拔模。

扫一扫，看视频

（1）中性面拔模

下面结合实例介绍使用中性面在模型面上生成拔模特征的操作步骤。

① 打开随书资源中的“\源文件\ch15\15.8.SLDPRT”。

② 选择菜单栏中的“插入”→“特征”→“拔模”命令，或者单击“特征”控制面板中的“拔模”按钮，系统弹出“拔模”属性管理器。

③ 在“拔模类型”选项组中，选择“中性面”选项。

④ 在“拔模角度”选项组的“角度”文本框中设定拔模角度。

⑤ 单击“中性面”选项组中的列表框，然后在图形区中选择面或基准面作为中性面，如图 15-54 所示。

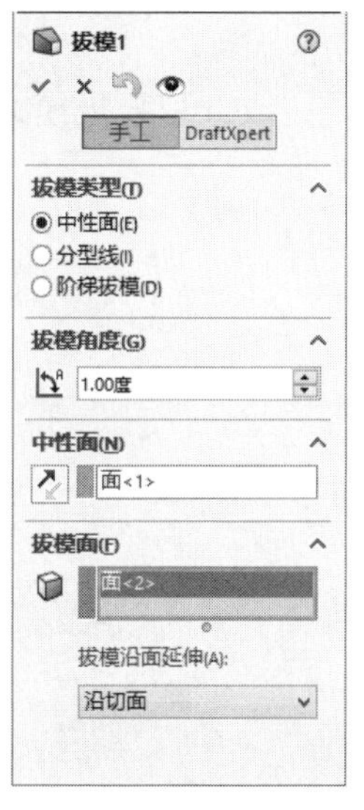

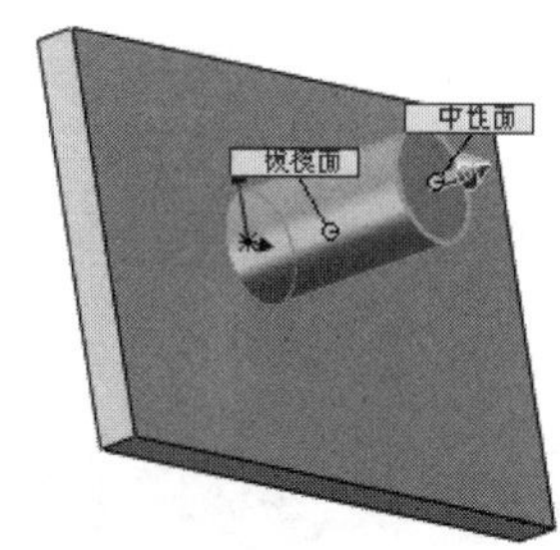

图 15-54　选择中性面

⑥ 图形区中的控标会显示拔模的方向，如果要向相反的方向生成拔模，单击“反向”按钮。

⑦ 单击“拔模面”选项组按钮右侧的列表框，然后在图形区中选择拔模面。

⑧ 如果要将拔模面延伸到额外的面，从“拔模沿面延伸”下拉列表框中选择以下选项。

- 沿切面：将拔模延伸到所有与所选面相切的面。
- 所有面：所有从中性面拉伸的面都进行拔模。
- 内部的面：所有与中性面相邻的内部面都进行拔模。
- 外部的面：所有与中性面相邻的外部面都进行拔模。
- 无：拔模面不进行延伸。

⑨ 拔模属性设置完毕，单击“确定”按钮✔，完成中性面拔模特征。

扫一扫，看视频

（2）分型线拔模

下面结合实例介绍插入分型线拔模特征的操作步骤。

① 打开随书资源中的“\源文件\ch15\15.9.SLDPRT”。

② 选择菜单栏中的“插入”→“特征”→“拔模”命令，或者单击“特征”控制面板中的“拔模”按钮，系统弹出“拔模”属性管理器。

③ 在“拔模类型”选项组中，选择“分型线”选项。

④ 在“拔模角度”选项组的“角度”文本框中指定拔模角度。

⑤ 单击“拔模方向”选项组中的列表框，然后在图形区中选择一条边线或一个面来指示拔模方向。

⑥ 如果要向相反的方向生成拔模，单击“反向”按钮。

⑦ 单击“分型线”选项组按钮右侧的列表框，在图形区中选择分型线，如图 15-55（a）所示。

⑧ 如果要为分型线的每一线段指定不同的拔模方向，单击“分型线”选项组按钮右侧列表框中的边线名称，然后单击“其他面”按钮。

⑨ 在“拔模沿面延伸”下拉列表框中选择拔模沿面延伸类型。

- 无：只在所选面上进行拔模。
- 沿相切面：将拔模延伸到所有与所选面相切的面。

⑩ 拔模属性设置完毕，单击“确定”按钮✔，完成分型线拔模特征，如图 15-55（b）所示。

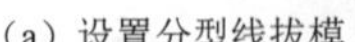
（a）设置分型线拔模

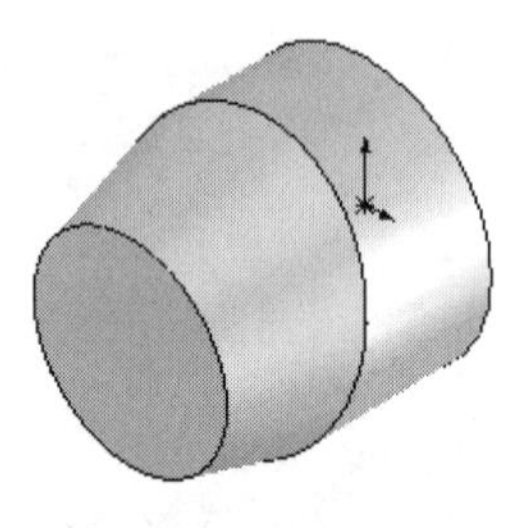
（b）分型线拔模效果

图 15-55　分型线拔模

技巧荟萃

拔模分型线必须满足以下条件：①在每个拔模面上至少有一条分型线段与基准面重合；②其他所有分型线段处于基准面的拔模方向；③没有分型线段与基准面垂直。

（3）阶梯拔模

阶梯拔模为分型线拔模的变体，它的分型线可以不在同一平面内，如图 15-56 所示。

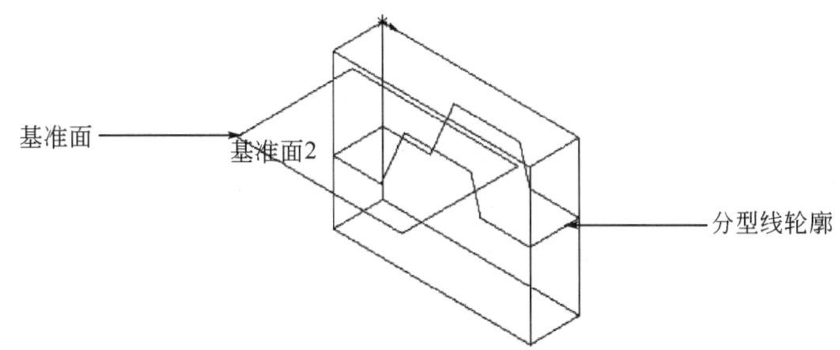

图 15-56　阶梯拔模中的分型线轮廓

下面结合实例介绍插入阶梯拔模特征的操作步骤。

扫一扫，看视频

① 打开随书资源中的“\源文件\ch15\15.10.SLDPRT”。

② 选择菜单栏中的“插入”→“特征”→“拔模”命令，或者单击“特征”控制面板中的“拔模”按钮，系统弹出“拔模”属性管理器。

③ 在“拔模类型”选项组中，选择“阶梯拔模”选项。

④ 如果想使曲面与锥形曲面一样生成，则勾选“锥形阶梯”复选框；如果想使曲面垂直于原主要面，则勾选“垂直阶梯”复选框。

⑤ 在“拔模角度”选项组的“角度”文本框中指定拔模角度。

⑥ 单击“拔模方向”选项组中的列表框，然后在图形区中选择一基准面指示起模方向。

⑦ 如果要向相反的方向生成拔模，则单击“反向”按钮。

⑧ 单击“分型线”选项组按钮右侧的列表框，然后在图形区中选择分型线，如图 15-57（a）所示。

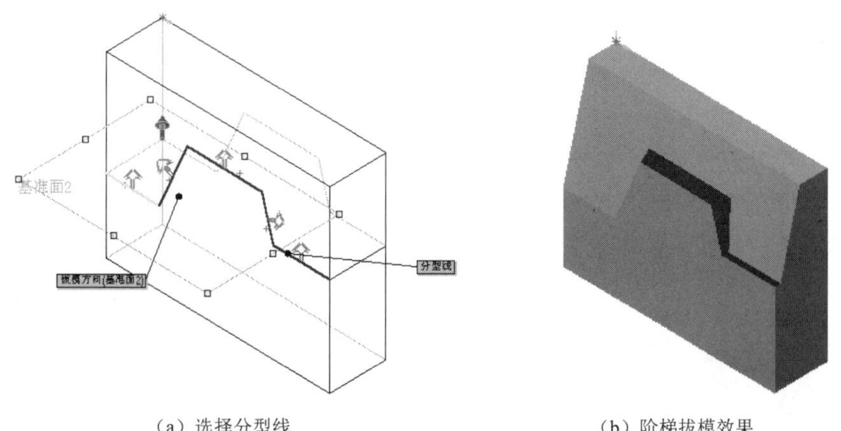

（a）选择分型线　（b）阶梯拔模效果

图 15-57　创建分型线拔模

⑨ 如果要为分型线的每一线段指定不同的拔模方向，则在“分型线”选项组按钮右侧的列表框中选择边线名称，然后单击“其他面”按钮。

⑩ 在“拔模沿面延伸”下拉列表框中选择拔模沿面延伸类型。

⑪ 拔模属性设置完毕，单击“确定”按钮✔，完成阶梯拔模特征，如图 15-57（b）所示。

15.4.2 实例——球棒

扫一扫，看视频

本实例绘制的球棒如图 15-58 所示。

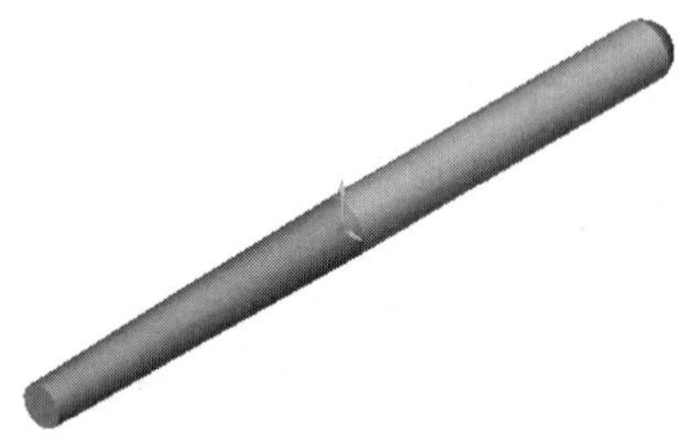

图 15-58 球棒

思路分析

首先绘制一个圆柱体，然后绘制分割线，把圆柱体分割成两部分，将其中一部分进行拔模处理，完成球棒的绘制。绘制流程如图 15-59 所示。

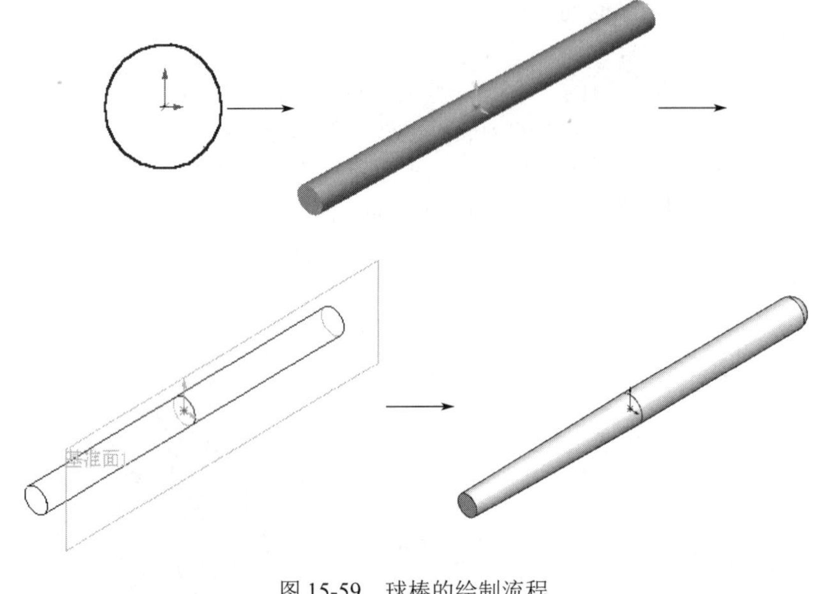

图 15-59 球棒的绘制流程

【绘制步骤】

① 新建文件。启动 SOILDWORKS 2020，单击“标准”工具栏中的“新建”按钮，

创建一个新的零件文件。

② 绘制草图。单击“草图”控制面板上的“草图绘制”按钮，新建一张草图。默认情况下，新的草图在前视基准面上打开。单击“草图”控制面板中的“圆”按钮，绘制一个圆形作为拉伸基体特征的草图轮廓。

③ 标注尺寸。单击“草图”控制面板上的“智能尺寸”按钮，标注尺寸如图 15-60 所示。

④ 拉伸实体。单击“特征”控制面板中的“拉伸凸台/基体”按钮，在弹出的“凸台-拉伸”属性管理器的“方向 1”选项组中设定拉伸“终止条件”为“两侧对称”；在“深度”文本框中输入“160”。单击“确定”按钮，生成的拉伸实体特征如图 15-61 所示。

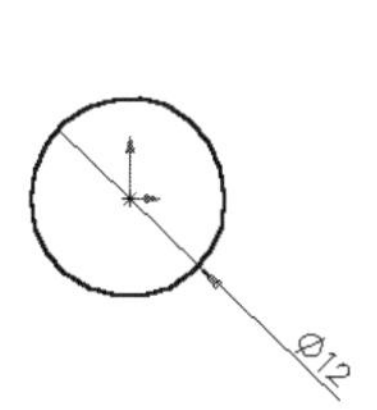

图 15-60　标注尺寸

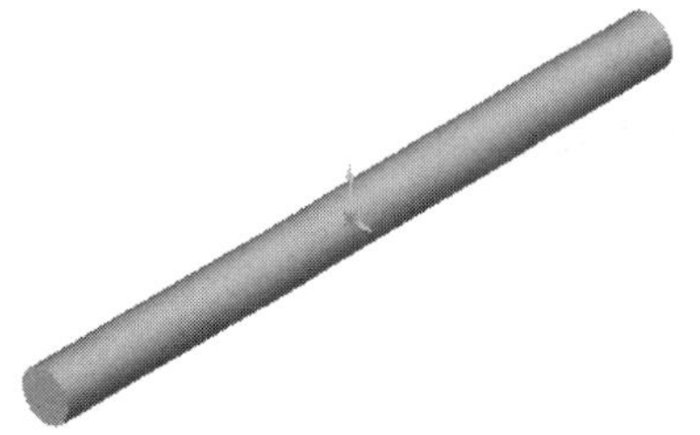

图 15-61　拉伸实体特征

⑤ 创建基准面。单击“特征”控制面板“参考几何体”下拉列表中的“基准面”按钮，系统弹出“基准面”属性管理器。选择上视基准面，然后在“基准面”属性管理器的“偏移距离”文本框中输入“20”，单击“确定”按钮，生成分割线所需的基准面 1。

⑥ 设置基准面。单击“草图”控制面板上的“草图绘制”按钮，在基准面 1 上打开一张草图，即草图 2。单击“标准视图”工具栏中的“垂直于”按钮，正视于基准面 1 视图。

⑦ 绘制草图。单击“草图”控制面板中的“直线”按钮，在基准面 1 上绘制一条通过原点的竖直直线。

⑧ 设置视图方向。单击“视图（前导）”工具栏中的“消除隐藏线”按钮，以轮廓线观察模型。单击“标准视图”工具栏中的“等轴测”按钮，用等轴测视图观看图形，如图 15-62 所示。

⑨ 创建分割线。单击“特征”控制面板“曲线”下拉列表中的“分割线”按钮，系统弹出“分割线”属性管理器。在“分割类型”选项组中点选“投影”单选钮，单击按钮右侧的列表框，在图形区中选择草图 2 作为投影草图；单击按钮右侧的列表框，然后在图形区中选择圆柱的侧面作为要分割的面，如图 15-63 所示。单击“确定”按钮，生成平均分割圆柱的分割线，如图 15-64 所示。

⑩ 创建拔模特征。单击“特征”控制面板中的“拔模”按钮，系统弹出“拔模”属性管理器。在“拔模类型”选项组中点选“中性面”单选钮，在“角度”文本框中输入“1”；单击“中性面”选项组中的列表框，然后选择前视视图作为中性面；单击“拔模面”选项组按钮右侧的列表框，然后在图形区中选择圆柱侧面为拔模面。单击“确定”按钮，完成中性面拔模特征。

⑪ 创建圆顶特征。单击选择柱形的底端面（拔模的一端）作为创建圆顶的基面。单击“特征”控制面板中的“圆顶”按钮，在弹出的“圆顶”属性管理器中指定圆顶的高度为“5mm”。单击“确定”按钮，生成圆顶特征。

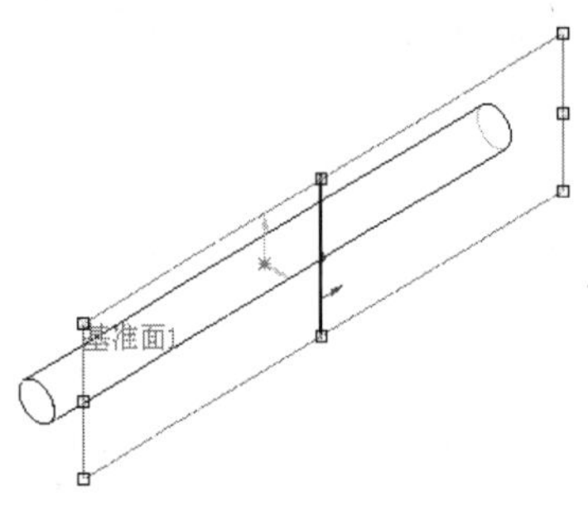

图 15-62　在基准面 1 上生成草图 2 并设置视图方向

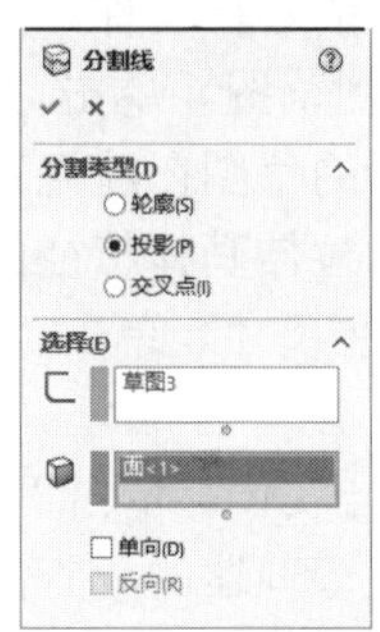

图 15-63　“分割线”属性管理器

⑫ 保存文件。单击“标准”工具栏中的“保存”按钮，将零件保存为“球棒.sldprt”。至此该零件就制作完成了，最后的效果（包括 FeatureManager 设计树）如图 15-65 所示。

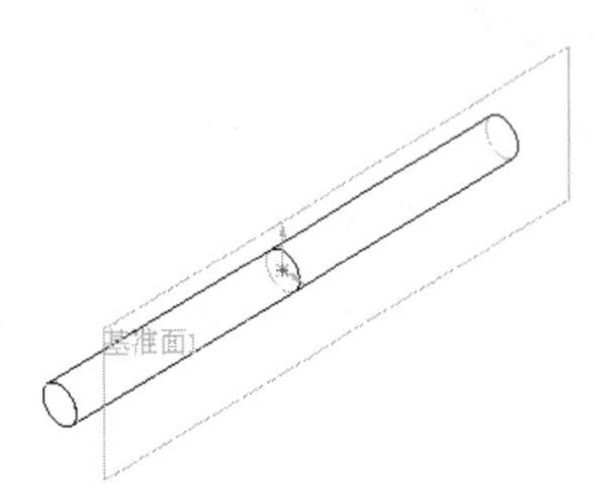

图 15-64　生成分割线

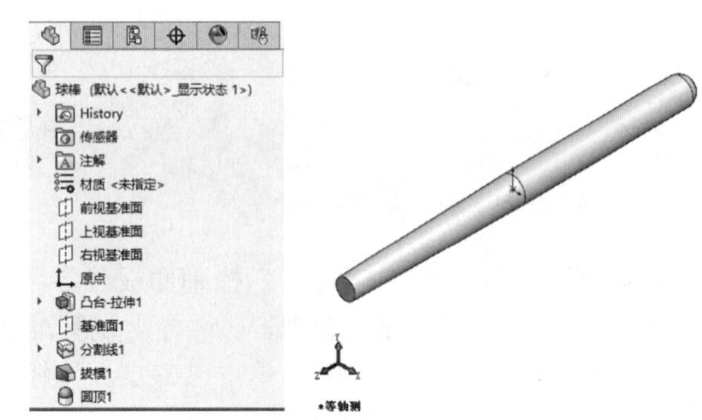

图 15-65　最后的效果

15.5 抽壳特征

抽壳特征是零件建模中的重要特征，它能使一些复杂工作变得简单化。当在零件的一个面上抽壳时，系统会掏空零件的内部，使所选择的面敞开，在剩余的面上生成薄壁特征。如果没有选择模型上的任何面，而直接对实体零件进行抽壳操作，则会生成一个闭合、掏空的模型。通常，抽壳时各个表面的厚度相等，也可以对某些表面的厚度进行单独指定，这样抽壳特征完成之后，各个零件表面的厚度就不相等了。

如图 15-66 所示是对零件创建抽壳特征后建模的实例。

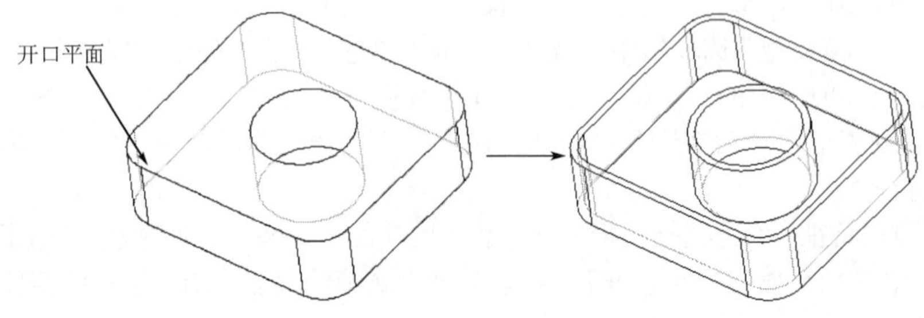

图 15-66　抽壳特征实例

15.5.1 创建抽壳特征

（1）等厚度抽壳特征

扫一扫，看视频

① 打开随书资源中的“\源文件\ch15\15.11.SLDPRT”。

② 选择菜单栏中的“插入”→“特征”→“抽壳”命令，或者单击“特征”控制面板中的“抽壳”按钮，系统弹出“抽壳”属性管理器。

③ 在“参数”选项组的“厚度”文本框中指定抽壳的厚度。

④ 单击按钮右侧的列表框，然后从右侧的图形区中选择一个或多个开口面作为要移除的面。此时在列表框中显示所选的开口面，如图 15-67 所示。

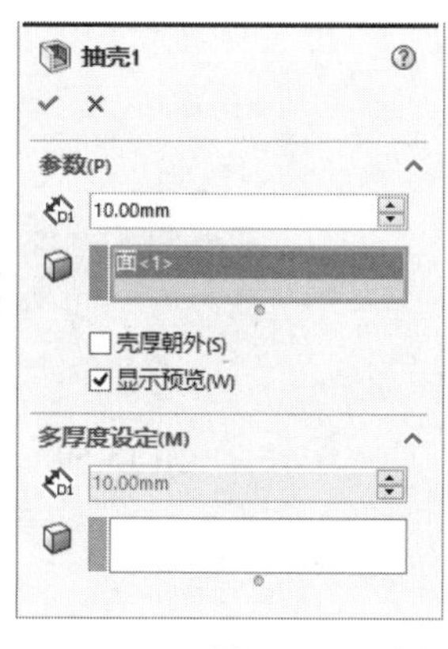

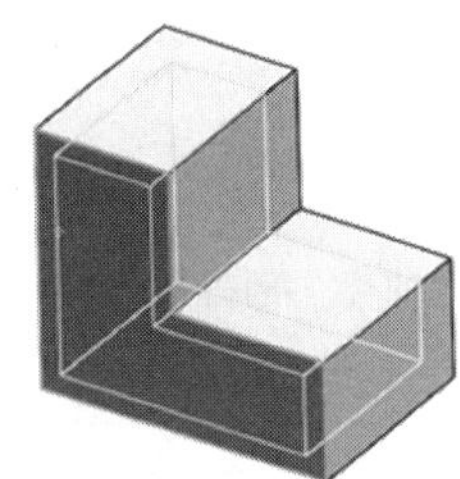

图 15-67 选择要移除的面

⑤ 如果勾选了“壳厚朝外”复选框，则会增加零件外部尺寸，从而生成抽壳。

⑥ 抽壳属性设置完毕，单击“确定”按钮，生成等厚度抽壳特征。

技巧荟萃

如果在步骤④中没有选择开口面，则系统会生成一个闭合、掏空的模型。

（2）具有多厚度面抽壳特征

扫一扫，看视频

① 打开随书资源中的“\源文件\ch15\15.12.SLDPRT”。

② 选择菜单栏中的“插入”→“特征”→“抽壳”命令，或者单击“特征”控制面板中的“抽壳”按钮，系统弹出“抽壳”属性管理器。

③ 单击“多厚度设定”选项组按钮右侧的列表框，激活多厚度设定。

④ 在图形区中选择开口面，这些面会在该列表框中显示出来。

⑤ 在列表框中选择开口面，然后在“多厚度设定”选项组的“厚度”文本框中输入对应的壁厚。

⑥ 重复步骤⑤，直到为所有选择的开口面指定了厚度。

⑦ 如果要使壁厚添加到零件外部，则勾选“壳厚朝外”复选框。

⑧ 抽壳属性设置完毕，单击“确定”按钮，生成多厚度抽壳特征，其剖视图如图 15-68 所示。

技巧荟萃

如果想在零件上添加圆角特征，应当在生成抽壳之前对零件进行圆角处理。

15.5.2 实例——变径气管

扫一扫，看视频

本例创建的变径气管如图 15-69 所示。

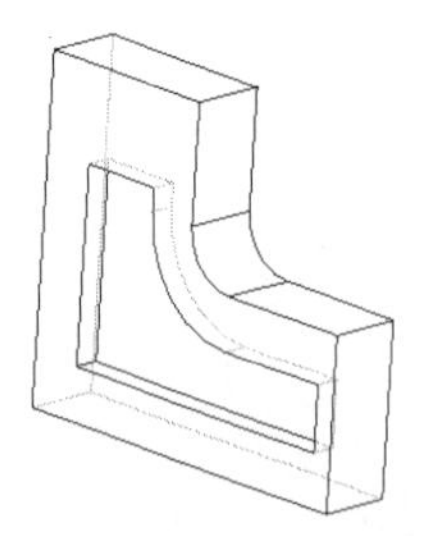
图 15-68 多厚度抽壳（剖视图）

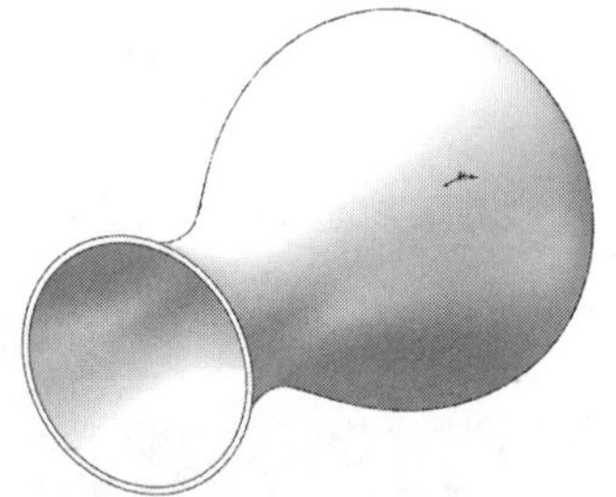
图 15-69 变径气管

思路分析

首先绘制草图通过旋转创建气管主体，然后通过抽壳完成变径气管的创建；绘制变径气管的流程图如图 15-70 所示。

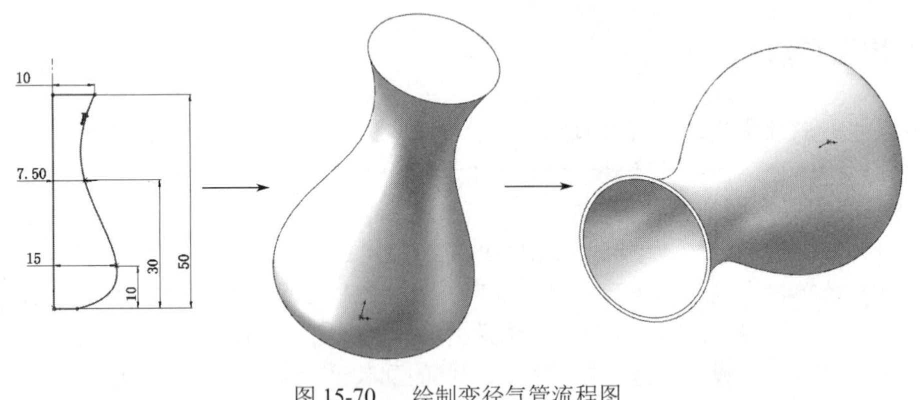

图 15-70 绘制变径气管流程图

【绘制步骤】

① 新建文件。启动 SOLIDWORKS 2020，单击“标准”工具栏中的“新建”按钮，在弹出的“新建 SOLIDWORKS 文件”对话框中，单击“零件”按钮，然后单击“确定”按钮，新建一个零件文件。

② 设置基准面。在“FeatureManager 设计树”中选择“前视基准面”作为草图绘制基准

面，单击“草图”控制面板中的“草图绘制”按钮，新建一张草图。

③ 绘制中心线。单击“草图”控制面板中的“中心线”按钮，过原点绘制两条相互垂直的中心线。单击“草图”控制面板中的“直线”按钮和“样条曲线”按钮，绘制气管草图并标注尺寸，如图 15-71 所示。

④ 旋转实体。单击“特征”控制面板中的“旋转凸台/基体”按钮，弹出如图 15-72 所示“旋转”属性管理器，选项保持默认设置，单击“确定”按钮，完成法兰的创建，如图 15-73 所示。

⑤ 单击“特征”控制面板中的“抽壳”按钮，系统打开如图 15-74 所示的“抽壳 1”属性管理器，输入抽壳距离为 0.5，在视图中选择图 15-73 中的面 1 为要移除的面。单击属性管理器中的“确定”按钮。结果如图 15-75 所示。

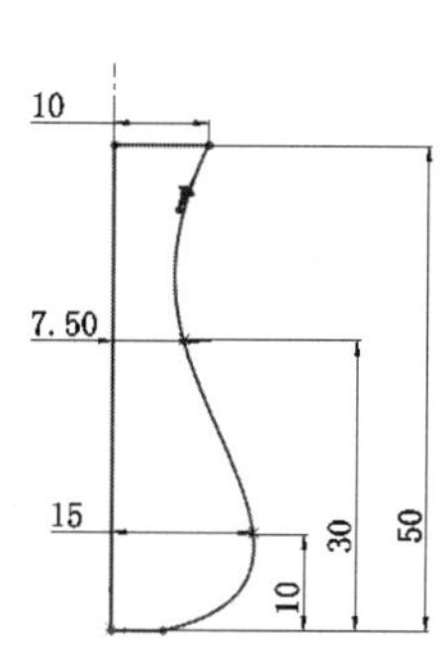

图 15-71 绘制气管草图并标注尺寸

图 15-72 “旋转”属性管理器

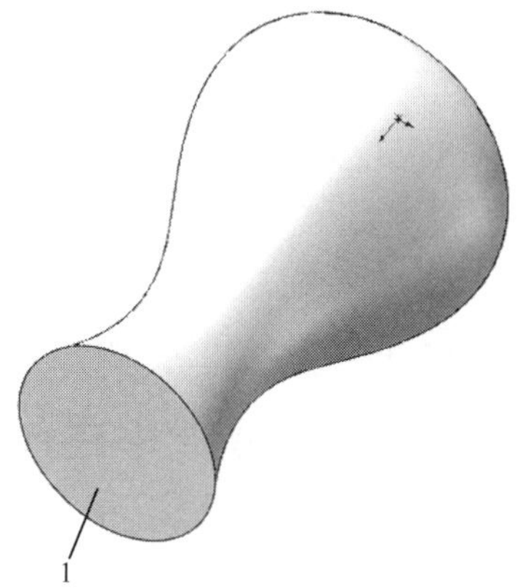

图 15-73 旋转实体

图 15-74 “抽壳 1”属性管理器

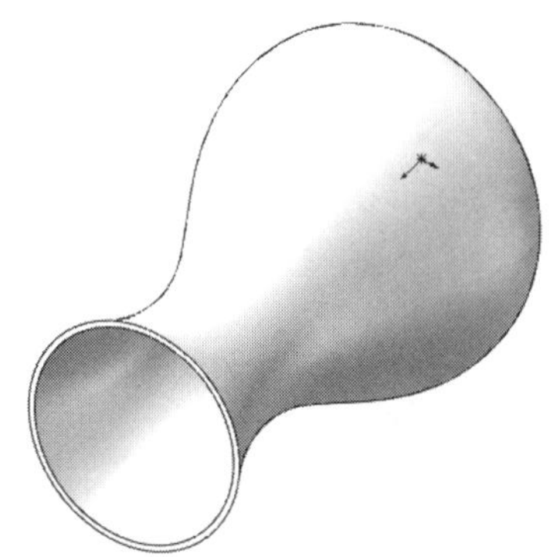

图 15-75 抽壳实体

【提示】

本例读者还可以绘制不封闭的草图，通过薄壁旋转创建变径气管，绘制过程如图 15-76 所示。

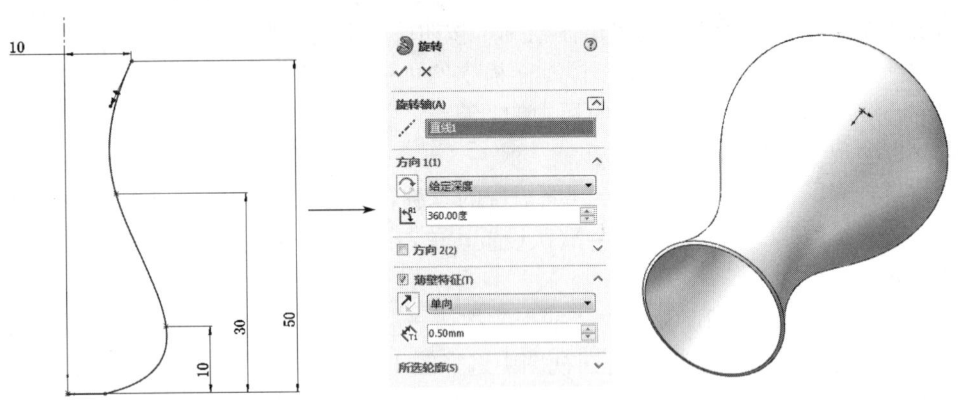

图 15-76　薄壁旋转过程

15.6 孔特征

钻孔特征是指在已有的零件上生成各种类型的孔特征。SOLIDWORKS 提供了两大类孔特征：简单直孔和异型孔。

15.6.1 创建简单直孔

扫一扫，看视频

简单直孔是指在确定的平面上，设置孔的直径和深度。孔深度的“终止条件”类型与拉伸切除的“终止条件”类型基本相同。

下面结合实例介绍简单直孔创建的操作步骤。

① 打开随书资源中的“\源文件\ch15\15.13.SLDPRT”，打开的文件实体如图 15-77 所示。

② 单击选择如图 15-77 所示的表面 1，选择菜单栏中的“插入”→“特征”→“简单直孔”命令，此时系统弹出“孔”属性管理器。

③ 设置属性管理器。在“终止条件”下拉列表框中选择“完全贯穿”选项，在“孔直径”文本框中输入“30”，“孔”属性管理器设置如图 15-78 所示。

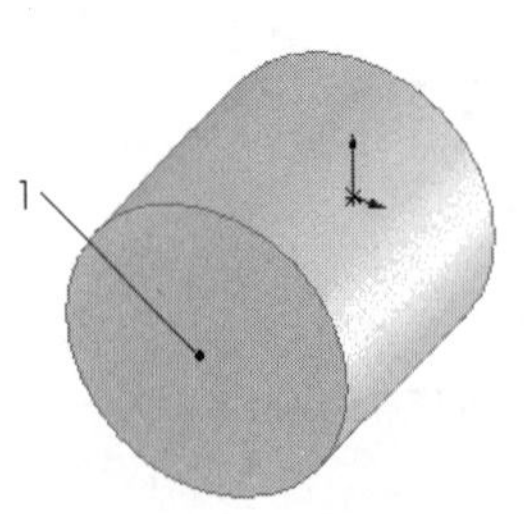

图 15-77　打开的文件实体

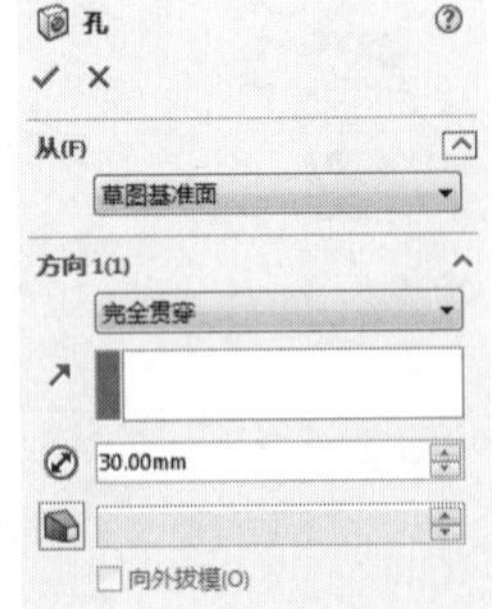

图 15-78　“孔”属性管理器

④ 单击“孔”属性管理器中的“确定”按钮，钻孔后的实体如图 15-79 所示。

⑤ 在 FeatureManager 设计树中，右击步骤④中添加的孔特征选项，此时系统弹出的快捷菜单如图 15-80 所示，单击其中的“编辑草图”按钮，编辑草图如图 15-81 所示。

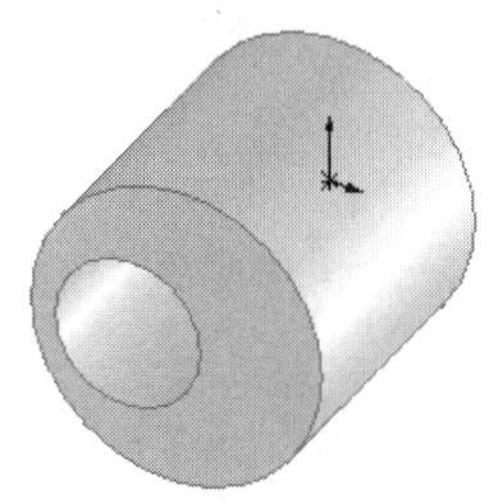

图 15-79　实体钻孔

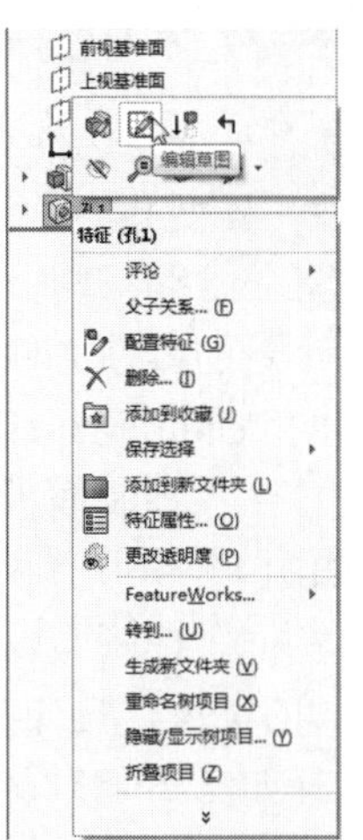

图 15-80　快捷菜单

⑥ 按住<Ctrl>键，单击选择如图 15-81 所示的圆弧 1 和边线弧 2，此时系统弹出的“属性”属性管理器如图 15-82 所示。

⑦ 单击“添加几何关系”选项组中的“同心”按钮，此时“同心”几何关系显示在“现有几何关系”选项组中。为圆弧 1 和边线弧 2 添加“同心”几何关系，再单击“确定”按钮✔。

⑧ 单击图形区右上角的“退出草图”按钮，创建的简单孔特征如图 15-83 所示。

图 15-81　编辑草图

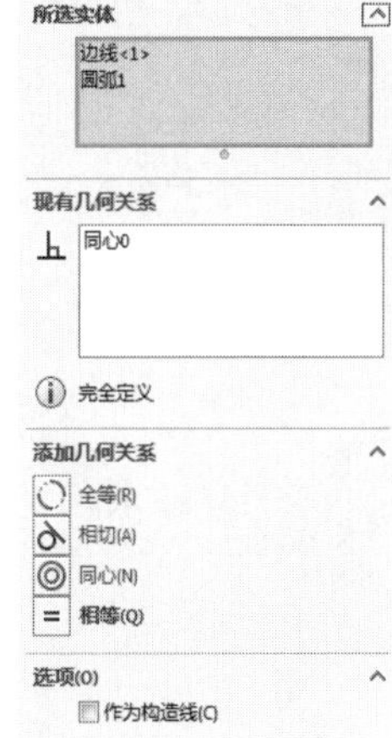
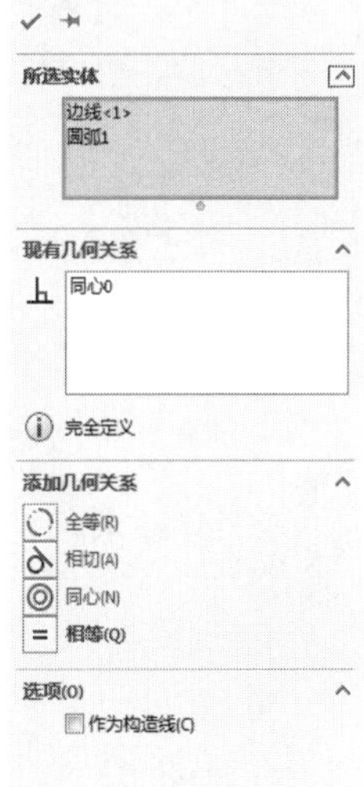

图 15-82　“属性”属性管理器

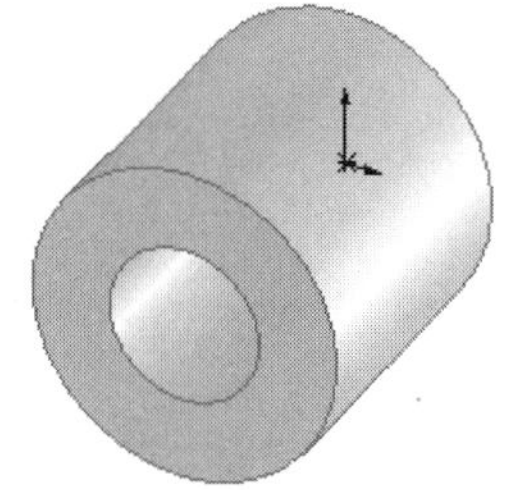

图 15-83　创建的简单孔特征

技巧荟萃

在确定简单孔的位置时，可以通过标注尺寸的方式来确定，对于特殊的图形可以通过添加几何关系来确定。

15.6.2 创建异型孔

扫一扫，看视频

异型孔即具有复杂轮廓的孔，主要包括柱孔、锥孔、孔、螺纹孔、管螺纹孔和旧制孔 6 种。异型孔的类型和位置都是在“孔规格”属性管理器中完成。

下面结合实例介绍异型孔创建的操作步骤。

① 创建一个新的零件文件。

② 在左侧的 FeatureManager 设计树中选择“前视基准面”作为绘制图形的基准面。

③ 单击“草图”控制面板中的“边角矩形”按钮，以原点为一角点绘制一个矩形，并标注尺寸，如图 15-84 所示。

④ 单击“特征”控制面板中的“拉伸凸台/基体”按钮，将步骤③中绘制的草图拉伸成深度为 60mm 的实体，拉伸的实体如图 15-85 所示。

⑤ 单击选择如图 15-85 所示的表面 1，选择菜单栏中的“插入”→“特征”→“孔向导”命令，或者单击“特征”控制面板中的“异型孔向导”按钮，此时系统弹出“孔规格”属性管理器。

⑥ “孔类型”选项组按照图 15-86 进行设置，然后单击“位置”选项卡，此时光标处于“绘制点”状态，在如图 15-85 所示的表面 1 上添加 4 个点。

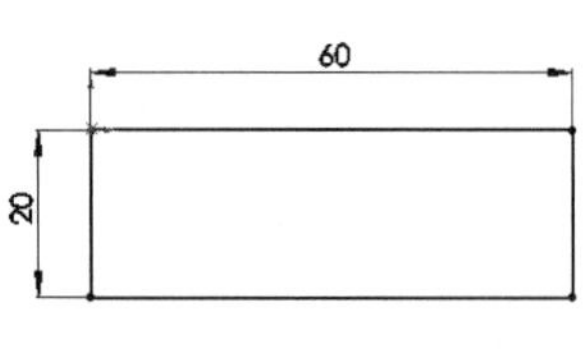

图 15-84 绘制的草图

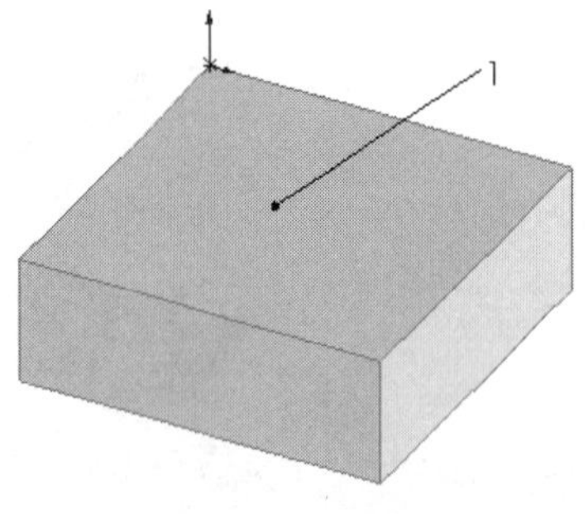

图 15-85 拉伸实体

图 15-86 “孔规格”属性管理器

⑦ 单击“草图”控制面板上的“智能尺寸”按钮，标注添加 4 个孔的定位尺寸，如图 15-87 所示。

⑧ 单击“孔规格”属性管理器中的“确定”按钮✔，添加的孔如图 15-88 所示。

⑨ 单击“视图”工具栏中的“旋转视图”按钮，将视图以合适的方向显示，旋转视图后的图形如图 15-89 所示。

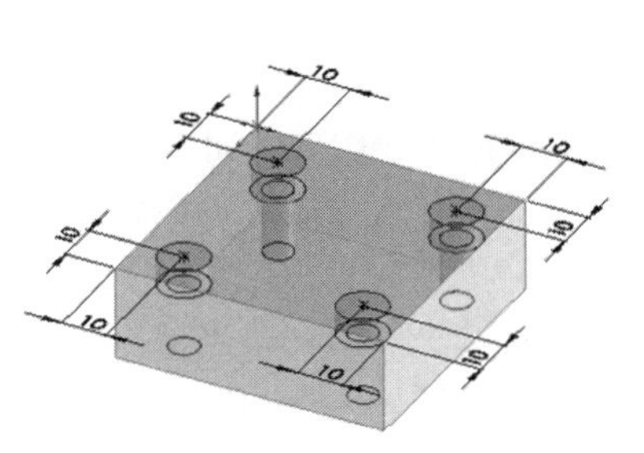
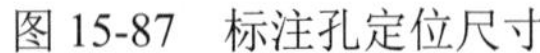
图 15-87 标注孔定位尺寸

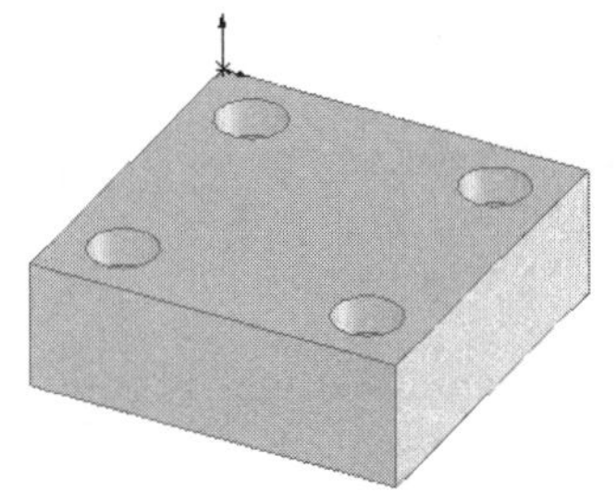
图 15-88 添加孔

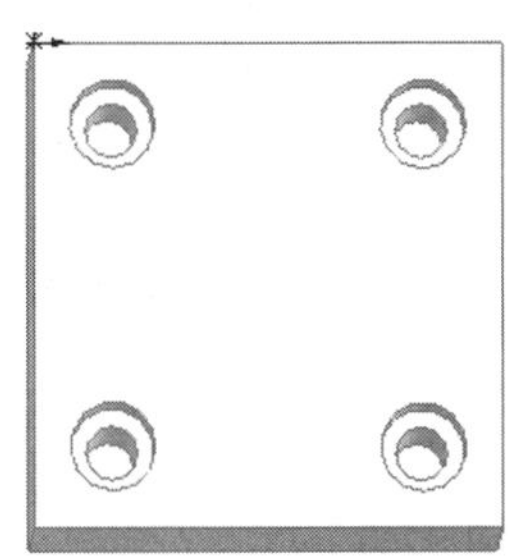
图 15-89 旋转视图后的图形

15.6.3 实例——支架

扫一扫，看视频

本例绘制支架，如图 15-90 所示。

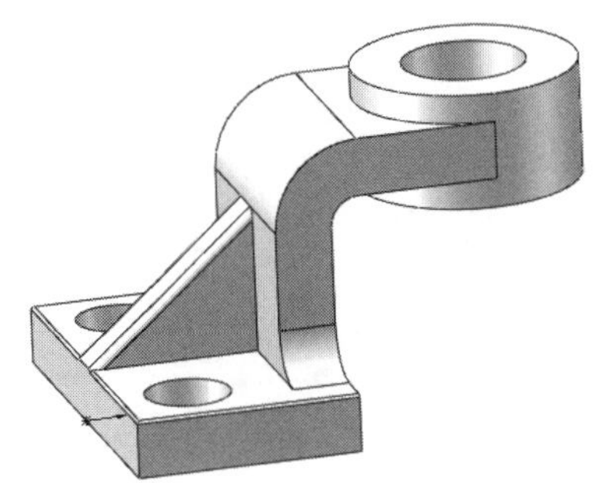
图 15-90 支架

思路分析

首先绘制底座草图，通过拉伸创建底座，然后通过扫描创建支撑台，再创建筋，最后创建安装孔。绘制支架的流程图如图 15-91 所示。

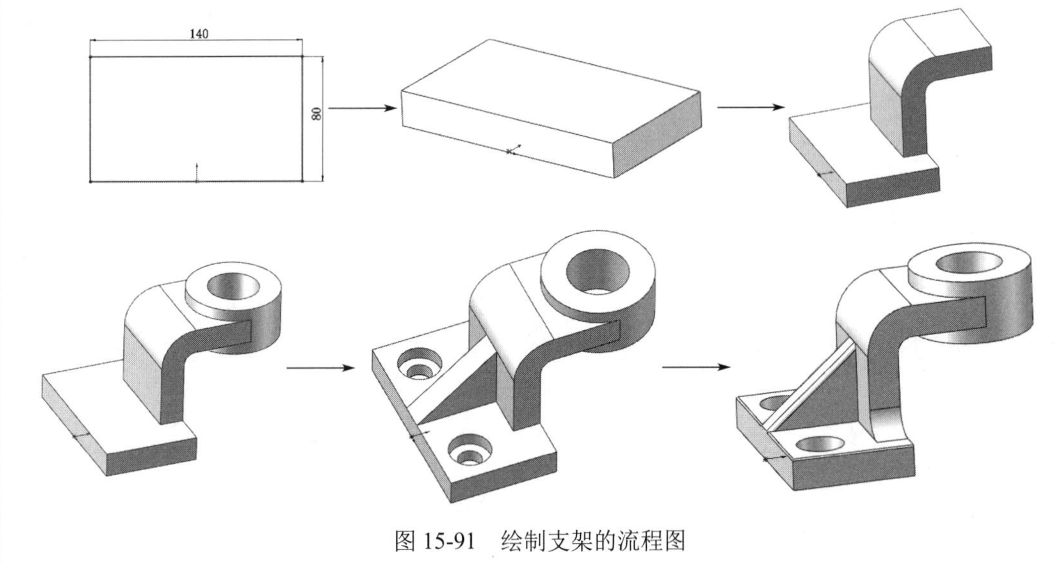

图 15-91 绘制支架的流程图

【绘制步骤】

① 新建文件。启动 SOLIDWORKS，单击“标准”工具栏中的“新建”按钮，在打开的“新建 SOLIDWORKS 文件”对话框中，选择“零件”按钮，单击“确定”按钮，创建一个新的零件文件。

② 新建草图。在左侧的“FeatureManager 设计树”中用鼠标选择“前视基准面”作为草图绘制基准面，单击“草图”控制面板上的“草图绘制”按钮，新建一张草图。

③ 绘制中心线。单击“草图”控制面板中的“边角矩形”按钮，绘制草图。

④ 标注尺寸。单击“草图”控制面板中的“智能尺寸”按钮，为草按钮注尺寸，注意直线中点在坐标原点，如图 15-92 所示。

⑤ 拉伸形成实体。单击“特征”控制面板中的“拉伸凸台/基体”按钮，弹出如图 15-93 所示的“凸台-拉伸”属性管理器。设定拉伸的终止条件为“给定深度”。输入拉伸距离为 20mm，保持其他选项的系统默认值不变。单击属性管理器中的“确定”按钮。结果如图 15-94 所示。

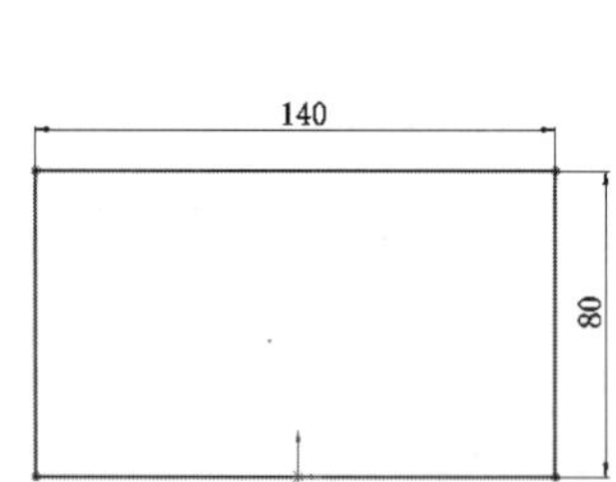

图 15-92　底座草图

图 15-93　“凸台-拉伸”属性管理器

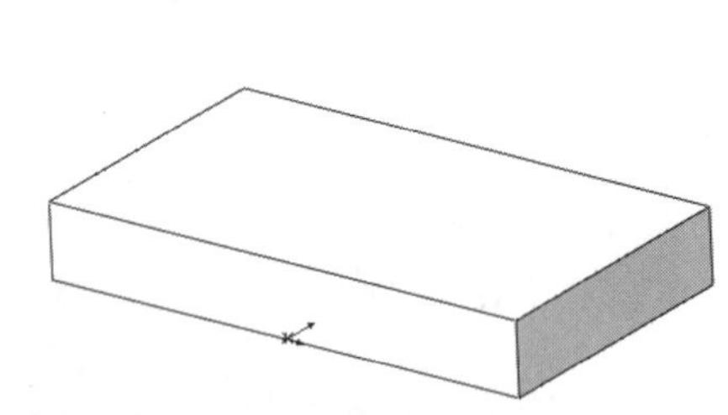

图 15-94　创建底座

⑥ 新建扫描路径草图。在左侧的“FeatureManager 设计树”中用鼠标选择“右视基准面”作为草图绘制基准面，单击“草图”控制面板上的“草图绘制”按钮，新建一张草图。

⑦ 绘制草图。单击“草图”控制面板中的“直线”按钮和“绘制圆角”按钮，绘制草图并标注尺寸，如图 15-95 所示，单击“退出草图”按钮，退出草图。

⑧ 新建草图。在图 15-95 中选择上表面作为草图绘制基准面，单击“草图”控制面板上的“草图绘制”按钮，新建一张草图。

⑨ 绘制扫描轮廓草图。单击“草图”控制面板中的“边角矩形”按钮，绘制草图并标注尺寸，如图 15-96 所示，单击“退出草图”按钮，退出草图。

⑩ 扫描实体。单击“特征”控制面板中的“扫描”按钮，弹出如图 15-97 所示的“扫描”属性管理器。选择草图 1 为扫描路径，选择草图 2 为扫描轮廓，如图 15-97 所示。单击属性管理器中的“确定”按钮，结果如图 15-98 所示。

⑪ 新建草图。在图 15-98 中选择上表面作为草图绘制基准面，单击“草图”控制面板上的“草图绘制”按钮，新建一张草图。

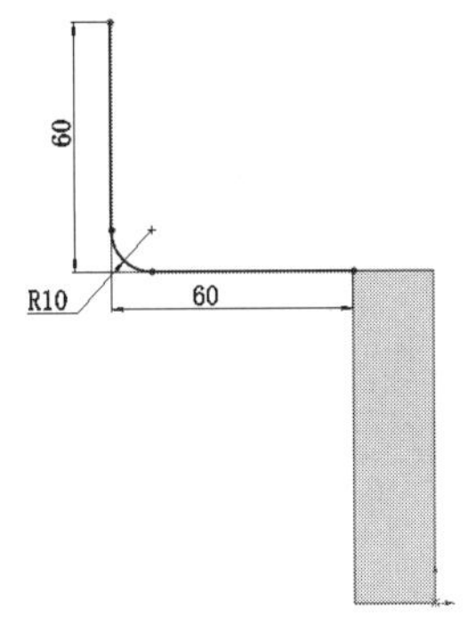

图 15-95　绘制扫描路径草图

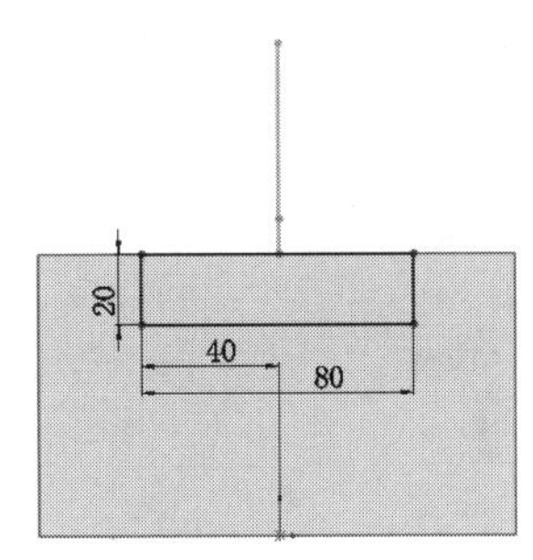

图 15-96　绘制扫描轮廓草图

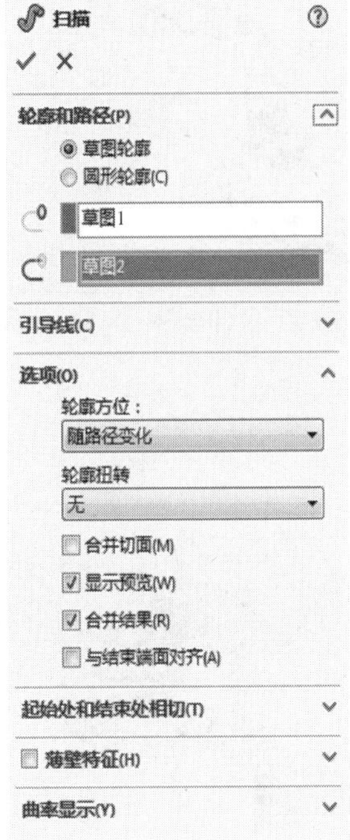

图 15-97　“扫描”属性管理器

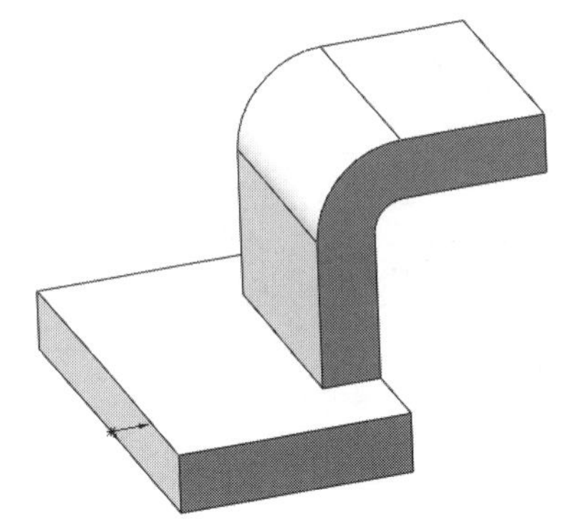

图 15-98　扫描实体

⑫ 绘制草图。单击“草图”控制面板中的“圆”按钮，在扫描体的边线中点处绘制直径为 80 的圆。

⑬ 拉伸实体。单击“特征”控制面板中的“拉伸凸台/基体”按钮，弹出如图 15-99 所示的“凸台-拉伸”属性管理器。在方向 1 中输入拉伸距离为 10，方向 2 中输入拉伸距离为 30，如图 15-99 所示。单击属性管理器中的“确定”按钮，结果如图 15-100 所示。

⑭ 新建草图。在图 15-100 中选择上表面作为草图绘制基准面，单击“草图”控制面板上的“草图绘制”按钮，新建一张草图。

⑮ 绘制草图。单击“草图”控制面板中的“圆”按钮，在拉伸体的圆心处绘制直径为 44 的圆。

⑯ 切除拉伸实体。单击“特征”控制面板上的“拉伸切除”按钮，弹出如图 15-101 所示的“切除-拉伸”属性管理器，设置终止条件为“完全贯穿”，如图 15-101 所示。单击属

性管理器中的“确定”按钮✓，结果如图 15-102 所示。

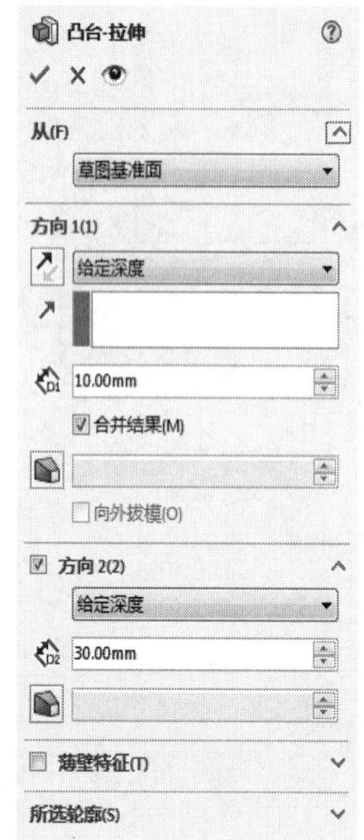

图 15-99 “凸台-拉伸”属性管理器

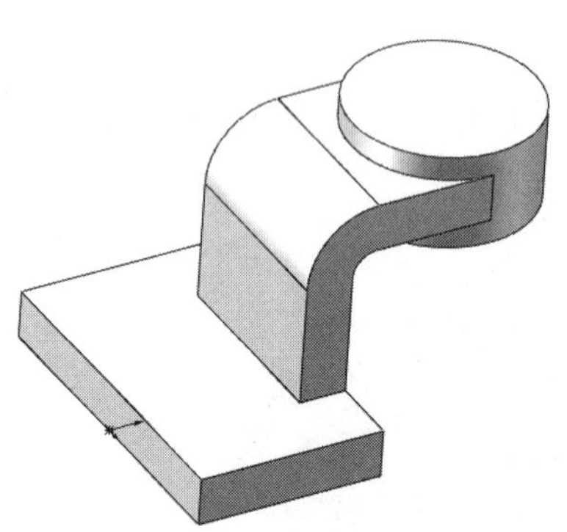

图 15-100 拉伸实体

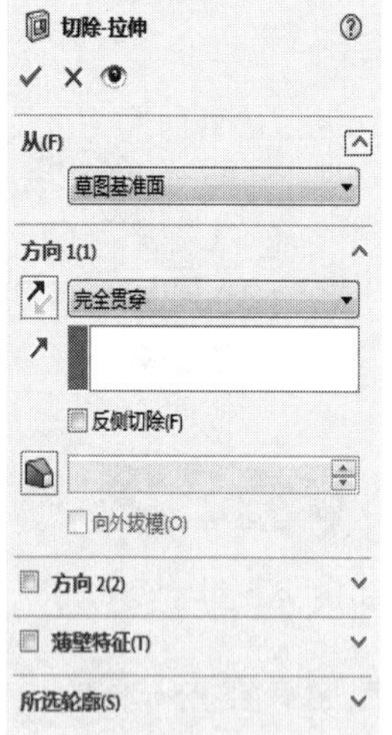

图 15-101 “切除-拉伸”属性管理器

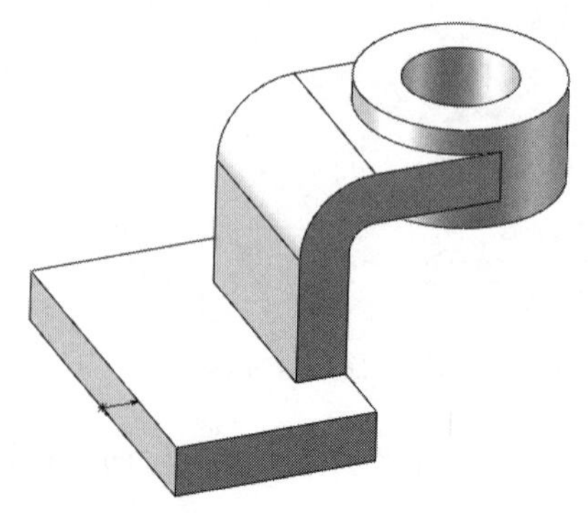

图 15-102 拉伸实体

⑰ 新建草图。在左侧的“FeatureManager 设计树”中用鼠标选择“右视基准面”作为草图绘制基准面，单击“草图”控制面板上的“草图绘制”按钮，新建一张草图。

⑱ 绘制草图。单击“草图”控制面板中的“直线”按钮，绘制草图并标注尺寸，如图 15-103 所示。

⑲ 创建筋。单击“特征”控制面板中的“筋”按钮，弹出“筋”属性管理器，选择“两侧”厚度，输入厚度为 18，选择拉伸方向为“平行于草图”，如图 15-104 所示，单击属性管理器中的“确定”按钮✓。结果如图 15-105 所示。

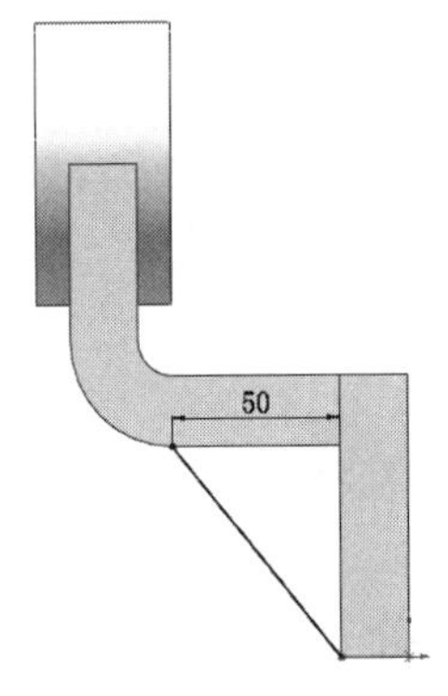

图 15-103 绘制筋草图

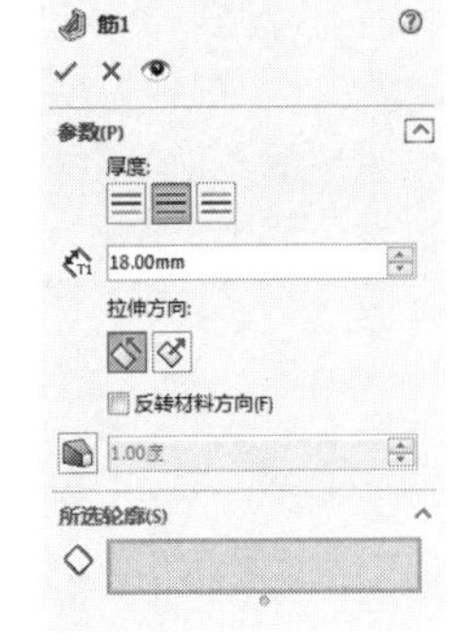

图 15-104 “筋”属性管理器

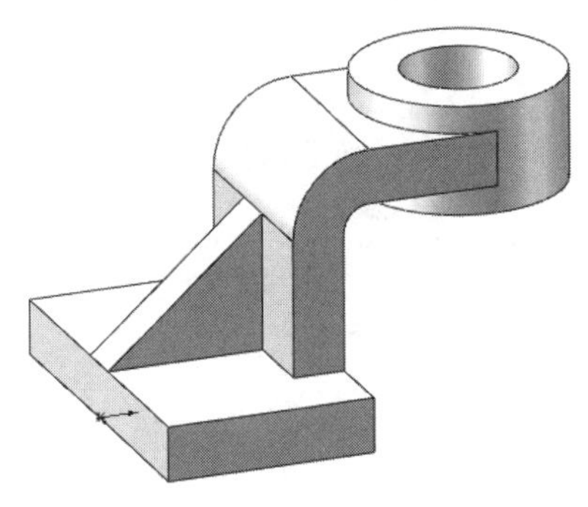
图 15-105 创建筋

⑳ 创建异型孔。单击“特征”控制面板中的“异型孔向导”按钮，弹出“孔规格”属性管理器，选择“柱形沉头孔”孔类型，设置孔大小为M16，终止条件为“完全贯穿”，如图 15-106 所示，单击“位置”选项卡，打开“孔位置”属性管理器，单击“3D 草图”按钮 3D 草图 ，进入草图绘制环境，在外表面上放置孔，并单击“草图”控制面板中的“智能尺寸”按钮添加孔尺寸，如图 15-107 所示，单击属性管理器中的“确定”按钮，结果如图 15-108 所示。

图 15-106 “孔规格”属性管理器

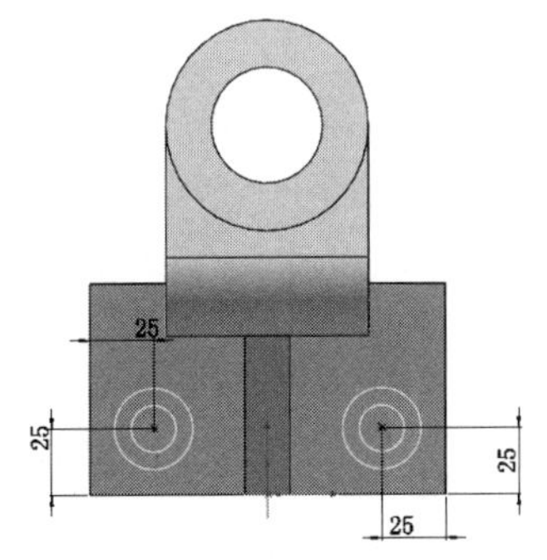

图 15-107 添加尺寸

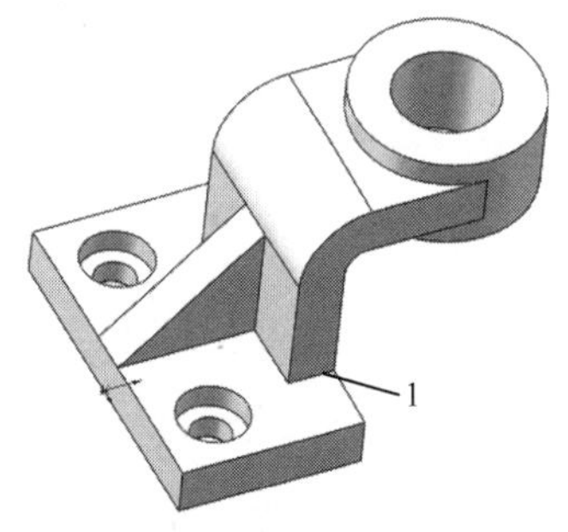

图 15-108 创建沉头孔

㉑ 圆角处理。单击“特征”控制面板中的“圆角”按钮，系统打开如图 15-109 所示的“圆角”属性管理器，在视图中选择图 15-108 所示两侧的边 1，输入圆角半径为 16，单击属性管理器中的“确定”按钮。重复“圆角”命令，对筋的上表面边线进行圆角处理，圆角半径为 3，结果如图 15-110 所示。

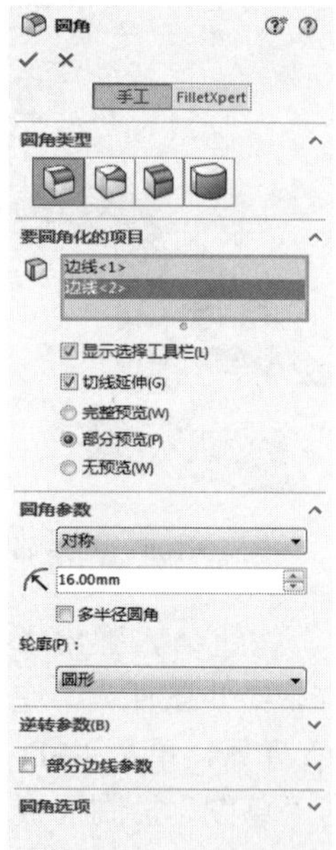

图 15-109 “圆角”属性管理器

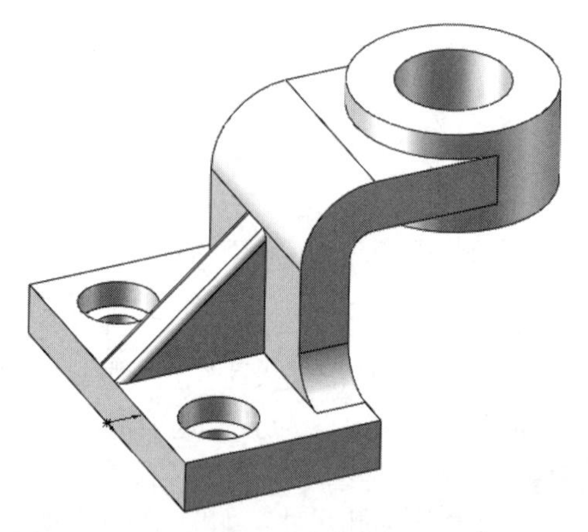

图 15-110 圆角处理

㉒ 倒角处理。单击“特征”控制面板中的“倒角”按钮，系统打开如图 15-111 所示的“倒角”属性管理器，在视图中选择底座的上表面边线，设置倒角尺寸为 1mm、45°，单击属性管理器中的“确定”按钮✔。结果如图 15-112 所示。

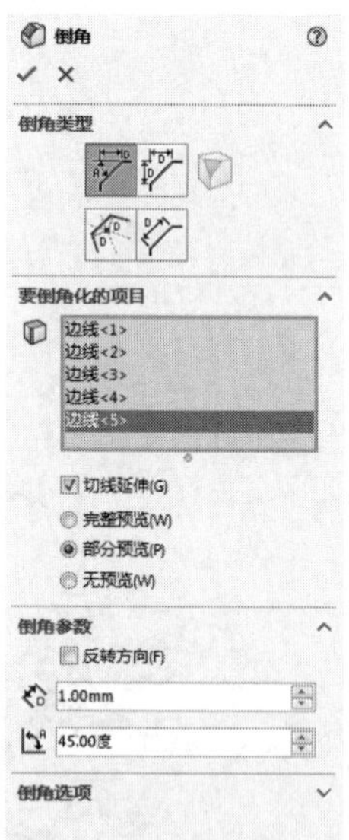

图 15-111 “倒角”属性管理器

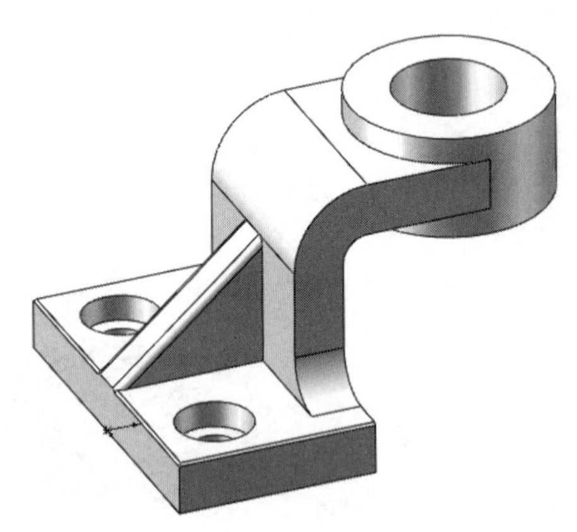

图 15-112 倒角处理

15.7 筋特征

筋是零件上增加强度的部分，它是一种从开环或闭环草图轮廓生成的特殊拉伸实体，它在草图轮廓与现有零件之间添加指定方向和厚度的材料。

在 SOLIDWORKS 2020 中，筋实际上是由开环的草图轮廓生成的特殊类型的拉伸特征。如图 15-113 所示展示了筋特征的几种效果。

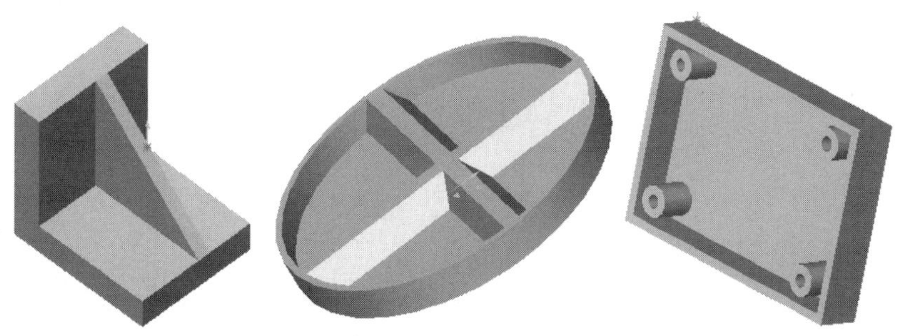

图 15-113 筋特征效果

15.7.1 创建筋特征

扫一扫，看视频

下面结合实例介绍筋特征创建的操作步骤。

① 创建一个新的零件文件。

② 在左侧的 FeatureManager 设计树中选择“前视基准面”作为绘制图形的基准面。

③ 单击“草图”控制面板中的“边角矩形”按钮，绘制两个矩形，并标注尺寸。

④ 单击“草图”控制面板中的“剪裁实体”按钮，裁剪后的草图如图 15-114 所示。

⑤ 单击“特征”控制面板中的“拉伸凸台/基体”按钮，系统弹出“拉伸”属性管理器。在“深度”文本框中输入“40”，然后单击“确定”按钮，创建的拉伸特征如图 15-115 所示。

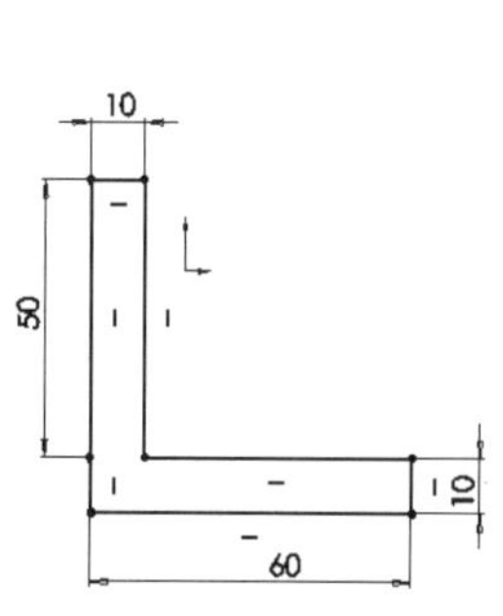

图 15-114 裁剪后的草图

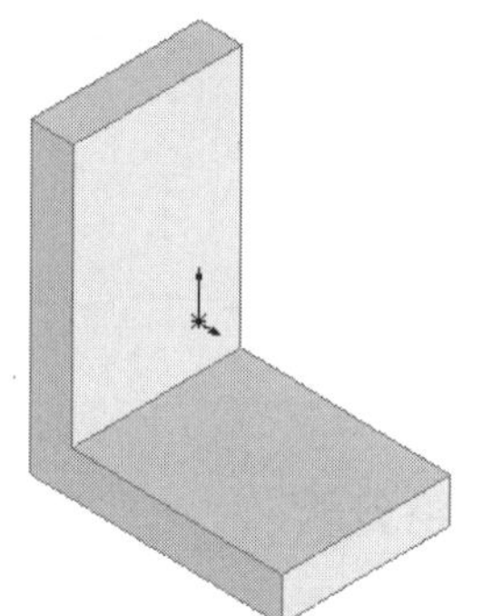

图 15-115 创建拉伸特征

⑥ 在左侧的 FeatureManager 设计树中选择“前视基准面”，然后单击“标准视图”工具栏中的“垂直于”按钮，将该基准面作为绘制图形的基准面。

⑦ 单击“草图”控制面板中的“直线”按钮，在前视基准面上绘制如图 15-116 所示的草图。

⑧ 选择菜单栏中的“插入”→“特征”→“筋”命令，或者单击“特征”控制面板中的“筋”按钮，此时系统弹出“筋”属性管理器。按照图 15-117 进行参数设置，然后单击（确定）按钮。

⑨ 单击“标准视图”工具栏中的“等轴测”按钮，将视图以等轴测方向显示，添加的筋如图 15-118 所示。

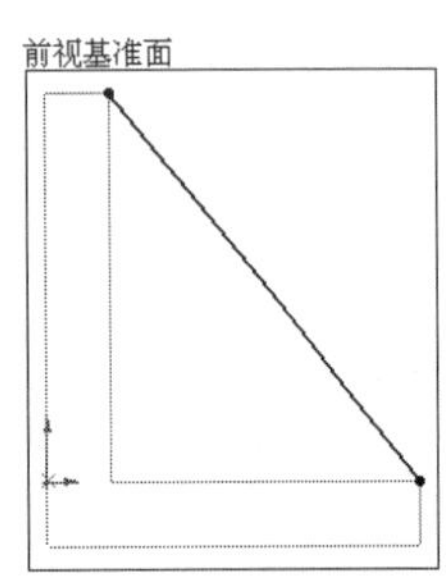

图 15-116 绘制草图

图 15-117 “筋”属性管理器

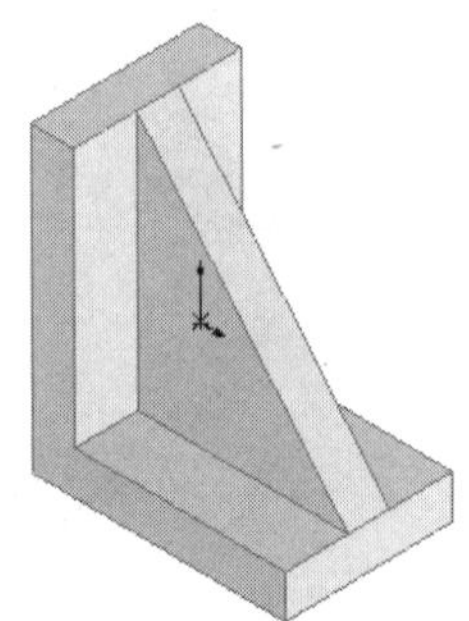

图 15-118 添加筋

15.7.2 实例——轴承座

扫一扫，看视频

本例绘制轴承座，如图 15-119 所示。

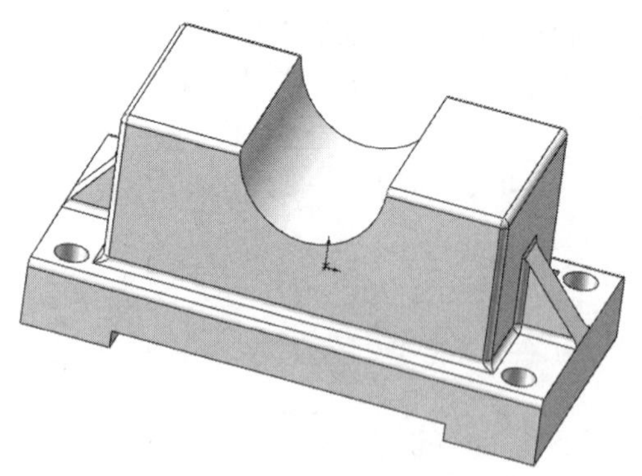

图 15-119 轴承座

思路分析

轴承座是用来支承大型的轴承，将力均匀传到支承面上。首先绘制底座草图，通过拉伸创建底座，然后通过拉伸创建支撑台，再创建筋，最后创建安装孔。绘制轴承座的流程图如图 15-120 所示。

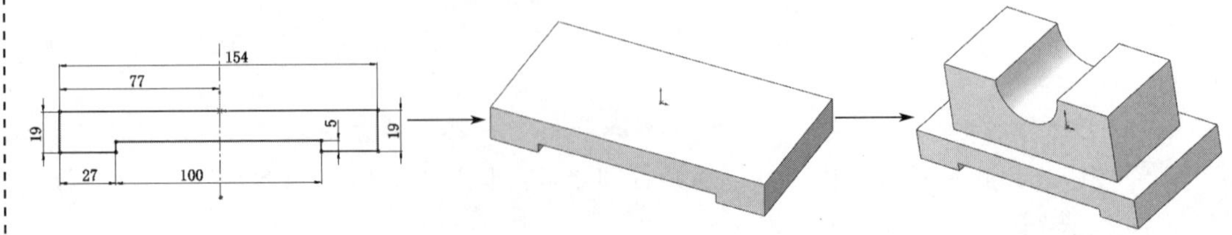

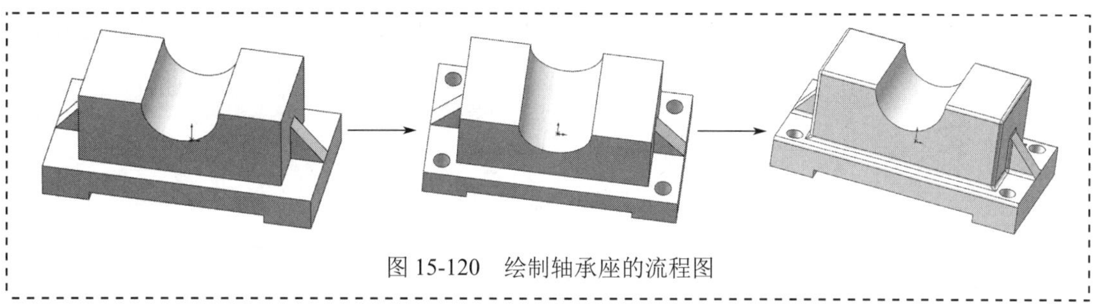
图 15-120 绘制轴承座的流程图

【绘制步骤】

① 新建文件。启动 SOLIDWORKS，单击“标准”工具栏中的“新建”按钮，在打开的“新建 SOLIDWORKS 文件”对话框中，选择“零件”按钮，单击“确定”按钮，创建一个新的零件文件。

② 新建草图。在左侧的“FeatureManager 设计树”中用鼠标选择“前视基准面”作为草图绘制基准面，单击“草图”控制面板上的“草图绘制”按钮，新建一张草图。

③ 绘制中心线。单击“草图”控制面板中的“中心线”按钮和“直线”按钮，绘制底座草图。

④ 标注尺寸。单击“草图”控制面板中的“智能尺寸”按钮，为草图标注尺寸如图 15-121 所示。

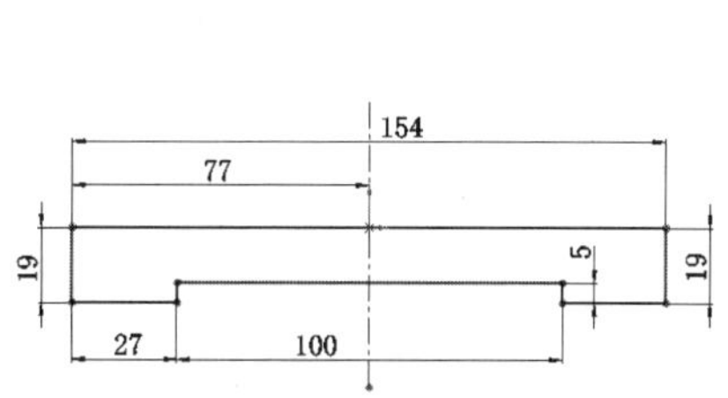

图 15-121 标注底座草图尺寸

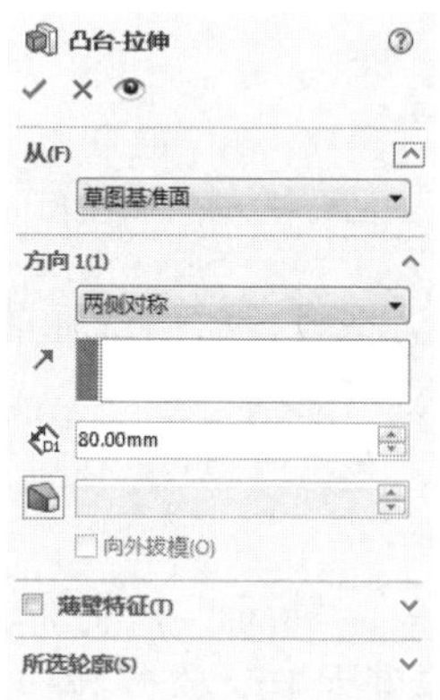

图 15-122 “凸台-拉伸”属性管理器

⑤ 拉伸形成实体。单击“特征”控制面板中的“拉伸凸台/基体”按钮，弹出如图 15-122 所示的“凸台-拉伸”属性管理器。设定拉伸的终止条件为“两侧对称”。输入拉伸距离为 80mm，保持其他选项的系统默认值不变。单击属性管理器中的“确定”按钮✔。结果如图 15-123 所示。

⑥ 新建草图。在左侧的“FeatureManager 设计树”中用鼠标选择“前视基准面”作为绘制图形的基准面，单击“草图”控制面板上的“草图绘制”按钮，新建一张草图。

⑦ 绘制草图。单击“草图”控制面板中的“中心线”按钮、“边角矩形”按钮、“三点圆弧”按钮和“裁剪实体”按钮，绘制如图 15-124 所示的支承台草图。

⑧ 拉伸形成实体。单击“特征”控制面板中的“拉伸凸台/基体”按钮，弹出如图 15-125 所示的“凸台-拉伸”属性管理器。设定拉伸的终止条件为“两侧对称”。输入拉伸距离为 60mm，

保持其他选项的系统默认值不变，如图 15-125 所示。单击属性管理器中的“确定”按钮✔，结果如图 15-126 所示。

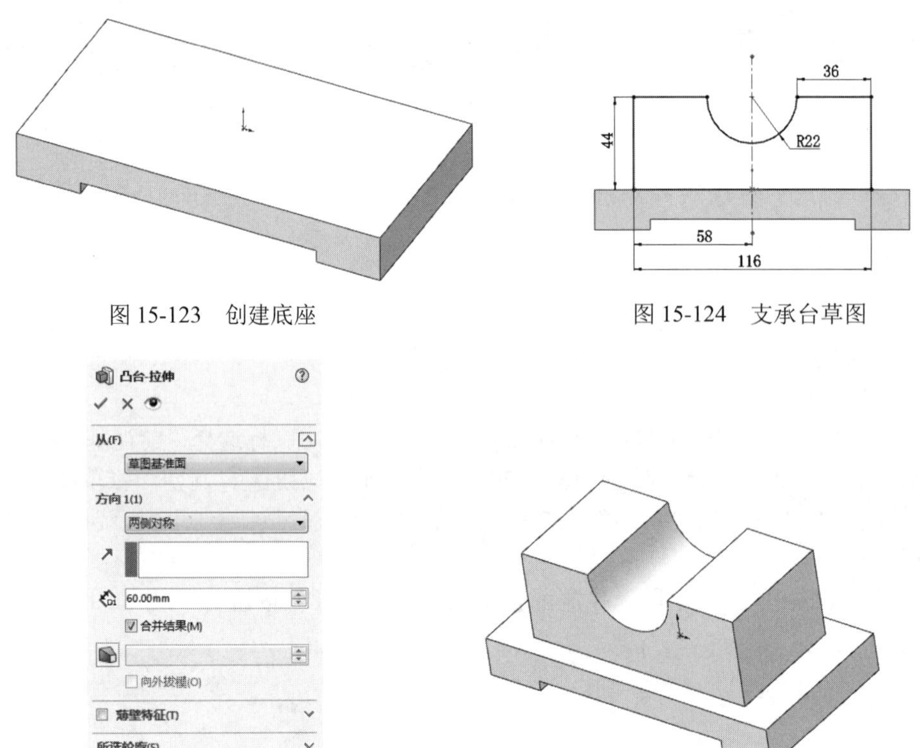

图 15-123　创建底座

图 15-124　支承台草图

图 15-125　“凸台-拉伸”属性管理器

图 15-126　拉伸实体

⑨ 新建草图。在设计树中选择前视基准面，单击“草图”控制面板上的“草图绘制”按钮，新建一张草图。

⑩ 绘制轮廓。单击“草图”控制面板中的“直线”按钮，绘制如图 15-127 所示的加强筋草图。

⑪ 创建筋。单击“特征”控制面板中的“筋”按钮，弹出“筋”属性管理器，选择“两侧”厚度，输入厚度为 10，选择拉伸方向为“平行于草图”，如图 15-128 所示，单击属性管理器中的“确定”按钮✔。同理，在另一侧创建加强筋，结果如图 15-129 所示。

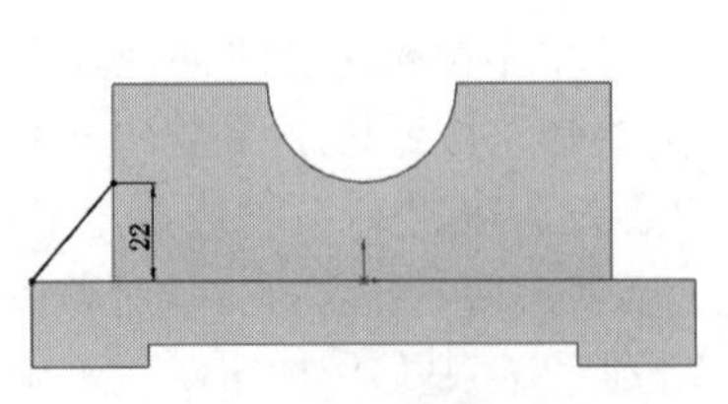

图 15-127　加强筋草图

图 15-128　“筋”属性管理器

⑫ 新建草图。选择底板上表面，单击“草图”控制面板上的“草图绘制”按钮，新建一张草图。

⑬ 绘制圆。单击“草图”控制面板中的“圆”按钮，在四个角上绘制四个小圆，标注尺寸如图 15-130 所示。

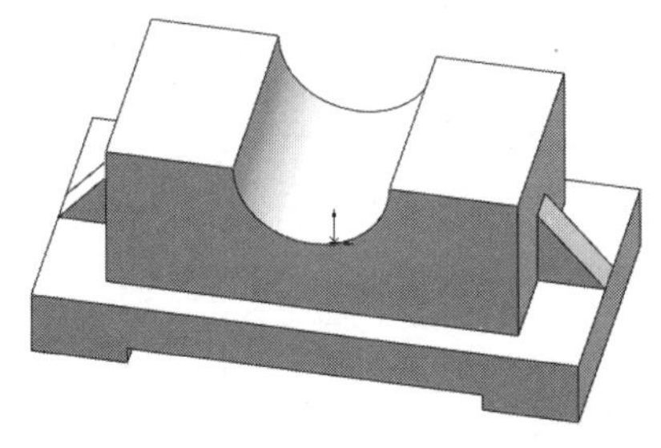

图 15-129 加强筋

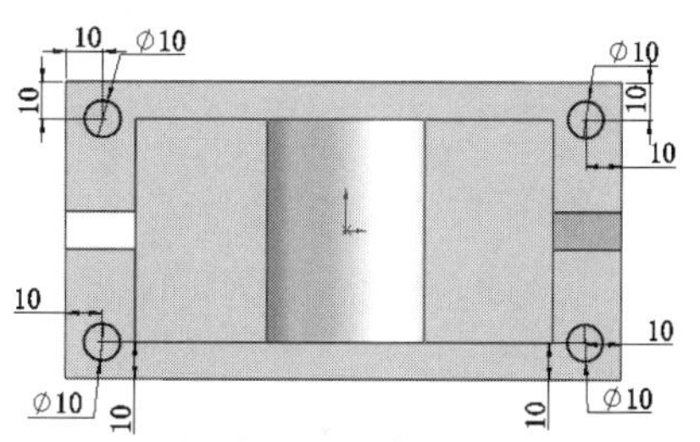

图 15-130 底板孔草图尺寸

⑭ 切除实体。单击“特征”控制面板中的“拉伸切除”按钮，弹出“切除-拉伸”属性管理器，如图 15-131 所示，设定拉伸的终止条件为“完全贯穿”，保持其他选项的系统默认值不变，单击属性管理器中的“确定”按钮，完成孔的创建。结果如图 15-132 所示。

⑮ 绘制圆角。单击“特征”控制面板中的“圆角”按钮，此时系统弹出如图 15-133 所示的“圆角”属性管理器。在“半径”一栏中输入值 2mm，然后用鼠标选取支承台各边线。然后单击属性管理器中的“确定”按钮，如图 15-134 所示。

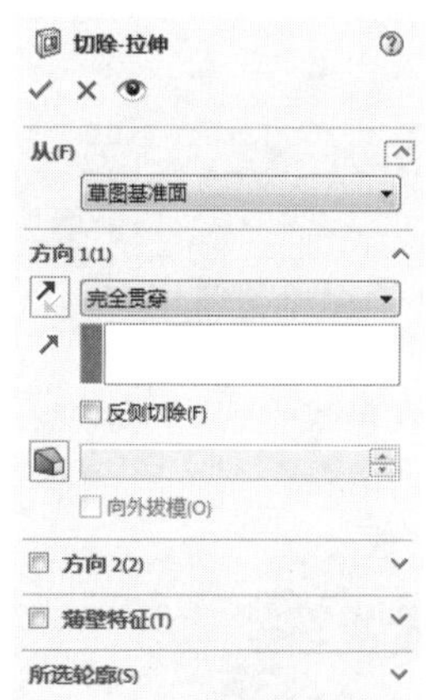

图 15-131 “切除-拉伸”属性管理器

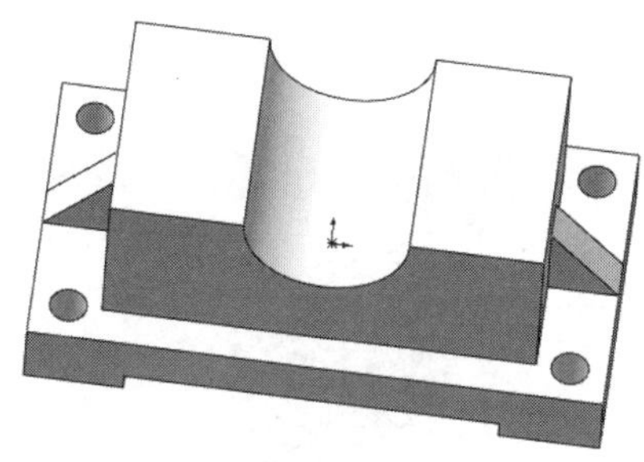

图 15-132 底板孔创建

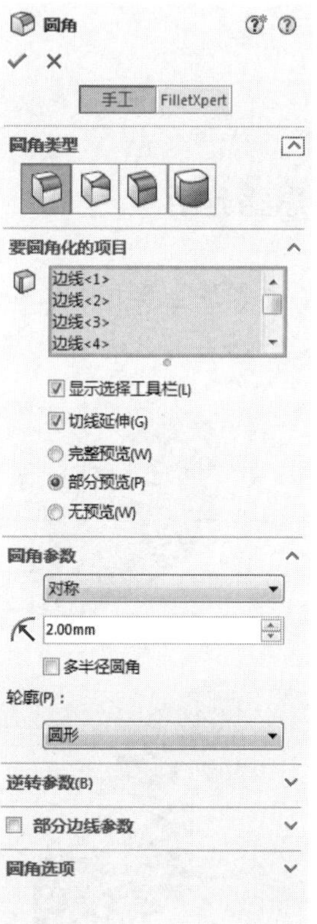

图 15-133 “圆角”属性管理器

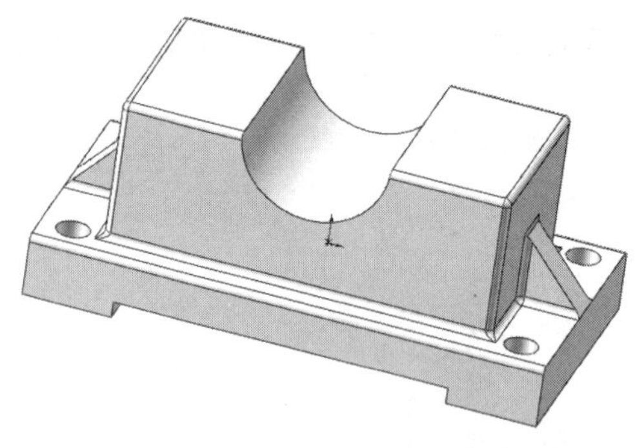

图 15-134　倒圆角

15.8 综合实例——托架

扫一扫，看视频

本实例绘制的托架如图 15-135 所示。

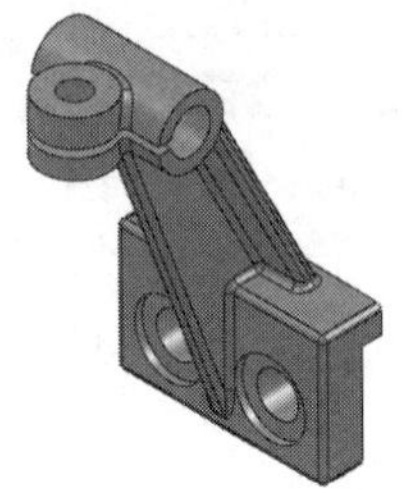

图 15-135　托架

思路分析

托架类零件主要起支撑和连接作用，其形状结构按功能的不同一般分为 3 部分：工作部分、安装固定部分和连接部分。绘制流程如图 15-136 所示。

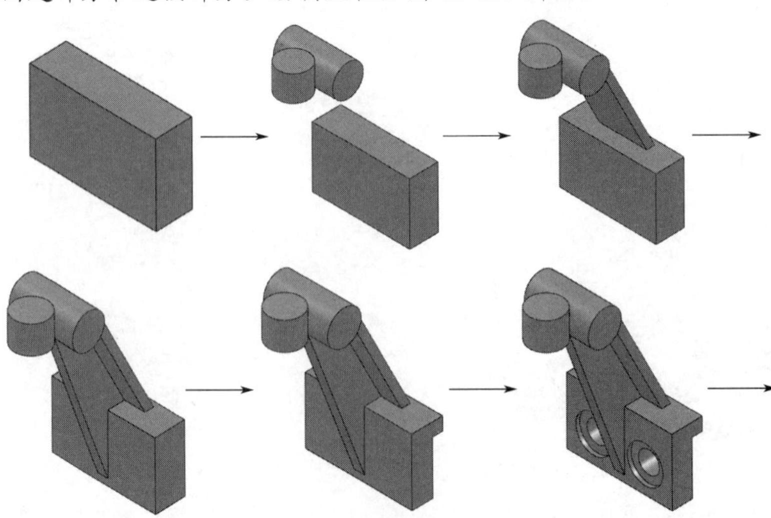

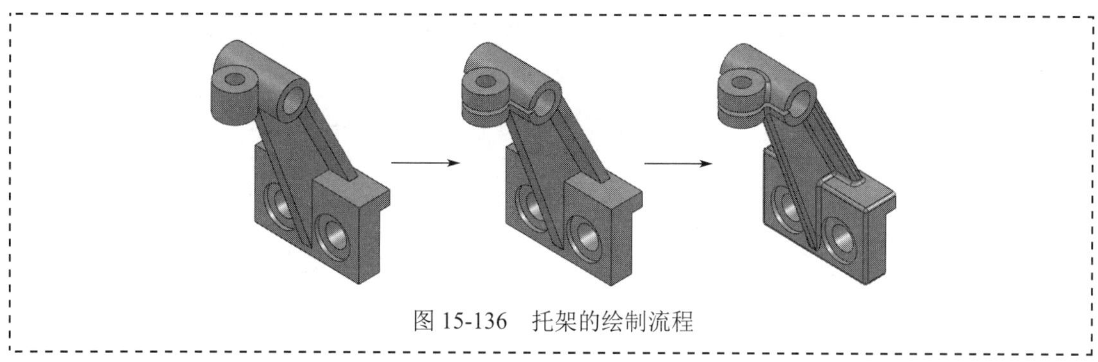

图 15-136 托架的绘制流程

【绘制步骤】

① 新建文件。启动 SOLIDWORKS 2020，单击“标准”工具栏中的“新建”按钮，创建一个新的零件文件。

② 绘制草图。选择“前视基准面”作为草图绘制平面，然后单击“草图”控制面板中的“边角矩形”按钮，以坐标原点为中心绘制一矩形。不必追求绝对的中心，只要大致几何关系正确就行。

③ 标注尺寸。单击“草图”控制面板上的“智能尺寸”按钮，标注绘制的矩形尺寸，如图 15-137 所示。

④ 实体拉伸 1。单击“特征”控制面板中的“拉伸凸台/基体”按钮，系统弹出“凸台-拉伸”属性管理器。设置拉伸的终止条件为“给定深度”，在“深度”文本框中输入“24”，单击“确认”按钮，创建的拉伸 1 特征如图 15-138 所示。

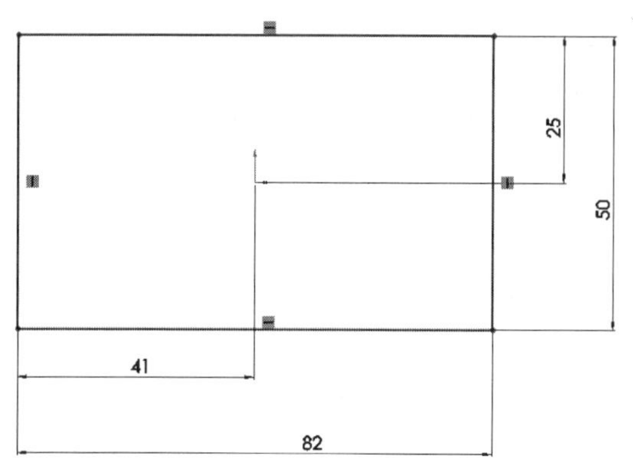

图 15-137 标注矩形尺寸

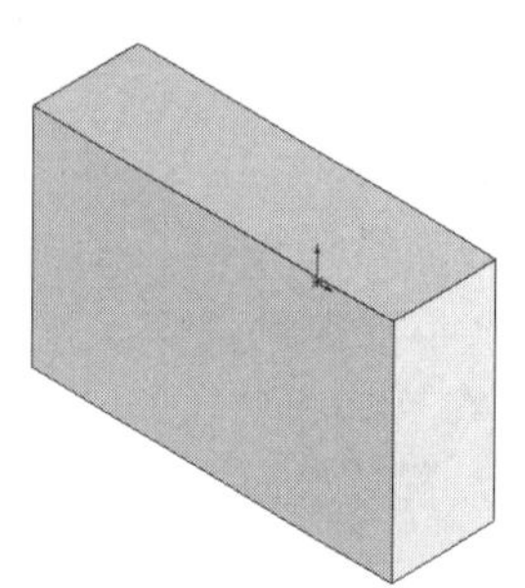

图 15-138 创建拉伸 1 特征

⑤ 绘制草图。选择“右视基准面”作为草图绘制平面，然后单击“草图”控制面板中的“圆”按钮，绘制一个圆。

⑥ 尺寸标注 2。单击“草图”控制面板上的“智能尺寸”按钮，为圆标注直径尺寸并定位几何关系。

⑦ 实体拉伸 2。单击“特征”控制面板中的“拉伸凸台/基体”按钮，系统弹出“凸台-拉伸”属性管理器。设置拉伸的终止条件为“两侧对称”，在“深度”文本框中输入“50”，如图 15-139 所示，单击“确认”按钮。

⑧ 创建基准面。单击“特征”控制面板“参考几何体”下拉列表中的“基准面”按钮，

选择“上视基准面”作为参考平面，在“基准面”属性管理器的“偏移距离”文本框中输入“105”，如图 15-140 所示，单击“确认”按钮。

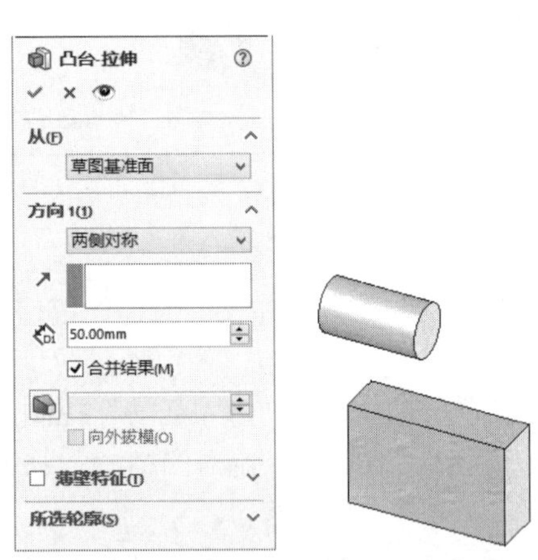

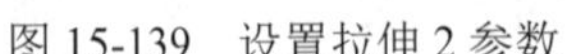
图 15-139 设置拉伸 2 参数

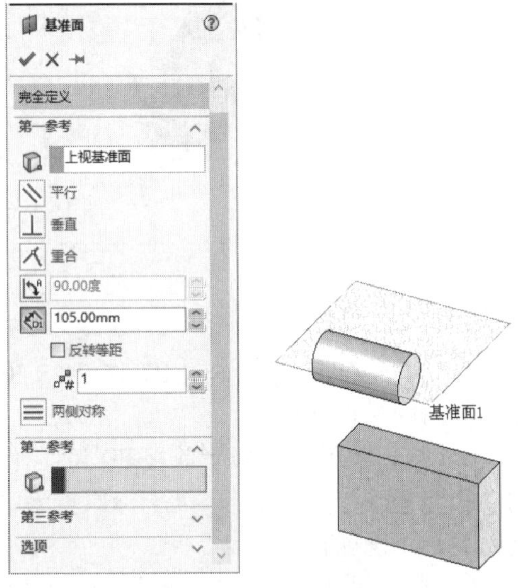

图 15-140 设置基准面参数

⑨ 设置基准面。选择刚创建的“基准面 1”，单击“草图”控制面板上的“草图绘制”按钮，在其上新建一草图。单击“标准视图”工具栏中的“垂直于”按钮，正视于该草图。

⑩ 绘制草图。单击“草图”控制面板中的“圆”按钮，绘制一个圆，使其圆心的 X 坐标为 0。

⑪ 尺寸标注 2。单击“草图”控制面板上的“智能尺寸”按钮，标注圆的直径尺寸并对其进行定位。

⑫ 实体拉伸 3。单击“特征”控制面板中的“拉伸凸台/基体”按钮，系统弹出“凸台-拉伸”属性管理器。在“方向 1”选项组中设置拉伸的终止条件为“给定深度”，在“深度”文本框中输入“12”；在“方向 2”选项组中设置拉伸的终止条件为“给定深度”，在“深度”文本框中输入“9”，如图 15-141 所示，单击（确认）按钮。

⑬ 设置基准面。选择“右视基准面”，单击“草图”控制面板上的“草图绘制”按钮，在其上新建一草图。单击“标准视图”工具栏中的“垂直于”按钮，正视于该草图平面。

⑭ 投影轮廓。按住<Ctrl>键，选择固定部分的轮廓（投影形状为矩形）和工作部分中的支撑孔基体（投影形状为圆形），单击“草图”控制面板中的“转换实体引用”按钮，将该轮廓投影到草图上。

⑮ 草绘图形。单击“草图”控制面板中的“直线”按钮，绘制一条由圆到矩形的直线，直线的一个端点落在矩形直线上。

⑯ 添加几何关系。按住<Ctrl>键，选择所绘直线和轮廓投影圆。在弹出的“属性”属性管理器中单击“相切”按钮，为所选元素添加“相切”几何关系，单击“确认”按钮，添加的“相切”几何关系如图 15-142 所示。

⑰ 标注尺寸。单击“草图”控制面板上的“智能尺寸”按钮，标注落在矩形上的直线端点到坐标原点的距离为“4mm”。

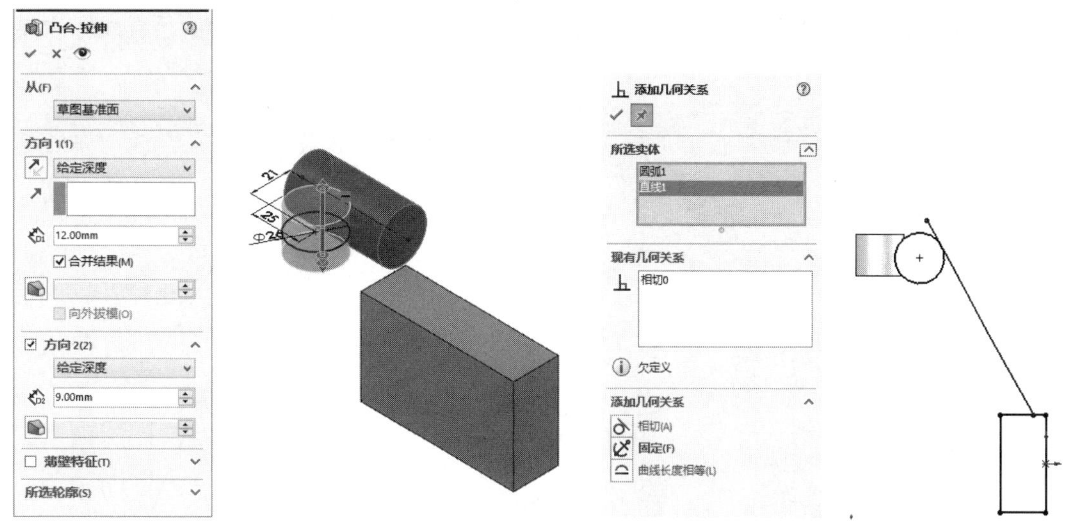

图 15-141　设置拉伸 3 参数　　　　图 15-142　添加“相切”几何关系

⑱ 设置属性管理器。选择所绘直线，在“等距实体”属性管理器中设置等距距离为“4mm”，其他选项的设置如图 15-143 所示，单击“确认”按钮✔。

⑲ 裁剪实体。单击“草图”控制面板中的“剪裁实体”按钮，剪裁掉多余的部分，完成 T 形肋中截面为 40mm×6mm 的肋板轮廓，如图 15-144 所示。

图 15-143　“等距实体”属性管理器

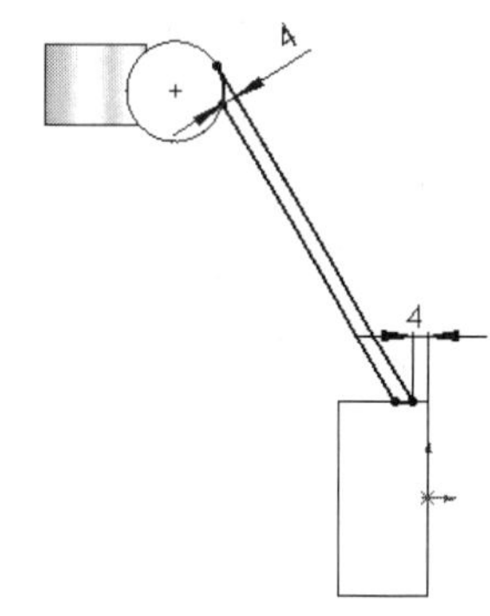

图 15-144　肋板轮廓

⑳ 实体拉伸 4。单击“特征”控制面板中的“拉伸凸台/基体”按钮，系统弹出“凸台-拉伸”属性管理器。设置拉伸的终止条件为“两侧对称”，在“深度”文本框中输入“40”，其他选项的设置如图 15-145 所示，单击“确认”按钮✔。

㉑ 设置基准面。选择“右视基准面”作为草绘基准面，单击“草图”控制面板上的“草图绘制”按钮，在其上新建一草图。单击“标准视图”工具栏中的“垂直于”按钮，正视于该草图平面。

㉒ 投影轮廓。按住<Ctrl>键，选择固定部分（投影形状为矩形）的左上角的两条边线、工作部分中的支撑孔基体（投影形状为圆形）和肋板中内侧的边线，单击“草图”控制面板中的“转换实体引用”按钮，将该轮廓投影到草图上。

㉓ 绘制草图。单击“草图”控制面板中的“直线”按钮，绘制一条由圆到矩形的直线，直线的一个端点落在矩形的左侧边线上，另一个端点落在投影圆上。

㉔ 标注尺寸。单击“草图”控制面板上的“智能尺寸”按钮，为所绘直线标注尺寸定位，如图 15-146 所示。

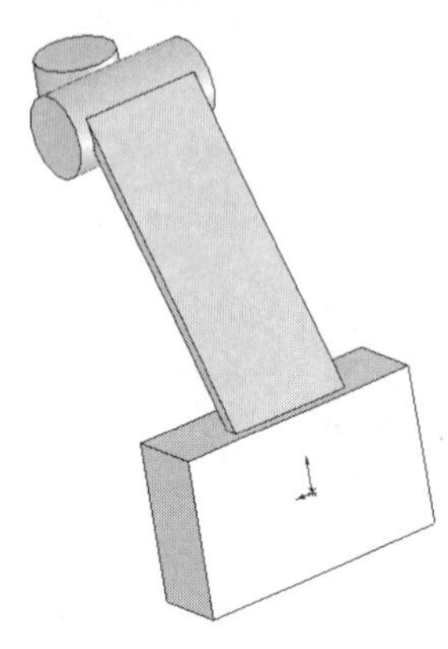

图 15-145　设置拉伸 4 参数

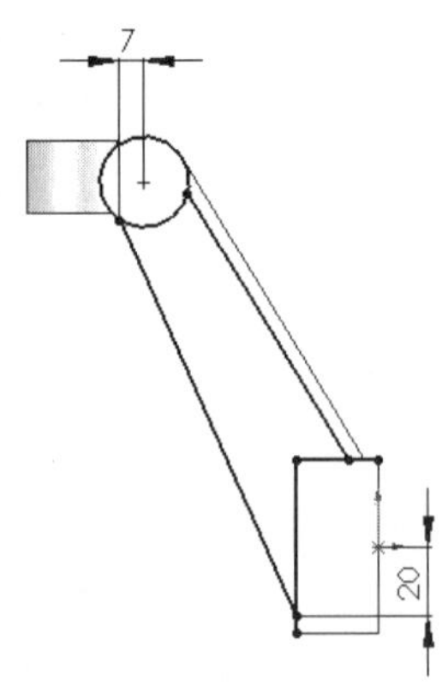

图 15-146　标注尺寸定位

㉕ 剪裁实体。单击“草图”控制面板中的“剪裁实体”按钮，剪裁掉多余的部分，完成 T 形肋中另一肋板。

㉖ 实体拉伸 5。单击“特征”控制面板中的“拉伸凸台/基体”按钮，系统弹出“凸台-拉伸”属性管理器。设置拉伸的终止条件为“两侧对称”，在“深度”文本框中输入“8”，其他选项的设置如图 15-147 所示，单击“确认”按钮。

㉗ 绘制草图。选择固定部分基体的侧面作为草绘基准面，单击“草图”控制面板上的“草图绘制”按钮，在其上新建一草图。单击“草图”控制面板中的“边角矩形”按钮，绘制一矩形作为拉伸切除的草图轮廓。

㉘ 标注尺寸。单击“草图”控制面板上的“智能尺寸”按钮，标注矩形尺寸并定位几何关系。

㉙ 实体拉伸 6。单击“特征”控制面板中的“拉伸切除”按钮，系统弹出“切除-拉伸”属性管理器。选择终止条件为“完全贯穿”，其他选项的设置如图 15-148 所示，单击“确认”按钮。

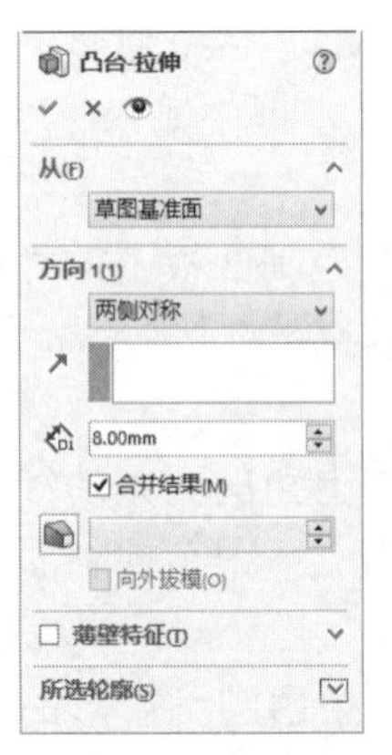

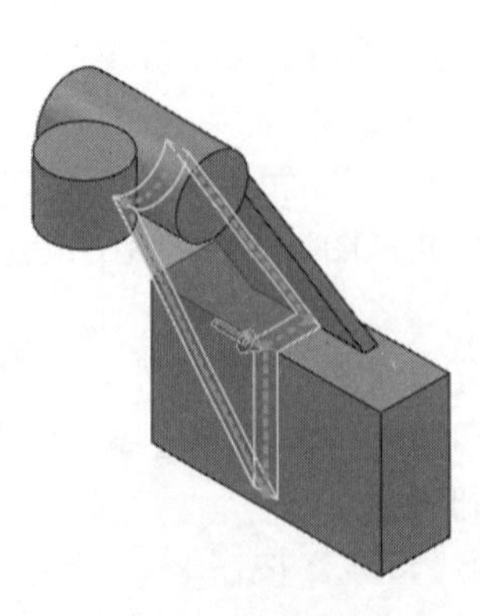

图 15-147　设置拉伸 5 参数

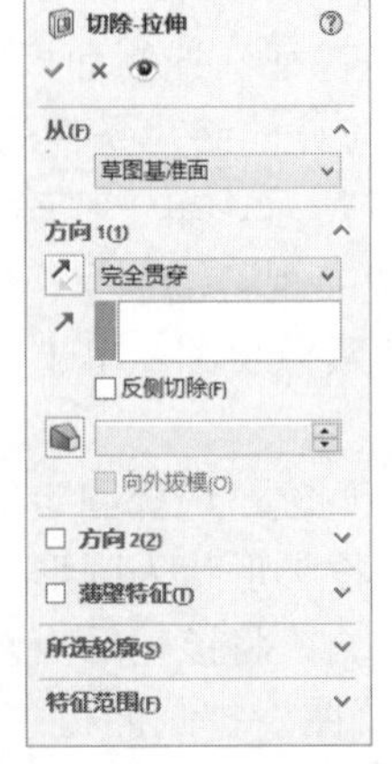

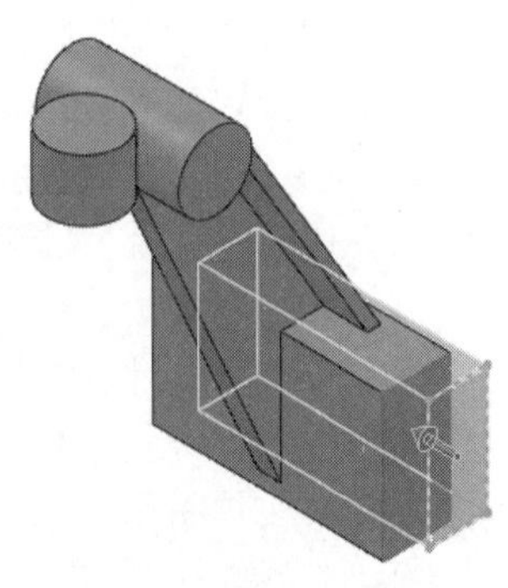

图 15-148　设置拉伸 6 参数

㉚ 绘制草图。选择托架固定部分的正面作为草绘基准面，单击“草图”控制面板上的“草图绘制”按钮，在其上新建一张草图。单击“草图”控制面板中的“圆”按钮，绘制两个圆。

㉛ 标注尺寸。单击“草图”控制面板上的“智能尺寸”按钮，为两个圆标注尺寸并进行尺寸定位。

㉜ 实体拉伸 7。单击“特征”控制面板中的“拉伸切除”按钮，系统弹出“切除-拉伸”属性管理器。选择终止条件为“给定深度”，在“深度”文本框中输入“3”，其他选项的设置如图 15-149 所示，单击“确认”按钮。

㉝ 绘制草图。选择新创建的沉头孔的底面作为草绘基准面，单击“草图”控制面板上的“草图绘制”按钮，在其上新建一张草图。单击“草图”控制面板中的“圆”按钮，绘制两个与沉头孔同心的圆。

㉞ 标注尺寸。单击“草图”控制面板上的“智能尺寸”按钮，为两个圆标注直径尺寸，如图 15-150 所示，单击“确认”按钮。

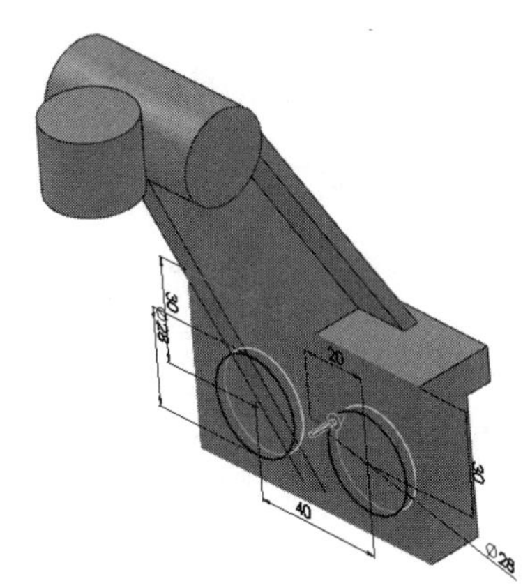

图 15-149　设置拉伸 7 参数

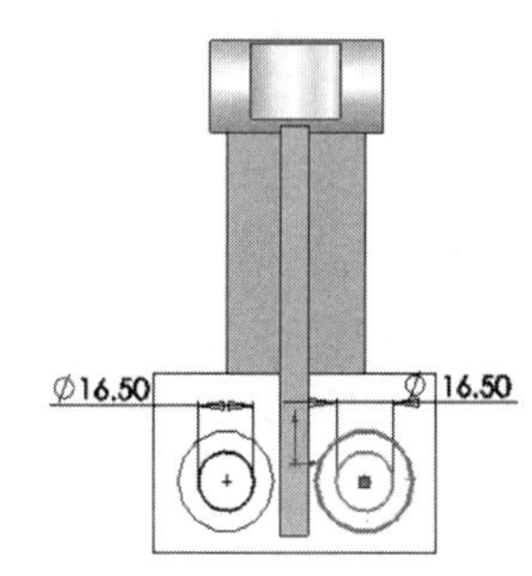

图 15-150　标注尺寸

㉟ 实体拉伸 8。单击“特征”控制面板中的“拉伸切除”按钮，系统弹出“切除-拉伸”属性管理器。选择终止条件为“完全贯穿”，其他选项的设置如图 15-151 所示，单击“确认”按钮。

㊱ 绘制草图。选择工作部分中高度为 50mm 的圆柱的一个侧面作为草绘基准面，单击“草图”控制面板上的“草图绘制”按钮，在其上新建一草图。单击“草图”控制面板中的“圆”按钮，绘制一与圆柱轮廓同心的圆。

㊲ 标注尺寸。单击“草图”控制面板上的“智能尺寸”按钮，标注圆的直径尺寸。

㊳ 实体拉伸 9。单击“特征”控制面板中的“拉伸切除”按钮，系统弹出“切除-拉伸”属性管理器。设置终止条件为“完全贯穿”，其他选项的设置如图 15-152 所示，单击“确认”按钮。

㊴ 绘制草图。选择工作部分的另一个圆柱段的上端面作为草绘基准面，单击“草图”控制面板上的“草图绘制”按钮，新建草图。单击“草图”控制面板中的“圆”按钮，绘制一与圆柱轮廓同心的圆。

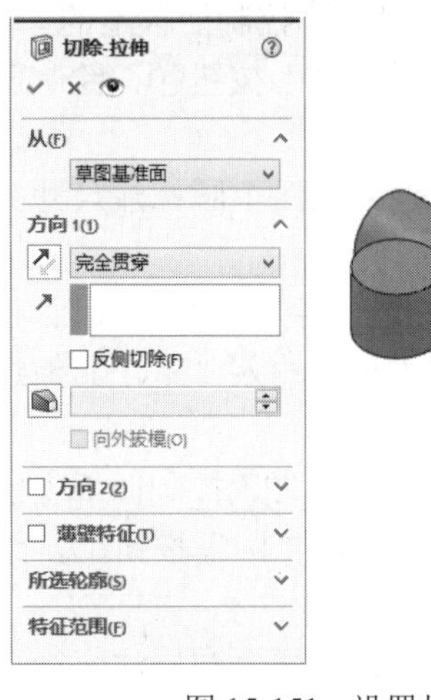

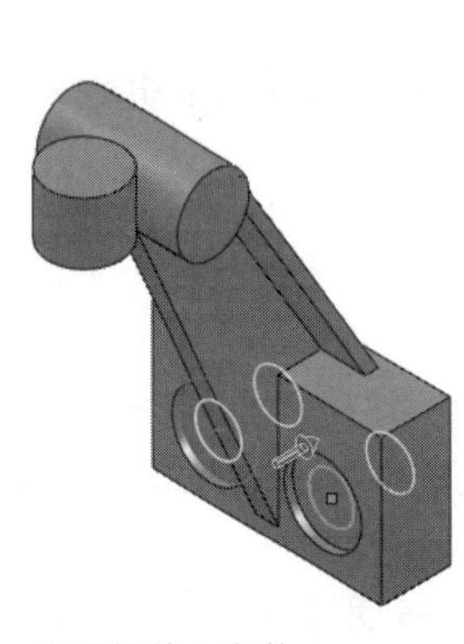

图 15-151　设置拉伸 8 参数

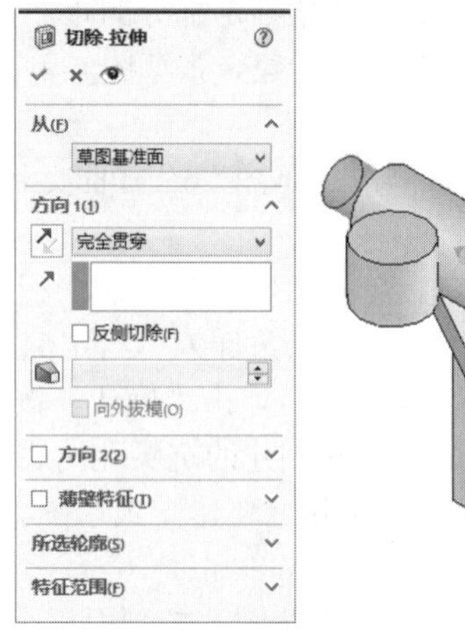

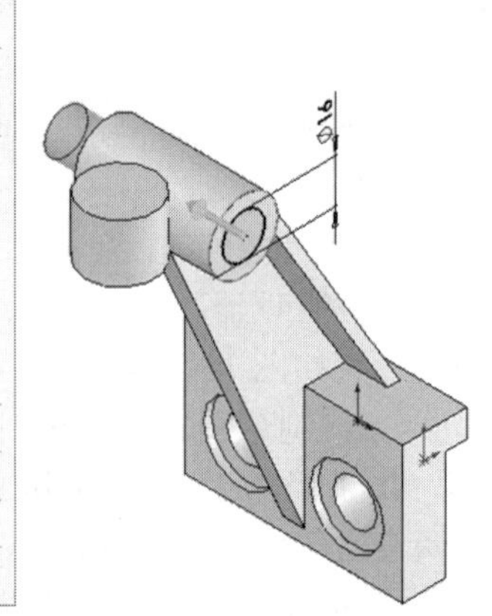

图 15-152　设置拉伸 9 参数

㊵ 标注尺寸。单击“草图”控制面板上的“智能尺寸”按钮，标注圆的直径尺寸为“16mm”。

㊶ 实体拉伸 10。单击“特征”控制面板中的“拉伸切除”按钮，系统弹出“切除-拉伸”属性管理器。设置终止条件为“完全贯穿”，其他选项的设置如图 15-153 所示，单击“确认”按钮。

㊷ 绘制草图。选择“基准面 1”作为草绘基准面，单击“草图”控制面板上的“草图绘制”按钮，在其上新建一草图。单击“草图”控制面板中的“边角矩形”按钮，绘制一矩形，覆盖特定区域。

㊸ 实体拉伸 11。单击“特征”控制面板中的“拉伸切除”按钮，系统弹出“切除-拉伸”属性管理器。设置终止条件为“两侧对称”，在“深度”文本框中输入“3”，其他选项的设置如图 15-154 所示，单击“确认”按钮。

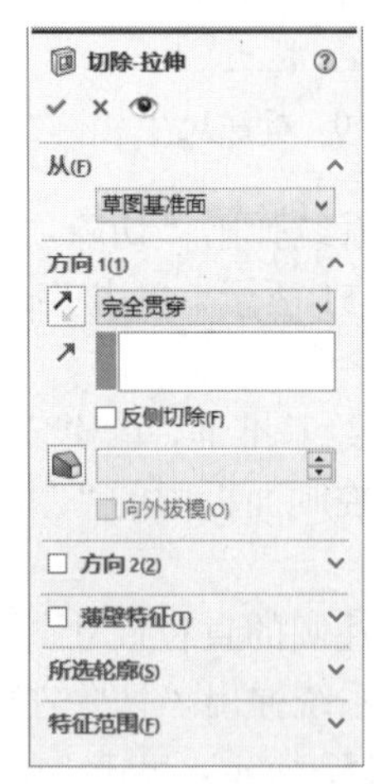

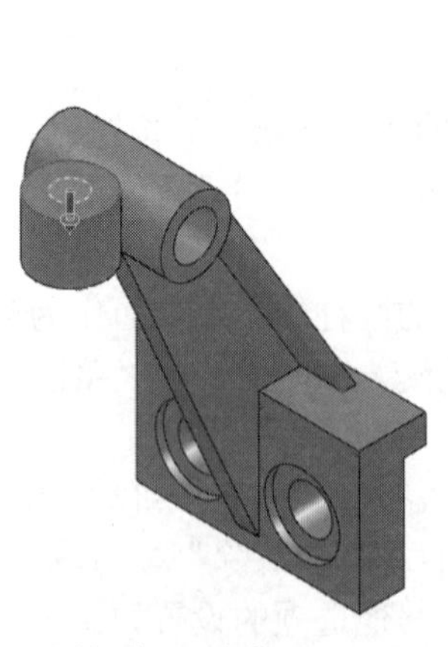

图 15-153　设置拉伸 10 参数

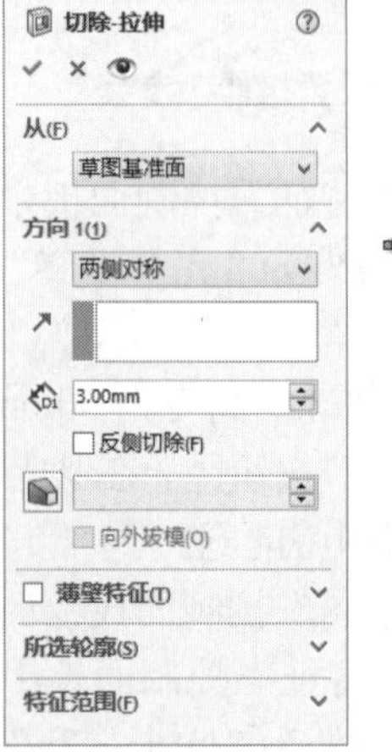

图 15-154　设置拉伸 11 参数

㊹ 创建圆角。单击“特征”控制面板中的“圆角”按钮，打开“圆角”属性管理器。在右侧的图形区域中选择所有非机械加工边线，即图示的边线；在“半径”文本框中输入“2”；其他选项的设置如图 15-155 所示，单击“确认”按钮。

㊺ 保存文件。单击“标准”工具栏中的“保存”按钮，将零件文件保存，文件名为“托架”。完成的托架如图 15-156 所示。

图 15-155　设置圆角选项

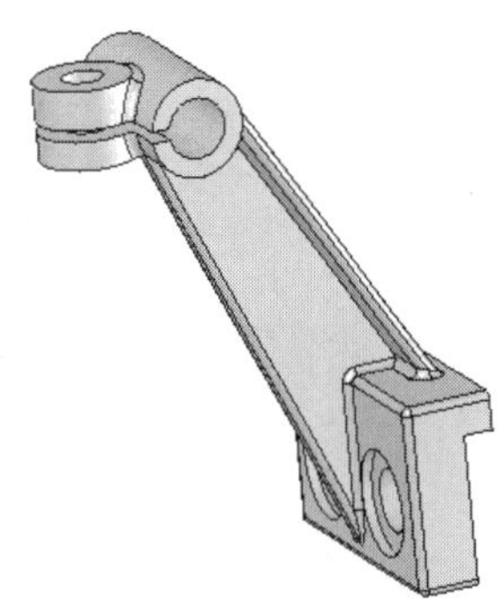

图 15-156　完成的托架

上 机 操 作

【实例 1】绘制如图 15-157 所示的闪盘盖

操作提示

① 利用草图绘制命令，绘制草图，如图 15-158 所示，利用拉伸命令，设置拉伸距离为 9，创建拉伸体。

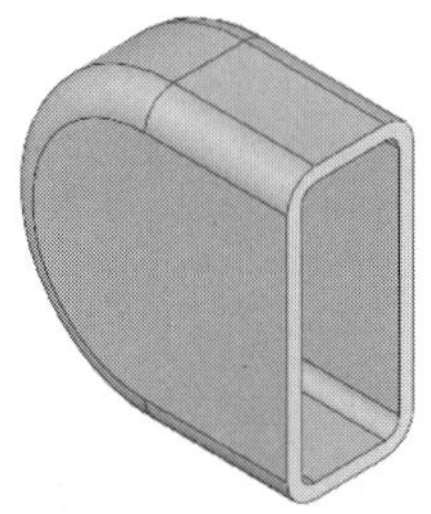

图 15-157　闪盘盖

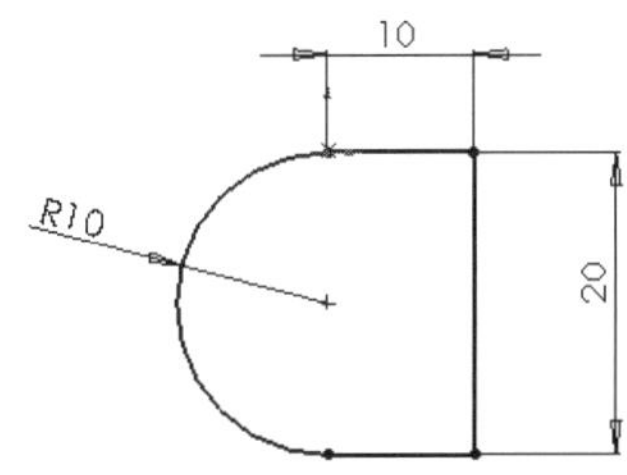

图 15-158　绘制草图

② 利用圆命令，半径为 2，选择拉伸体的边线进行圆角。

③ 利用抽壳命令，设置厚度为 1。

【实例 2】创建如图 15-159 所示的销轴

操作提示

① 利用草图绘制命令，绘制半径为 3mm 的圆，利用拉伸命令，设置终止条件为给定深

度，拉伸距离为 20mm，创建拉伸体。

② 利用草图绘制命令，绘制半径为 12mm 的圆，利用拉伸命令，设置终止条件为给定深度，拉伸距离为 2mm，创建拉伸体。

③ 利用倒角命令命令，创建倒角，倒角距离为 1mm，角度为 45°。

④ 利用草图绘制命令，绘制草图，利用切除拉伸命令，设置终止条件为完全贯穿，创建孔。

⑤ 利用圆角命令，选取销轴的三条边线创建圆角，圆角半径为 0.5mm。

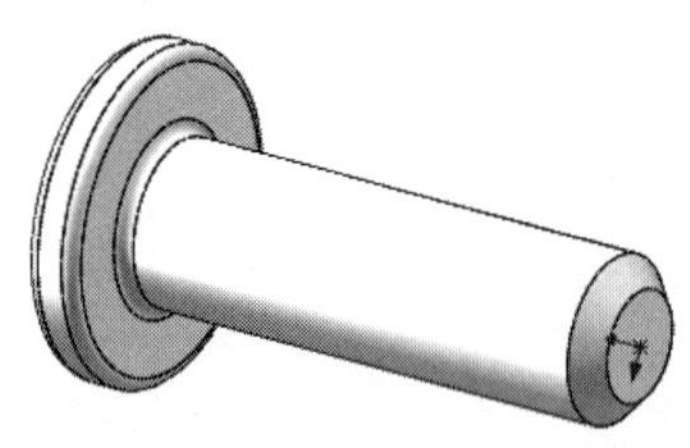

图 15-159 销轴

第 16 章 辅助特征工具

在复杂的建模过程中，单一的特征命令有时不能完成相应的建模，需要利用一些辅助特征工具来完成模型的绘制或提高绘制的效率和规范性。这些辅助特征工具包括特征编辑工具、智能设计工具、特征管理工具以及查询和相识工具。

本章将简要介绍这些工具的使用方法。

学习目标

阵列特征

镜像特征

零件的特征管理与外观

16.1 阵列特征

特征阵列用于将任意特征作为原始样本特征，通过指定阵列尺寸产生多个类似的子样本特征。特征阵列完成后，原始样本特征和子样本特征成为一个整体，用户可将它们作为一个特征进行相关的操作，如删除、修改等。如果修改了原始样本特征，则阵列中的所有子样本特征也随之更改。

SOLIDWORKS 2020 提供了线性阵列、圆周阵列、草图阵列、曲线驱动阵列、表格驱动阵列和填充阵列 6 种阵列方式。下面详细介绍前三种常用的阵列方式。

16.1.1 线性阵列

扫一扫，看视频

线性阵列是指沿一条或两条直线路径生成多个子样本特征。如图 16-1 所示列举了线性阵列的零件模型。

下面结合实例介绍创建线性阵列特征的操作步骤。

① 打开随书资源中的“\源文件\ch16\16.1.SLDPRT”，打开的文件实体如图 16-2 所示。

② 在图形区中选择原始样本特征（切除、孔或凸台等）。

③ 选择菜单栏中的“插入”→镜向“阵列/镜向”→“线性阵列”命令，或单击“特征”

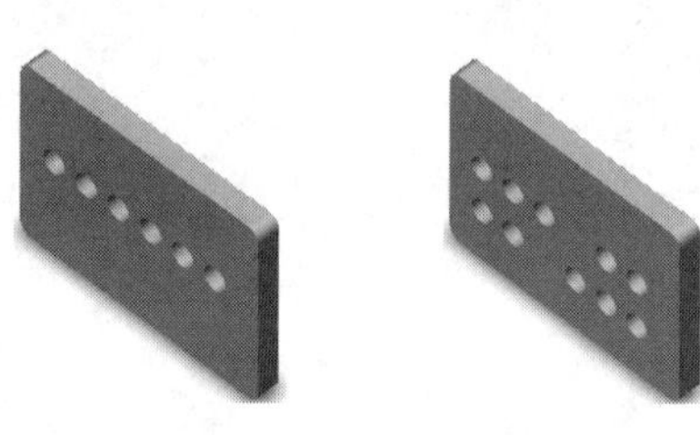

图 16-1　线性阵列模型

图 16-2　打开的文件实体

控制面板上的“线性阵列”按钮镜向，系统弹出“线性阵列”属性管理器。在“要阵列的特征”选项组中将显示步骤②中所选择的特征。如果要选择多个原始样本特征，在选择特征时，需按住<Ctrl>键。

技巧荟萃

当使用特型特征来生成线性阵列时，所有阵列的特征都必须在相同的面上。

④ 在“方向 1”选项组中单击第一个列表框，然后在图形区中选择模型的一条边线或尺寸线指出阵列的第一个方向。所选边线或尺寸线的名称出现在该列表框中。

⑤ 如果图形区中表示阵列方向的箭头不正确，则单击“反向”按钮，可以反转阵列方向。

⑥ 在“方向 1”选项组的“间距”文本框中指定阵列特征之间的距离。

⑦ 在“方向 1”选项组的“实例数”文本框中指定该方向下阵列的特征数（包括原始样本特征）。此时在图形区中可以预览阵列效果，如图 16-3 所示。

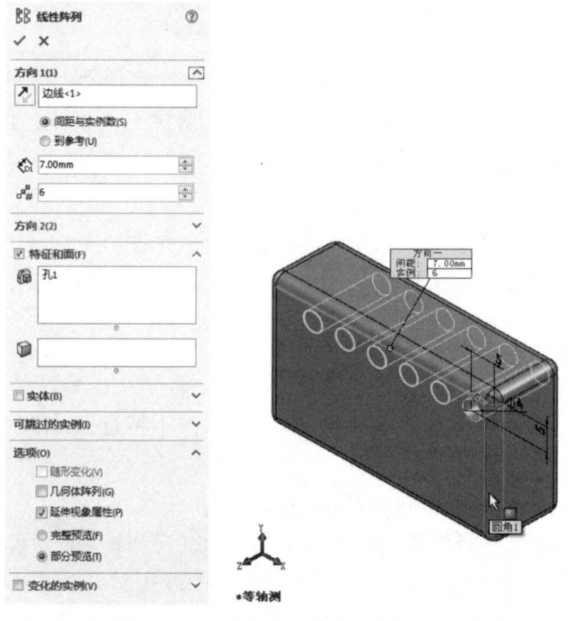

图 16-3　设置线性阵列

⑧ 如果要在另一个方向上同时生成线性阵列，则仿照步骤②～⑦中的操作，对“方向 2”选项组进行设置。

⑨ 在“方向 2”选项组中有一个“只阵列源”复选框。如果勾选该复选框，则在第 2 方向中只复制原始样本特征，而不复制“方向 1”中生成的其他子样本特征，如图 16-4 所示。

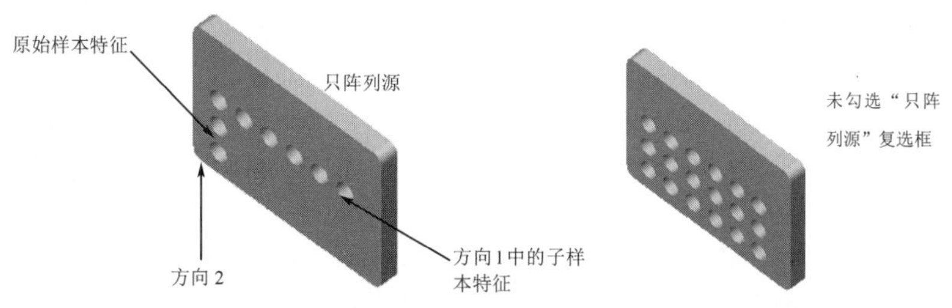

图 16-4　只阵列源与阵列所有特征的效果对比

⑩ 在阵列中如果要跳过某个阵列子样本特征，则在“可跳过的实例”选项组中单击按钮右侧的列表框，并在图形区中选择想要跳过的某个阵列特征，这些特征将显示在该列表框中。如图 16-5 所示显示了可跳过的实例效果。

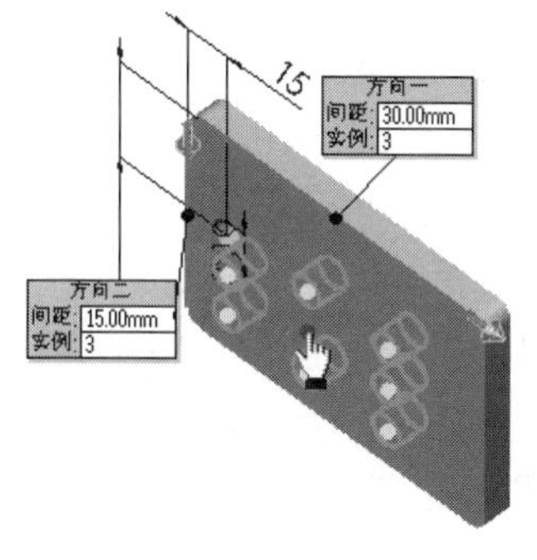

选择要跳过的实例

应用要跳过的实例

图 16-5　阵列时应用可跳过实例

⑪ 线性阵列属性设置完毕，单击“确定”按钮，生成线性阵列。

扫一扫，看视频

16.1.2　圆周阵列

圆周阵列是指绕一个轴心以圆周路径生成多个子样本特征。如图 16-6 所示为采用了圆周阵列的零件模型。在创建圆周阵列特征之前，首先要选择一个中心轴，这个轴可以是基准轴或者临时轴。每一个圆柱和圆锥面都有一条轴线，称之为临时轴。临时轴是由模型中的圆柱和圆锥隐含生成的，在图形区中一般不可见。在生成圆周阵列时需要使用临时轴，选择菜单栏中的“视图”→“隐藏/显示”→“临时轴”命令就可以显示临时轴了。此时该菜单命令图标凸显，表示临时轴可见。此外，还可以生成基准轴作为中心轴。

创建圆周阵列的操作步骤如下。

① 单击“特征”控制面板“参考几何体”下拉列表中的“基准轴”按钮。

② 在弹出的“基准轴”属性管理器中选择基准轴类型，如图 16-7 所示。

- “一直线/边线/轴”：选择一条草图直线或模型边线作为基准轴。

图 16-6　圆周阵列模型

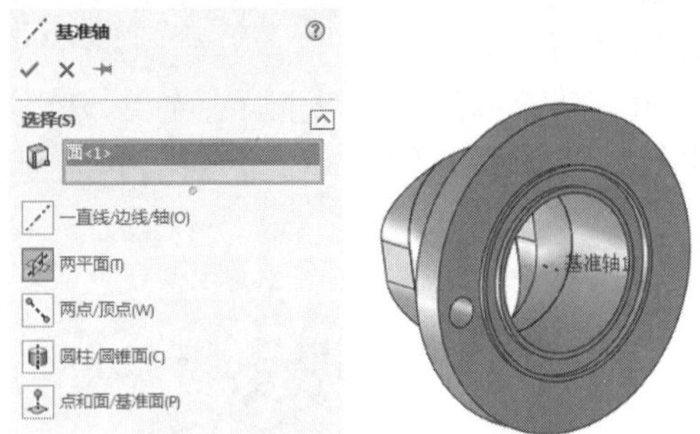

图 16-7　“基准轴”属性管理器

- “两平面”：选择两个平面，以平面的交线作为基准轴。
- “两点/顶点”：选择两个点或顶点，以两点的连线作为基准轴。
- “圆柱/圆锥面”：选择一个圆柱或圆锥面，以对应的旋转中心作为基准轴。
- “点和面/基准面”：选择一个曲面或基准面和一个顶点、点或中点，则所生成的轴通过所选择的顶点、点或中点并垂直于所选的曲面或基准面。如果曲面为空间曲面，则点必须在曲面上。

③ 在图形区中选择对应的实体，则该实体显示在“参考实体”列表框中。

④ 单击“确定”按钮，关闭“基准轴”属性管理器。

⑤ 单击“特征”控制面板“参考几何体”下拉列表中的“基准轴”按钮，查看新的基准轴。

下面结合实例介绍创建圆周阵列特征的操作步骤。

① 打开随书资源中的“\源文件\ch16\16.2.SLDPRT”，如图 16-8 所示。

② 在图形区选择原始样本特征（切除、孔或凸台等）。

③ 选择菜单栏中的“插入”→镜向“阵列/镜向”→“圆周阵列”命令，或单击“特征”控制面板上的“圆周阵列”按钮镜向，系统弹出“圆周阵列”属性管理器。

④ 在“要阵列的特征”选项组中高亮显示步骤②中所选择的特征。如果要选择多个原始样本特征，需按住<Ctrl>键进行选择。此时，在图形区生成一个中心轴，作为圆周阵列的圆心位置。

在“参数”选项组中，单击第一个列表框，然后在图形区中选择中心轴，则所选中心轴的名称显示在该列表框中。

⑤ 如果图形区中阵列的方向不正确，则单击“反向”按钮，可以翻转阵列方向。

⑥ 在“参数”选项组的“角度”文本框中指定阵列特征之间的角度。

⑦ 在“参数”选项组的“实例数”文本框中指定阵列的特征数（包括原始样本特征）。此时在图形区中可以预览阵列效果，如图 16-9 所示。

⑧ 勾选“等间距”复选框，则总角度将默认为 360°，所有的阵列特征会等角度均匀分布。

⑨ 勾选“几何体阵列”复选框，则只复制原始样本特征而不对它进行求解，这样可以加速生成及重建模型的速度。但是如果某些特征的面与零件的其余部分合并在一起，则不能为这些特征生成几何体阵列。

⑩ 圆周阵列属性设置完毕，单击“确定”按钮，生成圆周阵列。

图 16-8 打开的文件实体

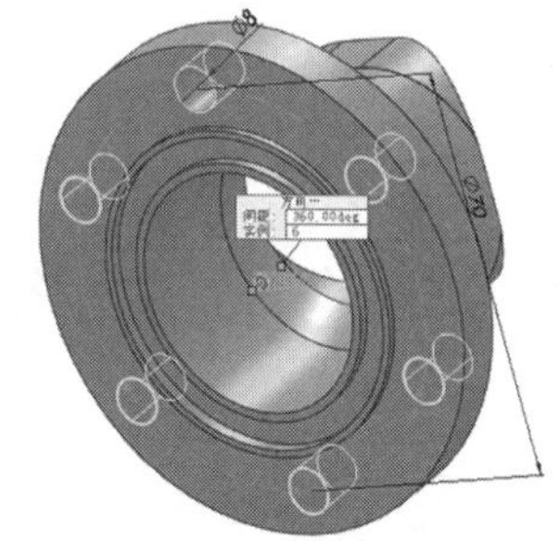

图 16-9 预览圆周阵列效果

16.1.3 草图阵列

扫一扫，看视频

SOLIDWORKS 2020 还可以根据草图上的草图点来安排特征的阵列。用户只要控制草图上的草图点，就可以将整个阵列扩散到草图中的每个点。

下面结合实例介绍创建草图阵列的操作步骤。

① 打开随书资源中的“\源文件\ch16\16.3.SLDPRT”，如图 16-8 所示。

② 单击“草图”控制面板上的“草图绘制”按钮，在零件的面上打开一个草图。

③ 单击“草图”控制面板中的“点”按钮，绘制驱动阵列的草图点。

④ 单击“草图”控制面板上的“退出草图”按钮，关闭草图。

⑤ 单击“特征”控制面板上的“草图驱动的阵列”按钮，或者选择菜单栏中的“插入”→“阵列/镜向”→“草图驱动的阵列”命令，系统弹出“由草图驱动的阵列”属性管理器。

⑥ 在“选择”选项组中，单击按钮右侧的列表框，然后选择驱动阵列的草图，则所选草图的名称显示在该列表框中。

⑦ 选择参考点。

- 重心：如果点选该单选钮，则使用原始样本特征的重心作为参考点。
- 所选点：如果点选该单选钮，则在图形区中选择参考顶点。可以使用原始样本特征的重心、草图原点、顶点或另一个草图点作为参考点。

⑧ 单击“要阵列的特征”选项组按钮右侧的列表框，然后选择要阵列的特征。此时在图形区中可以预览阵列效果，如图 16-10 所示。

⑨ 勾选“几何体阵列”复选框，则只复制原始样本特征而不对它进行求解，这样可以加速生成及重建模型的速度。但是如果某些特征的面与零件的其余部分合并在一起，则不能为这些特征生成几何体阵列。

⑩ 草图阵列属性设置完毕，单击“确定”按钮，生成草图驱动的阵列。

16.1.4 实例——法兰盘

扫一扫，看视频

本例创建的法兰类零件——接口如图 16-11 所示。

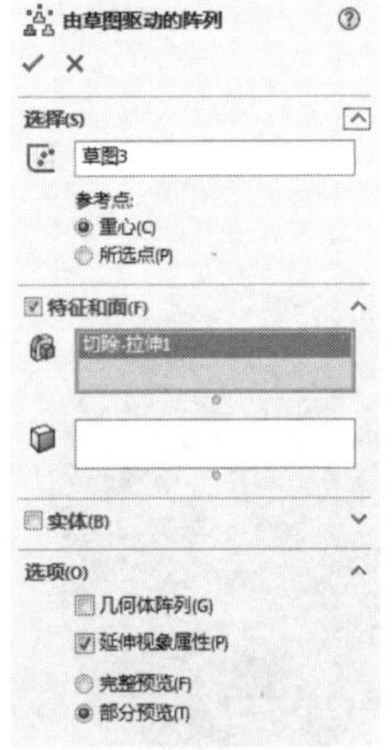

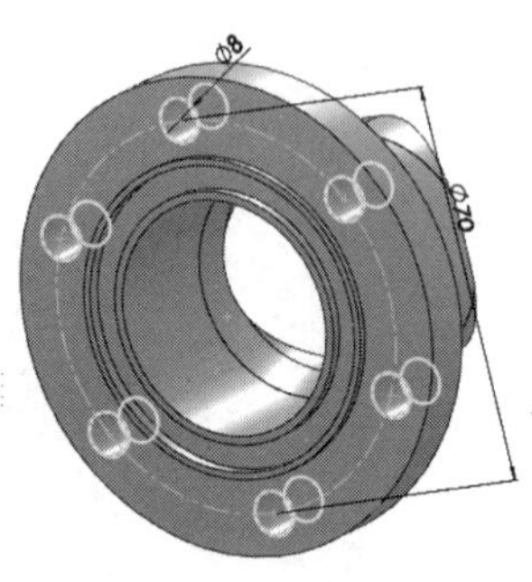

图 16-10 预览阵列效果

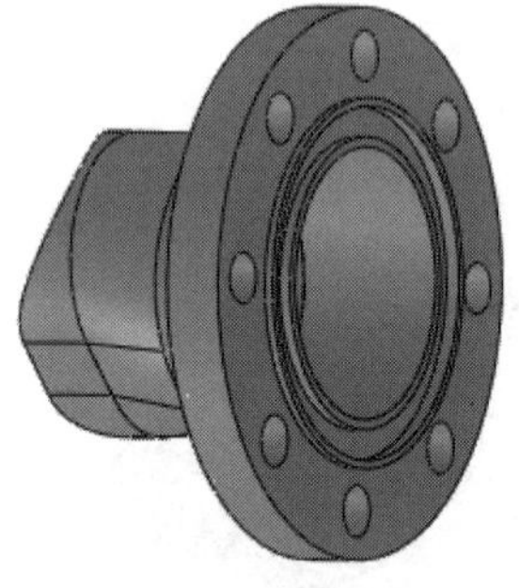

图 16-11 法兰盘

思路分析

接口零件主要起传动、连接、支撑、密封等作用，其主体为回转体或其他平板型实体，厚度方向的尺寸比其他两个方向的尺寸小，其上常有凸台、凹坑、螺孔、销孔、轮辐等局部结构。由于接口要和一段圆环焊接，所以其根部采用压制后再使用铣刀加工圆弧沟槽的方法加工。接口的基本创建过程如图 16-12 所示。

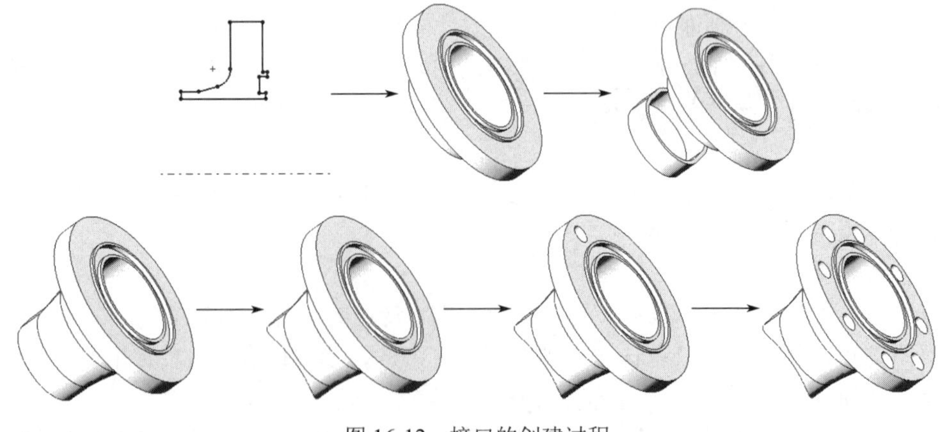

图 16-12 接口的创建过程

【绘制步骤】

（1）创建接口基体端部特征

① 新建文件。启动 SOLIDWORKS 2020，单击“标准”工具栏中的“新建”按钮，

在弹出的“新建 SOLIDWORKS 文件”对话框中，单击“零件”按钮，然后单击“确定”按钮，创建一个新的零件文件。

② 新建草图。在“FeatureManager 设计树”中选择“前视基准面”作为草图绘制基准面，单击“草图”控制面板中的“草图绘制”按钮，创建一张新草图。

③ 绘制草图。单击“草图”控制面板中的“中心线”按钮，过坐标原点绘制一条水平中心线作为基体旋转的旋转轴；然后单击“草图”控制面板中的“直线”按钮，绘制法兰盘轮廓草图。单击“草图”控制面板中的“智能尺寸”按钮，为草图添加尺寸标注，如图 16-13 所示。

④ 创建接口基体端部实体。单击“特征”控制面板中的“旋转凸台/基体”按钮，弹出“旋转”属性管理器；SOLIDWORKS 会自动将草图中唯一的一条中心线作为旋转轴，设置旋转类型为“给定深度”，在“角度”文本框中输入“360”，其他选项设置如图 16-14 所示，单击“确定”按钮，生成接口基体端部实体。

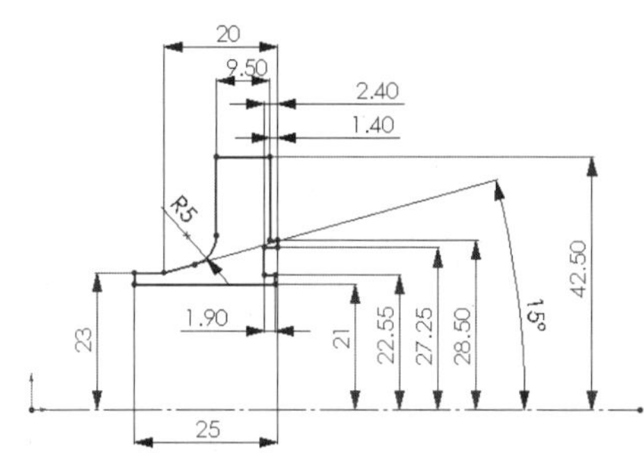

图 16-13 绘制草图并标注尺寸

图 16-14 创建法兰盘基体端部实体

(2)创建接口根部特征

接口根部的长圆段是从距法兰密封端面 40mm 处开始的，所以这里要先创建一个与密封端面相距 40mm 的参考基准面。

① 创建基准面。单击“特征”控制面板“参考几何体”下拉列表中的“基准面”按钮，弹出“基准面”属性管理器；在“参考实体”选项框中选择接口的密封面作为参考平面，在“偏移距离”文本框中输入“40”，勾选“反转等距”复选框，其他选项设置如图 16-15 所示，单击“确定”按钮，创建基准面。

② 新建草图。选择生成的基准面，单击“草图”控制面板中的“草图绘制”按钮，在其上新建一张草图。

③ 绘制草图。单击“草图”控制面板中的“直槽口”按钮和“智能尺寸”按钮，绘制根部的长圆段草图并标注，结果如图 16-16 所示。

④ 拉伸实体。单击“特征”控制面板中的“拉伸凸台/基体”按钮，弹出“凸台-拉伸”属性管理器。

⑤ 设置拉伸方向和深度。单击“反向”按钮，使根部向外拉伸，指定拉伸类型为“单向”，在“深度”文本框中设置拉伸深度为 12mm。

⑥ 生成接口根部特征。勾选“薄壁特征”复选框，在“薄壁特征”面板中单击“反向”按钮，使薄壁的拉伸方向指向轮廓内部，选择拉伸类型为“单向”，在“厚度”文本框中输入“2”，其他选项设置如图 16-17 所示，单击“确定”按钮，生成法兰盘根部特征。

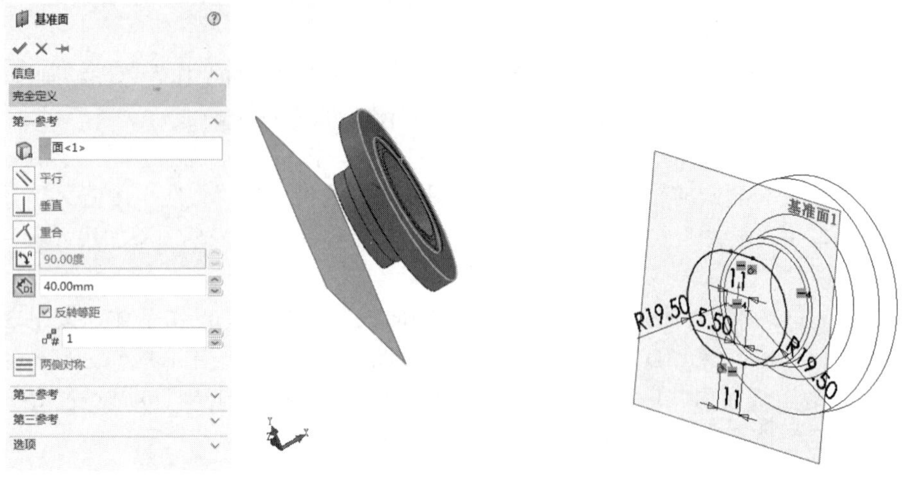

图 16-15　创建基准面　　　　图 16-16　绘制草图

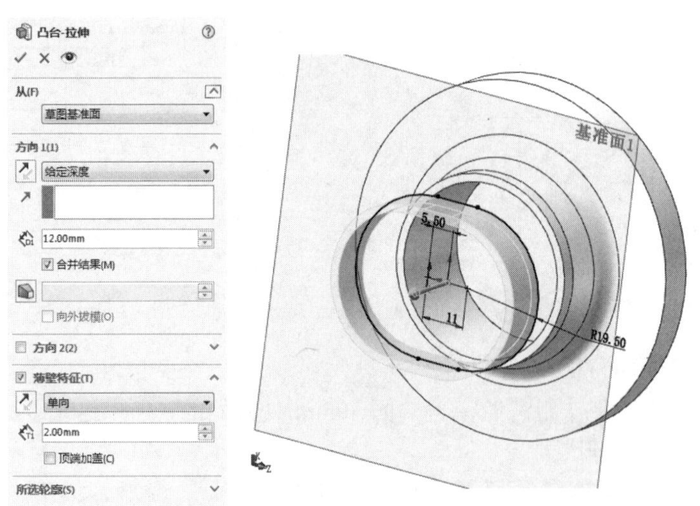

图 16-17　生成接口根部特征

（3）创建长圆段与端部的过渡段

① 选择放样工具。单击“特征”控制面板中的“放样凸台/基体”按钮，系统弹出“放样”属性管理器。

② 生成放样特征。选择法兰盘基体端部的外扩圆作为放样的一个轮廓，在“FeatureManager 设计树”中选择刚刚绘制的“草图 2”作为放样的另一个轮廓；勾选“薄壁特征”复选框，展开“薄壁特征”面板，单击“反向”按钮，使薄壁的拉伸方向指向轮廓内部，选择拉伸类型为“单向”，在“厚度”文本框中输入“2”，其他选项设置如图 16-18 所示，单击“确定”按钮，创建长圆段与基体端部圆弧段的过渡特征。

（4）创建接口根部的圆弧沟槽

① 新建草图。在“FeatureManager 设计树”中选择“前视基准面”作为草图绘制基准面，单击“草图”控制面板中的“草图绘制”按钮，在其上新建一张草图。单击“标准视图”工具栏中的“垂直于”按钮，使视图方向正视于草图平面。

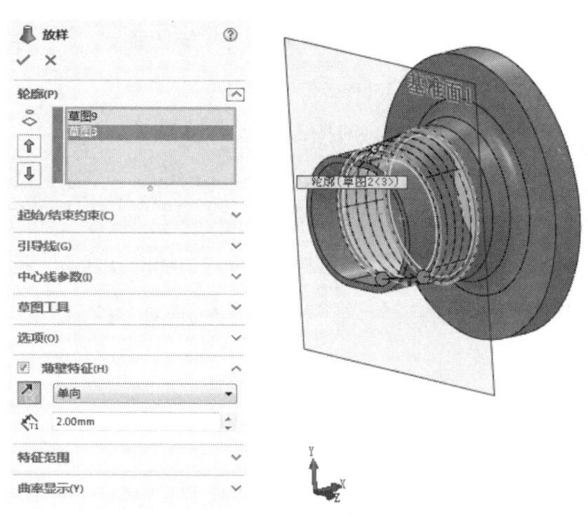

图 16-18 生成放样特征

② 绘制中心线。单击“草图”控制面板中的“中心线”按钮，过坐标原点绘制一条水平中心线。

③ 绘制圆。单击“草图”控制面板中的“圆”按钮，绘制一圆心在中心线上的圆。

④ 标注尺寸。单击“草图”控制面板中的“智能尺寸”按钮，标注圆的直径为48mm。

⑤ 添加“重合”几何关系。单击“草图”控制面板“显示/删除几何关系”下拉列表中的“添加几何关系”按钮，弹出“添加几何关系”属性管理器；为圆和法兰盘根部的角点添加“重合”几何关系，如图 16-19 所示。

⑥ 拉伸切除实体。单击“特征”控制面板中的“拉伸切除”按钮，弹出“切除-拉伸”属性管理器。

⑦ 创建根部的圆弧沟槽。在“切除-拉伸”属性管理器中设置切除终止条件为“两侧对称”，在“深度”文本框中输入“100”，其他选项设置如图 16-20 所示，单击“确定”按钮，生成根部的圆弧沟槽。

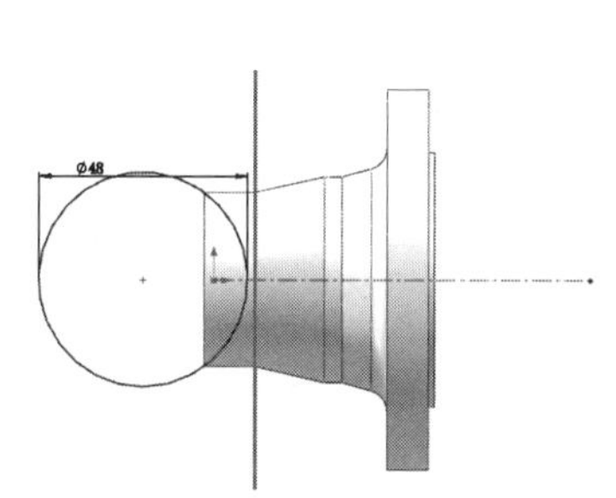

图 16-19 添加“重合”几何关系

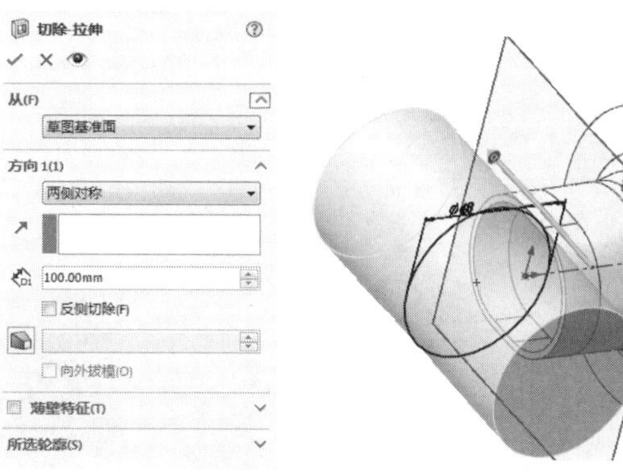

图 16-20 创建根部的圆弧沟槽

（5）创建接口螺栓孔

① 新建草图。选择接口的基体端面，单击“草图”控制面板中的“草图绘制”按钮，在其上新建一张草图。单击“标准视图”工具栏中的“垂直于”按钮，使视图方向正视于草图平面。

② 绘制构造线。单击“草图”控制面板中的“圆”按钮，利用 SOLIDWORKS 的自

动跟踪功能绘制一个圆，使其圆心与坐标原点重合，在“圆”属性管理器中勾选“作为构造线”复选框，将圆设置为构造线，如图 16-21 所示。

③ 标注尺寸。单击“草图”控制面板中的“智能尺寸”按钮，标注圆的直径为 70mm。

④ 绘制圆。单击“草图”控制面板中的“圆”按钮，利用 SOLIDWORKS 的自动跟踪功能绘制一圆，使其圆心落在所绘制的构造圆上，并且其 X 坐标值为 0。

⑤ 拉伸切除实体。单击“特征”控制面板中的“拉伸切除”按钮，弹出“切除-拉伸”属性管理器；设置切除的终止条件为“完全贯穿”，其他选项设置如图 16-22 所示，单击“确定”按钮，创建一个法兰盘螺栓孔。

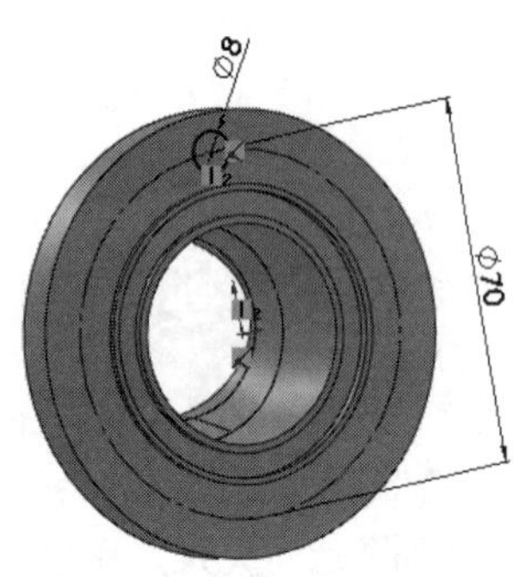

图 16-21　设置圆为构造线

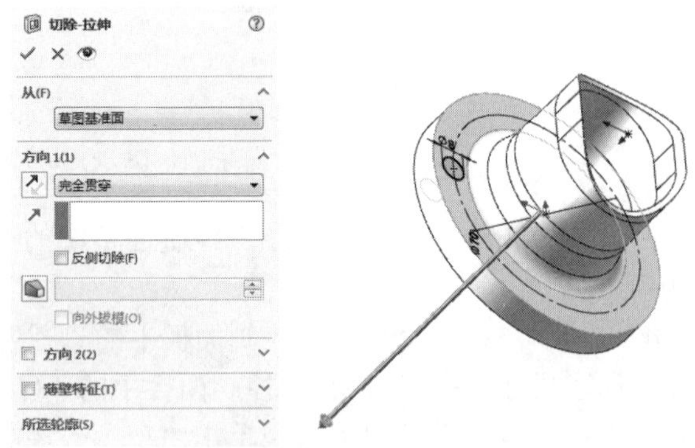

图 16-22　拉伸切除实体

⑥ 显示临时轴。选择菜单栏中的“视图”→“隐藏/显示”→“临时轴”命令，显示模型中的临时轴，为进一步阵列特征做准备。

⑦ 阵列螺栓孔。单击“特征”控制面板中的“圆周阵列”按钮，弹出“圆周阵列”属性管理器；在绘图区选择法兰盘基体的临时轴作为圆周阵列的阵列轴，在“角度”文本框中输入“360”，在 “实例数”文本框中输入“8”，单击“等间距”单选钮，在绘图区选择步骤⑤中创建的螺栓孔，其他选项设置如图 16-23 所示，单击“确定”按钮，完成螺栓孔的圆周阵列。

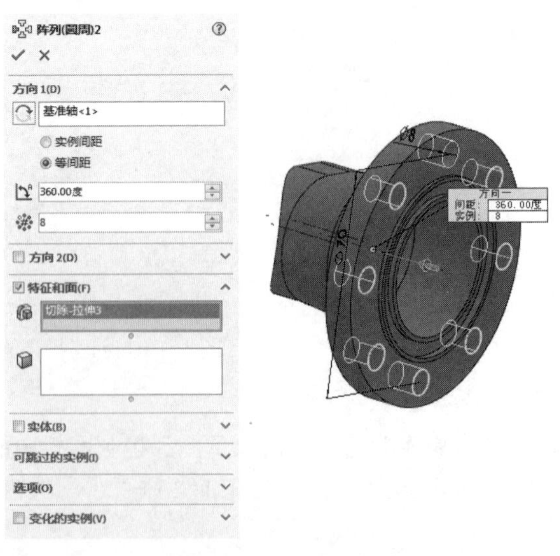

图 16-23　阵列螺栓孔

⑧ 保存文件。单击“标准”工具栏中的“保存”按钮，将零件保存为“法兰盘.sldprt”。使用旋转观察功能观察零件图，最终效果如图 16-24 所示。

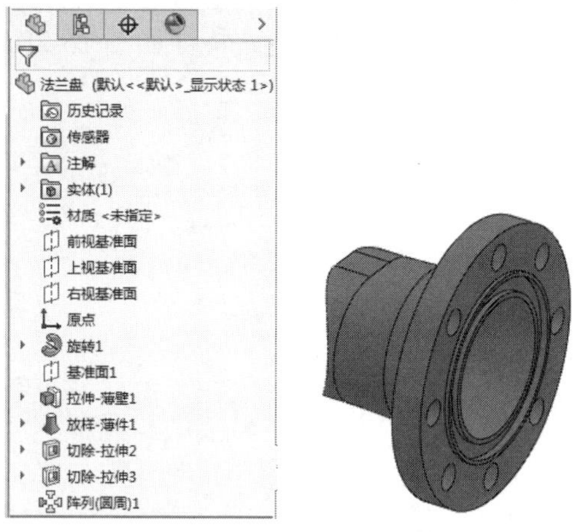

图 16-24 法兰盘的最终效果

16.2 镜向特征

如果零件结构是对称的，用户可以只创建零件模型的一半，然后使用镜向特征的方法生成整个零件。如果修改了原始特征，则镜向的特征也随之更改。如图 16-25 所示为运用镜向特征生成的零件模型。

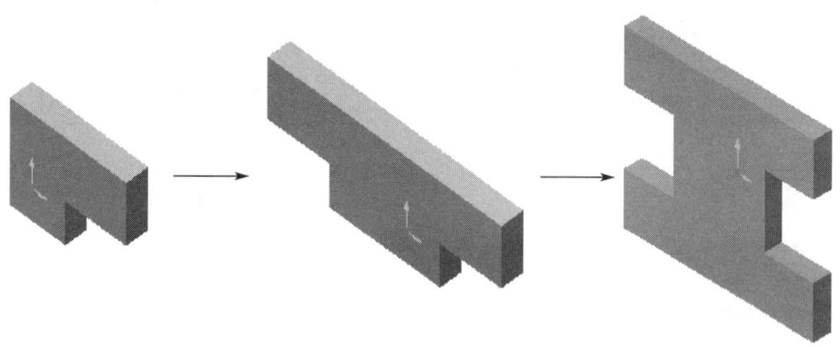

图 16-25 运用镜向特征生成零件模型

16.2.1 创建镜向特征

扫一扫，看视频

镜向特征是指对称于基准面镜向所选的特征。按照镜向对象的不同，可以分为镜向特征和镜向实体。

（1）镜向特征

镜向特征是指以某一平面或者基准面作为参考面，对称复制一个或者多个特征。

下面结合实例介绍创建镜向特征的操作步骤。

① 打开随书资源中的“\源文件\ch16\16.4.SLDPRT”，打开的文件实体如图 16-26 所示。

② 单击“特征”控制面板中的“镜向”按钮，或执行“插入”→“阵列/镜向”→“镜

向”菜单命令，系统弹出“镜向”属性管理器。

③ 在“镜向面/基准面”选项组中，单击选择如图 16-27 所示的前视基准面；在“要镜向的特征”选项组中，单击选择如图 16-26 所示的正六边形实体，“镜向”属性管理器设置如图 16-27 所示。单击“确定”按钮✔，创建的镜向特征如图 16-28 所示。

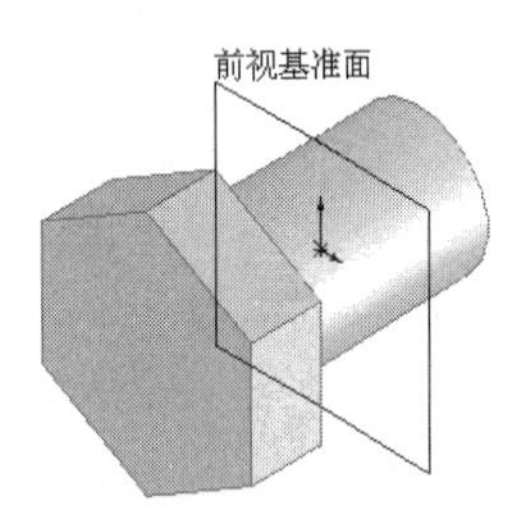

图 16-26　打开的文件实体

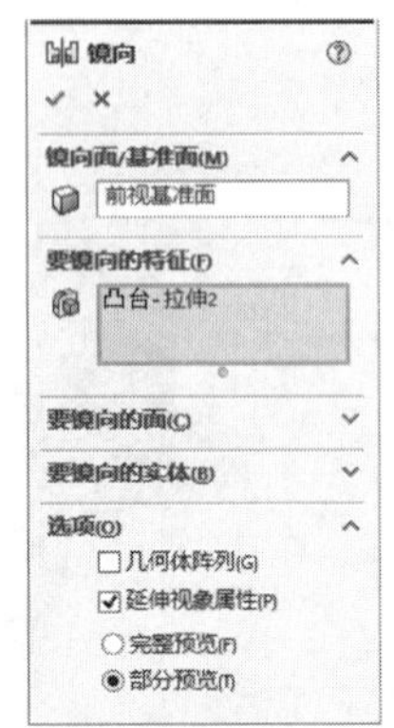

图 16-27　“镜向”属性管理器

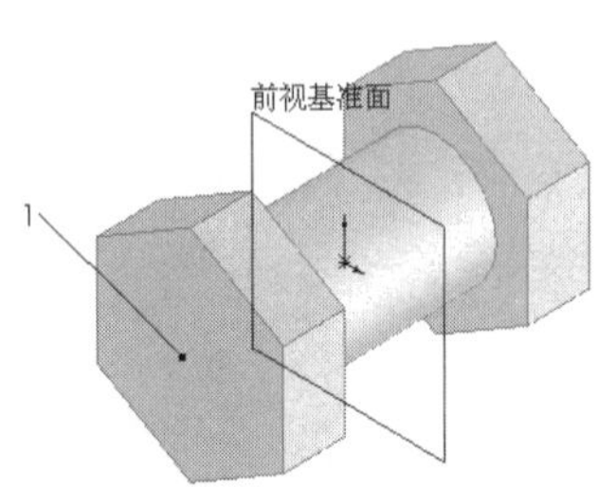

图 16-28　镜向特征

（2）镜向实体

镜向实体是指以某一平面或者基准面作为参考面，对称复制视图中的整个模型实体。

下面介绍创建镜向实体的操作步骤。

① 接着上面实例中生成的实体，选择菜单栏中的“插入”→“阵列/镜向”→“镜向”命令，或者单击“特征”控制面板上的“镜向”按钮，系统弹出“镜向”属性管理器。

② 在“镜向面/基准面”选项组中，单击选择如图 16-28 所示的面 1；在“要镜向的实体”选项组中，单击选择如图 16-28 所示模型实体上的任意一点。“镜向”属性管理器设置如图 16-29 所示。单击“确定”按钮✔，创建的镜向实体如图 16-30 所示。

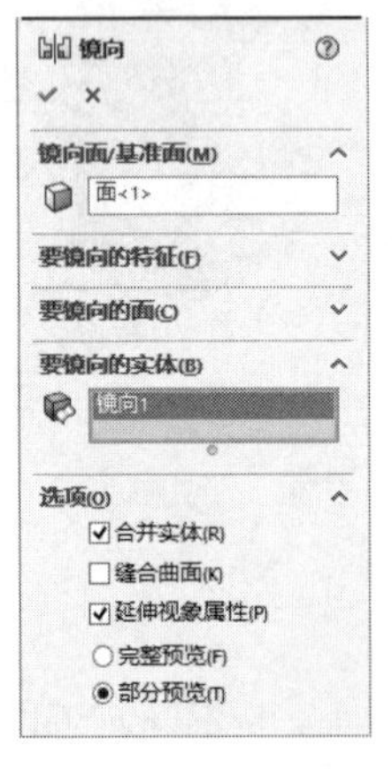

图 16-29　“镜向”属性管理器

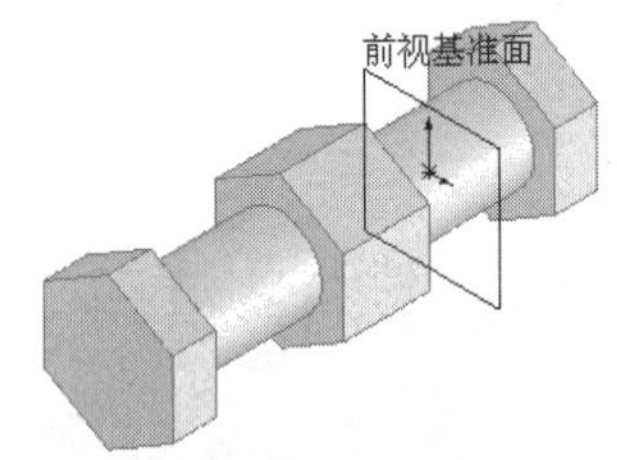

图 16-30　镜向实体

16.2.2　实例——管接头

扫一扫，看视频

本例创建的管接头模型如图 16-31 所示。

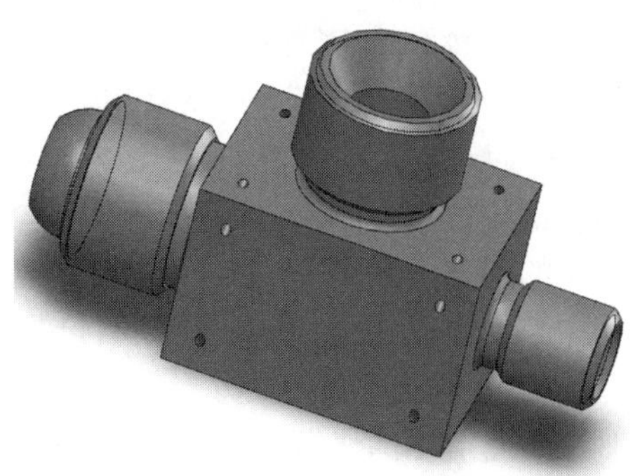

图 16-31 管接头

思路分析

管接头是非常典型的拉伸类零件，利用拉伸方法可以很容易地创建其基本造型。拉伸特征是将一个用草图描述的截面，沿指定的方向（一般情况下沿垂直于截面的方向）延伸一段距离后所形成的特征。拉伸是 SOLIDWORKS 模型中最常见的类型，具有相同截面、一定长度的实体，如长方体、圆柱体等，都可以利用拉伸特征来生成。

管接头的基本创建过程如图 16-32 所示。

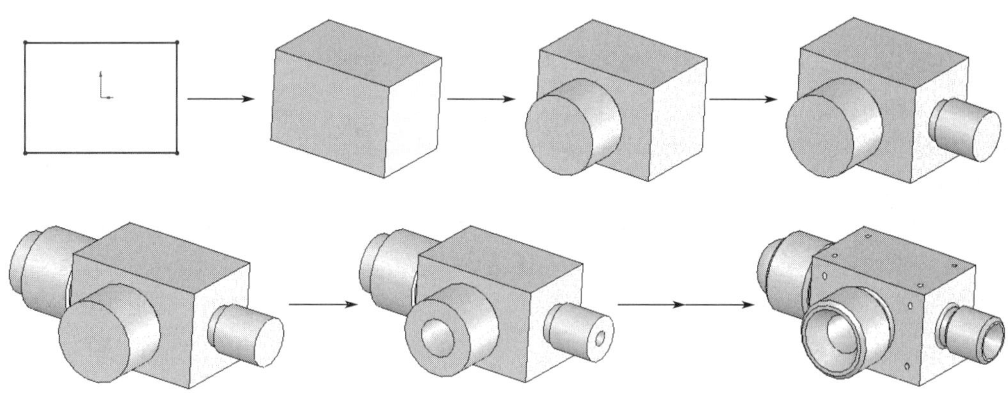

图 16-32 管接头的创建过程

【绘制步骤】

（1）创建长方形基体

① 新建文件。单击“标准”工具栏中的“新建”按钮，在弹出的“新建 SOLIDWORKS 文件”对话框中，单击“零件”按钮，然后单击“确定”按钮，创建一个新的零件文件。

② 绘制草图。在“FeatureManager 设计树”中选择“前视基准面”作为绘图基准面，单击“草图”控制面板中的“草图绘制”按钮，新建一张草图，单击“草图”控制面板中的“中心矩形”按钮，以原点为中心绘制一个矩形。

③ 标注矩形尺寸。单击“草图”控制面板中的“智能尺寸”按钮，标注矩形草图轮廓的尺寸，如图 16-33 所示。

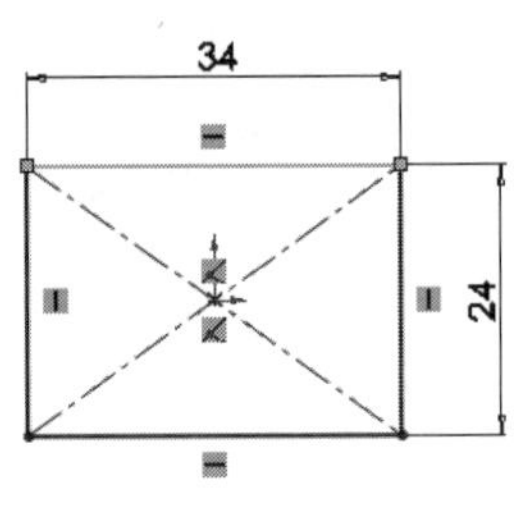

图 16-33　标注矩形尺寸

④ 拉伸实体。单击“特征”控制面板中的“拉伸凸台/基体”按钮，在弹出的“凸台-拉伸”属性管理器中设置拉伸终止条件为“两侧对称”，在“深度”文本框中输入“23”，其他选项保持系统默认设置，如图 16-34 所示；单击“确定”按钮，完成长方形基体的创建，如图 16-35 所示。

（2）**创建直径为 10mm 的喇叭口基体**

① 新建草图。选择长方形基体上的 34mm×24mm 面，单击“草图”控制面板中的“草图绘制”按钮，在其上创建草图。

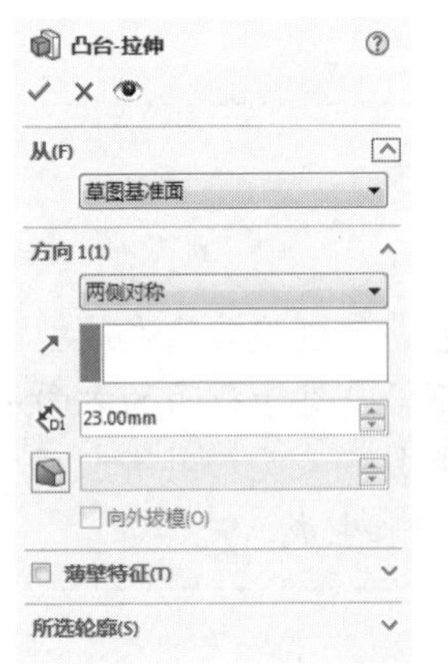

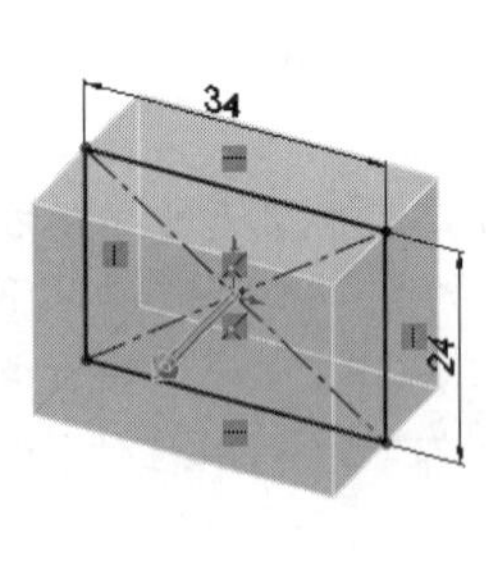

图 16-34　设置拉伸参数

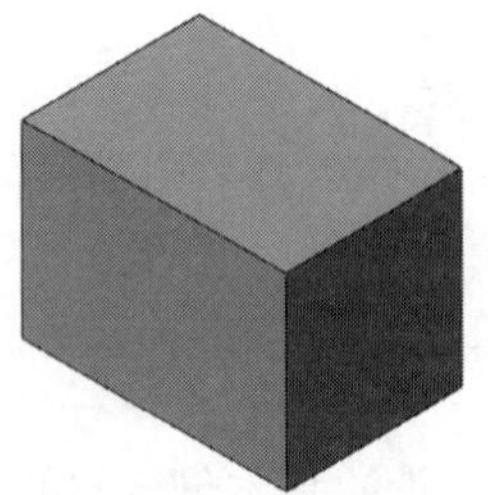

图 16-35　创建长方形基体

② 绘制草图。单击“草图”控制面板中的“圆”按钮，以坐标原点为圆心绘制一个圆。

③ 标注圆的尺寸。单击“草图”控制面板中的“智能尺寸”按钮，标注圆的直径尺寸为 16mm。

④ 拉伸凸台。单击“特征”控制面板中的“拉伸凸台/基体”按钮，在弹出的“凸台-拉伸”属性管理器中设置拉伸终止条件为“给定深度”，在“深度”文本框中输入“2.5”，其他选项保持系统默认设置，如图 16-36 所示，单击“确定”按钮，生成退刀槽圆柱。

⑤ 绘制草图。选择退刀槽圆柱的端面，单击“草图”控制面板中的“草图绘制”按钮，在其上新建一张草图；单击“草图”控制面板中的“圆”按钮，以原点为圆心绘制一个圆。

⑥ 标注尺寸。单击“草图”控制面板中的“智能尺寸”按钮，标注圆的直径尺寸为 20mm。

⑦ 拉伸实体。单击“特征”控制面板中的“拉伸凸台/基体”按钮，在弹出的“凸台-拉伸”属性管理器中设置拉伸终止条件为“给定深度”，在“深度”文本框中输入“12.5”，其他选项保持系统默认设置，单击“确定”按钮，生成喇叭口基体 1，如图 16-37 所示。

（3）**创建直径为 4mm 的喇叭口基体**

① 新建草图。选择长方形基体上的 24mm×23mm 面，单击“草图”控制面板中的“草图绘制”按钮，在其上新建一张草图。

② 绘制圆。单击“草图”控制面板中的“圆”按钮，以坐标原点为圆心绘制一个圆。

③ 标注圆的尺寸。单击“草图”控制面板中的“智能尺寸”按钮，标注圆的直径尺寸为 10mm。

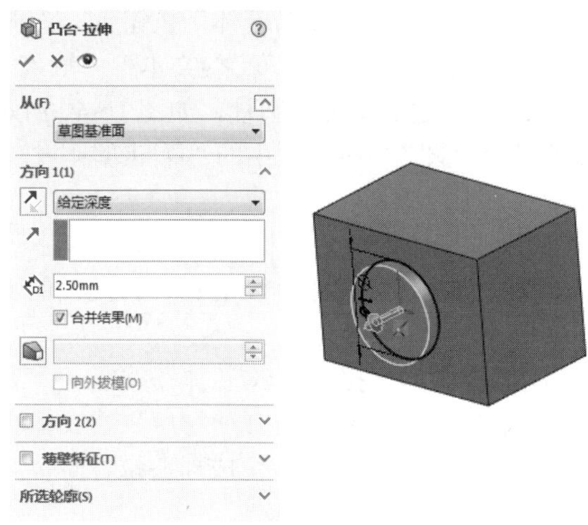

图 16-36 “凸台-拉伸”属性管理器

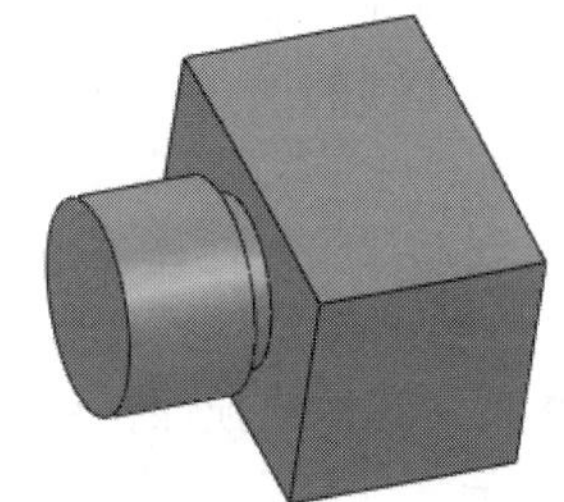

图 16-37 生成喇叭口基体 1

④ 拉伸实体。单击“特征”控制面板中的“拉伸凸台/基体”按钮，在弹出的“凸台-拉伸”属性管理器中设置拉伸终止条件为“给定深度”，在“深度”文本框中输入“2.5”，其他选项保持系统默认设置，单击“确定”按钮，创建的退刀槽圆柱如图 16-38 所示。

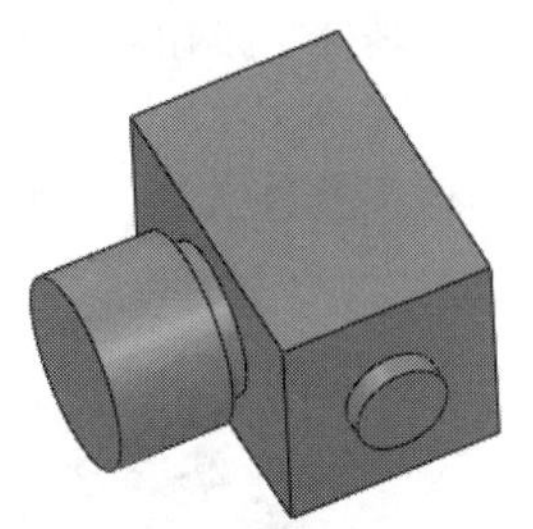

图 16-38 创建退刀槽圆柱

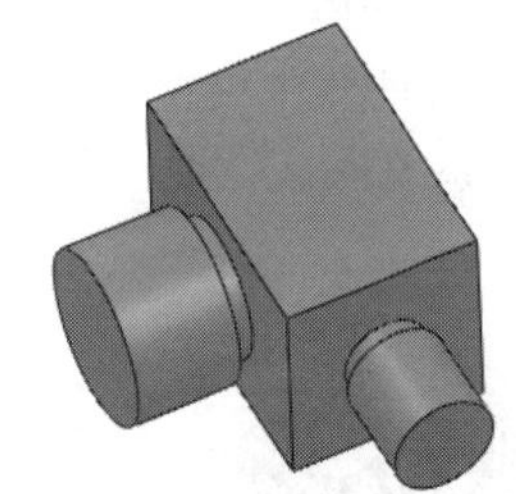

图 16-39 生成喇叭口基体 2

⑤ 新建草图。选择退刀槽圆柱的平面，单击“草图”控制面板中的“草图绘制”按钮，在其上新建一张草图。

⑥ 绘制圆。单击“草图”控制面板中的“圆”按钮，以坐标原点为圆心绘制一个圆。

⑦ 标注圆的尺寸。单击“草图”控制面板中的“智能尺寸”按钮，标注圆的直径尺寸为 12mm。

⑧ 创建喇叭口基体。单击“特征”控制面板中的“拉伸凸台/基体”按钮，在弹出的“凸台-拉伸”属性管理器中设置拉伸终止条件为“给定深度”，在“深度”文本框中输入“11.5”，其他选项保持系统默认设置，单击“确定”按钮，生成喇叭口基体 2，如图 16-39 所示。

（4）创建直径为 10mm 的球头基体

① 新建草图。选择长方形基体上 24mm×23mm 的另一个面，单击“草图”控制面板中的“草图绘制”按钮，在其上新建一张草图。

② 绘制圆。单击“草图”控制面板中的“圆”按钮，以坐标原点为圆心绘制一个圆。

③ 标注圆的尺寸。单击“草图”控制面板中的“智能尺寸”按钮，标注圆的直径尺寸为 17mm。

④ 创建退刀槽圆柱。单击“特征”控制面板中的“拉伸凸台/基体”按钮，在弹出的“凸台-拉伸”属性管理器中设置拉伸终止条件为“给定深度”，在“深度”文本框中输入“2.5”，其他选项保持系统默认设置，单击“确定”按钮，生成退刀槽圆柱，如图16-40所示。

⑤ 新建草图。选择退刀槽圆柱的端面，单击“草图”控制面板中的“草图绘制”按钮，在其上新建一张草图。

⑥ 绘制圆。单击“草图”控制面板中的“圆”按钮，以坐标原点为圆心绘制一个圆。

⑦ 标注圆的尺寸。单击“草图”控制面板中的“智能尺寸”按钮，标注圆的直径尺寸为20mm。

⑧ 创建球头螺柱基体。单击“特征”控制面板中的“拉伸凸台/基体”按钮，在弹出的“凸台-拉伸”属性管理器中设置拉伸终止条件为“给定深度”，在“深度”文本框中输入“12.5”，其他选项保持系统默认设置，单击“确定”按钮，生成球头螺柱基体，如图16-41所示。

⑨ 新建草图。选择球头螺柱基体的外侧面，单击“草图”控制面板中的“草图绘制”按钮，在其上新建一张草图。

⑩ 绘制圆。单击“草图”控制面板中的“圆”按钮，以坐标原点为圆心绘制一个圆。

⑪ 标注圆的尺寸。单击“草图”控制面板中的“智能尺寸”按钮，标注圆的直径尺寸为15mm。

⑫ 创建球头基体。单击“特征”控制面板中的“拉伸凸台/基体”按钮，在弹出的“凸台-拉伸”属性管理器中设置拉伸终止条件为“给定深度”，在“深度”文本框中输入“5”，其他选项保持系统默认设置，单击“确定”按钮，生成的球头基体如图16-42所示。

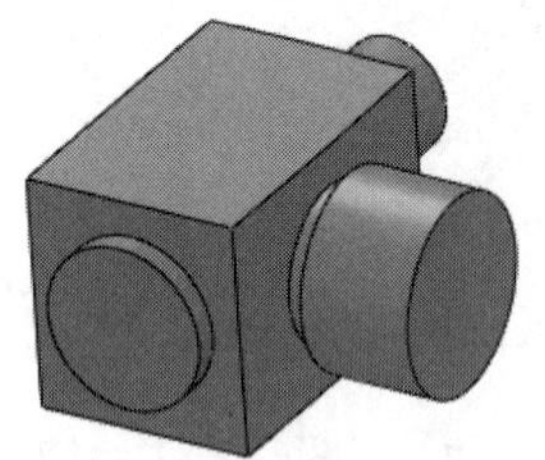
图16-40 创建退刀槽圆柱

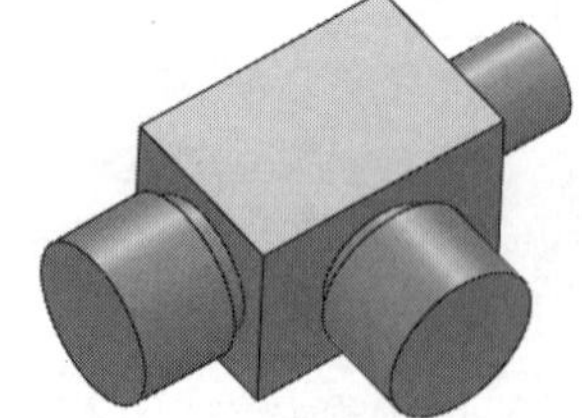
图16-41 创建球头螺柱基体

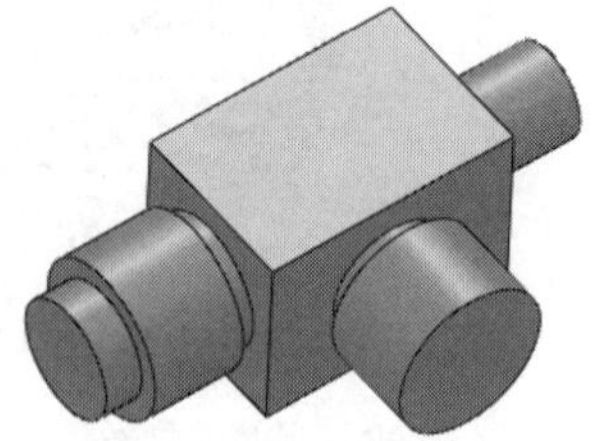
图16-42 创建球头基体

（5）打孔

① 新建草图。选择直径为20mm的喇叭口基体平面，单击“草图”控制面板中的“草图绘制”按钮，在其上新建草图。

② 绘制圆。单击“草图”控制面板中的“圆”按钮，以坐标原点为圆心绘制一个圆，作为拉伸切除孔的草图轮廓。

③ 标注圆的尺寸。单击“草图”控制面板中的“智能尺寸”按钮，标注圆的直径尺寸为10mm。

④ 拉伸切除实体。单击“特征”控制面板中的“拉伸切除”按钮，系统弹出“切除-拉伸”属性管理器；设定切除终止条件为“给定深度”，在“深度”文本框中输入“26”，其他选项保持系统默认设置，如图16-43所示，单击“确定”按钮，生成直径为10mm的孔。

⑤ 新建草图。选择球头上直径为15mm的端面，单击“草图”控制面板中的“草图绘制”按钮，在其上新建一张草图。

⑥ 绘制圆。单击“草图”控制面板中的“圆”按钮，以坐标原点为圆心绘制一个圆，作为拉伸切除孔的草图轮廓。

⑦ 标注圆的尺寸。单击“草图”控制面板中的“智能尺寸”按钮，标注圆的直径尺寸为10mm。

⑧ 创建直径为10mm的孔。单击“特征”控制面板中的“拉伸切除”按钮，系统弹出“切除-拉伸”属性管理器；设定切除终止条件为“给定深度”，在“深度”文本框中输入“39”，其他选项保持系统默认设置，单击“确定”按钮，生成直径为10mm的孔，如图16-44所示。

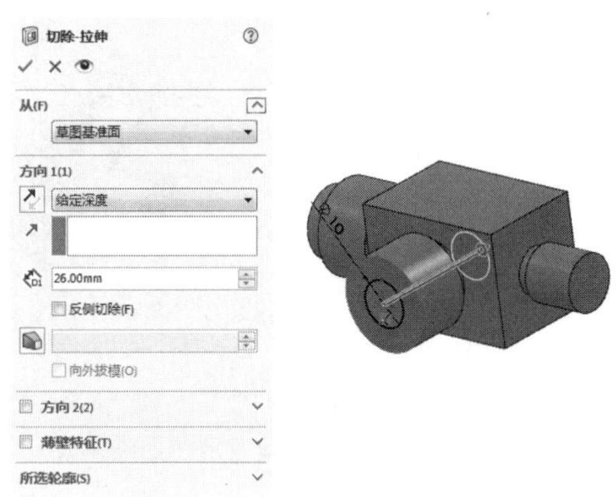

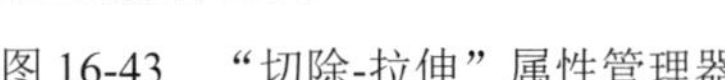
图16-43 “切除-拉伸”属性管理器

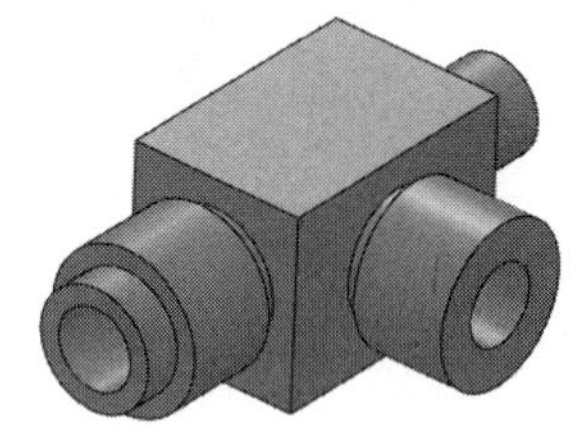
图16-44 创建直径为10mm的孔

⑨ 新建草图。选择直径为12mm的喇叭口端面，单击“草图”控制面板中的“草图绘制”按钮，在其上新建一张草图。

⑩ 绘制圆。单击“草图”控制面板中的“圆”按钮，以坐标原点为圆心绘制一个圆，作为拉伸切除孔的草图轮廓。

⑪ 标注圆的尺寸。单击“草图”控制面板中的“智能尺寸”按钮，标注圆的直径尺寸为4mm。

⑫ 创建直径为4mm的孔。单击“特征”控制面板中的“拉伸切除”按钮，系统弹出“切除-拉伸”属性管理器；设定拉伸终止条件为“完全贯穿”，其他选项保持系统默认设置，如图16-45所示，单击“确定”按钮，生成直径为4mm的孔。

至此，孔的建模就完成了。为了更好地观察所建孔的正确性，通过剖视来观察三通模型。单击“标准视图”工具栏中的“剖面视图”按钮，在弹出的“剖面视图”属性管理器中选择“上视基准面”作为参考剖面，其他选项保持系统默认设置，如图16-46所示，单击“确定”按钮，得到以剖面视图观察模型的效果，剖面视图效果如图16-47所示。

（6）创建喇叭口工作面

① 选择倒角边。在绘图区选择直径为10mm的喇叭口的内径边线。

② 创建倒角特征。单击“特征”控制面板中的“倒角”按钮，弹出“倒角”属性管理器；在“距离”文本框中输入“3”，在“角度”文本框中输入“60”，其他选项保持系统默认设置，单击“确定”按钮，创建直径为10mm的密封工作面，如图16-48所示。

③ 选择倒角边。在绘图区选择直径为4mm喇叭口的内径边线。

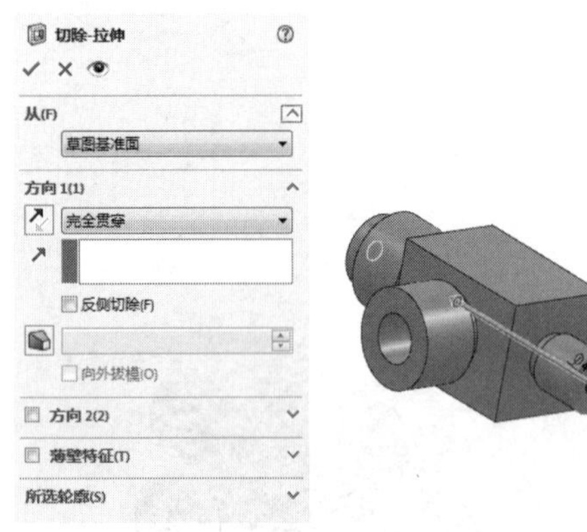

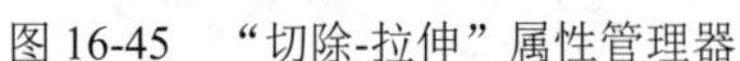
图 16-45 “切除-拉伸”属性管理器

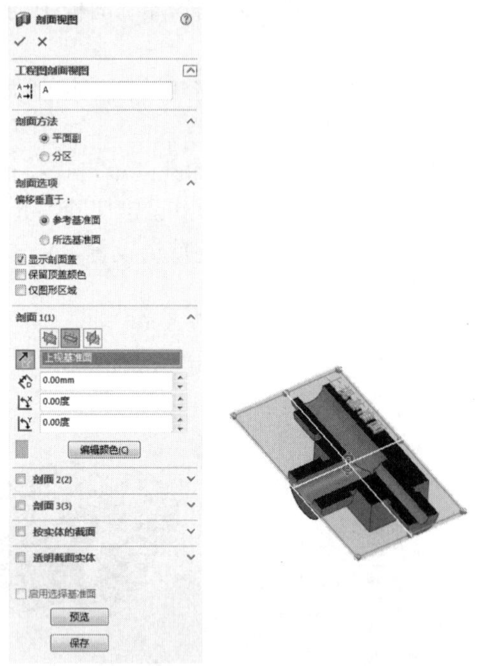

图 16-46 设置剖面视图参数

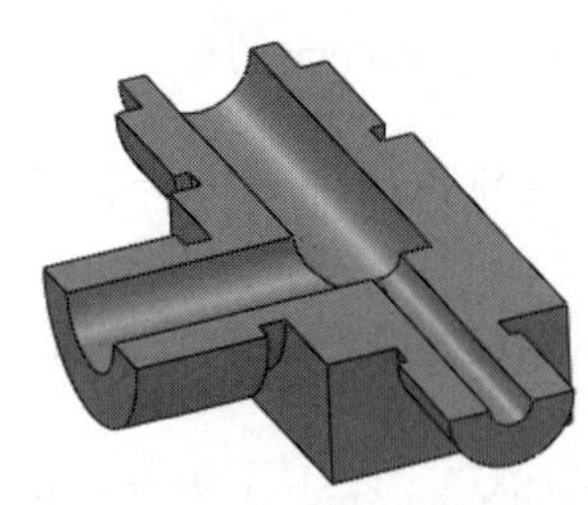

图 16-47 剖面视图效果

④ 创建倒角特征。单击“特征”控制面板中的“倒角”按钮，弹出“倒角”属性管理器；在“距离”文本框中输入“2.5”，在“角度”文本框中输入“60”，其他选项保持系统默认设置，如图 16-49 所示，单击“确定”按钮，生成直径为 4mm 的密封工作面。

（7）创建球头工作面

① 新建草图。在“FeatureManager 设计树”中选择“上视基准面”作为草图绘制基准面，单击“草图”控制面板中的“草图绘制”按钮，在其上新建一张草图。单击“标准视图”工具栏中的“垂直于”按钮，正视于该草绘平面。

② 绘制中心线。单击“草图”控制面板中的“中心线”按钮，过坐标原点绘制一条水平中心线，作为旋转中心轴。

③ 取消剖面视图观察。单击“标准视图”工具栏中的“剖面视图”按钮，取消剖面视图观察。这样做是为了可以将模型中的边线投影到草绘平面上，剖面视图上的边线是不能被转换实体引用的。

④ 转换实体引用。选择球头上最外端拉伸凸台左上角的两条轮廓线，单击“草图”控制面板中的“转换实体引用”按钮，将该轮廓线投影到草图中。

⑤ 绘制圆。单击“草图”控制面板中的“圆”按钮，绘制一个圆。

⑥ 标注尺寸“ϕ12”。单击“草图”控制面板中的“智能尺寸”按钮，标注圆的直径为 12mm，如图 16-50 所示。

⑦ 裁剪图形。单击“草图”控制面板中的“剪裁实体”按钮，将草图中的部分多余线段裁剪掉。

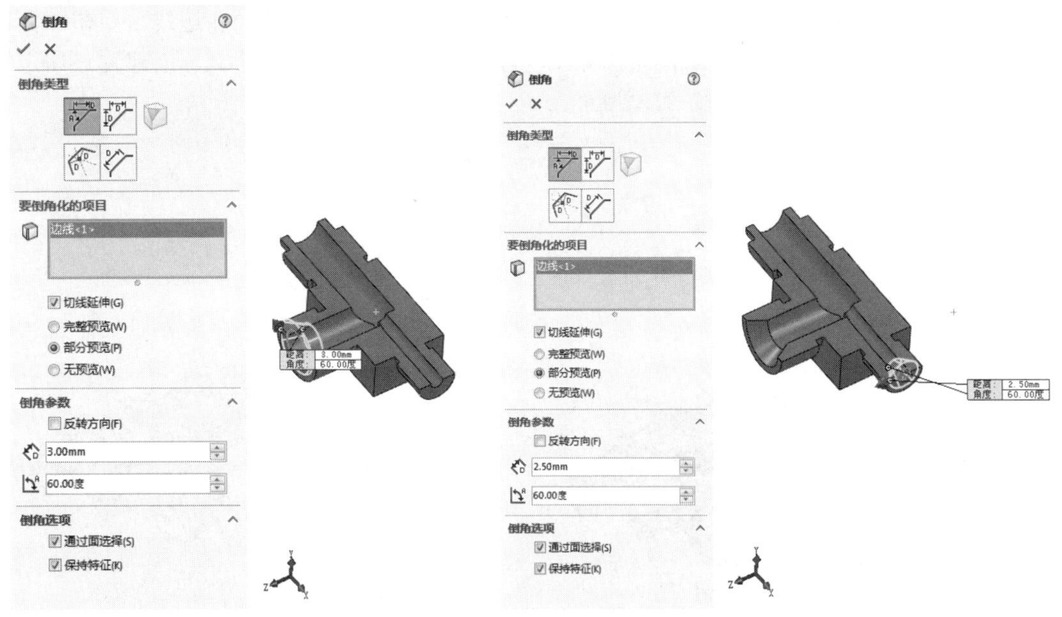

图 16-48　创建倒角特征　　　　图 16-49　创建倒角特征

⑧ 旋转切除特征。单击“特征”控制面板中的“旋转切除”按钮，弹出“切除-旋转”属性管理器，参数设置如图 16-51 所示，单击“确定”按钮，生成球头工作面。

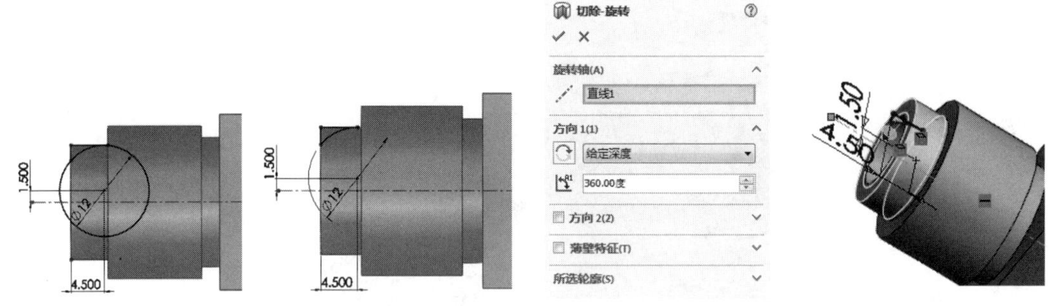

图 16-50　标注尺寸“ϕ12”　　　　图 16-51　切除-旋转特征

（8）创建倒角和圆角特征

① 单击“标准视图”工具栏中的“剖面视图”按钮，选择“上视基准面”作为参考剖面观察视图。

② 创建倒角特征。单击“特征”控制面板中的“倒角”按钮，弹出“倒角”属性管理器；在“距离”文本框中输入“1”，在“角度”文本框中输入“45”，其他选项保持系统默认设置，如图 16-52 所示，选择三通管中需要倒“1mm×45°”角的边线，单击“确定”按钮，生成倒角特征。

③ 创建圆角特征。单击“特征”控制面板中的“圆角”按钮，弹出“圆角”属性管理器；在“半径”文本框中输入“0.8”，其他选项设置如图 16-53 所示，在绘图区选择要生成 0.8mm 圆角的 3 条边线，单击“确定”按钮，生成圆角特征。

（9）创建保险孔

① 创建基准面。单击“特征”控制面板“参考几何体”下拉列表中的“基准面”按钮，

弹出“基准面”属性管理器。在绘图区选择如图 16-54 所示的长方体面和边线，单击“两面夹角”按钮，然后在右侧的文本框中输入“45”，单击“确定”按钮✓，创建通过所选长方体边线并与所选面成 45°角的参考基准面。

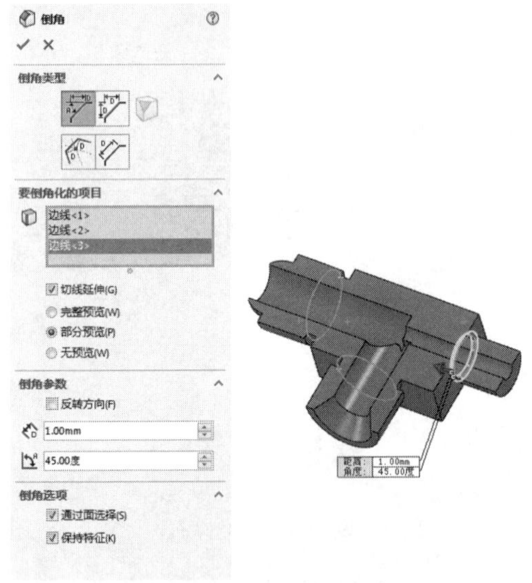

图 16-52　创建倒角特征

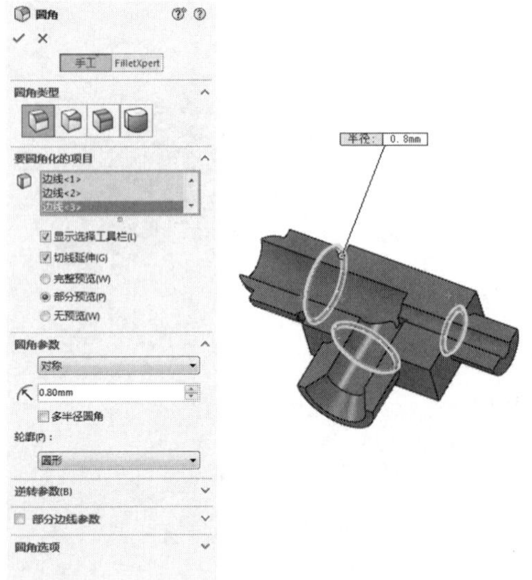

图 16-53　创建圆角特征

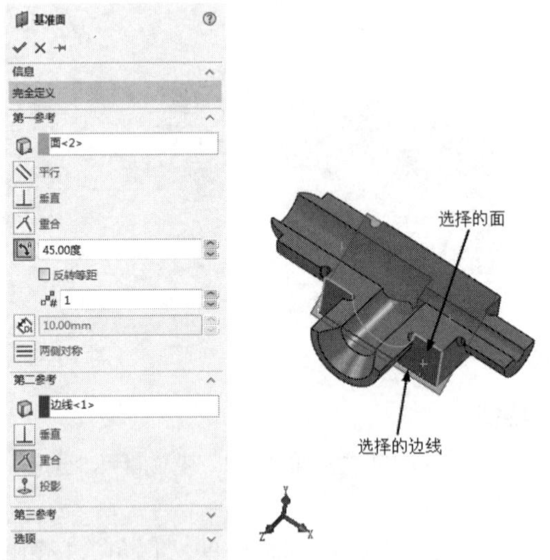

图 16-54　创建基准面

② 取消剖面视图观察。单击“标准视图”工具栏中的“剖面视图”按钮，取消剖面视图观察。

③ 新建草图。选择刚创建的基准面 1，单击“草图”控制面板中的“草图绘制”按钮，在其上新建一张草图。

④ 设置视图方向。单击“标准视图”工具栏中的“垂直于”按钮，使视图正视于草图平面。

⑤ 绘制圆。单击“草图”控制面板中的“圆”按钮，绘制两个圆。

⑥ 标注尺寸“ϕ1.2”。单击“草图”控制面板中的“智能尺寸”按钮，标注两个圆的直径均为 1.2mm，并标注定位尺寸，如图 16-55 所示。

⑦ 创建保险孔。单击“特征”控制面板中的“拉伸切除”按钮，系统弹出“切除-拉伸”属性管理器；设置切除终止条件为“两侧对称”，在 “深度”文本框中输入“20”，如图 16-56 所示，单击“确定”按钮，完成两个保险孔的创建。

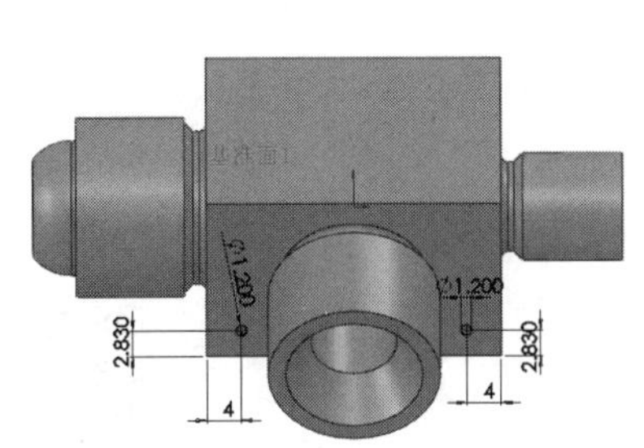

图 16-55 标注尺寸“ ϕ1.2”

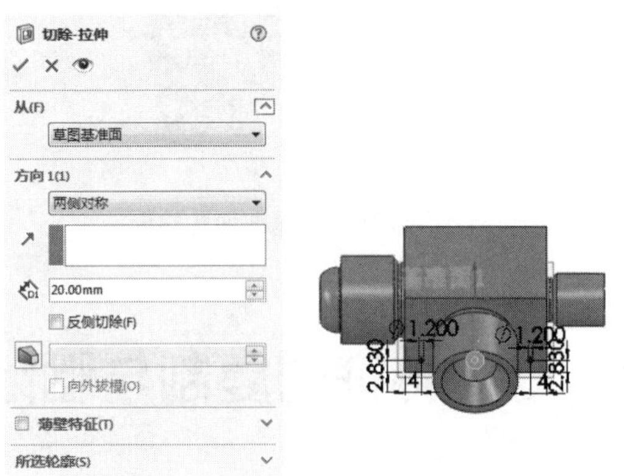

图 16-56 “切除-拉伸”属性管理器

⑧ 保险孔前视基准面的镜向。单击“特征”控制面板中的“镜向”按钮，弹出“镜向”属性管理器。在“镜向面/基准面”文本框中选择“前视基准面”作为镜向面，在“要镜向的特征”选项框中选择生成的保险孔作为要镜向的特征，其他选项设置如图 16-57 所示，单击“确定”按钮，完成保险孔前视基准面的镜向。

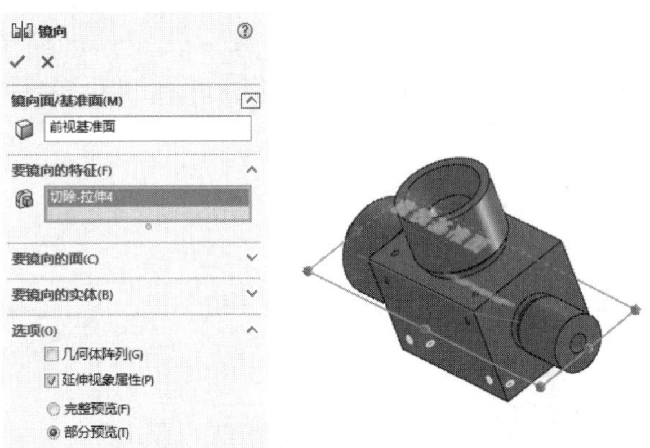

图 16-57 保险孔前视基准面的镜向

⑨ 保险孔上视基准面的镜向。单击“特征”控制面板中的“镜向”按钮，弹出“镜向”属性管理器，在“镜向面/基准面”选项框中选择“上视基准面”作为镜向面，在“要镜向的特征”选项框中选择保险孔特征和对应的镜向特征，如图 16-58 所示，单击“确定”按钮，完成保险孔上视基准面的镜向。

⑩ 保存文件。单击“标准”工具栏中的“保存”按钮，将零件保存为“管接头.sldprt”，使用旋转观察功能观察模型，最终效果如图 16-59 所示。

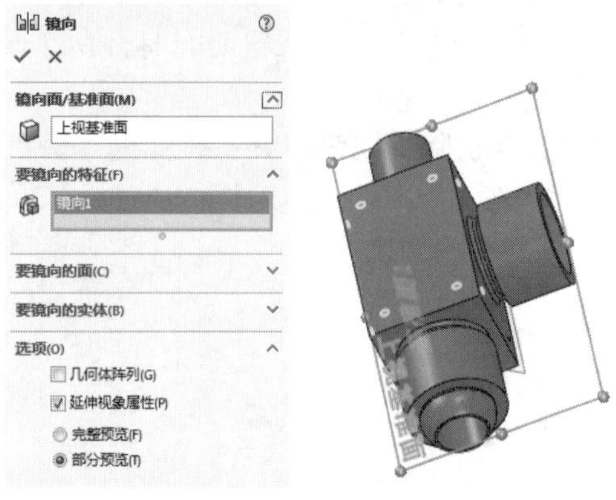

图 16-58 保险孔上视基准面的镜向

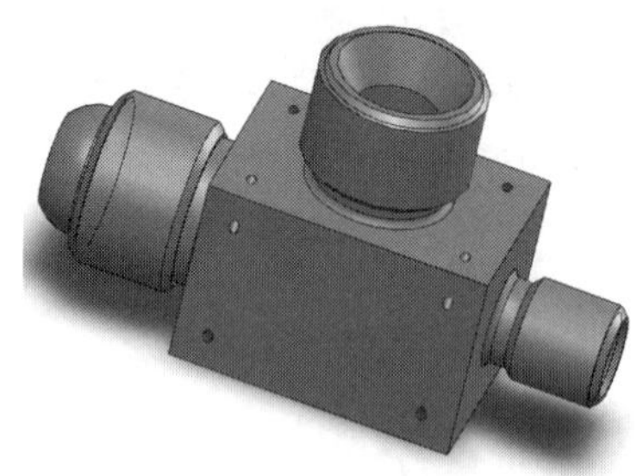

图 16-59 管接头模型最终效果

16.3 特征的复制与删除

扫一扫，看视频

在零件建模过程中，如果有相同的零件特征，用户可以利用系统提供的特征复制功能进行复制，这样可以节省大量的时间，达到事半功倍的效果。

SOLIDWORKS 2020 提供的复制功能，不仅可以实现同一个零件模型中的特征复制，还可以实现不同零件模型之间的特征复制。

（1）在同一个零件模型中复制特征

① 打开随书资源中的“\源文件\ch16\16.5.SLDPRT”，打开的文件实体如图 16-60 所示。

② 在图形区中选择特征，此时该特征在图形区中将以高亮度显示。

③ 按住<Ctrl>键，拖动特征到所需的位置上（同一个面或其他的面上）。

④ 如果特征具有限制其移动的定位尺寸或几何关系，则系统会弹出“复制确认”对话框，如图 16-61 所示，询问对该操作的处理。

图 16-60 打开的文件实体

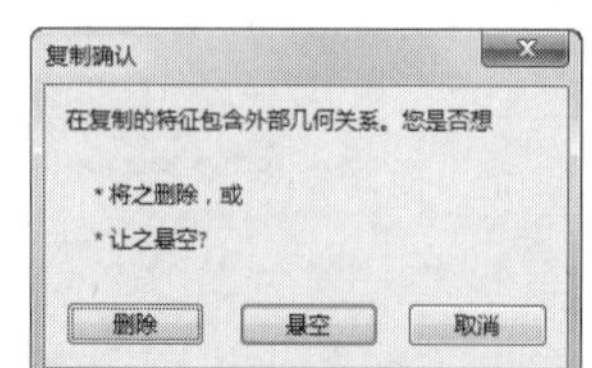

图 16-61 “复制确认”对话框

- 单击“删除”按钮，将删除限制特征移动的几何关系和定位尺寸。
- 单击“悬空”按钮，将不对尺寸标注、几何关系进行求解。
- 单击“取消”按钮，将取消复制操作。

⑤ 如果在步骤④中单击“悬空”按钮，则系统会弹出“什么错”对话框，如图 16-62 所示。警告在模型中的尺寸和几何关系已不存在，用户应该重新定义悬空尺寸。

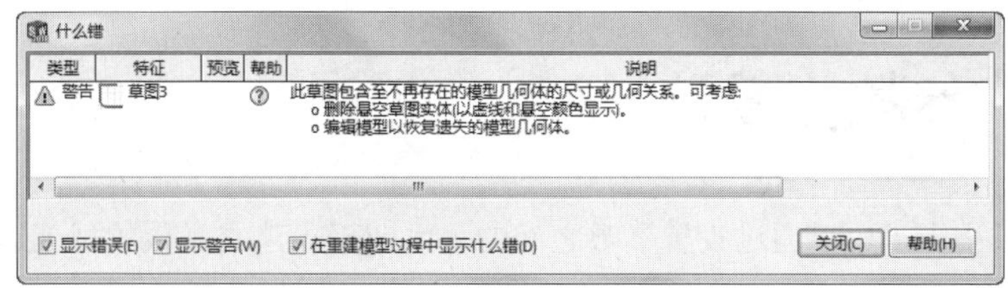

图 16-62　“什么错”对话框

⑥ 要重新定义悬空尺寸，首先在 FeatureManager 设计树中右击对应特征的草图，在弹出的快捷菜单中单击“编辑草图”命令。此时悬空尺寸将以灰色显示，在尺寸的旁边还有对应的红色控标，如图 16-63 所示。然后按住鼠标左键，将红色控标拖动到新的附加点。释放鼠标左键，将尺寸重新附加到新的边线或顶点上，即完成了悬空尺寸的重新定义。

（2）将特征从一个零件复制到另一个零件上

① 选择菜单栏中的“窗口”→“横向平铺”命令，以平铺方式显示多个文件。

② 在一个文件的 FeatureManager 设计树中选择要复制的特征。

③ 选择菜单栏中的“编辑”→“复制”命令，或单击“标准”工具栏中的“复制”按钮。

④ 在另一个文件中，选择菜单栏中的“编辑”→“粘贴”命令，或单击“标准”工具栏中的“粘贴”按钮 。

如果要删除模型中的某个特征，只要在 FeatureManager 设计树或图形区中选择该特征，然后按<Delete>键，或右击，在弹出的快捷菜单中单击“删除”命令即可。系统会在“确认删除”对话框中提出询问，如图 16-64 所示。单击“是”按钮，就可以将特征从模型中删除掉。

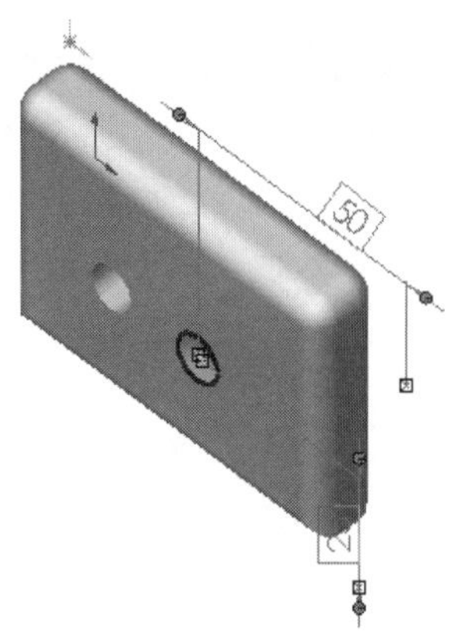

图 16-63　显示悬空尺寸

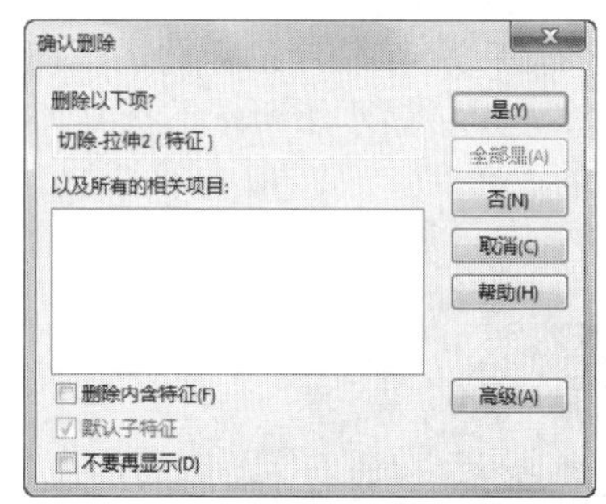

图 16-64　“确认删除”对话框

技巧荟萃

对于有父子关系的特征，如果删除父特征，则其所有子特征将一起被删除，而删除子特征时，父特征不受影响。

16.4 参数化设计

在设计的过程中，可以通过设置参数之间的关系或事先建立参数的规范达到参数化或智能化建模的目的。

16.4.1 链接尺寸

扫一扫，看视频

链接尺寸是控制不属于草图部分的数值（如两个拉伸特征的深度）的一种方法。通过为尺寸指定相同的变量名，将它们链接起来。当更改任何一个链接尺寸值时，具有相同变量名的所有其他尺寸值也会相应更改。此外还可以使用数学方程式为它们建立起对应的关系，使链接尺寸中的任何一个尺寸都可以作为驱动尺寸来使用。

下面结合实例介绍生成链接尺寸的操作步骤。

（1）显示零件所有特征的所有尺寸

① 打开随书资源中的“\源文件\ch16\16.6.SLDPRT”。

② 在 FeatureManager 设计树中，右击“注解”文件夹，在弹出的快捷菜单中单击“显示特征尺寸”命令。此时在图形区中零件的所有特征尺寸都显示出来。作为特征定义尺寸，它们是蓝色的，而对应特征中的草图尺寸则显示为黑色，如图 16-65 所示。

③ 如果要隐藏其中某个特征的所有尺寸，只要在 FeatureManager 设计树中右击该特征，然后在弹出的快捷菜单中单击“隐藏所有尺寸”命令即可。

④ 如果要隐藏某个尺寸，只要在图形区域中右击该尺寸，然后在弹出的快捷菜单中单击“隐藏”命令即可。

（2）链接尺寸

① 右击想要链接的尺寸，在弹出的快捷菜单中单击“链接数值”命令，系统弹出“共享数值”对话框。

② 在“名称”下拉列表框中选定被用作链接的项目尺寸名称的变量名，如图 16-66 所示。在“数值”文本框中显示了所选的尺寸值，但是不能在此处编辑该数值。单击“确定”按钮，关闭该对话框。

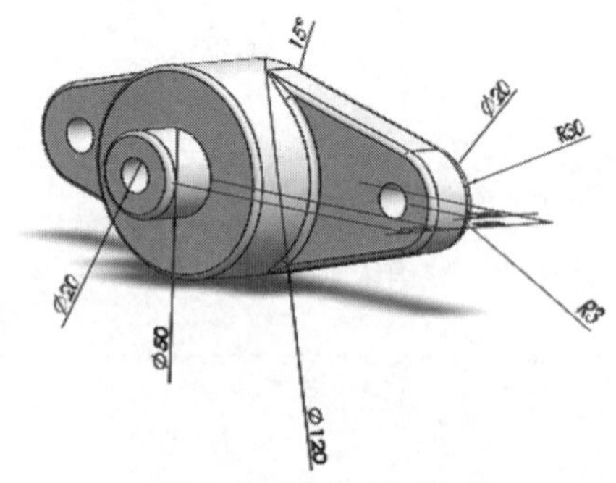

图 16-65　打开的文件实体

图 16-66　“共享数值”对话框

当两个或多个尺寸链接起来时，只要改变其中的一个尺寸值，其他的尺寸值都会相应地改变。如果要解除某个尺寸的连接状态，右击该尺寸，然后在弹出的快捷菜单中单击“解除链接数值”命令即可。

16.4.2 方程式驱动尺寸

链接尺寸只能控制特征中不属于草图部分的数值，即特征定义尺寸，而方程式可以驱动任何尺寸。当在模型尺寸之间生成方程式后，特征尺寸成为变量，它们之间必须满足方程式的要求，互相牵制。当删除方程式中使用的尺寸或尺寸所在的特征时，方程式也一起被删除。

下面结合实例介绍生成方程式驱动尺寸的操作步骤。

（1）为尺寸添加变量名

① 打开随书资源中的“\源文件\ch16\16.7.SLDPRT”，如图 16-65 所示。

② 在 FeatureManager 设计树中，右击“注解”文件夹，在弹出的快捷菜单中单击“显示特征尺寸”命令。此时在图形区中零件的所有特征尺寸都显示出来。

③ 在图形区中，右击尺寸值，系统弹出“尺寸”属性管理器。

④ 在“数值”选项卡的“主要值”选项组的文本框中输入尺寸名称，如图 16-67 所示。单击“确定”按钮。

图 16-67 “尺寸”属性管理器

（2）建立方程式驱动尺寸

① 选择菜单栏中的“工具”→“方程式”命令，系统弹出“方程式、整体变量及尺寸”对话框，如图 16-68 所示。

② 在图形区中依次单击左上角按钮，分别显示“方程式视图”“草图方程式视图”“尺寸视图”“按序排列的视图”对话框，如图 16-68 所示。

③ 单击“菜单栏”中的“重建模型”按钮，来更新模型，所有被方程式驱动的尺寸会立即更新。此时在 FeatureManager 设计树中会出现“方程式”文件夹，右击该文件夹即可对方程式进行编辑、删除、添加等操作。

在 SOLIDWORKS 2020 中方程式支持的运算和函数如表 16-1 所示。

（a）方程式视图

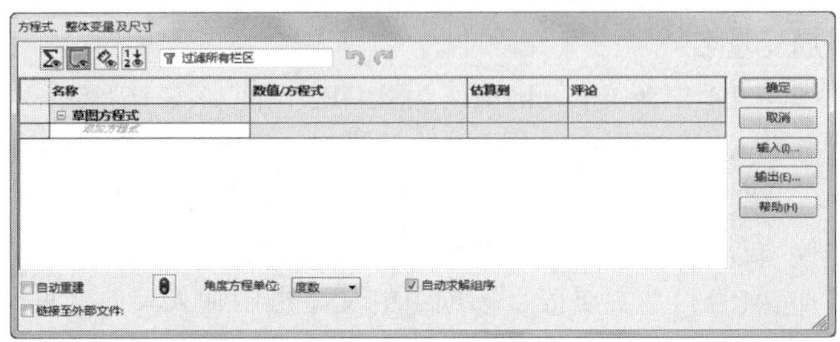

（b）草图方程式视图

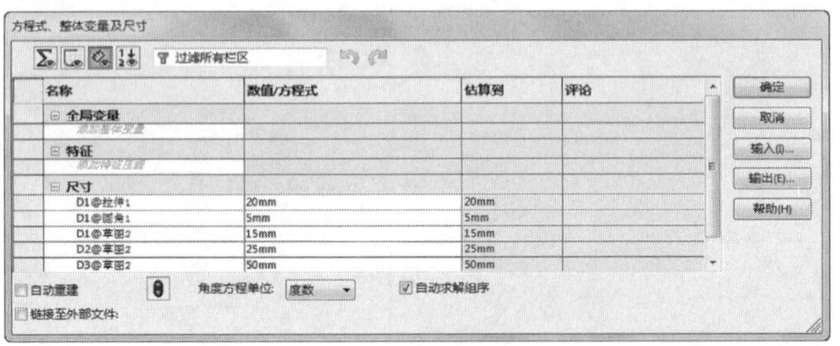

（c）按序排列的视图

图 16-68 “方程式、整体变量及尺寸”对话框

表 16-1 方程式支持的运算和函数

函数或运算符	说明
+	加法
-	减法
*	乘法
/	除法
^	求幂
sin(a)	正弦，a 为以弧度表示的角度
cos(a)	余弦，a 为以弧度表示的角度
tan(a)	正切，a 为以弧度表示的角度
atn(a)	反正切，a 为以弧度表示的角度
abs(a)	绝对值，返回 a 的绝对值
exp(a)	指数，返回 e 的 a 次方
log(a)	对数，返回 a 的以 e 为底的自然对数
sqr(a)	平方根，返回 a 的平方根
int(a)	取整，返回 a 的整数部分

技巧荟萃

被方程式驱动的尺寸无法在模型中以编辑尺寸值的方式来改变。

为了更好地了解设计者的设计意图，还可以在方程式中添加注释文字，也可以像编程那样将某个方程式注释掉，避免该方程式的运行。

下面介绍在方程式中添加注释文字的操作步骤。

① 选择菜单栏中的“工具”→“方程式”命令。

② 单击图16-68“方程式、整体变量及尺寸”对话框中的按钮 输入(I)... ，弹出如图16-69所示的“打开”对话框，选择要添加注释的方程式，即可添加外部方程式文件。

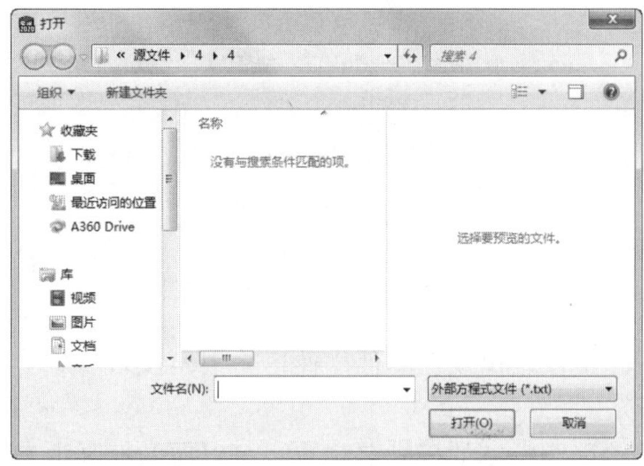

图16-69 “打开”对话框

③ 同理，单击“输出”按钮，输出外部方程式文件。

16.4.3 系列零件设计表

扫一扫，看视频

如果用户的计算机上同时安装了Microsoft Excel，就可以使用Excel在零件文件中直接嵌入新的配置。配置是指由一个零件或一个部件派生而成的形状相似、大小不同的一系列零件或部件集合。在SOLIDWORKS中大量使用的配置是系列零件设计表，用户可以利用该表很容易地生成一系列形状相似、大小不同的标准零件，如螺母、螺栓等，从而形成一个标准零件库。

使用系列零件设计表具有如下优点。

- 可以采用简单的方法生成大量的相似零件，对于标准化零件管理有很大帮助。
- 使用系列零件设计表，不必一一创建相似零件，可以节省大量时间。
- 使用系列零件设计表，在零件装配中很容易实现零件的互换。

生成的系列零件设计表保存在模型文件中，不会链接到原来的Excel文件，在模型中所进行的更改不会影响原来的Excel文件。

(1)在模型中插入一个新的空白的系列零件设计表

① 打开随书资源中的“\源文件\ch16\16.8.SLDPRT”。

② 选择菜单栏中的“插入”→“表格”→“设计表”命令，系统弹出“系列零件设计

表”属性管理器，如图 16-70 所示。在“源”选项组中点选“空白”单选钮，然后单击“确定”按钮✔。

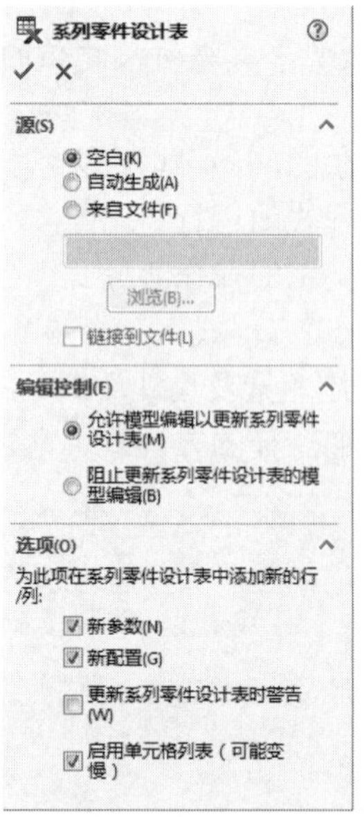

图 16-70　“系列零件设计表”属性管理器

③ 此时，一个 Excel 工作表出现在零件文件窗口中，Excel 工具栏取代了 SOLIDWORKS 工具栏，如图 16-71 所示。

④ 在表的第 2 行输入要控制的尺寸名称，也可以在图形区中双击要控制的尺寸，则相关的尺寸名称出现在第 2 行中，同时该尺寸名称对应的尺寸值出现在“第一实例”行中。

⑤ 重复步骤④，直到定义完模型中所有要控制的尺寸。

⑥ 如果要建立多种型号，则在列 A（单元格 A4、A5…）中输入想生成的型号名称。

⑦ 在对应的单元格中输入该型号对应控制尺寸的尺寸值，如图 16-72 所示。

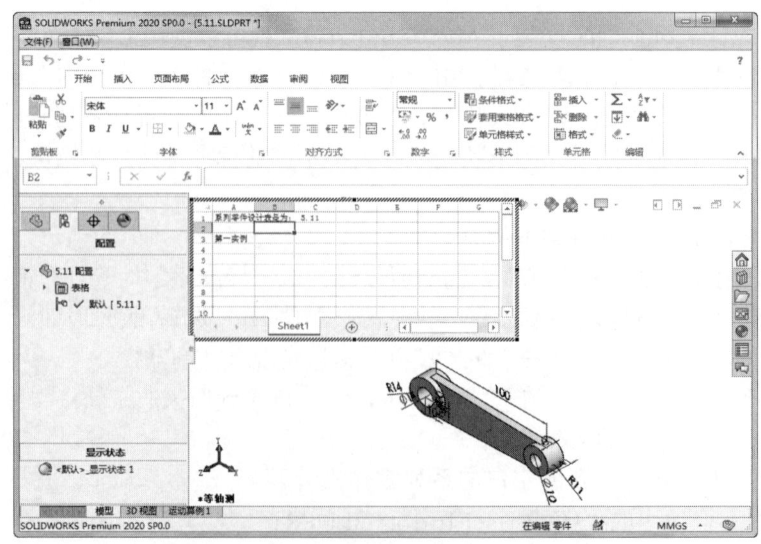

图 16-71　插入的 Excel 工作表

⑧ 向工作表中添加信息后，在表格外单击，将其关闭。

⑨ 此时，系统会显示一条信息，列出所生成的型号。

当用户创建完成一个系列零件设计表后，其原始样本零件就是其他所有型号的样板，原始零件的所有特征、尺寸、参数等均有可能被系列零件设计表中的型号复制使用。

（2）将系列零件设计表应用于零件设计中

① 单击图形区左侧面板顶部的“ConfigurationManager 设计树”选项卡。

② ConfigurationManager 设计树中显示了该模型中系列零件设计表生成的所有型号。

③ 右击要应用型号，在弹出的快捷菜单中单击“显示配置”命令，如图 16-73 所示。

④ 系统就会按照系列零件设计表中该型号的模型尺寸重建模型。

	A	B	C	D	E	F	G
1	系列零件设计表是为:	rockr					
2		D5@草图1	D4@草图1	D3@草图1	D1@草图1	D2@草图1	
3	第一实例	100	10	22	14	28	
4	型号2	80	8	7	12	25	
5	型号3	60	6	5	6	20	
6							
7							
8							
9							
10							

Sheet1

图 16-72　输入控制尺寸的尺寸值

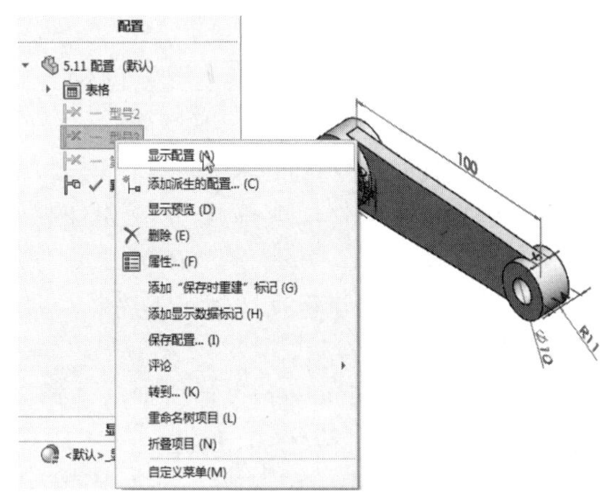

图 16-73　快捷菜单

（3）对已有的系列零件设计表进行编辑

① 单击图形区左侧面板顶部的“ConfigurationManager 设计树”选项卡。

② 在 ConfigurationManager 设计树中，右击“系列零件设计表”按钮。

③ 在弹出的快捷菜单中单击“编辑定义”命令。

④ 如果要删除该系列零件设计表，则单击“删除”命令。

在任何时候，用户均可在原始样本零件中加入或删除特征。如果是加入特征，则加入后的特征将是系列零件设计表中所有型号成员的共有特征。若某个型号成员正在被使用，则系统将会依照所加入的特征自动更新该型号成员。如果是删除原样本零件中的某个特征，则系列零件设计表中的所有型号成员的该特征都将被删除。若某个型号成员正在被使用，则系统会将工作窗口自动切换到现在的工作窗口，完成更新被使用的型号成员。

16.5 库特征

SOLIDWORKS 2020 允许用户将常用的特征或特征组（如具有公用尺寸的孔或槽等）保存到库中，便于日后使用。用户可以使用几个库特征作为块来生成一个零件，这样既可以节省时间，又有助于保持模型中的统一性。

用户可以编辑插入零件的库特征。当库特征添加到零件后，目标零件与库特征零件就没有关系了，对目标零件中库特征的修改不会影响到包含该库特征的其他零件。

库特征只能应用于零件，不能添加到装配体中。

技巧荟萃

大多数类型的特征可以作为库特征使用，但不包括基体特征本身。系统无法将包含基体特征的库特征添加到已经具有基体特征的零件中。

16.5.1 库特征的创建与编辑

如果要创建一个库特征，首先要创建一个基体特征来承载作为库特征的其他特征，也可以将零件中的其他特征保存为库特征。

下面介绍创建库特征的操作步骤。

① 新建一个零件，或打开一个已有的零件。如果是新建的零件，必须首先创建一个基体特征。

② 在基体上创建包括库特征的特征。如果要用尺寸来定位库特征，则必须在基体上标注特征的尺寸。

③ 在 FeatureManager 设计树中，选择作为库特征的特征。如果要同时选取多个特征，则在选择特征的同时按住<Ctrl>键。

④ 选择菜单栏中的“文件”→“另存为”命令，系统弹出“另存为”对话框。选择“保存类型”为“Lib Feat Part Files（*.sldlfp）”，并输入文件名称。单击“保存”按钮，生成库特征。

此时，在 FeatureManager 设计树中，零件图标将变为库特征图标，其中库特征包括的每个特征都用字母 L 标记。

在库特征零件文件中（.sldlfp）还可以对库特征进行编辑。

- 如要添加另一个特征，则右击要添加的特征，在弹出的快捷菜单中单击“添加到库”命令。
- 如要从库特征中移除一个特征，则右击该特征，在弹出的快捷菜单中单击“从库中删除”命令。

16.5.2 将库特征添加到零件中

扫一扫，看视频

在库特征创建完成后，就可以将库特征添加到零件中去。

下面结合实例介绍将库特征添加到零件中的操作步骤。

① 打开随书资源中的“\源文件\ch16\16.9.SLDPRT”。

② 在图形区右侧的任务窗格中单击“设计库”按钮，系统弹出“设计库”对话框，如图 16-74 所示。这是 SOLIDWORKS 2020 安装时预设的库特征。

③ 浏览到库特征所在目录，从下窗格中选择库特征，然后将其拖动到零件的面上，即可将库特征添加到目标零件中。打开的库特征文件如图 16-75 所示。

在将库特征插入到零件中后，可以用下列方法编辑库特征。

- 使用“编辑特征”按钮或“编辑草图”命令编辑库特征。
- 通过修改定位尺寸将库特征移动到目标零件的另一位置。

此外，还可以将库特征分解为该库特征中包含的每个单个特征。只需在 FeatureManager 设计树中右击库特征图标，然后在弹出的快捷菜单中单击“解散库特征”命令，则库特征图标被移除，库特征中包含的所有特征都在 FeatureManager 设计树中单独列出。

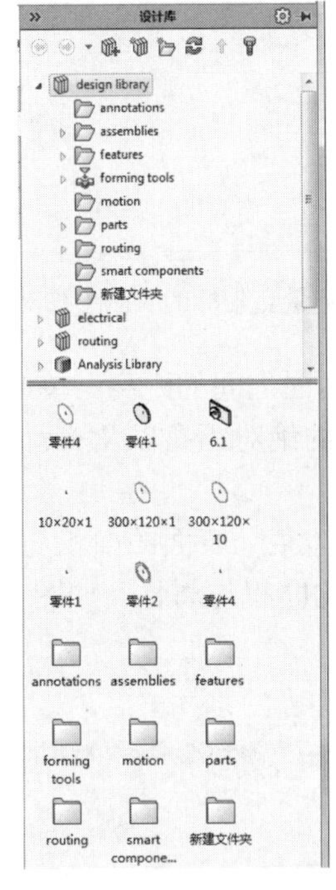

图 16-74 “设计库”对话框

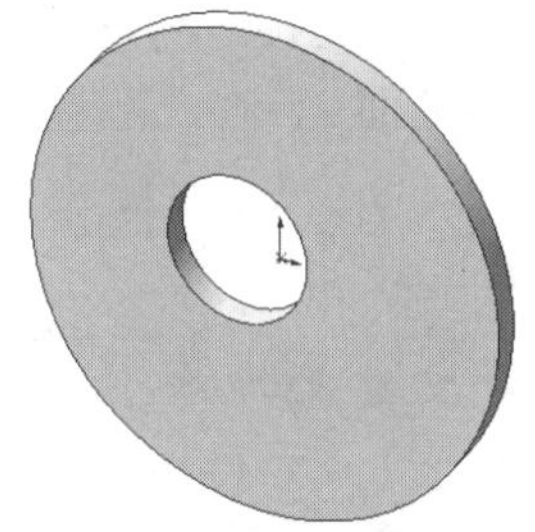

图 16-75 打开的库特征文件

16.6 查询

查询功能主要是查询所建模型的表面积、体积及质量等相关信息，计算设计零部件的结构强度、安全因子等。SOLIDWORKS 提供了 3 种查询功能，即测量、质量属性与截面属性，这 3 个命令按钮位于“工具”工具栏中。

16.6.1 测量

扫一扫，看视频

测量功能可以测量草图、三维模型、装配体或者工程图中直线、点、曲面、基准面的距离、角度、半径、大小，以及它们之间的距离、角度、半径或尺寸。当测量两个实体之间的距离时，deltaX、Y 和 Z 的距离会显示出来。当选择一个顶点或草图点时，会显示其 X、Y 和 Z 的坐标值。

下面结合实例介绍测量点坐标、测量距离、测量面积与周长的操作步骤。

① 打开随书资源中的“\源文件\ch16\16.10.SLDPRT”，打开的文件实体如图 16-76 所示。

② 单击菜单栏中的“工具”→“评估”→“测量”命令，或者单击“评估”控制面板

中的“测量”按钮，系统弹出“测量”对话框。

③ 测量点坐标。测量点坐标主要用来测量草图中的点、模型中的顶点坐标。单击如图16-76所示的点1，在“测量”对话框中便会显示该点的坐标值，如图16-77所示。

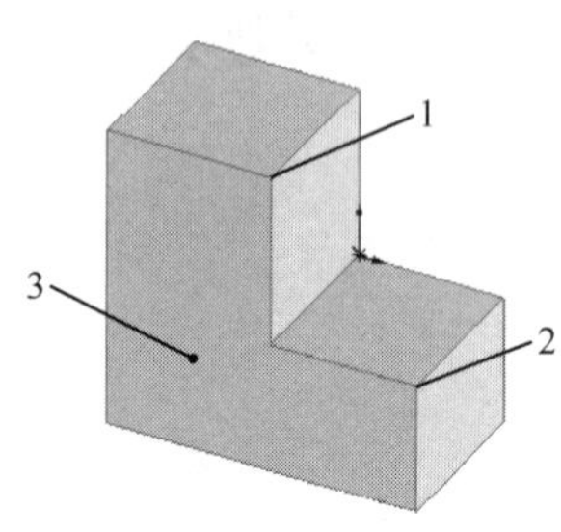

图16-76　打开的文件实体

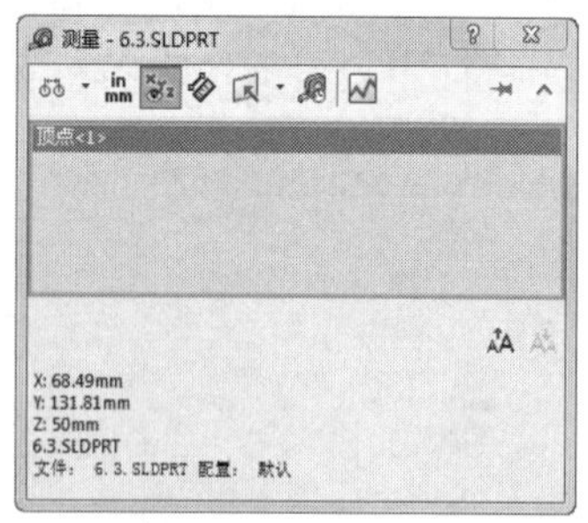

图16-77　测量点坐标的“测量”对话框

④ 测量距离。测量距离主要用来测量两点、两条边和两面之间的距离。单击如图16-76所示的点1和点2，在“测量”对话框中便会显示所选两点的绝对距离以及X、Y和Z坐标的差值，如图16-78所示。

⑤ 测量面积与周长。测量面积与周长主要用来测量实体某一表面的面积与周长。单击如图16-76所示的面3，在“测量”对话框中便会显示该面的面积与周长，如图16-79所示。

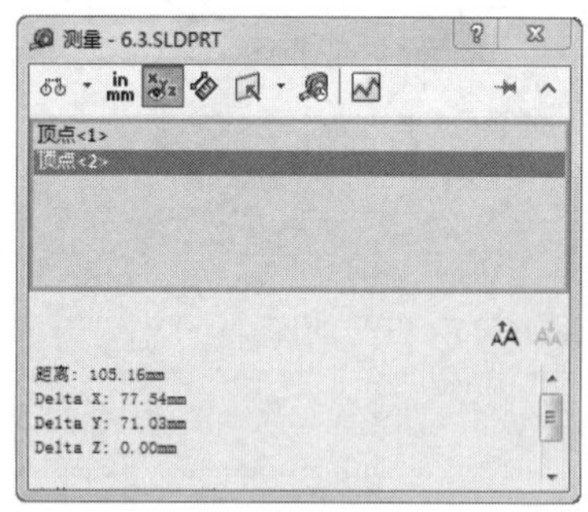

图16-78　测量距离的“测量”对话框

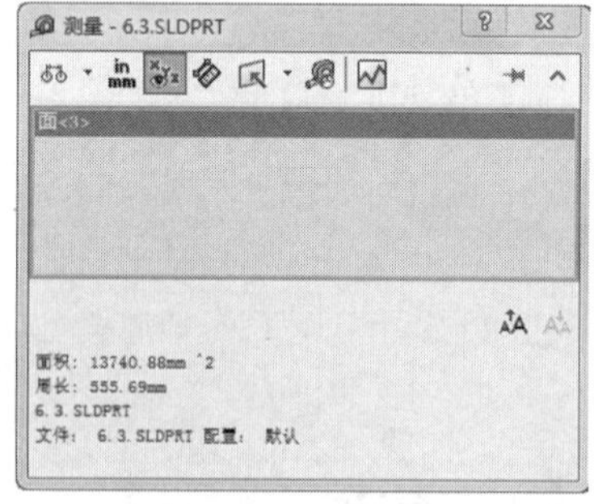

图16-79　测量面积与周长的“测量”对话框

技巧荟萃

执行“测量”命令时，可以不必关闭对话框而切换不同的文件。当前激活的文件名会出现在“测量”对话框的顶部，如果选择了已激活文件中的某一测量项目，则对话框中的测量信息会自动更新。

16.6.2　质量属性

扫一扫，看视频

质量属性功能可以测量模型实体的质量、体积、表面积与惯性矩等。

下面结合实例介绍质量属性的操作步骤。

① 打开随书资源中的“\源文件\ch16\16.11.SLDPRT”，打开的文件实体如图16-76所示。

② 单击菜单栏中的“工具”→“评估”→“质量属性”命令，或者单击“评估”控制面板中的“质量属性”按钮，系统弹出的“质量属性”对话框如图 16-80 所示。在该对话框中会自动计算出该模型实体的质量、体积、表面积与惯性矩等，模型实体的主轴和质量中心显示在视图中，如图 16-81 所示。

③ 单击“质量属性”对话框中的“选项”按钮，系统弹出“质量/剖面属性选项”对话框，如图 16-82 所示。点选“使用自定义设定”单选钮，在“材料属性”选项组的“密度”文本框中可以设置模型实体的密度。

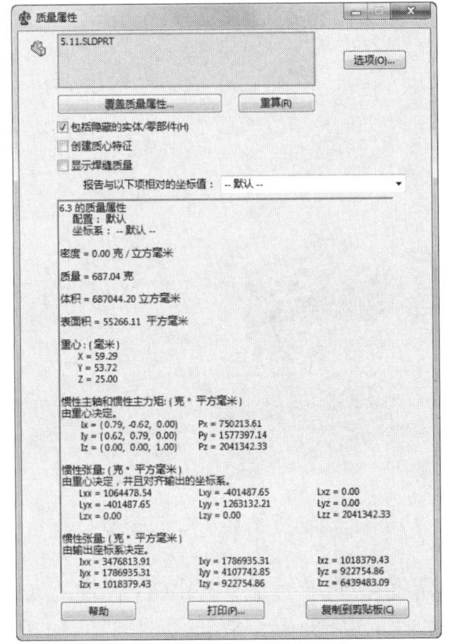

图 16-80 “质量属性”对话框

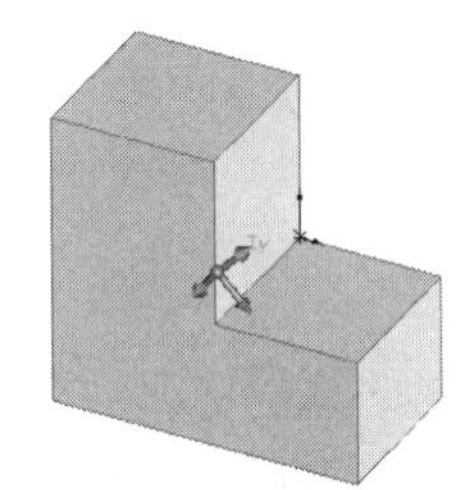

图 16-81 显示主轴和质量中心的视图

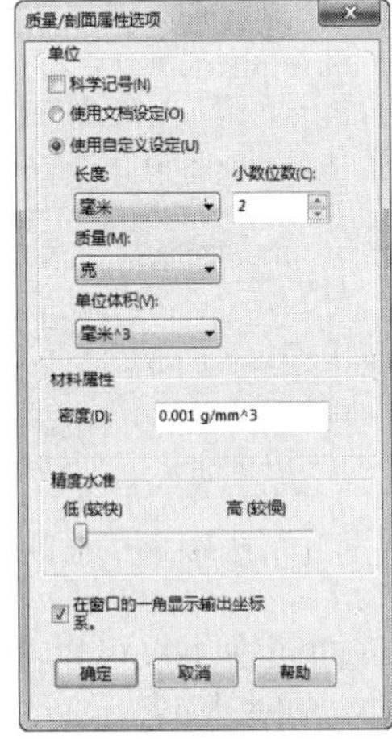

图 16-82 “质量/剖面属性选项”对话框

技巧荟萃

在计算另一个零件的质量属性时，不需要关闭“质量属性”对话框，选择需要计算的零部件，然后单击“重算”按钮即可。

16.6.3 截面属性

扫一扫，看视频

截面属性可以查询草图、模型实体重平面或者剖面的某些特性，如截面面积、截面重心的坐标、在重心的面惯性矩、在重心的面惯性极力矩、位于主轴和零件轴之间的角度以及面心的二次矩等。下面结合实例介绍截面属性的操作步骤。

① 打开随书资源中的“\源文件\ch16\16.12.SLDPRT”，打开的文件实体如图 16-83 所示。

图 16-83 打开的文件实体

② 单击菜单栏中的“工具”→“评估”→“截面属性”命令，或者单击“评估”控制面板中的“剖面属性”按钮，系统弹出“截面属性”对话框。

③ 单击如图 16-83 所示的面 1，然后单击“截面属性”对话框中的“重算”按钮，计算结果出现在该对话框中，如图 16-84 所示。所选截面的主轴和重心显示在视图中，如图 16-85 所示。

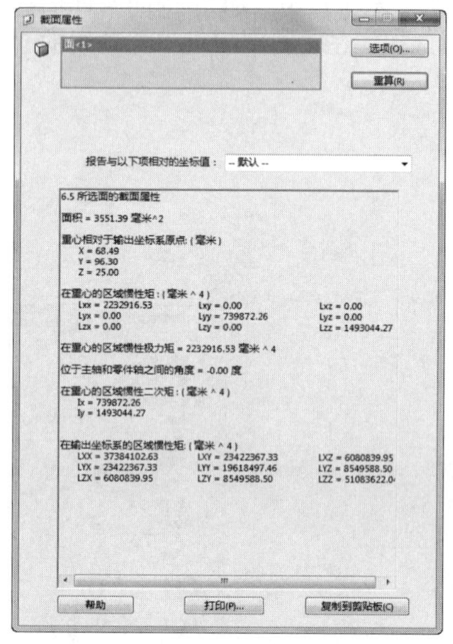

图 16-84 “截面属性”对话框

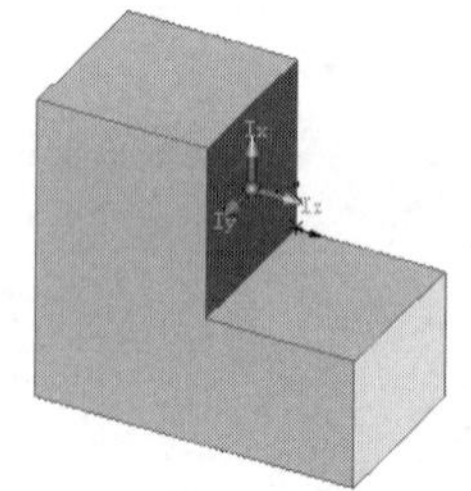

图 16-85 显示主轴和重心的图形

截面属性不仅可以查询单个截面的属性，而且还可以查询多个平行截面的联合属性。如图 16-86 所示为图 16-83 中面 1 和面 2 的联合属性，如图 16-87 所示为面 1 和面 2 的主轴和重心显示。

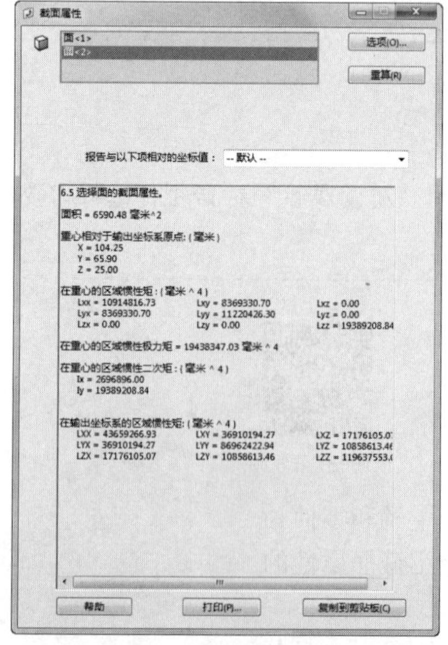

图 16-86 “截面属性”对话框

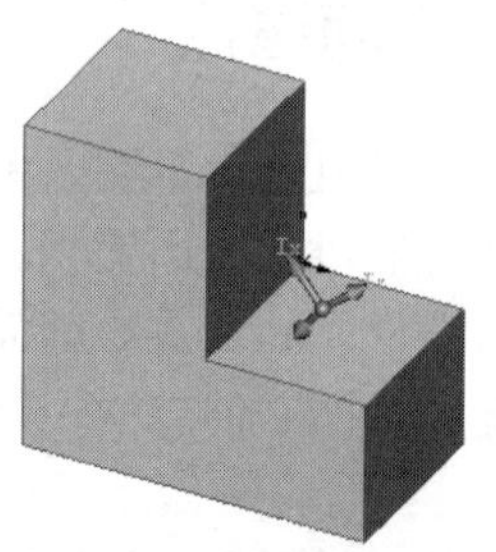

图 16-87 显示主轴和重心的图形

16.7 零件的特征管理

零件的建模过程实际上是创建和管理特征的过程。本节介绍零件的特征管理，即退回与插入特征、压缩与解除压缩特征、动态修改特征。

16.7.1 退回与插入特征

扫一扫，看视频

退回特征命令可以查看某一特征生成前后模型的状态，插入特征命令用于在某一特征之后插入新的特征。

（1）退回特征

退回特征有两种方式：第一种为使用“退回控制棒”；另一种为使用快捷菜单。在 FeatureManager 设计树的最底端有一条粗实线，该线就是“退回控制棒”。

下面结合实例介绍退回特征的操作步骤。

① 打开随书资源中的“\源文件\ch16\16.13.SLDPRT”，打开的文件实体如图 16-88 所示。基座的 FeatureManager 设计树如图 16-89 所示。

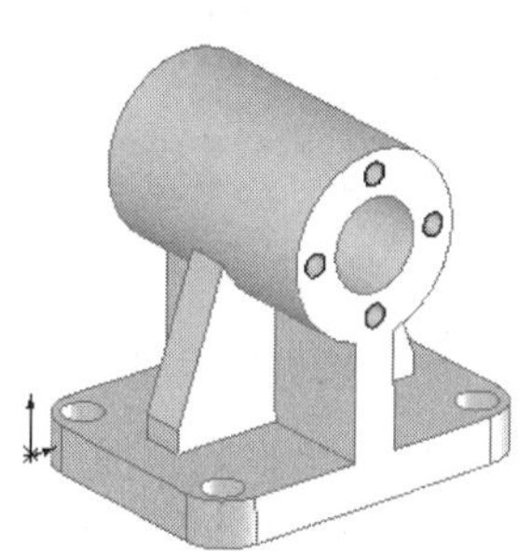

图 16-88　打开的文件实体

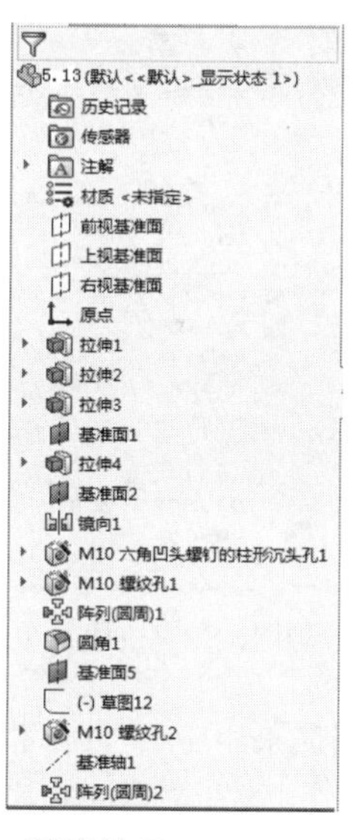

图 16-89　基座的 FeatureManager 设计树

② 将光标放置在“退回控制棒”上时，光标变为形状。单击，此时“退回控制棒”以蓝色显示，然后按住鼠标左键，拖动光标到欲查看的特征上，并释放鼠标。操作后的 FeatureManager 设计树如图 16-90 所示，退回的零件模型如图 16-91 所示。

从图 16-91 中可以看出，查看特征后的特征在零件模型上没有显示，表明该零件模型退回到该特征以前的状态。

退回特征可以使用快捷菜单进行操作，右击 FeatureManager 设计树中的“M10 六角凹头螺钉的柱形沉头孔 1”特征，系统弹出的快捷菜单如图 16-92 所示，单击“退回列前”按钮，此时该零件模型退回到该特征以前的状态，如图 16-91 所示。也可以在退回状态下，使用如图 16-93 所示的退回快捷菜单，根据需要选择需要的退回操作。

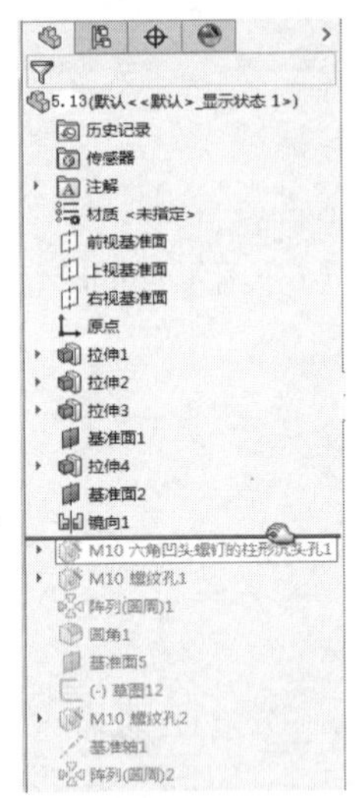

图 16-90　操作后的 FeatureManager 设计树

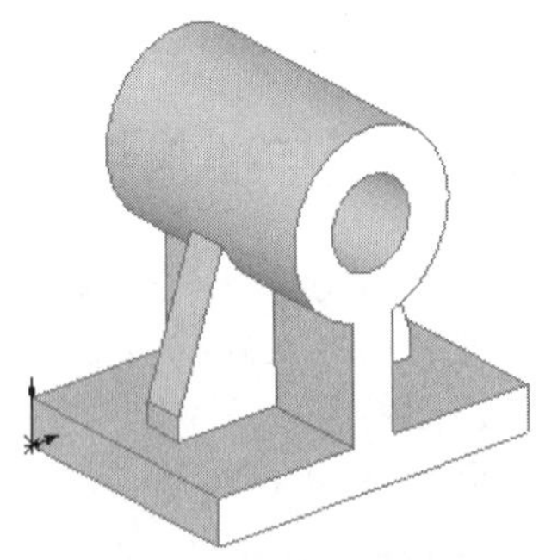

图 16-91　退回的零件模型

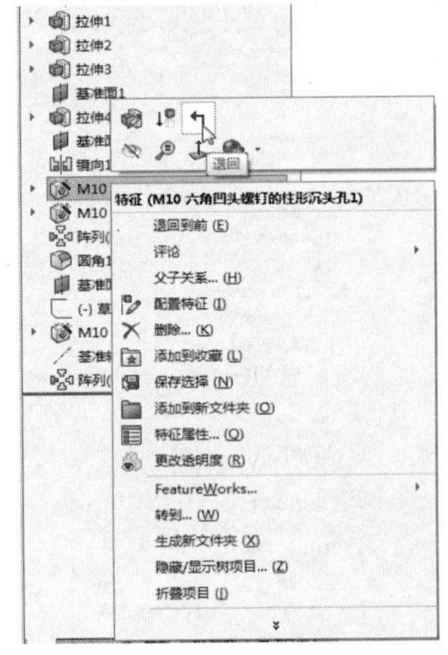

图 16-92　快捷菜单

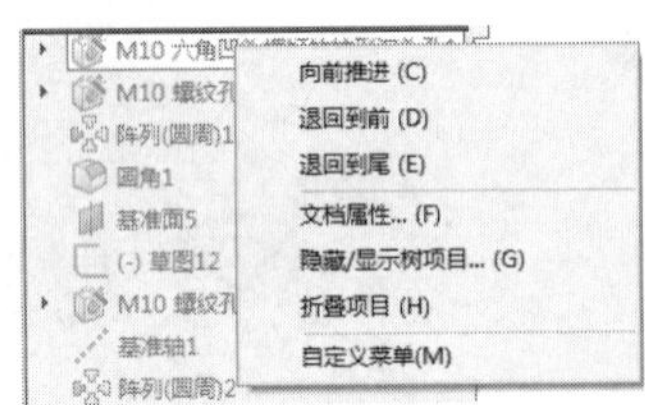

图 16-93　退回快捷菜单

在退回快捷菜单中，“向前推进”命令表示退回到下一个特征；“退回到前”命令表示退回到上一退回特征状态；“退回到尾”命令表示退回到特征模型的末尾，即处于模型的原始状态。

技巧荟萃

① 当零件模型处于退回特征状态时，将无法访问该零件的工程图和基于该零件的装配图。

② 不能保存处于退回特征状态的零件图，在保存零件时，系统将自动释放退回状态。

③ 在重新创建零件的模型时，处于退回状态的特征不会被考虑，即视其处于压缩状态。

（2）插入特征

插入特征是零件设计中一项非常实用的操作，其操作步骤如下。

① 将 FeatureManager 设计树中的“退回控制棒”拖到需要插入特征的位置。

② 根据设计需要生成新的特征。

③ 将“退回控制棒”拖动到设计树的最后位置，完成特征插入。

16.7.2 压缩与解除压缩特征

（1）压缩特征

压缩的特征可以从 FeatureManager 设计树中选择需要压缩的特征，也可以从视图中选择需要压缩特征的一个面。压缩特征的方法有以下几种。

① 工具栏方式：选择要压缩的特征，然后单击“特征”工具栏中“压缩”按钮。

② 菜单栏方式：选择要压缩的特征，然后选择菜单栏中的“编辑”→“压缩”→“此配置”命令。

③ 快捷菜单方式：在 FeatureManager 设计树中，右击需要压缩的特征，在弹出的快捷菜单中单击“压缩”按钮，如图 16-94 所示。

④ 对话框方式：在 FeatureManager 设计树中，右击需要压缩的特征，在弹出的快捷菜单中单击“特征属性”命令。在弹出的“特征属性”对话框中勾选“压缩”复选框，然后单击“确定”按钮，如图 16-95 所示。

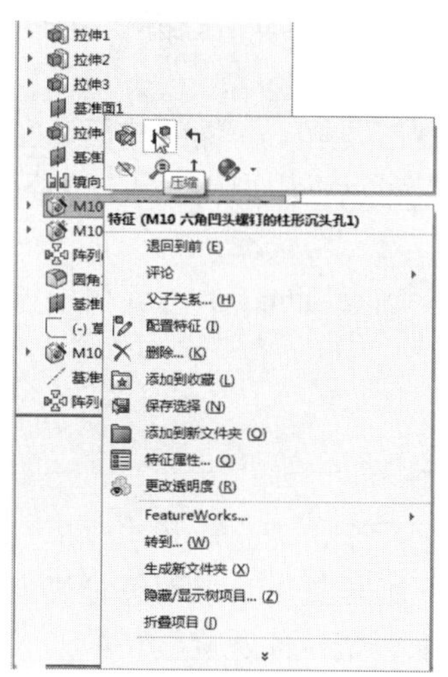

图 16-94 快捷菜单

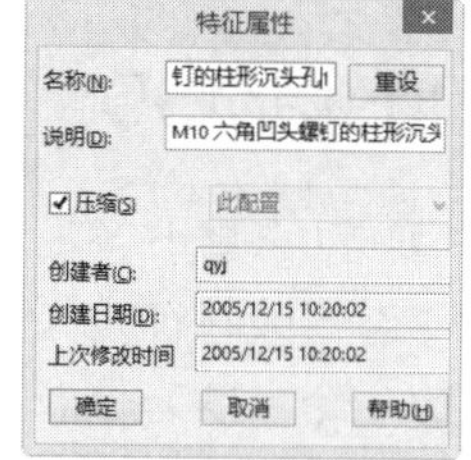

图 16-95 “特征属性”对话框

特征被压缩后，在模型中不再被显示，但是并没有被删除，被压缩的特征在 FeatureManager 设计树中以灰色显示。如图 16-96 所示为基座后面 4 个特征被压缩后的图形，如图 16-97 所示为压缩后的 FeatureManager 设计树。

（2）解除压缩特征

解除压缩的特征必须从 FeatureManager 设计树中选择需要压缩的特征，而不能从视图中选择该特征的某一个面，因为视图中该特征不被显示。与压缩特征相对应，解除压缩特征的方法有以下几种。

① 工具栏方式：选择要解除压缩的特征，然后单击“特征”工具栏中的“解除压缩”按钮。

② 菜单栏方式：选择要解除压缩的特征，然后选择菜单栏中的“编辑”→“解除压缩”→“此配置”命令。

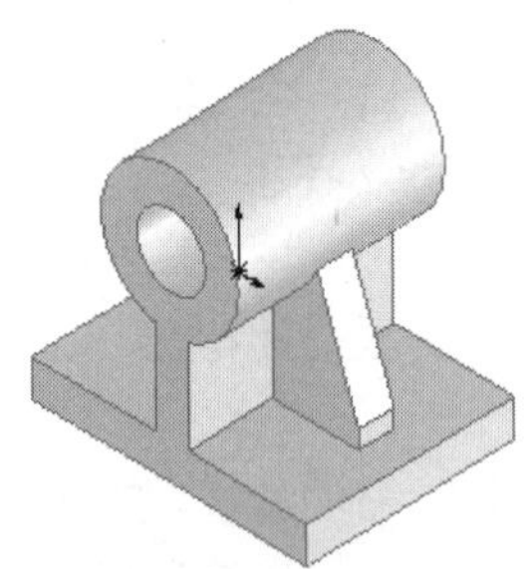

图 16-96　压缩特征后的基座

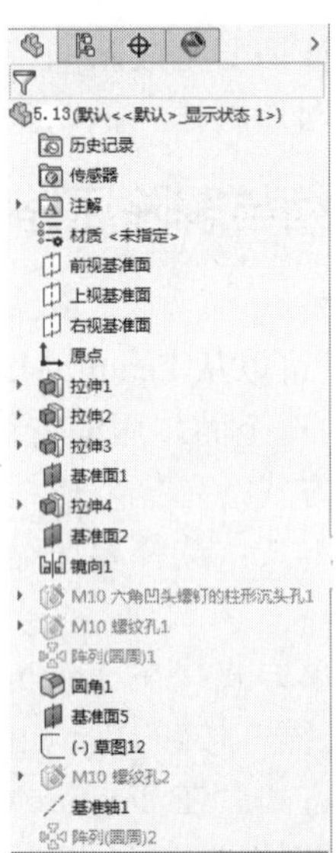

图 16-97　压缩后的 FeatureManager 设计树

③ 快捷菜单方式：在 FeatureManager 设计树中，右击要解除压缩的特征，在弹出的快捷菜单中单击“解除压缩”按钮。

④ 对话框方式：在 FeatureManager 设计树中，右击要解除压缩的特征，在弹出的快捷菜单中单击“特征属性”命令。在弹出的“特征属性”对话框中取消对“压缩”复选框的勾选，然后单击“确定”按钮。

压缩的特征被解除以后，视图中将显示该特征，FeatureManager 设计树中该特征将以正常模式显示。

16.7.3 Instant3D

扫一扫，看视频

Instant3D（动态修改特征）可以通过拖动控标或标尺来快速生成和修改模型几何体。动态修改特征是指系统不需要退回编辑特征的位置，直接对特征进行动态修改的命令。动态修改是通过控标移动、旋转来调整拉伸及旋转特征的大小。通过动态修改可以修改草图，也可以修改特征。

下面结合实例介绍动态修改特征的操作步骤。

（1）修改草图

① 打开随书资源中的“\源文件\ch16\16.14.SLDPRT”。

② 单击“特征”控制面板中的“Instant3D”按钮，开始动态修改特征操作。

③ 单击 FeatureManager 设计树中的“拉伸 1”作为要修改的特征，视图中该特征被亮显，如图 16-98 所示，同时，出现该特征的修改控标。

④ 拖动直径为 80mm 的控标，屏幕出现标尺，如图 16-99 所示。使用屏幕上的标尺可以精确地修改草图，修改后的草图如图 16-100 所示。

⑤ 单击“特征”控制面板中的“Instant3D”按钮，退出 Instant3D 特征操作，修改后的模型如图 16-101 所示。

（2）修改特征

① 单击“特征”控制面板中的“Instant3D”按钮，开始动态修改特征操作。

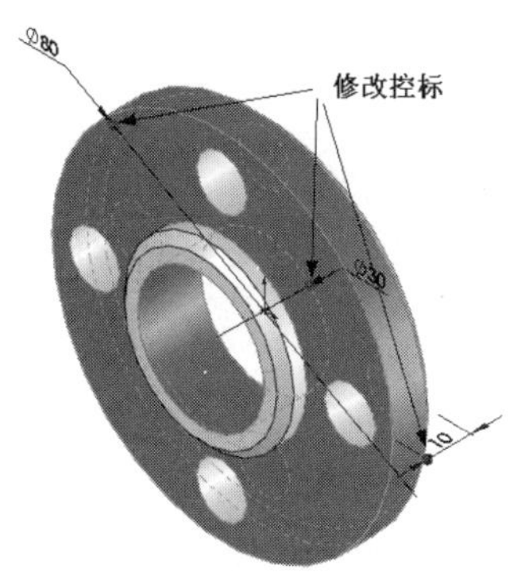

图 16-98 选择需要修改的特征

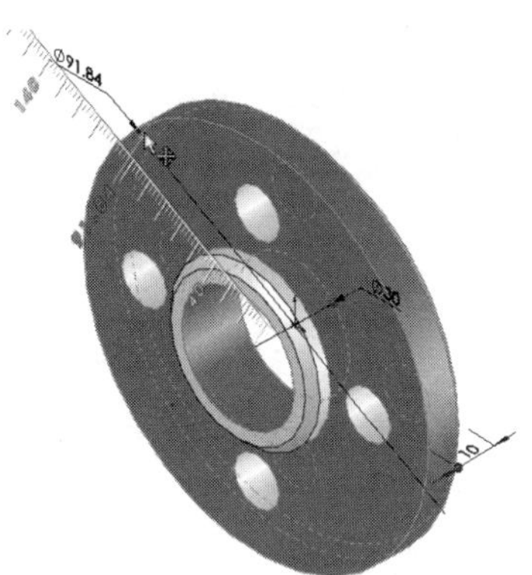

图 16-99 标尺

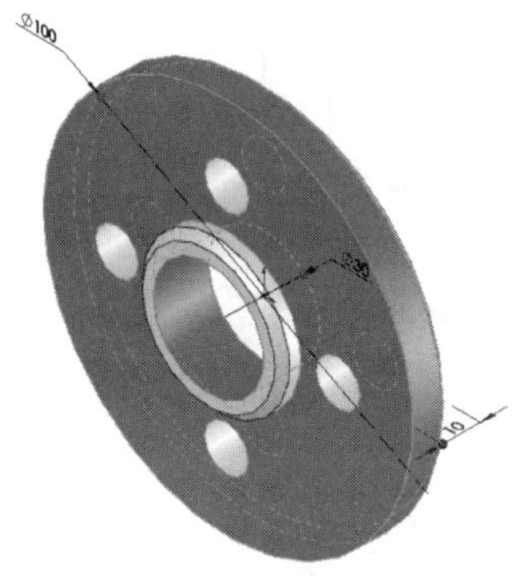

图 16-100 修改后的草图

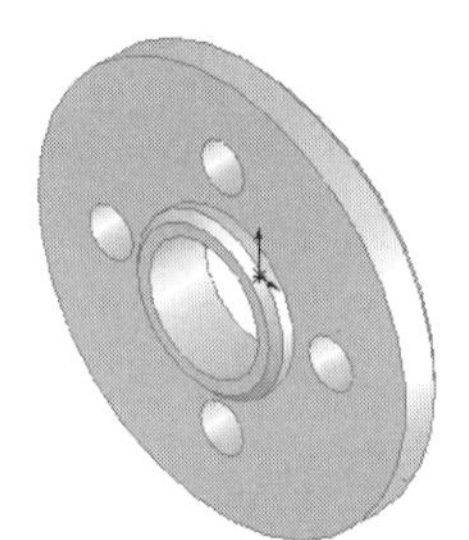
图 16-101 修改后的模型

② 单击 FeatureManager 设计树中的“拉伸 2”作为要修改的特征，视图中该特征被亮显，如图 16-102 所示，同时，出现该特征的修改控标。

③ 拖动距离为 5mm 的修改光标，调整拉伸的长度，如图 16-103 所示。

④ 单击“特征”控制面板中的“Instant3D”按钮，退出 Instant3D 特征操作，修改后的模型如图 16-104 所示。

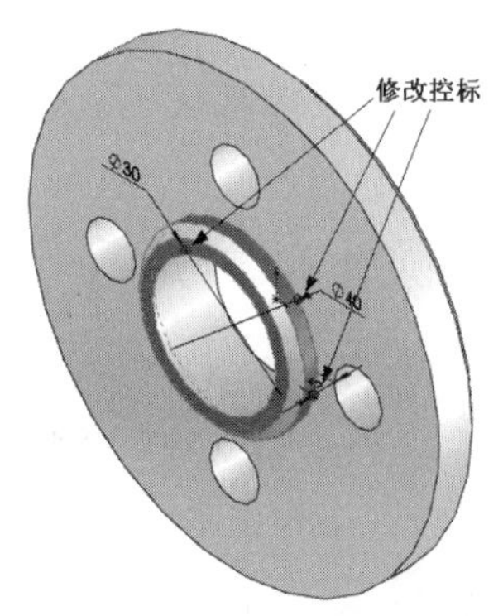

图 16-102 选择需要修改的特征

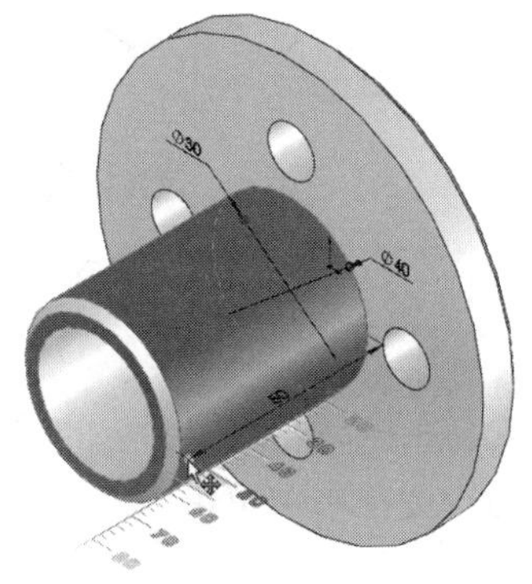

图 16-103 拖动修改光标

图 16-104 修改后的模型

16.8 零件的外观

零件建模时，SOLIDWORKS 提供了外观显示，可以根据实际需要设置零件的颜色及透明度，使设计的零件更加接近实际情况。

16.8.1 设置零件的颜色

扫一扫，看视频

设置零件的颜色包括设置整个零件的颜色属性、设置所选特征的颜色属性以及设置所选面的颜色属性。

下面结合实例介绍设置零件颜色的操作步骤。

（1）设置零件的颜色属性

① 打开随书资源中的“\源文件\ch16\16.15.SLDPRT”。

② 右击 FeatureManager 设计树中的文件名称，在弹出的快捷菜单中选择“外观”→“外观”命令，如图 16-105 所示。

③ 系统弹出的“外观”属性管理器如图 16-106 所示，在“颜色”选项组中选择需要的颜色，然后单击“确定”按钮✔，此时整个零件将以设置的颜色显示。

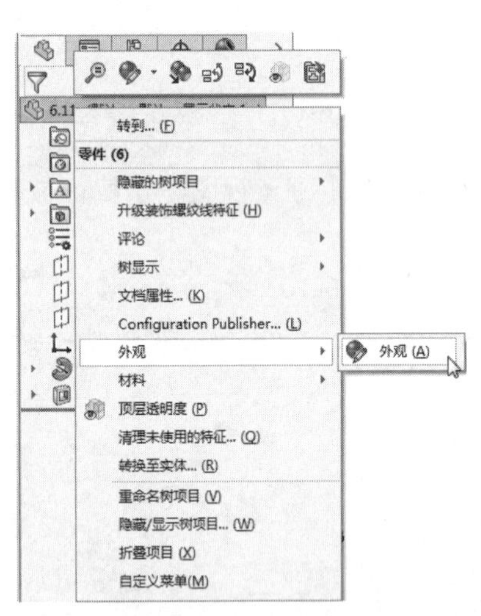

图 16-105 快捷菜单

图 16-106 “外观”属性管理器

（2）设置所选特征的颜色

① 在 FeatureManager 设计树中选择需要改变颜色的特征，可以按<Ctrl>键选择多个特征。

② 右击所选特征，在弹出的快捷菜单中单击“外观”按钮，在下拉菜单中选择步骤①中选中的特征，如图 16-107 所示。

③ 系统弹出的“外观”属性管理器如图 16-106 所示，在“颜色”选项中选择需要的颜色，然后单击“确定”按钮✔，设置颜色后的特征如图 16-108 所示。

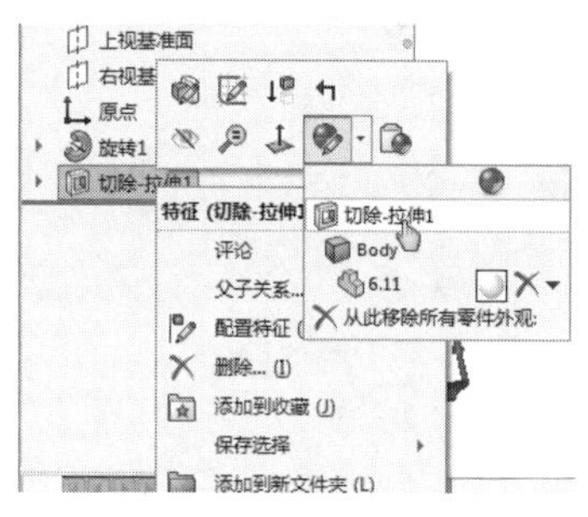

图 16-107　快捷菜单

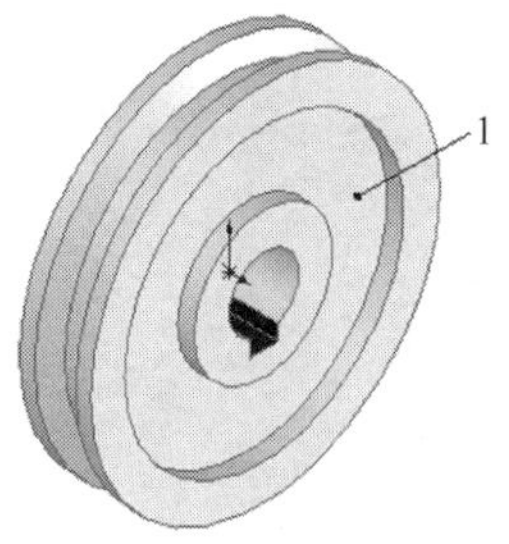

图 16-108　设置特征颜色

（3）设置所选面的颜色属性

① 右击如图 16-108 所示的面 1，在弹出的快捷菜单中单击“外观”按钮，在下拉菜单中选择刚选中的面，如图 16-109 所示。

② 系统弹出的“外观”属性管理器如图 16-106 所示。在“颜色”选项组中选择需要的颜色，然后单击“确定”按钮✔，设置颜色后的面如图 16-110 所示。

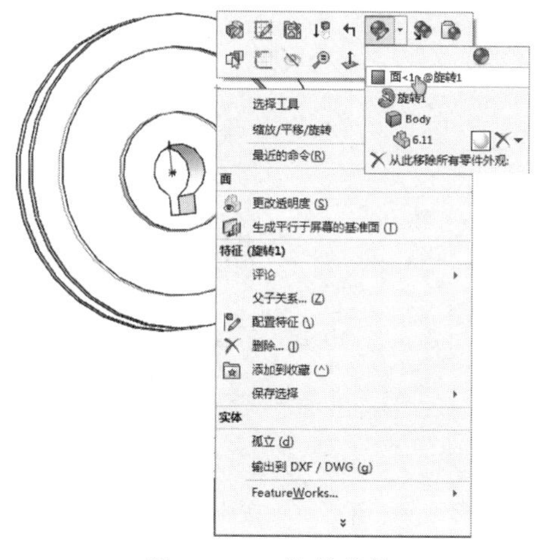

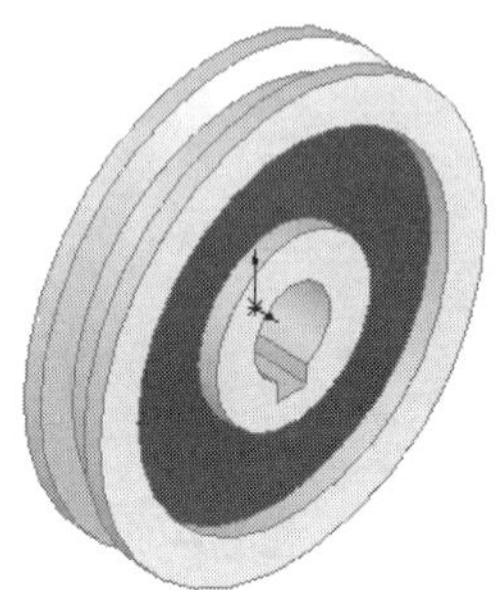

图 16-109　快捷菜单

图 16-110　设置面颜色

16.8.2　设置零件的透明度

扫一扫，看视频

在装配体零件中，外面零件遮挡内部的零件，给零件的选择造成困难。设置零件的透明度后，可以透过透明零件选择非透明对象。

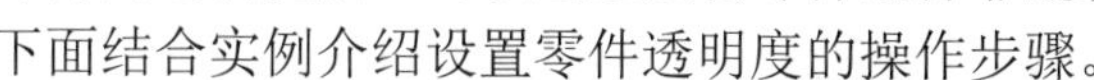
下面结合实例介绍设置零件透明度的操作步骤。

① 打开随书资源中的“\源文件\ch16\16.16 传动装配体.SLDPRT”，打开的文件实体如图 16-111 所示。传动装配体的 FeatureManager 设计树如图 16-112 所示。

② 右击 FeatureManager 设计树中的文件名称“(固定) 基座<1>”，或者右击视图中的基座 1，系统弹出快捷菜单。单击“外观”按钮，在下拉菜单中选择“基座”选项，如图 16-113 所示。

③ 系统弹出的“颜色”属性管理器如图 16-114 所示，在属性管理器的“高级”标签“照明度”栏中，调节所选零件的透明度。单击“确定”按钮✔，设置透明度后的图形如图 16-115 所示。

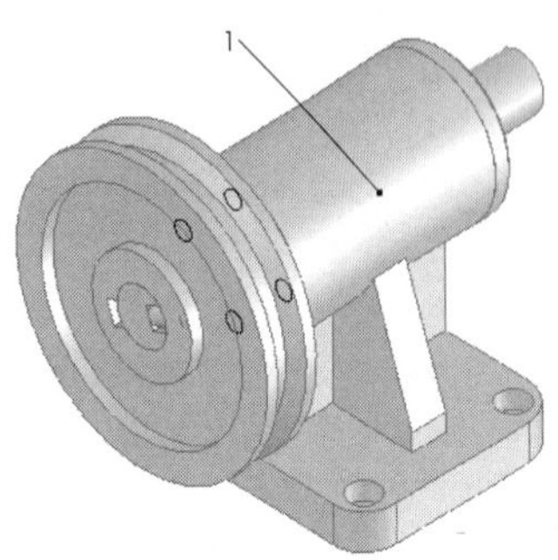

图 16-111　打开的文件实体

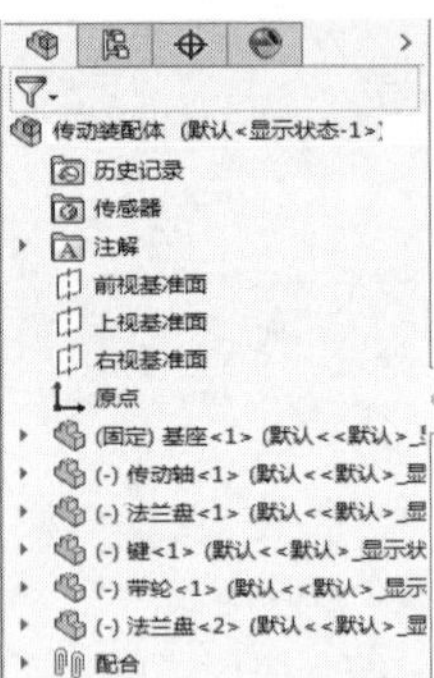

图 16-112　传动装配体的 FeatureManager 设计树

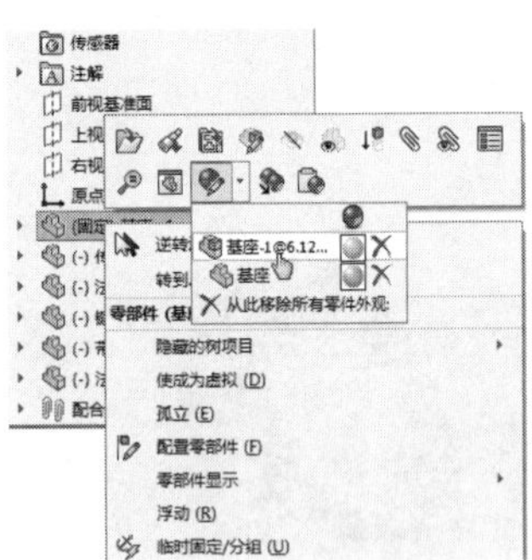

图 16-113　快捷菜单

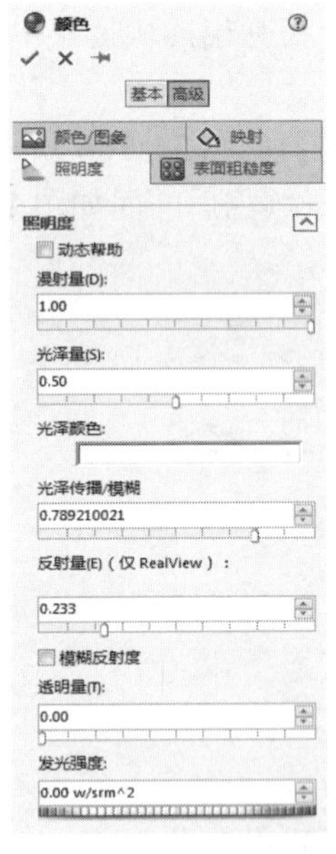

图 16-114　“颜色”属性管理器

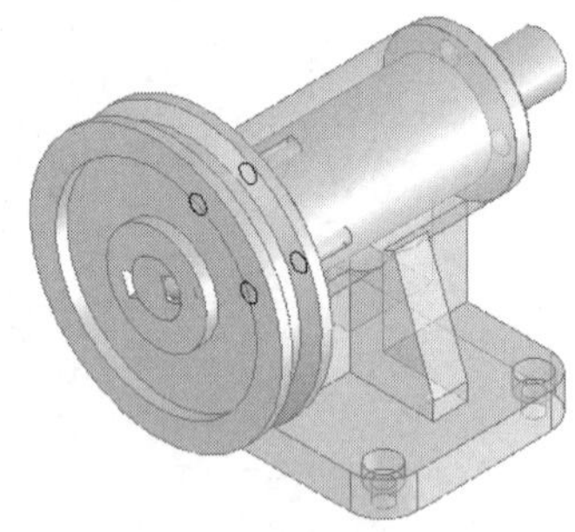

图 16-115　设置透明度后的图形

16.9　综合实例——木质音箱

扫一扫，看视频

本实例绘制的木质音箱如图 16-116 所示。

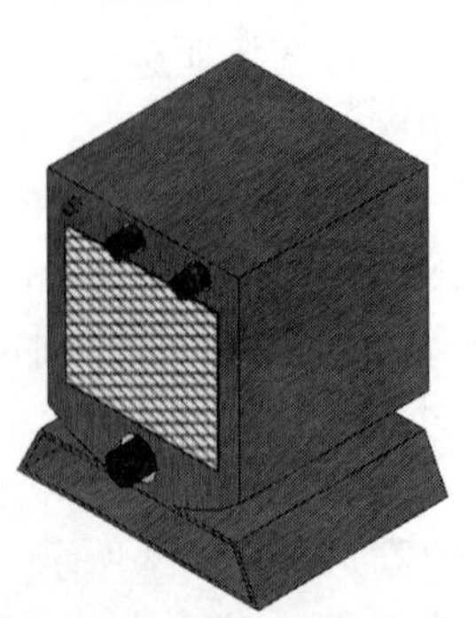

图 16-116　木质音箱

思路分析

首先绘音响的底座草图并拉伸，然后绘制主体草图并拉伸，将主体的前表面作为基准面，在其上绘制旋钮和指示灯等，最后设置各表面的外观和颜色。绘制流程如图 16-117 所示。

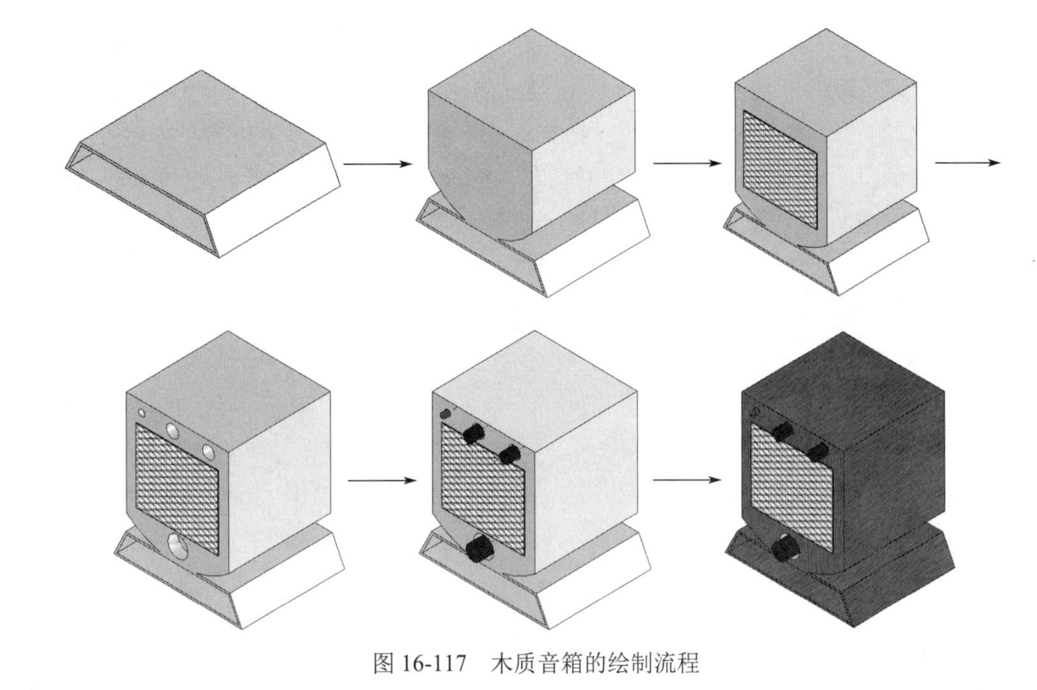

图 16-117 木质音箱的绘制流程

【绘制步骤】

① 新建文件。启动 SOILDWORKS 2020，单击“标准”工具栏中的“新建”按钮，创建一个新的零件文件。

② 绘制音响底座草图。在左侧的 FeatureManager 设计树中选择“前视基准面”作为草绘基准面。单击“草图”控制面板中的“中心线”按钮，绘制通过原点的竖直中心线；单击“草图”控制面板中的“直线”按钮，绘制 3 条直线。

③ 标注尺寸。单击“草图”控制面板上的“智能尺寸”按钮，标注步骤②中绘制的各直线段的尺寸，如图 16-118 所示。

④ 镜向草图。单击“草图”控制面板中的“镜向实体”按钮，系统弹出“镜向”属性管理器。在“要镜向的实体”选项组中，选择如图 16-118 所示的 3 条直线；在“镜向点”选项组中，选择竖直中心线，单击“确定”按钮，镜向后的图形如图 16-119 所示。

⑤ 拉伸薄壁实体。单击“特征”控制面板中的“拉伸凸台/基体”按钮，系统弹出“凸台-拉伸”属性管理器。在“深度”文本框中输入“100”，在“厚度”文本框中输入“2”。其他选项设置如图 16-120 所示，单击“确定”按钮。

⑥ 设置视图方向。单击“标准视图”工具栏中的“等轴测”按钮，将视图以等轴测方向显示，创建的拉伸 1 特征如图 16-121 所示。

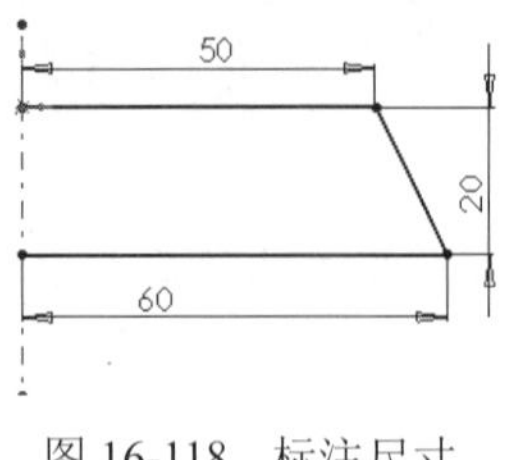

图 16-118　标注尺寸

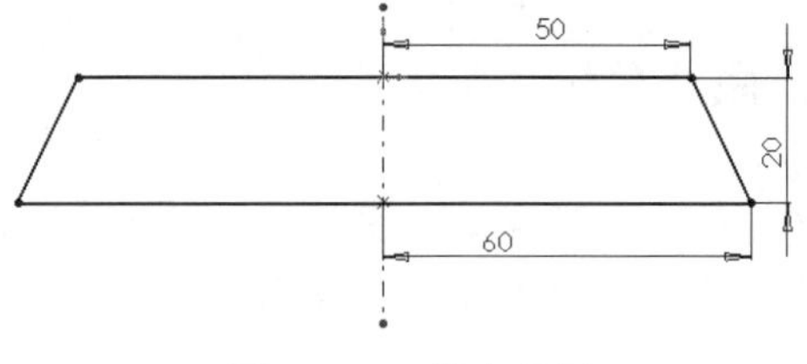

图 16-119　镜向草图

⑦ 设置基准面。在左侧的 FeatureManager 设计树中选择“前视基准面”，然后单击“标准视图”工具栏中的“垂直于”按钮，将该基准面作为草绘基准面。

⑧ 绘制草图。单击“草图”控制面板中的“中心线”按钮，绘制通过原点的竖直中心线；单击“草图”控制面板中的“三点圆弧”按钮，绘制一个原点在中心线上的圆弧；单击“草图”控制面板中的“直线”按钮，绘制 3 条直线。

⑨ 标注尺寸。单击“草图”控制面板上的“智能尺寸”按钮，标注步骤⑧中绘制草图的尺寸，如图 16-122 所示。

图 16-120　“凸台-拉伸”属性管理器

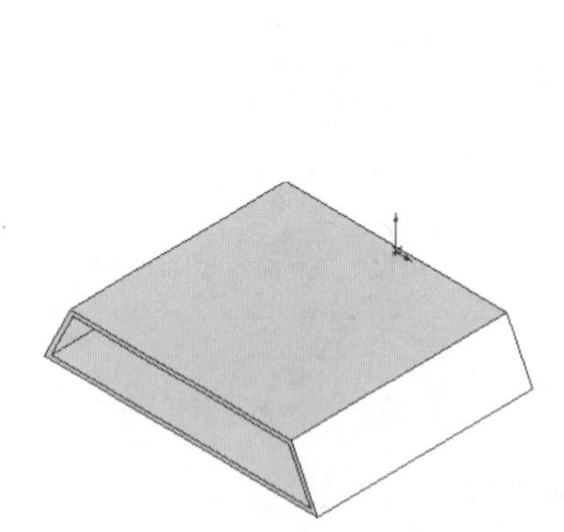
图 16-121　创建拉伸 1 特征

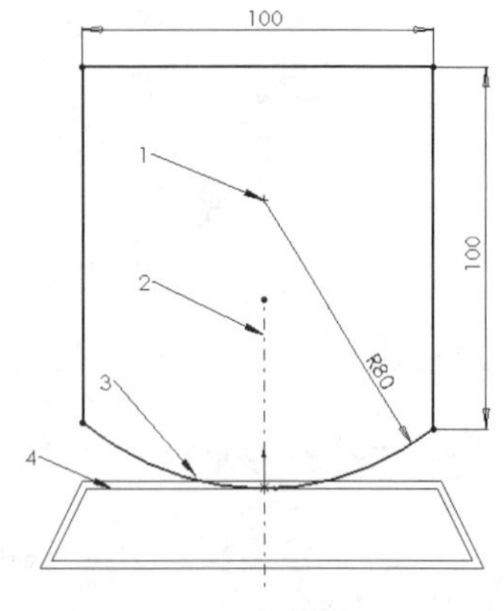

图 16-122　标注尺寸

⑩ 添加几何关系。单击“草图”控制面板“显示/删除几何关系”下拉列表中的“添加几何关系”图标，系统弹出“添加几何关系”属性管理器。单击如图 16-122 所示的原点 1 和中心线 2，将其约束为“重合”几何关系，将边线 3 和边线 4 约束为“相切”几何关系。

⑪ 拉伸实体。单击“特征”控制面板中的“拉伸凸台/基体”按钮，系统弹出“凸台-拉伸”属性管理器。在“深度”文本框中输入“100”，然后单击“确定”按钮。

⑫ 设置视图方向。单击“标准视图”工具栏中的“等轴测”按钮，将视图以等轴测方向显示，创建的拉伸 2 特征如图 16-123 所示。

⑬ 设置基准面。单击选择如图 16-123 所示的表面 1，然后单击“标准视图”工具栏中的“垂直于”按钮，将该表面作为草绘基准面。

⑭ 绘制草图。单击“草图”控制面板中的“边角矩形”按钮，在步骤⑬中设置的基准面上绘制一个矩形。

⑮ 标注尺寸。单击“草图”控制面板上的“智能尺寸”按钮，标注步骤⑭中绘制矩形

的尺寸及其定位尺寸，如图 16-124 所示。

⑯ 拉伸实体。单击“特征”控制面板中的“拉伸凸台/基体”按钮，系统弹出“凸台-拉伸”属性管理器。在“深度”文本框中输入“1”，然后单击“确定”按钮。

⑰ 设置视图方向。单击“标准视图”工具栏中的“等轴测”按钮，将视图以等轴测方向显示，创建的拉伸 3 特征如图 16-125 所示。

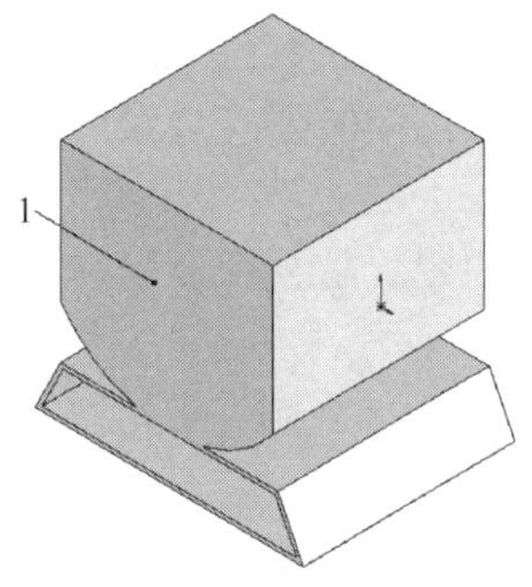

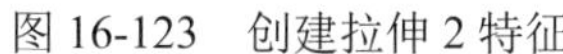

图 16-123 创建拉伸 2 特征

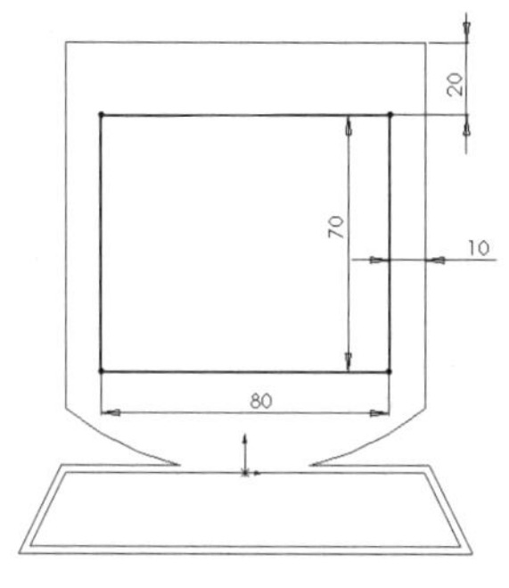

图 16-124 标注尺寸

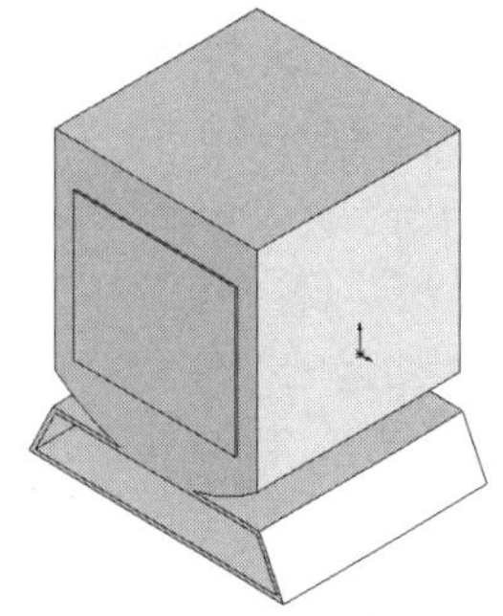

图 16-125 创建拉伸 3 特征

⑱ 设置外观属性。单击步骤⑯中拉伸的实体，在系统弹出的快捷菜单中单击“外观”按钮，在下拉菜单中选择刚选中的实体，系统弹出“外观”属性管理器。在图形区右侧的任务窗格中单击“外观、布景和贴图”按钮，弹出“外观、布景和贴图”对话框。在该对话框中选择“外观”→“塑料”→“网格（Mesh）”选项，如图 16-126 所示选择“菱形网格塑料”，然后单击“外观”属性管理器中的“确定”按钮，设置外观后的图形如图 16-127 所示。

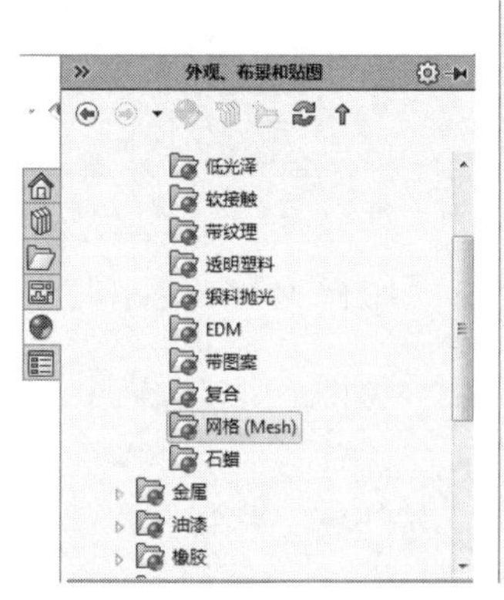

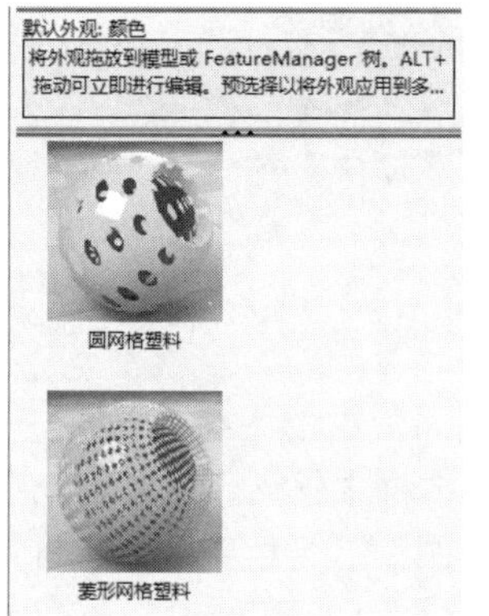

图 16-126 “菱形网格塑料”的选取

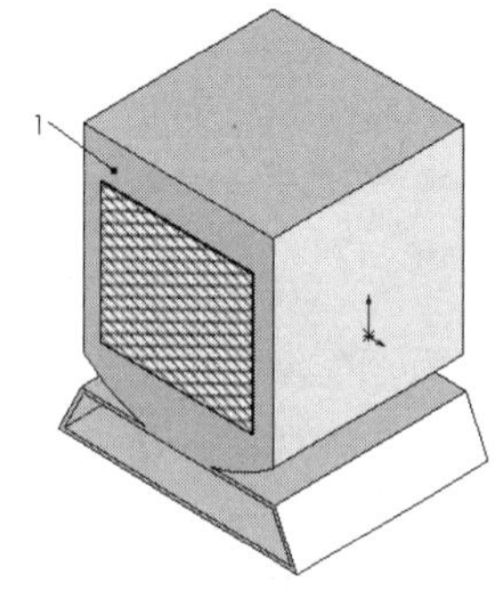

图 16-127 设置外观后的图形

技巧荟萃

在 SOILDWORKS 中，外观设置的对象有多种：面、曲面、实体、特征、零部件等。其外观库是系统预定义的，通过对话框既可以设置纹理的比例和角度，也可以设置其混合颜色。

⑲ 设置基准面。单击选择如图 16-127 所示的表面 1，然后单击“标准视图”工具栏中的“垂直于”按钮，将该表面作为草绘基准面。

⑳ 绘制草图。单击“草图”控制面板中的“圆”按钮，在步骤⑲中设置的基准面上绘制 4 个圆。

㉑ 标注尺寸。单击“草图”控制面板上的“智能尺寸”按钮，标注步骤⑳中绘制圆的直径及其定位尺寸，标注的草图如图 16-128 所示。

㉒ 拉伸切除实体。单击“特征”控制面板中的“拉伸切除”按钮，系统弹出“切除-拉伸”属性管理器。在“深度”文本框中输入“10”，并调整切除拉伸的方向，然后单击“确定”按钮。

㉓ 设置视图方向。单击“标准视图”工具栏中的“等轴测”按钮，将视图以等轴测方向显示，创建的拉伸 4 特征如图 16-129 所示。

㉔ 设置基准面。单击选择如图 16-129 所示的表面 1，然后单击“标准视图”工具栏中的“垂直于”按钮，将该表面作为草绘基准面。

㉕ 绘制草图。单击“草图”控制面板中的“圆”按钮，在步骤㉔中设置的基准面上绘制 3 个圆，并且要求这 3 个圆与拉伸切除的实体同圆心。

㉖ 标注尺寸。单击“草图”控制面板上的“智能尺寸”按钮，然后标注步骤㉕中绘制的圆的直径及其定位尺寸，如图 16-130 所示。

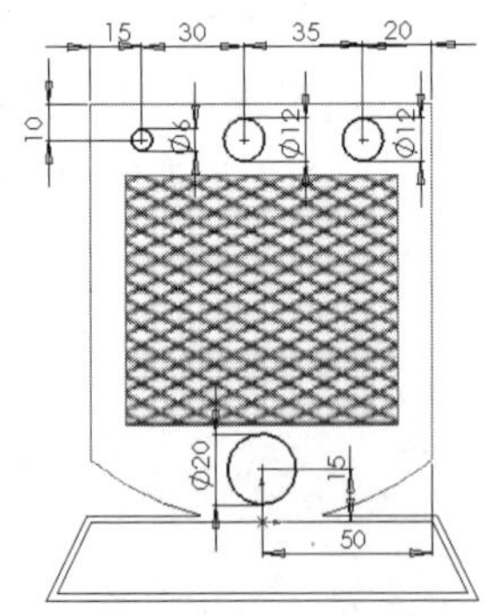

图 16-128　标注尺寸

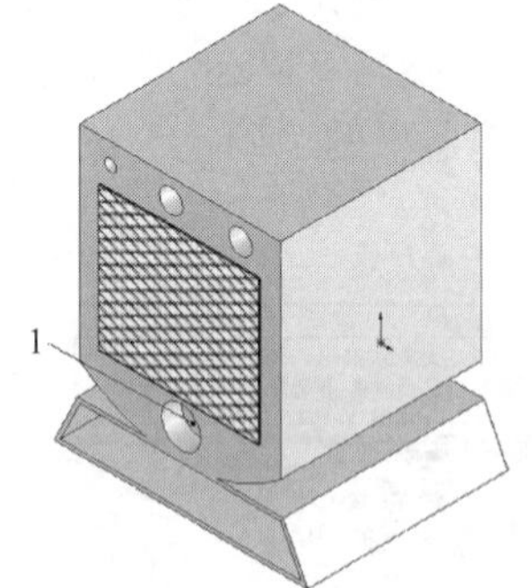

图 16-129　创建拉伸 4 特征

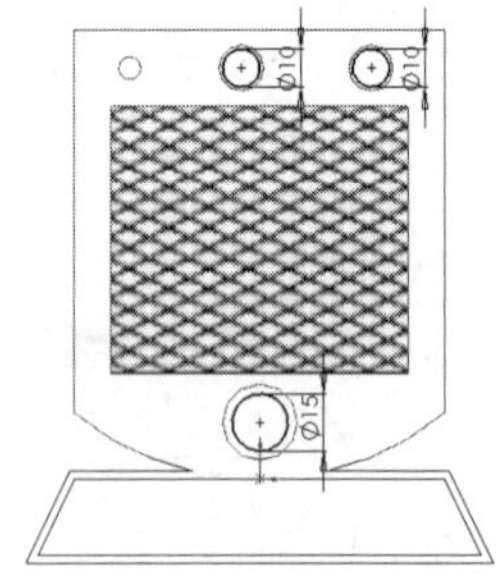

图 16-130　标注尺寸

㉗ 拉伸实体。单击“特征”控制面板中的“拉伸凸台/基体”按钮，系统弹出“凸台-拉伸”属性管理器。在“深度”文本框中输入“20”，然后单击“确定”按钮。

㉘ 设置视图方向。单击“标准视图”工具栏中的“等轴测”按钮，将视图以等轴测方向显示，创建的垂直拉伸 5 特征如图 16-131 所示。

㉙ 设置颜色属性。在 FeatureManager 设计树中，右击拉伸 5 特征，在弹出的快捷菜单中单击“外观”按钮，在下拉菜单中选择刚创建的拉伸 5，系统弹出的“颜色”属性管理器如图 16-132 所示。在其中选择蓝颜色，然后单击“确定”按钮。

㉚ 设置基准面。单击选择如图 16-131 所示的左上角左侧拉伸切除实体的底面，然后单击“标准视图”工具栏中的“垂直于”按钮，将该表面作为草绘基准面。

㉛ 绘制草图。单击“草图”控制面板中的“圆”按钮，在步骤㉚中设置的基准面上绘制一个圆，并且要求其与拉伸切除的实体同圆心。

㉜ 标注尺寸。单击“草图”控制面板上的“智能尺寸”按钮，标注步骤㉛中绘制的圆的直径为 4mm。

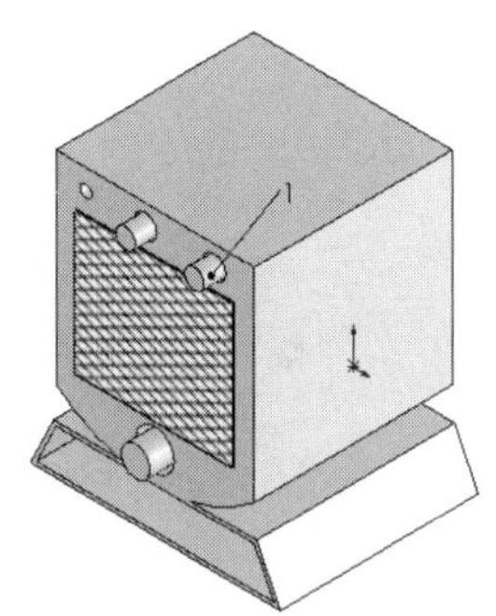

图 16-131 创建拉伸 5 特征

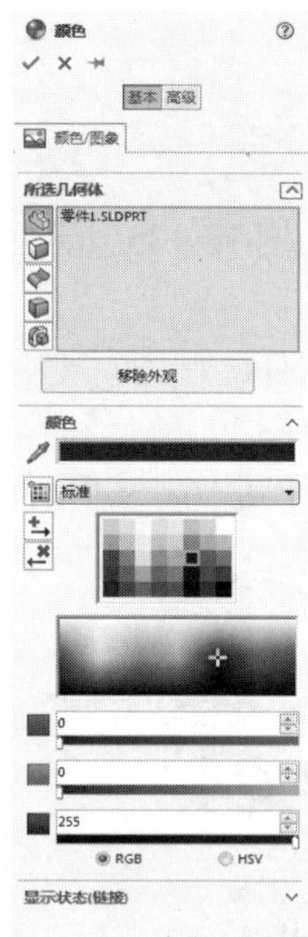

图 16-132 “颜色”属性管理器

㉝ 拉伸实体。单击“特征”控制面板中的“拉伸凸台/基体”按钮，系统弹出“拉伸”属性管理器。在“深度”文本框中输入“16”，然后单击“确定”按钮。

㉞ 设置视图方向。单击“标准视图”工具栏中的“等轴测”按钮，将视图以等轴测方向显示，创建的拉伸 6 特征如图 16-133 所示。

㉟ 设置外观属性。重复步骤㉙，将拉伸后的实体设置为红色，作为指示灯。

㊱ 设置外观属性。在 FeatureManager 设计树中，右击“材质（未指定）”选项，在弹出的快捷菜单中单击“编辑材料”命令，系统弹出“材料”对话框。在材料列表中，按照图 16-134 进行设置，然后单击“应用”→“关闭”按钮，设置材料后的图形如图 16-116 所示。

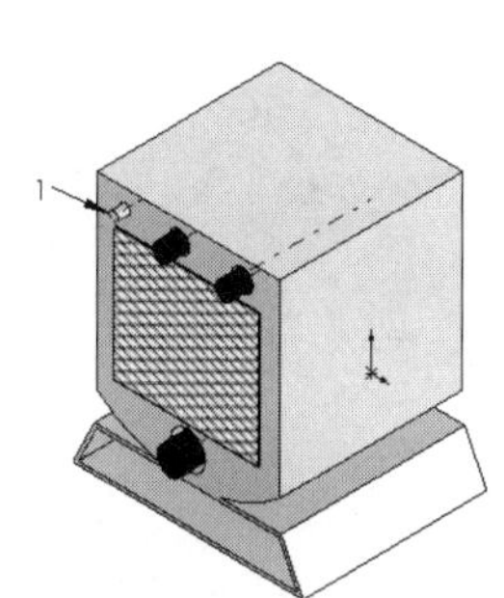

图 16-133 创建拉伸 6 特征

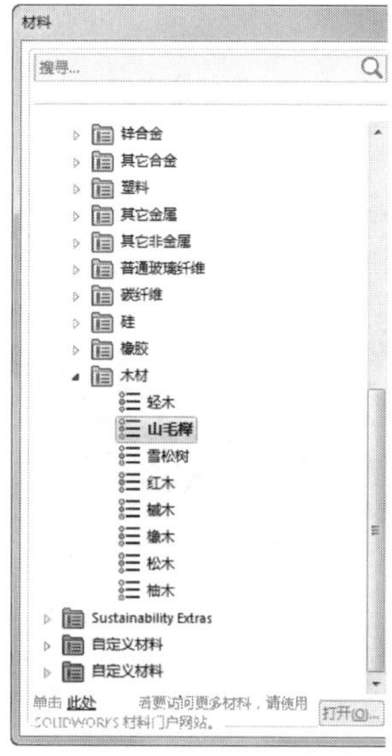

图 16-134 “材料”对话框

上机操作

【实例】绘制如图 16-135 所示的哑铃

操作提示

① 新建文件。首先新建零件文件

② 绘制草图 1。然后利用草图中的“中心线”、“圆心/起/终点画弧”命令绘制外形轮廓草图，如图 16-136 所示。

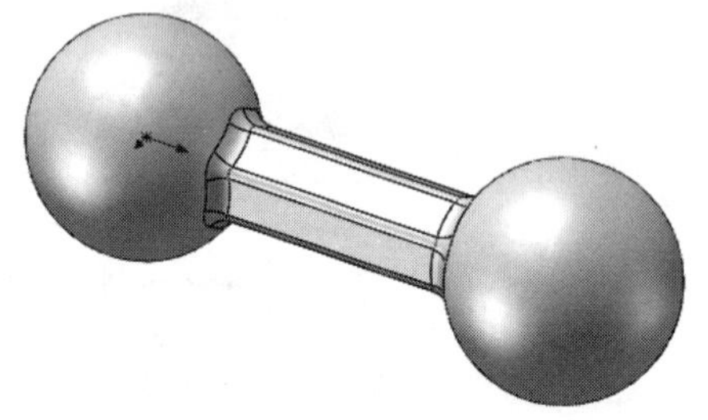

图 16-135 哑铃

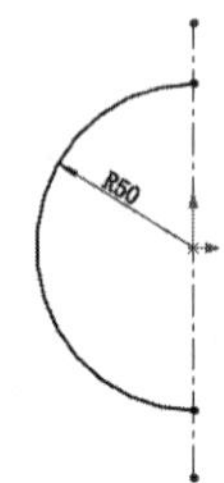

图 16-136 绘制草图 1

③ 旋转实体。利用“特征”面板中的“旋转凸台/基体”命令生成哑铃端部。

④ 绘制草图 2。在上视基准面上利用“多边形”、“绘制圆角”命令绘制草图，如图 16-137 所示。

⑤ 拉伸实体。利用“拉伸凸台/基体”命令，设置终止条件为“给定深度”值为 200mm。

⑥ 添加基准面。以“上视基准面”为参考面，距离为 100mm，创建基准面。

⑦ 镜向实体。以上面添加的基准面为镜向面，选择已绘制的哑铃端部为镜向特征，完成镜向实体操作。

⑧ 圆角实体。利用“圆角”特征，半径设置为 10mm，选择两个边线，如图 16-138 所示。

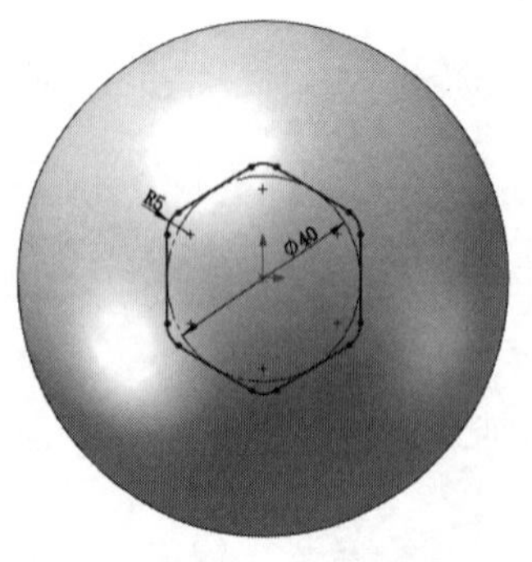

图 16-137 绘制草图 2

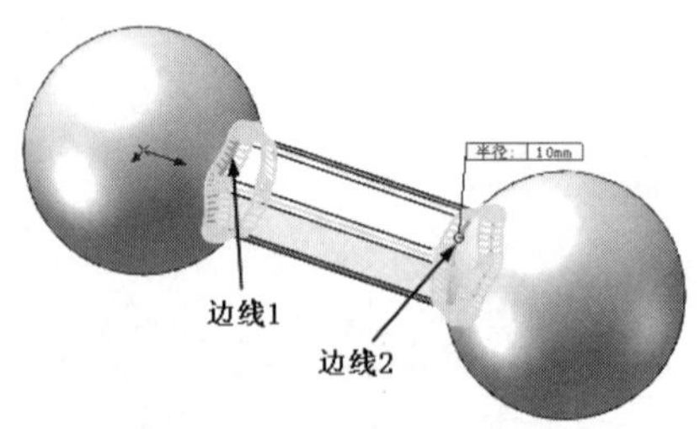

图 16-138 创建“圆角”特征

第17章 曲线

复杂和不规则的实体模型，通常是由曲线和曲面组成的，所以曲线和曲面是三维曲面实体模型建模的基础。

三维曲线的引入，使SOLIDWORKS的三维草图绘制能力显著提高。用户可以通过三维操作命令绘制各种三维曲线，也可以通过三维样条曲线控制三维空间中的任何一点，从而直接控制空间草图的形状。三维草图的绘制通常用于创建管路设计和线缆设计，以作为其他复杂三维模型的扫描路径。

学习目标

三维草图

曲线

17.1 曲线的生成

SOLIDWORKS 2020 可以使用下列方法生成多种类型的三维曲线。

- 投影曲线：从草图投影到模型面或曲面上，或从相交的基准面上绘制的线条。
- 通过参考点的曲线：通过模型中定义的点或顶点的样条曲线。
- 通过 XYZ 点的曲线：通过给出空间坐标的点的样条曲线。
- 组合曲线：由曲线、草图几何体和模型边线组合而成的一条曲线。
- 分割线：从草图投影到平面或曲面的曲线。
- 螺旋线和涡状线：通过指定圆形草图、螺距、圈数和高度生成的曲线。

17.1.1 投影曲线

在 SOLIDWORKS 中，投影曲线主要有两种生成方式：一种方式是将绘制的曲线投影到模型面上，生成一条三维曲线；另一种方式是首先在两个相交的基准面上分别绘制草图，此时系统会将每一个草图沿所在平面的垂直方向投影得到一个曲面，最后这两个曲面在空间中相交生成一条三维曲线。下面分别介绍两种方式生成曲线的操作步骤。

（1）利用绘制曲线投影到模型面上生成曲线

扫一扫，看视频

【操作步骤】

① 设置基准面。在左侧“FeatureManager 设计树”中选择“上视基准面”作为绘制图形的基准面。

② 绘制样条曲线。执行“工具”→“草图绘制实体”→“样条曲线”菜单命令，或者单击“草图”面板中的“样条曲线”按钮N，在上一步设置的基准面上绘制一个样条曲线，结果如图 17-1 所示。

③ 拉伸曲面。执行“插入”→“曲面”→“拉伸曲面”菜单命令，或者单击“曲面”面板中的“拉伸曲面”按钮，此时系统弹出如图 17-2 所示的“曲面-拉伸”属性管理器。

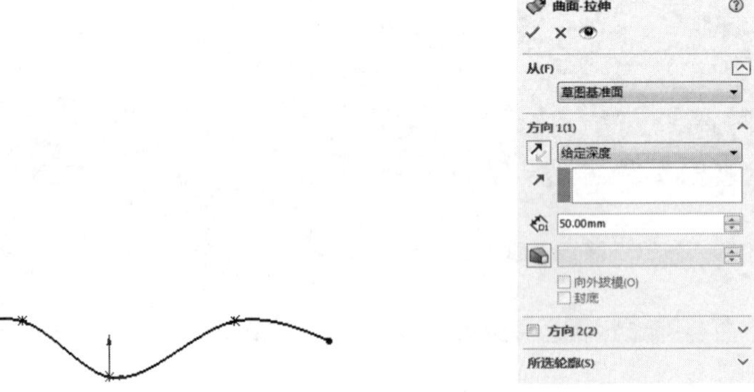

图 17-1 绘制的样条曲线　　图 17-2 “曲面-拉伸”属性管理器

④ 确认拉伸曲面。按照图 17-2 所示进行设置，注意设置曲面拉伸的方向，然后单击“曲面-拉伸”属性管理器中的“确定” 按钮✔，完成曲面拉伸。拉伸的曲面如图 17-3 所示。

⑤ 添加基准面。在左侧“FeatureManager 设计树”中选择“前视基准面”，然后执行“插入”→“参考几何体”→“基准面”菜单命令，或者单击“特征”面板“参考几何体”下拉列表中的“基准面”按钮，此时系统弹出如图 17-4 所示的“基准面”属性管理器。在“偏移距离”一栏中输入值 50，并调整设置基准面的方向。单击“基准面”属性管理器中的“确定”按钮✔，添加一个新的基准面，结果如图 17-5 所示。

图 17-3 拉伸的曲面

图 17-4 “基准面”属性管理器

⑥ 设置基准面。在左侧“FeatureManager 设计树”中单击上一步添加的基准面，然后单击“标准视图”工具栏中的“垂直于”按钮，将该基准面作为绘制图形的基准面。

⑦ 绘制样条曲线。单击“草图”面板中的“样条曲线”按钮，绘制如图 17-6 所示的样条曲线，然后退出草图绘制状态。

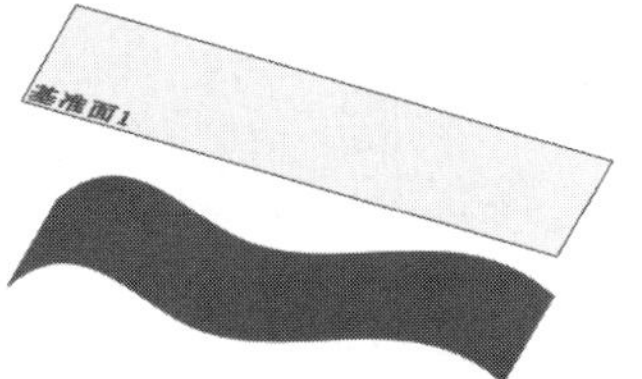

图 17-5　添加的基准面

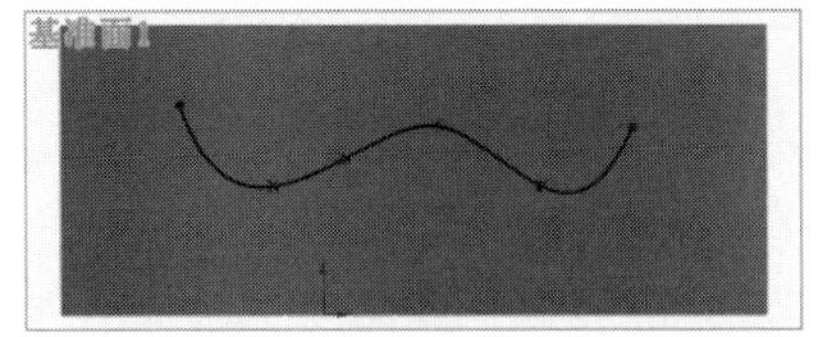

图 17-6　绘制的样条曲线

⑧ 设置视图方向。单击“标准视图”工具栏中的“等轴测”按钮，将视图以等轴测方向显示。等轴测视图如图 17-7 所示。

⑨ 生成投影曲线。执行“插入”→“曲线”→“投影曲线”菜单命令，或者单击“曲线”工具栏中的“投影曲线”按钮，此时系统弹出“投影曲线”属性管理器。

⑩ 设置投影曲线。在“投影曲线”属性管理器中“投影类型”一栏的下拉菜单中选择“面上草图”选项；在“要投影的草图”一栏中选择图 17-7 中的样条曲线 1；在“投影面”一栏中选择图 17-7 中的曲面 2；在视图中观测投影曲线的方向，是否投影到曲面，勾选“反转投影”选项，使曲线投影到曲面上。设置好的“投影曲线”属性管理器如图 17-8 所示。

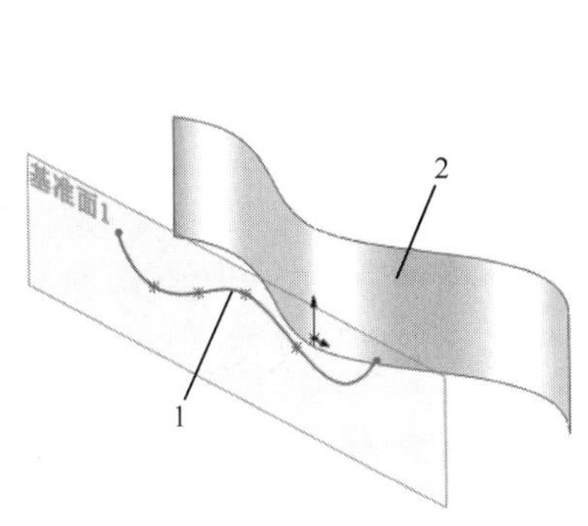

图 17-7　等轴测视图

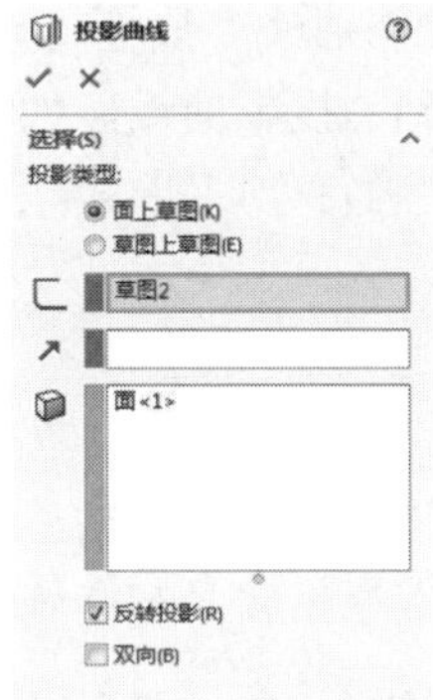

图 17-8　“投影曲线”属性管理器

⑪ 确认设置。单击“投影曲线”属性管理器中的“确定”按钮，生成所需要的投影曲线。投影曲线及其“FeatureManager 设计树”如图 17-9 所示。

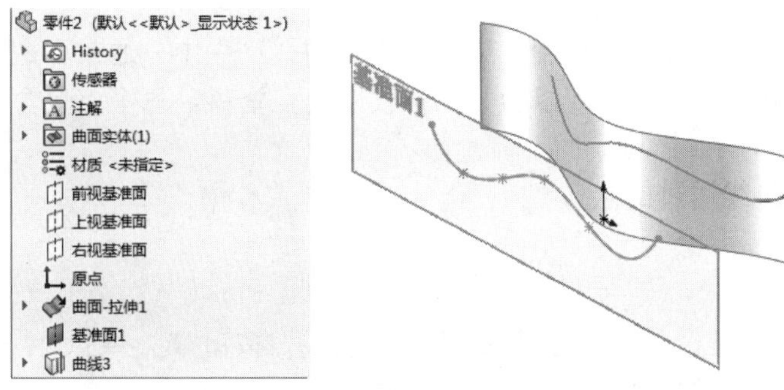

图 17-9　投影曲线及其“FeatureManager 设计树”

（2）利用两个相交基准面上的曲线投影得到曲线（图 17-10）

扫一扫，看视频

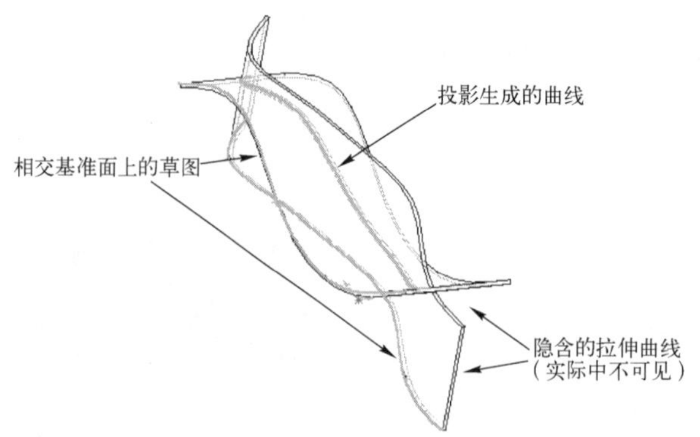

图 17-10 投影曲线

【操作步骤】

① 在两个相交的基准面上各绘制一个草图，这两个草图轮廓所隐含的拉伸曲面必须相交，才能生成投影曲线。完成后关闭每个草图。

② 按住<Ctrl>键，选取这两个草图。

③ 单击“曲线”工具栏中的“投影曲线”按钮，或执行“插入”→“曲线”→“投影曲线”菜单命令。

④ 在“投影曲线”属性管理器的显示框中显示要投影的两个草图名称，同时在图形区域中显示所得到的投影曲线，如图 17-11 所示。

⑤ 单击“确定”按钮✓，生成投影曲线。投影曲线在特征管理器设计树中以按钮表示。

【注意】

如果在执行投影曲线命令之前事先选择了生成投影曲线的草图选项，则在执行投影曲线命令后，属性管理器会自动选择合适的投影类型。

17.1.2 三维样条曲线的生成

利用三维样条曲线可以生成任何形状的曲线。SOLIDWORKS 中三维样条曲线的生成方式十分丰富：用户既可以自定义样条曲线通过的点，也可以指定模型中的点作为样条曲线通过的点，还可以利用点坐标文件生成样条曲线。

穿越自定义点的样条曲线经常应用在逆向工程的曲线产生中。通常，逆向工程是先有一个实体模型，由三维向量床 CMM 或以激光扫描仪取得点资料。每个点包含 3 个数值，分别代表它的空间坐标（X，Y，Z）。

（1）自定义样条曲线通过的点

【操作步骤】

扫一扫，看视频

① 单击“曲线”工具栏中的“通过 XYZ 点的曲线”按钮，或执行“插入”→“曲线”→“通过 XYZ 点的曲线”菜单命令。

② 在弹出的“曲线文件”对话框（图 17-12）中输入自由点的空间坐标，同时在图形区域中可以预览生成的样条曲线。

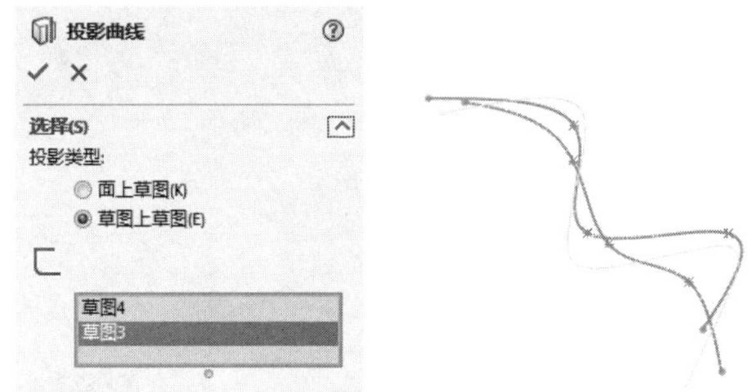

图 17-11 “投影曲线”属性管理器

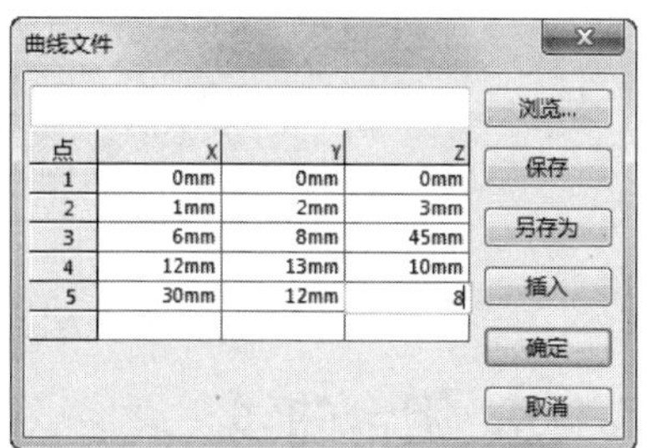

图 17-12 “曲线文件”对话框

③ 当在最后一行的单元格中双击时，系统会自动增加一行。如果要在一行的上面再插入一个新的行，只要单击该行，然后单击“插入”按钮即可。

④ 如果要保存曲线文件，单击“保存”或“另存为”按钮，然后指定文件的名称（扩展名为.sldcrv）即可。

⑤ 单击“确定”按钮，即可生成三维样条曲线。

除了在“曲线文件”属性管理器中输入坐标来定义曲线外，SOLIDWORKS 还可以将在文本编辑器、Excel 等应用程序中生成的坐标文件（扩展名为.sldcrv 或.txt）导入到系统，从而生成样条曲线。

坐标文件应该为 X、Y、Z 3 列清单，并用制表符（Tab）或空格分隔。

（2）导入坐标文件，以生成样条曲线

扫一扫，看视频

【操作步骤】

① 单击“曲线”工具栏中的“通过 XYZ 点的曲线”按钮，或执行“插入”→“曲线”→“通过 XYZ 点的曲线”菜单命令。

② 在弹出的“曲线文件”属性管理器中单击“浏览”按钮查找坐标文件，然后单击“打开”按钮。

③ 坐标文件显示在“曲线文件”属性管理器中，同时在图形区域中可以预览曲线效果。

④ 可以根据需要编辑坐标，直到满意为止。

⑤ 单击“确定”按钮，生成曲线。

（3）将指定模型中的点作为样条曲线通过的点生成曲线

扫一扫，看视频

【操作步骤】

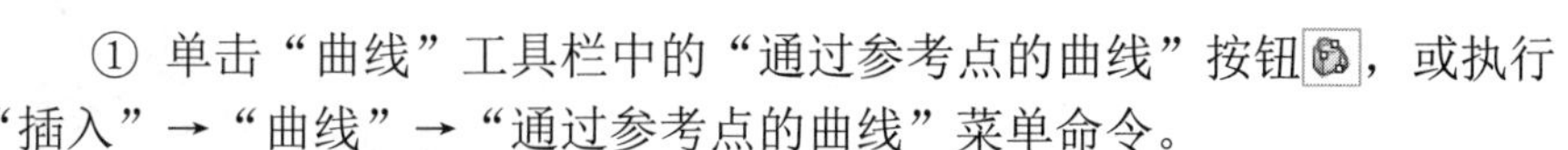
① 单击“曲线”工具栏中的“通过参考点的曲线”按钮，或执行“插入”→“曲线”→“通过参考点的曲线”菜单命令。

② 在“通过参考点的曲线”属性管理器中单击“通过点”栏下的显示框，然后在图形区域按照要生成曲线的次序选择通过的模型点。此时，模型点在该显示框中显示，如图 17-13 所示。

③ 如果想要将曲线封闭，选择“闭环曲线”复选框。

④ 单击“确定”按钮，生成通过模型点的曲线。

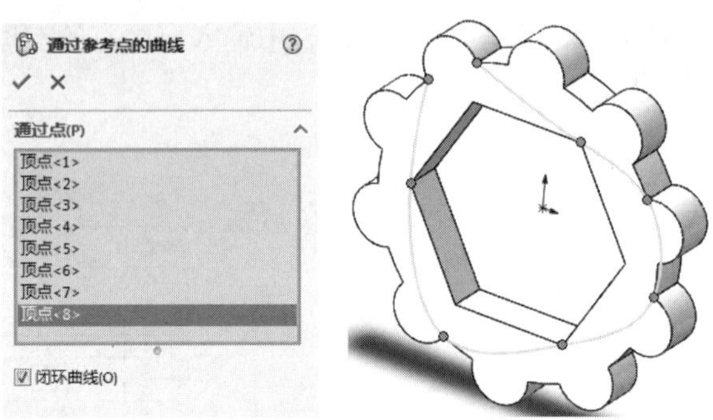

图 17-13 “通过参考点的曲线”属性管理器

17.1.3 组合曲线

扫一扫，看视频

SOLIDWORKS 可以将多段相互连接的曲线或模型边线组合成为一条曲线。

【操作步骤】

① 单击“曲线”工具栏中的“组合曲线”按钮，或执行“插入”→“曲线”→“组合曲线”菜单命令。

② 在图形区域中选择要组合的曲线、直线或模型边线（这些线段必须连续），则所选项目在“组合曲线”属性管理器中的“要连接的实体”栏中的显示框中显示出来，如图 17-14 所示。

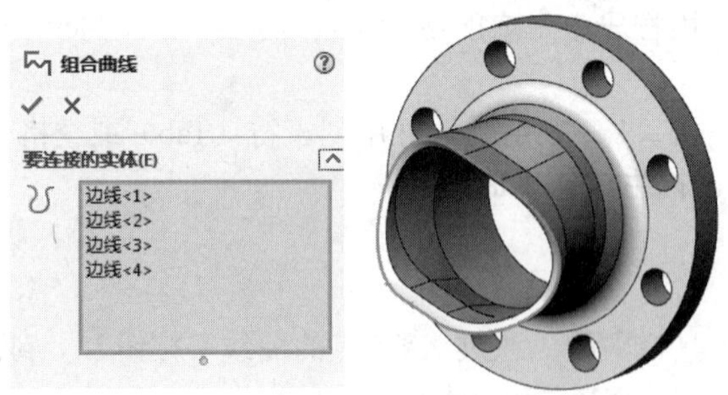

图 17-14 “组合曲线”属性管理器

③ 单击“确定”按钮，生成组合曲线。

17.1.4 螺旋线和涡状线

螺旋线和涡状线通常用在绘制螺纹、弹簧和发条等零部件中。图 17-15 显示了这两种曲线的状态。

（1）生成一条螺旋线

【操作步骤】

扫一扫，看视频

① 单击“草图”面板中的“草图绘制”按钮，打开一个草图并绘制一个圆，此圆的直径控制螺旋线的直径。

② 单击“曲线”工具栏中的“螺旋线”按钮，或执行“插入”→“曲线”→“螺旋线/涡状线”菜单命令。

③ 在“螺旋线/涡状线”属性管理器（图 17-16）中的“定义方式”下拉列表框中选择一

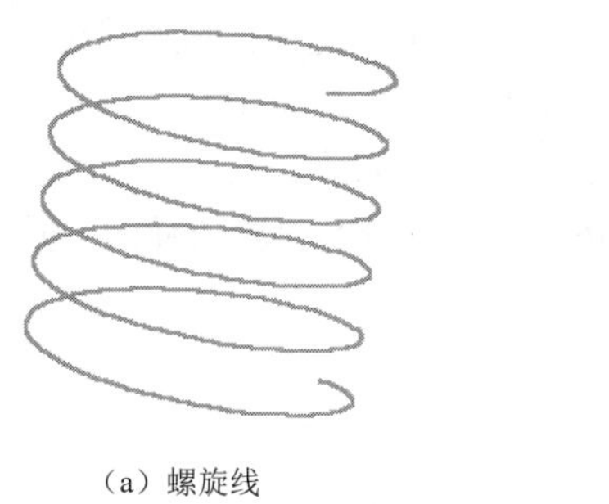

（a）螺旋线

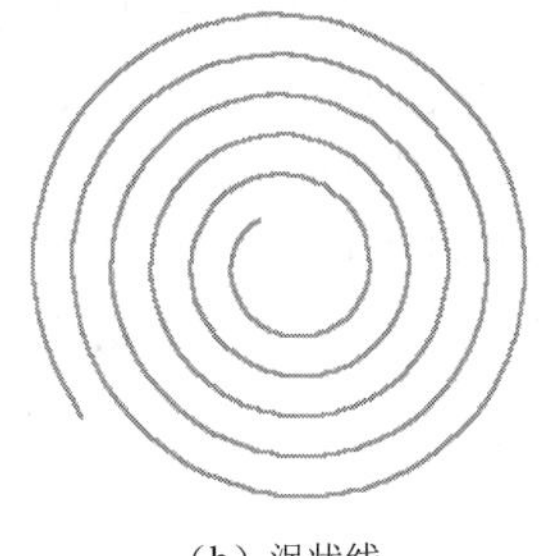

（b）涡状线

图 17-15　螺旋线和涡状线

种螺旋线的定义方式。

- 螺距和圈数：指定螺距和圈数。
- 高度和圈数：指定螺旋线的总高度和圈数。
- 高度和螺距：指定螺旋线的总高度和螺距。

④ 根据步骤③中指定的螺旋线定义方式指定螺旋线的参数。

⑤ 如果要制作锥形螺旋线，选择“锥形螺旋线”复选框并指定锥形角度以及锥度方向（向外扩张或向内扩张）。

⑥ 在“起始角度”微调框中指定第一圈的螺旋线的起始角度。

⑦ 如果选择“反向”复选框，则螺旋线将由原来的点向另一个方向延伸。

⑧ 单击“顺时针”或“逆时针”单选按钮，以决定螺旋线的旋转方向。

⑨ 单击“确定”按钮✔，生成螺旋线。

（2）生成一条涡状线

【操作步骤】

扫一扫，看视频

① 单击“草图”面板中的“草图绘制”按钮，打开一个草图并绘制一个圆，此圆的直径作为起点处涡状线的直径。

② 单击“曲线”工具栏中的“螺旋线”按钮，或执行“插入”→“曲线”→“螺旋线/涡状线”菜单命令。

③ 在“螺旋线/涡状线”属性管理器中的“定义方式”下拉列表框中选择“涡状线”，如图 17-17 所示。

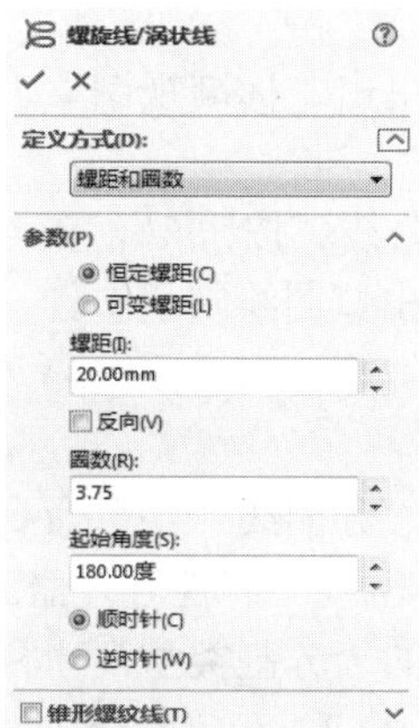

图 17-16　“螺旋线/涡状线”属性管理器

图 17-17　定义涡状线

④ 在对应的“螺距”微调框和“圈数”微调框中指定螺距和圈数。

⑤ 如果选择“反向”复选框，则生成一个向内扩张的涡状线。

⑥ 在“起始角度”微调框中指定涡状线的起始位置。

⑦ 单击“顺时针”或“逆时针”单选按钮，以决定涡状线的旋转方向。

⑧ 单击“确定”按钮✓，生成涡状线。

扫一扫，看视频

17.1.5 分割线

分割线工具将草图投影到曲面或平面上，它可以将所选的面分割为多个分离的面，从而可以选择操作其中一个分离面，也可将草图投影到曲面实体，生成分割线。

【操作步骤】

① 添加基准面。执行“插入”→“参考几何体”→“基准面”菜单命令，或者单击“特征”面板“参考几何体”下拉列表中的“基准面”按钮，系统弹出如图 17-18 所示的“基准面”属性管理器。在“选择”一栏中选择图 17-19 中的面 1；在“偏移距离”一栏中输入 30.00mm，并调整基准面的方向。单击“基准面”属性管理器中的“确定”按钮✓，添加一个新的基准面，结果如图 17-20 所示。

图 17-18 “基准面”属性管理器

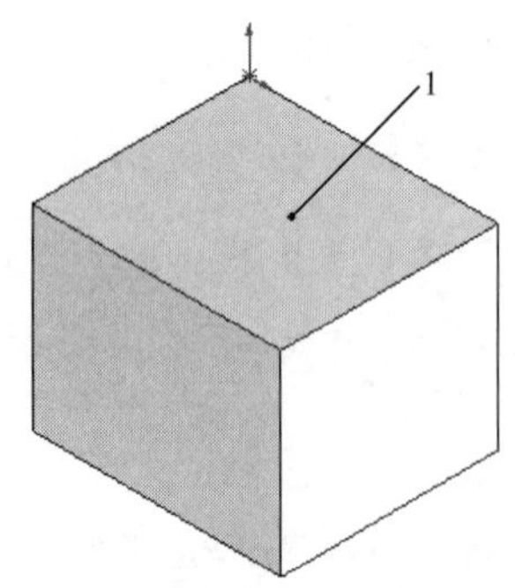

图 17-19 拉伸的图形

② 设置基准面。单击上一步添加的基准面，然后单击“标准视图”工具栏中的“垂直于”按钮，将该基准面作为绘制图形的基准面。

③ 绘制样条曲线。单击“草图”面板中的“样条曲线”按钮，在上一步设置的基准面上绘制一个样条曲线，结果如图 17-21 所示，然后退出草图绘制状态。

④ 设置视图方向。单击“标准视图”工具栏中的“等轴测”按钮，将视图以等轴测方向显示，结果如图 17-22 所示。

⑤ 执行分割线命令。执行“插入”→“曲线”→“分割线”菜单命令，或者单击“曲线”工具栏中的“分割线”按钮，此时系统弹出“分割线”属性管理器。

⑥ 设置属性管理器。在“分割线”属性管理器中的“分割类型”一栏中选择“投影”选项；在“要投影的草图”一栏中选择图 17-22 中的草图 2；在“要分割的面”一栏中选择图 17-22 中的面 1，其他设置参考图 17-23。

图 17-20 添加基准面后的图形

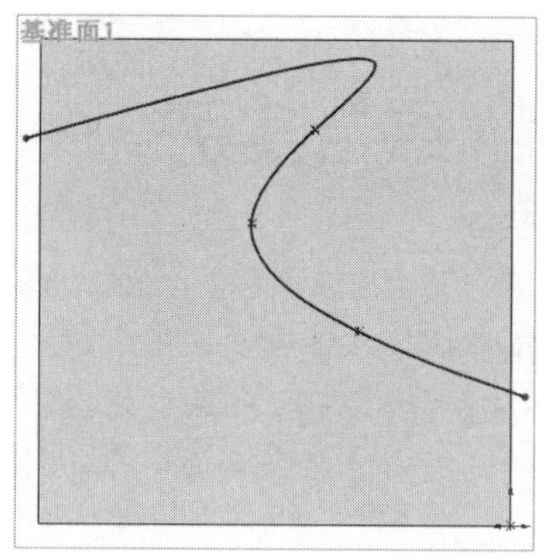

图 17-21 绘制的样条曲线

图 17-22 等轴测视图

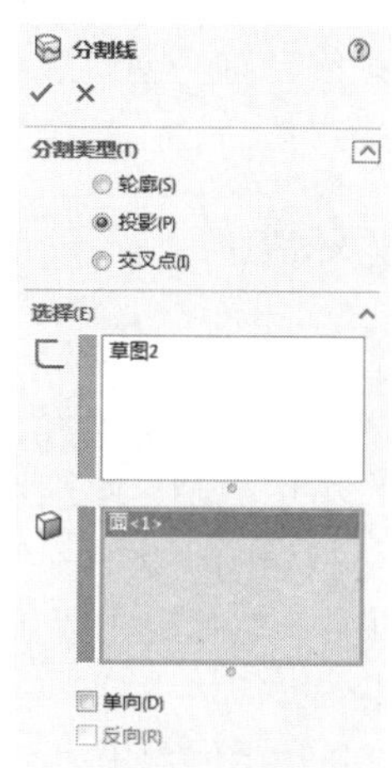

图 17-23 “分割线”属性管理器

⑦ 确认设置。单击“分割线”属性管理器中的“确定”按钮✓，生成所需要的分割线。生成的分割线及其“FeatureManager 设计树”如图 17-24 所示。

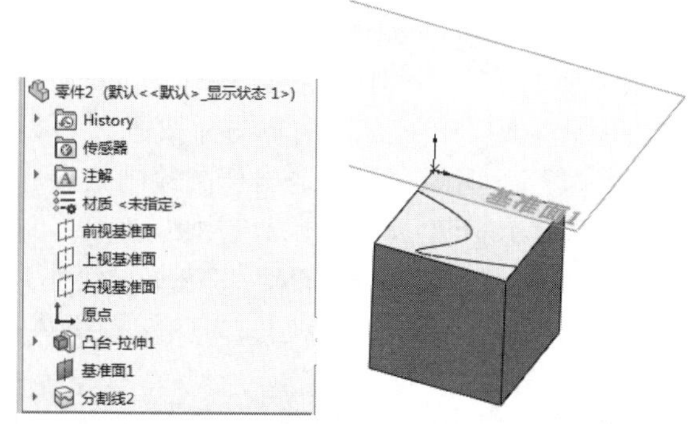

图 17-24 生成的分割线及其“FeatureManager 设计树”

【注意】

使用投影方式绘制投影草图时，绘制的草图在投影面上的投影必须穿过要投影的面，否则系统会提示错误，而不能生成分割线。

17.2 综合实例——瓶子

扫一扫，看视频

瓶子模型如图 17-25 所示。绘制该模型的命令主要有扫描实体、抽壳、拉伸、拉伸切除和镜向等。

瓶子模型由瓶身、瓶口和瓶口螺纹三部分组成。绘制过程：对于瓶身，首先通过扫描实体命令生成瓶身主体，然后执行抽壳命令将瓶身抽壳为薄壁实体，并通过拉伸命令编辑顶部，再切除拉伸瓶身上贴图部分，并通过镜向命令镜向另一侧贴图部分，最后通过圆顶命令编辑底部。对于瓶口，首先通过拉伸命令绘制外部轮廓，然后通过拉伸切除命令生成瓶口。对于瓶口螺纹，首先创建螺纹轮廓的基准面，然后绘制轮廓和路径，最后通过扫描实体命令，扫描为瓶口螺纹。

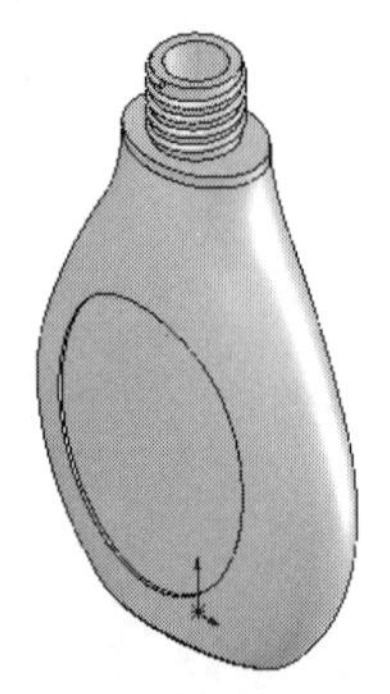
图 17-25 瓶子

17.2.1 新建文件

① 启动软件。执行“开始”→“所有程序”→“SOLIDWORKS 2020”菜单命令，或者单击桌面图标，启动 SOLIDWORKS 2020。

② 创建零件文件。执行“文件”→ “新建”菜单命令，或者单击“快速访问”工具栏中的“新建”图标按钮，此时系统弹出“新建 SOLIDWORKS 文件”对话框，在其中选择“零件”图标按钮，然后单击“确定”按钮，创建一个新的零件文件。

③ 保存文件。执行“文件”→“保存”菜单命令，或者单击“快速访问”工具栏中的“保存”图标，此时系统弹出“另存为”对话框。在“文件名”一栏中输入“瓶子”，然后单击“保存”按钮，创建一个文件名为“瓶子”的零件文件。

17.2.2 绘制瓶身

（1）绘制瓶身主体部分

① 设置基准面。在左侧 FeatureManager 设计树中用鼠标选择“前视基准面”，然后单击“视图（前导）”工具栏中的“垂直于”图标按钮，将该基准面作为绘制图形的基准面。

② 绘制草图。单击“草图”面板中的“直线”图标按钮，以原点为起点绘制一条竖直直线并标注尺寸，结果如图 17-26 所示，然后退出草图绘制状态。

③ 设置基准面。在左侧 FeatureManager 设计树中用鼠标选择“前视基准面”，然后单击“视图（前导）”工具栏中的“垂直于”图标按钮，将该基准面作为绘制图形的基准面。

④ 绘制草图。单击“草图”面板中的“3 点圆弧”图标按钮，绘制如图 17-27 所示的草图并标注尺寸，然后退出草图绘制状态。

⑤ 设置基准面。在左侧 FeatureManager 设计树中用鼠标选择“右视基准面”，然后单击“视图（前导）”工具栏中的“垂直于”图标按钮，将该基准面作为绘制图形的基准面。

⑥ 绘制草图。单击“草图”面板中的“3 点圆弧”图标按钮，绘制如图 17-28 所示的草图并标注尺寸，添加圆弧下面的起点和原点为“水平”几何关系，然后退出草图绘制状态。

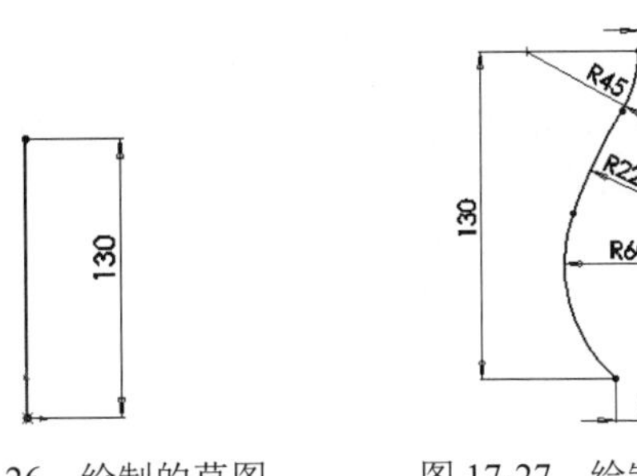

图 17-26 绘制的草图

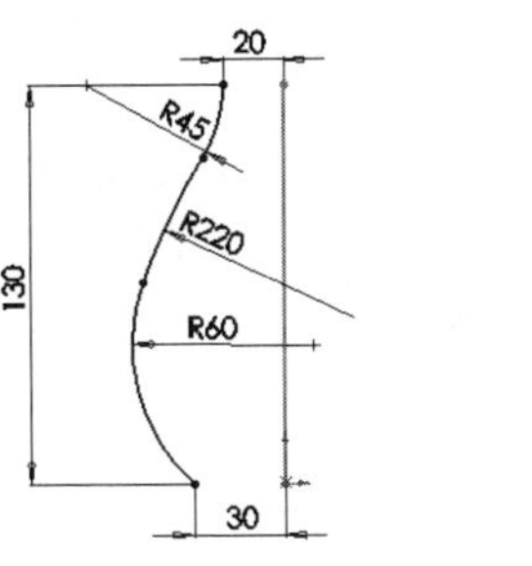

图 17-27 绘制的草图

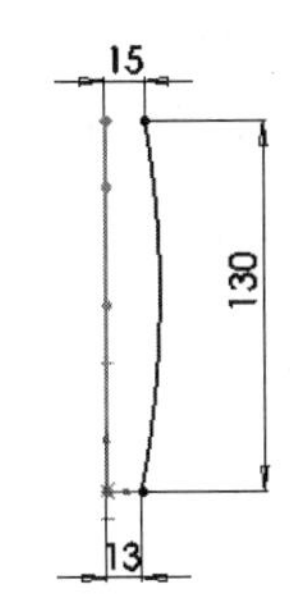

图 17-28 绘制的草图

⑦ 设置基准面。在左侧 FeatureManager 设计树中用鼠标选择“上视基准面”，然后单击“视图（前导)”工具栏中的“垂直于”图标按钮，将该基准面作为绘制图形的基准面。

⑧ 绘制草图。单击“草图”面板中的“椭圆”图标按钮，绘制如图 17-29 所示的草图，椭圆的长轴和短轴分别与第④步和第⑥步绘制的草图的起点重合，然后退出草图绘制状态。

⑨ 设置视图方向。单击“视图（前导)”工具栏中的“等轴测”图标按钮，将视图以等轴测方向显示，结果如图 17-30 所示。

⑩ 扫描实体。执行“插入”→“凸台/基体”→“扫描”菜单命令，或者单击“特征”面板中的“扫描”图标按钮，此时系统弹出如图 17-31 所示的“扫描”属性管理器。在“轮廓”一栏中，用鼠标选择图 17-30 中的草图 4；在“路径”一栏中，用鼠标选择图 17-30 中的草图 1；在“引导线”一栏中，用鼠标选择图 17-30 中的草图 2 和草图 3；勾选“合并平滑的面”选项。单击属性管理器中的“确定”图标按钮，完成实体扫描，结果如图 17-32 所示。

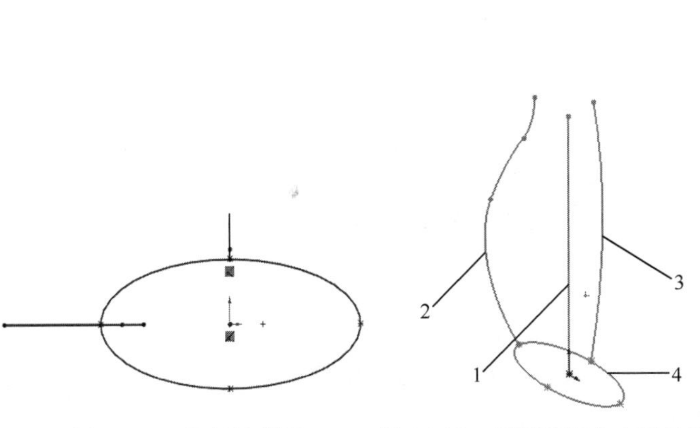

图 17-29 绘制的草图

图 17-30 设置视图方向后的图形

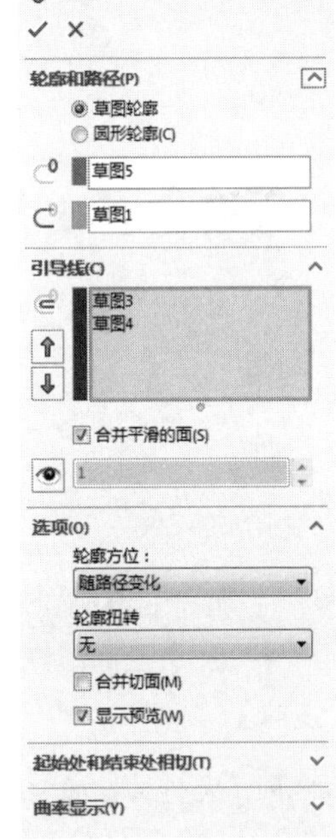

图 17-31 “扫描”属性管理器

（2）编辑瓶身

① 抽壳实体。执行“插入”→“特征”→“抽壳”菜单命令，或者单击“特征”面板中的“抽壳”图标按钮，此时系统弹出如图 17-33 所示的“抽壳”属性管理器。在“厚度”一栏中输入值 3；在“移除的面”一栏中，用鼠标选择图 17-32 中的面 1。单击属性管理器中的“确定”图标按钮✔，完成实体抽壳，结果如图 17-34 所示。

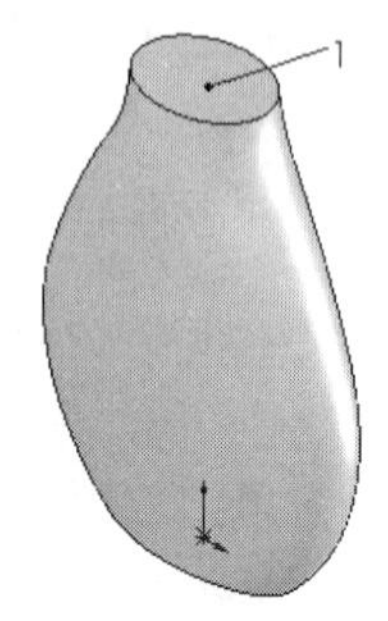

图 17-32　扫描实体后的图形

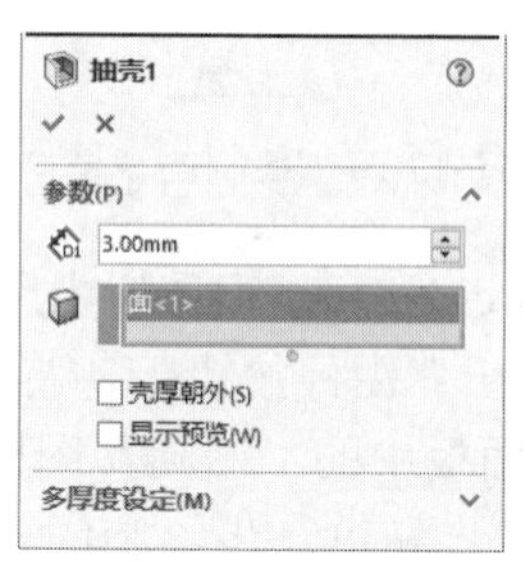

图 17-33　“抽壳”属性管理器

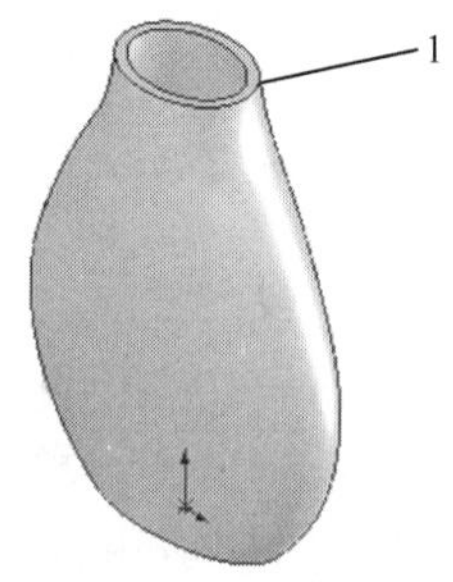

图 17-34　抽壳实体后的图形

② 转换实体引用。选择上表面，然后单击“草图”面板中的“草图绘制”图标按钮，进入草图绘制状态。单击如图 17-34 所示中的边线 1，然后执行“工具”→“草图工具”→“转换实体引用”菜单命令，将边线转换为草图，结果如图 17-35 所示。

③ 拉伸实体。执行“插入”→“凸台/基体”→“拉伸”菜单命令，或者单击“特征”面板中的“拉伸凸台/基体”图标按钮，此时系统弹出如图 17-36 所示的“凸台-拉伸”属性管理器。在“方向 1”的“终止条件”一栏的下拉菜单中，选择“给定深度”选项；在“深度”一栏中输入值 3，注意拉伸方向。单击属性管理器中的“确定”图标按钮✔，完成实体拉伸，结果如图 17-37 所示。

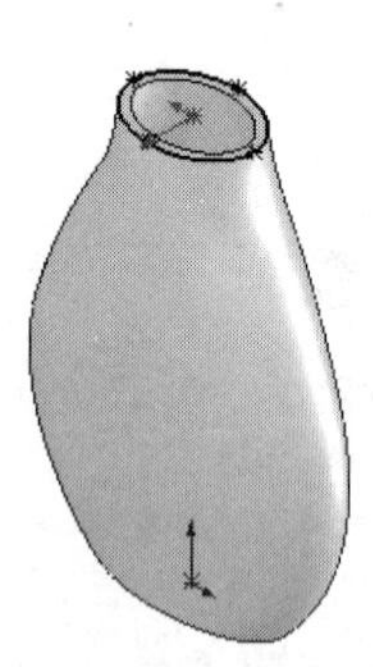

图 17-35　转换实体引用后的图形

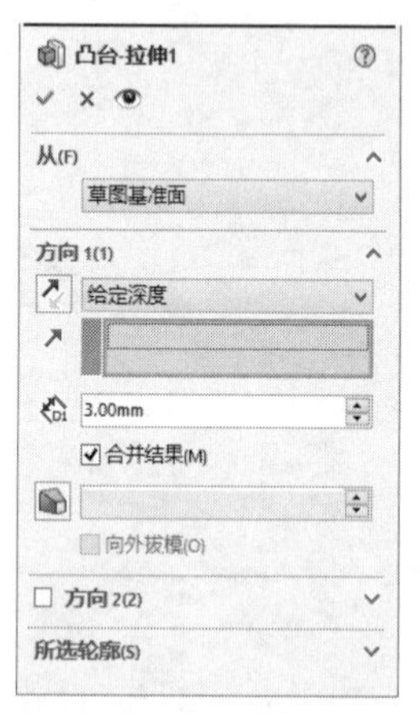

图 17-36　“凸台-拉伸”属性管理器

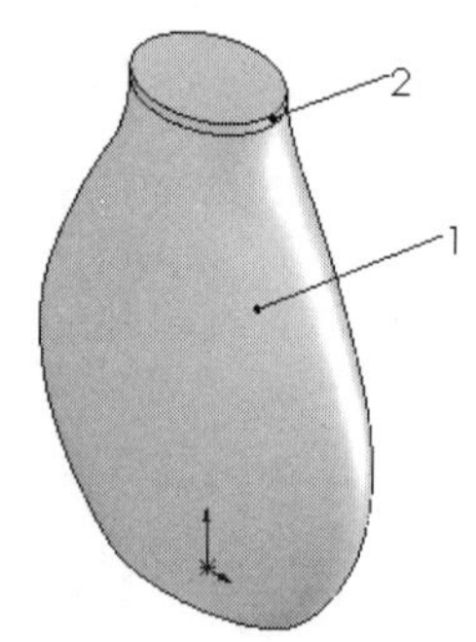

图 17-37　拉伸实体后的图形

【注意】

此处实体拉伸深度为 3，是因为抽壳实体厚度为 3，这样瓶身就为一个等厚实体，并且瓶身顶部封闭。

④ 添加基准面。执行“插入”→“参考几何体”→“基准面”菜单命令，或者单击“特

征”控制面板“参考几何体”下拉列表中的“基准面”按钮，此时系统弹出如图 17-38 所示的“基准面”属性管理器。在属性管理器的“参考实体”一栏中，用鼠标选择 FeatureManager 设计树中“前视基准面”；在“距离”一栏中输入值 30mm，注意添加基准面的方向。单击属性管理器中的“确定”图标按钮，添加一个基准面，结果如图 17-39 所示。

⑤ 设置基准面。在左侧 FeatureManager 设计树中用鼠标选择“基准面 1”，然后单击“视图（前导）”工具栏中的“垂直于”图标按钮，将该基准面作为绘制图形的基准面。

⑥ 绘制草图。单击“草图”面板中的“椭圆”图标按钮，绘制如图 17-40 所示的草图并标注尺寸，添加椭圆的圆心和原点为“竖直”几何关系。

图 17-38 “基准面”属性管理器

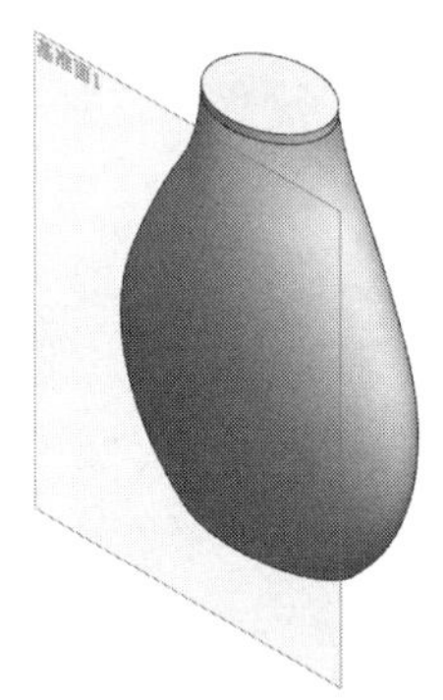

图 17-39 添加基准面后的图形

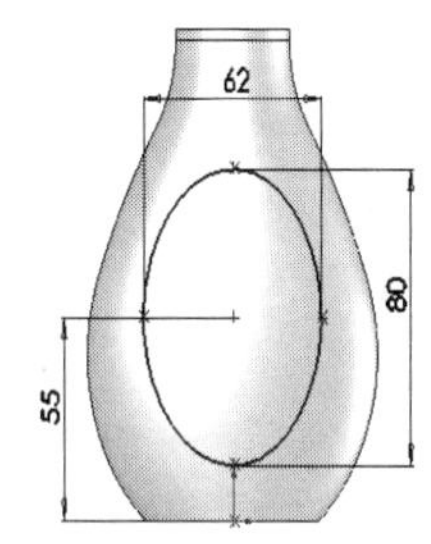

图 17-40 绘制的草图

⑦ 拉伸切除实体。执行“插入”→“切除”→“拉伸”菜单命令，或者单击“特征”面板中的“拉伸切除”图标按钮，此时系统弹出如图 17-41 所示的“切除-拉伸”属性管理器。在“终止条件”一栏的下拉菜单中，选择“到离指定面指定的距离”选项，在“面/平面”一栏中，选择距离基准面 1 较近一侧的扫描实体面；在“等距距离”一栏中输入值 1；勾选“反向等距”选项。单击属性管理器中的“确定”图标按钮，完成拉伸切除实体。

⑧ 设置视图方向。单击“视图（前导）”工具栏中的“等轴测”图标按钮，将视图以等轴测方向显示，结果如图 17-42 所示。

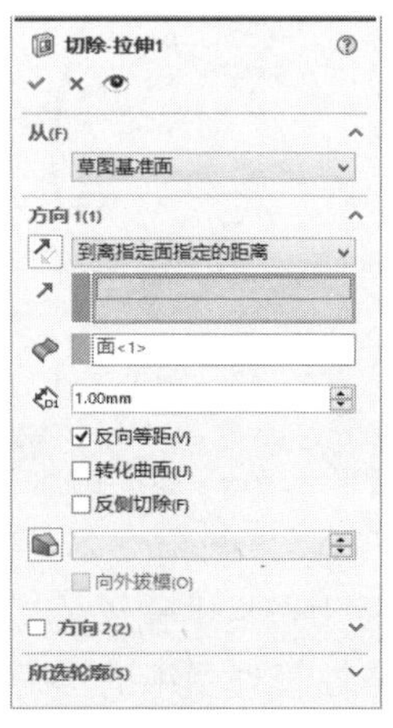

图 17-41 “切除-拉伸”属性管理器

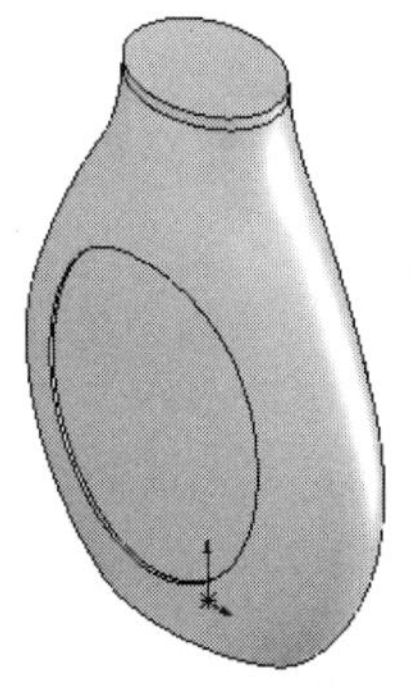

图 17-42 拉伸切除后的图形

⑨ 镜向实体。执行“插入”→“阵列/镜向”→“镜向”菜单命令，或者单击“特征”面板中的“镜向”图标按钮，此时系统弹出如图17-43所示的“镜向”属性管理器。在“镜向面/基准面”一栏中，用鼠标选择FeatureManager设计树中的“前视基准面”；在“要镜向的特征”一栏中，用鼠标选择FeatureManager设计树中的“切除-拉伸1”，即第⑦步拉伸切除的实体。单击属性管理器中的“确定”图标按钮✔，完成镜向实体。结果如图17-44所示。

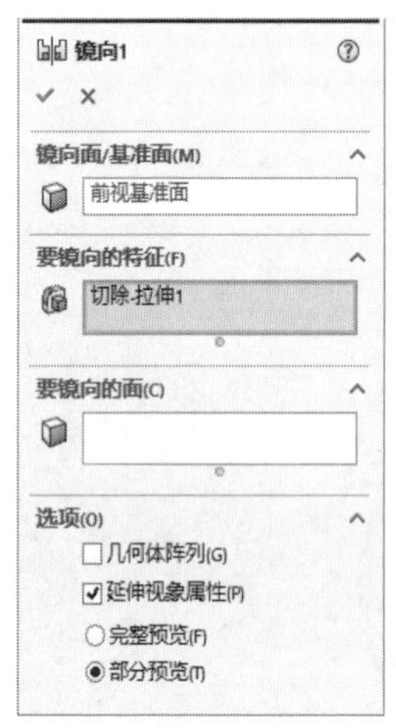

图17-43 “镜向”属性管理器

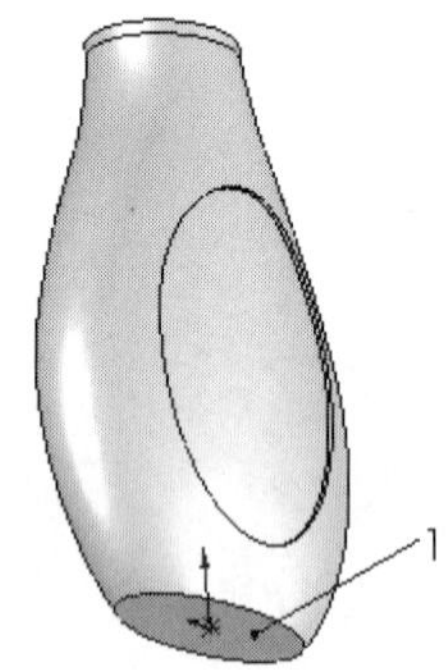

图17-44 设置视图方向后的图形

⑩ 圆顶实体。执行“插入”→“特征”→“圆顶”菜单命令，或者单击“特征”面板中的“圆顶”图标按钮，此时系统弹出如图17-45所示的“圆顶”属性管理器。在“到圆顶的面”一栏中，用鼠标选择图17-44中的面1；在“距离”一栏中输入值2mm，注意圆顶的方向为向内侧凹进。单击属性管理器中的“确定”图标按钮✔，完成圆顶实体，结果如图17-46所示。

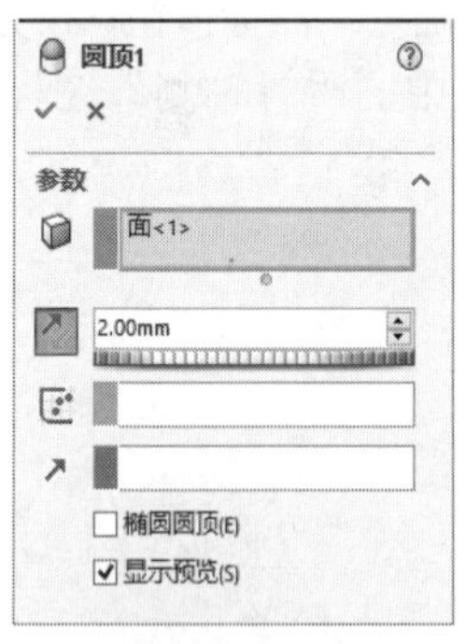

图17-45 “圆顶”属性管理器

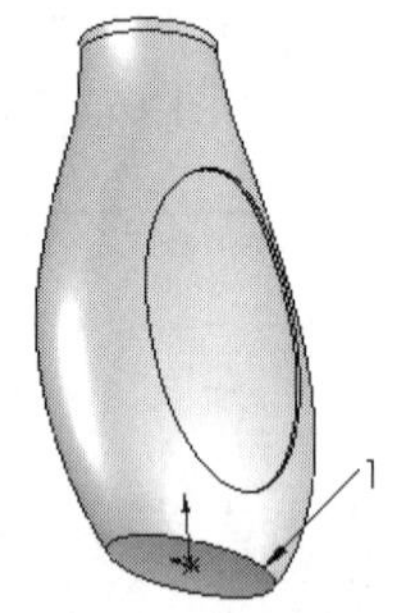

图17-46 圆顶实体后的图形

⑪ 圆角实体。执行“插入”→“特征”→“圆角”菜单命令，或者单击“特征”面板中的“圆角”图标按钮，此时系统弹出如图17-47所示的“圆角”属性管理器。在“圆角类型”一栏中，点选“恒定大小圆角”按钮；在“半径”一栏中输入值2mm；在“边线、面、特征和环”一栏中，选择图17-46中的边线1。单击属性管理器中的“确定”图标按钮✔，完成圆角实体，结果如图17-48所示。

⑫ 设置视图方向。单击“视图（前导）”工具栏中的“等轴测”图标按钮，将视图以等轴测方向显示，结果如图 17-49 所示。

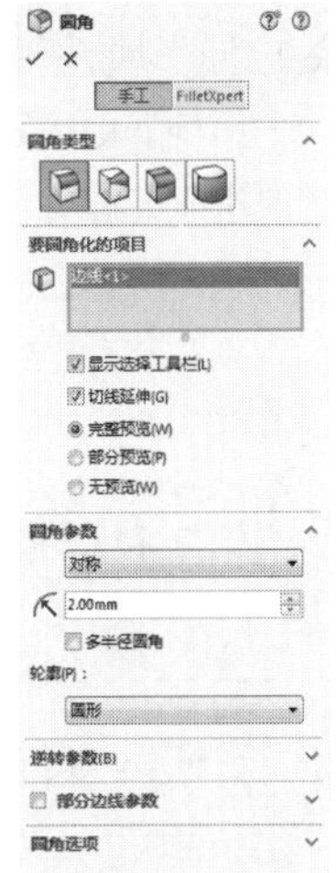

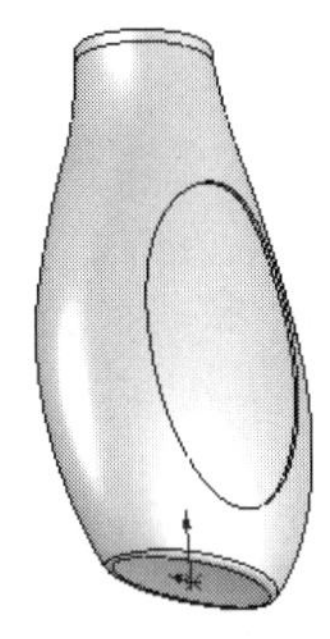

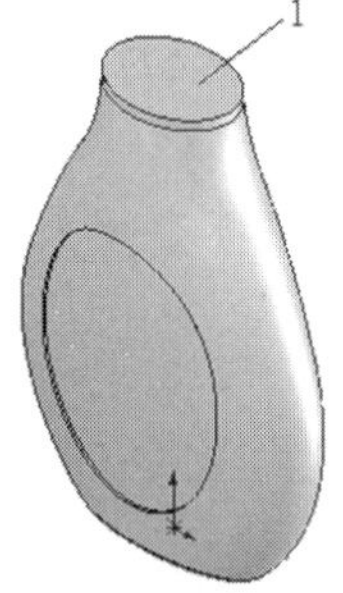

图 17-47 “圆角”属性管理器　　图 17-48 圆角实体后的图形　　图 17-49 设置视图方向后的图形

17.2.3 绘制瓶口

① 设置基准面。单击选择图 17-49 中的面 1，然后单击“视图（前导）”工具栏中的“垂直于”图标按钮，将该面作为绘制图形的基准面。

② 绘制草图。单击“草图”面板中的“圆”图标按钮，以原点为圆心绘制直径为 22 的圆，结果如图 17-50 所示。

③ 拉伸实体。执行“插入”→“凸台/基体”→“拉伸”菜单命令，或者单击“特征”面板中的“拉伸凸台/基体”图标按钮，此时系统弹出如图 17-51 所示的“凸台-拉伸”属性管理器。在“方向 1”的“终止条件”一栏的下拉菜单中，选择“给定深度”选项；在“深度”一栏中输入值 20mm，注意拉伸方向；勾选“合并结果”选项。单击属性管理器中的“确定”图标按钮，完成实体拉伸，结果如图 17-52 所示。

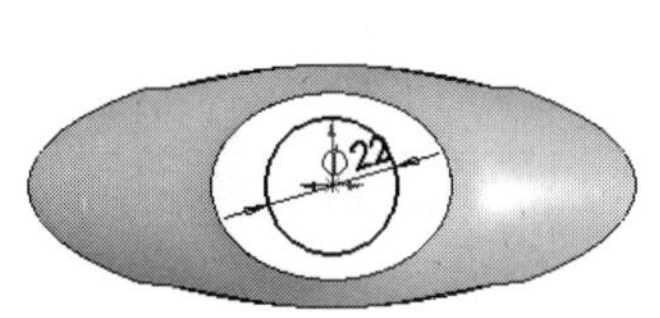

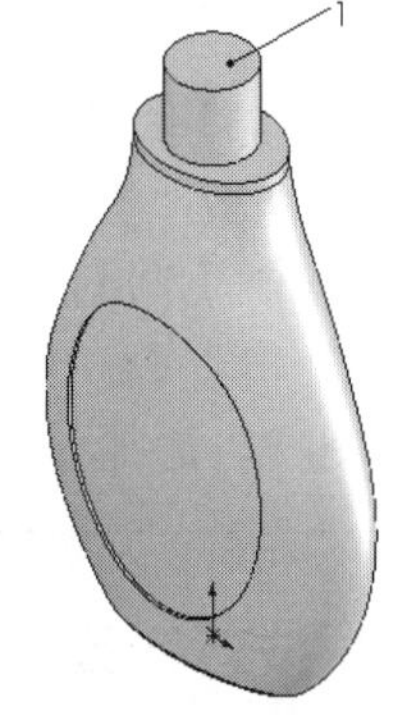

图 17-50 绘制的草图　　图 17-51 “凸台-拉伸”属性管理器　　图 17-52 拉伸实体后的图形

④ 设置基准面。单击选择图 17-52 中的面 1，然后单击“视图（前导）”工具栏中的“垂直于”图标按钮，将该面作为绘制图形的基准面。

⑤ 绘制草图。单击“草图”面板中的“圆”图标按钮，以原点为圆心绘制直径为 16 的圆，结果如图 17-53 所示。

⑥ 拉伸切除实体。执行“插入”→“切除”→“拉伸”菜单命令，或者单击“特征”面板中的“拉伸-切除”图标按钮，此时系统弹出如图 17-54 所示的“切除-拉伸”属性管理器。在“终止条件”一栏的下拉菜单中，选择“给定深度”选项；在“深度”一栏中输入值 25mm，注意拉伸切除的方向。单击属性管理器中的“确定”图标按钮，完成拉伸切除实体。

技巧荟萃

此处切除拉伸实体时，采用的终止条件为给定深度，切除的效果为将瓶口和瓶身抽壳部分相连接，不能使用终止条件为完全贯穿选项，否则瓶底部也将穿透。

⑦ 设置视图方向。单击“视图（前导）”工具栏中的“等轴测”图标按钮，将视图以等轴测方向显示，结果如图 17-55 所示。

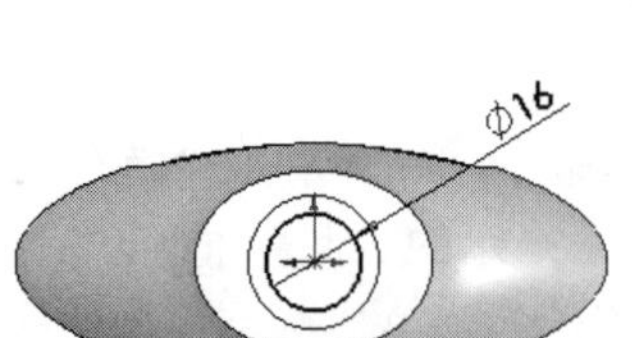

图 17-53　绘制的草图

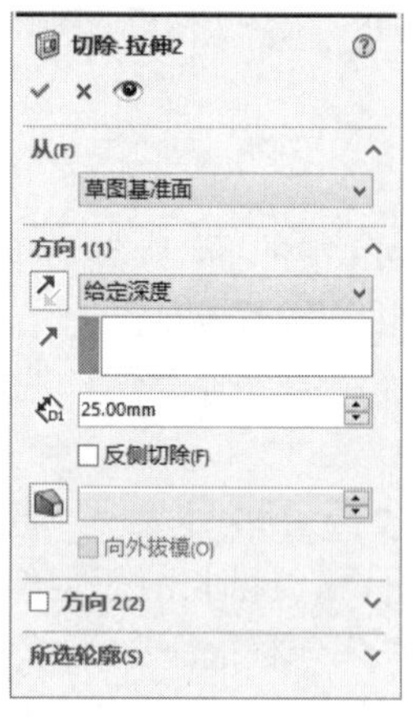

图 17-54　“切除-拉伸”属性管理器

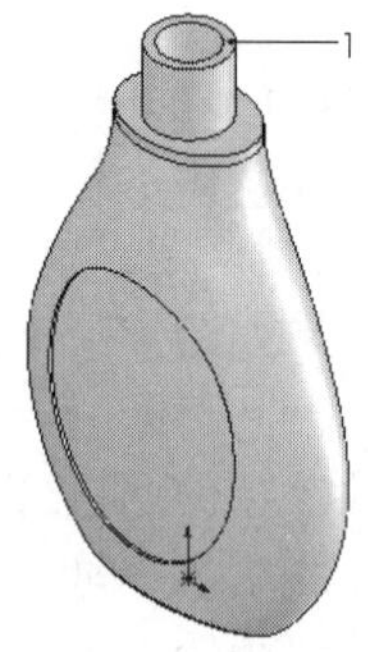

图 17-55　设置视图方向后的图形

17.2.4　绘制瓶口螺纹

① 添加基准面。执行“插入”→“参考几何体”→“基准面”菜单命令，或者单击“特征”控制面板“参考几何体”下拉列表中的“基准面”按钮，此时系统弹出如图 17-56 所示的“基准面”属性管理器。在属性管理器的“选择”一栏中，用鼠标选择图 17-55 中的面 1；在“距离”一栏中输入值 1mm，注意添加基准面的方向。单击属性管理器中的“确定”图标按钮，添加一个基准面，结果如图 17-57 所示。

技巧荟萃

此处添加的基准面距面 1 为 1mm，在本例中螺纹的轮廓是直径为 2mm 的圆，这样保证旋转后的螺纹与面 1 相切，不超过面 1，从而使图形美观。

② 设置基准面。在左侧 FeatureManager 设计树中用鼠标选择“基准面 2”，然后单击“视图（前导）”工具栏中的“垂直于”图标按钮，将该基准面作为绘制图形的基准面。

③ 绘制草图。单击“草图”面板中的“圆”图标按钮，以原点为圆心绘制直径为 22 的圆，结果如图 17-58 所示。

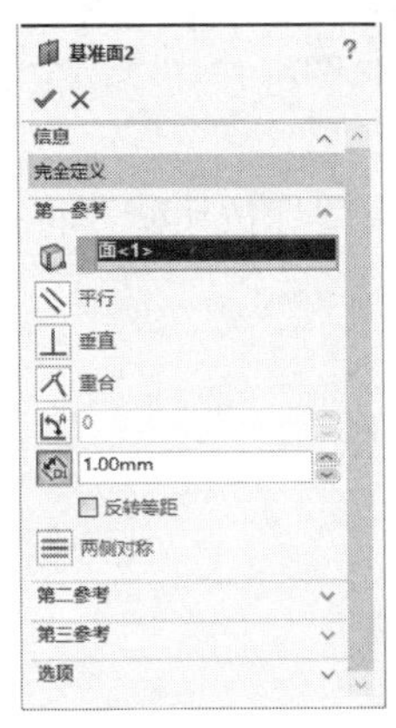

图 17-56 “基准面”属性管理器

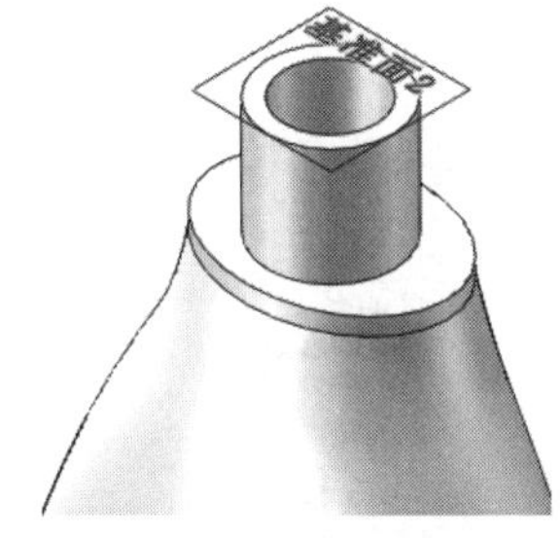

图 17-57 添加基准面后的图形

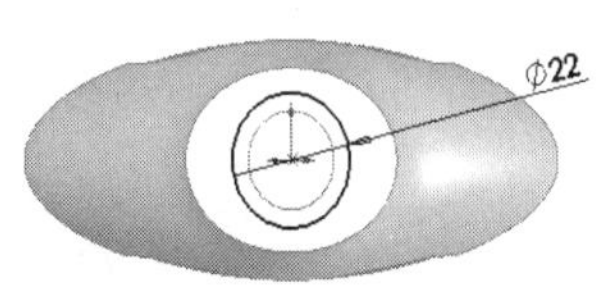

图 17-58 绘制的草图

④ 绘制螺旋线。执行“插入”→“曲线”→“螺旋线/涡状线”菜单命令，或者单击“特征”面板中的“螺旋线/涡状线”图标按钮，此时系统弹出如图 17-59 所示的“螺旋线/涡状线”属性管理器。点选“恒定螺距”选项；在“螺距”栏中输入值 4mm；勾选“反向”选项；在“圈数”栏中输入值 4.5；在“起始角度”栏中输入值 0°；点选“顺时针”选项。单击属性管理器中的“确定”图标按钮，完成螺旋线绘制。

⑤ 设置视图方向。单击“视图（前导）”工具栏中的“等轴测”图标按钮，将视图以等轴测方向显示，结果如图 17-60 所示。

⑥ 设置基准面。在左侧 FeatureManager 设计树中用鼠标选择“右视基准面”，然后单击“视图（前导）”工具栏中的“垂直于”图标按钮，将该基准面作为绘制图形的基准面。

⑦ 绘制草图。单击“草图”面板中的“圆”图标按钮，以螺旋线的端点为圆心绘制一个直径为 2 的圆，结果如图 17-61 所示。

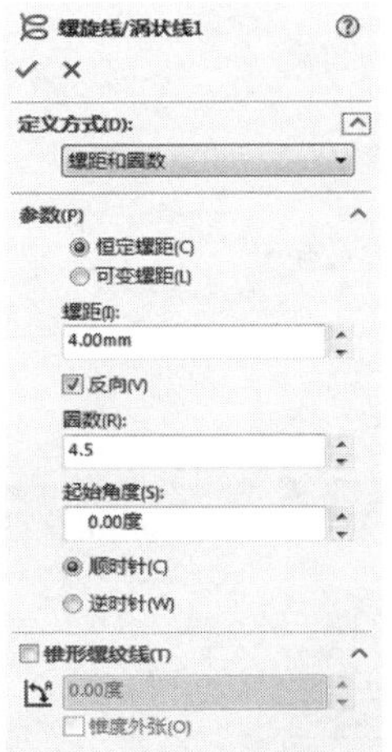

图 17-59 “螺旋线/涡状线”属性管理器

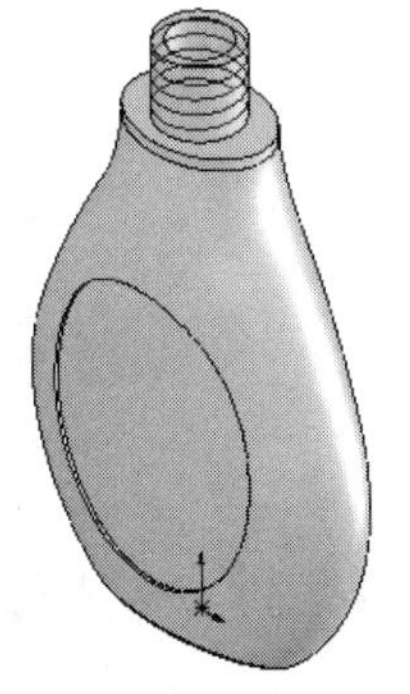

图 17-60 绘制的螺旋线

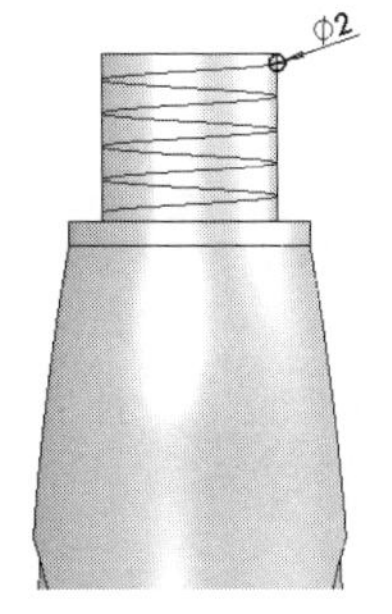

图 17-61 绘制的草图

⑧ 设置视图方向。单击“视图（前导）”工具栏中的“等轴测”图标按钮，将视图以等轴测方向显示，结果如图 17-62 所示。

⑨ 扫描实体。执行“插入”→“凸台/基体”→“扫描”菜单命令，或者单击“特征”面板中的“扫描”图标按钮，此时系统弹出如图 17-63 所示的“扫描”属性管理器。在“轮廓”一栏中，用鼠标选择图 17-62 中的草图 1，即螺旋线；在“路径”一栏中，用鼠标选择图 17-62 中的草图 2，即直径为 2 的圆。单击属性管理器中的“确定”图标按钮，完成实体扫描。

⑩ 设置视图方向。单击“视图（前导）”工具栏中的“等轴测”图标按钮，将视图以等轴测方向显示，结果如图 17-64 所示。

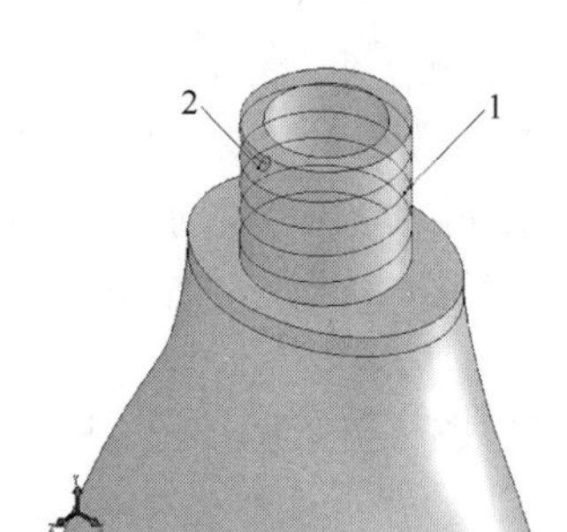

图 17-62　设置视图方向后的图形

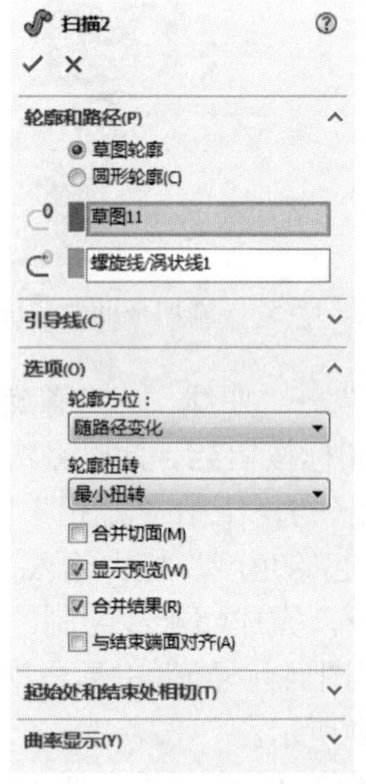

图 17-63　“扫描”属性管理器

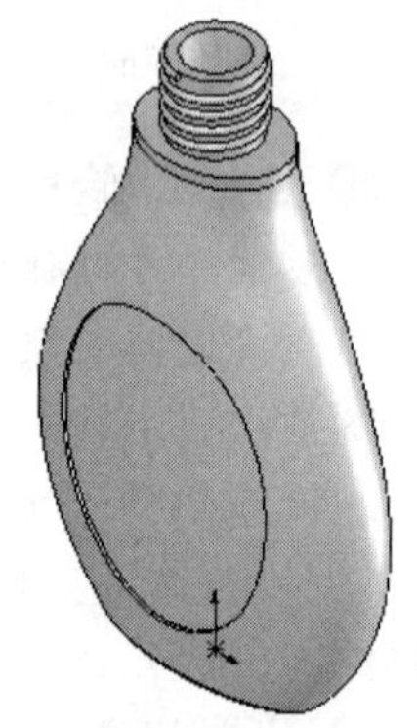

图 17-64　扫描实体后的图形

瓶子模型及其 FeatureManager 设计树如图 17-65 所示。

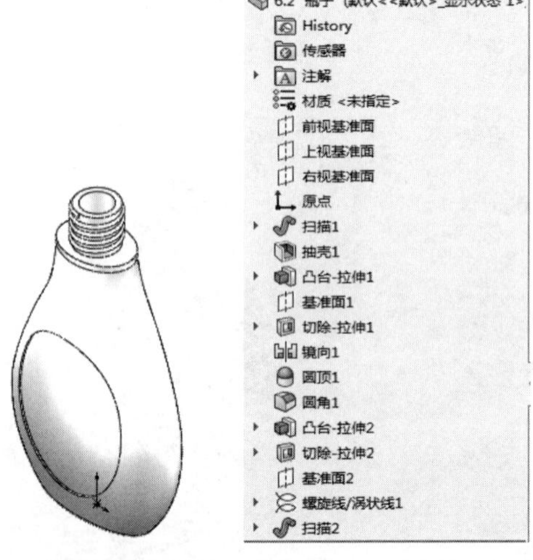

图 17-65　瓶子模型及其 FeatureManager 设计树

上 机 操 作

【实例 1】绘制如图 17-66 所示的办公椅

操作提示

① 利用 3D 草图绘制命令，绘制扫描路径草图，如图 17-67 所示。

② 利用圆命令，绘制扫描轮廓草图，如图 17-68 所示。

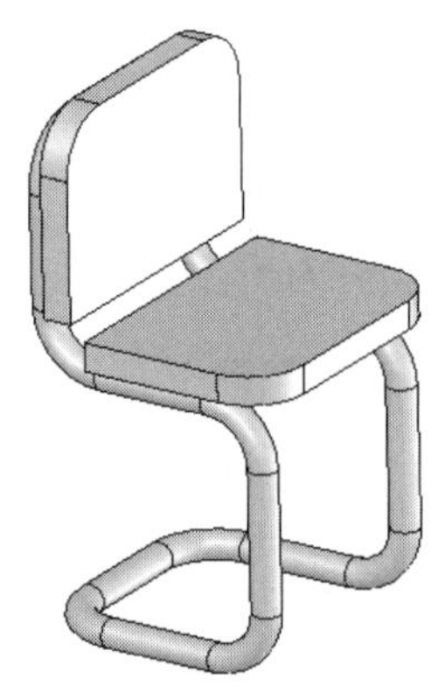

图 17-66　办公椅

图 17-67　绘制扫描路径草图

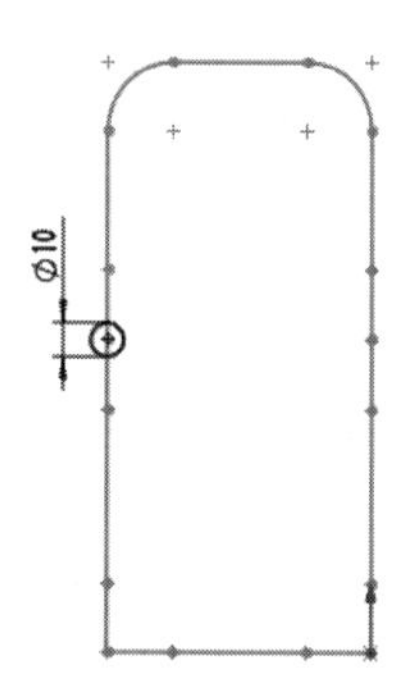

图 17-68　绘制扫描轮廓草图

③ 利用草绘命令，绘制如图 17-69 所示的草图。利用拉伸命令，设置拉伸距离为 10，创建拉伸特征。

④ 利用草绘命令，绘制如图 17-70 所示的草图。利用拉伸命令，设置拉伸距离为 10，创建拉伸特征。

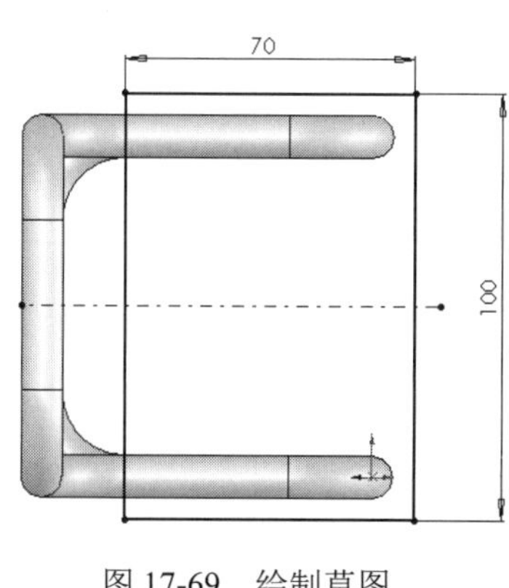

图 17-69　绘制草图

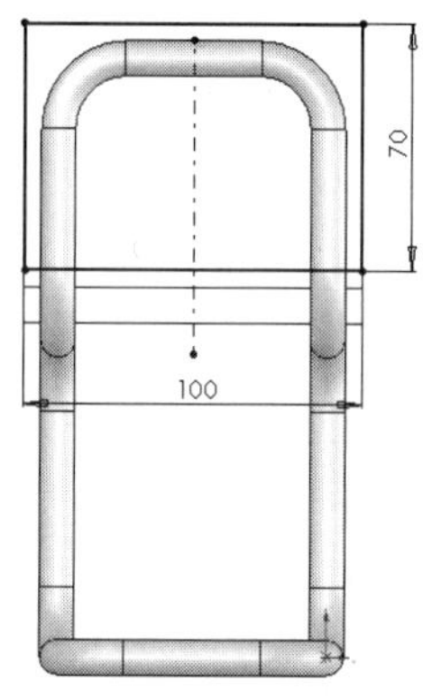

图 17-70　绘制草图

⑤ 利用圆角命令，绘制椅座和靠背上的圆角，设置圆角为 20，创建圆角特征。

【实例 2】绘制如图 17-71 所示的球棒

操作提示

① 利用圆命令，绘制草图，如图 17-72 所示，利用拉伸命令，设置终止条件为两侧对称，输入拉伸距离为 160，创建拉伸体。

② 利用直线命令，绘制草图，如图 17-73 所示，利用分割线命令，将拉伸体分割。

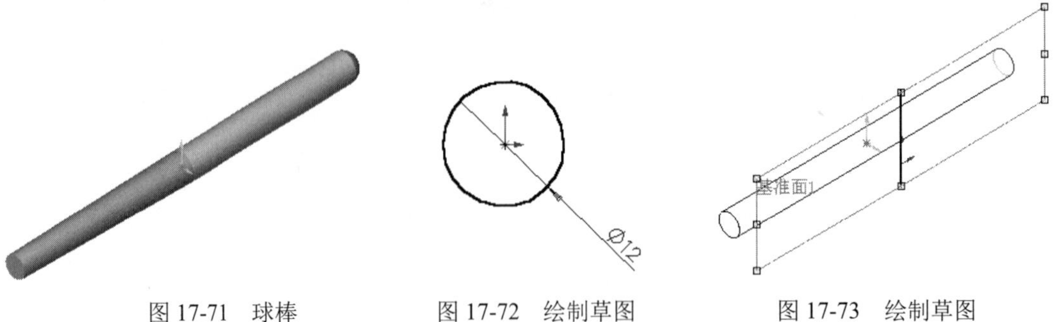

图 17-71 球棒　　图 17-72 绘制草图　　图 17-73 绘制草图

③ 利用拔模命令，将分割后的拉伸体进行拔模处理，拔模角度为 1。
④ 利用圆顶命令，将分割后的拉伸体进行圆顶处理，输入距离为 5。

第18章 曲面

复杂和不规则的实体模型，通常是由曲线和曲面组成的，所以曲线和曲面是三维曲面实体模型建模的基础。

曲面是一种可用来生成实体特征的几何体，它用来描述相连的零厚度几何体，如单一曲面、缝合的曲面、剪裁和圆角的曲面等。在一个单一模型中可以拥有多个曲面实体。SOLIDWORKS强大的曲面建模功能，使其广泛地应用在机械设计、模具设计、消费类产品设计等领域。

学习目标

创建曲面

编辑曲面

18.1 创建曲面

一个零件中可以有多个曲面实体。SOLIDWORKS 提供了专门的“曲面”控制面板，如图 18-1 所示。利用该面板中的图标按钮既可以生成曲面，也可以对曲面进行编辑。

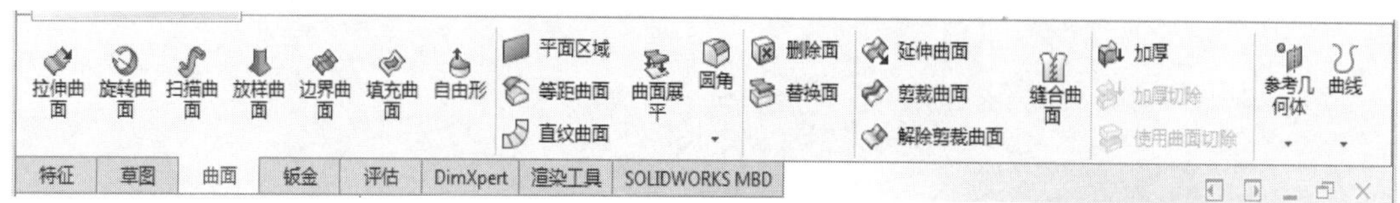

图 18-1 “曲面”控制面板

SOLIDWORKS 提供多种方式来创建曲面，主要有以下几种。

- 由草图或基准面上的一组闭环边线插入一个平面。
- 由草图拉伸、旋转、扫描或者放样生成曲面。
- 由现有面或者曲面生成等距曲面。
- 从其他程序（如 CATIA、ACIS、Pro/ENGINEER、Unigraphics、SolidEdge、Autodesk Inventor 等）输入曲面文件。
- 由多个曲面组合成新的曲面。

18.1.1 拉伸曲面

拉伸曲面是指将一条曲线拉伸为曲面。拉伸曲面可以从以下几种情况开始拉伸，即从草图所在的基准面拉伸、从指定的曲面/面/基准面开始拉伸、从草图的顶点开始拉伸以及从与当前草图基准面等距的基准面上开始拉伸等。

下面结合实例介绍拉伸曲面的操作步骤。

① 新建一个文件，在左侧的 FeatureManager 设计树中选择“前视基准面”作为草绘基准面。

② 单击“草图”控制面板中的“样条曲线”按钮，在步骤①中设置的基准面上绘制一个样条曲线，如图 18-2 所示。

③ 选择菜单栏中的“插入”→“曲面”→“拉伸曲面”命令，或者单击“曲面”控制面板中的“拉伸曲面”按钮，系统弹出“曲面-拉伸”属性管理器。

④ 按照如图 18-3 所示进行选项设置，注意设置曲面拉伸的方向，然后单击“确定”按钮✔，完成曲面拉伸。得到的拉伸曲面如图 18-4 所示。

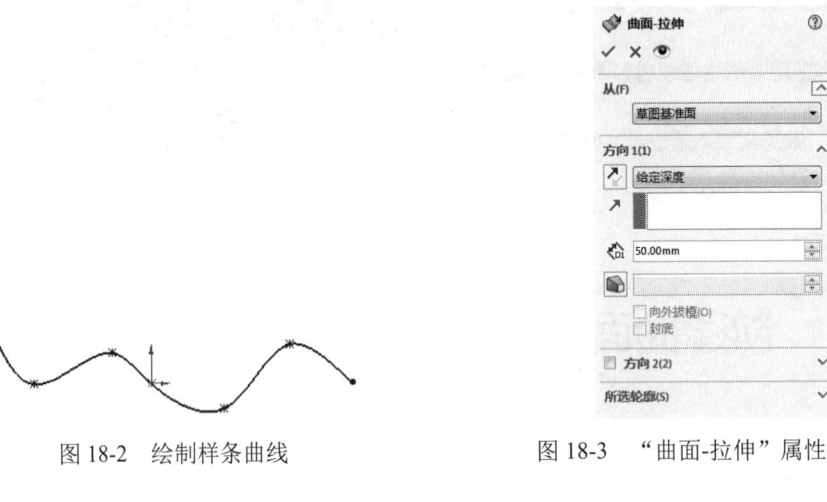

图 18-2　绘制样条曲线

图 18-3　“曲面-拉伸”属性管理器

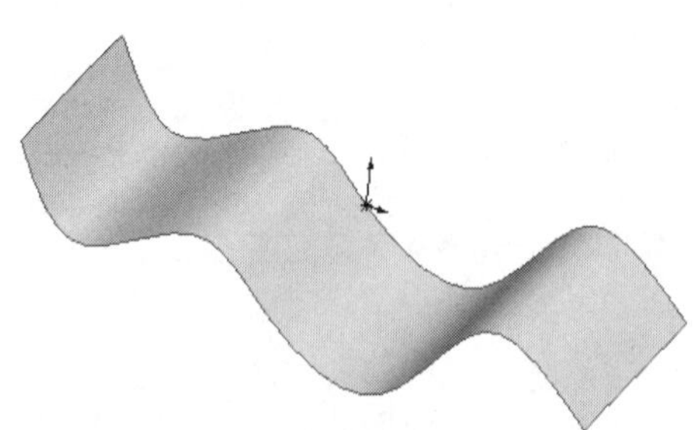

图 18-4　拉伸曲面

在“曲面-拉伸”属性管理器中，“方向 1”选项组的“终止条件”下拉列表框用来设置拉伸的终止条件，其各选项的意义如下。

- 给定深度：从草图的基准面拉伸特征到指定距离处形成拉伸曲面。
- 成形到一顶点：从草图基准面拉伸特征到模型的一个顶点所在的平面，这个平面平行于草图基准面且穿越指定的顶点。

- 成形到一面：从草图基准面拉伸特征到指定的面或者基准面。
- 到离指定面指定的距离：从草图基准面拉伸特征到离指定面的指定距离处生成拉伸曲面。
- 成形到实体：从草图基准面拉伸特征到指定实体处。
- 两侧对称：以指定的距离拉伸曲面，并且拉伸的曲面关于草图基准面对称。

18.1.2 旋转曲面

扫一扫，看视频

旋转曲面是指将交叉或者不交叉的草图，用所选轮廓指针生成旋转曲面。旋转曲面主要由三部分组成，即旋转轴、旋转类型和旋转角度。

下面结合实例介绍旋转曲面的操作步骤。

① 打开随书资源中的“\源文件\ch18\18.2.SLDPRT”，如图 18-5 所示。

② 选择菜单栏中的“插入”→“曲面”→“旋转曲面”命令，或者单击“曲面”控制面板中的“旋转曲面”按钮，系统弹出“曲面-旋转”属性管理器。

③ 按照如图 18-6 所示进行选项设置，注意设置曲面拉伸的方向，然后单击“确定”按钮✓，完成曲面旋转。得到的旋转曲面如图 18-7 所示。

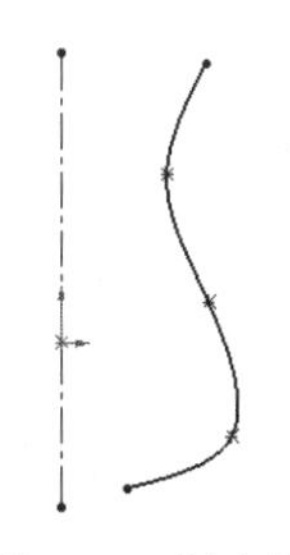
图 18-5 源文件

图 18-6 “曲面-旋转”属性管理器

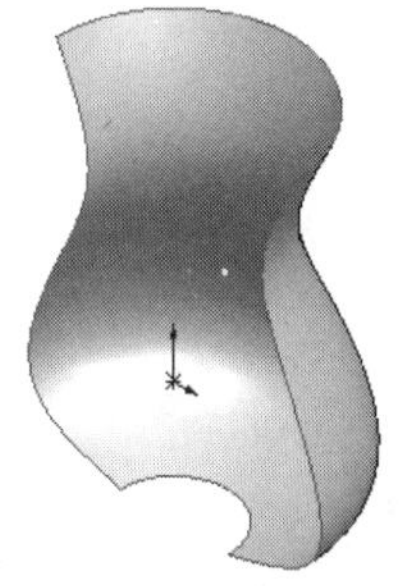
图 18-7 旋转曲面

技巧荟萃

生成旋转曲面时，绘制的样条曲线可以和中心线交叉，但是不能穿越。

在“曲面-旋转”属性管理器中，“方向 1”选项组的“旋转类型”下拉列表框用来设置旋转的终止条件，其中各选项的意义如下。

- 给定深度：从草图以单一方向生成旋转。在方向 1 角度中设定由旋转所包容的角度。
- 成形到一顶点：从草图基准面生成旋转到在顶点中所指定顶点。
- 成形到一面：从草图基准面生成旋转到在面/平面中所指定曲面。
- 到离指定面指定的距离：从草图基准面生成旋转到在面/基准面中所指定曲面的指定等距。在等距距离中设定等距。必要时，选择反向等距以便以反方向等距移动。
- 两侧对称：从草图基准面以顺时针和逆时针方向生成旋转，位于旋转方向 1 角度的中央。

18.1.3 扫描曲面

扫一扫，看视频

扫描曲面是指通过轮廓和路径的方式生成曲面，与扫描特征类似，也可以通过引导线扫描曲面。

下面结合实例介绍扫描曲面的操作步骤。

① 新建一个文件，在左侧的 FeatureManager 设计树中选择“前视基准面”作为草绘基准面。

② 单击“草图”控制面板中的“样条曲线”按钮，在步骤①中设置的基准面上绘制一个样条曲线，作为扫描曲面的轮廓，如图 18-8 所示，然后退出草图绘制状态。

③ 在左侧的 FeatureManager 设计树中选择“右视基准面”，单击“标准视图”工具栏中的“垂直于”按钮，将右视基准面作为草绘基准面。

④ 单击“草图”控制面板中的“样条曲线”按钮，在步骤③中设置的基准面上绘制一个样条曲线，作为扫描曲面的路径，如图 18-9 所示，然后退出草图绘制状态。

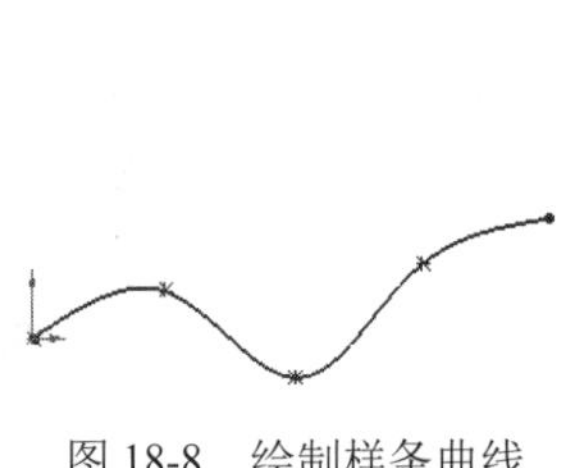
图 18-8　绘制样条曲线

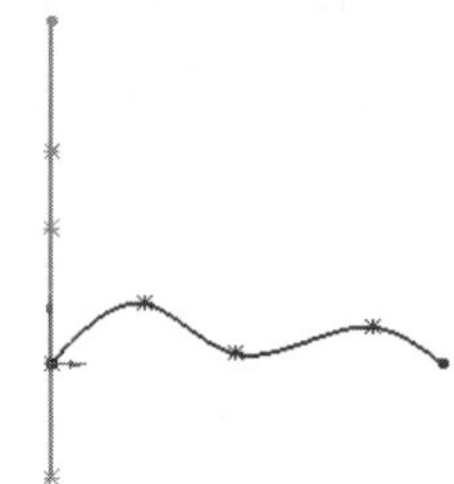
图 18-9　绘制样条曲线

⑤ 选择菜单栏中的“插入”→“曲面”→“扫描曲面”命令，或者单击“曲面”控制面板中的“扫描曲面”按钮，系统弹出“曲面-扫描”属性管理器。

⑥ 在“轮廓”列表框中，单击选择步骤②中绘制的样条曲线；在“路径”列表框中，单击选择步骤④中绘制的样条曲线，如图 18-10 所示。单击“确定”按钮，完成曲面扫描。

⑦ 单击“标准视图”工具栏中的“等轴测”按钮，将视图以等轴测方向显示，创建的扫描曲面如图 18-11 所示。

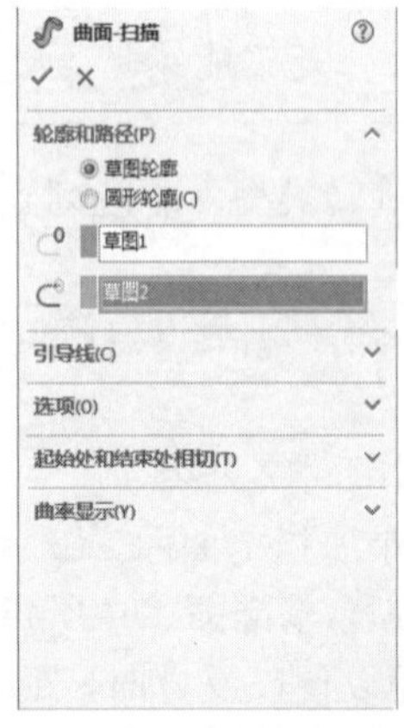

图 18-10　“曲面-扫描”属性管理器

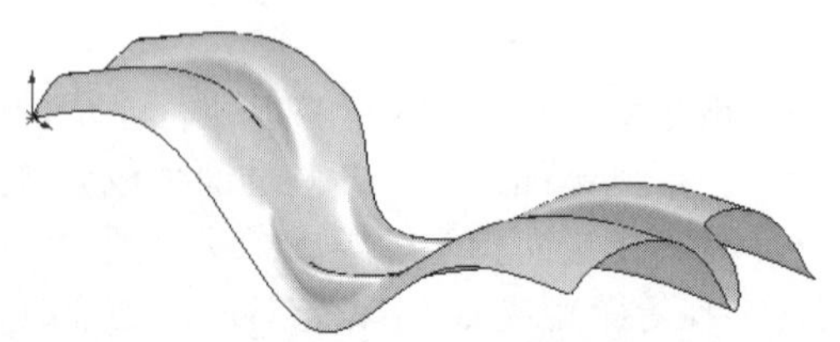
图 18-11　扫描曲面

技巧荟萃

在使用引导线扫描曲面时，引导线必须贯穿轮廓草图，通常需要在引导线和轮廓草图之间建立重合和穿透几何关系。

18.1.4 放样曲面

扫一扫，看视频

放样曲面是指通过曲线之间的平滑过渡而生成曲面的方法。放样曲面主要由放样的轮廓曲线组成，如果有必要可以使用引导线。

下面结合实例介绍放样曲面的操作步骤。

① 打开随书资源中的“\源文件\ch18\18.4.SLDPRT”，如图 18-12 所示。

② 选择菜单栏中的“插入”→“曲面”→“放样曲面”命令，或者单击“曲面”控制面板中的“放样曲面”按钮，系统弹出“曲面-放样”属性管理器。

③ 在“轮廓”选项组中，依次选择如图 18-12 所示的样条曲线 1、样条曲线 2 和样条曲线 3，如图 18-13 所示。

④ 单击属性管理器中的“确定”按钮✓，创建的放样曲面如图 18-14 所示。

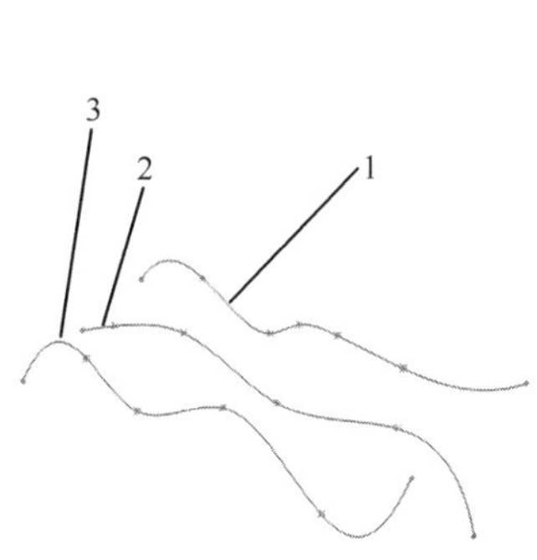

图 18-12 源文件

图 18-13 “曲面-放样”属性管理器

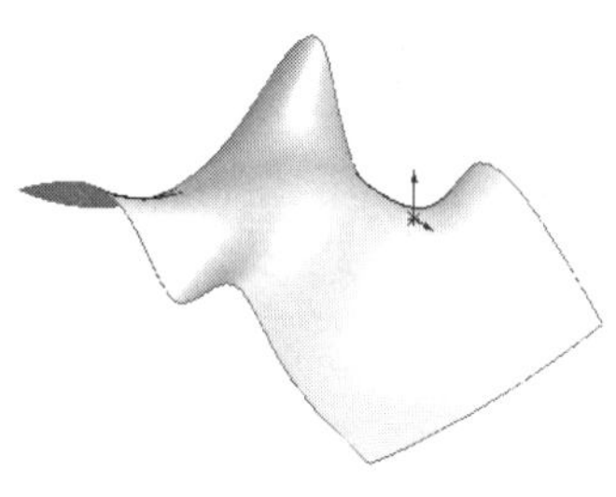

图 18-14 放样曲面

技巧荟萃

① 放样曲面时，轮廓曲线的基准面不一定要平行。

② 放样曲面时，可以应用引导线控制放样曲面的形状。

18.1.5 等距曲面

扫一扫，看视频

等距曲面是指将已经存在的曲面以指定的距离生成另一个曲面，该曲面可以是模型的轮廓面，也可以是绘制的曲面。

下面结合实例介绍等距曲面的操作步骤。

① 打开随书资源中的“\源文件\ch18\18.5.SLDPRT”，打开的文件实体如图 18-15 所示。

② 选择菜单栏中的“插入”→“曲面”→“等距曲面”命令，或者单击“曲面”控制面板中的“等距曲面”按钮，系统弹出“曲面-等距”属性管理器。

③ 在“要等距的曲面或面”右侧的列表框中，单击选择如图 18-15 所示的面 1；在“等距距离”文本框中输入“70”，并注意调整等距曲面的方向，如图 18-16 所示。

④ 单击“确定”按钮，生成的等距曲面如图 18-17 所示。

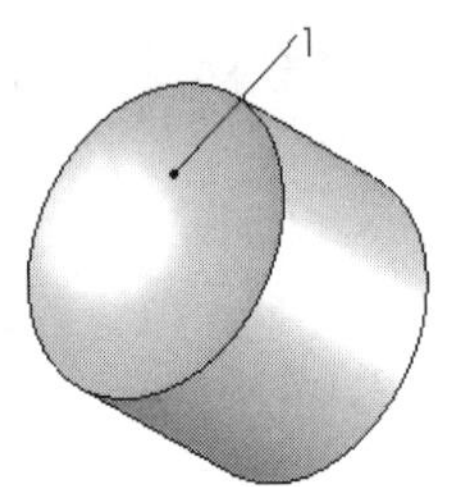

图 18-15 打开的文件实体

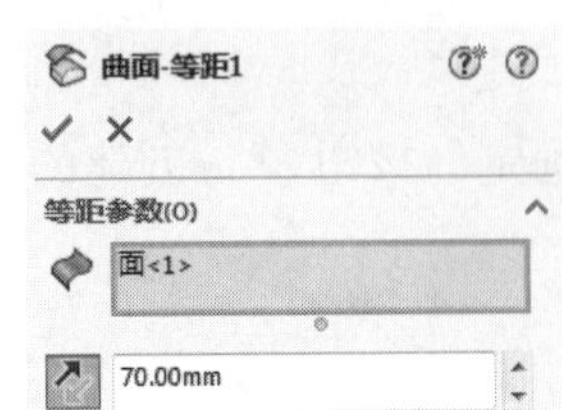

图 18-16 “曲面-等距”属性管理器

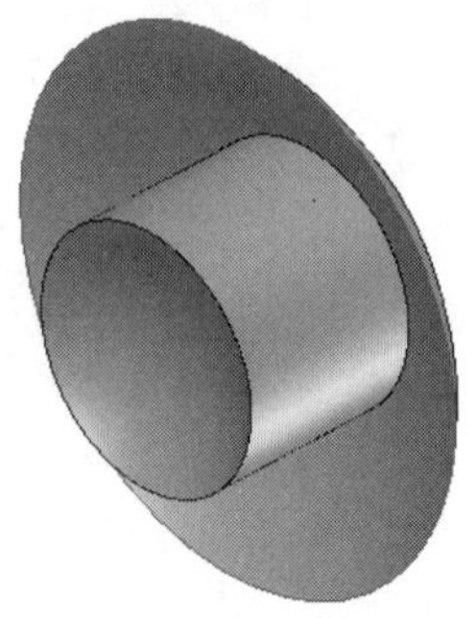
图 18-17 等距曲面

技巧荟萃

等距曲面可以生成距离为 0 的等距曲面，用于生成一个独立的轮廓面。

18.1.6 延展曲面

扫一扫，看视频

延展曲面是指通过沿所选平面方向延展实体或者曲面的边线来生成曲面。延展曲面主要通过指定延展曲面的参考方向、参考边线和延展距离来确定。

下面结合实例介绍延展曲面的操作步骤。

① 打开随书资源中的“\源文件\ch18\18.6.SLDPRT”，打开的文件实体如图 18-18 所示。

② 选择菜单栏中的“插入”→“曲面”→“延展曲面”命令，系统弹出“延展曲面”属性管理器。

③ 在“延展方向参考”列表框中，单击选择如图 18-18 所示的面 1；在“要延展的边线”右侧的列表框中，单击选择如图 18-18 所示的边线 2，如图 18-19 所示。

④ 单击“确定”按钮，生成的延展曲面如图 18-20 所示。

生成的曲面可以进行编辑，在 SOLIDWORKS 2020 中如果修改相关曲面中的一个曲面，另一个曲面也将进行相应的修改。SOLIDWORKS 提供了缝合曲面、延伸曲面、剪裁曲面、填充曲面、中面、替换曲面、删除曲面、解除剪裁曲面、分型面和直纹曲面等多种曲面编辑方式，相应的曲面编辑按钮在“曲面”控制面板中。

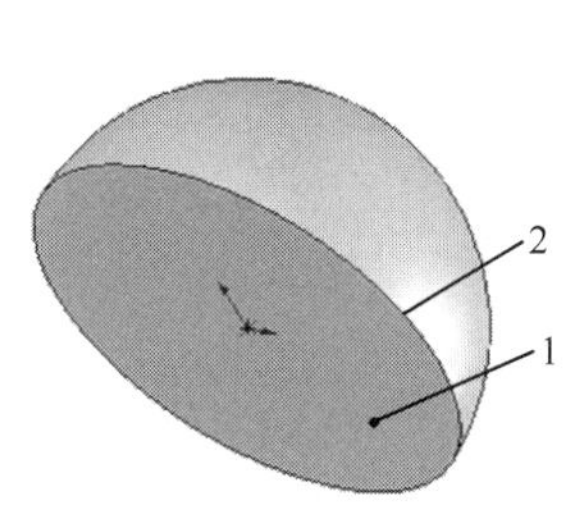

图 18-18　打开的文件实体

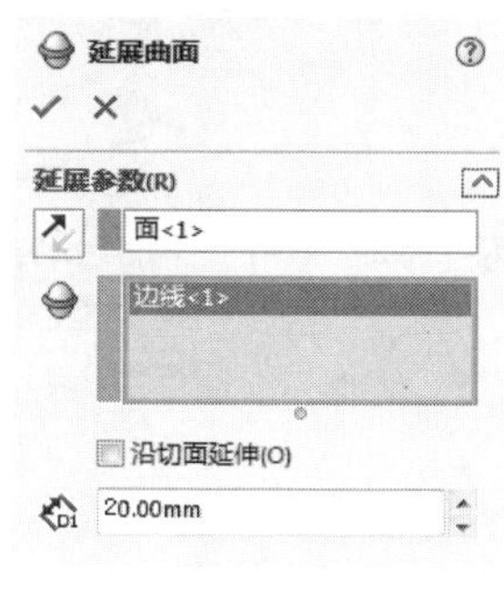

图 18-19　“延展曲面”属性管理器

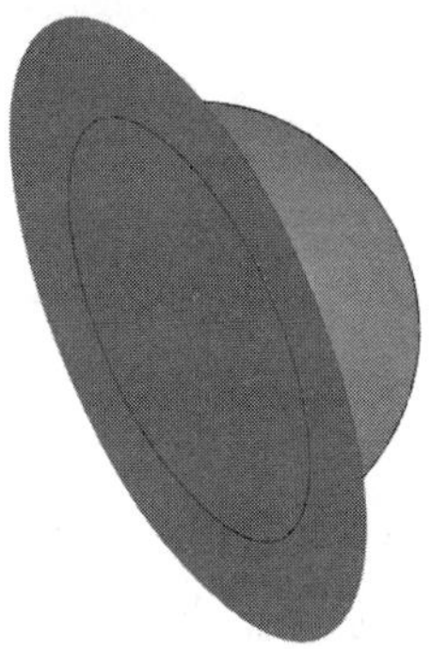

图 18-20　延展曲面

18.1.7　实例——卫浴把手

本实例绘制的卫浴把手如图 18-21 所示。

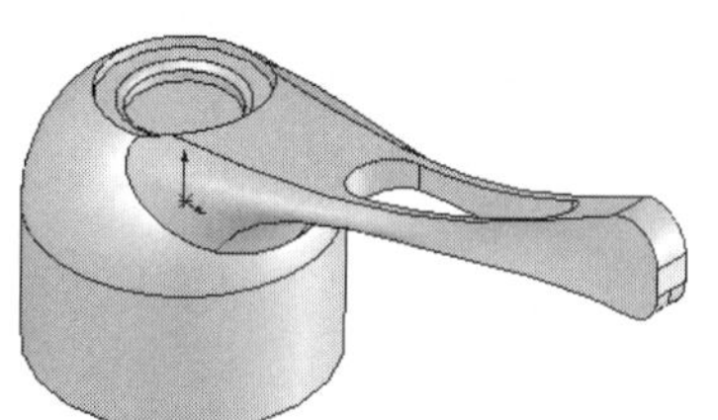

图 18-21　卫浴把手

思路分析

卫浴把手由卫浴把手主体和手柄两部分组成。绘制该模型的命令主要有旋转曲面、加厚、拉伸切除实体、添加基准面和圆角等。绘制流程如图 18-22 所示。

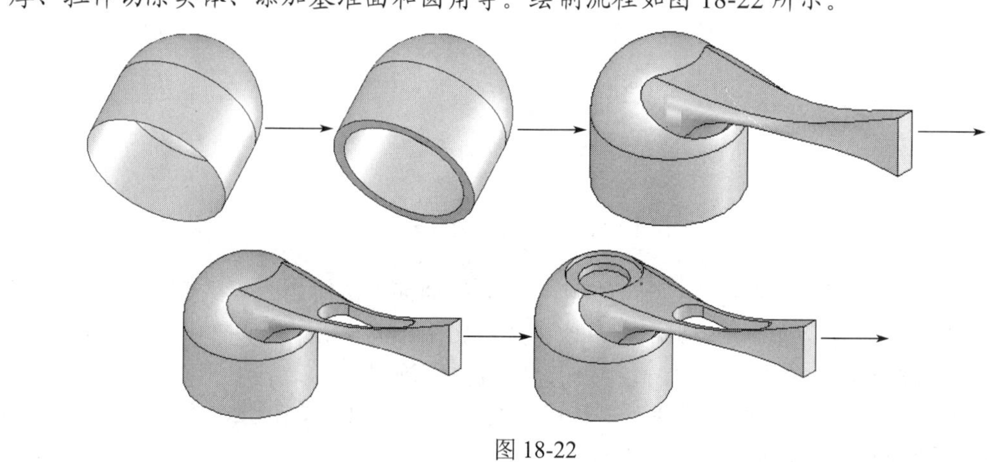

图 18-22

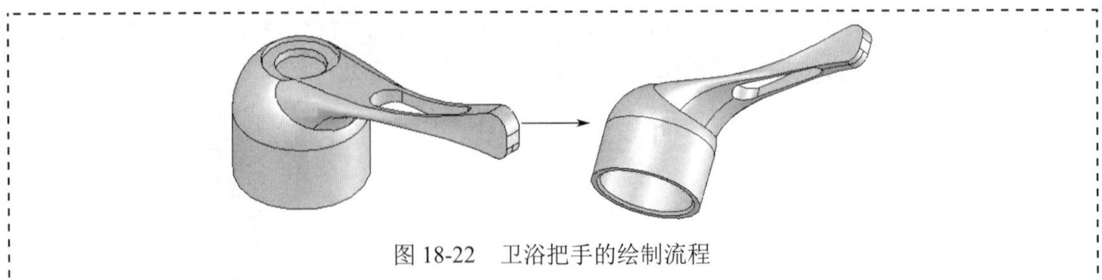

图 18-22　卫浴把手的绘制流程

【绘制步骤】

（1）绘制主体部分

① 设置基准面。在左侧 FeatureManager 设计树中选择“前视基准面”，然后单击“标准视图”工具栏中的“垂直于”按钮，将该基准面作为草绘基准面。

② 绘制草图。单击“草图”控制面板中的“中心线”按钮，绘制一条通过原点的竖直中心线，然后单击“草图”控制面板中的“直线”按钮和“圆”按钮，绘制一条直线和一个圆，注意绘制的直线与圆弧的左侧点相切。

③ 标注尺寸。单击“草图”控制面板上的“智能尺寸”按钮，标注刚绘制的草图的尺寸，如图 18-23 所示。

④ 剪裁草图实体。单击“草图”控制面板中的“剪裁实体”按钮，系统弹出的“剪裁”属性管理器如图 18-24 所示。单击“剪裁到最近端”按钮，然后剪裁绘制的草图如图 18-25 所示。

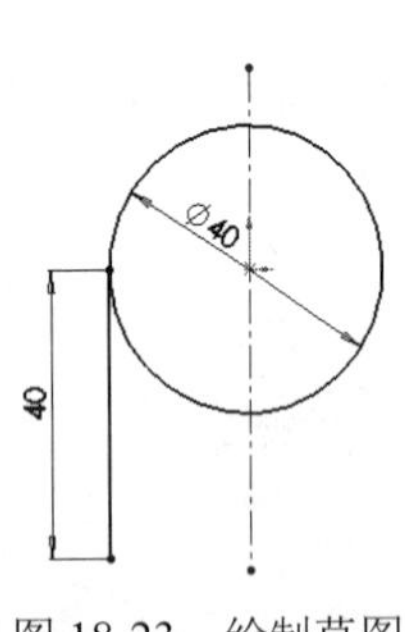

图 18-23　绘制草图

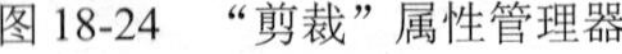

图 18-24　“剪裁”属性管理器

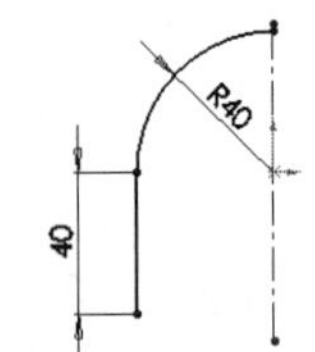

图 18-25　剪裁草图

⑤ 旋转曲面。单击“曲面”控制面板中的“旋转曲面”按钮，系统弹出“曲面-旋转”属性管理器。在“旋转轴”列表框中，单击选择如图 18-25 所示的竖直中心线，其他选项设置如图 18-26 所示。单击“确定”按钮，完成曲面旋转。

⑥ 设置视图方向。单击“视图”工具栏中的“旋转视图”按钮，将视图以合适的方向显示，创建的旋转曲面如图 18-27 所示。

图 18-26 “曲面-旋转”属性管理器

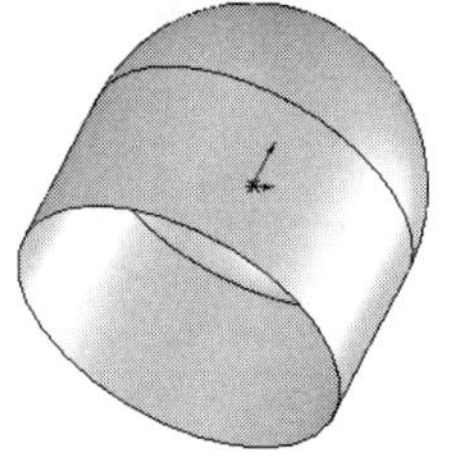

图 18-27 旋转曲面

⑦ 加厚曲面实体。单击“特征”控制面板中的“加厚”按钮，系统弹出“加厚”属性管理器。单击在“要加厚的曲面”列表框，选择 FeatureManager 设计树中的“曲面-旋转 1”，即步骤⑤中旋转生成的曲面实体；在“厚度”文本框中输入“6”，如图 18-28 所示。单击“确定”按钮，将曲面实体加厚，得到的加厚实体如图 18-29 所示。

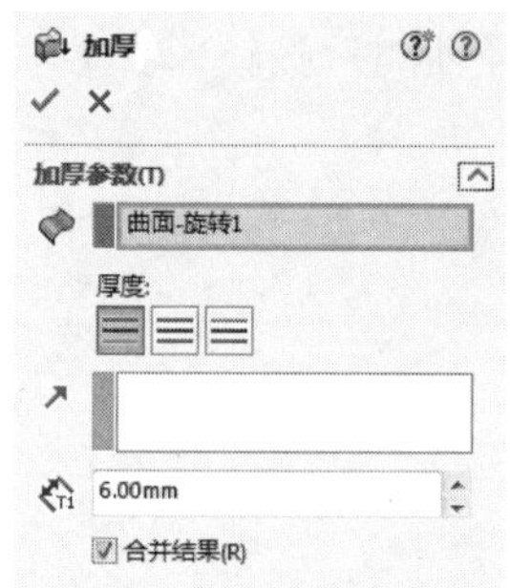

图 18-28 “加厚”属性管理器

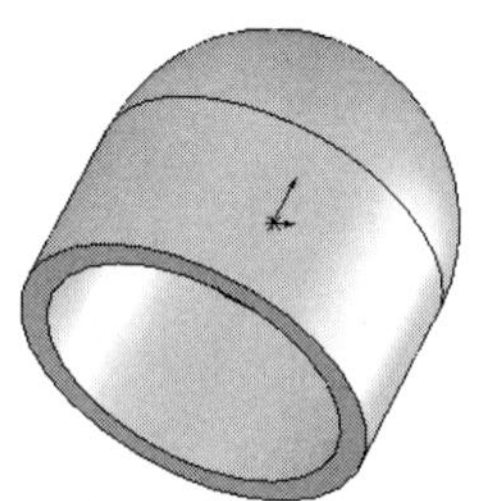

图 18-29 加厚实体

（2）绘制手柄

① 设置基准面。在左侧 FeatureManager 设计树中选择“前视基准面”，然后单击“标准视图”工具栏中的“垂直于”按钮，将该基准面作为草绘基准面。

② 绘制草图。单击“草图”控制面板中的“样条曲线”按钮，绘制如图 18-30 所示的草图并标注尺寸，然后退出草图绘制状态。

③ 设置基准面。在左侧 FeatureManager 设计树中选择“前视基准面”，然后单击“标准视图”工具栏中的“垂直于”按钮，将该基准面作为草绘基准面。

④ 绘制草图。单击“草图”控制面板中的“样条曲线”按钮，绘制如图 18-31 所示的草图并标注尺寸，然后退出草图绘制状态。

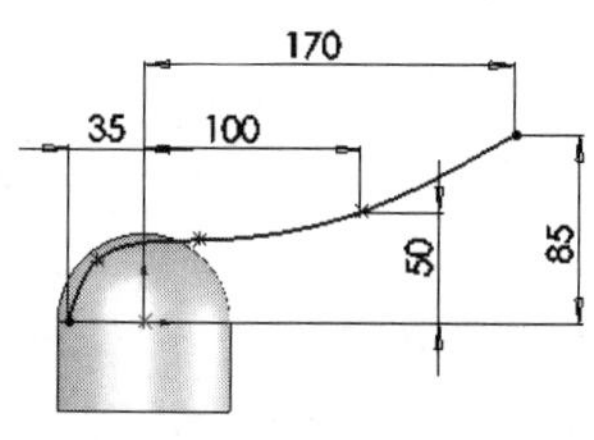

图 18-30 绘制草图

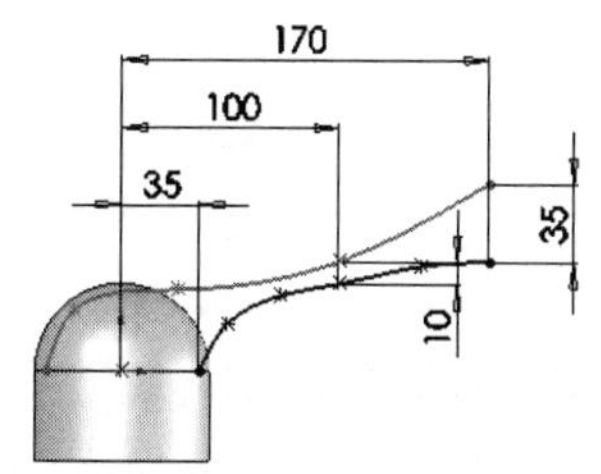

图 18-31 绘制草图

技巧荟萃

虽然上面绘制的两个草图在同一基准面上，但是不能一步操作完成，即绘制在同一草图内，因为绘制的两个草图分别作为下面放样实体的两条引导线。

⑤ 设置基准面。在左侧 FeatureManager 设计树中选择“上视基准面”，然后单击“标准视图”工具栏中的“垂直于”按钮，将该基准面作为草绘基准面。

⑥ 绘制草图。单击“草图”控制面板中的“圆”按钮，以原点为圆心绘制直径为 70mm 的圆，如图 18-32 所示，然后退出草图绘制状态。

⑦ 添加基准面 1。单击“特征”控制面板“参考几何体”下拉列表中的“基准面”按钮，系统弹出“基准面”属性管理器。在“参考实体”列表框中，单击选择 FeatureManager 设计树中的“右视基准面”；在“偏移距离”文本框中输入“100”，注意添加基准面的方向，“基准面”属性管理器设置如图 18-33 所示。单击“确定”按钮，添加一个基准面。

⑧ 设置视图方向。单击“标准视图”工具栏中的“等轴测”按钮，将视图以等轴测方向显示。添加基准面 1 后的图形如图 18-34 所示。

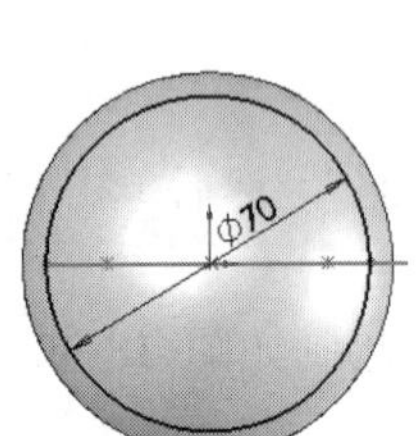

图 18-32 绘制草图

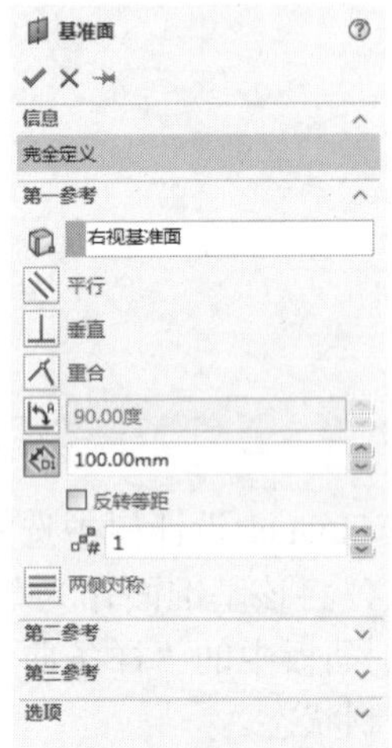

图 18-33 “基准面”属性管理器

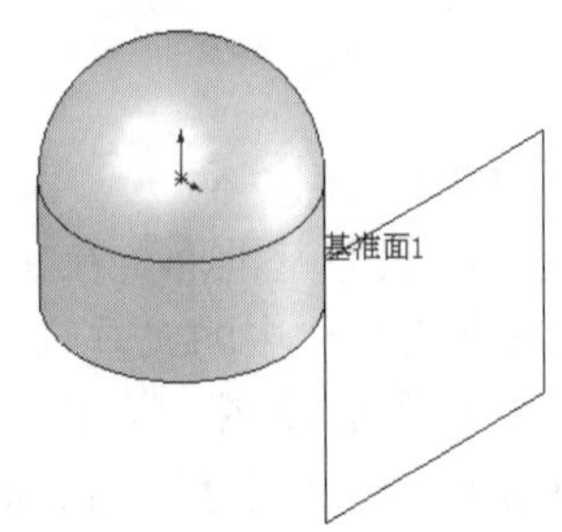

图 18-34 添加基准面 1

⑨ 设置基准面。在左侧 FeatureManager 设计树中选择“基准面 1”，然后单击“标准视图”工具栏中的“垂直于”按钮，将该基准面作为草绘基准面。

⑩ 绘制草图。单击“草图”控制面板中的“边角矩形”按钮，绘制如图 18-35 所示的草图并标注尺寸。

⑪ 添加基准面 2。单击“特征”控制面板“参考几何体”下拉列表中的“基准面”按钮，系统弹出“基准面”属性管理器。在“参考实体”列表框中，单击选择 FeatureManager 设计树中的“右视基准面”；在“偏移距离”文本框中输入“170”，注意添加基准面的方向，“基准面”属性管理器设置如图 18-36 所示。单击“确定”按钮，添加基准面 2。

⑫ 设置视图方向。单击“标准视图”工具栏中的“等轴测”按钮，将视图以等轴测方向显示。添加基准面 2 后的图形如图 18-37 所示。

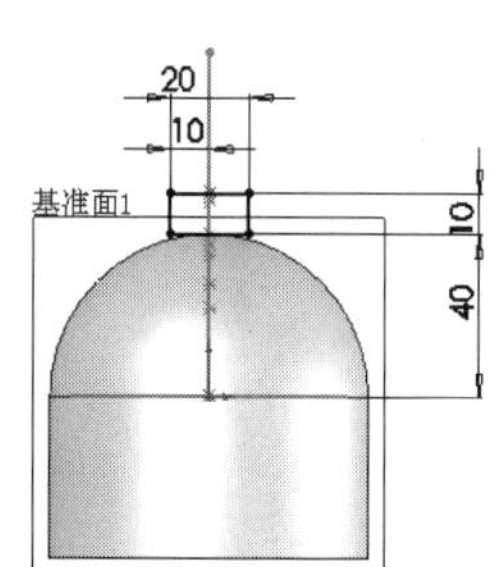

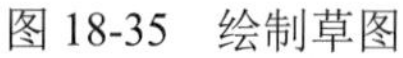

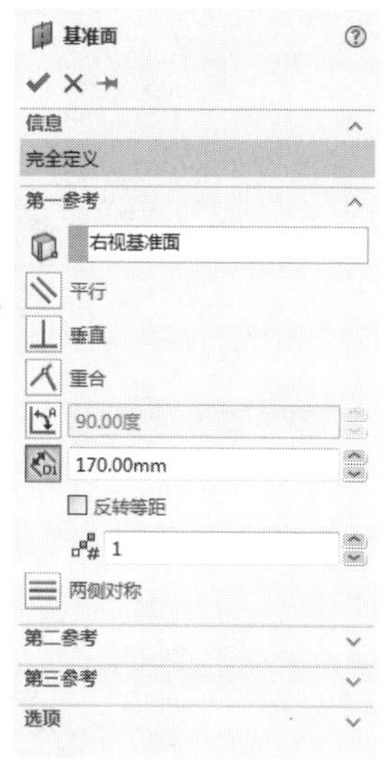

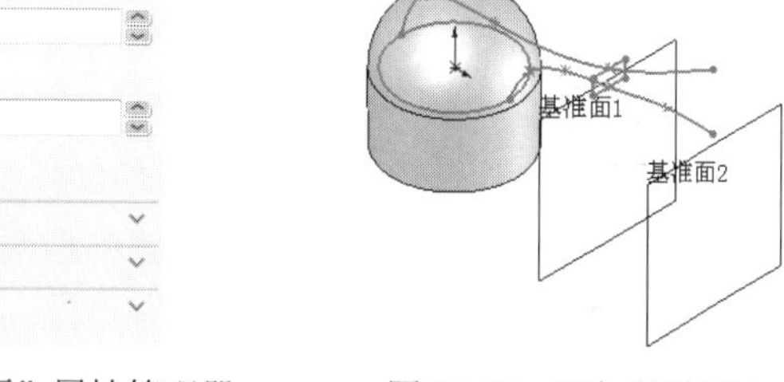

图 18-35 绘制草图　　图 18-36 “基准面”属性管理器　　图 18-37 添加基准面 2

⑬ 设置基准面。在左侧 FeatureManager 设计树中选择“基准面 2”，然后单击“标准视图”工具栏中的“垂直于”按钮，将该基准面作为草绘基准面。

⑭ 绘制草图。单击“草图”控制面板中的“边角矩形”按钮，绘制如图 18-38 所示的草图并标注尺寸。

⑮ 设置视图方向。单击“标准视图”工具栏中的“等轴测”按钮，将视图以等轴测方向显示。设置视图方向后的图形如图 18-39 所示。

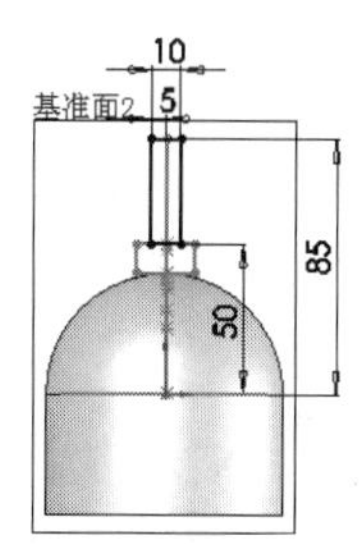

图 18-38 绘制草图

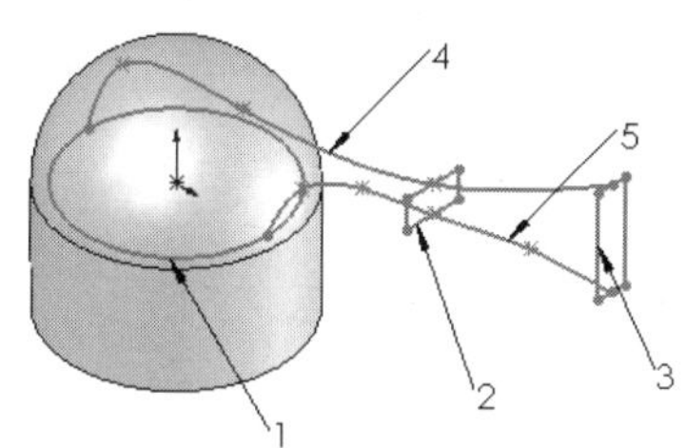

图 18-39 设置视图方向后的图形

⑯ 放样实体。单击“特征”控制面板中的“放样凸台/基体”按钮，系统弹出“放样”属性管理器。在“轮廓”选项组中，依次单击选择如图 18-39 所示的草图 1、草图 2 和草图 3；在“引导线”选项组中，依次单击选择如图 18-39 所示的草图 4 和草图 5，“放样”属性管理器设置如图 18-40 所示。单击“确定”按钮，创建的放样实体，如图 18-41 所示。

⑰ 设置基准面。在左侧 FeatureManager 设计树中选择“上视基准面”，然后单击“标准视图”工具栏中的“垂直于”按钮，将该基准面作为草绘基准面。

⑱ 绘制草图。单击“草图”控制面板中的“中心线”按钮、“三点圆弧”按钮和“直线”按钮，绘制如图 18-42 所示的草图并标注尺寸。

⑲ 拉伸切除实体。单击“特征”控制面板中的“拉伸切除”按钮，系统弹出“切除-拉伸”属性管理器。在“终止条件”下拉列表框中选择“完全贯穿”选项，注意拉伸切除的方向，“切除-拉伸”属性管理器设置如图 18-43 所示。单击“确定”按钮，完成拉伸切除实体。

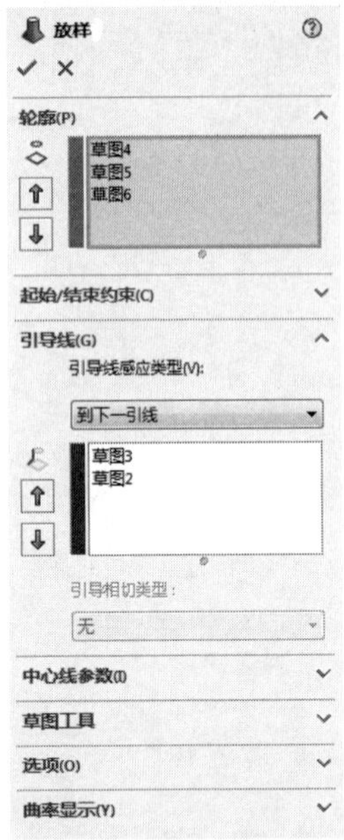

图 18-40 “放样”属性管理器

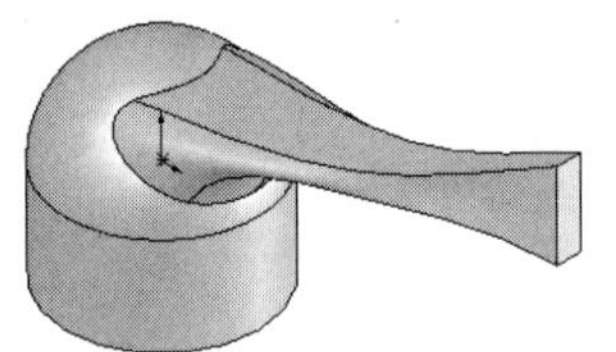

图 18-41 放样实体

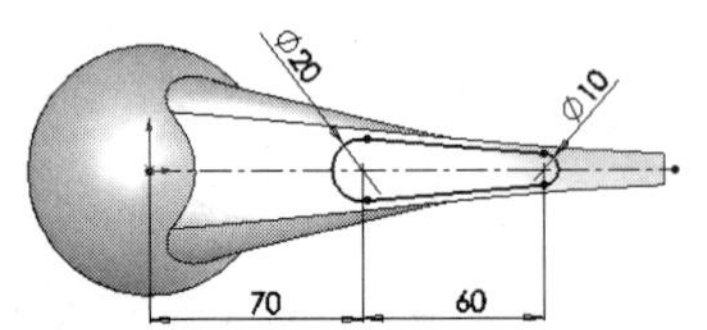

图 18-42 绘制草图

⑳ 设置视图方向。单击“标准视图”工具栏中的“等轴测”按钮，将视图以等轴测方向显示。创建的拉伸切除实体 1 如图 18-44 所示。

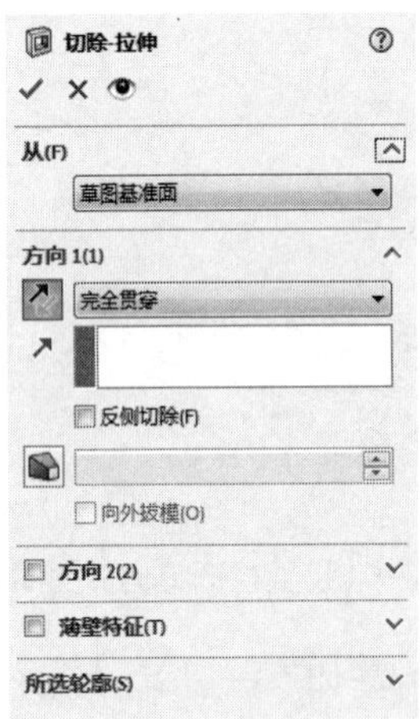

图 18-43 “切除-拉伸”属性管理器

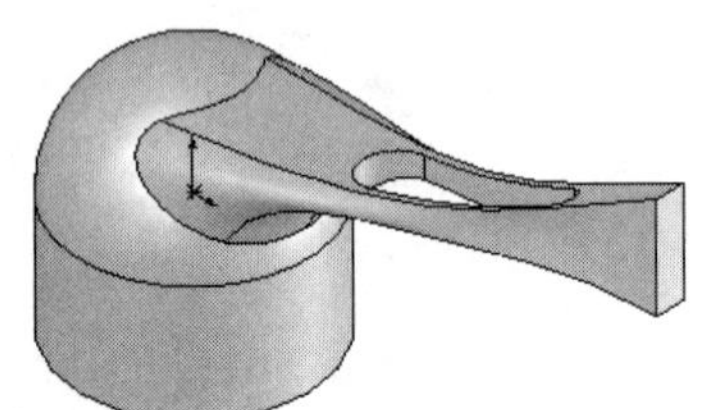

图 18-44 拉伸切除实体 1

（3）编辑卫浴把手

① 添加基准面。单击“特征”控制面板“参考几何体”下拉列表中的“基准面”按钮，此时系统弹出“基准面”属性管理器。单击属性管理器的“参考实体”列表框，在“FeatureManager 设计树”中选择“上视基准面”；在“偏移距离”文本框中输入值“30”，注意添加基准面的方向，“基准面”属性管理器设置如图 18-45 所示。单击“基准面”属性管理器中的“确定”按钮，添加的基准面 3 如图 18-46 所示。

② 设置基准面。在左侧 FeatureManager 设计树中选择“基准面 3”，然后单击“标准视图”工具栏中的“垂直于”按钮，将该基准面作为草绘基准面。

③ 绘制草图。单击“草图”控制面板中的“圆”按钮，以原点为圆心绘制直径为 45mm 的圆，如图 18-47 所示。

图 18-45 “基准面”属性管理器

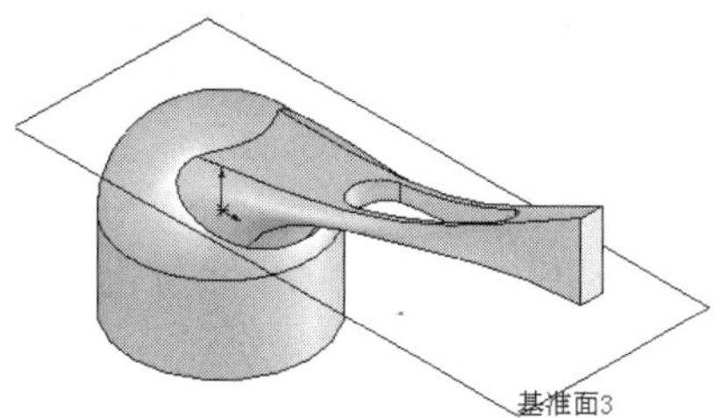

图 18-46 添加基准面 3

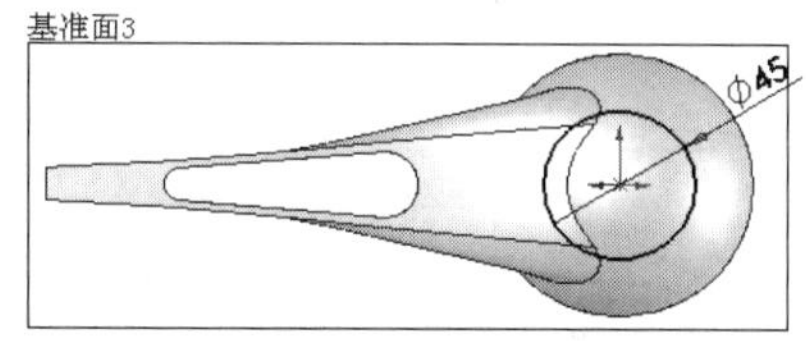

图 18-47 绘制草图

④ 拉伸切除实体。单击“特征”控制面板中的“拉伸切除”按钮，系统弹出“切除-拉伸”属性管理器。在“终止条件”下拉列表框中选择“完全贯穿”选项，注意拉伸切除的方向，“切除-拉伸”属性管理器设置如图 18-48 所示。单击“确定”按钮，完成拉伸切除实体。

⑤ 设置视图方向。单击“标准视图”工具栏中的“等轴测”按钮，将视图以等轴测方向显示。创建的拉伸切除实体 2 如图 18-49 所示。

图 18-48 “切除-拉伸”属性管理器

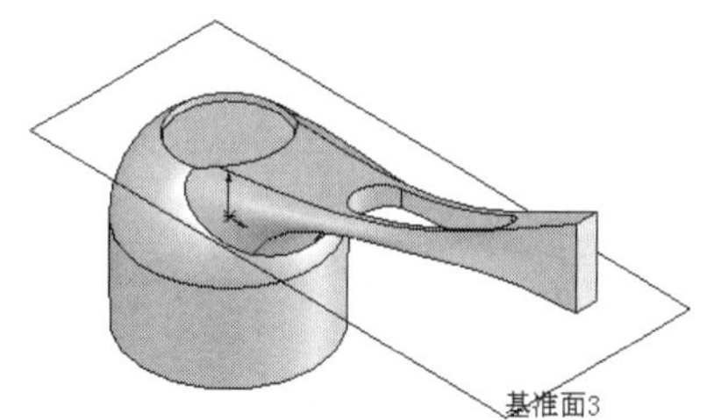

图 18-49 拉伸切除实体 2

⑥ 设置基准面。在左侧 FeatureManager 设计树中选择“基准面 3”，然后单击“标准视图”工具栏中的“垂直于”按钮，将该基准面作为草绘基准面。

⑦ 绘制草图。单击“草图”控制面板中的“圆”按钮，以原点为圆心绘制直径为 10mm 的圆，如图 18-50 所示。

⑧ 拉伸切除实体。单击“特征”控制面板中的“拉伸切除”按钮，系统弹出“切除-拉伸”属性管理器。在“终止条件”下拉列表框中选择“给定深度”选项，注意拉伸切除的方向；在“深度”文本框中输入“5”。单击属性管理器中的“确定”按钮，完成拉伸切除实体。

技巧荟萃

进行拉伸切除实体时，一定要注意调节拉伸切除的方向，否则系统会提示，所进行的切除不与模型相交，或者切除的实体与所需要的切除相反。

⑨ 设置视图方向。单击“标准视图”工具栏中的“等轴测”按钮，将视图以等轴测方向显示。创建的拉伸切除实体3如图18-51所示。

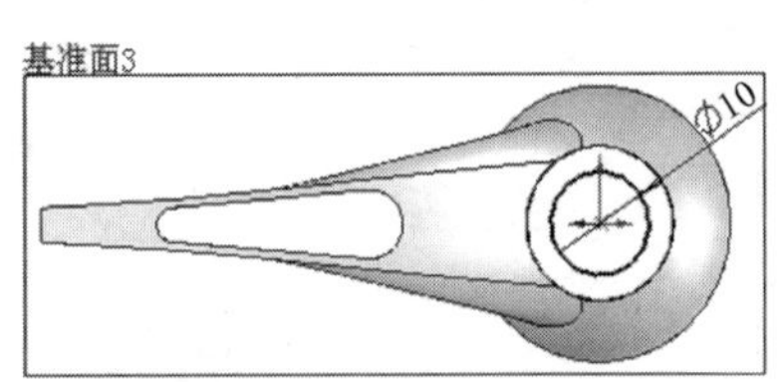

图18-50 绘制草图

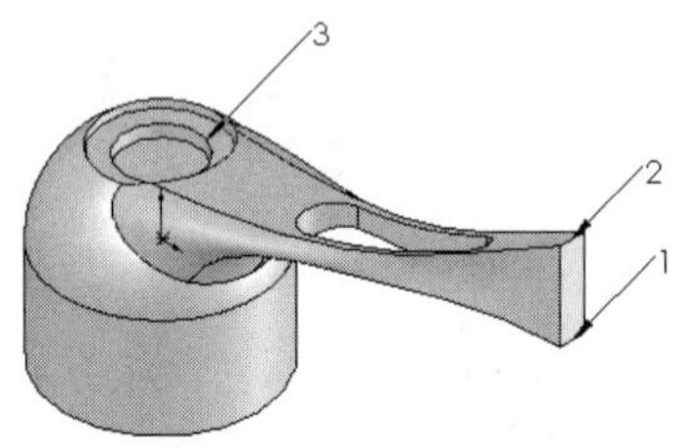

图18-51 拉伸切除实体3

⑩ 倒圆角实体。单击“特征”控制面板中的“圆角”按钮，系统弹出“圆角”属性管理器。在“圆角类型”选项组中，单击“恒定大小圆角”按钮；在“半径”文本框中输入“10”；在“参考实体”列表框中，单击选择如图18-51所示的边线1和边线2，“圆角”属性管理器设置如图18-52所示。单击“确定”按钮，倒圆角后的实体如图18-53所示。

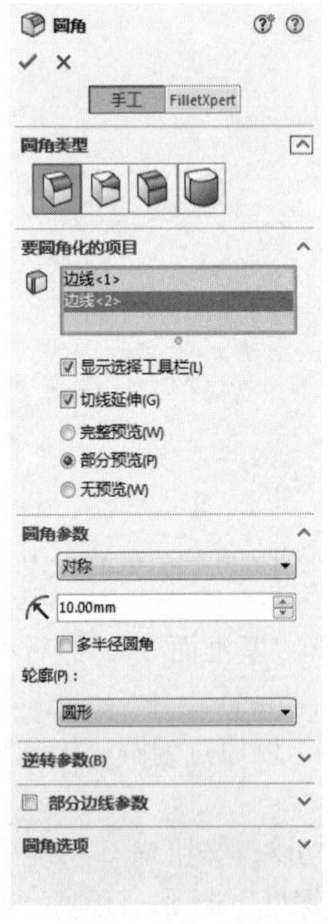

图18-52 “圆角”属性管理器

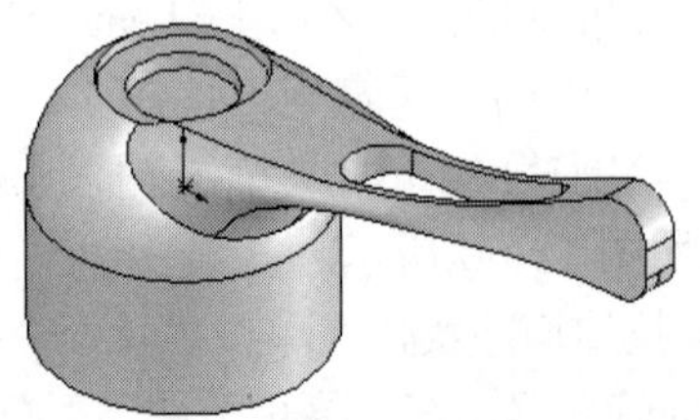

图18-53 倒圆角实体

⑪ 实体倒圆角。重复步骤⑩，对如图 18-51 所示的边线 3 创建半径为 2mm 的圆角，倒圆角后的实体如图 18-54 所示。

⑫ 设置视图方向。单击“视图”工具栏中的“旋转视图”按钮，将视图以合适的方向显示。设置视图方向后的图形如图 18-55 所示。

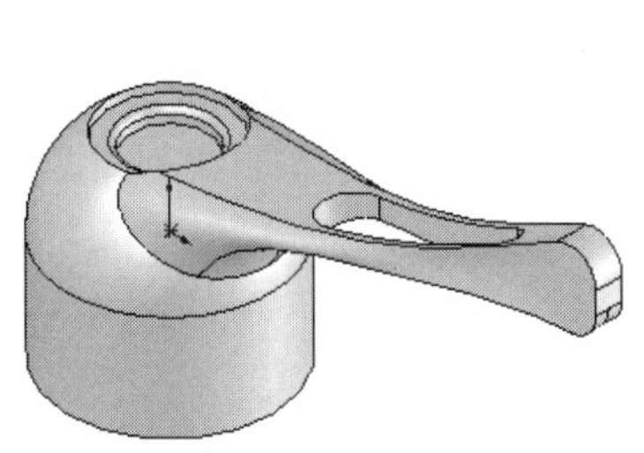

图 18-54 倒圆角实体

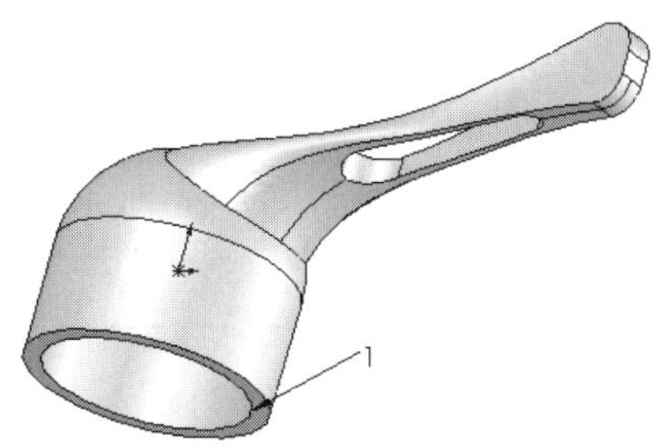

图 18-55 设置视图方向后的图形

⑬ 实体倒角。单击“特征”控制面板中的“倒角”按钮，系统弹出“倒角”属性管理器。在“边线、面和环”列表框中，单击选择如图 18-55 所示的边线 1；单击“角度距离”按钮，在“距离”文本框中输入“2”；在“角度”文本框中输入“45”，“倒角”属性管理器设置如图 18-56 所示。单击“确定”按钮，完成实体倒角操作。倒角后的实体如图 18-57 所示。

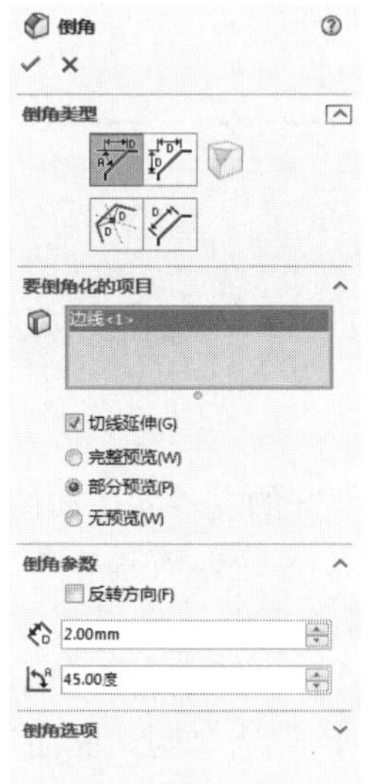

图 18-56 “倒角”属性管理器

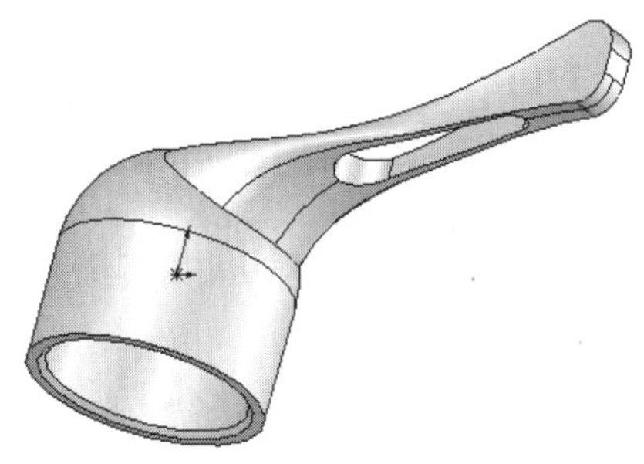

图 18-57 实体倒角

18.2 编辑曲面

18.2.1 缝合曲面

扫一扫，看视频

缝合曲面是将两个或者多个平面或者曲面组合成一个面。下面结合实例介

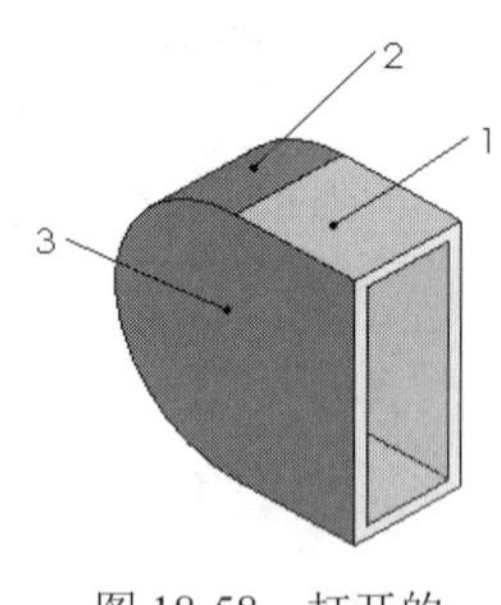

图 18-58　打开的文件实体

绍缝合曲面的操作步骤。

① 打开随书资源中的“\源文件\ch18\18.7.SLDPRT”，打开的文件实体如图 18-58 所示。

② 选择菜单栏中的“插入”→“曲面”→“缝合曲面”命令，或者单击“曲面”控制面板中的“缝合曲面”按钮，系统弹出“缝合曲面”属性管理器。

③ 单击“要缝合的曲面和面”列表框，选择如图 18-58 所示的面 1、曲面 2 和面 3。

④ 单击“确定”按钮，生成缝合曲面。

技巧荟萃

使用曲面缝合时，要注意以下几项。

① 曲面的边线必须相邻并且不重叠。

② 曲面不必处于同一基准面上。

③ 缝合的曲面实体可以是一个或多个相邻曲面实体。

④ 缝合曲面不吸收用于生成它们的曲面。

⑤ 在缝合曲面形成一闭合体积或保留为曲面实体时生成一实体。

⑥ 在使用基面选项缝合曲面时，必须使用延展曲面。

⑦ 曲面缝合前后，曲面和面的外观没有任何变化。

18.2.2　延伸曲面

扫一扫，看视频

延伸曲面是指将现有曲面的边缘，沿着切线方向，以直线或者随曲面的弧度方向产生附加的延伸曲面。

下面结合实例介绍延伸曲面的操作步骤。

① 打开随书资源中的“\源文件\ch18\18.8.SLDPRT”，打开的文件实体如图 18-59 所示。

② 选择菜单栏中的“插入”→“曲面”→“延伸曲面”命令，或者单击“曲面”控制面板中的“延伸曲面”按钮，系统弹出“延伸曲面”属性管理器。

③ 单击“所选面/边线”列表框，选择如图 18-59 所示的边线 1；点选“距离”单选钮，在“距离”文本框中输入“60”；在“延伸类型”选项中，点选“同一曲面”单选钮，如图 18-60 所示。

④ 单击“确定”按钮，生成的延伸曲面如图 18-61 所示。

延伸曲面的延伸类型有两种方式：一种是同一曲面类型，是指沿曲面的几何体延伸曲面；另一种是线性类型，是指沿边线相切于原有曲面来延伸曲面。如图 18-62 所示是使用同一曲面类型生成的延伸曲面，如图 18-63 所示是使用线性类型生成的延伸曲面。

在“曲面-延伸”属性管理器的“终止条件”选项中，各单选钮的意义如下。

- 距离：按照在“距离”文本框中指定的数值延伸曲面。
- 成形到某一面：将曲面延伸到“曲面/面”列表框中选择的曲面或者面。
- 成形到某一点：将曲面延伸到“顶点”列表框中选择的顶点或者点。

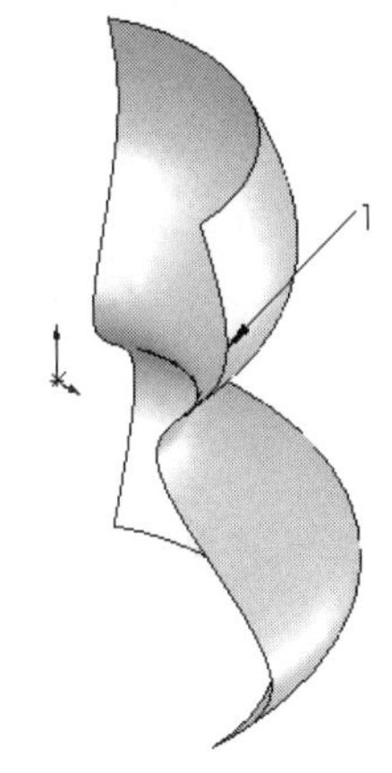

图 18-59 打开的文件实体

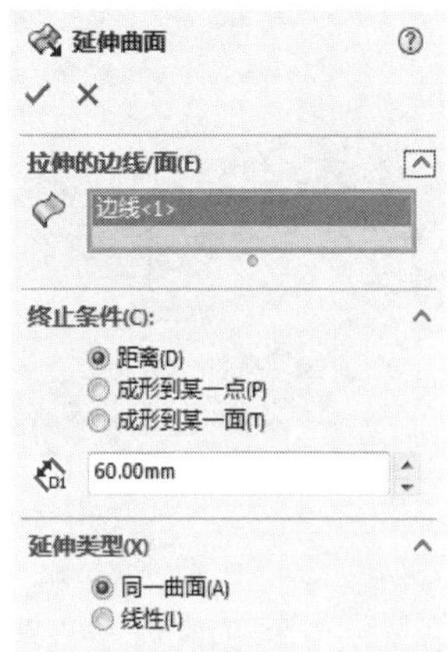

图 18-60 “延伸曲面”属性管理器

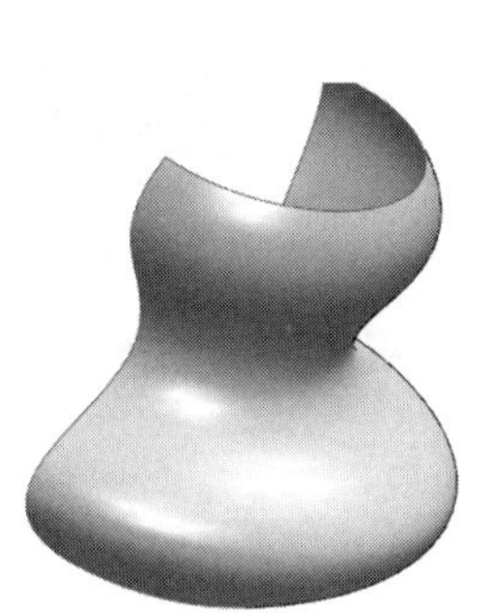

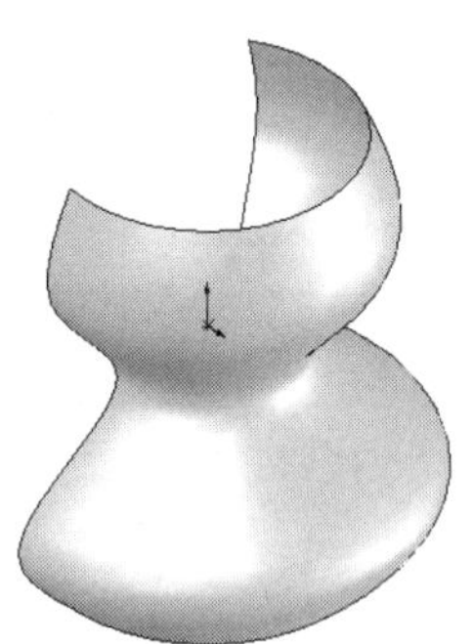

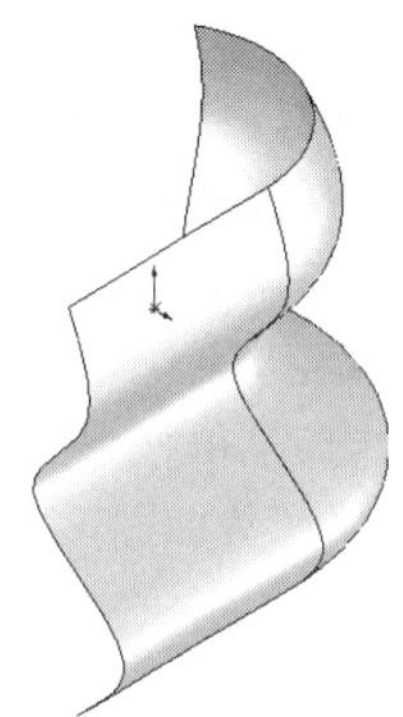

图 18-61 延伸曲面　图 18-62 同一曲面类型生成的延伸曲面　图 18-63 线性类型生成的延伸曲面

18.2.3 剪裁曲面

剪裁曲面是指使用曲面、基准面或者草图作为剪裁工具来剪裁相交曲面，也可以将曲面和其他曲面联合使用作为相互的剪裁工具。

剪裁曲面有标准和相互两种类型。标准类型是指使用曲面、草图实体、曲线、基准面等来剪裁曲面；相互类型是指使用曲面本身来剪裁多个曲面。

下面结合实例介绍两种类型剪裁曲面的操作步骤。

（1）标准类型剪裁曲面

扫一扫，看视频

① 打开随书资源中的“\源文件\ch18\18.9.SLDPRT”，打开的文件实体如图 18-64 所示。

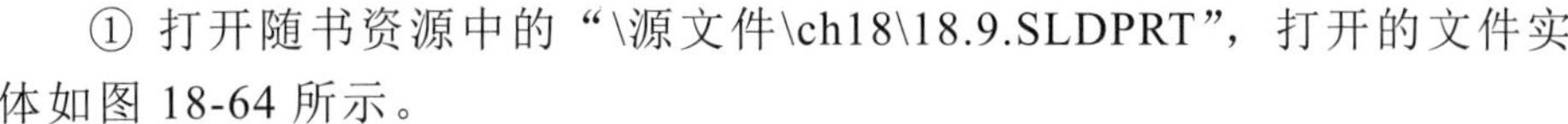

② 选择菜单栏中的“插入”→“曲面”→“剪裁曲面”命令，或者单击“曲面”控制面板中的“剪裁曲面”按钮，系统弹出“剪裁曲面”属性管理器。

③ 在“剪裁类型”选项组中，点选“标准”单选钮；单击“剪裁工具”列表框，选择如图 18-64 所示的曲面 1；点选“保留选择”单选钮，并在“保留的部分”列表框中，单击选择如图 18-64 所示的曲面 2 所标注处，其他设置如图 18-65 所示。

④ 单击“确定”按钮，生成剪裁曲面。保留选择的剪裁图形如图 18-66 所示。

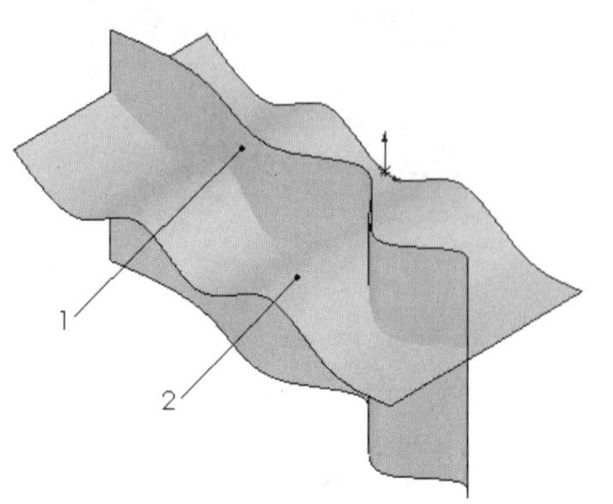

图 18-64　打开的文件实体

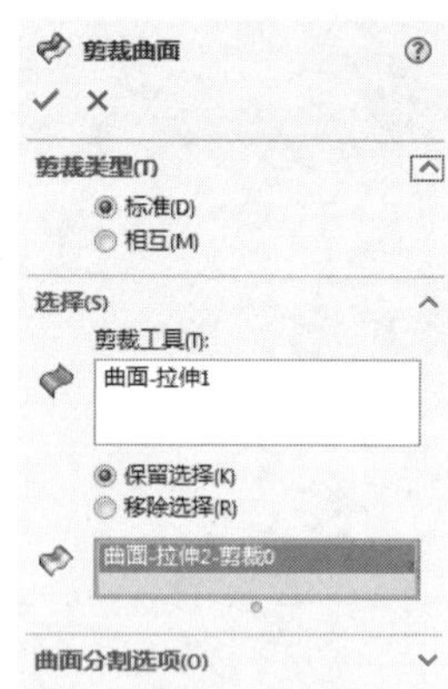

图 18-65　“剪裁曲面”属性管理器

如果在“剪裁曲面”属性管理器中点选“移除选择”单选钮，并在“要移除的部分”列表框中，单击选择如图 18-64 所示的曲面 2 所标注处，则会移除曲面 1 前面的曲面 2 部分，移除选择的剪裁图形如图 18-67 所示。

（2）相互类型剪裁曲面

扫一扫，看视频

① 打开随书资源中的“\源文件\ch18\18.10.SLDPRT”，打开的文件实体如图 18-64 所示。

② 选择菜单栏中的“插入”→“曲面”→“剪裁曲面”命令，或者单击“曲面”控制面板中的“剪裁曲面”按钮，系统弹出“剪裁曲面”属性管理器。

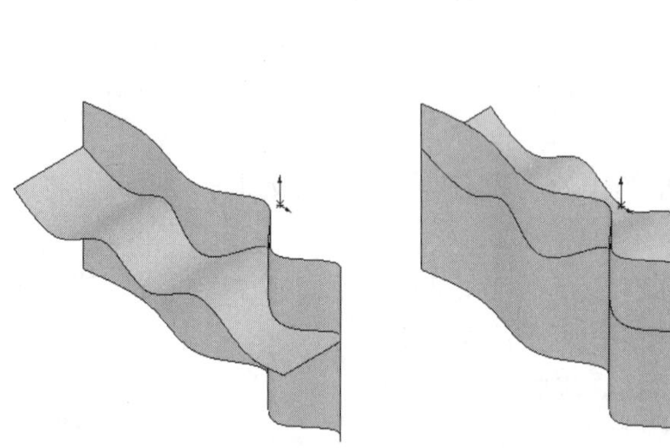

图 18-66　保留选择的剪裁图形

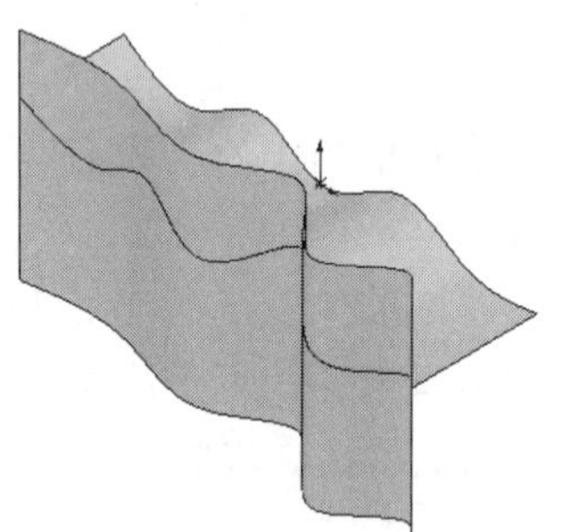

图 18-67　移除选择的剪裁图形

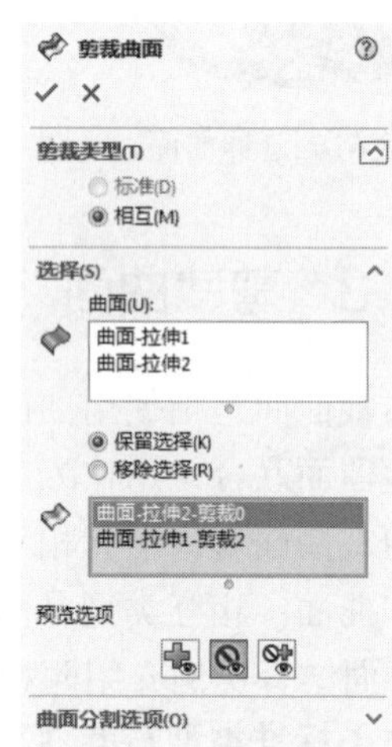

图 18-68　“剪裁曲面”属性管理器

③ 在“剪裁类型”选项组中，点选“相互”单选钮；在“剪裁工具”列表框中，单击选择如图 18-64 所示的曲面 1 和曲面 2；点选“保留选择”单选钮，并在“保留的部分”列表框中单击，选择如图 18-64 所示的曲面 1 和曲面 2 所标注处，其他设置如图 18-68 所示。

④ 单击“确定”按钮，生成剪裁曲面。保留选择的剪裁图形如图 18-69 所示。

如果在“剪裁曲面”属性管理器中点选“移除选择”单选钮，并在“要移除的部分”列表框中，单击选择如图 18-64 所示的曲面 1 和曲面 2 所标注处，则会移除曲面 1 和曲面 2 的所选择部分。移除选择的剪裁图形如图 18-70 所示。

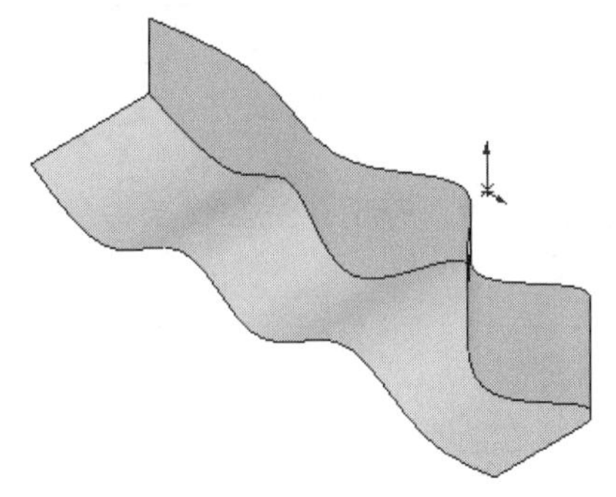

图 18-69 保留选择的剪裁图形

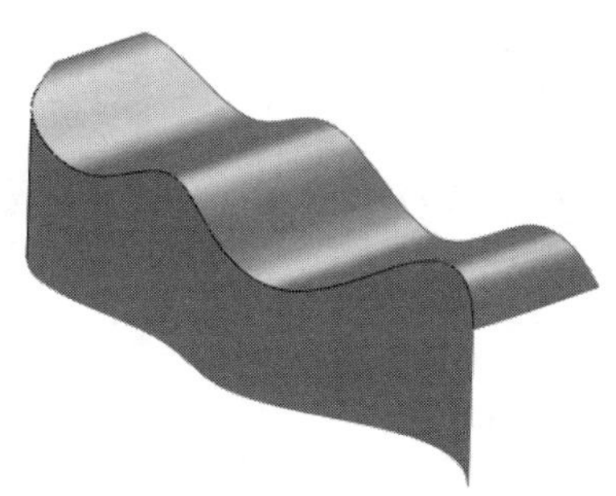

图 18-70 移除选择的剪裁图形

18.2.4 填充曲面

扫一扫，看视频

填充曲面是指在现有模型边线、草图或者曲线定义的边界内构成带任何边数的曲面修补。填充曲面通常用在以下几种情况中。

- 纠正没有正确输入到 SOLIDWORKS 中的零件，比如该零件有丢失的面。
- 填充型心和型腔造型零件中的孔。
- 构建用于工业设计的曲面。
- 生成实体模型。
- 用于包括作为独立实体的特征或合并这些特征。

下面结合实例介绍填充曲面的操作步骤。

① 打开随书资源中的“\源文件\ch18\18.11.SLDPRT”，打开的文件实体如图 18-71 所示。

② 选择菜单栏中的“插入”→“曲面”→“填充”命令，或者单击“曲面”控制面板中的“填充曲面”按钮，系统弹出“填充曲面”属性管理器。

③ 在“修补边界”选项组中，单击依次选择如图 18-71 所示的边线 1、边线 2、边线 3 和边线 4，其他设置如图 18-72 所示。

④ 单击“确定”按钮✓，生成的填充曲面如图 18-73 所示。

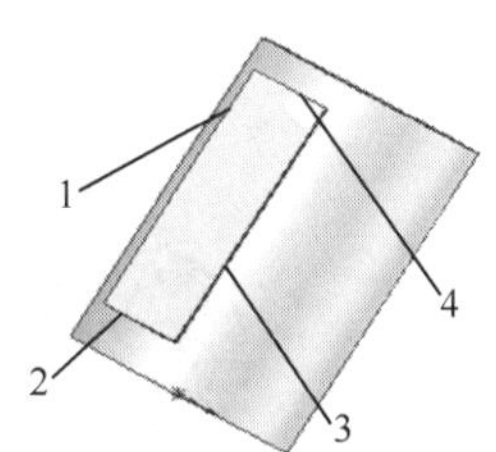

图 18-71 打开的文件实体

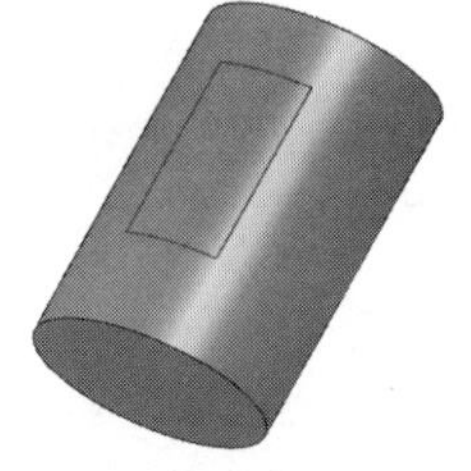

图 18-73 填充曲面

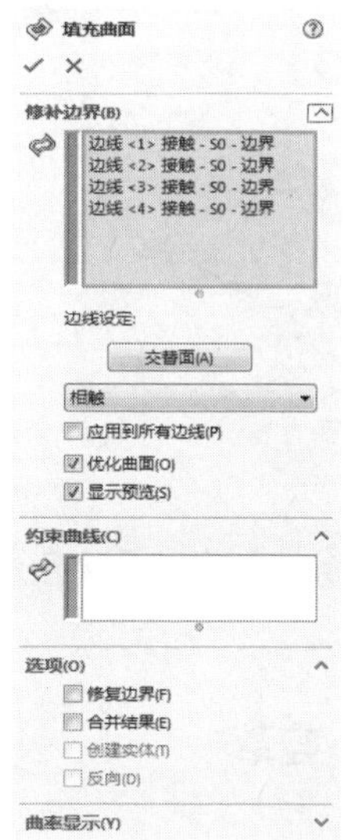

图 18-72 “填充曲面”属性管理器

技巧荟萃

进行拉伸切除实体时，一定要注意调节拉伸切除的方向，否则系统会提示，所进行的切除不与模型相交，或者切除的实体与所需要的切除相反。

18.2.5 中面

扫一扫，看视频

中面工具可让在实体上合适的所选双对面之间生成中面。合适的双对面应该处处等距，并且必须属于同一实体。

与所有在 SOLIDWORKS 中生成的曲面相同，中面包括所有曲面的属性。中面通常有以下几种情况。

- 单个：从图形区中选择单个等距面生成中面。
- 多个：从图形区中选择多个等距面生成中面。
- 所有：单击“曲面-中间面”属性管理器中的“查找双对面”按钮，让系统选择模型上所有合适的等距面，用于生成所有等距面的中面。

下面结合实例介绍中面的操作步骤。

① 打开随书资源中的“\源文件\ch18\18.12.SLDPRT”，打开的文件实体如图 18-74 所示。

② 选择菜单栏中的“插入”→“曲面”→“中面”命令，或者单击“曲面”控制面板中的“中面”按钮，系统弹出“中面”属性管理器。

③ 在“面 1”列表框中，单击选择如图 18-74 所示的面 1；在“面 2”列表框中，单击选择如图 18-74 所示的面 2；在“定位”文本框中输入“50”，“中面”属性管理器设置如图 18-75 所示。

④ 单击“确定”按钮，生成的中面如图 18-76 所示。

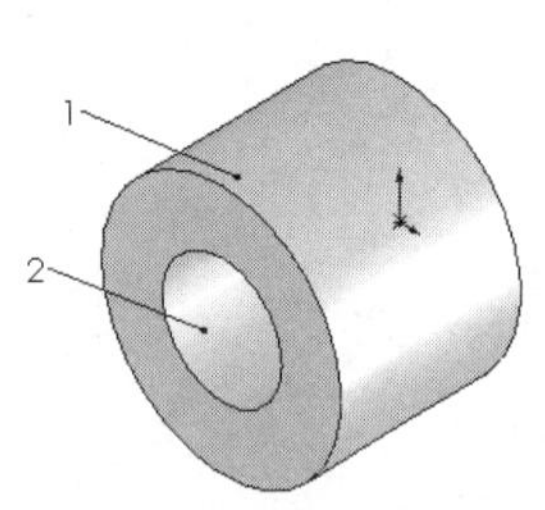

图 18-74　打开的文件实体

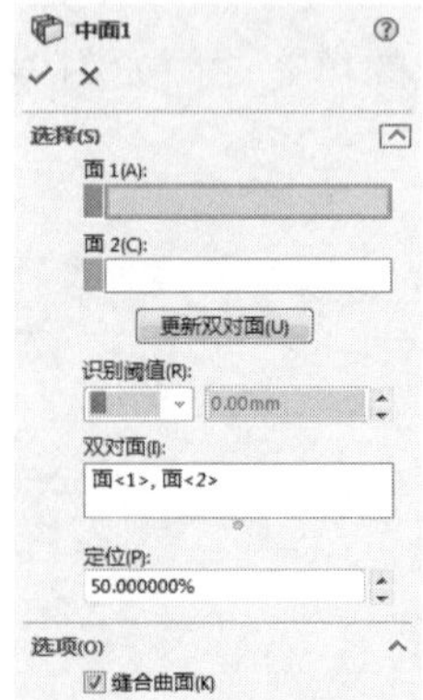

图 18-75　“中面”属性管理器

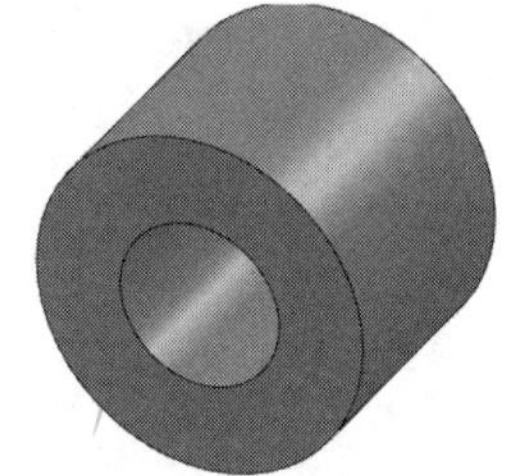

图 18-76　创建中面

技巧荟萃

生成中面的定位值，是从面 1 的位置开始，位于面 1 和面 2 之间。

18.2.6 替换面

扫一扫，看视频

替换面是指以新曲面实体来替换曲面或者实体中的面。替换曲面实体不必与旧的面具有相同的边界。在替换面时，原来实体中的相邻面自动延伸并剪裁到替换曲面实体。

替换面通常有以下几种情况。

- 以一曲面实体替换另一个或者一组相联的面。
- 在单一操作中，用一相同的曲面实体替换一组以上相联的面。
- 在实体或曲面实体中替换面。

在上面的几种情况中，比较常用的是用一曲面实体替换另一个曲面实体中的一个面。下面结合实例介绍该替换面的操作步骤。

① 打开随书资源中的“\源文件\ch18\18.13.SLDPRT”，打开的文件实体如图 18-77 所示。

② 选择菜单栏中的“插入”→“面”→“替换”命令，或者单击“曲面”控制面板中的“替换面”按钮，系统弹出“替换面”属性管理器。

③ 在“替换的目标面”列表框中，单击选择如图 18-77 所示的面 2；在“替换曲面”列表框中，单击选择如图 18-77 所示的曲面 1，如图 18-78 所示。

④ 单击“确定”按钮✓，生成的替换面如图 18-79 所示。

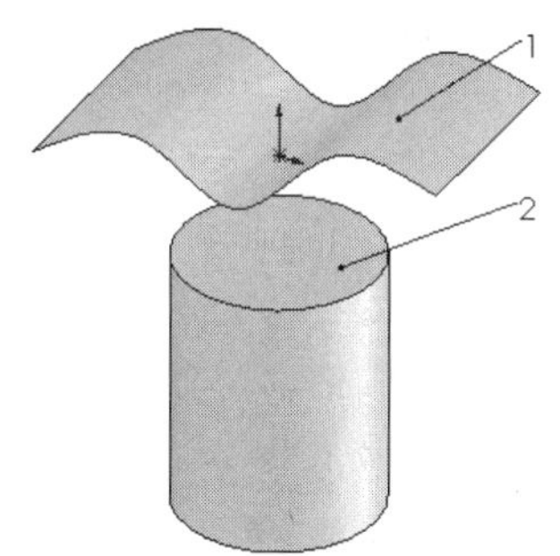

图 18-77　打开的文件实体

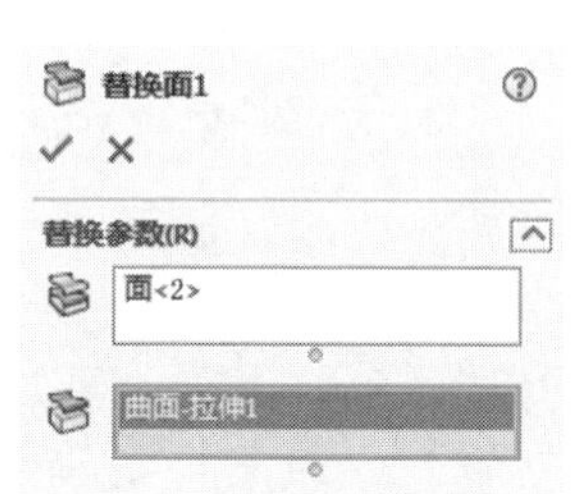

图 18-78　“替换面”属性管理器

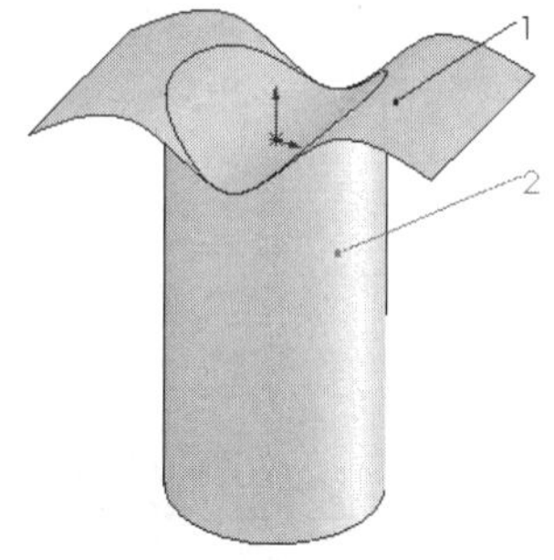

图 18-79　创建替换面

⑤ 右击如图 18-77 所示的曲面 1，在系统弹出的快捷菜单中单击“隐藏”按钮，如图 18-80 所示。隐藏目标面后的实体如图 18-81 所示。

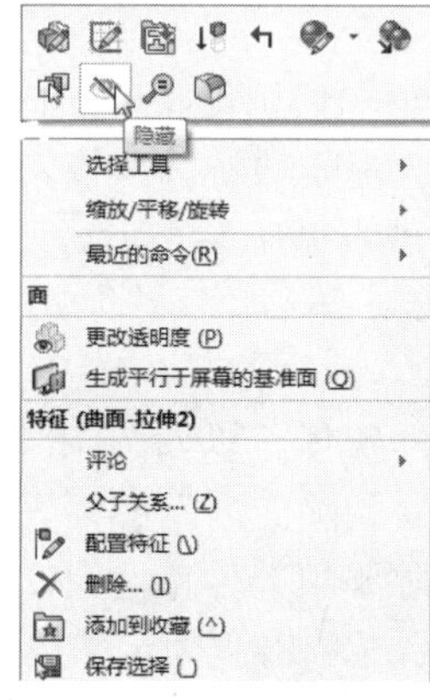

图 18-80　快捷菜单

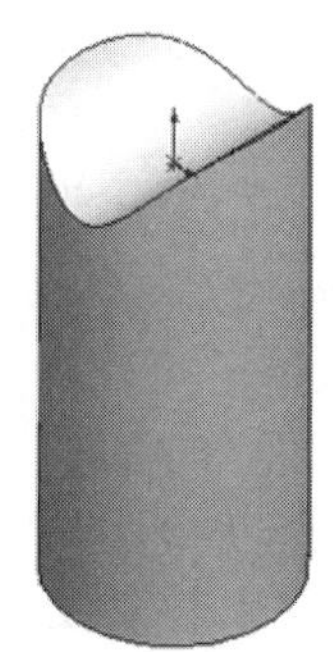
图 18-81　隐藏目标面后的实体

在替换面中，替换的面有两个特点：一是必须替换，必须相联；二是不必相切。替换曲面实体可以是以下几种类型之一。

- 可以是任何类型的曲面特征，如拉伸、放样等。
- 可以是缝合曲面实体或者复杂的输入曲面实体。
- 通常比要替换的面要宽和长，但在某些情况下，当替换曲面实体比要替换的面小的时候，替换曲面实体会自动延伸以与相邻面相遇。

18.2.7 删除面

扫一扫，看视频

删除面通常有以下几种情况。

- 删除：从曲面实体删除面，或者从实体中删除一个或多个面来生成曲面。
- 删除并修补：从曲面实体或者实体中删除一个面，并自动对实体进行修补和剪裁。
- 删除填补：删除面并生成单一面，将任何缝隙填补起来。

下面结合实例介绍删除面的操作步骤。

① 打开随书资源中的“\源文件\ch18\18.14.SLDPRT”，打开的文件实体如图 18-82 所示。

② 选择菜单栏中的“插入”→“面”→“删除”命令，或者单击“曲面”控制面板中的“删除面”按钮，系统弹出“删除面”属性管理器。

③ 在“要删除的面”列表框中，单击选择如图 18-82 所示的面 1；在“选项”选项组中点选“删除”单选钮，如图 18-83 所示。

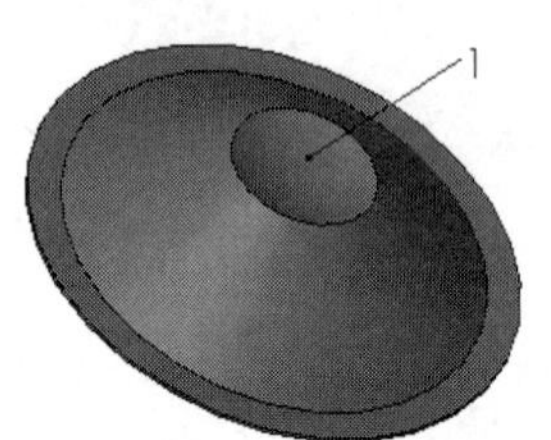

图 18-82　打开的文件实体

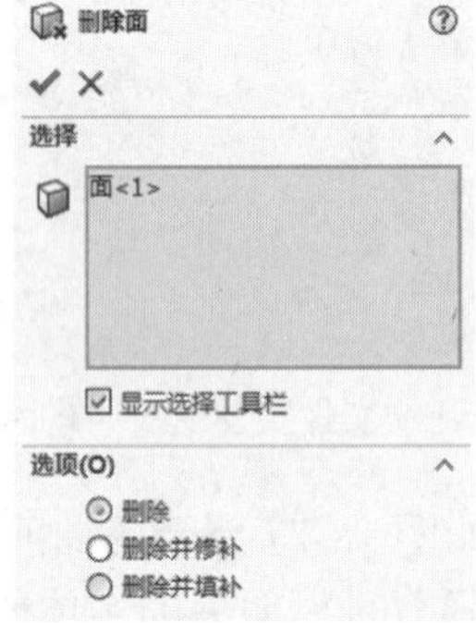

图 18-83　“删除面”属性管理器

④ 单击“确定”按钮，将选择的面删除，删除面后的实体如图 18-84 所示。

执行删除面命令，可以将指定的面删除并修补。以如图 18-82 所示的实体为例，执行删除面命令时，在“删除面”属性管理器的“要删除的面”列表框中，单击选择如图 18-82 所示的面 1；在“选项”选项组中点选“删除并修补”单选钮，然后单击“确定”按钮，面 1 被删除并修补。删除并修补面后的实体如图 18-85 所示。

执行删除面命令，可以将指定的面删除并填充删除面后的实体。以如图 18-82 所示的实体为例，执行删除面命令时，在“删除面”属性管理器的“要删除的面”列表框中，单击选择如图 18-82 所示的面 1；在“选项”选项组中点选“删除并填补”单选钮，并勾选“相切填补”复选框，“删除面”属性管理器设置如图 18-86 所示。单击“确定”按钮，面 1 被删除并相切填充。删除和填充面后的实体如图 18-87 所示。

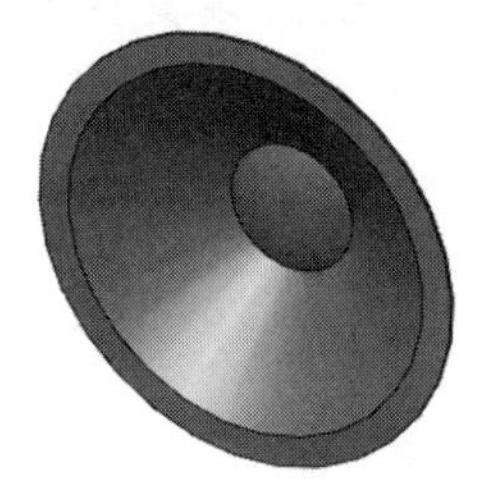

图 18-84　删除面后的实体

图 18-85　删除并修补面后的实体

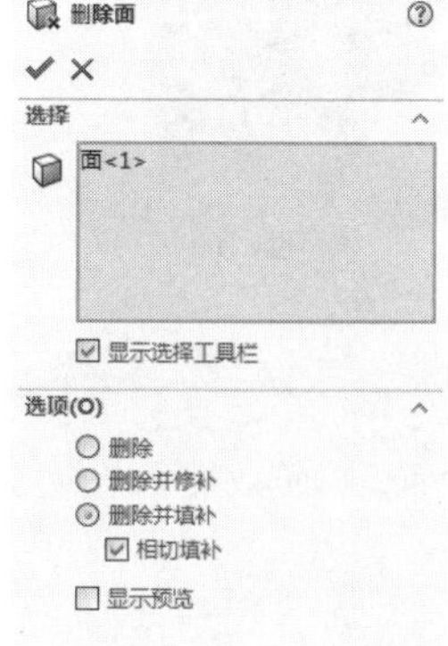

图 18-86　“删除面”属性管理器

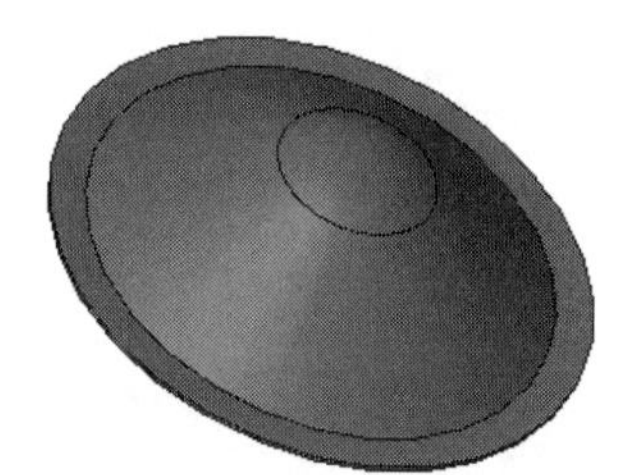

图 18-87　删除和填充面后的实体

18.2.8　移动/复制/旋转曲面

执行该命令，可以使用户像对拉伸特征、旋转特征那样对曲面特征进行移动、复制和旋转等操作。

（1）移动曲面

扫一扫，看视频

下面结合实例介绍移动曲面的操作步骤。

① 打开随书资源中的“\源文件\ch18\18.15.SLDPRT”。

② 选择菜单栏中的“插入”→“曲面”→“移动/复制”命令。系统弹出“移动/复制实体”属性管理器。

③ 单击最下面的“平移/旋转”按钮，在“要移动/复制的实体”选项组中，单击选择待移动的曲面，在“平移”选项组中输入 X、Y 和 Z 的相对移动距离，“移动/复制实体”属性管理器的设置及预览效果如图 18-88 所示。

④ 单击“确定”按钮✔，完成曲面的移动。

（2）复制曲面

扫一扫，看视频

下面结合实例介绍复制曲面的操作步骤。

① 打开随书资源中的“\源文件\ch18\18.16.SLDPRT”。

② 单击菜单栏中的“插入”→“曲面”→“移动/复制”命令，系统弹出“移动/复制实体”属性管理器。

③ 在“要移动/复制的实体”选项组中，单击选择待移动和复制的曲面；勾选“复制”复选框，并在“份数”文本框中输入“4”；然后分别输入 X 相对复制距离、Y 相

对复制距离和 Z 相对复制距离，“移动/复制实体”属性管理器的设置及预览效果如图 18-89 所示。

④ 单击“确定”按钮✓，复制的曲面如图 18-90 所示。

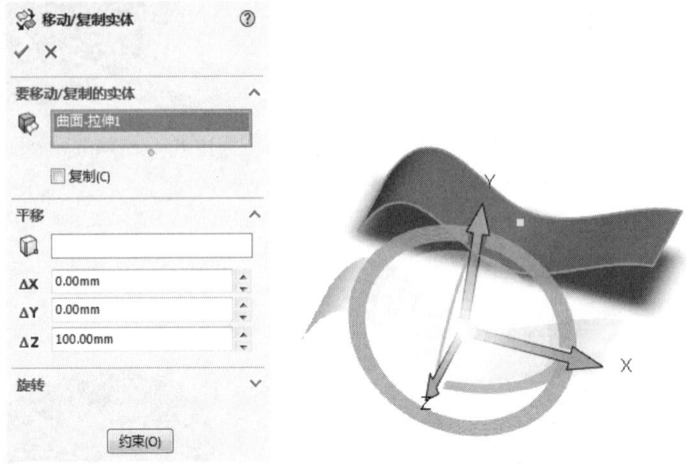

图 18-88 “移动/复制实体”属性管理器的设置及预览效果

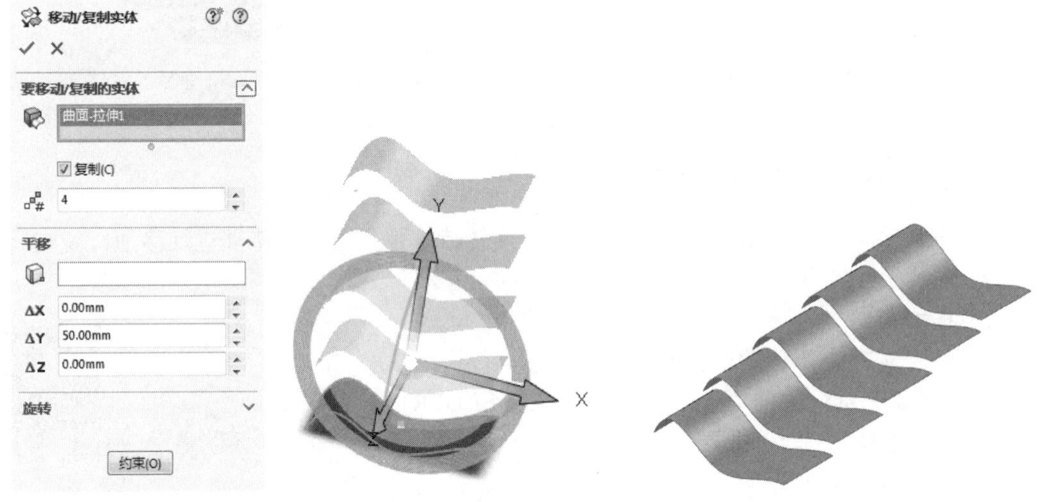

图 18-89 “移动/复制实体”属性管理器的设置及预览效果　　图 18-90 复制曲面

（3）旋转曲面

扫一扫，看视频

下面结合实例介绍旋转曲面的操作步骤。

① 打开随书资源中的“\源文件\ch18\18.17.SLDPRT”。

② 选择菜单栏中的“插入”→“曲面”→“移动/复制”命令，系统弹出“移动/复制实体”属性管理器。

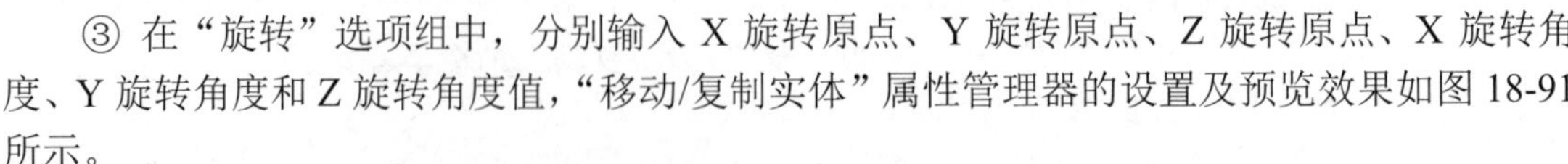
③ 在“旋转”选项组中，分别输入 X 旋转原点、Y 旋转原点、Z 旋转原点、X 旋转角度、Y 旋转角度和 Z 旋转角度值，“移动/复制实体”属性管理器的设置及预览效果如图 18-91 所示。

④ 单击“确定”按钮✓，旋转后的曲面如图 18-92 所示。

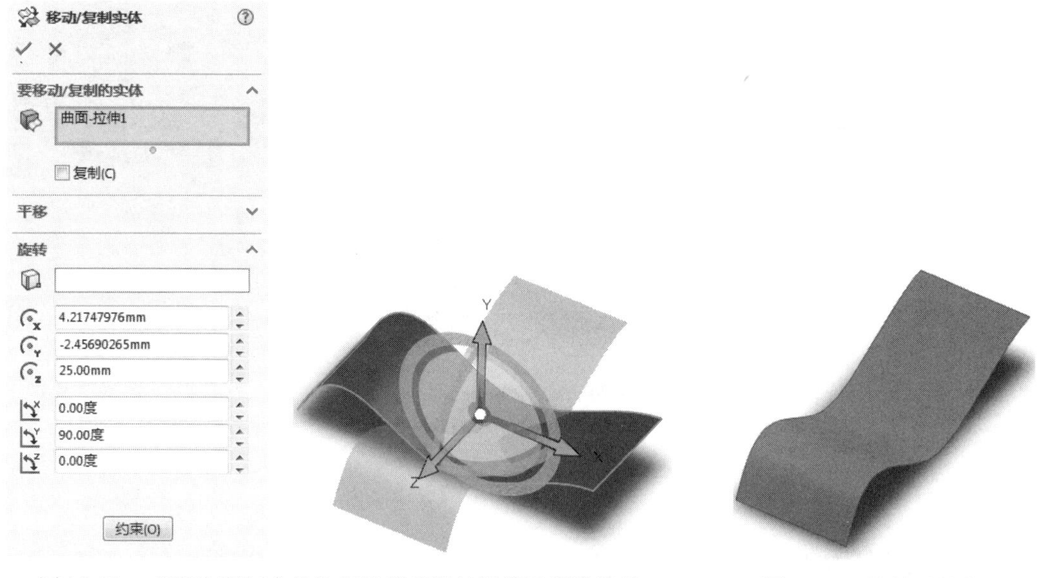

图 18-91 “移动/复制实体”属性管理器的设置及预览效果

图 18-92 旋转后的曲面

18.3 综合实例——熨斗

扫一扫，看视频

本实例绘制的熨斗如图 18-93 所示。

图 18-93 熨斗

思路分析

首先通过放样绘制熨斗模型的基础曲面，然后创建平面区域并将其与放样曲面进行缝合，再做拉伸曲面裁剪修饰熨斗尾部；然后切割曲面生成孔，并通过放样创建把手部位的曲面；最后拉伸底部的底板。绘制的流程图如图 18-94 所示。

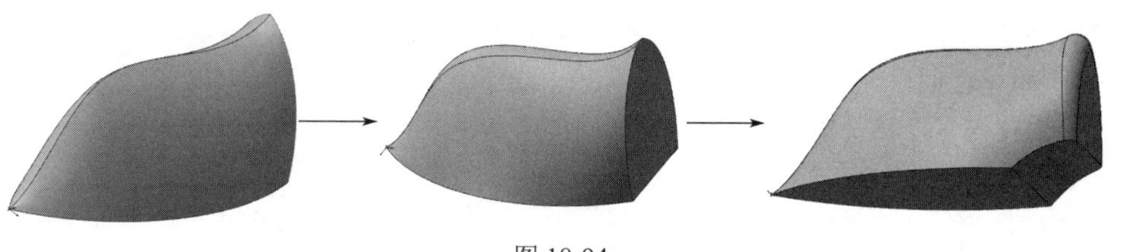

图 18-94

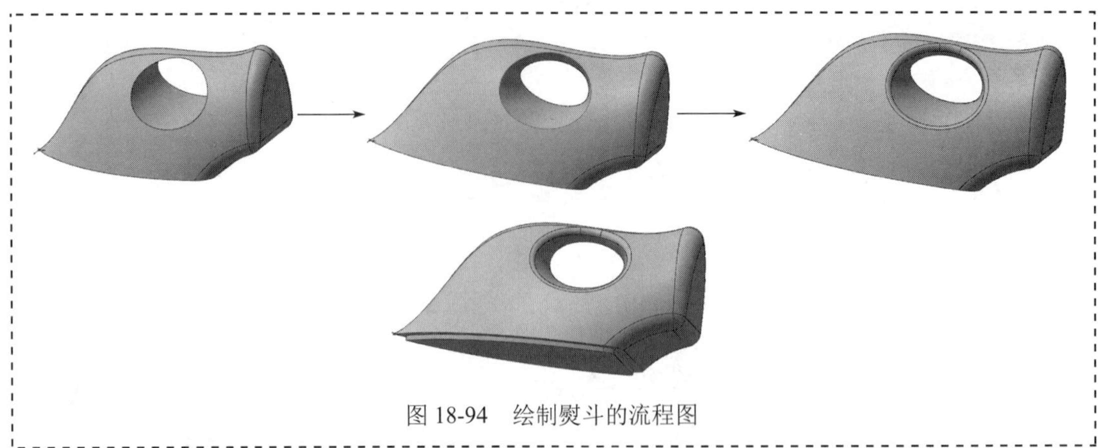

图 18-94　绘制熨斗的流程图

【绘制步骤】

（1）绘制熨斗主体

① 新建文件。启动 SOLIDWORKS 2020，单击“标准”工具栏中的“新建”按钮，在弹出的“新建 SOLIDWORKS 文件”对话框中，单击“零件”按钮，然后单击“确定”按钮，新建一个零件文件。

② 设置基准面。在左侧“FeatureManager 设计树”中用鼠标选择“前视基准面”，然后单击“标准视图”工具栏中的“垂直于”按钮，将该基准面作为绘制图形的基准面。单击“草图”控制面板中的“草图绘制”按钮，进入草图绘制状态。

③ 绘制草图 1。单击“草图”控制面板中的“样条曲线”按钮，绘制如图 18-95 所示的草图并标注尺寸。单击“退出草图”按钮，退出草图。

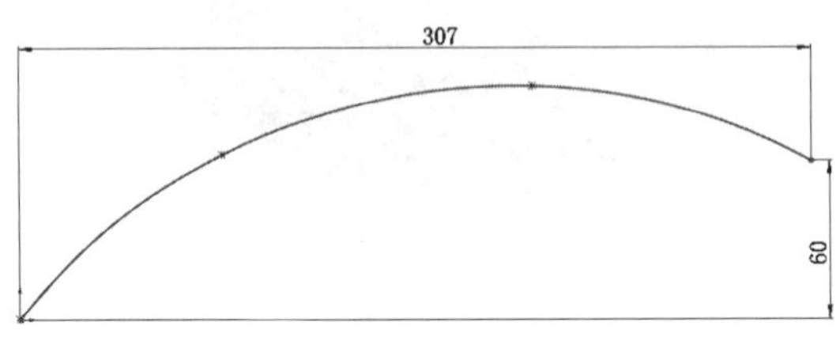

图 18-95　绘制草图 1

④ 设置基准面。在左侧“FeatureManager 设计树”中用鼠标选择“前视基准面”，然后单击“标准视图”工具栏中的“垂直于”按钮，将该基准面作为绘制图形的基准面。单击“草图”控制面板中的“草图绘制”按钮，进入草图绘制状态。

⑤ 绘制草图 2。单击“草图”控制面板中的“中心线”按钮、“转换实体引用”按钮和“镜向实体”按钮，将草图沿水平中心线进行镜向，如图 18-96 所示。单击“退出草图”按钮，退出草图。

⑥ 设置基准面。在左侧“FeatureManager 设计树”中用鼠标选择“上视基准面”，然后单击“标准视图”工具栏中的“垂直于”按钮，将该基准面作为绘制图形的基准面。单击“草图”控制面板中的“草图绘制”按钮，进入草图绘制状态。

⑦ 绘制草图 3。单击“草图”控制面板中的“样条曲线”按钮，绘制如图 18-97 所示的草图并标注尺寸。单击“退出草图”按钮，退出草图。

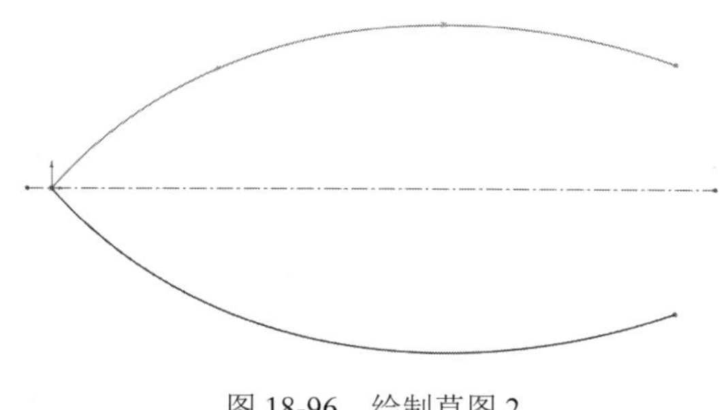

图 18-96 绘制草图 2

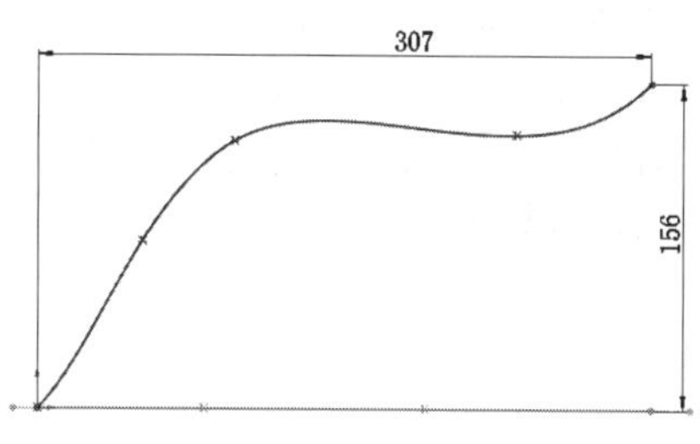

图 18-97 绘制草图 3

⑧ 创建基准面。单击“特征”控制面板“参考几何体”下拉列表中的“基准面”按钮，弹出如图 18-98 所示的“基准面”属性管理器。选择“右视基准面”为参考面，选择草图 3 的端点为第二参考，单击“确定”按钮✓，完成基准面 1 的创建。如图 18-99 所示。

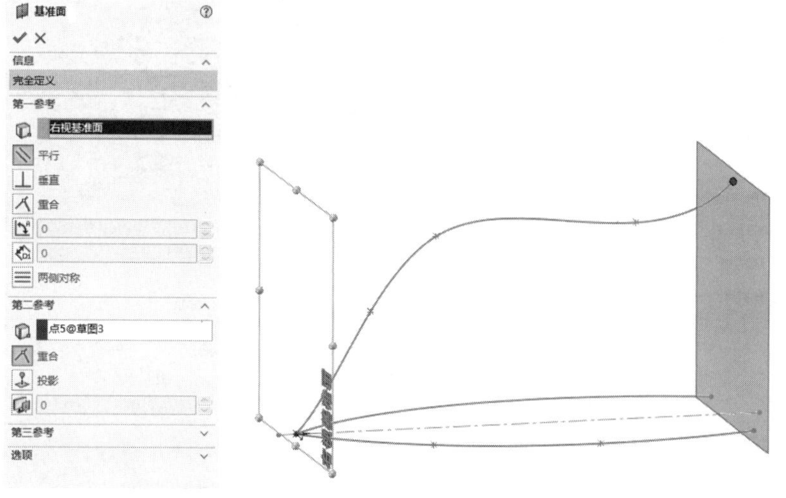

图 18-98 “基准面”属性管理器

⑨ 设置基准面。在左侧“FeatureManager 设计树”中用鼠标选择“基准面 1”，然后单击“标准视图”工具栏中的“垂直于”按钮，将该基准面作为绘制图形的基准面。单击“草图”控制面板中的“草图绘制”按钮，进入草图绘制状态。

⑩ 绘制草图 4。单击“草图”控制面板中的“中心线”按钮、“直线”按钮和“样条曲线”按钮，绘制如图 18-100 所示的草图。单击“退出草图”按钮，退出草图。

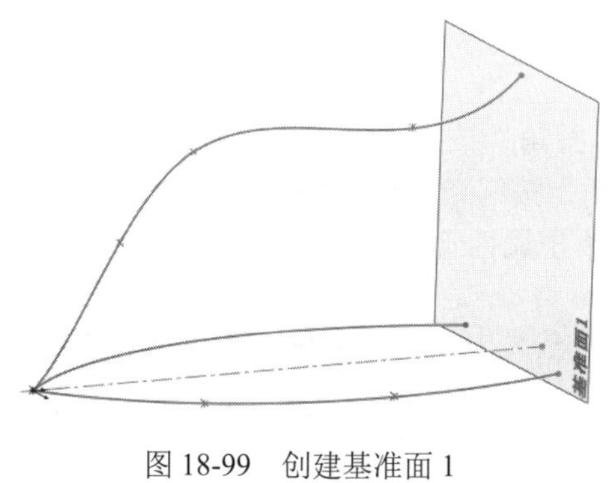

图 18-99 创建基准面 1

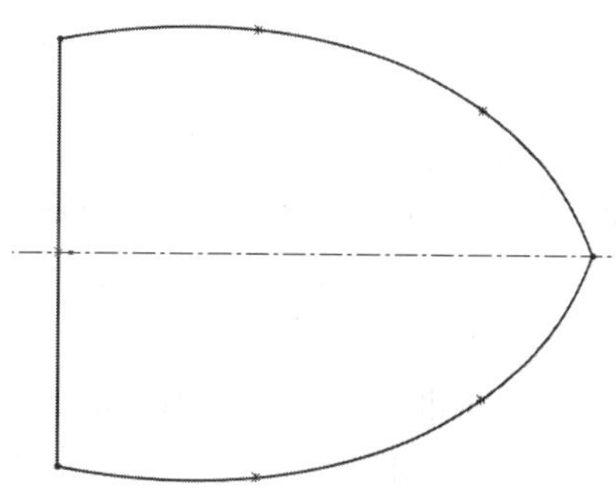

图 18-100 绘制草图 4

⑪ 放样曲面。单击“曲面”控制面板中的“放样曲面”按钮，系统弹出“曲面-放样”属性管理器。如图 18-101 所示，在“轮廓”选项框中，依次选择图 18-101 中的端点和草图 4，在“引导线”选项框中，依次选择草图 1、草图 2 和草图 3，单击“确定”按钮，生成放样曲面，效果如图 18-102 所示。

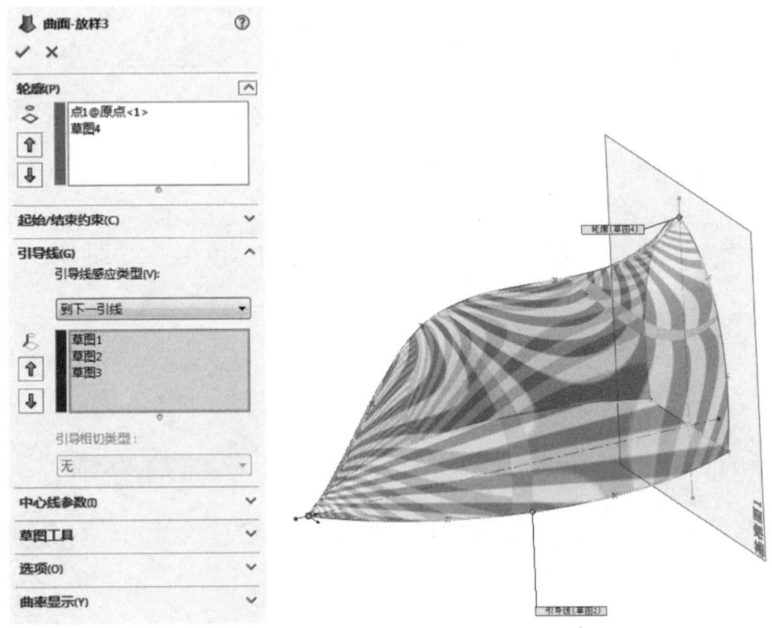

图 18-101　“曲面-放样”属性管理器

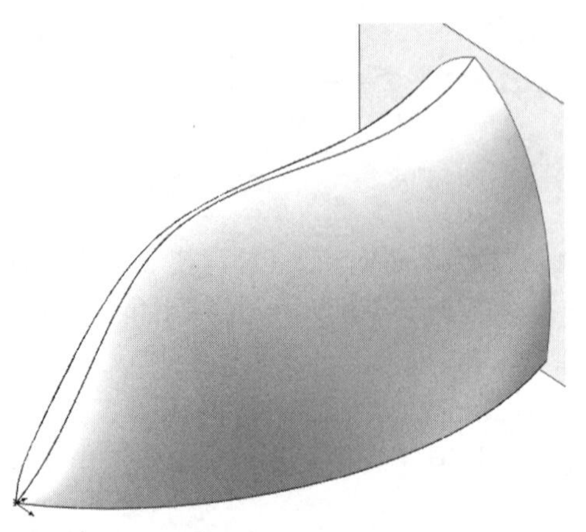

图 18-102　放样曲面

⑫ 曲面圆角。单击“曲面”控制面板中的“圆角”按钮，此时系统弹出如图 18-103 所示的“圆角”属性管理器。选择“变量大小圆角”按钮，选择如图 18-103 所示最上端边线，输入顶点半径为 0，中点和终点半径为 20，单击属性管理器中的“确定”按钮。结果如图 18-104 所示。

⑬ 设置基准面。在左侧“FeatureManager 设计树”中用鼠标选择“基准面 1”，然后单击“标准视图”工具栏中的“垂直于”按钮，将该基准面作为绘制图形的基准面。单击“草图”控制面板中的“草图绘制”按钮，进入草图绘制状态。

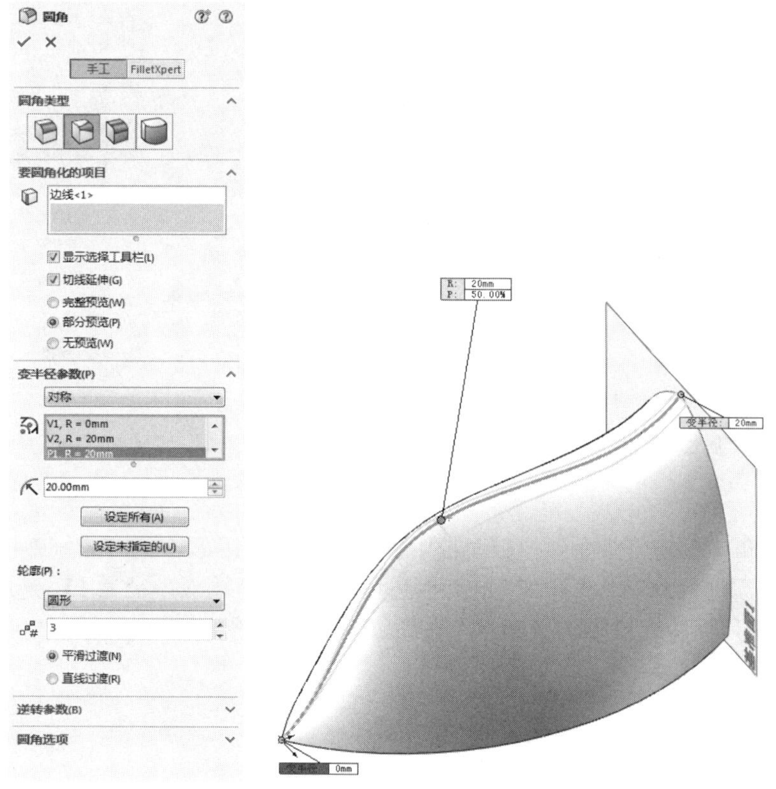

图 18-103 “圆角”属性管理器

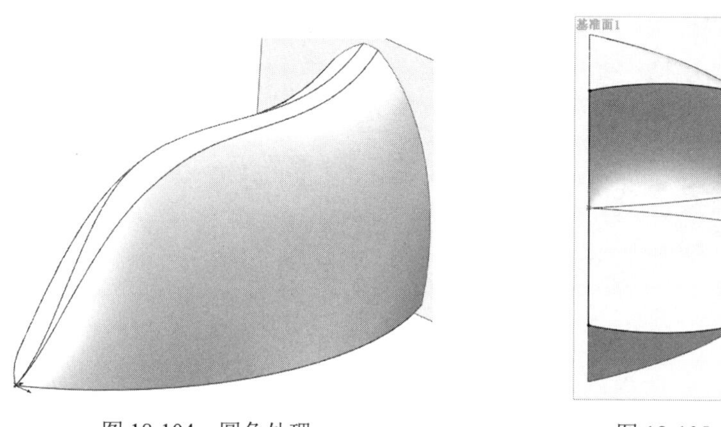

图 18-104 圆角处理

图 18-105 绘制草图 5

⑭ 绘制草图 5。单击“草图”控制面板中的“实体转换引用”按钮，将放样曲面的边线转换为草图，如图 18-105 所示。

⑮ 平面曲面。单击“曲面”控制面板中的“平面区域”按钮，此时系统弹出如图 18-106 所示的“平面”属性管理器。选择步骤⑭创建的草图为边界，单击属性管理器中的“确定”按钮✓，结果如图 18-107 所示。

⑯ 缝合曲面。单击“曲面”控制面板中的“缝合曲面”按钮，此时系统弹出如图 18-108 所示的“曲面-缝合”属性管理器。选择放样曲面和平面曲面，单击属性管理器中的“确定”按钮✓。

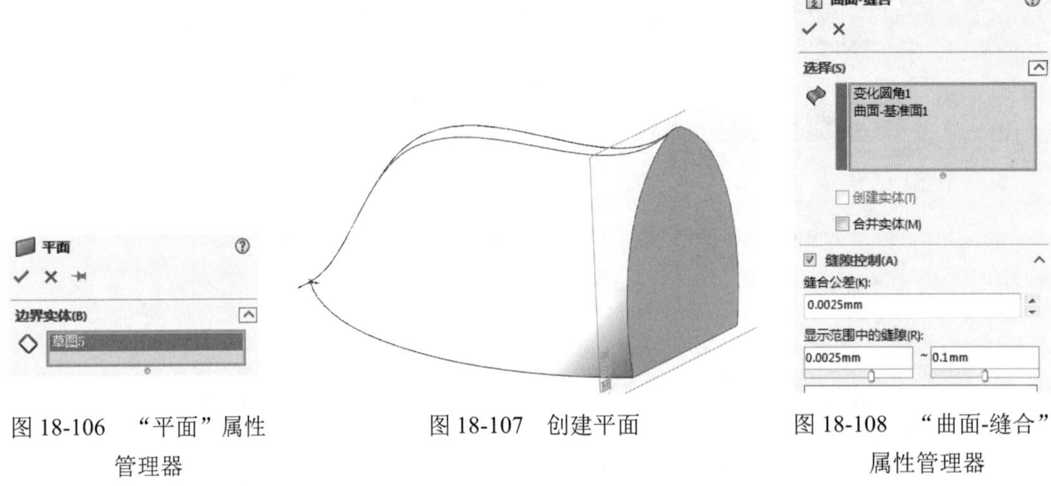

图 18-106 “平面”属性管理器

图 18-107 创建平面

图 18-108 “曲面-缝合”属性管理器

⑰ 曲面圆角。单击“曲面”控制面板中的“圆角”按钮，此时系统弹出如图 18-109 所示的“圆角”属性管理器。选择“恒定大小圆角”按钮，输入半径为 15，选择如图 18-109 所示边线，单击属性管理器中的“确定”按钮✔。结果如图 18-110 所示。

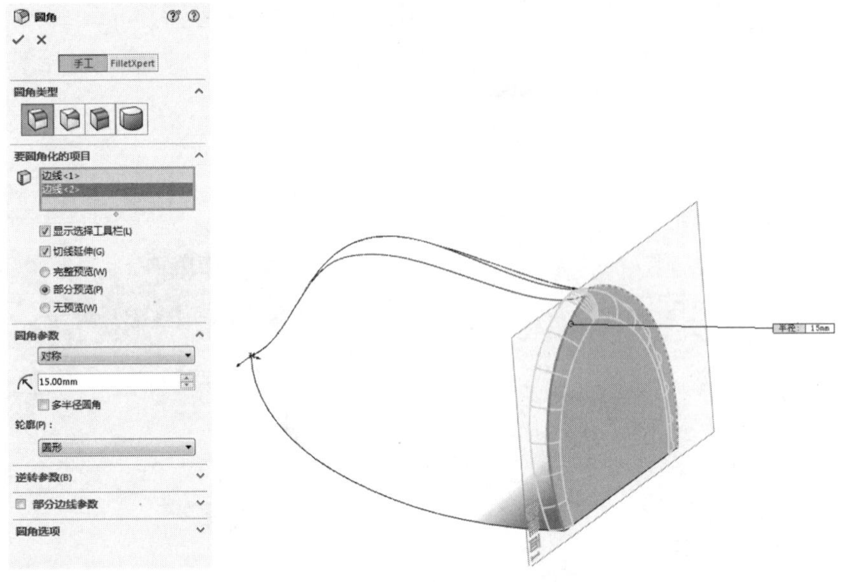

图 18-109 “圆角”属性管理器

⑱ 设置基准面。在左侧“FeatureManager 设计树”中用鼠标选择“上视基准面”，然后单击“标准视图”工具栏中的“垂直于”按钮，将该基准面作为绘制图形的基准面。单击“草图”控制面板中的“草图绘制”按钮，进入草图绘制状态。

⑲ 绘制草图 6。单击“草图”控制面板中的“三点圆弧”按钮，绘制如图 18-111 所示的草图并标注尺寸。

⑳ 拉伸曲面。单击“曲面”控制面板中的“拉伸曲面”按钮，此时系统弹出如图 18-112 所示的“曲面-拉伸”属性管理器。选择上步创建的草图，设置终止条件为“两侧对称”，输入拉伸距离为 200mm，单击属性管理器中的“确定”按钮✔，结果如图 18-113 所示。

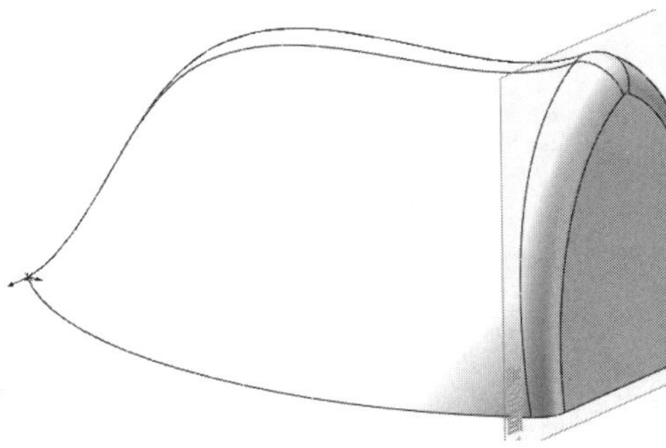

图 18-110 圆角处理

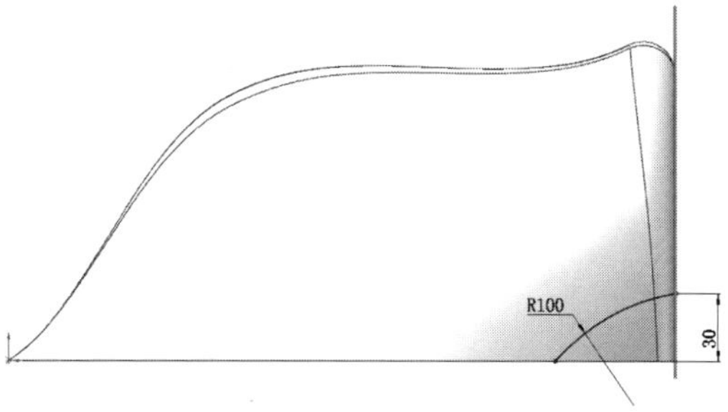

图 18-111 绘制草图 6

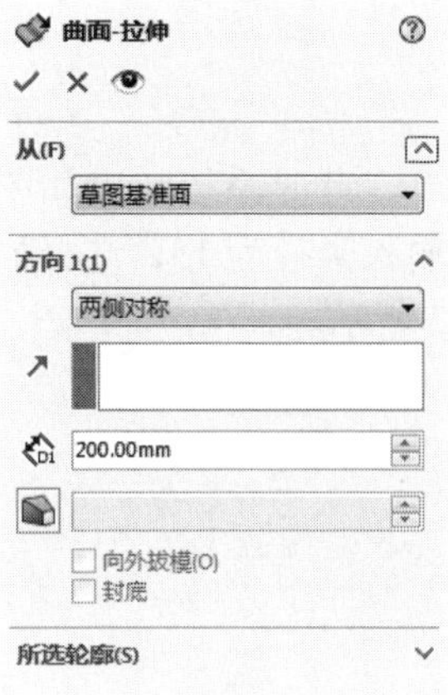

图 18-112 “曲面-拉伸”属性管理器

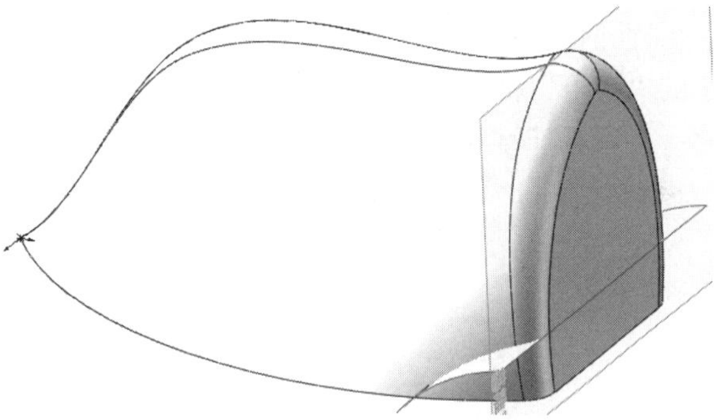

图 18-113 拉伸曲面

㉑ 剪裁曲面。单击“曲面”控制面板中的“剪裁曲面”按钮，此时系统弹出如图 18-114 所示的“曲面-剪裁”属性管理器。点选“相互”单选按钮，选择拉伸曲面和缝合后的曲面为裁剪曲面，点选“移除选项”单选按钮，选择图 18-114 所示的两个曲面为要移除的面，单击属性管理器中的“确定”按钮，结果如图 18-115 所示。

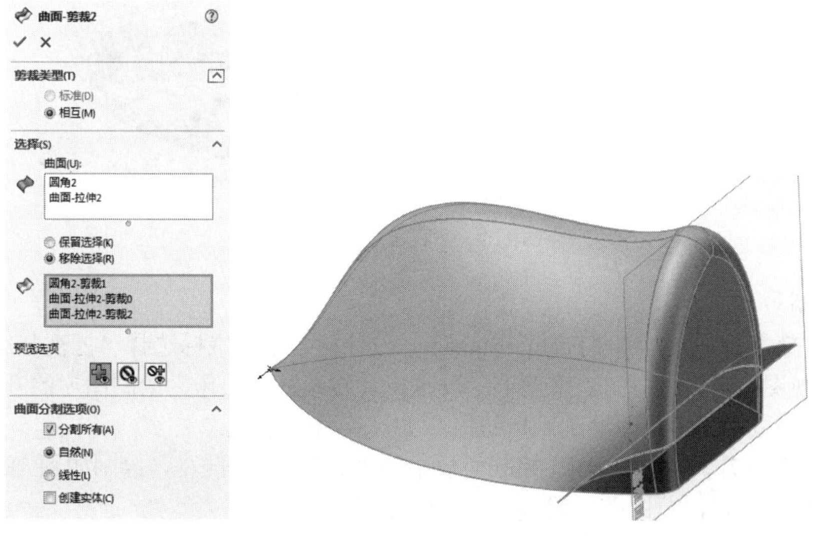

图 18-114 “曲面-剪裁”属性管理器

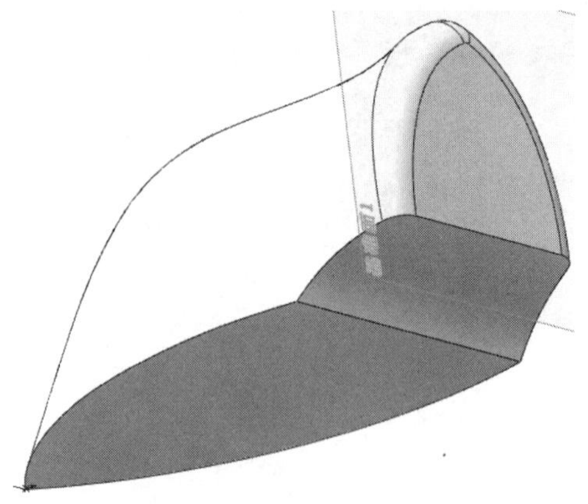

图 18-115　剪裁曲面

㉒ 曲面圆角。单击“曲面”控制面板中的“圆角”按钮，此时系统弹出如图 18-116 所示的“圆角”属性管理器。选择“恒定大小圆角”按钮，输入半径为 15，选择如图所示边线，单击属性管理器中的“确定”按钮✓。结果如图 18-117 所示。

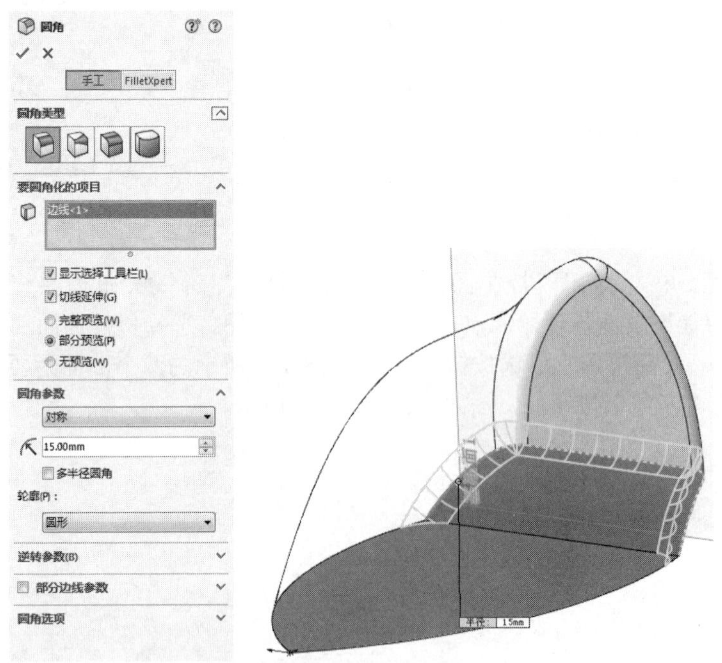

图 18-116　“圆角”属性管理器

（2）绘制熨斗把手

① 设置基准面。在左侧“FeatureManager 设计树”中用鼠标选择“上视基准面”，然后单击“标准视图”工具栏中的“垂直于”按钮，将该基准面作为绘制图形的基准面。单击“草图”控制面板中的“草图绘制”按钮，进入草图绘制状态。

② 绘制草图 7。单击“草图”控制面板中的“椭圆”按钮，绘制如图 18-118 所示并标注尺寸。单击“退出草图”按钮，退出草图。

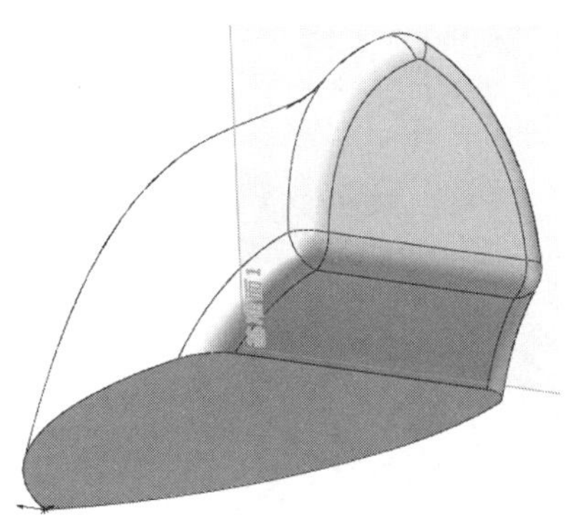

图 18-117 圆角处理

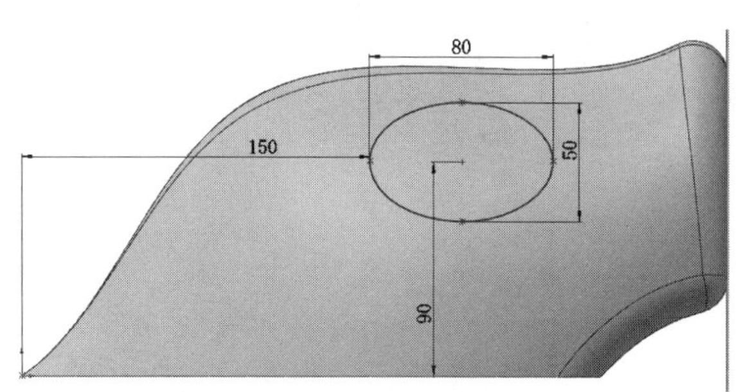

图 18-118 绘制草图 7

③ 设置基准面。在左侧“FeatureManager 设计树”中用鼠标选择“上视基准面”，然后单击“标准视图”工具栏中的“垂直于”按钮，将该基准面作为绘制图形的基准面。单击“草图”控制面板中的“草图绘制”按钮，进入草图绘制状态。

④ 绘制草图 8。单击“草图”控制面板中的“转换实体引用”按钮，将草图 7 转换为图素，然后“草图”控制面板中的“等距实体”按钮，将转换后的图素向外偏移，偏移距离为 10mm，如图 18-119 所示。

⑤ 拉伸曲面。单击“曲面”控制面板中的“拉伸曲面”按钮，此时系统弹出“曲面-拉伸”属性管理器。选择上步创建的草图，设置终止条件为“两侧对称”，输入拉伸距离为 200mm，单击属性管理器中的“确定”按钮，结果如图 18-120 所示。

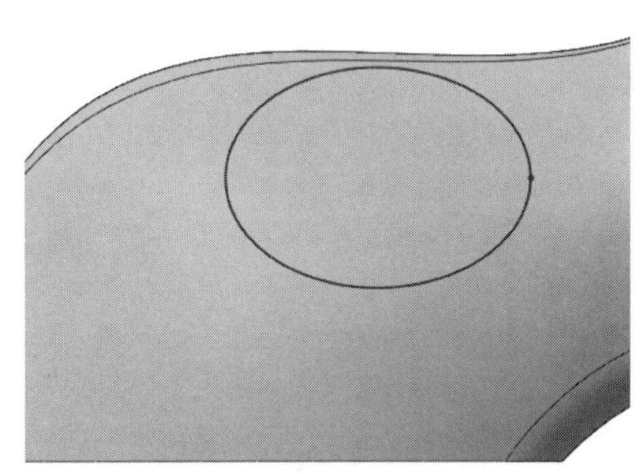

图 18-119 绘制草图 8

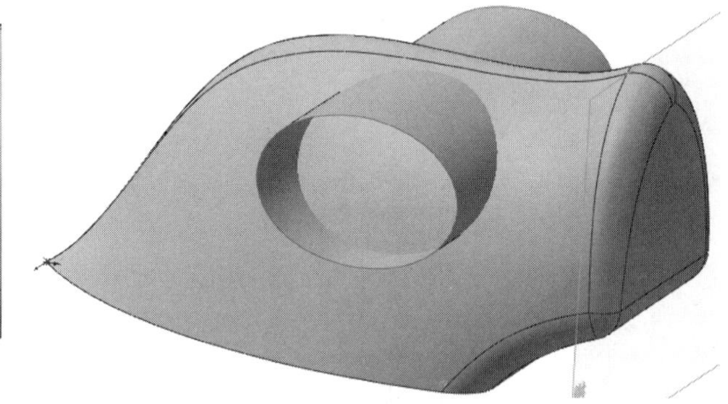

图 18-120 拉伸曲面

⑥ 剪裁曲面。单击“曲面”控制面板中的“剪裁曲面”按钮，此时系统弹出如图 18-121 所示的“曲面-剪裁”属性管理器。点选“相互”单选按钮，选择拉伸曲面和放样曲面为裁剪曲面，点选“移除选项”单选按钮，选择图 18-121 所示的四个曲面为要移除的面，单击属性管理器中的“确定”按钮，结果如图 18-122 所示。

⑦ 删除面。单击“曲面”控制面板中的“删除面”按钮，此时系统弹出如图 18-123 所示的“删除面”属性管理器。选择如图 18-122 所示的面 1 为要删除的面，点选“删除”单选按钮，单击属性管理器中的“确定”按钮，结果如图 18-124 所示。

⑧ 放样曲面。单击“曲面”控制面板中的“放样曲面”按钮，系统弹出“曲面-放样”属性管理器；在“轮廓”选项框中，依次选择图 18-125 中的边线和椭圆草图，单击“确定”按钮，生成放样曲面，效果如图 18-126 所示。

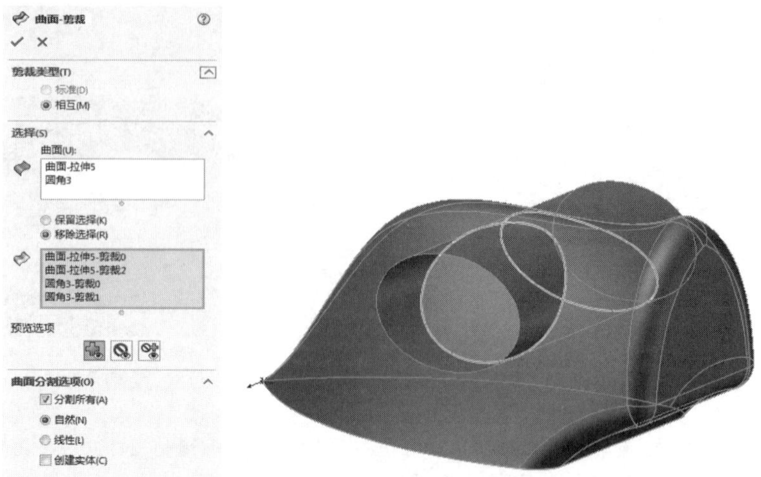

图 18-121 “曲面-剪裁”属性管理器

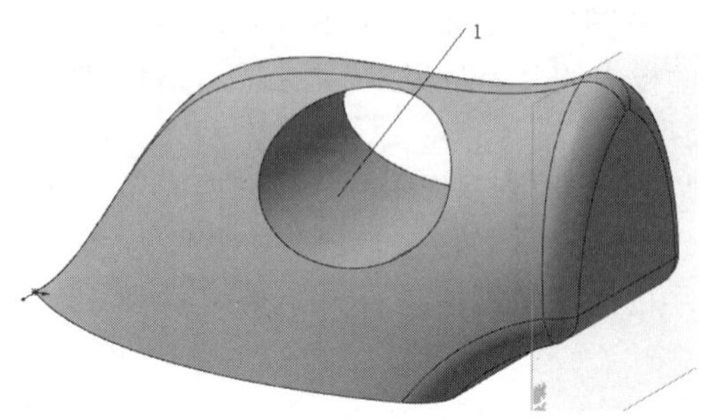

图 18-122 剪裁曲面

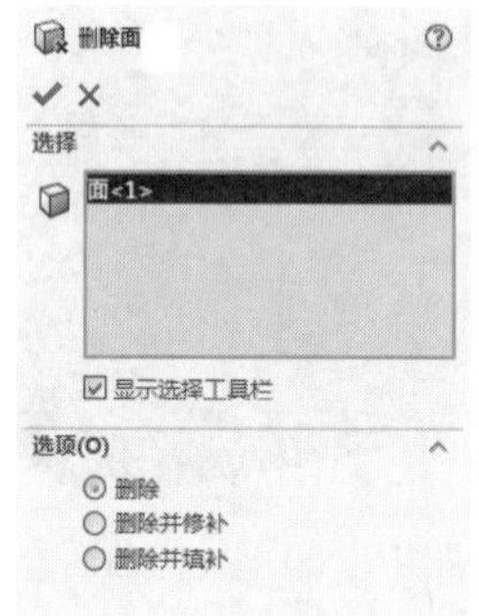

图 18-123 “删除面”属性管理器

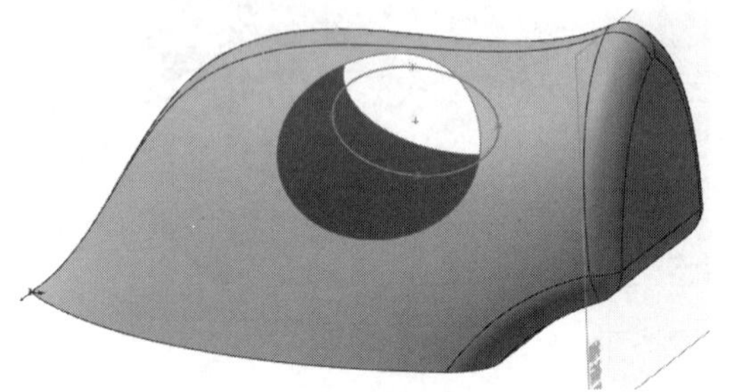

图 18-124 删除面

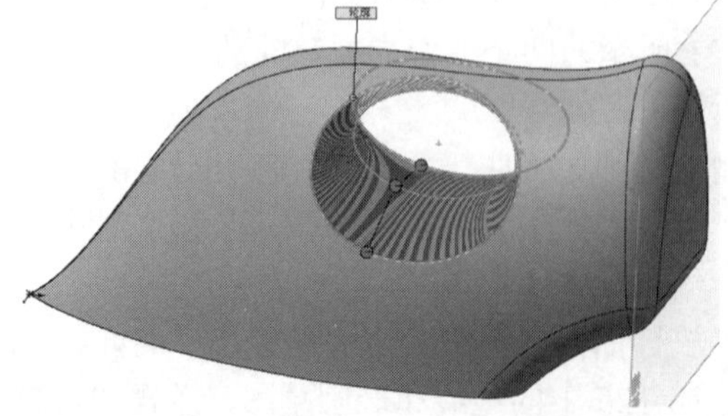

图 18-125 选择放样曲面

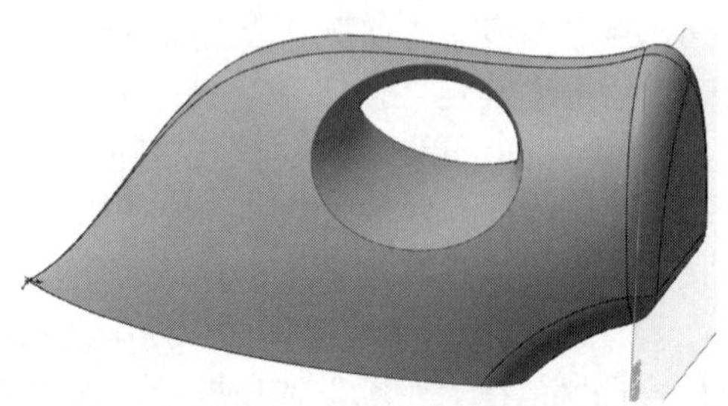

图 18-126 生成放样曲面

⑨ 缝合曲面。单击“曲面”控制面板中的“缝合曲面”按钮，此时系统弹出如图 18-127 所示的“曲面-缝合”属性管理器。选择视图中的所有曲面，勾选“创建实体”和“合并实体”复选框，将曲面创建为实体，单击属性管理器中的“确定”按钮✓，如图 18-128 所示。

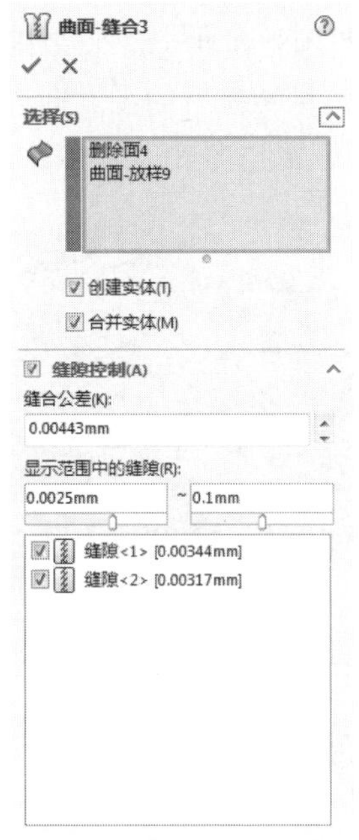

图 18-127 “曲面-缝合”属性管理器

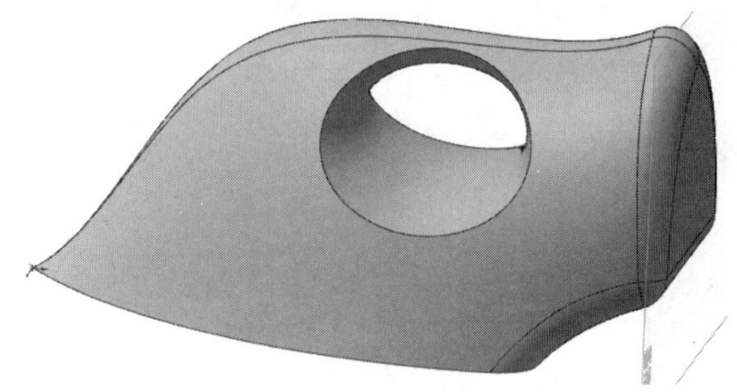

图 18-128 缝合曲面

⑩ 圆角处理。单击“曲面”控制面板中的“圆角”按钮，此时系统弹出如图 18-129 所示的“圆角”属性管理器。选择“恒定大小圆角”按钮，输入半径为 5，选择如图 18-129 所示边线，单击属性管理器中的“确定”按钮✓。结果如图 18-130 所示。

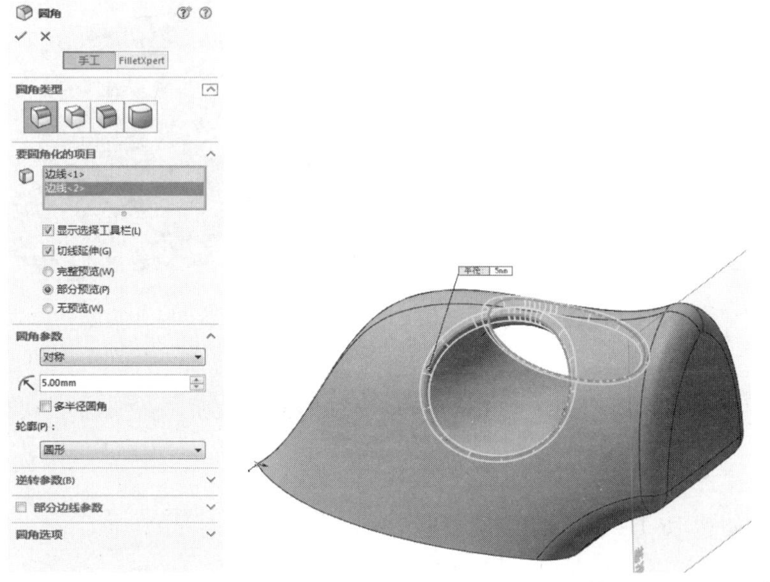

图 18-129 “圆角”属性管理器

（3）绘制熨斗底板

① 设置基准面。在视图中选择如图 18-130 所示的面 2 作为草图基准面，然后单击“标准视图”工具栏中的“垂直于”按钮，将该基准面作为绘制图形的基准面。单击“草图”控制面板中的“草图绘制”按钮，进入草图绘制状态。

② 绘制草图 9。单击“草图”控制面板中的“转换实体引用”按钮，将草图绘制面转换为图素，然后“草图”控制面板中的“等距实体”按钮，将转换后的图素向内偏移，偏移距离为 10mm，如图 18-131 所示。

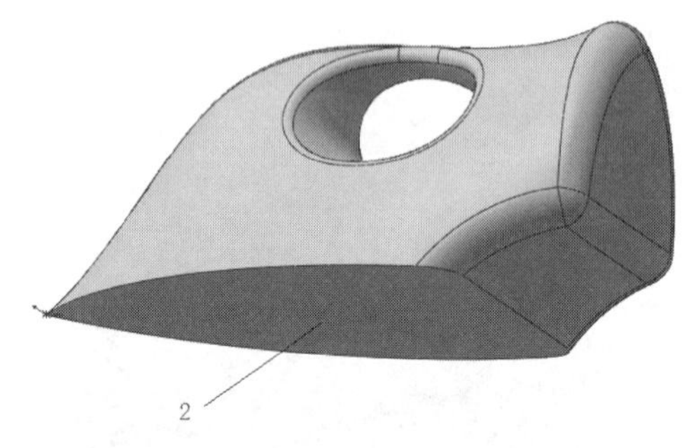

图 18-130　圆角处理

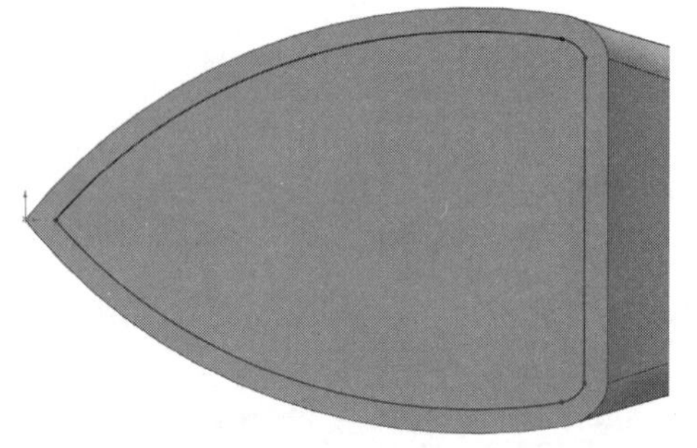

图 18-131　绘制草图 9

③ 凸台拉伸实体。单击“特征”控制面板中的“拉伸凸台/基体”按钮，系统弹出“凸台-拉伸”属性管理器。如图 18-132 所示，设置拉伸终止条件为“给定深度”，输入拉伸距离为 5mm，勾选“合并结果”复选框，单击“确定”按钮，完成凸台拉伸操作，效果如图 18-133 所示。

图 18-132　“凸台-拉伸”属性管理器

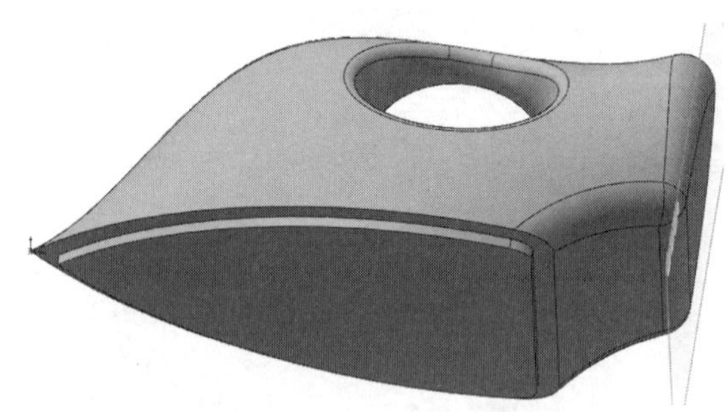

图 18-133　拉伸实体

上 机 操 作

【实例 1】绘制如图 18-134 所示的电扇单叶

操作提示

① 利用草图绘制命令，分别在基准面上绘制如图 18-135 所示的四个草图，利用放样曲

面命令创建曲面，利用加厚命令将曲面加厚，厚度为 2。图中基准面 1 与前视基准面的距离为 150；基准面 2 在草图 1 的右端点上；基准面 3 在草图 1 的左端点上。

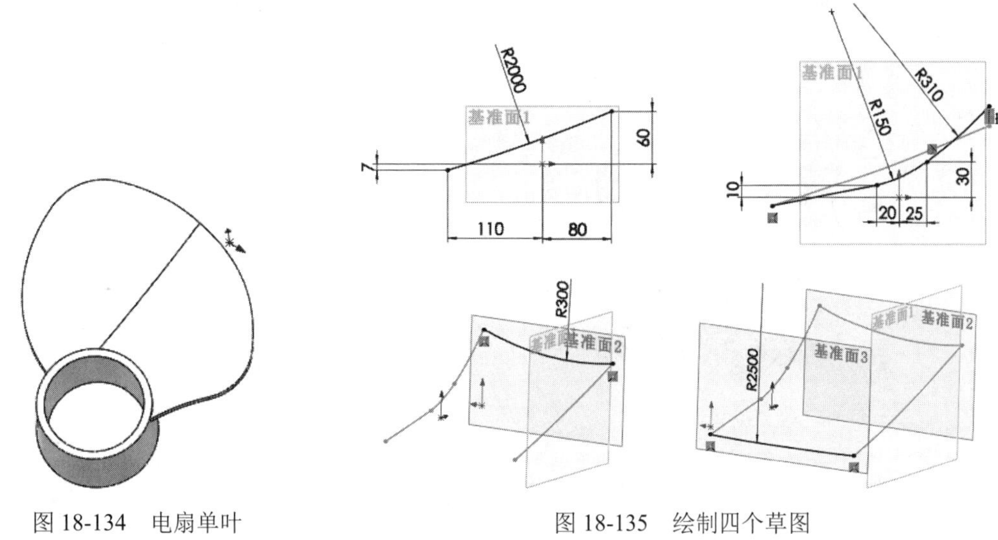

图 18-134　电扇单叶　　　图 18-135　绘制四个草图

② 利用草绘命令，绘制如图 18-136 所示的草图，利用拉伸切除，设置终止条件为完全贯穿-两者，并勾选反侧切除复选框。图中基准面 4 与上视基准面的距离为 45。

③ 利用圆命令，分别绘制直径为 74 和 78 的两个圆，如图 18-137 所示。利用放样命令，创建放样特征。

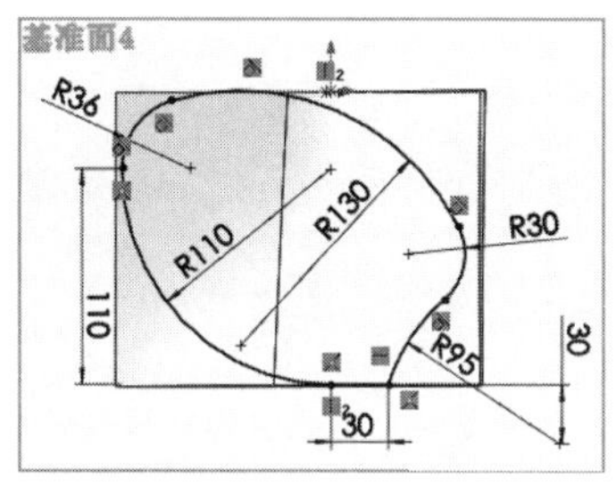

图 18-136　绘制草图

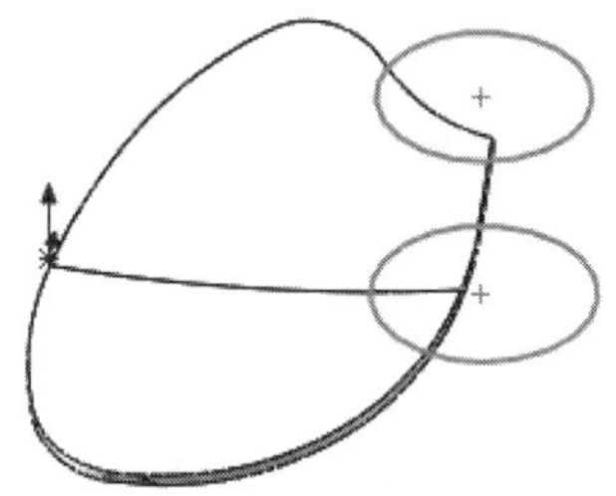

图 18-137　绘制圆

④ 利用等距实体命令，绘制如图 18-138 所示的草图，利用拉伸切除命令，设置终止条件为完全贯穿。

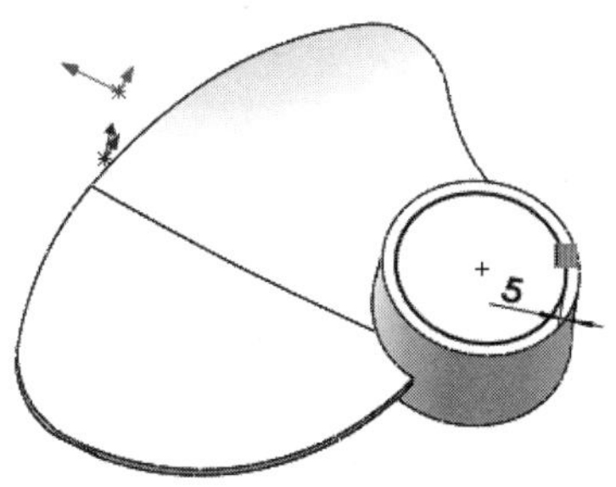

图 18-138　绘制草图

【实例 2】绘制如图 18-139 所示的花盆

操作提示

① 利用草图命令，绘制如图 18-140 所示的草图，利用旋转曲面命令进行曲面旋转生成盆体。

图 18-139　花盆

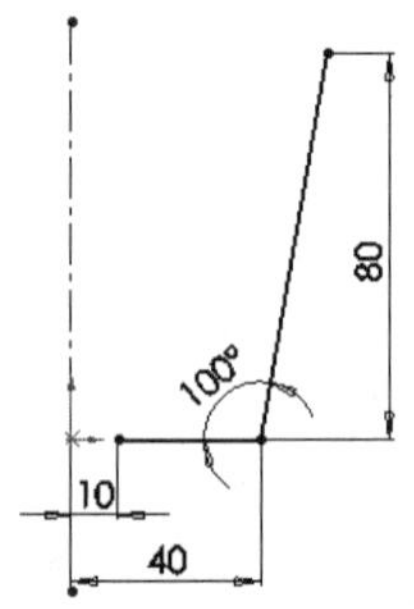

图 18-140　绘制草图

② 利用延展曲面命令，将旋转曲面的上边线进行延展，延展距离为 20。

③ 利用缝合曲面命令，将旋转曲面和延展后的曲面缝合。

④ 利用圆角命令，设置圆角半径为 10，进行圆角处理。

第 19 章 装配体设计

对于机械设计而言，仅仅设计单纯的零件没有实际意义，设计一个运动机构和一个整体才有意义。将已经设计完成的各个独立的零件，根据实际需要装配成一个完整的实体，在此基础上对装配体进行运动测试，检查是否完成整机的设计功能，才是整个设计的关键，这也是SOLIDWORKS的优点之一。

本章将介绍装配体基本操作、装配体配合方式、运动测试、装配体文件中零件的阵列和镜像以及爆炸视图等。

学习目标

- 装配体基本操作
- 定位零部件
- 零件的复制、阵列与镜像
- 装配体检查

19.1 装配体基本操作

要实现对零部件进行装配，必须首先创建一个装配体文件。本节将介绍创建装配体的基本操作，包括新建装配体文件、插入装配零件与删除装配零件。

19.1.1 新建装配体文件

扫一扫，看视频

① 单击“标准”工具栏中的“新建”按钮，弹出“新建 SOLIDWORKS 文件”对话框，如图 19-1 所示。

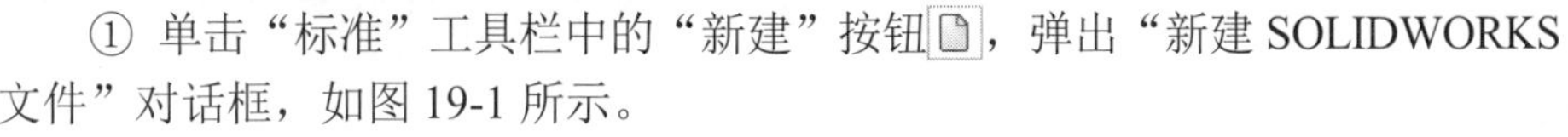

② 单击“装配体” →“确定”按钮，进入装配体制作界面，如图 19-2 所示。

③ 在“开始装配体”属性管理器中，单击“要插入的零件/装配体”选项组中的“浏览”按钮，弹出“打开”对话框。

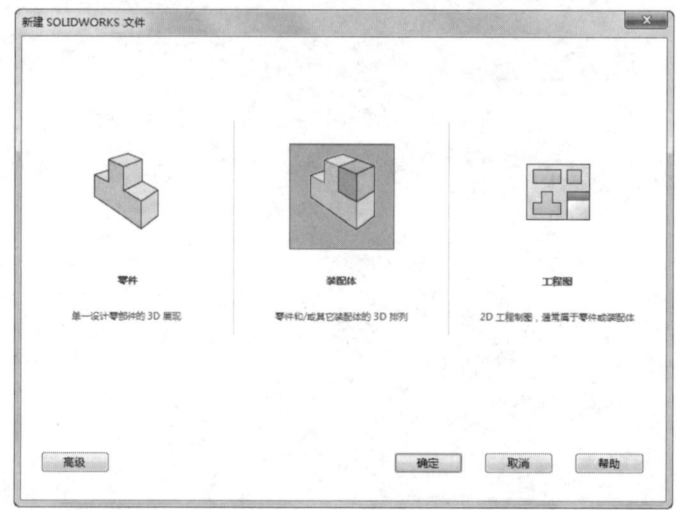

图 19-1 “新建 SOLIDWORKS 文件”对话框

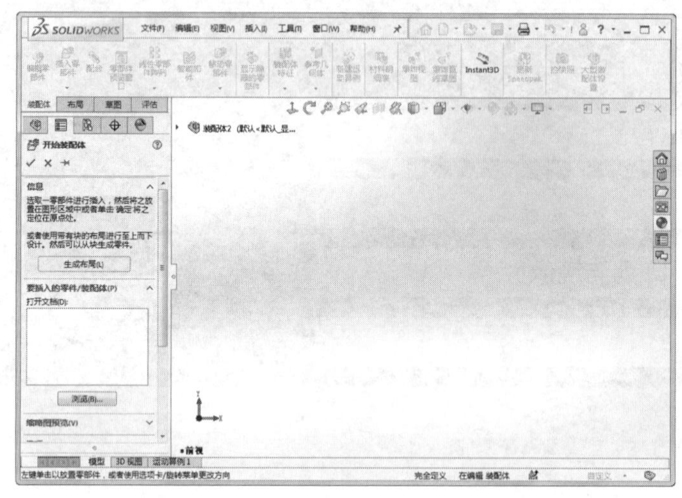

图 19-2 装配体制作界面

④ 选择一个零件作为装配体的基准零件，单击“打开”按钮，然后在图形区合适位置单击以放置零件。然后调整视图为“等轴测”，即可得到导入零件后的界面，如图 19-3 所示。

装配体制作界面与零件的制作界面基本相同，特征管理器中出现一个配合组，在装配体制作界面中出现如图 19-4 所示的“装配体”工具栏，对“装配体”工具栏的操作同前边介绍的工具栏操作相同。

⑤ 将一个零部件（单个零件或子装配体）放入装配体中时，这个零部件文件会与装配体文件链接。此时零部件出现在装配体中，零部件的数据还保存在原零部件文件中。

技巧荟萃

对零部件文件所进行的任何改变都会更新装配体。保存装配体时文件的扩展名为“*.sldasm”，其文件名前的图标也与零件图不同。

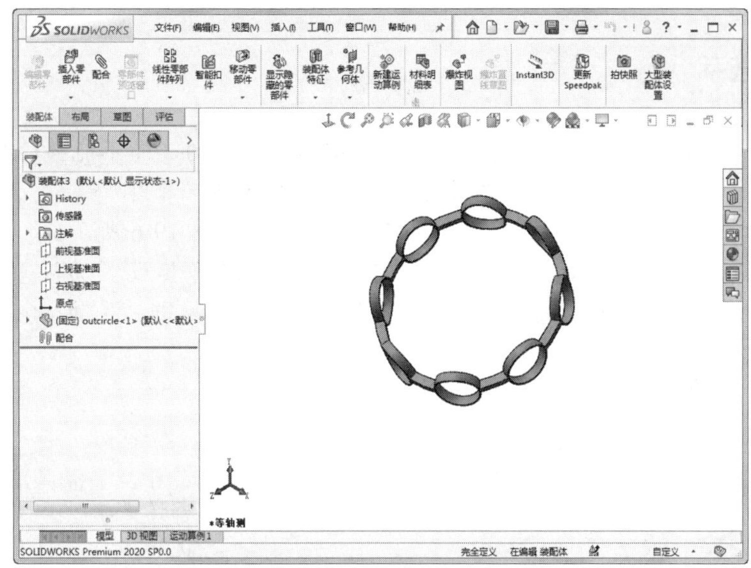

图 19-3 导入零件后的界面

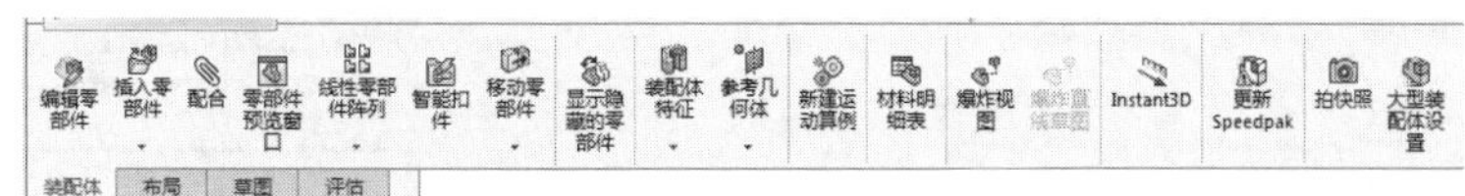

图 19-4 “装配体”工具栏

19.1.2 插入装配零件

制作装配体需要按照装配的过程，依次插入相关零件，有多种方法可以将零部件添加到一个新的或现有的装配体中。

① 使用插入零部件属性管理器。

② 从任何窗格中的文件探索器拖动。

③ 从一个打开的文件窗口中拖动。

④ 从资源管理器中拖动。

⑤ 从 Internet Explorer 中拖动超文本链接。

⑥ 在装配体中拖动以增加现有零部件的实例。

⑦ 从任何窗格的设计库中拖动。

⑧ 使用插入、智能扣件来添加螺栓、螺钉、螺母、销钉以及垫圈。

19.1.3 删除装配零件

扫一扫，看视频

下面介绍删除装配零件的操作步骤。

① 在图形区或 FeatureManager 设计树中单击零部件。

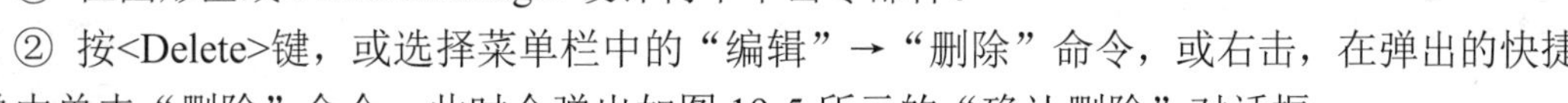

② 按<Delete>键，或选择菜单栏中的“编辑”→“删除”命令，或右击，在弹出的快捷菜单中单击“删除”命令，此时会弹出如图 19-5 所示的“确认删除”对话框。

③ 单击“是”按钮以确认删除，此零部件及其所有相关项目（配合、零部件阵列、爆炸步骤等）都会被删除。

技巧荟萃

① 第一个插入的零件在装配图中，默认的状态是固定的，即不能移动和旋转的，在FeatureManager 设计树中显示为“固定”。如果不是第一个零件，则是浮动的，在FeatureManager设计树中显示为（－），固定和浮动显示如图19-6所示。

② 系统默认第一个插入的零件是固定的，也可以将其设置为浮动状态，右击FeatureManager 设计树中固定的文件，在弹出的快捷菜单中单击“浮动”命令。反之，也可以将其设置为固定状态。

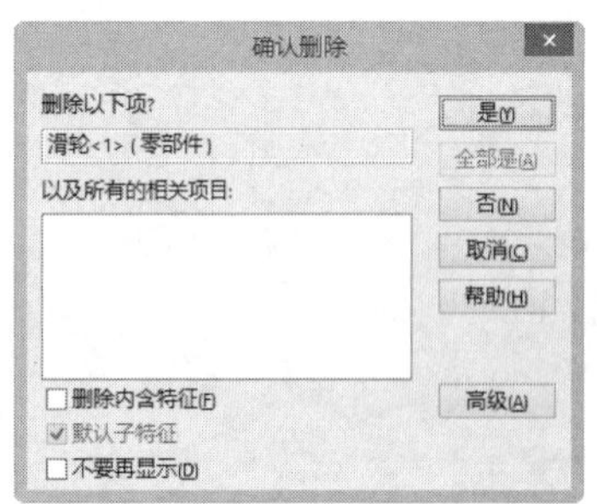

图 19-5 “确认删除”对话框

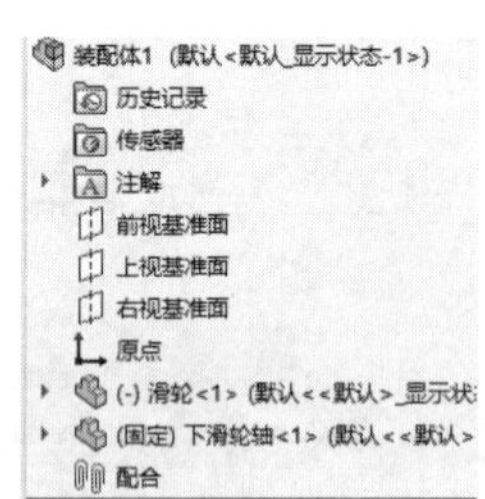

图 19-6 固定和浮动显示

19.2 定位零部件

在零部件放入装配体中后，用户可以移动、旋转零部件或固定它的位置，用这些方法可以大致确定零部件的位置，然后再使用配合关系来精确地定位零部件。

19.2.1 固定零部件

当一个零部件被固定之后，它就不能相对于装配体原点移动了。默认情况下，装配体中的第一个零件是固定的。如果装配体中至少有一个零部件被固定下来，它就可以为其余零部件提供参考，防止其他零部件在添加配合关系时意外移动。

要固定零部件，只要在FeatureManager设计树或图形区中，右击要固定的零部件，在弹出的快捷菜单中单击“固定”命令即可。如果要解除固定关系，只要在快捷菜单中单击“浮动”命令即可。

当一个零部件被固定之后，在FeatureManager设计树中，该零部件名称的左侧出现文字“固定”，表明该零部件已被固定。

19.2.2 移动零部件

扫一扫，看视频

在FeatureManager设计树中，只要前面有“(-)”符号的，该零件即可被移动。

下面介绍移动零部件的操作步骤。

① 选择菜单栏中的“工具”→“零部件”→“移动”命令，或者单击“装配体”工具

栏中的“移动零部件”按钮，系统弹出的“移动零部件”属性管理器如图 19-7 所示。

② 选择需要移动的类型，然后拖动到需要的位置。

③ 单击“确定”按钮✔，或者按<Esc>键，取消命令操作。

在“移动零部件”属性管理器中，移动零部件的类型有自由拖动、沿装配体 XYZ、沿实体、由 Delta XYZ 和到 XYZ 位置 5 种，如图 19-8 所示，下面分别介绍。

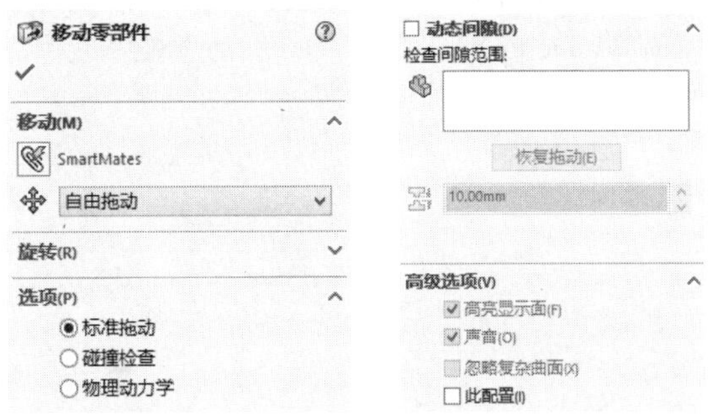

图 19-7 “移动零部件”属性管理器

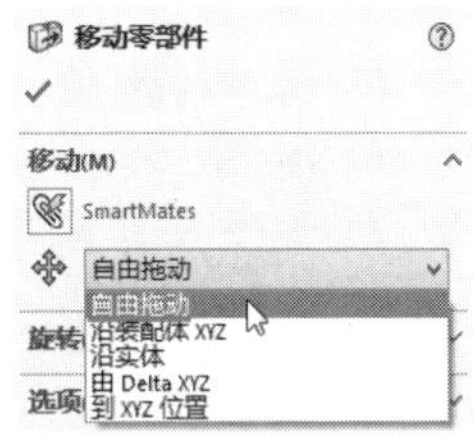

图 19-8 移动零部件的类型

- 自由拖动：系统默认选项，可以在视图中把选中的文件拖动到任意位置。
- 沿装配体 XYZ：选择零部件并沿装配体的 X、Y 或 Z 方向拖动。视图中显示的装配体坐标系可以确定移动的方向，在移动前要在欲移动方向的轴附近单击。
- 沿实体：首先选择实体，然后选择零部件并沿该实体拖动。如果选择的实体是一条直线、边线或轴，所移动的零部件具有一个自由度。如果选择的实体是一个基准面或平面，所移动的零部件具有两个自由度。
- 由 Delta XYZ：在属性管理器中键入移动 Delta XYZ 的范围，如图 19-9 所示，然后单击“应用”按钮，零部件按照指定的数值移动。
- 到 XYZ 位置：选择零部件的一点，在属性管理中键入 X、Y 或 Z 坐标，如图 19-10 所示，然后单击“应用”按钮，所选零部件的点移动到指定的坐标位置。如果选择的项目不是顶点或点，则零部件的原点会移动到指定的坐标处。

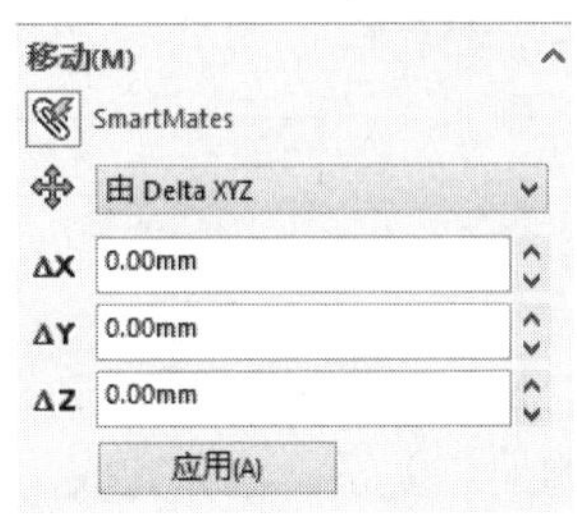

图 19-9 “由 Delta XYZ”设置

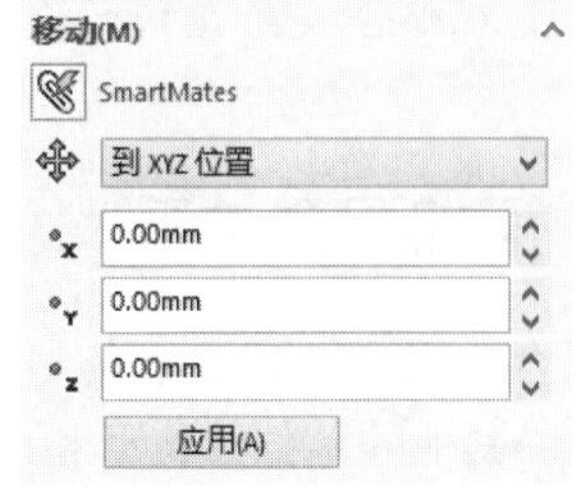

图 19-10 “到 XYZ 位置”设置

19.2.3 旋转零部件

扫一扫，看视频

在 FeatureManager 设计树中，只要前面有“(-)”符号，该零件即可被旋转。下面介绍旋转零部件的操作步骤。

① 选择菜单栏中的“工具”→“零部件”→“旋转”命令，或者单击“装配体”工具栏中的“旋转零部件”按钮，系统弹出的“旋转零部件”属性管理器如图 19-11 所示。

② 选择需要旋转的类型，然后根据需要确定零部件的旋转角度。

③ 单击“确定”按钮✔，或者按<Esc>键，取消命令操作。

在“旋转零部件”属性管理器中，移动零部件的类型有 3 种，即自由拖动、对于实体和由 Delta XYZ，如图 19-12 所示，下面分别介绍。

- 自由拖动：选择零部件并沿任何方向旋转拖动。
- 对于实体：选择一条直线、边线或轴，然后围绕所选实体旋转零部件。
- 由 Delta XYZ：在属性管理器中键入旋转 Delta XYZ 的范围，然后单击“应用”按钮，零部件按照指定的数值进行旋转。

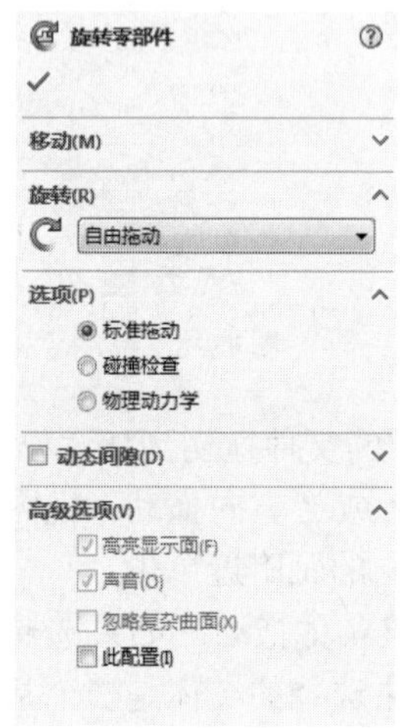

图 19-11 “旋转零部件”属性管理器

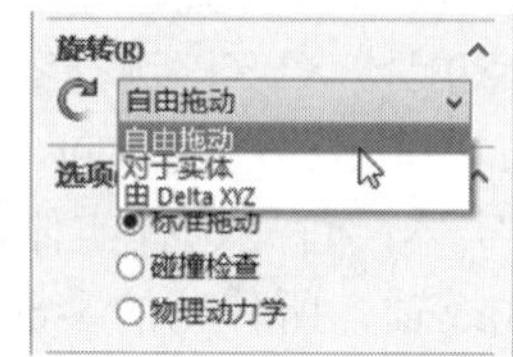

图 19-12 旋转零部件的类型

技巧荟萃

① 不能移动或者旋转一个已经固定或者完全定义的零部件。

② 只能在配合关系允许的自由度范围内移动和选择该零部件。

19.2.4 添加配合关系

扫一扫，看视频

使用配合关系，可相对于其他零部件来精确地定位零部件，还可定义零部件如何相对于其他的零部件移动和旋转。只有添加了完整的配合关系，才算完成了装配体模型。

下面结合实例介绍为零部件添加配合关系的操作步骤。

① 打开随书资源中的“\源文件\ch19\19.5 添加配合关系\19.5. SLDASM”。

② 选择菜单栏中的“插入”→“配合”命令，或者单击“装配体”工具栏中的“配合”按钮，系统弹出“配合”属性管理器。

③ 在图形区中的零部件上选择要配合的实体，所选实体会显示在“要配合实体”列表框中，如图 19-13 所示。

④ 选择所需的对齐条件。

- “同向对齐”：以所选面的法向或轴向的相同方向来放置零部件。
- “反向对齐”：以所选面的法向或轴向的相反方向来放置零部件。

⑤ 系统会根据所选的实体，列出有效的配合类型。单击对应的配合类型按钮，选择配合类型。

- “重合”：面与面、面与直线（轴）、直线与直线（轴）、点与面、点与直线之间重合。
- “平行”：面与面、面与直线（轴）、直线与直线（轴）、曲线与曲线之间平行。
- “垂直”：面与面、直线（轴）与面之间垂直。
- “同轴心”：圆柱与圆柱、圆柱与圆锥、圆形与圆弧边线之间具有相同的轴。

⑥ 图形区中的零部件将根据指定的配合关系移动，如果配合不正确，单击“撤销”按钮，然后根据需要修改选项。

⑦ 单击“确定”按钮，应用配合。

当在装配体中建立配合关系后，配合关系会在 FeatureManager 设计树中以按钮表示。

19.2.5 删除配合关系

扫一扫，看视频

如果装配体中的某个配合关系有错误，用户可以随时将它从装配体中删除掉。下面结合实例介绍删除配合关系的操作步骤。

① 在 FeatureManager 设计树中，右击想要删除的配合关系。

② 在弹出的快捷菜单中单击“删除”命令，或按<Delete>键。

③ 弹出“确认删除”对话框，如图 19-14 所示单击“是”按钮，以确认删除。

图 19-13 “配合”属性管理器

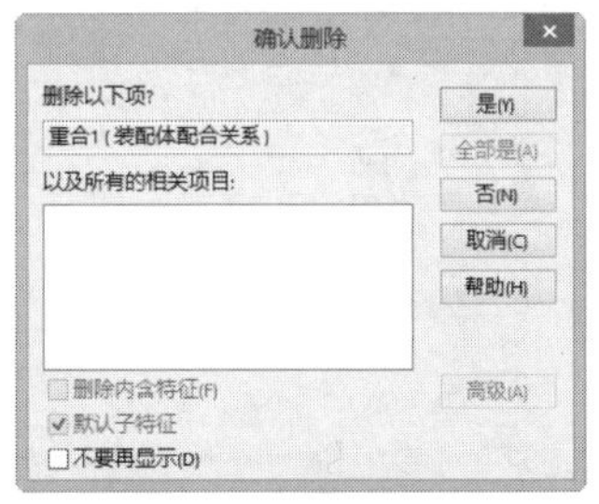

图 19-14 “确认删除”对话框

19.2.6 修改配合关系

扫一扫，看视频

用户可以像重新定义特征一样，对已经存在的配合关系进行修改。下面介绍修改配合关系的操作步骤。

① 在 FeatureManager 设计树中，右击要修改的配合关系。

② 在弹出的快捷菜单中单击“编辑特征”按钮。

③ 在弹出的属性管理器中改变所需选项。

④ 如果要替换配合实体，在“要配合的实体”列表框中删除原来实体后，重新选择实体。

⑤ 单击“确定”按钮，完成配合关系的重新定义。

19.2.7 SmartMates 配合方式

扫一扫，看视频

SmartMates 是 SOLIDWORKS 提供的一种智能装配，是一种快速的装配方式。利用该装配方式，只要选择需配合的两个对象，系统就会自动配合定位。

在向装配体文件中插入零件时，也可以直接添加装配关系。

下面结合实例介绍智能装配的操作步骤。

① 单击“标准”工具栏中的“新建”按钮，创建一个装配体文件。

② 选择菜单栏中的“插入”→“零部件”→“现有零件/装配体”命令，或者单击“装配体”工具栏中的“插入零部件”按钮，插入已绘制的名为“底座”的文件，并调节视图中零件的方向。

③ 单击“标准”工具栏中的“打开”按钮，打开已绘制的名为“圆柱”的文件，并调节视图中零件的方向。

④ 选择菜单栏中的“窗口”→“横向平铺”命令，将窗口设置为横向平铺方式，两个文件的横向平铺窗口如图 19-15 所示。

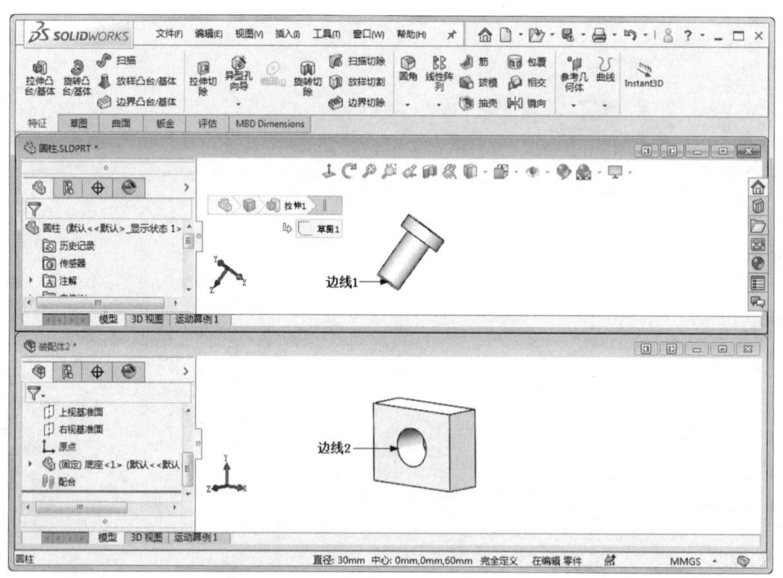

图 19-15　两个文件的横向平铺窗口

⑤ 在“圆柱”零件窗口中，单击如图 19-15 所示的边线 1，然后按住鼠标左键拖动零件到装配体文件中，零件将以半透明方式显示。装配体的预览模式如图 19-16 所示。

⑥ 在如图 19-15 所示的边线 2 附近移动光标，当指针变为时，智能装配完成，然后松开鼠标。装配后的图形如图 19-17 所示。

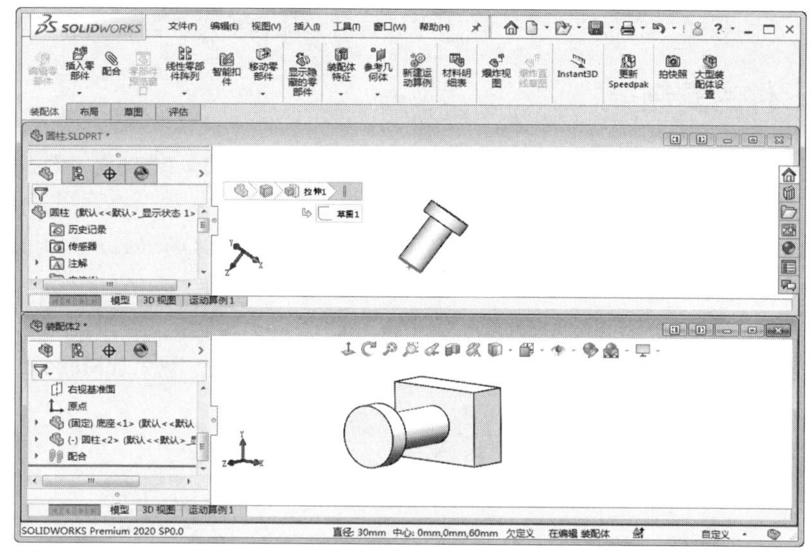

图 19-16　装配体的预览模式

⑦ 双击装配体文件 FeatureManager 设计树中的“配合”选项，可以看到添加的配合关系，装配体文件的 FeatureManager 设计树如图 19-18 所示。

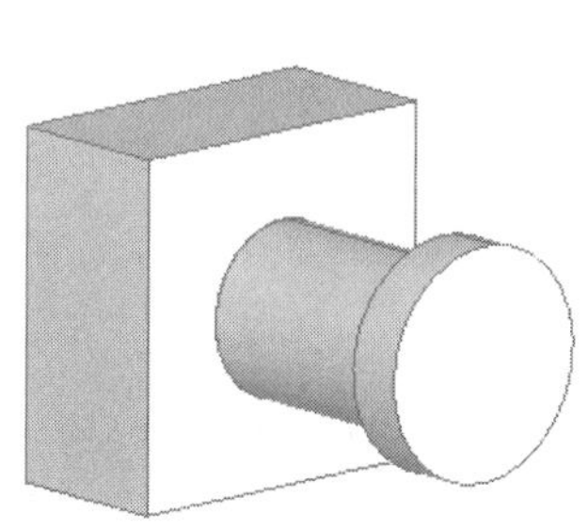

图 19-17　装配后的图形

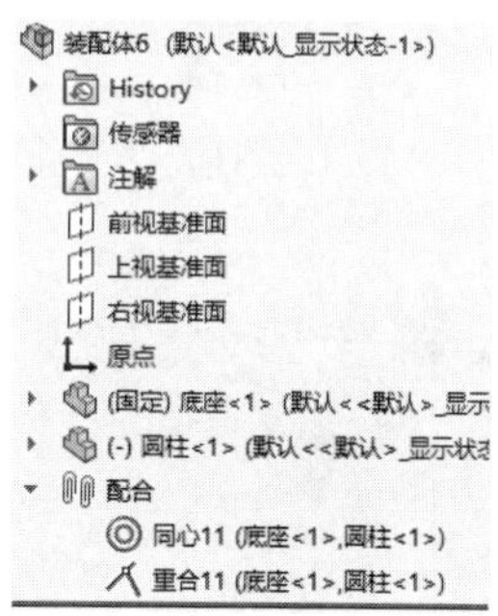

图 19-18　装配体文件的 FeatureManager 设计树

技巧荟萃

在拖动零件到装配体文件中时，可能有几个可能的装配位置，此时需要移动光标选择需要的装配位置。

使用 SmartMates 命令进行智能配合时，系统需要安装 SOLIDWORKS Toolbox 工具箱，如果安装系统时没有安装该工具箱，则该命令不能使用。

19.3　零件的复制、阵列与镜向

在同一个装配体中可能存在多个相同的零件，在装配时用户可以不必重复地插入零件，而是利用复制、阵列或者镜向的方法，快速完成具有规律性的零件的插入和装配。

19.3.1 零件的复制

扫一扫，看视频

SOLIDWORKS 可以复制已经在装配体文件中存在的零部件，下面结合实例介绍复制零部件的操作步骤。

① 打开随书资源中的“\源文件\ch19\19.9 复制零件 19.9.SLDASM”，打开的文件实体如图 19-19 所示。

② 按住<Ctrl>键，在 FeatureManager 设计树中选择需要复制的零部件，然后将其拖动到视图中合适的位置，复制后的装配体如图 19-20 所示，复制后的 FeatureManager 设计树如图 19-21 所示。

③ 添加相应的配合关系，配合后的装配体如图 19-22 所示。

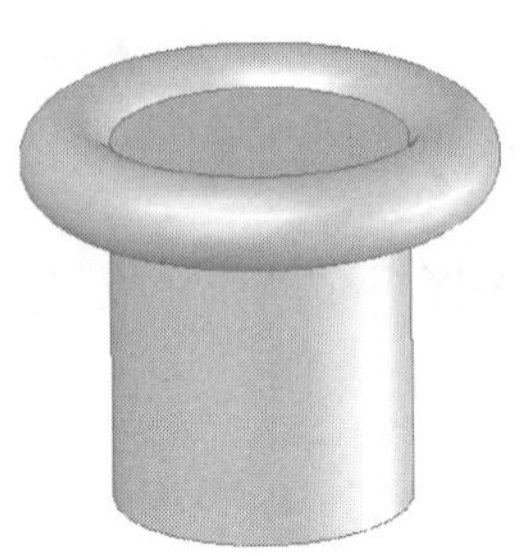
图 19-19　打开的文件实体

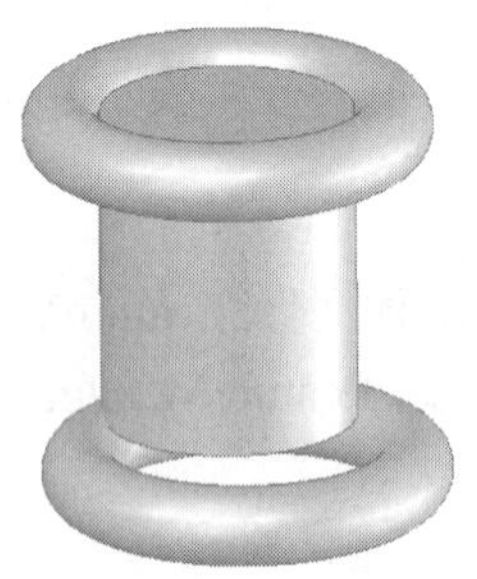
图 19-20　复制后的装配体

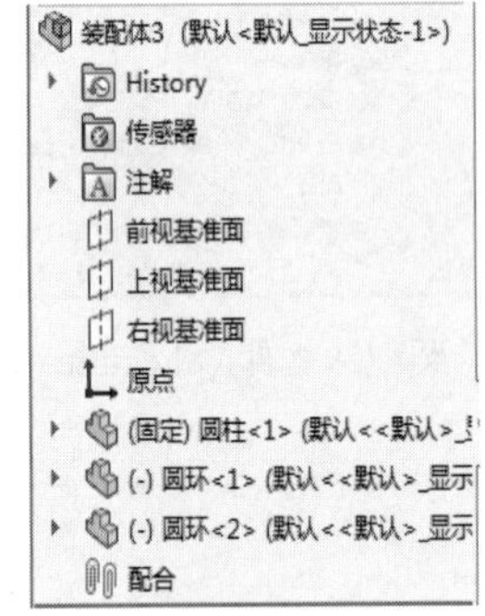

图 19-21　复制后的 FeatureManager 设计树

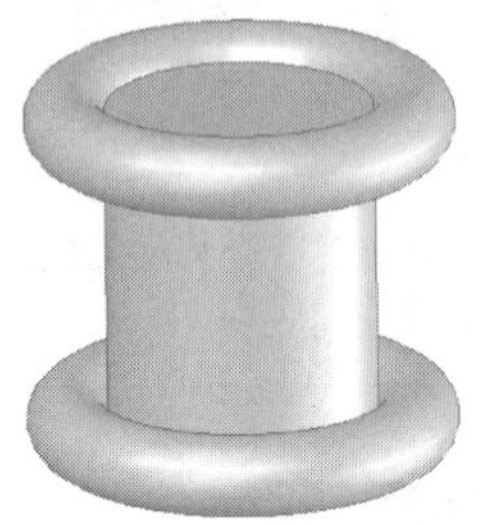
图 19-22　配合后的装配体

19.3.2 零件的阵列

扫一扫，看视频

零件的阵列分为线性阵列和圆周阵列。如果装配体中具有相同的零件，并且这些零件按照线性或者圆周的方式排列，可以使用线性阵列和圆周阵列命令进行操作。下面结合实例介绍线性阵列的操作步骤，其圆周阵列操作与此类似，读者可自行练习。

线性阵列可以同时阵列一个或者多个零部件，并且阵列出来的零件不需要再添加配合关系，即可完成配合。

① 单击“标准”工具栏中的“新建”按钮，创建一个装配体文件。

② 单击“装配体”工具栏中的“插入零部件”按钮，插入已绘制的名为“底座”的文件，并调节视图中零件的方向，底座零件的尺寸如图 19-23 所示。

③ 单击“装配体”工具栏中的“插入零部件”按钮，插入已绘制的名为“圆柱”的文件，圆柱零件的尺寸如图 19-24 所示。调节视图中各零件的方向，插入零件后的装配体如图 19-25 所示。

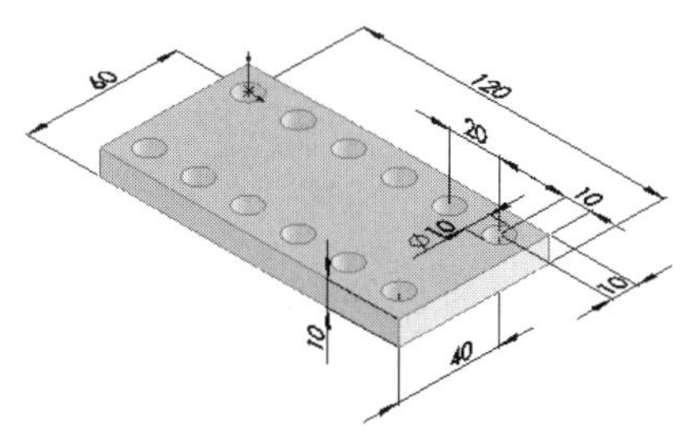

图 19-23 底座零件尺寸

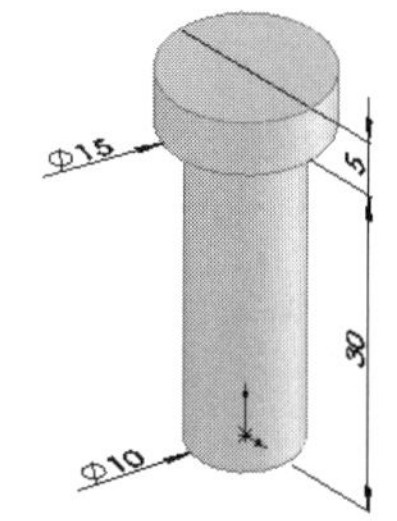

图 19-24 圆柱零件尺寸

④ 单击“装配体”工具栏中的“配合”按钮，系统弹出“配合”属性管理器。

⑤ 将如图 19-25 所示的平面 1 和平面 4 添加为“重合”配合关系，将圆柱面 2 和圆柱面 3 添加为“同轴心”配合关系，注意配合的方向。

⑥ 单击“确定”按钮✔，配合添加完毕。

⑦ 单击“标准视图”工具栏中的“等轴测”按钮，将视图以等轴测方向显示。配合后的等轴测视图如图 19-26 所示。

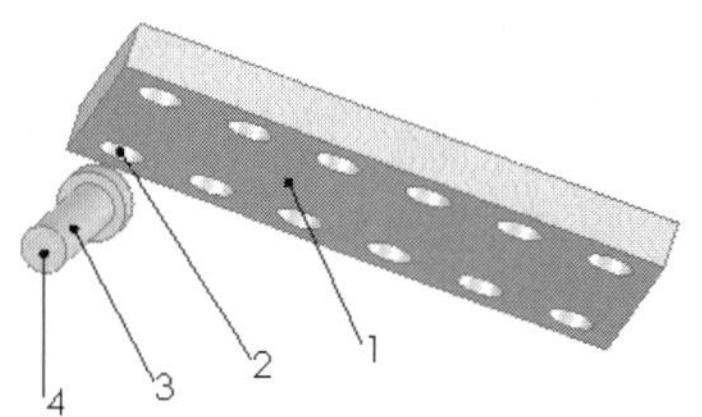

图 19-25 插入零件后的装配体

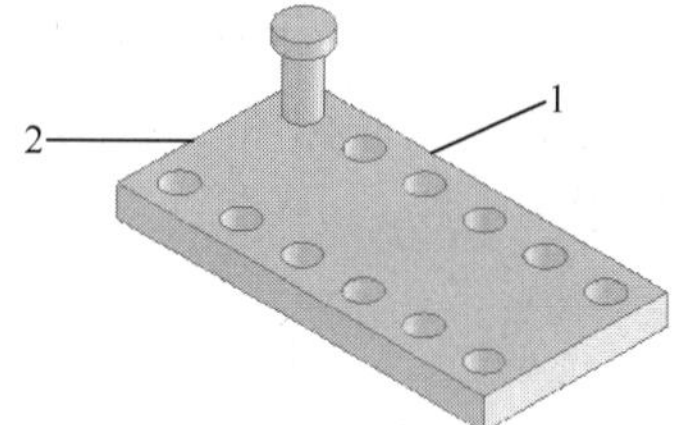

图 19-26 配合后的等轴测视图

⑧ 单击“装配体”工具栏中的“线性零部件阵列”按钮，系统弹出“线性阵列”属性管理器。

⑨ 在“要阵列的零部件”选项组中，选择如图 19-26 所示的圆柱；在“方向 1”选项组的“阵列方向”列表框中，选择如图 19-26 所示的边线 1，注意设置阵列的方向；在“方向 2”选项组的“阵列方向”列表框中，选择如图 19-26 所示的边线 2，注意设置阵列的方向，其他设置如图 19-27 所示。

⑩ 单击“确定”按钮✔，完成零件的线性阵列。线性阵列后的图形如图 19-28 所示，此时装配体的 FeatureManager 设计树如图 19-29 所示。

19.3.3 零件的镜向

扫一扫，看视频

装配体环境中的镜向操作与零件设计环境中的镜向操作类似。在装配体环境中，有相同且对称的零部件时，可以使用镜向零部件操作来完成。

① 单击“标准”工具栏中的“新建”按钮，创建一个装配体文件。

② 单击“装配体”工具栏中的“插入零部件”按钮，插入已绘制的名为“底盘”的文件，并调节视图中零件的方向，底座平板零件的尺寸如图 19-30 所示。

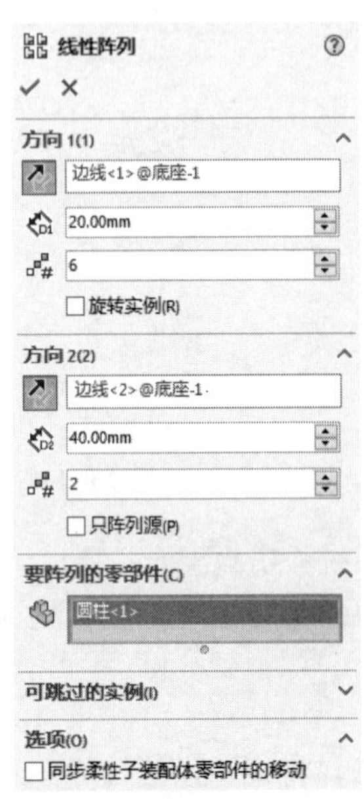

图 19-27 “线性阵列”属性管理器

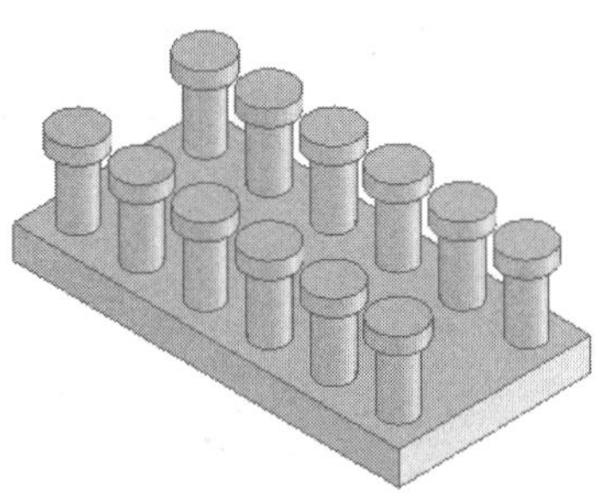

图 19-28 线性阵列后的图形

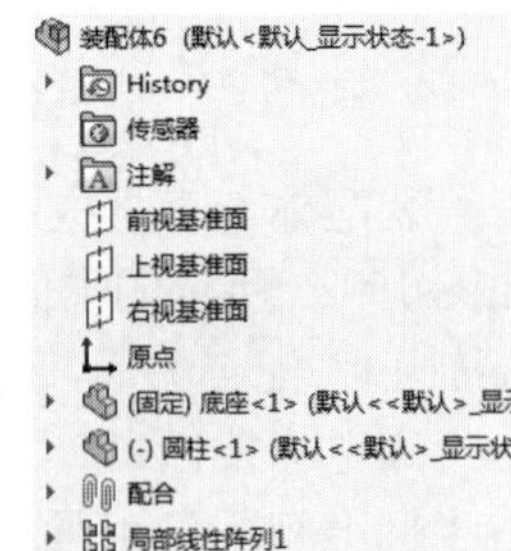

图 19-29 FeatureManager 设计树

③ 单击“装配体”工具栏中的“插入零部件”按钮，插入已绘制的名为“圆柱”的文件，圆柱零件的尺寸如图 19-31 所示。调节视图中各零件的方向，插入零件后的装配体如图 19-32 所示。

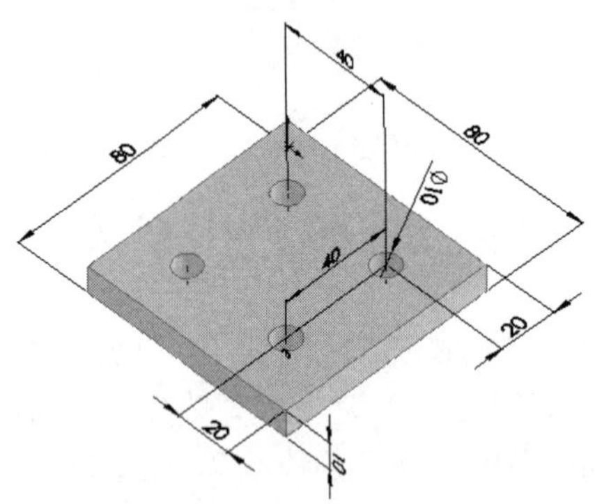

图 19-30 底座平板零件尺寸

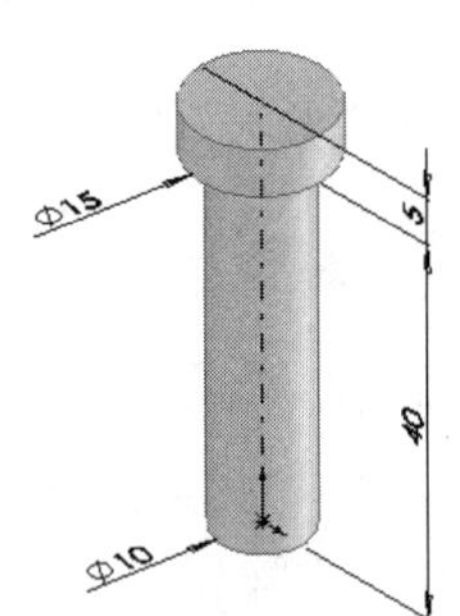

图 19-31 圆柱零件尺寸

④ 单击“装配体”工具栏中的“配合”按钮，系统弹出“配合”属性管理器。

⑤ 将如图 19-32 所示的平面 1 和平面 3 添加为“重合”配合关系，将圆柱面 2 和圆柱面 4 添加为“同轴心”配合关系，注意配合的方向。

⑥ 单击“确定”按钮，配合添加完毕。

⑦ 单击“标准视图”工具栏中的“等轴测”按钮，将视图以等轴测方向显示。配合后的等轴测视图如图 19-33 所示。

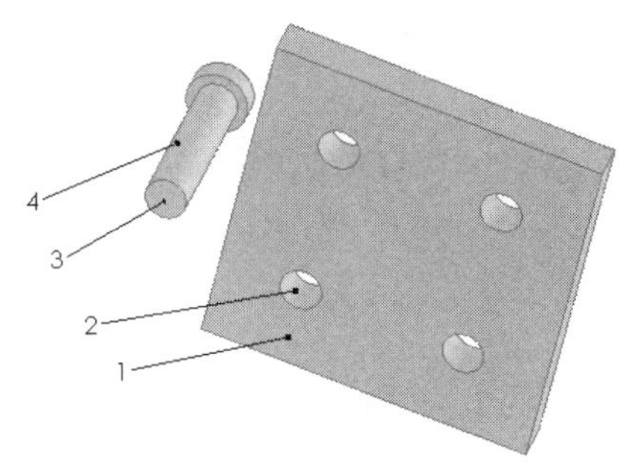

图 19-32 插入零件后的装配体

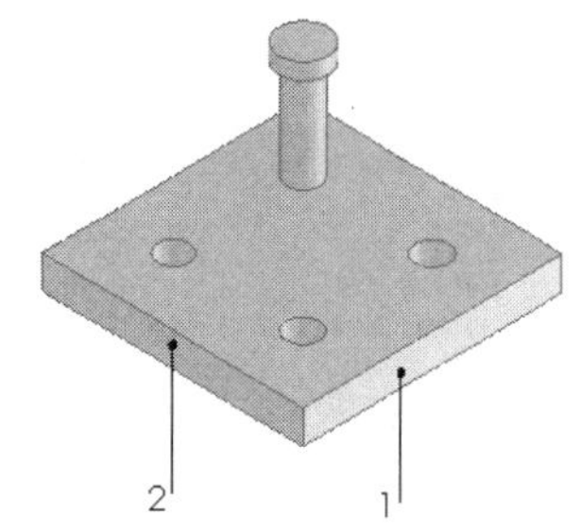

图 19-33 配合后的等轴测视图

⑧ 单击“装配体”控制面板“参考几何体”下拉列表中的“基准面”按钮，系统弹出“基准面”属性管理器。

⑨ 在“参考实体”列表框中，选择如图 19-33 所示的面 1；在“偏移距离”文本框中输入“40”，注意添加基准面的方向，其他设置如图 19-34 所示，添加如图 19-35 所示的基准面 1。重复该命令，添加如图 19-35 所示的基准面 2。

图 19-34 “基准面”属性管理器

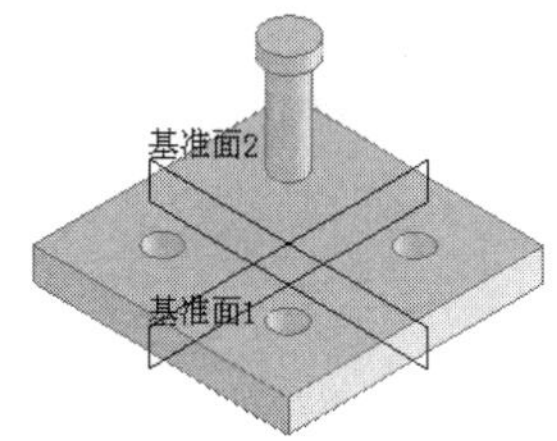

图 19-35 添加基准面

⑩ 单击“装配体”控制面板上的“镜向零部件”按钮，系统弹出“镜向零部件”属性管理器。

⑪ 在“镜向基准面”列表框中，选择如图 19-35 所示的基准面 1；在“要镜向的零部件”列表框中，选择如图 19-35 所示的圆柱，如图 19-36 所示。单击“下一步”按钮，“镜向零部件”属性管理器如图 19-37 所示。

⑫ 单击“确定”按钮，零件镜向完毕，镜向后的图形如图 19-38 所示。

⑬ 单击“装配体”控制面板上的“镜向零部件”按钮，系统弹出“镜向零部件”属性管理器。

⑭ 在“镜向基准面”列表框中，选择如图 19-38 所示的基准面 2；在“要镜向的零部件”列表框中，选择如图 19-38 所示的两个圆柱，单击“下一步”按钮。“镜向零部件”属性管理器如图 19-39 所示。

⑮ 单击“确定”按钮，零件镜向完毕，镜向后的装配体图形如图 19-40 所示，此时装配体文件的 FeatureManager 设计树如图 19-41 所示。

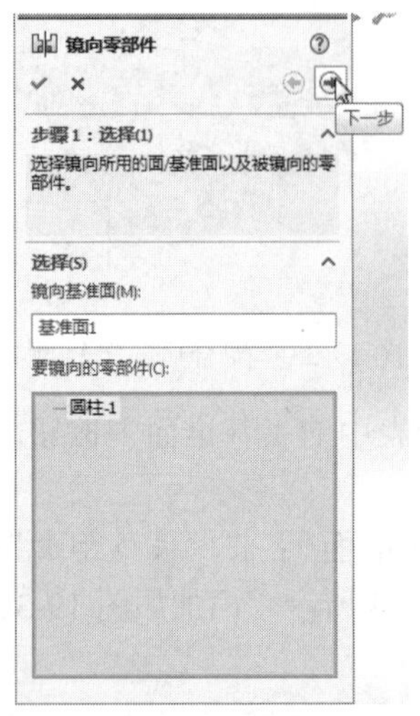

图 19-36 “镜向零部件”属性管理器

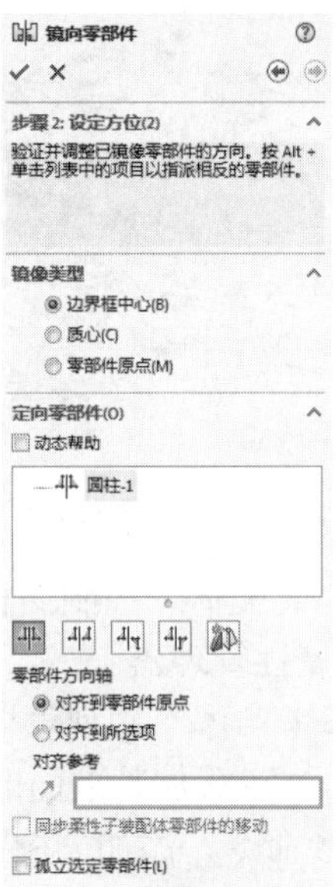

图 19-37 “镜向零部件”属性管理器

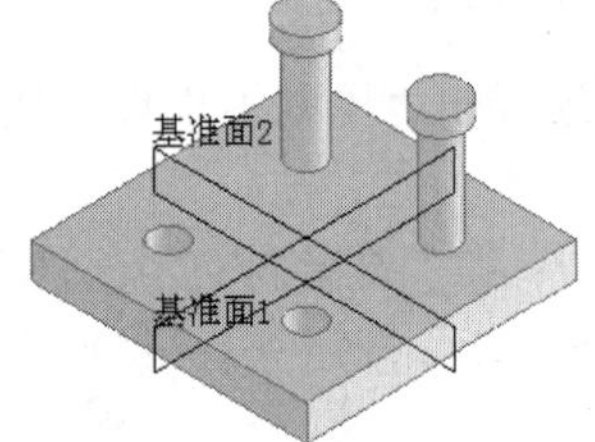

图 19-38 镜向零件

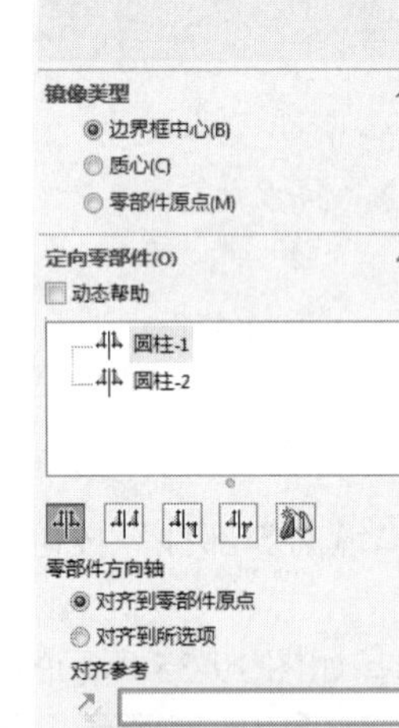

图 19-39 “镜向零部件”属性管理器

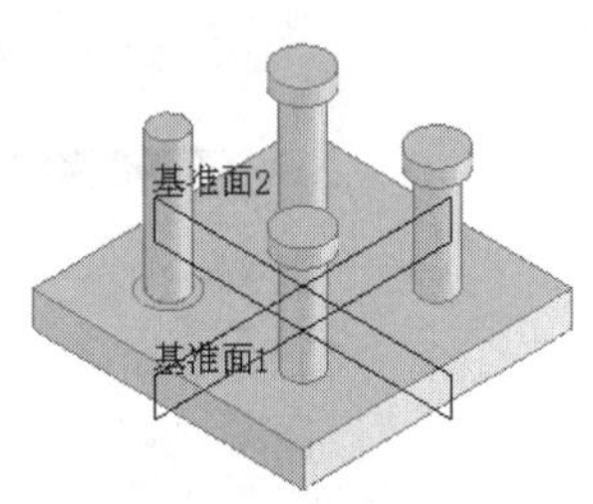

图 19-40 镜向后的装配体图形

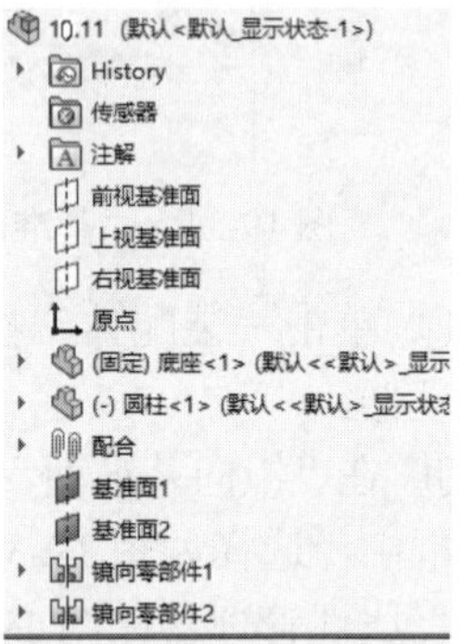

图 19-41 FeatureManager 设计树

技巧荟萃

从上面的案例操作步骤可以看出，不但可以对称地镜向原零部件，而且还可以反方向镜向零部件，要灵活应用该命令。

19.4 装配体检查

装配体检查主要包括碰撞测试、动态间隙、体积干涉检查和装配体统计等，用来检查装配体各个零部件装配后装配的正确性、装配信息等。

19.4.1 碰撞测试

扫一扫，看视频

在 SOLIDWORKS 装配体环境中，移动或者旋转零部件时，提供了检查与其他零部件的碰撞情况。在进行碰撞测试时，零件必须做适当的配合，但是不能完全限制配合，否则零件无法移动。

物资动力是碰撞检查中的一个选项，勾选“物资动力”复选框时，等同于向被撞零部件施加一个碰撞力。

下面结合实例介绍碰撞测试的操作步骤。

① 打开随书资源中的“\源文件\ch19\19.12 碰撞测试\19.12.SLDASM”，打开的文件实体如图 19-42 所示，两个轴件与基座的凹槽为“同轴心”配合方式。

② 单击“装配体”工具栏中的“移动零部件”按钮或者“旋转零部件”按钮，系统弹出“移动零部件”属性管理器或者“旋转零部件”属性管理器。

③ 在“选项”选项组中点选“碰撞检查”和“所有零部件之间”单选钮，勾选“碰撞时停止”复选框，则碰撞时零件会停止运动；在“高级选项”选项组中勾选“高亮显示面”复选框和“声音”复选框，则碰撞时零件会亮显并且计算机会发出碰撞的声音。碰撞设置如图 19-43 所示。

④ 拖动如图 19-42 所示的零件 2 向零件 1 移动，在碰撞零件 1 时，零件 2 会停止运动，并且零件 2 会亮显，碰撞检查时的装配体如图 19-44 所示。

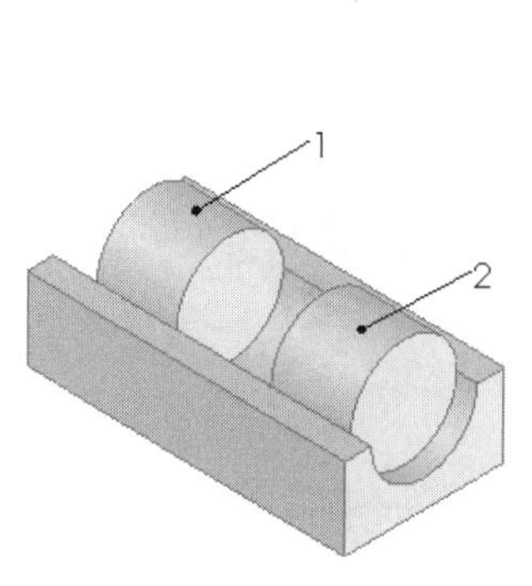

图 19-42 打开的文件实体

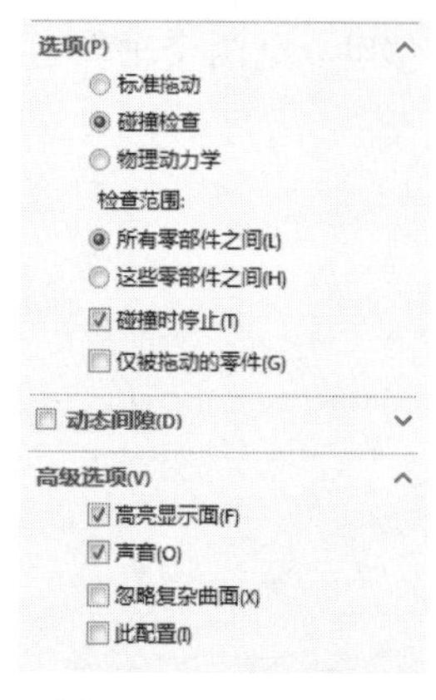

图 19-43 碰撞设置

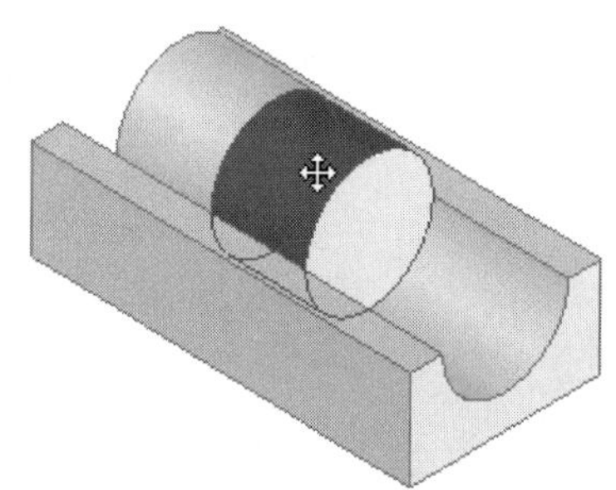

图 19-44 碰撞检查时的装配体

⑤ 在“移动零部件”属性管理器或者“旋转零部件”属性管理器的“选项”选项组中点选“物理动力学”和“所有零部件之间”单选钮，用“敏感度”工具条可以调节施加的力；在“高级选项”选项组中勾选“高亮显示面”和“声音”复选框，则碰撞时零件会亮显并且计算机会发出碰撞的声音。物资动力设置如图 19-45 所示。

⑥ 拖动如图 19-42 所示的零件 2 向零件 1 移动，在碰撞零件 1 时，零件 1 和 2 会以给定的力一起向前运动。物资动力检查时的装配体如图 19-46 所示。

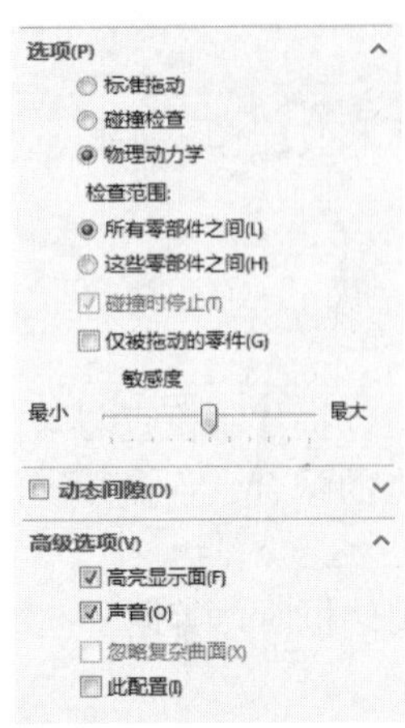

图 19-45　物资动力设置

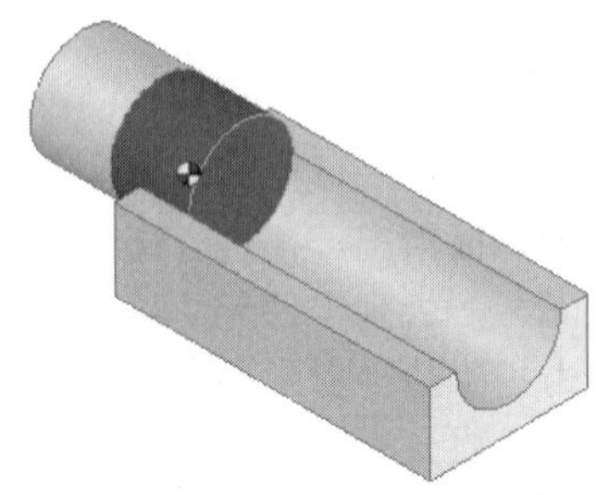

图 19-46　物资动力检查时的装配体

19.4.2　动态间隙

扫一扫，看视频

动态间隙用于在零部件移动过程中，动态显示两个零部件间的距离。

下面结合实例介绍动态间隙的操作步骤。

① 打开随书资源中的“\源文件\ch19\19.13 动态间隙\19.12.SLDASM”，打开的文件实体如图 19-42 所示。两个轴件与基座的凹槽为“同轴心”配合方式。

② 单击“装配体”工具栏中的“移动零部件”按钮，系统弹出“移动零部件”属性管理器。

③ 勾选“动态间隙”复选框，在（所选零部件几何体）列表框中选择如图 19-42 所示的轴件 1 和轴件 2，然后单击“恢复拖动”按钮。动态间隙设置如图 19-47 所示。

④ 拖动如图 19-42 所示的零件 2 移动，则两个轴件之间的距离会实时地改变，动态间隙图形如图 19-48 所示。

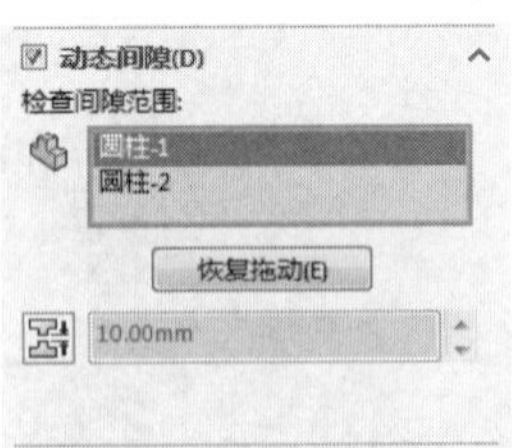

图 19-47　动态间隙设置

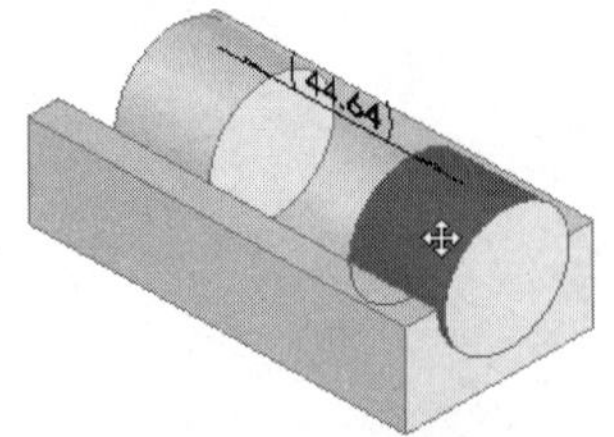

图 19-48　动态间隙图形

技巧荟萃

设置动态间隙时，在“指定间隙停止”文本框中输入的值，用于确定两零件之间停止的距离。当两零件之间的距离为该值时，零件就会停止运动。

19.4.3　体积干涉检查

扫一扫，看视频

在一个复杂的装配体文件中，直接判别零部件是否发生干涉是件比较困难的事情。SOLIDWORKS 提供了体积干涉检查工具，利用该工具可以比较容易地在零部件之间进行干涉检查，并且可以查看发生干涉的体积。

下面结合实例介绍体积干涉检查的操作步骤。

① 打开随书资源中的“\源文件\ch19\19.14 干涉检查\19.12.SLDASM”，两个轴件与基座的凹槽为“同轴心”配合方式，调节两个轴件相互重合，体积干涉检查装配体文件如图 19-49 所示。

② 选择菜单栏中的“工具”→“评估”→“干涉检查”命令，单击“评估”工具栏中的“干涉检查”按钮，系统弹出“干涉检查”属性管理器。

③ 勾选“视重合为干涉”复选框，单击“计算”按钮，如图 19-50 所示。

④ 干涉检查结果出现在“结果”选项组中，如图 19-51 所示。在“结果”选项组中，不但显示干涉的体积，而且还显示干涉的数量。

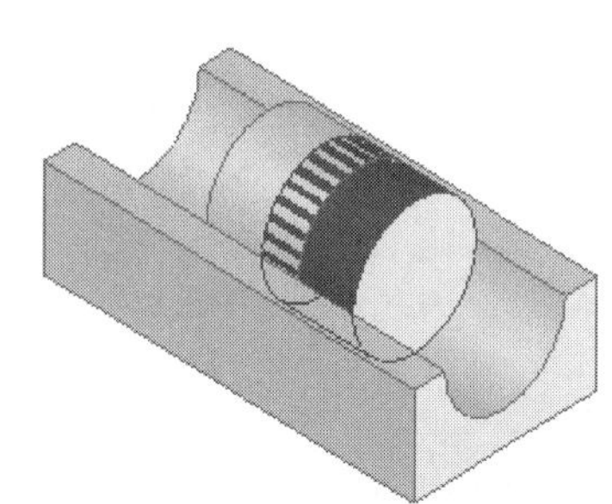
图 19-49　体积干涉检查装配体文件

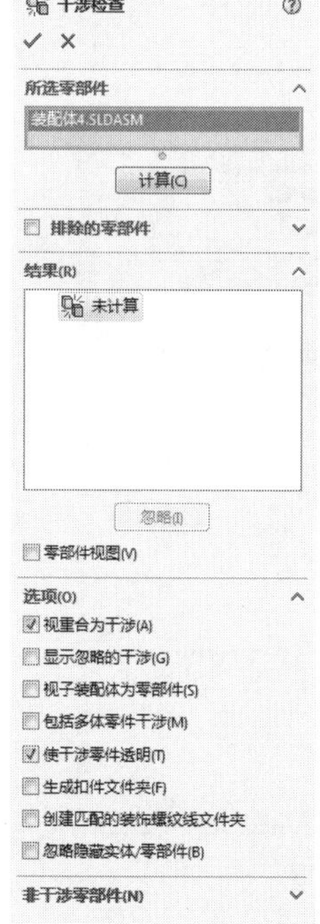

图 19-50　“干涉检查”属性管理器

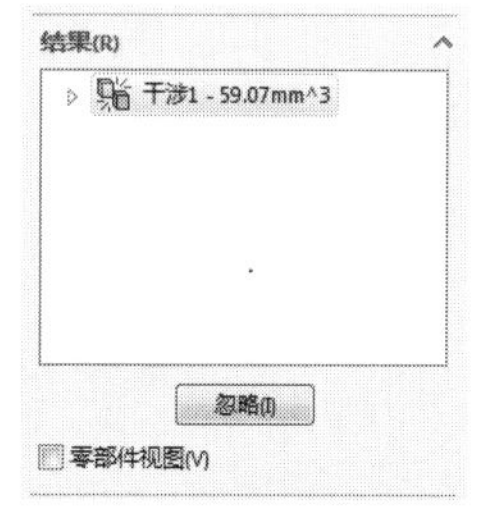

图 19-51　干涉检查结果

19.4.4　装配体统计

扫一扫，看视频

SOLIDWORKS 提供了对装配体进行统计报告的功能，即装配体统计。通过装配体统计，可以生成一个装配体文件的统计资料。

下面结合实例介绍装配体统计的操作步骤。

① 打开随书资源中的“\源文件\ch19\19.15 装配统计\19.14 移动轮装配体.SLDASM”，打开的文件实体如图 19-52 所示，装配体的 FeatureManager 设计树如图 19-53 所示。

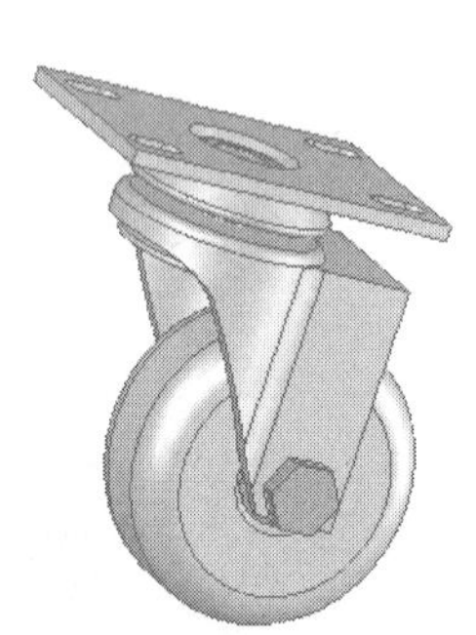

图 19-52　打开的文件实体

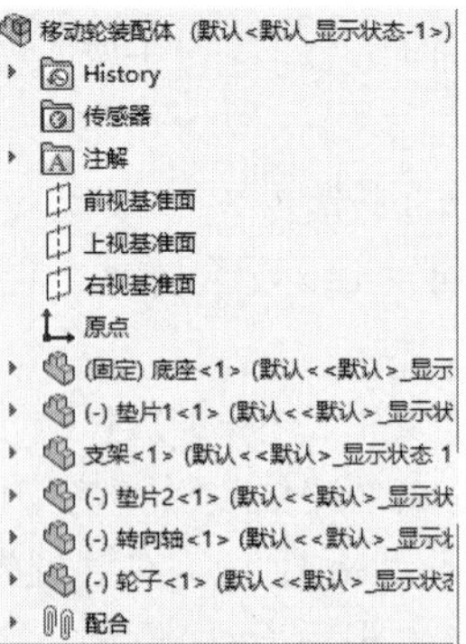

图 19-53　FeatureManager 设计树

② 选择菜单栏中的“工具”→“评估”→“性能评估”命令，系统弹出的“性能评估”对话框如图 19-54 所示。

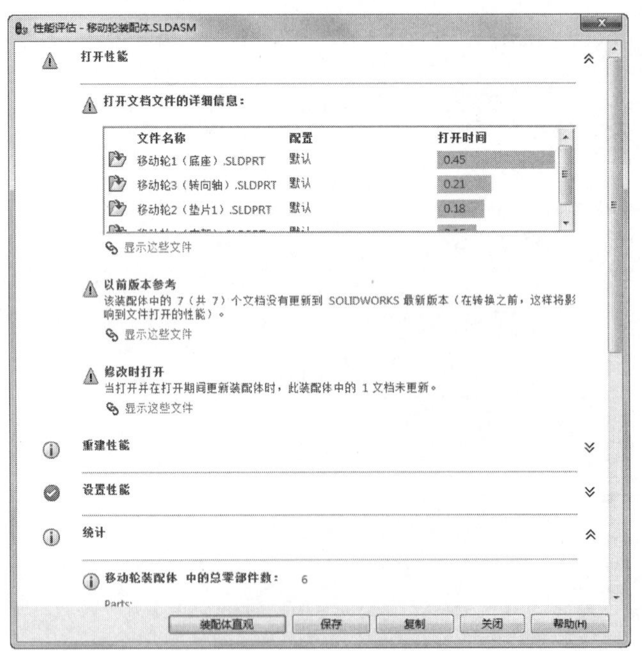

图 19-54　“性能评估”对话框

③ 单击“性能评估”对话框中的“确定”按钮，关闭该对话框。

从“性能评估”对话框中，可以查看装配体文件的统计资料，对话框中各项的意义如下。

- 零部件：统计的零件数包括装配体中所有的零件，无论是否被压缩，但是被压缩的子装配体的零部件不包括在统计中。
- 子装配体零部件：统计装配体文件中包含的子装配体个数。
- 还原零部件：统计装配体文件处于还原状态的零部件个数。

- 压缩零部件：统计装配体文件处于压缩状态的零部件个数。
- 顶层配合：统计最高层装配体文件中所包含的配合关系个数。

19.5 爆炸视图

在零部件装配体完成后，为了能够直观地分析各个零部件之间的相互关系，我们将装配图按照零部件的配合条件来产生爆炸视图。装配体爆炸以后，用户不可以对装配体添加新的配合关系。

19.5.1 生成爆炸视图

扫一扫，看视频

爆炸视图可以很形象地查看装配体中各个零部件的配合关系，常称为系统立体图。爆炸视图通常用于介绍零件的组装流程，出现在仪器的操作手册及产品使用说明书中。

下面结合实例介绍爆炸视图的操作步骤。

① 打开随书资源的“\源文件\ch19\19.16 爆炸视图\19.16 移动轮装配体.SLDASM”，打开的文件实体如图 19-55 所示。

② 选择菜单栏中的“插入”→“爆炸视图”命令，或者单击“装配体”工具栏中的“爆炸视图”按钮，系统弹出“爆炸”属性管理器。

③ 在“添加阶梯”选项组的“爆炸步骤零部件”列表框中，单击如图 19-55 所示的“底座”零件，此时装配体中被选中的零件被亮显，并且出现一个设置移动方向的坐标，选择零件后的装配体如图 19-56 所示。

④ 单击如图 19-56 所示的坐标的某一方向，确定要爆炸的方向，然后在“添加阶梯”选项组的“爆炸距离”文本框中输入爆炸的距离值，如图 19-57 所示。

图 19-55 打开的文件实体　图 19-56 选择零件后的装配体　图 19-57 “添加阶梯”选项组的设置

⑤ 在“添加阶梯”选项组中，单击“反向”按钮，反方向调整爆炸视图，观测视图中预览的爆炸效果。单击“添加阶梯”按钮，第一个零件爆炸完成，第一个爆炸零件视图如图 19-58 所示，并且在“爆炸步骤”选项组中生成“爆炸步骤 1”，如图 19-59 所示。

⑥ 重复步骤③～⑤，将其他零部件爆炸，最终生成的爆炸视图如图 19-60 所示，共有 7 个爆炸步骤。

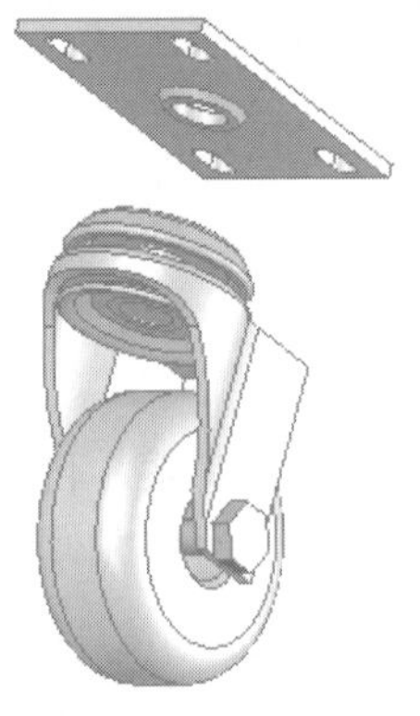

图 19-58　第一个爆炸零件视图

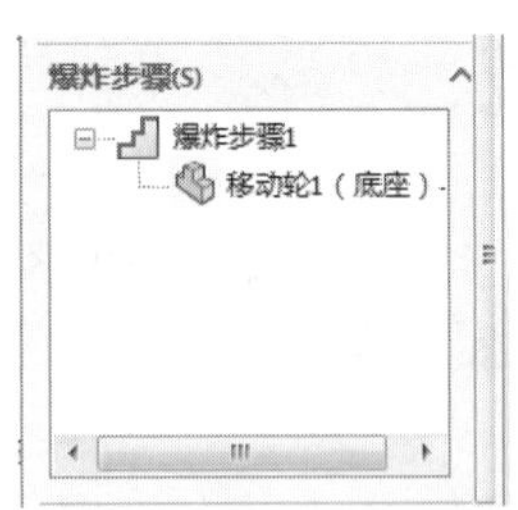

图 19-59　生成的“爆炸步骤 1”

图 19-60　最终爆炸视图

技巧荟萃

在生成爆炸视图时，建议对每一个零件在每一个方向上的爆炸设置为一个爆炸步骤。如果一个零件需要在 3 个方向上爆炸，建议使用 3 个爆炸步骤，这样可以很方便地修改爆炸视图。

19.5.2　编辑爆炸视图

扫一扫，看视频

装配体爆炸后，可以利用“爆炸视图”属性管理器进行编辑，也可以添加新的爆炸步骤。

下面结合实例介绍编辑爆炸视图的操作步骤。

① 打开上节实例爆炸后的“移动轮”装配体文件，如图 19-60 所示。

② 右击左侧 ConfigurationManager 设计树“爆炸步骤”中的“爆炸步骤 1”，在弹出的快捷菜单中单击“编辑爆炸步骤”命令，弹出“爆炸视图”属性管理器，此时“爆炸步骤 1”的爆炸设置显示在“设定”选项组中。

③ 修改“设定”选项组中的距离参数，或者拖动视图中要爆炸的零部件，然后单击“完成”按钮，即可完成对爆炸视图的修改。

④ 在“爆炸步骤 1”的右键快捷菜单中单击“删除爆炸步骤”命令，该爆炸步骤就会被删除，零部件恢复爆炸前的配合状态，删除爆炸步骤 1 后的视图如图 19-61 所示。

图 19-61　删除爆炸步骤 1 后的视图

19.6　装配体的简化

在实际设计过程中，一个完整的机械产品的总装配图是很复杂的，通常由许多的零件组成。SOLIDWORKS 提供了多种简化的手段，通常使用的是改变零部件的显示属性以及改变零部件的压缩状态来简化复杂的装配体。SOLIDWORKS 中的零部件有 4 种显示状态。

- （隐藏）：仅隐藏所选零部件在装配图中的显示。
- （压缩）：装配体中的零部件不被显示，并且可以减少工作时装入和计算的数据量。

19.6.1 零部件显示状态的切换

零部件有显示和隐藏两种状态。通过设置装配体文件中零部件的显示状态，可以将装配体文件中暂时不需要修改的零部件隐藏起来。零部件的显示和隐藏不影响零部件的本身，只是改变在装配体中的显示状态。

切换零部件显示状态常用的有 3 种方法，下面分别介绍。

① 快捷菜单方式。在 FeatureManager 设计树或者图形区中，单击要隐藏的零部件，在弹出的左键快捷菜单中单击“隐藏零部件”按钮，如图 19-62 所示。如果要显示隐藏的零部件，则右击图形区，在弹出的右键快捷菜单中单击“显示隐藏的零部件”命令，如图 19-63 所示。

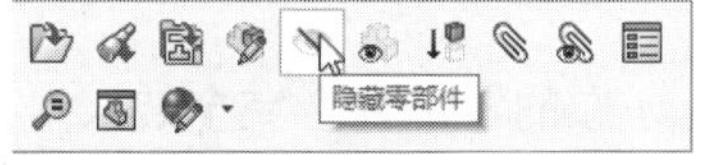

图 19-62 左键快捷菜单

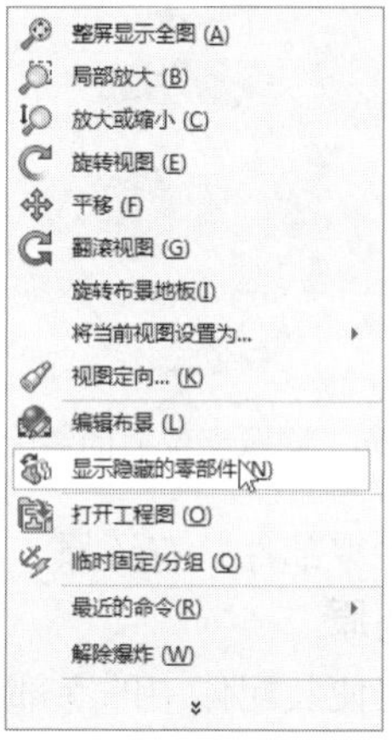

图 19-63 右键快捷菜单

② 工具栏方式。在 FeatureManager 设计树或者图形区中，选择需要隐藏或者显示的零部件，然后单击“装配体”工具栏中的“隐藏/显示零部件”按钮，即可实现零部件的隐藏和显示状态的切换。

③ 菜单方式。在 FeatureManager 设计树或者图形区中，选择需要隐藏的零部件，然后选择菜单栏中的“编辑”→“隐藏”→“当前显示状态”命令，将所选零部件切换到隐藏状态。选择需要显示的零部件，然后选择菜单栏中的“编辑”→“显示”→“当前显示状态”命令，将所选的零部件切换到显示状态。

如图 19-64 所示为脚轮装配体图形，如图 19-65 所示为脚轮的 FeatureManager 设计树，如图 19-66 所示为隐藏支架（移动轮 4）零件后的装配体图形，如图 19-67 所示为隐藏零件后的 FeatureManager 设计树（“移动轮 4”前的零件图标变为灰色）。

19.6.2 零部件压缩状态的切换

在某段设计时间内，可以将某些零部件设置为压缩状态，这样可以减少工作时装入和计算的数据量。装配体的显示和重建会更快，可以更有效地利用系统资源。

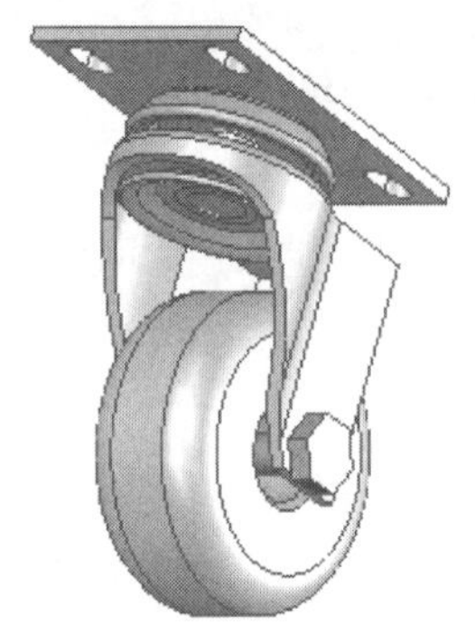

图 19-64 脚轮装配体图形

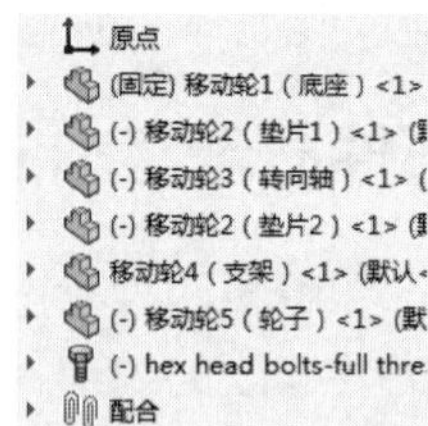

图 19-65 脚轮的 FeatureManager 设计树

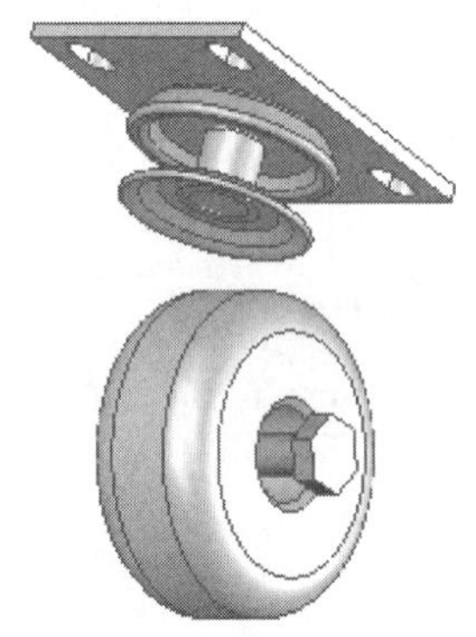

图 19-66 隐藏支架后的装配体图形

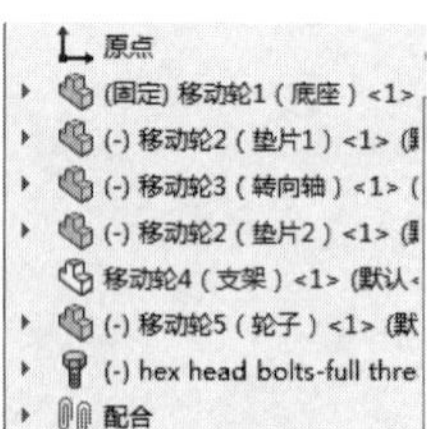

图 19-67 隐藏零件后的 FeatureManager 设计树

装配体零部件共有还原、压缩和轻化 3 种压缩状态，下面分别介绍。

（1）还原

还原是使装配体中的零部件处于正常显示状态，还原的零部件会完全装入内存，可以使用所有功能并可以完全访问。

常用设置还原状态的操作步骤是使用左键快捷菜单，具体操作步骤如下。

① 在 FeatureManager 设计树中，单击被轻化或者压缩的零件，系统弹出左键快捷菜单，单击“解除压缩”按钮。

② 在 FeatureManager 设计树中，右击被轻化的零件，在系统弹出的右键快捷菜单中单击“设定为还原”命令，则所选的零部件将处于正常的显示状态。

（2）压缩

压缩命令可以使零件暂时从装配体中消失。处于压缩状态的零件不再装入内存，所以装入速度、重建模型速度及显示性能均有提高，减少了装配体的复杂程度，提高了计算机的运行速度。

被压缩的零部件不等同于该零部件被删除，它的相关数据仍然保存在内存中，只是不参与运算而已，它可以通过设置很方便地调入装配体中。

被压缩零部件包含的配合关系也被压缩。因此，装配体中的零部件位置可能变为欠定义。当恢复零部件显示时，配合关系可能会发生矛盾，因此在生成模型时，要小心使用压缩状态。

常用设置压缩状态的操作步骤是使用右键快捷菜单，在 FeatureManager 设计树或者图形区中，右击需要压缩的零件，在系统弹出的右键快捷菜单中单击“压缩”按钮，则所选的零部件将处于压缩状态。

（3）轻化

当零部件为轻化时，只有部分零件模型数据装入内存，其余的模型数据根据需要装入，这样可以显著提高大型装配体的性能。使用轻化的零部件装入装配体比使用完全还原的零部件装入同一装配体速度更快。因为需要计算的数据比较少，包含轻化零部件的装配重建速度也更快。

常用设置轻化状态的操作步骤是使用右键快捷菜单，在 FeatureManager 设计树或者图形区中，右击需要轻化的零件，在系统弹出的右键快捷菜单中单击“设定为轻化”命令，则所选的零部件将处于轻化的显示状态。

如图 19-68 所示是将支架（移动轮 4）零件设置为轻化状态后的装配体图形，如图 19-69 所示为轻化后的 FeatureManager 设计树。

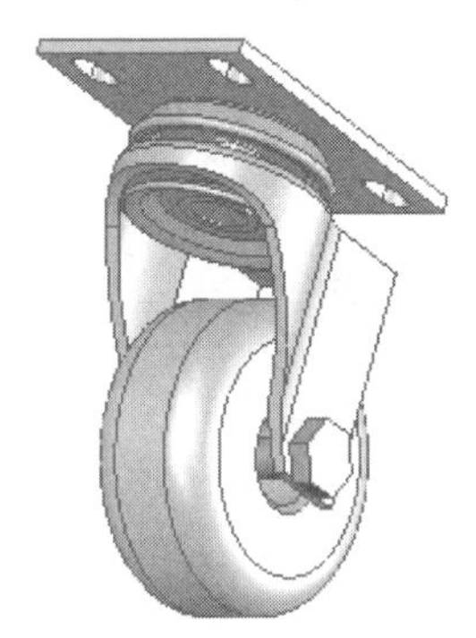

图 19-68　轻化后的装配体图形

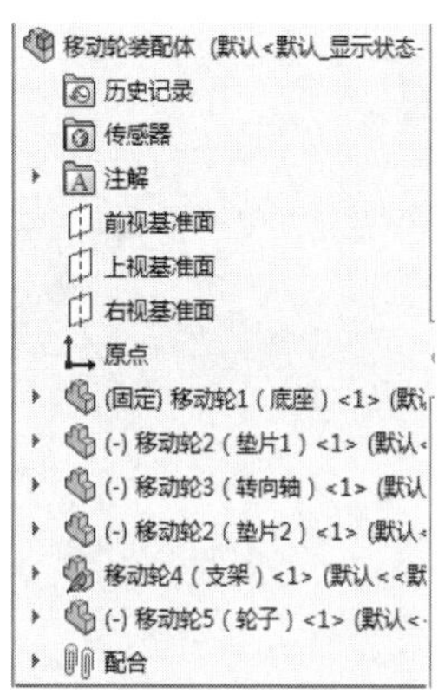

图 19-69　轻化后的 FeatureManager 设计树

对比图 19-64 和图 19-68 可以得知，轻化后的零件并不从装配图中消失，只是减少了该零件装入内存中的模型数据。

19.7　综合实例——传动装配体

本节将利用几个已有的零件模型，组装一个传动装配体，如图 19-70 所示。

扫一扫，看视频

图 19-70　传动装配体

思路分析

本节是本章知识的综合运用。装配体设计就是按照各零部件的配合关系完成组装体图，运用到装配体模块的“装配体”工具栏中的相关命令，下面将介绍传动装配体设计实例的操作过程，其装配流程如图 19-71 所示。

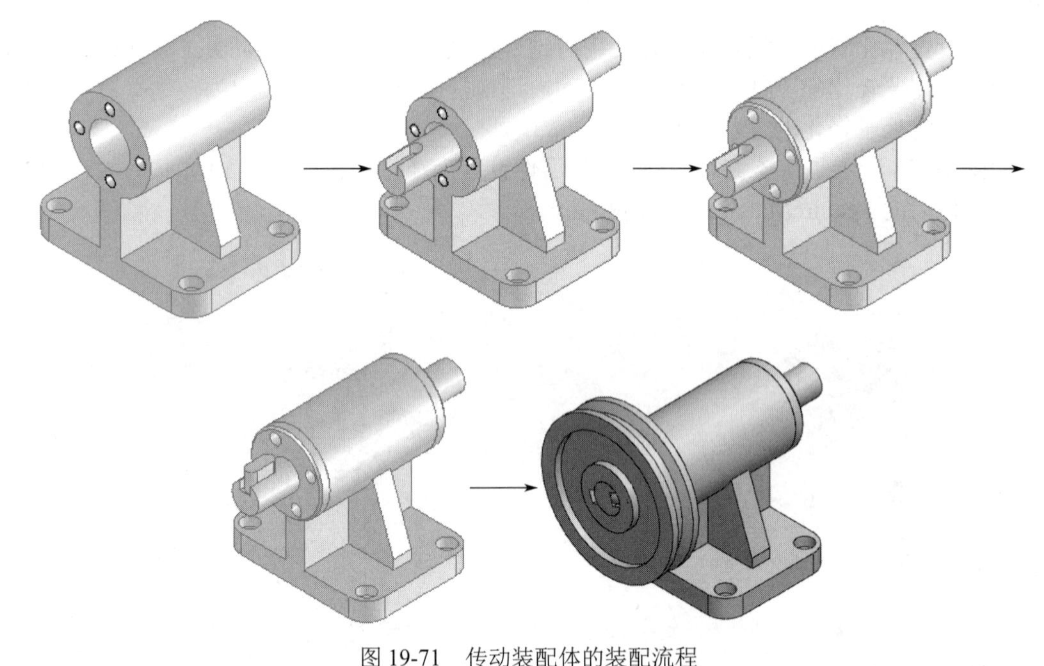

图 19-71　传动装配体的装配流程

【绘制步骤】

（1）创建装配体文件

① 启动软件。单击桌面左下角的“开始”→“所有程序”→“SOILDWORKS 2020”命令，或者单击桌面图标，启动 SOILDWORKS 2020。

② 创建装配体文件。单击“标准”工具栏中的“新建”按钮，创建一个新的装配体文件。

③ 保存文件。单击“标准”工具栏中的“保存”按钮，创建一个文件名为“传动装配体”的装配体文件。

（2）插入基座

① 选择零件。单击“装配体”工具栏中的“插入零部件”按钮，系统弹出“插入零部件”属性管理器。单击“浏览”按钮，选择需要的零部件，即“基座.SLDPRT”。选择零件后的视图如图 19-72 所示。

② 确定插入零件位置。在图形区中合适的位置单击，放置该零件。

③ 设置视图方向。单击“标准视图”工具栏中的“等轴测”按钮，将视图以等轴测方向显示。插入的基座如图 19-73 所示。

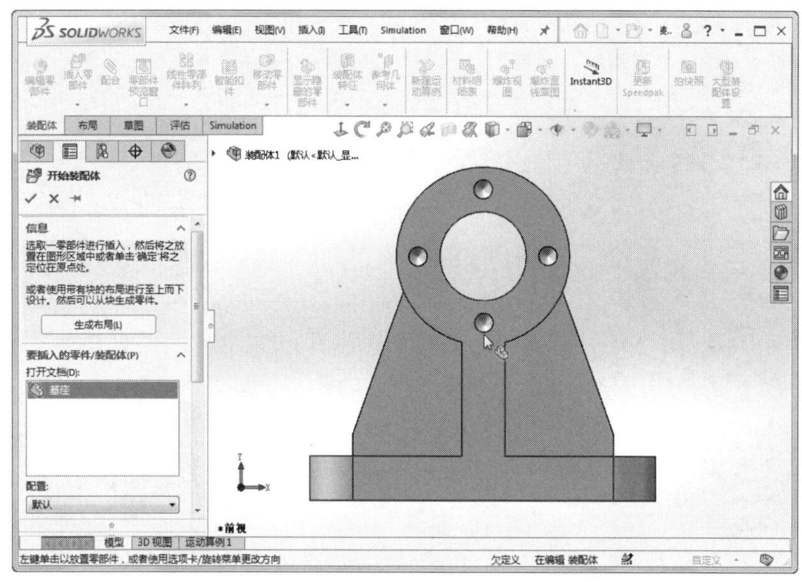

图 19-72 选择零件后的视图

（3）插入传动轴

① 插入零件。单击“装配体”控制面板中的“插入零部件”按钮，插入传动轴。将传动轴插入到图中合适的位置，插入传动轴后的视图如图 19-74 所示。

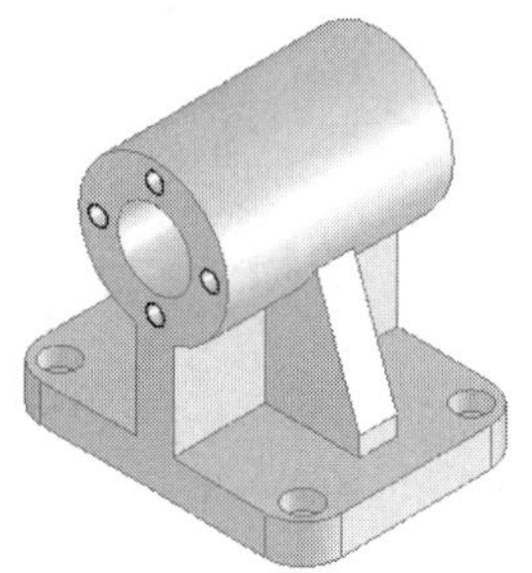

图 19-73 插入基座

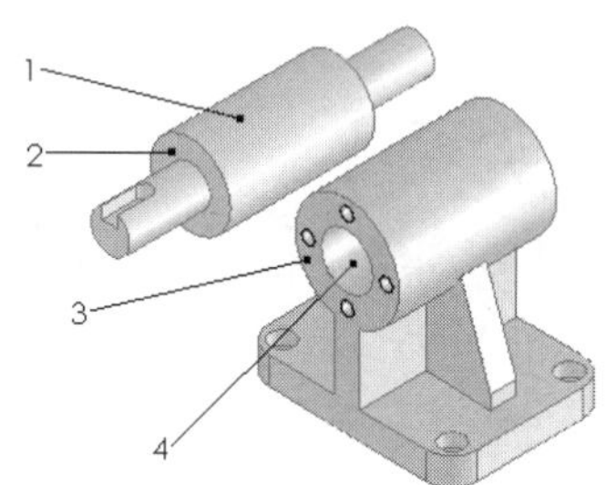

图 19-74 插入传动轴

② 添加配合关系。单击“装配体”控制面板中的“配合”按钮，系统弹出“配合”属性管理器。单击选择如图 19-74 所示的面 1 和面 4，单击“同轴心”按钮，将面 1 和面 4 添加为“同轴心”配合关系，如图 19-75 所示，然后单击“确定”按钮✔。重复该命令，将图 19-74 中的面 2 和面 3 添加为距离为 5mm 的配合关系，注意轴在轴套的内侧。基座与传动轴配合后的视图如图 19-76 所示。

（4）插入法兰盘

① 插入零件。单击“装配体”控制面板中的“插入零部件”按钮，插入法兰盘。将法兰盘插入到图中合适的位置，插入法兰盘后的视图如图 19-77 所示。

② 添加配合关系。单击“装配体”控制面板中的“配合”按钮，将图 19-77 中的面 1 和面 2 添加为“重合”几何关系，注意配合方向为“反向对齐”模式，重合配合后的视图如图 19-78 所示。重复该命令，为图 19-77 中的面 1 和面 2 添加为“同轴心”配合关系，将法兰盘同轴心配合后的视图如图 19-78 所示。

图 19-75 设置的配合关系

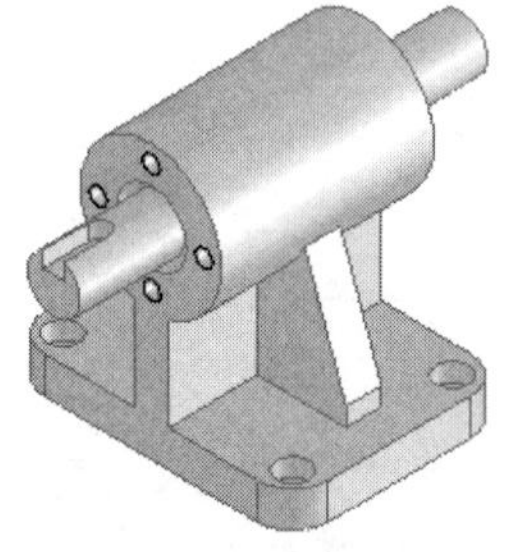

图 19-76 配合基座与传动轴

③ 插入另一端法兰盘。重复步骤①②，插入基座另一端的法兰盘，如图 19-79 所示。

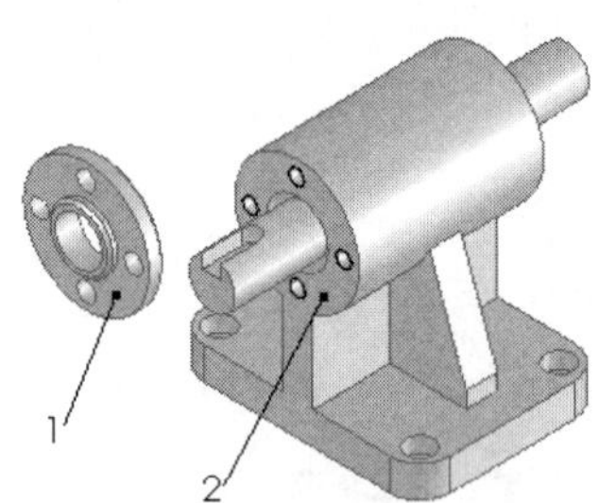

图 19-77 插入法兰盘

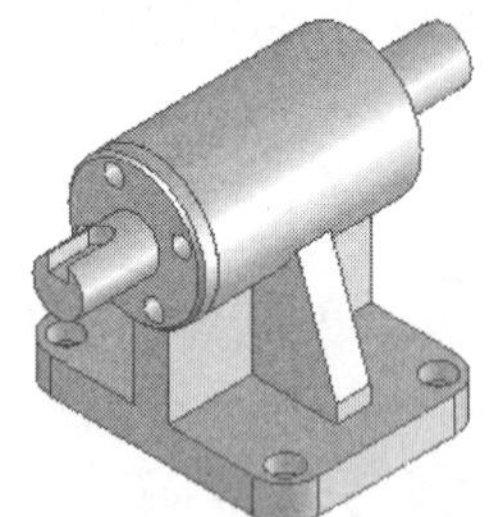

图 19-78 同轴心配合法兰盘

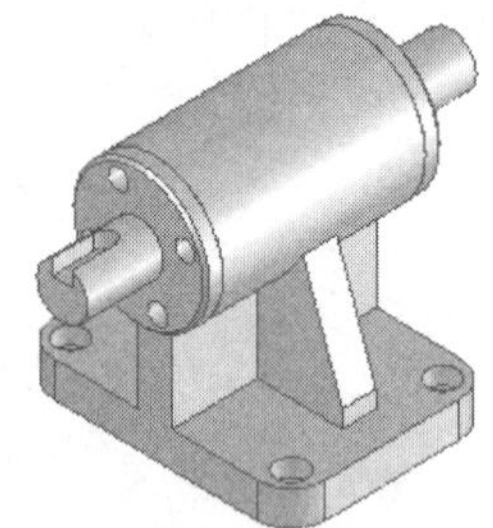

图 19-79 插入另一个法兰盘

(5) 插入键

① 插入零部件。单击“装配体”控制面板中的“插入零部件”按钮，将键插入到图中合适的位置，插入键后的视图如图 19-80 所示。

② 添加配合关系。单击“装配体”控制面板中的“配合”按钮，将图 19-80 中的面 1 和面 2、面 3 和面 4 添加为“重合”几何关系，如图 19-81 所示。

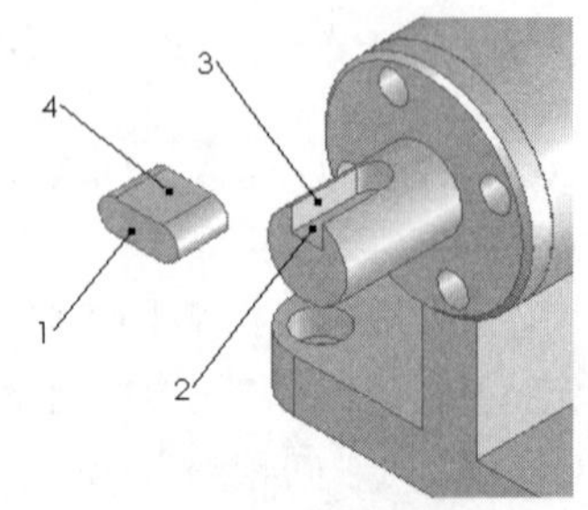

图 19-80 插入键

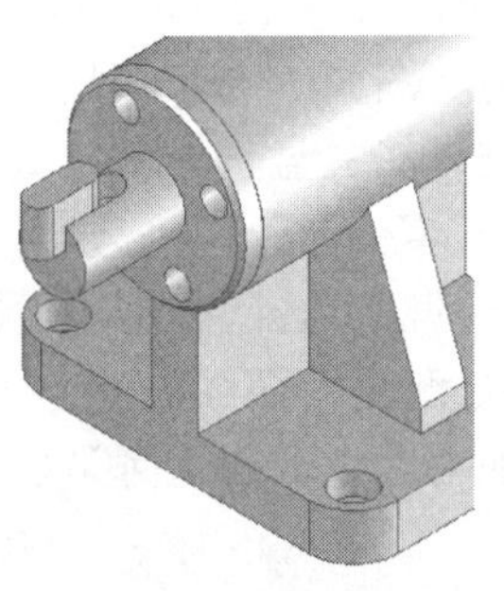

图 19-81 重合配合键

③ 设置视图方向。单击“视图”工具栏中的“旋转视图”按钮，将视图以合适的方向显示，如图 19-82 所示。

④ 添加配合关系。单击“装配体”控制面板中的“配合”按钮，将图 19-82 中的面 1 和面 2 添加为“同轴心”几何关系。

⑤ 设置视图方向。单击“标准视图”工具栏中的“等轴测”按钮，将视图以等轴测方向显示，如图 19-83 所示。

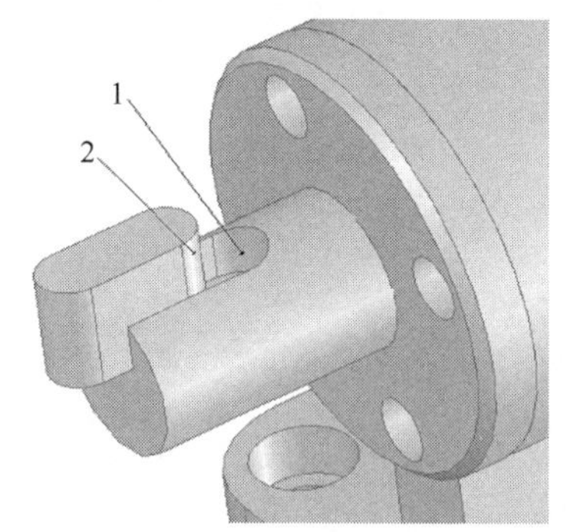

图 19-82 设置视图方向

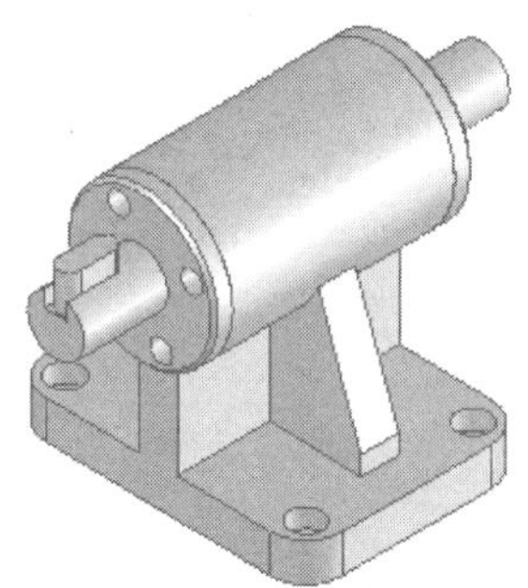
图 19-83 等轴测视图

（6）插入带轮

① 插入零件。单击“装配体”控制面板中的“插入零部件”按钮，插入带轮。将带轮插入到图中合适的位置，插入带轮后的视图如图 19-84 所示。

② 添加配合关系。单击“装配体”控制面板中的“配合”按钮，将图 19-84 中的面 1 和面 2 添加为“重合”几何关系，注意配合方向为“反向对齐”模式，重合配合后的视图如图 19-85 所示。重复该命令，将如图 19-85 中的面 1 和面 2 添加为“重合”几何关系，注意配合方向为“反向对齐”模式。重合配合后的视图如图 19-86 所示。

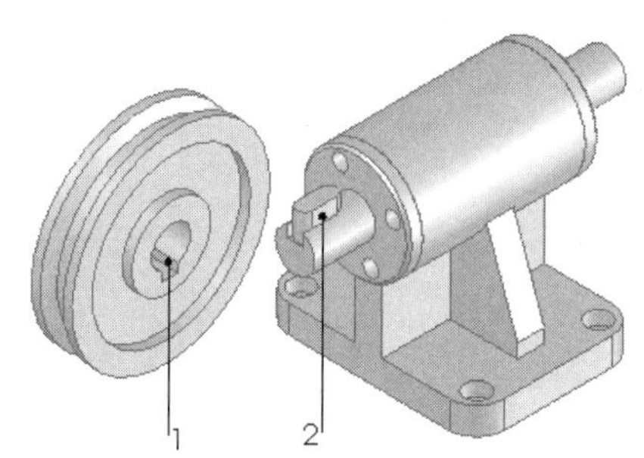

图 19-84 插入带轮

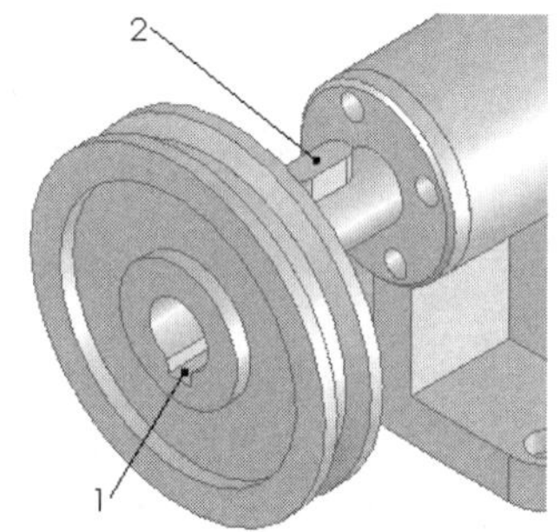

图 19-85 重合配合带轮

③ 设置视图方向。单击“视图”工具栏中的“旋转视图”按钮，将视图以合适的方向显示，如图 19-87 所示。

④ 添加配合关系。单击“装配体”控制面板中的“配合”按钮，将图 19-87 中的面 1 和面 2 添加为“重合”几何关系。

⑤ 设置视图方向。单击“标准视图”工具栏中的“等轴测”按钮，将视图以等轴测方向显示。完整的装配体如图 19-88 所示，装配体的 FeatureManager 设计树如图 19-89 所示，装配体配合列表如图 19-90 所示。

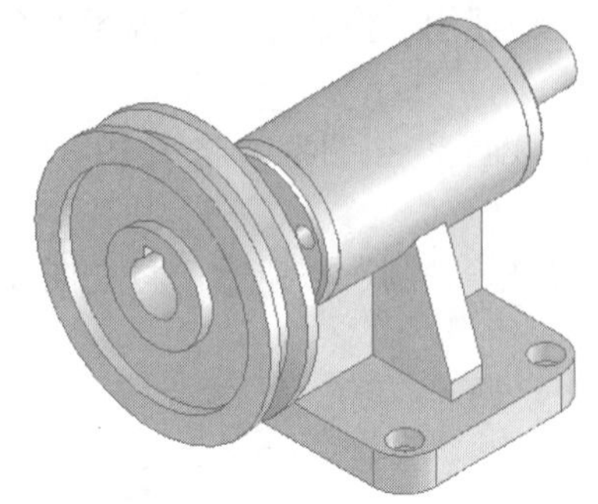

图 19-86　重合配合带轮

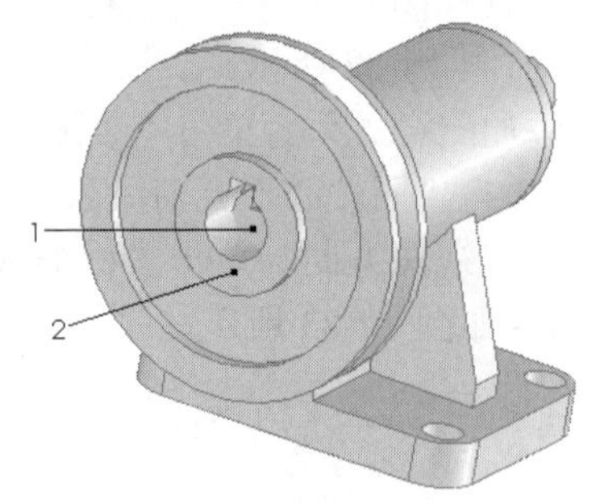

图 19-87　设置视图方向

图 19-88　装配体

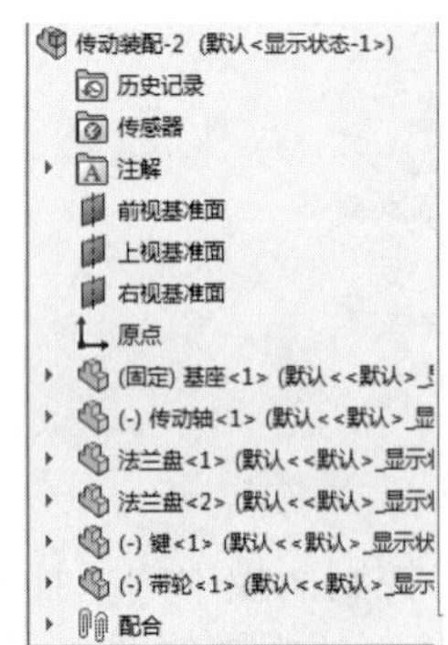

图 19-89　FeatureManager 设计树

图 19-90　装配体配合列表

（7）装配体统计

选择菜单栏中的“工具”→“评估”→“性能评估”命令，系统弹出的“性能评估”对话框如图 19-91 所示，对话框中显示了该装配体的统计信息。单击“关闭”按钮，关闭该对话框。

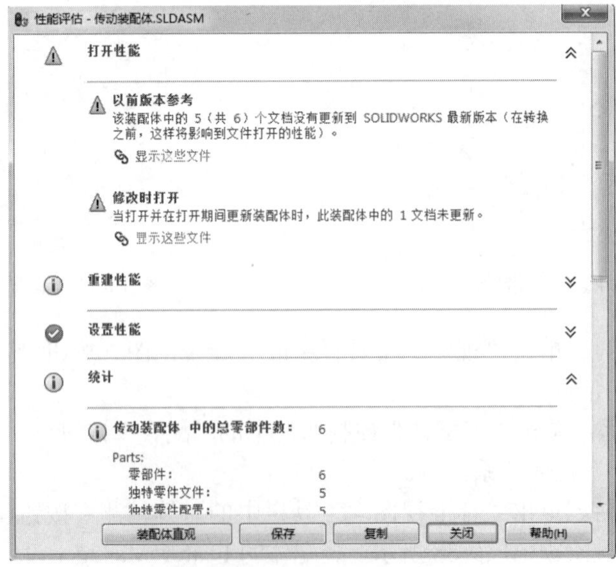

图 19-91　“性能评估”对话框

（8）**爆炸视图**

① 执行爆炸命令。单击“装配体”控制面板中的“爆炸视图”按钮，系统弹出“爆炸”属性管理器。

② 爆炸带轮。单击“添加阶梯”选项组的“爆炸步骤零部件”列表框，选择图形区或者装配体 FeatureManager 设计树中的“带轮”零件，按照如图 19-92 所示进行爆炸设置，单击“添加阶梯”按钮，选中“爆炸步骤 1”，此时装配体中被选中的零件被亮显并且预览爆炸效果，如图 19-93 所示。单击“完成”按钮，对“带轮”零件的爆炸完成，并形成“爆炸步骤 1”。

③ 爆炸键。单击“添加阶梯”选项组的“爆炸步骤零部件”列表框，选择图形区中或者装配体 FeatureManager 设计树中的“键”零件，在图形区中调整显示爆炸方向的坐标，使其竖直向上，爆炸方向设置如图 19-94 所示。

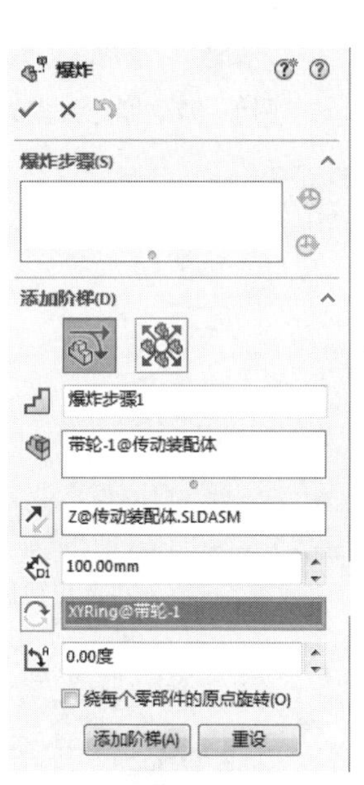

图 19-92　爆炸设置

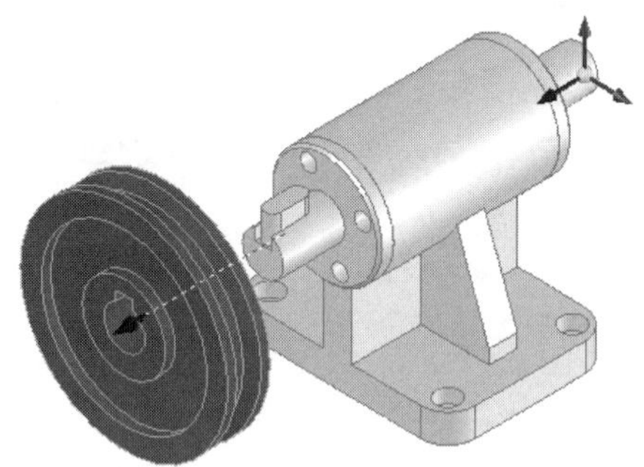

图 19-93　爆炸预览视图

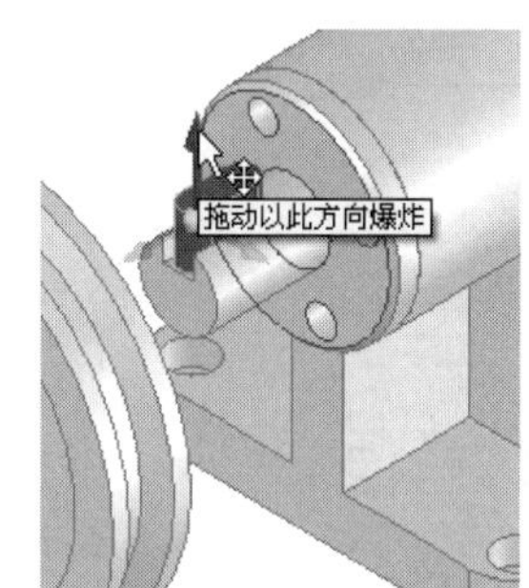

图 19-94　爆炸方向设置

④ 生成爆炸步骤。按照如图 19-95 所示进行爆炸设置，然后单击“完成”按钮，完成对“键”零件的爆炸，并形成“爆炸步骤 2”，爆炸后的视图如图 19-96 所示。

⑤ 爆炸法兰盘 1。单击“添加阶梯”选项组的“爆炸步骤零部件”列表框，选择图形区或者装配体 FeatureManager 设计树中的“法兰盘 1”零件，在图形区中调整显示爆炸方向的坐标，使其指向左侧，爆炸方向设置如图 19-97 所示。

⑥ 生成爆炸步骤。按照如图 19-98 所示进行爆炸设置，然后单击“完成”按钮，完成对“法兰盘 1”零件的爆炸，并形成“爆炸步骤 3”，爆炸后的视图如图 19-99 所示。

⑦ 设置爆炸方向。单击“添加阶梯”选项组的“爆炸步骤零部件”列表框，选择步骤⑥中爆炸的法兰盘，在图形区中调整显示爆炸方向的坐标，使其竖直向上，爆炸方向设置如图 19-100 所示。

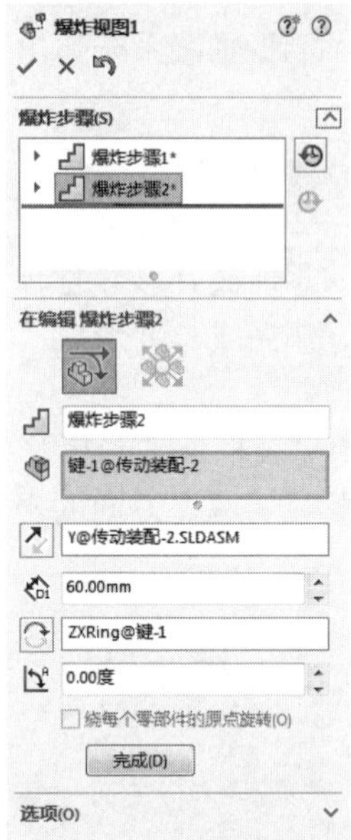

图 19-95　爆炸设置

图 19-96　爆炸视图

图 19-97　爆炸方向设置

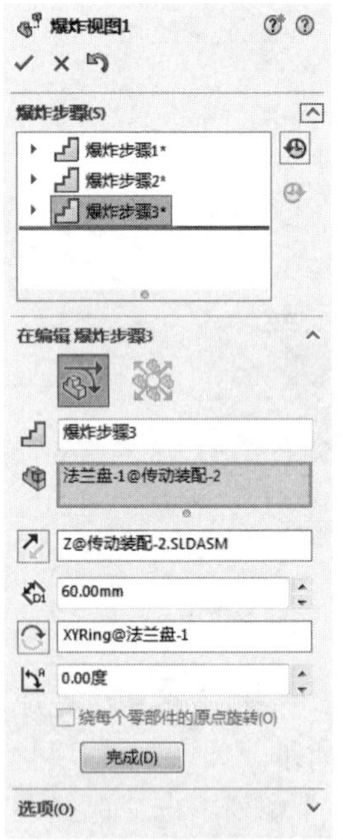

图 19-98　爆炸设置

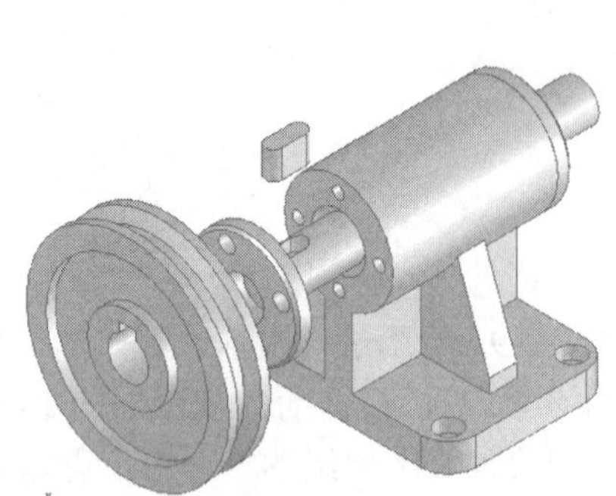

图 19-99　爆炸视图

图 19-100　爆炸方向设置

⑧ 生成爆炸步骤。按照如图 19-101 所示进行爆炸设置，然后单击“完成”按钮，完成对“法兰盘 1”零件的爆炸，并形成“爆炸步骤 4”，爆炸后的视图如图 19-102 所示。

⑨ 爆炸法兰盘 2。单击“添加阶梯”选项组的“爆炸步骤零部件”列表框，选择图形区或者装配体 FeatureManager 设计树中的“法兰盘 2”零件，在图形区中调整显示爆炸方向的坐标，使其竖直向上，爆炸方向设置如图 19-103 所示。

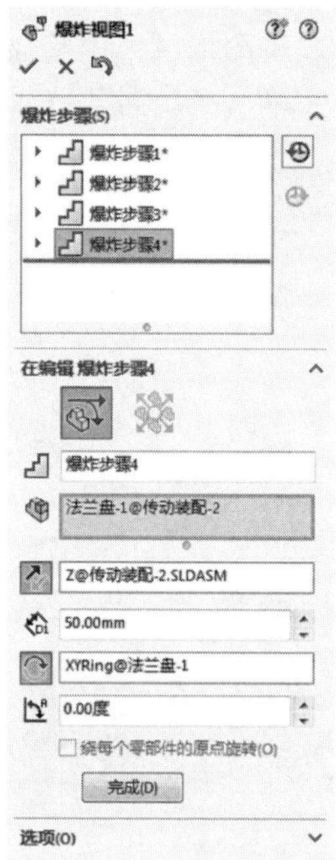

图 19-101 爆炸设置

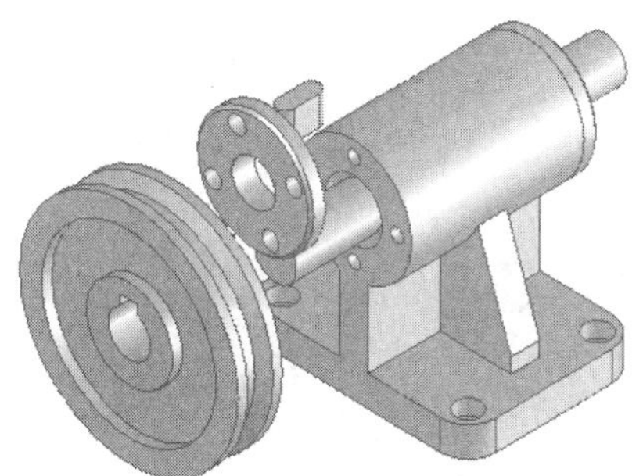

图 19-102 爆炸视图

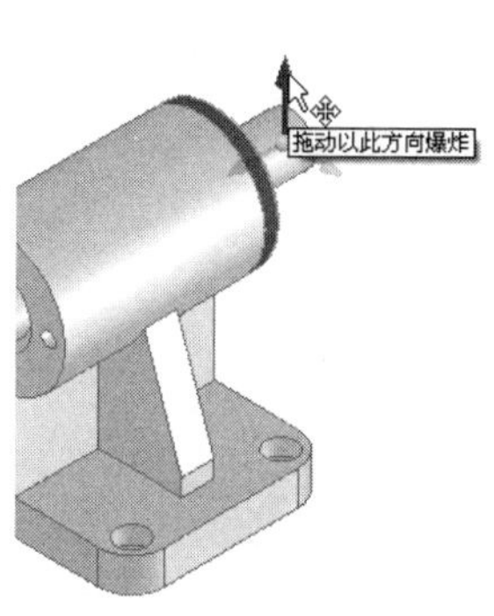

图 19-103 爆炸方向设置

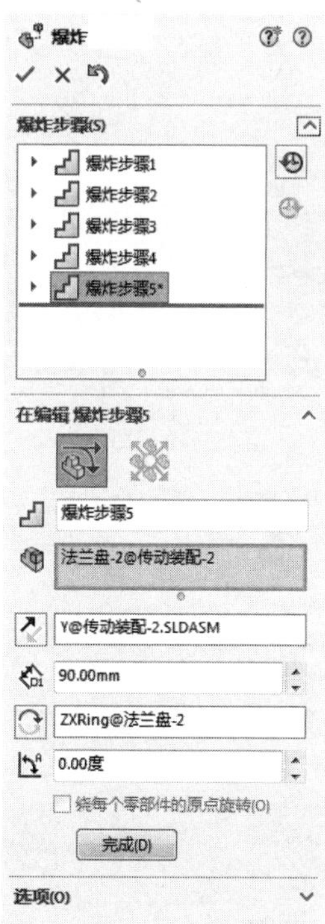

图 19-104 爆炸设置

⑩ 生成爆炸步骤。按照如图 19-104 所示进行爆炸设置后，单击“完成”按钮，完成对“法兰盘 2”零件的爆炸，并形成“爆炸步骤 5”，爆炸后的视图如图 19-105 所示。

⑪ 爆炸传动轴。单击“添加阶梯”选项组的“爆炸步骤零部件”列表框，选择图形区中或者装配体 FeatureManager 设计树中的“传动轴”零件，在图形区中调整显示爆炸方向的坐标，使其指向左侧，爆炸方向设置如图 19-106 所示，并单击“反向”按钮，调整爆炸方向。

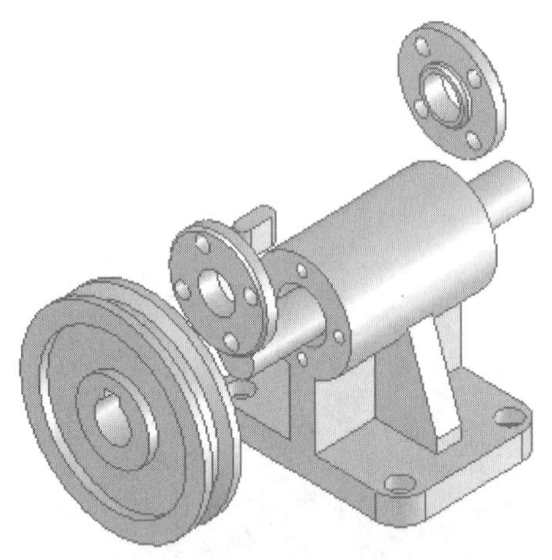

图 19-105　爆炸视图

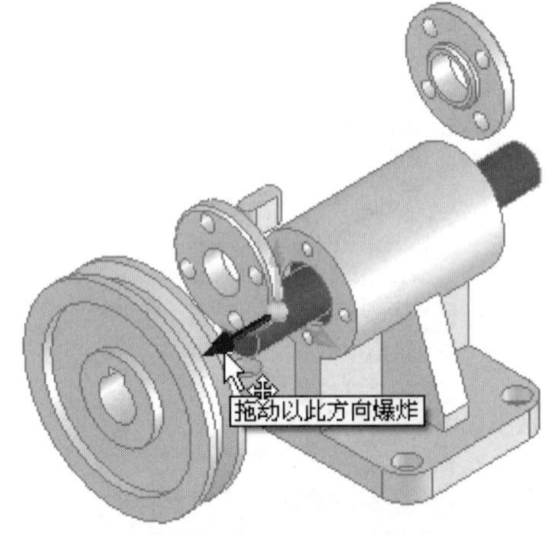

图 19-106　爆炸方向设置

⑫ 生成爆炸步骤。按照如图 19-107 所示进行爆炸设置，然后单击“完成”按钮，完成对“传动轴”零件的爆炸，并形成“爆炸步骤 6”，爆炸后的视图如图 19-108 所示。

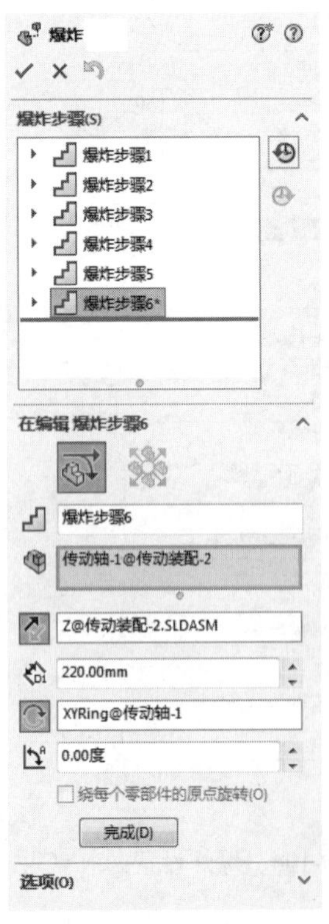

图 19-107　爆炸设置

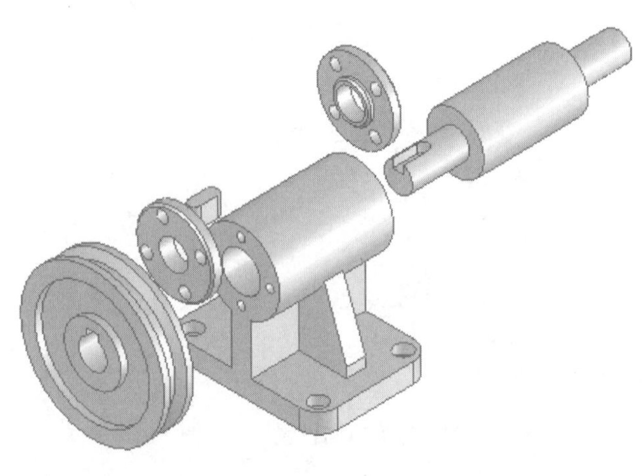

图 19-108　爆炸视图

上机操作

【**实例**】创建如图 19-109 所示的手锤装配体

操作提示

① 利用插入零件和配合命令，选择图 19-110 中的面 1 和面 2 为配合面，添加“同轴心”关系。

② 利用配合命令，选择图 19-111 中的面 1 和面 2，添加“重合”关系。

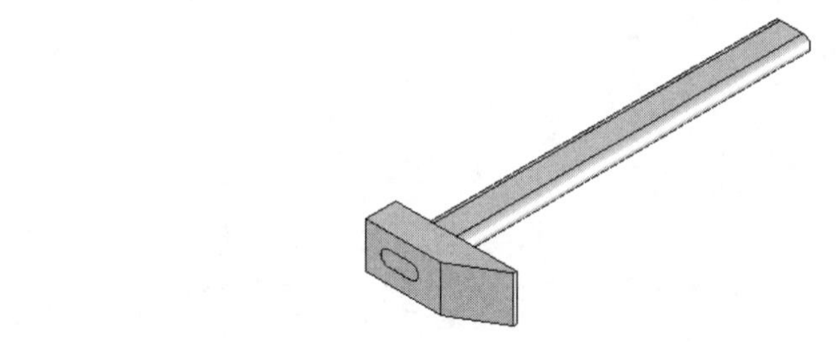

图 19-109　手锤装配体

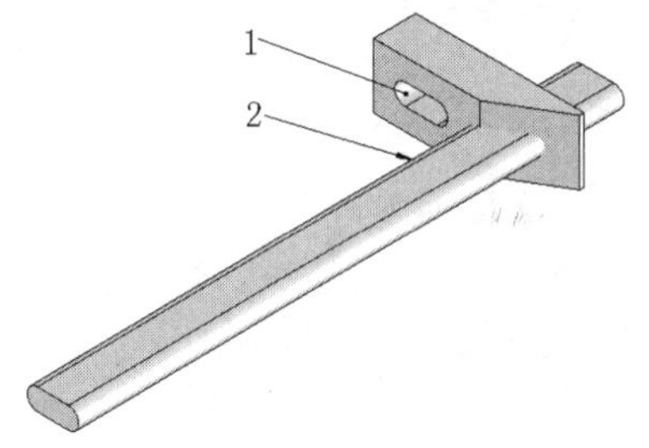

图 19-110　装配手柄

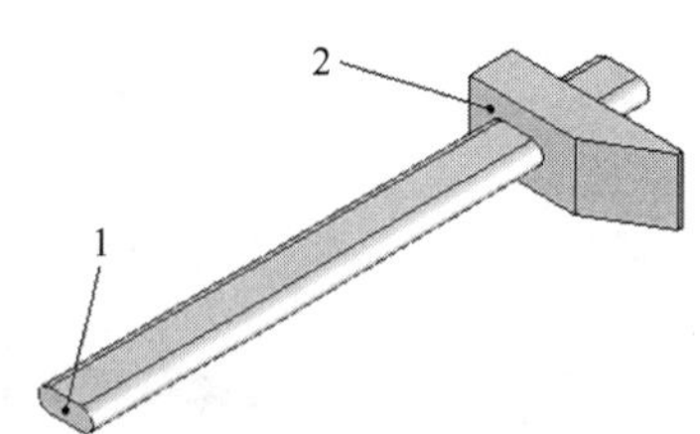

图 19-111　装配手柄

第20章 工程图的绘制

工程图在产品设计过程中是很重要的，它一方面体现着设计结果，另一方面也是指导生产制造的重要依据。工程图起到了方便设计人员之间的交流、提高工作效率的作用。在工程图方面，SOLIDWORKS系统提供了强大的功能，用户可以很方便地借助于零件或三维模型创建所需的各个视图，包括剖面视图、局部放大视图等。

学习目标

- 工程图的绘制方法
- 标准三视图的绘制方法
- 视图的操纵
- 剖面视图、局部视图、投影视图的绘制
- 注解的标注
- 分离、打印工程图

20.1 工程图的绘制方法

默认情况下，SOLIDWORKS 系统在工程图和零件或装配体三维模型之间提供全相关的功能，全相关意味着无论什么时候修改零件或装配体的三维模型，所有相关的工程视图将自动更新，以反映零件或装配体的形状和尺寸变化；反之，当在一个工程图中修改一个零件或装配体尺寸时，系统也将自动地将相关的其他工程视图及三维零件或装配体中的相应尺寸加以更新。

在安装 SOLIDWORKS 软件时，可以设定工程图与三维模型间的单向链接关系，这样当在工程图中对尺寸进行了修改时，三维模型并不更新。如果要改变此选项的话，只有再重新安装一次软件。

此外，SOLIDWORKS 系统提供多种类型的图形文件输出格式，包括最常用的 DWG 和 DXF 格式以及其他几种常用的标准格式。

工程图包含一个或多个由零件或装配体生成的视图。在生成工程图之前，必须先保存与它有关的零件或装配体的三维模型。

下面介绍创建工程图的操作步骤。

① 单击“标准”工具栏中的“新建”按钮。

② 在弹出的“新建 SOLIDWORKS 文件”对话框的“模板”选项卡中选择“工程图”图标，如图 20-1 所示。

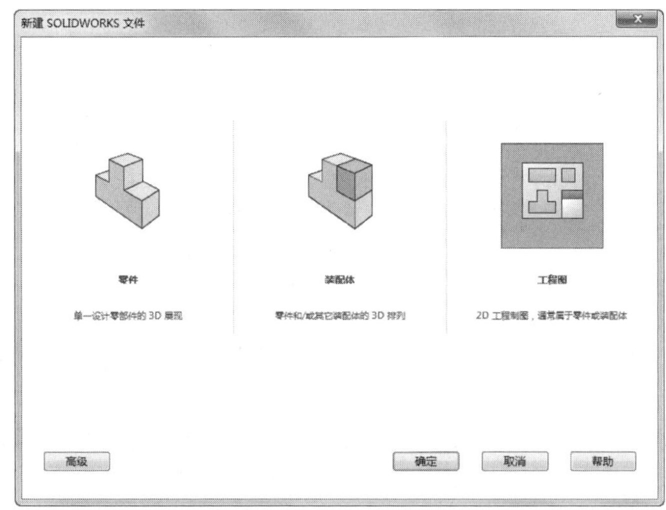

图 20-1 “新建 SOLIDWORKS 文件”对话框

③ 单击“确定”按钮，关闭该对话框。

④ 在弹出的“图纸格式/大小”对话框中，选择图纸格式，如图 20-2 所示。

- 标准图纸大小：在列表框中选择一个标准图纸大小的图纸格式。
- 自定义图纸大小：在“宽度”和“高度”文本框中设置图纸的大小。

如果要选择已有的图纸格式，则单击“浏览”按钮导航到所需的图纸格式文件。

⑤ 在“图纸格式/大小”对话框中单击“确定”按钮，进入工程图编辑状态。

工程图窗口中也包括 FeatureManager 设计树，它与零件和装配体窗口中的 FeatureManager 设计树相似，包括项目层次关系的清单。每张图纸有一个图标，每张图纸下有图纸格式和每个视图的图标。项目图标旁边的符号⊞表示它包含相关的项目，单击它将展开所有的项目并显示其内容。工程图窗口如图 20-3 所示。

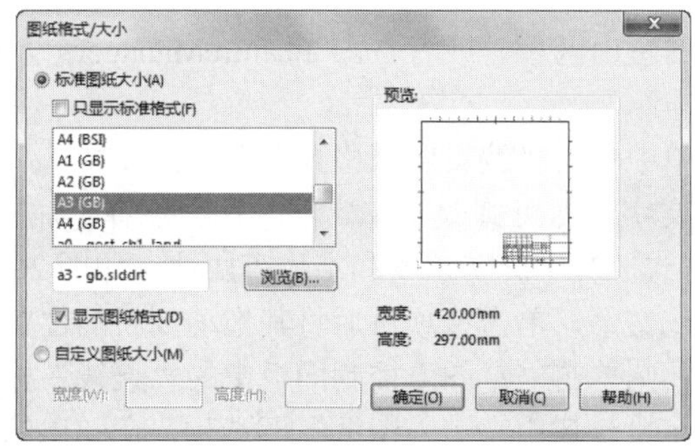

图 20-2 “图纸格式/大小”对话框

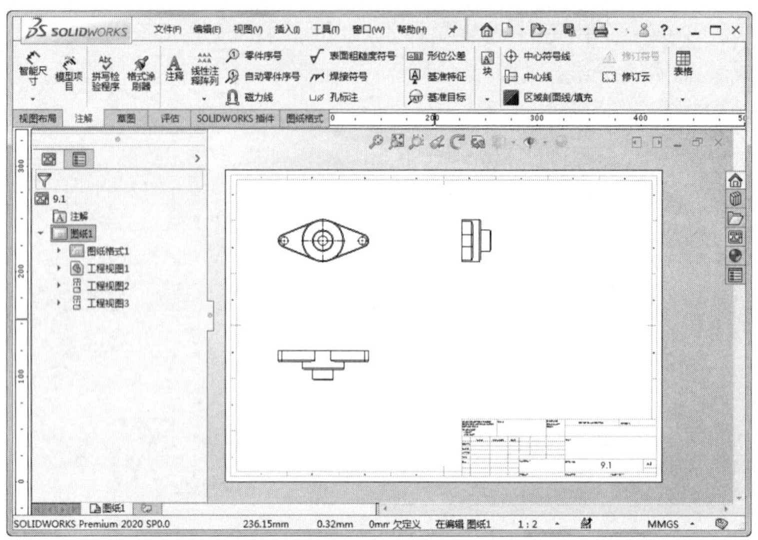

图 20-3 工程图窗口

标准视图包含视图中显示的零件和装配体的特征清单。派生的视图（如局部或剖面视图）包含不同的特定视图项目（如局部视图图标、剖切线等）。

工程图窗口的顶部和左侧有标尺，标尺会报告图纸中光标指针的位置。选择菜单栏中的“视图”→“用户界面”→“标尺”命令，可以打开或关闭标尺。

如果要放大到视图，右击 FeatureManager 设计树中的视图名称，在弹出的快捷菜单中单击“放大所选范围”命令。

用户可以在 FeatureManager 设计树中重新排列工程图文件的顺序，在图形区拖动工程图到指定的位置。

工程图文件的扩展名为“.slddrw”。新工程图使用所插入的第一个模型的名称。保存工程图时，模型名称作为默认文件名出现在“另存为”对话框中，并带有扩展名“.slddrw”。

20.2 定义图纸格式

扫一扫，看视频

SOLIDWORKS 提供的图纸格式不符合任何标准，用户可以自定义工程图纸格式以符合本单位的标准格式。

（1）定义图纸格式

① 右击工程图纸上的空白区域，或者右击 FeatureManager 设计树中的“图纸格式”按钮。

② 在弹出的快捷菜单中单击“编辑图纸格式”命令。

③ 双击标题栏中的文字，即可修改文字。同时在“注释”属性管理器的“文字格式”选项组中可以修改对齐方式、文字旋转角度和字体等属性，如图 20-4 所示。

④ 如果要移动线条或文字，单击该项目后将其拖动到新的位置。

⑤ 如果要添加线条，则单击“草图”控制面板中的“直线”按钮，然后绘制线条。

⑥ 在 FeatureManager 设计树中右击“图纸”选项，在弹出的快捷菜单中单击“属性”命令。

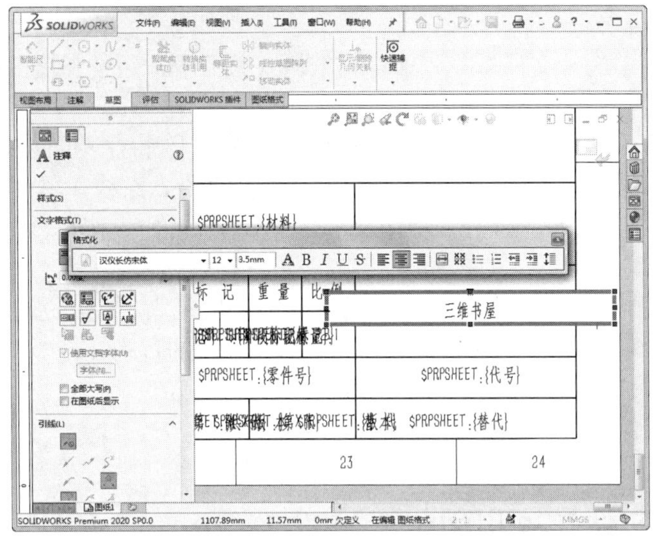

图 20-4 “注释”属性管理器

⑦ 系统弹出的“图纸属性”对话框如图 20-5 所示，具体设置如下。

a．在“名称”文本框中输入图纸的标题。

b．在“比例”文本框中指定图纸上所有视图的默认比例。

c．在“标准图纸大小”列表框中选择一种标准纸张（如 A4、B5 等）。如果点选“自定义图纸大小”单选钮，则在下面的“宽度”和“高度”文本框中指定纸张的大小。

d．单击“浏览”按钮，可以使用其他图纸格式。

e．在“投影类型”选项组中点选“第一视角”或“第三视角”单选钮。

f．在“下一视图标号”文本框中指定下一个视图要使用的英文字母代号。

g．在“下一基准标号”文本框中指定下一个基准标号要使用的英文字母代号。

h．如果图纸上显示了多个三维模型文件，在“使用模型中此处显示的自定义属性值”下拉列表框中选择一个视图，工程图将使用该视图包含模型的自定义属性。

⑧ 单击“应用更改”按钮，关闭“图纸属性”对话框。

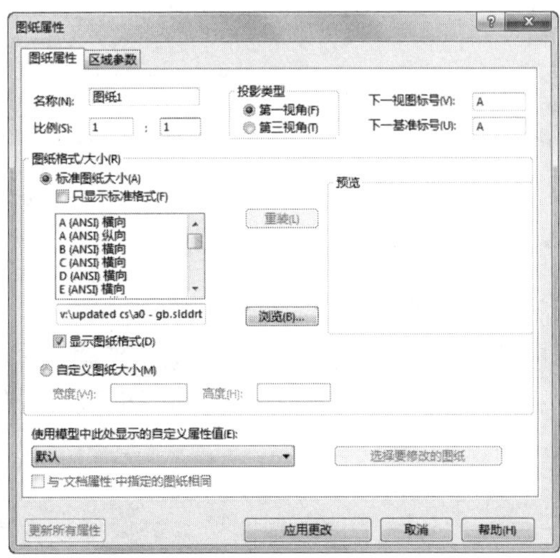

图 20-5 “图纸属性”对话框

（2）**保存图纸格式**

① 选择菜单栏中的“文件”→“保存图纸格式”命令，系统弹出的“保存图纸格式”对话框。

② 如果要替换 SOLIDWORKS 提供的标准图纸格式，则右击 FeatureManager 设计树中的“图纸”选项，在弹出的快捷菜单中单击“属性”命令，系统弹出“图纸属性”对话框。在“纸张格式/大小”列表框中选择一种图纸格式，单击“确定”按钮，图纸格式将被保存在<安装目录>\data 下。

③ 如果要使用新的图纸格式，可以点选“自定义图纸大小”单选钮，自行输入图纸的高度和宽度；或者单击“浏览”按钮，选择图纸格式保存的目录并打开，然后输入图纸格式名称，最后单击“确定”按钮。

④ 单击“保存”按钮，关闭对话框。

20.3 标准三视图的绘制

扫一扫，看视频

在创建工程图前，应根据零件的三维模型，考虑和规划零件视图，如工程图由几个视图组成，是否需要剖视图等。考虑清楚后，再进行零件视图的创建工作，否则如同用手工绘图一样，可能创建的视图不能很好地表达零件的空间关系，给其他用户的识图、看图造成困难。

标准三视图是指从三维模型的主视、左视、俯视 3 个正交角度投影生成 3 个正交视图，如图 20-6 所示。

在标准三视图中，主视图与俯视图及侧视图有固定的对齐关系。俯视图可以竖直移动，侧视图可以水平移动。SOLIDWORKS 生成标准三视图的方法有多种，这里只介绍常用的两种。

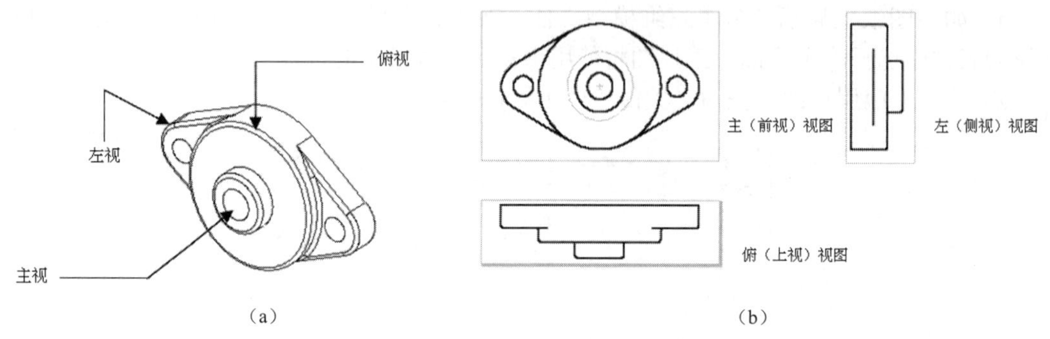

（a）　　（b）

图 20-6　标准三视图

（1）**用标准方法生成标准三视图**

下面结合实例介绍用标准方法生成标准三视图的操作步骤。

① 打开随书资源中的“\源文件\ch20\20.1sourse.SLDPRT”，打开的文件实体如图 20-6 所示。

② 新建一张工程图。

③ 选择菜单栏中的“插入”→“工程图视图”→“标准三视图”命令，或者单击“工程图”控制面板中的“标准三视图”按钮，此时光标指针变为形状。

④ 在“标准视图”属性管理器中提供了 3 种选择模型的方法。

- 从打开的文档 PropertyManager 的标准三视图中选择一个模型，或浏览到模型文件并单击 ✔。
- 从另一窗口的 FeatureManager 设计树中选择模型。
- 从另一窗口的图形区中选择模型。

在工程图窗口右击，在快捷菜单中单击“从文件中插入”命令。

⑤ 选择菜单栏中的“窗口”→“文件”命令，进入到零件或装配体文件中。

⑥ 利用步骤④中的一种方法选择模型，系统会自动回到工程图文件中，并将三视图放置在工程图中。

如果不打开零件或装配体模型文件，用标准方法生成标准三视图的操作步骤如下。

① 新建一张工程图。

② 选择菜单栏中的“插入”→“工程图视图”→“标准三视图”命令，或者单击“视图布局”控制面板中的“标准三视图”按钮。

③ 在弹出的“标准三视图”属性管理器中，单击“浏览”按钮。

④ 在弹出的“打开”对话框中浏览到所需的模型文件，单击“打开”按钮，标准三视图便会放置在图形区中。

（2）利用 Internet Explorer 中的超文本链接生成标准三视图

操作步骤如下。

① 新建一张工程图。

② 在 Internet Explorer（4.0 或更高版本）中，导航到包含 SOLIDWORKS 零件文件超文本链接的位置。

③ 将超文本链接从 Internet Explorer 窗口拖动到工程图窗口中。

④ 在出现的“另存为”对话框中保存零件模型到本地硬盘中，同时零件的标准三视图也被添加到工程图中。

20.4 模型视图的绘制

扫一扫，看视频

标准三视图是最基本和最常用的工程图，由于它所提供的视角十分固定，有时不能很好地描述模型的实际情况。SOLIDWORKS 提供的模型视图解决了这个问题。通过在标准三视图中插入模型视图，可以从不同的角度生成工程图。

下面结合实例介绍插入模型视图的操作步骤。

① 选择菜单栏中的“插入”→“工程视图”→“模型”命令，或者单击“工程图”控制面板中的“模型视图”按钮。

② 和生成标准三视图中选择模型的方法一样，在零件或装配体文件中选择一个模型[打开随书资源中的“\源文件\ch20\20.2sourse.SLDPRT”，打开的文件实体如图 20-6（a）所示]。

③ 当回到工程图文件中时，光标指针变为形状，用光标拖动一个视图方框表示模型视图的大小。

④ 在“模型视图”属性管理器的“方向”选项组中选择视图的投影方向。

⑤ 单击，从而在工程图中放置模型视图，如图 20-7 所示。

⑥ 如果要更改模型视图的投影方向，则双击“方向”选项中的视图方向。

⑦ 如果要更改模型视图的显示比例，则点选“使用自定义比例”单选钮，然后输入显示比例。

⑧ 单击“确定”按钮✔，完成模型视图的插入。

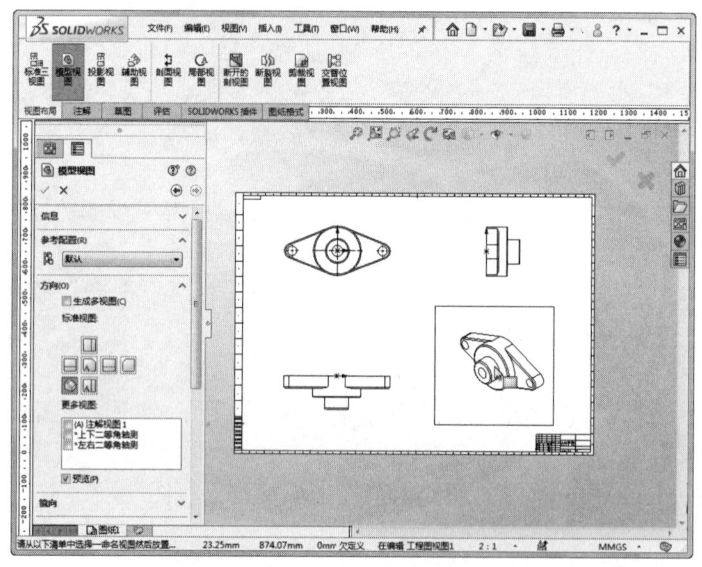

图 20-7　放置模型视图

20.5 派生视图的绘制

派生视图是指从标准三视图、模型视图或其他派生视图中派生出来的视图，包括剖面视图、旋转剖视图、投影视图、辅助视图、局部视图、断裂视图等。

20.5.1 剖面视图

扫一扫，看视频

剖面视图是指用一条剖切线分割工程图中的一个视图，然后从垂直于剖面方向投影得到的视图，如图 20-8 所示。

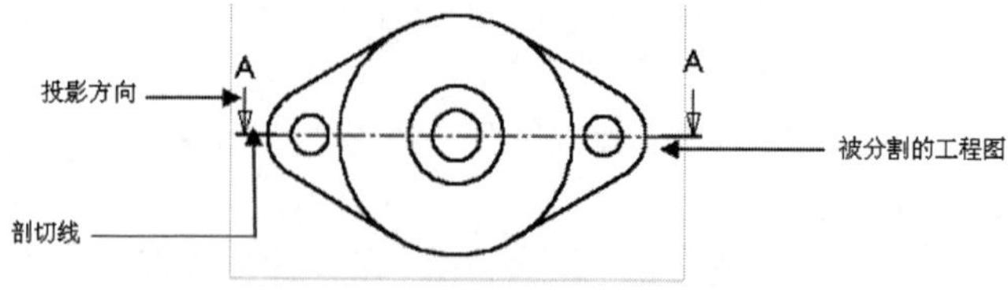

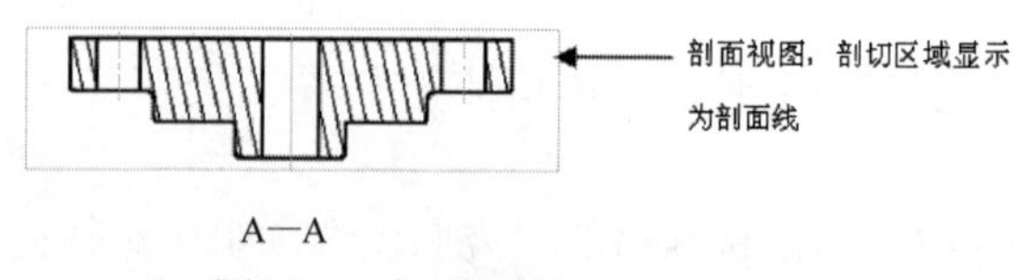

A—A

图 20-8　剖面视图

下面结合实例介绍绘制剖面视图的操作步骤。

① 打开随书资源中的“\源文件\ch20\20.3sourse.SLDDRW”，打开的工程图如图 20-6（b）所示。

② 选择菜单栏中的“插入”→“工程图视图”→“剖面视图”命令，或者单击“工程图”控制面板中的“剖面视图”按钮。

③ 系统弹出“剖面视图辅助”属性管理器，在切割线选项选择切割线类型，同时“草图”控制面板中的“直线”按钮也被激活。

④ 在工程图上绘制剖切线。绘制完剖切线之后，系统会在垂直于剖切线的方向出现一个方框，表示剖切视图的大小。拖动这个方框到适当的位置，则剖切视图被放置在工程图中。

⑤ 在“剖面视图”属性管理器中设置相关选项，如图 20-9（a）所示。

a．如果单击“反转方向”按钮 反转方向(L)，则会反转切除的方向。

b．在“标号”文本框中指定与剖面线或剖面视图相关的字母。

c．如果剖面线没有完全穿过视图，勾选“部分剖面”复选框将会生成局部剖面视图。

d．如果勾选“横截剖面”复选框，则只有被剖面线切除的曲面才会出现在剖面视图上。

e．如果点选“使用图纸比例”单选钮，则剖面视图上的剖面线将会随着图纸比例的改变而改变。

f．如果点选“使用自定义比例”单选钮，则定义剖面视图在工程图纸中的显示比例。

⑥ 单击“确定”按钮，完成剖面视图的插入，如图 20-9（b）所示。

新剖面是由原实体模型计算得来的，如果模型更改，此视图将随之更新。

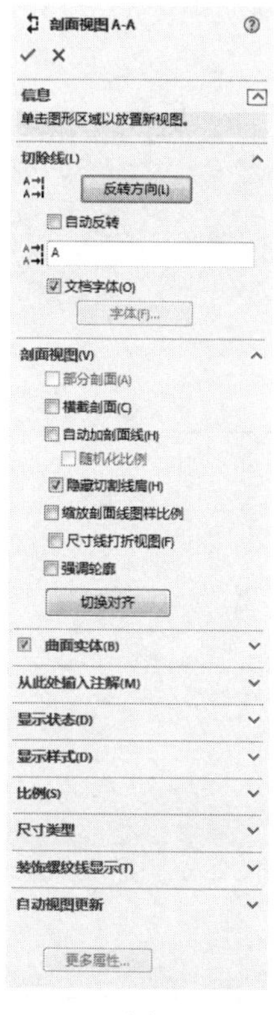

（a）

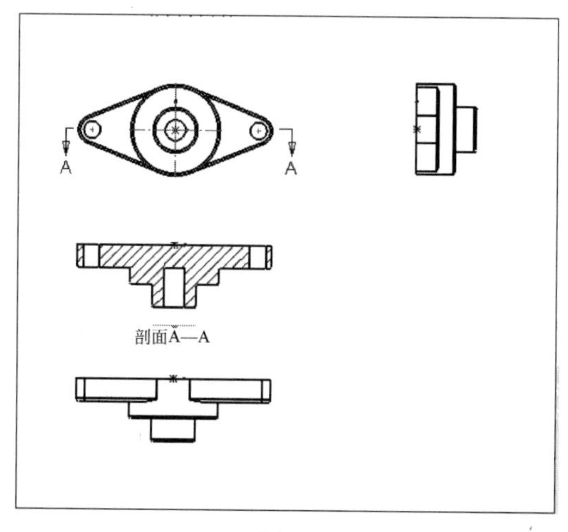

（b）

图 20-9　绘制剖面视图

20.5.2　旋转剖视图

扫一扫，看视频

旋转剖视图中的剖切线是由两条具有一定角度的线段组成的。系统从垂直于剖切方向投影生成剖面视图，如图 20-10 所示。

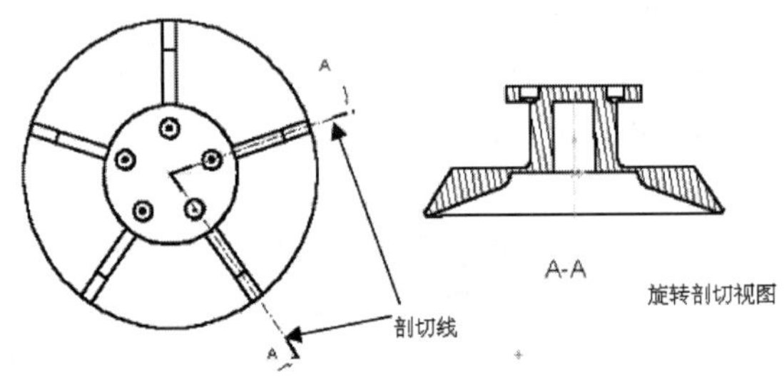

图 20-10　旋转剖视图

下面结合实例介绍生成旋转剖切视图的操作步骤。

① 打开随书资源中“\源文件\ch20\20.4sourse.SLDDRW”，打开的工程图如图 20-10 左图所示。

② 单击“草图”控制面板中的“中心线”按钮或（直线）按钮。绘制旋转视图的剖切线，剖切线至少应由两条具有一定角度的连续线段组成。

③ 按住<Ctrl>键选择剖切线段。

④ 选择菜单栏中的“插入”→“工程图视图”→“剖面视图”命令，或者单击“工程图”控制面板中的“剖面视图”按钮。

⑤ 系统会在沿第一条剖切线段的方向出现一个方框，表示剖切视图的大小，拖动这个方框到适当的位置，则旋转剖切视图被放置在工程图中。

⑥ 在“剖面视图”属性管理器中设置相关选项，如图 20-11（a）所示。

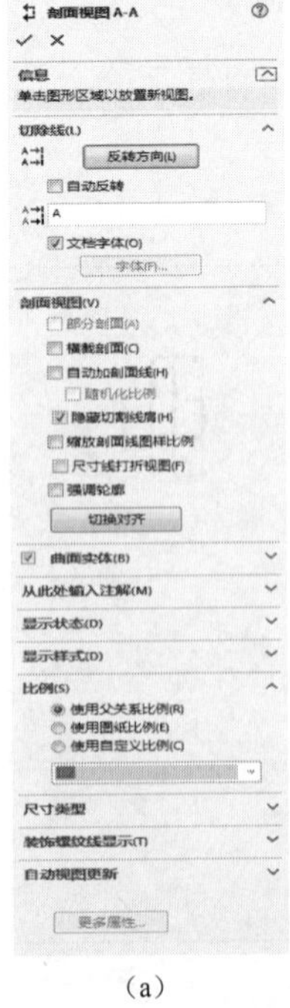

（a）

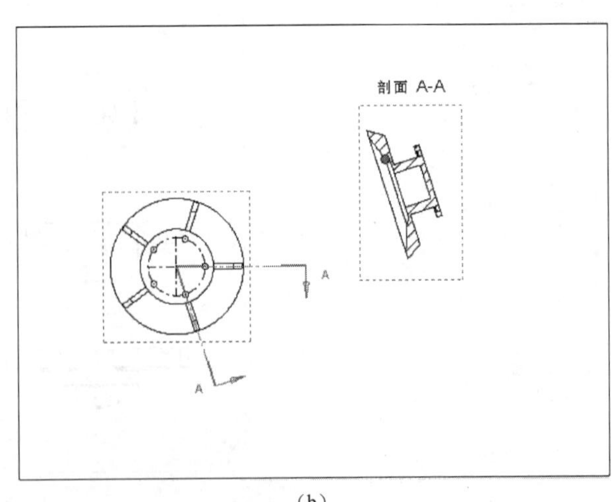

（b）

图 20-11　绘制旋转剖视图

a．如果单击“反转方向”按钮 反转方向(L)，则会反转切除的方向。

b．如果勾选“缩放剖面线图样比例”复选框，则剖面视图上的剖面线将会随着模型尺寸比例的改变而改变。

c．在“标号”文本框中指定与剖面线或剖面视图相关的字母。

d．如果剖面线没有完全穿过视图，勾选“部分剖面”复选框将会生成局部剖面视图。

e．如果勾选“横截剖面”复选框，将只有被剖面线切除的曲面才会出现在剖面视图上。

f．点选“使用自定义比例”单选钮后用户可以自己定义剖面视图在工程图纸中的显示比例。

⑦ 单击“确定”按钮✔，完成旋转剖面视图的插入，如图20-11（b）所示。

20.5.3 投影视图

扫一扫，看视频

投影视图是通过从正交方向对现有视图投影生成的视图，如图20-12所示。

下面结合实例介绍生成投影视图的操作步骤。

① 在工程图中选择一个要投影的工程视图（打开随书资源中“\源文件\ch20\20.5sourse.SLDDRW”，打开的工程图如图20-12所示）。

② 选择菜单栏中的“插入”→“工程图视图”→“投影视图”命令，或者单击“工程图”控制面板中的“投影视图”按钮。

③ 系统将根据光标指针在所选视图的位置决定投影方向。可以从所选视图的上、下、左、右4个方向生成投影视图。

④ 系统会在投影方向出现一个方框，表示投影视图的大小，拖动这个方框到适当的位置，则投影视图被放置在工程图中。

⑤ 单击“确定”按钮✔，生成投影视图。

扫一扫，看视频

20.5.4 辅助视图

辅助视图类似于投影视图，它的投影方向垂直于所选视图的参考边线，如图20-13所示。

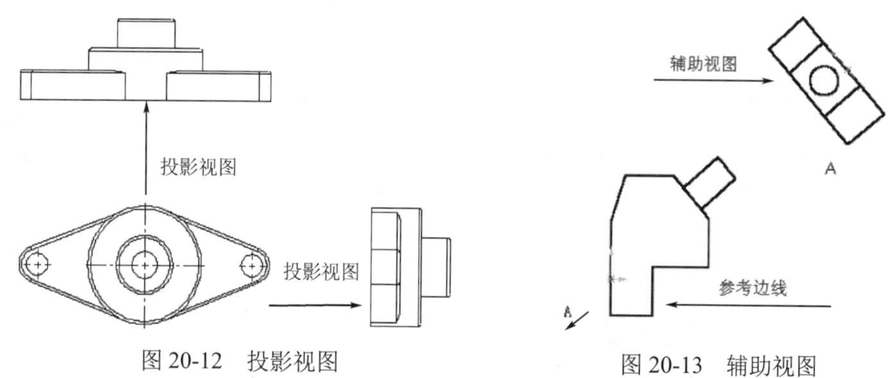

图20-12 投影视图　　图20-13 辅助视图

下面结合实例介绍插入辅助视图的操作步骤。

① 打开随书资源中“\源文件\ch20\20.6sourse.SLDDRW”，打开的工程图如图20-13所示。

② 选择菜单栏中的“插入”→“工程图视图”→“辅助视图”命令，或者单击“工程图”控制面板中的“辅助视图”按钮。

③ 选择要生成辅助视图的工程视图中的一条直线作为参考边线，参考边线可以是零件的边线、侧影轮廓线、轴线或所绘制的直线。

④ 系统会在与参考边线垂直的方向出现一个方框，表示辅助视图的大小，拖动这个方框到适当的位置，则辅助视图被放置在工程图中。

⑤ 在“辅助视图”属性管理器中设置相关选项，如图 20-14（a）所示。

a．在“标号”文本框中指定与剖面线或剖面视图相关的字母。

b．如果勾选“反转方向”复选框，则会反转切除的方向。

⑥ 单击“确定”按钮✔，生成辅助视图，如图 20-14（b）所示。

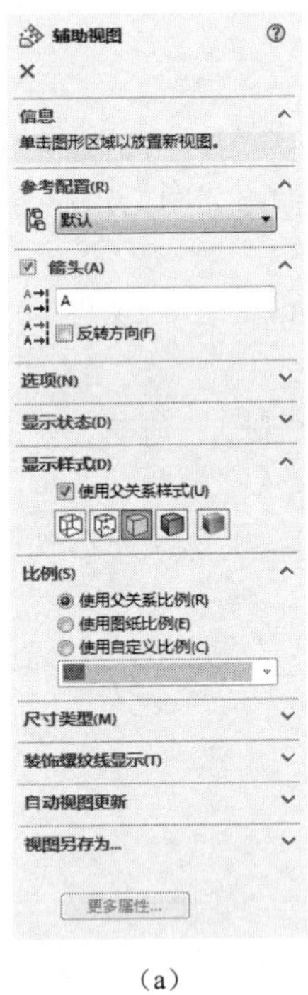

（a）

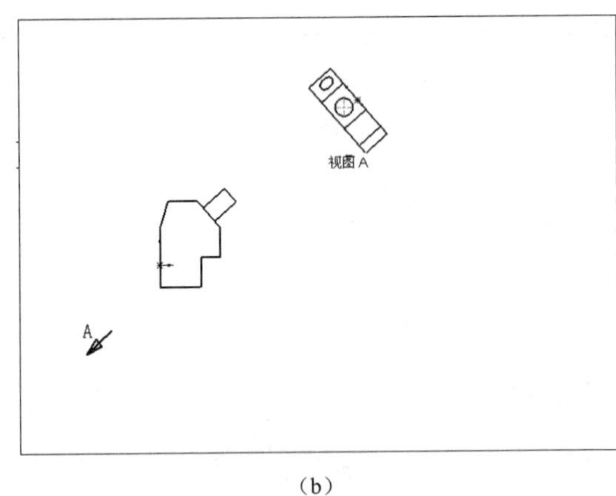

（b）

图 20-14　绘制辅助视图

20.5.5　局部视图

扫一扫，看视频

可以在工程图中生成一个局部视图，来放大显示视图中的某个部分，如图 20-15 所示。局部视图可以是正交视图、三维视图或剖面视图。

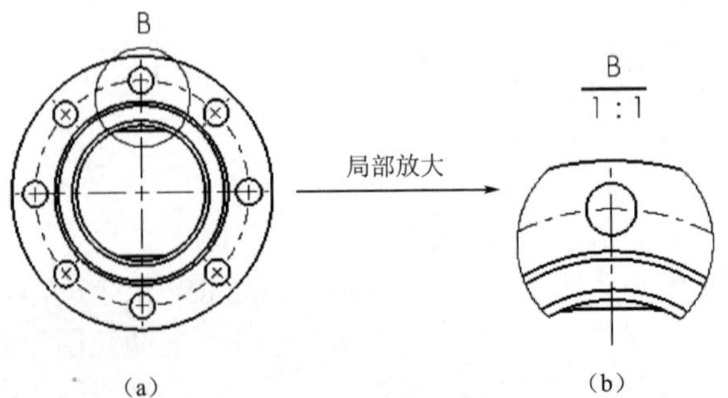

（a）　　（b）

图 20-15　局部视图

下面结合实例介绍绘制局部视图的操作步骤。

① 打开随书资源中“\源文件\ch20\20.7sourse.SLDDRW”，打开的工程图如图 20-15（a）所示。

② 选择菜单栏中的“插入”→“工程图视图”→“局部视图”命令，或者单击“工程图布局”控制面板中的“局部视图”按钮。

③ 此时，“草图”控制面板中的“圆”按钮被激活，利用它在要放大的区域绘制一个圆。

④ 系统会弹出一个方框，表示局部视图的大小，拖动这个方框到适当的位置，则局部视图被放置在工程图中。

⑤ 在“局部视图”属性管理器中设置相关选项，如图 20-16（a）所示。

a．“样式”下拉列表框：在下拉列表框中选择局部视图图标的样式，有“依照标准”“断裂圆”“带引线”“无引线”和“相连”5 种样式。

b．“标号”文本框：在文本框中输入与局部视图相关的字母。

c．如果在“局部视图”选项组中勾选了“完整外形”复选框，则系统会显示局部视图中的轮廓外形。如果在“局部视图”选项组中勾选了“钉住位置”复选框，在改变派生局部视图的视图大小时，局部视图将不会改变大小。如果在“局部视图”选项组中勾选了“缩放剖面线图样比例”复选框，将根据局部视图的比例来缩放剖面线图样的比例。

⑥ 单击“确定”按钮，生成局部视图，如图 20-16（b）所示。

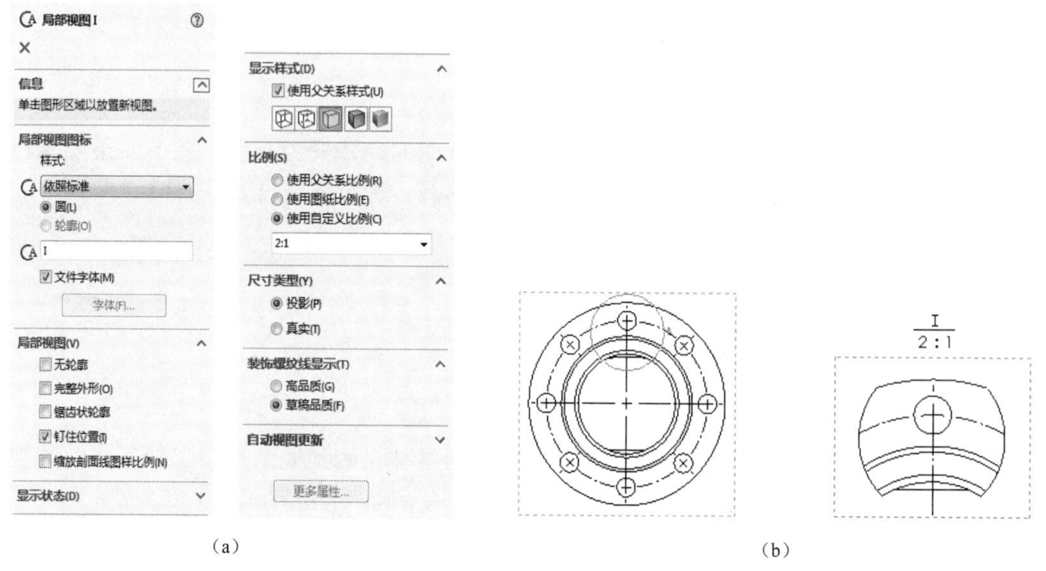

（a）　　　　（b）

图 20-16　绘制局部视图

此外，局部视图中的放大区域还可以是其他任何的闭合图形。其方法是首先绘制用来作放大区域的闭合图形，然后再单击“局部视图”按钮，其余的步骤相同。

20.5.6　断裂视图

扫一扫，看视频

工程图中有一些截面相同的长杆件（如长轴、螺纹杆等），这些零件在某个方向的尺寸比其他方向的尺寸大很多，而且截面没有变化。因此可以利用断裂视图将零件用较大比例显示在工程图上，如图 20-17 所示。

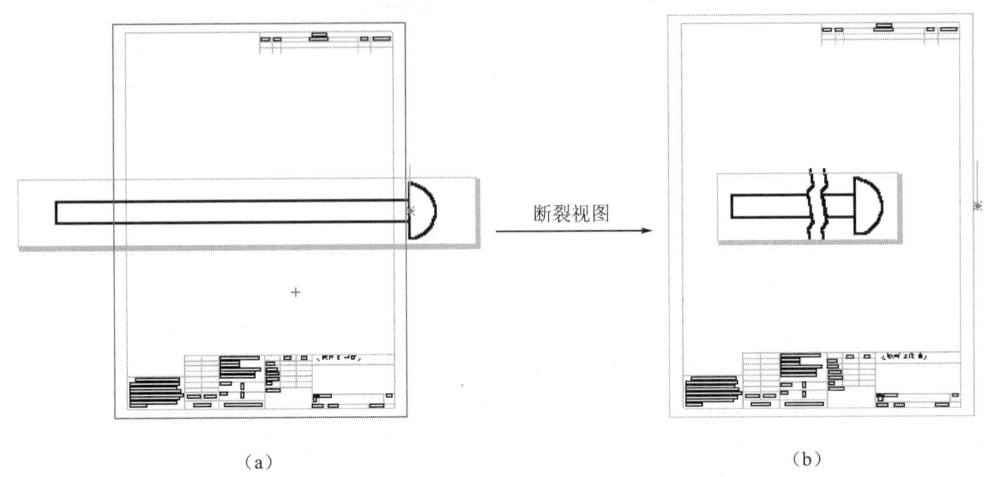

（a）　　（b）

图 20-17　断裂视图

下面结合实例介绍绘制断裂视图的操作步骤。

① 打开随书资源中“\源文件\ch20\20.8sourse.SLDDRW”，打开的文件实体如图 20-17（a）所示。

② 选择菜单栏中的“插入”→“工程视图”→“断裂视图”命令，此时折断线出现在视图中。可以添加多组折断线到一个视图中，但所有折断线必须为同一个方向。

③ 将折断线拖动到希望生成断裂视图的位置。

④ 单击确定按钮✔，生成断裂视图，如图 20-17（b）所示。

此时，折断线之间的工程图都被删除，折断线之间的尺寸变为悬空状态。如果要修改折断线的形状，则右击折断线，在弹出的快捷菜单中选择一种折断线样式（直线、曲线、锯齿线和小锯齿线）。

20.6 操纵视图

在上节的派生视图中，许多视图的生成位置和角度都受到其他条件的限制（如辅助视图的位置与参考边线相垂直）。有时，用户需要自己任意调节视图的位置和角度以及显示和隐藏，SOLIDWORKS 就提供了这项功能。此外，SOLIDWORKS 还可以更改工程图中的线型、线条颜色等。

20.6.1 移动和旋转视图

光标指针移到视图边界上时，光标指针变为形状，表示可以拖动该视图。如果移动的视图与其他视图没有对齐或约束关系，可以拖动它到任意的位置。

如果视图与其他视图之间有对齐或约束关系，若要任意移动视图，其操作步骤如下。

① 单击要移动的视图。

② 选择菜单栏中的“工具”→“对齐工程图视图”→“解除对齐关系”命令。

③ 单击该视图，即可以拖动它到任意的位置。

SOLIDWORKS 提供了两种旋转视图的方法：一种是绕着所选边线旋转视图；另一种是绕视图中心点以任意角度旋转视图。

（1）要绕边线旋转视图

① 在工程图中选择一条直线。

② 选择菜单栏中的“工具”→“对齐工程图视图”→“水平边线”或“工具”→“对齐视图”→“竖直边线”命令。

③ 此时视图会旋转，直到所选边线为水平或竖直状态，旋转视图如图 20-18 所示。

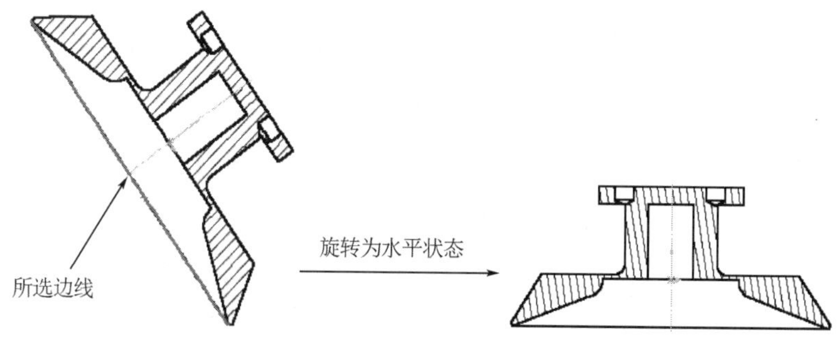

图 20-18 旋转视图

（2）要围绕中心点旋转视图

① 选择要旋转的工程视图。

② 单击“视图”工具栏中的“旋转”按钮，系统弹出的“旋转工程视图”对话框如图 20-19 所示。

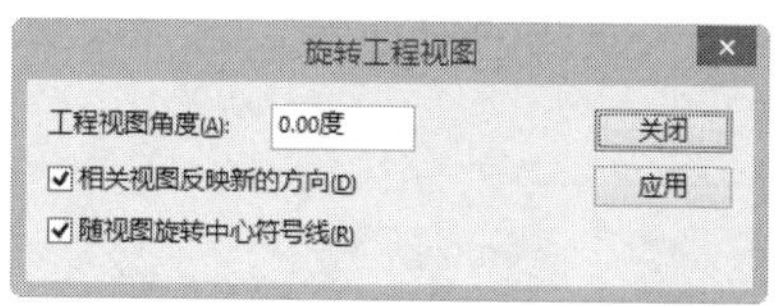

图 20-19 “旋转工程视图”对话框

③ 使用以下方法旋转视图。

- 在“旋转工程视图”对话框的“工程视图角度”文本框中输入旋转的角度。
- 使用鼠标直接旋转视图。

④ 如果在“旋转工程视图”对话框中勾选了“相关视图反映新的方向”复选框，则与该视图相关的视图将随着该视图的旋转做相应的旋转。如果勾选了“随视图旋转中心符号线”复选框，则中心符号线将随视图一起旋转。

20.6.2 显示和隐藏

在编辑工程图时，可以使用“隐藏视图”命令来隐藏一个视图。隐藏视图后，可以使用“显示视图”命令再次显示此视图。当用户隐藏了具有从属视图（如局部、剖面或辅助视图等）的父视图时，可以选择是否一并隐藏这些从属视图。再次显示父视图或其中一个从属视图时，同样可选择是否显示相关的其他视图。

下面介绍隐藏或显示视图的操作步骤。

① 在 FeatureManager 设计树或图形区中右击要隐藏的视图。

② 在弹出的快捷菜单中单击“隐藏”命令，如果该视图有从属视图（局部、剖面视图等），则弹出询问对话框，如图 20-20 所示。

③ 单击“是”按钮，将会隐藏其从属视图；单击“否”按钮，将只隐藏该视图。此时，视图被隐藏起来。当光标移动到该视图的位置时，将只显示该视图的边界。

④ 如果要查看工程图中隐藏视图的位置，但不显示它们，则选择菜单栏中的“视图”→“隐藏/显示”→“被隐藏视图”命令，此时被隐藏的视图将显示如图 20-21 所示的形状。

⑤ 如果要再次显示被隐藏的视图，则右击被隐藏的视图，在弹出的快捷菜单中单击“显示”命令。

图 20-20　询问对话框

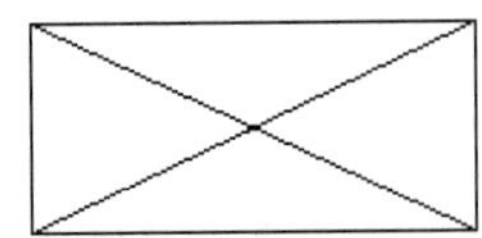
图 20-21　被隐藏的视图

20.6.3　更改零部件的线型

在装配体中为了区别不同的零件，可以改变每一个零件边线的线型。

下面介绍改变零件边线线型的操作步骤。

① 在工程视图中右击要改变线型的视图。

② 在弹出的快捷菜单中单击“零部件线型”命令，系统弹出“零部件线型”对话框，如图 20-22 所示。

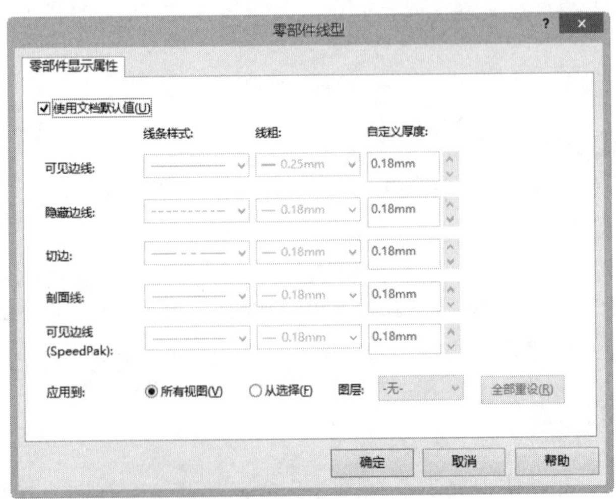

图 20-22　“零部件线型”对话框

③ 消除对“使用文件默认值”复选框的勾选。

④ 在“边线类型”列表框中选择一个边线样式。

⑤ 在对应的“线条样式”和“线粗”下拉列表框中选择线条样式和线条粗细。

⑥ 重复步骤④⑤，直到为所有边线类型设定线型。

⑦ 如果点选“工程视图”选项组中的“从选择”单选钮，则会将此边线类型设定应用到该零件视图和它的从属视图中。

⑧ 如果点选“所有视图”单选钮，则将此边线类型设定应用到该零件的所有视图。

⑨ 如果零件在图层中，可以从“图层”下拉列表框中改变零件边线的图层。

⑩ 单击“确定”按钮，关闭对话框，应用边线类型设定。

20.6.4 图层

图层是一种管理素材的方法，可以将图层看作是重叠在一起的透明塑料纸，假如某一图层上没有任何可视元素，就可以透过该层看到下一层的图像。用户可以在每个图层上生成新的实体，然后指定实体的颜色、线条粗细和线型；还可以将标注尺寸、注解等项目放置在单一图层上，避免它们与工程图实体之间的干涉。SOLIDWORKS 还可以隐藏图层，或将实体从一个图层上移动到另一图层。

下面介绍建立图层的操作步骤。

① 选择菜单栏中的“视图”→“工具栏”→“图层”命令，打开“图层”工具栏，如图 20-23 所示。

图 20-23 “图层”工具栏

② 单击“图层属性”按钮，打开“图层”对话框。

③ 在“图层”对话框中单击“新建”按钮，则在对话框中建立一个新的图层，如图 20-24 所示。

④ 在“名称”选项中指定图层的名称。

⑤ 双击“说明”选项，然后输入该图层的说明文字。

⑥ 在“开/关”选项中有一个眼睛图标，若要隐藏该图层，则双击该图标，眼睛变为灰色，图层上的所有实体都被隐藏起来。要重新打开图层，再次双击该灯泡图标。

⑦ 如果要指定图层上实体的线条颜色，单击“颜色”选项，在弹出的“颜色”对话框中选择颜色，如图 20-25 所示。

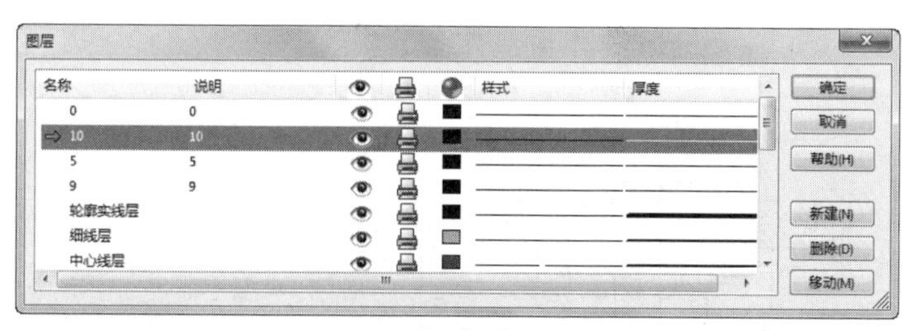

图 20-24 “图层”对话框

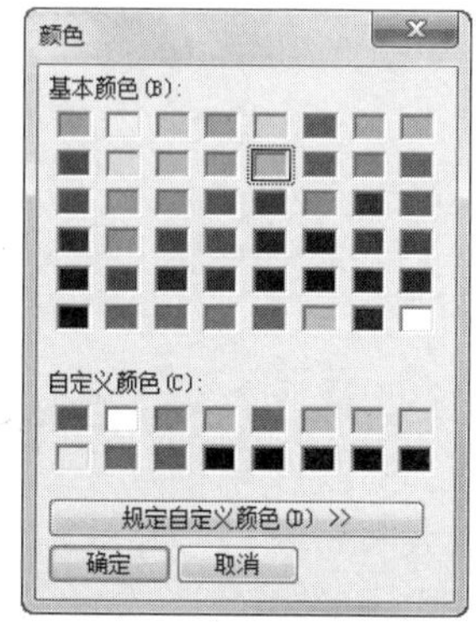

图 20-25 “颜色”对话框

⑧ 如果要指定图层上实体的线条样式或厚度，则单击“样式”或“厚度”选项，然后从弹出的清单中选择想要的样式或厚度。

⑨ 如果建立了多个图层，可以使用“移动”按钮来重新排列图层的顺序。

⑩ 单击“确定”按钮，关闭对话框。

建立了多个图层后，只要在“图层”工具栏的“图层”下拉列表框中选择图层，就可以导航到任意的图层。

20.7 注解的标注

如果在三维零件模型或装配体中添加了尺寸、注释或符号，则在将三维模型转换为二维工程图纸的过程中，系统会将这些尺寸、注释等一起添加到图纸中。在工程图中，用户可以添加必要的参考尺寸、注解等，这些注解和参考尺寸不会影响零件或装配体文件。

工程图中的尺寸标注是与模型相关联的，模型中的更改会反映在工程图中。通常用户在生成每个零件特征时生成尺寸，然后将这些尺寸插入到各个工程视图中。在模型中更改尺寸会更新工程图；反之，在工程图中更改插入的尺寸也会更改模型。用户可以在工程图文件中添加尺寸，但是这些尺寸是参考尺寸，并且是从动尺寸，参考尺寸显示模型的测量值，但并不驱动模型，也不能更改其数值，但是当更改模型时，参考尺寸会相应更新。当压缩特征时，特征的参考尺寸也随之被压缩。

默认情况下，插入的尺寸显示为黑色，包括零件或装配体文件中显示为蓝色的尺寸（如拉伸深度），参考尺寸显示为灰色，并带有括号。

扫一扫，看视频

20.7.1 注释

为了更好地说明工程图，有时要用到注释。注释可以包括简单的文字、符号或超文本链接。下面结合实例介绍添加注释的操作步骤。

① 打开随书资源中“\源文件\ch20\20.9sourse.SLDDRW”，打开的工程图如图 20-26 所示。

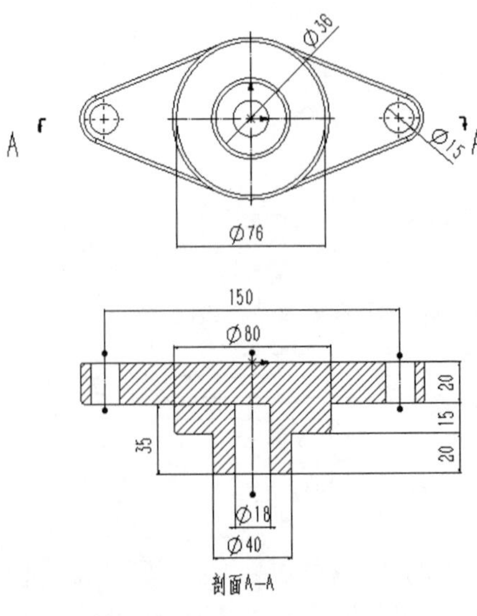

图 20-26　打开的工程图

② 选择菜单栏中的“插入”→“注解”→“注释”命令，或者单击“注解”控制面板中的“注释”按钮，系统弹出“注释”属性管理器。

③ 在“引线”选项组中选择引导注释的引线和箭头类型。

④ 在“文字格式”选项组中设置注释文字的格式。

⑤ 拖动光标指针到要注释的位置，在图形区添加注释文字，如图 20-27 所示。

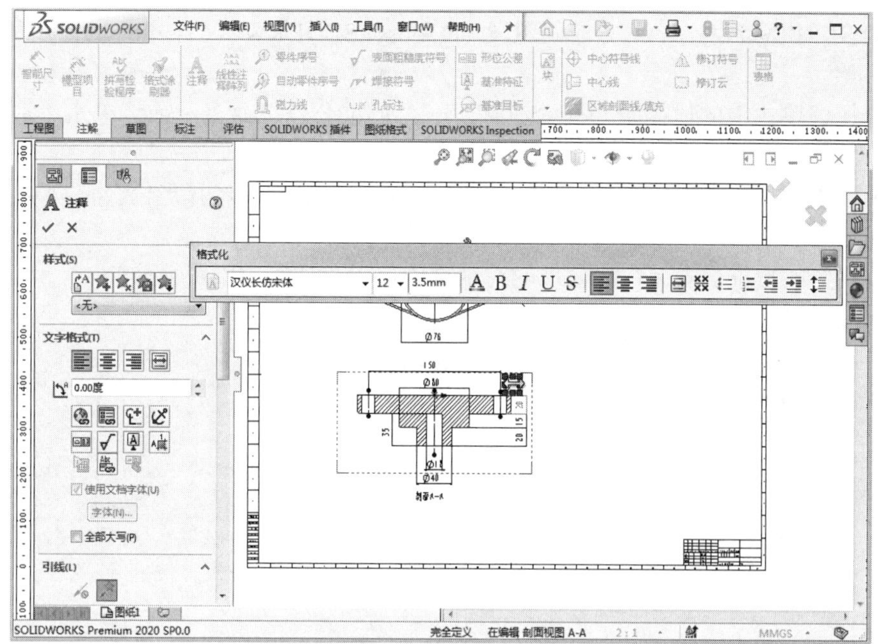

图 20-27　添加注释文字

⑥ 单击“确定”按钮，完成注释。

20.7.2　表面粗糙度

扫一扫，看视频

表面粗糙度符号用来表示加工表面上的微观几何形状特性，它对于机械零件表面的耐磨性、疲劳强度、配合性能、密封性、流体阻力以及外观质量等都有很大的影响。

下面结合实例介绍插入表面粗糙度的操作步骤。

① 打开随书资源中“\源文件\ch20\20.10sourse. SLDDRW”，打开的工程图如图 20-26 所示。

② 选择菜单栏中的“插入”→“注解”→“表面粗糙度符号”命令，或者单击“注解”控制面板中的“表面粗糙度符号”按钮。

③ 在弹出的“表面粗糙度”属性管理器中设置表面粗糙度的属性，如图 20-28 所示。

④ 在图形区中单击，以放置表面粗糙符号。

⑤ 可以不关闭对话框，设置多个表面粗糙度符号到图形上。

⑥ 单击（确定）按钮，完成表面粗糙度的标注。

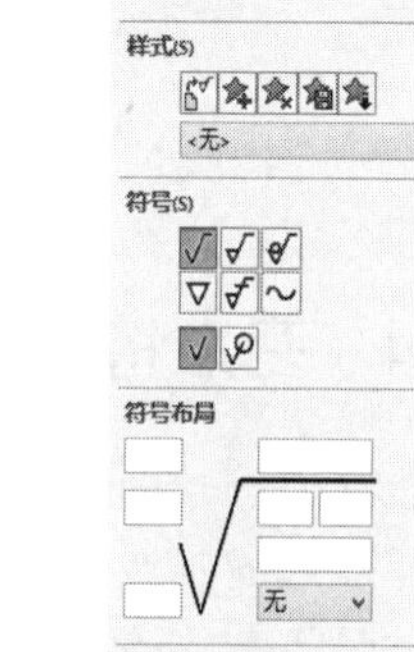

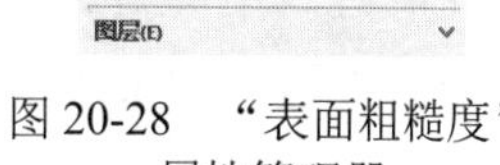

图 20-28　“表面粗糙度”属性管理器

20.7.3 形位公差

扫一扫，看视频

形位公差是机械加工工业中一项非常重要的基础，尤其在精密机器和仪表的加工中，形位公差是评定产品质量的重要技术指标。它对于在高速、高压、高温、重载等条件下工作的产品零件的精度、性能和寿命等有较大的影响。

下面结合实例介绍标注形位公差的操作步骤。

① 打开随书资源中“\源文件\ch20\20.11sourse.SLDDRW”，打开的工程图如图 20-29 所示。

② 选择菜单栏中的“插入”→“注解”→“形位公差”命令，或者单击“注解”控制面板中的“形位公差”按钮，系统弹出“属性”对话框。

③ 单击“符号”文本框右侧的下拉按钮，在弹出的面板中选择形位公差符号。

④ 在“公差”文本框中输入形位公差值。

⑤ 设置好的形位公差会在“属性”对话框中显示，如图 20-30 所示。

⑥ 在图形区中双击，以放置形位公差。

⑦ 可以不关闭对话框，设置多个形位公差到图形上。

⑧ 单击“确定”按钮，完成形位公差的标注。

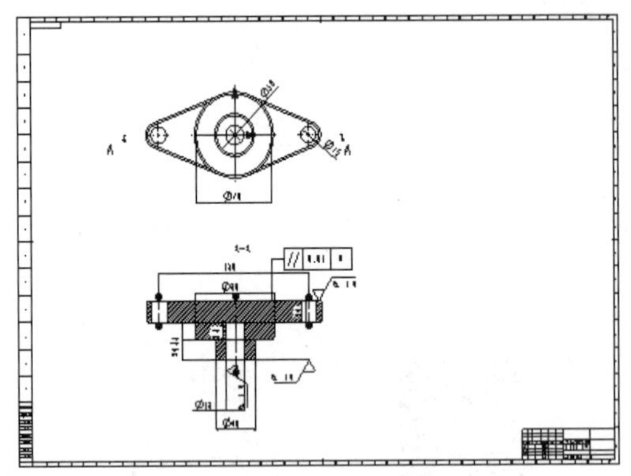
图 20-29 打开的工程图

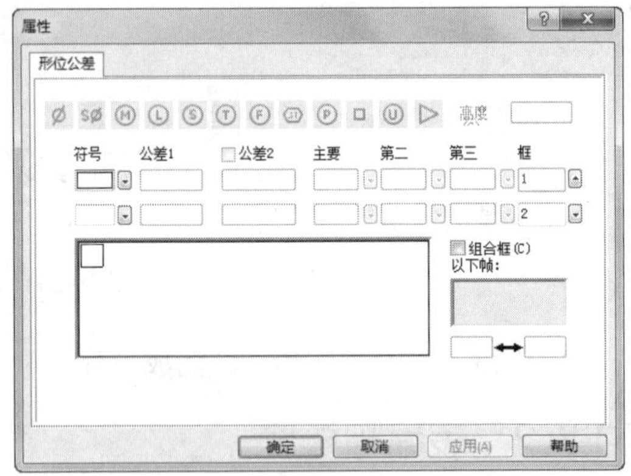

图 20-30 “属性”对话框

20.7.4 基准特征符号

扫一扫，看视频

基准特征符号用来表示模型平面或参考基准面。下面结合实例介绍插入基准特征符号的操作步骤。

① 打开随书资源中“\源文件\ch20\20.12sourse.SLDDRW”，打开的工程图如图 20-31 所示。

② 选择菜单栏中的“插入”→“注解”→“基准特征符号”命令，或者单击“注解”控制面板中的“基准特征符号”按钮。

③ 在弹出的“基准特征”属性管理器中设置属性，如图 20-32 所示。

④ 在图形区中单击，以放置符号。

⑤ 可以不关闭对话框，设置多个基准特征符号到图形上。

⑥ 单击“确定”按钮，完成基准特征符号的标注。

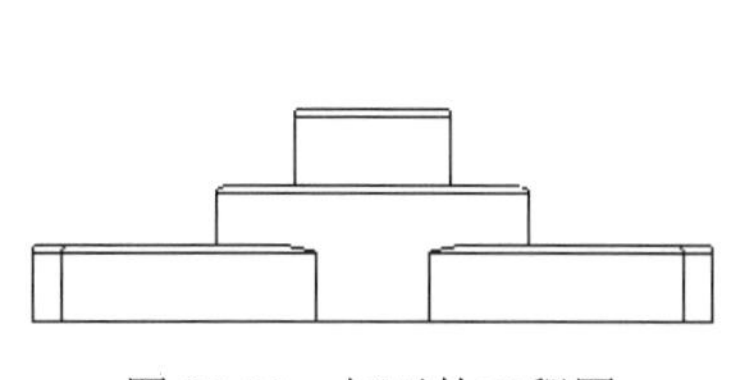

图 20-31 打开的工程图

图 20-32 “基准特征”属性管理器

20.8 分离工程图

分离格式的工程图无须将三维模型文件装入内存，即可打开并编辑工程图。用户可以将 RapidDraft 工程图传送给其他的 SOLIDWORKS 用户而不传送模型文件。分离工程图的视图在模型的更新方面也有更多的控制。当设计组的设计员编辑模型时，其他的设计员可以独立地在工程图中进行操作，对工程图添加细节及注解。

由于内存中没有装入模型文件，以分离模式打开工程图的时间将大幅缩短。因为模型数据未被保存在内存中，所以有更多的内存可以用来处理工程图数据，这对大型装配体工程图来说是很大的性能改善。

下面介绍转换工程图为分离工程图格式的操作步骤。

① 单击“标准”工具栏中的“打开”按钮。

② 在“打开”对话框中选择要转换为分离格式的工程图。

③ 单击“打开”按钮，打开工程图。

④ 单击“标准”工具栏中的“保存”按钮，选择“保存类型”为“分离的工程图”，保存并关闭文件。

⑤ 再次打开该工程图，此时工程图已经被转换为分离格式的工程图。

在分离格式的工程图中进行的编辑方法与普通格式的工程图基本相同，这里就不再赘述。

20.9 打印工程图

用户可以打印整个工程图纸，也可以只打印图纸中所选的区域，其操作步骤如下。

选择菜单栏中的“文件”→“打印”命令，弹出“打印”对话框，如图 20-33 所示。在该对话框中设置相关打印属性，如打印机的选择，打印效果的设置，页眉、页脚设置，打印线条粗细的设置等。在“打印范围”选项组中点选“所有图纸”单选钮，可以打印整个工程图纸，点选其他三个单选钮，可以打印工程图中所选区域。单击“确定”按钮，开始打印。

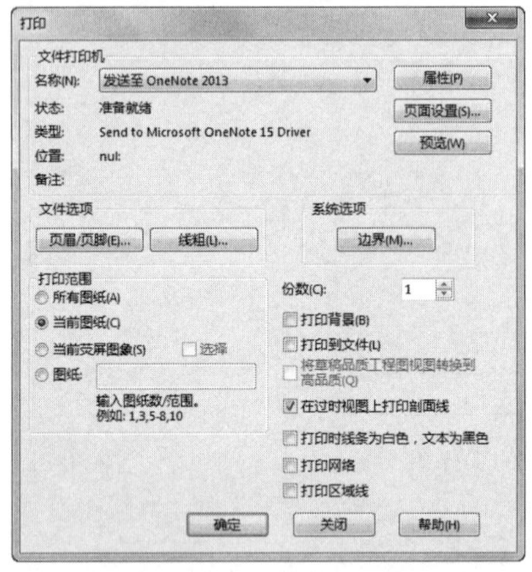

图 20-33　“打印”对话框

20.10 综合实例

本节分别以轴和齿轮泵装配体为例讲述零件工程图和装配体工程图的创建过程。

20.10.1 支撑轴零件工程图的创建

扫一扫，看视频

本实例是将如图 20-34 所示的齿轮泵支撑轴机械零件转化为工程图。

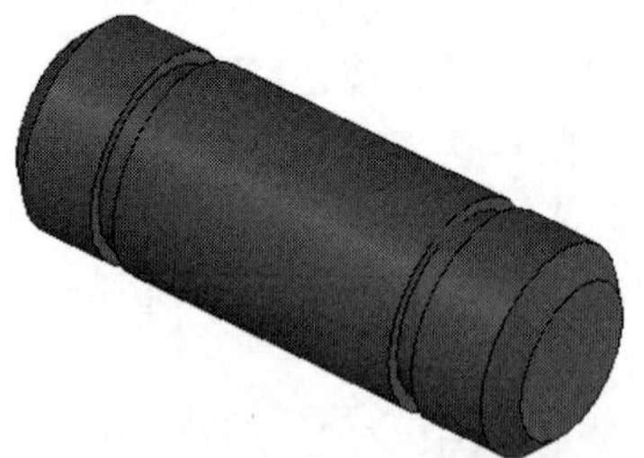

图 20-34　齿轮泵支撑轴机械零件

思路分析

零件图是用来表示零件结构形状、大小及技术要求的图样，是直接指导制造和检验零件的重要技术文件。首先放置一组视图，清晰合理地表达零件的各尺寸，标注技术要求，最后完成标题栏。创建齿轮泵支撑轴零件工程图的过程如图 20-35 所示。

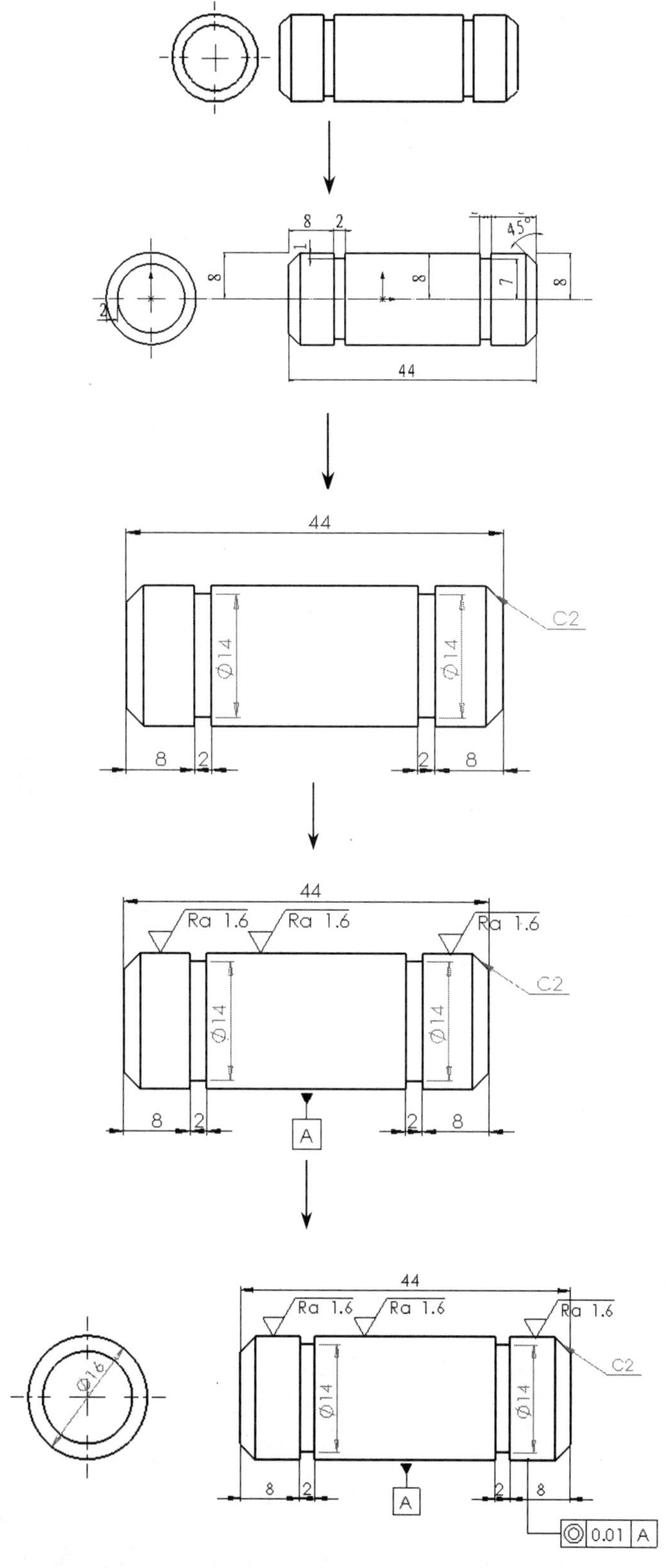

图 20-35 齿轮泵支撑轴零件工程图的创建过程

【绘制步骤】

① 启动 SOLIDWORKS，单击“标准”工具栏中的“打开”按钮，在弹出的“打开”对话框中选择将要转化为工程图的零件文件。

② 单击“标准”工具栏中的“从零件/装配图制作工程图”按钮，在弹出的“新建 SOLIDWORKS 文件”的对话框中选择“工程图”，单击确定。在工程图窗口中，右键单击左侧 FeatureManager 设计树中的“图纸格式 1”，在弹出的快捷菜单中选择“属性”，弹出“图纸属性”对话框，设置图纸尺寸，如图 20-36 所示。单击“确定”按钮，完成图纸设置。

③ 单击右侧的视图调色板，如图 20-37 所示。将主视图拖动到图形编辑窗口，会出现如图 20-38 所示的放置框，在图纸中合适的位置放置主视图，如图 20-39 所示。

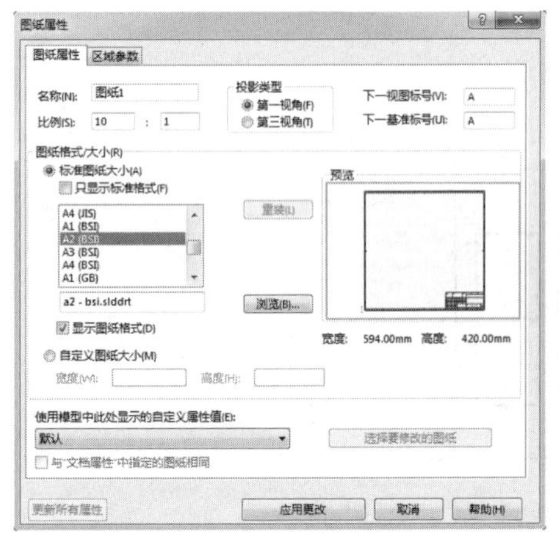

图 20-36 “图纸属性”对话框

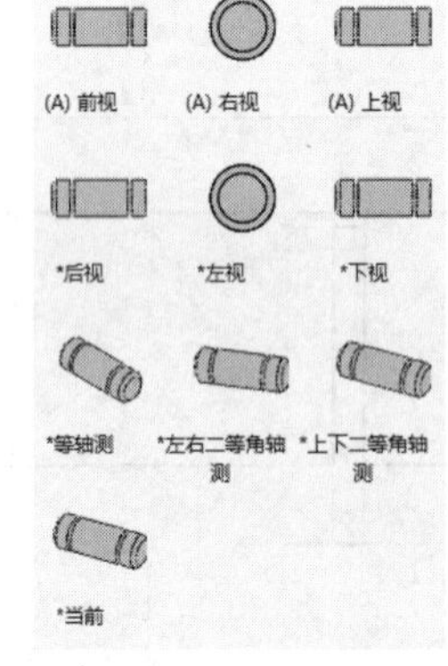

图 20-37 零件的所有视图

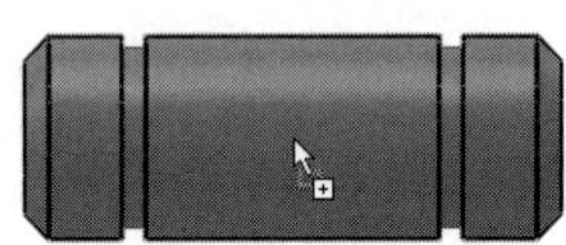

图 20-38 放置框

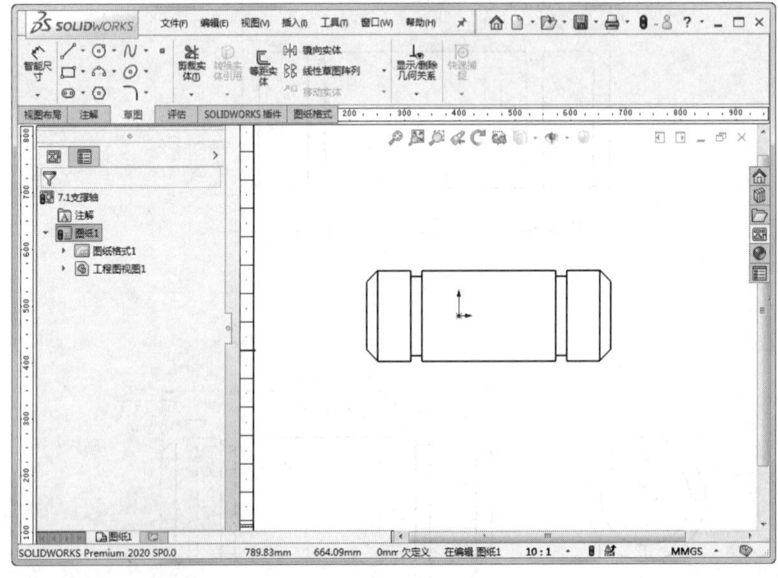

图 20-39 主视图

④ 利用同样的方法，在图形区放置左视图（由于该零件图比较简单，故俯视图没有标出），视图的相对位置如图 20-40 所示。

⑤ 在图形区的空白区域右击，在弹出的快捷菜单中单击“属性”按钮，弹出“图纸属性”对话框。在“比例”文本框中将比例设置成 5∶1，如图 20-41 所示，单击“应用更改”按钮，视图将在图形区显示成缩小的状态。

⑥ 单击“注解”控制面板中的“模型项目”按钮，弹出“模型项目”属性管理器。各参数设置如图 20-42 所示，单击“确定”按钮，此时在视图中会自动显示尺寸，如图 20-43 所示。

图 20-40 视图的相对位置

图 20-41 “图纸属性”对话框

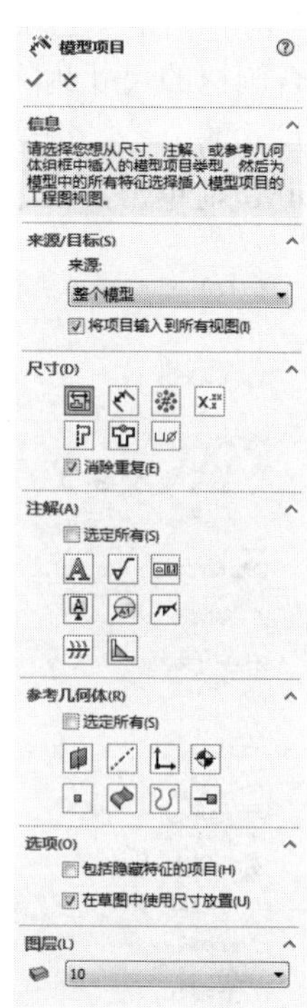

图 20-42 “模型项目”属性管理器

⑦ 在主视图中单击选取要移动的尺寸，按住鼠标左键移动光标位置，即可在同一视图中动态地移动尺寸位置。选中多余的尺寸，然后按<Delete>键即可将多余的尺寸删除，调整后的主视图如图 20-44 所示。

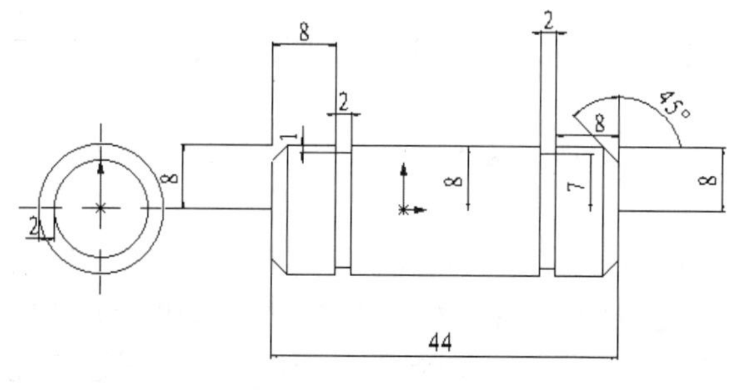

图 20-43 显示尺寸

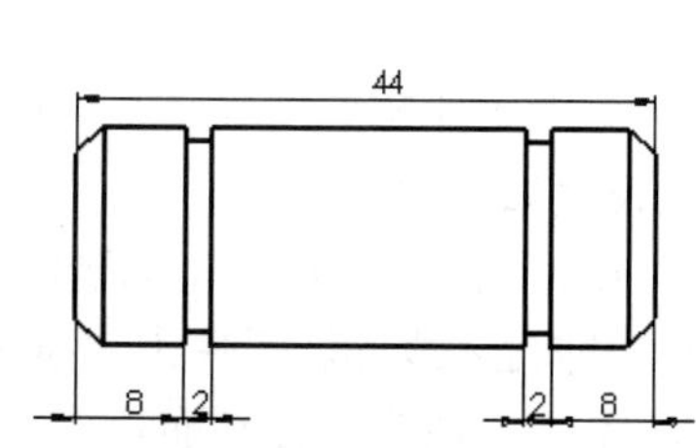

图 20-44 调整后的主视图

⑧ 利用同样的方法可以调整左视图，删除尺寸后的左视图如图 20-45 所示。

⑨ 单击“草图”控制面板中的“中心线”按钮，在主视图中绘制中心线，如图 20-46 所示。

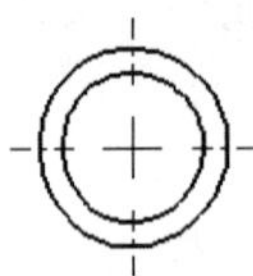

图 20-45　删除尺寸后的左视图

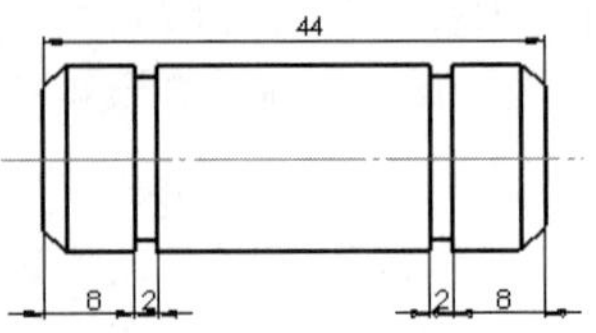

图 20-46　绘制中心线

⑩ 单击“草图”控制面板上的“智能尺寸”按钮，标注视图中的尺寸，在标注过程中将不符合国标的尺寸删除。在标注尺寸时会弹出“尺寸”属性管理器，如图 20-47 所示，可以修改尺寸的公差、符号等。例如，要在尺寸前加直径符号，只需在“标注尺寸文字”选项组的<DIM>前单击，在下面选取直径符号Ø即可。添加尺寸如图 20-48 所示。

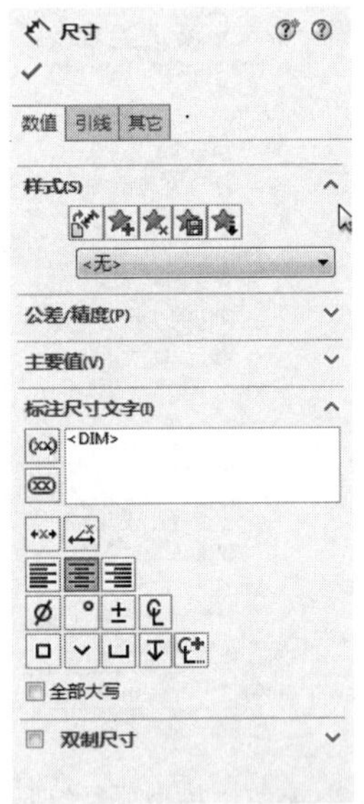

图 20-47　“尺寸”属性管理器

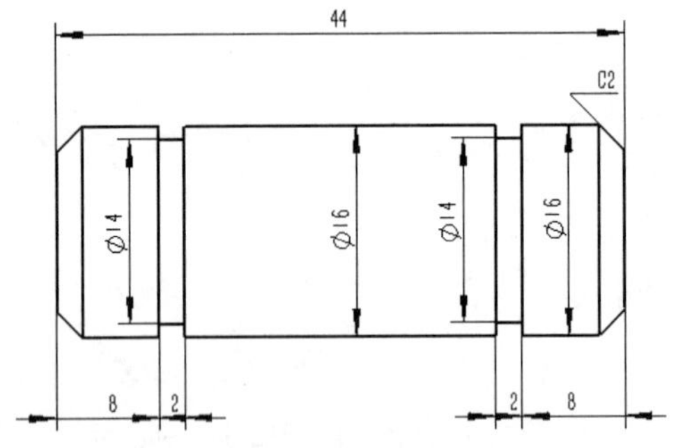

图 20-48　添加尺寸

⑪ 单击“注解”控制面板中的“表面粗糙度符号”按钮，系统弹出“表面粗糙度”属性管理器，各参数设置如图 20-49 所示。

⑫ 设置完成后，移动光标到需要标注表面粗糙度的位置，单击即可完成标注。单击“确定”按钮，表面粗糙度即可标注完成。下表面的标注需要设置角度为 180°，标注表面粗糙度效果如图 20-50 所示。

⑬ 单击“注解”控制面板中的“基准特征”按钮，弹出“基准特征”属性管理器，各参数设置如图 20-51 所示。

⑭ 设置完成后，移动光标到需要添加基准特征的位置单击，然后拖动光标到合适的位置再次单击即可完成标注。单击“确定”按钮即可在图中添加基准符号，如图 20-52 所示。

⑮ 单击“注解”控制面板中的“形位公差”按钮，弹出“形位公差”属性管理器及“属性”对话框。在“形位公差”属性管理器中设置各参数，如图 20-53 所示；在“属性”对话框中设置各参数，如图 20-54 所示。

⑯ 设置完成后，移动光标到需要添加形位公差的位置单击即可完成标注。单击“确定”按钮即可在图中添加形位公差符号，如图 20-55 所示。

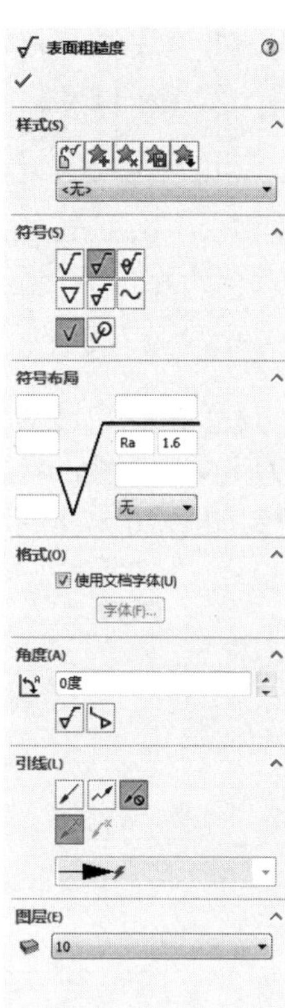

图 20-49 “表面粗糙度”属性管理器

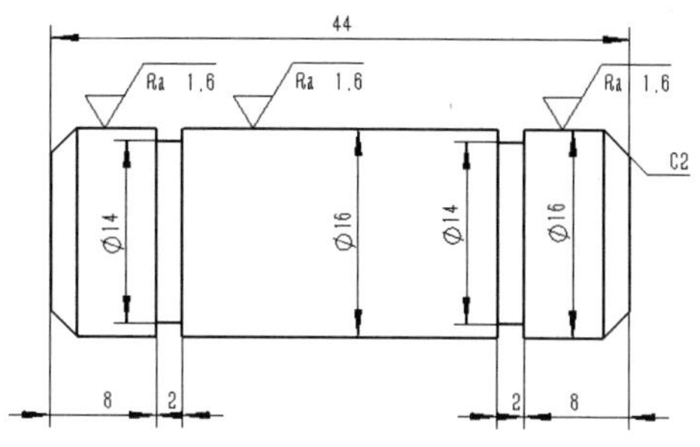

图 20-50 标注表面粗糙度效果

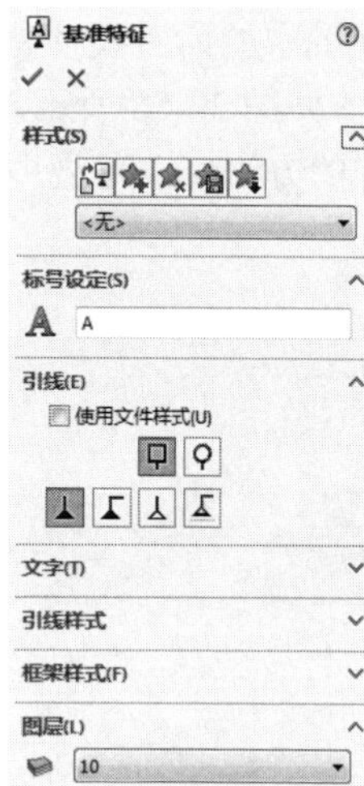

图 20-51 “基准特征”属性管理器

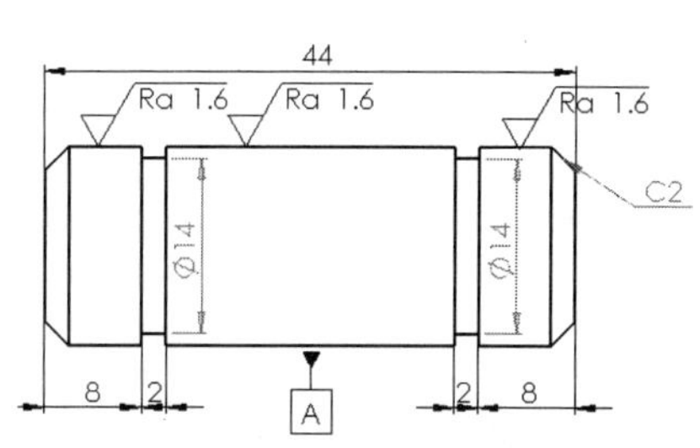

图 20-52 添加基准符号

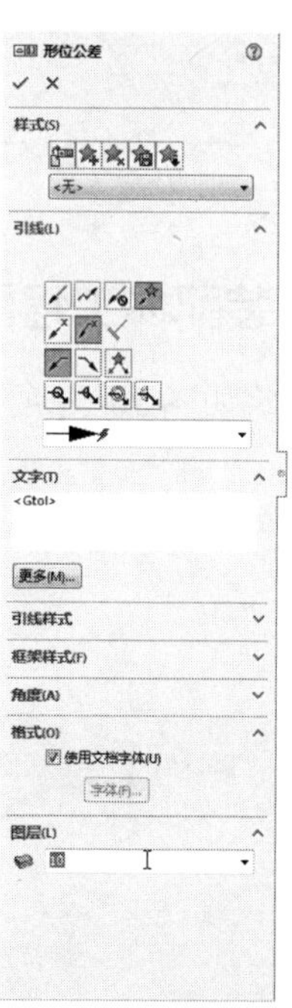

图 20-53 “形位公差”属性管理器

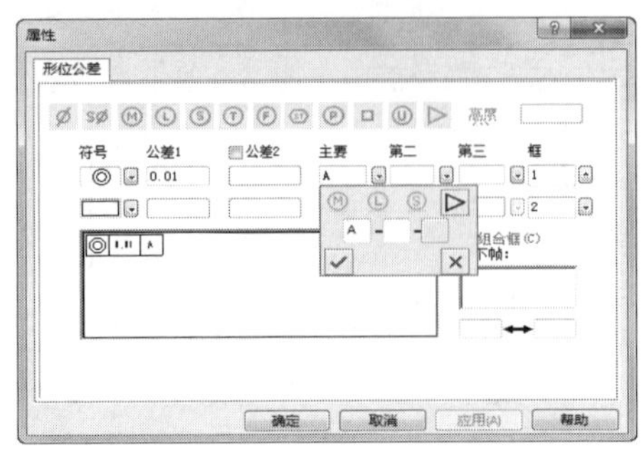

图 20-54　“属性”对话框

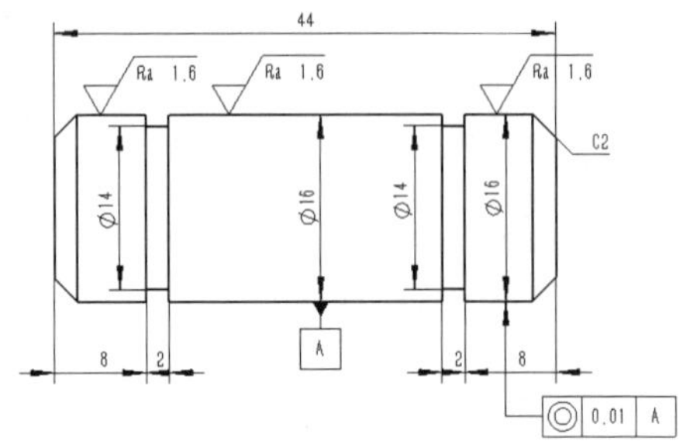

图 20-55　添加形位公差符号

⑰ 选择主视图中的所有尺寸，在“尺寸”属性管理器的“尺寸界线/引线显示”选项组中选择实心箭头，如图 20-56 所示。单击“确定”按钮✓，修改后的主视图如图 20-57 所示。

⑱ 利用同样的方法修改左视图中尺寸的属性，最终可以得到如图 20-58 所示的工程图。

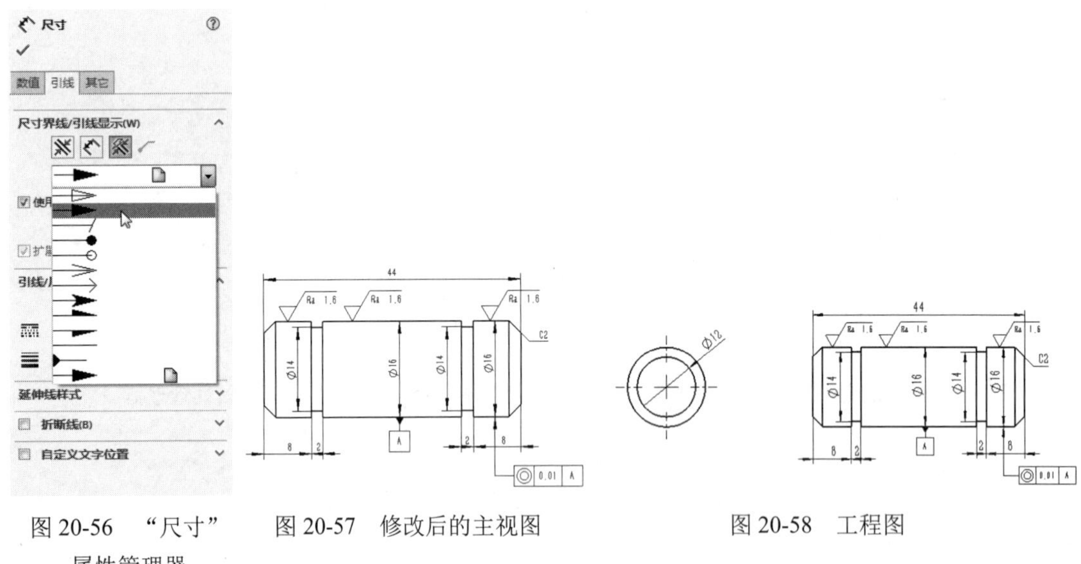

图 20-56　“尺寸”属性管理器

图 20-57　修改后的主视图

图 20-58　工程图

20.10.2　装配体工程图的创建

扫一扫，看视频

本实例是将如图 20-59 所示的齿轮泵总装配体机械零件转化为工程图。

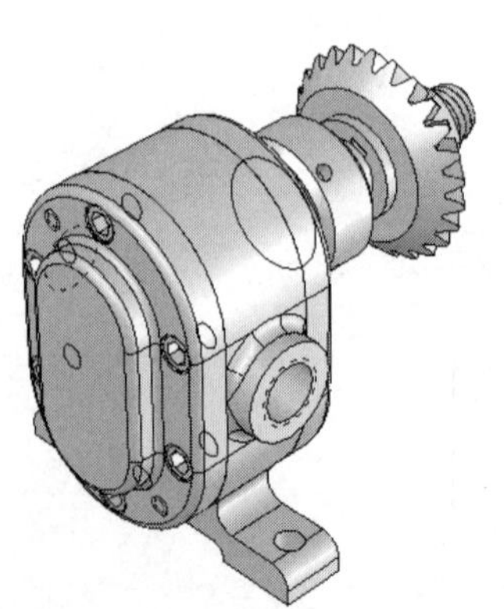

图 20-59　齿轮泵总装配体机械零件

思路分析

装配图通常用来表达机器或部件的工作原理及零件、部件间的装配关系。装配体工程图的创建过程与创建支撑轴零件工程图的创建过程和步骤基本相同，齿轮泵总装配体工程图的创建过程如图 20-60 所示。

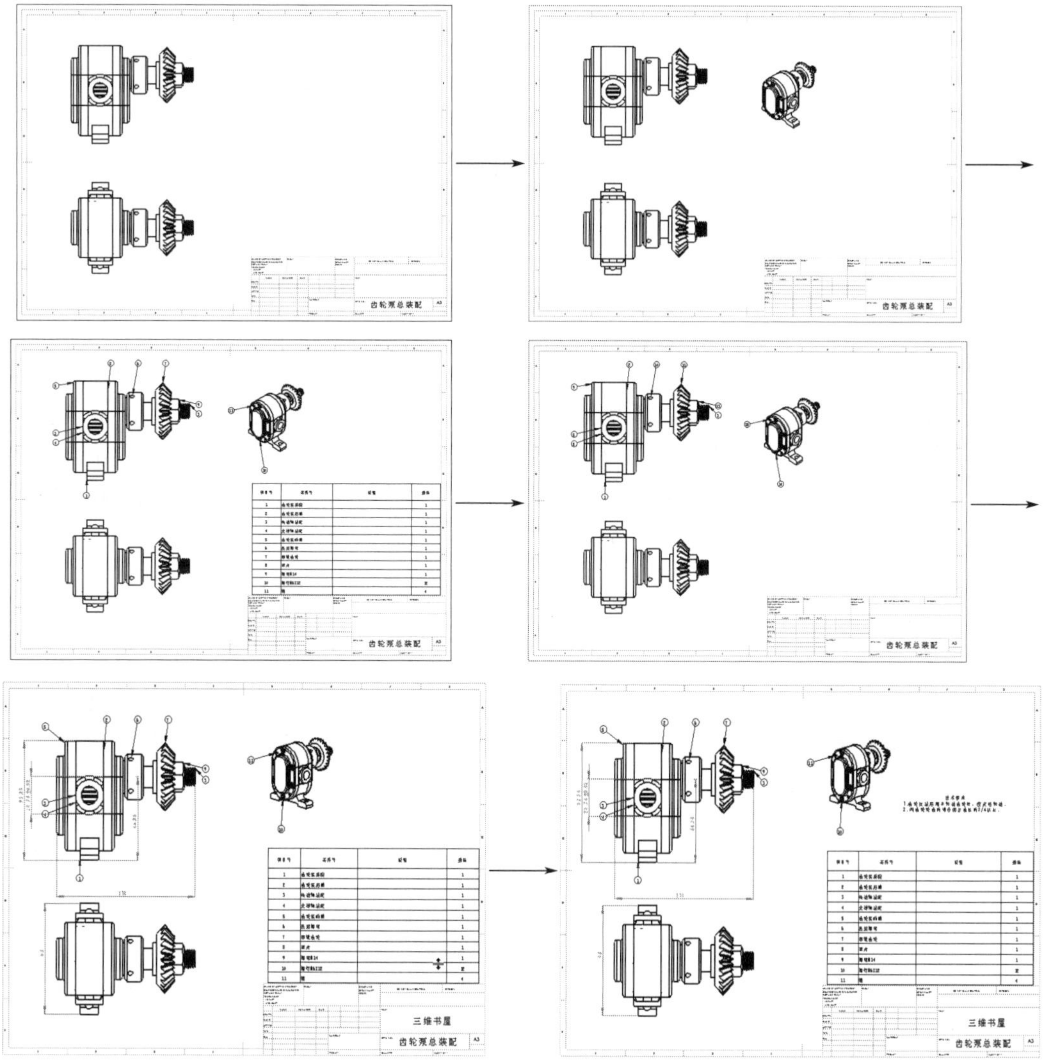

图 20-60　齿轮泵总装配体工程图的创建过程

【绘制步骤】

① 启动 SOLIDWORKS，单击“标准”工具栏中的“打开”按钮，在弹出的“打开”对话框中选择将要转化为工程图的总装配图文件。

② 单击“标准”工具栏中的“从零件/装配图制作工程图”按钮，在弹出的“新建 SOLIDWORKS 文件”的对话框中选择“工程图”，单击确定。在工程图窗口中，右键单击左

侧 FeatureManager 设计树中的“图纸 1”，在弹出的快捷菜单中选择“属性”，弹出“图纸属性”对话框，并设置图纸尺寸如图 20-61 所示。单击“确定”按钮，完成图纸设置。

图 20-61 “图纸属性”对话框

③ 在图形区放入主视图。单击“工程图”控制面板中的“模型视图”按钮，弹出的“模型视图”属性管理器如图 20-62 所示。单击“浏览”按钮，选择要生成工程图的齿轮泵总装配图。选择完成后单击“模型视图”属性管理器中的“下一步”按钮，参数设置如图 20-63 所示。

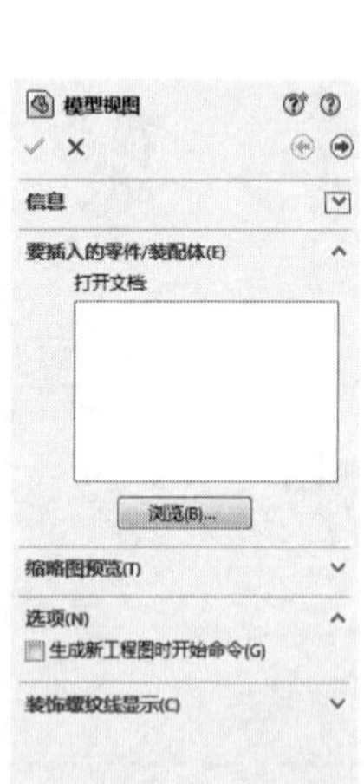

图 20-62 “模型视图”属性管理器

图 20-63 模型视图参数设置

此时在图形区会出现如图 20-64 所示的放置框，在图纸中合适的位置放置主视图，如图 20-65 所示。在放置完主视图后将光标下移，会发现俯视图的预览会跟随光标出现（主视图与其他两个视图有固定的对齐关系，当移动它时，其他的视图也会跟着移动，其他两个视图可以独立移动，但是只能水平或垂直于主视图移动）。选择合适的位置放置俯视图，如图 20-66 所示。

④ 利用同样的方法，在图形区右上角放置轴测图，如图 20-67 所示。

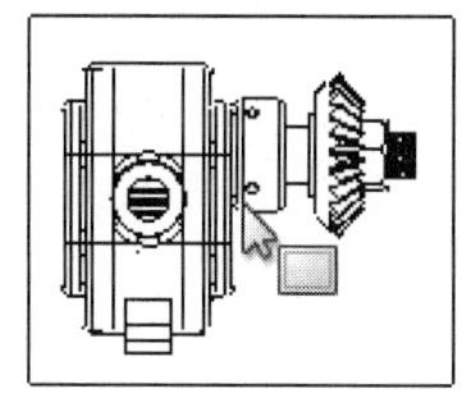

图 20-64　放置框

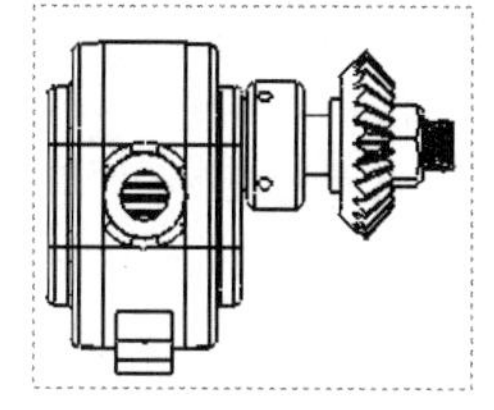

图 20-65　主视图

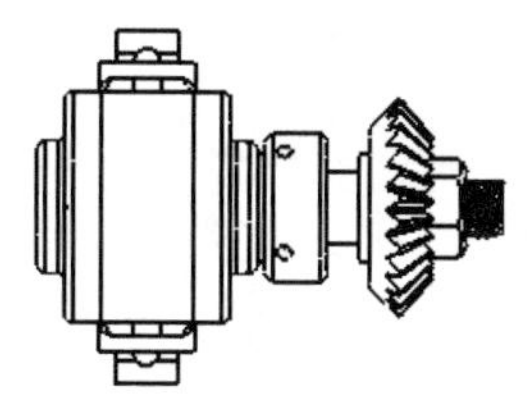

图 20-66　俯视图

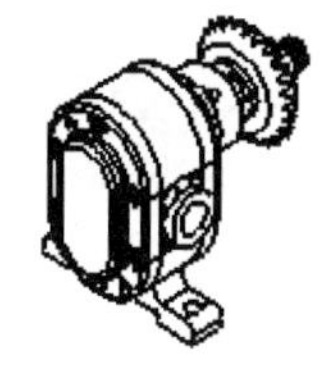

图 20-67　轴测图

⑤ 单击“注解”控制面板中的“自动零件序号”按钮，在图形区分别单击主视图和轴测图将自动生成零件的序号，零件序号会插入到适当的视图中，不会重复。在弹出的“自动零件序号”属性管理器中可以设置零件序号的布局、样式等，具体参数设置如图 20-68 所示，自动生成的零件序号如图 20-69 所示。

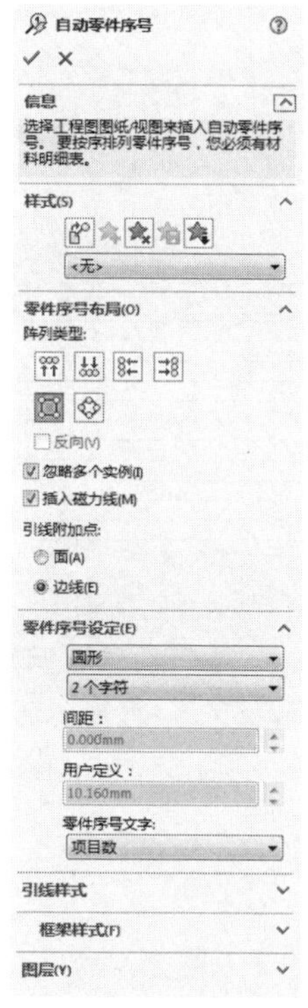

图 20-68　“自动零件序号”属性管理器

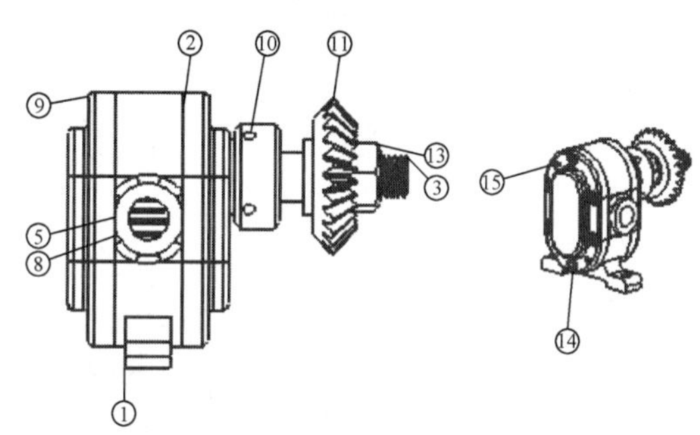

图 20-69　自动生成零件序号

⑥ 下面为视图生成材料明细表，工程图可包含基于表格的材料明细表或基于 Excel 的材料明细表，但不能同时包含两者。选择菜单栏中的“插入”→“表格”→“材料明细表”命令，或者单击“注解”控制面板“表格”表格下拉列表中的“材料明细表”按钮，选择刚才创建的主视图，弹出“材料明细表”属性管理器，设置如图 20-70 所示。单击“确定”按钮✔，在图形区将出现跟随光标的材料明细表表格，在图框的右下角单击确定定位点。创建明细表后的效果如图 20-71 所示。

⑦ 下面为视图创建装配必要的尺寸。单击“草图”控制面板上的“智能尺寸”按钮，标注视图中的尺寸，如图 20-72 所示。

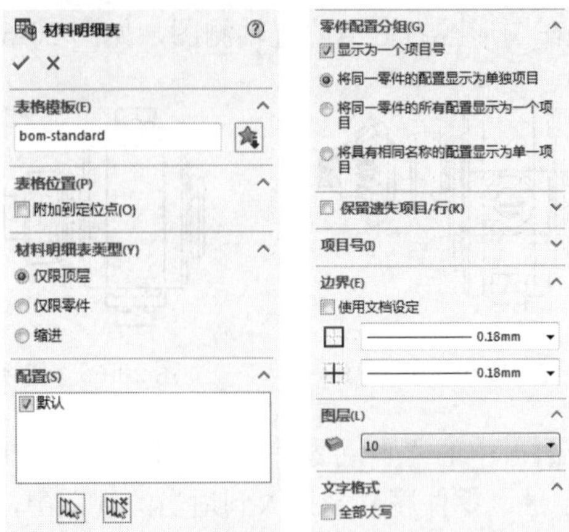

图 20-70 “材料明细表”属性管理器

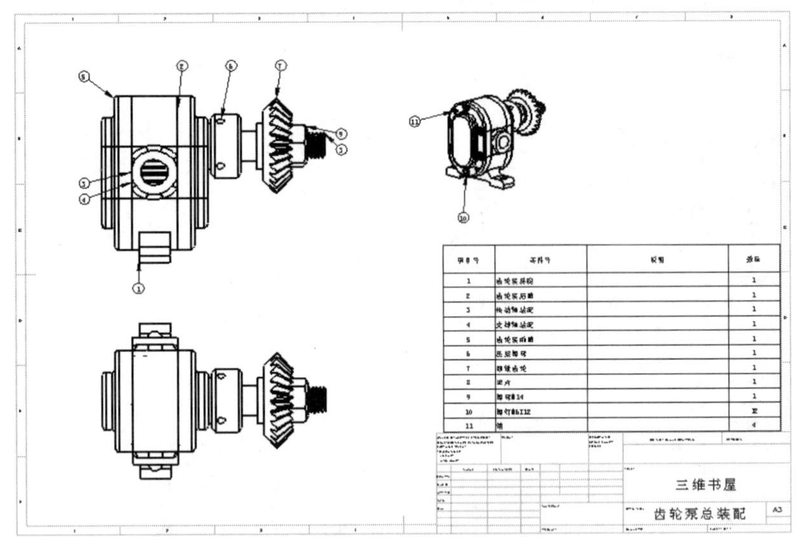

图 20-71 创建明细表

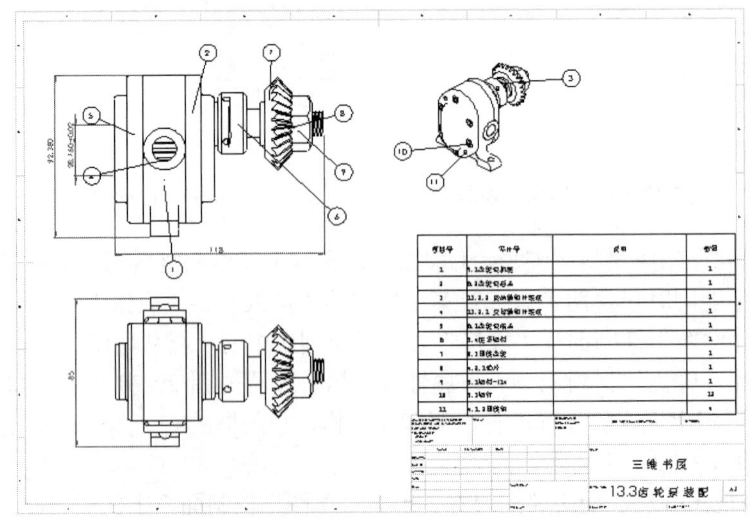

图 20-72 标注尺寸

⑧ 选择视图中的所有尺寸，在“尺寸”属性管理器的“尺寸界线/引线显示”选项组中选择实心箭头。单击“确定”按钮✓，修改后的视图如图 20-73 所示。

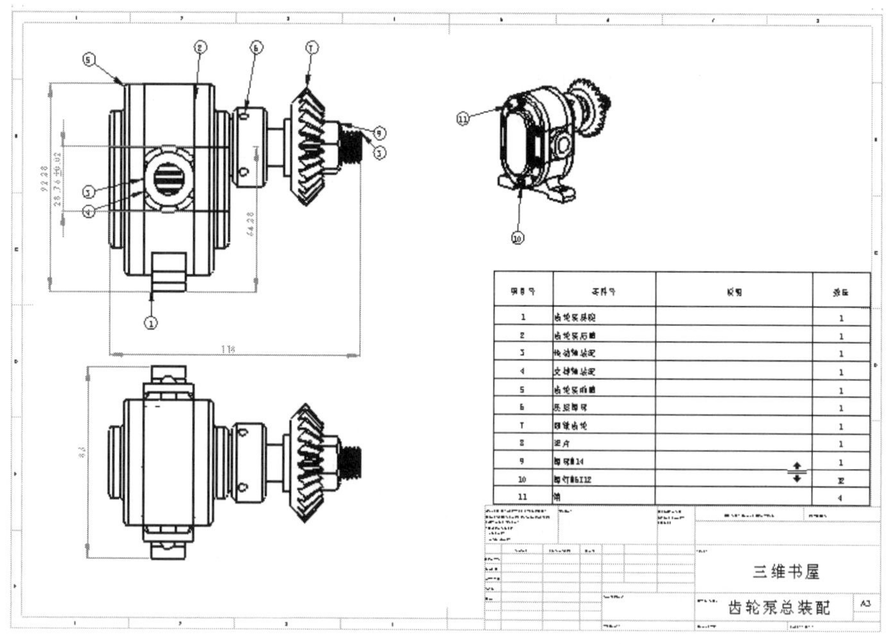

图 20-73　修改视图

⑨ 单击“注解”控制面板中的“注释”按钮A，为工程图添加注释部分，如图 20-74 所示。

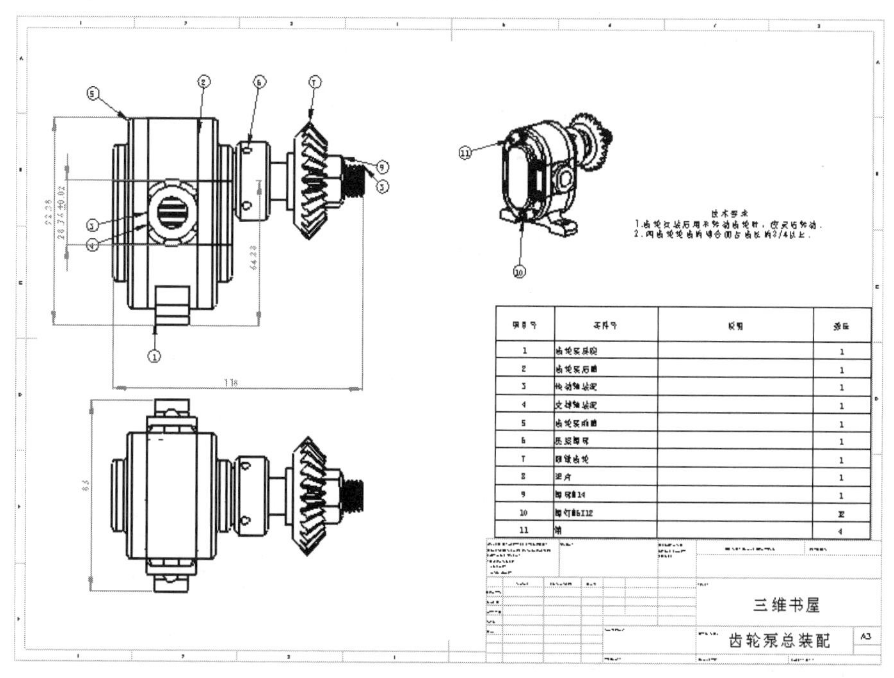

图 20-74　添加注释

上 机 操 作

【实例 1】绘制如图 20-75 所示的齿轮泵前盖工程图

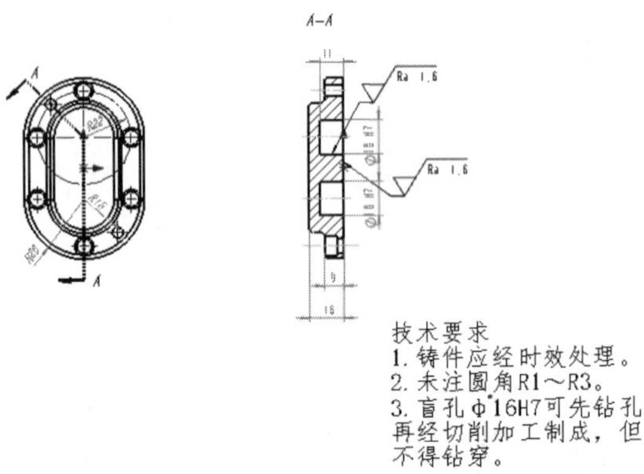

图 20-75　齿轮泵前盖工程图

操作提示

① 打开零件三维模型(“源文件\上机操作\第 20 章\ 齿轮泵前盖.prt”)，利用模型视图命令，生成基本视图。

② 利用剖面视图命令，绘制剖视图。

③ 利用智能尺寸、粗糙度和注释命令，标注尺寸，粗糙度和技术要求。

【实例 2】绘制如图 20-76 所示的底座工程图

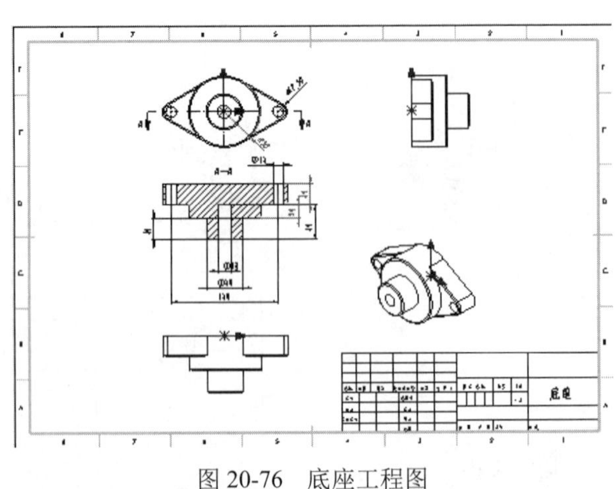

图 20-76　底座工程图

操作提示

① 打开零件三维模型(“源文件\上机操作\第 20 章\ 底座.prt”)，利用模型视图命令生成视图。

② 利用剖面视图命令，绘制剖视图。

③ 利用模型尺寸，标注尺寸，拖动和删除尺寸对尺寸进行整理。

第21章 钣金设计

本章将向读者介绍SOLIDWORKS 软件钣金设计的功能特点，系统设置方法，基本特征工具的使用方法及其设计步骤等入门常识。为以后进行钣金零件设计的具体操作打下基础，同时，熟练掌握本章内容可以大大提高后续操作的工作效率。

学习目标

钣金主壁特征

钣金细节特征

展开/折叠钣金

钣金成型

21.1 概述

使用 SOLIDWORKS 2020 软件进行钣金零件设计，常用的方法基本上可以分为两种。

（1）使用钣金特有的特征来生成钣金零件

这种设计方法将直接考虑作为钣金零件来开始建模：从最初的基体法兰特征开始，利用了钣金设计软件的所有功能和特殊工具、命令和选项。对于几乎所有的钣金零件而言，这是最佳的方法。因为用户从最初设计阶段开始就生成零件作为钣金零件，所以消除了多余步骤。

（2）将实体零件转换成钣金零件

在设计钣金零件过程中，也可以按照常见的设计方法设计零件实体，然后将其转换为钣金零件。也可以在设计过程中，先将零件展开，以便于应用钣金零件的特定特征。由此可见，将一个已有的零件实体转换成钣金零件是本方法的典型应用。

21.2 钣金特征工具与钣金菜单

21.2.1 启用钣金特征工具栏

启动 SOLIDWORKS 2020 软件并新建零件后，选择菜单栏中的“工具”→“自定义”

命令，弹出如图 21-1 所示的“自定义”对话框。在对话框中，单击工具栏中“钣金”选项，然后单击“确定”按钮。在 SOLIDWORKS 用户界面将显示钣金特征工具栏，如图 21-2 所示。

图 21-1 “自定义”对话框

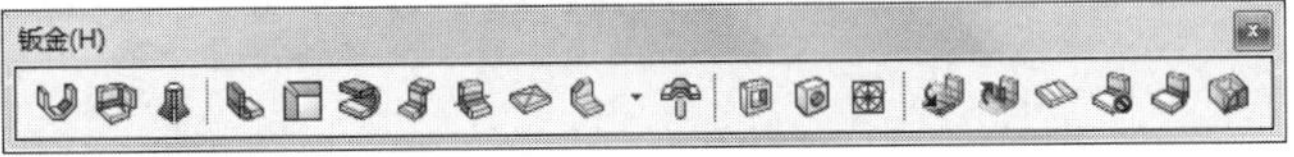

图 21-2 钣金特征工具栏

21.2.2 启用钣金特征控制面板

启动 SOLIDWORKS 2020 后，新建一个零件文件，在控制面板的名称栏中单击鼠标右键，弹出如图 21-3 所示的快捷菜单，单击“钣金”选项，则出现如图 21-4 所示的“钣金”控制面板。

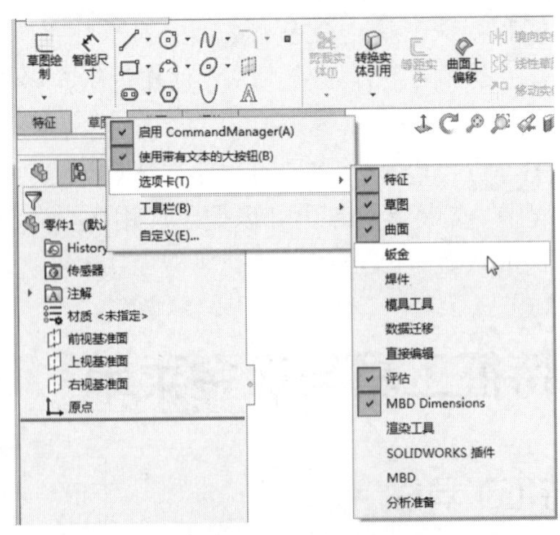

图 21-3 快捷菜单

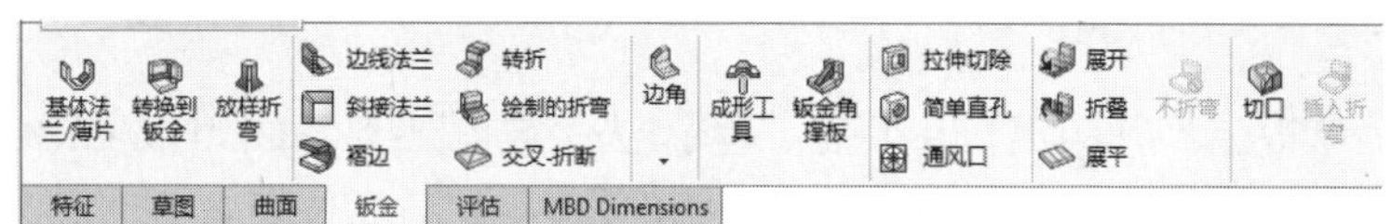

图 21-4　“钣金”控制面板

21.2.3　钣金菜单

选择菜单栏中的“插入”→“钣金”命令，将可以找到“钣金”下拉菜单，如图 21-5 所示。

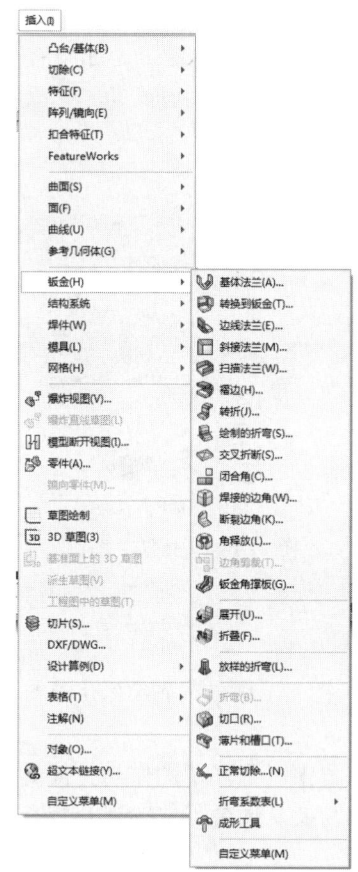

图 21-5　“钣金”菜单

21.3　钣金主壁特征

21.3.1　法兰特征

SOLIDWORKS 具有四种不同的法兰特征工具来生成钣金零件，使用这些法兰特征可以按预定的厚度给零件增加材料。这四种法兰特征依次是：基体法兰、薄片（凸起法兰）、边线法兰、斜线法兰。

（1）基体法兰

扫一扫，看视频

基体法兰是新钣金零件的第一个特征。基体法兰被添加到 SOLIDWORKS 零件后，系统就会将该零件标记为钣金零件。折弯添加到适当位置，并且特定的钣金特征被添加到 FeatureManager 设计树中。

基体法兰特征是从草图生成的。草图可以是单一开环轮廓、单一闭环轮廓或多重封闭轮廓，如图 21-6 所示。

- 单一开环草图轮廓：单一开环轮廓可用于拉伸、旋转、剖面、路径、引导线以及钣金。典型的开环轮廓以直线或其草图实体绘制。
- 单一闭环草图轮廓：单一闭环轮廓可用于拉伸、旋转、剖面、路径、引导线以及钣金。典型的单一闭环轮廓是用圆、方形、闭环样条曲线以及其他封闭的几何形状绘制的。
- 多重封闭轮廓可用于拉伸、旋转以及钣金。如果有一个以上的轮廓，其中一个轮廓必须包含其他轮廓。典型的多重封闭轮廓是用圆、矩形以及其他封闭的几何形状绘制的。

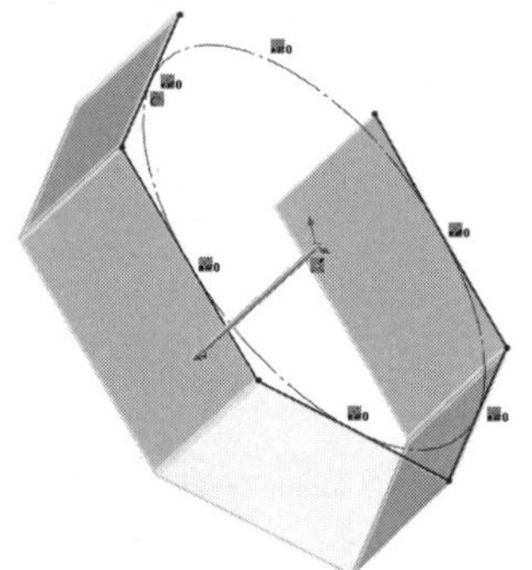
单一开环草图生成基体法兰

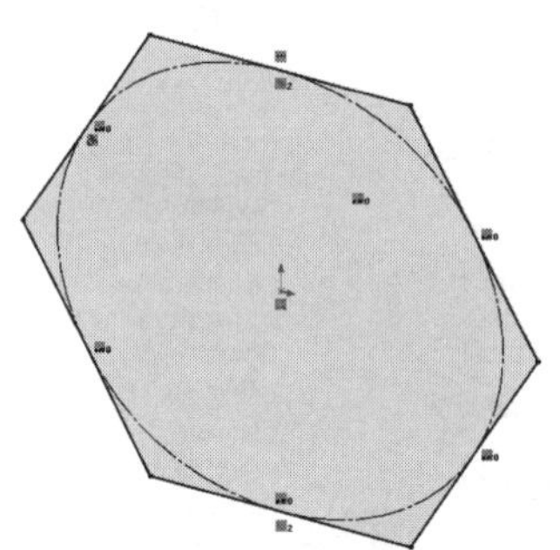
单一闭环草图生成基体法兰

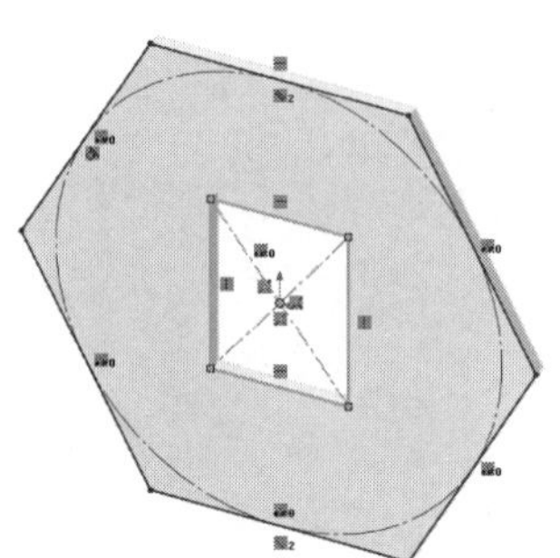
多重封闭轮廓生成基体法兰

图 21-6　基体法兰图例

【注意】

在一个 SOLIDWORKS 零件中，只能有一个基体法兰特征，且样条曲线对于包含开环轮廓的钣金为无效的草图实体。

在进行基体法兰特征设计过程中，开环草图作为拉伸薄壁特征来处理，封闭的草图则作为展开的轮廓来处理。如果用户需要从钣金零件的展开状态开始设计钣金零件，可以使用封闭的草图来建立基体法兰特征。

① 单击“钣金”控制面板中的“基体法兰/薄片”按钮，或选择菜单栏中的“插入”→“钣金”→“基体法兰”命令。

② 绘制草图。在左侧的 FeatureManager 设计树中选择“前视基准面”作为绘图基准面，绘制草图，然后单击“退出草图”按钮，结果如图 21-7 所示。

③ 修改基体法兰参数。在“基体法兰”对话框中，修改“深度”栏中的数值为 30mm；“厚度”栏中的数值为 1mm；“折弯半径”栏中的数值为 10mm，然后单击“确定”按钮✔。生成基体法兰实体如图 21-8 所示。

基体法兰在 FeatureManager 设计树中显示为基体-法兰，注意同时添加了其他两种特征：钣金 1 和平板型式 1，如图 21-9 所示。

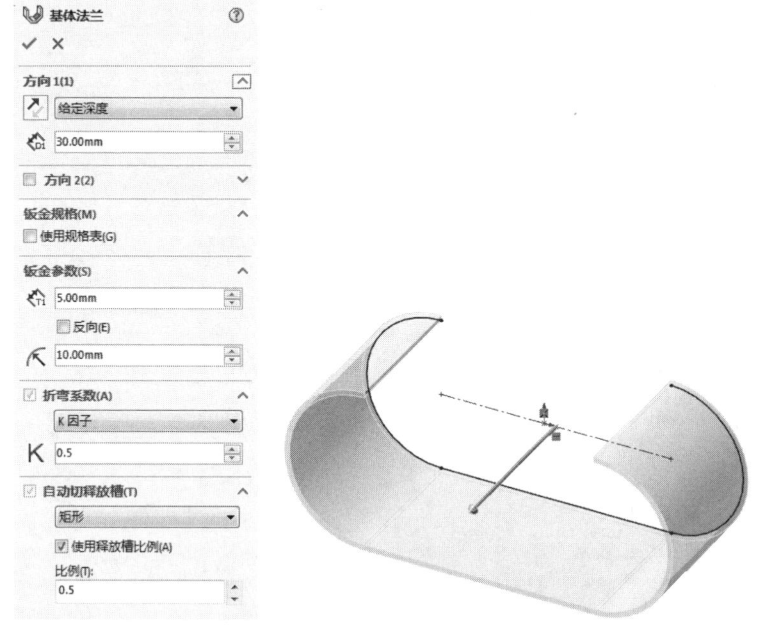

图 21-7　绘制基体法兰草图

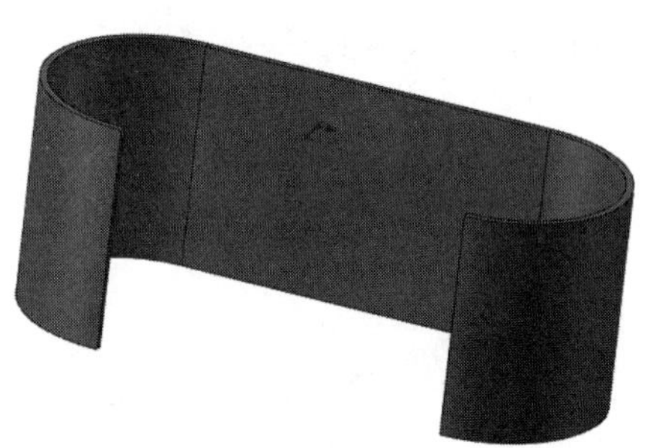

图 21-8　生成的基体法兰实体

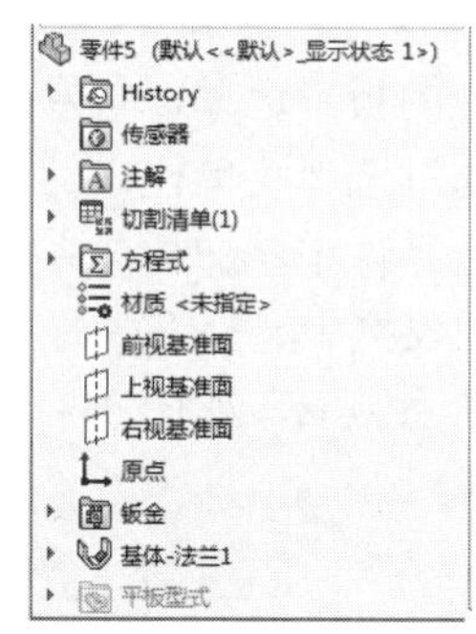

图 21-9　FeatureManager 设计树

（2）钣金特征

扫一扫，看视频

在生成基体-法兰特征时，同时生成钣金特征，如图 21-9 所示。通过对钣金特征的编辑，可以设置钣金零件的参数。

在 FeatureManager 设计树中鼠标右击钣金 1 特征，在弹出的快捷菜单中选择“编辑特征”按钮，如图 21-10 所示。弹出“钣金”属性管理器，如图 21-11 所示。钣金特征中包含用来设计钣金零件的参数，这些参数可以在其他法兰特征生成的过程中设置，也可以在钣金特征中编辑定义来改变它们。

① 折弯参数。

- 固定的面或边线：该选项被选中的面或边在展开时保持不变。在使用基体法兰特征建立钣金零件时，该选项不可选。
- 折弯半径：该选项定义了建立其他钣金特征时默认的折弯半径，也可以针对不同的折弯给定不同的半径值。

② 折弯系数。在“折弯系数”选项中，用户可以选择四种类型的折弯系数表，如图 21-12 所示。

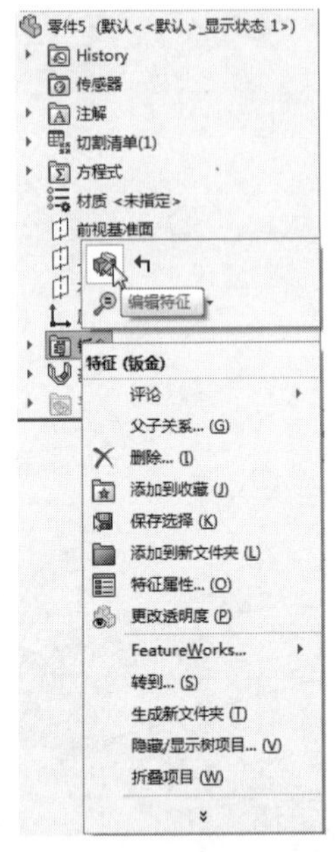
图 21-10　右击钣金 1 特征弹出快捷菜单

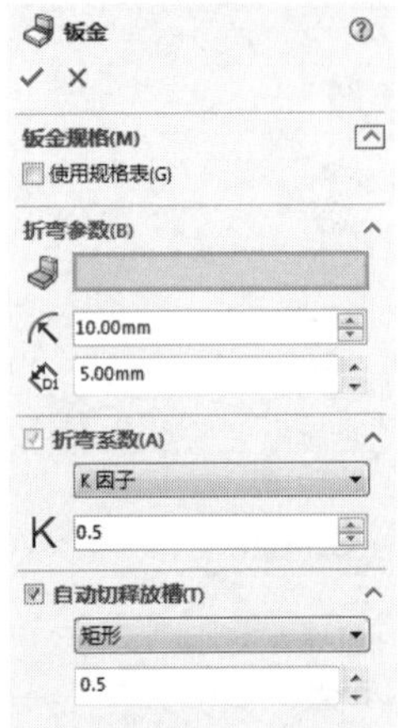
图 21-11　“钣金”属性管理器

- 折弯系数表：折弯系数表是一种指定材料（如钢、铝等）的表格，它包含基于板厚和折弯半径的折弯运算，折弯系数表是 Execl 表格文件，其扩展名为“*.xls”。

可以通过选择菜单栏中的“插入”→“钣金”→“折弯系数表”→“从文件”命令，在当前的钣金零件中添加折弯系数表；也可以在钣金特征 PropertyManager 对话框中的“折弯系数”下拉列表框中选择“折弯系数表”，并选择指定的折弯系数表，或单击“浏览”按钮使用其他的折弯系数表，如图 21-13 所示。

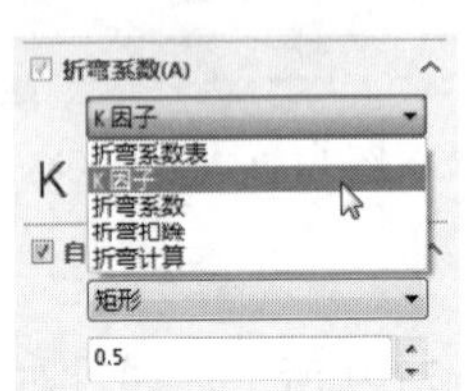
图 21-12　“折弯系数”类型

图 21-13　选择“折弯系数表”

- K 因子：K 因子在折弯计算中是一个常数，它是内表面到中性面的距离与材料厚度的比率。
- 折弯系数和折弯扣除：可以根据用户的经验和工厂实际情况给定一个实际的数值。

③ 自动切释放槽。在“自动切释放槽”下拉列表框中可以选择 3 种不同的释放槽类型。

- 矩形：在需要进行折弯释放的边上生成一个矩形切除，如图 21-14（a）所示。
- 撕裂形：在需要撕裂的边和面之间生成一个撕裂口，而不是切除，如 21-14（b）所示。
- 矩圆形：在需要进行折弯释放的边上生成一个矩圆形切除，如图 21-14（c）所示。

（3）薄片

薄片特征可为钣金零件添加薄片。系统会自动将薄片特征的深度设置为钣金零件的厚度。至于深度的方向，系统会自动将其设置为与钣金零件重合，从而避免实体脱节。

扫一扫，看视频

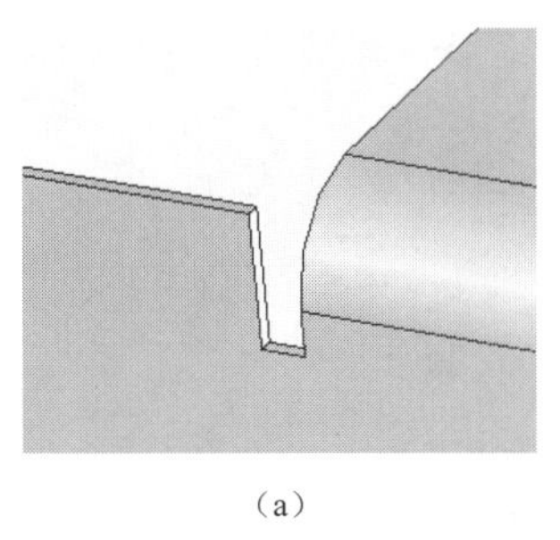

（a）

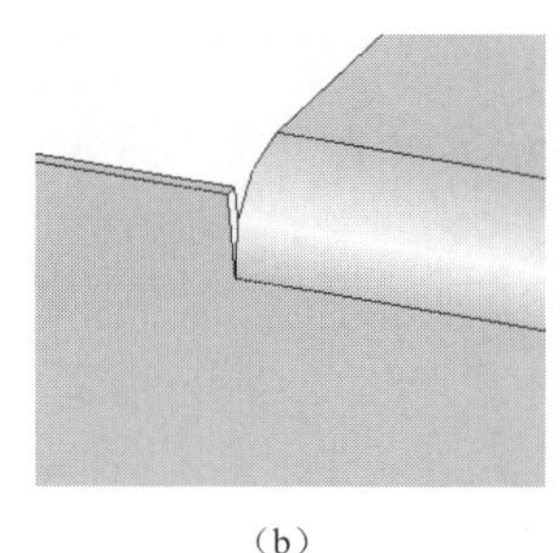

（b）

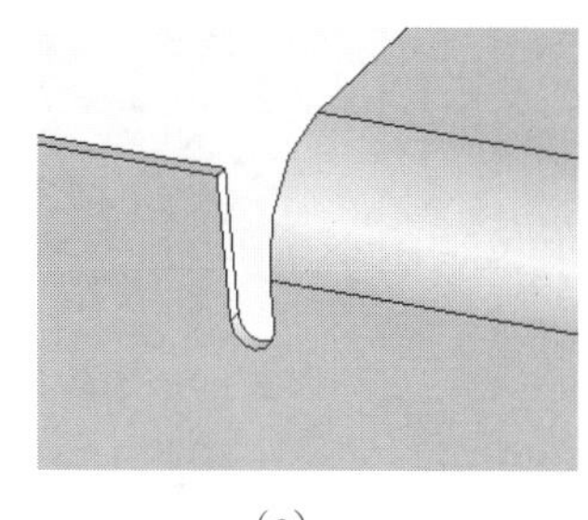

（c）

图 21-14 释放槽类型

在生成薄片特征时，需要注意的是，草图可以是单一闭环、多重闭环或多重封闭轮廓。草图必须位于垂直于钣金零件厚度方向的基准面或平面上。可以编辑草图，但不能编辑定义。其原因是已将深度、方向及其他参数设置为与钣金零件参数相匹配。

操作步骤如下。

① 单击“钣金”控制面板中的“基体法兰/薄片”按钮，或选择菜单栏中的“插入”→“钣金”→“基体法兰”命令。系统提示，要求绘制草图或者选择已绘制好的草图。

② 单击鼠标左键，选择零件表面作为绘制草图基准面，如图 21-15 所示。

③ 在选择的基准面上绘制草图，如图 21-16 所示。然后单击“退出草图”按钮，生成薄片特征，如图 21-17 所示。

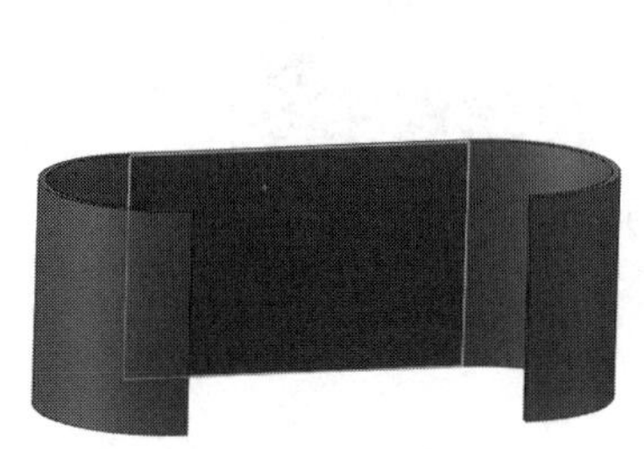

图 21-15 选择草图基准面

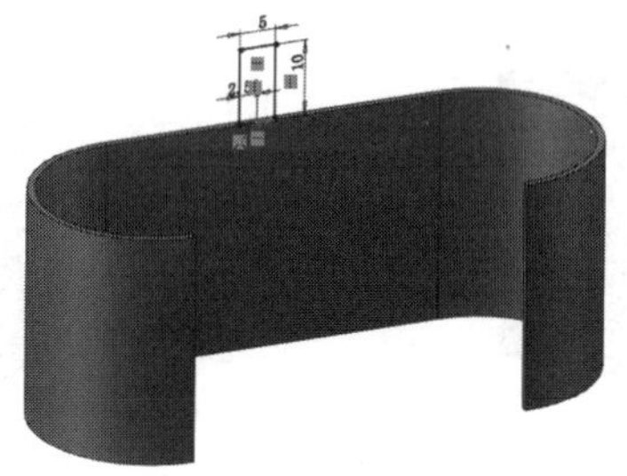

图 21-16 绘制草图

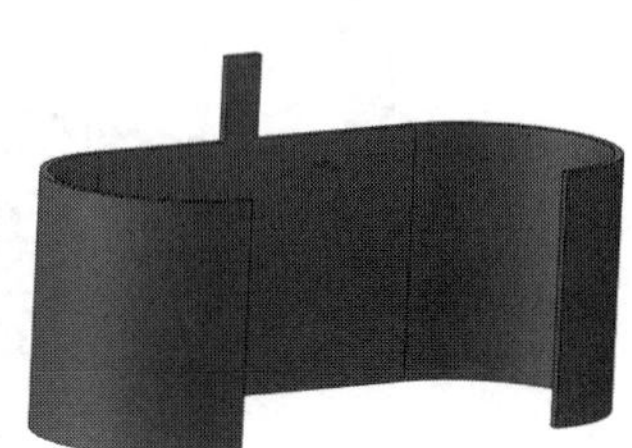

图 21-17 生成薄片特征

【注意】

也可以先绘制草图，然后再单击“钣金”控制面板中的“基体法兰/薄片”按钮，来生成薄片特征。

21.3.2 边线法兰

扫一扫，看视频

使用边线法兰特征工具可以将法兰添加到一条或多条边线。添加边线法兰时，所选边线必须为线性。系统自动将褶边厚度链接到钣金零件的厚度上。轮廓的一条草图直线必须位于所选边线上。

① 单击“钣金”控制面板中的“边线法兰”按钮，或选择菜单栏中的“插入”→“钣金”→“边线法兰”命令。弹出“边线法兰”属性管理器，如图 21-18 所示。单击鼠标选择钣金零件的一条边，在属性管理器的选择边线栏中将显示所选择边线，如图 21-18 所示。

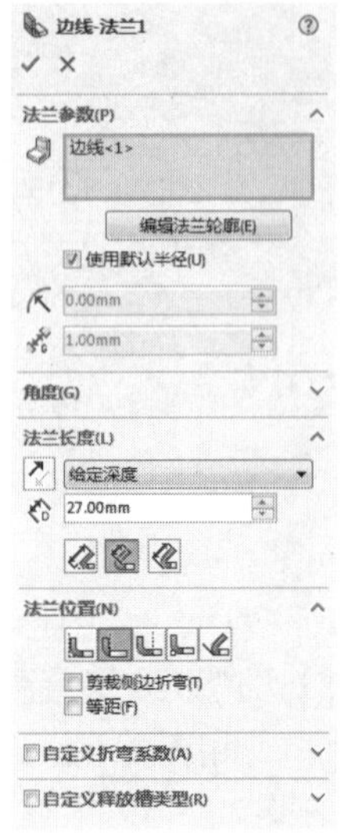

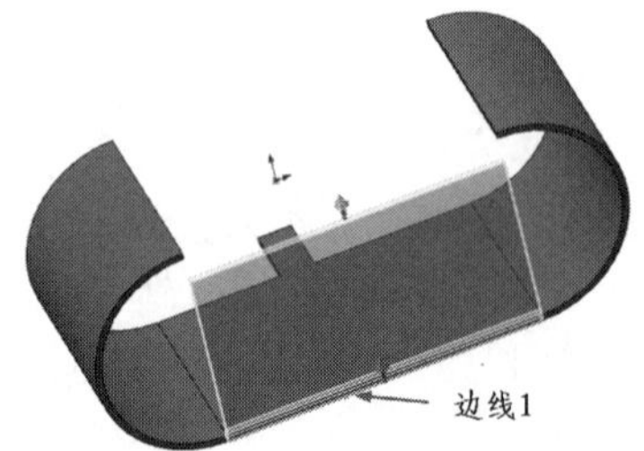

图 21-18 添加边线法兰

② 设定法兰角度和长度。在角度输入栏中键入角度值 60。在法兰长度输入栏选择给定深度选项，同时键入值 35。确定法兰长度有两种方式，即“外部虚拟交点”或“内部虚拟交点”，来决定长度开始测量的位置。如图 21-19 和图 21-20 所示。

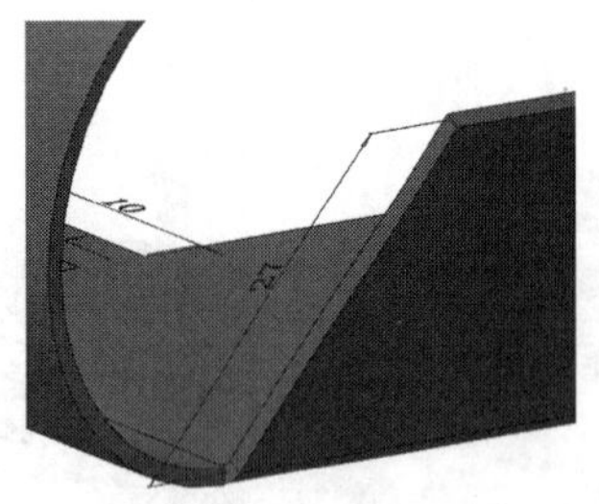

图 21-19 采用“外部虚拟交点”确定法兰长度　　图 21-20 采用“内部虚拟交点”确定法兰长度

③ 设定法兰位置。在法兰位置选择选项中有四种选项可供选择，即“材料在内”、“材料在外”、“折弯在外”和“虚拟交点的折弯”，不同的选项产生的法兰位置不同，如图 21-21～图 21-24 所示。在本实例中，选择“材料在外”选项，最后结果如图 21-25 所示。

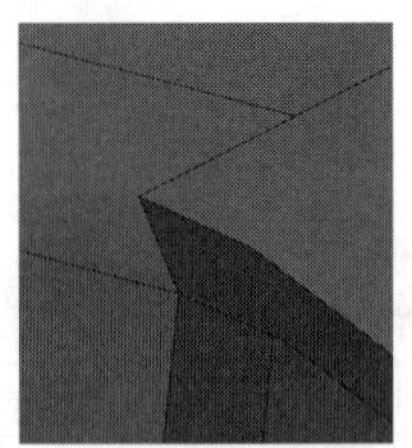

图 21-21 材料在内

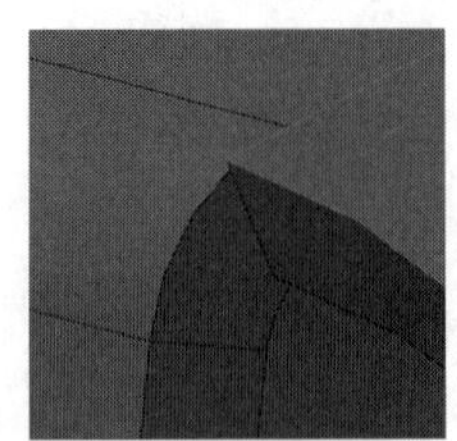

图 21-22 材料在外

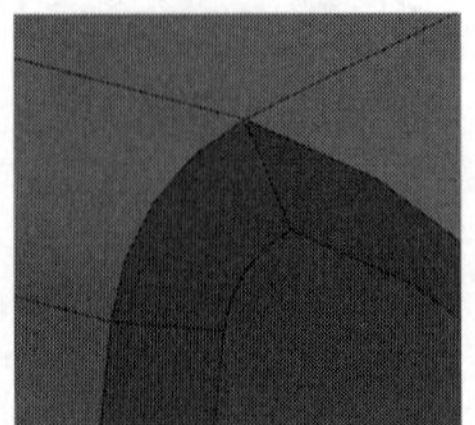

图 21-23 折弯在外

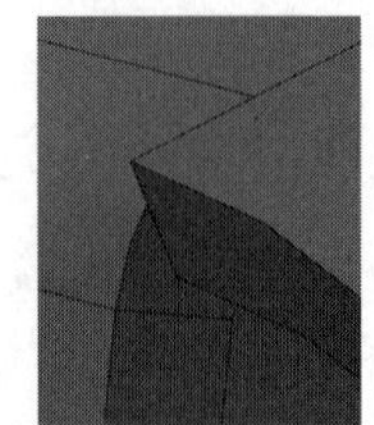

图 21-24 虚拟交点的折弯

在生成边线法兰时，如果要切除邻近折弯的多余材料，在属性管理器中选择“剪裁侧边折弯”，结果如图 21-26 所示。欲从钣金实体等距法兰，选择“等距”。然后，设定等距终止条件及其相应参数，如图 21-27 所示。

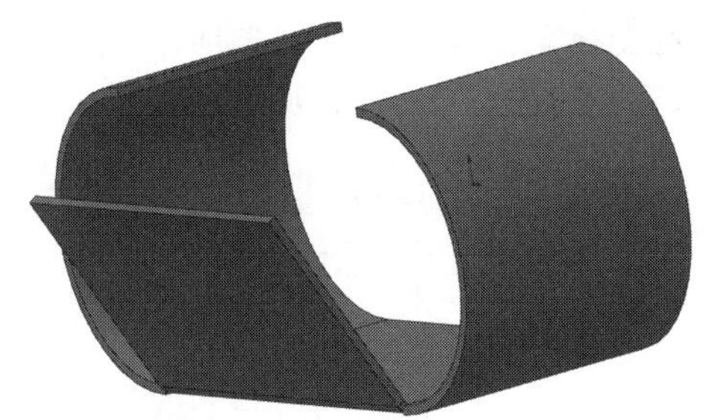

图 21-25 生成边线法兰

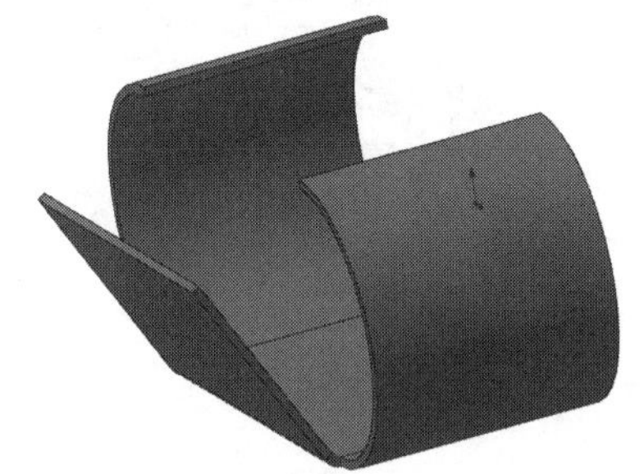

图 21-26 生成边线法兰时剪裁侧边折弯

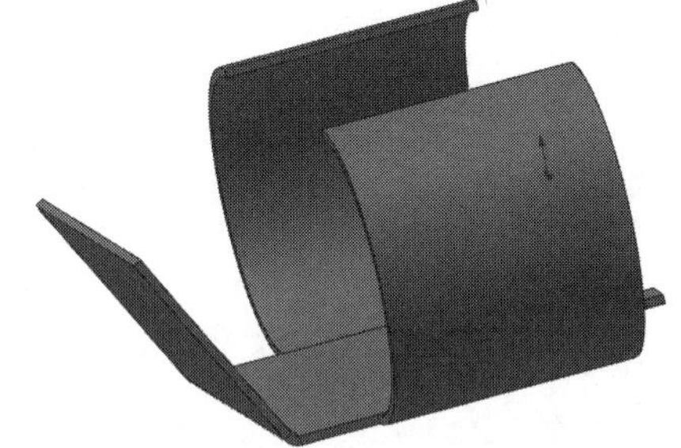

图 21-27 生成边线法兰时生成等距法兰

21.3.3 斜接法兰

扫一扫，看视频

斜接法兰特征可将一系列法兰添加到钣金零件的一条或多条边线上。生成斜接法兰特征之前首先要绘制法兰草图，斜接法兰的草图可以是直线或圆弧。使用圆弧绘制草图生成斜接法兰，圆弧不能与钣金零件厚度边线相切，如图 21-28 所示，此圆弧不能生成斜接法兰；圆弧可与长度边线相切，或通过在圆弧和厚度边线之间放置一小段的草图直线，如图 21-29、图 21-30 所示，这样可以生成斜接法兰。

图 21-28 圆弧与厚度边线相切

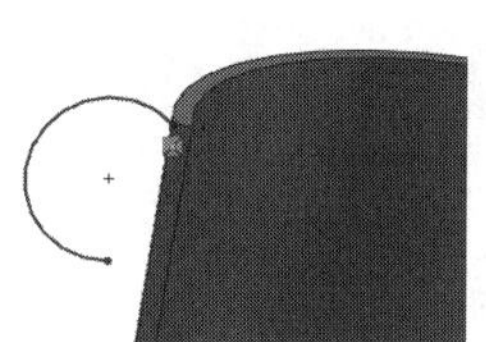

图 21-29 圆弧与长度边线相切

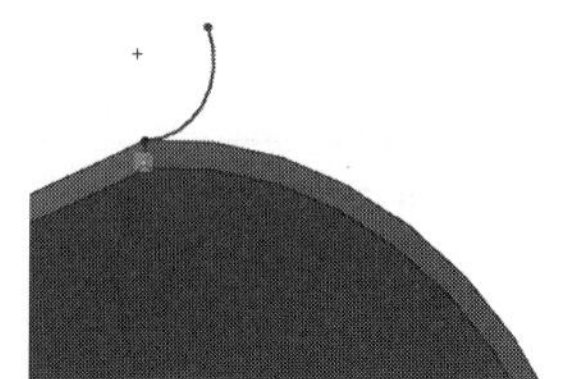

图 21-30 圆弧通过直线与厚度边线相接

斜接法兰轮廓可以包括一个以上的连续直线。例如，它可以是 L 形轮廓。草图基准面必须垂直于生成斜接法兰的第一条边线。系统自动将褶边厚度链接到钣金零件的厚度上。可以在一系列相切或非相切边线上生成斜接法兰特征。可以指定法兰的等距，而不是在钣金零件的整条边线上生成斜接法兰。

操作步骤如下。

① 单击鼠标，选择如图 21-31 所示零件表面作为绘制草图基准面，绘制直线草图，直线长度为 10mm。

② 单击“钣金”控制面板中的“斜接法兰”按钮，或选择菜单栏中的“插入”→“钣

金”→“斜接法兰”命令。弹出“斜接法兰”属性管理器，如图 21-32 所示。系统随即会选定斜接法兰特征的第一条边线，且图形区域中出现斜接法兰的预览。

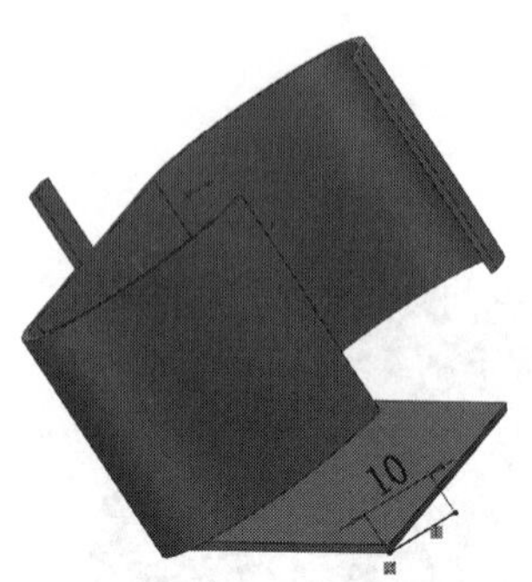

图 21-31　绘制直线草图

图 21-32　添加斜接法兰特征

③ 单击鼠标拾取钣金零件的其他边线，结果如图 21-33 所示。然后单击“确定”按钮✓，最后结果如图 21-34 所示。

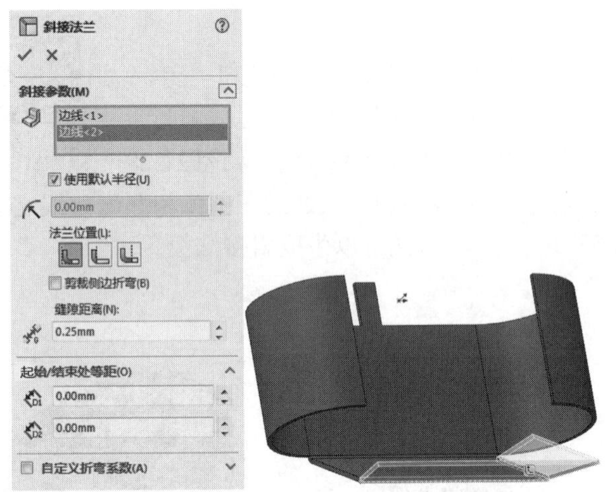

图 21-33　拾取斜接法兰其他边线

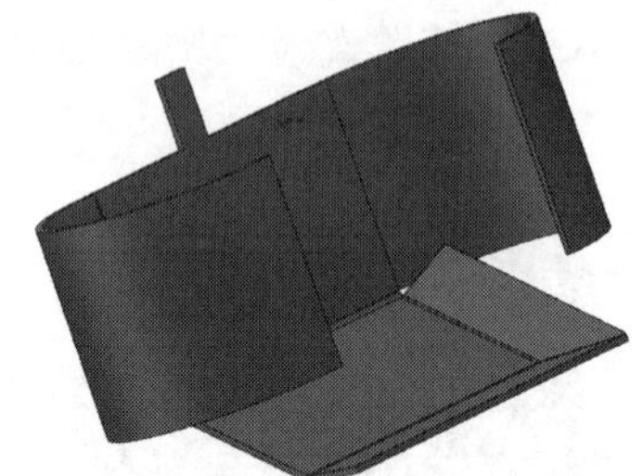

图 21-34　生成斜接法兰

【注意】

如有必要，可以为部分斜接法兰指定等距距离。在“斜接法兰”属性管理器中“起始/结束处等距”输入栏中输入“开始等距距离”和“结束等距距离”数值（如果想使斜接法兰跨越模型的整个边线，将这些数值设置到零）。其他参数设置可以参考前文中边线法兰的讲解。

21.3.4　放样折弯

扫一扫，看视频

使用放样折弯特征工具可以在钣金零件中生成放样的折弯。放样的折弯和零件实体设计中的放样特征相似，需要两个草图才可以进行放样操作。草图必须为开环轮廓，轮廓开口应同向对齐，以使平板型式更精确。草图不能有尖锐边线。

① 首先绘制第一个草图。在左侧的 FeatureManager 设计树中选择“上视基准面”作为绘图基准面，然后单击“草图”控制面板中的“中心矩形”按钮，或选择菜单栏中的“工具”→“草图绘制实体”→“中心矩形”命令，绘制一个圆心在原点的矩形，标注矩形长宽值分别为 50、50。将矩形直角进行圆角，半径值为 10，如图 21-35 所示。绘制一条竖直的构造线，然后绘制两条与构造线平行的直线，单击“草图”控制面板“显示/删除几何关系”下拉列表中的“添加几何关系”按钮，选择两条竖直直线和构造线添加“对称”几何关系，然后标注两条竖直直线距离值为 0.1，如图 21-36 所示。

② 单击“草图”控制面板中的“剪裁实体”按钮，对竖直直线和四边形进行剪裁，最后使四边形具有 0.1mm 宽的缺口，从而使草图为开环，如图 21-37 所示。然后单击“退出草图”按钮。

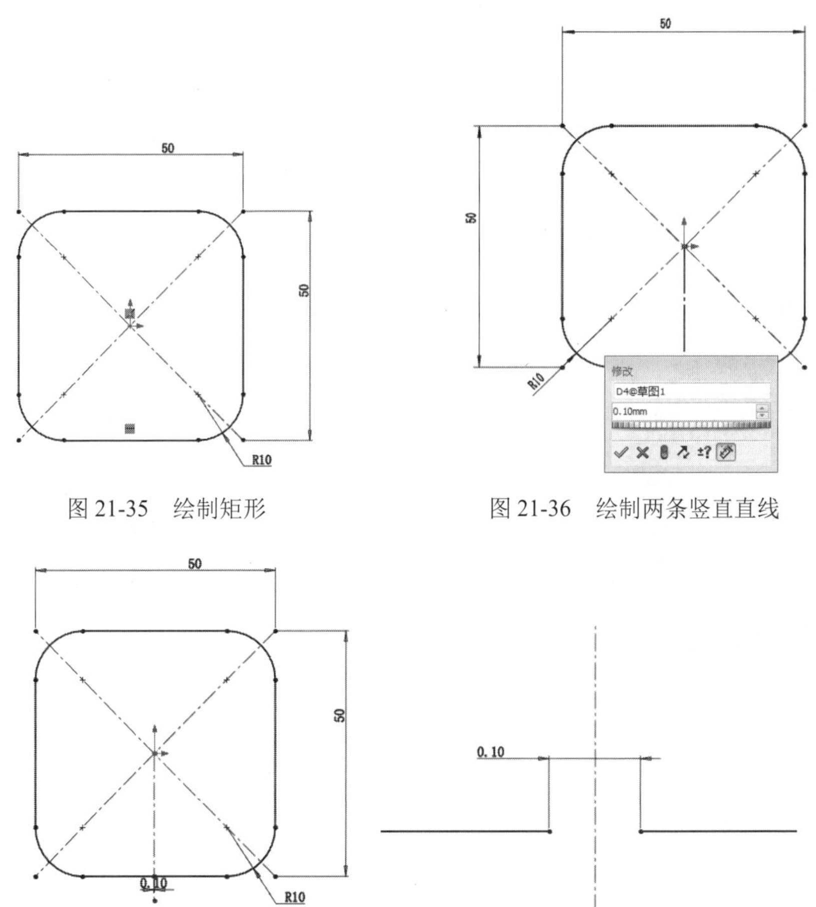

图 21-35　绘制矩形

图 21-36　绘制两条竖直直线

图 21-37　绘制缺口使草图为开环

③ 绘制第 2 个草图。单击“特征”控制面板“参考几何体”下拉列表中的“基准面”按钮，或选择菜单栏中的“插入”→“参考几何体”→“基准面”命令，弹出“基准面”属性管理器，在对话框中“选择参考实体”栏中选择上视基准面，键入距离值 40，生成与上视基准面平行的基准面，如图 21-38 所示。使用上述相似的操作方法，在圆草图上绘制一个 0.1mm 宽的缺口，使圆草图为开环，如图 21-39 所示。然后单击“退出草图”按钮。

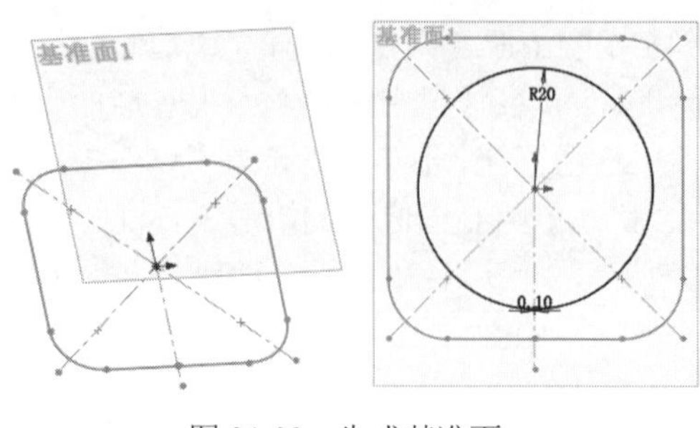

图 21-38　生成基准面

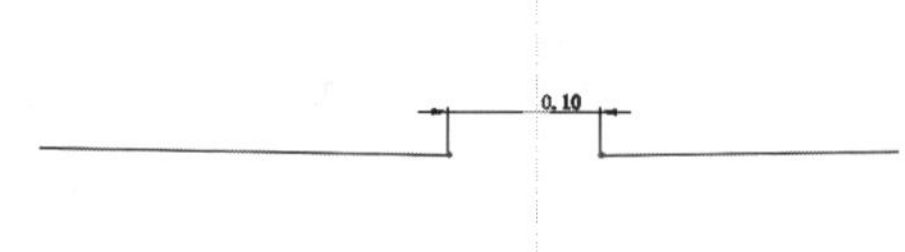

图 21-39　绘制开环的圆草图

④ 单击“钣金”控制面板中的“放样折弯”按钮，或选择菜单栏中的“插入”→“钣金”→“放样的折弯”命令，弹出“放样折弯”属性管理器，在图形区域中选择两个草图，起点位置要对齐。键入厚度值 1，单击“确定”按钮，结果如图 21-40 所示。

【注意】

基体-法兰特征不与放样的折弯特征一起使用。放样折弯使用 K-因子和折弯系数来计算折弯。放样的折弯不能被镜向。在选择两个草图时，起点位置要对齐，即要在草图的相同位置，否则将不能生成放样折弯。如图 21-41 所示，箭头所选起点则不能生成放样折弯。

21.3.5　实例——U 形槽

扫一扫，看视频

本例绘制的 U 形槽如图 21-42 所示。

图 21-40　生成的放样折弯特征

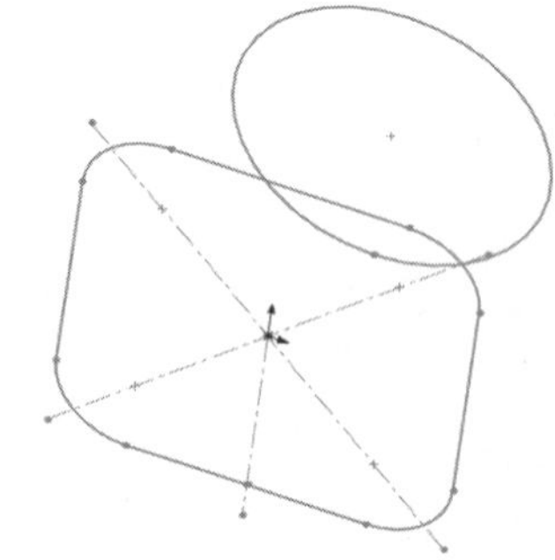

图 21-41　错误地选择草图起点

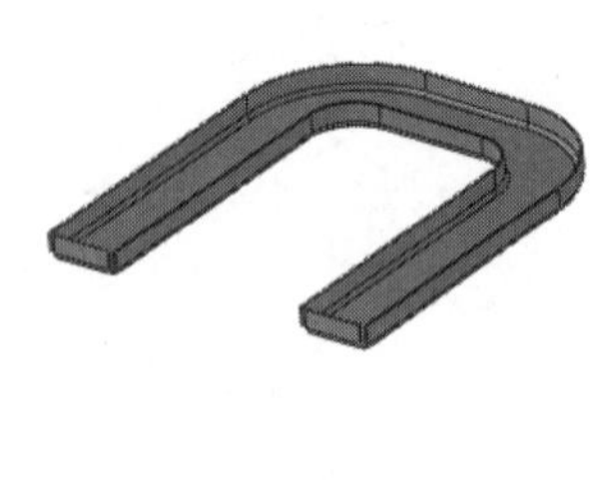

图 21-42　U 形槽

思路分析

通过对 U 形槽的设计，可以进一步熟练掌握钣金的边线法兰等钣金工具的使用方法，尤其是在曲线边线上生成边线法兰，流程图如图 21-43 所示。

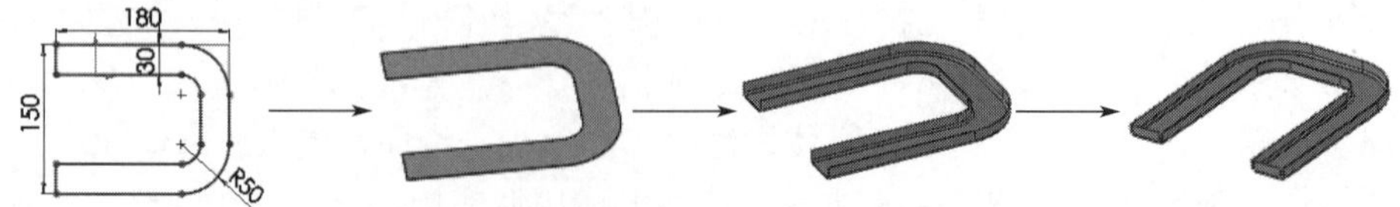

图 21-43　流程图

【绘制步骤】

① 启动SOLIDWORKS 2020，单击“标准”工具栏中的“新建”按钮，或选择“文件”→“新建”命令，创建一个新的零件文件。

② 绘制草图。

a．在左侧的“FeatureManager设计树”中选择“前视基准面”作为绘图基准面，然后单击“草图”控制面板中的“边角矩形”按钮，绘制一个矩形，标注矩形的智能尺寸如图21-44所示。

b．单击“草图”控制面板中的“绘制圆角”按钮，绘制圆角，如图21-45所示。

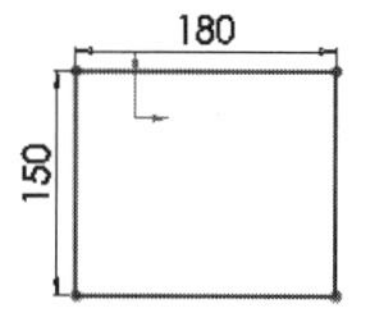

图21-44 绘制矩形

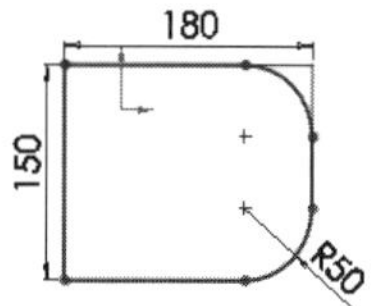

图21-45 绘制圆角

c．单击“草图”控制面板中的“等距实体”按钮，在“等距实体”属性管理器中取消勾选“选择链”选项，然后选择图21-45所示草图的线条，输入等距距离数值30，生成等距30mm的草图，如图21-46所示。剪裁竖直的一条边，结果如图21-47所示。

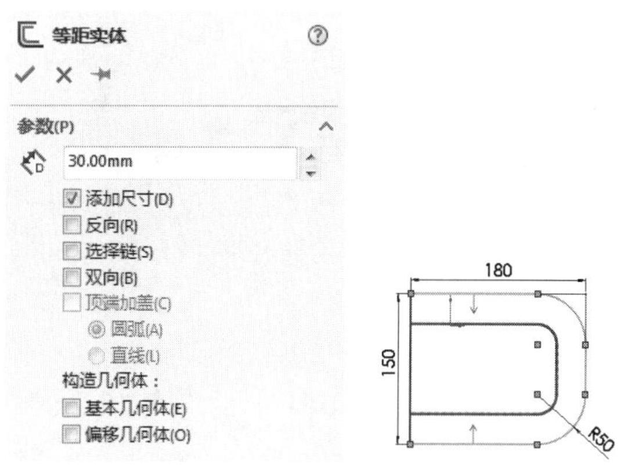

图21-46 生成等距实体

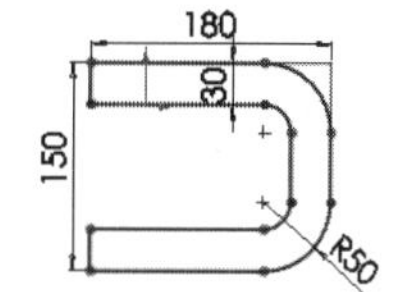

图21-47 剪裁竖直边线

③ 生成“基体法兰”特征。单击“钣金”控制面板中的“基体法兰/薄片”按钮，或选择菜单栏中的“插入”→“钣金”→“基体法兰”命令，在属性管理器中钣金参数厚度栏中输入厚度值1；其他设置如图21-48所示，最后单击“确定”按钮✔。

④ 生成“边线法兰”特征。单击“钣金”控制面板中的“边线法兰”按钮，或选择菜单栏中的“插入”→“钣金”→“边线法兰”命令，在“边线法兰”属性管理器中法兰长度栏中输入值10；其他设置如图21-49所示，单击钣金零件的外边线，单击“确定”按钮✔。

⑤ 生成“边线法兰”特征。重复步骤④的操作，单击拾取钣金零件的其他边线，生成边线法兰，法兰长度为10mm，其他设置与图21-49中相同，结果如图21-50所示。

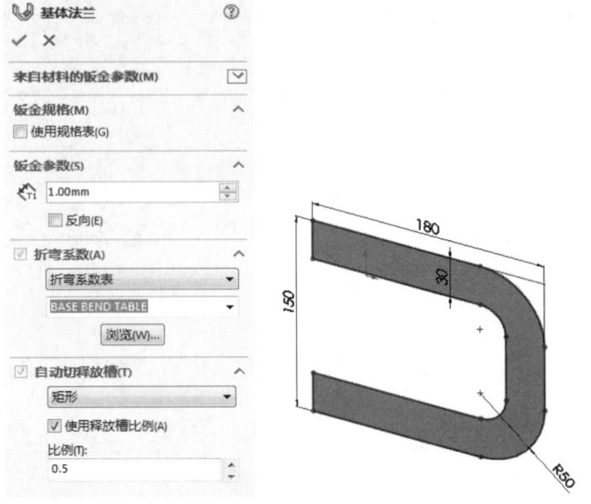

图 21-48　生成基体法兰

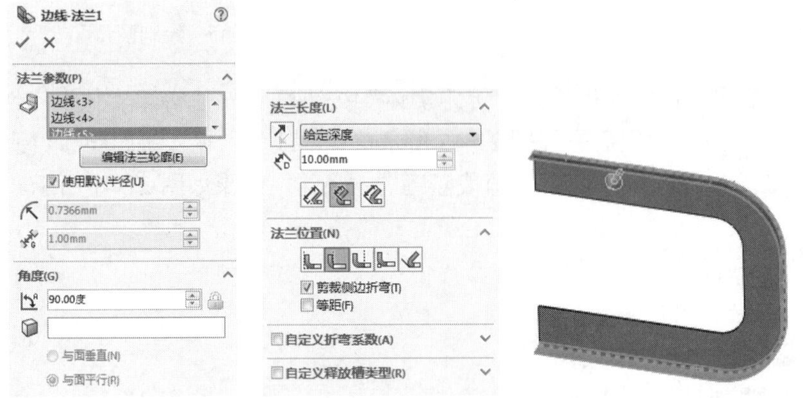

图 21-49　生成边线法兰操作

⑥ 生成端面的“边线法兰”。单击“钣金”控制面板中的“边线法兰”按钮，或选择菜单栏中的“插入”→“钣金”→“边线法兰”命令，在“边线法兰”属性管理器中法兰长度栏中输入值 10；勾选“剪裁侧边折弯”，其他设置如图 21-51 所示，单击钣金零件端面的一条边线，如图 21-52 所示，生成边线法兰如图 21-53 所示。

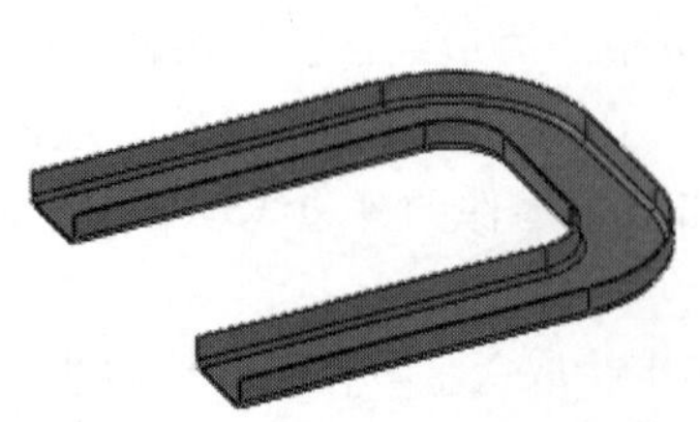

图 21-50　生成另一侧边线法兰

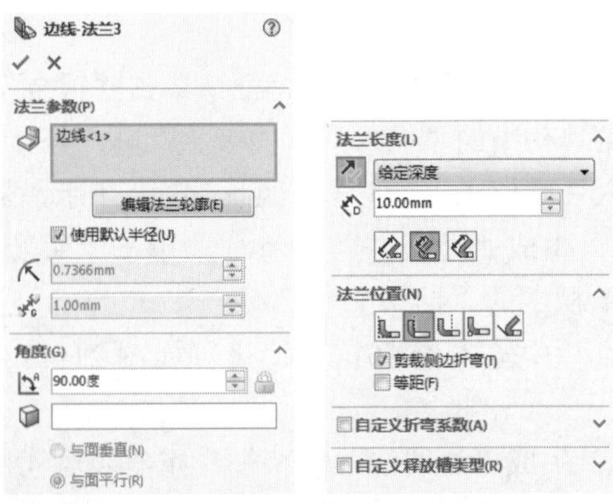

图 21-51　生成端面边线法兰的设置

⑦ 生成另一侧端面的“边线法兰”。单击“钣金”控制面板中的“边线法兰”按钮，或选择菜单栏中的“插入”→“钣金”→“边线法兰”命令，设置参数与图 21-51 相同，生成另一侧端面的边线法兰，结果如图 21-54 所示。

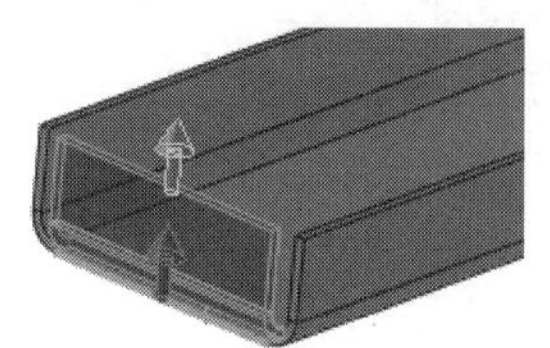

图 21-52 选择边线

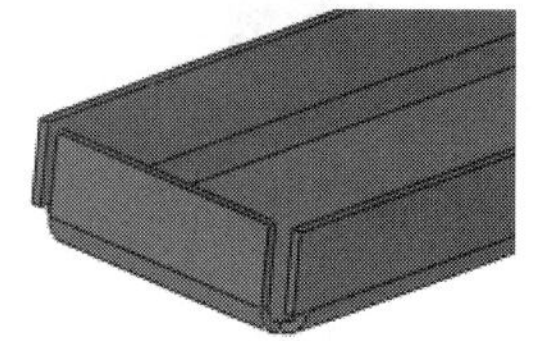

图 21-53 生成边线法兰

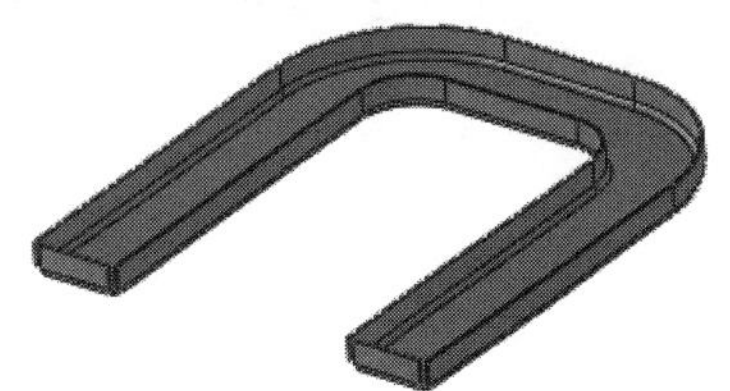

图 21-54 U 形槽

21.4 钣金细节特征

21.4.1 切口特征

扫一扫，看视频

使用切口特征工具可以在钣金零件或者其他任意的实体零件上生成切口特征。能够生成切口特征的零件，应该具有一个相邻平面且厚度一致，这些相邻平面形成一条或多条线性边线或一组连续的线性边线，而且是通过平面的单一线性实体。

在零件上生成切口特征时，可以沿所选内部或外部模型边线生成，或者从线性草图实体生成，也可以通过组合模型边线和单一线性草图实体生成切口特征。下面在一壳体零件（图 21-55）上生成切口特征。

① 选择壳体零件的上表面作为绘图基准面。然后单击“标准视图”工具栏中的“垂直于”按钮，单击“草图”控制面板中的“直线”按钮，绘制一条直线，如图 21-56 所示。

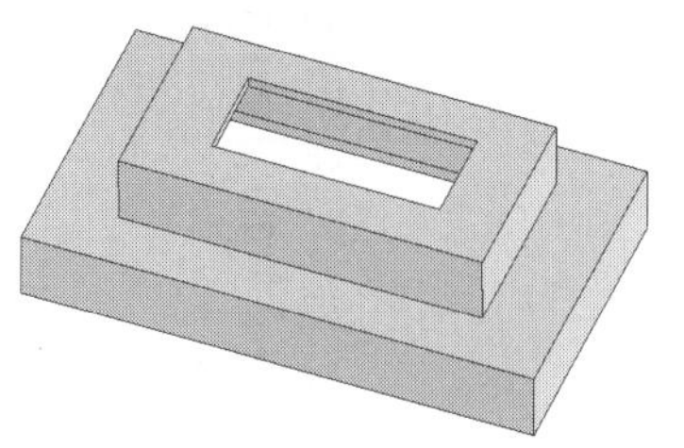

图 21-55 壳体零件

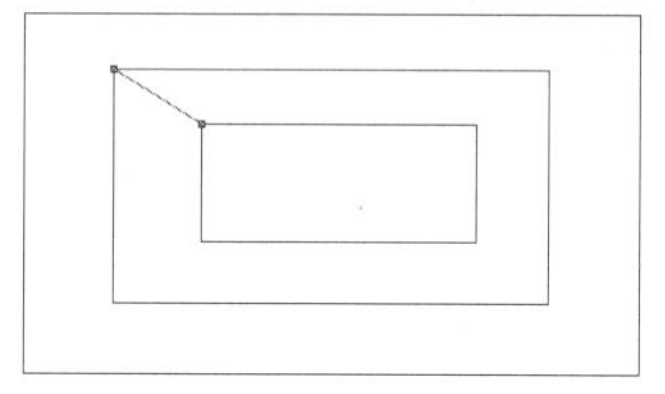

图 21-56 绘制直线

② 单击“钣金”控制面板中的“切口”按钮，或选择菜单栏中的“插入”→“钣金”→“切口”命令，弹出“切口”属性管理器，单击鼠标选择绘制的直线和一条边线来生成切口，如图 21-57 所示。

③ 在对话框中的切口缝隙输入框中，键入数值 1。单击“改变方向”按钮，将可以改变切口的方向，每单击一次，切口方向将能切换到一个方向，接着是另外一个方向，然后返回到两个方向。单击“确定”按钮，结果如图 21-58 所示。

【注意】

在钣金零件上生成切口特征，操作方法与上文中的讲解相同。

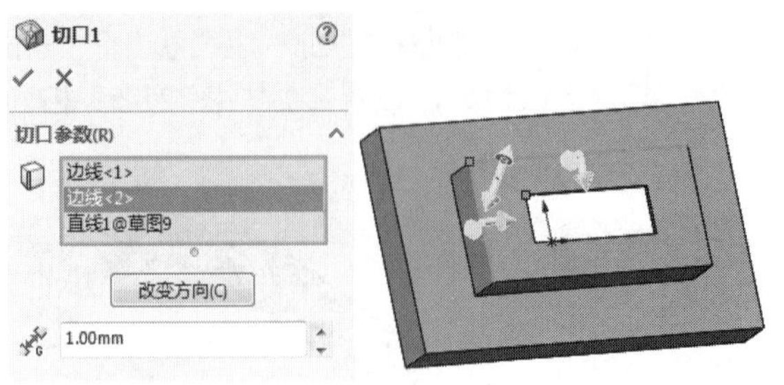

图 21-57 “切口”属性管理器

图 21-58 生成切口特征

21.4.2 通风口

扫一扫，看视频

使用通风口特征工具可以在钣金零件上添加通分口。在生成通风口特征之前与生成其他钣金特征相似，也要首先绘制生成通风口的草图，然后在“通风口”特征 PropertyManager 对话框中设定各种选项。

① 首先在钣金零件的表面绘制如图 21-59 所示的通风口草图。为了使草图清晰，可以选择菜单栏中的“视图”→“隐藏/显示”→“草图几何关系”命令（图 21-60）使草图几何关系不显示，结果如图 21-61 所示。然后单击“退出草图”按钮。

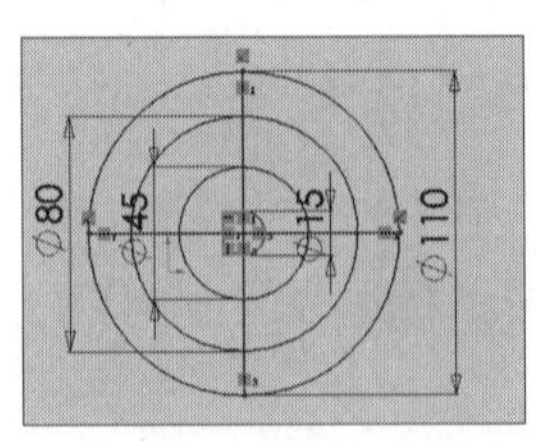

图 21-59 通风口草图

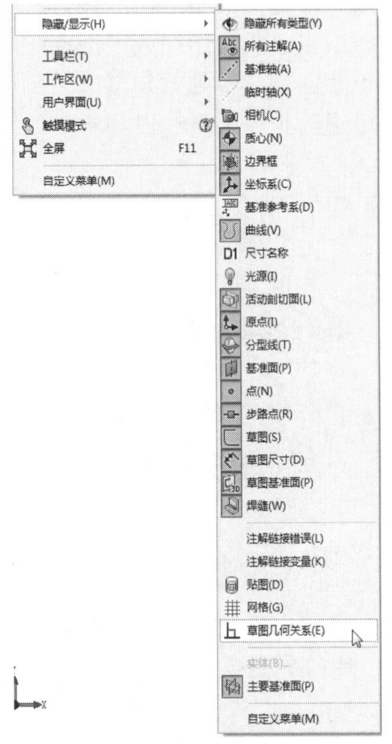

图 21-60 视图菜单

② 单击“钣金”控制面板中的“通风口”按钮，或选择菜单栏中的“插入”→“扣合特征”→“通风口”命令，弹出“通风口”属性管理器，首先选择草图的最大直径的圆草图作为通风口的边界轮廓，如图 21-62 所示。同时，在几何体属性的“放置面”栏中自动输入绘制草图的基准面作为放置通风口的表面。

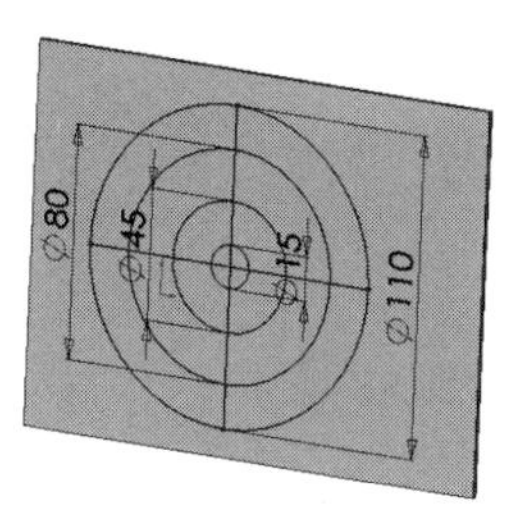

图 21-61 使草图几何关系不显示

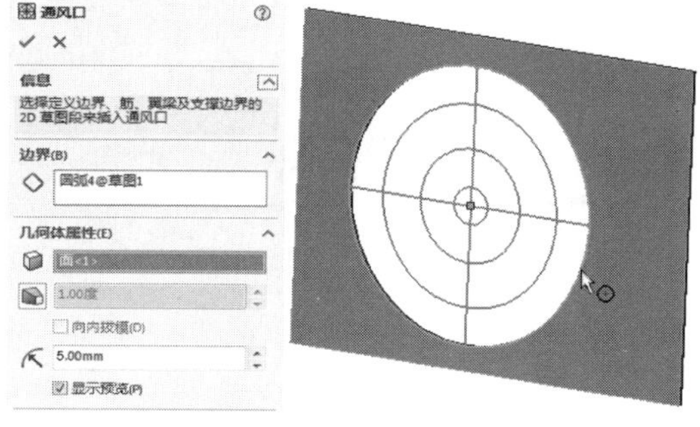

图 21-62 选择通风口的边界

③ 在“圆角半径”输入栏中键入相应的圆角半径数值，本实例中键入数值 5。这些值将应用于边界、筋、翼梁和填充边界之间的所有相交处产生圆角，如图 21-63 所示。

④ 在“筋”下拉列表框中选择通风口草图中的两个互相垂直的直线作为筋轮廓，在“筋宽度”输入栏中键入数值 5，如图 21-64 所示。

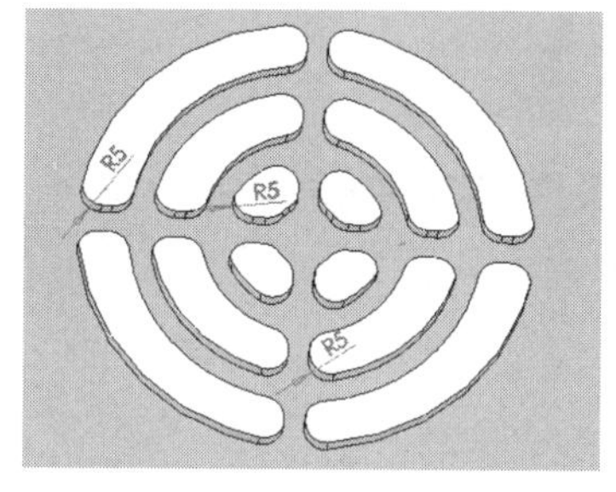

图 21-63 通风口圆角

图 21-64 选择筋草图

⑤ 在“翼梁”下拉列表框中选择通风口草图中的两个同心圆作为翼梁轮廓，在“翼梁宽度”输入栏中键入数值 5，如图 21-65 所示。

图 21-65 选择翼梁草图

图 21-66 选择填充边界草图

⑥ 在“填充边界”下拉列表框中选择通风口草图中的最小圆作为填充边界轮廓，在如图 21-66 所示。最后单击“确定”按钮✔，结果如图 21-67 所示。

【注意】

如果在“钣金”控制面板中找不到“通风口”按钮，可以利用“视图”→“工具栏”→“扣合特征”命令，使“扣合特征”工具栏在操作界面中显示出来，在此工具栏中可以找到“通风口”按钮，如图 21-68 所示。

图 21-67　生成通风口特征

图 21-68　“扣合特征”工具栏

21.4.3　褶边特征

褶边工具可将褶边添加到钣金零件的所选边线上。生成褶边特征时所选边线必须为直线。斜接边角被自动添加到交叉褶边上。如果选择多个要添加褶边的边线，则这些边线必须在同一个面上。

① 单击“钣金”控制面板中的“褶边”按钮，或选择菜单栏中的“插入”→“钣金”→“褶边”命令。弹出“褶边”属性管理器。在图形区域中，选择想添加褶边的边线，如图 21-69 所示。

② 在“褶边”属性管理器中，选择“材料在内”选项，在类型和大小栏中，选择“打开”选项，其他设置默认。然后单击“确定”按钮，最后结果如图 21-70 所示。

图 21-69　选择添加褶边边线

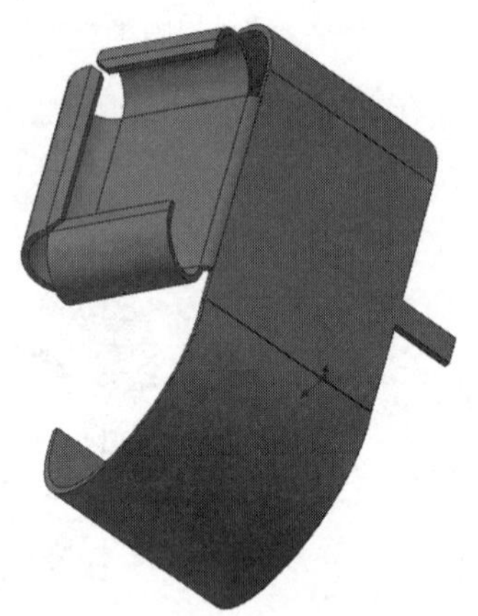

图 21-70　生成褶边

褶边类型共有四种，分别是“闭合”，如图 21-71 所示；“打开”，如图 21-72 所示；“撕裂形”，如图 21-73 所示；“滚轧”，如图 21-74 所示。每种类型褶边都有其对应的尺寸设置参数。长度参数只应用于闭合和开环褶边，间隙距离参数只应用于开环褶边，角度参数只应用于撕裂形和滚轧褶边，半径参数只应用于撕裂形和滚轧褶边。

选择多条边线添加褶边时，在属性管理器中可以通过设置“斜接缝隙”的“切口缝隙”数值来设定这些褶边之间的缝隙，斜接边角被自动添加到交叉褶边上。例如键入斜轧角度 250°，更改后如图 21-75 所示。

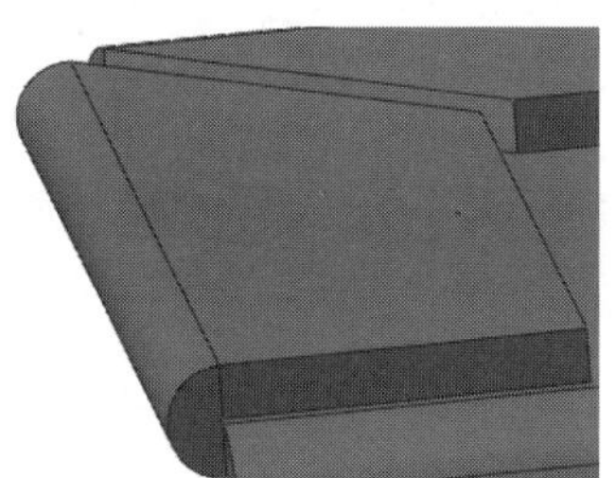

图 21-71　“闭合”类型褶边

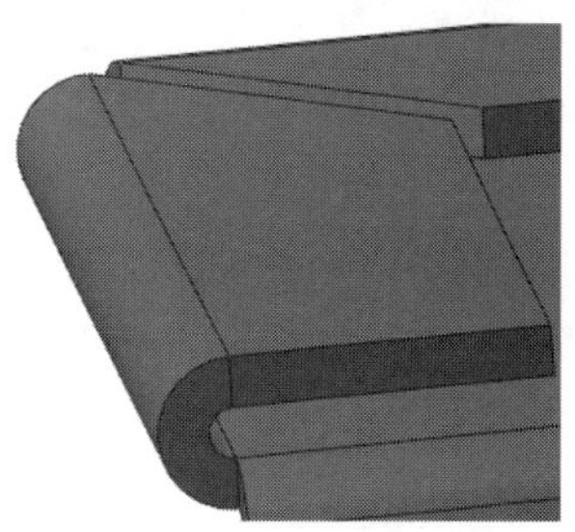

图 21-72　“打开”类型褶边

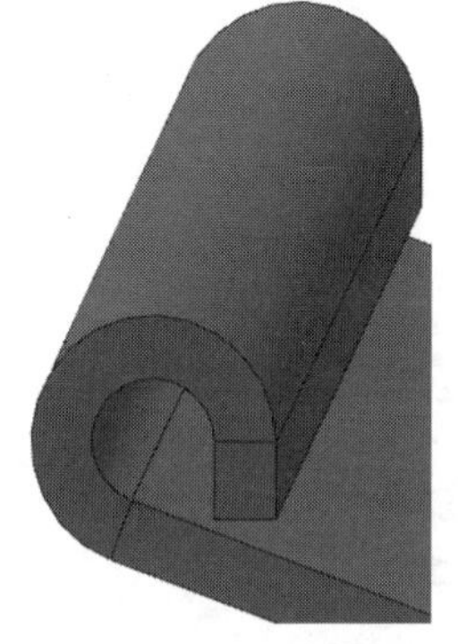

图 21-73　“撕裂形”类型褶边

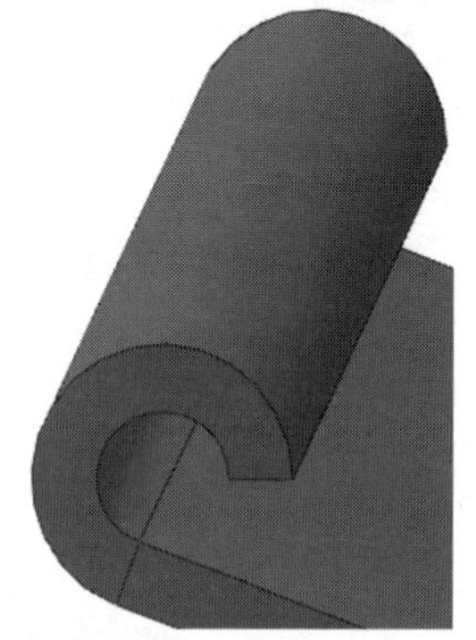

图 21-74　“滚轧”类型褶边

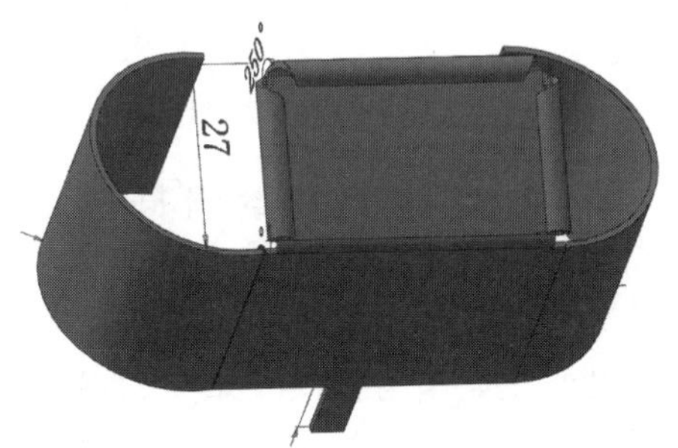

图 21-75　更改褶边之间的角度

21.4.4　转折特征

使用转折特征工具可以在钣金零件上通过草图直线生成两个折弯。生成转折特征的草图必须只包含一根直线。直线不需要是水平或垂直直线。折弯线长度不一定必须与正折弯的面的长度相同。

① 在生成转折特征之前首先绘制草图，选择钣金零件的上表面作为绘图基准面，绘制一条直线，如图 21-76 所示。

② 在绘制的草图被打开状态下，单击“钣金”控制面板中的“转折”按钮，或选择菜单栏中的“插入”→“钣金”→“转折”命令。弹出“转折”属性管理器，选择箭头所指的面作为固定面，如图 21-77 所示。

③ 选择“使用默认半径”。在转折等距栏中键入等距距离值 30。选择尺寸位置栏中的“外部等距”选项，并且选择“固定投影长度”。在转折位置栏中选择“折弯中心线”选项。其他设置为默认，单击“确定”按钮，结果如图 21-78 所示。

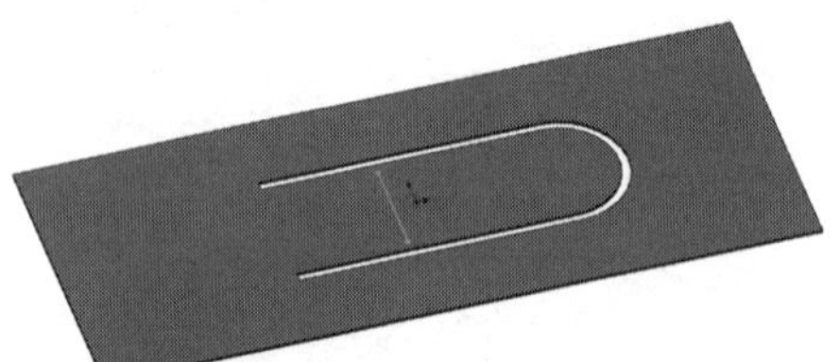

图 21-76 绘制直线草图

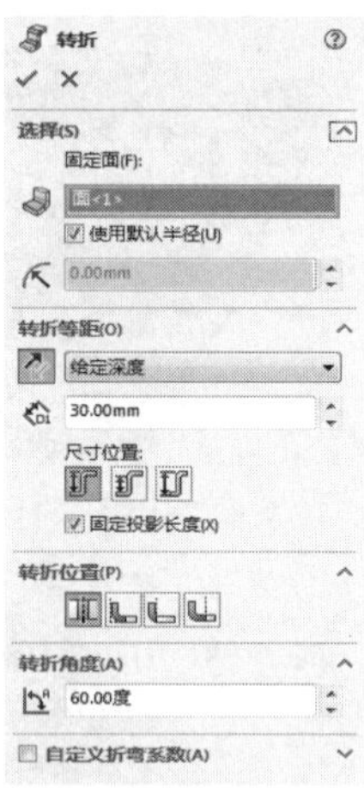

图 21-77 “转折”属性管理器

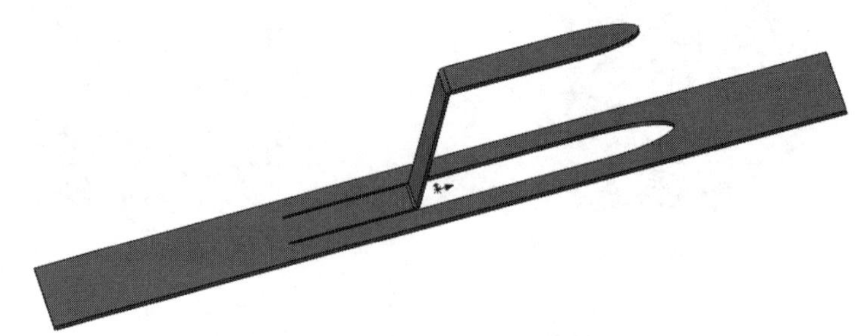

图 21-78 生成转折特征

生成转折特征时，在“转折”属性管理器中选择不同的尺寸位置选项、是否选择“固定投影长度”选项都将生成不同的转折特征。例如，上述实例中使用“外部等距”选项生成的转折特征尺寸如图 21-79 所示。使用“内部等距”选项生成的转折特征尺寸如图 21-80 所示。使用“总尺寸”选项生成的转折特征尺寸如图 21-81 所示。取消“固定投影长度”选项生成的转折投影长度将减小，如图 21-82 所示。

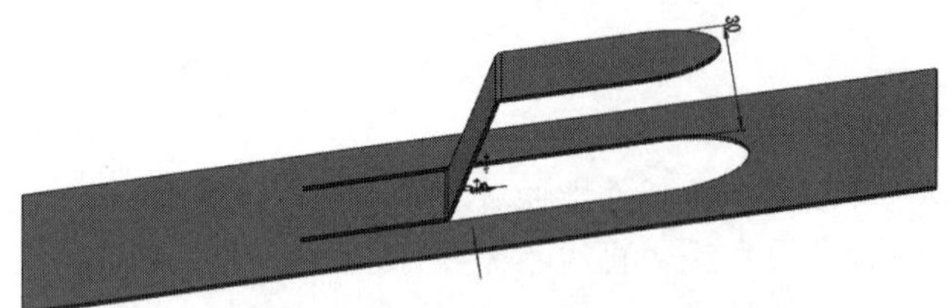

图 21-79 使用“外部等距”生成的转折

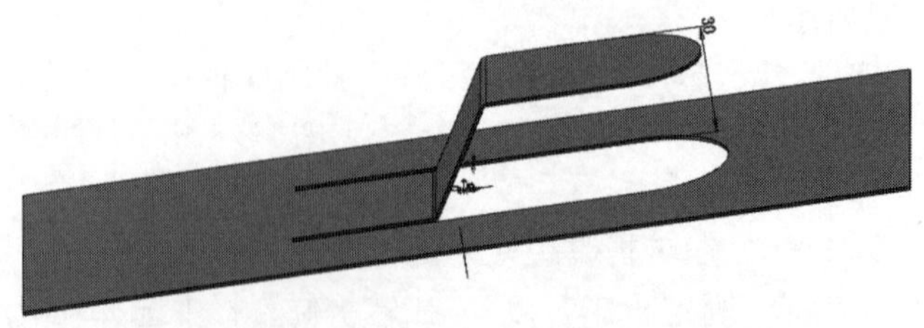

图 21-80 使用“内部等距”生成的转折

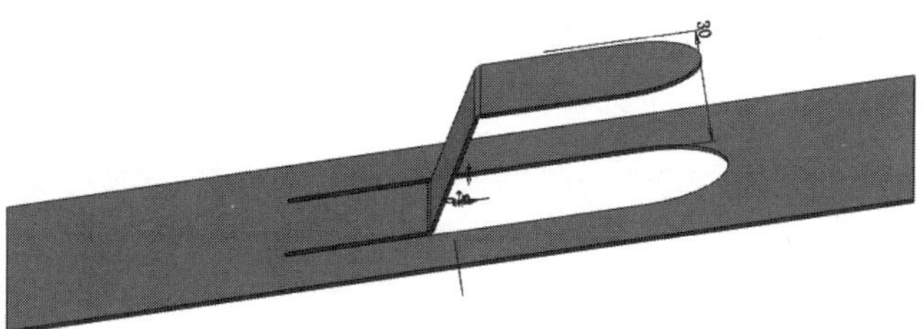

图 21-81 使用“总尺寸”生成的转折

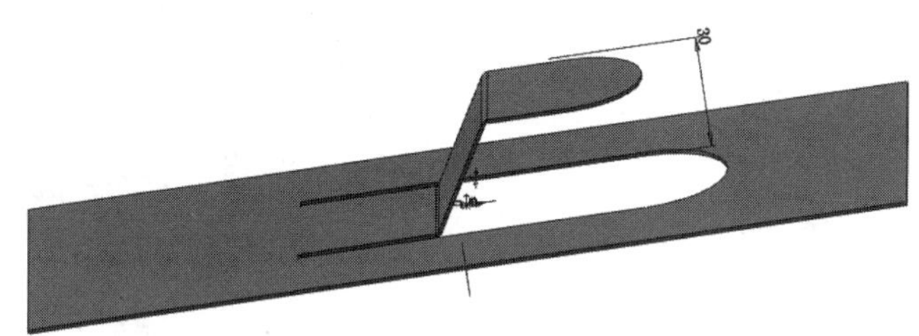

图 21-82 取消“固定投影长度”选项生成的转折

在转折位置栏中还有不同的选项可供选择，在前面的特征工具中已经讲解过，这里不再重复。

21.4.5 绘制的折弯特征

扫一扫，看视频

绘制的折弯特征可以在钣金零件处于折叠状态时绘制草图将折弯线添加到零件。草图中只允许使用直线，可为每个草图添加多条直线。折弯线长度不一定非得与被折弯的面的长度相同。

① 单击“钣金”控制面板中的“绘制的折弯”按钮，或选择菜单栏中的“插入”→“钣金”→“绘制的折弯”命令。系统提示选择平面来生成折弯线和选择现有草图为特征所用，如图 21-83 所示。如果没有绘制好草图，可以首先选择基准面绘制一条直线；如果已经绘制好了草图，可以单击鼠标选择绘制好的直线，弹出“绘制的折弯”属性管理器，如图 21-84 所示。

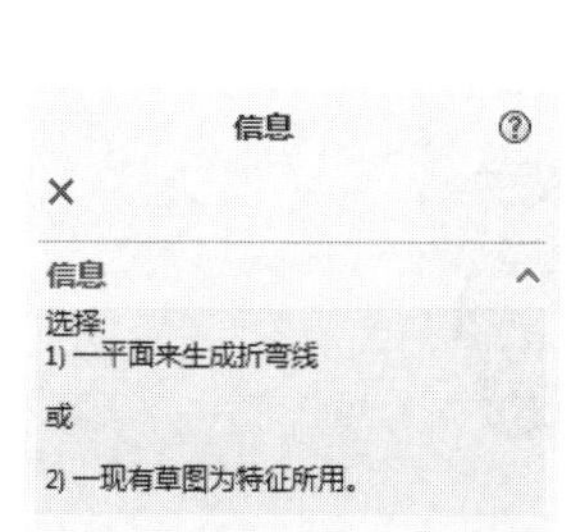

图 21-83 绘制的折弯提示信息

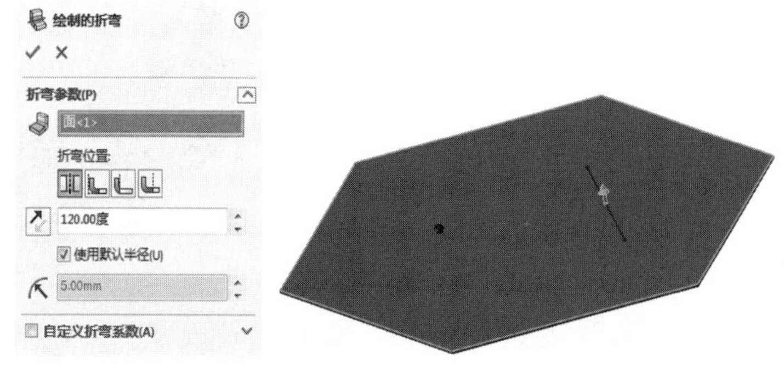

图 21-84 “绘制的折弯”属性管理器

② 在图形区域中，选择如图 21-84 所示所选的面作为固定面，选择折弯位置选项中的“折弯中心线”，键入角度值 120，键入折弯半径值 5，单击“确定”按钮。

③ 右击 FeatureManager 设计树中绘制的折弯 1 特征的草图，选择“显示”按钮，如

图 21-85 所示。绘制的直线将可以显示出来，直观观察到以“折弯中心线”选项生成的折弯特征的效果，如图 21-86 所示。其他选项生成折弯特征效果可以参考前文中的讲解。

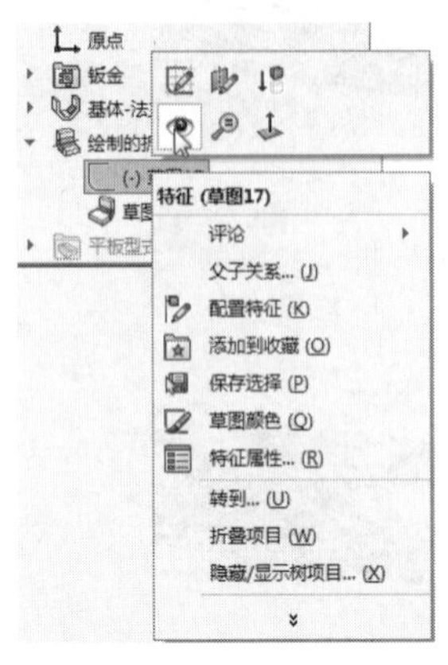

图 21-85　显示草图

图 21-86　生成的折弯特征

21.4.6　闭合角特征

扫一扫，看视频

使用闭合角特征工具可以在钣金法兰之间添加闭合角，即钣金特征之间添加材料。通过闭合角特征工具可以完成以下功能：通过选择面来为钣金零件同时闭合多个边角；关闭非垂直边角；将闭合边角应用到带有 90° 以外折弯的法兰；调整缝隙距离，由边界角特征所添加的两个材料截面之间的距离；调整重叠/欠重叠比率（重叠的材料与欠重叠材料之间的比率），数值 1 表示重叠和欠重叠相等；闭合或打开折弯区域。

① 单击“钣金”控制面板中的“闭合角”按钮，或选择菜单栏中的“插入”→“钣金”→“闭合角”命令。弹出“闭合角”属性管理器，选择需要延伸的面，如图 21-87 所示。

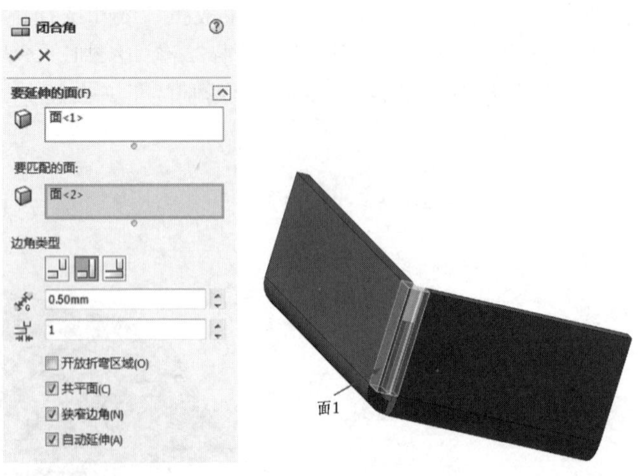

图 21-87　选择需要延伸的面

② 选择边角类型中的“重叠”选项，单击“确定”按钮。在“缝隙距离”栏中输入数值过小时系统提示错误，如图 21-88 所示，不能生成闭合角。

③ 在缝隙距离输入栏中，更改缝隙距离数值为 0.5，单击 “确定”按钮，生成重叠闭合角结果如图 21-89 所示。

图 21-88 错误提示　　　图 21-89 生成“重叠”类型闭合角

④ 使用其他边角类型选项可以生成不同形式的闭合角。如图 21-90 所示，是使用边角类型中“对接”选项生成的闭合角；如图 21-91 所示，是使用边角类型中“欠重叠”选项生成的闭合角。

图 21-90 “对接”类型闭合角

图 21-91 “欠重叠”类型闭合角

21.4.7 断开边角/边角剪裁特征

使用断开边角特征工具可以从折叠的钣金零件的边线或面切除材料。使用边角剪裁特征工具可以从展开的钣金零件的边线或面切除材料。

（1）断开边角

断开边角操作只能在折叠的钣金零件中操作。

扫一扫，看视频

① 单击“钣金”控制面板中的“断开边角/边角剪裁”按钮，或者选择菜单栏中的“插入”→“钣金”→“断裂边角”命令，弹出“展开”属性管理器。在图形区域中，单击想断开边角的边线或法兰面，如图 21-92 所示。

② 在“折断类型”中选择“倒角”选项，键入距离值 5，单击“确定”按钮，结果如图 21-93 所示。

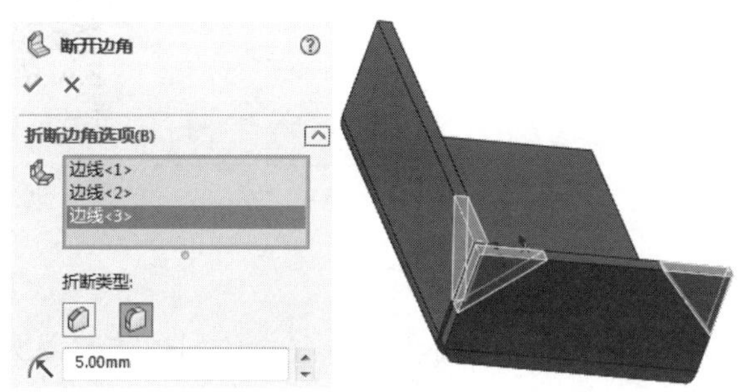

图 21-92 选择要断开边角的边线和法兰面

图 21-93 生成断开边角特征

（2）边角剪裁

扫一扫，看视频

边角剪裁操作只能在展开的钣金零件中操作，在零件被折叠时边角剪裁特征将被压缩。

① 单击“钣金”控制面板中的“展开”按钮，或选择菜单栏中的“插入”→“钣金”→“展开”命令，将钣金零件整个展开，如图21-94所示。

② 单击“钣金”控制面板中的“断开边角/边角剪裁”按钮，选择菜单栏中的“插入”→“钣金”→“断开边角/边角剪裁”命令，在图形区域中，选择要折断边角的边线或法兰面，如图21-95所示。

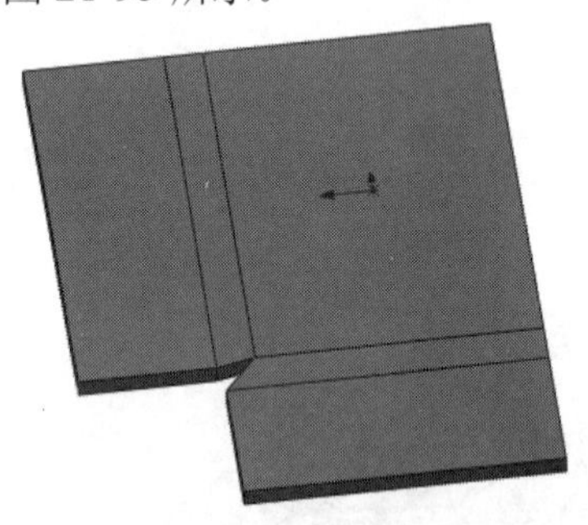
图21-94　展开钣金零件

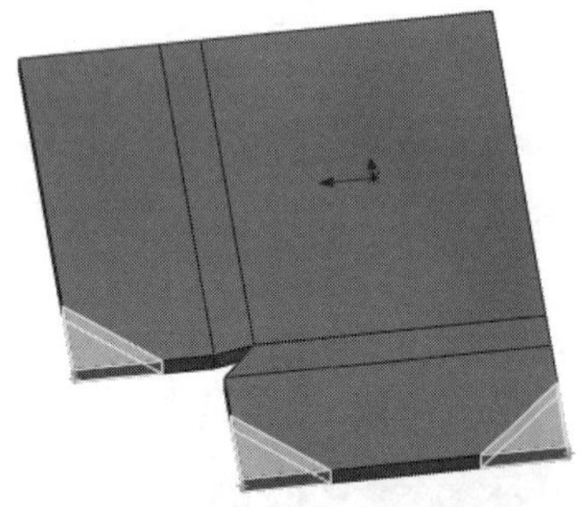
图21-95　选择要折断边角的边线和法兰面

③ 在“折断类型”中选择“倒角”选项，键入距离值5，单击“确定”按钮，结果如图21-96所示。

④ 右击钣金零件FeatureManager设计树中的平板型式特征，在弹出的菜单中选择“压缩”命令，或者单击“钣金”控制面板中的“折叠”按钮，使此图标弹起，将钣金零件折叠。边角剪裁特征将被压缩，如图21-97所示。

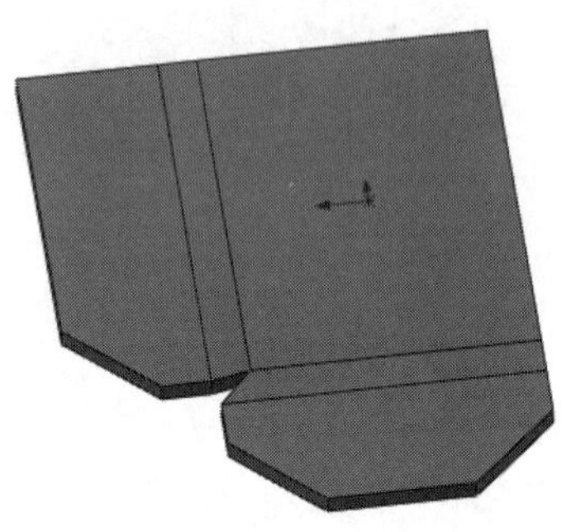
图21-96　生成边角剪裁特征

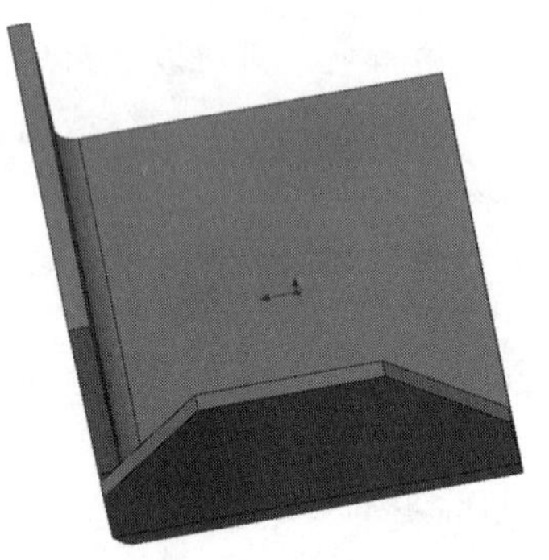
图21-97　折叠钣金零件

21.4.8 实例——书架

扫一扫，看视频

本例绘制的书架如图21-98所示。

思路分析

本例主要利用基体法兰特征、拉伸切除特征和绘制的折弯特征。绘制的流程图如图21-99所示。

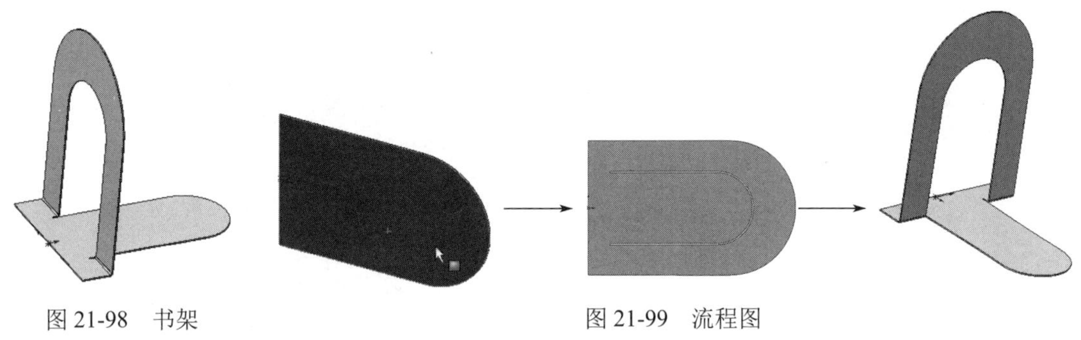

图 21-98 书架　　　　图 21-99 流程图

【绘制步骤】

① 启动 SOLIDWORKS 2020，选择菜单栏中的“文件”→“新建”命令，或者单击“标准”工具栏中的“新建”按钮，在弹出的“新建 SOLIDWORKS 文件”对话框中选择“零件”按钮，然后单击“确定”按钮，创建一个新的零件文件。

② 绘制草图。在左侧的“FeatureManager 设计树”中选择“前视基准面”作为绘图基准面，然后单击“草图”控制面板中的“边角矩形”按钮，绘制一个矩形，标注智能尺寸如图 21-100 所示。

a. 单击“草图”控制面板“显示/删除几何关系”下拉列表中的“添加几何关系”按钮，在弹出的“添加几何关系”属性管理器中，单击选择矩形的竖直边和坐标原点，选择“中点”选项，然后单击“确定”按钮，添加“中点”约束，如图 21-101 所示。

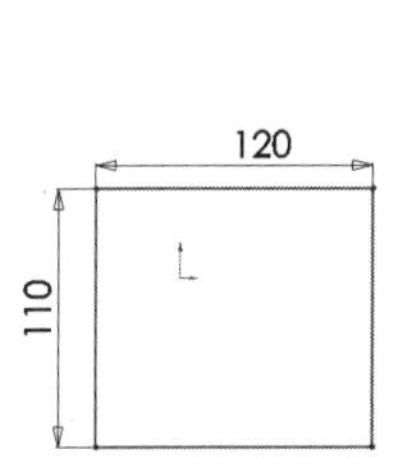

图 21-100 绘制草图

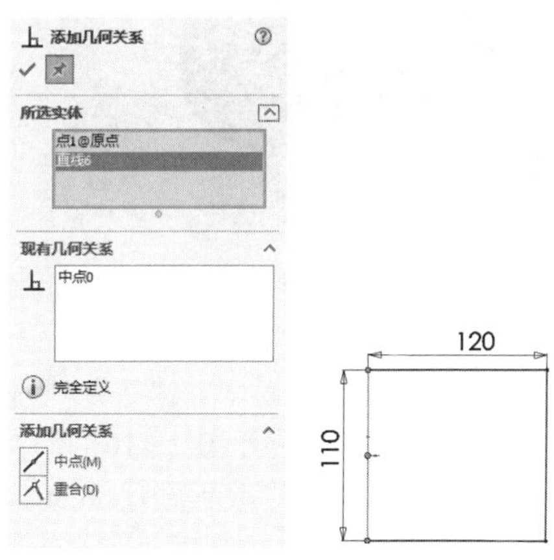

图 21-101 添加几何关系

b. 单击“草图”控制面板中的“圆心/起/终点圆弧”按钮，绘制半圆弧，并且将矩形的一条竖直边剪裁掉，如图 21-102 所示。

③ 生成“基体法兰”特征。选择菜单栏中的“插入”→“钣金”→“基体法兰”命令，或者单击“钣金”控制面板中的“基体法兰/薄片”按钮，在属性管理器中钣金参数厚度栏中键入厚度值 1；其他设置如图 21-103 所示，最后单击“确定”按钮。

④ 选择绘图基准面。单击钣金件的一个面，单击“标准视图”工具栏中的“垂直于”按钮，将该基准面作为绘制图形的基准面，如图 21-104 所示。

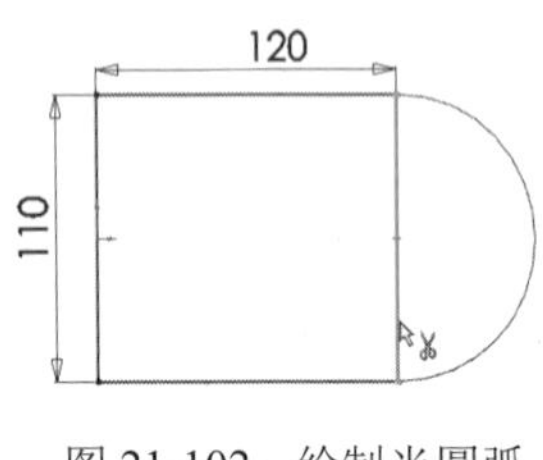

图 21-102　绘制半圆弧

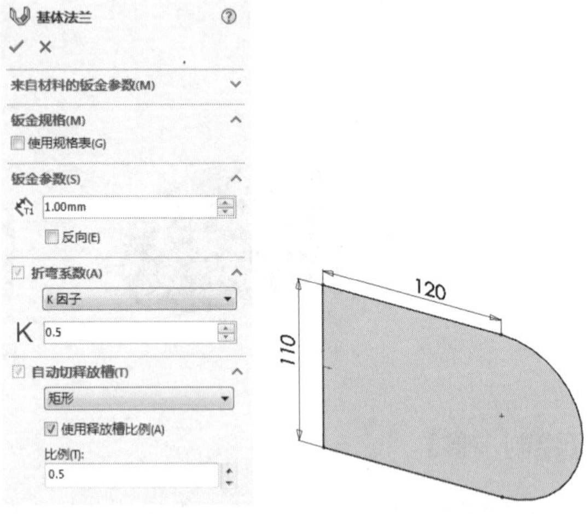

图 21-103　生成基体法兰

⑤ 绘制草图。

a．单击“草图”控制面板中的“边角矩形”按钮，绘制矩形，标注智能尺寸如图 21-105 所示。

图 21-104　选择基准面

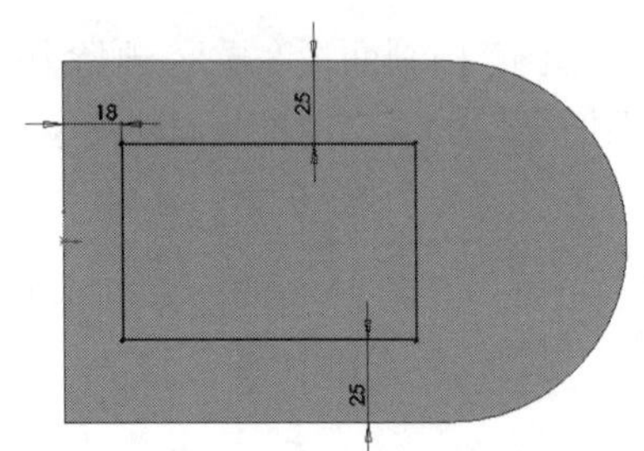

图 21-105　绘制矩形

b．单击“草图”控制面板中的“圆心/起/终点圆弧”按钮，绘制半圆弧，并且将矩形的一条竖直边剪裁掉，如图 21-106 所示。

c．单击“草图”控制面板中的“等距实体”按钮，在“等距实体”属性管理器中取消“选择链”选项，然后依次选择图 21-107 所示草图的两条水平直线及圆弧，生成等距 10mm 的草图，如图 21-107 所示。更改等距尺寸为 1，并且剪裁草图，结果如图 21-108 所示。

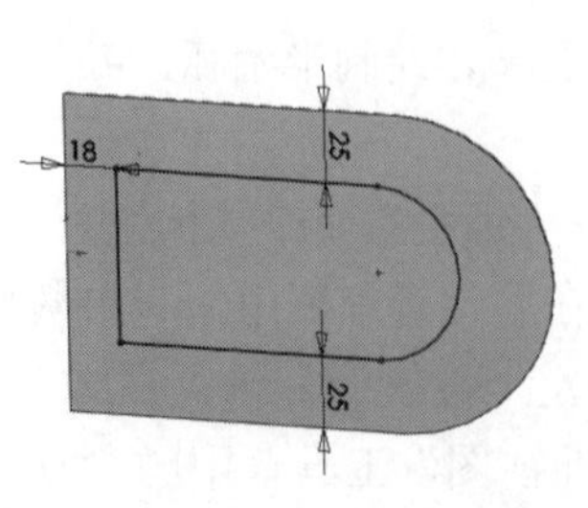

图 21-106　绘制半圆弧

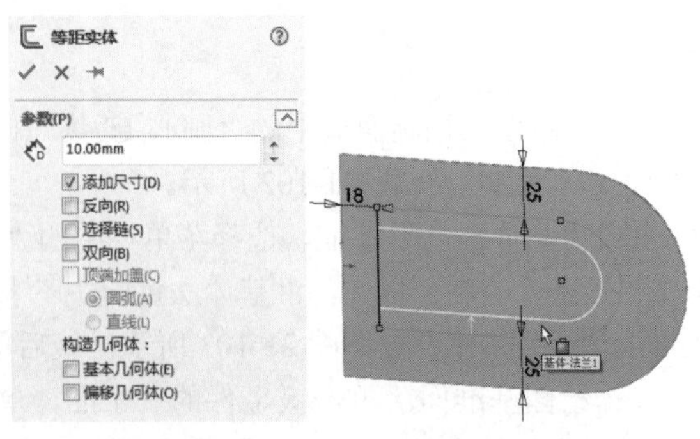

图 21-107　绘制等距草图

⑥ 生成“拉伸切除”特征。在草图编辑状态下，选择菜单栏中的“插入”→“切除”→“拉伸”命令，或者单击“特征”控制面板中的“拉伸切除”按钮，系统弹出“拉伸”属性管理器，在方向1的“终止条件”栏中选择“完全贯穿”，如图21-109所示，单击“确定”按钮✓。

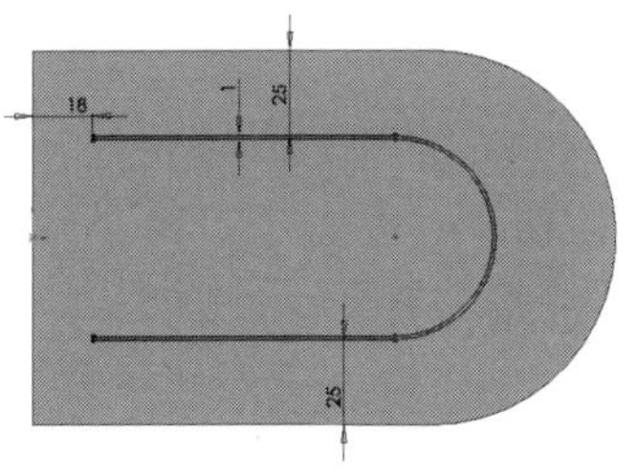

图21-108　剪裁草图

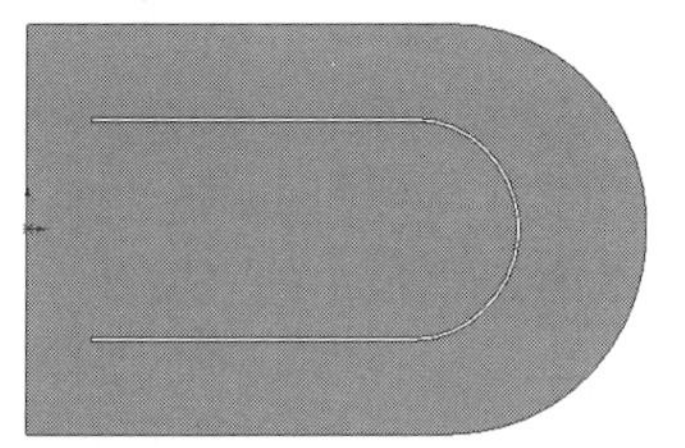
图21-109　拉伸切除

⑦ 选择绘图基准面。单击如图21-110所示钣金件的面，单击“标准视图”工具栏中的“垂直于”按钮，将该基准面作为绘制图形的基准面。

⑧ 绘制折弯草图。单击“草图”控制面板中的“直线”按钮，绘制两条直线，这两条直线要共线，标注智能尺寸，如图21-111所示。

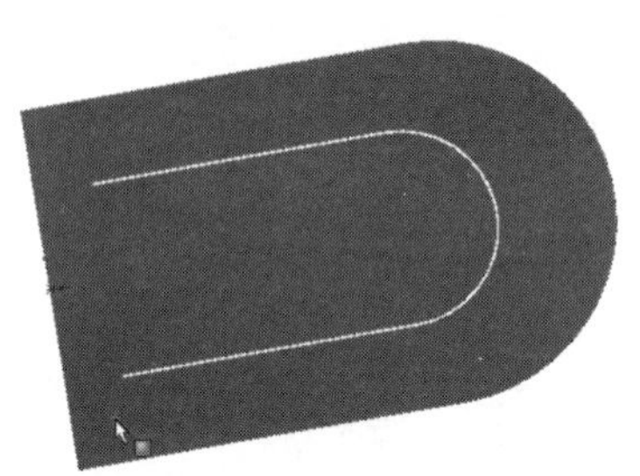
图21-110　选择基准面

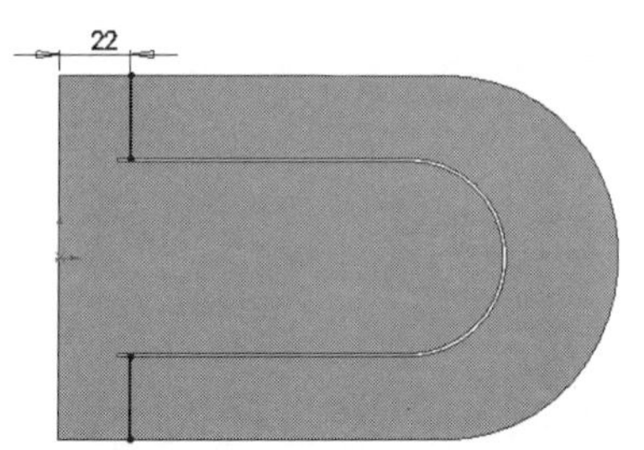

图21-111　绘制折弯草图

【注意】

在绘制折弯的草图时，绘制的草图直线可以短于要折弯的边，但是不能长于折弯边的边界。

⑨ 生成“绘制的折弯”特征。选择菜单栏中的“插入”→“钣金”→“绘制的折弯”命令，或者单击“钣金”控制面板中的“绘制的折弯”按钮，在属性管理器中折弯半径栏中键入数值1；单击“材料在内”按钮，选择如图21-112所示的面作为固定面，单击“确定”按钮✓。最后结果如图21-113所示。

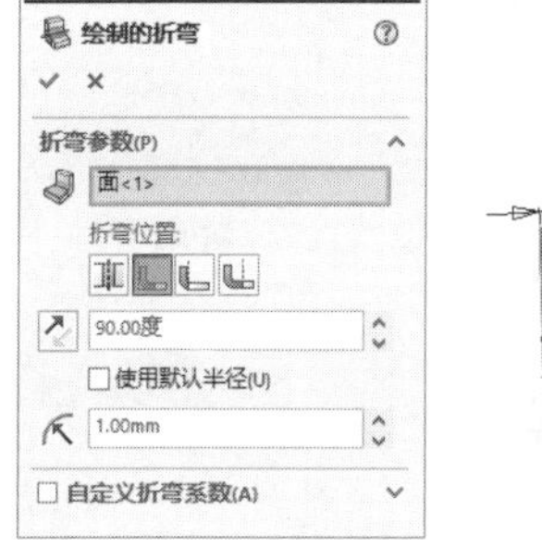

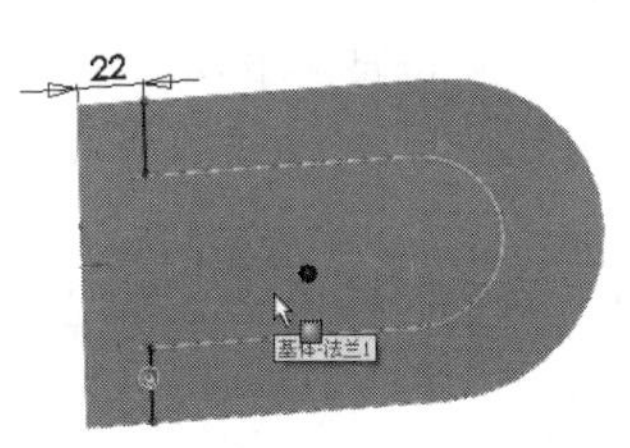

图21-112　进行绘制的折弯操作

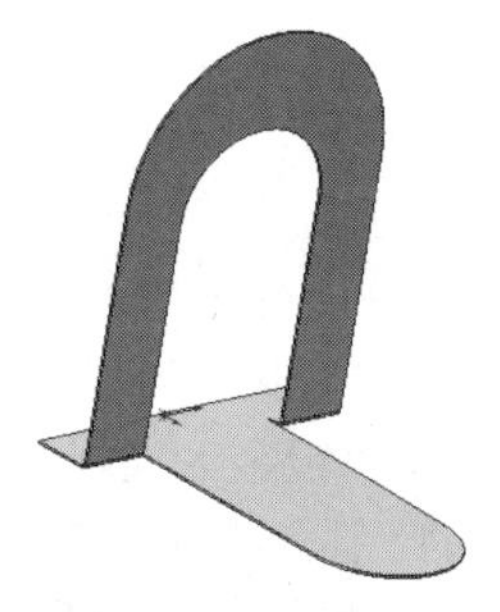
图21-113　生成的书架

21.5 展开钣金

扫一扫，看视频

21.5.1 整个钣金零件展开

要展开整个零件，如果钣金零件的 FeatureManager 设计树中的平板型式特征存在，可以右击平板型式 1 特征，在弹出的菜单中单击“解除压缩”按钮，如图 21-114 所示；或者单击“钣金”控制面板中的“展开”按钮，可以将钣金零件整个展开，如图 21-115 所示。

【注意】

当使用此方法展开整个零件时，将应用边角处理以生成干净、展开的钣金零件，在制造过程中不会出错。如果不想应用边角处理，可以右击平板型式，在弹出的菜单中选择“编辑特征”，在“平板型式”属性管理器中取消“边角处理”选项，如图 21-116 所示。

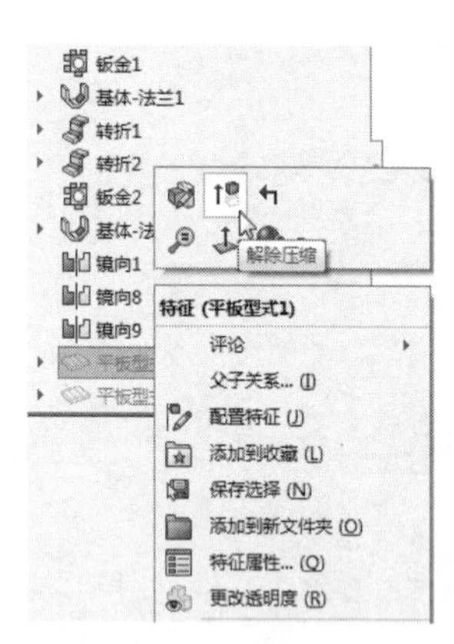

图 21-114 解除平板特征的压缩

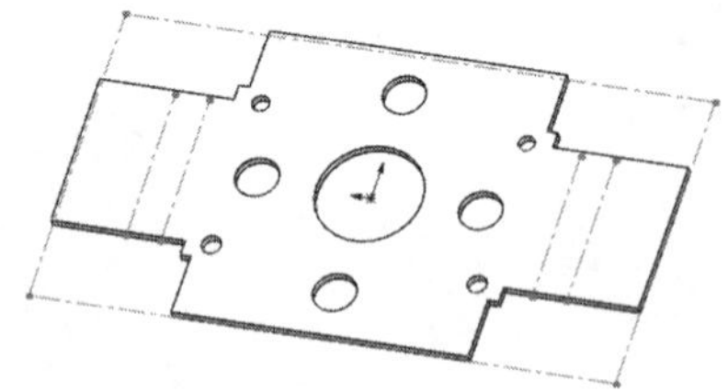

图 21-115 展开整个钣金零件

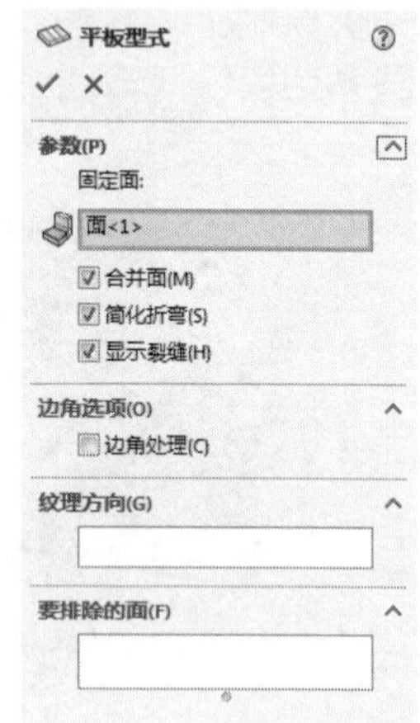

图 21-116 取消“边角处理”

要将整个钣金零件折叠，可以右击钣金零件 FeatureManager 设计树中的平板型式特征，在弹出的菜单中选择“压缩”按钮，或者单击“钣金”控制面板中的“折叠”按钮，使此图标弹起，即可以将钣金零件折叠。

21.5.2 将钣金零件部分展开

扫一扫，看视频

要展开或折叠钣金零件的一个、多个或所有折弯，可使用展开和折叠特征工具。使用此展开特征工具可以沿折弯上添加切除特征。首先，添加一展开特征来展开折弯，然后添加切除特征，最后，添加一折叠特征将折弯返回到折叠状态。

① 单击“钣金”控制面板中的“展开”按钮，或选择菜单栏中的“插入”→“钣金”→“展开”命令，弹出“展开”属性管理器，如图 21-117 所示。

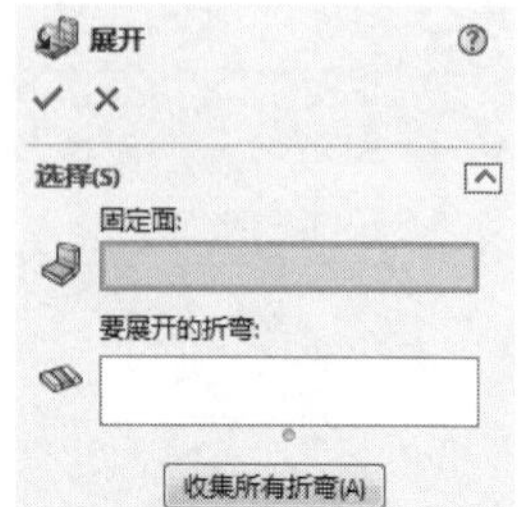

图 21-117 “展开”属性管理器

② 在图形区域中选择箭头所指的面作为固定面，选择箭头所指的折弯作为要展开的折弯，如图 21-118 所示。单击“确定”按钮✓，结果如图 21-119 所示。

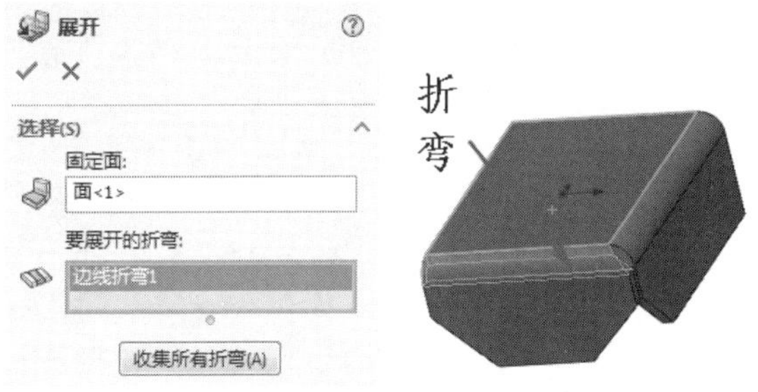

图 21-118　选择固定边和要展开的折弯

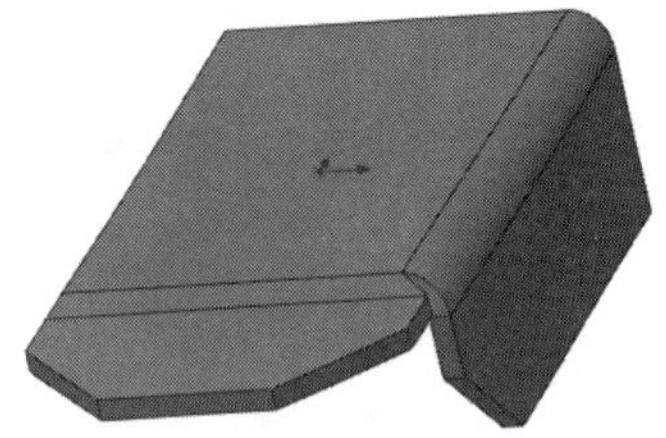

图 21-119　展开一个折弯

③ 选择钣金零件上箭头所指表面作为绘图基准面，如图 21-120 所示。然后单击“标准视图”工具栏中的“垂直于”按钮，单击“草图”控制面板中的“边角矩形”按钮，绘制矩形草图，如图 21-121 所示。单击“特征”控制面板中的“拉伸切除”按钮，或选择菜单栏中的“插入”→“切除”→“拉伸”命令，在弹出“切除拉伸”属性管理器中“终止条件”一栏中选择“完全贯穿”，然后单击“确定”按钮✓，生成切除拉伸特征，如图 21-122 所示。

④ 单击“钣金”控制面板中的“折叠”按钮，或选择菜单栏中的“插入”→“钣金”→“折叠”命令，弹出“展开”属性管理器。

⑤ 在图形区域中选择在展开操作中选择的面作为固定面，选择展开的折弯作为要折叠的折弯，单击“确定”按钮✓，结果如图 21-123 所示。

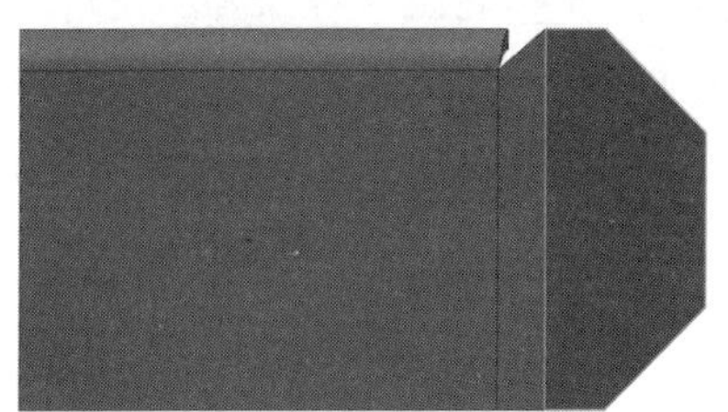

图 21-120　设置基准面

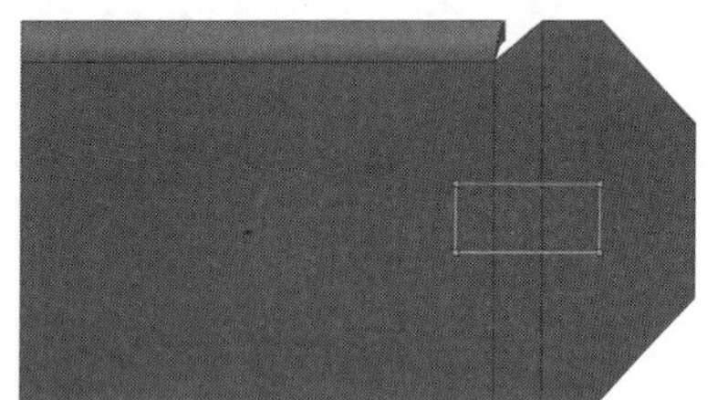

图 21-121　绘制矩形草图

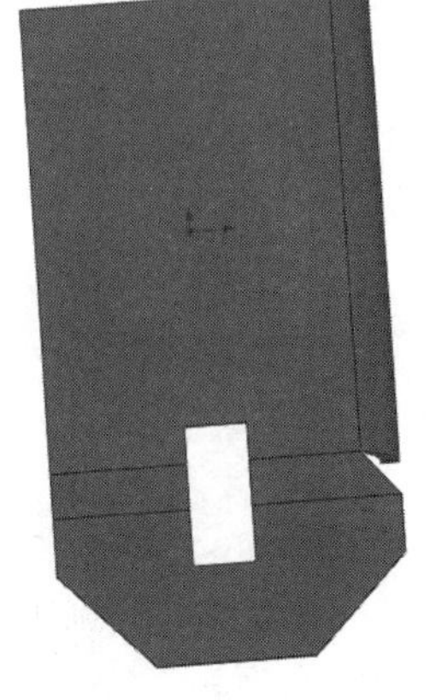

图 21-122　生成切除特征

图 21-123　将钣金零件重新折叠

【注意】

在设计过程中，为使系统性能更快，只展开和折叠正在操作项目的折弯。在“展开”特征 PropertyManager 对话框和“折叠”特征 PropertyManager 对话框，选择“收集所有折弯”命令，将可以把钣金零件所有折弯展开或折叠。

21.5.3 实例——仪表面板

扫一扫，看视频

本例绘制的仪表面板如图 21-124 所示。

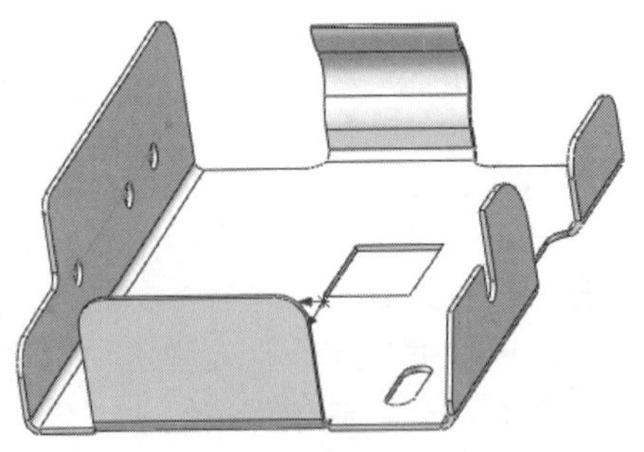

图 21-124 仪表面板

思路分析

在设计过程中运用了插入折弯、边线法兰、展开、异型孔向导等工具。采用了先设计零件实体，然后通过钣金工具在实体上添加钣金特征，从而形成钣金件的设计方法，其设计流程如图 21-125 所示。

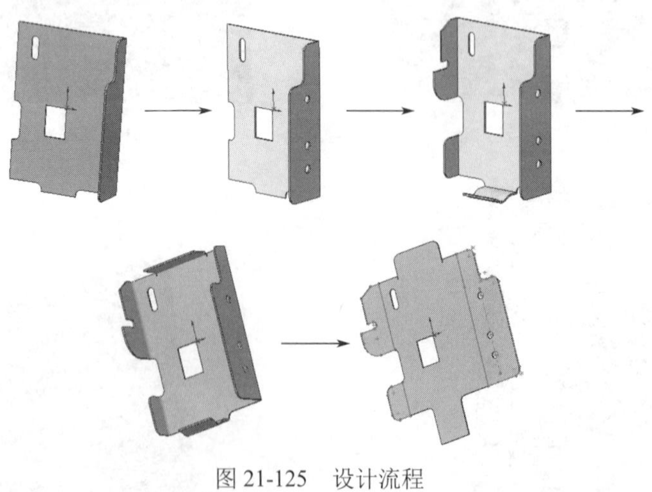

图 21-125 设计流程

【绘制步骤】

① 启动 SOLIDWORKS 2020，单击“标准”工具栏中的“新建”按钮，或选择菜单栏

中的“文件”→“新建”命令，在弹出的“新建 SOLIDWORKS 文件”对话框中选择“零件”按钮，然后单击“确定”按钮，创建一个新的零件文件。

② 绘制草图。

a. 在左侧的“FeatureManager 设计树”中选择“前视基准面”作为绘图基准面，然后单击“草图”控制面板中的“边角矩形”按钮，绘制一个矩形，标注相应的智能尺寸；单击“草图”控制面板中的“中心线”按钮，绘制一条对角构造线。

b. 单击“草图”控制面板“显示/删除几何关系”下拉列表中的“添加几何关系”按钮，在弹出的“添加几何关系”属性管理器中，单击拾取矩形对角构造线和坐标原点，选择“中点”选项，添加中点约束，然后单击“确定”按钮，如图 21-126 所示。

③ 绘制矩形。单击“草图”控制面板中的“边角矩形”按钮，在草图中绘制一个矩形，如图 21-127 所示，矩形的对角点分别在原点和大矩形的对角线上，标注智能尺寸。

④ 绘制其他草图图素。单击“草图”控制面板中的绘图工具按钮，在草图中绘制其他图素，标注相应的智能尺寸，如图 21-128 所示。

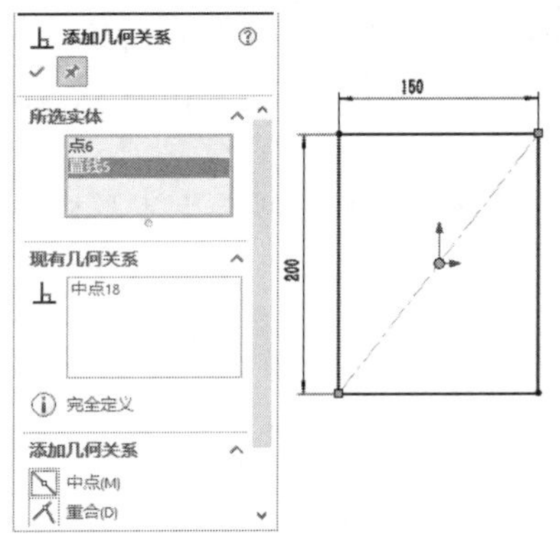

图 21-126 绘制矩形草图

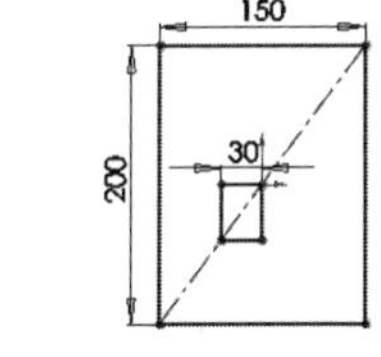

图 21-127 绘制草图中的矩形

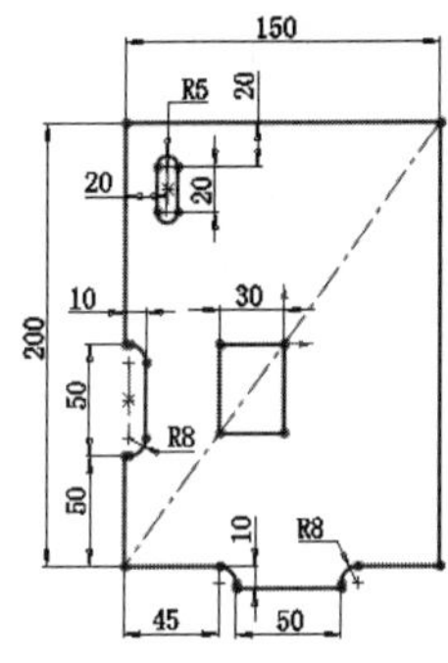

图 21-128 绘制草图中其他图素

⑤ 生成“拉伸”特征。单击“特征”控制面板中的“拉伸凸台/基体”按钮，或选择菜单栏中的“插入”→“凸台/基体”→“拉伸”命令，系统弹出“凸台-拉伸”属性管理器，在属性管理器中深度栏中键入深度值 2；其他设置如图 21-129 所示，最后单击“确定”按钮。

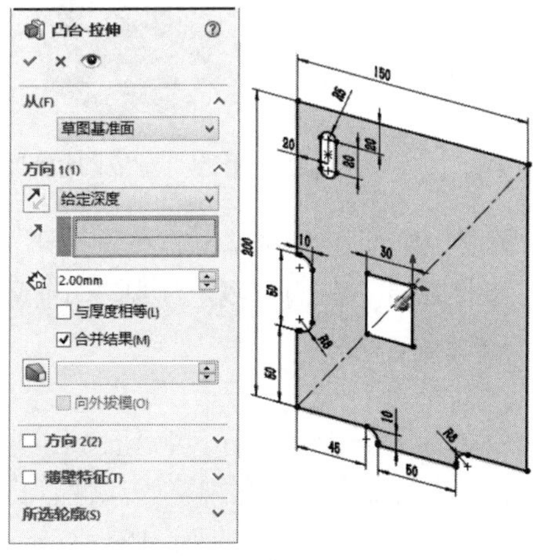

图 21-129 生成拉伸特征

⑥ 选择绘图基准面。单击钣金件的侧面 A，单击“标准视图”工具栏中的“垂直于”按钮，将该面作为绘制图形的基准面，如图 21-130 所示。

⑦ 绘制钣金件侧面草图。单击“草图”控制面板中的绘图工具按钮，在图 21-130 所示的绘图基准面中绘制草图，标注相应的智能尺寸，如图 21-131 所示。

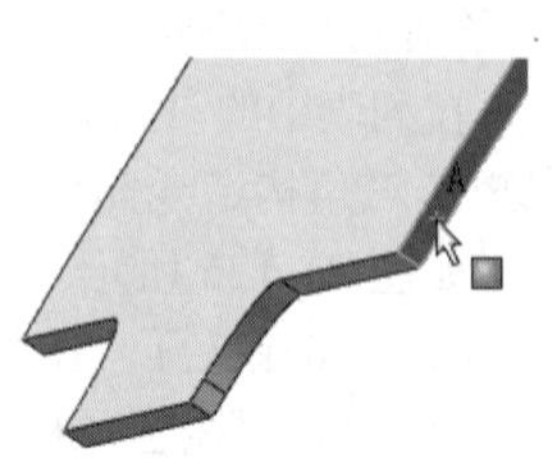

图 21-130 选择绘图基准面

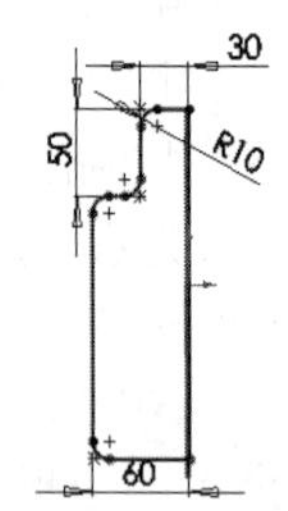

图 21-131 标注尺寸

⑧ 生成“拉伸”特征。单击“特征”控制面板中的“拉伸凸台/基体”按钮，或选择菜单栏中的“插入”→“凸台/基体”→“拉伸”命令，系统弹出“凸台拉伸”属性管理器，输入拉伸厚度值为“2”，单击“反向”按钮，如图 21-132 所示。单击“确定”按钮，结果如图 21-133 所示。

⑨ 选择绘制孔位置草图基准面。单击钣金件侧板的外面，单击“标准视图”工具栏中的“垂直于”按钮，将该面作为绘制草图的基准面，如图 21-134 所示。

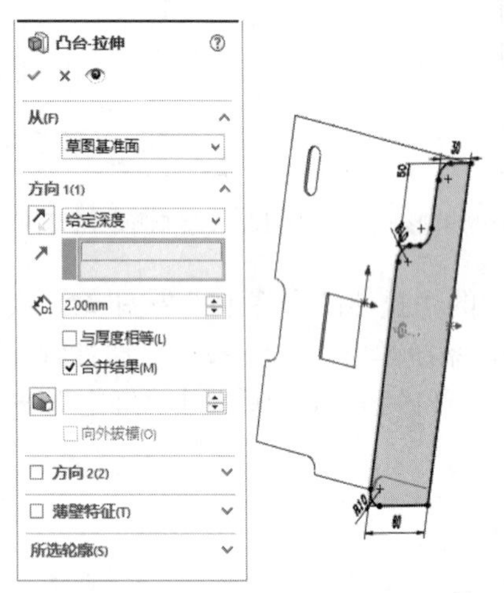

图 21-132 进行拉伸操作

图 21-133 生成的拉伸特征

图 21-134 选择基准面

⑩ 绘制草图。单击“草图”控制面板中的“中心线”按钮，绘制一条构造线；然后，单击“草图”控制面板中的“点”按钮，在构造线上绘制三个点，标注智能尺寸，如图 21-135 所示，然后单击“退出草图”按钮。

⑪ 生成“孔”特征。

a．单击“特征”控制面板中的“异形孔向导”按钮，或选择菜单栏中的“插入”→“特征”→“孔”→“向导”命令，系统弹出“孔规格”属性管理器。在孔规格选项栏中，单击“孔”按钮，选择“GB”标准，选择孔大小为ϕ10，给定深度为 10mm，如图 21-136 所示。

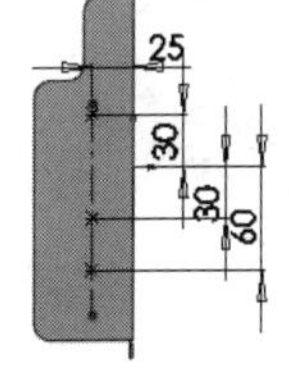

图 21-135 绘制草图

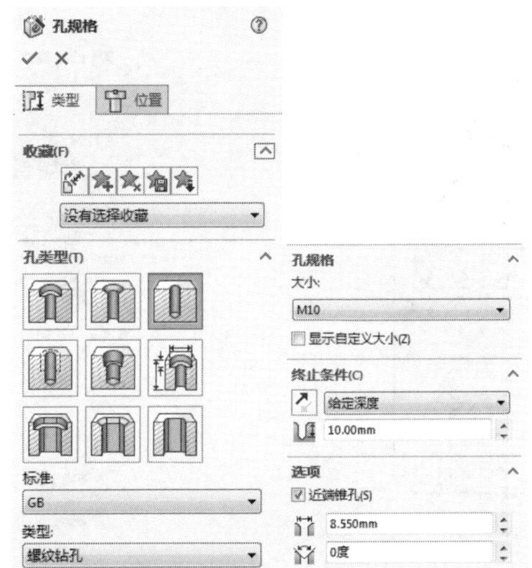

图 21-136 “孔规格”属性管理器

b．将对话框切换到位置选项下，然后，鼠标单击拾取草图中的三个点，如图 21-137 所示，确定孔的位置，单击“确定”按钮✔，生成的孔特征如图 21-138 所示。

⑫ 选择绘图基准面。单击钣金件的另一侧面，单击“标准视图”工具栏中的“垂直于”按钮，将该面作为绘制图形的基准面，如图 21-139 所示。

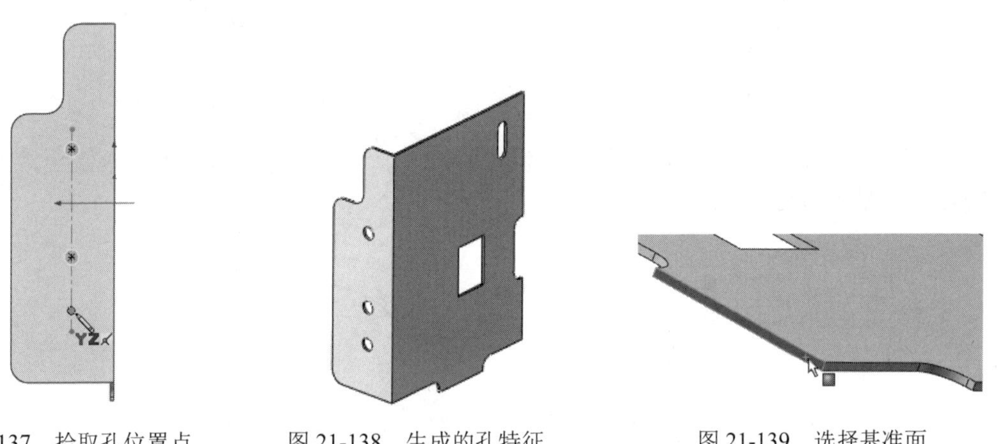

图 21-137 拾取孔位置点　　图 21-138 生成的孔特征　　图 21-139 选择基准面

⑬ 绘制钣金件另一侧草图。单击“草图”控制面板中的绘图工具按钮，绘制的草图如图 21-140 所示。

⑭ 生成“拉伸”特征。单击“特征”控制面板中的“拉伸凸台/基体”按钮，或选择菜单栏中的“插入”→“凸台/基体”→“拉伸”命令，系统弹出“凸台-拉伸”属性管理器，在方向 1 的“终止条件”栏中输入厚度值 2，单击“反向”按钮，如图 21-141 所示。单击“确定”按钮✔，结果如图 21-142 所示。

⑮ 选择基准面。单击钣金件如图 21-143 所示凸缘的小面，单击“标准视图”工具栏中的“垂直于”按钮，将该面作为绘制图形的基准面。

⑯ 绘制草图的直线及构造线。单击“草图”控制面板中的“直线”按钮，绘制一条直线和构造线，如图 21-144 所示。

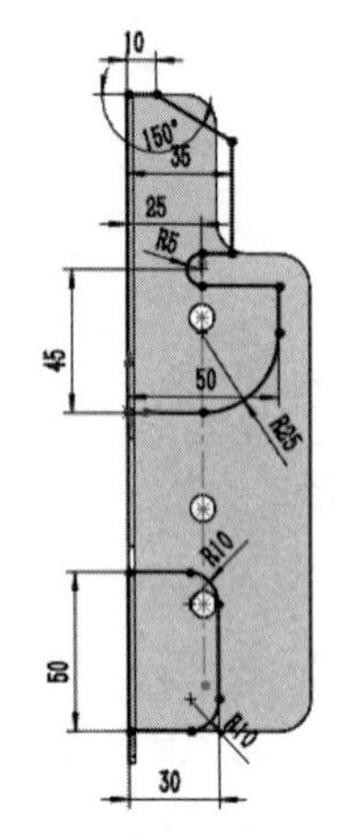

图 21-140　绘制的草图

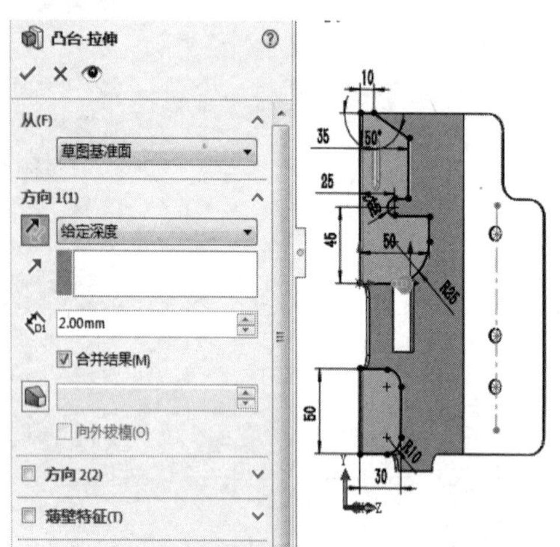

图 21-141　进行拉伸操作

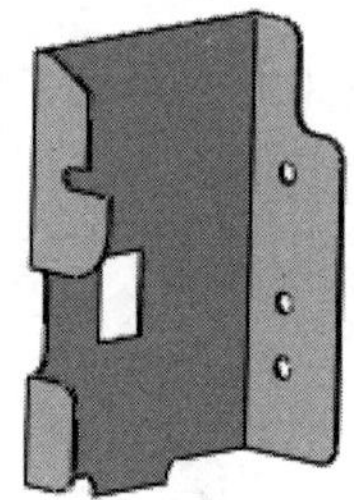

图 21-142　生成的拉伸特征

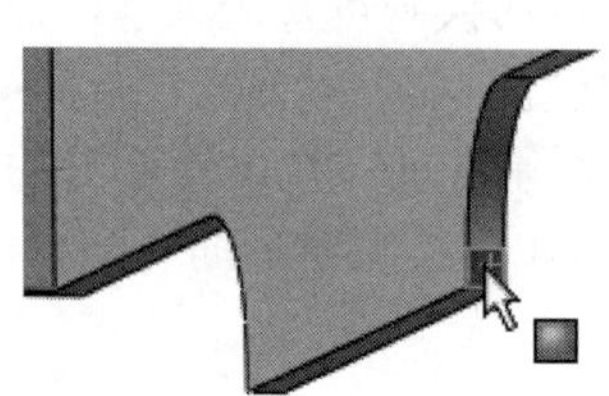

图 21-143　选择绘图基准面

⑰ 绘制第一条圆弧。单击“草图”控制面板中的“圆心/起/终点画弧”按钮，绘制一条圆弧，如图 21-145 所示。

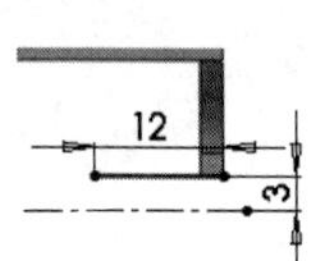

图 21-144　绘制直线和构造线

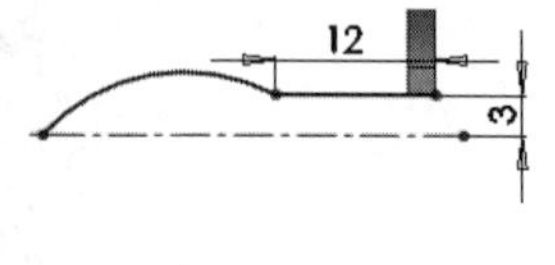

图 21-145　绘制圆弧

⑱ 添加几何关系。单击“草图”控制面板“显示/删除几何关系”中的“添加几何关系”按钮，在弹出的“添加几何关系”属性管理器中，单击拾取圆弧的起点（即直线左侧端点）和圆弧圆心点，选择“竖直”选项，添加竖直约束，然后单击“确定”按钮，如图 21-146 所示。最后标注圆弧的智能尺寸，如图 21-147 所示。

⑲ 绘制第二条圆弧。单击“草图”控制面板中的“切线弧”按钮，绘制第二条圆弧，圆弧的两端点均在构造线上，标注其尺寸，如图 21-148 所示。

⑳ 绘制第三条圆弧。单击“草图”控制面板中的“切线弧”按钮，绘制第三条圆弧，圆弧的起点与第二条圆弧的终点重合，添加圆弧终点与圆心点“竖直”约束，标注智能尺寸，如图 21-149 所示。

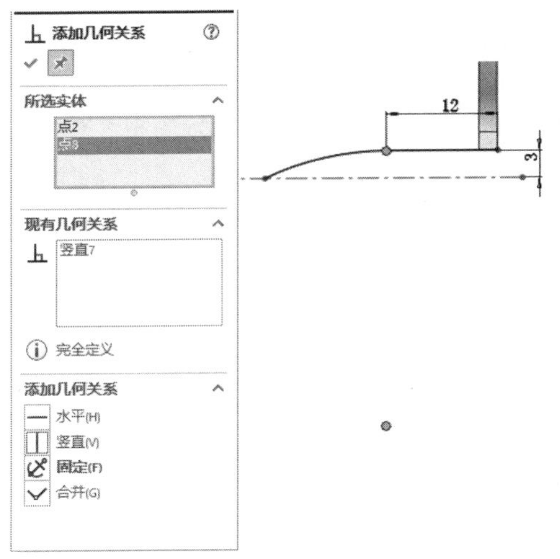

图 21-146　添加“竖直”约束

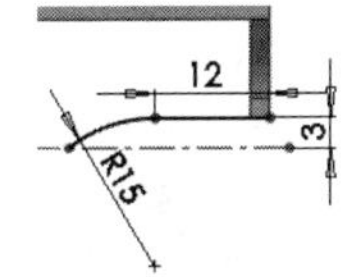

图 21-147　标注智能尺寸

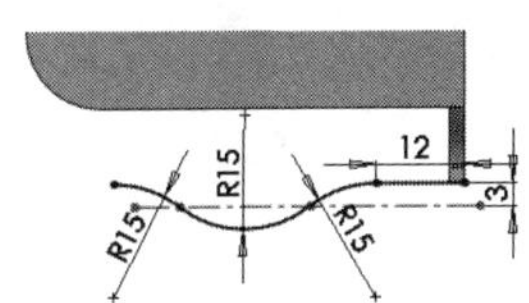

图 21-148　绘制第二条圆弧

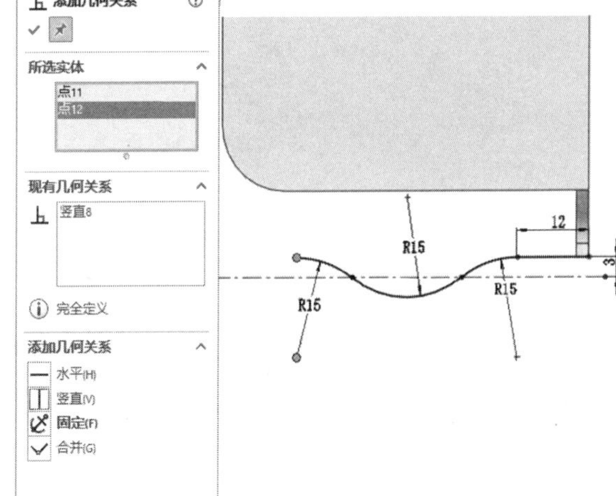

图 21-149　绘制第三条圆弧

㉑ 拉伸生成“薄壁”特征。单击“特征”控制面板中的“拉伸凸台/基体”按钮，或选择菜单栏中的“插入”→“凸台/基体”→“拉伸”命令，在弹出的“凸台-拉伸”属性管理器中，拉伸方向选择“成形到一面”，鼠标拾取图 21-150 所示的小面；在方向 1 的“终止条件”栏中输入厚度值 2，单击“反向”按钮，如图 21-151 所示。单击“确定”按钮，结果如图 21-152 所示。

㉒ 插入折弯。单击“钣金”控制面板中的“插入折弯”按钮，或选择菜单栏中的“插入”→“钣金”→“折弯”命令，在弹出的“折弯”属性管理器中，单击鼠标拾取钣金件的大平面作为固定的面；键入折弯半径数值 3，其他设置如图 21-153 所示，单击“确定”按钮，结果如图 21-154 所示。

【注意】

在进行插入折弯操作时，只要钣金件是同一厚度，选定固定面或边后，系统将会自动将折弯添加在零件的转折部位。

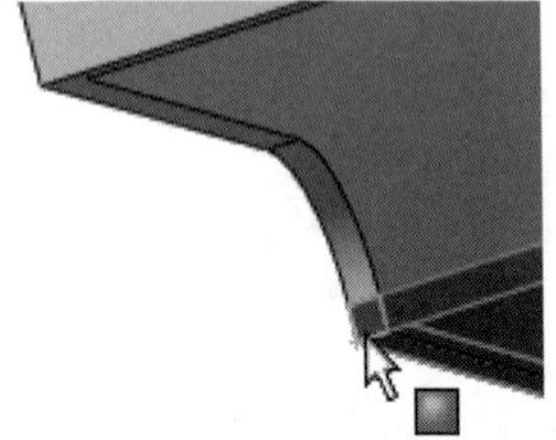

图 21-150　拾取“成形到一面”

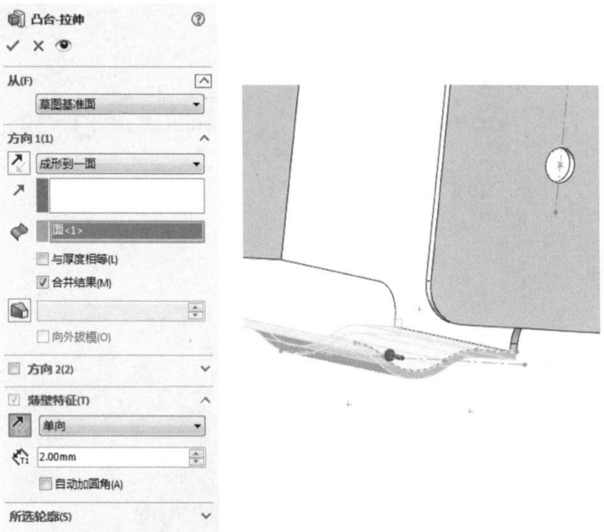

图 21-151　进行拉伸薄壁特征操作

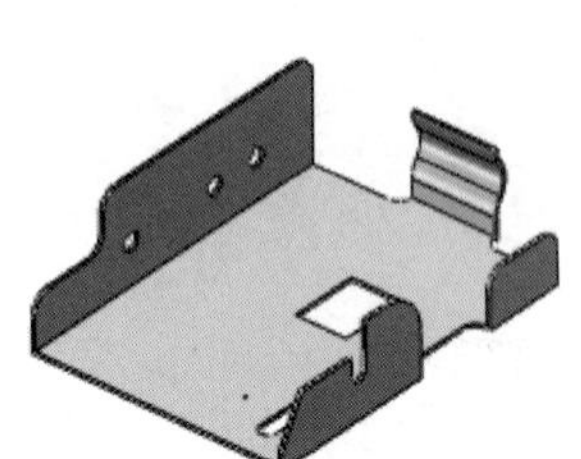

图 21-152　生成的薄壁特征

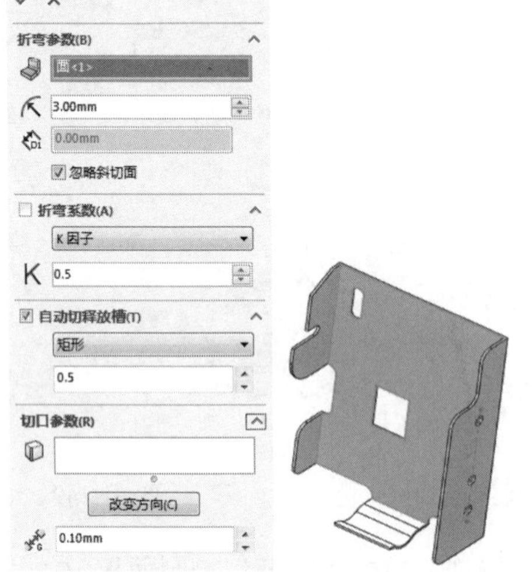

图 21-153　进行插入折弯操作

图 21-154　生成的折弯

㉓ 生成“边线法兰”特征。

a. 单击“钣金”控制面板中的“边线法兰”按钮，或选择菜单栏中的“插入”→“钣金”→“边线法兰”命令，在弹出的“边线-法兰”属性管理器中单击鼠标拾取如图 21-155 所示的钣金件边线；键入法兰长度数值 30，其他设置如图 21-156 所示。

b. 单击“编辑法兰轮廓”按钮，通过标注智能尺寸来编辑边线法兰的轮廓，如图 21-157 所示，最后单击图 21-158 所示的“轮廓草图”对话框中的“完成”按钮，生成边线法兰。

㉔ 对边线法兰进行圆角。单击“特征”控制面板中的“圆角”按钮，或选择菜单栏中的“插入”→“特征”→“圆角”命令，对边线法兰进行半径值为 10 的圆角操作，最后生成的钣金件如图 21-159 所示。

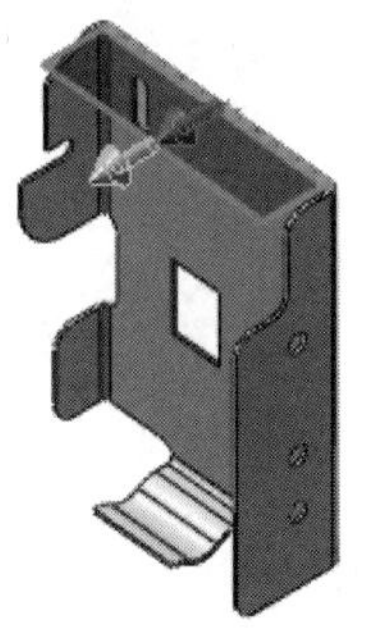
图 21-155 选择生成“边线法兰”的边

图 21-156 设置边线法兰参数

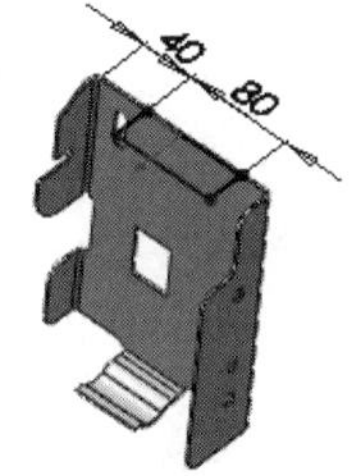

图 21-157 编辑边线法兰轮廓

图 21-158 “轮廓草图”对话框

㉕ 展开钣金件。单击“钣金”控制面板中的“展开”按钮，或选择菜单栏中的“插入”→“钣金”→“展开”命令，单击鼠标拾取钣金件的大平面作为固定面，在对话框中单击“收集所有折弯”，系统将自动收集所有需要展开的折弯，如图 21-160 所示。最后，单击“确定”按钮，展开钣金件，如图 21-161 所示。

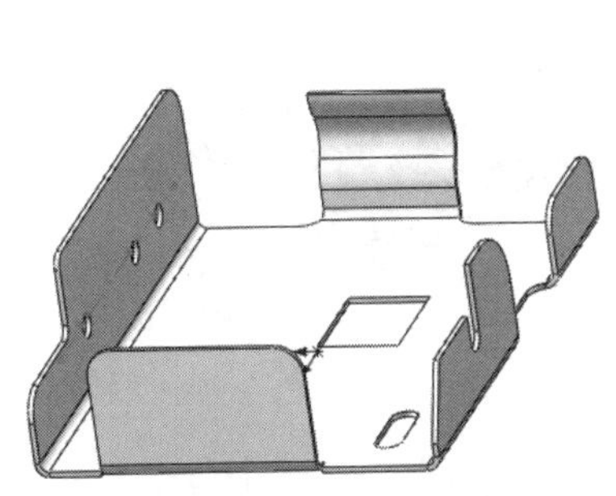
图 21-159 生成的钣金件

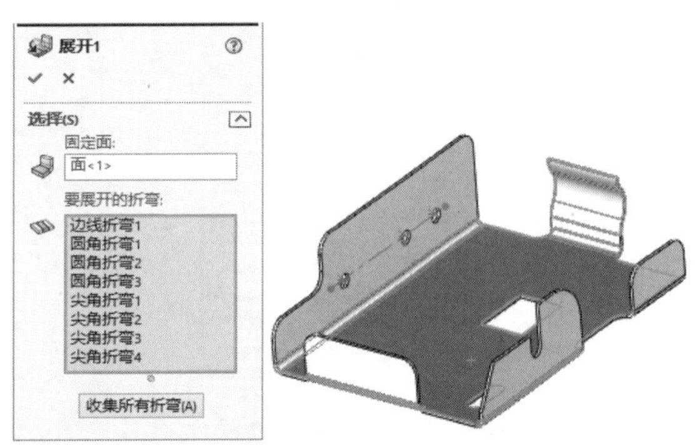

图 21-160 进行展开钣金件操作

图 21-161 展开钣金件

㉖ 保存钣金件。单击“标准”工具栏中的“保存”按钮将钣金件文件保存。

21.6 钣金成型

利用 SOLIDWORKS 软件中的钣金成型工具可以生成各种钣金成型特征，软件系统中已有的成型工具有 5 种，分别是 embosses（凸起)、extruded flanges（冲孔)、louvers（百叶窗板)、ribs（筋)、lances（切开)。

用户也可以在设计过程中自己创建新的成型工具或者对已有的成型工具进行修改。

21.6.1 使用成型工具

扫一扫，看视频

使用成型工具的操作步骤如下。

① 首先创建或者打开一个钣金零件文件。单击“设计库”按钮，弹出“设计库”对话框，在对话框中选择 design library 文件下的 forming tools 文件夹，然后右击将其设置成“成型工具文件夹”，如图 21-162 所示，然后在该文件夹下可以找到 5 种成型工具的文件夹，在每一个文件夹中都有若干种成型工具。

② 在设计库中选择 embosses（凸起)工具中的 counter sink emboss 成型图标，按下鼠标左键，将其拖入钣金零件需要放置成型特征的表面，如图 21-163 所示。

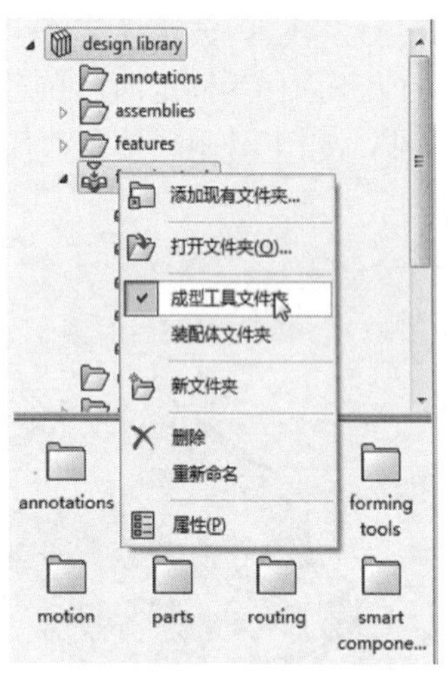

图 21-162　成型工具存在位置

图 21-163　将成型工具拖入放置表面

③ 随意拖放的成型特征可能位置并不一定合适，所以系统会弹出“成型工具特征”对话框，提示是否编辑成型特征的位置，如图 21-164 所示。可以单击“草图”控制面板中的“智能尺寸”按钮，标注如图所示 21-165 所示的尺寸。然后单击“完成”按钮，结果如图 21-166 所示。

【注意】

使用成型工具时，默认情况下成型工具向下行进，即形成的特征方向是“凹”，如果要使其方向变为“凸”，需要在拖入成型特征的同时按一下<Tab>键。

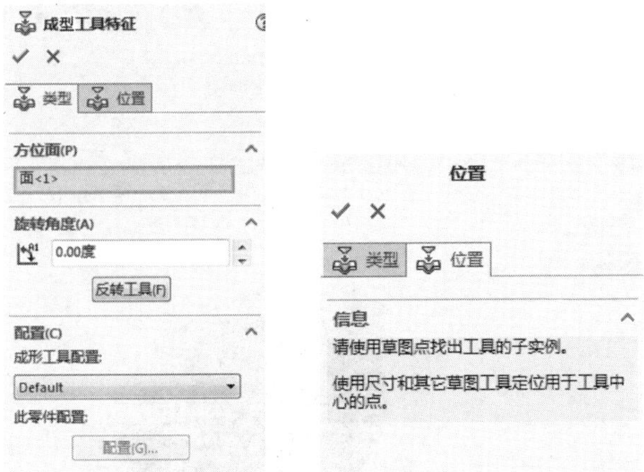

图 21-164 “成型工具特征”属性管理器

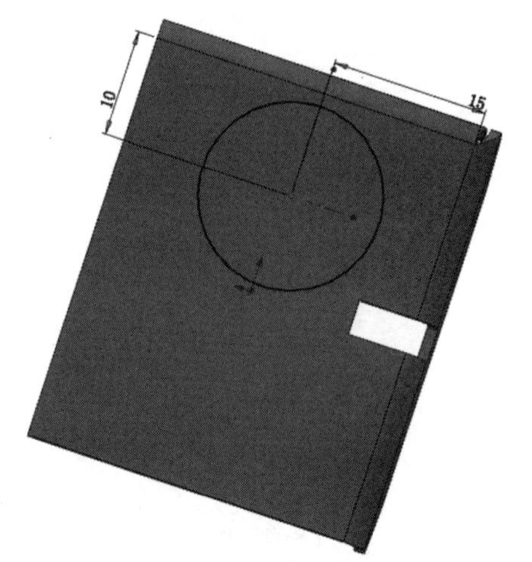

图 21-165 标注成型特征位置尺寸

图 21-166 生成的成型特征

21.6.2 修改成型工具

扫一扫，看视频

SOLIDWORKS 软件自带的成型工具形成的特征在尺寸上不能满足用户使用要求，用户可以自行进行修改。

修改成型工具的操作步骤如下。

① 单击“设计库”按钮，在对话框中按照路径 design library\forming tools\找到需要修改的成型工具，鼠标双击成型工具图标。例如：鼠标双击 embosses（凸起)工具中的 dimple 成型图标，如图 21-167 所示。系统将会进入 dimple 成型特征的设计界面。

② 在左侧的 FeatureManager 设计树中右击 Boss-Revolve1 特征，在弹出的快捷菜单中单击“编辑草图”按钮，如图 21-168 所示。

③ 鼠标双击草图中的圆弧直径尺寸，将其数值更改为 70，然后单击“退出草图”按钮，成型特征的尺寸将变大。

④ 在左侧的 FeatureMannger 设计树中右击 Fillet2 特征，在弹出的快捷菜单中单击“编辑特征”按钮，如图 21-169 所示。

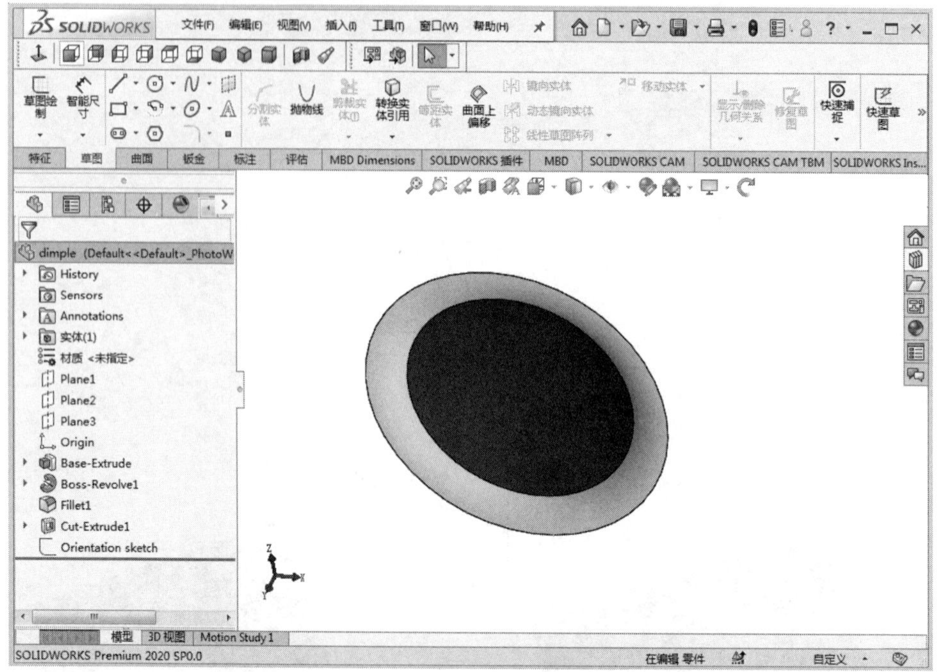

图 21-167　双击 dimple 成型图标

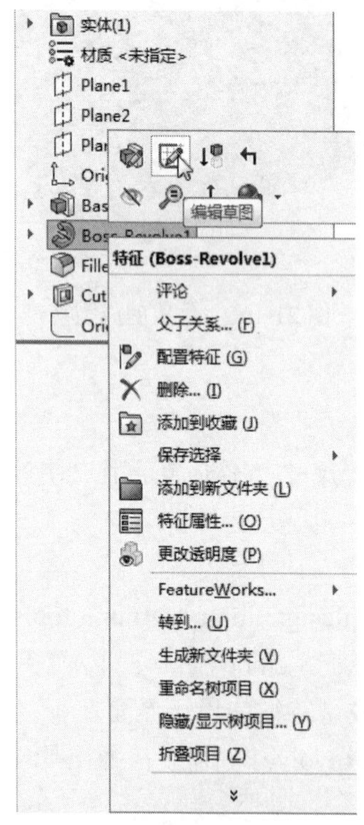

图 21-168　编辑 Boss-Revolve1 特征草图

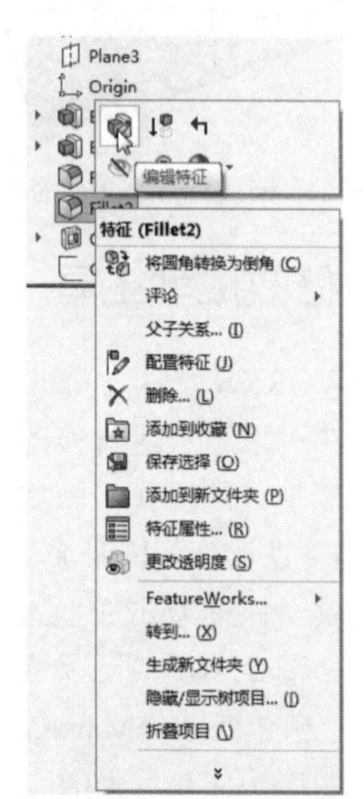

图 21-169　编辑 Fillet2 特征

⑤ 在 Fillet2 属性管理器中更改圆角半径数值为 10，如图 21-170 所示。单击“确定”按钮✔，结果如图 21-171 所示，选择菜单栏中的“文件”→“另保存”命令将成型工具保存。

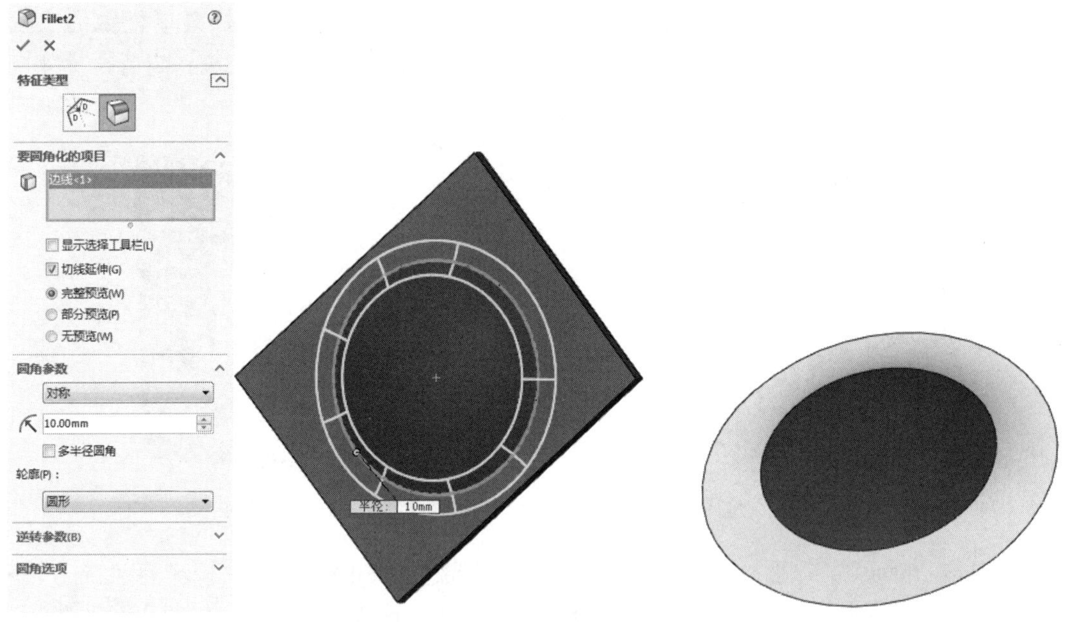

图 21-170 编辑 Fillet2 特征

图 21-171 修改后的 Fillet2 特征

21.6.3 创建新成型工具

扫一扫，看视频

用户可以自己创建新的成型工具，然后将其添加到“设计库”中，以备之后使用。创建新的成型工具和创建其他实体零件的方法一样。操作步骤如下。

① 创建一个新的文件，在操作界面左侧的 FeatureManager 设计树中选择“前视基准面”作为绘图基准面，然后单击“草图”控制面板中的“边角矩形”按钮，绘制一个矩形，如图 21-172 所示。

② 单击“特征”控制面板中的“拉伸凸台/基体”按钮，或选择菜单栏中的“插入”→“凸台/基体”→“拉伸”命令，在“深度”一栏中键入值 50，然后单击“确定”按钮。结果如图 21-173 所示。

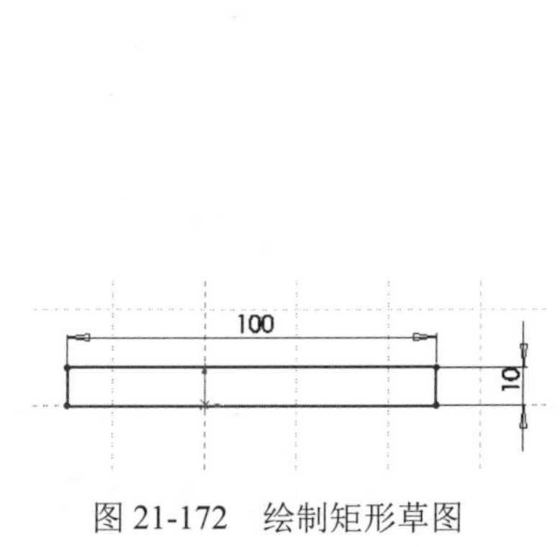

图 21-172 绘制矩形草图

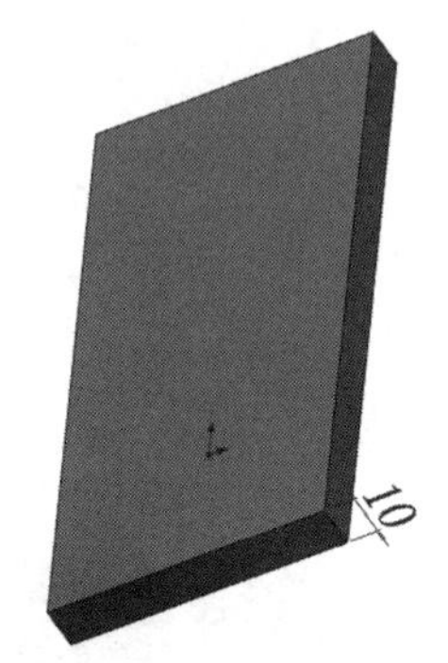

图 21-173 生成拉伸特征

③ 单击图 21-173 中的上表面，然后单击“视图（前导）”工具栏中的“垂直于”按钮，将该表面作为绘制图形的基准面。在此表面上绘制一个“成型工具”草图，如图 21-174 所示。

④ 单击“特征”控制面板中的“旋转凸台/基体”按钮，或选择菜单栏中的“插入”→“凸台/基体”→“旋转”命令，在“角度”一栏中键入值 180，旋转生成特征如图 21-175 所示。

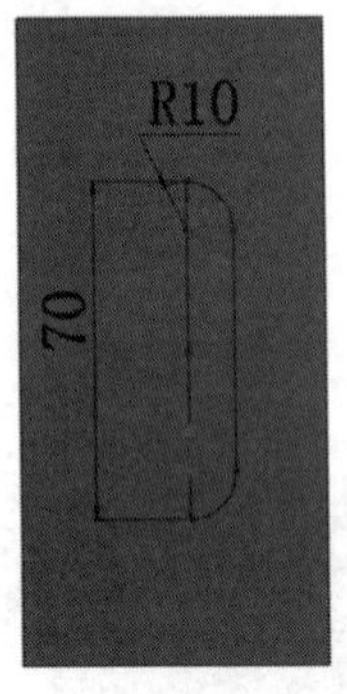

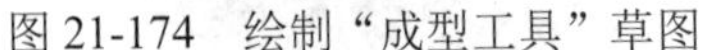

图 21-174　绘制“成型工具”草图

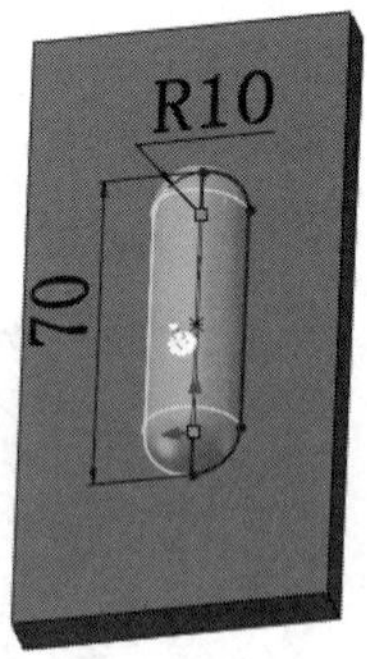

图 21-175　旋转生成特征

⑤ 单击“特征”控制面板中的“圆角”按钮，或选择菜单栏中的“插入”→“特征”→“圆角”命令，键入圆角半径值 6，按住<Shift>键，选择旋转特征的边线，如图 21-176 所示，然后单击“确定”按钮✓，结果如图 21-177 所示。

⑥ 单击图 21-177 中矩形实体的一个侧面，然后单击“草图”操控板中的“草图绘制”按钮，然后单击“草图”控制面板中的“转换实体引用”按钮，生成矩形草图，如图 21-178 所示。

⑦ 单击“特征”控制面板中的“拉伸切除”按钮，或选择菜单栏中的“插入”→“切除”→“拉伸”命令，在弹出“切除拉伸”属性管理器中“终止条件”一栏中选择“完全贯通”，如图 21-179 示，然后单击“确定”按钮✓。

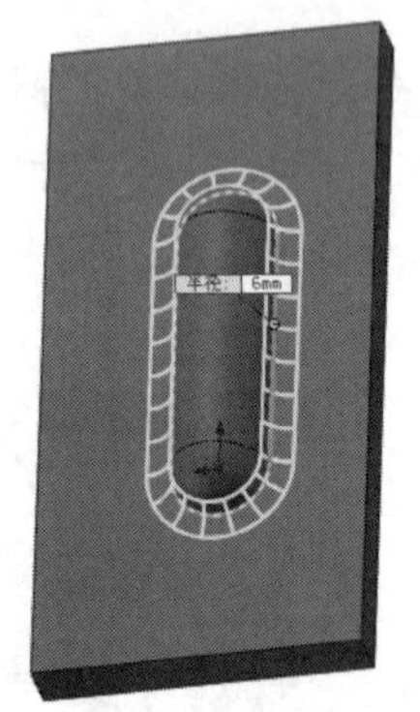

图 21-176　选择圆角边线

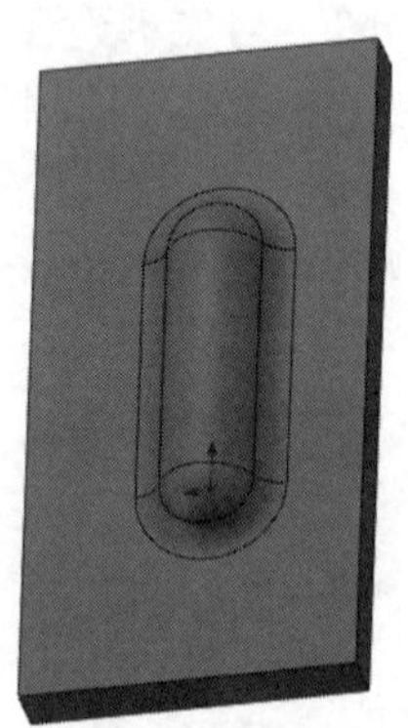

图 21-177　生成圆角特征

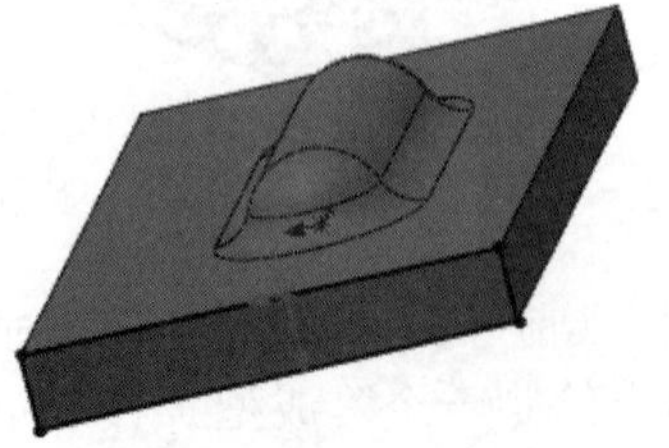

图 21-178　转换实体引用

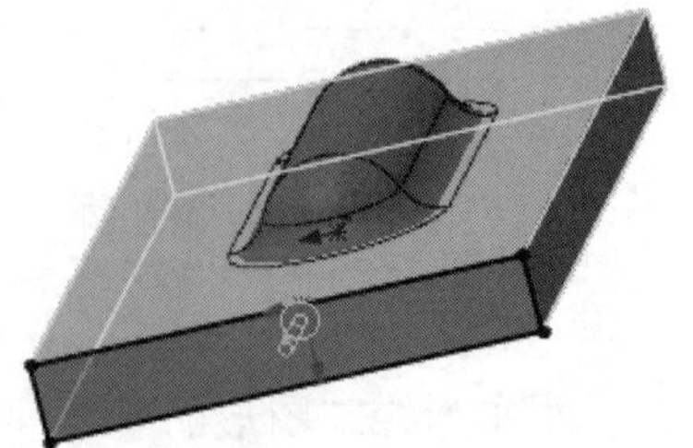

图 21-179　完全贯通切除

⑧ 单击图 21-180 中的底面，然后单击“标准视图”工具栏中的“垂直于”按钮，将该表面作为绘制图形的基准面。单击“草图”控制面板中的“圆”按钮和“直线”按钮，以基准面的中心为圆心绘制一个圆和两条互相垂直的直线，如图 21-181 所示，单击 “退出草图”按钮。

图 21-180 选择草图基准面

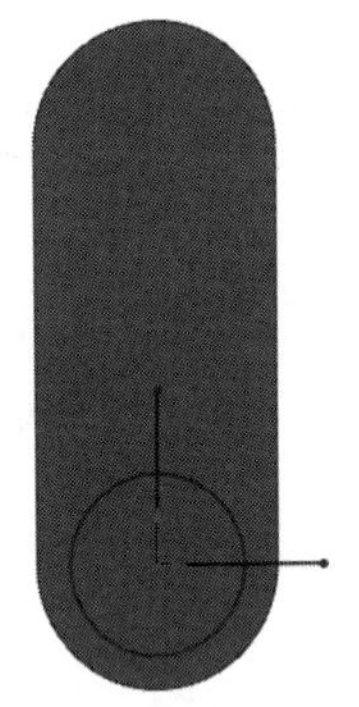

图 21-181 绘制定位草图

【注意】

在步骤⑧中绘制的草图是成型工具的定位草图，必须要绘制，否则成型工具将不能放置到钣金零件上。

⑨ 首先，将零件文件保存；然后，在操作界面左边成型工具零件的 FeatureManager 设计树中，右击零件名称，在弹出的快捷菜单中选择“添加到库”命令，如图 21-182 所示，系统弹出“另存为”对话框，在对话框中选择保存路径：design library\forming tools\embosses\，如图 21-183 所示。将此成型工具命名为“弧形凸台”，单击“保存”按钮，可以把新生成的成型工具保存在设计库中，如图 21-184 所示。

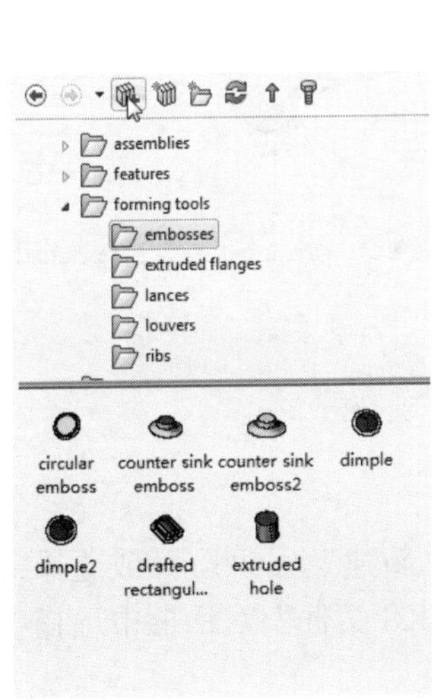

图 21-182 选择“添加到库”命令

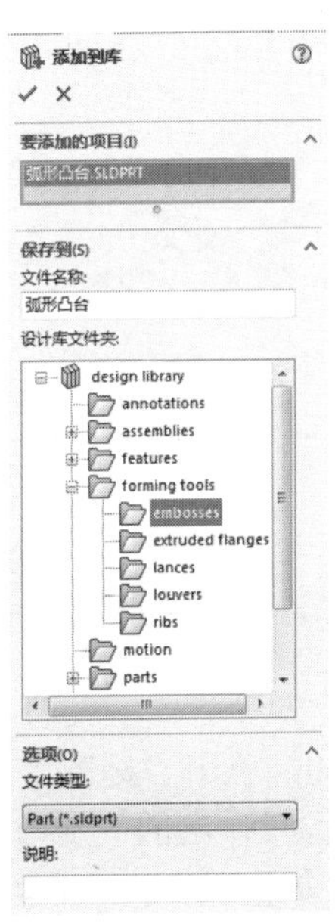

图 21-183 保存成型工具到设计库

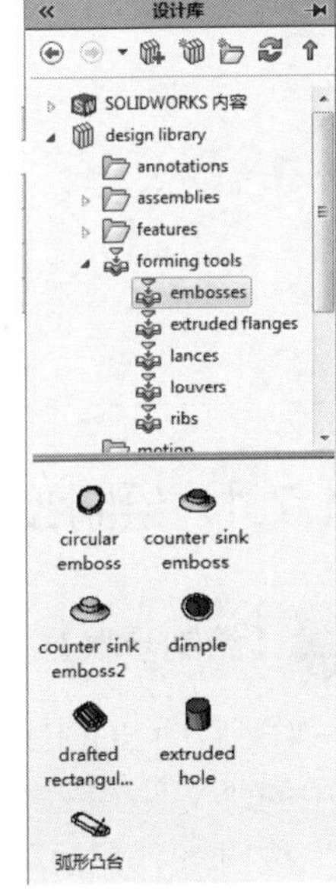

图 21-184 保存在设计库

21.7 综合实例——铰链

本例绘制的铰链如图 21-185 所示。

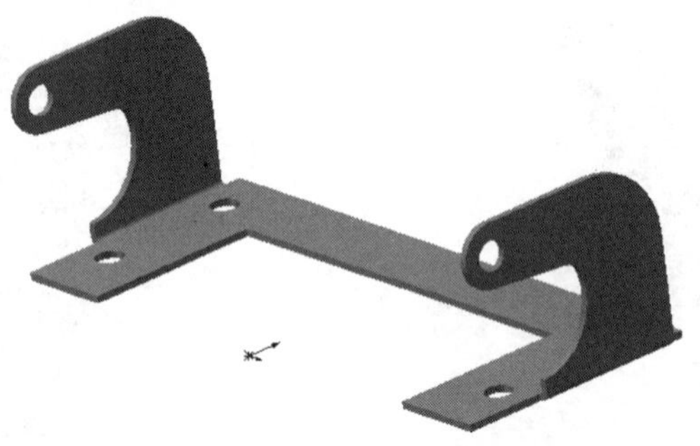

图 21-185　铰链

思路分析

首先绘制草图，创建基体法兰，然后通过边线法兰创建臂，再展开绘制草图创建切除特征，最后折弯回去后创建孔。绘制的流程图如图 21-186 所示。

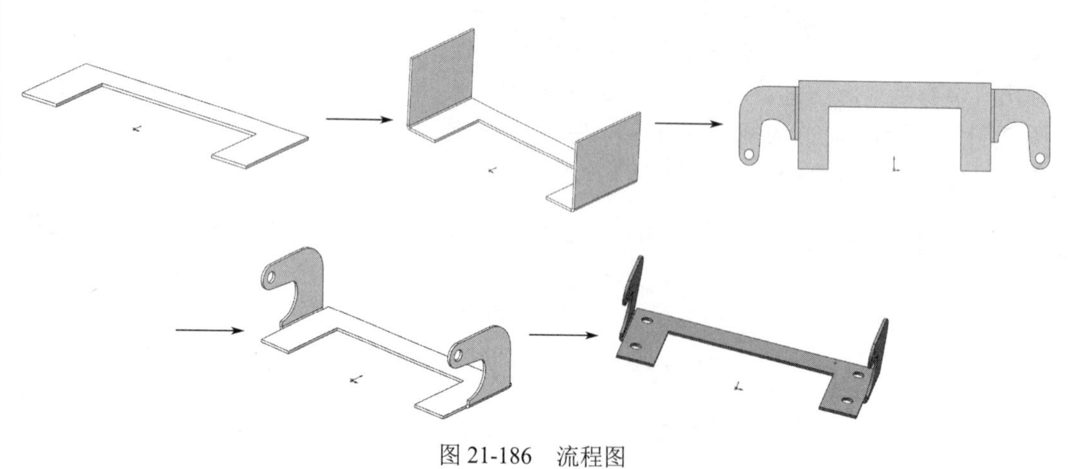

图 21-186　流程图

21.7.1　绘制铰链主体

【绘制步骤】

① 启动 SOLIDWORKS 2020，单击“标准”工具栏中的“新建”按钮，或选择菜单栏中的“文件”→“新建”命令，在弹出的“新建 SOLIDWORKS 文件”对话框中选择“零件”按钮，然后单击“确定”按钮，创建一个新的零件文件。

② 设置基准面。在左侧“FeatureManager 设计树”中用鼠标选择“前视基准面”，然后

单击“标准视图”工具栏中的“垂直于”按钮，将该基准面作为绘制图形的基准面。单击“草图”控制面板中的“草图绘制”按钮，进入草图绘制状态。

③ 绘制草图。单击“草图”控制面板中的“直线”按钮，绘制草图，标注智能尺寸如图 21-187 所示。

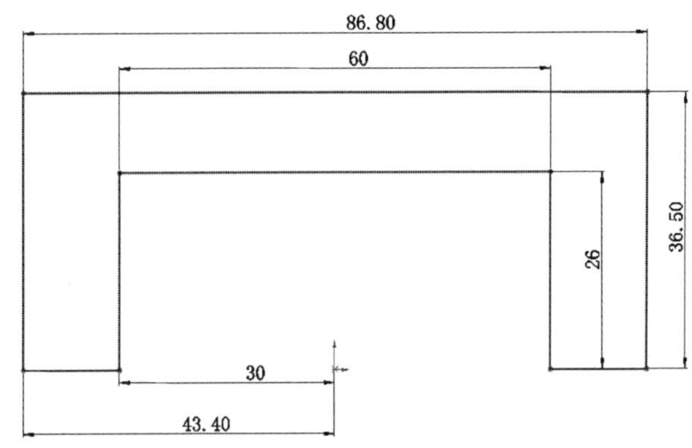

图 21-187　绘制草图

④ 创建基体法兰。单击“钣金”控制面板中的“基体法兰/薄片”按钮，或选择菜单栏中的“插入”→“钣金”→“基体法兰”命令，在弹出的“基体法兰”属性管理器中，键入厚度值 0.5，其他参数取默认值，如图 21-188 所示。然后单击“确定”按钮，结果如图 21-189 所示。

图 21-188　“基体法兰”属性管理器

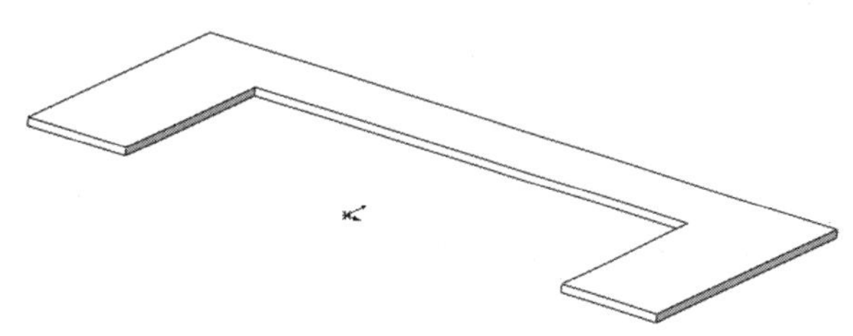

图 21-189　创建基体法兰

⑤ 创建边线法兰。单击“钣金”控制面板中的“边线法兰”按钮，或选择菜单栏中的“插入”→“钣金”→“边线法兰”命令，在弹出的“边线-法兰”属性管理器中，在视图中选择如图所示的边线，选择“内部虚拟交点”，“折弯在外”类型，输入角度为 90°，输入长度为 27，取消“使用默认半径”复选框，输入半径为 0.5，其他参数取默认值，如图 21-190 所示。然后单击“确定”按钮，结果如图 21-191 所示。

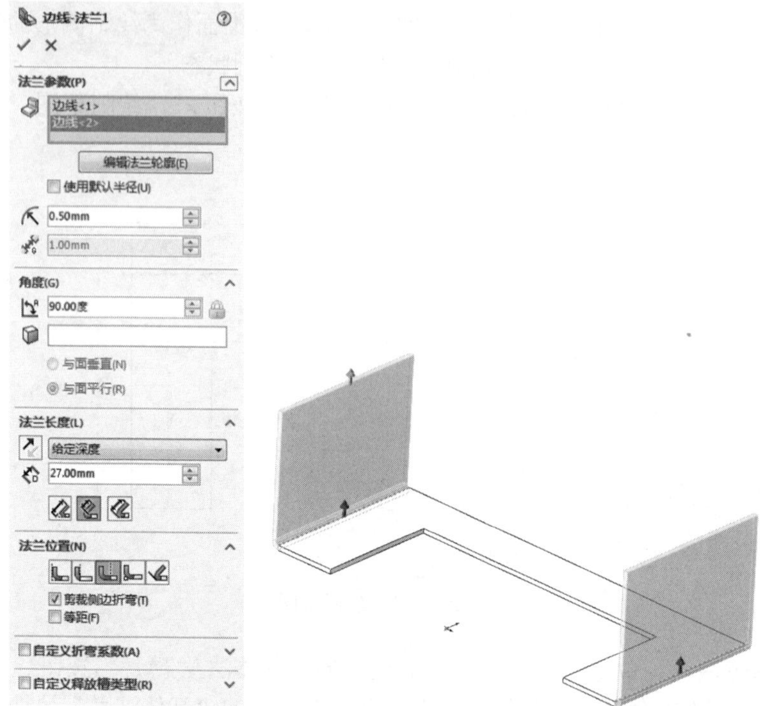

图 21-190 “边线-法兰”属性管理器

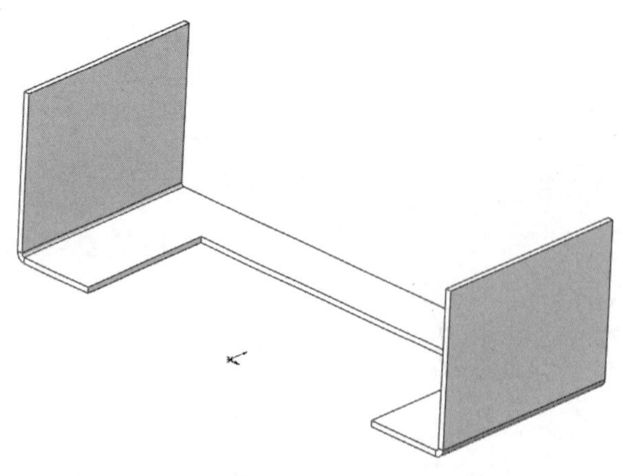

图 21-191 创建边线法兰

21.7.2 绘制局部结构

【绘制步骤】

① 设置基准面。在左侧“FeatureManager 设计树”中用鼠标选择“右视基准面”，然后单击“标准视图”工具栏中的“垂直于”按钮，将该基准面作为绘制图形的基准面。单击“草图”控制面板中的“草图绘制”按钮，进入草图绘制状态。

② 绘制草图。单击“草图”控制面板中的“圆”按钮，绘制草图，标注智能尺寸如图 21-192 所示。

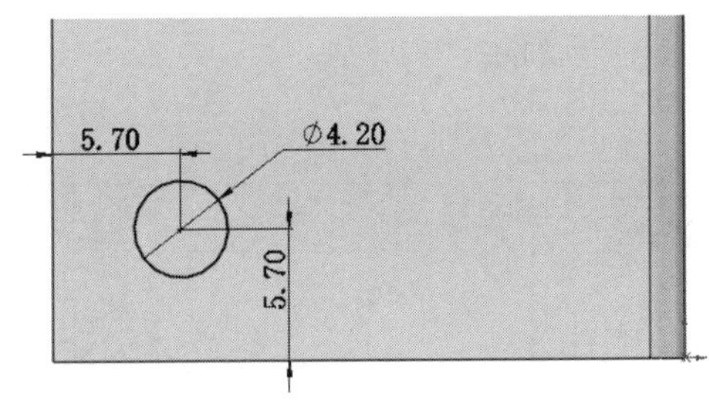

图 21-192　绘制草图

③ 切除零件。单击“特征”控制面板中的“拉伸切除”按钮，或选择菜单栏中的“插入”→“切除”→“拉伸”命令，在弹出的“切除-拉伸”属性管理器中，设置“方向 1”和“方向 2”的终止条件为“完全贯穿”，其他参数取默认值，如图 21-193 所示。然后单击“确定”按钮✔，结果如图 21-194 所示。

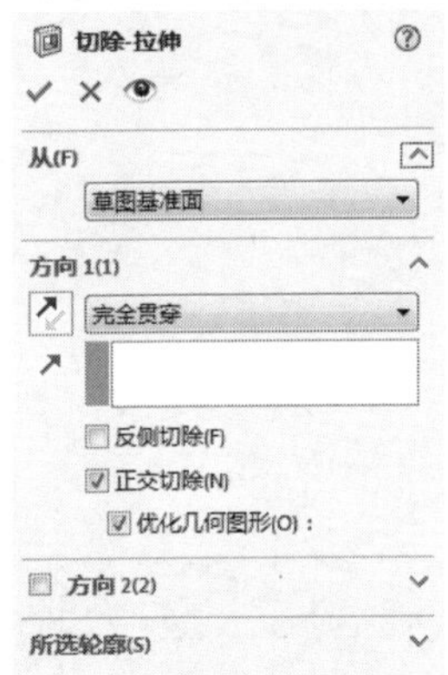

图 21-193　“切除-拉伸”属性管理器

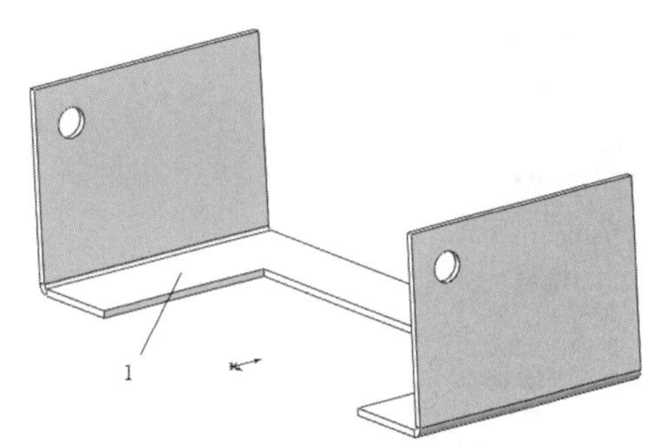

图 21-194　切除拉伸实体

④ 展开折弯。单击“钣金”控制面板中的“展开”按钮，或选择菜单栏中的“插入”→“钣金”→“展开”命令，在弹出的“展开”属性管理器中，在视图中选择图 21-194 中所示的面 1 为固定面，单击“收集所有折弯”按钮，将视图中的所有折弯展开，如图 21-195 所示。单击“确定”按钮✔，结果如图 21-196 所示。

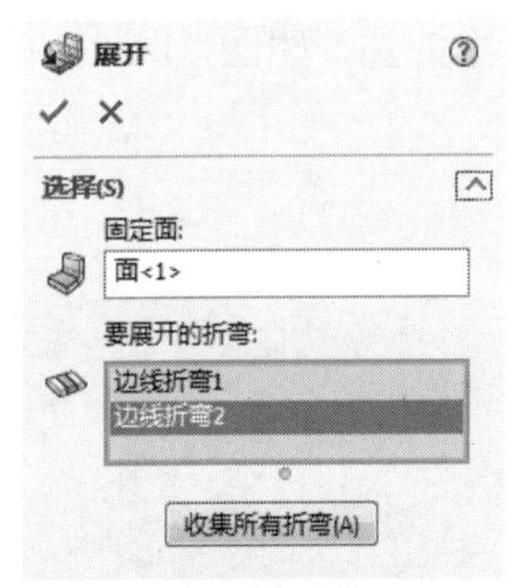

图 21-195　“展开”属性管理器

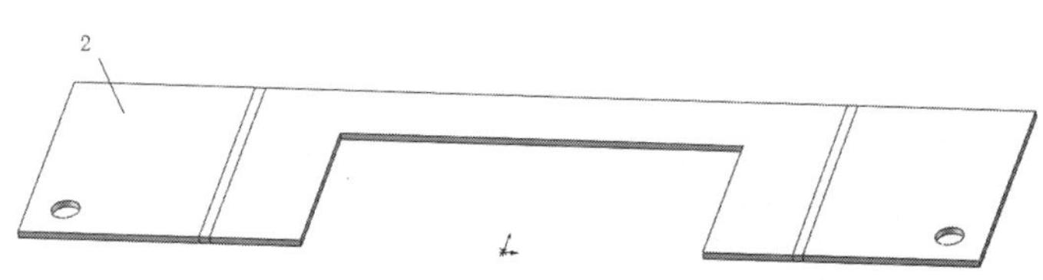

图 21-196　展开折弯

⑤ 绘制草图。选择如图 21-196 所示的面 2 作为绘图基准面，然后单击“草图”控制面板中的“中心线”按钮、“切线弧”按钮、“直线”按钮和“绘制圆角”按钮，绘

制草图，标注智能尺寸如图 21-197 所示。

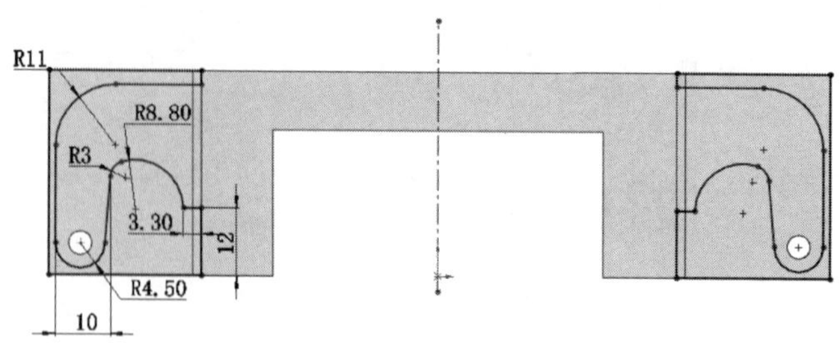

图 21-197 绘制草图并标注智能尺寸

⑥ 切除零件。单击“特征”控制面板中的“拉伸切除”按钮，或选择菜单栏中的“插入”→“切除”→“拉伸”命令，弹出“切除-拉伸”属性管理器，设置终止条件为“完全贯穿”，其他参数取默认值，如图 21-198 所示。然后单击“确定”按钮✓，结果如图 21-199 所示。

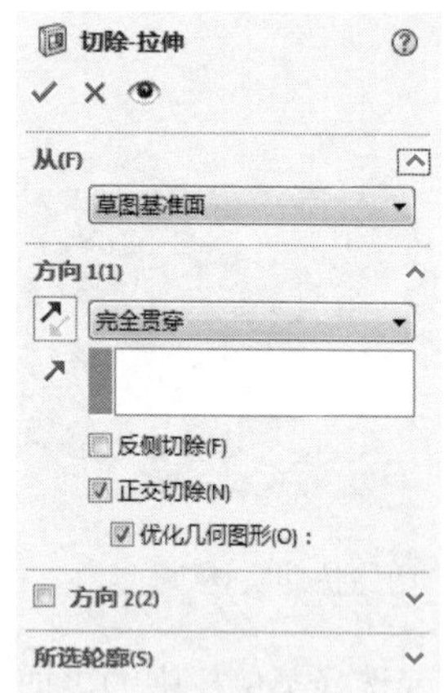

图 21-198 “切除-拉伸”属性管理器

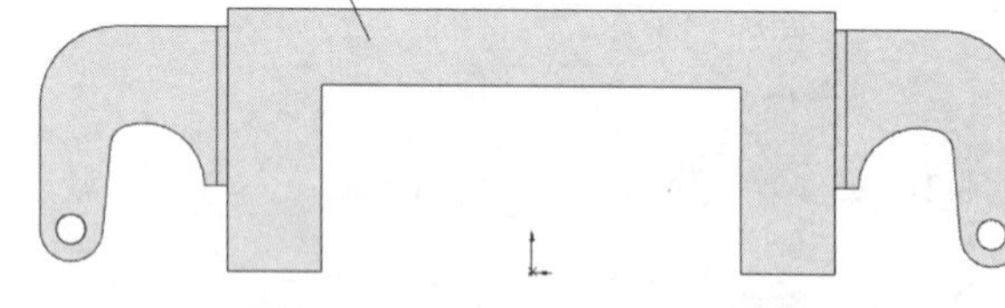

图 21-199 切除拉伸实体

⑦ 折叠折弯。单击“钣金”控制面板中的“折叠”按钮，或选择菜单栏中的“插入”→“钣金”→“折叠”命令，在弹出的“折叠”属性管理器中，在视图中选择图 21-199 中所示的面 3 为固定面，单击“收集所有折弯”按钮，将视图中的所有折弯折叠，如图 21-200 所示。单击“确定”按钮✓，结果如图 21-201 所示。

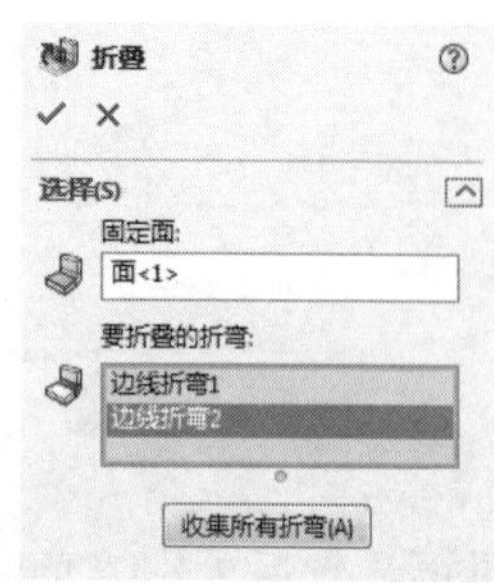

图 21-200 “折叠”属性管理器

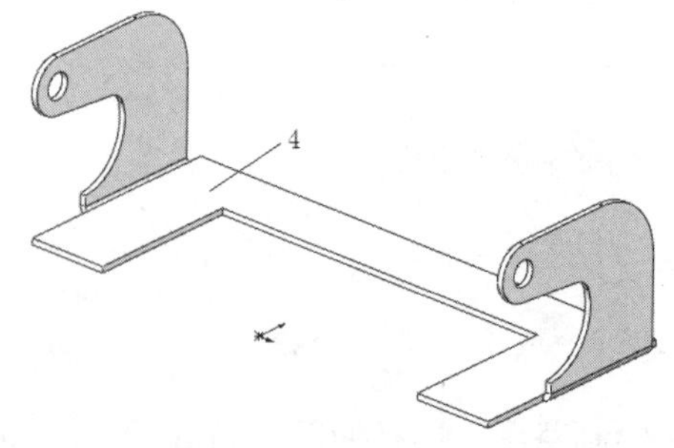

图 21-201 折叠折弯

⑧ 设置基准面。在视图中选择如图 21-201 所示的面 4，然后单击“标准视图”工具栏中的“垂直于”按钮，将该基准面作为绘制图形的基准面。单击“草图”控制面板中的“草图绘制”按钮，进入草图绘制状态。

⑨ 绘制草图。单击“草图”控制面板中的“圆”按钮，绘制草图，标注智能尺寸如图 21-202 所示。

⑩ 切除零件。单击“特征”控制面板中的“拉伸切除”按钮，或选择菜单栏中的“插入”→“切除”→“拉伸”命令，弹出“切除-拉伸”属性管理器，设置终止条件为“完全贯穿”，其他参数取默认值。然后单击“确定”按钮，结果如图 21-203 所示。

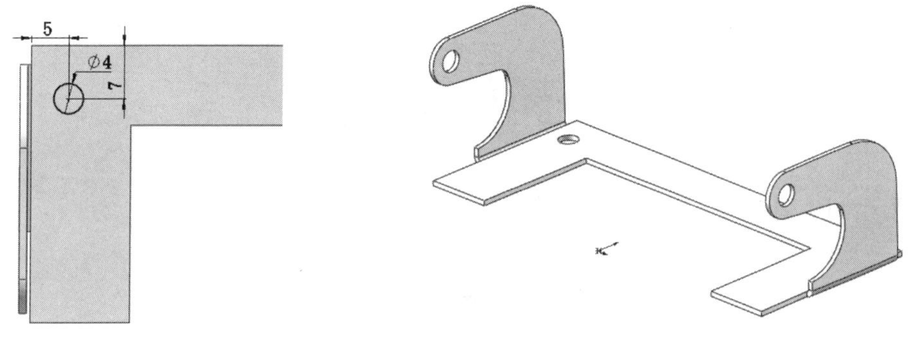

图 21-202　绘制草图　　　　图 21-203　切除拉伸实体

⑪ 阵列成型工具。单击“特征”控制面板中的“线性阵列”按钮，或选择菜单栏中的“插入”→“阵列/镜向”→“线性阵列”命令，弹出的“线性阵列”属性管理器，在视图中选取长边边线为阵列方向 1，输入阵列距离为 76.6，个数为 2，选取短水平边为阵列方向 2，将上步创建的成型工具为要阵列的特征，如图 21-204 所示。然后单击“确定”按钮，结果如图 21-205 所示。

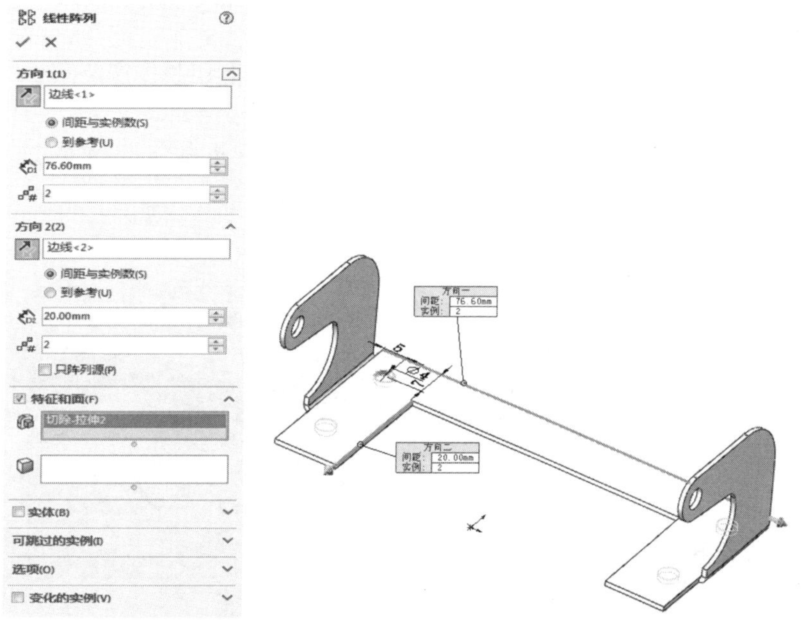

图 21-204　“线性阵列”属性管理器

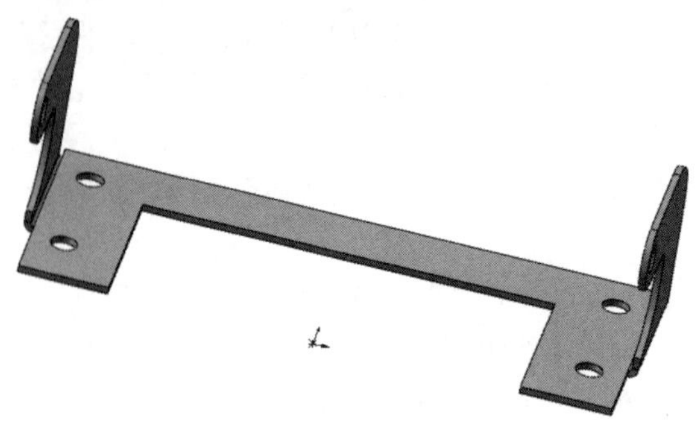

图 21-205　阵列成型工具

上 机 操 作

【实例 1】绘制如图 21-206 所示的校准架

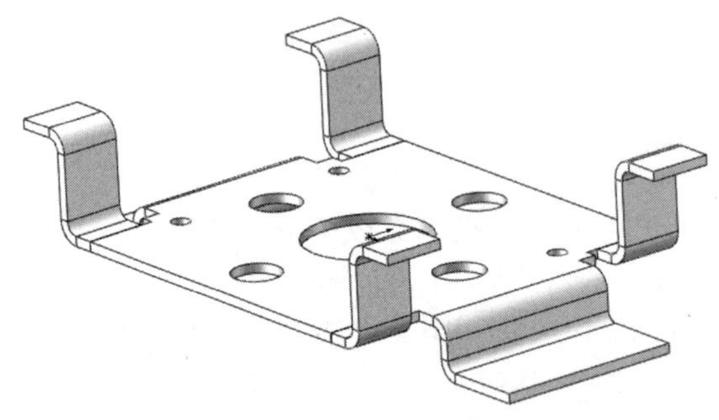

图 21-206　校准架

操作提示

① 利用草图绘制命令绘制草图 1，如图 21-207 所示，利用基体法兰命令，设置厚度为 1.5，创建基体。

② 利用直线命令绘制草图 2，如图 21-208 所示，利用转折命令，设置高度为 9，半径为 1.5。在另一侧创建相同参数的转折。

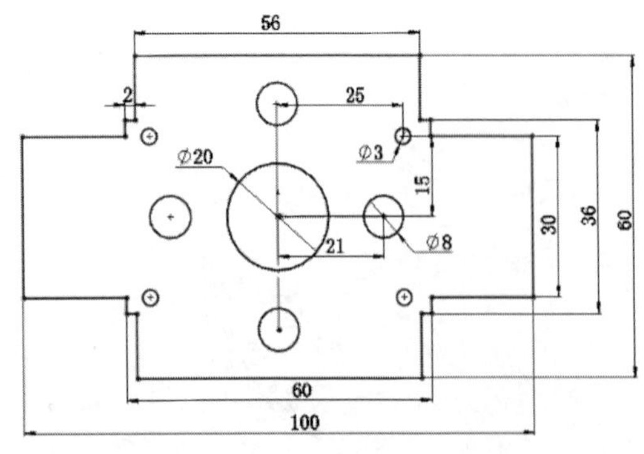

图 21-207　绘制草图 1

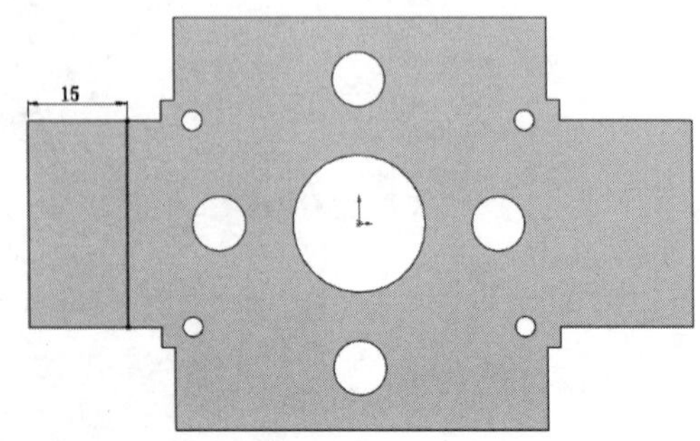

图 21-208　绘制草图 2

③ 利用直线命令绘制草图 3，如图 21-209 所示，利用基体法兰命令，设置长度为 10，厚度值为 1.5。

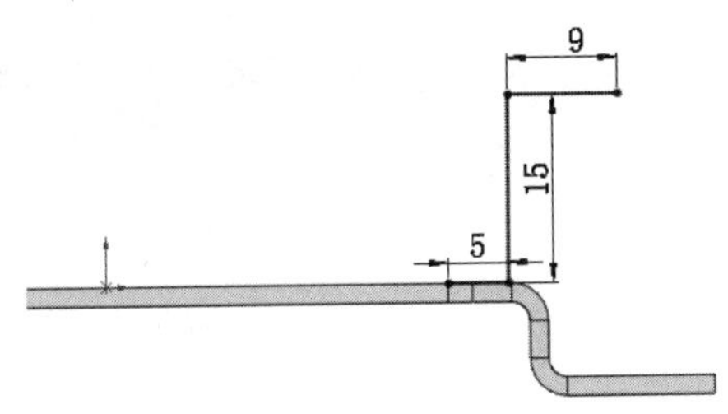

图 21-209 绘制草图 3

④ 利用镜像命令，将上步创建的基体法兰进行镜像处理。

【实例 2】绘制如图 21-210 所示的支架

操作提示

① 利用草图绘制命令绘制草图 1，如图 21-211 所示，利用拉伸命令，设置距离为 5，创建基体。

② 利用草图绘制命令绘制草图 2，如图 21-212 所示，利用拉伸命令，设置距离为 5。

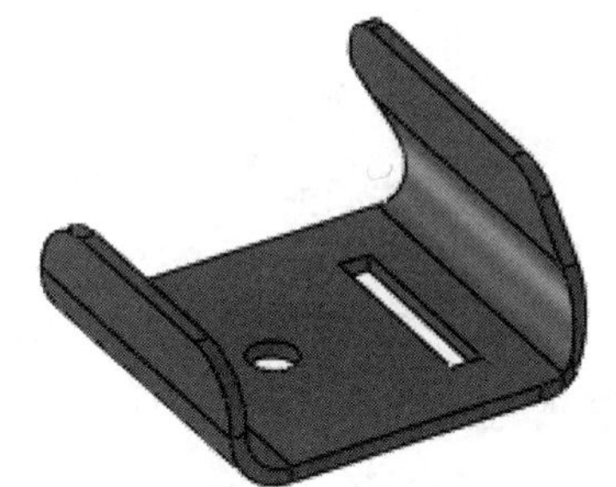

图 21-210 支架

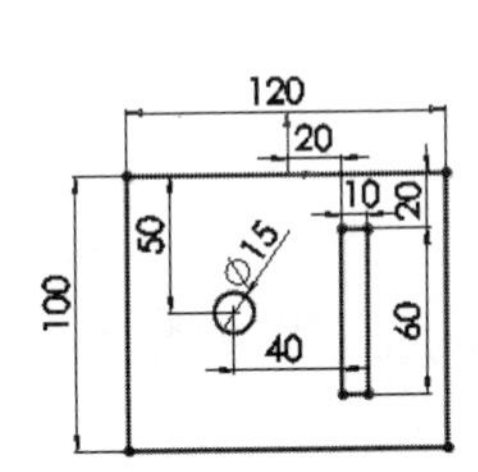

图 21-211 绘制草图 1

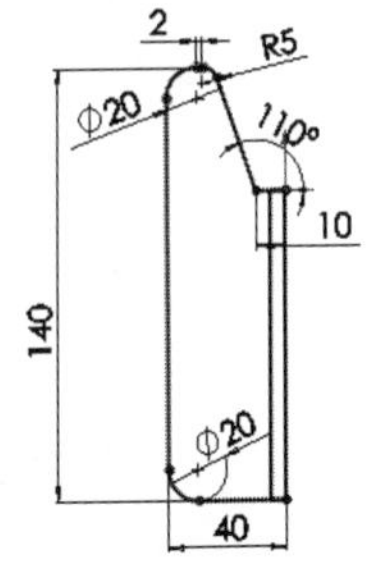

图 21-212 绘制草图 2

③ 利用直线命令绘制草图 3，如图 21-213 所示，利用拉伸命令，设置长度为 5。

④ 利用插入折弯命令，设置半径为 15。

⑤ 利用展开命令，将零件展开；利用直线命令，绘制如图 21-214 所示的草图 4，利用拉伸切除命令，设置完全贯穿。

⑥ 利用圆角命令，对钣金零件进行圆角处理，半径为 20；利用折叠命令，将钣金进行折弯。

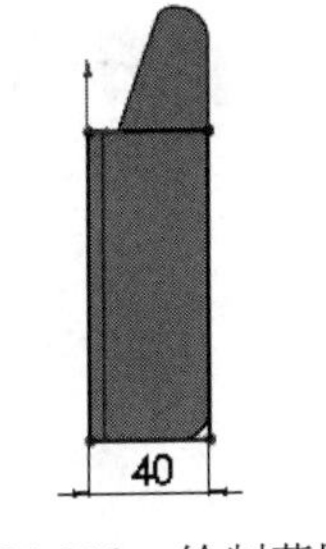

图 21-213 绘制草图 3

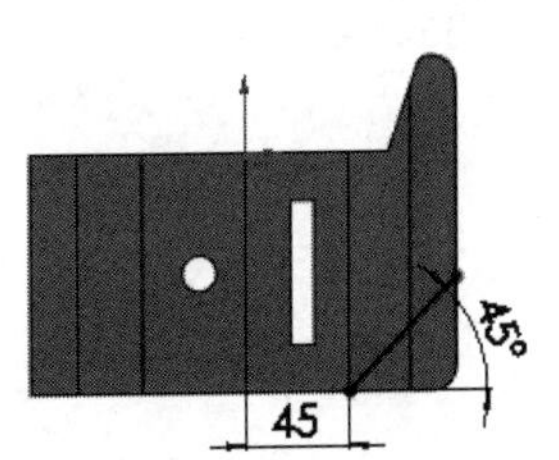

图 21-214 绘制草图 4

附录　配套学习资源

本书配套实例源文件
AutoCAD应用技巧大全
AutoCAD疑难问题汇总
AutoCAD典型习题集
AutoCAD认证考试练习大纲和练习题
AutoCAD常用图块集
AutoCAD设计常用填充图案集

AutoCAD常用快捷键速查手册
AutoCAD常用工具按钮速查手册
AutoCAD常用快捷命令速查手册
AutoCAD绘图技巧大全
AutoCAD图纸案例
全国成图大赛试题集
SOLIDWORKS行业案例设计方案及同步视频讲解